新曲綫 New Curves | 用心雕刻每一本……
http://site.douban.com/110283/
http://weibo.com/nccpub

用心字里行间　雕刻名著经典

edition 19

Psychology and Life

Richard J. Gerrig

Stony Brook University

WITH

Philip G. Zimbardo

Stanford University

Translators

Wang Lei et al.

All are Professors of Department of Psychology

Peking University

第19版

心理学与生活

[美] 理查德·格里格 菲利普·津巴多 著

王垒 等译

人民邮电出版社

北京

本书的翻译工作由北京大学心理学系19位教授通力合作完成，各部分的译者依序为：

- **前　言**　王垒 教授
- 第 1 章 **生活中的心理学**　王垒 教授
- 第 2 章 **心理学的研究方法**　朱滢 教授
- 第 3 章 **行为的生物学和进化基础**　沈政 教授
- 第 4 章 **感觉和知觉**　吴艳红 教授、韩世辉 教授
- 第 5 章 **心理、意识和其他状态**　苏彦捷 教授
- 第 6 章 **学习与行为分析**　包燕 副教授
- 第 7 章 **记忆**　耿海燕 副教授
- 第 8 章 **认知过程**　张亚旭 副教授
- 第 9 章 **智力与智力测验**　杨炯炯 副教授
- 第 10 章 **人的毕生发展**　周晓林 教授
- 第 11 章 **动机**　方方 教授、肖健 教授
- 第 12 章 **情绪、压力和健康**　王垒 教授、吴艳红 教授
- 第 13 章 **理解人类人格**　王登峰 教授、毛利华 副教授
- 第 14 章 **心理障碍**　甘怡群 教授
- 第 15 章 **心理治疗**　钱铭怡 教授
- 第 16 章 **社会心理学**　张智勇 副教授、侯玉波 副教授

图书在版编目（CIP）数据

心理学与生活：第19版 /（美）格里格,（美）津巴多 著；王垒 等译 .

—北京：人民邮电出版社，2016.1（2023.3 重印）

ISBN 978-7-115-40936-2

I. ①心··· II. ①格··· ②津··· ③王··· III. ①心理学—通俗读物 IV. ① B84-49

中国版本图书馆 CIP 数据核字（2015）第 262671 号

心理学与生活（第 19 版）

◆ 著　　　[美] 理查德・格里格　菲利普・津巴多

译　　　王　垒 等

策　　划　刘　力　陆　瑜

责任编辑　刘冰云　王伟平　赵延芹　常玉轩　刘丽丽　刘　雅

装帧设计　陶建胜

◆ 人民邮电出版社出版发行　北京市丰台区成寿寺路 11 号

邮编　100164　电子邮件　315@ptpress.com.cn

网址　http://www.ptpress.com.cn

电话（编辑部）010-84931398　（市场部）010-84937152

三河市少明印务有限公司印刷

新华书店经销

◆ 开本：889 × 1194　1 /16

印张：45.25　　　插页：10

字数：1350 千字　2016 年 1 月第 1 版　2023 年 3 月第 30 次印刷

著作权合同登记号　图字：01-2013-4464

定价：158.00 元

本书如有印装质量问题，请与本社联系　电话：(010) 84937152

图 1.1 **分析水平**

假如你想让一位朋友在这幅画前与你会面。你会如何描述这幅画？假如你的朋友想要对这幅画的精确复述，你会如何描述它？（见正文第 4 页）

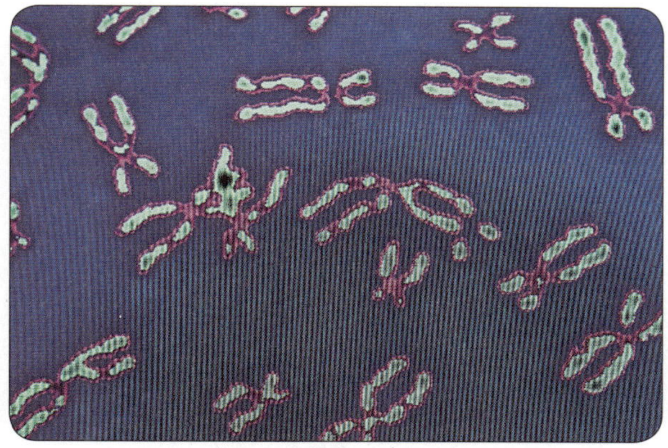

在受孕的那一刻，你从母亲那里继承了 23 个染色体，又从父亲那里继承了另外 23 个。（见正文第 60 页）

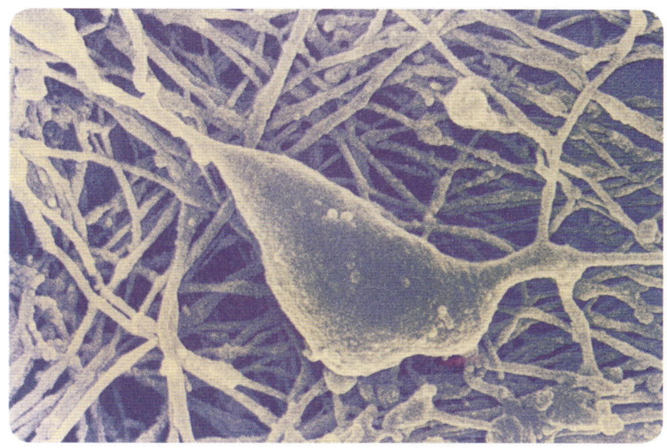

一个影响人类小肠运动的神经元。树突、胞体和轴突在神经传递中各有什么作用？（见正文第 62 页）

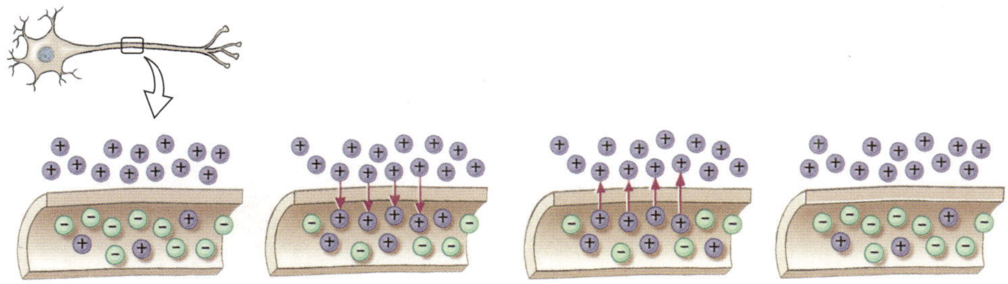

在静息状态，轴突周围液体的离子浓度不同于轴突内部的液体。正因如此，细胞内液发生相对细胞外液的极化，产生神经元的静息电位。

当神经冲动到达轴突的节段时，带正电的钠离子流入轴突。钠的内流导致神经元变成去极化。神经冲动沿着轴突向下传递，每一个连续的节段都变成去极化。

一旦神经冲动传过，钠离子流出轴突，恢复静息电位。

一旦恢复静息电位，轴突的片段就准备好了传递下一个冲动。

图 3.7

动作电位的生物化学基础

动作电位依赖于轴突内外离子电荷的不平衡。（见正文第 65 页）

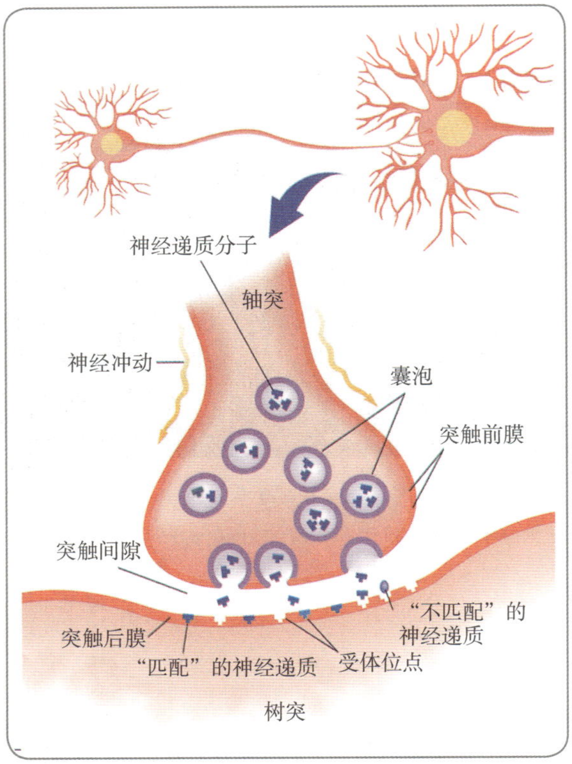

图 3.9　突触传递

突触前神经元中的动作电位引起神经递质释放到突触间隙中。一旦神经递质跨过突触间隙，它们就刺激镶嵌在突触后膜中的受体分子。同一个细胞内可能存在多种神经递质。（见正文第 67 页）

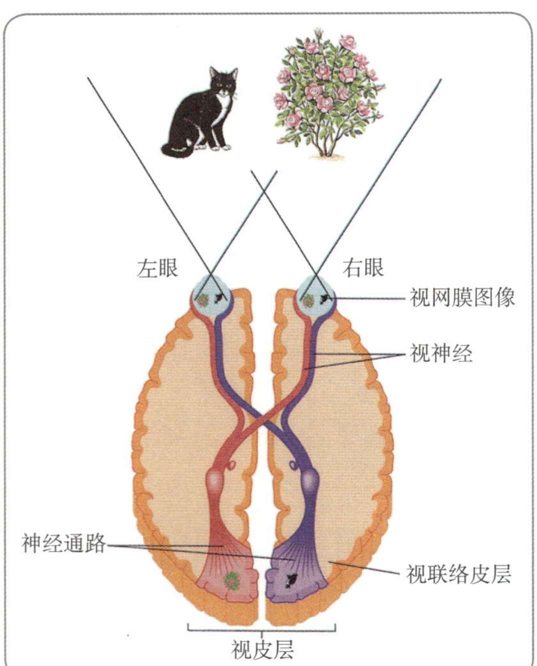

图 3.20　视觉信息的神经通路

视觉信息的神经通路从每只眼睛的内侧发出，从脑内的一侧经胼胝体再交叉到脑的另一侧。从两眼外侧（颞侧）携带信息的通路并不交叉到对侧。切断胼胝体，则右视野呈现的信息不能进入右半球，左视野的信息也不能进入左半球。（见正文第 80 页）

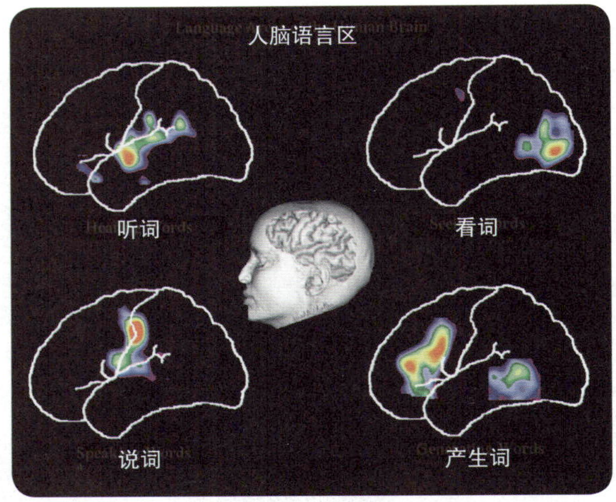

图 3.10　脑活动的 PET 扫描图

这些 PET 扫描图显示不同任务刺激了不同脑区的神经活动。（见正文第 72 页）

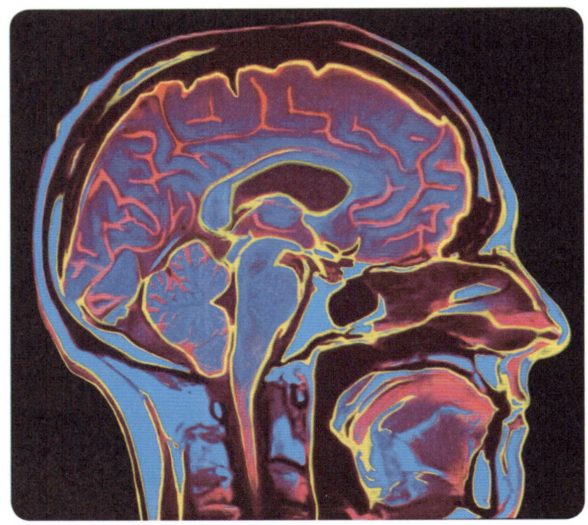

磁共振成像（MRI）产生对正常大脑的这一颜色增强剖面。试图确定特定功能的大脑区域，其目的何在？（见正文第 73 页）

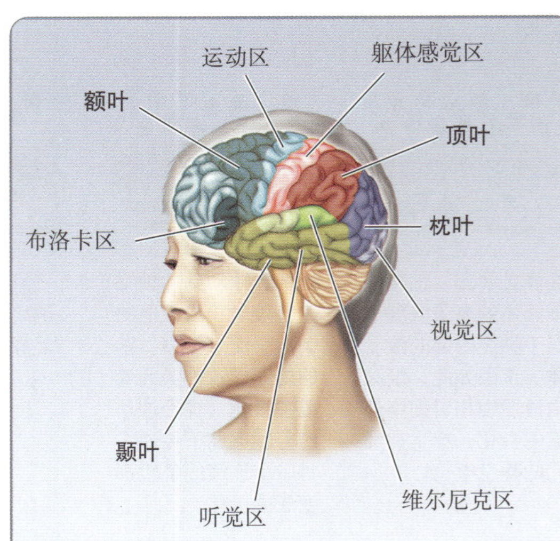

图 3.17　大脑皮层

大脑皮层的每个半球均含四个脑叶，每个脑叶的特定部位都与不同感觉和运动功能相关。（见正文第 77 页）

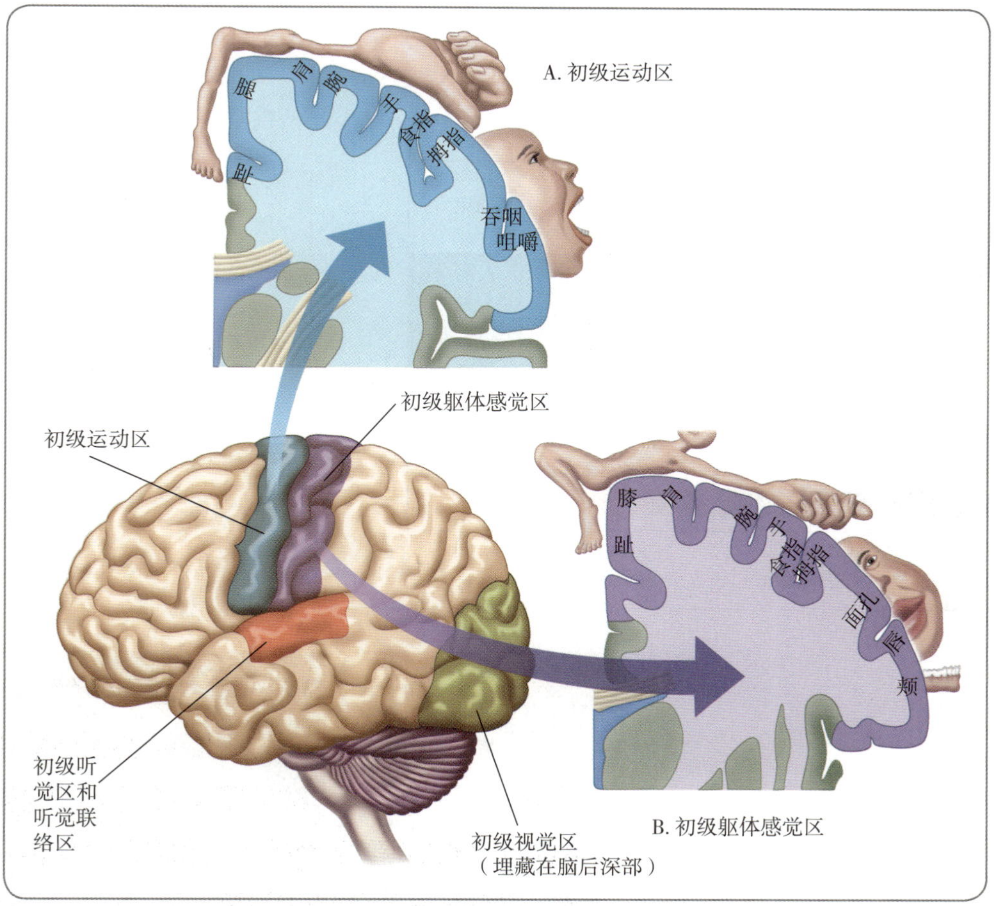

图 3.18

运动和躯体感觉皮层

身体的不同部位对于环境刺激和脑控制的敏感性各不相同。身体各区的敏感性与其在大脑皮层中的代表区大小有关联。如图所示，图中的身体部位画得越大，表示其在大脑皮层中的代表区也越大，同时对环境刺激也越灵敏，脑对其运动的控制程度也越高。（见正文第 78 页）

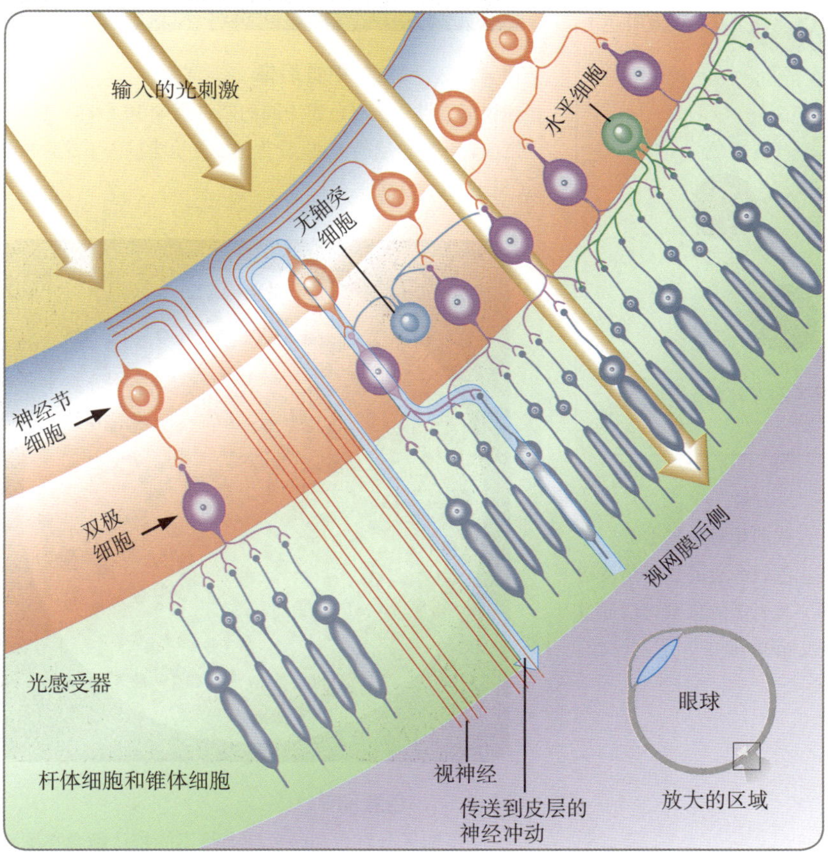

图 4.8

视网膜神经通路

这是一幅高度简化而且经过标准化的示意图，图中显示了连接视网膜上三层神经细胞的路径。光线经过所有这些细胞层到达位于眼球后部远离光源的感受器。请注意，双极细胞从不止一个感受器细胞收集冲动信号，并把结果发送给神经节细胞。来自神经节细胞的神经冲动离开眼睛，通过视神经到达下一个中继点。（见正文第 95 页）

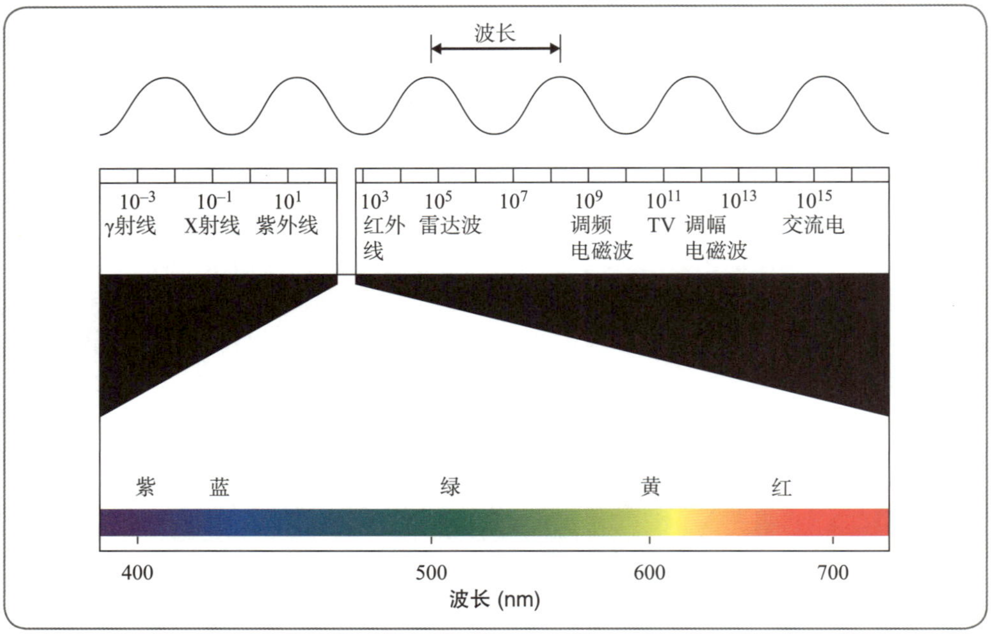

图 4.13

电磁波谱

视觉系统只能感觉到电磁波谱中一个很小的波长范围。你能感受到的波长在图中被放大，即从紫色到红色的区域。（见正文第 98 页）

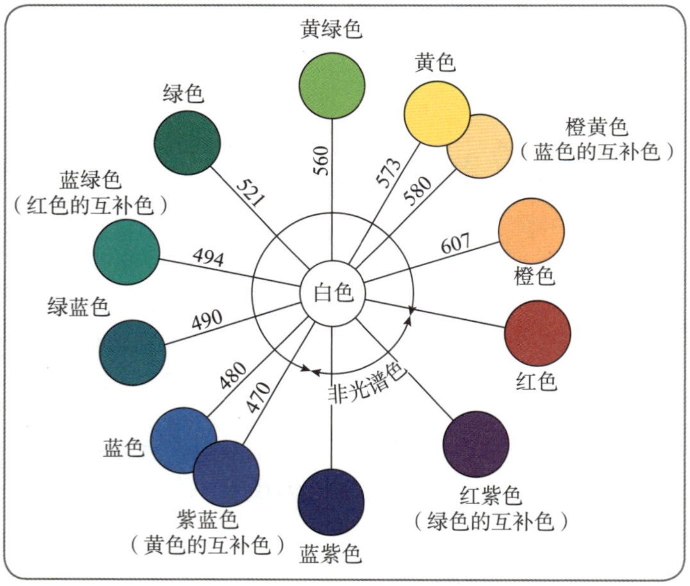

图 4.14 **色环**

基于相似性对颜色进行排列。互补的颜色处于直线的相对位置上。在中央位置，互补色混合产生中性的灰色或者白色。色调旁边的数字是波谱颜色的波长值，这些颜色处于视觉感受的范围。非光谱的色调可以通过短光谱波长和长光谱波长的混合而获得。（见正文第 99 页）

图 4.15 **颜色的视觉后像**

注视绿、黑和黄三色旗中间的圆点至少 30 秒钟。然后盯着一张白纸或者一面白墙的中央。让你的朋友也尝试一下这种视觉后效错觉。（见正文第 99 页）

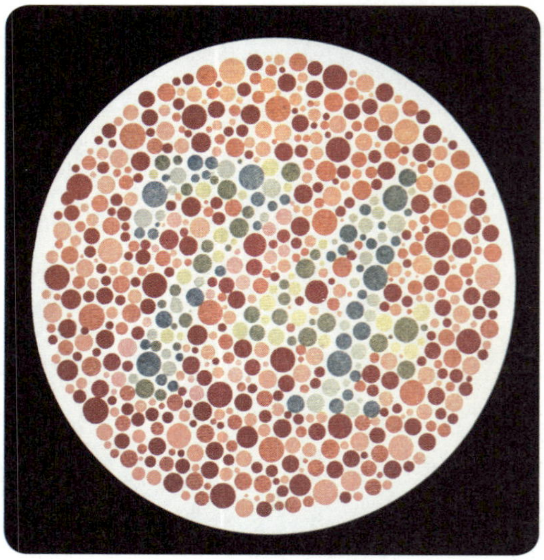

图 4.16 **色盲测试**

一个不能区分红色和绿色的人将不能辨认隐含在图片中的数字。（见正文第 100 页）

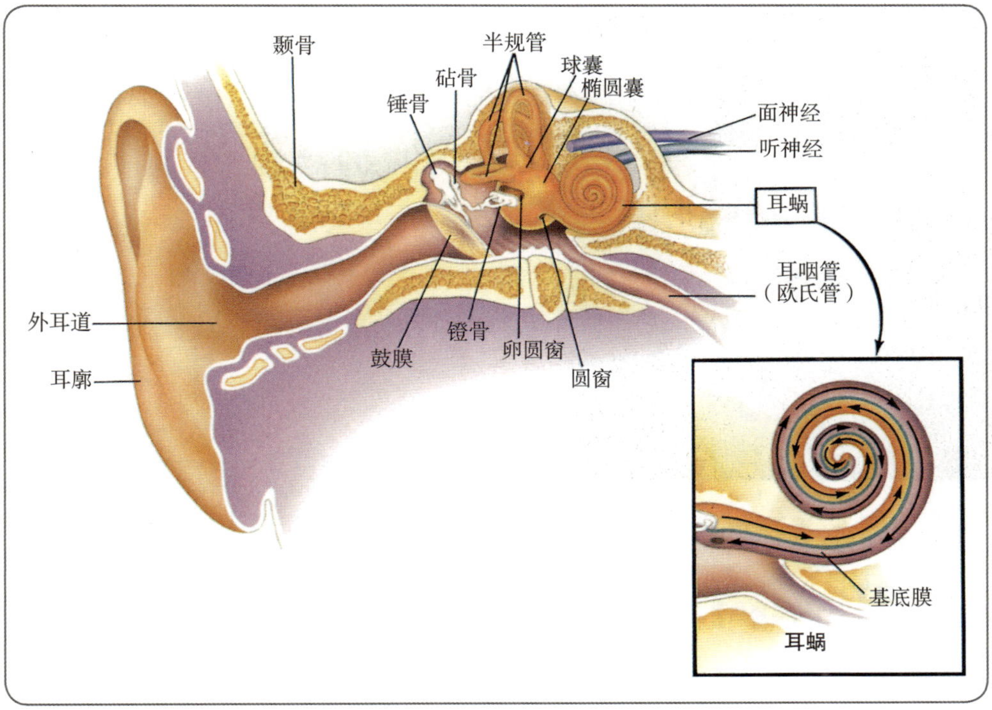

图 4.19

人耳的构造

声波通过外耳或耳廓，经外耳道传入，引起鼓膜振动。这个振动激活了内耳中的小骨——锤骨、砧骨和镫骨。它们的机械振动经过卵圆窗到达耳蜗，并使管道里的液体振动。当液体流动时，耳蜗中盘旋的基底膜内层上微小的毛细胞弯曲，刺激附着在其上的神经末梢。物理刺激就此被转换为神经能量，并且通过听神经传送到大脑。（见正文第 103 页）

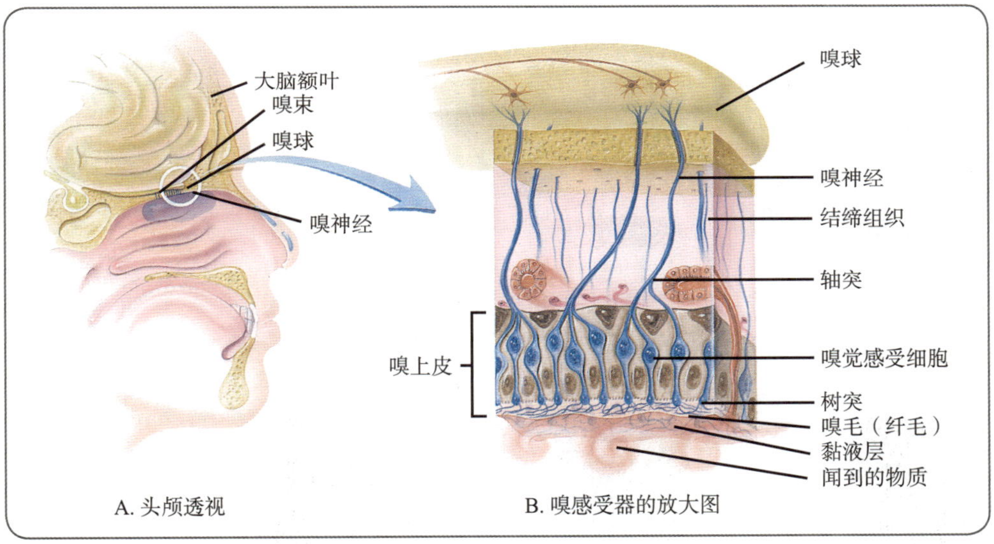

图 4.21

嗅觉感受器

鼻腔中的嗅觉感受细胞受到环境中的化学物质刺激，它们将信息传递给大脑中的嗅球。（见正文第 106 页）

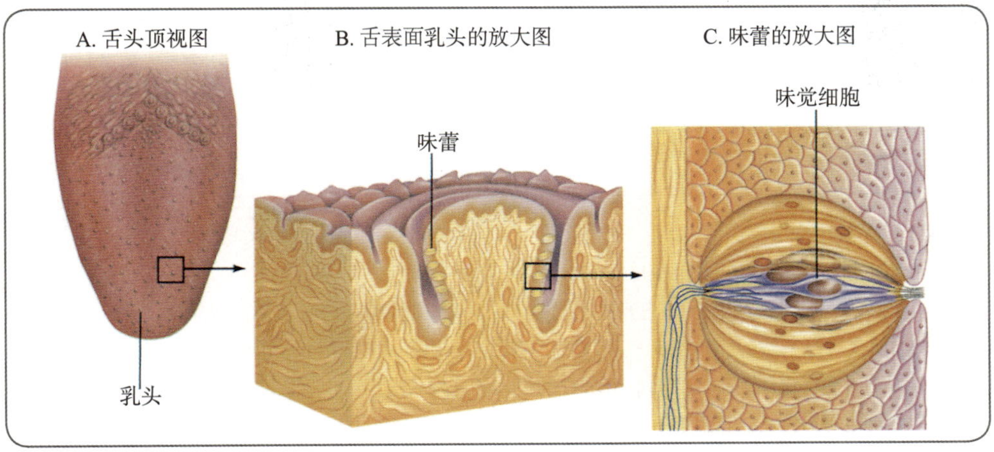

图 4.22

味觉感受器

图中 A 部分表示舌头上方乳头的分布。图中 B 部分表示放大的单个乳头，由此可以看见单个味蕾。图中 C 部分表示放大的味蕾。（见正文第 107 页）

图 4.38　**艺术中的模糊性**

上图是萨尔瓦多·达利的作品《奴隶市场和消失的伏尔泰半身像》。你能发现伏尔泰吗？达利是众多在作品中使用模糊性的现代艺术家之一。（见正文第 124 页）

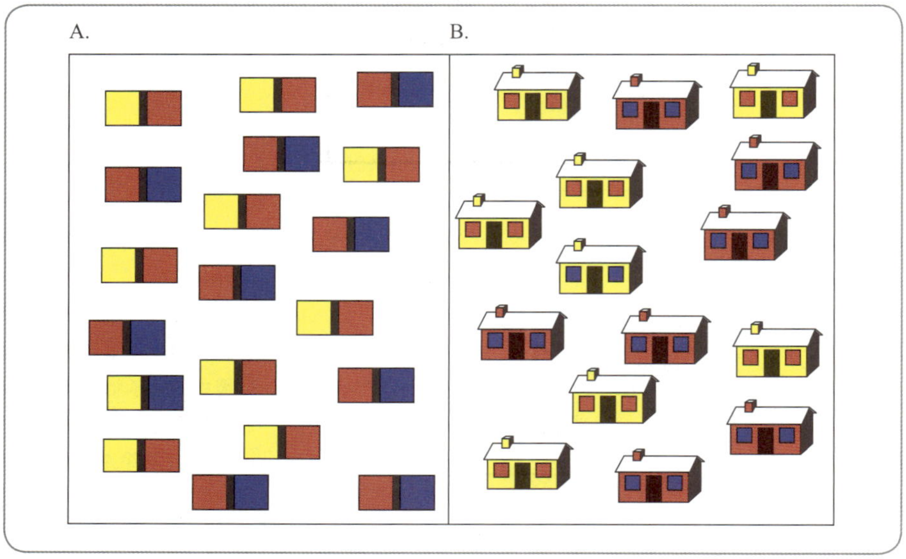

图 5.1

寻找两种颜色的连接体

（A）找到有黄色和蓝色的物体。（B）找到有蓝色窗户的黄色房子。（A）当颜色的连接发生在一个目标的两个部分之间时，寻找的效率是很低的。（B）然而，当颜色的连接发生在整体目标及其某一部分之间时，寻找就容易得多了。（见正文第 135 页）

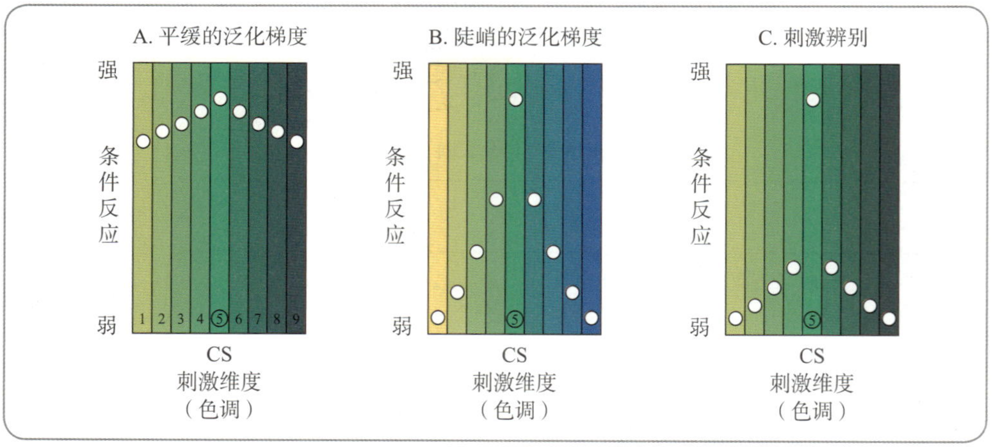

图 6.5　**刺激泛化梯度**

在对一个中等色调的绿色刺激建立条件作用之后，参与者对相似色调刺激的反应几乎一样强，如图 A 中平缓的泛化梯度所显示的结果。当给参与者呈现的彩色刺激范围更广时，反应随着刺激颜色与最初训练时的刺激颜色的差异逐渐加大而变得越来越弱。如图 B 所示，泛化梯度变得很陡。实验者可以通过对参与者进行辨别性训练，把图 A 所示的泛化梯度改变成类似于图 C 的模式。这种情况下，中等色调的绿色刺激要不断地与 UCS 配对，而其他所有色调的刺激则不与 UCS 配对。（见正文第 165 页）

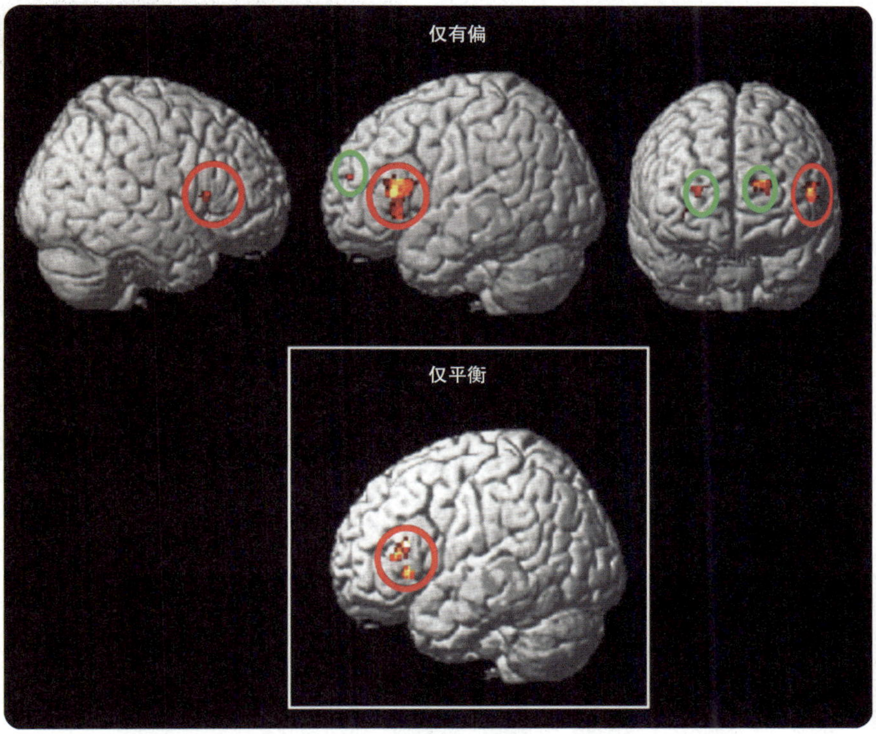

图 8.7

歧义消解的脑基础

参与者在阅读平衡歧义或有偏歧义的句子以及匹配的控制句子时进行 fMRI 扫描。红色圆圈内的脑区在两种歧义下都更活跃（相对控制句子）。绿色圆圈内的脑区只在有偏歧义的句子下更活跃。（见正文第 244 页）

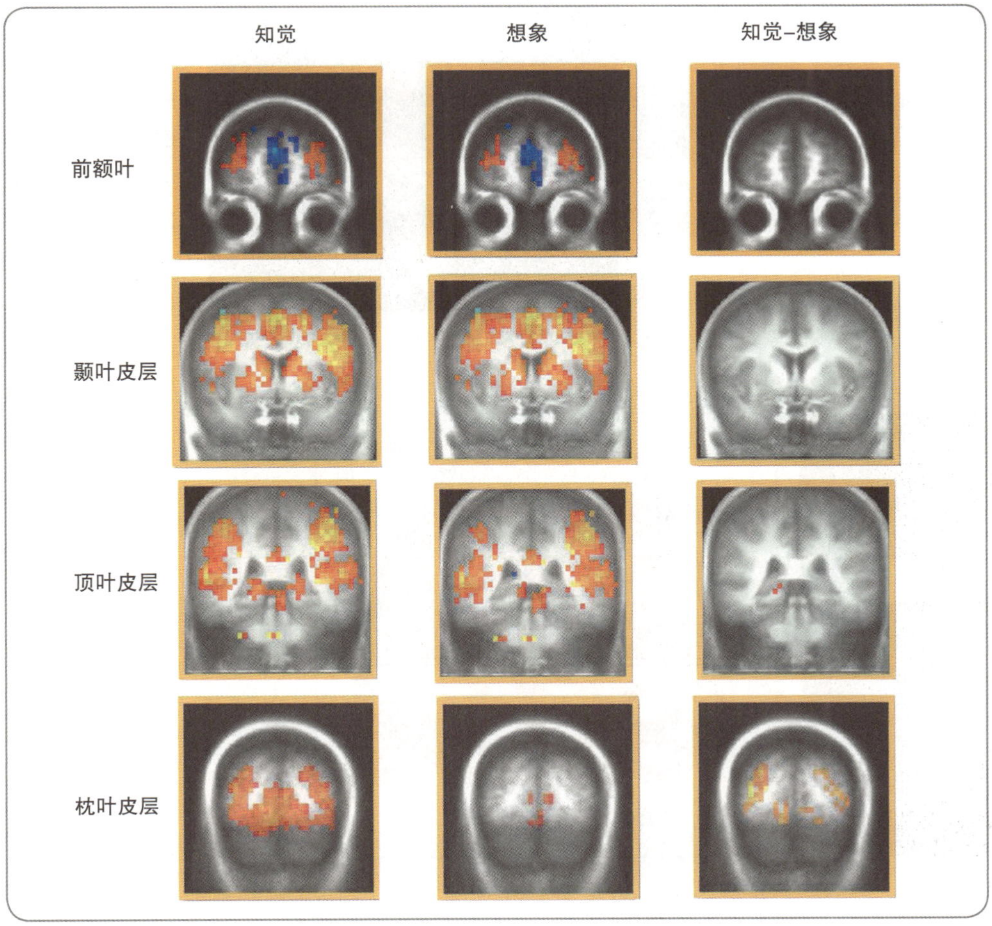

图 8.10

视觉表象的脑基础

该图表示当参与者完成知觉任务或视觉表象任务时的 fMRI 扫描结果。左边和中间的纵列代表完成各项任务时的脑活动：红色、橙色或黄色表示相对基线（没有任务）时脑更活跃区域；蓝色则表示低活跃脑区。右边的纵列表示受知觉活动影响的脑区。扫描结果说明知觉和视觉表象的脑活动过程有很大相似处。（见正文第 253 页）

图 8.16 **推理时的大脑**

当学生使用演绎推理时，右侧的大脑结构相对更活跃（绿色区域）。当学生使用归纳推理时，左侧的大脑结构相对更活跃（黄色区域）。（见正文第 262 页）

演绎推理：	归纳推理：
他要么喜欢乡村音乐，要么喜欢歌剧。 他不喜欢乡村音乐。	如果他是会计师或图书馆工作人员，他就会喜欢歌剧。 他喜欢歌剧。
他喜欢歌剧。	他是一名会计师。
这个结论正确吗？	**这个结论更可能正确而不是错误的吗？**

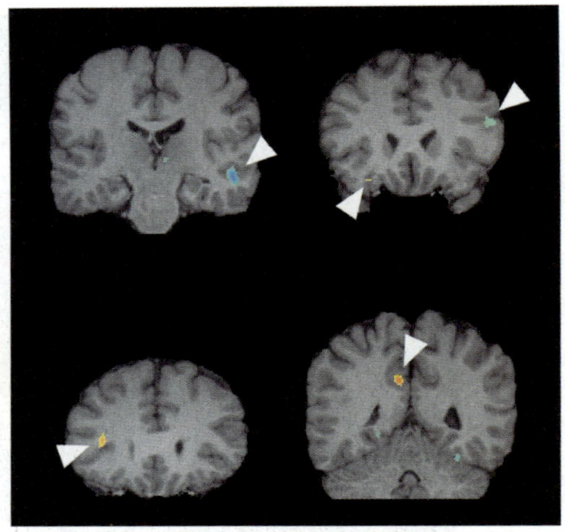

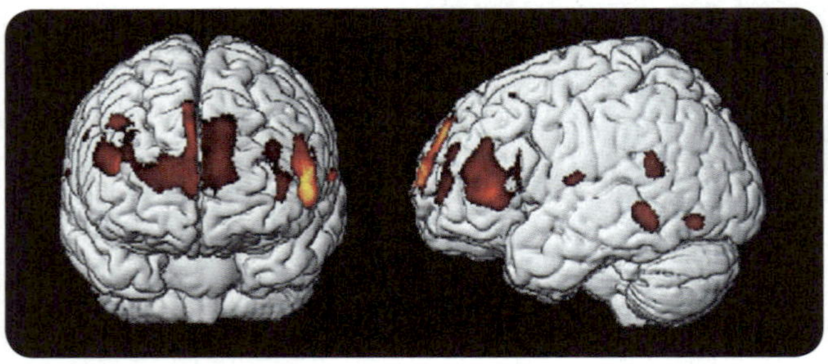

图 9.4 **一般智力因素的大脑基础**

在完成韦克斯勒智力量表之后测量一般智力因素，对个体进行 MRI 扫描以显示其大脑结构。彩色区是一般智力更高的个体有更多大脑组织的地方。（见正文第 286 页）

艺术历史学家经常怀疑文森特·梵高作为艺术家的创造力是不是受精神疾病影响的结果。研究者对创造力和疯狂之间联系的一般结论是什么？（见正文第 300 页）

图 10.3 **视崖**

一旦儿童获得在周围环境中的爬行经验，他们就会对视觉悬崖深的一边表现出恐惧。（见正文第 310 页）

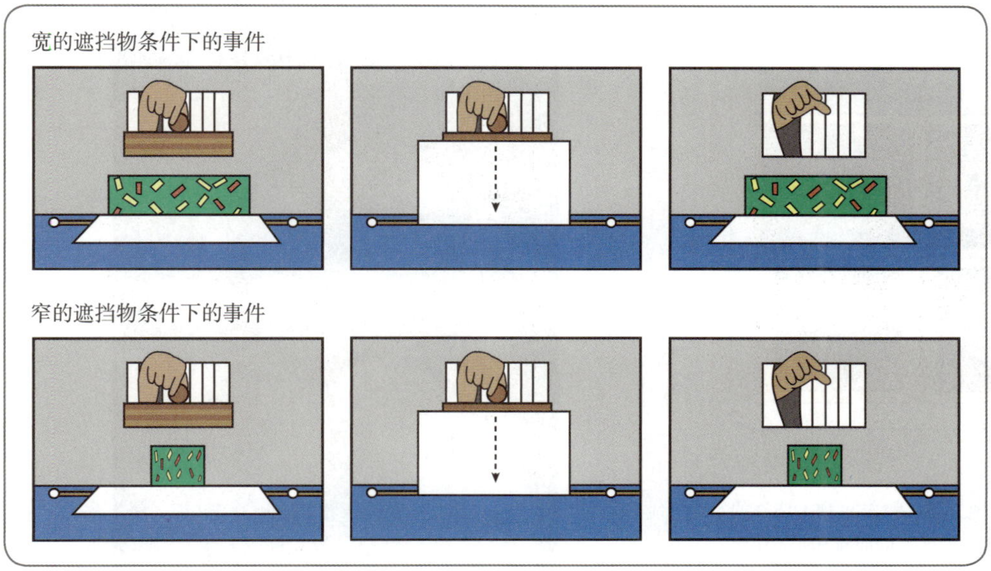

图 10.7　4 个月大的婴儿和客体恒常性

4 个月大的婴儿看实验者在一个宽的遮挡物或窄的遮挡物条件下（每次都用绿色显示）放下一个长方形物体（显示为褐色）。当实验开始呈现时，用一个幕布遮挡长方形物体下落的过程，当幕布撤除时，实验者的手中没有东西。处于窄的遮挡物条件下的婴儿会花费更多的时间来看演示过程，这表明他们对于一个宽的物体能藏在窄的遮挡物后感到吃惊。婴儿的惊讶表明他们已经获得了客体恒常性的某些特征：长方形的物体虽然不在眼前，但仍存在于他们的大脑中。（见正文第 318 页）

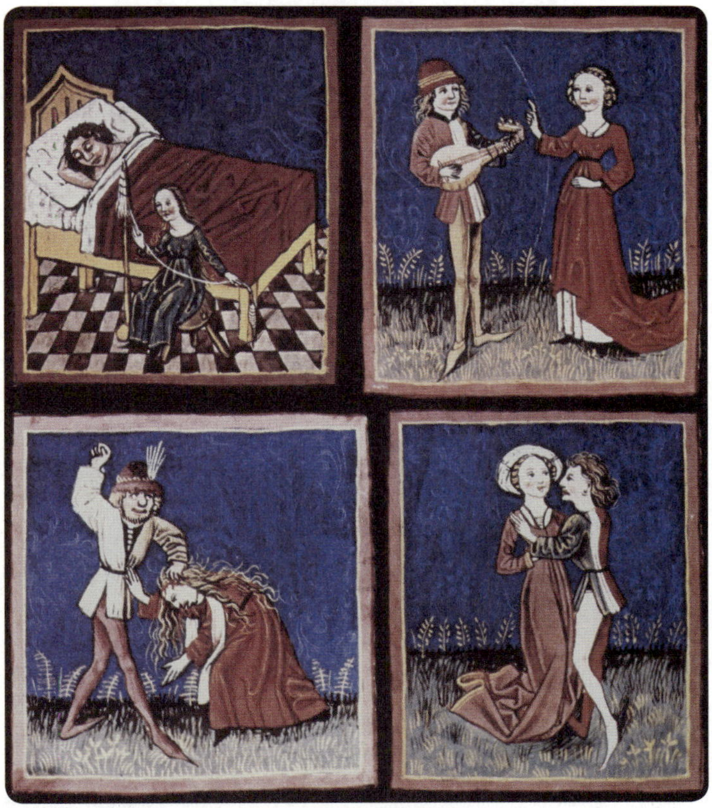

希波克拉底的理论认为，身体有四种基本体液，每种都与特定的性格相联（见图，按顺时针方向）：抑郁患者有过量的黑胆汁；血液激发了乐观的弹奏者表演；少女为冷漠所操纵，对情人反应迟缓；太多的黄胆汁使主人怒气冲冲。你是否认为希波克拉底人格类型亦可应用于你所认识的人身上？（见正文第 423 页）

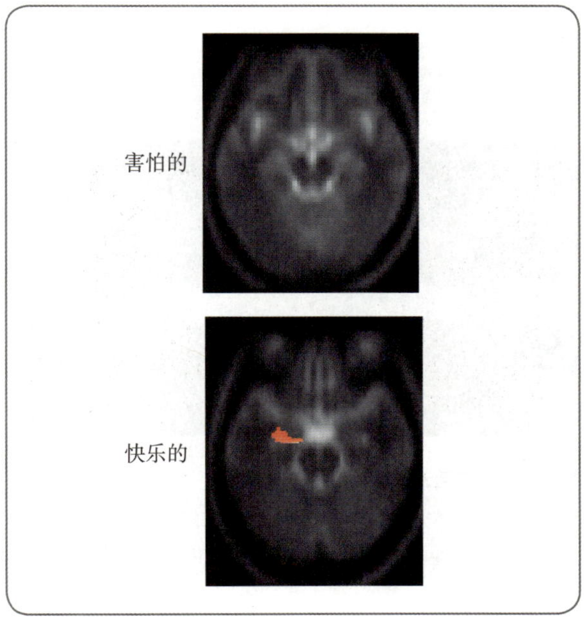

图 13.4　外倾性对左侧杏仁核功能的影响

参与者观看害怕的和快乐的面孔。图中的红色区域表明，外倾性和杏仁核的活动正相关。对于害怕的面孔，却没有发现这种相关。然而对于快乐的面孔，外倾性高的个体其左侧杏仁核有大量激活。（见正文第 427 页）

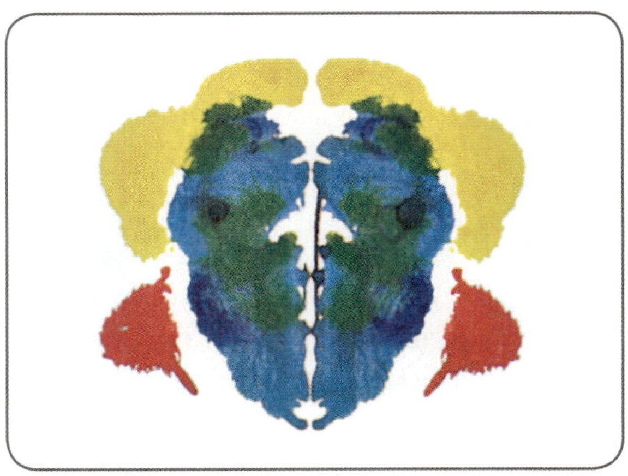

图 13.11　与罗夏测验相似的墨迹图

你看到了什么？你对该墨迹的解释是否揭示了你的人格特征？（见正文第 456 页）

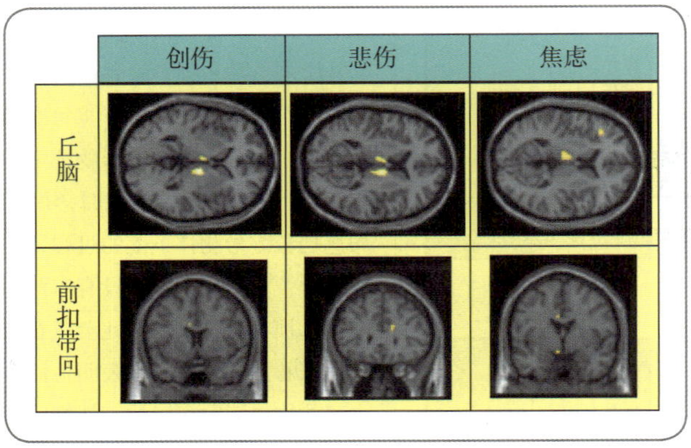

图 14.1　**脑活动与情绪记忆**

这项研究比较了因创伤性事件而出现 PTSD 和未出现 PTSD 的个体。每组成员回忆一些与情绪相关的事件，同时采用 fMRI 技术扫描他们的脑区。图片表明，在回忆创伤、悲伤和焦虑事件时，非 PTSD 组的个体，其脑区表现出了更多的活动。（见正文第 474 页）

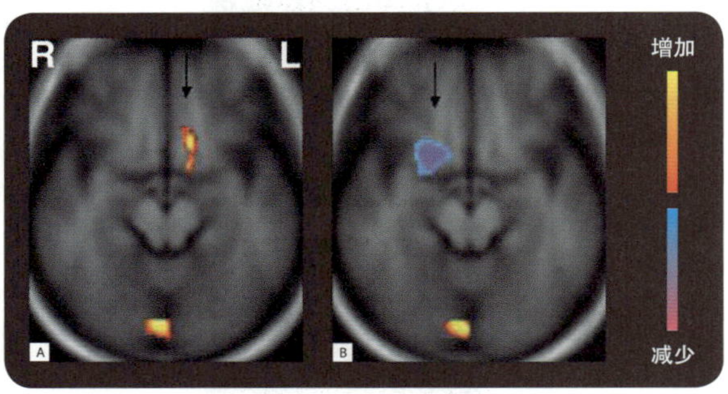

图 14.2　**脑活动与双相障碍**

在双相障碍个体完成认知任务时，采用 fMRI 技术扫描其脑区。结果发现，正在经历躁狂、抑郁或处于正常阶段的个体的尾腹侧前额叶皮层（cVPFC）的反应不同。正如图 A 所示，相比于正常阶段，抑郁期个体的左侧 cVPFC 的活动有所增加。图 B 显示，相比于正常阶段，躁狂期个体的右侧 cVPFC 的活动减少。（见正文第 478 页）

大多数人感觉到的偶尔不高兴与重度抑郁障碍症状的分别到底是什么？（见正文第 476 页）

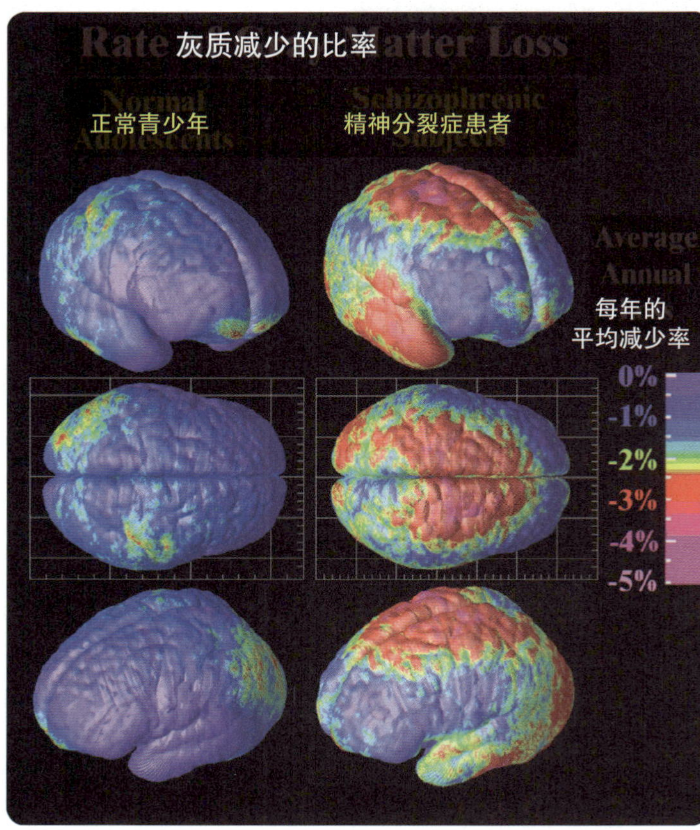

图 14.8　**精神分裂症青少年大脑灰质的减少**

研究者对 12 个患有精神分裂症的青少年和 12 个年龄相仿的健康青少年进行了核磁共振扫描。在五年的时间里，精神分裂症青少年几个脑区内的灰质大量减少。（见正文第 494 页）

内容提要

《心理学与生活》是一部心理学经典教科书，心理学导论类教材领导品牌，在美国及许多国家的心理学界都有着极高的知名度。美国 ETS 将《心理学与生活》推荐为 GRE 心理学专项考试的主要参考书。开创这本书的作者菲利普·津巴多是当今世界首屈一指的心理学家，曾因其卓越的斯坦福监狱实验而闻名世界，更因撰写《心理学与生活》和主持电视系列片《探索心理学》而被誉为“当代心理学的声音和面孔”。

我国心理学界有不少教师多年来一直在用本书作为教材或主要教学参考书。怀着对我国心理学基础教育和普及的使命感，北京大学心理学系 19 位教授通力合作，每人根据自己的研究专长和兴趣各选取一部分，精心翻译。正如王垒教授所言：“这部教材的翻译是北大心理学系教授们集体智慧和团队凝聚力的结晶。”《心理学与生活》第 16 版中译本在国内出版的十余年来，累计发行突破 100 万册，赢得了广大心理学师生及普通读者的喜爱和认可。她不仅伴随着很多心理学专业的学生走上了心理学的学习和职业发展之路，而且也帮助众多普通读者获得了宝贵的心理学知识。

《心理学与生活》首版于 20 世纪 50 年代，半个多世纪以来，不断与时俱进，迄今已修订 19 次。每次修订既力图反映心理学的最新研究进展，也保持其一贯的宗旨，即“心理学是一门科学，同时关注这门科学在生活中的应用”，可谓历久弥坚，历久弥新。本书译自英文原版《心理学与生活》第 19 版，较之第 16 版已经有了大幅的修订，全书精简为 16 章，更新了数十万字和 1 000 多篇参考文献，新增了“生活中的心理学”与“生活中的批判性思维”两个专栏。同时，此次在译文上也进行了精心修订。与之前出版的彩印精装的典藏版相比，本版在书后增加了各章的练习题，更好地满足课程教学的需要。

正如作者所言：“心理学是一门与人类幸福密切相关的科学”，本书贴近生活、深入实践的独特风格，使其一直是一般大众了解心理学、更好地理解人性和全面提升自身素质的首选读物。

作者形象地将学习《心理学与生活》的过程比喻成一次“智慧的旅行”，选择她，相信你一定不虚此行。祝您好运！

We dedicate this book to our daughters
Alex, Zara, and Tanya.

My daughter Alex has become a remarkable young woman. She brings an articulate passion to a broad range of substantial issues. Alex will soon begin her college career with an interest in political science. I have no doubt that she will continue to excel—R. J. G.

My wonderful daughters, Zara Maria and Tanya Lucia, have been a source of endless delight and personal support over the past three decades. They have always modeled what is best in students, curiosity in knowing why and how things and behavior work, while never settling for the obvious simple answers to complex issues. I look forward to the unfolding of their careers as teachers, social activists, and Zara as a cultural anthropologist, and Tanya as a museum curator in media arts—P. G. Z.

作者介绍

Richard J. Gerrig

Philip G. Zimbardo

理查德·格里格是纽约州立大学石溪分校的心理学教授。在此之前，他任教于耶鲁大学，并在那里获得了 Lex Hixon 社会科学杰出教师奖。格里格有关语言使用的认知心理学研究已被广泛出版。其中有一系列研究探讨了有效沟通的心理过程。另外一个研究项目考察了读者陶醉于故事世界时体验到的认知和情绪变化。他的著作《体验叙事世界》(*Experiencing Narrative Worlds*) 已由耶鲁大学出版社出版。格里格是美国心理学协会（APA）和心理科学协会（APS）的会员。他还是 *Psychonomic Bulletin & Review* 杂志的副主编。格里格是亚历山德拉引以为傲的父亲，亚历山德拉虽然只有 18 岁，却已经为 21 世纪的心理学与生活的许多方面提出了实质性的并且有价值的建议。蒂莫西·彼得森的指导和支持大大提升了他在长岛的生活。

菲利普·津巴多是美国心理学协会（APA）前主席，科学协会主席委员会（CSSP）前主席，斯坦福大学的荣誉退休教授，他在斯坦福大学教授心理学导论课程长达 50 年。在过去的 38 年里，他撰写并与格里格合著了《心理学与生活》，以及配套的《教学指南》和《学习指南》。因为主持广受欢迎的 PBS 电视系列片《探索心理学》，他被世界公认为“当代心理学的声音和面孔”，这部电视系列片至今仍在美国和全世界的中学和大学课程中广为使用。津巴多不仅热爱开展和出版关于各种主题的研究，而且也热衷于教学和参与公众及社会服务活动。津巴多一直是许多社会心理学领域中硕果累累、富有创新的研究者，发表了 350 多篇专业论文、通俗文章和书中的章节，出版了 50 多部著作。为了表彰他丰硕的研究成果，美国心理学协会向津巴多颁发了 E. 西尔格德普通心理学终身成就奖。他还因为对人性的大量研究荣获瓦茨拉夫·哈维尔基金奖。津巴多目前在帕洛阿尔托大学心理学博士（PsyD）联盟项目任教，并在全世界发表演讲。他现在的研究关注英雄主义的心理学。更多信息请浏览以下网站：www.zimbardo.com，www.prisonexp.org，www.lucifereffect.com，www.everydayheroism.com。

简要目录

详细目录

5 心理、意识和其他状态 128

6 学习与行为分析 157

7 记 忆 191

GLOBAL CHILDR
CHILDREN'S

菲利普·津巴多中文版序言

传授心理学是如此充满魔力，尤其是使用最优秀的教科书，更会将这种魔力发挥到极致。

教书是最高尚的职业和人类活动。当我们分享知识时，我们改变了大脑的运作和功能，精神得到物化体现，技巧和策略得以实施。正是这样的集体智慧，创造并滋养了文化。不仅如此，每一位教师都在不断地更新，不断地学习，伴随着每一位学生，教学相长。

从 1956 年我作为研究生在耶鲁大学上第一门心理学导论课程，到大约 50 年后我在斯坦福大学教完最后一堂课，心理学的神奇之光，以无数种方式，始终照亮着我的生活。我真心希望一切能重新开始，因为，如今的心理学比以往任何时候都更加令人神往。

随着我们同时在更加微观和宏观的方向上拓展我们的领域，未来将会更加辉煌，在各个可能的研究兴趣方向上，都将取得令人兴奋的成果。一方面，认知神经科学和行为经济学炙手可热；另一方面，健康心理学与和平心理学也正迅速扩展；同时，心理学家正在参与到人类服务、空间计划、媒体、环境的可持续性、教育、长寿、恐怖主义研究等诸多领域。心理学对社会的贡献无可限量，而下一代心理学家对他们的国家和世界所能作出的贡献也无可限量。

在过去长达 40 多年的时间里，我投身于为心理学导论课程的学生和老师创作一本独特的教科书，这一工作贯穿了《心理学与生活》的 12 个版本。从我第一次作为本书的作者开始，我的使命便是创作一本注重以下两个方面的教科书：尽可能以最通俗易懂的方式，展现最全面、最新的心理学知识；同时，通过介绍心理学如何与生活息息相关来吸引学生的兴趣。在理解人性本质的过程中，正如我（及我的合著者理查德·格里格）努力在本书中展现的那样，我相信学生们将能更加全面地认识他们自己，以及自己在心理学所描绘的社会世界中的位置。

最后，我为即将在自己课程中使用这本书的每一位中国老师（或新手或经验丰富）举杯庆贺：让生活充满思想，激励和转化学生，对社会作出贡献，作为一位终身学习者，永远充满好奇，永远求索新知。最重要的是，我鼓励你们对自己的生活满怀无畏的激情，无论你是一名教师、研究者，抑或一位社会政治活动家。还有更好的方式来度过你一生中的下个 40 年吗？我真希望一切可以重头再来，陪伴你继续这一旅程。

Phil Zimbardo

第 19 版中译本序言

英文教材《心理学与生活》中译本 2003 年问世，已有 12 个年头了。这是一部优秀的心理学入门教科书，这一点，我在 1990 年开始用它作为北京大学公选课和心理学本科生必修课参考教材时，就已十分坚信。那时，用的是英文第 10 版。随后，这部英文教材一直在不断更新，证明了它的生命力。为了更好地普及心理学，使更多的学生和公众受益于心理学，2002 年我联系新曲线出版咨询公司总经理刘力先生，力荐此书。于是，就有了 2003 年 10 月此书第 16 版中译本的首发。

《心理学与生活》中译本出版以来，得到学界的好评和公众的追崇，畅销不衰。这不仅是由于这部教材写得好，更因为它的内容与我们的生活息息相关，令人受益匪浅。这也使我们看到了自己工作的意义以及心理学的社会价值，看到了心理学的魅力。

然而，毕竟 2003 年已经是一个年代前的故时了。第 16 版的内容也已略显陈旧。心理学这十多年的发展可谓突飞猛进，有必要及时体现其崭新风貌。鲁迅先生说过，“北大是常为新的”。所以，我们和新曲线公司商议，推出《心理学与生活》英文第 19 版的中译本。19 版和 16 版，相隔十年有余。这十多年，也是中国社会大发展的时代。这让《心理学与生活》第 19 版中文本的面市尤其有特殊的历史意义。

现代中国是一个学习型社会。无论儿童还是老年，都在学习。有几岁儿童识得数千个中英文字词的，有耄耋老人学计算机的，有家政人员带着平板电脑上工的……这里有早期智力开发的问题，有延缓老年痴呆的问题，有如何在信息时代职场中数字化生存的问题。所有这一切都和心理学密不可分。心理学能提供帮助。

现代中国是一个充满创新与机遇的社会。知识在发现，技术在发明，生生不息，让整个社会充满发展活力。在这里，人们体验知识就是力量，体会到知识如何改变命运，体认到知识塑造人的精神境界的力量。学子们的发奋苦读，学者们的攻关，商场上的打拼，经营模式的创新，各界的变革……这一切，都伴随着复杂的心智结构和观念模式的变迁过程。要让这些过程来得更加顺畅，更有效率，更富质量，心理学能提供帮助。

现代中国是一个富于竞争的时代。教育、科学、技术为时代注入了巨大的活力，基于知识和智慧的竞争成为社会生活的固态成分。危机意识无所不在。不在竞争中崛起，就在竞争中消亡……无论学校的学生还是各类组织的员工，都被卷入竞争的大潮。如何不输在起跑线上，如何赢在冲刺阶段，如何提升职场动力，如何远离“脑残”……成为人们热议的话题。心理学能提供帮助。

当今中国是个充满压力的时代。“压力山大”成为今天校园和职场最雷人的流行语，也成为最大的社会问题之一。如何解压，如何活得不那么纠结，如何不那么情感耗竭，如何让心情更阳光、更爽……是人们痴迷求解的话题。心理学能提供帮助。

当今中国是一个追梦的时代。所有的人都满怀梦想。人们渴望更充实、更开心、更幸福，活得更高效、更有质量，让自己富有拥抱所有的日子的正能量。心理学能提供帮助。

总之，有人的地方就需要有心理学。心理学是人生指南针。这也是心理学不断发展的社会基础和重要动力。《心理学与生活》第19版中译本正是在这一动力推动下问世了。

在这个非常时刻，要特别纪念我系已故教授、著名心理学家、原中国心理学会理事长王甦先生。当年翻译第16版时，我邀请王甦老师参与组织译校工作并请他翻译原版前言，王甦老师欣然应允。但遗憾的是，他走得太匆忙了，没能看到第16版的中文本，只差那么几天！我想以这第19版的问世告慰他，感谢他对本书乃至中国心理学教育和研究做出的贡献！

要感谢北京大学心理学系的各位同仁，他们的精诚合作、大力支持、专注投入、无私奉献，使本书得以顺利付梓。

要感谢新曲线出版咨询公司总经理刘力先生，他对心理学的热爱令人感动。没有他执着的支持，就没有本书的问世。也要感谢刘力先生领导的团队，特别是编辑刘冰云、王伟平、赵延芹、常玉轩、刘丽丽，他们为本书的翻译编辑做了大量的基础性工作。感谢他们的辛勤付出。

要感谢培生公司和人民邮电出版社，他们对本书的出版十分关心。本书能如此酷炫，有赖于他们的大力支持。

最后，要感谢本书的读者。他们认真阅读本书，热忱传播本书里的心理学知识，也对本书的翻译提出过许多有益的建议。他们对本书的热爱,使我们感到极大的欣慰。

愿心理学为所有人的生活、学习、工作增光添彩！

王垒

全国应用心理专业学位研究生 (MAP) 教育指导委员会主任

2014 年 9 月于北京大学

第 16 版中译本序言

心理学也许是现代生活中人们最广泛涉及的主题，因为，其实人的生活首先也主要是由人的心理与行为支撑的。无论生活中的衣食住行，还是工作中的为人处世，都离不开心理学，都需要心理学的知识和帮助。

人们经常会有这样的问题，诸如，人的感觉是怎么工作的？人怎么能识别各种事物？人怎么能记住各种经验？人是怎样理解语言，又是怎样组织和表达语言的？人是如何在信息加工的基础上进行问题解决和决策的？所谓人那么有“个性”是怎么回事？人的情绪和“脾气”又是怎么回事？人的所有行为都是有动机的吗？人的意识是怎么回事？意识之外又有些什么？还有梦？人的智力是怎么形成的？有什么成分？怎么测量？对人的生活和工作的成功有什么意义……这些问题不胜枚举。

心理学所涉及的方面渗透于各个领域。例如，人在独处和在群体中的行为为什么不一样？人在社会环境中的行为为什么会千差万别？受哪些因素影响？这些是社会心理学所关注的。人的这些心理与行为是怎么随着年龄增长而发展的？其中哪些受环境影响，哪些由先天遗传决定？这些是发展心理学要探讨的。在这些心理与行为的发展中教育起什么作用？如何更有效地利用这些规律促进和改善人的发展？人们怎样才能学习、记忆得更有效？这些是教育心理学研究的。人在工作中和家庭中的行为为什么不一样？工作是为了什么？领导是怎么起作用的？怎样使员工更努力地工作？这些是组织管理心理学要研究的。今天的工业设计如何使人更舒适更有效？从仪器仪表到工作环境怎样设计才能使人的疲劳或伤害减到最小，效率达到最高？这些是工程心理学、劳动心理学关心的话题。人所不断发展积累的心理与行为会如何影响人的经济行为？不同的人投资决策会有什么不同？人的感知、态度、情感、认知以及人际互动如何影响他们的消费行为？广告是怎么起作用的？这些是经济心理学感兴趣的。人在地球和在太空中的行为为什么不一样？失重情况下人的心理和行为会有哪些变化？这些是航空航天心理学最关切的。运动员是怎么选拔和培养的？他们在比赛的瞬间如何能承受各种压力？成绩波动是怎么回事？运动成绩在多大程度上受心理因素的影响？这些影响是可以控制的吗？这些是体育心理学所研究的。人的美感是哪里来的？审美活动有哪些心理特征？艺术创造是天才的特权？普通人如何能培养艺术家的气质和才干？这些是艺术心理学的领域。我们还可以举出更多……总之，在人类活动的任何一个领域，都有心理学问题，都需要心理学！这体现了心理学的博大！

有人总结说，世界有三大谜：物质起源之谜，生命起源之谜，意识起源之谜。心理学恰恰是探索关于意识起源之谜的科学，而且，由于这第三个谜很大程度又和前两个有密切的关系，所以也使心理学成为一个更加庞大而复杂的领域，也是一个使任何一个人都可能在其中找到自己感兴趣的主题的领域。这体现了心理学的重要！

科学心理学 1879 年诞生于德国，但在 20 世纪初中叶，它的中心就移到了美国。

在今天的美国，有3000多所大学有心理学学位教育，不少大学每年主修心理学的学生超过千人；全美每年授予博士学位人数最多的学科是心理学；书店里书籍最多最丰富的领域之一是心理学；社会对专业工作者需求最旺盛的领域之一也包括心理学……这体现了心理学这样一个学科在一个发达工业国家里所具有的影响。

我国心理学起步并不晚。1900年在京师大学堂（北京大学的前身）就已经有《心理学概论》的课程。1917年在北京大学成立了中国第一个科学心理学实验室。20世纪20—40年代已有相当一批在国外学成回国的心理学家在国内从事科研和教学工作。但由于众所周知的历史原因，心理学在20世纪中叶后相当一段时期的中国处于被搁置甚至被封杀的境地，这使得中国的心理学大伤元气。改革开放以后，中国心理学得到复兴。经过20世纪最后20年的努力，我国的心理学终于进入蓬勃发展的时期。目前国内设立心理学系的大学已达到约60所，是20年前的15倍！但总体来说，我国心理学仍相对较弱，在科学研究和教育实践方面的积累仍很有限。心理学的基础教育和普及成为我国心理学发展的最重要环节之一。而要做好这方面的工作，优秀教材是关键。

《心理学与生活》（*Psychology and Life*）是美国斯坦福大学多年来使用的教材，也是在美国许多大学里推广使用的经典教材，被ETS推荐为GRE心理学专项考试的主要参考用书，也是被许多国家大学的“普通心理学”（*General Psychology*）课程选用的优秀教材。不仅如此，这本教科书写作流畅，通俗易懂，更深入生活，把心理学理论与知识联系人们的日常生活与工作，使它同样也成为一般大众了解心理学与自己的极好读物！

教育部高教司为促进我国高等教育质量的迅速提高，多次倡议在一定条件下引用外版教材，体现了我国现代高等教育教材改革的重点思路。高等学校心理学教学指导委员会也积极响应这一倡议，在国内推动引进外版优秀教材的工作，使得国际上真正优秀的高校教材能为我所用，加速我国心理学高等教育的提高。而这也正是《心理学与生活》这本教材翻译出版的契机。

我从1990年开始就使用这部由斯坦福大学心理学系著名教授津巴多博士（曾任美国心理学协会主席）所写的这部《心理学与生活》，作为我在北大心理学系讲授“普通心理学”课程的教材，并一直跟踪它的发展，斯坦福每出一个新的版本，我就跟进一个版本。2001年我在夏威夷的一个国际会议上参加由津巴多教授组织的一个专题研讨会，向他介绍了我们多年使用他的教材的情况，并建议翻译出版中文本，他十分欣喜并表示支持。这促成了最后翻译这本经典教材的决心。

2002年，我的好友，也是当年北大的同窗，多年从事出版工作的刘力先生几经努力，完成了这部教材最新版的版权引进工作，使得我终于有可能实现多年来的想法。于是，这部经典的心理学教材，也是一部鸿篇巨制的翻译工作正式全面启动。

可以说，《心理学与生活》这部教材的翻译工作是北京大学心理学系的一项大型工程，也是北大心理学系历史上少有的大动作。2003年底，我召集系里部分教师开翻译动员会，全系共有18位教授、副教授倾情出动，可以说，整个教材的翻译是北大教授们集体智慧和团队凝聚力的结晶！没有他们的通力合作和精诚奉献，就没有这部教材如此迅速地问世。特别是王甦教授虽年事已高、身体欠佳，仍欣然动笔翻译本书第一部分“前言”，其精神令人感动。更令人悲痛的是，这竟然是王甦教授的绝笔。他自2003年2月完成序言的翻译以来，一直身体不适，直至10月3日与我们诀别。这部教材的翻译凝聚有他的心血，他对事业的热爱和奉献！我们也以此部教材的翻译出版作为对他的永远怀念。

本书各部分的译者依序为：前言，王甦教授；第1章，王垒教授；第2章，朱滢教授；第3章，沈政教授；第4章，吴艳红副教授；第5章，韩世辉教授；第6章，苏彦捷教授；第7章，包燕副教授；第8章，耿海燕副教授；第9章，张亚旭副教授；第10章，杨炯炯副教授；第11章，周晓林教授；第12章，肖健教授；第13章，王垒教授；第14章，王登峰教授；第15章，甘怡群副教授；第16章，钱铭怡教授；第17章，张智勇副教授；第18章，侯玉波副教授；人名列表和术语表由王垒和潘莹欣翻译。特别要感谢北大心理学系的许多研究生们，他们作为教授的助手作了大量的基础性或辅助性工作，为本教材的顺利出版立下汗马功劳。

尤其要感谢新曲线公司的刘力先生，他在版权引进乃至最后清样审定上花费了许多心血。还要感谢这部教材的编辑陈浩莺小姐以及美术编辑陶建胜先生、排版制作李爱娟小姐，他们的工作使这部经典教材得到了最终的完美再现。

王 垒

北京大学心理学系系主任

教育部高等学校心理学教学指导委员会主任

2003年10月于北京大学燕园

致中国读者

理查德·格里格
纽约州立大学石溪分校
2014 年 9 月 17 日

《心理学与生活》的主要目标是要向读者传达：心理学研究对于日常生活的重要性和相关性。本书与每个人的日常生活息息相关，所涉及主题包括饮食、社交、学习和工作，等等。心理学攸关人们的生活——本书理应涵盖人们最关心的问题。我们希望《心理学与生活》能启发读者思考，获取丰富的知识，甚至在读完这本书之后还能长久地从中汲取营养。

菲利普·津巴多与我在撰写这本教科书时面临着巨大的挑战：要将那些重要的理论和研究资料准确、清晰地介绍给读者，努力在先驱者们的经典理论与 21 世纪的最新研究之间找到平衡点。既要强调心理学知识的科学基础，又要鼓励读者培养批判性思维技能。

作为本书的作者之一，我亲眼目睹了数十年来心理学研究领域的发展和成熟。现代心理学研究的诸多方面是我刚开始学术生涯时难以想象的。譬如，心理学研究进展中的认知革命以及脑成像技术的发展成熟。心理学的研究领域不断扩大，从神经功能的分子水平分析到文化和健康心理学。研究者研发了各种新奇的应用技术，令人惊叹，心理学家也能更积极地提高人们的生活质量。

我还经历了心理学研究中参与者多样性的重大变化。起初，发展心理学的研究多以大学生为对象；如今，研究者要考察从出生前几个月到中年以及老年的毕生发展。起初，大多数研究集中于美国的大学生；如今，研究者寻求理解同一国家和文化内部以及不同国家和文化的各种人类经验。

在心理学研究的焦点发生这些变化的同时，学习心理学的学生也在悄然改变。当我环顾我的课堂时，发现学生的文化背景非常广泛。我欣喜于现代心理研究能给这么多人的生活带来启迪。同时，我也感激学生多样化的生活充实了我的教学。他们会提出千奇百怪的问题，促使我进一步反思“心理学应该研究什么，必须研究什么”。

正是在这样的背景之下，我很高兴向中国的学生和读者推荐这本《心理学与生活》。我相信，现代心理学有助于在不同文化之间搭建桥梁。我希望使用这本教科书的教授和学生给我反馈信息，以发现那些还未解答的迫切问题。不同国家之间分享的生活越多，我们离《心理学与生活》的目标就越近。

前　言

教授心理学导论是每一位从事教学的心理学家面临的巨大挑战之一。事实上，由于这门课的主题极其广泛，所以它可能是整个学术界最难教的课程。这门课程既必须涵盖对神经细胞活动的微观分析，也要包括对文化体系的宏观分析；不仅要展现健康心理学的活力，还需涉及心理疾病导致的人生悲剧。我们写这本书时所面临的挑战与教学中的挑战一样，就是要赋予所有这些信息以形式和实质，将它们论述得生动有趣。

学生们常常带着一些有关心理学的错误观念来到我们的课堂上，这些错误观念来自我们社会所灌输的“通俗心理学”（pop psychology）。学生们还对他们能从心理学课程中获得的收益抱有很高的期望——他们希望能学到很多对个人发展有价值的东西，希望能借此改善他们的日常生活。事实上，那是任何教师都难以办到的事。但我们相信，《心理学与生活》这本书会助你一臂之力。

我们的目标是写一本学生们喜欢读的

教科书，他们可以通过它学到关于心理学众多领域中激动人心的和与众不同的内容。每个章节，每个句子，我们都力图使它通俗易懂，引人入胜。与此同时，我们还注意如何使这本教科书在那些重视研究同时兼顾应用的教师的教学大纲中能发挥作用。

《心理学与生活》第 19 版是菲利普 · 津巴多（Philip Zimbardo）和理查德 · 格里格（Richard Gerrig）的第六次合作。我们之所以能够成为稳固的合作伙伴，是因为我们都认为心理学是一门与人类幸福密切相关的科学；都能将自己的教学经验融入到教科书中，处理好科学的严密性和心理学与现代生活的相关性之间的平衡。并且，理查德 · 格里格的认知心理学专长是对菲利普 · 津巴多的社会心理学专长的重要补充。由于理查德 · 格里格担当了第一作者，《心理学与生活》才跟上了心理学迅速发展的步伐，尤其是在像认知和情感神经科学那样的领域。尽管如此，《心理学与生活》仍然代表了我们共同的理念：我们共同庆贺能够延续传统并且出版后续的版本，将最重要的心理学观点带入你们的生活中。第 19 版正是我们精诚合作的结晶。

教科书的主题：心理学是一门科学

《心理学与生活》致力于利用坚实的科学研究来与心理学中的错误观念作斗争。以我们当教师的经验，心理学导论第一次上课最可能出现的情况是，快要下课时学生们蜂拥而上提出问题，这些问题概括起来就是“这门课能教给我们那些想知道的东西吗？”：

- 我母亲服用盐酸弗西汀（Prozac）：我们会学习有关这方面的内容吗？
- 你会教我们如何更好地进行学习吗？
- 我必须送儿子上日托才能返回学校来学习。这种做法对他来说是否妥当？
- 如果有朋友在谈论自杀，我该怎么做？

让我们感到欣慰的是，这些问题如今都已经有了严格的观察或实验研究。《心理学与生活》致力于科学分析读者们最关心的问题。因此，本书的宗旨是：心理学是一门科学，同时关注这门科学在生活中的应用。

生活中的批判性思维

《心理学与生活》的一个重要目标就是教授心理学论证的科学基础。当学生们向我们提问（他们需要知道的东西）时，他们往往已经从大众媒体那里获得的信息中得出了部分答案。这类信息中有的是准确的，但学生们常常不知道如何去理解它们。他们怎样才能学会解释和评价从媒体中听来的信息呢？他们怎样才能比较明智地从那些浩如烟海的研究和调查中做出选择呢？他们怎样才能判断这些资源的可靠性？与向学生灌输所谓可靠的研究不同，我们向学生提供科学的工具，通过这些工具，他们能有效地审视周围信息并得出符合研究目的和方法的结论。

在“**生活中的批判性思维**”这个新专栏中，我们使读者直面批判性结论的实验基础。我们的意图不是主张每个专栏都对某个研究领域提供了确定性的答案，而是邀请读者进行批判性思考，进一步提出更深入的问题。

每一章的“生活中的批判性思维”主题如下：

第1章：生活中的心理学 7

生活中的批判性思维

友谊为什么会结束

友谊为什么会结束？（第 1 章）
为什么数字技能如此重要？（第 2 章）
“这是遗传的”是什么意思？（第 3 章）
司机在使用手机时会分心吗？（第 4 章）
我们能从“极度饥饿感”中学到什么？（第 5 章）
打还是不打孩子？（第 6 章）
记忆研究怎样帮助你准备考试？（第 7 章）
政治专家能预测未来吗？（第 8 章）
你相信网络上的测验吗？（第 9 章）
日托是如何影响儿童发展的？（第 10 章）
动机如何影响学业成就？（第 11 章）
健康心理学能帮助你多锻炼吗？（第 12 章）
人格特质如何在网络世界里传递？（第 13 章）
如何将一种障碍纳入 DSM ？（第 14 章）
治疗会影响脑活动吗？（第 15 章）
如何才能让人们成为志愿者？（第 16 章）

生活中的心理学

我们在上文中罗列的都是现实中学生们提出的真实问题，并且你们的学生可以从本书中找到答案。这些问题体现我们多年来从学生们那里收集来的资料。我们问他们“告诉我们，有关心理学你们想知道些什么？”，然后将这些——你们学生自己的心声——直接以“**生活中的心理学**”专栏的形式写入教科书。我们所希望的是，你们的学生将通过每个例子看到究竟为什么心理学知识与他们日常生活中所做的决定直接相关。

每一章的“生活中的心理学”主题如下：

第6章：学习与行为分析 171

生活中的心理学

经典条件作用怎样影响癌症治疗

行为的实验分析

心理学家以哪些方式参与司法体系？（第 1 章）
调查研究会影响你的态度吗？（第 2 章）
你的大脑如何确定信任与否？（第 3 章）
为什么“辣”的食物会产生痛觉？（第 4 章）
你是晨鸟型还是夜猫子型？（第 5 章）
经典条件作用怎样影响癌症治疗？（第 6 章）
为什么阿尔茨海默病会影响记忆？（第 7 章）
人为什么说谎，如何说谎？（第 8 章）
如何才能变得更富创造性？（第 9 章）
当你变老时，你的大脑工作起来会有差异吗？（第 10 章）
他人在场会对你的进食行为产生怎样的影响？（第 11 章）
你能否准确地预测未来的情绪？（第 12 章）

为什么有些人会害羞？（第 13 章）
我们如何查明先天与环境的交互作用？（第 14 章）
被压抑的记忆是否会影响生活？（第 15 章）
在哪些方面你像变色龙？（第 16 章）

探索研究

这些重大研究显示了心理学研究是如何开展的，以及为什么开展。这些研究被整合进了正文中，使得读者能够在上下文中充分理解这些研究的影响。这些主题包括成年大鼠视皮层的可塑性，冥想对脑结构的影响，文化对判断典型类别成员的影响，情绪对视觉细节记忆的影响，亲密目标的个体差异，儿童焦虑障碍的家庭治疗，认知失调的跨文化差异，以及遗传对身体和社会性攻击的影响。全书共有将近 140 个探索研究，其中许多都是最新的或者最新修订的。

教学专栏

《心理学与生活》以具有挑战性，同时又为广大学生可以接受的方式介绍心理科学而久负盛名，第 19 版也不例外。为了提高学生对本书的理解，我们加入了一些教学专栏：

- ***停下来检查一下***。这个专栏出现在每一主要章节的末尾，为学生提供了一些可以激发思考的问题，在继续阅读下一章节之前检验他们对内容的掌握情况。
- ***要点重述***。各章的结束部分是该章的总结，即*要点重述*，总结了该章的内容，并且是根据主要章节的标题来组织的。
- ***关键术语***。关键术语在正文中以黑体字出现，而且注明了英文原文，每一章的结尾列出了本章所有的关键术语。
- ***练习题***。附录提供了各章的练习题，由 15 道基于正文和专栏内容的多项选择题组成。另外还包含了论述题，供学生更广泛地思考各章内容。多项选择题的答案可以在附录中找到。

第19版的更新内容

除了前面提到的几个新专栏之外，《心理学与生活》还以其及时更新的研究范围和650多篇新增的参考文献而显得富有生气。我们的目标是使之成为当今心理学最新、最准确、最易于理解的论述。《心理学与生活》（第 19 版）还吸纳了有关人们生活经验多样性的新研究。我们试图让本书能对所有选修心理学导论课的学生都有意义——无论男生还是女生，来自不同文化和种族的人们，传统和非传统的读者们。只要有可能，我们就会提出有关文化问题的新研究。

各章变化*

第 1 章

- 新增专栏“生活中的心理学：心理学家以哪些方式参与司法体系”
- 扩展关于女性作为先驱研究者的章节
- 更新关于心理学历史根基的讨论——更多关于柏拉图、亚里士多德、约翰·洛克以及伊曼努尔·康德的信息
- 扩展关于认知观点的章节——来自乔姆斯基和皮亚杰的例子

第 2 章

- 新增专栏“生活中的批判性思维：为什么数字技能如此重要”
- 新增研究：
  - “婚姻中关系的不确定性和信息加工”（Knobloch et al., 2007）
  - “对于‘友善’和‘吝啬’的记忆：威胁对于儿童面孔记忆的影响”（Kinzler & Shutts, 2008）
  - “成功的面孔：从首席执行官的长相预测公司业绩”（Rule & Ambaby, 2008）
- 扩展关于研究过程的讨论，包含更多关于同行评审和传播研究结果的信息
- 更新关于自由意志与决定论的研究
- 在“相关法”一节中新增关于第三变量的讨论
- 新增对多萝西·切尼和罗伯特·赛法斯关于狒狒社会智力研究的讨论
- 更新关于动物权利伦理的信息

第 3 章

- 新增专栏“生活中的心理学：你的大脑如何确定信任与否”
- 新增研究：
  - “年幼儿童食物偏好的遗传力”（Breen et al., 2006）
  - “名词和动词在左额皮层的加工：一项经颅磁刺激研究”（Cappelletti et al., 2008）
- 扩展关于人类进化和遗传的讨论
- 新增对谷氨酸的讨论
- 更新关于胶质细胞的信息
- 新增采用 EEG 技术进行的研究

第 4 章

- 新增专栏“生活中的批判性思维：司机在使用手机时会分心吗”
- 新增研究：
  - “视觉皮层的类别特异性”（Downing et al., 2006）
  - “面孔引起的注意”（Langton et al., 2007）
- 新增关于失认症和同时性失认症的讨论
- 新增关于近视和远视的图片
- 重新组织关于连贯信息流的一些主题

第 5 章

- 新增专栏“生活中的心理学：你是晨鸟型还是夜猫子型”
- 新增专栏“生活中的批判性思维：我们能从‘极度饥饿感’中学到什么”
- 新增研究：
  - “敢于比较：日常生活中基于事实的比较与基于模拟的比较”（Summerville & Roese, 2007）
  - “清醒和催眠状态下的痛觉缺失：对痛觉、记忆以及体感事件相关电位的影响”（De Pascalis et al., 2008）
  - “酒精的强烈去抑制效应作为冒险驾驶行为的一个因素”（Fillmore et al., 2008）
- 新增探索大脑皮层厚度随年龄增加的研究（2007）
- 扩展关于未被注意的信息以及鸡尾酒会现象的章节
- 更新关于道德推理、梦魇和夜惊的章节
- 扩展关于睡眠剥夺影响的章节
- 更新关于大麻、奥施康定、镇静剂、酒精、甲基安非他命和 MDMA 的讨论

第 6 章

- 更新专栏“生活中的心理学：打还是不打孩子”中的研究
- 新增研究：“转动轮子后匹配产生的味觉偏好”（Hughes & Boakes, 2008）
- 更新关于比较认知的讨论
- 新增关于某些鸟类如何使用认知地图的信息

* 这里列出的是与第 18 版的差异——编者注

第 7 章

- 更新专栏“生活中的心理学：为什么阿尔茨海默病会影响记忆”中的研究
- 新增研究：
    - “何时为谁走神：日常生活中工作记忆和中央执行控制的经验抽样研究”（Kane et al., 2007）
    - “语境影响记忆内容”（Marian & Kaushanskaya, 2007）
    - “你还记得向百事可乐机求婚吗？来自一次校园散步的错误回忆”（Seamon et al., 2006）
    - “闪光灯记忆终究是特殊的；在现象学上，而非准确性上”（Talarico & Rubin, 2003）
    - “从我的朋友那里得到了一些帮助……共同目击者之间的关系对错误信息敏感性的影响”（Hope et al., 2008）
    - “遗忘症中新概念关联的内隐记忆”(Verfaellie et al., 2006)
    - “自传体记忆的时空动力学：回忆、情绪强度和重温的神经关联”（Daselaar et al., 2008）
- 新增“编码特异性”一节中的研究（Mishra & Backlin, 2007）
- 新增关于新记忆形成时哪些脑区激活的研究（Hasson et al., 2008）
- 扩展关于运用记忆再认的章节
- 扩展关于记忆障碍的章节

第 8 章

- 新增研究：
    - “句子理解中的词汇歧义”（Mason & Just, 2007）
    - “真实世界环境中空间描述的表征灵活性和具体性”（Brunyé et al., 2008）
    - “框架、意图和信任 – 选择之间的不相容性”（Keren, 2007）
- 新增研究考察了其他物种成员在多大程度上能够理解人们的注意力与其所看的东西之间的关系（Okamoto-Barth et al., 2007）
- 新增关于语言相对性的研究（Kousta et al., 2008）
- 更新关于信念偏见效应的研究
- 更新关于启发式和判断的讨论

第 9 章

- 新增专栏“生活中的心理学：如何才能变得更富创造性”
- 新增研究：
    - “与陪审员决策有关的个体态度差异”（Leci & Myers, 2008）
    - “情绪智力和个体成绩：直接证据和调节效应”（Rode et al., 2007）
    - “从童年早期到成年初期关于言语和非言语智商的纵向代际研究”（Hoekstra et al., 2007）
    - “成为美国人：刻板印象威胁对西印度群岛移民群体的影响”（Deaux et al., 2007）
    - “识别能力和创造性：人们如何能有效地识别他们最富创造性的想法？”（Silvia, 2008）
- 扩展关于运用记忆再认的章节

第 10 章

- 更新专栏“生活中的批判性思维：日托是如何影响儿童发展的”
- 新增研究：
    - “老化和灵活思维：增加认知刺激活动有助于提高健康老年人的流体智力”（Tranter & Koutstaal, 2008）
    - “导致离婚的高痛苦和低痛苦婚姻关系的比较”（Amato & Hohmann-Marriott, 2007）
    - “男孩和女孩的性别类型化行为的发展轨迹：对 2.5~8 岁儿童开展的追踪研究”（Golombok et al., 2008）
    - “暴力社会中的道德发展：在生存和仇恨环境下的哥伦比亚儿童的道德判断”（Posada & Wainryb, 2008）
- 重新修订“子宫内的生理发育”一节
- 新增青少年喜欢从事冒险行为的信息
- 新增关于婴儿认知的研究（Hamlin et al., 2008）
- 新增老年人如何最大限度地减少认知表现随年龄增长而下降（用进废退）的相关研究（Bielak et al., 2007）
- 更新儿童早期的依恋类型如何预测之后行为，以及父母的教养风格如何影响儿童依恋关系的讨论
- 扩展关于青春期“风暴和压力”的讨论
- 更新关于亲密关系的讨论，包括社会对同性恋和异性恋夫妇的支持
- 扩展关于道德发展的进化论观点
- 扩展针对道德推理的性别观点和文化观点的讨论

第 11 章

- 新增专栏“生活中的心理学：他人在场会对你的进食产生怎样的影响”
- 新增研究：
  - “神经性厌食症患者加工自我意象与非自我意象的区别：fMRI 研究”（Sachdev et al., 2008）
  - “归属感问题：种族、社会适应和学习成绩”（Walton & Cohen, 2007）
- 扩展对于驱力和诱因的讨论
- 更新关于肥胖的讨论，包括导致个体肥胖的遗传机制（Farooqi & Rahilly, 2007）
- 增加关于暴食症的讨论
- 新增关于饮食障碍的遗传因素的研究
- 更新关于饮食障碍的性别和文化差异的讨论
- 新增关于大学生性活动的研究
- 更新同性恋者和异性恋者之间的大脑差异（Savic & Lindström, 2008）

第 12 章

- 新增专栏“生活中的心理学：你能否准确地预测未来的情绪”
- 更新专栏“生活中的批判性思维：健康心理学能帮助你多锻炼吗”中的研究
- 新增研究：
  - “婴儿是否能针对恐惧和愤怒展现不同的负面表情？ 11 个月大的中国婴儿、日本婴儿和欧洲裔美国婴儿的情绪表达”（Camras et al., 2007）
  - “论快乐与轻信：情绪对怀疑精神和欺骗觉察的影响”（Forgas & East，2008）
  - “不同国家中，积极和消极情绪在生活满意度判断中的作用”（Kuppens et al.，2008）
  - “帮助他人：面对威胁时神经反应的社会调节”（Coan et al.，2006）
  - “保健情境中的医患态度：态度的一致性能预测患者的满意度和遵医嘱程度”(Cvengros et al., 2007)
- 扩展积极心理学的内容
- 新增生活事件对主观幸福感影响的研究
- 更新了社会再适应量表（SRRS）
- 新增日常烦恼可能为日常的积极体验所抵消的研究（Jain et al.，2007）
- 新增考察女性应对乳腺癌手术压力的研究（Roussi et al.,2007）
- 新增考察人们吸烟行为遗传力的研究（Boardman et al.，2008）
- 新增乐观主义与免疫功能的研究 (Segerstrom, 2006, 2007)

第 13 章

- 新增专栏“生活中的批判性思维：人格特质如何在网络世界里传递”
- 新增研究：
  - “遗传和环境因素对积极特质的影响，生物计量与正常人格的协变”(Steger et al., 2007)
  - “言语智力与自律能力：男孩攻击性的共同预测指标”（Ayduk et al.，2007）
  - “利用以往成绩、替代效能和学业上的自我效能来预测大学学业成绩”（Elias & MacDonald，2007）
  - “她努力赚钱：自我妨碍行为在重视努力程度上的性别差异”（McCrae et al.，2008）
- 扩展“关于特质维度的进化观”一节，更新了研究
- 新增对罗特期望理论的讨论
- 更新对自尊的研究
- 新增关于 MMPI-2-RF 的信息

第 14 章

- 新增专栏“生活中的批判性思维：如何将一种障碍纳入 DSM”
- 新增研究：
  - “抑郁的年轻成人选择性注意的时间进程：眼动追踪研究”（Kellough et al.，2008）
  - “反刍思维中的性别差异始于何时？青少年运用反刍思维的性别和年龄差异”（Jose & Brown，2008）
  - “具有运动转换障碍的患者与假装有缺陷的控制组的 fMRI 研究”（Stone et al.，2007）
  - “生活事件和高反应性特质能一起预测精神分裂症患者精神病症状的加重”（Docherty et al.，2008）
- 增加“精神病”概念的论述
- 更新关于焦虑障碍生物学原因的章节
- 更新对抑郁性别差异的讨论
- 更新关于分离性障碍原因的章节
- 探讨 ADHD 的性别差异

第 15 章

- 更新专栏“生活中的心理学：被压抑的记忆是否会影响生活”中的研究
- 更新专栏“生活中的批判性思维：治疗会影响脑活动吗”中的研究
- 新增研究：
  - “在飞行恐惧治疗中的虚拟现实暴露疗法和标准（真实）暴露疗法”（Rothbaum et al., 2006）
  - “针对强迫购买症进行的随机化、有控制的团体认知行为治疗：治疗后和 6 个月追踪的结果”（Mueller et al., 2008）
- 新增关于心理治疗中多元化问题的章节
- 新增探讨应用暴露疗法治疗强迫症的研究
- 更新认知行为治疗的研究，包括应用认知行为疗法治疗患有暴食症的妇女（Cassin et al., 2008）
- 探讨服用抗抑郁药物的个体会增加自身风险的争议
- 评价了扣带回切除术效果的近期研究（Shields et al., 2008）

第 16 章

- 两章社会心理学的内容在第 19 版中合并成一章
- 新增专栏“生活中的心理学：在哪些方面你像变色龙”
- 新增研究：
  - “为了金牌：日本和美国背景下的媒体模型”（Markus et al., 2006）
  - “归因、欺骗和事件相关电位：自我服务偏差研究”（Krusemark et al., 2008）
  - “提问改变行为：献血频次的单纯测量效应”（Godin et al., 2008）
  - “了解了同性恋的生物学解释后产生的有偏差的同化和态度极化”（Boysen & Vogel, 2007）
  - “亲属和利他：跨文化实验研究”（Madsen et al., 2007）
- 扩展对斯坦福监狱实验长期影响的讨论
- 新增研究考察了能减少人们能耗的最有效的信息类型（Nolan et al., 2007）
- 新增关于自杀邪教的部分
- 新增研究显示精细可能性模型表明要避免被人说服你通常需要付出一定的努力（Burkley, 2008）

个人致谢

尽管甲壳虫乐队只要朋友们很少的帮助就可以获得成功，但我们这一版《心理学与生活》的修订和写作却是在许多同事和朋友的帮助下才得以完成的。我们特别感谢 Brenda Anderson, Stephanie Anderson, Sara Bufferd, Edward Carr, Turhan Canli, Joanne Davila, Anna Floyd, Tony Freitas, Greg Hajcak, Helene Intraub, Paul Kaplan, Sheri Levy, Anne Moyer, Timothy Peterson, Suparna Rajaram, John Robinson, Arthur Samuel, Trish Van Zandt, 以及 Patricia Whitaker。

我们还要感谢下列本版以及前几版的审阅人，他们仔细阅读了书稿并且给出了有价值的反馈。

Debra Ainbinder, Lynn University
Robert M. Arkin, Ohio State University
Trey Asbury, Campbell University
Gordon Atlas, Alfred University
Lori L. Badura, State University of New York at Buffalo
David Barkmeier, Northeastern University
Tanner Bateman,Virginia Tech
Darryl K. Beale, Cerritos College
N. Jay Bean,Vassar College
Susan Hart Bell, Georgetown College
Danny Benbassat, George Washington University
Sarah A. Burnett, Rice University
Michael Bloch, University of San Francisco
Richard Bowen, Loyola University
Mike Boyes, University of Calgary
Wayne Briner, University of Nebraska at Kearney
D. Cody Brooks, Denison University
Brad J. Bushman, Iowa State University
Jennifer L. Butler, Case Western Reserve University

James Calhoun, University of Georgia
Timothy Cannon, University of Scranton
John Caruso, University of Massachusetts, Dartmouth
Marc Carter, Hofstra University
Dennis Cogan, Texas Tech University
Sheree Dukes Conrad, University of Massachusetts, Boston
Randolph R. Cornelius, Vassar College
Leslie D. Cramblet, Northern Arizona University
Catherine E. Creeley, University of Missouri
Lawrence Dachowski, Tulane University
Mark Dombeck, Idaho State University
Dale Doty, Monroe Community College
Victor Duarte, North Idaho College
Tami Egglesten, McKendree College
Kenneth Elliott, University of Maine at Augusta
Matthew Erdelyi, Brooklyn College, CUNY
Michael Faber, University of New Hampshire
Valeri Farmer-Dougan, Illinois State University
Trudi Feinstein, Boston University
Mark B. Fineman, Southern Connecticut State University
Diane Finley, Prince George Community College
Kathleen A. Flannery, Saint Anselm College
Lisa Fournier, Washington State University
Traci Fraley, College of Charleston
Rita Frank, Virginia Wesleyan College
Eugene H. Galluscio, Clemson University
Preston E. Garraghty, Indiana University
Adam Goodie, University of Georgia
Peter Gram, Pensacola Junior College
Jeremy Gray, Yale University
W. Lawrence Gulick, University of Delaware
Pryor Hale, Piedmont Virginia Community College
Rebecca Hellams, Southeast Community College
Jacqueline L. Hess, University of Indianapolis
Dong Hodge, Dyersburg State Community College
Mark Hoyert, Indiana University Northwest
Herman Huber, College of St. Elizabeth
Richard A. Hudiburg, University of North Alabama
James D. Jackson, Lehigh University
Stanley J. Jackson, Westfield State College
Matthew Johnson, University of Vermont
Seth Kalichman, Georgia State University
Mark Kline, Indiana University
Stephen La Berge, Stanford University
Andrea L. Lassiter, Minnesota State University
Mark Laumakis, San Diego State University
Charles F. Levinthal, Hofstra University
Suzanne B. Lovett, Bowdoin College
Tracy Luster, Mount San Jacinto College
M. Kimberley Maclin, University of Northern Iowa
Gregory G.Manley, University of Texas at San Antonio
Leonard S.Mark, Miami University
Michael R.Markham, Florida International University
Karen Marsh, University of Minnesota, Duluth
Kathleen Martynowicz, Colorado Northwestern Community College
Lori Metcalf, Gatson College
Michael McCall, Ithaca College
Mary McCaslin, University of Arizona
David McDonald, University of Missouri
Greg L.Miller, Stanford University School of Medicine
Karl Minke, University of Hawaii–Honolulu
Charles D.Miron, Catonsville Community College
J. L.Motrin, University of Guelph
Anne Moyer, Stony Brook University
Eric S.Murphy, University of Alaska
William Pavot, Southwest State University
Amy R. Pearce, Arkansas State University
Kelly Elizabeth Pelzel, University of Utah
Linda Perrotti, University of Texas at Arlington
Brady J. Phelps, South Dakota State University
Gregory R. Pierce, Hamilton College
William J. Pizzi, Northeastern Illinois University
Mark Plonsky, University of Wisconsin–Stevens Point
Bret Roark, Oklahoma Baptist University
Cheryl A. Rickabaugh, University of Redlands
Rich Robbins, Washburn University
Daniel N. Robinson, Georgetown University
Michael Root, Ohio University
Nicole Ruffin, Hampton University
Bernadette Sanchez, DePaul University
Patrick Saxe, State University of New York at New Paltz
Mary Schild, Columbus State University
Elizabeth Sherwin, University of Arkansas, Little Rock
Norman R. Simonsen, University of Massachusetts, Amherst
Peggy Skinner, South Plains College
R. H. Starr, Jr., University of Maryland–Baltimore
Walter Swap, Tufts University
Priscilla Stillwell, Black River Technical College

Charles Strong, Northwest Mississippi Community College
Jennifer Trich Kremer, Pennsylvania State University
Jeffrey Wagman, Illinois State University
David Ward, Arkansas Tech University
Douglas Wardell, University of Alberta
Linda Weldon, Essex Community College
Alan J.Whitlock, University of Idaho
Paul Whitney,Washington State University
Allen Wolach, Illinois Institute of Technology
John W.Wright,Washington State University
Jim Zacks, Michigan State University

完成一本范围如此之广的著作无疑是一项繁重的任务，只有依靠所有这些朋友和同事以及 Allyn & Bacon 出版社的编辑人员的专业帮助才有可能。我们深深地感谢他们在本项目每个阶段所做出的非常宝贵的贡献，我们不仅向他们集体表示感谢，而且现在要向个人致谢。我们感谢以下 Allyn & Bacon 出版社的工作人员：Stephen Frail，高级编辑；Deb Hanlon，开发编辑；Kara Kikel，附录编辑；Jeanette Koskinas，高级市场主管，心理学；Roberta Sherman，出版编辑；Susan McNally，项目主管；以及 Kate Cebik，图片编辑。

Psychology and Life

心理学与生活

1

生活中的心理学

为什么要学习心理学？这个问题的答案非常简单：心理学研究可直接应用于日常生活中的重要问题，例如身心健康、建立和维持亲密关系的能力以及学习和个人成长的能力。《心理学与生活》的首要目标之一就是强调心理学专业知识与我们每个人都息息相关，并且具有重要的社会意义。

每个学期开始教课的时候，我们都面对着一群脑海中带着一些非常特殊的问题进入心理学导论课堂的学生。有时那些问题来自于他们的自身经验（“如果我认为我的妈妈有精神病，我该怎么办呢？”“这门课会教给我如何提高成绩吗？”）；有时那些问题来自阅读通俗读物获得的心理学信息（“家庭中最年长的孩子是最保守的，这是真的吗？”）。我们教授这门课的挑战是：必须将科学研究的成果与学生所关心的问题联系起来。

心理学的研究不断丰富关于支配心理和行为过程的基本机制的新知识。随着新思想取代或改变旧思想，我们也不断受到许多人性之谜的吸引和挑战。我们希望在这次旅程的终点，你也将拥有丰富的心理学知识。

为了真正理解心理学与生活的关系，在本次旅程的起点，我们首先需要科学地提出问题。我们将探寻人类行为如何发生，发生什么，何时发生，以及为何发生？还要探寻你在自己、他人以及动物身上所观察到的行为的原因和结果。我们将解释为什么你按照你现在的方式思考、感觉和行动。是什么使你与众不同？可为什么你又常常像其他人那样去行动？你是被遗传塑造还是在更大程度上其实是被个人经历塑造？攻击和利他、爱和恨、疯狂和创造性如何能在人类这种复杂的生物身上同时存在？在这个开篇的章节中，我们要考虑如何以及为什么所有这些类型的问题与作为一门学科的心理学的目标相关联。

心理学为何独具特色

要领略心理学的独特性和统一性，你必须考虑心理学家们界定这一领域的方式，以及他们从事研究与实践的目的。在本书的结尾，我们希望你能像一个心理学家那样去思考。在第一节里，我们将就此给你一个清晰而充实的概念。

定　义

许多心理学家寻找下面这个根本问题的答案：什么是人性？心理学通过着眼于发生在个体内部的过程以及从自然或社会环境中产生的力量来回答这个问题。有鉴于此，我们把**心理学**（psychology）正式定义为关于个体的行为及心智（mind）过程的科学研究。让我们来看看这个定义中的关键部分：科学、行为、个体以及心智。

心理学的科学性要求心理学结论建立在依据科学方法原则收集到的证据基础之上。**科学方法**（scientific method）包括一组用来分析和解决问题的有序步骤。这种方法用客观收集到的信息作为得出结论的事实基础。我们将在第 2 章探讨心理学家如何操作他们的研究，届时会更加详细地阐述科学方法的特点。

行为（behavior）是有机体适应环境的方式。行为就是行动。心理学的研究主题主要是人类和其他动物的可观察行为。微笑、哭泣、奔跑、攻击、交谈以及触摸，这些都是你所能观察到的行为的常见例子。心理学家探索在既定的行为情境和更广泛的社会或文化环境中从事什么，以及如何行事。

心理学分析的对象往往是个体——一个新生婴儿，一名青少年运动员，一个正在适应宿舍生活的大学生，一位面临中年转行的男士，或者一位因丈夫患阿尔茨海默氏症正逐渐恶化而面临压力的女士。但是，研究对象也可能是一个正在学习用符号进行交流的黑猩猩，一只走迷宫的白鼠，或者一只对危险信号做出反应的海兔。个体既可能在其自然栖息地也可能在实验室的控制条件下接受研究。

绝大多数心理学研究定位于个体——通常是人类个体，但有时是其他种系的个体。你会希望心理学家研究你个人生活中的哪些方面？

心理学的许多研究者也认识到，不理解心智过程，即人类的*心理活动*，就无法理解人类行为。许多人类活动是在个体内部发生的——思考、计划、归因、创造以及做梦。很多心理学家相信，精神过程代表了心理学探索的最重要的方面。稍后你将看到，心理学研究者们已经设计了许多巧妙的方法来研究心理事件和过程，从而得以揭示这些隐秘的体验。

这些关注点的结合阐释了作为独特领域的心理学。在社会科学中，心理学家主要关注个体的行为，社会学家则研究人们在群体或组织中的行为，而人类学家关注不同文化中行为的广泛背景。即便如此，心理学家们也汲取其他学者们的见识。心理学家们与*生物科学*的研究者特别是研究行为的大脑过程和生物化学基础的研究者们有着许多共同的研究兴趣。心理学作为新兴的*认知科学*领域的一部分，针对人类的心智活动如何与计算机科学、人工智能和应用数学的研究和理论相关联，心理学家提出了许多问题。作为一种*健康科学*，心理学与医学、教育、法律和环境研究都有联系，它寻求提升每个个体和集体的幸福感。

尽管现代心理学这种非同寻常的广度和深度对心理学家来说是乐趣的源泉，但对那些第一次探索这个领域的学生来说，无疑成为了一种挑战。心理学研究远比你最初期待的要多得多，因此，你也将从这本心理学导论中得到很多有价值的东西。学习这个领域的最佳方式是学会分享心理学家的目标。那么，就让我们开始细细思量这些目标。

心理学的目标

心理学家从事基础研究的目的是描述、解释、预测和控制行为。这些目标构成了心理学专业的基础。实现每一个目标都包括哪些内容呢？

描述发生的事情 心理学的第一个任务是对行为进行准确的观察。心理学家通常把这种观察称为他们的*数据*。**行为数据**（behavioral data）是关于机体的行为以及行为发生条件的观察报告。当研究者进行数据收集时，他们必须选择一个适宜的*分析水平*，

图 1.1 分析水平

假如你想让一位朋友在这幅画前与你会面。你会如何描述这幅画？假如你的朋友想要对这幅画的精确复述，你会如何描述它？（见彩插）

并且设计出能保证客观性的行为测量方法。

为了研究个体的行为，研究者可能使用不同的分析水平——从最宽泛的整体水平到最细微的具体水平。比如，假设你试图描述你在一个博物馆里看到的一幅油画（见**图 1.1**）。在整体的水平上，你可能用标题“浴者”和作者“乔治·修拉”来描述它。而在具体水平上，你可能会叙述这幅画的特征：一些人在岸边晒太阳，其他人正在戏水，等等。在一个非常具体的水平上，你可能会描述修拉为创造这个场景而使用的绘画技巧——画中细微的小点。每一个水平上的描述都回答了关于这幅画的不同问题。

心理学描述的不同水平也提出了不同的问题。在心理学分析的最宽泛的水平上，研究者探索复杂社会环境和文化环境中人作为整体的行为。在这个水平上，研究者可能研究暴力、偏见的根源、精神疾病影响的跨文化差异。在下一个水平上，心理学家关注较为狭窄和精细的行为单元，比如对交通灯的反应速度、阅读过程中的眼动以及儿童在学习语言过程中的语法错误。心理学家还可能研究更小的行为单元。他们可能通过确定大脑中存储不同记忆类型的部位、在学习过程中发生的生物化学变化以及负责视觉和听觉的感觉通路来探索行为的生物基础。每个水平上的分析都提供所需的基本信息，最终通过整合之后，才能呈现心理学家所希望描绘的关于人类本性的完整因素。

不论观察的焦点宽窄如何，心理学家都在努力客观地描述行为。按照事实的本貌而不是研究者的期待或希望去收集它们，这是最重要的。因为每一个观察者都可能把自己的主观观点——偏差、偏见和期望——带进观察中，因此，防止这些个人因素混淆和扭曲数据是非常重要的。你将在下一章看到，心理学研究者已经发展出很多技术以保证研究的客观性。

解释发生的事情 描述必须忠实于可察觉的信息，而解释却需有意地超越可观察到的现象。在心理学的许多领域，其中心目标是找到行为和心理过程的规律模式。心理学家希望发现行为是如何运作的。当接下来发生的情形出乎意料时，为什么你会大笑？什么情况会导致一个人企图自杀或强奸？

心理学的解释通常承认大多数行为受到一些因素的共同影响。一些因素在个体内部起作用，比如基因构成、动机、智力水平或自尊。这些内部决定因素是关于机体的一些特殊内容。而其他因素则在外部起作用。例如，一个孩子试图取悦老师以赢得奖励，或者一个陷入交通堵塞的司机变得沮丧和怀有敌意。这些行为在很大程度上受到个人之外事件的影响。当心理学家们寻求对行为的解释时，他们几乎总是同时考虑这两种类型的解释。例如，假设心理学家想解释为什么一些人开始吸烟。研究者可能会认为某些个体特别倾向于冒险（内部解释），或者一些个体承受了大量来自同辈人的压力（外部解释）——或者，一种冒险的倾向以及某种情境下的同辈压力都是必要的（综合的解释）。

心理学家的目标通常是通过一个潜在的原因去解释多种行为。请看这样一个情境：你的老师说，要想得到一个好分数，每个学生就必须经常参加班级讨论。你的室友虽然总是对课程做了很好的准备，却从不举手回答问题或自愿发言。老师批评他没有学习动力，并且认为他不聪明。这个同学也参加晚会但从不和陌生人说话，在自己的观点遇到孤陋寡闻者的质疑时也不公开维护自己的观点，而且在餐桌上几乎从不聊天。你的判断会是什么？什么样的潜在原因可能引起这一系列的行为？会不会是害羞呢？像许多极为害羞的人一样，你的室友不能按照社会所期望的方式去行动（Zimbardo & Radl, 1999）。我们可以使用害羞的概念解释你室友的全部行为模式。

什么原因导致人们吸烟？心理学能否创建一些情境，使得人们更少地从事这种行为？

为了检验这些对原因的解释，研究者必须经常从事创造性的过程——检查收集到的不同种类的数据。神探夏洛克·福尔摩斯可以从零碎的证据中得到准确的结论。利用同样的方式，每个研究者必须具有一种见多识广的想象力，把已知和未知的事物创造性地整合起来。一个受过良好训练的心理学家，可以通过使用他对人类经验的洞察力和以前的研究者对同一个现象已经发现的事实，来解释观察到的现象。许多心理学研究都试图确定几种解释中的哪一种能最精确地解释特定的行为模式。

预测将要发生的事情　心理学中的预测是表述一个特定行为将要发生的可能性和一种特定关系将被发现的可能性。对造成特定行为方式潜在原因的精确解释，常常能让研究者对未来的行为做出精确的预测。因此，如果我们相信你的室友是害羞的，我们可以有信心地预测，他在被要求和一个陌生人交谈的时候会感到不舒服。当不同的解释被用来说明某种行为或关系时，通常依据它们能做出多么精确而全面的预测来形成判断。如果你的室友很乐于与陌生人接触，我们就不得不重新考虑我们的判断了。

正如观察必须非常客观，科学预测的措辞也必须足够精确，以使它们能够被检验，在证据不支持的时候被拒绝。例如，假设研究者预测，一个陌生者的出现必定导致特定年龄以上的人类婴儿和幼猴表现出焦虑。我们可能想要检验“陌生者”这一因素来使得预测更加精确。如果这个陌生者也是一个婴儿而不是成人，或者这个陌生者是同一物种而非不同物种，那么人类婴儿或幼猴表现出来的焦虑会更少吗？为了改进未来的预测，研究者要在环境条件下创造系统性的变化，并且观察它们对婴儿反应的影响。

控制发生的事情　对许多心理学家来说，控制是核心的、最强有力的目标。控制意味着支配行为的发生或不发生——启动行为，维持行为，停止行为，并且影响行为的形式、强度或发生频率。如果一个对行为原因的解释能设定有关条件以使行为受到控制，那么这个解释就是有说服力的。

一个心理学预测。

控制行为的能力很重要，因为它为心理学提供了帮助人们提升生活质量的途径。贯穿《心理学与生活》全书，你都可以看到心理学家为了帮助人们控制他们生活中的问题而进行的不同类型的干预。例如，第 15 章谈到了对精神病的治疗。我们也描述人们如何运用心理力量去消除不健康的行为，如吸烟，以及建立健康的行为，如有规律地运动（见第 12 章）。你将学到什么类型的教养行为能帮助父母与其孩子保持紧密的联系（见第 10 章）；你将学到是什么力量使得陌生人在危急关头不愿伸出援手以及如何克服这些力量（见第 16 章）。这些只是心理学家运用他们的知识来控制和改善人们生活的大量事例中的一小部分。从这个角度看，心理学家是一个相当乐观的群体，他们中的许多人都相信，任何不合意的行为模式几乎都能通过适当的干预而得到矫正。《心理学与生活》也保持着同样的乐观精神。

STOP 停下来检查一下

❶ 心理学定义的四个成分是什么？
❷ 心理学家的四个目标是什么？
❸ 为什么解释行为和预测行为总是紧密相联？

现代心理学的发展

今天，定义心理学和阐述心理学研究的目标是相对容易的。但是在你刚开始学习心理学的时候，了解促成现代心理学诞生的各种影响因素非常重要。这个历史回顾的核心是一个简单的原则：思想很重要。有关心理与行为的科学所应包含的适宜研究对象以及方法学的激烈辩论，是心理学大部分历史的典型特征。

我们的历史回顾将在两个分析水平上进行。第一部分，我们将考虑奠定现代心理学的一些关键基础工作的重要历史时期。这个关注的焦点将使你近距离地见证这些思想观念之争。第二部分，我们将以更宽泛的方式描述当代出现的七种观点。对于这两个层面的关注，你应该展开想象的翅膀，分享这些理论进化过程中的那些智慧与激情。

心理学的历史根基

1908 年，最早的实验心理学家之一**赫尔曼·艾宾浩斯**（Hermann Ebbinghaus, 1850—1909）写道："心理学有着漫长的过去，但只有短暂的历史"（Ebbinghaus, 1908/1973）。长久以来，学者们就人类的本性提出了一系列重大问题——人们如何感知现实、意识的本质以及精神错乱的起源是什么。但是，他们并不掌握回答这些问题的方法。考虑一下公元前 4 世纪和 5 世纪由古希腊哲学家**柏拉图**（公元前 427—公元前 347）和**亚里士多德**（公元前 384—公元前 322）提出的基本问题：心智如何运作？自由意志的本质是什么？公民个体与其城邦或国家的关系是什么？尽管心理学的形式早已存在于古印度的瑜伽传统中，西方心理学还是将它的起源上溯至这些哲学家的著作中。柏拉图和亚里士多德阐述了相反的观点，但仍然对当代的思想持续产生影响。考虑一下人们是如何了解这个世界的。在经验主义者看来，人们的心智生来是白板；心智通过世界上的经验来获取信息。**约翰·洛克**（John Locke, 1632—1704）在 17 世纪详细阐明了这个观点；其根源可以追溯到亚里士多德。在先天论者看来，人们生来便具有心理结构，对他们在世界上的经验产生限制。**伊曼努尔·康德**（Immanuel Kant, 1724—1804）在 18 世纪充分发展了这个观点；其根源可以追溯

生活中的批判性思维

友谊为什么会结束

《心理学与生活》的一个重要目标是提高你在生活中进行批判性思维的能力：我们希望你能对"我应该相信什么和做什么"作出理性的决策（Appley, 2006, p.61）。那就让我们思考选修这门课程的学生通常关心的一个问题：友谊为什么会结束？

试着回想一段珍贵友谊结束时的情景。你能理解哪里出了问题？心理学能提供理论分析，从而帮助你理解生活中的事件。事实上，研究者们已经考察了哪些事件能导致友谊的结束（Sheet & Lugar, 2005）。人们报告的事件有恋爱竞争（"她与我男朋友睡觉"）、无礼行为（"他让他的朋友搞乱了我的房间"），以及背叛信任（"他泄露我所有秘密"）。如果你了解这类事件，你已经掌握了评价自己友谊关系的紧张度的基本框架。研究提供了更为具体的结论：在 400 名美国中西部学生中，最常见的冲突来源——导致朋友关系终止的争论起因——是恋爱竞争和无礼行为。你能使用这些信息来批判性地思考你目前朋友关系的状态吗？这个研究表明心理学如何能帮助你感知生活事件并进行合理的区分。

但是你还可以利用批判性思维的另一面：你应该问我能在多大程度上应用你了解的信息。比如，我们只声称友谊的研究结果来自美国中西部的学生。在这一章中，我们已经了解了社会文化观点，这种观点强调当代心理学研究者注意文化对这些研究结果的影响。为了考察他们研究结果的跨文化一致性，研究者们收集了俄罗斯学生的数据。这些学生大都报告说朋友冲突的最大来源是背叛信任。为什么是这种结果？研究者认为俄罗斯人对这类事件更为敏感是因为"俄罗斯有一段极权主义的历史，在这期间背叛信任会威胁到个人的生命"（Sheet & Lugar, 2005, p.391）。

美国学生和俄罗斯学生之间还有很多值得注意的文化差异。首先，结果提醒你批判性思维的一个重要成分是检验结论的完整性和普遍性。在第 2 章中，我们会关注科学方法。我们在《心理学与生活》中报告他们的研究结果之前，我们将会提供给你心理学研究需要满足的标准。此外，贯穿全书，我们都会关注文化影响人类存在的基本过程的重要性。美国学生和俄罗斯学生之间差异的第二个重要方面是你在周围人面前该如何表现？大多数人都在一个多元文化环境下生活和工作。心理学方面的教育能使你对哪些领域里文化会起作用而哪些领域里文化不起作用变得更为敏感。请记住，掌握心理学知识的目的是使你在日常生活中做出更多理智的决策。

- 在这个研究中，美国样本来自中西部会对结果有影响吗？
- 美国历史的哪些方面会对美国公民的心理产生影响？

到柏拉图。（在后面的章节中，我们会以"天性与教养"的形式回到这个理论争辩。）到了 19 世纪末，当研究者们将其他科学——比如生理学和物理学——的实验室技术应用于研究这些来自于哲学的基本问题时，心理学才开始作为一门学科而出现。

现代心理学发展过程中的一个重要人物是**威廉·冯特**（Wilhelm Wundt，1832—1920），他于 1879 年在德国莱比锡建立了第一个正式的实验心理学实验室。冯特曾经接受过作为生理学家的训练，但在他的研究生涯中，他的兴趣从躯体问题转移到了心理问题：他希望理解感觉和知觉的基本过程以及简单心理过程的速度。在建立他的心理学实验室的时候，冯特已经完成了一系列的研究并且出版了《生理心理学原理》（*Principles of Physiological Psychology*）的几个版本中的第一版（Kendler, 1987）。

冯特的实验室在莱比锡建立后，他开始训练第一批明确致力于正在兴起的心理学领域的研究生。他们中许多人后来在世界各地创建了自己的心理学实验室。随着心理学成为一门独立学科，心理学实验室开始在北美的大学中出现，第一个于 1883 年出现在约翰·霍普金斯大学。这些早期实验室往往受到冯特的影响。例如，在跟随冯特学习之后，**爱德华·铁钦纳**（Edward Titchener，1867—1927）成为了美国第一批心理学家之一，并于1892年在康奈尔大学建立了一个实验室。但是，几乎在同时，一位学习过医学且对文学和宗教有着强烈兴趣的哈佛大学哲学教授发展出了一套独特的美国观点，他就是**威廉·詹姆士**（William James，1842—1910，也译作威廉·詹姆斯）。他是伟大的小说家亨利·詹姆斯的哥哥，撰写了一部两卷本的《心理学原理》（*The Principles of Psychology*, 1890/1950），这部著作被许多专家认为是有史以来最重要的心理学教科书。不久之后，在1892年，**斯坦利·霍尔**（G. Stanley Hall）创立了美国心理学协会（American Psychological Association, APA）。* 到了1900年，北美已经有了40余个心理学实验室（Hilgard, 1986）。

* APA：成立于1892年，现有会员近15万人，包括心理学研究者、心理学教师，以及在实践领域从事心理咨询和心理治疗等实务工作的从业人员。中文过去多译为“美国心理学会”，但由于Association在语义上和国内习惯上多译为“协会”，且事实上，APA中大多数会员是从事心理咨询和心理治疗的实践工作者，因此感到译为“学会”不甚确切，基于此，我们建议将APA译为“美国心理学协会”。——译者注

几乎在心理学出现的同时，关于这个新学科的适宜的研究对象和方法的争论就产生了。这场争论中浮现出的一些问题，迄今在心理学中仍如影随形并日益凸显。我们将特别描述结构主义与机能主义之间的尖锐对峙。

结构主义：心理的内容　当心理学成为一门围绕实验而组织起来的实验室科学时，它想要对知识做出独特贡献的倾向就变得非常明显了。在冯特的实验室里，实验参与者在不同的实验室控制条件下对他们觉察到的刺激做出简单反应。因为数据是通过系统、客观的程序收集的，所以独立的观察者可以重复得到这些实验的结果。对科学方法（见第2章）、精确测量以及数据统计分析的强调，体现了冯特心理学的传统特色。

1879年，威廉·冯特建立了第一个正式用于实验心理学研究的实验室。假设你决定建立一个你自己的心理学实验室，你会研究哪些类型的问题?

当铁钦纳把冯特的心理学带回美国时，他提倡用这种科学方法来研究意识。他用于检查意识的心理活动元素的方法是**内省法**（introspection），即由个体系统地检查自己有关特定感官经验的思维和感受。铁钦纳强调“什么”是心理的内容，而非“为什么”和“怎么”思考。他的观点以**结构主义**（structuralism）之名著称于世，即对心理和行为的结构的研究。

结构主义建立在这样的假设之上：人类的所有心理经验都可以作为基本成分的组合来理解。这个观点的目标是，通过分析组成个体心理生活的感觉及其他经验的构成元素，进而揭示人类心理的基础结构。许多心理学家都针对下面三点来攻击结构主义：（1）它是简化论的，因为它把所有复杂的人类体验都简化为简单的感觉；（2）它是元素论的，因为它寻求把成分或者元素组合起来，而非直接研究复杂的或整体的行为；（3）它是心灵主义的，因为它只研究人类意识觉知的口头报告，忽视对那些无法描述内省经验的个体的研究，包括动物、儿童以及精神障碍者。

结构主义的一个重要分支由德国心理学家**马克斯·惠特海默**（Max Wertheimer，1880—1943，也译作魏太墨）开创，强调心理是以格式塔（有组织的整体）的方式理解许多经验，而不是简单部分的总和。例如，你画画的体验要大于每一次涂抹颜料的总和。我们将在第4章看到，**格式塔心理学**（Gestalt psychology）仍然影响着对知觉的研究。

机能主义：有目的的心理　威廉·詹姆士同意铁钦纳关于意识是心理学的研究中

心的观点；但是对詹姆士而言，意识的研究没有被简化为元素、内容和结构。相反，意识是流动的，心理的特性是与环境持续进行相互作用的。人类的意识有助于人适应环境；因此，重要的是心理过程的行为和机能，而不是心理的内容。

机能主义（functionalism）极为重视那些使机体适应环境和有效运作的习得的习惯。对于机能主义者而言，研究要回答的关键问题是："行为的机能或目的是什么？"机能主义学派的创始人是美国哲学家**约翰·杜威**（John Dewey，1859—1952）。他对心理过程的实际应用的关注，促进了教育领域的重要改革。杜威的理论推动了他自己的实验学校以及美国普遍的*进步教育*："机械的学习被抛弃了，取而代之的是通过实践来学习，以期望求知的好奇心被激发起来，理解力得以加强（Kendler, 1987, p.124）。"

尽管詹姆士赞成仔细的观察，他却不重视冯特严格的实验室方法。在詹姆士的心理学中，有情感、自我、愿望、价值甚至宗教和神秘体验的一席之地。他的"热血"心理学认识到，每个个体的独特性不能被简化为来自测验结果的公式或数字。对于詹姆士来说，解释才是心理学的目标，而不是实验控制（Arkin, 1990）。

在机能主义者杜威的努力下，美国的课堂实践发生了变化。教师可以为鼓励"求知的好奇心"做些什么呢？

这些观点的延续 尽管存在这些差异，结构主义和机能主义的开创者们的见解依然为当代心理学的繁荣发展创造了一种智识环境。心理学家们现在同时探索行为的结构和机能。比如言语产生的过程。假设你想邀请一个朋友去看超级碗比赛（美国国家橄榄球联盟的年度冠军赛——译者注）。要这样做的话，你说的词语必须完成正确的功能——*超级碗，和我，今晚*——但是也要有正确的结构：下面这种说法是不行的，"愿意看超级碗我去和今晚你吗？"为了理解言语产生是如何工作的，研究者们研究了说话者使语言的意义（功能）与语法结构相适应的方式（Bock, 1990）（我们将在第 8 章描述言语产生的过程）。在回顾经典研究和当代研究时，本书自始至终既强调结构又强调机能。心理学家们也继续使用很多不同的方法去研究适用于所有人类的普遍力量以及每个个体的独特方面。

作为先驱研究者的女性

早期心理学的研究和实践是由男性主导的，对此你可能不会感到惊讶。虽然女性在数量上还是很少，但是她们在这个领域做出了大量的贡献（Russo & Denmark, 1987; Scarborough & Forumoto, 1987）。让我们来看看不同心理学研究领域的四位女性先驱者。

玛丽·惠顿·卡尔金斯（Mary Whiton Calkins, 1863—1930）在哈佛大学师从于威廉·詹姆士。然而，因为是女性，她只允许作为"旁听"研究生参与学习。虽然她完成了博士学位的所有要求，而且成绩优异，但哈佛大学管理部门拒绝将博士学位授予女性。尽管受到这样的歧视，卡尔金斯依然建立了美国第一批心理学实验室之一，并且创造了研究记忆的重要工具。1905 年，她成为美国心理学协会（APA）的第一位女性主席。

1894 年，玛格丽特·沃什布恩成为第一个获得心理学博士学位的女性，她后来写了一部有影响力的早期教科书——《动物心理》。作为一名先驱女性研究者，她曾遭遇什么挑战?

1894 年，**玛格丽特·沃什布恩**（Margaret Washburn，1871—1939）毕业于康奈尔大学，成为第一位获得心理学博士学位的女性。她后来写了一部有影响力的早期教科书——《动物心理》（*The Animal Mind*）。这本书总结了各种动物物种中关于感觉、学习和记忆的研究。1921 年，沃什布恩成为美国心理学协会的第二位女性领导者。

海伦·汤普森·伍利（Helen Thompson Wooley, 1874—1947）最早完成了考察性别差异的一些研究（Maracek et al., 2003; Milar, 2000）。1900 年，作为她在芝加哥大学的博士研究，伍利比较了 25 名男性和 25 名女性在一整套测验中的表现，包括智力和情绪测验。她从这项研究得出结论，性别差异不是来源于先天能力，而是男性和女性毕生社会经验的差别所致。她还提出了著名的批评："臭名昭著的个人偏见、为了支持偏见所牺牲的逻辑、毫无根据的断言，甚至是感情用事的胡言乱语"，这些都是性别差异研究的特征，而大部分研究是由男性完成的。

丽塔·斯塔特·霍林沃斯（Leta Stetter Hollingworth, 1886—1939）受到伍利的启发，利用研究数据挑战关于性别差异的主张（Maracek et al., 2003）。霍林沃斯尤其攻击了女性的创造力和智力水平在遗传上劣于男性的主张。她还最早开展了测试儿童极端智力的研究，既包括智力迟滞的儿童，也包括天才儿童。她创建了一项课程以帮助培养天才儿童的才能，并得以在纽约的学校体系中实施。

自这些女性先驱者的时代以来，心理学领域的多样性已经大大增加了。实际上，近年来获得心理学博士学位的女性比男性还多（Hoffer et al., 2007）。我们将在《心理学与生活》中突出女性先驱研究者们的工作。随着心理学继续对科学和人类的事业做出贡献，会有更多的人，包括女性和男性以及社会各个方面的成员，将心理学作为职业。

心理学的观点

假如你的朋友接受了去看超级碗的邀请。你们在观看比赛会分别持什么*观点*?假如你们中的一个人在中学玩过橄榄球，而另一个人则没玩过。或者假如你们中的一个从一开始就支持其中一支参赛队，而另一个之前并不关注。你可以看到这些不同观点会如何影响你们评价比赛过程的方式。

与此相似，心理学家的观点也决定了他们研究行为和心理过程的方式。观点影响了心理学家观察什么，在哪里观察，以及使用什么研究方法。在这一节，我们将简要介绍七种观点，分别是心理动力学、行为主义、人本主义、认知、生物学、进化和社会文化的观点。阅读这一节时，注意每种观点都定义了行为的原因和结果。

有一点需要注意：尽管每种观点都代表了对心理学核心问题的一个不同看法，你也应该了解为什么大多数心理学家从不止一个观点中借用和混合概念。每种观点都促进了我们对人类经验的理解。

心理动力学观点 根据**心理动力学观点**（psychodynamic perspective），行为是由强

大的内部力量驱使或激发的。这种观点认为，人的行为是从先天的本能和生物驱力中产生的，而且试图解决个人需要和社会要求之间的冲突。剥夺状态、生理唤起以及冲突都为行为提供了力量，就像煤为蒸汽机车供应燃料一样。在这个模型中，当机体的需要得到了满足而驱力降低时，机体就停止反应。行为的主要目的是降低紧张度。

心理动力学的动机原则是由维也纳医生**西格蒙德·弗洛伊德**（Sigmund Freud,1856—1939）在 19 世纪末和 20 世纪初最完整地发展起来的。弗洛伊德的思想源于他对精神病人的临床工作，但是他相信，他观察到的这些原则能同时应用于正常行为和变态行为。弗洛伊德的心理动力学理论认为人是由内部和外部力量组成的一个复杂网络所推动的。弗洛伊德的模型第一次承认了人的本性并不总是理性的，行为有可能是被意识觉知之外的动机所驱使。

弗洛伊德之后的许多心理学家都在新的方向上采用了心理动力学模型。弗洛伊德本人强调儿童早期是人格形成的阶段。新弗洛伊德主义的理论学家扩展了弗洛伊德的理论，包括了发生在个体的整个一生中的社会影响和互动。弗洛伊德的思想对心理学的许多领域都产生了巨大影响。当你阅读有关儿童发展、做梦、遗忘、无意识动机、人格和精神分析治疗的章节时，你将看到他所做贡献的不同侧面。

此照片为 1913 年弗洛伊德与他的女儿安娜在前往意大利境内一侧阿尔卑斯山脉旅途中的留影。弗洛伊德认为，行为通常是由意识觉知之外的动机驱使的。这一观点对你做出生活决策的方式有什么启示？

行为主义观点 那些持有**行为主义观点**（behaviorist perspective）的人寻求理解特定的环境刺激如何控制特定类型的行为。首先，行为主义者分析先前的环境条件——那些先于行为存在并为机体产生或抑制反应设定活动场所的条件。其次，他们把行为反应——研究的主要对象——视为想要理解、预测和控制的行动。最后，他们查看反应之后出现的可观察到的结果。例如，一个行为主义者可能感兴趣的是：不同数额的超速驾驶罚单（结果）改变司机谨慎驾驶或放任驾驶（行为反应）的可能性。

约翰·华生（John Watson, 1878—1958）是行为主义的先驱，他认为心理学的研究应该寻找控制不同物种的可观察行为的规律。**B.F. 斯金纳**（B.F. Skinner, 1904—1990）通过扩展行为结果的分析从而扩大了行为主义的影响。两位研究者都坚持对研究现象的精确定义和证据的严格标准，也都相信他们在动物身上所研究的基本过程代表了普遍原则，也同样适用于人类。

行为主义（behaviorism）对后来的心理学研究有着重要的影响。它对严格的实验和仔细定义的变量的强调，影响了心理学的大多数领域。尽管行为主义者开展的许多基础实验主要是在动物身上进行的，但行为主义的原则已经被广泛应用于人类问题。行为主义的原则产生了一套更为人性化的教

约翰·华生是行为主义观点的重要先驱者。为什么华生寻求适用于不同物种的行为规律呢？

卡尔·罗杰斯提供了人本主义观点的基本观念。为什么罗杰斯强调积极关注?

育儿童的方法（通过正强化而非惩罚）、矫正行为障碍的新疗法，以及创建理想化社会的指导方针。

人本主义观点　人本主义心理学是在20世纪50年代，作为与心理动力学和行为主义模型并驾齐驱的一种理论而出现的。根据**人本主义观点**（humanistic perspective），人们既不是如弗洛伊德主义者假设的由强大本能力量所驱使，也不是如行为主义者提出的由环境因素所操纵。相反，人是具有能动性的生物，本性善良而且具有选择能力。人本主义心理学家研究行为，但是并非把行为简化为一些成分、元素以及实验室实验中的变量。相反，他们在人们的生命历程中寻找行为模式。

根据人本主义的观点，人类的主要任务是使自身的潜能得到不断发展。例如，**卡尔·罗杰斯**（Carl Rogers, 1902—1987）强调个体拥有朝向心理成长和健康的自然倾向——这个过程受到周围人积极关注的促进。**亚伯拉罕·马斯洛**（Abraham Maslow, 1908—1970）创造“自我实现”这个术语，以指代每个个体追求最充分地开发自身潜能的驱力。此外，罗杰斯、马斯洛及其同事确立了研究整体人的观点，将一种整体的取向运用于人类心理学。他们相信只有整合关于个体心理、身体、行为的知识，同时注意社会和文化影响，才能达成真正的理解。

人本主义观点扩展了心理学的领域，把从文学、历史和艺术的研究中得到的有价值的内容都包括了进来。心理学因而成为了一个更加全面的学科。人本主义者提出，他们的观点就像是酵母，帮助心理学的焦点超越了人性的负面力量以及与动物相似的那一面。我们将在第15章看到，人本主义观点对心理治疗新方法的发展有重大影响。

认知观点　心理学的认知革命是作为对行为主义局限的另一个挑战而出现的。**认知观点**（cognitive perspective）的中心是人的思维以及所有的认识过程——注意、思考、记忆和理解。从认知的观点看，人们行动是因为他们思考，而人们思考是因为他们是人类——出于大脑的精细构造。

在认知模型中，行为只是部分地像行为主义所认为的那样，由先前的环境事件和过往的行为结果所决定。一些最重要的行为是从全新的思维方式中产生的，而并非是从过去使用过的可预测的方式中产生的。考虑一下儿童是如何学习母语的。斯金纳在他的著作《言语行为》（*Verbal Behavior*, 1957）中提出，儿童是通过学习的一般过程来获得语言的。**诺姆·乔姆斯基**（Noam Chomsky,1928—）有力地反驳了斯金纳的主张，从而开创了认知观点。乔姆斯基坚称，即使儿童也能够生成超出他们早前经验之外的言语。瑞士研究者**让·皮亚杰**（Jean Piaget, 1896—1980）在他自己针对儿童的研究中，使用一系列的心理任务来证明认知发展过程中质的改变。为了解释儿童不断增长的复杂性，皮亚杰引用了儿童的内在认知状态。

认知心理学家在多个水平上研究高级的心理过程，比如知觉、记忆、语言使用、问题解决和决策。认知心理学家将思维同时视为外在行为的原因和结果。你在伤害别人后感到抱歉是思维作为结果的例子。但是在感到抱歉之后你的道歉行为则是思维作为行为原因的例子。在认知观点下，个体不是对物质的客观世界作出反应，而是对个体思维和想象的内在世界的主观现实作出反应。由于认知观点对心理过程的关注，许多研究者认为认知观点在当今心理学中成为主流。

生物学观点 **生物学观点**（biological perspective）引导心理学家在基因、大脑、神经系统以及内分泌系统中寻找行为的原因。一个生物体的机能可以从生理结构和生物化学过程来解释。经验和行为在很大程度上被理解为在神经细胞内部及之间发生的化学和电活动的结果。

持生物学观点的研究者们一般假设，心理现象与社会现象能够最终依据生物化学过程加以理解：即使最复杂的现象，也能够通过被分析或简化为更小、更具体的单位来理解。比如说，他们可能会用你脑细胞中精确的生理过程来解释你是如何阅读这句话中的词语的。这种观点认为，行为取决于生理结构和遗传过程。经验可以通过改变基础的生物结构和过程来改变行为。研究者们可能会问："在你学习阅读的时候，你脑中发生了什么变化？"心理生理学研究者们的任务就是在最精确的分析水平上理解行为。

采用生物学观点的研究者们促进了一个交叉领域的发展——**行为神经科学**（behavioral neuroscience）。神经科学研究大脑机能；而行为神经科学则试图考察行为背后的脑机制，比如感觉、学习、情绪。第 3 章中会讲到的脑成像技术的发展使**认知神经科学**（cognitive neuroscience）取得了重大突破。认知神经科学是一门跨学科的研究领域，关注高级认知功能的脑机制，比如记忆和语言。同样，脑成像技术也使得持生物学观点的研究者能考察更为广泛的人类经验。

进化论观点 **进化论观点**（evolutionary perspective）寻求把当代心理学与生命科学的一个核心思想——达尔文关于自然选择的进化论——联系起来。自然选择的思想非常简单：能更好地适应环境的有机体，倾向于比那些适应性较差的有机体更能成功地产生后代（并传递它们的基因）。经过很多世代，物种朝着更具适应性的方向变化。心理学中的进化观点认为心理能力和身体能力一样，经过了几百万年的进化以达成特定的适应性目标。

为了实践进化心理学，研究者们关注人脑发生进化的环境条件。更新世时期（大约持续 200 万年，结束于 1 万年前）的人类居住在小群体中，以狩猎和采集为生，99% 的进化史发生在这一时期。进化心理学利用进化生物学的丰富理论框架来确定这一物种所面对的中心适应问题：躲避食肉动物和寄生虫，采集和交换食物，寻找并维持配偶，以及抚育健康的子女。在确定了早期人类所面临的适应性问题之后，进化心理学家推论出早期人类在进化过程中用来解决这类问题的心理机制或心理调适。

进化心理学与其他观点最根本的不同在于，它把极为漫长的进化过程作为主要的解释原则。比如，进化心理学家试图把男性和女性所承担的不同性别角色理解为进化的产物，而非当代社会压力的产物。由于进化心理学家无法通过实验来改变进化的过程，因此他们必须特别具有创造性以提供证据支持他们的理论。

社会文化观点 持有**社会文化观点**（sociocultural perspective）的心理学家们研究行为的原因和结果中的跨文化差异。社会文化观点是针对以下批评而做出的重要回应：以往心理学研究往往以西方的人性概念为基础，并且它的研究对象多为美国中产阶级白人（Gergen et al., 1996）。为了适当考虑文化的影响，应当包括在同一国家内不同人群的比较。例如，研究者可能对美国国内患进食障碍的美国白人青年和非洲裔美国青年进行比较（见第 11 章）。文化因素也可以在不同国家之间进行评估，比如在美国和日本之间比较媒体报道（见第 16 章）。跨文化心理学家试图确定研究者发

马林诺夫斯基证明了妇女在特罗布莱恩群岛文化中的重要作用。为什么跨文化研究对于探索普遍的心理学原理是很关键的？

展出的理论是否适用于所有人，还是只适用于一个较小的特定人群。

跨文化的观点可以应用于几乎每一个心理学研究的主题上：人们对世界的认识是受文化影响的吗？人们所说的语言影响他们体验世界的方式吗？文化如何影响儿童向成人发展的方式？文化态度是如何塑造晚年经验的？文化如何影响我们的自我感觉？文化影响个体参与特定行为的可能性吗？文化影响个体表达情感的方式吗？文化影响人们在一些心理疾病上的发生率吗？

通过提出这些类型的问题，社会文化观点常常产生一些直接挑战其他观点的结论。例如，研究者们曾经主张，弗洛伊德的心理动力学理论中的很多方面都不能应用到与弗洛伊德时代的维也纳极为不同的其他文化中。早在 1927 年人类学家马林诺夫斯基（Malinowski, 1927）就提出了这个担忧，他通过描述新几内亚特罗布莱恩岛民的家庭实际情况——权威在母亲而非父亲一方，彻底地批评了弗洛伊德的父权中心理论。因此，社会文化观点认为心理动力学观点的某些普遍性主张是不正确的。社会文化观点对忽视文化的差异性和丰富性的理论提出了持续而重要的挑战。

各种观点的比较：以攻击性为例　这七种观点中的每一种都基于一套不同的假设，并且导致了以不同方式寻找有关行为问题的答案。**表 1.1** 概括了这些观点。作为一个例子，让我们大致比较一下这些使用不同模型的心理学家们如何处理为什么人们会表现出攻击性的问题。对于每种观点，我们给出了研究者们可能提出的主张以及他们可能进行的实验的例子。

- 心理动力学观点。把攻击作为对挫折的反应来分析，挫折可能来自于不能获得快乐感，比如不公平的权威。将攻击视为成人的一种对抗转移，这种对抗可能源自童年期针对父母的对抗。
- 行为主义观点。确定过往攻击性反应受到的强化，比如对一个打了同学或兄弟姐妹的孩子予以特别的关注。认为人们从父母的体罚中学会了体罚自己的孩子。
- 人本主义观点。寻找那些促成自我限制、攻击性观点而不是促进成长和分享经验的个人价值观及社会条件。
- 认知观点。探索人们在目睹暴力行为时经历的攻击性思维和幻想，同时注意攻击性想象及伤害他人的意图。研究电影和录像中的暴力的影响，包括色情暴力、对枪支控制的态度、强奸和战争。
- 生物学观点。通过刺激大脑的不同区域并记录由此所引起的任何破坏性行为，来研究特定大脑系统在攻击中的作用。也分析杀人惯犯的大脑异常之处；以及考察女性的攻击性与月经周期之间的关系。
- 进化论观点。考虑什么样的条件能使攻击成为早期人类的适应性行为，确定在哪些条件下能选择性地产生攻击行为的心理机制。
- 社会文化观点。考虑不同文化中的成员如何表现和解释攻击性。确定文化力量如何影响不同类型的攻击行为发生的可能性。

你可以从攻击性的例子中看出这些不同的观点如何共同达成了对心理学研究特定领域的全面理解。当代心理学的大部分研究采取的都是多种观点的方法。贯穿《心

表 1.1 当代心理学七种观点的比较

观点	研究的焦点	基本研究主题
心理动力学	无意识驱力 冲突	视行为为无意识动机的外显表达
行为主义	特定的外显反应	行为及其刺激的原因和结果
人本主义	人类经验和潜能	生活方式 价值观 目标
认知	心理过程 语言	通过行为指标推断心理过程
生物学	脑与神经系统过程	行为与心理过程的生物化学基础
进化论	进化的心理适应性	按照进化形成适应性功能发展出的心理机制
社会文化	态度和行为的跨文化模式	人类经验的普遍性方面和文化特异性方面

理学与生活》，你将看到新理论是如何从不同观点的结合中产生的。此外，科技的进步也使得研究者更容易将不同的观点结合起来。比如第 3 章中的脑成像技术，让生物学观点的研究者能够研究诸如人格差异（第 13 章）和治疗结果（第 15 章）等各类问题。而且互联网的发展使得不同地区研究者的合作更容易，这样，使用社会文化观点来研究的主题就会更广泛，包括道德推理（第 10 章）和体形（第 11 章）。心理学观点的多样性有助于研究者更具创造性地思考人类经验的核心主题。

STOP 停下来检查一下

❶ 结构主义和机能主义的核心内容是什么？
❷ 海伦·汤普森·伍利从性别差异中得出了什么结论？
❸ 心理动力学和行为主义观点如何认识行为背后的力量？
❹ 认知神经科学的目的是什么？
❺ 进化论观点和社会文化观点如何互补？

心理学家们做些什么

现在，关于心理学你所知道的已足以使你可以在整个心理学范围内提出问题。如果你准备了一个问题清单，那么你可能会想要与许多不同领域的心理学专家接触以解开这些疑问。在**表 1.2** 中，我们提供了我们自己对这些问题的看法，并向你指出什么类型的心理学家可能回答这些问题。

从表中你会发现心理学有很多的分支。表格上的一些标签告诉你心理学家专业工作的主要内容。比如，认知心理学家关注基本的认知过程，如记忆和语言；社会心理学家关注社会对态度和行为的影响。一些标签指出心理学家应用专业知识的领域。比如，工业与组织心理学家致力于提升工作场所中人们的调适能力；教育心理

表 1.2 **心理学研究的多样性**

问 题	谁来回答这个问题	研究和实践的焦点
人们如何更好地处理日常问题？	临床心理学家 咨询心理学家 社区心理学家 心理治疗师	研究心理障碍的起源，评估治疗方案；为心理障碍及其他个人调适问题提供诊断和治疗。
我如何应对中风的后遗症？	康复心理学家	为病人或残疾人提供评估和咨询；为患者、看护者、雇员和社区成员提供应对策略和教育。
记忆是怎样存储在大脑中的？	生物心理学家 精神药理学家	研究行为、感受和心理过程的生物化学基础。
如何教一条狗听从命令？	实验心理学家 行为分析师	采用实验室实验，通常以动物为实验对象，研究学习、感觉、知觉、情绪和动机的基本过程。
为什么我总是不能回忆起我确信自己知道的信息？	认知心理学家 认知科学家	研究记忆、感知、推理、问题解决、决策和语言使用等心理过程。
是什么让人们彼此不同？	人格心理学家 行为遗传学家	开发测验和发展理论以理解人格和行为上的差异；研究遗传和环境对这些差异的影响。
"同辈压力"是如何起作用的？	社会心理学家	研究人们在社会群体中如何发挥作用，以及人们选择、解释及记忆社会信息的过程。
关于世界，婴儿知道些什么？	发展心理学家	研究个体一生在生理、认知和社会功能上发生的变化；研究遗传和环境对这些变化的影响。
为什么我的工作让我这么沮丧？	工业组织心理学家 工效心理学家	研究在一般工作场所或特定工作上影响表现和士气的因素；将这些观点运用于工作场所。
老师应该如何对待调皮学生？	教育心理学家 学校心理学家	研究如何改进学习过程的各个方面；协助设计学校课程、教学训练项目和儿童呵护项目。
为什么我在每次考试之前都生病？	健康心理学家	研究不同的生活方式如何影响身体健康；设计和评估预防方案以帮助人们改变有害健康的行为，以及如何应对压力。
被告在犯罪的时候是精神失常的吗？	司法心理学家	在执法领域，将心理学知识运用于人类问题上。
为什么我在重要的篮球赛上总是呼吸困难？	运动心理学家	评估运动员的表现；运用动机、认知和行为的原理来帮助他们获得最高的表现水平。
我如何弄清人们丢给我的数据？	定量心理学家 心理测量师	开发和评估新的统计方法；构建和验证测量工具。
心理学家能够多精确地预测人们的行为？	数学心理学家	开发数学公式用以精确地预测行为和检验比较不同的心理学理论。

学家关注教育环境下学生的调适能力。

每一类心理学家都力图在研究（寻求新观点）和应用（将新观点应用到外部世界）之间寻求平衡。研究和应用这两种活动之间需要这样一种关系，比如我们通常认为临床心理学家就是应用心理学知识来提高生活质量，但是你在第 14 章和第 15 章中会看到，临床心理学家同样有重要的研究任务。当前的研究将继续促进我们对心理疾病特征的理解，以及发现那些最能减轻患者痛苦的方法。图 1.2 表示了心理学的许多分支领域中攻读博士学位的人数。

再来回顾一下表 1.2，我们列出的问题清单说明了为什么心理学有这么多分支。不知道是否涉及了你所关心的问题？如果你有时间，请列一个你自己的问题清单，逐个划去每一个《心理学与生活》回答了的问题。在这门课结束的时候，如果你还

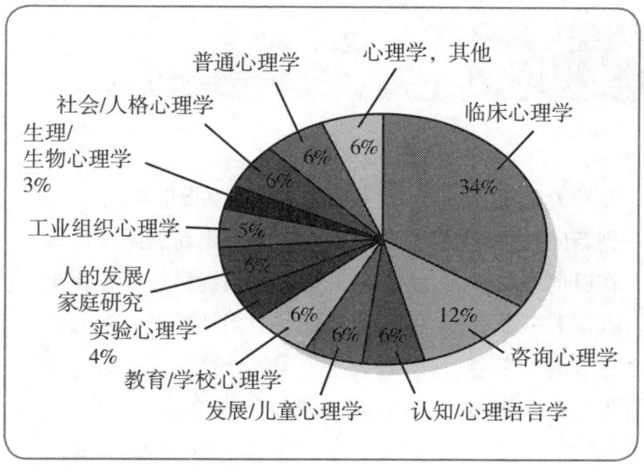

图 1.2 **心理学各分支的学位分布**

2006 年，大约 3 300 人获得心理学分支领域的博士学位（Hoffer et al., 2007）。虽然这些学位的大部分获得者都是希望从事临床心理学工作的人，但一些其他基础和应用研究领域的学生也获得了高级训练。

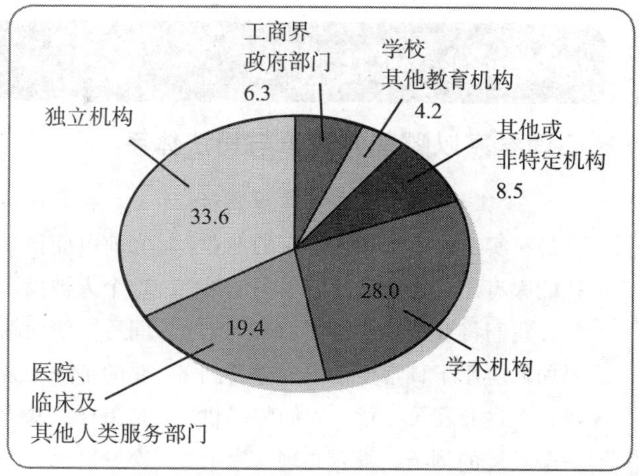

图 1.3 **心理学工作者的工作领域**

图中所示的数据为心理学工作者在各个不同领域中所占的比例，数据来源于对获得博士学位的美国心理学协会（APA）成员的调查。

有没得到解答的问题，请告诉我们！（在前言中可以找到我们的 E-mail 地址）。

你想知道世界上究竟有多少从业的心理学家吗？调查显示超过了 50 万人。**图 1.3** 显示了心理学家工作场所的分布情况。尽管心理学家的人口比例在西方工业化国家中是最高的，但对心理学的兴趣在许多国家中都在持续增长。国际心理科学联合会（IUPS）的成员组织来自 70 个国家（Ritchie, 2007）。美国心理学协会（APA）是一个包括世界各地心理学家的组织，拥有 148 000 名会员。另一个国际性组织，心理科学协会（Association for Psychological Science, APS），*有 20 000 多名会员，它更关注心理学的科学方面，对临床或治疗方面的关注要少一些。

发展心理学家在研究儿童如何行为、思考或感受的时候可以使用木偶或其他玩具。为什么相对于成年人而言，儿童更容易对一个木偶表达他或她的思想。

STOP 停下来检查一下

❶ 研究和应用之间存在怎样的一种关系？

❷ 心理学家主要在哪两类场所中工作？

* APS：成立于 1988 年，现有会员两万多人。主要包括杰出心理学家、学者、临床学家、研究者、教师和行政管理人员。其原名为 American Psychological Society，中文原多译为“美国心理协会”。现根据其改名后的英文，我们建议中文译为“心理科学协会”。——译者注

生活中的心理学

心理学家以哪些方式参与司法体系

《心理学与生活》的一个重要启示是：实证研究使心理学家的专业技能大有用武之地。随着本书的展开，我们将有很多机会展示研究结果如何应用于日常生活中的重要问题。在这开篇第 1 章，我们将提供一个具体的例子，看看心理学家的专业技能如何在公共论坛中发挥作用。我们把关注的焦点放在法庭心理学家如何参与重要的司法判决上。

司法体系依赖于法庭心理学家来评估民事诉讼程序和刑事诉讼程序（Packer, 2008）。例如，在民事方面，法庭心理学家提供证据来影响关于离婚听审中儿童监护权的判决。他们还可以为工作者在某一雇佣场所遭受的心理创伤作证。在刑事方面，法庭心理学家评估人们理解其所犯罪行的能力，以及是否有能力受审。司法系统还需要心理学家评估个体对自己或他人是否危险。让我们仔细考察最后一个职能。

我们在不了解一个暴力犯罪者之前可能很难理解一则新闻。假设这个人被投入监狱，在服刑一段时间后，他面临假释。听审上一个重要的考虑因素是这个犯人的未来会是怎样，暴力犯罪行为是否可能再次发生？

近年来，心理学家已经尝试对这个问题提供越来越多基于研究的答案（Fabian, 2006）。这类研究通常首先进行有关人们生活中导致更多或更少犯罪的可能性因素的理论分析。研究者找出静态和动态因素之间的重要区别（Douglas & Skeem, 2005）。静态因素是那些在时间上相对稳定的因素（如性别和初犯的年龄）；动态变量是那些可能随时间发生变化的因素（如情绪控制和药物滥用）。内在的动态因素表明为什么某个体的风险会随着时间表现出变化。仅仅是过去经历还不能有效地指明一个人未来的行为表现。测量一个人的生活轨迹也很重要。

当研究者开发出新的风险评估方法时，他们必须提供证据，证明这些方法能够成功地预测未来的暴力行为。为了做到这一点，研究者通常在一段时间内追踪一组个体。例如，王和戈登（Wong & Gordon, 2006）评估了关押在加拿大艾伯塔省、萨斯喀彻温省和曼尼托巴省的 918 名成年男性罪犯。每一个参与者都通过暴力风险量表（VRS）进行评价，该量表可以测量 6 个静态变量和 20 个动态变量。为了评价 VRS 的效度，研究者在数年内追踪参与者，了解他们在被释放到社会上后多久被判犯下新罪。无论是短期（一年后）还是长期（4.4 年后），VRS 评分越高的男性越有可能再次被判暴力犯罪。

这类研究结果十分重要，因为它们帮助法庭心理学家为司法判决提供更加准确的指导。

如何使用本书

你即将和我们一起开始智慧的旅程，这次旅行将穿越现代心理学的许多领域。在出发之前，我们愿意与你分享一些重要的信息，它们会帮助你完成这次探险。“旅行”是全书使用的一个比喻：你的老师是旅行的向导，教科书是旅行手册，而我们，作为本书的作者，就是你们的私人导游。这次旅行的目的是让你发现人类对于整个宇宙中最不可思议的现象——大脑、人类心理、所有生物的行为——的认识。心理学致力于理解那些看起来很神秘的、会引发思维、情感和行动的过程。

本指南提供了一般性策略和具体建议，帮助你使用本书来为你取得你所希望的好成绩，并从你的心理学导论课上得到最大收获。

学习策略

1. 留出足够多的时间来完成阅读作业并复习课堂笔记。本书包含了很多新技术信息、需要掌握的很多原理，以及需要记忆的新术语表。要掌握这些内容，你至少需要花 3 个小时来阅读每一章。

2. 记录你学习这门课的时间。将你在每个阅读时段用来学习的小时数（以半小时为时间间隔）绘成图表。将你所投入的时间画成累积图。把每次新的学习时间累加到左坐标轴的以往学习总时间上，把每次学习时段标在基线轴上。这张图可以直观地反馈你的学习进度，还会显示什么时候你该啃书本但却没做到。
3. 成为积极的参与者。只有积极地深入探究学习材料，才能出现最佳的学习状态。这意味着阅读要认真，听讲要专心，用自己的话重新组织你看到和听到的东西，认真记笔记。在教科书上，把重点部分标记下来，在页边写上自己的注释，总结你认为课堂测验中会出现的要点。
4. 间隔性地学习。心理学研究告诉我们，经常性地学习要比考试前突击更有效。如果你让自己落后了，就很难在最后那点慌乱的时间里掌握心理学导论课所包含的所有信息。
5. 以学习为中心。找一个对学习干扰最少的地方学习。让这个地方只用来学习、读书、写作业，而不用来做其他事情。这个地方就与学习活动关联起来，你会发现只要你坐到学习的地方，就很容易开始学习了。

你还要站在老师的角度上，预测他可能会提出的问题类型，确保自己能够回答这些问题。查明这门课的测验形式——论述、填空、多重选择或判断正误。测验形式会影响你在多大程度上关注整体观点或细节。论述和填空需要回忆类型的记忆，而多重选择和判断正误需要再认类型的记忆。

学习技巧

在这一部分我们会给你提供关于学习技巧的具体建议，你可以使用这些技巧来学习这门课程以及其他课程。这些技巧是基于在第 7 章中会讨论的人类记忆的基本原则。它的简称是 PQ4R，来自有效学习六个阶段的第一个字母：预习（Preview）、问题（Questions）、阅读（Read）、思考（Reflect）、重述（Recite）、复习（Review）（Thomas & Robinson, 1972）。

1. 预习（Preview）：浏览以便对每章的内容有基本的把握。让自己知道该章的组织结构和主题。阅读每章的标题并浏览其中的图片和图表。事实上，每章的第一次停顿应该在“要点重述”部分。这部分是按照各章要点的一级标题组织起来的，使你能够清楚地了解该章所包含的内容。
2. 问题（Questions）：阅读每一部分时都要提问。你应该合理使用标题和关键术语来帮助你，比如你可以将“心理学的目标”变成问题：“心理学的目标是什么？”。你也可以将关键术语“生物学观点”变成问题：“生物学观点的主要内容是什么？”。这些问题将帮助你在阅读过程中集中注意力。
3. 阅读（Read）：仔细阅读课文的内容直到你能回答自己提出的问题。
4. 思考（Reflect）：在阅读课文过程中，努力将这些材料与已有的知识联系起来。想想其他的例子来丰富课文。试着将小节的内容联系在一起。
5. 重述（Recite）：在阅读和思考每节后，试着尽可能详细地回忆课本的内容。比如，大声回答你之前提出的问题。在接下来的复习中，写下你认为很难记住的内容。
6. 复习（Review）：在阅读完整个章节后，复习关键点。如果你还不能回忆出重点，或者还不能回答自己提出的问题，再重复前面的过程（阅读，思考，重述）。

现在花一点时间使用 PQ4R 方法复习本章前面的某一节，看看每个阶段的效果。掌握这门技巧可能要花费一些时间，在学期开始时就多下点工夫。

你现在已经准备好充分利用这本《心理学与生活》了。我们希望学习《心理学与生活》将是一次有价值的旅程，充满值得回忆的时刻和不期而至的快乐。

STOP 停下来检查一下

❶ 课程的积极参与者是什么意思？

❷ PQ4R 中问题（Questions）和阅读（Read）的关系是什么？

❸ PQ4R 中重述（Recite）的目的是什么？

要点重述

心理学为何独具特色

- 心理学是对个体的行为和心理过程的科学研究。
- 心理学的目标是描述、解释、预测以及帮助控制行为。

现代心理学的发展

- 结构主义产生于冯特和铁钦纳的工作。它强调由基本感觉构成的心理和行为的结构。
- 机能主义是由詹姆士和杜威发展出来的，强调行为的目的。
- 把这些理论放在一起，就构成了当代心理学的发展历程。
- 女性为心理学的早期历史做出了重要的研究贡献。
- 心理学的七种当代观点中，每一种对于人性的看法、行为的决定因素、研究的焦点以及基本研究方法都不同。
- 心理动力学观点认为行为是由本能力量、内在冲突以及意识和无意识的动机驱使的。
- 行为主义观点认为行为是由外部的刺激条件决定的。
- 人本主义观点强调个体做出理性抉择的内在能力。
- 认知观点强调影响行为反应的心智过程。
- 生物学观点研究行为与大脑机制之间的关系。
- 进化论观点把行为看做为了生存而适应环境的一种进化。
- 社会文化观点探索行为及其在文化环境中的含义。

心理学家们做些什么

- 心理学家们在很多不同的场所中工作，并且吸收一系列专业领域中的知识。
- 几乎任何能从现实生活经验中产生的问题，都是由心理学专业人士来探讨的。

如何使用本书

- 设计具体的策略来确定你需要多少学习时间，以及如何最有效地分配时间。
- 对学习和课本采用主动的策略。PQ4R 提供了六个阶段来提高学习效率：预习、问题、阅读、思考、重述、复习。

关键术语

行为	认知神经科学	内省法
行为数据	认知观点	心理动力学观点
行为神经科学	进化论观点	心理学
行为主义	机能主义	科学方法
行为主义观点	格式塔心理学	结构主义
生物学观点	人本主义观点	社会文化观点

2

心理学的研究方法

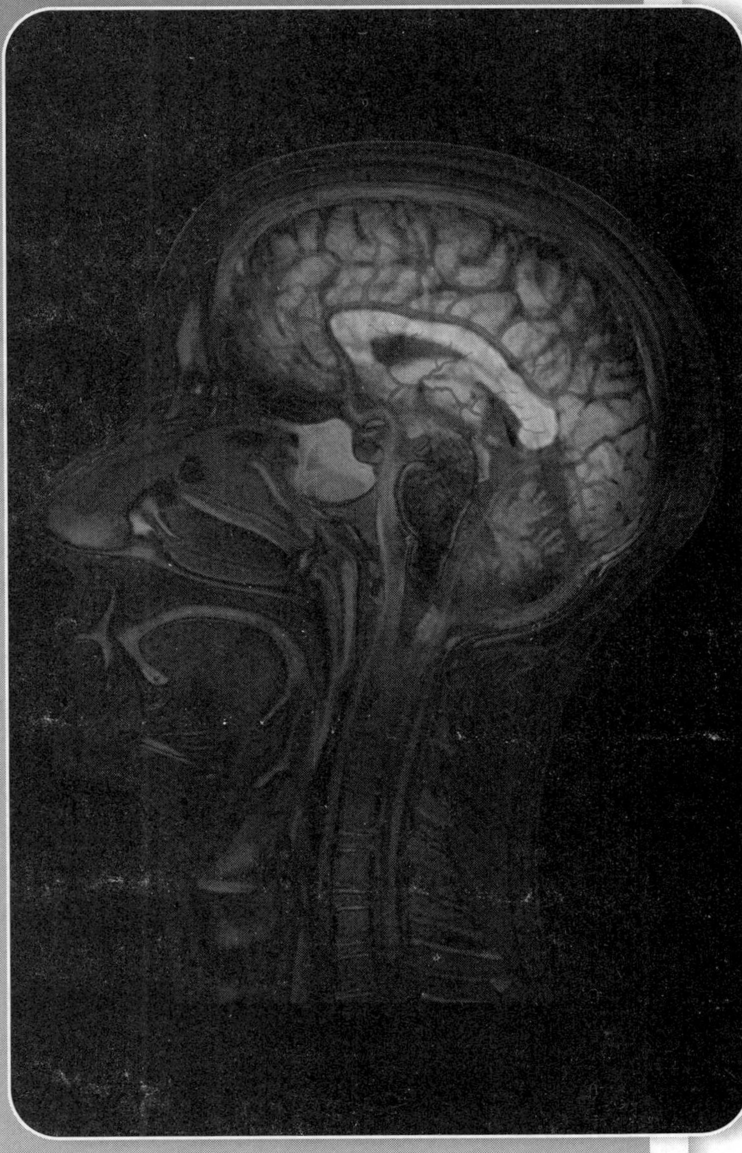

你可能还记得，在第 1 章中我们要求你列出一个你希望在读完《心理学与生活》之后能够得到解答的问题清单。以前使用过这本书的学生对此要求的回应非常有趣。下面是他们提出问题的几个例子：

- 为什么吃“辣的”食物会痛？
- 打小孩的屁股是不是不好？
- 有关记忆的研究会帮助我学习以考出好成绩吗？
- 你如何能促使人们成为志愿者？

在这一章中，我们将描述心理学家们如何形成那些与学生息息相关的问题的答案。我们聚焦在心理学将科学方法应用到其研究领域的特殊方式。我们希望你理解心理学家如何设计他们的研究：可靠的结论究竟是如何从复杂的而且往往是混乱的现象中得出的——人们如何思考、感受以及行动？即使你一生中从来不做科学研究，掌握这一章的内容仍然是大有裨益的。我们的目的是，通过教会你如何提出正确的问题，如何评估心理现象的原因、结果和相关性，从而帮助你提高批判性思维技能。大众传媒经常以“研究表明……”这样的开头向我们传达信息，而通过不断磨炼理性的怀疑态度，我们将帮助你成为一个更为老练的消费者，能够利用基于研究的结论来解决生活中面临的问题。

研究过程

心理学的研究过程可以划分为几个步骤，它们通常是依次发生的（见**图 2.1**）。第一步，观察、信念、信息以及一般知识使一个人萌生出一个新想法，或者对某种现象有了不同的思路。这是典型的心理学研究过程的肇始。研究者的问题是从何而来的？其中一些来源于对环境中的事件、人物和动物的直接观察，另一些则来源于这些领域的传统内容：一些问题被看做从早期学者传下来的“尚未解答的重大问题”。一般来说，研究者以独特的方式来组合已有的思想，以提出创新的观点。思想者真正有创造力的标志是发现一个新的真理，它可以朝着更好的方向推进科学和社会的发展。

在心理学家积累有关现象的信息时，他们创造出各种理论，这些理论变成了阐释研究问题的一个重要背景。**理论**（theory）是一个组织起来的概念集合，可以用来解释一种现象或一系列现象。大多数心理学理论都有一个共同的核心，即**决定论**（determinism）的假设。这一假设认为，一切事件，包括物理的、心理的或者是行为的，都是特定因果关系的结果，或者说是由其所决定的。这些因果因素被限定在个体环境或个人之内。研究者还假设行为和心理过程以有规律的方式相联系，它们的关系和模式可以通过研究被发现和揭示出来。一般来说，心理学理论总是阐述潜藏在这些有规律模式中的影响因素。

当一个理论在心理学领域被提出来的时候，人们通常希望它既能解释已有的事实，也能够产生新的假设。产生新的假设是研究过程的第二步。**假设**（hypothesis）是对原因和结果关系的试探性的、可以检验的阐述。一般而言，假设总是被描述为“如果……那么……”的形式，主要指特定的结果是从特定的条件中得来的。例如，我们可以预期，如果儿童在电视中看了大量暴力的场面，那么，他们将对同伴表现出更多的攻击行为。研究就是用来验证“如果”和“那么”之间的联系。第三步，研究者们将基于科学方法去验证他们的假设。科学方法是一组综合的程序，包含了以限制误差源的方式收集和解释证据并得出可靠结论的所有步骤。心理学在多大程度上可以被视为一门科学，要看它在多大程度上遵从科学方法所建立的规则。这一章的许多内容都是在描述这种科学方法。一旦研究者收集好了数据，他们便进入研究过程的第四步，即分析数据并得出结论。

如果他们相信那些结论将会对这个领域产生影响，研究者就会进入第五步，即向期刊提交论文以求发表。为了使发表成为可能，研究者必须以其他研究者能够理解和评价的形式保存完整的观察记录和数据分析。研究步骤是禁止保密的，因为所有的数据和方法最终都必须公开接受公开检验。也就是说，其他研究者必须有机会去检查、批评、重复或者反驳数据和方法。

大多数心理学研究发表在学术期刊上，这些期刊由一些组织如美国心理学协会（APA）或心理科学协会（APS）出版。研究原稿投到这些期刊后都要经历同行评审的过程。每个稿件都主要寄给两到五位本领域的专家，这些专家对稿件的基本原理、方法以及结果进行详细的分析。只有专家们足够满意的稿件才能在期刊上发表，这是一个严格的过程。例如，2007年美国心理学协会（2008）出版的期刊拒绝了76% 投来的稿件。同行评审过程并不完美，毫无疑问会忽略一些有价值的研究，其中一些甚至被不公平地遗漏了。但是，总的来说，这一过程还是确保了你在大部分期刊上读到的研究都达到了较高的标准。

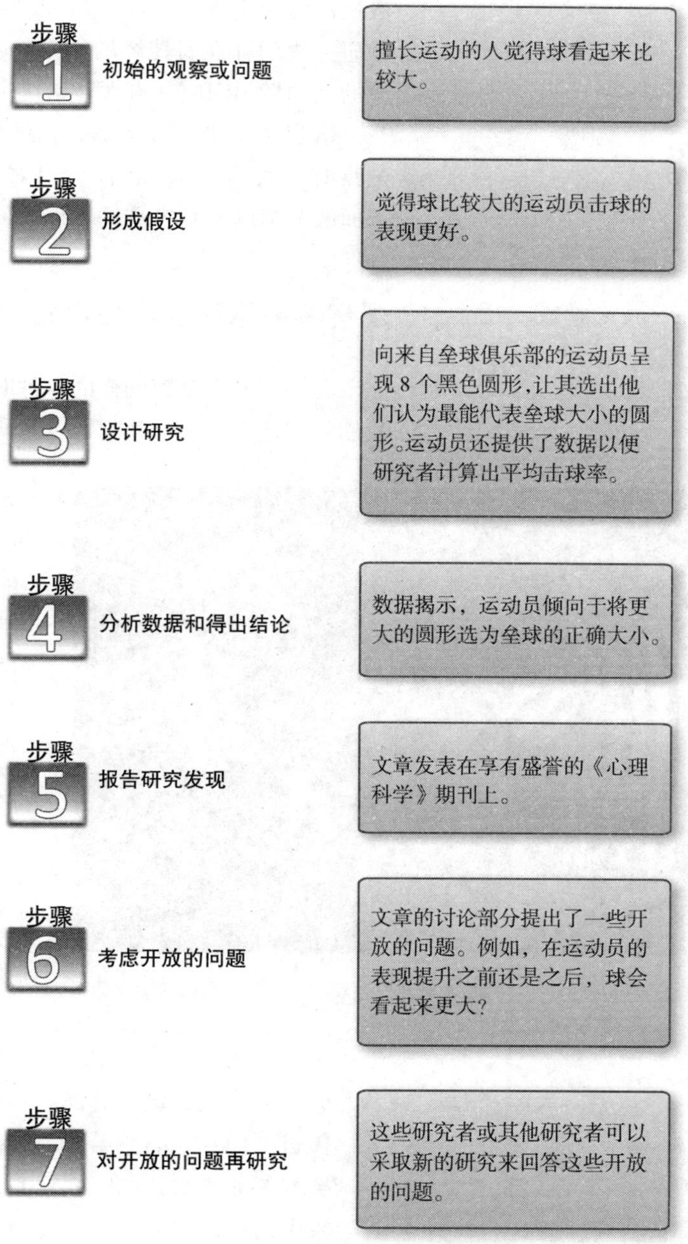

图 2.1 实施和报告研究过程中的步骤

为了说明科学研究过程的步骤，我们引用了上述研究项目，该研究的目的在于寻找垒球运动员对球大小的感知与其实际的平均击球率之间的关系（Witt & Proffitt, 2005）。

在第五步，心理学家也经常尝试向更广泛的公众传播他们的结果。在美国心理学协会的主席报告中，乔治·米勒（Miller, 1969）得出了一个著名的结论：专业心理学家的责任“更多的是把心理学传授给真正需要它的人（包括所有人），而不只是承担专家的角色，把心理学应用于我们自身”（p.1071）。针对广泛的读者和听众，心理学家经常著书和演讲。主要的专业组织，如美国心理学协会和心理科学协会，也会发布新闻和举办公众论坛，研究者借此将心理学传授出去。

研究过程的第六步是，科学界对此研究做出反思，识别出它所遗留的没有解决的问题。大部分研究论文以一个“讨论”部分来开始这一过程，研究者表明自己研究的意义和局限。他们可能会明确地描述他们认为未来值得开展的研究类型。如果数据没有完全支持假设，研究者必须重新思考他们的理论的相关方面。因而在理论和研究之间存在着持续的相互影响。到第七步，起初的研究者及其同事可能会对开放的问题做出回应并再次开始这一研究周期。

恰当使用科学方法是研究过程的核心。科学方法的目标是使得研究者所下的结论具有最大的客观性。结论是客观的，它们不受研究者的情绪或个人偏见的影响。下面两节都以“对客观性的挑战”开始，进而描述由科学方法所提出的“补救措施”。

观察者偏见和操作性定义

当不同的人观察同样的事件时，他们并不总是“看到”同样的事物。在这一部分，我们将描述观察者偏见问题以及研究者所采取的补救措施。

参与者以及观众、广播员都容易产生观察者偏见。你如何确定真正发生了什么？

对客观性的挑战　**观察者偏见**（observer bias）是由于观察者个人的动机和预期导致的错误。通常，人们看见的和听见的只是他们所预期的，而不是事实的本来面目。让我们来考察一个有关观察者偏见的极端例子。20 世纪初，一位重要的心理学家雨果·蒙斯特博格（Hugo Munsterberg）给包括很多记者的一大群听众作过一次关于和平的演讲。事后，他以如下方式对记者们的见闻做了总结：

> 这些记者坐在讲台前排。一个人写道，听众对我的演讲感到非常惊讶，会场上鸦雀无声；另一个人写道，我经常被大声的鼓掌打断，在我演讲的最后，鼓掌持续了几分钟的时间；一个人写道，在我的对手讲话的时候，我总是微笑着；另一个人则注意到，我的脸色严肃，没有一丝笑容；一个人说道，我的脸由于激动变得紫红，另一个人则发现我的脸变得惨白（1908, pp. 35—36）。回过头看看报纸上记者们的报道与其政治观点的关联是非常有趣的——然后我们可能会理解为什么记者“见到了”他们所报道的内容。

你可以在日常生活中寻找观察者偏见的例子。例如，假设你正处在亲密关系中。你带入这段关系中的动机和预期如何影响你看待对方行为的方式。让我们看看一项针对 125 对已婚夫妇的研究。

> 夫妻双方进行两段 10 分钟的对话，同时被录像（Knobloch et al., 2007）。在一段对话中，他们讨论其关系中的积极面；而在另一个对话中，他们讨论最近一次意外的事件，这次事件改变了他们对于未来关系的信心（或好或坏）。在每一段对话后，夫妻双方给出自己对于交流质量的评分，比如他们认为他们的配偶热情还是冷淡，他们的配偶在多大程度上企图主导对话。研究者还请中立的评分者（与这对夫妇没有关系的人）来观看和评价对话。与这些中立评分者的基线相反，夫妻双方的评分表现出一致的观察者偏见。夫妇一方报告自己对未来关系的确信程度决定了偏见的方向。例如，研究者注意到，“对婚姻有信心的参与者会对普通人看似正常的对话产生强烈的积极反应”（p.173）。

这个研究表明，预期如何能够引起不同的观察者得到不同的结论。观察者偏见所起的作用像一个过滤器，一些事情被视为是相关和重要的而获得注意，另外一些则被视为无关和不重要的而被忽略。

让我们把这些经验应用到心理学实验的情境中。研究者经常从事观察。假设每一个研究者都带着不同的先前经验来进行观察，而且通常那些经验包括对特定理论的认同，你将可以看到为什么观察者偏见会引发问题。研究者必须努力确保他们不带任何偏见的"裸眼"观察行为。研究者采用什么办法才能确保先前预期对观察的影响最小呢？

补救措施　为了使观察者偏见降到最小，研究者依赖于标准化和操作性定义。**标准化**（standardization）意味着在数据的收集阶段使用统一的、一致的程序。测验或实验条件的所有特征应该充分标准化，以便所有研究的参与者经历完全一样的实验情境。标准化意味着以同样的方式来提出问题，以事先建立的规则来量化反应。将结果打印或记录下来，可以确保不同的时间、地点以及不同的参与者和研究者之间的可比性。

观察本身也必须标准化：科学家必须解决这样的问题，即如何将他们的理论转化为含义前后一致的概念。对概念含义进行标准化的策略我们称为操作化。**操作性定义**（operational definition）是以测量该概念或决定它是否存在的特定操作或程序来界定一个概念，从而在实验内使含义标准化。一个实验中的所有变量必须给予操作性定义。**变量**（variable）是任何在数量和性质上变化的因素。

在实验情境中，研究者经常想证明一种存在于两种变量之间的因果关系。**自变量**（independent variable）是实验者所操纵的因素，它是因果关系中的原因。这一关系的结果就是**因变量**（dependent variable），它是实验者所测量的东西。如果研究者对于原因和结果的看法是正确的，那么因变量的值就取决于自变量的值。例如，假如你希望检验我们先前曾经提及的假设：在电视中看到更多暴力场面的儿童将在对同辈的行为中表现出更多的攻击倾向。你可以设计一个实验来操纵每名参与者所看到的暴力场面的数量（自变量），然后评估其表现出来的攻击倾向有多强（因变量）。

让我们花一点时间将这些新概念应用到真实的实验情境中。我们将要描述的研究项目开始于一个宏大的哲学问题：人是否拥有自由意志，或者他们的行为是由遗传因素和他们无法控制的环境来决定的吗？这项研究并没有尝试去解答这个问题。相反，研究者认为不同个体回答这个问题的方式，即他们对自由意志和决定论的信念，影响了他们的行为（Vohs & Schooler,2008）。研究者推断，持决定论世

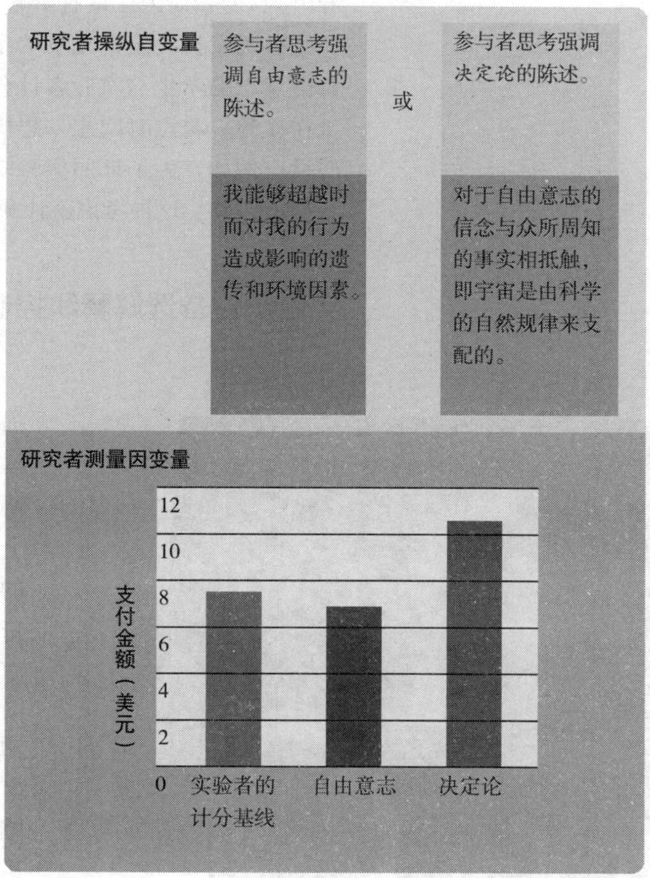

图 2.2　一个实验的元素

为了检验他们的假设，研究者创建了自变量和因变量的操作性定义。

资料来源：Vohs, K.D. & Schooler, J.W. (2008) The value of believing in free will: Encouraging a belief in determinism increases cheating. *Psychological Science*, 19, pp. 49–54. Reprinted with permission of Wiley-Blackwell.

界观的人对恶劣行为的个人责任感更弱，因为他们认为这是他们控制不了的。为了检验这个假设，研究者给予学生一个作弊的机会！

图 2.2 呈现了这个实验的重要方面。研究者招募了大约 120 个大学本科生来作为参与者。该研究的自变量是参与者对自由意志和决定论的相对信念。为了操纵这一自变量，研究者向学生提供一系列的 15 段陈述，要求他们思考每段陈述 1 分钟。你可能会猜到，这些陈述在自由意志条件和决定论条件下是不同的。我们在图 2.2 中提供了例子。

为了检验他们的假设，研究者需要提供给学生作弊的机会。在实验过程中，学生尝试回答来自美国研究生入学考试（GRE）练习测验的 15 道题目。他们每答对一题可以获得 1 美元。参与者在实验者不在的情况下给他们的答案计分。实验者无法知道参与者是否给自己支付了比应付更多的钱。实验的因变量是参与者给自己支付的金额。

图 2.2 显示了实验的结果。为了确定普通学生在 15 道 GRE 题目中的真实得分，研究者还设置了另外一个条件，他们自己给参与者计分来看看学生能挣多少钱。标注为“实验者计分基线”的直条提供了这样的信息。你可以从图 2.2 的其他两个直条看出，自变量对因变量有影响，这是研究者预期到的。与专注于自由意志的学生相比，那些被诱发持决定论立场的学生给自己多支付了 4 美元。因为实验者计分基线显示自由意志的学生与实验者计分的学生的水平相当，所以我们可以推断出决定论的学生在作弊。花点时间想一想操纵实验变量的其他方法，通过其他方式来检验相同的假设。例如，为了证明实验结果可以推广到其他生活情境中，你可能想要以其他方式测量作弊。这种考虑就让我们过渡到对实验方法的探索。

实验法：备选解释和控制的必要

你知道，从日复一日的经验中人们能够对同一个结果提出很多原因。当试图对因果关系进行正确的阐述时，心理学家面临同样的问题。为了克服因果关系中的模糊性，研究者运用**实验法**（experimental methods）：他们操纵一个自变量来观察其在因变量上产生的效果。这种方法的目的在于确定一种强烈的因果关系，即一个变量对另一个变量有影响。在这一部分，我们将阐述备选解释问题，以及研究者面临这一问题时所采取的一些步骤。

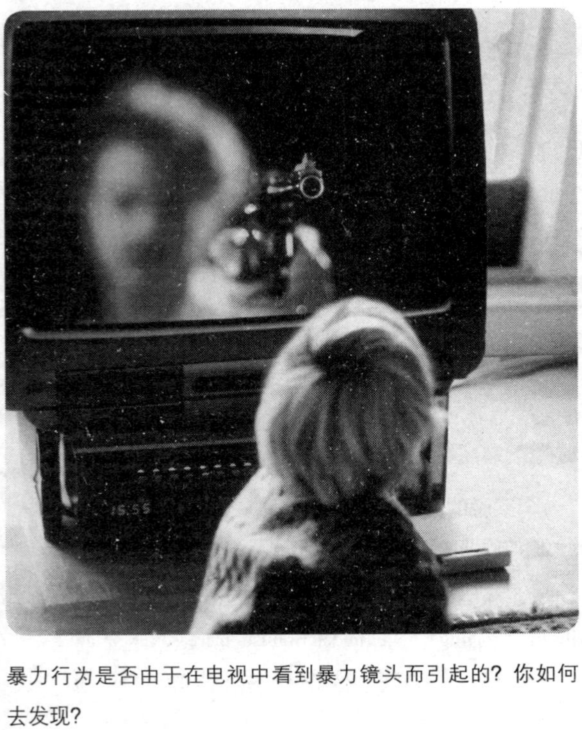

暴力行为是否由于在电视中看到暴力镜头而引起的？你如何去发现？

对客观性的挑战　当心理学家检验一个假设时，他们经常在头脑中对为什么自变量的变化会以一种特定的方式影响因变量有一个解释。例如，你可以预期并且实验性地论证，电视中暴力镜头可以导致高攻击性。但是，你怎么知道恰好是电视中的暴力镜头诱发了攻击呢？为了使这一假设得到最强有力的支持，心理学家必须对可能存在的备选解释非常敏感。其他可以导致同样结果的解释越多，初始假设的可信度就越低。当并非实验者有意引入到实验情境中的一些因素确实影响了参与者的行为，并混淆了数据的解释时，我们称这些因素为**混淆变量**（confounding variable)。当一些观察到的行为结果的真正原因被混淆时，实验者对数据的解释就会冒风险。例如，假设暴力的电视场景比大多数非暴力的场景更引人注目或者包含更多的动作时，“暴力”就和场景中的表面现象相混淆了，研究者不能确定究竟是哪一个独特的因素导致了攻击行为。

尽管每一个不同的实验方法都可能带来一些特殊的备选解释，我们仍然可以确定两种几乎存在于所有实验中的混淆变量，即期望效应和安慰剂效应。当研究者或观察者以微妙的方式向参与者传达他所预期发现的行为，并因此引发期望的反应时，无意的**期望效应**(expectancy effects)便发生了。在这种情况下，真正诱发所观察到反应的是实验者的预期，而不是自变量。

> 在一个实验中，将几组即将进行走迷宫训练的大鼠分配给 12 名学生。其中一半学生被告知他们分到的大鼠都是一些擅长走迷宫的种群，而其他的学生则被告知他们的大鼠都不擅长迷宫测验。正如你可能猜想到的那样，这些大鼠实际上都是一样的。然而，学生们的实验结果符合他们对其大鼠的预期，往往发现那些标记为聪明的大鼠比标记为笨拙的大鼠是更好的学习者(Rosenthal & Fode, 1963)。

你认为学生们将他们的预期传达给他们的大鼠了吗？当实验是在人类实验者和人类参与者间进行时，你知道你为什么应当更担心期望效应了吧，因为期望效应歪曲了发现的内容。

当没有施加任何一种实验操纵，但参加实验的参与者却改变了他们的行为时，**安慰剂效应**(placebo effect)就发生了。这一概念的来源是医学中的一种现象：当病人接受了化学惰性的药物或无针对性的治疗后，他的身体却康复了。安慰剂效应指的是由于个体对于治疗有效的信念所导致的健康或幸福感的改善。一些采用无疗效药物的治疗已经表明，在这种情况下，有 70% 采用过这种药物的病人都有良好或极好的效果(Roberts et al., 1993)。

在心理学的研究情境中，当行为反应受到个人对如何应对和如何感受的预期的影响，而不受到以产生该反应的特定介入或程序的影响时，安慰剂效应就发生了。回忆一下关于看电视导致日后攻击性的实验，假定我们发现根本没有看过任何电视的参与者也表现出很高水平的攻击性，我们就可以推测，这些参与者是由于置身于允许他们表现攻击的情境中，他们觉得他们*应该*表现出攻击行为，因而才这么做的。实验者必须考虑到参与者会仅仅因为意识到他们在被观察或测验而改变行为。例如，参与者可能会对选择他们来参加这项研究感到很特别，因此展现的行为跟平常有所不同。这种效应会损害实验的效果。

补救措施：控制程序　由于人和动物的行为很复杂，往往有多种原因，因此好的研究设计应该能够预期到可能出现的混淆，并且采取策略来消除它们。类似于运动中的防护措施，好的研究设计应该能预期对手将做些什么，并制订计划来应对。研究者的策略被称为**控制程序**(control procedures)，它是一些试图使所有变量和条件(除了那些与被验证的假设相关的)保持恒定的方法。在一个实验中，指导语、室内温度、任务、研究者的着装、时间安排、记录反应的方式，以及其他一些情境中的细节必须对所有参与者都一致，以确保他们的经验是相同的。参与者所经历的惟一不同应该是那些由自变量引入的差异。让我们来看一些针对特定混淆变量的补救措施，如期望效应和安慰剂效应。

例如，假想你在攻击性实验中加入了一个观看喜剧节目的处理组。你想要谨慎地避免根据自己的预期，以不同的方式处理喜剧组和暴力组的参与者。因此，在你的实验中，我们需要研究助手的参与，由他们来迎接参与者，并在不知道参与者是看了暴力节目还是喜剧的情况下，测验他们的攻击性。在最理想的情况下，可以通过保证实验助手和参与者都不知道（双盲）哪些参与者接受了何种处理来消除偏见。这一技术被称为**双盲控制**（double-blind control）。在我们将来的攻击性实验中，我们可能无法不让参与者知道他们看的是喜剧还是暴力节目。然而，我们可以小心翼翼地确保他们不能猜到我们接下来的分析会集中在他们随后的攻击性上。

为了解释安慰剂效应，研究者通常引入一个不进行任何处理的实验条件，我们称为**安慰剂控制**（placebo control）。安慰剂控制属于控制的一般范畴，以使实验者确保他们自己正在进行的比较是恰当的。设想有一位年轻的女孩，当被问及她是否爱她姐姐的时候，她回答："和什么比呢？" 在你能够真正理解研究结果的意义之前，这是一个必须问的问题，而且必须得到满意的回答。假设你看到一个午夜电视广告，宣称一种中草药制剂可以解决你所有的记忆问题。如果你买了这种药剂并坚持每周服用，你期望会发生什么？一项研究表明，那些在 6 个星期里每天早晨都服用这种药物的大学生，的确表现出在认知任务上成绩的提高（Elsabagh et al.，2005）。在一个任务中，参与者被要求在电脑屏幕上观看 20 张一系列的图片，对其进行命名，随后回忆其名字。服用药物的参与者在 6 个星期之后的成绩提高了 14 个百分点。然而，那些服用安慰剂（一种没有活性成分的药丸）参与者的成绩同样也提高了 14 个百分点。安慰剂控制表明，任务表现的提高是对最初测验的练习的结果。控制条件下的数据为我们评估实验效应提供了一个重要的基线。

补救措施：研究设计　为了实施控制条件，研究者还要决定哪种实验设计最适合他们的目标。一些实验设计，我们称之为**被试间设计**（between-subjects designs），参与者被随机分配到实验条件（接受一个或多个实验处理）和控制条件（不接受实验处理）。**随机分配**（random assignment）是研究者用来消除与研究参与者的个体差异有关的混淆变量的主要步骤之一。攻击实验就是采用这样的设计。随机分配到实验条件和控制条件下的两组具有很高的一致性，这是实验开始阶段非常重要的一步，因为每名参与者都有同样的可能性被分配到实验条件或控制条件下。因此，我们就不必担心分配在**实验组**（experimental group）的每个人都喜欢看暴力电视，而分配在**控制组**（control group）的每个人都讨厌看暴力电视了。随机分配可以使每一组中都混入不同类型的人，如果结果发现不同条件下存在差异，我们能够更加确信这些差异是由处理或干预引起的，而不是由原先就有的差异引起的。

研究者还试图在挑选参与者的过程中接近随机化。假如你想检验这样一个假设：6 岁的儿童比 4 岁的儿童更爱说谎。你只能从世界上所有 4 岁和 6 岁儿童的**总体**（population）中选取一个非常小的子集，即**样本**（sample），把他们带到你的实验室中。一般来说，心理学实验使用 20~100 名参与者。你应该如何挑选你的儿童组呢？研究者尝试构建**代表性样本**（representative sample），这个样本在诸如男女性别、种族等方面的分布都与总体的特征非常吻合。例如，如果你的儿童说谎研究中只有男孩，那么我们就不认为这是 4 岁和 6 岁儿童总体的代表性样本。为了获得代表性样本，研究者通常使用**随机取样**（random sampling）程序，这意味着总体的每一个成员参与实验的可能性是相等的。

另一种实验设计称为**被试内设计**（within-subject design），利用每一个参与者作为他自己的控制组。例如，将参与者接受实验处理之前的行为和接受处理之后的行为进行比较。或者，每一个参与者都经历不止一种水平的自变量。考虑这样一个实验，它检验的是儿童对哪种人的记忆更好，“友善的”人还是“吝啬的”人。

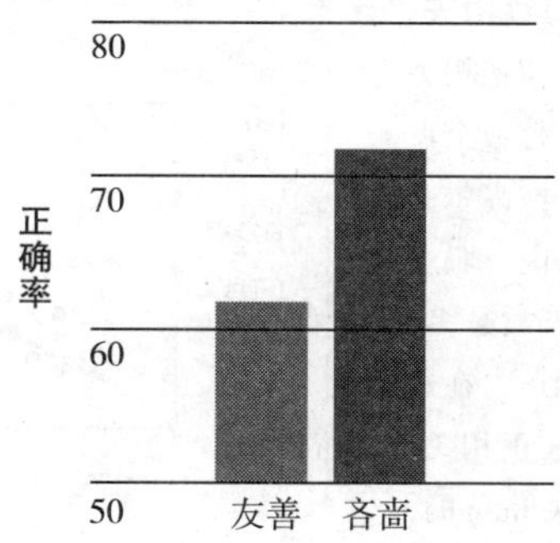

图 2.3 儿童对于“吝啬”者和“友善”者面孔的记忆

在研究的训练阶段，3~4 岁儿童获得关于一系列面孔的“吝啬”和“友善”信息。在测试阶段，儿童尝试找出他们之前看过的面孔。儿童对于那些与“吝啬”信息联系起来的面孔的记忆更好。

资料来源：Kinzler, K.D., & Shutts, K., Memory for 'mean' over 'nice': The influence of threat on children's face memory, Cognition, 107, pp. 775–783, Copyright (2008), with permission from Elsevier.

> 在你的生活中，你可能认为回避那些威胁你的人是一个好策略。当然，为了做到这一点，你要能够记住这些人是谁。研究者检验了这样一个假设，即 3 岁和 4 岁的儿童已经对“吝啬”者的面孔有着更好的记忆（Kinzler & Shutts,2008）。在实验的训练阶段，儿童观看电脑屏幕上一系列略带积极表情的面孔。对于其中一半的面孔，实验者提供了友善的事实（例如，“凯文总是很友善。今天他带来了曲奇，每个人都有一些。”）。对于剩下的面孔，实验者提供了吝啬的事实（例如，“凯文总是很吝啬。今天他偷了所有人的曲奇，没人再有曲奇了。”）。在实验的测试阶段，儿童接受一个记忆测试。他们看到最初的面孔与新面孔配对。儿童必须指出他们看过哪张面孔（例如，“哪个是凯文？”）。如**图 2.3** 显示，儿童总是对那些与吝啬的事实联系在一起的面孔有着更好的记忆。

因为这个实验使用了被试内设计，所以实验能够得出很强的结论，即对于与友善或吝啬信息联系起来的面孔，儿童的记忆是不同的。这个研究表明，3 岁时你便可能擅长记住谁对你吝啬。我们可以想象，研究者正努力发现这种模式是否出现在更小的儿童身上。

迄今我们所描述的方法论都包含操纵一个自变量以观察它是否会对因变量产生影响。虽然这种实验方法常常允许研究者得出关于变量间因果关系的判断，但一些条件也会削弱这种方法的可靠性。首先，在一个实验中，行为经常是在人为环境中被研究的，其中情境因素被严格控制，环境本身就可能歪曲原本可自然发生的行为。批评者指出，许多自然行为模式的丰富性和复杂性都在控制实验中丢失了，而只是简单地涉及一个或几个变量和反应。其次，研究中的参与者往往知道他们在参加实验，正在接受测量和检验。他们可能会受这种意识的影响，表现为试图取悦研究者、尝试“揣测”研究的目的，或者改变他们的行为，使之与未意识到被监控时的行为显著不同。第三，有一些重要的研究问题受到伦理的约束而不可能实施。例如，我们不能通过设置一个实验组的儿童被虐待，而设置一个控制组的儿童不被虐待，以发现虐待儿童的倾向是否会世代相传。在下一部分，我们将讨论经常用来解决这些担忧的一类研究方法。

相关法

智力和创造性存在联系吗？乐观的人是否比悲观的人更加健康？童年受到虐待与后来的精神疾病有无关系？这些问题中涉及的一些变量是心理学家不易操作或不合乎道德原则的。为了回答这些问题，我们将在后面的章节讨论，我们的研究需要

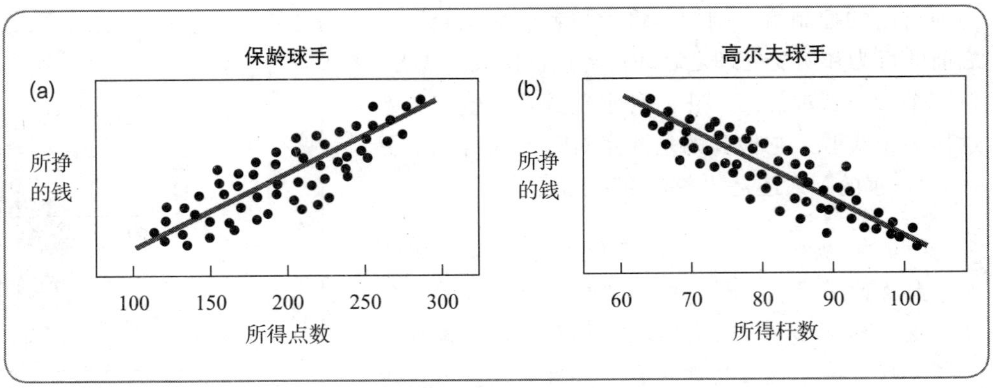

图 2.4 正相关和负相关 这些假想的数据表明正相关和负相关的不同。每一个点代表一名保龄球手或高尔夫球手。(a) 一般来说，职业保龄球手所得的点数越多，他挣得就越多。因此，在这两个变量之间存在正相关。(b) 高尔夫的相关是负的，因为高尔夫球手打的杆数越少，他挣的钱就越多。

基于**相关法**（correlational methods）。当想要确定两个变量、特质或者属性之间的关联程度时，心理学家使用相关法进行研究。

为了确定存在于两个变量之间相关的精确程度，心理学家需要计算一个名为**相关系数**（correlation coefficient，r）的统计值。这个数值在 +1.0 到 –1.0 之间变化，+1.0 表示完全的正相关，–1.0 表示完全的负相关，而 0.0 表示完全没有相关。一个正的相关系数意味着当一组分数增加时，另一组分数也增加。而负相关正好相反，第二组分数和第一组分数朝相反的方向变化（见**图 2.4**）。一个接近于零的相关意味着两个测量分数之间只存在很弱的联系，或完全不存在联系；当相关系数越来越大，直至接近于最大值 ±1.0 的时候，根据一个变量的信息来预测另一个变量将变得越来越精确。

例如，研究者对学生的睡眠习惯和其在大学表现之间的关系感兴趣。他们可能会将睡眠习惯操作性地定义为每晚的平均睡眠时间，将大学表现定义为平均绩点（GPA）。研究者可以在一个适当的学生样本中测量每一个变量，并计算它们之间的相关系数。正相关系数很高意味着学生的睡眠时间越长，他的 GPA 就越高。当知道一个学生每晚的睡眠时间时，研究者就可以合理地预测这个学生的 GPA。

研究者可能想进一步说明，可以通过增加睡眠时间的方法来提高 GPA。这种认识是错误的。高相关只是表明这两组数据以一种系统的方式建立了联系，相关并不意味着一个事件可以导致另一个事件的发生，相关并不意味着因果关系。相关可能反映了几种因果可能性中的一种，也可能根本就不反映因果关系。许多可能性涉及第三变量，这个变量在背后造成了它们的相关。例如，设想当人们参加的课程很容易时，人们既能睡得更好也能取得高分。在这种情况下，学生课程的难度是第三变量，造成了睡眠时间和 GPA 之间的正相关。也有可能学习更高效的人更早入睡，或者对学习任务感到焦虑的人难以入睡。你可以从这三个可能性中看到，相关在大多数情况下需要研究者寻找更深层的解释。

我们并不想给你留下这样的印象，即相关法不是一个有价值的科研工具。贯穿《心理学与生活》全书，我们还将看到很多的相关法研究，它们都带来了重要的发现。我们在此仅提供一个例子来引发你的兴趣：

> 你能够只通过观察就能分辨人们是否是优秀的领导者吗？为了回答这个问题，一组研究者收集了在《财富》500 强的网站上排名前 25 名或末 25 名的公司首席执行官（CEO）的照片（Rule & Ambaby, 2008）。研究者让 50 名学生观看这些照片，然后在 7 点量表上回答："这个人在领导一个公司上会有多优秀？"研究者还收集了每家公司的信息。数据揭示了参与者的判断与公司业绩的正相

关。整体而言，CEO 获得的领导力评分越高，所领导的公司越赢利。为什么会出现这种正相关？研究者谨慎地承认，可能存在不止一种因果路径："当然，我们不能得出因果的推断，是更成功的公司选择了特定长相的人成为它们的 CEO，还是拥有特定长相的个体在他们作为 CEO 的工作中更加成功"（p.100）。

你能够看出为什么相关设计对于提出这样的预测是必要的吗？你不可能随机分配给人们是否像领导者的长相，也不能随机分配是否赢利的公司。你只能等着领导力在现实世界中逐渐显露来观察出现的差异。

你通过什么程序来确定学生的睡眠习惯与大学学业成功之间的相关？你会如何评估相关背后潜在的因果关系？

阈下影响？

作为这一部分的结束，我们提供一个具体的例证，让我们来看看心理学研究是怎么被用来评估一些强有力的主张的，即行为能够受到意识觉知之外的信息——阈下信息的影响。摇滚唱片中是否存在某些信息导致青少年做出暴力行为？媒体报道了这样的说法。阈下广告能影响总统选举的结果吗？在 2000 年的选举中，"RATS"一词在一则批评民主党候选人的广告中短暂地闪现。这可能改变选票吗？

阈下影响有很长的历史。1957 年，阈下广告的"发明者"宣称"买爆米花"的信息在电影放映的时候快速地显示在屏幕上，导致爆米花增加了 58% 的销售量（Rogers, 1993）！尽管几乎可以肯定这是一种欺骗，但它仍然引起了轰动。《华尔街日报》曾经报道，当在超市的背景音乐中播放"偷窃者将会坐牢"的阈下信息之后，新奥尔良一家超市的偷窃和资金流失显著减少了。俄亥俄州托莱多的一个电话调查表明，400 名被调查的成人中有 75% 熟悉阈下广告（Rogers & Smith, 1993）。在那个群体中，又有将近 75% 的人相信阈下广告在超市中使用得很成功。一般来说，回答者受教育程度越高，越有可能相信阈下广告的效用。

你现在已经具备了回答这一关键问题的知识：潜意识信息是否真如其支持者所宣传的那样，影响了大脑的状态和行为？我们的答案来源于我们描述过的实验方法的应用（见**图 2.5**）。

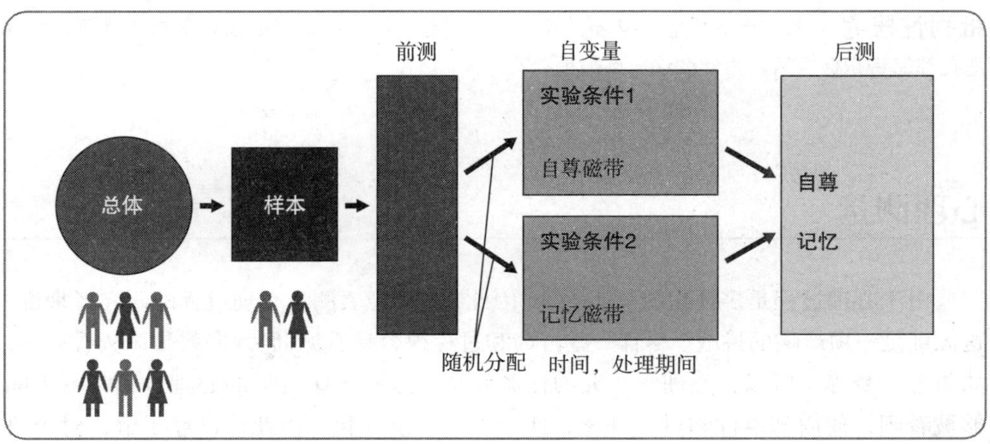

图 2.5 **用来检验阈下信息有效性假设的实验设计** 在这个实验的简化版本中，样本是从一个更大的一般总体中抽取的。经过前测之后，他们被随机分配阈下磁带。然后接受后测，以客观地评定他们在记忆和自尊这两个因变量上的变化。

> 一个实验小组着手来判断，那些为了提高自尊和记忆力而设计的商业性录音磁带是否真正有效果。237 名男女参与者参加了实验，他们的年龄范围从 18 岁到 60 岁。
>
> 首先是前测，用标准的心理测验和量表测定他们最初的自尊和记忆力。然后，参与者被随机分配到两种条件下，一半参与者得到阈下记忆磁带，其他的参与者得到阈下自尊磁带，要求他们定期地听这些磁带。五周以后，他们回到实验室进行后测，接受记忆（使用四个记忆测验）和自尊（使用三个自尊量表）测验。研究者并不知道哪名参与者接受了哪种处理（Greenwald et al., 1991）。
>
> 这些磁带提高自尊、增强记忆了吗？这项控制实验的结果表明：在任何一个客观的测量中，参与者无论在自尊还是在记忆上都不存在明显的改善。然而，一个非常强的效应确实出现了：那就是预期获得帮助的安慰剂效应。由于预期到会有安慰剂效应，研究者增加了另一个独立的变量。每一组中的一半参与者得到错误标记为“自尊”的记忆磁带，其他参与者则得到放在“记忆盒子”中的自尊磁带。参与者相信，如果得到标记为自尊的磁带，他们的自尊就会提高，或者如果得到标记为记忆的磁带，他们的记忆力就会增强——这种现象甚至在当他们实际听的是另一种磁带时也会发生！

这一严格的实验为我们提供了非常具体的建议：省省你的钱吧，阈下自助磁带所起的作用只不过是安慰剂效应。《心理学与生活》的一个重要目的就是向你提供这种建立在严谨实验方法上的具体结论。

这个实验还给了你一个心理学家测量变量类型的例子。在这个例子中，它是参与者关于自尊和记忆力提高的信念测量，以及自尊和记忆力的客观测量。在下一部分，我们将更加广泛地讨论心理学家测量重要的经验过程和经验维度的方法。

STOP 停下来检查一下

❶ 理论和假设之间的关系是什么？
❷ 研究者采取怎样的步骤去克服观察者偏见？
❸ 研究者为什么要使用双盲控制？
❹ 被试内设计的意思是什么？
❺ 为什么相关并不意味着因果？

批判性思考：考虑一下那个 3~4 岁儿童学习“友善”和“吝啬”的面孔信息的研究。所有面孔都略带积极表情，为什么这一点很重要？

心理测量

由于心理过程是多样化的、复杂的，因此，对于想要测量心理过程的研究者来说，这无疑是一项严峻的挑战。尽管一些行为和过程很容易看见，但大多数是无法看见的，如焦虑、梦等。所以，心理学研究的任务就是使这些无法看见的心理过程和行为能够被看到，使内部事件和过程外化，使个人经历公开化。由此你已经了解，对于研

生活中的心理学

调查研究会影响你的态度吗

考虑这样一个情境。此时正值选举期，你刚刚吃完晚饭，电话铃就响了。一个朋友的声音从另一端传过来，他问你是否可以腾出几分钟回答几个有关候选人的问题。你说："为什么不呢？"这对你来说是参与实验室之外的研究的一个机会。然而，对于你的问题"为什么不呢？"，这里有一个答案。这些调查中的问题会对你的态度产生极大的影响。

让我们看一项证明这个原理的实验室研究。这项研究发生在英国，所以它关注的是参与者对于首相汤尼·布莱尔的态度（Haddock，2002）。参与者在问卷中首先被问到"你对英国政治有多少兴趣？"问卷的其余部分有四种形式。一种是要求参与者列出布莱尔的两个优点；另一种是要求参与者列出五个优点；第三种和第四种分别要求参与者列出两个和五个缺点。接下来，每一种形式的问卷都要求参与者在 7 点量表上表示出对布莱尔的喜爱程度，分数越高表示越喜欢。

从上面的描述中你可以看到，这个实验的一个重要因素是每个参与者列出特征的数目。为什么这很重要？假设你被要求列举出一位政治家如总统或参议员的缺点，你可能会发现要列出两个是相当容易的，但是要列举出五个就很费劲了。在努力列出五个之后，你可能会想："如果我难以想出这个人的五个缺点，那么他可能的确不错（Schwarz et al.，2003）。由于这个原因，如果你试图想出更多的负面特征，那么你有可能会更加喜欢这个政治家；如果你试图想出较多的优点，这种努力却会对你的态度产生负面影响。

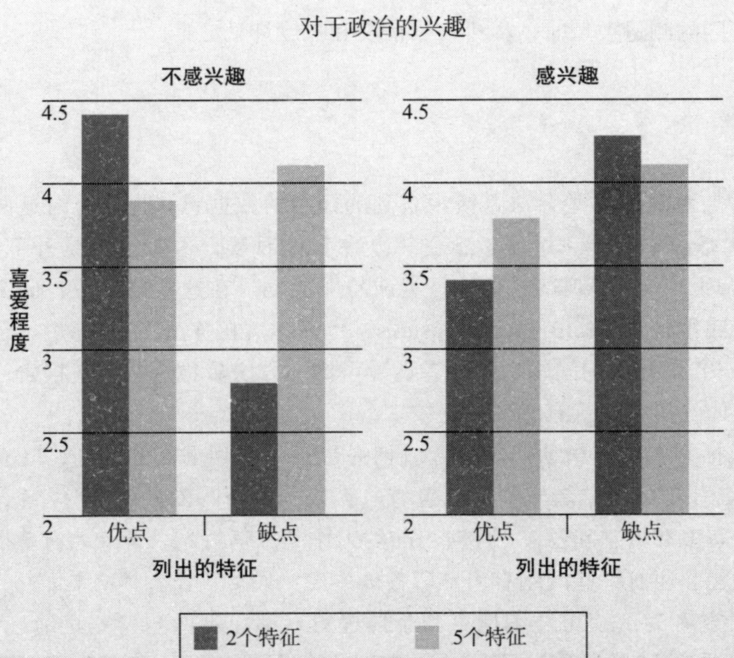

在那些对英国政治相对不感兴趣的人当中，呈现在下图中的结果支持了上述预测。例如，当参与者被要求想出更多的缺点时，他们对布莱尔的评价相对更好。在那些对英国政治比较感兴趣的人当中（大概因为他们有充分的知识和明确的态度），回想布莱尔相关信息的难易程度并不会对他们的态度产生相似的影响。

在这一结果模式中，当你接到晚餐后的电话时，你可能会预期：对方首先会问的就是你对政治是否感兴趣。知道了这一点，对方就大体了解了通过表面上看似合理的问题来改变你的态度的难易程度。充分关注布莱尔的缺点将会使人们更喜欢他，你预见到这种现象了吗？

所以当你在现实世界中回答那些"研究"问题时，提防公司或组织背后的真实目的。在实验室中，研究者在实验之后必须向你作事后解释，以帮助你理解参与研究可能会影响你的想法或感觉。那些在饭后逮住你的人可没有向你解释的责任，他们主要的愿望就是能够在某种程度上改变你的态度，这将影响你在投票箱前的行为。

究者来说，为研究的现象提供操作性定义有多么重要。这些操作性定义通常会提供某种程序，为变量的不同水平、大小、强度或数量赋值，即量化。心理学家可以采用许多测量方法，每种方法都有其独特的优势和弊端。

下面我们回顾一下心理测量，首先讨论两种评估测量精确性的方法（信度和效度）的差异。然后，我们来看看几种收集数据的测量技术。无论心理学家使用哪种方法收集数据，他们都必须使用恰当的统计方法检验假设。本章后的统计学附录中描述了心理学家如何分析数据，你可以把它与本章内容结合起来阅读。

获得信度和效度

心理测量的目标是产生可靠而又有效的发现。**信度**（reliability）是指心理测验或实验研究得到的行为数据具有一致性或可靠性。结果具有可靠性是指在相似的测验条件下该结果具有可重复性。一种可靠的测量手段在重复使用时（所测量的内容不变）将产生相似的分数。我们前面描述过一个实验，它表明阈下录音磁带只能产生安慰剂效应。那个实验使用了 237 名参与者。实验者声称结果可信，这意味着他们能够使用大小相同的另一组参与者重复这一实验，并得到相同的数据模式。

效度（validity）是指研究或测验得到的信息准确地测量了研究者想要测量的心理变量或品质。例如，对于幸福感的有效测量能够预测在特定情况下你有多幸福。一个有效的实验意味着研究者能把研究结果类推到更大的范围。当我们为你提供基于录音磁带实验的建议时，我们接受研究者提出的研究结果有效的主张。测验和实验可能是可靠的，但可能却是无效的。例如，我们把鞋子的大小作为幸福感的指标。这是可靠的（我们总能得到相同的答案），但这一指标是无效的（我们无法得知你每天的幸福水平）。

当你读到不同的测量类型时，尽量根据信度和效度评估它们。

自我报告法

研究者经常会对获得那些无法直接观察到的经验的数据感兴趣。有时这些经验是内部的心理状态，如信仰、态度、感受等。在其他时候，这些经验是外部行为，但一般不适合心理学家现场观察，如性行为或犯罪活动。在这些情况下，研究要依赖自我报告。**自我报告法**（self-report measures，也译作“自陈法”）是通过言语回答（手写或口述）研究者提出的问题。研究者设计可信的方法量化这些自我报告，这使他们能对不同个体的反应进行有意义的比较。

自我报告包括问卷法和访谈法。*问卷*或*调查*包括一系列书面的问题，既有事实问题（“你是一名登记的投票者吗？”），也有过去或当前行为的问题（“你每天吸多少烟？”），还有态度和情感问题（“你对当前的工作满意吗？”）。*开放式问题*指能自由措辞回答的问题。还有一些问题有*固定的备选答案*，如*是*、*否*、*不确定*。

*访谈*是指研究者为了获得详细信息与个体进行对话。不像问卷完全地标准化，访谈是*互动式*的。访谈者可以根据回答的内容变化问题。好的访谈者除了对显现的信息敏感，对社交互动的过程也应是敏感的。受过训练的访谈者与回答者建立友善的、积极的社会关系，鼓励回答者信任访谈者，并与访谈者分享个人信息。

尽管研究者依赖各种各样的自我报告法，但自我报告法也有其局限性。很明显，许多形式的自我报告不适用于前语言期儿童、成人中的文盲者、说其他语言的人、一些心理障碍者以及非人类动物。即使自我报告可以使用，它们也可能是不可信或不可靠的。参与者可能不理解问题或不能清楚地记得他们当时的经历。进一步说，自我报告可能受社会期望的影响——为了产生良好的（或者有时是不好的）印象，人们可能给出虚假的或误导性的答案。他们可能对报告出自己的真实经历或情感感到尴尬。如果回答者意识到问卷或访谈的目的，为了能够获得工作，从精神病院释放或完成其他目标，他们可能说谎或捏造事实。访谈的情境也会产生个人偏见和成见，这都影响访谈者怎样提出问题和回答者怎样回答问题。

研究者通过单向玻璃能观察到儿童不受影响或干扰的行为。当你知道你被观察时你曾经改变过你的行为吗?

行为测量和观察

作为一个群体，心理学家对广泛的各种行为感兴趣。他们可以研究老鼠走迷宫、儿童绘画、学生记忆一首诗或工人重复完成一项任务。**行为测量**（behavioral measures）是研究外显行为和可观察、可记录的反应的方法。

观察是一种研究人们做些什么的主要方法。研究者以有计划、精确和系统的方法进行观察。观察或者集中在行为的*过程*，或者集中在行为的*结果*。例如，在学习实验中，研究者可以观察参与者复述一列单词多少次（过程），然后观察参与者在最终测验中记住多少单词（结果）。对于*直接观察*，研究的行为必须是清晰可见的、外显的、容易记录的。例如，在情绪的实验室实验中，研究者能观察到参与者在看到引起情绪的刺激时的面部表情。

技术的进步通常扩大了研究者直接观察的范围。例如，当代心理学家经常依赖计算机，因为计算机能精确记录参与者完成各种任务的反应时间，如阅读句子或解决问题。尽管在计算机时代之前也有许多精确的测量方法，但在收集和分析精确的信息上，计算机具有非凡的灵活性。在第 3 章，我们将描述最新的技术，这些技术能使研究者对行为进行非同寻常的测量：工作中的大脑图像。

在**自然观察**（naturalistic observation）中，研究者不改变或不干预自然环境，观察一些自然情境下发生的行为。例如，研究者在单向玻璃背后观察儿童游戏，而儿童并不知道正在被观察。人类的一些行为只有通过自然观察才能进行研究，因为在非自然条件下研究是不道德的或不切实际的。例如，研究生命早期的严重剥夺对儿童后期发展影响的实验就是不道德的。

物种的自然栖息地对于塑造复杂行为模式所起的长期作用，在实验室环境中是无法观察的。为了克服这些局限性，研究者可以着手于自然观察的项目。看看生物学家多萝西·切尼（Dorothy Cheney）和心理学家罗伯特·赛法斯（Robert Seyfarth）的工作，他们自 1952 年起就不断地前往博茨瓦纳，观察一群大狒狒（Cheney & Seyfarth, 2007）。切尼和赛法斯解释他们为什么选择研究狒狒：

> 每一种动物都维持了复杂的包含亲属和非亲属的社会关系网络，这种关系同时是合作性的和竞争性的。在这个网络中生存需要复杂的社会知识和技能。而且，狒狒面临的挑战不只是社会性的，也是生态性的。它们必

> 须找到和保卫食物，还要躲避食肉动物，有时发起攻击。因此，在野外研究狒狒让我们得以探索个体的行为如何影响它的生存和繁殖（Cheney & Seyfarth, 2007, p.10）。

切尼和赛法斯从他们雄心勃勃的项目中取得的数据，阐明了狒狒如何运用社会智力。而且，他们的分析还允许我们从更深的层次理解进化压力如何产生人类行为与这些非人灵长类行为的相似和差异。例如，切尼和赛法斯推断，“尽管它们的心智主要是由社会生活来塑造的，但是狒狒只有有限的能力来辨认其他狒狒的心理状态”：“与人类和甚至年龄很小的儿童不同，它们没有谈话和分享信息的强烈欲望”（p.275）。

在一项研究的初期，自然观察是特别有用的。它有助于研究者发现某一现象的范围，或者获得重要的变量以及变量间的关系可能是什么的初步想法。自然观察得到的数据为研究者提供线索，这有助于提出特定的假设或研究计划。

如果研究者想要利用行为测量去检验假设，他们有时会转向*档案数据*。想象一下你在实验室或者网上可以找到的所有类型的信息：生卒记录、天气报告、电影票房、立法者的选举方式等等。在验证某一特定的假设时，任何类型的信息都会变得有价值。考虑一个检验男性和女性在*英雄主义*上是否有差异的研究（Becker & Eagly，2004）。为了阐明这一问题，研究者不可能创造一个实验室情境，他们不能在一栋大楼上纵火，然后观察跑去救火的人当中男性居多还是女性居多。相反，他们定义了现实世界中的一些公认的英勇行为，接着查阅档案记录，评估男性和女性的相对贡献。例如，研究者检验了“世界医生”——一个向世界各地派遣医护人员的组织——的参与情况。这一项目中的人员“在以地区暴力和不稳定状态为特征的环境中提供健康和医疗服务，承担着不可忽视的风险”（Becker & Eagly，2004，p.173）。档案数据反映了什么呢？“世界医生”的参与者中有一半以上（65.8%）是女性。从中你就可以看到档案数据对于阐释一些特定问题的必要性。

在结束心理测量这一主题之前，我们必须强调：许多研究计划结合使用自我报告法和行为观察法。例如，研究者可能专门寻找人们怎样报告他们的行为与人们实际行为表现间的关系。另外，一些研究项目并不使用大样本参与者，而只采用**个案研究**（case study）的方法，集中在个体或小群体上进行各种测量。有时对特殊个体进行透彻分析有助于理解人类经验的普遍特性。例如，在第3章，你将知道对单个脑损伤患者进行仔细观察，能为语言功能的脑定位这一重要理论提供依据。

罗伯特·赛法斯和多萝西·切尼不断到博茨瓦纳对狒狒进行自然观察。在自然栖息地研究动物有什么好处？

我们已经叙述了研究者使用的几种程序和方法。在我们进入下一节之前，我们想让你看一下相同的问题是如何在不同的研究设计中得到阐释的。考虑一下莎士比亚的问题：“名字包含着什么？”在《罗密欧与朱丽叶》中，朱丽叶说道：“如果我们把玫瑰换成其他名字，它闻起来也是芳香的。”但真的是这样吗？你觉得你的名字会对别人对待你的态度产生影响吗？普通的、熟悉的名字更好，还是少见的、特别

表 2.1　名字包含着什么？方法与测量

	研究目的	依赖的测量：自我报告	依赖的测量：观察
相关法	评估人们名字的常见性与其幸福体验之间的关系	 评估每个参与者自身的幸福水平	
相关法	评估儿童名字的常见性与其被同辈接纳之间的关系		 儿童在操场上的社会互动量
实验法	当赋予照片不同名字时，确定人们对同一照片的评价是否不同	 参与者对婴儿照片的评价，照片的名字是随机的	
实验法	确定人们实际的社会互动是否会因基于名字的期望而发生改变		 人们在与介绍自己是 Mark 或 Marcus 的陌生人交谈时所产生的正性面部表情数量

的名字更好？或者你的名字根本就不重要？在**表 2.1** 中，我们给出了一些研究者在回答这种问题时可能使用的方法的例子。当你阅读表 2.1 时，问问自己参加每一种类型的研究的意愿。下一节，我们考虑心理学研究的道德标准问题。

STOP 停下来检查一下

❶ 为什么有的测量可信但却无效？
❷ 为什么对于访谈者而言，塑造一种友善的氛围至关重要？
❸ 假设一个研究者花时间观察儿童在运动场上的行为，这是哪种测量方法？

人类和动物研究中的伦理问题

在测试阈下信息有效性的研究中，研究者通过错贴磁带标签来欺骗参与者。这么做的目的是为了了解参与者的预期是否会引导他们相信信息是有帮助的，即使对记忆和自尊的客观测量并没有显示任何改善。从道德上来讲，欺骗总是令人怀疑的，但在这种情况下，研究者还有什么其他方法可以评估参与者持有虚假信念的安慰剂效应吗？在一项研究中怎样权衡得与失（包括参与者经历冒险的、痛苦的、有压力的或欺骗性的程序所付出的代价）呢？心理学家一直在问自己这些问题（Bersoff, 2008）。

尊重人类和动物的基本权利是所有研究者的基本义务。1953 年，美国心理学协会出版了有关研究者道德标准的指导方针。目前的研究实践遵从的是 2002 年修订版的指导方针。考虑一下研究中的欺骗问题。2002 年的指导方针对此的规定是："心理学家在可能导致身体疼痛或者严重的情绪焦虑的研究中不可以欺骗参与者（美国心理学协会，2002，p.1070）。"这类指导方针并不总是强制性的。例如，在第 16 章中我们将描述关于服从权威的经典实验。在这些实验中，研究者欺骗参与者，使其相信自己将会对完全陌生的人实施危险的电击。这些实验的证据表明，参与者事实上经历了"严重的情绪焦虑"。由于这个原因——虽然此研究对理解人类本性至关重要——现在没有任何负责任的心理学家会重复这些研究。事实上，研究者不再单独在一些问题如使用欺骗上进行决策。为了保证道德原则得到尊重，特别委员会监督每一个研究提案，强制实行美国卫生和人类服务部发布的严格的指导方针。每所大学、学院、医院和研究机构都有评审委员会来批准或否决关于人类和动物的研究计划。让我们回顾一下评审委员会所关注的一些因素。

知情同意

在几乎所有以人类为被试的实验室研究的开始，参与者都要经历**知情同意**（informed consent）的过程。他们被告知将要经历的程序以及可能的风险和参与的利益。提供这些信息后，要求他们签署同意书，表明他们同意继续。还要向参与者确保他们的隐私得到保护：他们所有的行为记录都会严格保密；公开发表的内容必须得到他们的同意。此外，提前告知参与者他们可以在任何时间停止实验，没有任何处罚，并且留给他们官方人员的姓名和电话，以供他们有任何不适或疑虑时联系。

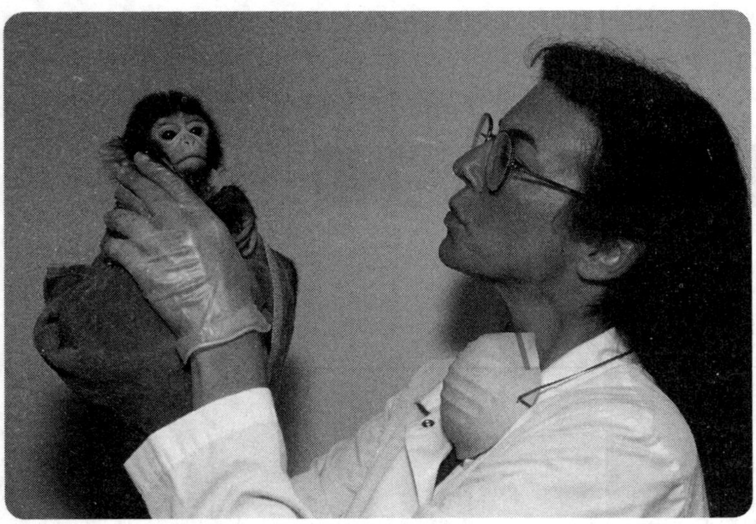

使用动物作为被试时，要求研究者提供仁慈的环境。你认为科学上的收获能证明用动物做研究是合理的吗？

风险 / 收益的评估

大多数心理学实验不会给参与者带来风险，特别是那些只要求参与者完成常规任务的实验。然而，有些实验研究人类本性中的隐私面，如情绪反应、自我形象、从众性、压力或攻击性等，这些可能令人苦恼或造成心理烦扰。因此，无论研究者何时进行这类研究，务必把风险降至最低程度，必须把这些风险告知参与者，并且必须采取适当的防范措施来应对过激反应。无论涉及任何风险，公共机构的评审委员会都应谨慎权衡，考虑该研究是否在使研究的参与者、科学、社会获益上有其必要性。

故意欺骗

对于某些类型的研究来说,事先告诉参与者实验怎么进行会影响实验结果。例如,如果你正在研究电视中的暴力对攻击性的影响,你将不想让参与者事先知道研究目的。但是你有充足的假设证明这种欺骗是正当的吗?

我们已经指出,美国心理学协会 2002 年版的道德原则对于欺骗的使用给出了明确的指导。除了要求参与者在发生身体疼痛或情绪焦虑的可能性上不应被误导之外,美国心理学协会还提出了其他的一些规定:(1)要使研究中的欺骗获得批准,研究必须具有充分的科学价值和教育价值;(2)研究者必须证明除了欺骗之外没有任何同等有效的程序;(3)必须根据研究结论对参与者解释实验中的欺骗;(4)参与者必须在欺骗得到解释后有机会收回自己的数据。对于涉及欺骗的研究,评审委员会可以施加强制规定,坚持监督最初提出的程序,或者不批准实验。

事后解释

参与心理学研究应该是研究者与参与者相互之间的一种信息交换。研究者通过参与者的反应获得关于某种行为现象的新发现,而参与者应该被告知研究目的、假设、预期结果以及研究益处。实验结束后,给参与者一份详细的**事后解释**(debriefing)。在这份报告中,研究者要尽可能多地提供有关该研究的信息,并且确保参与者没有感到疑惑、心烦或尴尬。如果在实验中的某一阶段必须误导参与者,实验者事后要认真向参与者解释欺骗的理由。最后,如果参与者觉得他们的数据被误用或他们的权利被侵犯,他们有权收回他们的数据。

动物研究中的问题

在心理学和医学研究中应不应该使用动物?这个问题经常引起两极化的反应。一方面,研究者指出在一些行为科学领域允许使用动物进行非常重要的突破性研究(Carroll & Overmier, 2001)。动物研究有助于得到关于药物成瘾的重要知识,以及治疗焦虑和精神疾病的相关发现和药物测试。动物研究也有利于动物本身。例如,心理学研究者已经指出如何缓解动物园中的动物所体验的禁闭压力。关于动物学习和社会组织的研究已经导致了隔离设计和动物设施的改进,这些都促进了动物的健康(Nicoll et al., 1988)。

对于动物权利保护者来说,"对于危害动物福利的伦理关怀不能只因人类的利益而减少"(Olsson et al., 2007, p.1680)。伦理学家促使研究者贯彻 3R 原则:研究者所设计的假设检验方法,应该使得他们*减少*(reduce)所需的动物数量,或完全*替换*(replace)动物的使用;他们应该*改善*(refine)他们的实验步骤,以使疼痛和不适降至最小(Ryder,2006)。每位动物研究者都必须依据严格的审查标准来评估自己的工作。美国心理学协会对在研究中使用动物的研究者提出了严格的道德指导方针(美国心理学协会,2002)。

通过调查 1 188 名心理学学生和 3 982 名美国心理学协会会员对于动物研究的态度,结果支持严格的审查标准(Plous, 1996a, 1996b):

- 大约 80% 的被调查者认为自然情境中的观察研究是正确的。少数人(30%~70%)

支持涉及笼框或禁闭的研究，这部分取决于动物种类（如老鼠、鸽子、狗或灵长类动物）。学生和教授都反对造成身体痛苦或死亡的研究。

- 大多数（大约 60%）学生和教授支持在本科心理学课程上使用动物，但每组中只有 1/3 的人支持把动物的实验室研究作为心理学本科专业的必修课程。

与那些同辈人相比，你有何主张？你对动物研究的得与失做何决策？

STOP 停下来检查一下

❶ 知情同意的目的是什么？
❷ 事后解释的目的是什么？
❸ 在使用动物作为研究被试中，研究者们对研究环境做出了怎样的建议？

成为批判性的研究消费者

本章的最后一节，我们将集中讨论几种批判性思维技能，这些技能有助于使你成为一位明智的心理学知识的消费者。在一个不断变化的社会中，作为一个有责任的人，都有必要磨砺这些思考工具，因为我们的社会总是充斥着所谓的真理、被认为是常识的错误迷思，以及为了特殊利益而导致的带有偏见的结论。一个具有批判性的思考者要超越已有的信息，发掘隐藏在光鲜表面下的真正内涵，以理解事物的本质为目标，而不被形式和表象所迷惑。

在这个充满复杂心理现象的社会中，心理学家的主张始终是每个思考者、感受者和行动者日常生活的一部分。不幸的是，许多心理学信息并不来自于合格从业者的书籍、文章和报告，而是来自于报纸和杂志上的文章、电视和广播中的节目、通俗心理学和自助读物。回到阈下心理控制的观点上。尽管这一观点最初只是关心利润的市场顾问詹姆斯·维卡里传播的骗局（Rogers, 1993）——如我们所看到的一样，在实验室里它已经被推翻——但阈下影响外显行为的这种观点却持续对人们的信念和钱包施加影响！

一次专家的新闻访谈由于删去了上下文而可能使合理的结论受到歪曲，或曲解了研究结论的简要描述。你怎样才能成为明智的媒体报道的消费者呢？

学习心理学有助于你依据自己或他人所收集的证据做出明智的决策。总是试着把来自心理学研究中的见解应用到你周围非正式的心理学问题中：对自己和他人的行为提出问题，根据合理的心理学理论寻求答案，并且依据可利用的证据验证这些答案。

下面是一些普遍的规则，牢记它们会使你徜徉于知识的海洋，成为一个更为精明的消费者：

- 避免把相关推论为因果。
- 要求关键术语和概念有操作性定义，并对其含义达成一致意见。
- 在寻找确定的证据之前，你首先要考虑如何反驳

生活中的批判性思维

为什么数字技能如此重要

我们想让你想象，你已经成为一名临床心理学家。你被要求作出一个重要的判断（Slovic et al., 2000, p.287）：

詹姆斯·琼斯先生是一名已经做完评估的病人，从一家紧急公民精神健康机构出院，过去几周里他一直在这里进行治疗。一位心理学家已经对琼斯先生做出了顶尖水平的评估，而他的专业意见是你所尊重的。这位心理学家的部分评估结论如下：每 100 名与琼斯先生相似的病人中，预计其中 10% 的病人会在出院的头几个月内做出暴力行为。

你必须指明“在出院后头几个月内伤害他人而不是自己”上，琼斯先生是高风险、中风险，还是低风险（p.286）。你会做出什么判断？

现在考虑一个与上述场景的最后一句话略微不同的版本：

每 100 名与琼斯先生相似的病人中，预计其中 10 名病人会在出院的头几个月内做出暴力行为。

再一次，你会对琼斯先生的风险做出什么判断？

如果你仔细观察这个场景的两个版本，你应该发现它们描述了相同的数学情境：100 中的 10% 等于 100 中的 10。出于这个原因，你可能预测人们的风险评估也会是一样的。然而，当一组职业心理学家对这两个版本的场景做出反应时，数学形式产生了重大的影响（Slovic et al., 2000）。30.3% 得到“100 中的 10%”版本的参与者将琼斯先生评为“低风险”；而得到“100 中的 10”版本的参与者只有 19.4% 将琼斯先生评为“低风险”。研究者提出这些不同的反应来源于“频率形式引发的恐怖画面”（p.290）。具体而言，你相对难以形成 10% 的心理画面，而你可以很容易地想象环视 100 人的房间，其中有 10 人可能是危险的。这里的第一个重要启示是，统计呈现的形式对人们对信息作何行动有很大的影响。

但是这里还有第二个重要启示：数字技能更好的人较少受到统计呈现形式的影响。在一个研究中，一组研究者通过让学生回答一系列问题，测量了学生的算术能力（与读写能力相对的一个术语），这些问题涉及概率概念的知识（Peters et al., 2006）。研究者利用学生的得分将他们分成高算术能力组和低算术能力组。当来自这些组的学生对琼斯先生的场景做出反应时，低算术能力组的学生对这两个版本的场景做出了极为不同的风险评分。然而，高算术能力组的学生给出了几乎一样的评分。算术能力也在现实世界中产生影响。例如，人们经常必须对一些因素的数据如医院绩效和费用进行评估，借此对医疗护理做出关键的决策。算术能力更强的人表现出对复杂数据的更好理解力，而且做出了更高质量的决策（Hibbard et al., 2007）。

好消息是大学会给你提供充足的机会来提高算术能力。例如，在大多数情况下，心理学专业必须加入统计课程。在短期内，这门课程应该会让你对心理学研究的理解更加深入。然而，我们刚刚已经看到，这门课程也会为你做出更好的基于数据的决策奠定基础，即便是在你离开大学之后。

- 在琼斯先生的场景中，与“10 中的 2”相比，人们在读到“100 中的 20”时会感知到更多的风险。为什么会这样？
- 为了影响公众意见，你会如何选择统计的呈现形式？

一个理论、假设或信念，因为找一个支持的理由是容易的。

- 不要轻信他人提出看似明显的解释，要不断寻找其他可能的解释，尤其在已有的解释会给其提出者带来利益时。
- 警惕个人偏见如何歪曲对现实的认识。
- 要对复杂问题的简单答案以及复杂效应和问题的单一原因和方案保持怀疑。
- 对许多宣称有效的治疗、干预或产品保持质疑，找出其效应的对照基础：与什么相比？

- 心智开放，还要保持怀疑态度:必须意识到，大多数结论是尝试性的、非确定的；寻找新证据以减少你的不确定感，同时对变化和修正保持开放态度。
- 挑战那些在做出结论时使用个人观点取代证据且不接受建设性批评的权威。

我们希望你以开放的心态和怀疑的精神来阅读《心理学与生活》这本书。我们不希望你把学习心理学只看成获得知识，相反，我们希望你能在观察、发现以及将观点付诸检验过程中，和我们一起分享其中的乐趣。

要点重述

研究过程

- 在研究的开始阶段，观察、信念、信息以及一般知识导致研究者用一种新的方式思考某一现象。研究者由此形成待检验的理论和假设。
- 研究者为了检验他们的观点，使用科学方法和一整套减少误差的收集和解释证据的程序。
- 研究者通过标准化程序和使用操作性定义，来防止观察者偏见。
- 通过实验研究方法来确定待检验的假设所确定的变量间是否存在因果关系。
- 研究者使用适当的控制程序排除其他可能的解释。
- 相关研究法确定了两个变量是否相关以及有多大程度的相关。相关关系并不意味着因果关系。

心理测量

- 研究者努力提出可信和有效的测量方法。
- 心理测量包括自我报告法和行为测量法。

人类和动物研究中的伦理问题

- 尊重人类和动物研究被试的基本权利是所有研究者的义务。各种安全措施已经制定出来，确保被试受到合乎道德的、人道的对待。

成为批判性的研究消费者

- 成为批判性的研究消费者包括了解如何进行批判性思维以及如何评估研究者提出的观点。

关键术语

行为测量	期望效应	随机分配
被试间设计	实验组	随机取样
个案研究	实验法	信度
混淆变量	假设	代表性样本
控制组	自变量	样本
控制程序	知情同意	自我报告法
相关系数	自然观察	标准化
相关法	观察者偏见	理论
事后解释	操作性定义	效度
因变量	安慰剂控制	变量
决定论	安慰剂效应	被试内设计
双盲控制	总体	

统计学附录

理解统计学：分析数据并得出结论

分析数据

描述统计 • 推论统计

成为一个明智的统计学消费者

在第 2 章中，我们提到心理学家运用统计学来解释他们收集的数据，同时也运用统计为他们得出的结论提供量化的基础。因此，了解统计学的一些知识有助于认识心理学知识的获得过程。从个人角度来讲，对统计学有基本的了解可以帮助你通过分析数据在摇摆不定的观点和行为中做出更好的决定。

大多数学生把统计学看做乏味的、无趣的课程。然而，统计学在你的生活中有许多至关重要的应用。为了证明这个观点，我们将追踪一项研究，从追踪它怎样来源于真实世界到使用统计学证据来得出普遍的结论。这项研究最初要求对一个刊登在报纸头版的故事做出反应，这是一个关于害羞的人突然变成杀人犯的故事。故事如下：

> 亲戚、同事和熟人形容弗雷德·考恩是一个“友善的、安静的人”，“一个喜欢孩子的绅士”，“一个真正的和蔼可亲的人”。考恩上小学时的学校校长报告考恩从前在礼貌、合作和信仰方面得了 A。根据他的同事的介绍，考恩“从来不谈论任何人，他是你能随意摆布的人”。然而，考恩令每个认识他的人都很惊讶，在情人节，他携带半自动步枪来到工厂，开枪杀死四名同事和一名警员，最后自杀。

这个故事有个常见的情节：一个害羞的、安静的人突然变成杀人犯，令每个认识他的人都很震惊。弗雷德·考恩与其他突然从绅士变成暴力残忍的人有什么共同之处呢？这些人的个性品质与我们有什么区别？

一组研究者怀疑害羞以及其他的个性特征与暴力行为间可能存在一定的联系（Lee et al., 1997）。因此，这些研究者开始着手收集可能揭示这种联系的数据。研究者推论，表面上非暴力却突然犯谋杀罪的人很可能是非常害羞的、不具有攻击性的人，他们能很好地控制自己的情感和冲动。在大部分生活中，他们都忍气吞声。无论他们感觉多么气愤，他们都很少表达出自己的愤怒。从外表看，他们表现得无所谓，但是他们的内心可能正在为了控制强烈的愤怒而斗争。他们给人的印象是安静的、被动的、有责任心的人，无论是儿童还是成人。由于他们是害羞的，他们可能不让其他人接近，所以没有人知道他们的真正感受。然后，突然爆发出来。最轻微的刺激，比如很小的侮辱、轻微的拒绝、一点点社会压力，点燃了导火索，他们释放出长久以来积聚的那些受压抑的暴力。由于他们没学会通过讨论和言语谈判来解决人际间的矛盾，所以这些突然的谋杀者们把他们的愤怒付诸行动。

研究者基于这些推理做出假设：与杀人惯犯相比，害羞更可能是突然杀人犯的特性，杀人者先前没有暴力行为的历史，而杀人惯犯先前有暴力犯罪行为的记录。另外，突然杀人犯比杀人惯犯更能控制自己的冲动。最后，与惯犯相比，突然杀人犯的被动性和依赖性表现为更多的女性化和双性化的特征，标准性别角色问卷已测量了这一点。

为了检验这些关于突然杀人犯的观点，研究者已获得批准对加州监狱的一组杀人犯做心理问卷测验。19 名狱犯（都是男性）同意参加这项研究。犯谋杀罪之前，一些人已犯过罪，而样本中的其他人先前没有犯罪记录。研究者从这两类参与者身上收集三类数据：羞怯分数、性别角色认同分数和冲动控制分数。

使用斯坦福羞怯调查（Stanford Shyness Survey）收集羞怯分数。问卷中最重要的项目是询问参与者是否害羞；答案为是或否。量表中其他项目询问害羞的程度和类型，以及有关害羞起因的各种维度。

第二个问卷是贝姆性别角色问卷（Bem Sex-Role Inventory，BSRI），给参与者呈现一系列形容词，如好斗的、多愁善感的，要求他们评估每个形容词适合描述自己的程度（Bem，1974，1981）。一些形容词典型地与“女性化”有关，这些形容词的总分为个体的女性化分数。其他形容词评估“男性化”，这些形容词的总分为个体的男性化分数。女性化分数减去男性化分数作为最终的性别角色分数，这个分数反映了个体女性化与男性化的差异。男性化与女性化分数的结合表明了个体的两性化分数。

第三个问卷是明尼苏达多项人格测验（Minnesota Multiphasic Personality Inventory，MMPI），这个问卷用于测量人格的不同方面（见第 13 章）。该研究仅使用“自我过度控制”（ego-overcontrol）量表，这个量表测量了个体控制冲动的程度。个体在该量表的得分越高，越表现出过分的自我控制。

研究者预期，与先前有犯罪记录的杀人犯相比，突然杀人犯（1）经常在羞怯调查中描述自己是害羞的；（2）在性别角色量表中选择更多的女性化特性；（3）自我过度控制的分数更高。那么，他们发现了什么呢？

在你得出结论之前，你要理解一些分析数据的基本程序。研究者收集的真实数据将作为原始材料，用于教你一些不同类型的统计分析和一些可能得到的结论。

分析数据

对于大多数心理学研究者来说，分析数据是令人兴奋的一步——统计分析使研究者得以发现他们的预测是否正确。在这一部分，我们将一步步分析来自突然杀人犯研究的数据。如果你已做了预见，那么你将看到一些数字和方程。记住数学是工具；数学符号是一种为了阐明观点和概念操作的简略表达方法。

原始数据——实际分数或其他测量数据——来自于突然杀人犯研究的 19 名狱犯的数据见**表 S.1**。由表中可看出，突然杀人犯组有 10 名狱犯，杀人惯犯组有 9 名狱犯。乍看这些数据，研究者能感受到你所体会到的困惑。这些分数意味着什么？在各种人格测验中，这两组杀人犯有什么差异？仅仅检验这种无组织的一串数据是很难得出结论的。

心理学家依据两类统计方法来解释数据并得出有意义的结论：描述统计和推论统计。**描述统计**（descriptive statistics）在客观的、统一的方法基础上使用数学程序描述数值数据的不同方面。如果你曾计算过你的平均绩点（GPA），那么你就使用过描述统计。**推论统计**（inferential statistics）利用概率论做出可靠的推论：什么样的结果可能仅仅是由于随机变量产生的。

表 S.1 研究突然杀人犯的原始数据

		BSRI	MMPI
狱犯	羞怯	女性化—男性化	自我过度控制
组 1：突然杀人犯			
1	是	+5	17
2	否	−1	17
3	是	+4	13
4	是	+61	17
5	是	+19	13
6	是	+41	19
7	否	−29	14
8	是	+23	9
9	是	−13	11
10	是	+5	14
组 2：杀人惯犯			
11	否	−12	15
12	否	−14	11
13	是	−33	14
14	否	− 8	10
15	否	−7	16
16	否	+3	11
17	否	−17	6
18	否	+6	9
19	否	−10	12

描述统计

描述统计是数据模式的概要描述。它用于描述来自于一个实验参与者或更经常是不同的几组参与者的数据。它也能描述变量间的相关。因而，研究者不必努力记住每个参与者的所有得分，而是要得到每组参与者的典型分数指标。研究者也要测量典型分数是如何变化的——这些是发散的还是聚集在一起的。让我们看一看研究者如何推导这些测量。

频次分布 你将如何总结表 S.1 的数据呢？为了清楚描述各种分数的分布情况，我们得出**频次分布**（frequency distribution）——总结每类分数出现的频次。羞怯分数很容易总结。19 个分数中，9 个“是”10 个“否”；在组 1 中几乎所有的反应都为“是”，在组 2 中几乎所有的反应都为“否”。然而，自我过度控制和性别角色分数并不容易区分成是和否两类。为了解这些数字反映的频次分布，我们可以比较两组参与者的信息，我们主要讨论性别角色分数。

看表 S.1 中的性别角色数据。最高分是 +61（最女性化），最低分是 −33（最男性化）。19 个得分中，9 个是正的，10 个是负的。这意味着杀人犯中有 9 人描述自己是相对女性化的，10 人描述自己是相对男性化的。但这些分数在两组参与者中是如何分布的呢？对一组数据进行频次分布统计的第一步是把分数从高到低进行等级排序。对性别角色分数的等级排序如**表 S.2**。第二步把这些排列后的分数进行分类，组成一些数目更小的类别称为组距。本研究分了 10 类，每一类可能包括 10 个分数。

表 S.2 性别角色差异分数的等级排列

最高	+61	-1	
	+41	-7	
	+23	-8	
	+19	-10	
	+6	-12	
	+5	-13	
	+5	-14	
	+4	-17	
	+3	-29	
		-33	最低

注：+分表示更女性化；—分表示更男性化。

表 S.3 性别角色差异分数的频次分布

类别	频次
+60 ~ +69	1
+50 ~ +59	0
+40 ~ +49	1
+30 ~ +39	0
+20 ~ +29	1
+10 ~ +19	1
0 ~ +9	5
-10 ~ -1	4
-20 ~ -11	4
-30 ~ -21	1
-40 ~ -31	1

第三步是建构频次分布表，由高到低列出组距并记录频次——落入每组的个数。通过频次分布我们能看出性别角色分数大部分在 -20 到 +9 间（见**表 S.3**）。大部分狱犯的得分都偏离 0 不多，即他们的得分既不十分正也不十分负。

现在已把数据排列成几类。下一步研究者将使用图形表示频次分布。

图表 当用图表来表示数据分布时，常常更容易理解。最简单的一类图是*条形图*。这种图使我们能够看到数据中存在的模式。我们可以用一幅条形图表示把自己描述为害羞的突然杀人犯比杀人惯犯多出多少（见**图 S.1**）。

对于更复杂的数据，如性别角色得分，我们可以使用*直方图*。这种图类似于条形图，只是类别换成了间距——数据类别，而不是条形图中使用的名称类别。直方图以视觉方式提供了各间距中得分的数量。从直方图中的性别角色得分可以很容易地看出，这两组杀人犯的得分分布是有差别的（见**图 S.2**）。

从图 S.1 和图 S.2 可以看出，数据的基本分布情况符合研究者的两个假设。与杀人惯犯相比，突然杀人犯更可能会把自己描述成害羞的，也更可能会用女性化特质来描述自己。

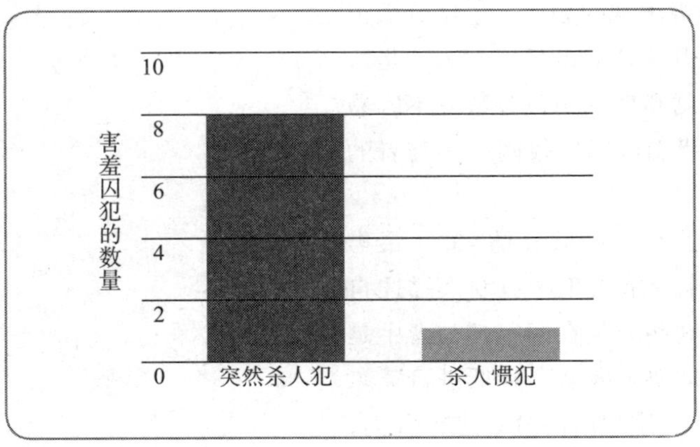

图 S.1 两组谋杀犯的羞怯感得分（条形图）

集中趋势的度量 到现在为止，我们对这些数据的分布情况已经有了一个大致的印象。图表增进了我们对研究结果的理解，但我们希望能了解更多——例如，最能代表这一组数据的数值。当我们比较两组或更多组数据时，这样的一个数值是非常有用的；比较两组数据中的典型数值要比比较整个数据分布容易得多。只用一个有代表性的分数来作为一组参与者最典型分数的指标被称为**集中趋势的度量**（measure of central tendency）（它应该位于分布的中央，其他分数则分布在其周围。）心理学家主要使用三种不同的集中趋势测量方法：*众数*、*中数*和*平均数*。

众数（mode）是一个比所有其他数值出现次数

都要多的数值。对于羞怯感的测量值来说，突然杀人犯的众数反应为是——10 个人中有 8 个报告说自己是容易感到害羞的。而在惯犯当中，众数反应为否。在突然杀人犯中，性别角色得分的众数为 +5。你能够计算出他们的自我过度控制分数的众数吗？众数是最容易得出的集中趋势指标，但常常又是用处最小的。如果你能够注意到过控得分中只有一个分数高于众数 17 但却有 6 个分数低于 17，你就可能体会出众数用处很小的一个原因了。尽管 17 是频次最高的一个得分，但却不符合我们关于“代表性”或“集中趋势”的概念。

中数（median）明显也是一个中央分数；它将一组数据中高分的一半与低分的另一半区分开来。高出中数分数的数量与低于中数分数的数量相等。当分数的个数为奇数时，中数是位于数据分布中间的那个分数；当分数的个数为偶数时，研究者常常以中间两个分数的平均值作为中数。例如，如果将杀人惯犯的性别角色得分按照高低顺序排列在一张纸上，可以看出中数是 –10，分别有四个分数高于和低于这一数值。在突然的杀人犯中，中数是 +5——第 5 和第 6 个分数的平均值，这两个分数恰巧都是 +5。中数不受极端数值的影响。例如，即使突然杀人犯中最高的性别角色得分是 +129 而不是这里的 +61，中数仍然是 +5。这个分数仍然会把数据中高分的一半和低分的一半区分开来。中数始终处在数据分布的中间位置。

平均数（mean）是大多数人听到平均这个词时常常会想到的。它同时还是最常用到的描述一组数据的统计量。要计算平均数的话，我们需要把所有数据加在一起，然后再除以这些数据的个数。这一操作可以用下面这个公式来表示：

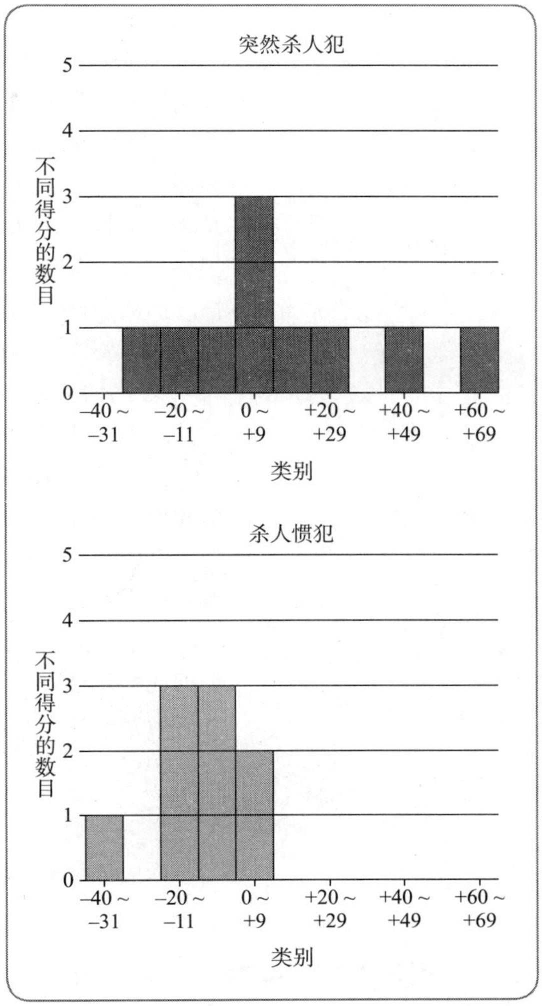

图 S.2 **性别角色得分（直方图）**

$$M = \frac{(\Sigma X)}{N}$$

在该公式中，M 代表平均数，X 是单个的分数，$\sum$（希腊字母 sigma）表示把它后面的内容加在一起，N 则是所有分数的个数。由于所有性别角色分数的总和（$\sum X$）是 115，而分数的个数（N）是 10，所以突然杀人犯的性别角色得分的平均数（M）可以这样计算出来：

$$M = \frac{115}{10} = 11.5$$

可以试着自己计算一下这些犯人的过控得分的平均值。结果将会得到 14.4。

与中数不同，平均数会受到数据分布中极端分数的影响。改变某个极端的数值的确会改变平均值。例如，如果 4 号罪犯的性别角色得分是 +101 而不是这里的 +61，那么整组罪犯的分数平均值就会从 11.5 增加到 15.5。

离散性　除了了解哪一个分数最能代表整个数据分布外，了解这种集中趋势度量的代表性究竟如何也是很有用处的。其他分数大部分距离它很近还是非常分散？**离散性的度量**（measures of variability）是描述围绕在集中趋势度量周围的分数分布情况的统计量。

你能看出为什么离散性的度量非常重要吗？举个例子有助于说明这一点。假定你是一名小学教师。现在是一学年的开始，你将教 30 名小学生阅读。了解到班上的孩子一般能够阅读一年级水平的课本，这将有助于你安排自己的课程。不过，如果你还了解这 30 个孩子阅读能力的相似或差异程度的话，你就可以安排得更好。他们是否处在同一个水平上呢（低离散性）？如果是这样的话，那么你就可以安排一门很标准的二年级课程。但如果有一些孩子能够阅读更深的材料而其他人却几乎看不懂（高离散性）的话，该怎么办呢？平均水平现在已经不能够代表整个班级的情况，因此你需要安排多种课程以满足这些孩子的不同需要。

关于离散性的最简单度量是**全距**（range），即频次分布中最高值与最低值之间的差值。对于突然杀人犯的性别角色得分来说，全距是 90：(+61) – (–29)。过控得分的全距则是 10：(+19) – (+9)。在计算全距时，我们只需要知道两个数值：最高值和最低值。

全距易于计算，但心理学家常常更喜欢用那些更敏感的度量，能将所有数据都考虑进来而不是只考虑极端数值。一个普遍使用的度量是**标准差**（standard deviation，SD），它代表着所有分数与其平均数之间的*平均差值*。要计算标准差，我们需要知道数据的平均值和各个分数。一般的步骤是先用各个分数减去均值，然后再确定出这些离均差的平均值。公式如下：

$$SD = \sqrt{\frac{\Sigma(X-M)^2}{N}}$$

你应该能够根据计算平均数的那个公式认出这里的大多数符号。(X – M) 这个表达式的意思是"分数减去平均值"，通常称之为*离均差*。先从各个分数中减去平均值，然后将得到的结果进行平方（以消除负值）。把这些数值相加（$\sum$），然后再除以观测值的数目（N），就得到了方差的均值。$\sqrt{\ }$ 这个符号要求我们对符号内的数值取平方根以抵消前面的平方操作。**表 S.4** 中计算出了突然杀人犯过控得分的标准差。回忆一下，这些分数的平均值是 14.4。由此，它就是那个从各个分数减去以得出离均差的数值。

表 S.4 **计算突然杀人犯自我过控得分的标准差**

得分 (X)	离均差（得分减去平均数）(X – M)	离均差的平方（得分减去平均数）^{2} $(X-M)^2$
17	2.6	6.76
17	2.6	6.76
13	–1.4	1.96
17	2.6	6.76
13	–1.4	1.96
19	4.6	21.16
14	–0.4	0.16
9	–5.4	29.16
11	–3.4	11.56
14	–0.4	0.16

标准差 $SD = \sqrt{\frac{\Sigma(X-M)^2}{N}}$

$\Sigma(X-M)^2 = 86.40$

$\sqrt{\frac{86.40}{10}} = \sqrt{8.64} = 2.94$

SD = 2.94

标准差可以告诉我们一组分数的离散程度。标准差越大，则数据分布越分散。突然杀人犯中性别角色得分的标准差是 24.6，惯犯的标准差却只有 10.7。这表明，惯犯组的数据离散程度要低一些。与突然杀人犯相比，他们的分数距离平均值更紧密。当标准差很小时，平均数是整个数据分布的一个很好的代表值。而当标准差很大时，它对整组数据的代表性将减小。

相关 解释心理学研究数据的另一个有用的工具是**相关系数**（correlation coefficient），它是关于两个变量（如身高与体重或者性别角色得分与自我过控得分）之间相关程度和性质的度量。相关系数可以告诉我们在某种度量上的分数与另一种度量上的分数之间的联系程度。如果在某个变量上获得高分的人倾向于在另一个变量上也获得高分，那么相关系数将为正值（大于 0）。如果在一个变量上获得高分的多数人在另一个变量上却倾向于得到低分，相关系数将为负值（小于 0）。如果两个分数间不存在一致的关系，则相关系数将接近于 0（也参见第 2 章）。

相关系数的取值范围从 +1（完全正相关）到 0 再到 –1（完全负相关）。相关系数在两个方向上离 0 越远，两个变量之间或正或负的联系就越紧密。相关系数越高，则根据一个变量的信息，可以更好地预测另一个变量。

在突然杀人犯中，性别角色得分与过控分数之间的相关（以 r 表示）为 +0.35。因此，这两者之间是正相关的。总的来说，那些认为自己更女性化的人也倾向于高过控。不过，与可能出现的最高相关 +1.00 相比，这一相关只有中等水平，因此我们知道在这两者之间的关系中有很多例外情况。如果我们同时还测量了罪犯的自尊感，并且发现在过控分数与自尊感得分之间有 –0.68 的相关，这将意味着两者之间存在着负相关。如果确实是这样的话，我们就可以说，那些过控得分高的个体往往自尊感较低。这将是一个比性别角色得分与过控得分之间相关系数更高的相关，因为 –0.68 比 +0.35 距离 0 这一代表没有相关的点更远一些。

推论统计

我们已经使用了很多描述统计量来描述突然杀人犯研究所得到的数据，现在我们对这些结果的情况有了一定的了解。不过，仍然有一些基本问题没有得到回答。回忆一下，研究者曾经设想突然杀人犯可能比杀人惯犯更容易感到害羞、更具有过控特征以及更女性化。在用描述统计比较了这两组罪犯的平均反应与离散程度后，看起来两组之间确实存在着一些差异。但我们怎么样才能够知道这种差异足以产生意义呢？如果我们以其他一些突然杀人犯和杀人惯犯重复这项研究的话，能够预期会得到同样模式的结果吗？或者，已经得到的那些结果只是随机性的产物？如果我们能够对突然杀人犯和杀人惯犯的总体进行测量，所得到的平均值和标准差会和我们利用小样本研究所得到的结果相同吗？

推论统计被用来回答上面这些问题。它们能够告诉我们可以根据样本做出什么样的推论，以及根据我们的数据可以合理地得出什么结论。推论统计利用概率论来确定一组数据完全由随机变化所得出的可能性。

正态曲线　要想理解推论统计是如何进行的，我们首先必须来看一下一种称之为正态曲线的数据分布的特别之处。当从大量个体身上收集关于某个变量（如身高、智商或过控性等）的数据时，数据的个数常常符合一条大致类似于如**图 S.3** 所示的曲线。注意，这条曲线是左右对称的（左半部分是右半部分的一个镜像），呈钟形（中间高），多数数据处于这一位置，离均值越远，曲线高度越低。这类曲线称为**正态曲线**（normal curve），或者叫做正态分布。（偏态分布是一条数据集中在某一端而不是围绕在中央位置的曲线。）

在正态曲线中，中数、众数以及平均数都是同一个数。可以预测，某个分数所占的具体百分比将落在曲线的不同区间里。图 S.3 给出了斯坦福—比奈智力测验所得到的智商分数。这些分数的均值是 100，标准差为 15。如果以坐标底线上与平均值的距离来表示标准差的话，我们可以发现，在平均值 100 上下 1 个标准差（IQ 分数

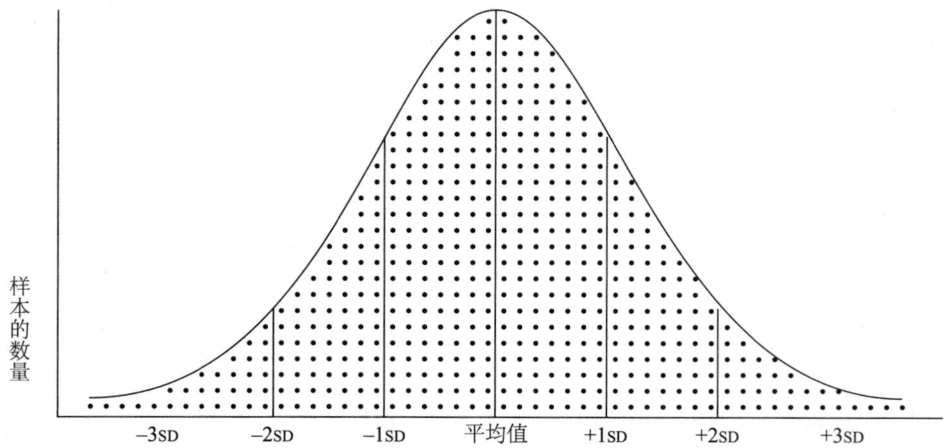

各间距中分数的数量 全部数量＝1000	1	22	136	341	341	136	22	1
各间距中数据所占的百分比	0.1%	2.1%	13.6%	34.1%	34.1%	13.6%	2.1%	0.1%

百分位 1 5 10 20 30 40 50 60 70 80 90 95 99

斯坦福—比奈智商分数 55 70 85 100 115 130 145

图 S.3 **正态曲线**

85 和 115 之间）的范围内集中了 68% 多一点的分数。剩下的分数中，约有 27% 位于平均值之下第一和第二标准差（IQ 分数 70 和 85 之间）以及平均值之上第一和第二标准差（IQ 分数 115 和 130 之间）之间。另有不到 5% 的分数落入高于和低于平均值的第三个标准差范围内。很少有数据落在这个范围以外——只有约 0.25%。

推论统计指明了所得到的特定分数样本与你所要测量的内容之间存在着真正关联的概率，或者说它们是否只是随机产生的。例如，一个人的 IQ 更有可能是 105 而不是 140，但 IQ 140 出现的可能性又要高于 IQ 35 出现的可能性。

正态曲线也可以通过收集一系列完全由随机因素造成差异的度量来获得。如果你把同一枚硬币连续抛 10 次并分别记录下正反面朝上的次数，有可能各得到 5 次——多数时候是这样。如果像这样每组 10 抛连续抛 100 组的话，有可能会得到几个一组全部为正面朝上或正面朝下的情况，更多的情况是介于这两个极端数值之间，其中最多的组是正面或反面大约各一半的情况。如果把这 1 000 次抛硬币的情况绘成图的话，将会得到一条非常吻合正态分布的曲线，正如图中所示的那样。

统计显著性 当研究者在两组样本的均值之间发现有差异后，他肯定想知道这是一个真正的差异，还是只是因随机因素而出现的差异。由于随机差异服从正态分布，研究者可以用正态曲线来回答这个问题。

举个简单的例子可以说明这一点。假定你的心理学教授希望知道监考人的性别对于男女学生的考试成绩是否会有影响。为此，教授把一半学生随机分配给一位男助教，另一半分配给一位女助教。然后他比较了两组学生的平均成绩。这两个平均数很可能会非常相似；如果有一些微小的差异，也很可能是随机出现的。这是为什么呢？如果只有随机因素在起作用，而且两组学生来自同一个总体（无差异）的话，那么男助教和女助教这两组样本的分数均值在大多数时候都应该是相当接近的。根据正态分布中不同区间里分数所占的百分比，我们知道，男助教组中只有不到三分之一的学生成绩会比女助教组中学生的平均成绩高出或低出一个标准差。男助教组中学生的平均成绩比女助教组中学生的平均成绩高出或低出三个标准差的可能性是非常小的。如果某位教授确实得到了这么大的一个差异，那么他可以相当有把握地认为这是一种真实的差异，在某种程度上与助教的性别有关。接下来的问题将是这个变量是如何影响测验成绩的。

如果男女学生被随机分配给两类助教，就有可能来分析助教之间出现的差异在两组学生中是否一致或者只是局限于某一性别的学生。假定有数据表明，男助教给女学生的评分高于女助教的评分，而两者对男学生的评分却相同。教授就可以利用统计推论程序来估计某个观测到的差异因随机因素而出现的概率。这种计算的依据是差异量的大小和数据的分布情况。

根据已经达成的共识，当由随机因素导致差异的概率不足 5%（以 $p<.05$ 来表示）时，心理学家将接受这个差异为“真”。**显著差异**（significant difference）是指符合这一标准的差异。不过，在某些情况下可能还会使用更严格的概率标准如 $p<.01$（100 中不足 1 个）和 $p<.001$（1 000 中不足 1 个）。

当出现了统计意义上显著的差异时，研究者可以对所考察的行为做出一个结论。有很多不同的检验方法可以用来估计数据的统计显著性。选择何种检验方法将取决于研究设计、数据类型以及样本的大小。我们在这里只介绍一种最常使用的检验，即 t 检验。当研究者希望知道两组数据的均值差异是否达到统计上的显著性时，就可以使用这种检验。

我们可以用 t 检验来考察突然杀人犯与惯犯的性别角色得分均值之间是否有显著差异。t 检验使用一种数学程序来验证你可能已经根据图 S.2 得出的一个结论：两组罪犯性别角色得分的分布差异已经达到了为“真”的程度。如果我们进行一项恰当的计算，将两个均值之间的差异作为这些均值之间离散性的函数来进行处理，我们会发现，如果不存在真正差异的话，获得这样一个 t 值的概率很小，不足 5%（$p<.05$）。因此，这种差异在统计上是显著的，我们可以更加肯定地认为这两组罪犯之间存在着一个真正的差异。与惯犯相比，突然杀人犯确实把自己评价为更女性化一些。另一方面，两组罪犯过控分数的差异并没有达到统计的显著性（$p<.10$），因此我们在讨论这个差异时必须非常谨慎。在研究者所预测的方向上出现了一个趋势——这是一个在 100 次中会出现 10 次的差异。但是，这一差异并不在标准的 5% 的范围内。（在用另外一种统计检验对得分频率进行分析时，害羞感的差异达到了显著水平。）

因此，通过使用推论统计，我们能够回答在开始进行研究时提出的一些基本问题，进而更深入地了解那些突然从性情温和、容易害羞的人变成杀人犯的个体心理。但是，任何结论都只是关于所研究的事件之间可能存在相互关系的论断；它永远不会是确定性的。科学中的真理都是暂时的，总会被后来更好的研究数据所修正，通过更好的假设而得到发展。

你可能需要花一点时间来考虑其他你想要知道的内容，这样才能把这些数据应用于更丰富的情境。例如，你可能想要知道这两类杀人犯在性别角色上与从未杀过人的个体有何不同。如果我们收集了数据，我们就能够使用描述统计和推论统计来回答诸如此类的问题，如所有的杀人犯在这些维度上是否都不同于那些从未杀过人的人。你有什么预期？

成为一个明智的统计学消费者

既然我们已经学习了什么是统计、如何使用统计以及统计量的意义，就应该简要地讨论一下它们可能被错误使用的情况。很多人往往会接受那些没有得到证实而只是由关于某个统计量的权威人士的看法所支持的“事实”。其他人则会简单地相信或者否定统计处理的结果，而根本不知道该如何考察那些用来支持某种产品、政治家或提案的数据。在第 2 章末尾，我们曾经提出了如何成为一位明智的研究消费者的建议。根据本章对统计学的简要介绍，我们可以将这些建议推广到做出统计判断的情境中。

使用统计分析的很多方面会给人造成一些有误导的印象。研究工作的各个阶段中所做的决策——从如何选择参与者到如何设计研究、选择何种统计方法以及如何进行统计等各方面——对于从这些数据中得出的结论都有着复杂的影响。

在报告研究结果时，使用哪些参与者往往会造成很大的差异，而这种差异很容易被忽略。例如，在调查人们关于堕胎权的观点时，在南部一个原教旨主义小社区里做这项研究会得到和在纽约市的大学里做这项研究很不同的结果。同样，反堕胎团体在调查成员的意见时所得出的结论很可能会和支持堕胎团体在做同一调查时所得到的结论不同。

即使随机选择参与者而在方法学上没有偏差，如果不能满足统计学的基本假设，统计分析也会得出一些误导结果。例如，假定有 20 个人参加智力测验；其中有 19 个人的得分在 90~110 之间，另有 1 人的得分是 220。这组分数的平均值将会因为这个偏离多数的极高分数而被大大地抬高。在这类数据中，中数或众数能更准确地反映这组人的平均智力，而平均数却会使得结果看上去好像是这组人中的一般人都具有高智商。但另一方面，如果这组人的数量是 2 000 而不是 20 的话，一个极端数值并不会造成很大的影响，此时平均数将是对该组人智力的一个合理概括。

避免出现此类错误的一个好方法是检查样本的大小。大样本比小样本出现误导结果的可能性要小。另一个方法是同时检查中数、众数以及平均数。当这三者近似而差别不大时，可以更有把握地对结果进行解释。我们应该始终仔细地检查所使用的方法和报告的研究结果。要注意研究者是否报告样本大小、离散性的度量以及显著性水平。试着去查明他们所使用的方法是否准确且一致地测量了他们自己声称正在研究的内容。

统计是心理学研究的支柱。它们被用来理解观测到的结果，确定这些发现是否正确。运用我们介绍的这些方法，心理学家能够整理出数据的频次分布，并计算出这些分数的集中趋势和离散性。他们还可以使用相关系数来确定几组分数间相互联系的强度和方向。最后，心理学研究者能够确定观测值对总体的代表程度以及它们是否与总体有显著差异。统计也有可能会被错误地使用，误导那些不了解统计的人。但通过正确且合乎道德地应用统计学，研究者将得以扩展心理学的知识。

关键术语

相关系数（r）
推论统计
众数
描述统计
平均数
正态曲线
频次分布
集中趋势的度量
全距
离散性的度量
显著差异
中数
标准差（SD）

3

行为的生物学和进化基础

遗传和行为

进化与自然选择

人类基因型的变异

神经系统的活动

神经元

动作电位

突触传递

神经递质及其功能

生活中的批判性思维："这是遗传的" 是什么意思

生物学和行为

对脑的窃听

神经系统

脑结构及其功能

半球功能偏侧化

内分泌系统

可塑性和神经发生：变化的大脑

生活中的心理学：你的大脑如何确定信任与否

要点重述

什么使你成为一个独特的个体？《心理学与生活》为此提供了很多答案，本章我们将关注个体性的生物层面。为了帮助你理解什么使你与众不同，我们将描述遗传在塑造你的生命以及左右你行为的大脑形成中的作用。当然你能觉察到你不仅与其他人有一些共同点，而且还有自己的一些特点。因而，你可能想到这就是本章所要讨论的生物潜能：哪些行为的可能性界定了人类物种？这些可能性如何出现在人类的每个个体中？

在某种程度上，本章将为你非凡的生物潜能提供证据：你的大脑足够复杂到对它的自身功能进行系统检查。为什么这是非同寻常的呢？有时人类大脑似乎是个惊人的计算机：它只有1.36千克重，含有的细胞数却多于整个银河系的星星——超过1 000亿个细胞，以惊人的效率存储和交换信息。甚至世界上性能最好的计算机也无法反思引导其自身运行的规则。所以，你可以超越任何计算机，因为你的意识允许你使用无限的计算能力，试图确定人类大脑自身的运行规则。本章所描述的研究来自人类对自身理解的特殊需求。

相对本书的其他章节而言，本章的内容对大多数学生来说比较具有挑战性，需要具备一些解剖学知识，还要面对很多新的专门术语，这些可能从不曾是你想从一本心理学导论教科书中期望得到的。尽管如此，学习本章内容可以使你理解自己的生物学本质，从而更深入全面地理解创造人类独特经验的大脑、心理、行为和环境之间的复杂关系。

本章的目标是帮助你理解生物学究竟是如何作用于具有相同潜能的个体，使其具有独特的个性的。为了达到这一目标，我们首先描述进化和遗传如何决定你的生物学特性和行为。然后我们介绍实验研究和临床研究，它们提供了关于脑、神经系统和内分泌系统功能的知识。最后，我们描述神经系统中细胞之间信息传递的基本机制，正是这种机制产生了人类的复杂行为。

遗传和行为

在第1章里，我们曾提出心理学研究的主要目标是发现不同人类行为产生的原因。心理学对于因果关系解释的一个重要维度，是*天性与教养*，或*遗传与环境*。以第1章中提到的攻击行为的根源问题为例。你可以想象一个人的攻击行为可能是由于他的某些生物学特性造成的，他可能从父母中的某一方中遗传了易于出现暴力行为的倾向。另一方面，你也可以想象人们生来就具有攻击的倾向，他们攻击行为的个体差异是他们成长的社会环境所造成的。对这一问题的正确回答，将深刻影响社会如何对待具有明显攻击性的个体。是致力于改变某种社会环境，还是设法改变这些人的特质，这就需要你能分辨出遗传与环境因素在其中所起的作用。

由于我们可以直接观察环境特征，这使得我们能够更为容易地理解环境如何影响人们的行为。例如，你可以发现，家长经常使用暴力对待孩子，会导致孩子以后也趋向于具有攻击性；你也可能观察到，某些在过度拥挤和贫困的环境中长大的儿童也容易出现攻击行为。相反，影响行为形成的生物学因素，却很难用肉眼直接观察。为了使你更容易理解与行为相关的生物学，我们首先描述一些影响物种形成的基本原理，它们决定着一个物种的行为模式，然后再讨论这些行为的变异如何一代代传递下去。

进化与自然选择

1831 年，**查尔斯·达尔文**（Charles Darwin, 1809—1882）刚刚从神学院毕业获得学位，就从英格兰登上一条海洋研究船“贝格尔号”，进行了为期五年的航行，考察南美洲海岸。在这段航程中，他收集了途经的几乎一切事物：海洋动物、鸟、昆虫、植物、化石、贝壳和岩石。他所做的大量记录成为他后来许多著作的基础。他最著名的一部著作《物种起源》（*The Origin of Species*）于 1859 年出版，提出了最重要的科学理论之一：地球生命的进化理论。

心理学家经常想要理解天性和教养对个体生命进程的影响。为什么相比遗传的影响，观察环境的影响要容易得多？

自然选择　通过思考他在航海过程中遇到的动物种类，达尔文建立了他的进化理论。“贝格尔号”访问过很多地方，其中之一是加拉帕戈斯群岛，它位于南美洲西海岸，是一系列火山群岛。这些岛屿是多种野生动物的天堂，包括 13 种地雀，现在称为达尔文地雀。达尔文十分惊奇，为什么会有这么多不同种类的地雀栖息在这些岛上？他推测这些地雀不可能从大陆迁徙而来，因为那里没有这些种类。因而他认为这些动物种类的变异是自然过程作用的结果，他将这个过程称为**自然选择**（natural selection）。

达尔文的理论认为，每种地雀都是由一个共同祖先演化而来的。最初，一小群地雀在其中一个岛上生活下来，随后繁殖起来，数量剧增。过了一段时间，一些地雀迁徙到附近的小岛上，随后发生了自然选择过程。食物资源和生活条件——栖息地——在各小岛之间差异很大，一些岛上长满了浆果和种子，另一些岛上覆盖了仙人掌，还有些岛上昆虫极多。最初，不同岛上栖息的地雀群体是相似的，但每座岛上地雀群体的内部也存在着个体差异。然而，由于岛上食物资源是有限的，如果雀喙的形状适合岛上的食物资源，则地雀更容易生存和繁衍。例如，对于迁徙到长满浆果和种子的岛上的地雀，如果具有厚实的喙，就更容易生存和繁衍。在这些岛上，那些喙较纤细、尖锐的地雀因无法啄开种子而饿死。每座岛上的环境决定了原始地雀中哪些变异的地雀能够生存繁衍下去，哪些变异的地雀无法生存繁衍。久而久之，各个岛上生存下来的地雀就非常不同了，这就是不同种类的达尔文地雀从原始地雀进化的结果。

总之，自然选择的理论认为，生物机体适应生存环境，只要这种适应性变异发生了，就会比那些适应差的个体产生更多后代。久而久之，那些具有适应特征的有机体的数量就会比不具有这些特征的有机体多。用进化论的术语来说，个体的成功与否取决于其后代的数量。

现代研究已经证明，自然选择甚至在短期内就可以产生巨大效应。**皮特·格兰特**和**罗斯玛丽·格兰特**（Grant & Grant, 1989, 2002; Weiner, 1994）对于几种达尔文地雀的一系列研究，记录了加拉帕戈斯群岛中一个小岛上的雨水、食物资源和地雀种群的大小。1976 年，这个岛上的地雀超过 1 000 只，次年由于致命的干旱，食物资源短缺，最小的种子首先

什么发现最终引导达尔文提出了进化论？

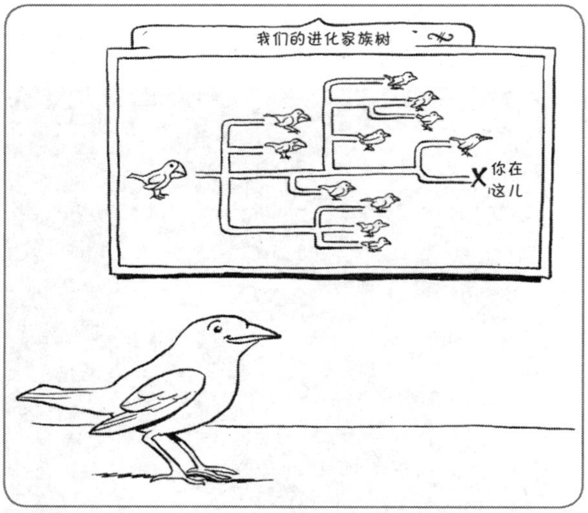

被吃光，只剩下大而坚硬的种子，当年岛上的地雀数量减少 80% 以上，喙较小的小型地雀的死亡频率高于喙较厚实的大型地雀。结果正如达尔文曾经预言的那样，下一年，岛上的大型地雀数量增多。为什么会这样？因为只有那些体型较大、喙较厚实的个体才能适应干旱的环境变化。有趣的是，1983 年的雨水充沛，种子也较多，特别是小的种子很丰富。结果体型较小的地雀数量增长超过体型较大的地雀，可能是因为小喙更适于啄小的种子。格兰特的研究表明自然选择的效应甚至在短期内也十分显著。研究还证明，在不同物种中都存在着环境对自然选择的影响，例如果蝇、蚊子、比目鱼和袋貂（Hoffman & Willi, 2008）。

尽管达尔文已经建立了进化论的基础，当今的研究者仍然在继续探讨环境改变的作用机制（Gould, 2002），这些机制已经超越了达尔文的观点。例如，达尔文没能充分解决一个重要的问题，即来自共同祖先的种群如何发生演化以使得一个物种变成两个。在格兰特等人关于达尔文地雀的研究中可以看到，随着当地环境的变化，物种可以很快发生变化。关于一个新物种是如何产生的，一种解释是，当来自原始物种的两个群体在地理上分离开来，各自应对不同的环境事件发生演化。但是，当今的研究者发现在没有这种地理隔离时，仍然会出现很多新物种（Barton, 2002）。研究者正在为这种情况下的新物种产生寻求各种各样的解释，这些解释的着眼点在于，同一物种内的子群体进化出不同的线索来识别合适的配偶，就像果蝇使用化学信号（Higgie et al., 2000）。久而久之，如果这些线索变得截然不同，新的物种就可能出现。

基因型和表型　让我们回过头来看看影响一个现存物种变化的驱力。

地雀种群兴衰的事例可以说明为什么达尔文用“适者生存”（survival of the fittest）概括这一过程。设想每种环境为每个生物物种设定一些困难。该物种的某些个体具有能够最好地适应环境的生理和心理属性，就最可能生存下来。这类能够促进生存的属性会一代一代传递下去，同时环境压力持续存在，生物物种就会进化。

为了更详细地说明自然选择过程，我们必须介绍一些进化理论的术语。让我们集中在一只地雀上。在受孕时，这只地雀从其双亲那里遗传下来一种**基因型**（genotype），或者说基因结构。在特定环境的背景下，基因型就决定了这只地雀的发育和行为。这只地雀的外在表现和行为模式被称为它的**表型**（phenotype）。对于我们的地雀，其基因型可能已经与环境发生了相互作用，产生了便于啄食小种子的小喙这种表型。

如果各类种子都很丰富，这种表型对地雀的生存没什么特殊意义。但是，假设环境提供的种子不足以供应所有的地雀种群。在这种情况下，地雀个体就会对资源发生竞争。当种群发生竞争，表型有助于决定哪些个体适应得更好，以确保生存。如果只有小种子为食，与喙较大的地雀相比，喙较小的地雀就更具有选择优势。相反，当只有大种子为食，则小喙地雀就处于劣势。

只有生存下来的鸟才能繁殖，只有能繁殖的动物，其基因型才能传递下去。因而，如果环境只提供小种子，经过几代的进化，就会造成几乎所有的地雀都是小喙，结果它们也几乎只能吃小种子。这样，环境力量就塑造了一个物种的行为模式。**图 3.1** 显示了自然选择过程的简化模型。让我们把这些概念应用于人类进化的分析。

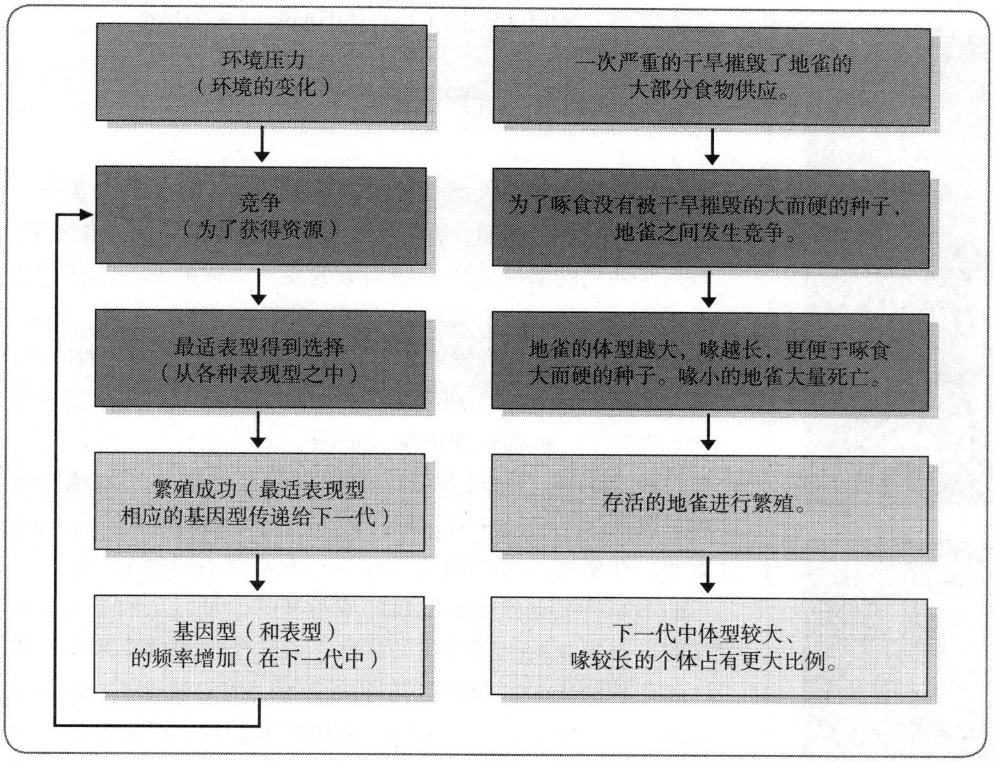

图 3.1

自然选择如何发生

环境变化引起物种成员之间为资源发生竞争。只有那些具有应对这种变化的工具性特质的个体，才能生存和繁衍。下一代将会有更多成员具有这些基于遗传的特质。

人类的进化 回顾人类进化的环境，我们就可以理解为什么一些生理和行为特性是整个人类物种的生物学天赋。在人类进化中，自然选择促进两大适应性进化——两足化和大脑化。这两种适应为人类文明的发展提供了前提。*两足化*是指直立行走的能力，500 万年到 700 万年以前我们的进化祖先出现了两足化（Thorpe et al., 2007）。正因为我们祖先进化出直立行走的能力，他们才能探索新环境和开发新资源。*大脑化*是指脑容量增大。400 万年前出现的早期人类祖先（*如南方古猿*）的脑容量与黑猩猩差不多（见**图 3.2**）。从 190 万年前（*直立人*）到 20 万年前（*智人*），脑容量增至三倍（Gibbon, 2007）。由于脑容量增大，我们的祖先就变得聪明起来，发展出复杂的思考、推理、记忆和计划能力（Sherwood et al., 2008）。但是容量更大的脑并不能保证人类变得更聪明，重要的是在脑内发育和扩展出什么类型的组织（Gibbons, 2002）。编码智力和运动表型的基因型逐渐排除人类基因库中其他适应性较差的基因型，结果只有聪明的两足行走者才能得到繁殖机会。

在两足化和大脑化之后，最重要的人类进化里程碑可能就是*语言的出现*（Sherwood et al.,2008）。语言是人类早期最大的适应性优势。在制造工具、发现狩猎或捕鱼地点以及逃避危险时使用简单的指示语，不但节省时间，而且非常有效，甚至还可以挽救生命。语言功能可以使人们从共享经验中获益，而不必每一个生活经验都必须亲自通过尝试和错误才能获得。交谈甚至是幽默，都会增强自然群居成员间的社会联系。更重要的是，语言使人类积累的智慧可以代代相传。

语言是*文化进化*的基础，而文化进化是通过学习来适应性地应对环境变化的文化趋势。文化进化引起工具制造的重大发展、农业设施的改善以及工业和技术的发展与进步。文化进化还使人类能很快调整并适应环境条件的变化。例如，人们对使用个人计算机的适应只发生在过去 20 年。即便如此，没有学习和抽象思维能力的基因编码，文化进化也是不可能发生的。文化，包括艺术、文学、音乐、科学知识和

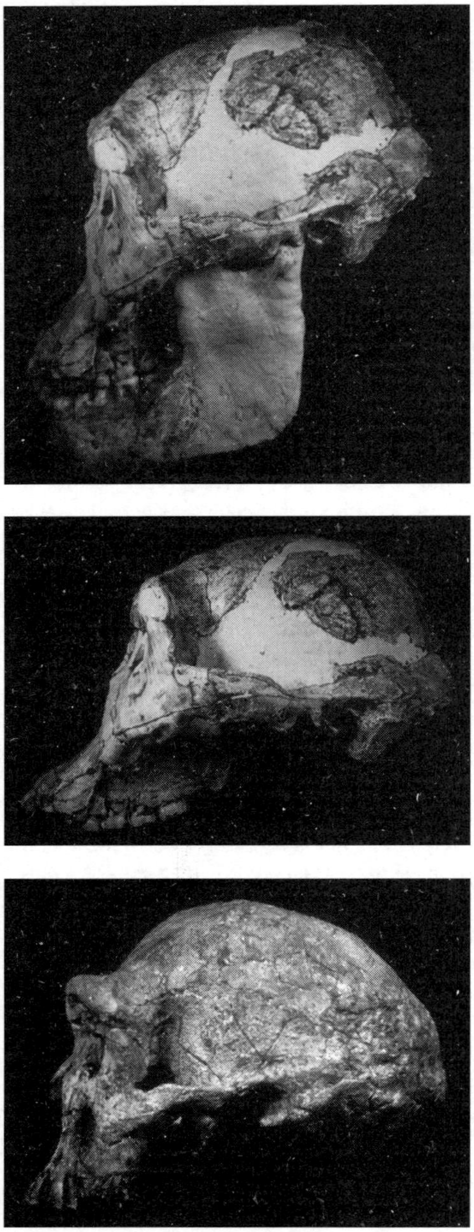

图 3.2　人类进化过程中脑容量的增加
人类进化早期，从南方古猿（上）到直立人（中）脑容量翻倍。在进化过程中，脑容量始终在增加，现代人类——智人（下）的脑容量比南方古猿大三倍。

慈善活动，可能只是来自人类基因型所蕴含的潜能。

人类基因型的变异

你已经看到，人类进化的环境有利于人类共同的重要生物潜能的发展。例如，直立行走和语言思维能力的进化发展。但是在共同的潜能中仍有相当大的变异。你的父母给予你的天赋中，包含父母、祖父母以及家族中所有过去世代的一部分，这为你的个体发育和发展设定了独特的生物学蓝图和时间表。研究**遗传**（heredity）机制的学科，即个体从其祖先继承生理和心理特质，被称为**遗传学**（genetics）。

最早的关于父母及其后代关系的系统研究是由**格雷戈尔·孟德尔**（Gregor Mendel, 1822—1884）于 1866 年发表的。孟德尔在研究中所使用的是豌豆。他发现不同种子所结出豌豆的形态特征，如豌豆是圆的或是皱的，可以从种子来源植株的形态来预测。基于他的观察，孟德尔认为分别来自于雄株和雌株的成对“因素”共同决定了后代的特性（Lander & Weinberg，2000）。尽管孟德尔的研究最初没有受到其他科学家的重视，但是现代技术使得研究人员能够以可视化的方式研究孟德尔所提到的“因素”，也就是现在我们所说的基因。

基础遗传学　在你每个细胞的细胞核中是被称为 **DNA**（脱氧核糖核酸，deoxyribonucleic acid；见**图 3.3**）的遗传物质。DNA 组成很小的单元，称为**基因**（genes）。基因包含蛋白质合成的指令。这些蛋白质调节身体的生理过程和表型性状的表达：身体构建、体力、智力和许多行为模式。

大量的基因聚在一起形成杆状结构，称为染色体。在受孕的那一刻，你从父母那里继承了 46 条染色体，23 条来自父亲，23 条来自母亲。每条染色体都含有数千个基因。一个精子与一个卵子结合，只是实现了数十亿种可能的基因组合中的一种。**性染色体**（sex chromosomes）含有决定男性或女性生理特征的基因。你从母亲那里继承了 X 染色体；从父亲那里继承 X 染色体或 Y 染色体。XX 的染色体组合，编码女性特征的发育；XY 的染色体组合编码男性特征的发育。

你所继承的基因对——分别来自你的母亲和父亲——是大多数生理和心理特征的遗传起点。在很多情况下，一个基因都有不同的变体。你的表型由你继承的变体来决定。考虑一下人们在接触毒藤时会发生什么：基因的一个变体使得他们对毒藤的过敏效应免疫；同一基因的另一变体则使人们皮肤过敏。然而，让人们免疫的基因是该基因的显性变体，而让人们敏感的基因是隐性变体。当人们继承了基因的不同变体时，显性基因胜出。如果你的皮肤对毒藤的反应强烈，你很可能遗传了两个隐性基因。一系列的其他生理性状（如眼睛、头发的颜色、嘴唇的宽度）都是由显性基因和隐性基因来决定的。

随着我们开始考虑人类经验中更加复杂的方面的遗传基础，需要注意的重要一

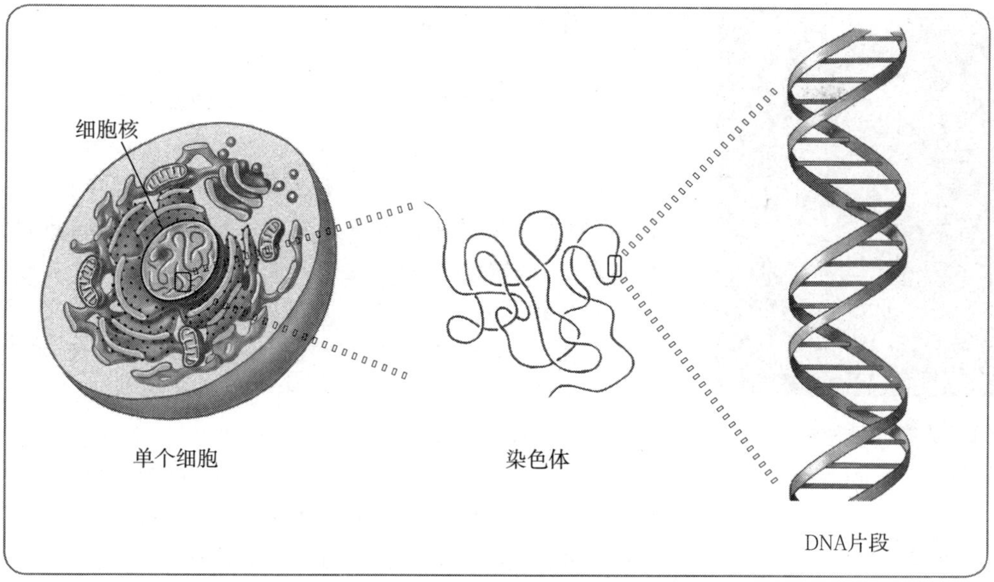

图 3.3 遗传物质
你的身体中每个细胞的细胞核都包含染色体的拷贝，用以传递你的遗传信息。每个染色体包含一条以双螺旋排列的 DNA 长链。基因是 DNA 的片段，包含蛋白质合成的指令，蛋白质指导你的个体发育。

资料来源：Lefton, *Psychology*, © 2003. Reproduced by permission of Pearson Education, Inc.

点是，一些特征是由不止一对基因来决定的。这些特征被称为**多基因性状**（polygenic trait），因为不止一个基因影响该性状。例如，第 15 章我们将讨论心理障碍的遗传基础。对于每一种障碍，研究显示一个以上的基因影响哪些个体具有风险（Keller & Miller, 2006）。

从 1990 年开始，美国政府资助了一个全球性的研究工程，也就是人类基因组计划（Human Genome Project, HGP）。一个有机体的**基因组**（genome）是指染色体上基因以及相关 DNA 的全部序列。2003 年，HGP 已经完成了获取人类基因组完整序列的目标。基于这些已得的信息，研究者现在的关注点在于识别所有 20 500 个人类基因（Clamp et al., 2007）。最终的目标是为所有基因的定位和功能提供完整的说明。

基因和行为　我们已经看到，进化过程已经使得人类基因型存在着相当多的变异；基因型与特殊环境的相互作用产生了人类表型的变异。**人类行为遗传学**（human behavior genetics）领域的研究者把心理学和遗传学结合起来，探索遗传和行为之间的因果关系（Plomin et al., 2003）。

人类行为遗传学的研究常常关注于估计特定人类性状或行为的**遗传力**（heritability）。遗传力是在 0~1 的范围内进行测量。如果估计值接近 0，那就说明该特质主要是环境影响的结果；如果结果接近 1，那就说明该特质主要是遗传影响的结果。

为了分离环境和基因的作用，研究者经常使用收养研究和双生子研究。在收养研究中，研究人员尽可能多地收集关于收养儿童的亲生父母的信息。随着儿童的成长，研究者评估儿童与其亲生父母以及养父母之间的相似性。前者反映了遗传的作用，后者反映了环境的作用。

在双生子研究中，研究者比较同卵双生子和异卵双生子在特定性状或行为上的相似性。同卵双生子共享 100% 的遗传物质，而异卵双生子只有 50%。（异卵双生子在遗传上的相似性不比其他类型的兄弟姐妹高。）研究人员通过确定在特定特质上同卵双生子和异卵双生子之间相似性的差异来计算该特质的遗传力估计值。看看下面这个双生子研究，这个研究评估遗传对人们食物偏好的影响。

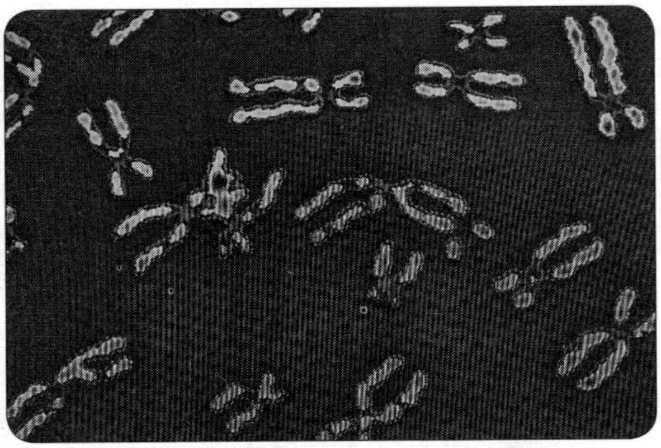

在受孕的那一刻，你从母亲那里继承了 23 个染色体，又从父亲那里继承了另外 23 个。（见彩插）

当你选择一家餐厅的食物时，你需要做出一系列的决定。你会点肉或鱼吗？水果或蔬菜呢？你会为甜点留出空间吗？如果你与朋友一起用过餐，你就知道人们的食物偏好千差万别。这些偏好在多大程度上受到遗传的影响？为了解答这个问题，一组研究者招募了 103 对同卵双胞胎和 111 对异卵双胞胎，年龄介于 4 到 5 岁间（Breen et al., 2006）。研究者获取了关于这些儿童对于 95 种食物的喜恶，这些食物被分成不同类别，包括肉和鱼、水果、蔬菜和甜点。**表 3.1** 显示不同种类的双胞胎在每一类别上的相关以及遗传力估计。注意两种相关之间的差异越大，遗传力估计值也越大。例如，从表中你可以知道，与甜点相比，人们对肉和鱼的偏好受遗传的影响更大。遗传作用的差异部分来自于每一类别所代表的特殊风味。例如，很可能是不同的基因决定了人们体验甜味和苦味有多强烈。

请注意，遗传力估计值高并不意味着一个家庭中的每个人都有着相同的食物偏好。就像同一对父母的孩子，有些是蓝色的眼睛，而有些却是褐色眼睛，同一对父母的孩子中有些喜欢花椰菜，而另一些则千方百计地回避它。相反，遗传力估计值高可以说明的是，生活经验对于你选择食物的影响空间相对较小。

关于食物选择的遗传力的这个例子也指出了一种伦理上的争论，这种争论在人类基因组计划成功之时就已经出现了。假如人类基因组计划能够确定哪个基因决定了食物偏好的差异，如果你要做父母了，你是否只想选择很可能自愿吃蔬菜的孩子呢？尽管这个问题在食物偏好上还无关紧要，但是伦理学家已经开始思考遗传知识所带来的结果（Bostrom, 2005; Liao, 2005）。例如，各种各样的技术已经能够让准父母选择生男孩还是女孩。但是，他们应该或者能够做出这种选择吗？如果选择的是儿童的智力水平、运动技能或者犯罪倾向呢？随着人类基因组计划以及相关研究不断取得新进展，这个伦理问题会在关于公共政策的争论中变得越来越突出。

需要记住的是，除了诸如孩子的性别等一些情况外，基因并不是决定性的。事实上，研究者早已发现很多重要例子，说明遗传和环境对机体行为都起着非常关键的作用。

让我们来看一个关于天性和教养对于雄性恒河猴攻击行为影响的研究

表 3.1 食物偏好的遗传力

	双胞胎偏好之间的相关		
食物类型	同卵双胞胎	异卵双胞胎	遗传力估计值
甜点	0.84	0.73	0.22
蔬菜	0.88	0.67	0.42
水果	0.82	0.59	0.46
肉和鱼	0.90	0.52	0.76

资料来源：Breen, F.M., Plomin, R., & Wardle, J., Heritability of food preferences in young children, *Physiology & Behavior,* 88, pp. 443–447, Copyright (2006), with permission from Elsevier.

（Newman et al., 2005）。在先天方面，45 只猴子具有不同的基因类型，基因类型决定了其脑中的神经递质水平，一些猴子具有高活性基因类型，而另一些猴子具有低活性基因类型。在教养方面，大约一半的猴子由生母或者养母抚养长大，而另一些猴子没有早期母亲的照料。实验者通过观察测量了猴子的攻击行为，例如在争夺食物时的活跃性。观察发现，猴子的攻击行为受遗传和环境的共同影响：具有低活性基因类型且由母亲抚养长大的猴子表现出最多的攻击行为。而具有同样的基因类型但没有母亲照料的猴子并没有表现出更多的攻击行为。

通过这个例子，我们可以明白为什么研究人员试图弄清楚特定环境如何以及为何能够影响基因的表达。

人类行为遗传学的研究往往关注于个体差异的根源：你的遗传基因中的什么因素有助于解释你思考和行为的方式。关于自然选择的力量是如何影响人类以及其他物种的行为的，两个领域对这一问题提供了更广的视角，这对人类行为遗传学是一种补充。**社会生物学**（sociobiology）领域的研究者为社会行为以及人类和其他动物的社会系统提供了进化论的解释。**进化心理学**（evolutionary psychology）领域的研究者将这种进化的解释扩展到人类经验的其他方面，例如心理的运作机制。

考虑一个关于幸福的问题：进化的观点如何解释人类体验幸福的能力呢？巴斯（Buss, 2000）认为，由于现代与古代环境的差异，进化的观点在解释人类幸福感方面有一定的局限（p.15）。例如，尽管人类进化是在小群体的环境中进行的，但是现代人生活在大城市环境中，周围遇到的基本上都是陌生人。我们和与之共享空间的人之间已经没有紧密联结了，而原本这种紧密联结对于我们体验幸福生活是至关重要的。我们能做些什么呢？虽然我们不能扭转文化发展潮流所带来的这些变化，但是我们可以通过增强与家人、朋友的联结而避免上述负面影响（Buss, 2000）。这个例子反映了生物社会学和行为遗传学之间的区别，生物社会学强调物种处于特定的环境中，而行为遗传学强调某一物种普遍模式的变化。在《心理学与生活》后面的章节里，我们会介绍更多的关于进化理论如何解释人类经验的例子。这些例子的范围从配偶选择（第 11 章）到情感表达（第 12 章）。

STOP 停下来检查一下

❶ 格兰特关于地雀的研究是如何说明基因变异在进化过程中的作用的？
❷ 基因型和表型的区别是什么？
❸ 人类进化中最关键的两个进化上的进步是什么？
❹ 遗传力的意思是什么？

批判性思考：想一想关于食物偏好的研究。为什么对甜食的偏好受基因的影响最小？

神经系统的活动

现在我们来看人类基因型的一个重要产物：使得所有思考和行为成为可能的生物系统。早在达尔文准备登上“贝格尔号”开始他的旅行之前，科学家、哲学家以及其他领域的专业人士就在争论生物过程在日常生活中所起的作用。脑研究历史上的一个重要人物是法国的哲学家**笛卡尔**（René Descartes, 1596—1650）。笛卡尔提出了在那个时代非常新奇而激进的观点：人类的躯体是一部“动物机器”，通过实证观察能够发现自然法则，进而得到科学的理解。

探求这种自然法则的研究者被称为神经科学家。今天，**神经科学**（neuroscience）成为快速发展的众多研究领域之一。重要的发现以及令人震惊的规律接踵而至。在这一部分，我们的目的是探索你的感觉信息是如何通过神经冲动在你的身体和脑中传递的。我们从讨论神经元的特性开始，它是神经系统的基本单元。

神经元

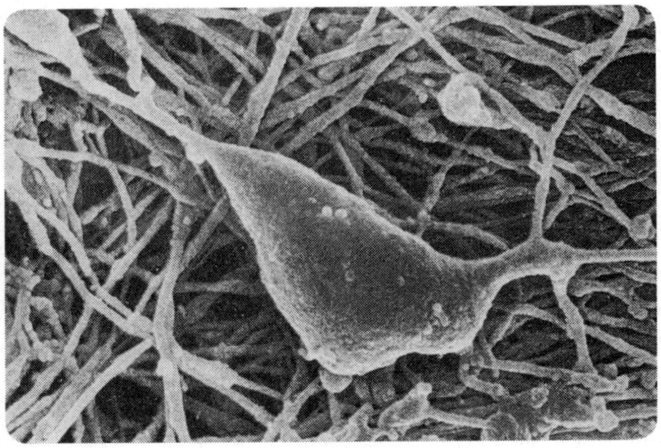

一个影响人类小肠运动的神经元。树突、胞体和轴突在神经传递中各有什么作用？（见彩插）

神经元（neuron）是这样一种细胞，它能接收、加工或传递信息到体内其他细胞。神经元的形状、大小、化学成分和功能各异，哺乳动物脑内已确认有 200 多种不同类型的神经元。但是所有的神经元都有着相似的基本结构，如**图 3.4** 所示。在你的脑内大约有一千亿到一万亿个神经元。

神经元一般从一端接收信息，再从另一端发出信息。接收传入信号的部分是一些被称为**树突**（dentrites）的分支纤维，由细胞体向外扩展。树突的基本工作是接收从感受器或其他神经元发出的刺激。神经元的细胞体，或称**胞体**（soma），含有细胞核和细胞质，以维持细胞的生命。胞体整合从树突接收的刺激（或者在一些情况下胞体直接从另一个神经元接收刺激，不必经过树突）。然后胞体通过一条被称为**轴突**（axon）的向外延展的纤维将所接收的刺激传递出去。轴突传递信息的长度在脊髓内可达几英尺，而在脑内仅不到一毫米。轴突的末端是个膨大的球状结构，称为**终扣**（terminal buttons），神经元通过终扣能

图 3.4

两类神经元

请注意神经元的形状和树突分枝不同，箭头表示信息流方向。两个细胞都是中间神经元。

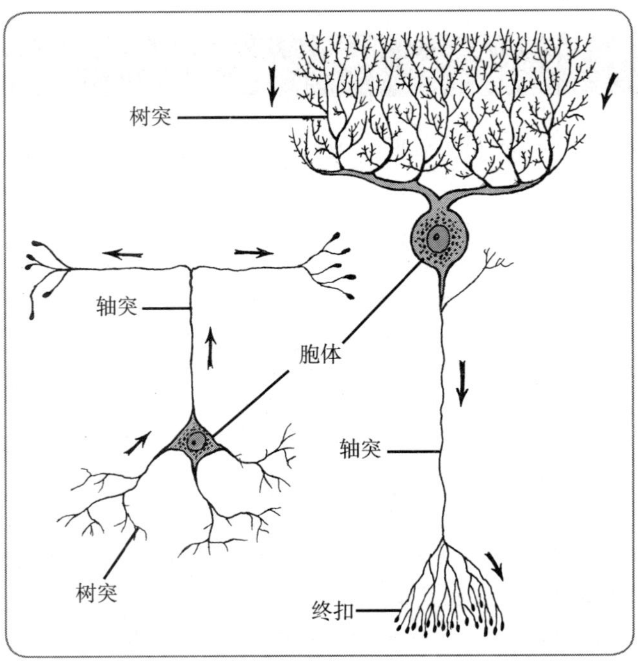

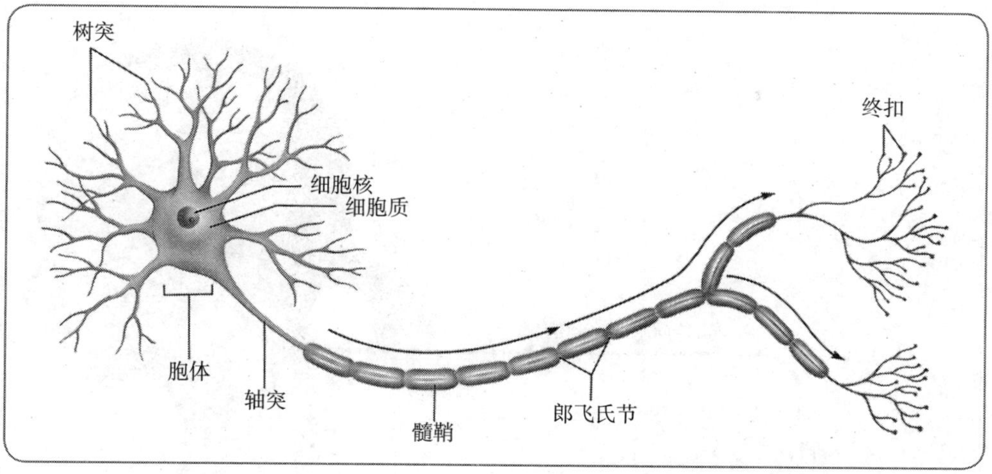

图 3.5

神经元的主要结构

神经元通过它的树突接收神经冲动，然后通过轴突把神经冲动传到终扣，在这里释放神经递质去刺激另一个神经元。

刺激附近的腺体、肌肉或其他神经元。神经元一般只沿一个方向传递信息：从树突经由胞体到达轴突，再沿轴突传到终扣（见**图 3.5**）。

神经元可以分为三个主要类别。**感觉神经元**（sensory neurons）携带来自感受器细胞的信息向内传至中枢神经系统。感受器细胞是高度特化的细胞，对光线、声音和身体位置非常敏感。**运动神经元**（motor neurons）携带来自中枢神经系统的信息向外传至肌肉和腺体。脑内的大部分神经元是**中间神经元**（interneurons），它们从感觉神经元将信息传递到其他中间神经元或运动神经元。身体中每个运动神经元都有多达 5 000 个中间神经元，形成巨大的中介网络，构成脑的计算系统。

让我们以疼痛引起的收缩反射为例，说明这三类神经元是如何一起工作的（见**图 3.6**）。当皮肤表面附近的痛觉感受器受到尖锐物体的刺激，它们就通过感觉神经元把信息传向脊髓的中间神经元。中间神经元做出反应并刺激运动神经元，依次兴奋身体适当部位的肌肉，把身体从引起疼痛的物体那里移开。只有这一系列神经元活动发生之后，而且身体已经离开刺激物体，大脑才接收到关于这一情境的信息。有些情况下，生存依赖于快速的行动，你对疼痛的知觉经常发生在你已经对危险做出实际反应之后。当然，这类偶发事件的信息随后储存在大脑的记忆系统中，以致下次这类危险物体在伤害你之前，你就完全可避免其潜在危险。

散布于大脑庞大的神经元网络之间的还有数量可达神经元 5~10 倍之多的**胶质细胞**（glia）。“胶质”（glia）一词来源于希腊语中的“粘胶”（glue），它提示了你这类细胞的主要功能：它们保持神经元的位置。在脊椎动物中，胶质细胞还有几项其他功能。第一项功能在发育过程起作用，胶质细胞帮助新生的神经元找到其在脑内的适当位置。第二项功能是清理脑内环境，当神经元受损或死亡，附近的胶质细胞就会增生，以清除受损或死亡神经元留下的废物，还能吸收过量的神经递质和神经元间隙的其他物质。第三项功能是绝缘作用，胶质细胞在某类轴突的周围形成一层绝缘的外鞘，称为**髓鞘**（myelin sheath）。这种脂肪性绝缘大大增加了神经信号的传导速度。胶质细胞的第四项功能是防止血液内的有害物质到达大脑脆弱的细胞。一种被称为星形胶质细胞的特化胶质细胞，构成了*血脑屏障*，形成了围绕脑血管的连续性脂肪物质包膜。非脂溶性物质就无法通过血脑屏障，同时，因为许多有毒物质和其他有害物质都是非脂溶性的，它们就无法透过血脑屏障而进入脑内。最后，神经科学家们相信，胶质细胞通过影响神经冲动传递所必需的离子浓度，对神经信息传导产生主动的作用（Fields & Stevens-Graham, 2002）。此外，一些胶质细胞可以产生与神经元相同的电化学信号（Káradóttir et al., 2008）。在下一节，我们会讨论这些信号。

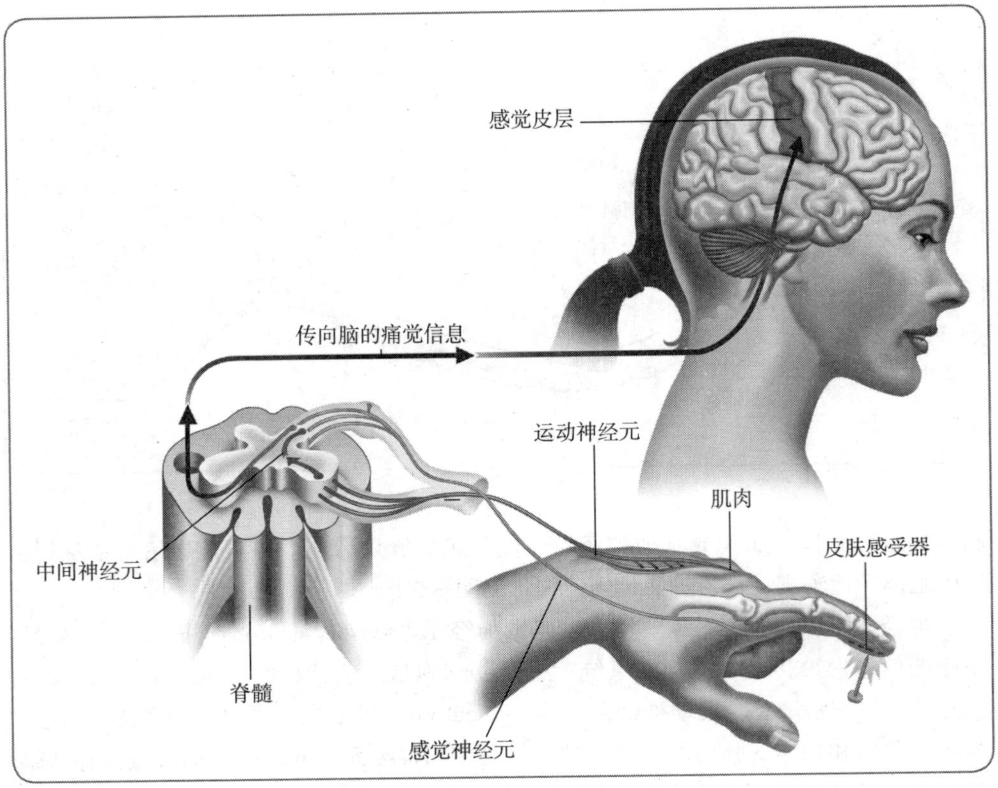

图 3.6
疼痛收缩反射
疼痛收缩反射由三个神经元完成，一个感觉神经元、一个运动神经元和一个中间神经元。

动作电位

迄今为止，我们仅仅笼统地谈到神经元“发出信息”，或彼此“刺激”。现在我们将正式地描述神经系统用以处理和传递信息的一些电化学信号。正是这些信号成为你的全部知识、感觉、欲望和创造能力的基础。

对于每个神经元的基本问题是：在某一时刻它应该还是不应该发放，即产生反应？笼统地说，神经元通过整合到达其树突或胞体的信息，决定这些输入主要表达为“发放”还是“不发放”。正规地说，每个神经元将接收到**兴奋性输入**（excitatory inputs）和**抑制性输入**（inhibitory inputs）的平衡，前者表达为发放，后者表达为不发放。在神经元内，兴奋性输入在一定时间和空间范围内的正确模式，将导致动作电位的产生，即神经元的发放。

动作电位的生物化学基础　为了解释**动作电位**（action potential）是如何工作的，我们需要描述神经元提取传入信息的生物化学环境。所有神经传导都必须通过称为离子的带电粒子穿过细胞膜的流动而产生。细胞膜是将细胞内外环境分隔开来的薄膜。神经元内外的液体中都含有各种离子：钠离子（Na^+）、氯离子（Cl^-）、钙离子（Ca^{2+}）和钾离子（K^+），它们带有正电荷或负电荷（见图 3.7）。细胞膜在维持两种液体成分的适当平衡上具有关键作用。当细胞不活动或处于静息状态，细胞内钾离子的浓度更高，而细胞外钠离子浓度更高。细胞膜并不是完美的屏障，它有很小的渗孔，使钠离子可以渗入同时钾离子渗出。为了调整这种情形，细胞膜还有转运机制，可以将钾离子泵入和将钠离子泵出。这些离子泵的成功转运使细胞内液相对细胞外液具有 70 毫伏的负电压。这就意味着相对细胞外液而言，细胞内液发生了极化。这一轻微的极化电位称为**静息电位**（resting potential），它提供了神经细胞产生动作电位的

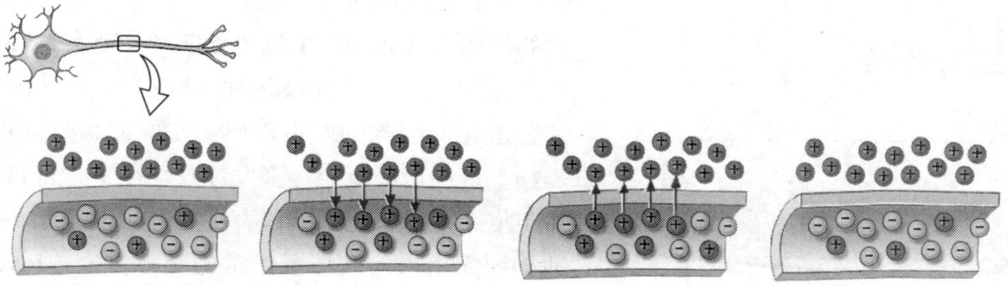

图 3.7

动作电位的生物化学基础

动作电位依赖于轴突内外离子电荷的不平衡。（见彩插）

资料来源：Lefton, *Psychology*, © 2003. Reproduced by permission of Pearson Education, Inc.

电化学环境。

神经元对兴奋性和抑制性输入模式发生反应时，静息电位转化为动作电位。每种输入都影响细胞内外离子平衡变化的可能性。它们引起**离子通道**（ion channels）的功能变化。离子通道是细胞膜上容易兴奋的部分，它能选择性地允许特定离子流入和流出。抑制性输入引起离子通道努力保持细胞内呈现负电荷，这使得细胞免于发放。兴奋性输入引起离子通道允许钠离子流入细胞，这导致细胞发放。由于钠离子带正电荷，它的流入改变了细胞膜内外正负电荷的平衡。当兴奋性输入相对抑制性输入达到足够的强度时，细胞从 –70 毫伏到 –55 毫伏发生去极化，动作电位就开始了，这说明已有足够的钠离子进入细胞内，产生这一变化。

一旦动作电位开始，钠离子流入神经元，结果神经元内部相对外部变为正电位，说明神经元完全去极化了。多米诺骨牌效应促使动作电位沿轴突传导下去。去极化的前缘效应导致轴突邻近的离子通道打开，并允许钠离子流入，以这种连续去极化的方式，信号沿轴突向下传递（见图 3.7）。

发放之后，神经元怎样返回到最初的极化静息状态呢？当神经元内变为正电位时，允许钠离子流入的通道关闭，而允许钾离子流出的离子通道打开。钾离子的流出恢复了神经元内的负电荷。因而，当信号到达轴突的远端时，产生动作电位的细胞部位返回静息平衡，以使它们准备好对下次刺激的反应。

动作电位的性质　动作电位传导的方式具有几个重要特性。动作电位遵从**全或无定律**（all-or-none law）：动作电位的大小不受阈上刺激强度变化的影响，一旦兴奋性输入的总和达到阈值，动作电位就会产生，如果未达到阈值水平，动作电位就不会产生。这一全或无特性带来一种后果，即动作电位大小沿轴突传播时并不减弱。这样，动作电位一旦开始就自我传播，而不需要外界刺激保持其移动。这类似于点燃的爆竹。

不同神经元沿轴突传导动作电位的速度不同，最快的速度可达到每秒 200 米，而最慢的速度只有每秒 10 厘米。传导速度快的神经元，其轴突覆盖一层紧密的髓鞘，如前所述，它是由胶质细胞组成的。神经元的这种轴突看起来像一长串短管。短管之间的小裂缝称为朗飞氏节（Nodes of Ranvier，见图 3.5）。在轴突覆盖髓鞘的神经元上，动作电位从一个节点向下一个节点跳跃式传导。这样既节省时间，又节省在

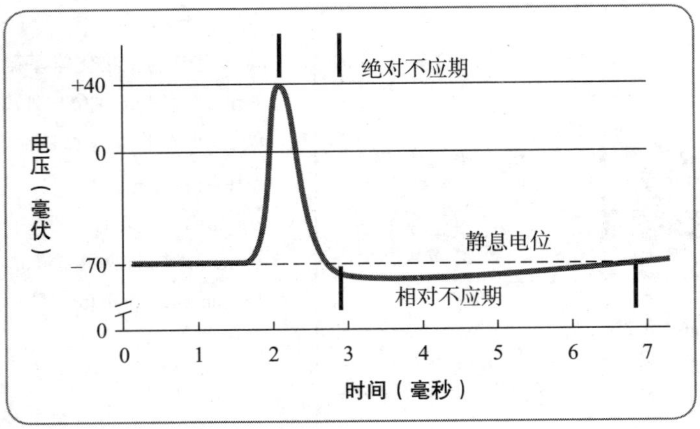

图 3.8 神经元发放动作电位时电学变化时程表

钠离子进入神经元引起它的电位从其极化或静息状态的负电位向去极化的正电位变化。一旦神经元去极化，它就进入一个短暂的不应期状态。此时受到刺激也不会产生另一个动作电位。只有膜内外离子平衡恢复之后，才能产生另一个动作电位。

轴突上各个位置的离子通道开闭所需的能量。髓鞘的损伤会破坏动作电位传导的微妙节奏，并引起严重问题。多发性硬化症（MS）是一种由于髓鞘退化而引起的严重障碍。主要症状是复视、震颤，最终造成瘫痪。多发性硬化症中，来自身体免疫系统的特化细胞侵害了有髓鞘神经元，使轴突裸露出来，破坏了正常的突触传递（Joyce, 1990）。

当动作电位传过一个轴突节段后，神经元的这部分就进入**不应期**（refractory period，见**图 3.8**）。在绝对不应期，无论进一步的刺激有多强烈，都不能引起另一个动作电位的产生；在相对不应期，神经元只对较为强烈的刺激发放冲动。当你刚冲完马桶，水箱正在充水时，你是否试过再次冲水？水箱内的水必须达到一定量之后，才能再次给马桶冲水。同样，为了使神经元能够产生下一个动作电位，它必须自行“复位”，并等待刺激超过其阈值。不应期部分地保证动作电位只沿轴突向下传播：它不能反向传播，因为早先刚兴奋的轴突部位处于不应状态。

突触传递

当动作电位沿轴突完成其跳跃式的旅程而到达终扣时，它必须把信息传递给下一个神经元，但是两个神经元间没有直接的接触，它们以**突触**（synapse）的方式联系起来。突触包括突触前膜（发送信息神经元的终扣）、突触后膜（接收信息神经元的树突或胞体的表面）以及两者之间的间隙。当动作电位到达终扣，就启动了称为**突触传递**（synaptic transmission）的一系列事件，信息得以从一个神经元跨越突触间隙传递到下一个神经元（**图 3.9**）。当动作电位到达终扣，导致突触囊泡逐渐前移并固定在终扣的内膜上，突触传递就开始了。每个囊泡内部都有**神经递质**（neurotransmitters），这种化学物质能刺激其他神经元。动作电位也引起离子通道开启，允许钙离子进入终扣。钙离子的流入引起突触囊泡的破裂，释放出它们所含的神经递质。一旦突触囊泡破裂，神经递质很快跨过突触间隙扩散到突触后膜。为了完成突触传递，神经递质必须与镶嵌在突触后膜上的受体分子结合。

神经递质与镶嵌在突触后膜上的受体分子结合必须具备两个条件。第一，不能有其他神经递质或化学分子附着到受体分子上；第二，神经递质的形状必须与受体分子相匹配，就像钥匙与钥匙孔一样精确匹配。如果这两个条件不符合，神经递质就不能附着到受体分子上，意味着它不能刺激突触后膜。如果神经递质附着到受体分子上，它就可能给下一个神经元提供“发放”或“不发放”的信息。一旦神经递质完成了它的工作，它就从受体分子上脱离，回到突触间隙中。在那里，它要么在酶的作用下分解，要么被突触前终扣重新吸收，以便快速利用。

一种神经递质产生兴奋作用还是抑制作用，取决于受体分子。也就是说，同一种神经递质在一种突触中可以产生兴奋作用，而在另一种突触中却产生抑制作用。每个神经元整合它与 1 000~10 000 个其他神经元之间形成的突触所得到的信息，再决定它是否应该发出另一个动作电位。正是整合数以千计的兴奋和抑制性输入，才使得全或无的动作电位成为所有人类体验的基础。

你可能会问，为什么我们带你这么深入地了解神经系统。这毕竟是一门心理学课程，而心理学是研究行为、思维和情感的。事实上，突触是全部心理活动得以发生的生物媒介。如果你改变正常的突触活动，你就将改变人们行为、思考和感觉的方式。对于突触功能的理解，已经促进了一些领域知识的重大进展，包括学习与记忆、情感、心理障碍、药物成瘾以及心理健康的化学基础。贯穿《心理学与生活》全书，你都将会应用到本章所获得的知识。

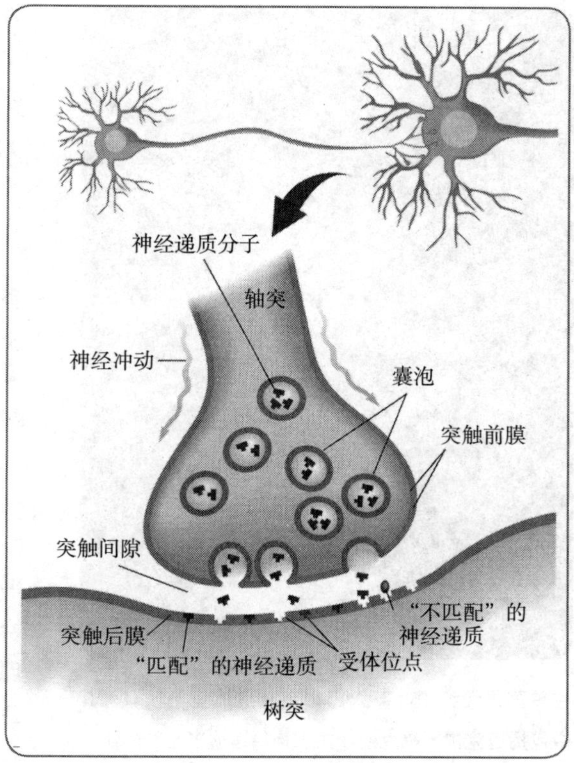

图 3.9 突触传递

突触前神经元中的动作电位引起神经递质释放到突触间隙中。一旦神经递质跨过突触间隙，它们就刺激镶嵌在突触后膜中的受体分子。同一个细胞内可能存在多种神经递质。（见彩插）

神经递质及其功能

很多化学物质已经被确认或推测为在脑中发挥作用的神经递质。已被最为深入地研究过的神经递质都符合一套技术标准。它们是在突触前终扣产生的，当动作电位到达终扣时，就被释放出来。突触间隙出现神经递质时，突触后膜就发生生物反应。如果阻止神经递质的释放，就不会有随后的反应发生。为了让你认识不同的神经递质对于行为调节的作用，我们下面讨论一些已经被发现对脑的日常功能具有重要作用的神经递质。这一简短讨论也可以让你理解神经传递障碍产生的许多途径。

乙酰胆碱 乙酰胆碱（acetylcholine）广泛存在于中枢与外周神经系统。阿尔茨海默症是一种退行性疾病，在老年人中发病率较高，这种疾病的特征之一是记忆丧失，被认为是由于分泌乙酰胆碱的神经元退化所造成的（Herholz et al.,2008）。在神经和肌肉之间的结点上，乙酰胆碱也是一种兴奋性递质，它引起肌肉收缩。一些毒素影响乙酰胆碱的突触作用。例如，肉毒杆菌毒素经常发现于保存不当的食物中，它通过阻止呼吸系统释放乙酰胆碱而产生毒害作用。这种肉毒杆菌中毒导致人们因为窒息而死亡。箭毒是亚马逊河一带印第安人涂在吹箭箭尖上的剧毒物质，它通过占据重要的乙酰胆碱受体，阻碍正常的神经递质活动，引起胸部呼吸肌肉麻痹。

GABA *GABA*（gamma-aminobutyric acid）是 γ- 氨基丁酸的缩写，它是脑内最普遍的抑制性神经递质。多达三分之一的脑部突触使用 GABA 作为信使。对 GABA 敏感的神经元特别集中于丘脑、下丘脑和枕叶皮层等脑结构中。GABA 似乎通过抑制神经活动，在一些精神病理模式中具有重要作用；当脑中这种神经递质的水平降低，人们就会体验到焦虑或抑郁（Kalueff & Nutt,2007）。焦虑障碍通常使用苯二氮杂卓类药物加以治疗，如 *Valium* 或 *Xanax* 可以提高 GABA 的活性（Ballenger, 1999）。苯二氮杂卓类药物并不直接附着于 GABA 受体，而是使 GABA 更有效地与突触后受体分子结合。

谷氨酸 谷氨酸是脑中最普遍的兴奋性神经递质。因为谷氨酸有助于在脑中传递

在美国，大约 150 万人因帕金森病而受到损害，其中包括迈克尔·福克斯。关于神经递质多巴胺的研究加深了对这一疾病的理解。神经科学的基础研究如何带来治疗手段的改善？

信息，所以它在情绪反应、学习和记忆过程中起着关键的作用（Goddyn et al., 2008）。当谷氨酸受体不能正常运作时，学习的进程会变慢。此外，脑中谷氨酸水平的紊乱与多种心理障碍有关，包括精神分裂症（Harrison et al., 2008）。谷氨酸也在药物、酒精和尼古丁成瘾中起作用。研究者开始探索通过改变大脑对谷氨酸的利用来治疗这些成瘾（Markou, 2007）。

多巴胺、去甲肾上腺素和5–羟色胺　儿茶酚胺（catecholamines）是一类化学物质，包括两种重要的神经递质：*多巴胺*（dopamine）和*去甲肾上腺素*（norepinephrine）。两种神经递质在心理障碍中均有重要作用，如情感障碍和精神分裂症（Sillitoe & Vogel, 2008; Southwick et al., 2005）。去甲肾上腺素似乎与一些形式的抑郁症有关：增加脑内这种递质水平的药物，可以提升心境和减轻抑郁。相反，精神分裂症病人脑内的多巴胺水平高于正常水平。你可以预期，治疗这种疾病的方法之一，就是给病人服用降低脑内多巴胺水平的药物。药物治疗的前几天会出现一个有趣但不幸的问题。用于治疗精神分裂症的高剂量药物，会引起帕金森氏症的一些症状，这是一种进行性而最终致命的疾病，涉及运动功能紊乱，由脑内制造大多数多巴胺的神经元退化引起。这一发现导致了两方面的研究，其一是改进精神分裂症的药物治疗，其二是找出可用于治疗帕金森症的药物。

所有产生*5-羟色胺*（serotonin）的神经元都位于脑干，这一结构与唤醒水平和很多自主神经过程有关。致幻药 LSD，即麦角酸二乙胺，通过抑制 5-羟色胺神经元而产生效应（Béïque et al., 2007）。这些 5-羟色胺神经元在正常情况下抑制其他神经元，但是 LSD 引起这种抑制作用的缺失，造成生动而奇特的感觉体验，其中一些体验可持续数小时。许多抗抑郁药物，如 *Prozac*，通过防止 5-羟色胺从突触间隙移出，而增强其作用（Barondes, 1994）。

内啡肽　*内啡肽*（endophins）这一类化学物质经常被归类为神经调质。**神经调质**（neuromodulator）是能够改变或调节突触后神经元活动的物质。内啡肽是*内源性吗啡*的简称，在情绪行为（焦虑、恐惧、紧张和愉悦）和疼痛控制中具有重要作用，鸦片和吗啡等药物也是与脑内相同的受体结合。内啡肽由于其控制愉悦和痛苦的特性而一度被称为“进入天堂的钥匙”。研究者们已经检验了内啡肽在针灸和安慰剂镇痛效应中至少具有部分作用的可能性（Benedetti et al., 2005; Han, 2004）。这类检测依赖于*纳洛酮*，已知这种药物的惟一作用是阻断吗啡和内啡肽与受体的结合。任何一种通过刺激内啡肽释放以减轻疼痛的方法，在使用纳洛酮后都变得无效。注射纳洛酮后，针灸和安慰剂事实上都失去作用。这说明在一般情况下是内啡肽在帮助它们发生作用。

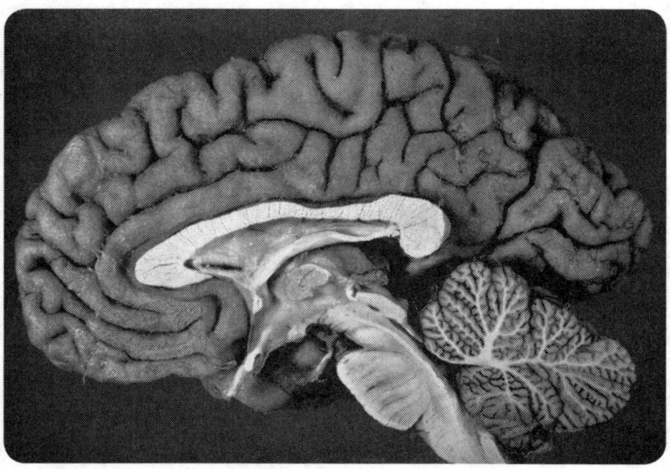

为什么研究者通过研究大脑来理解人类的心理？

生活中的批判性思维

“这是遗传的”是什么意思

人类基因组计划把遗传学研究推到了公众的视线中。媒体经常会报道遗传学在人类经验的重要方面所取得的进展，例如肥胖、性以及心理疾病。我们想要为你提供一个框架，以帮助你更好地评估这些媒体报道。就以“冲动”特质为例，研究者之所以对这个特质感兴趣，是因为高冲动性的个体在药物和酒精成瘾上有更高的风险（Sher et al., 2000）。

假设你看到这样的报纸标题：“科学家发现冲动基因”。这个报道应该提供什么样的信息呢？第一，需要准确地理解文章中的“冲动”是什么意思。先考虑一下你是如何定义及应用这个词的：你可能认识一些你认为爱冲动的人，还有一些人你觉得不冲动。但是这个词到底是什么意思呢？你认识的人之所以冲动是因为做事情之前不加考虑？还是因为没有办法控制自己的行为？或者因为他们做事总是冒很大的风险？如果你看到“科学家发现冲动基因”这样的声明，你就应该弄清楚科学家是如何定义这个词的。这种特异性之所以重要，是因为与“冲动”概念相关的不同行为表现可能有着不同的遗传基础（Congdon & Canli, 2006）。如果报纸文章中没有对什么是冲动给出一个细致的描述，那么你在接受这个论断的时候就要小心。

另一个你需要搞清楚的信息是，为什么研究者认为他们所识别的基因与冲动行为之间有因果关系。有时，这种信息是通过对事实的陈述来表达的：“具有 A 型该基因的人冲动，而具有 B 型基因的人不冲动。”但是，在现代的研究中，科学家往往希望能够弄清楚这种基因影响冲动行为的作用机制。你从这样的报道中得到的往往是，某个基因对于某种特质只是可能有着间接的影响。

举个例子，现在对于冲动行为的分析集中于神经递质多巴胺。对于负责计划等任务至关重要的脑区，多巴胺会起作用，因为这种神经递质有助于保持认知的稳定性和适应性（Bilder et al., 2004）。基于这个特征，你就可以理解为什么多巴胺功能受到影响会引起冲动或者是不稳定的行为。这里的含义是，如果你想要发现冲动的遗传基础，你实际上需要寻找的是影响个体大脑使用多巴胺的遗传基础。事实上，研究者已经证明有不止一种基因在影响多巴胺的使用，例如 *DRD4* 和 *COMT*（Congdon & Canli, 2006）。

你现在可以看到这些方面是如何整合在一起的。研究者发现个体在某种行为表现上有差异，如冲动行为。过了一段时间，研究者开始考察什么样的脑活动导致了这样的行为差异。然后研究者能够探究是什么基因使得这种脑活动表现出差异。因此，虽然报纸标题是“科学家发现冲动基因”，但是，实际上这条报道是说科学家发现了某个或者某几个基因对于大脑使用多巴胺有影响。这样的标题也许不够简练，但是更能反映研究的实质。

- 对于遗传学研究，为什么给出特质或行为的明确定义是非常重要的？
- 为什么影响冲动行为的基因也可能对其他行为特质有影响？

STOP 停下来检查一下

❶ 信息在神经元几个主要部分之间的传导模式是怎样的？
❷ “全或无定律”是什么意思？
❸ 神经递质是如何通过一个神经元而到达另一个神经元的？
❹ 脑中最普遍的抑制性神经递质是什么化学物质？

生物学和行为

至此，你已经对神经细胞信息传递的基本机制有了一定的了解，现在我们将神经元整合成更大的系统，这个系统支配着你的身体和心理。我们首先概述那些被研究者们用于促进新发现的技术。其次，我们对神经系统的结构进行一般性描述，随之对脑本身进行详细观察。我们将讨论内分泌系统的活动，它是第二个与脑和神经系统协调工作的生物控制系统。最后，我们来看看日常生活经验如何持续地重塑我们的大脑。

对脑的窃听

神经科学家们一直试图在一系列不同层次上理解大脑的工作机制——从肉眼可见的解剖结构，到只有用高倍显微镜才能观察到的单个神经细胞的特性。研究者们所使用的技术与他们的分析水平相匹配。我们在这里所讨论的技术通常被用于研究特定脑区所负责的功能和行为。

对脑的干预　神经科学中的一些研究方法直接对大脑的结构进行干预，这些方法在现实中找到了其历史根基。1848 年 9 月，铁路监工盖吉（Phineas P. Gage）遭遇人身伤害事故。在一次意外爆破中，一根 1 米长的铁杆刺穿了他的颅骨。盖吉的身体伤害并不严重，左眼失明，左脸部分面瘫，而姿势、运动和言语无恙；但是在心理上，他却变了个人，他的医生对此有很清楚的解释：

> 他的理性和野性之间的平衡似乎已遭破坏，他变得暴躁、易怒，有时候沉迷于说些粗鄙的脏话，这些都不是他过去的习惯。他不听从朋友的劝阻，特别是当这些建议与他的需求冲突时，他表现得很不耐烦……他受伤之前虽未受过良好的学校教育，但他具有平衡的心态，受到熟人的尊敬，大家认为他是个机灵、聪明的生意人，精力充沛，毅力不凡，努力实现自己的计划。就这些方面来说他已完全变了。他的朋友和熟人都说他“不再是以前的盖吉了”（Harlow, 1868, pp.339—340）。

这个案例发生的时候，科学家们刚刚开始形成脑功能与复杂行为之间关系的假设。盖吉在大脑被刺穿之后的行为变化，促使他的医生假设，大脑是人格和理性行为的重要基础。

与盖吉从受伤中康复大约相同的时期，**保罗·布洛卡**（Paul Broca）也在研究大脑在语言中的作用。他在这一领域的第一项研究是对一个死者进行尸体解剖，死者的名字来自他惟一能说出的一个词“Tan”。布洛卡发现 Tan 大脑的左侧额区严重受损。这一发现引导布洛卡进一步研究其他语言障碍患者的大脑。在每个病例中，布洛卡都发现了同一脑区的相似损伤，因而这一脑区被称为**布洛卡区**（Broca's area）。正如你将在本书中所读到的，现代研究者们仍试图发掘行为变化模式与脑损伤部位之间的关系。

当然，在研究脑的意外损伤中存在一个问题，即研究者无法控制脑损伤的部位和损伤程度。为了更好地理解大脑与行为以及认知功能的关系，科学家需要使用一些方法，使他们能精确确定丧失功能的脑组织。研究者们发展了一些技术造成高度集中化的大脑局部发生**损伤**（lesions）。例如，他们可以通过手术切除特定脑区，切断那些区域的神经联系，或者通过应用高热、冷冻或电流等手段损毁这些脑区。你能想到，这类损毁的实验只能在非人类动物中进行。（正如本书第 2 章所讨论的，这类动物研究的伦理学问题现在也受到严格审查）。随着研究者们重复比较和归纳了动物脑损伤研究结果与脑损伤对人类行为影响的临床发现，我们对脑的认识也已经发生了根本变化。近年来，科学家发展出一种被称为**重复经颅磁刺激**（repetitive transcranial magnetic stimulation，rTMS）程序，这种程序使用磁刺激脉冲来对人类参与者造成暂时的可逆“损伤”，而不需要对实际组织造成损害就可以干预特定脑区的活动。这种新技术使得研究者可以探讨一系列在非人类实验中无法得以解答的问题。下面这个例子是应用 rTMS 技术来研究大脑对名词和动词做出的反应。

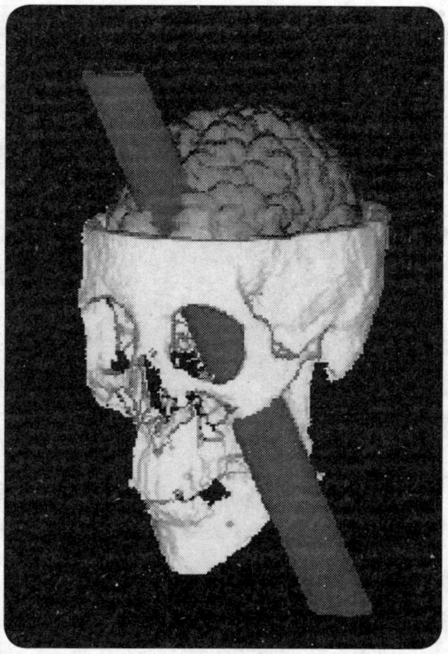

盖吉的头骨保存在哈佛大学医学院的沃伦解剖学博物馆，为什么医生们如此着迷于盖吉的人格变化？

> 如果你曾研究过语言，你很可能知道名词和动词有着非常不同的功能。一组研究者使用 rTMS 技术来检验这样一个假设，当你生成言语中的这两个部分时，不同的脑区在工作（Cappelletti et al., 2008）。在实验中，参与者在电脑上完成简单的单词填空。例如，参与者读到“今天我走路”，然后填空：“昨天我……”。相似地，他们读到“一个孩子”，然后填空：“许多……”。在一般情况下，参与者应该很快对“走路”和“孩子”做出反应。然而，假设研究者能够使用 rTMS“损伤”帮助你做出反应的脑区。那么，我们会预期参与者的反应会变慢。实际上，研究者找出了一个脑区（在布洛卡区的附近），当该脑区受到 rTMS 的刺激时，对动词的反应时变慢，但名词不变。这些数据支持了这一假设，即名词和动词的大脑加工过程是有区别的。

你可以看到为什么这个实验是不可能在人类之外的被试身上完成的：人类是惟一能够习惯生成名词和动词的物种。

在某些情况下，神经科学家通过直接刺激脑区来了解某些脑区的功能。例如，20 世纪 50 年代中期，**沃尔特·黑斯**（Walter Hess，1881—1973）首先使用电刺激探查脑的深部结构。例如，黑斯把电极放入自由运动的猫脑内。通过按钮，他能给电极尖端发出微弱的电流刺激。他对将近 500 只猫的 4 500 个大脑部位进行了刺激，并仔细记录了每一个刺激引起的行为后果。他发现，由于电极部位不同，迅速开闭开关可引起睡眠、性唤醒、焦虑或恐惧。例如，电刺激特定的脑区导致一只本来很温顺的猫勃然大怒，猛撞身旁的物体。

大脑活动的记录和成像　其他一些神经科学家利用电极记录环境刺激引起大脑的电活动来绘制脑功能的地图。脑的电输出可在不同精度水平上进行监测。在最具体的水平上，研究者把高灵敏度的微电极植入脑内，记录单个脑细胞的电活动。这类记录能说明单一脑细胞针对环境刺激的活动变化。

对于人类参与者，研究者们经常在其头皮上放置一些电极，记录大范围整合性的电活动模式。这些电极提供**脑电图**（electroencephalogram, EEG）数据或者是放大了的脑活动信号。EEG 用于研究心理活动和大脑反应之间的关系。例如，在一个实验中，研究者使用 EEG 来证明人们在观看带有情绪色彩的图片时，大脑的反应不同（Hajcak & Olvet, 2008）。参与者观看电脑屏幕上一系列令人愉快（如微笑的面孔）、中性（如家居用品）和令人不愉快（如暴力画面）的图片，同时记录他们的大脑活动。

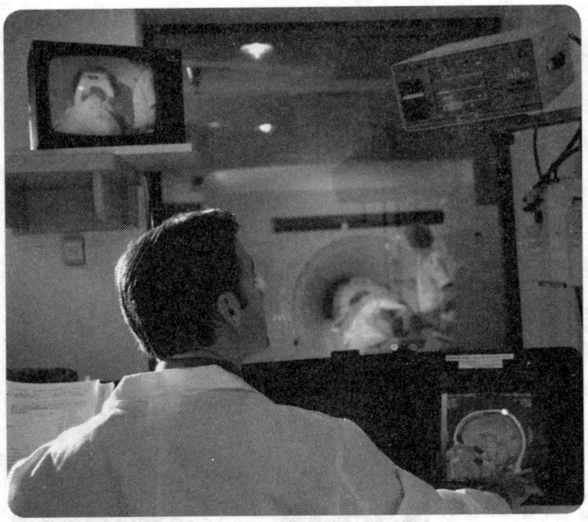

新的脑成像技术如何扩展了研究者可探索问题的范围？

EEG 揭示了中性图片和情绪化图片的不同模式：参与者似乎对令人愉快的图片和令人不愉快的图片倾注了更多的注意，即使图片在电脑屏幕上消失之后，这种注意还持续存在。

对脑研究来说，最激动人心的技术革新是一些扫描仪器，这些仪器原本用于帮助神经外科医生探测脑部异常，如中风或疾病引起的损伤。这些设备可以产生活动大脑的影像，而不必借助侵入性的程序，因此避免了对大脑组织造成伤害。

为了获得脑的三维图像，研究者可以使用**计算机断层扫描术**（computerized axial tomography, CT 或 CAT）。当人们进行 CT 扫描时，他们的头部置于形如面包圈的圆环中，其中包含 X 射线源和 X 射线探测器。在扫描过程中，聚焦 X 射线束从不同角度穿过头部。计算机将 X 射线图像整合成脑的连贯图片。研究者经常使用 CT 扫描来确定脑损伤或脑异常的位置和程度。

在应用**正电子发射断层扫描术**（positron emission tomography, PET）的研究中，先给参与者服用不同种类的放射性物质（但是很安全），这些物质最终进入大脑，被活动的脑细胞所吸收。头骨外的记录仪器能检测出参与不同认知和行为活动的细胞发出的放射能。然后这些信息被输入计算机，构造出大脑的动态图像，显示出参与不同心理活动的脑结构（见**图 3.10**）。

磁共振成像（magnetic resonance imaging, MRI）利用磁场和射频波在脑内产生脉冲能量。因为随着脉冲调谐到不同频段，一些原子与磁场偶联平行排列。当磁场脉冲被关闭的瞬间，这些原子发生振动（共振）并返回到自己的初始态，特殊的射频接收器检测这类共振并把信息导入计算机，计算机就可以产生不同原子在大脑各个部位中的位置图像。通过观察图像，研究者就可以建立起大脑结构和心理过程之间的联系。

MRI 最大的用途是提供解剖结构细节的清晰图像；PET 扫描则更好地提供关于功能的信息。一种被称为**功能性磁共振成像**（functional magnetic resonance imaging, fMRI）的新技术，将上述两项技术的优势结合起来，检测血液在脑细胞之间流动的磁场变化；fMRI 能提供更为精确的关于结构与功能的信息。研究者们开始利用 fMRI 去发现负责众多重要认知功能的各个脑区的分布情况，如注意、知觉、语言加工和记忆（Spiers & Maguire, 2007）。

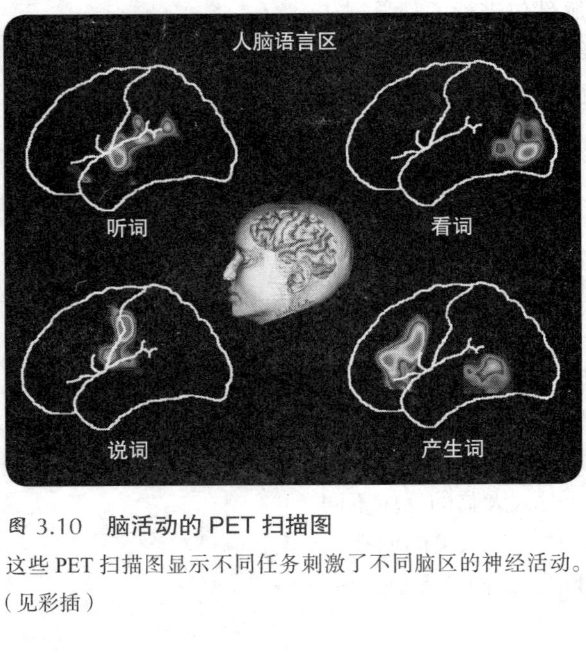

图 3.10　脑活动的 PET 扫描图

这些 PET 扫描图显示不同任务刺激了不同脑区的神经活动。（见彩插）

自从笛卡尔开始研究和思考大脑以来，已经过去了 300 多年；自从布洛卡发现大脑的不同区域似乎与特定功能相关，也已经过去了 100 多年。在这段时期内，文化进步已为神经科学家提供了揭示脑的奥秘所必需的技术。本章的剩下部分将描述这些奥秘。

神经系统

神经系统由数以亿计高度特化的神经细胞（即神经元）组成，正是神经元构成了脑和遍及全身的神经纤维。神经系统分为两个主要部分：**中枢神经系统**（central nervous system，CNS）和**外周神经系统**（peripheral nervous system，PNS）。CNS 由脑和脊髓的所有神经元组成；PNS 由所有构成神经纤维的神经元组成，这些神经纤维把 CNS 与身体联系起来。**图 3.11** 和**图 3.12** 显示了 CNS 和 PNS 的关系。

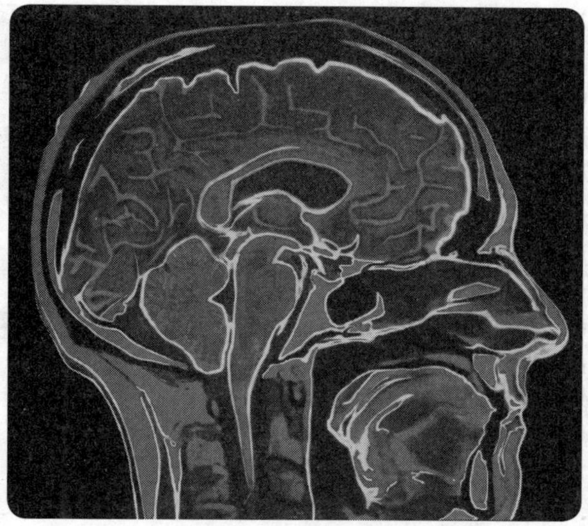

磁共振成像（MRI）产生对正常大脑的这一颜色增强剖面。试图确定特定功能的大脑区域，其目的何在？（见彩插）

CNS 的工作是整合和协调所有的身体功能，加工全部传入的神经信息，向身体不同部分发出指令。CNS 发出和接收神经信息是通过脊髓而实现的。脊髓是将脑与 PNS 联系起来的神经元干线，它位于脊柱的椎管内。脊神经从脊柱的每对脊椎骨之间的脊髓发出分支，最终与遍及全身的各种感受器、肌肉和腺体联系起来。脊髓协调身体两侧的活动，并负责不需脑参与的简单而快速的动作反射。例如脊髓与脑分离的有机体，在受到疼痛刺激时仍能收缩其肢体。虽然完整的脑在正常条件下将会注意到这种动作，但有机体仍能完成该动作，而无需来自上方的指令。脊髓的神经受损就会导致腿部或躯干的瘫痪，在截瘫病人中可见这种症状。瘫痪的范围决定于脊髓受损部位的高度，损伤的部位越高，造成的瘫痪越广泛。

尽管 CNS 处于发号施令的位置，但它并不与外界直接接触。PNS 的作用正是把来自感受器（如眼睛、耳朵中所发现的）的信息提供给 CNS，并传递脑对身体器官和肌肉的指令。PNS 实际上由两套神经纤维组成(见图 3.12)。**躯体神经系统**（somatic nervous system）调节身体骨骼肌的动作。例如，想象你在打字，手指在键盘上的运动由躯体神经系统控制。当你决定要“说”些什么时，你的大脑向手指发出敲击某些键的指令。同时，手指向大脑反馈关于其位置和运动的信息。如果你敲错了键，躯体神经系统就会通知大脑，然后大脑发出必要的修正指令，只用不到一秒的时间，你就能删除错误并敲击正确的键。

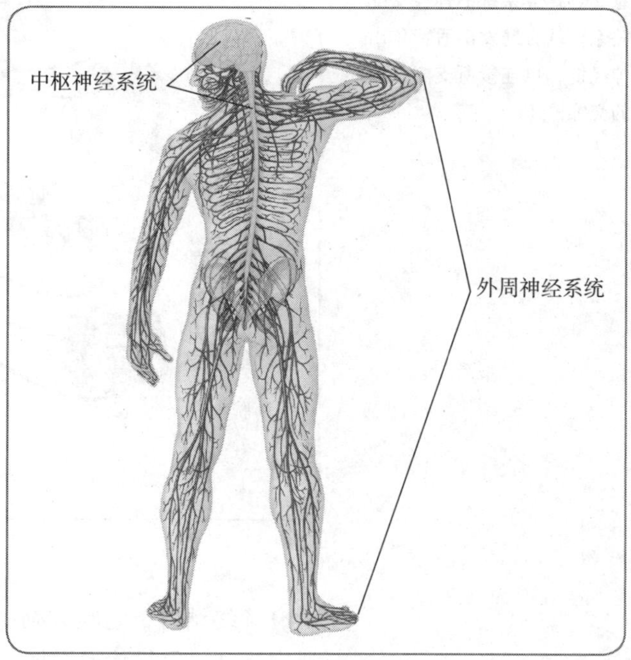

图 3.11　中枢神经系统和外周神经系统的划分

感觉和运动神经纤维组成外周神经系统并通过脊髓与脑相连接。

资料来源：Richard D. McAnulty and M. Michele Burnette. *Fundamentals of Human Sexuality*, p. 87. Published by Allyn and Bacon, Boston, MA. Copyright © 2003 by the author. Reproduced by permission of Pearson Education. Inc.

PNS 的另一部分是**自主神经系统**（automatic nervous system, ANS），它维持机体的基本生命过程。这个系统每天 24 小时工作，它所调节的功能是你通常不需有意识地控制的，如呼吸、消化和觉醒。甚至当你睡觉时，ANS 仍然必须工作，它也在麻醉和长期昏迷状态时维持生命过程。

自主神经系统处理两类攸关生存的问题：一类是机体受到威胁，另一类是维持常规身体状态。为了执行这些功能，自主神经系统进一步分成交感神经系统和副交感神经系统（见图 3.12）。这两部分反向工作去完成它们的任务。**交感神经**（sympathetic division）支配应对紧急情况的反应；**副交感神经**（parasympathetic division）监测身体内部功能的常规运行。可以把交感神经看成危急情况或紧张状态下

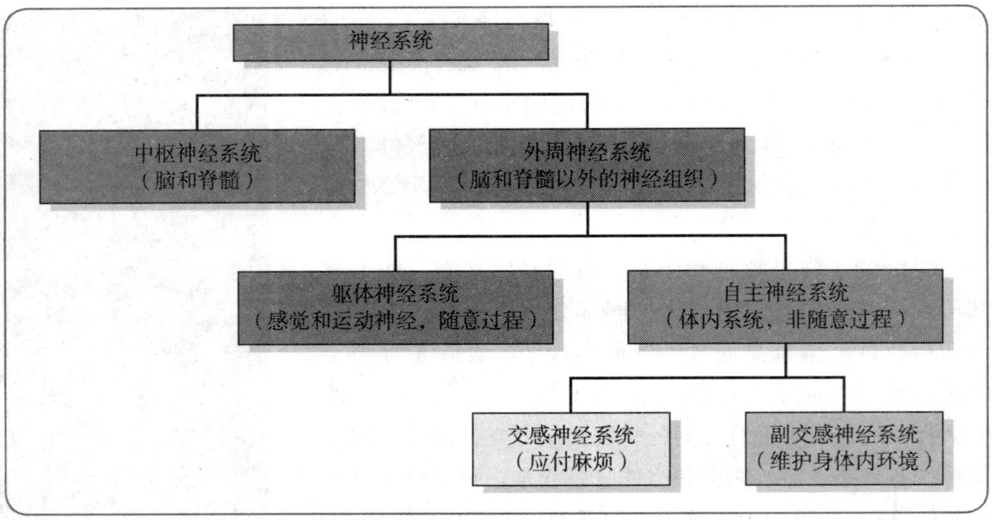

图 3.12

人类神经系统的层次结构

中枢神经系统由脑和脊髓组成，外周神经系统按其功能分为：躯体神经系统控制随意动作，自主神经系统调节内部过程。自主神经系统又分为两个系统：交感神经系统支配紧急情况下的行为，副交感神经系统调节常规环境下的行为和体内生理过程。

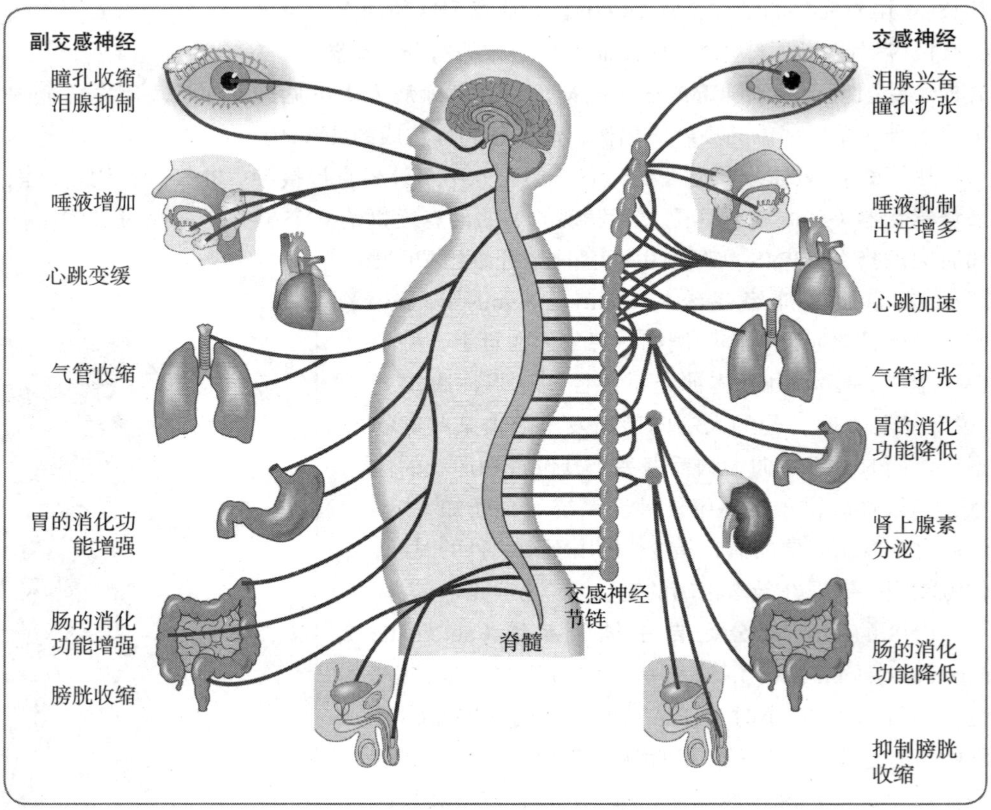

图 3.13

自主神经系统

副交感神经调节每天的体内生理过程和行为，在图左边表示。交感神经系统调节应激形势下的体内生理过程和行为，显示在图右边。请注意交感神经系统的神经支配关系，从脊髓发出后特化出神经链，再连接所支配脏器的交感神经。

的麻烦终结者，它唤起脑结构去战斗或逃避危险。此时，消化停止，血液从内脏向肌肉流动，氧气传递增加，心率加快。当危险过后，副交感神经负责减缓这些过程，个体开始安静下来。消化活动恢复，心跳变缓，呼吸放松。副交感神经执行机体在非紧急情况下的常规维护，如排除体内废物，保护视觉系统（通过眼泪和瞳孔收缩），长期维持身体的能量。交感和副交感神经的分工如**图 3.13** 所示。

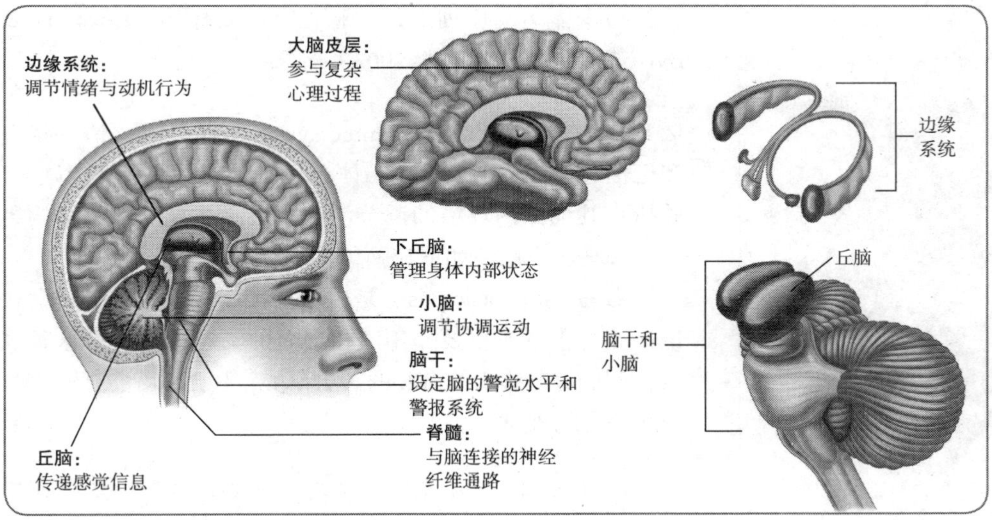

图 3.14
脑结构
脑包括几个主要组成部分：脑干、小脑、边缘系统和大脑皮层。这些组成部分以错综复杂的方式彼此联结在一起。

脑结构及其功能

脑是中枢神经系统最重要的结构。人脑结构大体分为三个相互联系的层次，最深层的结构被称为*脑干*，主要与自主过程如心率、呼吸、吞咽和消化等功能有关。包围这个中央结构的是*边缘系统*，它与动机、情感和记忆过程有关。包在这两层脑结构之外的是大脑，人类的全部心理活动发生在这里。大脑及其表层即*大脑皮层*整合感觉信息，协调你的运动，促成抽象思维和推理（见**图 3.14**）。让我们更详细地考察这三层脑结构的功能，先从脑干、丘脑和小脑谈起。

脑干、丘脑和小脑 所有脊椎动物都有**脑干**（brain stem），含有综合调节机体内部状态的脑结构（见**图 3.15**）。**延髓**（medulla）位于脊髓的最上端，是呼吸、血压和心搏调节中枢。由于这些过程对生命的维持是必需的，所以延髓的损伤将是致命的。从身体发出的上行神经纤维和从脑发出的下行神经纤维都在延髓发生交叉，这就意味着身体的左侧与脑右侧相联，而身体的右侧与脑的左侧相联。

紧贴延脑之上的是**桥脑**（pons），它提供传入纤维到其他脑干结构和小脑之中。**网状结构**（reticular formation）是一类致密的神经细胞网络，它唤醒大脑皮层去注意新刺激，甚至在睡眠中也保持脑的警觉反应。这个区域的大面积损伤会导致昏迷。

网状结构有伸向**丘脑**（thalamus）的长纤维束，传入的感觉信息可通过丘脑到达大脑皮层的适当区域，并在那里进一步加工。例如，丘脑把眼睛获得的信息传递到大脑皮层视觉区。

神经科学家很早就知道，与脑干相连的**小脑**（cerebellum）位于头骨基底部，协调身体的运动，控制姿势并维持平衡。小脑损伤就会阻断平滑性运动的信息流，造成不协调和不平稳。最近的研究表明，在学习

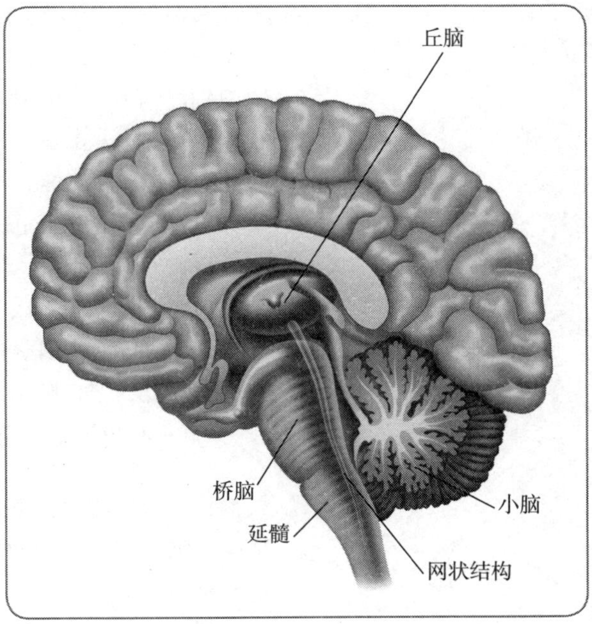

图 3.15 **脑干、丘脑和小脑**
这些结构主要与基本生命过程有关，包括呼吸、脉搏、唤醒、运动、平衡和感觉信息的简单加工。

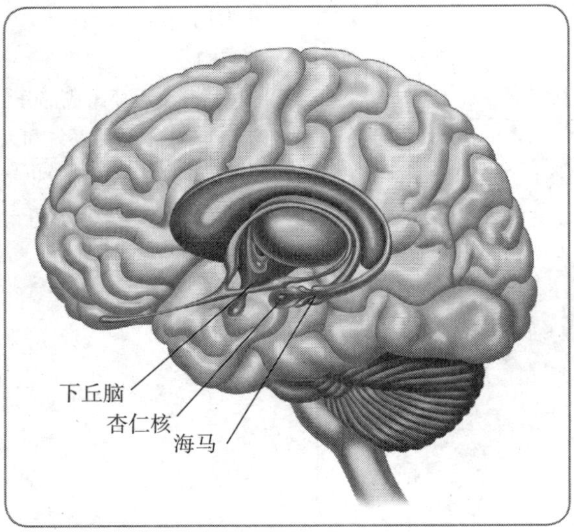

图 3.16 边缘系统

边缘系统的结构仅出现在哺乳动物的脑内，与动机行为、情绪状态和记忆过程有关。

和执行身体运动序列上，小脑也有重要作用（Hazeltine & Lvry, 2002; Seidler et al., 2002）。

边缘系统 **边缘系统**（limbic system）与动机、情绪状态和记忆过程相关。它也参与体温、血压和血糖水平的调节，并执行其他体内环境的调节活动。边缘系统由三个结构组成：海马、杏仁核和下丘脑（见图 3.16）。

海马（hippocampus）是边缘系统中最大的脑结构，在记忆获得中具有重要作用。相当多的临床证据支持这种观点，例如对于病人 H. M. 的著名研究，H. M. 可能是心理学中最著名的被试。

H.M. 在 27 岁时进行了脑外科手术，试图缓解其频繁的严重癫痫发作。手术将一部分海马切除，结果 H.M. 只能回忆出非常遥远的过去，失去了把新信息存入长时记忆的能力。他在手术后多年，仍坚信自己生活在做手术时的 1953 年。

H.M. 是一个亲切友善的人，担任了 50 年的研究被试。他于 2008 年去世，为我们留下了脑功能相关重要信息的珍贵遗产。例如，在他的海马受损后，虽然他总认为生活在 1953 年，但还是能够形成其他类型的新记忆。例如，H.M. 仍能掌握新的技能。这就是说，如果你发生了事故并损伤了海马，你仍能学会一些新的任务，但却不记得自己学过！随着对海马的持续关注，研究者已经获得了一些关于海马不同部位如何影响获得不同类型记忆的知识（Zeineh et al., 2003）。我们在第 7 章再讨论海马对于记忆获得的作用机制。

杏仁核（amygdala）在情绪控制和情绪记忆形成中起作用。由于它的控制功能，杏仁核损伤可能对精神特别活跃的个体产生镇静效应（我们将在第 15 章讨论精神外科学）。但杏仁核一些区域的损伤也会损害传达诸如悲伤和恐惧等负性情绪的面孔表情识别能力（Adolphs & Tranel, 2004）。杏仁核也在情绪内容记忆的形成和提取中具有重要作用（LaBar, 2007）。当人们提取自传体信息时，杏仁核的活动可以预测记忆的情绪强度（Daselaar et al., 2008）。

下丘脑（hypothalamus）是脑内最小的结构之一，但在日常生活的许多重要功能中具有重要作用。实际上它由几个神经核团和小神经元束组成，它们调节动机行为，包括摄食、饮水、体温调节和性唤醒。下丘脑维持着身体内部平衡或**内稳态**（homeostasis）。当身体能量储存降低，下丘脑维持兴奋并激发机体寻找食物和进食；当体温降低，下丘脑引起血管收缩并产生瞬间的非自主运动，这就是通常所说的“寒战”。下丘脑也调节内分泌系统的活动。

大脑 人类的**大脑**（cerebrum）超过脑的任何其他部分，占总重量的 2/3，它的作用是调节脑的高级认知功能和情绪功能。大脑的外表面由数以亿计的细胞组成，形成 2.5 毫米厚的薄层，称为**大脑皮层**（cerebral cortex）。大脑分成左右对称的两半，称为**大脑半球**（cerebral hemispheres），本章后面我们将进一步讨论大脑的两个半球。大脑半球由神经纤维联系起来，这些纤维总称为**胼胝体**（corpus callosum），这个通路负责在半球之间发送和传递信息。

神经科学家已经绘制出大脑半球分区图，界定了四个区域或脑叶（见**图 3.17**）。**额叶**（frontal lobe）参与运动控制和认知活动，如计划、决策、设定目标，位于外侧裂之上和中央沟之前。因意外事故而损伤额叶就会破坏一个人的行动能力，并引起其人格的改变。盖吉的案例正是因这一脑区受损引起巨大的变化（Damasio et al., 1994）。额叶还包括布洛卡区，也就是保罗·布洛卡在关于语言障碍病人的研究中所发现的脑区。

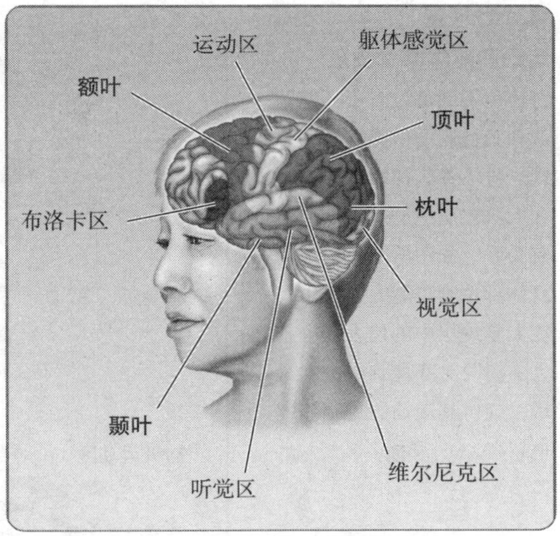

图 3.17 大脑皮层

大脑皮层的每个半球均含四个脑叶，每个脑叶的特定部位都与不同感觉和运动功能相关。（见彩插）

资料来源：Lilienfeld et al, *Psychology: From Inquiry to Understanding*, © 2009. Reproduced by permission of Pearson Education, Inc.

顶叶（parietal lobe）负责触觉、痛觉和温度觉，位于中央沟之后。**枕叶**（occipital lobe）是视觉信息到达的部位，位于头的后部。**颞叶**（temporal lobe）负责听觉过程，位于外侧裂下部，即每个大脑半球的侧面。颞叶中包括被称为**维尔尼克区**（Wernicke's area）的一个脑区。1874 年，**卡尔·维尔尼克**（Carl Wernicke, 1848—1905）发现这个脑区受到损伤的病人，其生成的言语是流畅的但是毫无意义，言语理解能力受到损害。

如果说每个脑叶组织单独控制某一特殊功能，这是一种误导。事实上，脑结构完成它们的功能是以类似音乐会的方式进行的，作为一个统一单元像交响乐队那样工作。不管你是在做菜或是在解决一个计算问题，还是与朋友谈话，你的脑作为一个统一整体在工作，各个脑叶相互影响，协调工作。但是，神经科学家能够确定出不同脑叶对于完成某一特殊功能是必需的，如视觉、听觉、语言和记忆等。某个脑叶受损时，它的功能就遭到破坏或完全丧失。

身体的随意肌有 600 多块，其活动受到位于中央沟之前的额叶**运动皮层**（motor cortex）的控制，该皮层正好位于中央沟前面的额叶。回忆一下，脑一侧发出的命令传向身体对侧的肌肉。同样，身体下部如脚趾的肌肉受运动皮层顶部神经元的控制。身体上部如咽喉的肌肉受运动皮层下部神经元的控制。如**图 3.18** 所示，与身体下部相比，身体上部从皮层得到更精细的运动指令。事实上，运动皮层的两个最大区域分别负责支配手指（特别是大拇指）和言语相关的肌肉活动。它们的脑区更大反映了操作物体、使用工具、饮食和谈话等人类活动的重要性。

躯体感觉皮层（somatosensory cortex）位于中央沟之后的左、右顶叶。这一皮层区域处理温度、触觉、躯体位置和疼痛的信息。与运动皮层相似，感觉皮层的上部与身体下部相关，下部皮层与身体上部相关。最大的感觉皮层区与唇、舌、大拇指和食指的感觉相关，因为身体的这些部位提供最重要的感觉传入（见图 3.18）。与运动皮层一样，右半球的感觉皮层接受身体左侧的感觉信息，左半球的感觉皮层接受身体右侧的感觉信息。

听觉信息由**听皮层**（auditory cortex）加工，听皮层位于两侧颞叶。每侧半球的听皮层都从两只耳朵接受听觉信息。听皮层的一个区域与语言产生有关，另一个区域与语言理解相关。视觉传入由位于大脑后部枕叶的**视皮层**（visual cortex）进行加工。视皮层中最大的区域接受眼后部视网膜中心区的传入信息，这里传递的视觉细节信息量较大。

并非所有大脑皮层都加工感觉信息或向肌肉发送动作命令。事实上，大部分皮层的功能与解释和整合信息有关。诸如计划、决策等过程发生在**联络皮层**（association

图 3.18

运动和躯体感觉皮层

身体的不同部位对于环境刺激和脑控制的敏感性各不相同。身体各区的敏感性与其在大脑皮层中的代表区大小有关联。如图所示，图中的身体部位画得越大，表示其在大脑皮层中的代表区也越大，同时对环境刺激也越灵敏，脑对其运动的控制程度也越高。（见彩插）

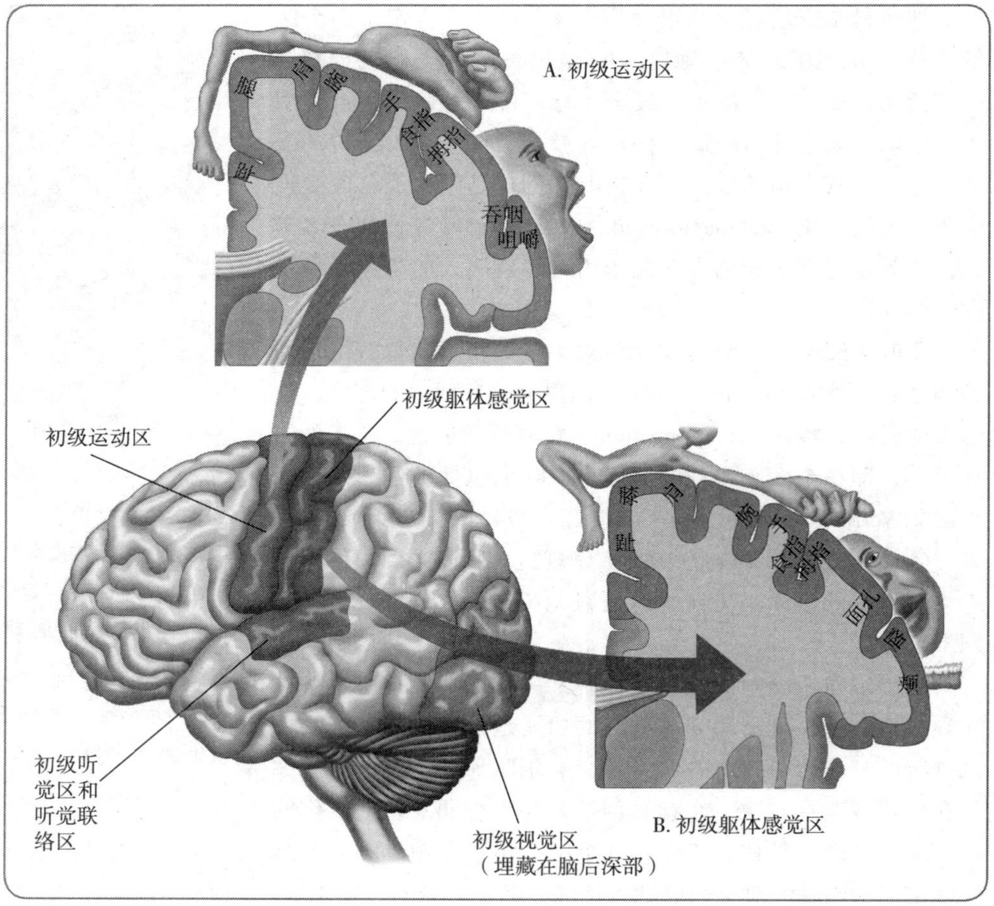

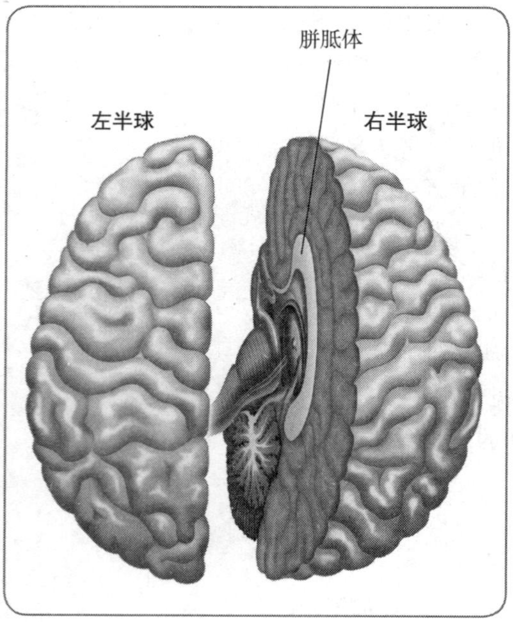

图 3.19 **胼胝体**

胼胝体是两半球间联系信息的神经纤维网络，切断胼胝体会破坏这种信息交流。

cortex）。联络皮层分布成几个皮层区，如图 3.18 标示的一个区。联络皮层使你将不同感觉通道的信息结合起来，用于计划对外界刺激做出适当反应。

现在我们已经考察了你的神经系统中很多重要的结构。当我们谈到大脑时，已经注意到两个大脑半球都有相对应的脑结构。然而，对于很多行为类型来说，两个大脑半球的结构具有不同的功能。现在我们就讨论两个半球的这些差异。

半球功能偏侧化

最初是什么信息使得研究者们怀疑大脑两半球的功能不同呢？请回想当布洛卡对 Tan 进行尸检时，发现左侧半球的损伤。当他追踪这一发现时，布洛卡发现具有类似语言功能障碍的其他病人——现在称之为*布洛卡失语症*——*左*半球都有损伤。而*右*半球相应脑区的损伤不会导致这种语言障碍。人们应得出什么结论呢？

研究半球差异的时机最初出现在治疗严重癫痫病人的过程中。外科医生切断了病人的胼胝体——由两亿条神经纤维组成的神经束，它使大脑两半球彼此连接在一起，相互传递信息（见

生活中的心理学

你的大脑如何确定信任与否

假设你的一个朋友向你做出承诺。你担心承诺会落空，但你的朋友说："相信我！"你应该信任他吗？近年来，研究者开始理解当你必须做出关于信任的决定时，你的大脑如何反应。大部分研究都集中于一种被称为后叶催产素的激素。

对促使非人类动物形成社会联结的生物机制感兴趣的研究者首先开始关注后叶催产素（Bartz & Hollander, 2006; Lim & Young, 2006）。脑中催产素的水平影响大鼠母亲与其幼崽形成联结的可能性，以及成年大鼠参与社会互动的可能性。研究显示，后叶催产素会产生影响是因为它引发了接近行为。再想想那个给你做出承诺的朋友。信任与否的决定可以简化为接近和回避之间的选择——你决定继续与之互动还是敬而远之。脑中后叶催产素的高水平使平衡向接近倾斜。后叶催产素在大脑中的运作让未来的互动看起来可能会继续带来奖赏。

为了证明后叶催产素的巨大影响，一组研究者招募参与者来玩一个针对信任的游戏（Baumgartner et al., 2008）。这个游戏需要两个玩家分配"货币单元"池。每一轮，投资者必须决定从 12 个货币单元中投入多少。实验者设置了托管者为投资返还利润。托管者可以决定是否与投资者平均分享利润。实际上，在游戏中途，投资者都获得了相同的反馈：实验者告诉他们，他们只有一半的机会获得了公平的分配。托管者不可信任！

游戏的后一半会发生什么依赖于投资者的后叶催产素水平。在游戏开始前，一半的投资者通过喷鼻剂吸入一定剂量的这种激素。（一旦激素被吸入，它就能进入大脑。）其他的参与者接受安慰剂。对于游戏的前半部分，投资者吸入后叶催产素或安慰剂几乎没有差异。下图表示了每一轮参与者投资的平均货币单元数量。你可以看到，在反馈之前，后叶催产素组参与者投资的数量与安慰剂组参与者几乎相同。你可以预期"不能信任这个人！"的反馈会产生巨大影响，将促使参与者减少投资。这与安慰剂组的情况相符。他们的投资在游戏后半部分大幅滑落。然而，后叶催产素组并未减少他们的投资。实际上，你可以从图中看到，趋势是相反的。显然，实验前后叶催产素的吸入阻止参与者遵循这一信息，即其他玩家已经背叛了他们的信任。

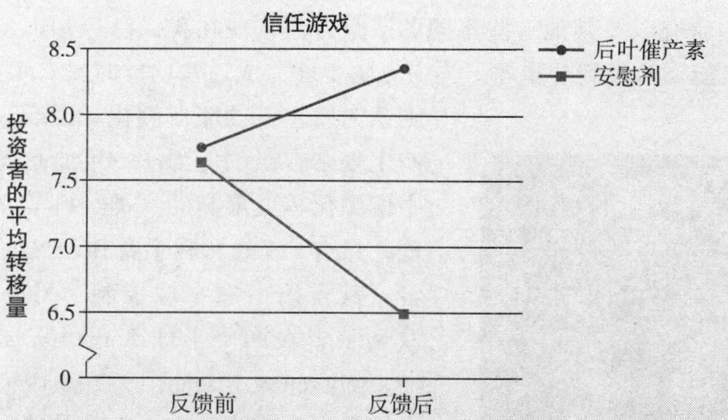

资料来源：From J.A. Bartz & E. Hollander, The neuroscience of affiliation: Forging links between basic and clinical research on neuropeptides and social behavior, *Hormones and Behavior*, 50, pp. 518–528, Copyright (2006), with permission from Elsevier.

这个项目还有另外一个因素：当投资者作出决定时，对他们的大脑进行 fMRI 扫描。大脑数据使得研究者可以确定大脑的哪些区域受到吸入后叶催产素的影响。扫描显示，后叶催产素组参与者的一些脑区活动减少，如参与恐惧反应的杏仁核。研究者提出，后叶催产素抑制了恐惧反应，因而提高了参与者"信任该情境的能力，即使存在背叛的风险"（Baumgartner et al., 2008, p.645）。

在了解这个研究后，你可能想知道自己大脑中的后叶催产素水平：你的大脑中的化学物质是否让你倾向于信任或不信任朋友？研究者正开始考虑这样的问题：后叶催产素水平的个体差异对社会行为有着重要的影响（Bartz & Hollander, 2006; Lim & Young, 2006）。

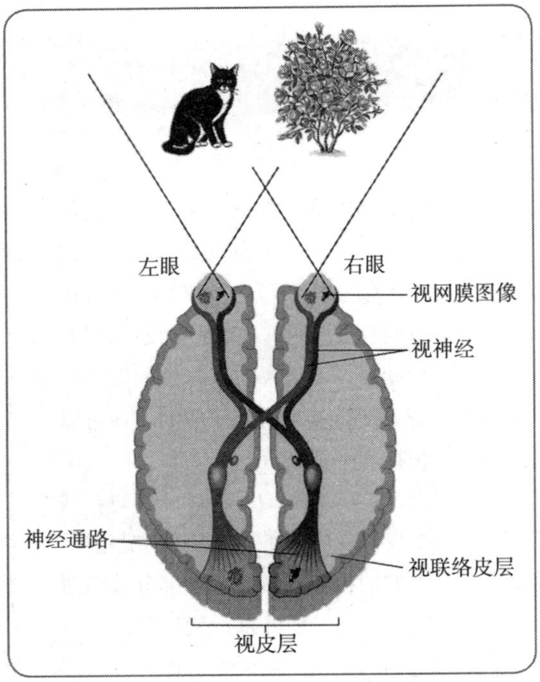

图 3.20 **视觉信息的神经通路**
视觉信息的神经通路从每只眼睛的内侧发出，从脑内的一侧经胼胝体再交叉到脑的另一侧。从两眼外侧(颞侧)携带信息的通路并不交叉到对侧。切断胼胝体，则右视野呈现的信息不能进入右半球，左视野的信息也不能进入左半球。(见彩插)

图 3.19)。这项脑手术的目的在于防止癫痫发作时剧烈电活动在两半球间迅速扩散。这种手术一般是成功的，术后病人的行为在多数环境下是正常的。通常将实行这类手术的病人称为裂脑病人。

为了测试癫痫病人的分离半球的功能，**斯佩里**(Sperry, 1968)和**加扎尼加**(Gazzaniga, 1970)设计了一种实验情境，使视觉信息分别呈现给每个半球。斯佩里和加扎尼加的方法来源于视觉系统的解剖学结构(见**图 3.20**)。对于每只眼来说，*右侧视野*的信息到达左半球，*左侧视野*的信息到达右半球。在正常情况下，到达两侧半球的信息很快通过胼胝体由两半球共享。但在裂脑病人中，由于这些通路已被切断，使得出现在左或右侧视野的信息仅仅停留在右或左半球(见**图 3.21**)。

由于大多数人的言语由左半球控制，所以左半球可以把看到的信息告诉研究者，而右半球则不能。研究者与病人右半球的交流可通过手的动作来完成，包括确认、匹配或组装物体，这些任务不需要通过使用词语。请考虑下面一个关于裂脑人利用他的左半脑来解释由右半脑支配的左手活动的例子。

> 将一幅雪景图呈现给病人的右半球(左视野)，同时将一幅鸡爪图呈现给病人的左半球(右视野)。病人从一系列物体中找出与两张图有关的项目。结果病人用他的右手指着鸡头，用左手指着铁锹。病人报告清理鸡舍需要铁锹(而不是铲雪)。既然病人胼胝体已切断，左脑与右脑看到什么无关，就需要解释为什么当他的左半球看到的是鸡爪图时，却用左手指着铁锹。左脑的认知系统提供一种理论，用于弄清身体不同部位的行为(Gazzaniga, 1985)。

通过运用裂脑研究以及其他一些不同的研究方法，现在我们已经知道，大多数人与语言相关的机能*偏侧化*到左半球。当一侧脑半球完成这些功能时具有主要作用，则认为发生了功能偏侧化。说话——这种产生复杂言语的能力——可能是所有功能中偏侧化程度最高的。神经科学家已经发现，只有 5% 的右利手者和 15% 的左利手者，其言语由右半球控制；另外 15% 的左利手者在两个半球都有语言加工过程(Rasmussen & Milner, 1977)。因而，对于大多数人，言语是左半球的功能，因此大多数人在左半球损伤后会引起言语障碍。有趣的是，使用美国手势语言的人，常利用一套复杂的手的摆位和运动来表达意思，这些人的左脑损伤也导致类似的障碍(Corina & McBurney, 2001; Hickok et al., 2002)。因此，偏侧化的不是语言功能，

对使用手语的个体进行研究，如何影响研究者对于脑功能偏侧化的信念?

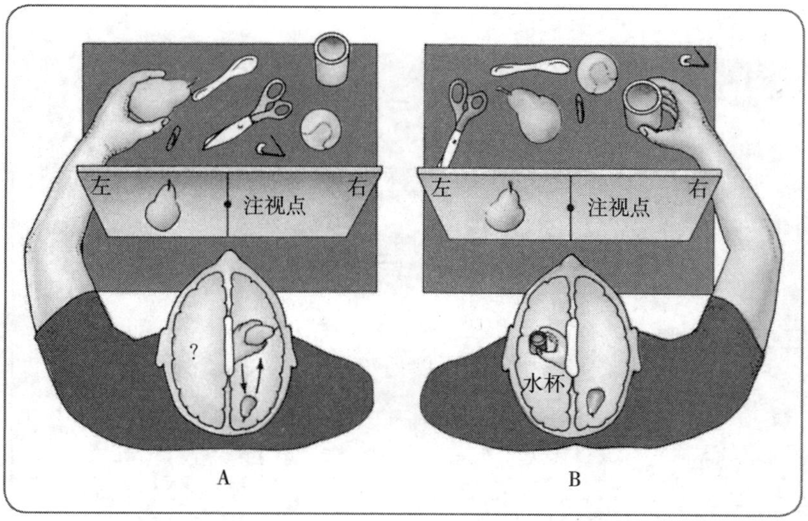

图 3.21 **测试裂脑病人**

当一个裂脑病人用左手去寻找和匹配快速闪现在左视野的物体时，他可以成功做到，因为他的视觉信息和触觉信息都进入右半球，如图 A 所示。但是，病人不能命名这个物体，因为言语主要是左半球的功能。现在考虑要求同一个病人用右手完成相同的任务，如图 B 所示。在这种情况下，他不能利用触觉成功地找出物体，因为视觉信息和触觉信息是在不同的半球加工的。然而，在这个测试中，病人能够命名手中的物体。

资料来源：From Zimbardo/Johnson/McCann, *Psychology: Core Concepts*, © 2009. Reproduced by permission of Pearson Education, Inc.

而是产生表达序列的能力，不论编码表达含义的是声音还是手势。

你不应该认为左半球优于右半球。研究者们认为加工相同信息时，每个半球有着各自不同的风格。左半球倾向于分析式风格：一点一点地处理信息。右半球倾向于整体式风格：从整体模式上处理信息。正是左右半球的结合——以其各自独特的风格加工信息——丰富了你的体验。例如，当你知道左半球以其细节加工的风格在大多数问题解决中发挥重要作用时，这不足为奇。但是当问题的解决需要创造性的方式或灵感爆发时，右半球的功能就变得明显起来，它广泛搜索解决这类问题所需的记忆以帮助问题的解决（Beeman, 1998）。如果你想使你的右半球工作，请跳到本书第 8 章，那里有一些这种类型的问题。

我们现在已经考察了神经系统中的许多重要结构。现在让我们来看看内分泌系统，它是与神经系统紧密协作、共同调节身体功能的躯体系统。

内分泌系统

人类基因型特化发育出第二个高度复杂的调节系统，即**内分泌系统**（endocrine system），它的作用是辅助神经系统的工作。内分泌系统是一种腺体网络，它制造和分泌被称为**激素**（hormones）的化学信使到血流中（见**图 3.22**）。激素在日常功能中是重要的，而在生命的某些阶段或某些情况下它们显得尤为重要。激素影响身体的生长。它们启动、维持和终止主性征和副性征；影响唤醒和觉知的水平；作为情绪变化的基础；调节代谢以及身体利用其能量储存的速率。内分泌系统帮助机体对抗感染和疾病，促进机体的生存。它通过调节性唤起、生殖细胞的增殖和哺乳期母亲乳汁的产生等途径，促进物种的生存和延续。因此，没有有效的内分泌系统，你就不能生存。

内分泌腺对血流中化学物质的水平做出反应，或者为其他激素或脑发出的神经冲动所兴奋。然后激素被分泌到血液中，流向具有特异受体的远端目标细胞；激素对身体化学调节程序的作用，只能在遗传上早已确定的反应部位上发生。在影响不同的特定目标器官或组织时，激素能调节大范围的生化过程。内分泌作为多重作用的通讯系统，能控制缓慢连续的过程，如维持血糖水平、钙水平、碳水化合物的代

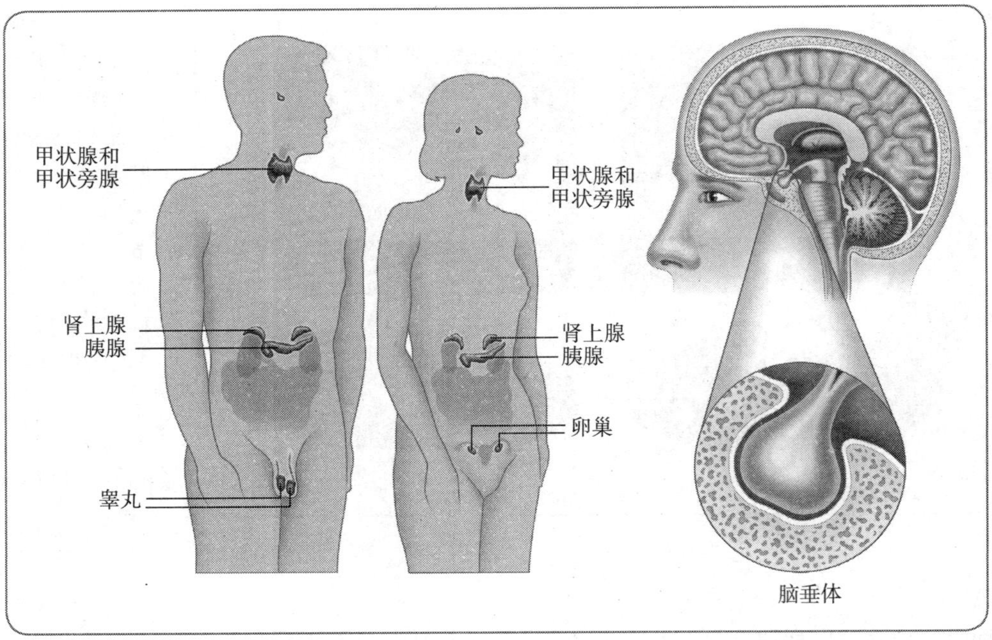

图 3.22
男性和女性内分泌腺
脑垂体见最右侧，它是主腺体，调节左侧各种腺体的功能。脑垂体由下丘脑控制。下丘脑是边缘系统的一个重要脑结构。

谢和身体的一般生长。但是当处于危机时发生了什么呢？内分泌系统也释放肾上腺素到血流中：肾上腺素激发了你的身体，使你能很快对挑战做出反应。

我们曾经提到过，下丘脑是内分泌系统和中枢神经系统间的中转站。下丘脑内特化的细胞从其他脑细胞中接收信息，并释放一些激素到脑垂体，再由脑垂体促进或抑制其他激素的释放。身体有几个不同部位可以产生激素，它们像工厂一样制造各种各样的激素，每种激素调节不同的体内生理过程，如**表 3.2** 所列。让我们首先考察最有意义的生理过程。

表 3.2　**主要内分泌腺及其产生激素的功能**

腺体	产生激素以调节：
下丘脑	释放垂体激素
垂体前叶	睾丸和卵巢
	乳汁生成
	代谢
	应激反应
垂体后叶	体内水分保持
	乳汁分泌
	子宫收缩
甲状腺	代谢
	生长和发育
甲状旁腺	钙离子水平
肠腺	消化
胰腺	葡萄糖代谢
肾上腺	战斗或逃跑反应
	代谢
	女性性欲
卵巢	女性性征发育
	卵子产生
睾丸	男性性征发育
	精子产生
	男性性欲

脑垂体（pituitary gland）通常被称为“主腺体”，因为它产生约 10 种不同的激素，进一步影响其他内分泌腺的分泌以及一种影响生长的激素。没有这种生长激素会导致侏儒症，而过量会导致巨人症。男性脑垂体分泌的促性腺激素，刺激睾丸分泌**睾丸酮**（testosterone），由睾丸酮刺激精子的产生。脑垂体也能促进男性副性征的发育，如脸上长胡子、嗓音变化和生理成熟等。睾丸酮甚至还能提高攻击性和性欲。女性的脑垂体激素刺激**雌性激素**（estrogen）的产生，雌性激素是激素链反应的基础，它促使女性的卵巢释放孕激素，使女性卵子处于可受精状态。一些避孕药正是通过阻断脑垂体控制这一激素流的机制，从而阻碍孕激素的释放。

可塑性和神经发生：变化的大脑

现在你已经对神经系统如何运作有了一个基本的认识：成千上万的神经元无时无刻不在进行着传导，以完成一系列躯体和心理的活动。然而，最有趣的是，所有这些神经传导的一个结果是：大脑自身也无时无刻不在发生着变化。你想用一分钟来改变一下你的大脑吗？那就翻到前面几页回顾一下动作电位的概念。如果你很好地掌握了这个概念，或者你获得了其他一些新的知识，那么你就将会对你的大脑进行新的塑造。研究者把这种脑的特性改变称为**可塑性**（plasticity）。神经科学领域的大量研究关注可塑性的生理基础。例如，研究者考察学习如何源于新突触的形成，或者源于现有突触传导的改变（Miyashita et al., 2008）。

因为脑的可塑性依赖于生活经验，所以大脑受各种各样的环境和活动所影响也就不足为奇了。由**马克·罗森茨韦格**（Mark Rosenzweig）开创的一系列研究表明，分别在恶劣和优越环境下生活的大鼠，其脑发育有所不同（综述见 Rosenzweig, 1996, 1999b）。早期研究在年幼动物身上证实了该观点：生活在优越环境中的大鼠，大脑皮层的平均重量和厚度均大于在恶劣环境中生活的大鼠。现在的研究者发现，对于成年动物，环境的优越性也持续发挥着作用。

> 把同一窝的 25 只雄性大鼠作为一个小组共同饲养 120 天，这对于大鼠而言已经长成成年大鼠了。然后把这些大鼠分配到三种环境中。在丰富环境条件下，大鼠被共同饲养在一个充满各种各样物品的笼子里，例如秋千、木块、塑料汽车、隧道和镜子（Briones et al., 2004, p.131）。在无活力条件下，大鼠被单独关在笼子里，而且没有其他物品。在社会条件下，大鼠成对饲养，不过笼子里也没有其他物品。30 天后，研究人员分析环境对于视皮层神经元的影响。结果发现，丰富环境中的大鼠每个神经元的突触比社会条件下的老鼠多出 21%，比单独饲养的老鼠多出 27%。结果支持了环境会对成年大鼠的大脑产生持续影响的观点。

利用脑成像技术，可以测量出与个体生活经验特定相关的脑差异。请想象一下，一位小提琴演奏家需要极为精细地控制左手的手指。回顾一下图 3.18，你可以看到负责手指的感觉皮层区域有多么大。大脑扫描发现，小提琴演奏家左手指的皮层代表区比非小提琴演奏者明显增大（Elbertetal, 1995）。而右手指由于在小提琴演奏中不需要太多感觉作用，它的大脑皮层代表区就没有明显增大。对于 12 岁以前就学习拉小提琴的演奏家，其左手手指的大脑皮层代表区格外增大。

关于大脑可塑性研究的另一个重要方面是关于大脑或脊髓受到持续慢性损伤的人或动物。这种损伤可能是来自中风、退行性疾病或者事故。大量临床证据表明有些时候大脑可以自愈。例如，中风导致的语言障碍往往能够随时间推移而得到改善。在有些例子中，大脑的相应区域具有足够的延续机制使得康复成为可能；在另一些案例中，其他脑区取代了受损的部分发挥作用（Kuest & Karbe, 2002）。研究者已经开始发展一些技术来帮助大脑自愈。近年来，研究者开始关注干细胞，这种非特化的细胞能够在适当的情况下像神经元一样运作（Kintner, 2002; Wilson & Edlund, 2001）。研究者希望干细胞能够最终提供一种方式，通过新的神经生长来修复神经系统中的损伤。因为最具变化可能性的干细胞来自胚胎或流产的胎儿，所以干细胞研究成为了政治争论的一个热点。但是，研究人员仍然相信干细胞研究可以为瘫痪或者其他严重神经系统损伤的救治带来福音。基于这个原因，科学界正在社会规范可以接受的范围内积极地探索各种方法继续进行研究。

在**神经发生**（neurogenesis）的相关数据的影响下，近年来关于脑修复的研究发展很快。神经发生是指在成年动物包括人类的脑中，现有的干细胞可以发育成新的脑细胞（Christie & Cameron, 2006; Gould & Gross, 2002）。在几乎 100 年里，神经科学家认为成年动物的神经元数量已经完全确定了，到了成年期只可能出现神经元死亡而不可能再生。但是新的数据质疑了这种观点。例如，请回忆一下我们前面所说的海马在形成记忆中的重要作用，现在研究者已经发现了成年动物海马中的神经发生，研究人员正在探究新生的神经元在保持记忆通达的过程中所起的作用（Kempermann, 2008）。

在本章，我们简短探讨了一个 1.4 千克重的神奇物质，这就是你的脑。了解大脑控制行为和你的心理活动是一回事，但是，理解大脑是如何完成这些功能的却是另外一回事。神经科学已经做出了令人着迷的探索，他们致力于理解脑、行为和环境之间的关系。你现在已经获得了基础知识，它将使你能够理解任何新的知识。

STOP 停下来检查一下

❶ fMRI 优于其他脑成像技术的地方是什么？
❷ 自主神经系统可分为哪两部分？
❸ 杏仁核的主要功能是什么？
❹ 大脑两半球的加工类型是怎样的？
❺ 为什么脑垂体又被称为主腺体？
❻ 什么是神经发生？

批判性思考：回顾一下关于成年大鼠的研究，为什么研究者要同时使用无活力和社会控制两个条件？

要点重述

遗传和行为

- 自然选择导致物种的起源并随时间发生变化。
- 在人类进化中，直立化和大脑化是导致后来的进步包括语言和文化出现的原因。
- 遗传的基本单元是基因，基因决定了环境因素影响性状表达的范围。

神经系统的活动

- 神经元是神经系统的基本单元，接受、处理和传递信息到其他细胞、腺体和肌肉。
- 神经元将信息从树突通过细胞体（胞体）传递到轴突和终扣。
- 感觉神经元从特化的感受器细胞接受信息并将之发送到中枢神经系统。运动神经元把信息从中枢神经系统传到肌肉和腺体。中间神经元将信息从感觉神经元传送到其他中间神经元或运动神经元。
- 一旦一个神经元的传入总和超过特定阈值，就会沿轴突发送动作电位到终扣。
- 当离子通道开启允许离子跨细胞膜进行交换时，就会创造出全或无的动作电位。
- 神经递质被释放到神经元之间的突触间隙。一旦神经递质扩散跨过间隙，它们就会附着在突触后膜的受体分子上。
- 这些神经递质是兴奋还是抑制细胞膜，决定于受体分子的性质。

生物学和行为

- 神经科学家们利用几种方法研究脑与行为间的关系：对脑损伤病人的研究，损伤特殊脑区，电刺激脑，记录脑活动，利用计算机控制的设备进行脑成像。
- 脑和脊髓构成中枢神经系统（CNS）。
- 外周神经系统（PNS）由连接 CNS 和全身的全部神经元组成，包括躯体神经系统和自主神经系统。前者调节身体的骨骼肌，后者调节生命支持过程。
- 脑包括三个完整的层次：脑干、边缘系统和大脑。
- 脑干负责呼吸、消化和心率的调节。
- 边缘系统与长时记忆、攻击、饮食和性行为调节有关。
- 大脑控制更高级的心理功能。

- 某些功能会偏侧化到一侧大脑半球，例如，绝大多数个体的言语功能位于左半球。
- 虽然大脑两半球以协调一致的方式工作，但它们包含不同风格的信息加工过程：左半球更多是分析式的，右半球更多是整体式的。
- 内分泌系统产生和分泌激素到血液中。
- 激素协助调节生长、第一性征和第二性征的发育以及代谢、消化和唤醒水平。
- 新的细胞生长和生活经验能够在出生之后重塑大脑。

关键术语

动作电位
全或无定律
杏仁核
联络皮层
听皮层
自主神经系统（ANS）
轴突
脑干
布洛卡区
中枢神经系统（CNS）
小脑
大脑皮层
大脑半球
大脑
计算机断层扫描术（CT 或 CAT）
胼胝体
树突
DNA（脱氧核糖核酸）
脑电图（EEG）
内分泌系统
雌性激素
进化心理学
兴奋性传入
额叶
功能性磁共振成像（fMRI）
基因
遗传学
基因组
基因型
胶质细胞
遗传
遗传力
海马
内稳态
激素
人类行为遗传学
下丘脑
抑制性传入
中间神经元
离子通道
损伤
边缘系统
磁共振成像（MRI）
延髓
运动皮层
运动神经元
髓鞘
自然选择
神经发生
神经调质
神经元
神经科学
神经递质
枕叶
副交感神经
顶叶
外周神经系统（PNS）
表型
脑垂体
可塑性
多基因性状
桥脑
正电子发射断层扫描术（PET）
不应期
重复经颅磁刺激（rTMS）
静息电位
网状结构
感觉神经元
性染色体
社会生物学
胞体
躯体神经系统
躯体感觉皮层
交感神经
突触
突触传递
颞叶
终扣
睾丸酮
丘脑
视皮层
维尔尼克区

4 感觉和知觉

关于世界的感觉知识

近距和远距刺激 / 心理物理学 / 从物理事件到心理事件

视觉系统

人眼 / 瞳孔和晶状体 / 视网膜 / 大脑的加工 / 颜色视觉

听觉

声音的物理特性 / 声音的心理维度 / 听觉的生理基础

其他感觉

嗅觉 / 味觉 / 触觉和肤觉 / 前庭觉和动觉 / 痛觉

知觉的组织过程

注意过程 / 知觉组织原则 / 空间和时间上的整合 / 运动知觉 / 深度知觉 / 知觉恒常性 / 错觉

生活中的心理学：为什么“辣”的食物会产生痛觉

辨认与识别过程

自下而上与自上而下的加工 / 情境和期望的影响 / 最后的复习

生活中的批判性思维：司机在使用手机时会分心吗

要点重述

你是否曾经想过，你那深锁在黑暗、寂静的头骨中的大脑，如何体验梵高画作上绚烂的色彩，如何体验摇滚乐的旋律和节奏，如何体验酷暑天西瓜的凉爽滋味，如何体验小孩温柔的亲吻，以及如何体验春天野花的芬芳？我们这一章的任务就是解释你的身体和大脑如何感受始终围绕着你的那些刺激，诸如光、声音等等。你将会看到，进化如何赋予你能力去发现经验的许多不同维度。

在这一章中，我们将描述你如何基于*知觉*过程形成对这个世界的经验。从广义上讲，**知觉**（perception）这一术语是指理解环境中客体和事件的所有过程——感觉它们、理解它们、识别和标记它们，以及准备对它们做出反应。*知觉物*是当事人所知觉到的，即知觉过程的现象或经验的结果。你的知觉过程同时具有*生存*和*感官享受*的双重功能。这些过程有助于生存，例如对危险的声音警示、对危害的迅速躲避以及对快乐体验的趋向。这些过程同时也可以满足你的感官享受。感官享受是指追求对感觉的一种满足感；它带来对视、听、触、味和嗅的快乐体验。

耽于声色是对感觉经验的快乐体验。耽于声色和生存之间存在什么样的关系？

为了理解知觉，最好把它分成三个阶段：感觉、知觉组织以及辨认与识别客体。**感觉**（sensation）是*感受器*——我们眼睛和耳朵等部位中的结构——受到刺激后产生神经冲动以反映身体内外经验的过程。比如，感觉提供了视野内基本的事实。眼睛中的神经细胞向大脑皮层细胞传递信息，大脑皮层细胞从这一输入提取初步的特征。

在**知觉组织**（perceptual organization）阶段，你的大脑整合来自感官的证据以及对世界的已有知识，形成对外部刺激的内部表征。以视觉为例，知觉加工提供了对客体可能的大小、形状、运动、距离和朝向的估计。这些心理活动通常在没有意识觉知的情况下迅速而有效地完成。

辨认与识别（identification and recognition）是知觉过程的第三个阶段，赋予知觉以意义。就视觉而言，知觉的上一阶段是回答"这个物体看起来像什么？"这一问题，而在这一阶段，变成了辨认问题"这个物体是什么"和识别问题"这个物体的功能是什么"。你将圆形的物体识别为篮球、硬币、钟表、橘子或月亮；你将人们辨别为男性或女性、朋友或敌人、亲戚或摇滚明星。

现在我们已经简要介绍了使你能够理解周围世界之意义的加工过程。在日常生活中，知觉似乎是完全不费力的。在下面的部分，我们将努力让你相信，实际上你做了许多复杂的加工和大量的心理工作，才得以获得这个"容易的错觉"。

关于世界的感觉知识

你对外部世界的经验一定是相对准确而无误的。否则，你将无法生存。你需要食物维持生命，需要房屋保护自己，需要与他人交往以满足社会需要，还需要能意识到危险以躲避伤害。为了满足这些需要，你必须从现实中获得可靠的信息。在这一节，我们概述你的感觉过程是如何达成这些目标的。

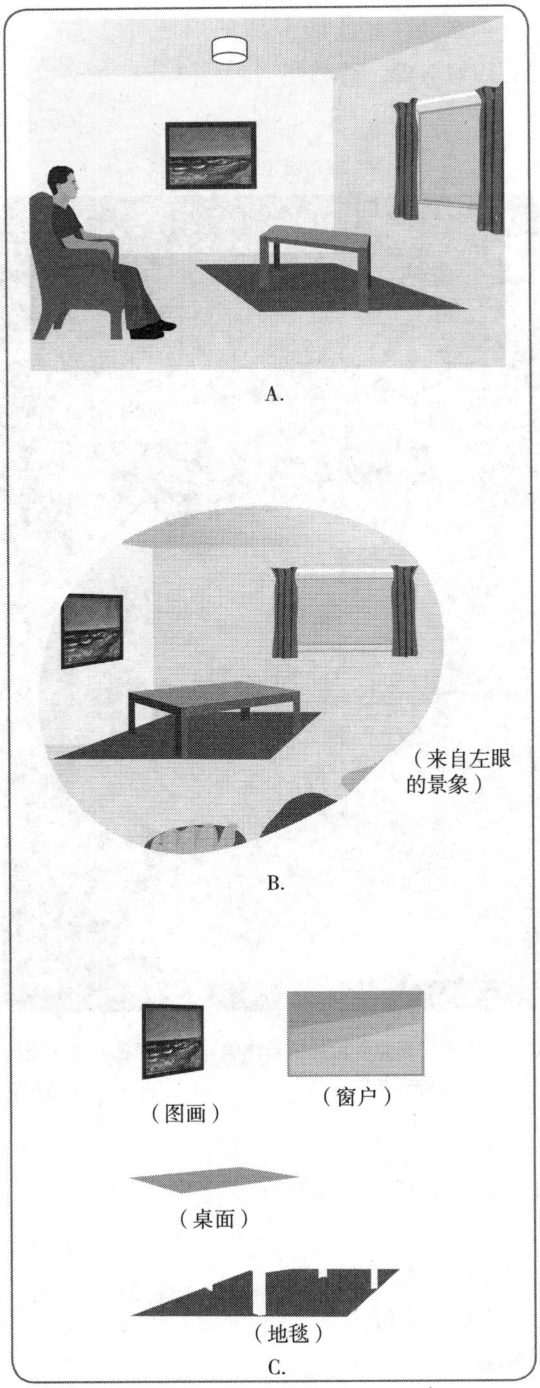

图 4.1 解释视网膜像

设想你坐在一张舒适的椅子上，环顾房间的四周（A）。房间里的物体所反射出的光线在你的视网膜上形成影像。让我们来考察到达你左眼的信息（B）。当你看到背景之外的这些信息时（C），你可以意识到你的视觉系统所面临的任务：你的视觉感知必须通过使用近距刺激的信息（物体所产生的视网膜像），解释或识别远距刺激（环境中的实际物体）。

近距和远距刺激

假设你就是**图 4.1A** 中的人，正坐在一张舒适的椅子上审视整个房间。房间内某些物体上反射的光进入你的眼睛，形成视网膜上的影像。**图 4.1B** 显示进入你左眼的部分（右边突出的部分是你的鼻子，下面是你的手和膝盖）。视网膜上的影像是如何与产生这些影像的环境进行对比的？

一个非常重要的差别是，视网膜上的影像是二维的，而环境是三维的。这一差别会产生很多影响。例如，比较图 4.1A 中物体的形状与其视网膜上的影像（**图 4.1C**）。真实世界中的桌子、地毯、窗户和图画都是长方形的，但实际上只有窗户在视网膜上产生长方形的影像。画的影像是不等边四边形，桌面的影像是不规则四边形，地毯的影像实际是三个分割的区域并有 20 多条边？这是我们所面临的第一个知觉难题：你如何得以把这些物体知觉成简单标准的长方形？

然而实际情形还要复杂。你也注意到你知觉到的房间的许多部分实际上在视网膜上并没有出现。例如，你知觉到的两面墙之间的垂直边界从屋顶一直延伸到地板，但这个边界在视网膜上的影像只到桌面为止。同样，地毯在视网膜上的影像有一部分被桌子所遮挡。但这并不影响你把地毯知觉成单一的完整的长方形。实际上，当考虑到环境中的物体与其在视网膜上的影像的差别时，你会对自己能把周围环境知觉得如此完善而感到惊讶。

由于环境中的物理客体与它们在视网膜上的光学成像的差别如此之大而重要，所以心理学家把它们仔细地区分为知觉上两种不同的刺激。环境中的物理客体被称为**远距刺激**（distal stimulus）（远离观察者），而它们在视网膜上的光学成像称为**近距刺激**（proximal stimulus）（靠近观察者）。

现在可以更简要地说明我们讨论的要点：你希望知觉的是远距刺激（环境中"真实"的客体），然而你必须从近距刺激即视网膜上的像中获得信息。知觉的主要计算任务可以看成根据近距刺激中的信息来确定远距刺激，在知觉领域中这是确凿无疑的。对于听觉、触觉、味觉等知觉而言，其中都包括了运用近距刺激中的信息以获得远距刺激特征的加工过程。

为了展示远距和近距刺激如何对应知觉过程的三个阶段，让我们看一下图 4.1 场景中的一个物体：挂在墙上的那幅画。在感觉阶段，这幅图画对应于视网膜上的二维不等边四边形。顶边和底边向右汇聚，左边和右边长度不等，这是近距刺激。在知觉组织阶段，你把这个不等边四边形看成三维空间中和你成一定角度的长方形。你把顶边和底边知觉为平行的，但是向右侧后退；你知觉到长度相等的左边和右边。你的知觉加工对远距刺激产生了一个很强的假设；现在需要的是辨认。

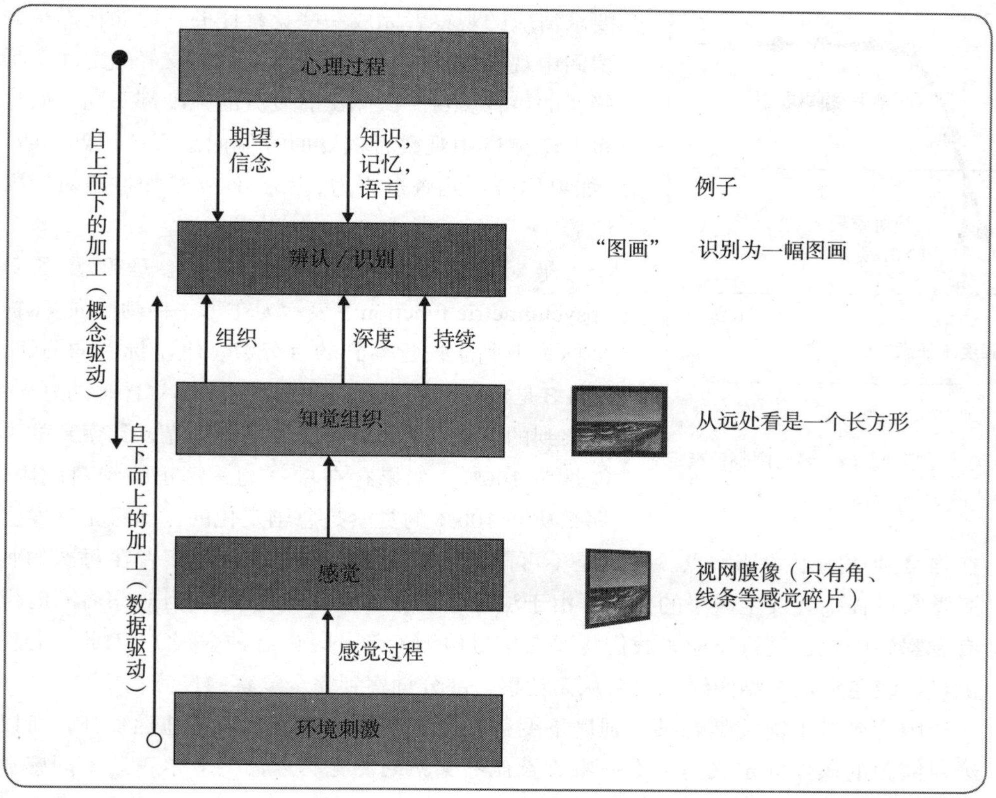

图 4.2

感觉、知觉组织和辨认与识别阶段

左图表示输入信息从感觉、知觉组织到辨认与识别的加工过程。当知觉表征来自感觉输入中的信息时，就发生自下而上的加工。当知觉表征受个体的先验知识、动机、期望及其他高级心理活动的影响时，就发生自上而下的加工。

在识别阶段，把这个长方形物体辨认为一幅图画。**图 4.2** 是表示这些事件顺序的流程图。把信息从一个阶段传送到下一个阶段的过程用方块之间的箭头表示。本章结尾，我们将解释该图所表示的相互作用。

我们已经把知觉任务定义为从近距刺激辨认远距刺激。然而，早期的感觉研究者发现人们对世界的体验还带有心理成分。我们将会看到，这些研究者考察了环境中的事件与人们对这些事件的体验之间的关系。

心理物理学

工厂的火灾报警器要多响才能让工人在喧嚣的机器声中听到它？飞机控制板上的警示灯要多亮才能看起来比其他的灯亮两倍？咖啡中加多少糖才能感觉到甜？为了回答这些问题，我们必须能够测量感觉体验的强度。这是**心理物理学**（psychophysics）的中心任务，研究物理刺激与其所产生的心理行为和体验之间的关系。

心理物理学历史上最重要的人物是德国物理学家**古斯塔夫·费希纳**（Gustav Fechner，1801—1887）。费希纳提出了*心理物理学*这一概念，并提出测量物理刺激强度（以物理单位测量）和感觉体验大小（以心理单位测量）之间关系的方法（Fechner，1860/1966）。费希纳的测量方法对所有刺激都是一样的，如光、声音、味道、气味和触觉：研究者确定阈限并建立感觉强度和刺激强度之间关系的心理物理量表。

绝对阈限和感觉适应　感官能够觉察到的最小、最弱的刺激能量是多少？例如，刚好能听到的声音到底多轻柔？可以用刺激的**绝对阈限**（absolute threshold），也即产生感觉体验所需的最小物理刺激量来解释以上问题。研究者测量绝对阈限的方法是：

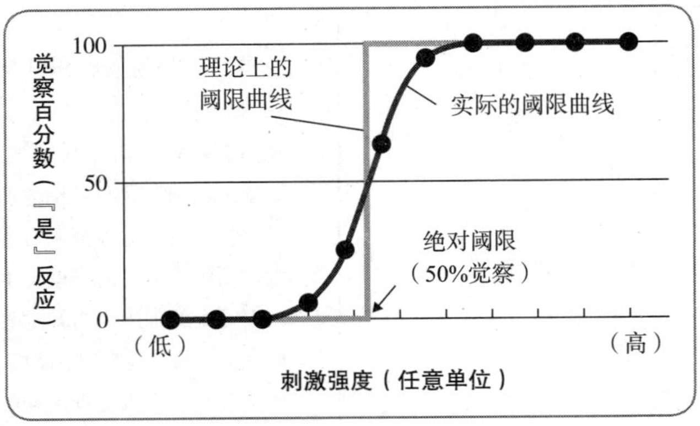

图 4.3 **绝对阈限的计算**

由于我们不能在一个特定的点上突然觉察到刺激，绝对阈限就被定义为有一半次数能够觉察的刺激的强度。

要求清醒的观察者完成一些觉察任务，比如在黑暗的房间中观察昏暗的灯光，或者在一间安静的房间里听轻柔的声音。每一次测试时刺激的强度都不同，而且每一个测试中观察者都要回答他们是否意识到刺激。（如果你曾经测查过听力，那么你就参加过绝对阈限测验。）

绝对阈限研究的结果总结为**心理测量函数**（psychometric function）：表示为在每一种刺激强度（横坐标）下刺激被觉察到的百分数（纵坐标）的曲线。**图 4.3** 是典型的心理测量函数。对于非常昏暗的灯光，觉察到的可能性为 0；对于较亮的灯光，觉察到的可能性为 100%。如果存在单一的、真正的绝对阈限，那么从 0~100% 的觉察是急剧变化的，而且正好发生在强度到达阈限的那一点。但这是不可能的，原因至少有两个：观察者在每次的刺激觉察过程中会发生微小的变化（由于注意、疲劳等因素变化），而且观察者有时没有觉察到刺激也进行反应（我们将要在信号检测论部分讨论这种虚报）。因此，心理测量曲线通常是 S 型曲线，表示从无觉察、部分觉察到完全觉察的过渡。

因为刺激不能突然在某一强度下变得在所有次数中都能被清楚地觉察到，所以绝对阈限的操作性定义是：*有一半次数能够觉察到感觉信号的刺激水平*。不同感觉通道的阈限可以通过变化刺激强度的相同程序来测量。**表 4.1** 表示了不同感觉通道对几种熟悉的自然刺激的绝对阈限水平。

尽管能够确定觉察的绝对阈限，但还要认识到，与稳态相比，感觉系统对感觉环境中的变化更为敏感。这些系统的进化，使得人类偏好新的环境输入，这主要是由于所谓的适应过程而导致的结果。**感觉适应**（sensory adaptation）是指感觉系统对持续的刺激输入反应逐渐减小的现象。例如，你可能没有注意到，在户外待一段时间后，太阳光看起来就不那么耀眼了。人们所具有的最幸运的适应体验就是嗅觉：你走进一个房间，闻到恶臭的气味；然而，一段时间后，随着你的嗅觉系统的适应，你就意识不到这种气味了。环境中总是充满了大量不同的感觉刺激。适应机制使你更加快速地对新信息源的挑战产生注意和做出反应。

反应偏差和信号检测论 在我们目前的讨论中，我们假设所有的观察者都是相同的。然而，阈限测量也受到**反应偏差**（response bias）的影响，即由一些与刺激的感觉特性无关的因素所引起的系统性趋势，观察者倾向以特定方式进行反应。例如，假设你参加一项实验，任务是检测一个微弱的灯光。在实验的第一阶段，当你正确

表 4.1 **相似事件的近似阈限**

感觉通道	觉察阈限
视觉	晴朗黑夜中 48 公里处看到的一根燃烧的蜡烛
听觉	安静条件下 6 米外手表的滴答声
味觉	一茶匙糖溶于 7.6 升水中
嗅觉	一滴香水扩散到三居室的整个空间里
触觉	一只蜜蜂的翅膀从 1 厘米高处落在你的面颊上

判断“是，有灯光”时，研究者给你 5 美元。在实验的第二阶段，当你正确判断“不，没有灯光”时，研究者给你 5 美元。在每个阶段，每次错误判断都将处罚 2 美元。你是否会发现，从第一到第二阶段，这个奖励结构将产生怎样的反应偏差转变？在第一阶段你是否更愿意说“是”——在刺激呈现次数相同的情况下？

如果你谢绝一次晚餐邀请，你是将避免度过一个无聊的夜晚（正确否定），还是失去找到一生所爱的机会（漏报）？

信号检测论（signal detection theory，SDT）是针对反应偏差问题的一种系统研究方法（Green & Swets, 1966）。信号检测论并不严格地关注感觉过程，而是强调刺激事件出现与否的判断过程。尽管经典心理物理学提出单一的绝对阈限的概念，但是 SDT 则区分出感觉觉察的两个独立的过程：（1）最初的感觉过程，反映观察者对刺激强度的感受性；（2）随后独立的决策过程，反映观察者的反应偏差。

SDT 提供了同时评价感觉过程和决策过程的方法。**图 4.4** 表示其基本设计。在全部实验中，微弱刺激和无刺激各出现一半的次数。每一次测验，观察者如果认为信号出现就回答“是”，如果认为没有信号就回答“否”。正如图中所示，每种反应都被归为四种形式中的一种：

- 当信号呈现时观察者回答“是”，这一反应称为*击中*（hit）；
- 当信号呈现时观察者回答“否”，这一反应称为*漏报*（miss）；
- 当信号未呈现而观察者回答“是”，这一反应称为*虚报*（false alarm）；
- 当信号未呈现且观察者回答“否”，这一反应称为*正确否定*（correct rejection）。

我们该如何看待知觉者的决策过程的影响？如果卡罗尔是一个经常回答“是”的人，当刺激呈现时她几乎不可避免地说“是”，因此击中率很高。但也将产生很高的虚报率，因为经常在刺激没有呈现时她也说“是”。如果鲍勃是一个经常回答“否”的人，那么他将产生较低的击中率和较低的虚报率。

通过击中率和虚报率的百分数，研究者可以使用数学方法分别测量观察者的感受性和反应偏差。这个过程使得我们能够发现两名观察者是否有相同的感受性，尽管他们的反应标准有很大差异。通过对感觉过程和反应偏差的区分，实验者可以确定和区分感觉刺激的作用和个体做出最后反应的标准水平。

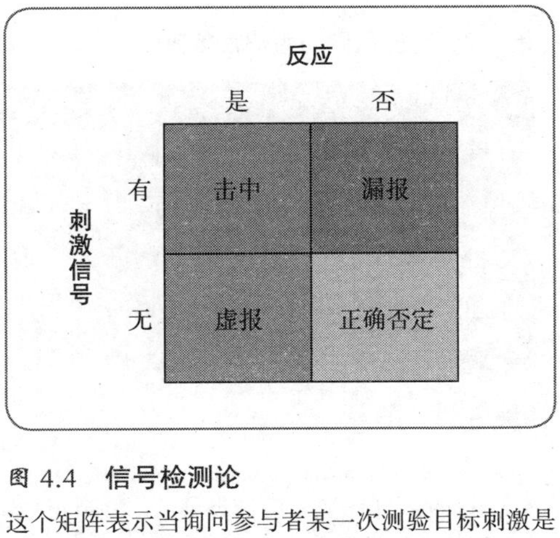

图 4.4 信号检测论

这个矩阵表示当询问参与者某一次测验目标刺激是否出现时的可能结果。

差别阈限 假设你受雇于一家饮料公司，他们想要生产一种可乐产品，口味比现有的可乐稍稍甜一点儿，但是（为了省钱）公司想尽可能少地在可乐中加糖。公司要求你测量**差别阈限**（difference threshold），即你能够识别出两个刺激之间的最小物理差异。为了测量差别阈限，你使用一对刺激，并且要求观察者判断两个刺激是否相同。

在饮料问题上，你可以每次给观察者两种可乐，一个是标准可乐，一个稍稍甜一点儿。观察者对每一对可乐都将回答“相同”或“不同”。试验后，你将绘出心理测量函数图，纵坐标为“不同”

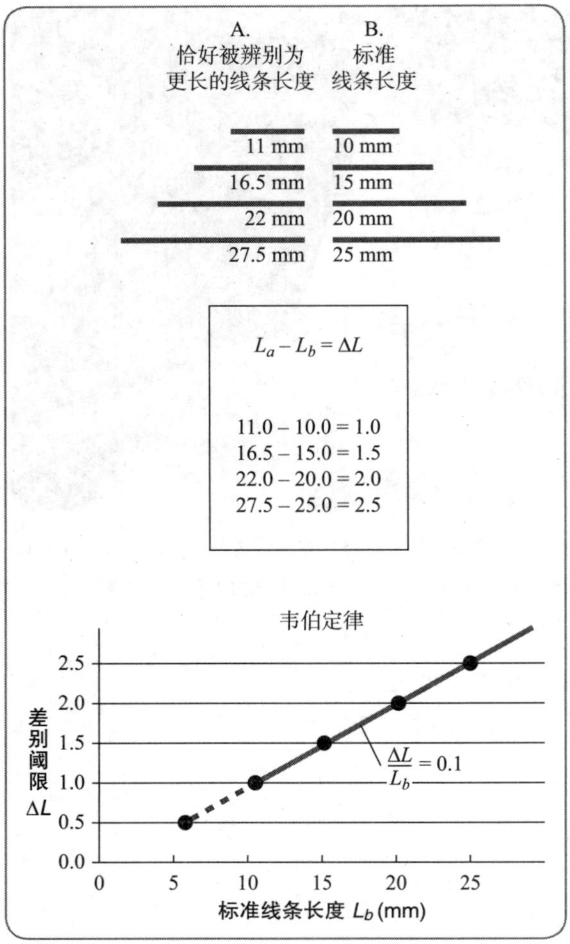

图 4.5 最小可觉差和韦伯定律

假设你正在做一项实验，要求参与者觉察两个线条长度是否相同。标准线条越长，最小可觉差的增量（ΔI）越大。差别阈限是一半的试验次数中觉察到的增加长度。差别阈限的增量和标准线条增加的长度的比值相同——增量是标准长度的1/10。这个线性关系在图中表现为一条直线。我们可以预测长度为 5 的线条的 ΔL 是 0.5。

表 4.2 某些刺激的韦伯常数值

刺激	韦伯常数（k）
声音频率	0.003
光强	0.01
气味浓度	0.07
压强	0.14
声音强度	0.15
味道浓度	0.20

资料来源：Atkinson/Atkinson/Smith/Bern. *Introduction to Psychology*, 10e. © 1989 Wadsworth, a part of Cengage Learning, Inc. Reproduced by permission. www.cengage.com/permissions

反应的百分数，横坐标为实际差异。差别阈限的操作性定义是：有一半次数觉察出差异的刺激值。差别阈限值也被称为**最小可觉差**（just noticeable difference，JND）。JND 是测量两种感觉心理差别程度的数量单位。

1834 年，**恩斯特·韦伯**（Ernst Weber，1795—1878）开辟了对 JND 的研究，并且发现**图 4.5** 表示的重要关系。我们把这种关系称为**韦伯定律**（Weber's law）：刺激之间的 JND 与标准刺激强度的比值是恒定的。因此，标准刺激越大或越强，达到最小可觉差所需的刺激增量越大。韦伯定律的公式为 $\Delta I/I = k$，I 表示标准刺激强度；ΔI 表示产生 JND 的增量。韦伯发现，对于每一种刺激，这个比率都有一个特定的值。在这个公式中，k 是某种刺激的比值，称为韦伯常数。关于 JND 的大小如何随刺激强度而增加，韦伯定律提供了一个很好的近似值，但不完全符合实验数据（当刺激强度极高时韦伯定律不适用）。

表 4.2 说明不同感觉维度之间韦伯常数(k)的差异——韦伯常数的数值越小说明能够觉察到的刺激之间的差异越小。该表告诉你，比起光线强度，你能够更加精确地区分两种声音频率。同理，你能够觉察到的声音频率的 JND 小于气味和味道的差异。也就是说为了生产感觉稍甜一点儿的可乐，你的饮料公司需要在原有的基础上加入相当多的糖。

从物理事件到心理事件

我们对心理物理学的回顾使你意识到感觉的中心问题：物理刺激如何产生独特的心理体验。例如，不同波长的光波是如何使你感受到彩虹的？在我们分析具体的感觉之前，我们希望呈现给你一个从物理事件（光波和声波、混合的化学物质等）到心理事件（视觉、听觉、味觉和嗅觉）的信息流的概貌。

我们把从一种物理能量形式（如光）到另一种形式（如神经冲动）的转换称为**换能**（transduction）。因为所有的感觉信息都要转换成一定形式的神经冲动，大脑的不同皮层区域负责不同的感觉，因此大脑能够区分不同的感觉。对于每一种感觉，研究者都试图发现物理能量如何转换成神经系统的电化学活动，从而产生不同性质的感觉（比如，感觉到红色而不是绿色），以及不同数量的感觉（比如，洪亮的声音而不是轻柔的声音）。

感觉系统具有共同的信息传递过程。对于任何感觉系统的触发意味着对环境事件或刺激的觉察。人们通过特异性的**感受器**（sensory receptors）觉察环境刺激。感受器把感觉信号的物理形式转换为能够被神经系统加工的细胞信号。这些细胞信号向更高水平的神经细胞提供信息，神经细胞整合不同感受器单元的信息。在这个阶段，神经细胞提取关于刺激的基本性质的信息，例如刺激的大小、强度、形状和距离。信号传入感觉系统的程度越深入，信息就被整合为越复杂的编码，并上传到大脑特定的感觉皮层和联合皮层。

现在我们转向特定的感觉领域。

STOP 停下来检查一下

❶ 什么是近距刺激？
❷ 心理物理学研究的主题是什么？
❸ 绝对阈限的操作性定义是什么？
❹ 在信号检测论中，两个过程如何影响观察者的判断？
❺ 差别阈限是什么？
❻ 什么是换能？

视觉系统

视觉是人类和其他动物最为复杂而高度发展的重要感觉。视觉能力好的动物具有极大的进化优势。精细的视觉能力有助于动物觉察到远处的猎物和天敌。人类的视觉使得他们能够觉察到物理环境特性的变化，并采取相应的行为。视觉是被研究最多的感觉。

人 眼

眼睛就像一个照相机（见图 4.6）。照相机通过收集和汇聚光线的透镜观察世界。眼睛也同样具有收集和汇聚光线的能力。光线穿过角膜（眼睛前部透明的凸起），通过充满房水的前房，再穿过瞳孔（不透明的虹膜上的开口）。对于照相机，你可以移动透镜接近和远离物体。为了汇聚光线，晶状体通过改变形状聚焦物体，变薄以聚焦远处物体或变厚以聚焦近处物体。为了控制进入照相机的光线量，你要改变透镜的开口。对于人眼，可以利用虹膜内肌肉的舒张和收缩改变瞳孔的大小（瞳孔是光线进入眼睛的小孔）。照相机的后部是感光胶片，记录穿过透镜进入光线的变化。同样，人眼中，光线穿过玻璃体，最后投射到视网膜上。

正如你所了解的，照相机的特征和人眼的特征是非常相似的。我们将更加详细地讨论视觉过程的各部分。

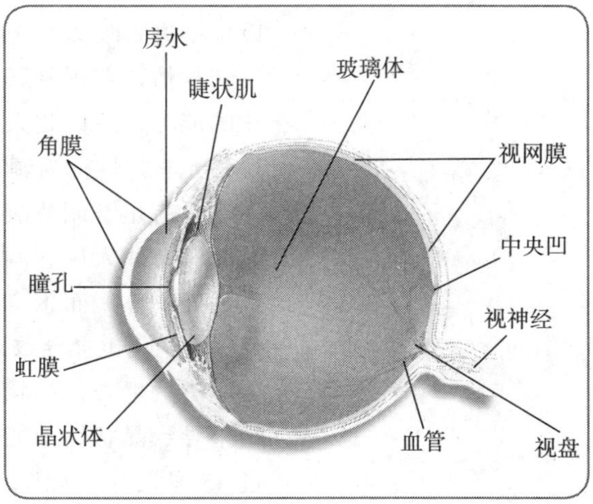

图 4.6 人眼的结构
角膜、瞳孔和晶状体使光汇聚在视网膜上。视神经把来自视网膜的神经信号送至大脑。

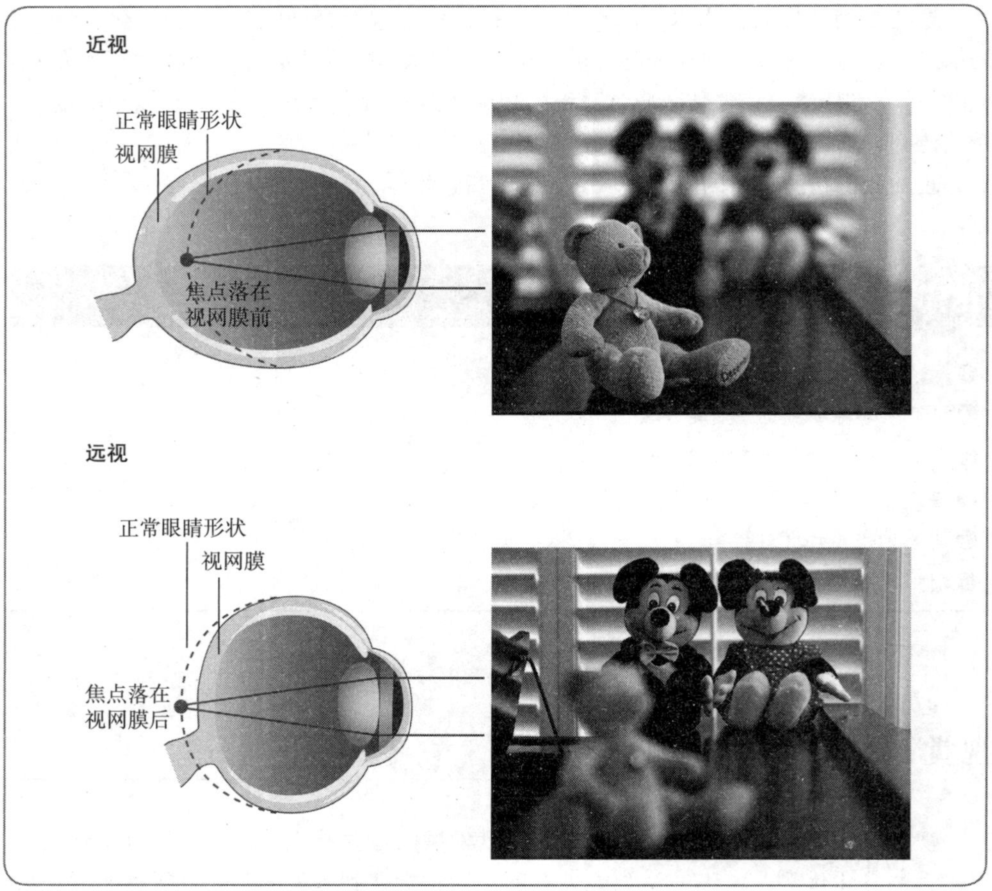

图 4.7

近视与远视

当来自远处物体的光线聚焦在视网膜前方时，人们会体验到近视。当来自近处物体的光线聚焦在视网膜后方时，人们会体验到远视。照片显示了如果远视眼和近视眼的人的视力没有经过眼镜或隐形眼镜的矫正，世界看起来会怎样。

瞳孔和晶状体

瞳孔（pupil）是虹膜上的开口，光线通过它进入眼睛。虹膜使瞳孔舒张和收缩以控制进入眼球的光线量。通过瞳孔的光线经**晶状体**（lens）聚焦到视网膜；晶状体反转物体，在视网膜上形成倒置的图像。由于晶状体具有对近处和远处客体聚焦变化的能力，所以是人眼中非常重要的构造。睫状肌可以改变晶状体的厚度，我们把这种光学特性称为**调节**（accommodation）。

具有正常调节能力的个体的观察范围是鼻前 7.6 厘米到他能看到的最远的地方。然而，有些人患有调节障碍。例如，患有近视眼的人调节范围变近，不能很好地聚焦远处物体；而患有远视眼的人调节范围变远，不能很好地聚焦近处的物体（见**图 4.7**）。老化也会导致调节能力出现问题。晶状体最初是清晰、透明和凸起的。然而随着年龄的增长，晶状体变得混浊、不透明和扁平，而且渐渐失去弹性。以上变化的结果导致晶状体不能形成足够的厚度以观察近处物体。一般情况下，当个体年龄超过 45 岁之后，*近点*，即能够清晰聚焦的最近点，渐渐变远。

视网膜

我们用眼观察，用脑觉察。人眼汇集和聚焦光线，再向大脑传递神经信号。因此，眼睛的关键作用是把光波转换为神经信号。这个过程是在眼球后壁的**视网膜**（retina）上完成的。在显微镜下，你能够看到视网膜分为几层，分别由不同的神经细胞组成。

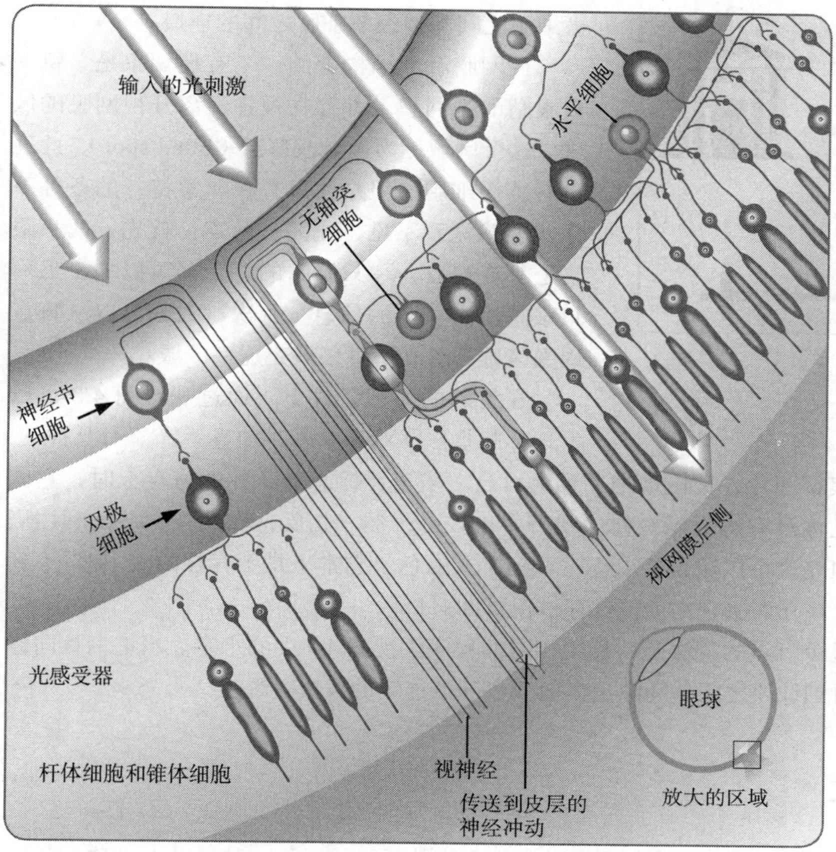

图 4.8

视网膜神经通路

这是一幅高度简化而且经过标准化的示意图，图中显示了连接视网膜上三层神经细胞的路径。光线经过所有这些细胞层到达位于眼球后部远离光源的感受器。请注意，双极细胞从不止一个感受器细胞收集冲动信号，并把结果发送给神经节细胞。来自神经节细胞的神经冲动离开眼睛，通过视神经到达下一个中继点。（见彩插）

从光能到神经反应的基本转换是通过视网膜上对光敏感的锥体细胞和杆体细胞完成的。这些**光感受器**（photoreceptor）在连接外部世界（耀眼的光线）和神经过程的内部世界之间的视觉系统中的位置是特异性的。由于有时候你在几乎完全黑暗的环境中活动，而有时候在明亮的光线下活动，因此，自然界提供了两种加工光线的途径，锥体细胞和杆体细胞（见**图 4.8**）。1.2 亿个**杆体细胞**（rod）在近乎黑暗时拥有最佳功能。700 万个**锥体细胞**（cone）特别应对明亮而充满色彩的白天。

当你在晚上准备关灯睡觉的时候，你能够感觉到锥体细胞和杆体细胞功能的差异。你可能多次注意到,最初好像什么也看不到,过一会儿,你的视觉感受性又恢复了。你经历了**暗适应**（dark adaptation）过程——从光亮处到光暗处眼睛感受性逐渐提高的过程。暗适应的产生是由于在黑暗中停留一段时间后，杆体细胞比锥体细胞变得更敏感，杆体细胞能够对环境中微弱的光进行反应。

中央凹（fovea）是视网膜中心一个很小的区域，这个部位只有锥体细胞，没有杆体细胞。中央凹是视觉最敏锐的区域——对颜色和空间细节的探测都十分准确。视网膜上的其他细胞能够整合锥体细胞和杆体细胞的信息。**双极细胞**（bipolar cell）是一种神经细胞，它整合感受器的神经冲动，并传递到神经节细胞。每一个**神经节细胞**（ganglion cell）都将整合一个或多个双极细胞的冲动，形成单一的发放频率。中央凹的锥体细胞将神经冲动传导到神经节细胞，而在视网膜的边缘，杆体细胞和锥体细胞将神经冲动汇聚到相同的双极细胞和神经节细胞。神经节细胞的轴突形成视神经，视神经把眼睛外面的视觉信息传递到大脑。

水平细胞（horizontal cell）和**无长突细胞**（amacrine cell）整合视网膜上的信息。但是它们并不把信息传到大脑，水平细胞把感受器连接起来，无长突细胞则负责双

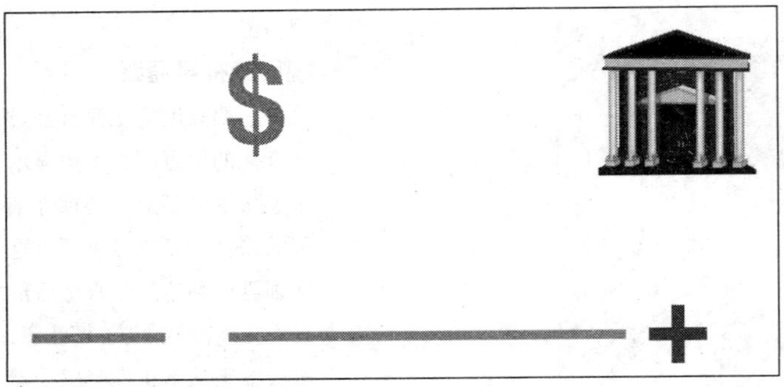

图 4.9 **发现你的盲点**

极细胞之间和神经节细胞之间的连接。

视网膜解剖结构上的一个有趣现象是，每一只眼睛的视网膜上都存在视神经离开视网膜的区域。这个区域称为视盘或**盲点**（blind spot），此处没有感受细胞。但是，只有在非常特殊的条件下你才能感觉看不见，原因有两点：首先，两只眼睛上都有盲点，一只眼睛的感受器可以加工另一只眼睛没有看到的信息；其次，大脑可以从盲点周围区域的感受信息来填充这一区域。

在特殊的注视条件下，通过观看**图 4.9** 可以发现你的盲点。双手拿书，伸直手臂，闭上右眼，用左眼注视银行图片，慢慢地把书移向自己。当美元标志落在你的盲点上时，它就消失了，但是你没有感觉到在你的视野中出现一个洞。相反，你的视觉系统利用周围的白背景填充这个区域，所以你“看到了”白色（它本来是不存在的），却看不到你的钱，你应该在失去它之前把钱存进银行才对！

第二个显示盲点的方法是，利用相同的程序注视图 4.9 中的十字。当把书移向你时，你是否看到线段之间的间隙消失而变成一条连续的线段？

大脑的加工

大多数视觉信息的最后目的地是大脑枕叶上被称为初级*视皮层*的区域。然而，大多数信息在离开视网膜之后，到达视皮层之前，还要经过其他的脑区。让我们来追踪视觉信息的传导路径。

神经节细胞的数百万条轴突形成**视神经**（optic nerve），在视交叉处汇合，视交叉的形状像希腊字母 χ。每一条视神经的轴突在视交叉处又分为两束。来自每侧视网膜的一半神经纤维仍然会传递到身体的同侧。而来自每只眼睛内侧的轴突将交叉越过中线进入大脑后侧（见**图 4.10**）。

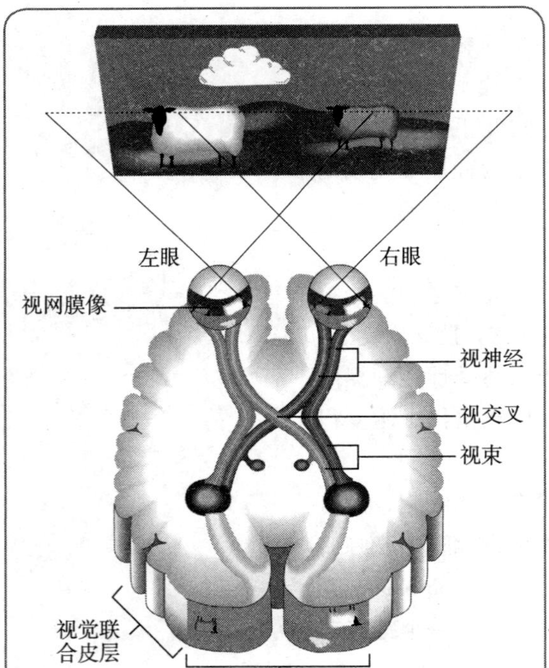

图 4.10 **人类视觉系统的通路**

图中不仅显示了光从视野投射到两侧视网膜的过程，还表示了从视网膜上获得的神经信息向大脑两半球视觉中枢的传导路线。

这两束神经纤维都包括来自两只眼睛的轴突，重新命名为*视束*。视束向大脑中的两个细胞群传递信息。研究证明，视觉分析可以分为两个通路，*客体识别*（客体看起来像什么）和*位置识别*（客体的位置）（Konen & Kastner, 2008）。客体识别和位置识别的分离是一个很好的例子，可以告诉你视觉系统是如何由许多分离的亚系统组成的，这些亚系统分析的是相同视网膜图像的不同方面。尽管你最后的知觉是一个统一的视觉场景，但它在正常情况下是通过视觉系统中一系列通路相互之间的精巧协调完成的。

当这个精巧的协调过程被打破时，研究者获得了关于视觉加工的重要信息。脑损伤既能影响客体通路也能影响位置通路，或者两个通路之间的交流，从而产生一些不同的障碍，被称为*失认症*。患有失认症的人无法识别或辨认物体和人。例如，一名叫做 K.E. 的病人因为脑中风而产生了同时性失认症的特殊情况（Coslett & Lie, 2008）。患有这种障碍的人无法同时体验一种以上的视觉特征。例如，K.E. 被要求观察以不同颜色墨水写出（如用蓝色墨水印出“红色”这个词）的颜色词语（如“红色”这个词）。当研究者让 K.E. 说出颜色词语时，他在 48 次试次中有 47 次正确。然而，当研究者要求他说出墨水的颜色时，K.E. 总是错的。实际上，他“明确表示他没有看到颜色”（p.41）。注意 K.E. 的颜色视觉是完全正常的。当他被要求辨认颜色斑块的颜色时，他是 100% 正确的。显然，K.E. 无法做到的是在同一空间位置同时体验同一知觉物体的两种属性（如一个词的意义及其颜色）。

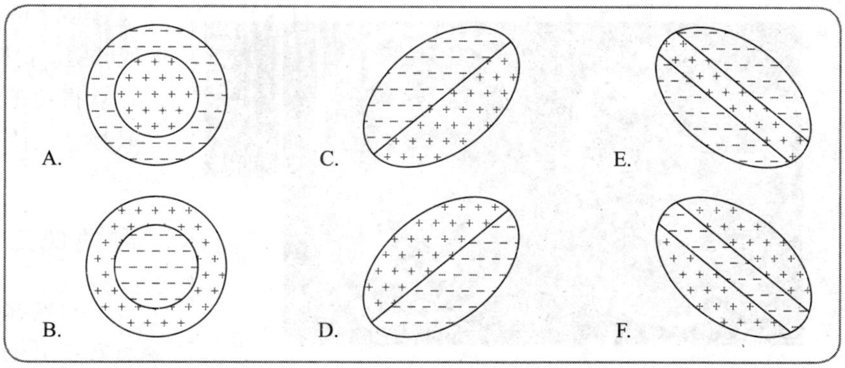

图 4.11　神经节细胞和皮层细胞的感受野

视觉通路上细胞的感受野就是接受刺激的视野区域。视网膜上神经节细胞的感受野是同心圆（A，B）；这些视觉皮层上最简单的细胞沿一定朝向被拉伸了（C、D、E、F）。在这两种情况下，对感受野起反应的细胞，对标有“+”号区域的光产生兴奋，对标有“–”号区域的光产生抑制。此外，最令细胞兴奋的刺激，在光导致细胞兴奋的区域（标 + 号）是光亮的，而在光导致细胞抑制的区域（标 – 号）是黑暗的。

来自视野中的感觉信息最终达到脑的视皮层。**大卫·胡贝尔**（David Hubel）和**托斯登·威塞尔**（Torsten Wiesel）两位神经科学家因为对视觉皮层细胞感受野的研究贡献而获得了 1981 年的诺贝尔奖。一个细胞的**感受野**（receptive field）是接受刺激的区域。正如**图 4.11** 中所示，胡贝尔和威塞尔发现，对于不同形式的刺激，视觉系统的不同水平上的细胞有着不同的反应强度。例如，一种被称为“简单细胞”的皮层细胞对特定朝向的光棒有着最强的反应（见**图 4.11**）；“复杂细胞”也具有“偏好”的朝向，但是它们还要求小棒必须运动；“超复杂细胞”要求运动的小棒具有特定的长度或者特定的运动角度。这些细胞为大脑更高级的视觉中心提供各种信息，最终由大脑完成对视觉世界中物体的辨认。

我们在第 3 章描述过的成像技术的进步，已经使研究者有能力发现那些对更复杂的环境图像做出特别反应的皮层区域。

花一点时间看看你的手。现在把注意力投向房间里的任何其他客体。如果研究者是正确的，那么在你将注意力从手（身体的一部分）移向另一类别的一个客体时，你的大脑的一个特定区域就会一开一闭（Downing et al., 2006）。为了检验这一假设，研究者让参与者观看客体的彩色图片，同时收集 fMRI 数据，这些客体来自 20 个类别，包括人脸、人的身体、昆虫、鸟、工具、武器、衣服和椅子。fMRI 数据表明，特定的脑区会选择性地对不同类别产生激活。例如，如**图 4.12** 所示，一些脑区对有生命的刺激更活跃（如人脸、身体、昆虫和鸟），而其他脑区则对无生命的刺激更活跃（如工具、武器、衣服和椅子）。根据这些大脑的反应，你可能想知道这些脑区在出生时就有着特殊的功能，抑或这些功能是生活经验的产物。研究者已经开始着手一些项目，以弄清导致这些大脑反应的先天与后天之间的平衡（Baker et al., 2007; McKone et al., 2007）。

我们已经了解了视觉信息是怎样从眼睛传递到大脑不同区域的基本知识。研究者们还希望了解以下问题：初级视皮层大约有 30 个解剖上的亚区域，关于这些亚区域之间联系模式的理论也是不同的（Orban et al.,2004）。从现在开始，我们将介绍视

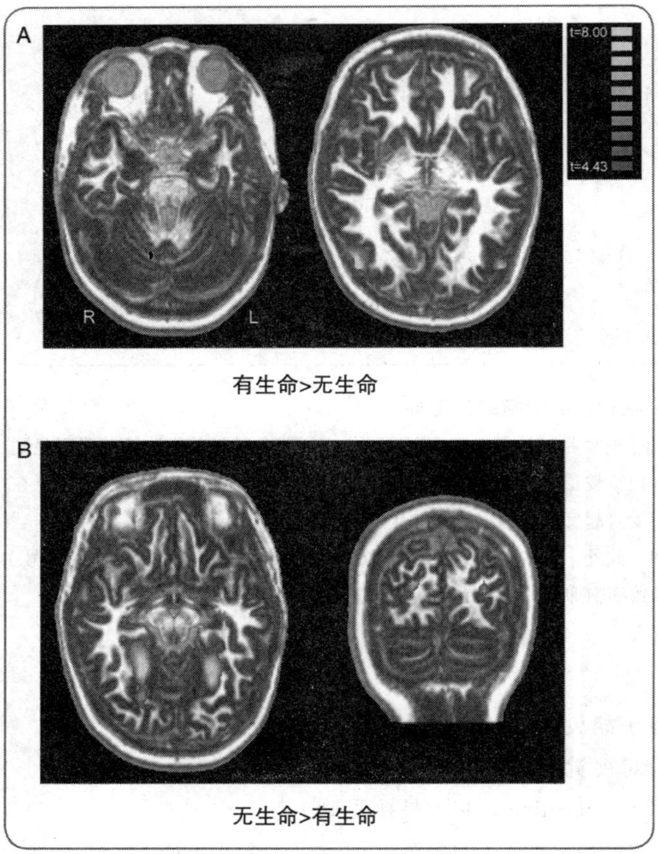

图 4.12 **对有生命的客体和无生命的客体产生反应的脑区**
研究者使用 fMRI 来测量参与者对 20 个不同类别客体的大脑反应。fMRI 数据区分了对有生命的客体反应较强的脑区（A）和对无生命的客体反应较强的脑区（B）。

觉领域中的具体方面。人类视觉系统最突出的一个特点是，我们是以不同方式来处理相同的感觉信息，以获得关于形状、颜色、位置和深度的体验。这种转换如何使得我们了解视觉世界的不同特征？

颜色视觉

自然客体在被涂上各种各样的颜色之后看起来具有不可思议的特性。你通常会对那些颜色鲜艳的客体产生深刻的印象，如红色的情人节礼物、绿色的杉树、蓝色的知更鸟蛋，等等。但是，你对颜色的生动经验，依赖于这些客体反射到感觉感受器上的光线。当你的大脑对光源中的编码信息进行加工时，便产生了颜色知觉。

波长和色调　你所看见的光只是电磁波谱中一个很小的范围（见**图 4.13**）。你的视觉系统无法觉察波谱中其他类型的波，比如 X 射线、微波和无线电波。用于区分不同种类电磁能量（包括光）的物理特性就是波长，也就是两个相邻波峰之间的距离。可见光的波长用纳米（10 亿分之一米）来度量，其波长为 400 纳米到 700 纳米。特定物理波长的光线产生特定的颜色体验，例如，紫蓝色处于光谱的较低端，橙红色处于光谱的较高端。因此，光在物理上是用波长而不是颜色来描述的；颜色只是你的感觉系统对波长的解释。

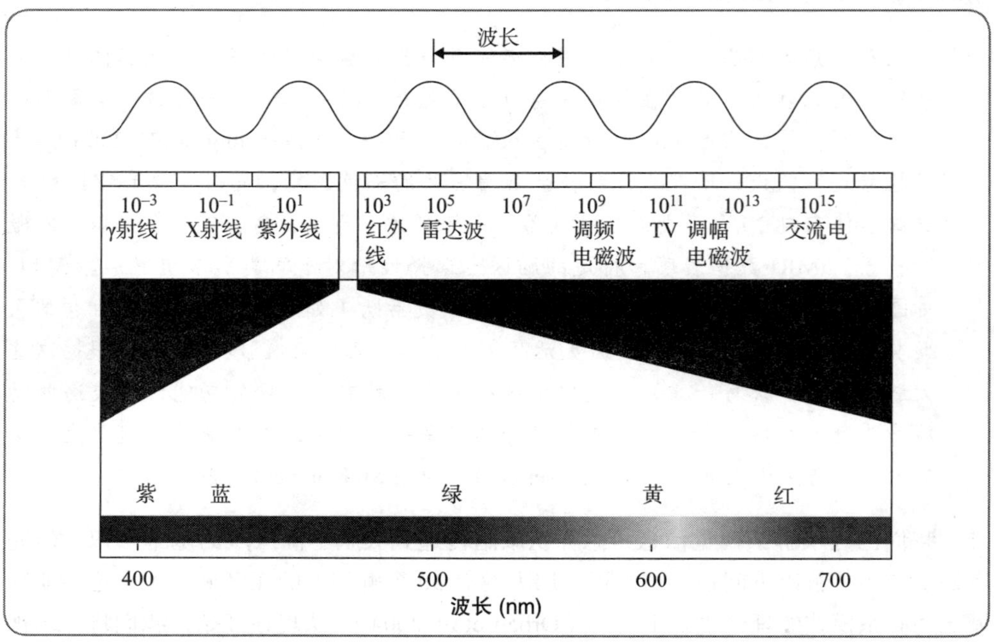

图 4.13
电磁波谱
视觉系统只能感觉到电磁波谱中一个很小的波长范围。你能感受到的波长在图中被放大，即从紫色到红色的区域。（见彩插）
资料来源：Reprinted with permission from R. Sekular & Blake, *Perception*, 3rd ed., pp. 27, 221. Copyright © 1994 by The McGraw-Hill Companies, Inc.

所有的颜色体验都可以从三个维度来描述：色调、饱和度和明度。**色调**（hue）表示对光颜色的定性体验。在只有一种波长的单色光（比如激光束）中，色调的心理体验直接对应于光的波长这一物理维度。**图 4.14** 表示了排列成色环的各种色调。相临位置的光波被知觉为相似的色调，这一顺序反映了波谱中的色调顺序。**饱和度**（saturation）描述的是颜色感觉的纯度和鲜艳度。纯色有最大的饱和度；柔和、混合及浅淡的颜色其饱和度居中，灰色的饱和度为零。**明度**（brightness）是对光的强度的描述。白色的明度最大，黑色的明度最小。用这三个维度对颜色进行分析时，发现一个惊人的结果：人的视觉能够区分出 700 万种不同的颜色。但是，大多数人只能辨认出一小部分颜色。

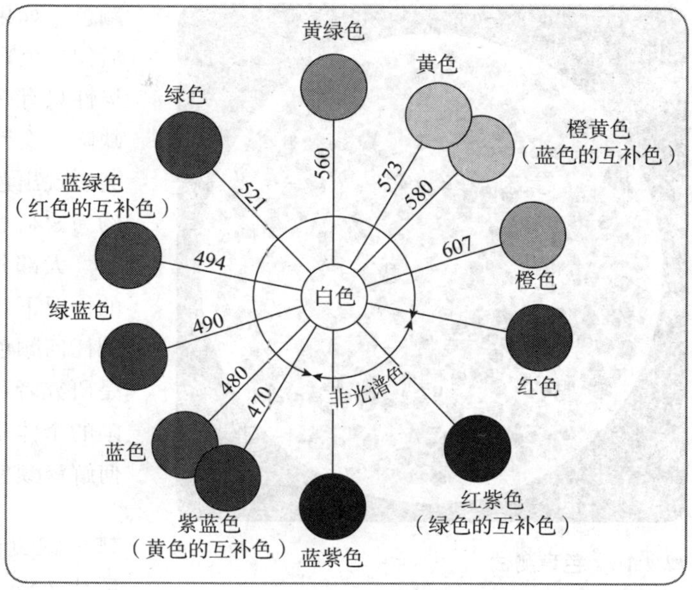

图 4.14　色环

基于相似性对颜色进行排列。互补的颜色处于直线的相对位置上。在中央位置，互补色混合产生中性的灰色或者白色。色调旁边的数字是波谱颜色的波长值，这些颜色处于视觉感受的范围。非光谱的色调可以通过短光谱波长和长光谱波长的混合而获得。（见彩插）

资料来源：Reprinted with permission from R. Sekular & Blake, *Perception*, 3rd ed., pp. 27, 221. Copyright 1994 by The McGraw-Hill Companies, Inc.

让我们来解释一下日常的颜色体验。在你接受科学教育的过程中，你可能重复过牛顿爵士的发现，即太阳光是由不同波长的光组成的：通过用三棱镜将太阳光分解成五颜六色的光来重复牛顿的试验。三棱镜显示的是，各种波长的适当混合将产生白光。这种形式的波长混合称为*加法颜色混合*。再看一看图 4.14。色环上直接相互对应的两种波长，称为**互补色**（complementary color），混合后产生白光的感觉。你想证明一下互补色的存在吗？如**图 4.15** 所示，绿、黄、黑三色旗将会为你展示*颜色负后像*。这种视觉后像之所以称为“负”的，是因为视觉后像的颜色与原来的颜色相反。在后面讲到视觉理论时，我们会解释负后像产生的原因。当我们长时间地注视任何一种颜色后，会使光感受器产生疲劳，这时再看白色表面，我们就会看到原来颜色的互补色。

在与颜色的日常接触中，你可能已经注意到了视觉后像。但是，你大部分时候所体验的颜色，并不是来自互补光。相反，你可能曾经将不同颜色的蜡笔或者颜料混合在一起来调配颜色。当你看蜡笔标记或者其他有颜色的表面时，你所看见的颜色是没有被表面吸收的光波。尽管黄色的蜡笔看起来是黄色的，但是它并没有完全吸收所有的波长，那些没有被吸收的波长就给人一种绿色的感觉。同样，蓝色的蜡笔也没有吸收某些波长，产生蓝色和些许绿色的感觉。当黄色蜡笔和蓝色蜡笔混合的时候，黄色蜡笔吸收蓝色波，蓝色蜡笔吸收黄色波，惟一没有被吸收的波长看起来是绿色的！这种现象叫做*减法颜色混合*。没有被吸收的波长，也就是被反射的波长，产生了你所知觉到的蜡笔混合的颜色。

图 4.15　颜色的视觉后像

注视绿、黑和黄三色旗中间的圆点至少 30 秒钟。然后盯着一张白纸或者一面白墙的中央。让你的朋友也尝试一下这种视觉后效错觉。（见彩插）

对于那些天生有色觉缺陷的人来说，颜色体验的一些规则是不适用的。色盲就是部分或完全不能分辨

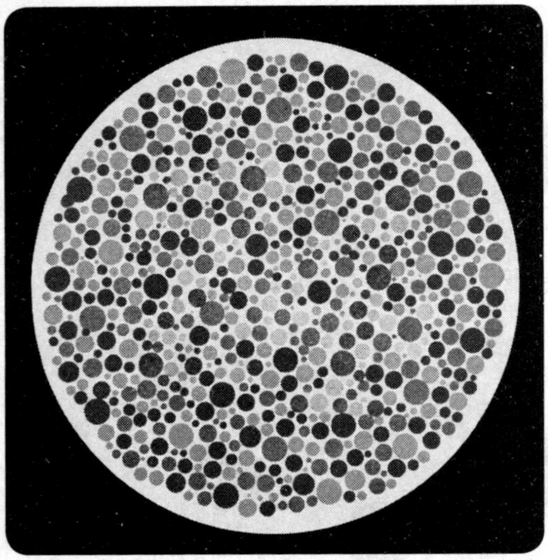

图 4.16 **色盲测试**
一个不能区分红色和绿色的人将不能辨认隐含在图片中的数字。（见彩插）

颜色。如果你是色盲，在观察绿、黄、黑三色旗时不能产生负后像。色盲是和 X 染色体上的基因有关的伴性遗传缺陷。因为男性只有一条 X 染色体，所以他们比女性更可能出现这种隐性缺陷。女性只有在两条染色体上都有这种基因缺陷的时候，才会表现出色盲。在对白种人色盲的调查中发现，男性的患病率约为 8%，而女性的患病率不足 0.5%（Coren et al., 1999）。

大部分的色盲者不能区分红色和绿色，特别是在低饱和度的情况下。只有很少的色盲者是将黄色和蓝色混淆。根本看不到任何颜色的色盲者最少，他们只能区分明度的变化。**图 4.16** 是研究者用来检测色盲的一张图片。那些红 - 绿系统有一定缺陷的个体是看不到图片中的数字的。让我们来看看科学家是如何解释颜色视觉的，比如互补色和色盲。

颜色视觉的理论 颜色视觉的第一个科学理论是由**托马斯·扬爵士**（Sir Thomas Young, 1773—1829）于 1800 年提出来的。他认为正常人的眼睛具有三种类型的颜色感受器，产生心理上的基本感觉：红、绿和蓝。同时他还认为，所有其他的颜色都是由这三种颜色相加或者相减混合得到的。扬的理论后来得到**赫尔曼·冯·赫尔姆霍兹**（Hermann Von Helmholtz, 1821—1894）的修正和扩展，最终形成了著名的扬 – 赫尔姆霍兹**三原色理论**（trichromatic theory）。

三原色理论对人们的颜色感觉和色盲提供了一种可能的解释（根据这个理论，色盲者只有一种或两种感受器）。但是，这个理论不能很好地解释其他的一些事实和观察结果。为什么适应一种颜色后会产生另一种颜色（互补色）的视觉后像？为什么色盲者不能区分成对的颜色：红和绿，或者蓝和黄？

对这些问题的回答正是第二个颜色视觉理论的基础，这个理论由**埃瓦尔德·海林**（Ewald Hering，1834—1918）在 19 世纪晚期提出。根据他的**拮抗加工理论**（opponent-process theory），所有的视觉体验产生于三个基本系统，每个系统包含两种拮抗的成分：红对绿，蓝对黄，或者黑（没有颜色）对白（所有颜色）。海林推测，颜色产生互补色的视觉后像，是因为系统中的一个成分疲劳了（由于过度刺激），因此增加了它的拮抗成分的相对作用。在海林的理论中，色盲的类型成对出现，是因为颜色系统实际上是由成对的对立颜色构成的，而不是由单一的基本颜色构成的。

多年以来，科学家们对这些理论的价值颇有争议。最终，科学家们认识到这些理论实际上并不矛盾；它们只是描绘了两个不同的加工阶段，这些阶段与视觉系统中连续的生理结构相对应（Hurvich & Jameson, 1974）。例如，现在我们了解到，确实存在着三种锥体细胞，虽然每一种锥体细胞对一定范围的波长起反应，但每一种只对特定波长的光最敏感。这些锥体细胞类型的反应证实了扬和赫尔姆霍兹的预测：颜色视觉依赖于三种颜色感受器。色盲者缺少一种或者多种锥体感受器。

根据海林的拮抗加工理论，我们也知道视网膜的神经节细胞综合三种锥体细胞的输出（De Valois & Ja-cobs, 1968）。根据现代版本的拮抗加工理论，如**里奥·赫尔维奇**（Leo Hurvich）和**多萝西娅·詹姆森**（Dorothea Jameson, 1974）所支持的，每对颜色的两个成分是通过神经抑制的方式而实现其对立作用（拮抗）的。一些神经节细胞接受来自红光的兴奋性输入和来自绿光的抑制性输入。系统内其他细胞的兴奋和抑制模式是相反的。这两种神经节细胞联合起来，形成了红 / 绿的拮抗加工系统的生理基础。其他的神经节细胞组成了蓝 / 黄拮抗系统。黑 / 白拮抗系统影响我们知觉颜色的饱和度和明度。

现在我们从视觉的世界转向声音的世界。

STOP 停下来检查一下

❶ 在视觉系统中，适应指的是什么？
❷ 中央凹内杆体细胞和锥体细胞的比例是怎样的？
❸ 什么样的刺激能够引起复杂细胞的反应？
❹ 哪种颜色理论可以解释你在注视一个黄色斑点之后会出现蓝色的后像？

批判性思考：回忆一下大脑对有生命的客体类别和无生命的客体类别做出的不同反应。每一个类别中都有在视觉上有差异的客体（如武器和椅子），为什么这一点很重要？

听　觉

我们在对世界的体验中，听觉和视觉起着相互补充的作用。你经常在看见刺激之前就听见刺激，特别是当刺激来自于你身后或者被墙壁等遮挡的另一侧时。尽管一旦客体进入视野之后，视觉在辨认客体上就优于听觉，但通常是因为你已经用耳朵将眼睛引向正确的方向之后才看见客体。为了开始对听觉的讨论，我们将首先描述到达耳朵的各种物理能量。

声音的物理特性

鼓掌，吹口哨，或者用铅笔敲打桌面。为什么这些动作会产生声音呢？因为它们使客体产生了振动。随着振动的客体推动介质中的分子前后运动，振动的能量传递到周围的介质中——通常是空气。振动导致的压力的微小变化以大约每秒 340 米的速度以叠加**正弦波**的形式从振动客体上扩散出去（见图 4.17）。真空（例如外太空）中不能产生声音，因为在真空中没有空气分子可作为传递的媒介。

正弦波有两个基本的物理特性，即频率和振幅，它们决定了声音的作用形式。**频率**是指在给定时间内声波完成的周期数。如图 4.17 所示，一个周期是指两个相邻波峰之间从左到右的距离。声音频率通常用赫兹（Hz）表示，测量每秒的周期数。**振幅**是指声波强度的物理特性，即波峰到波谷的高度。振幅是用声音的压力或能量单位来表示的。

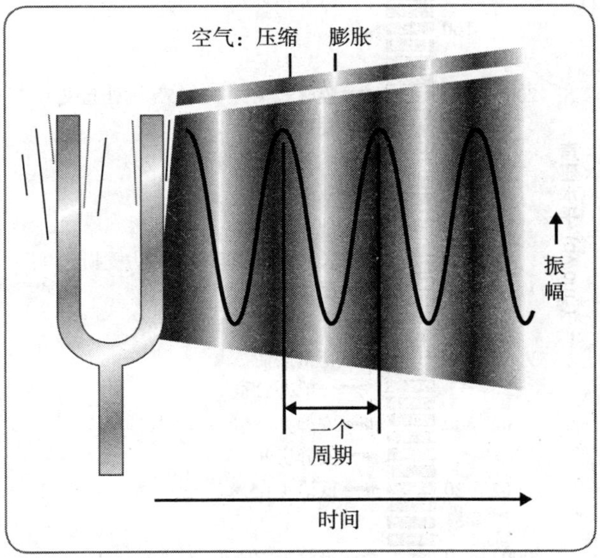

图 4.17　**理想的正弦波**
正弦波的两个基本参数是：（1）频率——固定单位时间内的周期数目；（2）振幅——周期的垂直距离。

声音的什么物理特性让你得以从乐队的所有乐器中分辨出某一乐器的音色？

声音的心理维度

频率和振幅这两个物理特性形成了声音的三个心理维度：音高、响度和音色。让我们看一下这些现象是怎么产生的。

音高　**音高**（pitch）是指声音的高低，它是由声音的频率决定的；高频产生较高的音高，低频产生较低的音高。人们所能感受的纯音范围可低至20赫兹，高至20 000赫兹（低于20赫兹的频率可以通过触摸振动来体验，而非声音）。通过下面一点，你就可以了解这个范围是多么宽广：钢琴上的88个键只覆盖从30赫兹到4 000赫兹的频率范围。

正如我们之前在心理物理学部分所讨论的，频率（物理现实）和音高（心理效果）之间并不是线性关系。在频率很低的时候，频率只要增加一点点，就能引起音高的显著增高。在频率较高时，你需要将频率提高很多才能够感觉到音高的差异。例如，钢琴上两个最低的音仅有1.6赫兹的差别，而最高的两个音符之间的差别竟高达235赫兹。这是心理物理学上最小可觉差的另一个实例。

响度　声音的**响度**（loudness）或者物理强度是由振幅决定的；振幅大的声波会给人响亮的感觉，而振幅小的声波是一种轻柔的感觉。人们的听觉系统可以感受范围宽广的物理强度。在一个极端，人们能够在6米外听见手表的滴答声，这是听觉系统的绝对阈限。如果更加敏感的话，你可以听见血液在耳朵内流动的声音。在另一个极端，90米外喷气式飞机起飞的声音是如此巨大，甚至引起人的疼痛感。就声压这个物理单位而言，喷气式飞机产生的声波所具有的能量是手表滴答声音能量的10亿多倍。

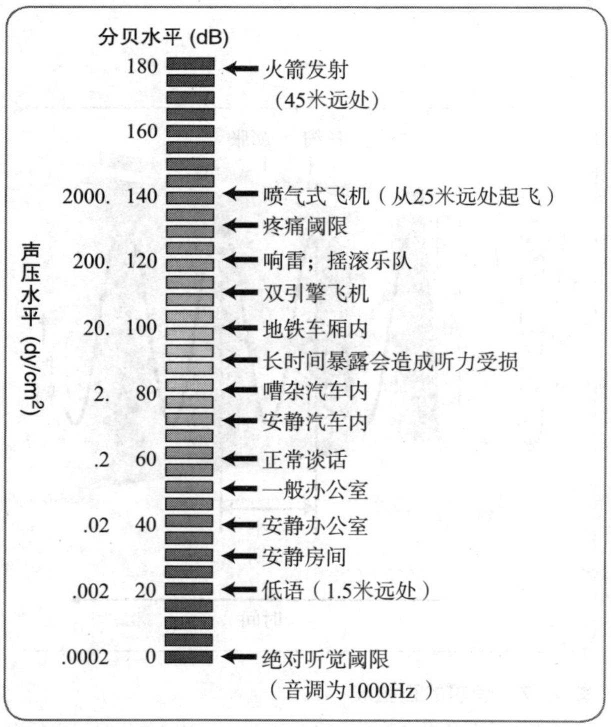

图 4.18　各种熟悉声音的分贝水平

该图表示声音分贝数的范围——从听觉绝对阈限到火箭发射时的巨大噪声。分贝通过声压来计算，它测量的是声波振幅水平，与感受到的响度一致。

由于听觉的范围是如此宽广，声音的物理强度通常通过比率而不是绝对大小来表示；声压——产生响度体验的振幅大小的指标——通过称为分贝（dB）的单位来测量。**图 4.18** 显示了某些有代表性的自然声音的分贝值。同时也显示了相应的声压作为比较。你可以看到两个相差20分贝的声音的声压比为10:1。超过90分贝的声音会损害听力，这取决于你暴露于这些声音的时间。

音色　声音的**音色**（timbre）反映了复杂声波的成分。例如，音色能使我们区分出钢琴和口哨的声音。少量的物理刺激，例如音叉，产生包含单一正弦波的纯音。纯音只有一个频率和振幅。现实世界中的大部分声音都不是纯音，而是复杂声波，包含由多种频率和振幅组成的混合波。

被称为噪声的声音没有清晰简单的频率结构。噪声包含相互之间没有系统关系的多种频率。例如，你在广播电台之间听到的静电噪声包含所有可听见频率的能量；因为没有基频（基谐波频率），所以你感觉不到音高。

听觉的生理基础

既然你已经大致了解了由声音所引发的心理体验的物理基础，那么接下来让我们来看一看这些体验是怎样产生于听觉系统的生理活动的。首先，我们要看一看耳朵的工作原理。然后考察音高在听觉系统中的编码以及声音定位理论。

听觉系统　你已经了解了从外部能量转换到大脑中能量形式的感觉加工过程。如图 4.19 所示，要想听到声音必须发生四个基本的能量转换：（1）空气中的声波必须在耳蜗中转换为流动波，（2）然后流动波导致基底膜的机械振动，（3）这些振动必须转换成电脉冲，（4）电脉冲必须传入听皮层。让我们来仔细考察这些转换的细节。

在第一个转换中，振动的空气分子进入耳朵（见图 4.19）。一些声音直接进入外耳道，另外一些被外耳或者耳廓反射后进入。声波沿着通道在外耳中传播直到到达通道的末端。在这里声波遇到一层薄膜，称为耳鼓或者鼓膜。声波压力的变化使鼓膜振动，鼓膜将这一振动从外耳传递到中耳，包括三块小骨的耳室：锤骨、砧骨和镫骨。这些小骨组成机械链，传播和集中从鼓膜到主要听觉器官（位于内耳的耳蜗）的振动。

第二个转换阶段发生在耳蜗中，空气波变成“海浪波”。**耳蜗**（cochlea）是充满液体的螺旋管，其中**基底膜**（basilar membrane）位于中央并贯穿始终。当镫骨使位于耳蜗底部的卵圆窗发生振动时，耳蜗中的液体使得基底膜以波浪的方式运动（因此称之为“海浪波”）。研究者推测，耳蜗的特殊螺旋结构增强了人们对低频率声音的敏感性，如果没有螺旋结构是不可能听到低频率声音的（Manoussaki et al., 2006）。

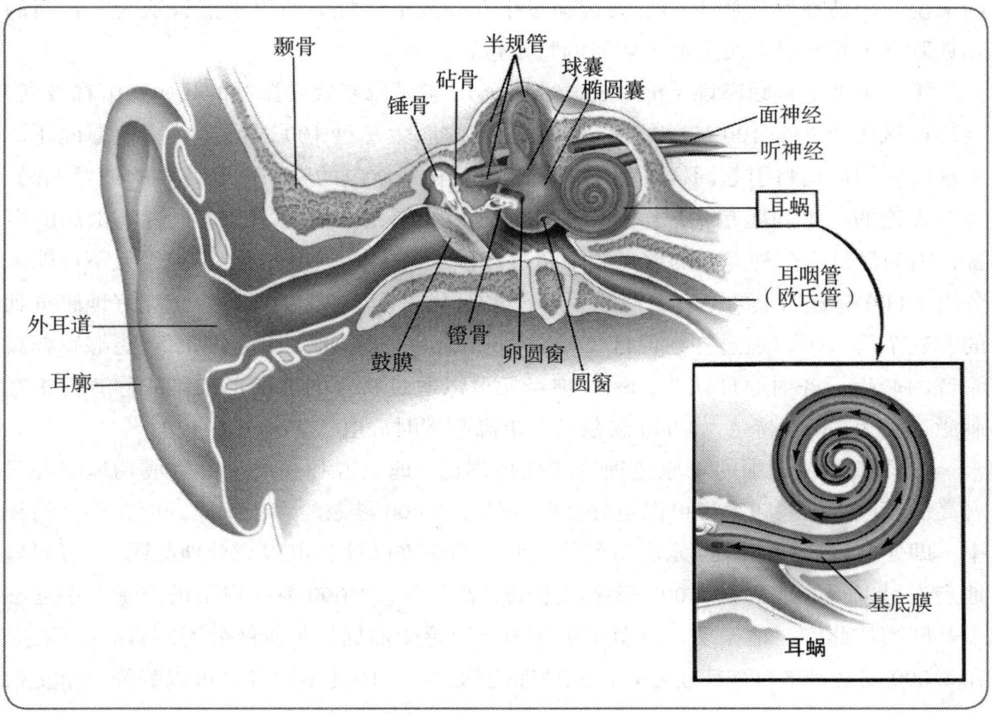

图 4.19
人耳的构造
声波通过外耳或耳廓，经外耳道传入，引起鼓膜振动。这个振动激活了内耳中的小骨——锤骨、砧骨和镫骨。它们的机械振动经过卵圆窗到达耳蜗，并使管道里的液体振动。当液体流动时，耳蜗中盘旋的基底膜内层上微小的毛细胞弯曲，刺激附着在其上的神经末梢。物理刺激就此被转换为神经能量，并且通过听神经传送到大脑。（见彩插）

长时间处于大声环境中会导致失聪。那么怎样才能避免这种听力损失呢?

在第三个转换阶段，基底膜的波浪形运动使得与基底膜相连的毛细胞发生弯曲。这些毛细胞是听觉系统的感受细胞，当毛细胞弯曲时，它们刺激神经末梢，将基底膜的物理振动转换为神经活动。

最后，在第四个转换阶段，神经冲动通过被称为**听神经**（auditory nerve）的纤维束离开耳蜗。这些神经纤维与脑干的*耳蜗核*会合。就像视觉系统的神经交叉一样，来自一只耳朵的刺激传递到两侧的大脑。听觉信号在到达位于大脑半球的颞叶*听皮层*之前要经过一系列的神经核团。对这些信号的高级加工开始于听皮层（你马上将会了解，图 4.19 所显示的人耳的其余部分在其他感觉中的作用）。

这四个转换阶段发生在充分发挥功能的听觉系统中。然而，数百万人承受着各种形式的听觉障碍。听觉障碍一般分为两大类型，每一种类型都是由一种或多种听觉系统成分的缺陷引起的。一种类型被称为*传导性耳聋*，其症状较轻，是由于空气振动传导到耳蜗方面出现问题引起的。在这种情况下，常见的问题是中耳的听小骨没有充分发挥作用，这种缺陷可以通过植入人造砧骨或镫骨的显微手术来矫正。比较严重的听觉障碍是*神经性耳聋*，是由于在耳中产生神经冲动或将神经冲动传导到听皮层的神经机制存在缺陷。听皮层的损伤同样可以产生神经性耳聋。

音高知觉理论　为了解释听觉系统是怎样将声波转换为音高感觉的，研究者们提出了两个截然不同的理论：地点说和频率说。

地点说（place theory）最初是由赫尔姆霍兹于 19 世纪提出的，后来由**格奥尔格·冯·贝克西**（Georg von Békésy，1899—1972）加以修正、阐述和验证。贝克西由于该项研究而荣获 1961 年的诺贝尔奖。地点说是建立在这一事实上的，即当声波经过内耳时基底膜随之运动。不同的频率在基底膜的不同位置上产生它们最大的运动。对高频率的音调来说，声波产生的最大运动发生在耳蜗的基部。对低频率的音调来说，声波在基底膜上的最大运动发生在相反的一端。所以地点说认为，音高的知觉取决于基底膜上发生最大刺激的特定位置。

第二个理论是**频率说**（frequency theory），它是以基底膜振动的频率来解释音高。该理论认为，一个 100 赫兹的声音将在基底膜产生每秒 100 次的振动。频率说还认为基底膜的振动将引起同样频率的神经放电，神经放电的频率就是音高的神经编码。这个理论的一个问题是，单个神经元不可能有足够的放电频率来表征音高很高的声音，因为没有一个神经元的放电频率超过每秒 1 000 次。这使得单个神经元不可能区分出 1 000 赫兹以上的声音，而这些声音实际上是可以被你的听觉系统完好地感觉到的。这个局限可以通过**齐射原理**（volley principle）得到解决，这一原理能够解释高频音的产生。齐射原理认为，一些神经元可以通过联合的活动形式（或称齐射）在刺激音高为 2 000 赫兹、3 000 赫兹乃至更高频率时放电（Wever, 1949）。

如同颜色视觉中的三原色理论和拮抗理论，地点说和频率说分别成功地解释了音高的不同方面。频率说可以更好地解释低于 5 000 赫兹的声音编码。而在更高的频率，即使通过齐射，神经元也不可能如此快速而准确地放电以充分地编码一个信号。地点说可以很好地解释 1 000 赫兹以上的音高知觉。1 000 赫兹以下的声音会引起整个基底膜如此广泛地振动，以至于不能为神经感受器提供足以区分不同音高的信息。在 1 000 赫兹和 5 000 赫兹之间，两种理论都适用。因此不同理论可以解释一个复杂感觉任务的不同部分。相对于每个单独的理论，两种理论联合起来可以提供更精确的感觉。我们在下面将看到，你有两个神经系统来帮助你定位环境中的声音。

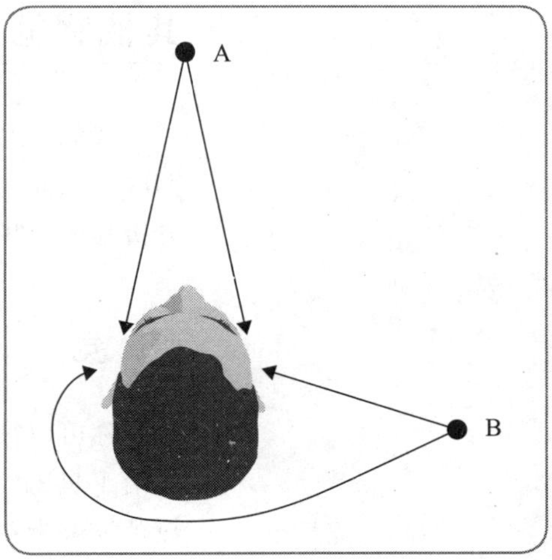

图 4.20 时间差和声音定位
大脑利用到达两耳的时间差来对空间中的声音进行定位。

声音定位 假设你在校园里散步，听到有人喊你的名字。大部分情况下，你可以很容易地确定对方的空间位置。这个例子显示，你的听觉系统可以十分有效地完成**声音定位**（sound localization）的任务——你能够确定听觉事件的空间来源。你是通过两种机制来实现的：评估到达每只耳朵的声音的相对时间和相对强度（Recanzone & Sutter, 2008）。

第一种机制涉及的神经元比较进入每一只耳朵的声音的时间差。例如，当一个声音在你的右侧响起的时候，它到达你的右耳的时间比到达左耳的时间要早（见**图 4.20** 中的 B 点）。听觉系统的神经元会在两耳之间产生特定时间延迟时特异性地放电。大脑运用这种到达时间的差异来对空间中的声音源做出精确的估计。

第二种机制依赖于以下原理：对于声音首先到达的耳朵而言，声音的强度会稍微高一些。因为你的头部本身形成了一个*声影*（sound shadow）而使信号变弱。这种强度差取决于音调波长以头部为对照的相对大小。长波而低频的声音事实上没有表现出强度差异，而短波、高频的声音则表现出可测量的强度差异。当声音到达两只耳朵时，大脑再次利用特化细胞来探测这一强度差异。

为什么蝙蝠能够进化出回声定位法来为它们导航？

但是，当一个声音既没有产生时间差异也没有产生强度差异的时候又会怎样呢？在图 4.20 中，一个产生于 A 点的声音就是如此。当你闭上眼睛时，你不能辨别它的具体位置。所以你必须转动你的头以改变耳朵的位置，从而去打破这种对称，以提供声音定位的必要信息。

有趣的是，海豚和蝙蝠是利用它们的听觉系统而非视觉系统在黑暗的海洋或洞穴中进行定位的。它们使用*回声定位法*——它们发出音高很高的声波，从物体的反射中获取关于物体的距离、大小、结构和运动的信息。事实上，有一种蝙蝠可以通过回声定位法区分相距只有 0.3 毫米的两个物体（Simmons et al., 1998）。

STOP 停下来检查一下

❶ 声音的哪种物理特性产生了音高的知觉？
❷ 毛细胞在听觉系统中起着怎样的作用？
❸ 哪种理论认为音高知觉取决于基底膜上最大刺激发生的位置？
❹ 如果一个声音自你右侧发出，你预期会发生怎样的时间差异？

其他感觉

我们已经投入了大量的注意力在视觉和听觉上，因为科学家对之研究得也最为彻底。然而，生存和感受外界环境的能力依赖于你全部的感觉库。我们将通过简要分析其他一些感觉来结束对于感觉的讨论。

嗅 觉

你可以很容易地想象出一些让你宁愿没有嗅觉的情形：你的家犬是否曾经打架输给了臭鼬？但是，为了避免闻到臭鼬的气味，你同样也要放弃新鲜玫瑰的芬芳、热黄油爆米花和海风的气味。所有这些物质都会以气味分子的形式向空气中释放气味。当这些分子与嗅纤毛膜上的受体蛋白相互作用（见**图 4.21**），**嗅觉**（olfaction）过程便开始了。只要有 8 个物质分子就可以诱发一个神经冲动，不过至少要刺激 40 个神经末梢才能闻到那个物质的气味。一旦启动，这些神经冲动将嗅觉信息传递到位于感受器上方和大脑额叶下方的**嗅球**（olfactory bulb）。气味刺激产生嗅觉的过程开始于化学物质流入嗅神经元的离子通道，从第 3 章我们可以知道，这一活动触发了一个动作电位。

嗅神经和嗅球的解剖学位置使它们很容易受到损伤。例如，当人们头部遭到打击时，向嗅球传递冲动的神经细胞轴突会受损。在一个由 111 名轻度脑外伤病人组成的样本中，在外伤事件发生两周后，22% 的人嗅觉减退，4% 的人嗅觉丧失（de Kriujk et al., 2003）。然而，还存在复原的希望：嗅觉系统能在嗅觉感受器和嗅球产生新的细胞。正因如此，一些病人在脑部受伤一段时间之后能够重新获得一部分或全部的嗅觉能力（London et al., 2008）。

嗅觉的重要性在不同物种之间有很大的区别，人们推测它是为了发现和定位食物而进化出来的一个系统（Moncrieff, 1951）。人类似乎主要将嗅觉与味觉相结合来寻找和获取食物，但对于许多物种而言，嗅觉也被用来探测潜在的危险源。狗、老鼠、昆虫和很多其他生物都具有比人类更敏锐的嗅觉，气味对于它们的生存来说非常关键。它们的大脑相对更多地分配给了嗅觉。嗅觉适合于这些物种，因为这些有机体

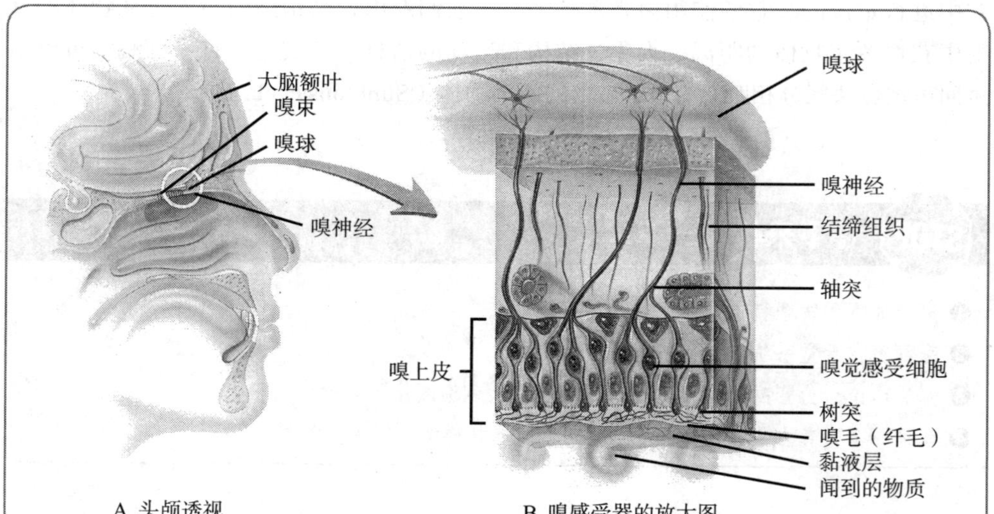

图 4.21
嗅觉感受器
鼻腔中的嗅觉感受细胞受到环境中的化学物质刺激，它们将信息传递给大脑中的嗅球。（见彩插）

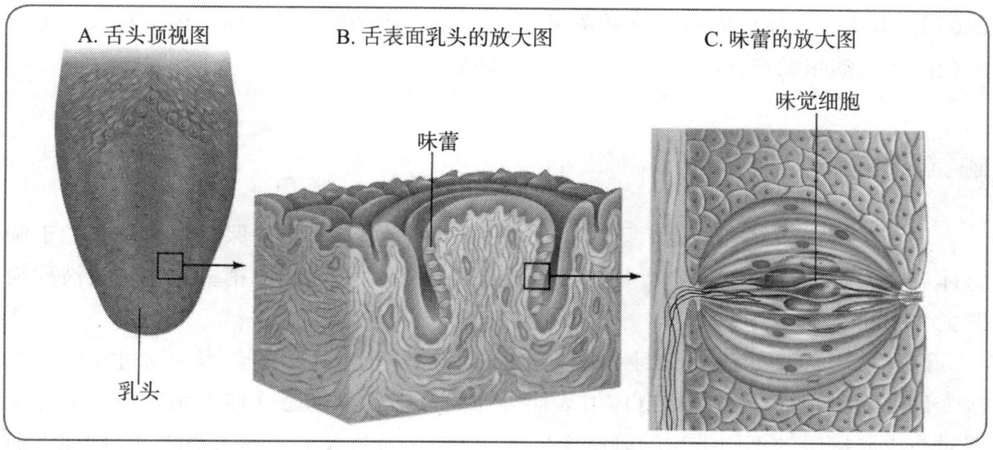

图 4.22
味觉感受器
图中 A 部分表示舌头上方乳头的分布。图中 B 部分表示放大的单个乳头，由此可以看见单个味蕾。图中 C 部分表示放大的味蕾。（见彩插）

不必为了闻到另一些有机体的气味而与其进行直接接触。

另外，气味也是一种有效的交流形式。某些物种内的成员通过一种被称为**信息素**（pheromones）的化学信号来相互联络。信息素是一种化学物质，在特定物种内用来传递性接纳、危险、领地分界和食物源等信息（Luo et al., 2003）。例如，各个种类的雌性昆虫通过释放性信息素来提示它们是可以交配的（Carazo et al., 2004; De Cock & Matthysen, 2005）。我们在第 11 章讨论人类和动物的性行为时将回到信息素这一主题。

味 觉

尽管一些美食家具有辨别微小和复杂味道的超常能力，但很多时候他们主要依靠的是嗅觉而非味觉。当你吃饭的时候，嗅觉和**味觉**（gustation）常常密切地共同起作用。事实上，当你感冒时，食物似乎淡然无味，因为你的鼻道被堵塞了，你闻不到食物的味道。你可以自己验证这一原理：捏住你的鼻子，然后试着去辨别质地相似但味道不同的食物，例如苹果片和生土豆。因为嗅觉对食物的味道有如此广泛的影响，所以一些遭受嗅觉障碍的人常常会失去食欲。

为什么患有慢性鼻窦炎的人不能品酒？

舌头的表面布满了*乳头*，这使得舌头表面起伏不平。大部分乳头中含有成束的味觉感受细胞，称为*味蕾*（见**图 4.22**）。味觉感受器的单细胞记录结果表明，单个感受细胞对于四种基本味道——甜、酸、苦、咸——中的某一种反应最为强烈（Frank & Nowlis, 1989）。近些年来，研究者发现了对第五种基本味道——*鲜味*（umami）——起作用的感受器（McCabe & Rolls, 2007）。鲜味也就是味精（谷氨酸钠，MSG）的味道，这种化学物质经常被添加在亚洲的食物中，在富含蛋白质的食物诸如肉、海鲜及熟奶酪中天然存在。尽管分别对这五种味道起反应的感受细胞也对其他味道产生微小的反应，但是“最佳的”反应仍然是直接对应于特定味道的。这似乎表示每一种基本味道都有一个独立的转换系统（Rolls, 2005）。

你放进嘴里的东西可能会损伤味觉感受器，例如酒精、香烟和酸性物质。幸运的是，你的味觉感受器每隔几天就会更新一次，甚至比嗅觉感受器的更新还要频繁（Breslin & Spector,

2008）。事实上，在你的所有感觉系统中，味觉系统最能抵抗损坏。很少有人会遭受完全而永久的味觉丧失。

触觉和肤觉

皮肤是一个多功能的器官。除了能保护你免受外界损伤、保存体液和有助于调整体温之外，它还包含了产生压力、温暖和寒冷感觉的神经末梢。这些感觉被称为**肤觉**（cutaneous senses）。

试想一下你是如何意识到一个刺激对你的皮肤产生压力的。因为通过皮肤可以接受许多感觉信息，所以在身体的表层分布着众多类型的感受器细胞。每一种感受器对与皮肤接触的不同类型的刺激产生反应（Lumpkin & Caterina, 2007）。例如下面的两个例子：当有东西摩擦皮肤时，迈斯纳小体反应最为强烈；当一个小物体持续按压皮肤时，梅克尔触盘最为活跃。

皮肤对压力的敏感性在身体不同部位的差异非常大。例如，指尖对刺激位置感觉的精确度是后背皮肤的 10 倍。身体不同部位皮肤感受性的差异，不仅与这些部位皮肤中神经末梢分布的密度有关，而且与负责这些部位的感觉皮层区域的大小有关。在第 3 章中你已经了解到，你最需要的部位（如面部、舌和双手）的敏感性最高。正是来自这些身体部位的精确感觉反馈，我们才可以有效地进食、说话和抓握。

假设有人拿着冰块摩擦你的胳膊。你现在大体知道了你是如何感觉到冰块的压力的，但是你又是如何感觉到它冰冷的温度的呢？当你了解到你对热与冷拥有不同的感受器时，你可能会觉得很惊讶。你的身体中并没有一种类似于温度计的感受器，而是你的大脑整合了来自冷传感纤维和暖传感纤维的分离信号，以此监控环境中的温度变化。

肤觉在人类关系中扮演重要角色，一个特别方面是触摸。通过触摸，你可以和他人进行交流，你渴望给予或接受这个人的安慰、支持、爱和激情。然而，得到触摸和触摸他人是不同的；那些引起性冲动感觉的皮肤区域被称为性感区（或性欲发生区）。不同个体对性感区的唤起潜力是不同的，依赖于所习得的联结，以及这些区域感受器的密度。

为什么坐在过山车前排相对于坐在后排更不容易恶心？

前庭觉和动觉

接下来要介绍的两种感觉对于你来说可能比较陌生，因为它们没有像眼睛、耳朵和鼻子这样能够直接看到的感受器。**前庭觉**（vestibular sense）告诉你，你的身体——特别是头部——是如何根据重力作用确定方位的。这些信息的感受器是位于内耳中充满液体的导管和囊中的小纤毛。当快速转动头部时，内耳中的液体流动并压迫纤毛，从而导致纤毛弯曲。球囊和椭圆囊（见图 4.19）告诉你关于在直线上加速或减速的信息。三个被称为半规管的导管是相互垂直的，它们能够告诉你关于在任何方向上运动的信息。当你转头、点头和倾斜的时候，这些结构会告诉你头部是怎样移动的。

由于偶然事故或疾病而丧失前庭觉的人，一开始会感觉失去方向感、容易摔倒和头晕。但大多数人最终会通过更多地依赖视觉信息使之得到补偿。当来自视觉系统和前庭系统的信息相互冲突时，就会发生晕动现象。人们之所以在行驶中的汽车上看书会感到恶心，就是因为视觉提供的是静止的信号，而前庭觉提供的信号却是移动的。司机很少会发生晕动，这是因为他们既看到移动，也感觉到移动。

动觉在技巧型运动员进行表演时起了什么样的作用?

不论你是直立地站着、画画或者做爱，你的大脑都需要有精确的关于你当前身体各部分位置和相互关系的信息。**动觉**（kinesthetic sense）为我们提供运动过程中身体状态的反馈信息。没有它，你就不可能协调很多自主的运动。

你拥有两个运动信息的来源：位于关节中的感受器，以及位于肌肉和肌腱中的感受器。位于关节中的感受器对伴随不同肢体位置和关节运动的压力变化起反应。肌肉和肌腱中的感受器对伴随肌肉收缩和舒张时的张力变化起反应。

大脑通常会将动觉的信息和触觉的信息相整合。例如，如果不知道十个手指的具体位置，你的大脑不可能完全感知来自手指的信息。想象一下你闭着眼睛捡起一个物体。触觉可能使你猜测这是一块石头，而动觉才能告诉你它有多大。

痛　觉

痛觉（pain）是身体对有害刺激的反应，所谓有害刺激就是那些强度足够导致组织损伤或具有这种威胁性的刺激。你对于拥有完备的痛觉而感到高兴吗？你的回答可能是"是，也不是"。回答"是"是因为痛觉对于生存至关重要。天生没有痛觉的人不会感到疼痛，但他们的身体总是伤痕累累，而且他们的肢体因受伤而变形，如果他们的大脑能够对他们提出危险警告，许多伤害是可以避免的（Cox et al., 2006）。这些经验使你意识到痛觉是重要的防御信号——警示你远离伤害。回答"不是"是因为总有一些时候你多么希望切断疼痛的感觉。在美国，有超过 5 千万人忍受着慢性的、持续的疼痛折磨。每年花费在疼痛上的药物治疗费用和因疼痛而无法工作的损失大约为 70 亿美元（Gatche, 2004）。

科学家们已经开始鉴别对疼痛刺激起反应的特定感受器。他们发现一些感受器只对温度起反应，一些只对化学物质起反应，另一些只对机械刺激起反应，还有一些对痛觉刺激的组合起反应。这个痛觉纤维的网络是一个精密的网状结构，覆盖你的全身。外周神经纤维通过两条路径将痛觉信号传递到中枢神经系统：神经纤维外部包裹髓磷脂的快速传导路径，以及神经纤维外部没有包裹髓磷脂的缓慢的、小的传导路径。痛觉神经冲动起始于脊髓，然后转送到丘脑，最后到达大脑皮层，并在那里确定痛觉产生的位置和强度，评估伤害的严重性，并形成行动计划。

在你的大脑中，内啡肽会影响你的痛觉体验。回忆第 3 章，吗啡之类的镇痛药与大脑中相同的受体位点结合——"内啡肽"这一术语来自于**内源性**（自身产生）吗啡。大脑释放内啡肽可以控制你的痛觉体验。研究者认为，内啡肽至少在某种程度上是针灸和安慰剂产生镇痛效应的原因（Benedetti et al., 2005; Han, 2004）。

在决定你感到的疼痛程度上，你的情绪反应、背景因素和你对情境的解释与实

参加宗教仪式的人走在热炭床上的时候，能够阻断疼痛的感觉。关于生理疼痛和心理疼痛之间的关系，这幅图告诉了你什么呢？

际的物理刺激一样重要（Gatchel et al., 2007）。心理背景是如何影响疼痛的知觉的呢？一种解释疼痛调节的理论是**门控理论**（gate-control theory），它是由**罗纳德·梅尔扎克**（Melzack, 1973, 1980）提出的。该理论认为，脊髓中的细胞像神经闸门一样切断和阻止一些痛觉信号进入大脑，而允许其他信号进入。大脑和皮肤中的感受器向脊髓发送开门还是闭门的信息。例如，假设你赶着接电话时胫骨不小心撞到了桌子。在你摩擦撞击区域时，你对脊髓发出了抑制信息。当然，从大脑发来的信息也可以关闭闸门。如果这个电话里有急事，那么你的大脑就可能关闭闸门，以使你避免因疼痛而分心。梅尔扎克（Melzack, 2005）则提出了一个关于疼痛的神经矩阵论（neuromatrix theory），它包含了一些事实，即人们常常经历一些没有物理起因的疼痛，他认为在这种情况下，疼痛完全源于大脑。

我们已经了解了，知觉疼痛的方式更多地反映了你的心理状态而非疼痛刺激的强度：你知觉到的与你实际感觉到的不同，甚至完全独立于你的感觉。这些关于疼痛的讨论有助于你理解本章剩余部分，在这部分里我们将讨论使你可以组织和描述你对世界的经验的知觉过程。

STOP 停下来检查一下

❶ 参与嗅觉的一个重要大脑结构是什么？
❷ 你的味蕾会对哪些基本味觉性质起反应？
❸ 你的皮肤如何感觉温度？
❹ 前庭觉的作用是什么？
❺ 门控理论是用来解释什么的？

知觉的组织过程

想象一下，如果你不能够把来自几百万个视网膜感受器输出的有用信息综合和组织起来，这个世界看上去将会多么混乱不堪。你或许看过万花筒里无关联的色块在眼前晃动和旋转的情形。把感觉信息组织起来使你有连贯知觉的过程，总称为知觉组织过程。

我们以对注意过程的描述来开始对知觉过程的探讨。注意过程使你的注意力集中在万花筒中的某个刺激上。接着我们将检验首先由格式塔学派的理论家们提出的组织过程，他们认为你对形状和结构的知觉取决于某些组织规则。

注意过程

现在，花一些时间来寻找环境中不在你知觉里的10件东西。你是否注意到墙上

生活中的心理学

为什么“辣”的食物会产生痛觉

你曾经有过这样的经历吗？你正在一家中国或墨西哥餐馆中吃一道很辣的菜，突然不小心咬到了一只红辣椒。此时你的感觉从愉悦变成了强烈的疼痛。如果这种情况曾经发生过，你就会知道，在味觉王国里，产生愉悦和产生疼痛的食物之间有一条清晰的界限。接下来就让我们探讨它们之间的关系。

从生理学的角度很容易解释为什么辣椒会产生痛觉。在你的舌头上，味蕾与疼痛纤维是相连的（Bartoshuk, 1993），因此，能够刺激味蕾感受器的化学物质也会刺激紧密相连的痛觉纤维（Caterina et al., 2000）。至于辣椒，这种化学物质就是*辣椒素*。如果你想享受一顿辛辣的美味，你就必须将食物中辣椒素的浓度控制得足够低，这样你的味觉感受器才会比痛觉感受器更活跃。

你可能会很奇怪，为什么不同的人对于辣味食物的偏好有如此大的差异？人们通常很难理解为什么他们的朋友能或不能吃很辣的食物。我们仍可以从生理学的角度来解释这种差异。右图是**琳达·巴尔托舒克**（Linda Bartoshuk）和她的同事研究过的两个个案的舌头照片。你可以看到其中一个人舌头上的味蕾细胞明显比另一个多。味蕾细胞越多，那么痛觉感受器也越多。因此，味蕾细胞多的人很容易对辣椒素产生强烈疼痛反应。味蕾细胞多的人被称为*超级品尝者*（Bartoshuk, 1993）。他们的极端感觉经验与*非品尝者*形成鲜明的对比。对于很多味道，以上两种人之间是没有差异的，因此你大多数时候不知道自己是超级品尝者还是非品尝者，抑或介于二者之间。只有在特殊化学物质的情况下才会产生差异，辣椒素就是其中一个很好的例子。

味蕾细胞密度的差异似乎是由遗传造成的（Bartoshuk et al., 1994）。相对于男性，女性更容易成为超级品尝者。超级品尝者通常对苦味的化学物质更敏感，苦味是多数有毒物质的特性。你可以想象，如果女性在人类进化的过程中一直负责抚育和喂养下一代，那么味觉敏感性高的女性，其后代就更容易生存下来。因为味觉状态是遗传的，你在很小的孩子身上就能发现味觉偏好差异（Anliker et al., 1991）。5~7 岁的超级品尝者更喜欢牛奶而不是切达干酪。非品尝者则相反。为什么呢？与非品尝者相比，超级品尝者感觉牛奶比较甜，而奶酪比较苦。因此，遗传的差异可以解释为什么一些孩子有很强的味觉偏好。

让我们回到餐馆就餐的那一幕。你需要注意的是，疼痛的感觉随时间而消退。从这个角度讲，你口腔中的痛觉感受器与其他感觉感受器一样：随着时间的推移，感受器会对一个恒定的刺激产生适应。这是个好消息！你应该庆幸你的感觉过程提供了一种内在的缓和机制。

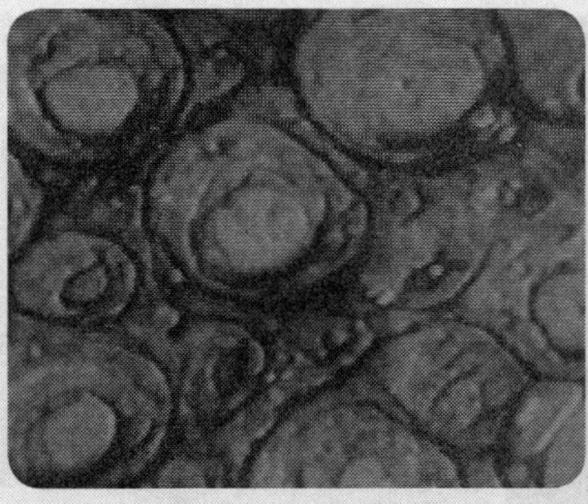

（A）超级品尝者的舌头

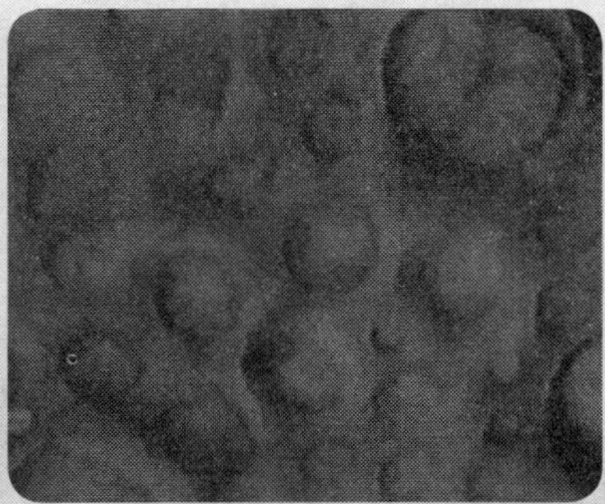

（B）非品尝者的舌头

的一个点？你是否注意到钟的滴答声？如果你开始仔细地检查你的周围，你会发现实际上有许多东西可以成为你关注的焦点。**注意**（attention）过程使得你能够将你的意识觉知指向所有你能获得的信息中的一个子集。一般而言，你越是密切注意环境中的某个客体或事件，就越能知觉或了解关于它的信息。

什么力量决定客体成为你的注意焦点？这个问题的答案有两个方面，我们可以

图 4.23

选择注意的过程

参与者观看六个物体组成的阵列。他们试图尽可能快速地回答每个阵列是否包含蝴蝶。物体都是以灰度来呈现，这样可以避免参与者使用颜色来帮助他们发现蝴蝶。当阵列包含人类面孔（A 部分）时，参与者的反应比没有出现面孔（B 部分）要慢。

称其为目标指向选择和刺激驱动捕获（Yantis, 1993）。**目标指向选择**（goal-directed selection）反映的是你对将要注意的客体做出的选择，与你自己的目标有关系。你可能已经习惯于这样的观点，即你能有意识地选择客体做特别的审视。**刺激驱动捕获**（stimulus-driven capture）发生在刺激的特征——环境中的客体——自动抓住你的注意之时，它不依赖于知觉者当时的目标。你经历过刺激驱动捕获，例如，当你驱车外出，遇到红灯停下来，你正在胡思乱想，交通灯突然由红变绿，就会吸引你的注意力，甚至在你没有特别关注它的时候也一样。

你或许想知道这两个过程之间的关系：研究表明，至少在某些情况下，刺激驱动捕获会胜过目标指向选择。

> 研究者开始于一个假设，即人类面孔“由于其生物学和社会重要性”而很容易吸引注意（Langton et al., 2008, p.331）。为了检验这个假设，研究者让参与者观看不同类型的图片阵列，见**图 4.23** 中 A 和 B 部分。参与者的任务是尽可能地快速回答蝴蝶是否出现在阵列中。对图中两个部分来说，回答都是“是”。（当然也有其他阵列的回答是“否”！）注意 A 部分的阵列还包括人类面孔。研究者预期参与者的注意会被这样的面孔所吸引，因此，参与者要比在没有出现面孔时（如图中 B 部分）会花更多的时间才能找到蝴蝶。这个预测被证实了：面孔的出现导致参与者更难找到蝴蝶。为了排除面孔只是在视觉上更加有趣的可能性，研究者把所有的刺激图片颠倒重复了这个实验。在这样的情况下，面孔看起来不再像面孔，因而它们不再干扰参与者寻找蝴蝶的能力。

图 4.24 **图形与背景**

知觉组织的第一步是将场景的一部分解读为突出于背景的图形。

你之所以认为这种现象属于刺激驱动捕获，是因为它与知觉者的目标指向相悖。这是因为，如果参与者能忽略面孔，他们的任务就会完成得更好。因为实验参与者几乎总是希望在研究者分配给他们的任务上表现得尽可能好，因此我们可以得出结论，尽管他们目标指向的需求让他们尽可能有效地注意蝴蝶，但面孔仍然会吸引他们的注意。

让我们假设你已经集中注意于环境中的某些刺激上。现在到了你的知觉组织过程发挥作用的时候了。

知觉组织原则

考虑**图 4.24** 的左侧。如果你像大多数人一样，那么你将看到作为图形的花瓶浮现于黑色背景之上。图形被视为位于前方客体状的区域，背景被视为用来突出图形的背幕。如你在图 4.24 右侧看到的，图形和背景的关系也有可能改变——你可能会看到两张脸而非一个花瓶。你的知觉过程的首要任务之一就是决定哪个是图形，哪个是背景。

你的知觉过程如何决定什么应该被组织成图形呢？ 知觉组织的原则在**格式塔心理学**（Gestalt psychology）中得以深入研究，例如**库尔特·考夫卡**（Kurt Koffka）（1935）、**沃尔夫冈 · 苛勒**（Wolfgang Kohler）（1974）和**马克斯 · 惠特海默**（Max Wertheimer）（1923）。这些心理学家主张，心理现象只有被视为有组织和结构的整体时才可以得到理解，而不是分解成原始的知觉元素。“格式塔”这一术语大致就是“形式”、“整体”、“结构”或“本质”的意思。在格式塔心理学家的实验中，他们研究了知觉阵列是如何形成格式塔的：他们证明了整体与局部之和是非常不同的。通过改变一个单一因素以观察它如何影响人们知觉阵列结构的方式，他们总结出了一套规律：

1. 接近律。人们将最接近的元素组织在一起。这就是为什么你会将右图看成五列而不是四行。

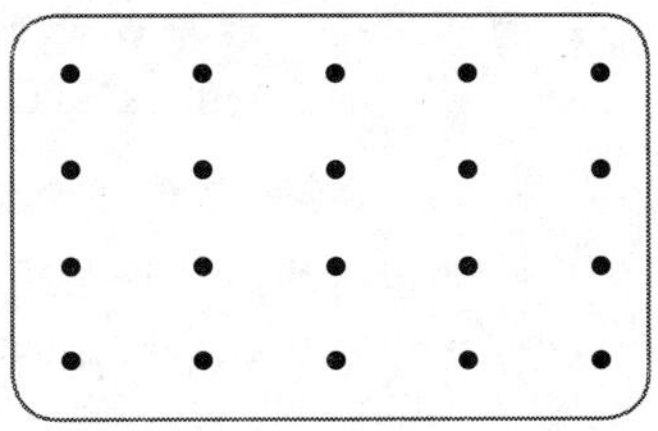

2. 相似律。人们会将最相似的元素组织在一起。这就是为什么你会在一圈“X”中看到由“O”组成的正方形，而不是“X”和“O”混在一起的纵列。

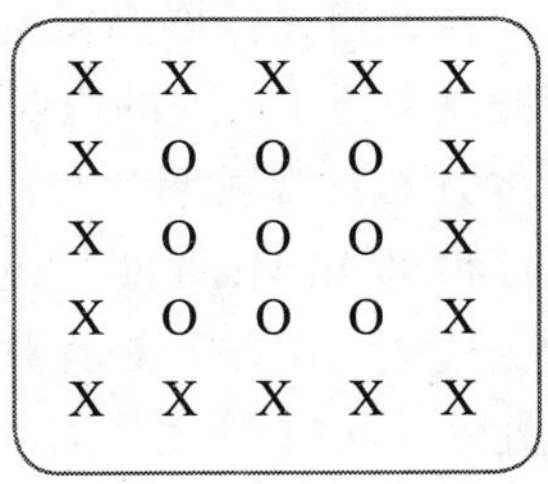

3. 连续律。即便线条被截断，人们也会将其知觉为连续的。这就是为什么你会将右图理解为一支箭穿透了心脏，而不是由三个独立的部分组成的图形。

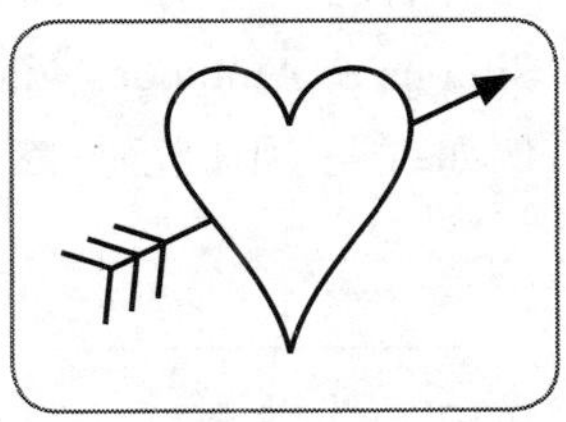

4. 闭合律。人们倾向于填补小的空隙而将客体知觉为一个整体。这就是为什么你会将右图知觉为一个完整的圆环。

5. 共同命运律。人们倾向于将看起来朝相同方向运动的客体组织起来。这就是为什么你会将右图知觉为交错的横列在各自移动。

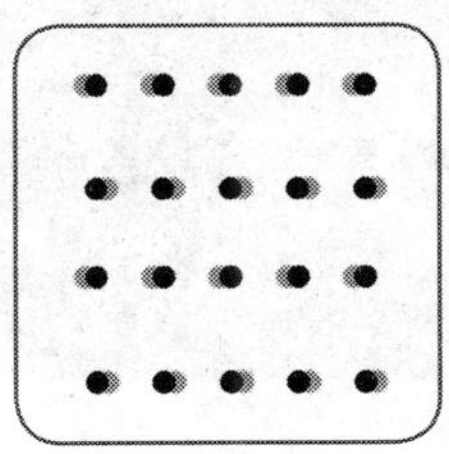

空间和时间上的整合

我们目前所提到的所有格式塔规则已经可以使你确信，许多知觉过程都需要以“恰当的方式”将世界的碎片整合在一起。然而你通常不能在一次扫视或者注视时感知整个场景（回忆我们对注意的讨论）。你在给定时间内所能感知的通常只是整个视野中有限的一部分，而由此向各个方向延伸的许多部分是看不见的。为了获得关于周围环境的完整信息，你必须整合从不同空间位置（即空间上的整合）以及在不同时刻（即时间上的整合）所获得的信息。

你可能会感到惊讶的是，你的视觉系统无需费力就能创建一个关于环境的实时整合图形。研究表明，你每一次注视环境的视觉记忆并没有保留精确的细节。

> 考虑**图 4.25** 的两张照片。它们表现了相同的场景，但一个是特写，一个是广角。假设我们向你呈现其中一张照片，在短暂的延迟之后，问你哪张呈现过。你可能认为你会在这个记忆测试做得很好。然而，研究者证明，参与者在 1/20 秒的延迟后会产生系统误差（Dickinson & Intraub, 2008）。在一系列的研究中，参与者观看快速连续呈现的三张照片，要么是特写，要么是广角。然后在短暂的延迟后，参与者看到其中一张照片的特写版本或广角版本。参与者必须在五点量表上回答这是否是他们之前看过的，量表范围从 –2（“更接近”）到 0（“相同”），再到 +2（“更远离”）。参与者在他们的判断中产生了非常一致的误差：他们将相同的照片评估为更接近。研究者把这种误差称为“边界扩展”，因为参与者总是相信原始照片所包含的信息超出了原始照片的边界。

为什么边界扩展会发生，并且发生得这么快？想一想看向窗外的景象。你不会认为世界中止于窗户的边界。相反，你使用关于世界的知识扩展了你所看到的景象。在许多方面，观看照片与向窗外看是一样的。因为你填充了照片边界周围的场景，所以你很可能回忆起照片包含比实际更多的信息。边界扩展的这一解释可以告诉你为什么这个“误差”是有意义的：从一次扫视的样本中填充更大的场景，这对你并无坏处。

研究者已经发现了人们在很多情况下无法注意到从一个场景到下一个场景的变换（Simons & Ambinder, 2005）。其中常常被称为“变化盲视”的情况是非常戏剧性的。例如，在一项研究中，参与者竟然没有注意到他们正在交谈的人已经变了（Simons

图 4.25
边界扩展
当人们观看照片时，他们很容易使用记忆过程来扩展场景的边界。正因如此，他们经常回忆起看过一张广角照片，而实际上他们看到的是特写。

& Levin, 1998）！这项研究展现了看起来多少有些像魔术的戏法——当一扇门穿过交谈者的中间时，两名实验者交换了位置。实际上，舞台魔术师长久以来就使用变化盲视来完成很多戏法。（例如，一些著名错觉的感知基础，见 Macknik et al., 2008）。为什么人们会对他们的视觉世界中如此之大的改变视而不见呢？回忆我们之前对注意的讨论。为了注意到变化，你需要同时注意世界的原始特征和变化后的特征。即便如此，你常常需要消耗心理资源来探测变化。

运动知觉

运动知觉需要你对外部世界的不同扫视之间进行比较。假设你看到一个朋友在教室另一端。如果他静止站立着，而你朝他走过去，他在你视网膜上成像的大小会随着你的逐渐靠近而变大，成像扩大的速率让你感觉到自己接近的速度有多快（Gibson, 1979）。

我们提到过，运动知觉要求你将对世界的不同扫视组合起来。当你经历 **Φ 现象**（phi phenomenon）时，你就会意识到你的知觉过程相当有效地组织这些扫视的结果。当视野不同位置的两个光点以大约每秒 4 到 5 次的频率交替出现就会发生这种现象。这种效应还会出现在室外的广告牌和迪斯科灯光照明中。当这种交替的速率相对较慢的时候，看起来就好像是单个光点在两个位置之间来回移动。从第一个点的位置移动到第二个点的位置有很多种路径，然而人类观察者通常只能看到最简单的路径，那就是一条直线（Cutting & Prof-fitt, 1982; Shepard, 1984）。然而当向观察者交替呈现运动中的人体时，这种直线规则就被打破了，因为视觉系统会按照正常的生物学运动路径进行填充（Shiffrar, 1994; Stevens et al., 2000）。

深度知觉

到目前为止，我们考虑的只是平面中的两维图形。然而，我们每天所感知的都是三维空间中的客体。感知所有三个维度空间对于你接近所想要的东西（例如感兴趣的人和美味的食物），以及躲避危险（如疾驶的汽车和下落的钢琴）是绝对重要的。这种知觉就需要关于深度（你与客体的距离）和方向的精确信息。你的耳朵可以帮你确定方向，但它们却不能够帮你确定深度。你对深度的解释依赖于关于距离的很多不同信息来源（通常称为深度线索），包括双眼线索、运动线索和图形线索。

双眼线索和运动线索　你有没有想过为什么人会有两只眼睛而不是一只？另一只眼睛并不是备用的。你的双眼提供了关于深度的明确信息。深度线索包含到达你双眼的视觉信息的比较，被称为**双眼深度线索**（binocular depth cue）。双眼深度信息的两个来源是视网膜像差和视轴辐合。

是什么使你知道本图中的主角在运动？运动的方向如何？

由于双眼的水平距离有 5~7 厘米，因此它们接收到的外部世界的图像稍有不同。为了让你确信这一点，试着做

图 4.26
视网膜像差
视网膜像差随着两个客体之间深度距离的增加而增大。

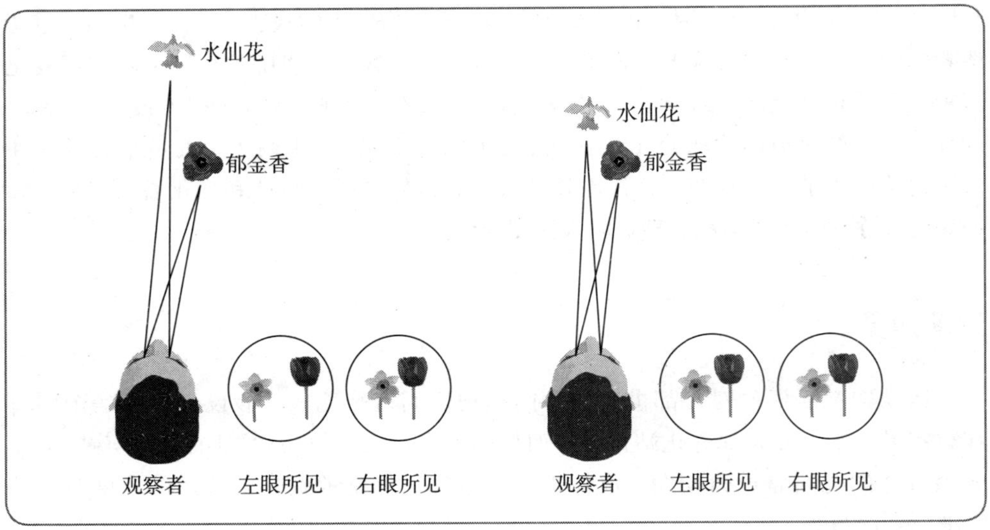

下面的实验。首先，闭上你的左眼，用右眼校准两个食指，使其与远处某个小物体成一直线，保持一根手指为手臂的距离，另一根手指在脸前方 30 厘米左右的距离。现在保持你的手指不动，闭上右眼睁开左眼，同时继续注视远端的物体。你的两根手指的位置发生了什么变化？第二只眼睛并没有看到它们与远处的物体成一直线，而是得到了一个稍有不同的图像。

一个客体对应于两眼的图像在水平方向上的位移称为**视网膜像差**（retinal disparity）。这种差异的大小取决于客体与你的相对距离，因此它提供了深度线索（参见**图 4.26**）。例如，当你交替睁闭两眼时，近处手指相对远处手指的位置变化要大。

当你睁开双眼观察外部世界时，你看到的大多数客体刺激两眼视网膜的不同位置。如果两个视网膜上的对应图像差别足够小的话，视觉系统能够把它们融合为某个深度上对单个客体的知觉（然而，如果差别太大的话，当你交替睁闭双眼时，你实际上看到双重影像）。停下来思考一下，我们视觉系统的工作是多么惊人：它利用两个不同的视网膜像，比较它们相应部分在水平方向上的位移（双眼视差），然后产生一个具有深度的单一物体的整体知觉。视觉系统能够有效地把两个成像之间水平方向上的位移解释为三维世界的深度。

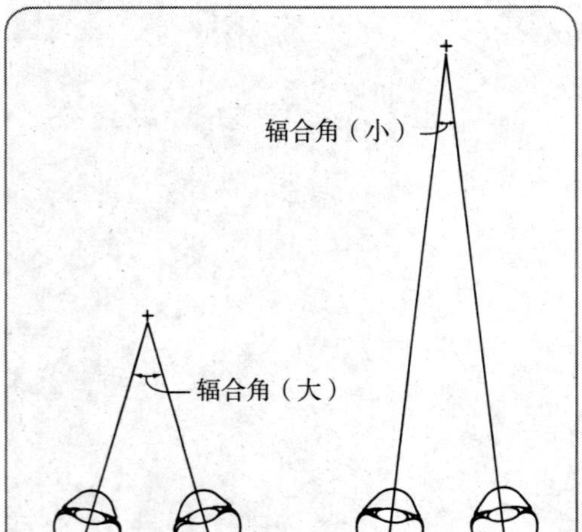

图 4.27 **深度的视轴辐合线索**
与远处客体相比，当客体靠近你时，你的眼睛辐合程度更大。你的大脑利用来自眼睛肌肉的信息，使用视轴辐合作为深度线索。
资料来源：Reprinted with permission from R. Sekular & Blake, *Perception*, 3rd ed., pp. 27, 221. Copyright © 1994 by The McGraw-Hill Companies, Inc.

其他关于深度的双眼信息来自**视轴辐合**（convergence）。当两只眼睛注视一个客体时，它们就会在某种程度上向内侧转动（参见**图 4.27**）。当客体非常接近时，例如在你面前几厘米，眼睛必须向内转动很多，以保证相同的影像落在两个中央凹上。当观察你的朋友先注视一个远处的物体，然后再注视距离大约 30 厘米的一个物体，你可以真实地看到视轴辐合作用。大脑利用你眼部肌肉的信息来判断深度。然而，眼部肌肉的视轴辐合信息对于深度知觉最多只在 3 米内有效。在更远的距离上，角度的差异太小而无法探测到，这是因为当注视一个很远的客体时，两眼的视线几乎是水平的。

为了弄清*运动*怎样作为深度信息的另一个来源，请做以下的演示。和之前所做的一样，闭上一只眼睛并且使你的两根手指与稍远的某个物体成一条直线。然后头向一侧移动，同时注视那个远端的物体并保持你的手指不动。当移动头部时，你会看到两根手指都在移动，但是近处手指看起来相对远处手指移动得更远和更快，而注视的物体根本没有运动。深度信息的这一来源称为**运动视差**（motion parallax）。运动视差提供了关于深度的信息，这是因为当你运动时，环境中物体的相对距离决定了它们在视网膜影像上相对运动的大小和方向。下一次乘车旅行时，不妨看一下窗外景物以体验运动视差的运作，远处行驶的汽车看起来比近距离的物体更像是静止的。

图 4.28 **深度的插入线索**

是什么视觉线索告诉你这个女人在栅栏的后面？

单眼线索　如果只有一只眼睛有视力，你就不能感知深度了吗？事实上，仅从一只眼睛也可获得关于深度的进一步信息。这些来源被称为**单眼深度线索**（monocular depth cue），因为它们只需要来自一只眼睛的信息。画家创作出看似三维的图像（在只有两维的纸或画布上）就是利用了单眼线索的技巧。

当一个不透明的物体阻挡了第二个物体的一部分时，就造成了*插入*或者*遮挡*（参见**图 4.28**）。插入提供了关于被遮挡的客体比遮挡物更远的深度信息。遮挡表面也会阻挡光线，制造阴影，这可以作为深度信息的额外来源。

图示信息的另外三个来源都与光线从三维世界投射到二维表面（如视网膜）的方式有关：相对大小、线条透视和质地梯度。*相对大小*包括光线投射的一个基本原则：相同的客体在不同距离时投射到视网膜上的像大小不同。最近的客体投射的像最大，而最远的客体投射的像最小。这个原则被称为*大小 / 距离关系原则*。从**图 4.29** 可以看出，如果你认为是一整列相同物体的话，你就会把更小的解释为距离更远些。

*线条透视*是一种同样依靠大小 / 距离关系的深度线索。当平行线（定义为两条直线之间保持相同的距离）向远处延伸时，它们在视网膜像的水平面上汇聚为一个点（参见**图 4.30**）。你的视觉系统对于汇聚线条的解释会引起庞佐错觉（Ponzo illusion）。上面的线看起来更长，因为你根据线条透视把汇聚的部分解释为向远处延伸的平行线。在这种背景下，你认为上面的线条好像更远一些，因此看起来更长——在视网膜成像大小相同的条件下，远处客体应该比近处客体更长。

图 4.29 **相对大小作为深度线索**

近处物体在视网膜上投射更大的像。结果就是，当你看到一列相同物体时，你认为更小的物体具有更远的距离。

*质地梯度*之所以能提供深度线索，是因为随着表面向深处延伸，质地的密度会变大。**图 4.31** 中的麦田就是一个质地作为深度线索的例子。你可以认为这是大小 / 距离关系的另一种结果。在这里，组成质地的单元随着距离的增加变得越来越小，而你的视觉系统把这种逐渐缩小的谷物解释为三维空间中更远的距离。

现在我们应该很清楚有许多来源可以提供深度线索。然而在正常观察的条件下，从这些来源得到的信息会组成单一而连贯的关于环境的三维解释。你感觉到的是深度，而不是在近距刺激中各种不同的深度线索。换句话说，你的视觉系统自动地利用运动视差、插入和相对大

图 4.30 庞佐错觉

汇聚的线条增加了深度的维度，因此距离线索导致上边的线条看起来比下边的线条更长，即使它们事实上具有相同的长度。

图 4.31 质地梯度作为深度线索的例子

麦田是质地梯度作为深度线索的一个自然例子。注意麦子倾斜的方式。

小作为线索，不需要你的意识觉知，就能进行复杂的计算，使你得到三维环境的深度知觉。

知觉恒常性

为了帮助你发现视知觉的另一个重要特性，我们让你用书做个游戏。把你的书放在桌子上，然后移动你的头靠近它，直到只有几厘米的距离，再把头移回到正常阅读距离。尽管较近时书本在视网膜上刺激的区域比较远时大得多，你不还是感到书本的大小保持不变吗？现在把书本垂直放置，试着顺时针倾斜你的头部。当你这样做的时候，书本的视网膜成像在逆时针旋转，但你不还是感到书本仍是垂直的吗？

一般来说，尽管你的感受器接收的刺激在改变，但你所看到的世界是不变的、恒常的、稳定的。心理学家把这种现象称为**知觉恒常性**（perceptual constancy）。大致而言，它意味着你知觉的是远距刺激的特性（通常是恒定的），而不是近距刺激的特性（每次都随着你的眼睛和头部的移动而变化）。尽管刺激眼睛的光线模式的性质存在很大的变化，但你感知外部世界客体性质的恒常和稳定对于生存是至关重要的。知觉的重要任务是在视网膜成像发生变化的条件下去发现环境中恒定的性质。我们下面看看它在大小、形状和方向等方面是如何工作的。

大小和形状恒常性 什么决定你对客体大小的知觉？你感知客体的实际大小部分基于它的视网膜成像的大小。然而，你用书本进行的演示表明，视网膜成像的大小同时依赖于书本的实际大小和它与眼睛之间的距离。正如你现在知道的，距离的信息从许多深度线索中可以获得。你的视觉系统把这种信息与视网膜关于成像大小的信息相结合，这样产生客体大小的知觉通常与远距刺激实际大小相符。**大小恒常性**（size constancy）是指在视网膜成像大小变化的情况下感知客体真实大小的能力。

如果感知客体的大小要考虑到距离线索的话，那么当你被距离愚弄的时候，你也会对大小感到困惑。**图 4.32** 显示了发生在 Ames 房间中的这样一种错觉。与小孩相比，房间左边角落的成年人看起来显得特别小。产生这种错觉的原因是你将这个房间知觉为长方形，认为两边角落同你的距离相等。因此在两种情况下你知觉到的小孩的实际大小同你视网膜上的图像大小是一致的。事实上，小孩与你的距离并不相等，这是因为 Ames 房间制造出了一种巧妙的错觉。正如你在照片旁边的手绘图上看到的，它看起来是一个长方形的房间，但实际是由非矩形的表面构建的，并且在深度和高度上都成不规则角度。右边的人看起来都会大一些，因为他与观察者的距离只有左边人的一半（顺便说一下，要想产生这种错觉你必须通过一个小孔用一只眼睛去看——图 4.32 的照片是最佳观

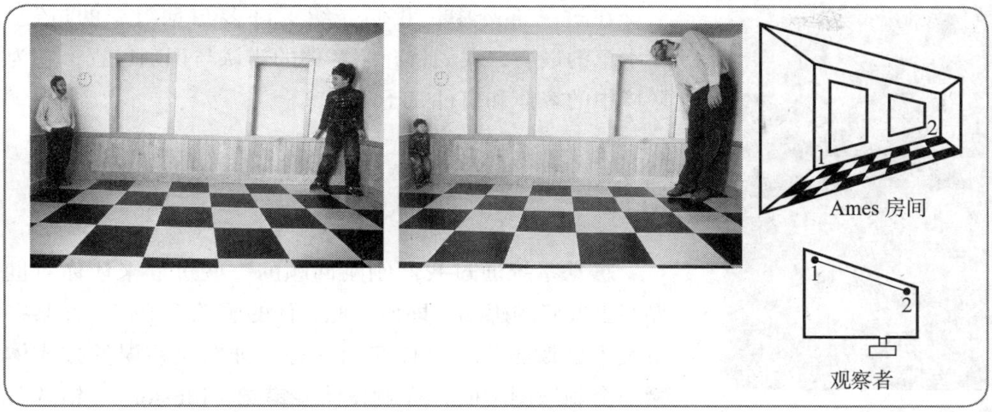

图 4.32 Ames 房间
Ames 房间被设计成用一只眼睛通过窥视孔进行观察——照片呈现的是最佳位置。Ames 房间是由在深度和高度上成不规则角度的非矩形表面构建的。然而，只从窥视孔进行观察，你的视觉系统会认为这是一个普通的房间，并且对于居住者相对高度的猜测是不同寻常的。

察点。如果你在观看这个房间时可以移动，那么你的视觉系统将会获得关于这个房间的不寻常结构的信息）。

知觉系统推断物体大小的另一种方式是利用关于相似形状物体大小的先验知识。例如，一旦你认出了房屋、大树或者狗的形状，即便你甚至不知道它与你的距离，你也会知道它们各自有多大。当过去经验无法给你相似客体在极远距离下的形状信息时，大小恒常性就失效了。当你从摩天大厦的楼顶向下看行人时，就会认为他们看起来很像蚂蚁，这时你就经历了这种困惑。

形状恒常性（shape constancy）与大小恒常性有着密切联系。即便当客体处于倾斜的位置，使得视网膜成像的形状实质上不同于客体本身的形状时，你仍然能够正确地感知客体的形状。例如，倾斜的矩形在你的视网膜上投射成梯形的像；倾斜的圆形投射成椭圆的像（参见**图 4.33**）。然而，你通常会准确地将形状感知为空间中倾斜的圆形和矩形。当具备很好的深度信息时，你的视觉系统只要考虑你与客体不同部位的距离就能确定一个客体的实际形状。

亮度恒常性　当你观看**图 4.34** 中的砖墙时，并没有把某些砖块看成亮红色，某些看成暗红色，而是将这些砖块知觉为亮度一样的红色，只是有些砖块被阴影挡住了而已（Gddstein, 1999）。这就是**亮度恒常性**（lightness constancy）的一个例子：人们在不同的照明条件下，将物体的白度、灰度和黑度知觉为恒定的倾向。

和前面介绍的其他恒常性一样，在日常生活中，你经常有亮度恒常性的经验。比如，你穿着一件白色 T 恤从灯光昏暗的房间里走到阳光明媚的室外。在灿烂的阳光下，T 恤反射的光线要强得多，但是在两种环境中，你会觉得 T 恤的亮度是一样的。实际上，之所以存在亮度恒常性，是因为即使物体反射光线的绝对量发生了改变，但反射光线的百分比却是基本恒定的。白色的 T 恤反射 80%~90% 的光线，而黑色的牛仔裤只反射 5% 的光线。所以在同样的环境下衬衫看起来总是比牛仔裤要亮。

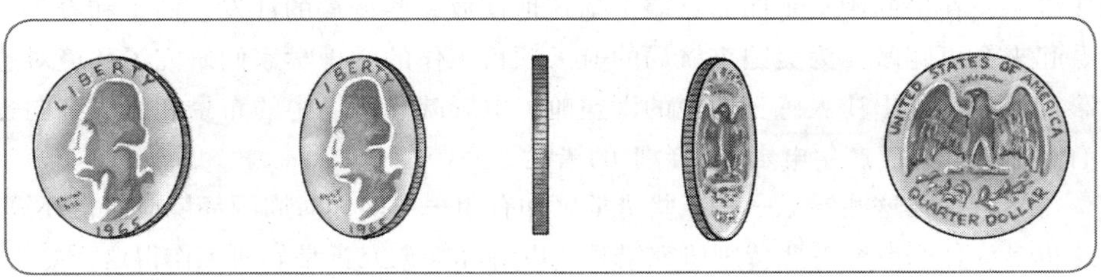

图 4.33 **形状恒常性**
随着硬币的旋转，它的影像先是变成椭圆形，然后变得越来越窄，直到变成一个细长的长方形，接着又变成椭圆，然后又是一个圆形。但是，在任何一个方位它都被知觉为一枚圆形的硬币。

图 4.34 **亮度恒常性**

亮度恒常性可以解释为什么你把墙上所有的砖块都知觉为由相同的材料组成。

在这一部分中，我们介绍了许多知觉组织的过程。在本章的最后，我们将介绍客体的辨认与识别过程，它为环境中的客体和事件赋予了意义。

错　觉

感觉系统通过我们刚刚回顾的一些过程来让你对世界产生准确的感知。即便如此，你的感觉系统仍然在某些情况下会欺骗你：当你使用一种被证明是错误的方式体验一个刺激图形时，你就在体验**错觉**（illusion）。错觉一词与 *ludicrous* 有相同的词根，二者都源于拉丁语 *illudere* 一词，意思是“嘲弄”。由于具有相同的感觉系统生理基础和对环境的类似经验，许多人在相同知觉情形下会有类似的错觉（我们会在第 5 章中解释，这不同于幻觉。幻觉是由于异常生理或心理状态而使个体体验到非共有的知觉扭曲）。看一下**图 4.35** 中经典的错觉现象。虽然我们在这里只能展示视错觉，但错觉其实也存在于其他感觉通道，如听觉（Russo & Thompson, 2005; Sonnadara & Trainor, 2005）、味觉（Todrank & Bartoshuk, 1991）以及触觉（Heller et al., 2003）。

研究者经常创造新的错觉或者重构旧的错觉，以探索感知过程的重要特征。考虑图 4.35 的第一个例子，缪勒 - 莱尔错觉，该错觉首先是由弗朗茨·缪勒 - 莱尔在 1889 年关于视错觉的著作中描绘的。**理查德·格雷戈里**（Gregory, 1966）提出，人们将标准箭头体验为建筑物向他们突出的外角；人们将开放箭头体验为远离他们的内角。因为大小和距离之间的相互关系，人们将看起来像内角的箭头体验为正在远离他们。在这样的解释下，缪勒 - 莱尔错觉提供了一个深度感知的一般过程导致错误感知的例子。然而，这个问题还远未解决。现在的研究者不断提供时而支持该解释、时而与之矛盾的证据（Howe & Purves, 2005; Weidner & Fink, 2007）！幸运的是，关于图 4.35 中经典错觉的研究目前正在进行当中，并不断为研究者带来关于感知过程的新见解。

错觉也是你日常生活的基本组成部分。想想你每天对于地球的体验。尽管你知道太阳肯定永远都在太阳系的中心，但你每天还是看到“日出”和“日落”。你能理解对于哥伦布和其他航海家而言，否定地球是平的错觉并乘船驶向表面上的边界需要多么非凡的勇气。类似地，当月亮在头顶上时，尽管你知道月亮没有在追你，但它看起来还是不论你走到哪里总是跟着你。这是由于月亮与你眼睛的距离遥远而造成的错觉。当月光到达地球时，它们基本上是平行的，并且不论你走到哪里，都与你的运动方向垂直。

人们能够通过控制错觉来获得期望的效果。建筑师和室内设计师们利用知觉的原理来创造空间中的客体，使其看起来比其自身更大或更小。在小公寓的墙壁涂上浅颜色，在房间中央（而非靠墙）稀疏地摆放一些低矮的沙发、椅子和桌子，空间看起来会更宽敞。为美国宇航局的航天项目工作的心理学家们研究了环境对感知的影响，以设计出让人感觉愉悦的太空舱。电影院和剧场中的布景和光线方向也经过有意地设计，以产生电影和舞台上的错觉。

尽管存在这些错觉——某些错觉更加有用——但你对周围环境应对得还算不错。这也是为什么研究者要特别研究错觉，以解释知觉究竟是如何工作得这样好。但是，

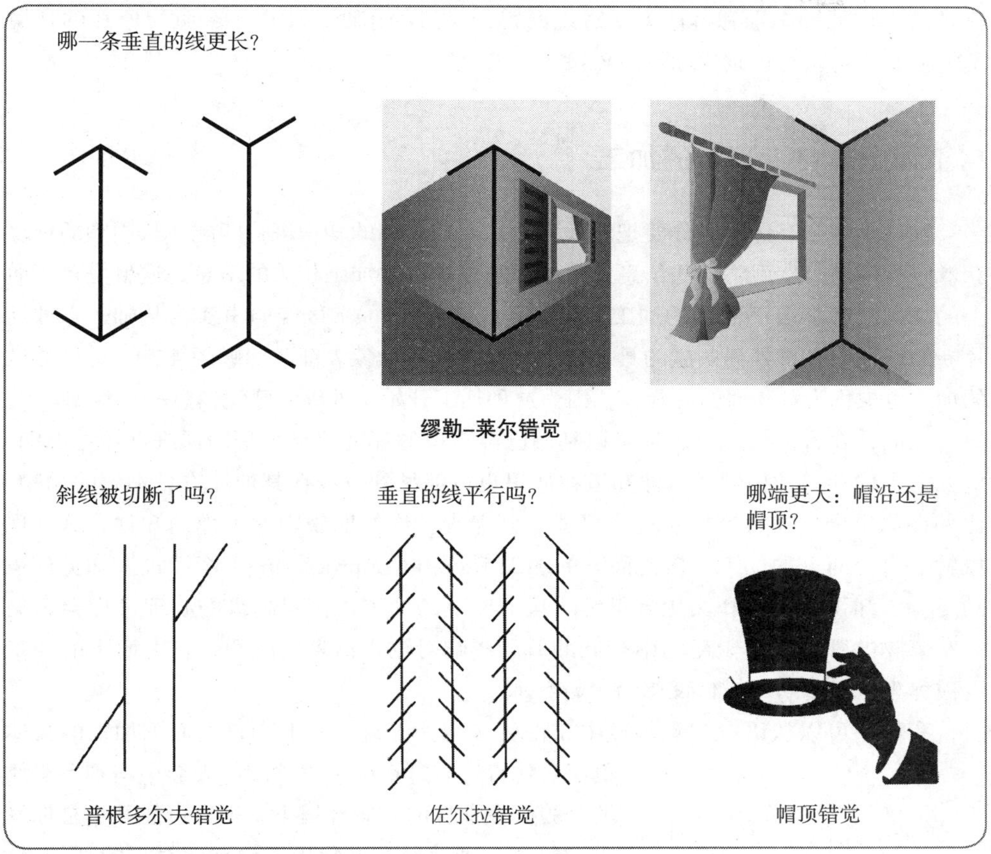

图 4.35

戏弄大脑的四种错觉

这些错觉中的每一个都代表一种知觉被证明是错误的情境。研究者们经常利用这些错觉来检验他们的理论。这些理论解释了为什么在一般情形下相当准确的知觉系统在特定情形下会产生错误。

错觉本身表明你的知觉系统并不能完美地完成从近距刺激复原远距刺激的任务。

STOP 停下来检查一下

❶ 刺激驱动捕获是什么意思？
❷ 闭合律指的是什么？
❸ 什么样的视觉信息使你认识到一个人正朝你走过来？
❹ 视轴辐合提供了怎样的深度线索？
❺ 形状恒常性指的是什么？

批判性思考：在关于边界扩展的实验中，如果提醒参与者注意这个误差，你认为结果会改变吗？

辨认与识别过程

你可以认为前面所讲的所有知觉加工都提供了关于远距刺激物理特性的知识——客体在三维世界中的位置、形状、大小、质地、颜色。然而，你还是不知道这些客体是什么，或者是否曾经见过它们。你感觉像是来到了一个外星球，所有的东西对于你来说都是陌生的；你将不知道吃什么，穿什么，远离什么，如何计时。

正是由于你能够识别和辨认大多数以前曾经见过的东西，所以不会觉得所在的环境是陌生的。辨认与识别为知觉对象赋予了意义。

自下而上与自上而下的加工

在识别一个客体时，你要把所看到的东西与存储的知识进行匹配。从周围的环境获取感觉信息，然后将这些信息发送给大脑以提取并加工相关的信息，这就是自下而上的加工过程。**自下而上的加工**（bottom-up processing）以经验事实为基础，它处理片断的信息，并将外界刺激的具体物理特征转换为抽象表征（回顾图 4.2）。这种类型的加工也被称为*数据驱动的加工*，因为这种加工开始于外界的感觉信息——数据。

然而，在许多情况下，你可以利用已经掌握的环境信息来帮助你进行知觉识别。例如，当你参观动物园时，你知道在那里更可能见到一些在其他地方见不到的动物，比如在那里会比在自家后院更有可能看到老虎。你的期望影响了你的知觉，这种现象就是自上而下的加工。**自上而下的加工**（top-down processing）牵涉过去知觉环境的经验、知识、动机和文化背景等。自上而下的加工，使得高级的心理过程会影响你对事物的理解。由于记忆中存储的概念影响对输入信息的解释，自上而下的加工也被称为*概念驱动（或假设驱动）的加工*。

我们还可以从语言知觉领域中获得更多的关于自下而上和自上而下加工的具体例子。你肯定有过在一个很吵闹的聚会中与别人交谈的经验。在那样的吵闹环境下，很有可能并不是你发出的每个物理信号都准确无误地到达对方的耳朵里。咳嗽声、巨大的音乐声或笑声肯定会遮盖掉你说的某些话。尽管如此，人们却很少意识到声音信号的中断，这种现象叫做*音素重建*（Warren, 1970）。我们将在第 10 章讲到，*音素*是语言中最小的意义单位，音素重建的发生正是因为人们利用了自上而下的加工将丢失的音素补充完整。听者往往很难说出到底他们听到的是部分原始语音被噪声替代的词，还是夹杂着噪声的完整的词（如**图 4.36** 的 A 部分）（Samuel, 1981, 1991）。

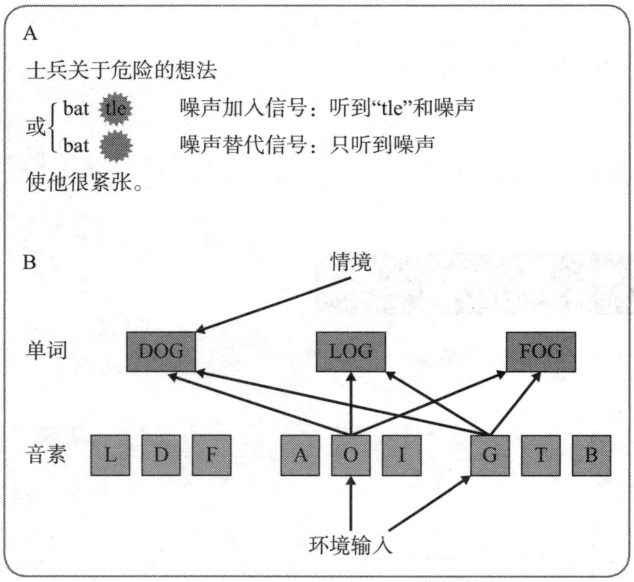

图 4.36 音素重建

（A）听者难以说出噪声加在了音节的开头还是替代了一个音节。音素重建经常使他们难以区分。即使某个语音被噪声所替代，听者似乎还是“听到”了丢失的信息。（B）在这个例子中，当你的朋友说 dog 这个词时，噪声遮盖了 /d/。根据耳朵从周围环境获得的信息，你的知觉系统得出几个假设，即你朋友说的那个单词可能是：dog、log、fog，等等。然后，根据情境所提供的自上而下的信息——“I have to go home and walk my……”由此可推断，你的朋友说的应该是 dog。

资料来源：Reprinted with permission from Irwin Rock, *The Logic of Perception*, Cambridge, MA: The MIT Press. Copyright © 1983.

如图 4.36 的 B 部分所示，自下而上和自上而下的过程共同完成音素重建过程（McClelland & Elman, 1986）。假设在一个吵闹的聚会上，你的朋友说的话含糊不清，你听到的句子是“I have to go home to walk my（噪声）og.”虽然噪声盖住了 /d/，但是你可能还是认为实际听到的是完整的 dog 这个词。为什么呢？如图 4.36 所示，两类信息与语音知觉相关联，一种是单词，另一种是组成单词的语音。当 /o/ 和 /g/ 这两个语音到达该系统时，它们以自下而上的方式提供了单词水平的信息。这提供了你的朋友所说单词的几种可能。然后自上而下的加工开始发挥作用，根据整句话的情境，你推断出 dog 是最可能的单词。但是当整个过程——对候选词自下而上的辨认和自上而

生活中的批判性思维

司机在使用手机时会分心吗

在你所生活的地方，在开车时使用某些类型的手机可能已经违法了。你也许对此类限制的必要性已经有了特别的看法。研究者的目的是提供数据，以使人们了解是什么经常激起对于该问题的公众政策的争论。大部分研究集中于使用手机对感知的影响。具体来说，研究者评估了司机同时集中注意于电话和驾驶环境的能力（Strayer & Drews, 2007）。

考虑这样一个研究，参与者在高度仿真的驾驶模拟器中驾驶穿过郊区环境（Strayer et al., 2003）。模拟器要求参与者施展一整套的一般驾驶技能（包括加速、保持速度和刹车）。每个参与者都有两种不同的驾驶体验。在一半的时间，参与者只执行导引路线的单一任务。在其他的时间，参与者还参与第二个任务：他们在驾驶时就各种日常话题打免提电话。所有的时间内，参与者驾驶的路上都有一些广告牌。在实验的最后，测试他们对这些广告牌的记忆，这些测试是他们没有预料到的。当参与者只是在驾驶时，他们识别出了 15 块广告牌中的 6.9 块；当参与者还在打电话交谈时，他们只识别出了 3.9 块。

让我们试着确定注意在这个结果中所起的作用。对于为什么参与者在交谈时记忆会变差，存在两个合理的解释：他们可能根本没有看到广告牌，或者他们看到了广告牌但是没有注意它们。为了理解后一个解释，抬头看看你周围的空间。当你盯着某一方向看时，你能看到很多物体，但是为了获得细节信息，你必须把注意直接集中在一个物体上。

在驾驶实验中，研究者测量了参与者的眼动，以精确地测定他们在看哪里。实际上，参与者在同时交谈和不交谈时看每一块广告牌的可能性是相同的，甚至他们看的时间都是一样的。损害参与者记忆的似乎是他们看了广告牌但实际上没有对其集中注意。研究者进行了相似的实验，实验中参与者在路上驾驶真正的汽车（Harbluk et al., 2007）。研究得出了相同的有力结论：电话交谈会将司机的注意从驾驶环境中转移开来。此外，这项研究还证明了注意转移对行为的影响：最分心的司机也必须执行最“紧急的刹车”。

一些人对此结果感到惊讶，因为他们认为交谈和注意视觉环境是两个完全不同的心理活动。实际上，执行这两个任务的是大脑的不同脑区。考虑这样一个实验，参与者在模拟驾驶时对其进行 fMRI 扫描（Just et al.,2008）。与我们描述过的研究相似，参与者要么只是驾驶，要么驾驶同时从事语言加工。参与者在只驾驶时，与空间加工有关的顶叶区域表现出大量的活动。然而，当参与者还需要执行语言任务时，这些顶叶区的活动减少 37%。语言任务显然对大脑产生了充分的需求，而留给空间任务的资源就不足了。

这些研究能够说服你应该劝阻人们在驾驶时使用免提电话吗？你还想看到其他什么数据？

- 为什么研究者选择了这样的实验设计，即每一个参与者同时执行单任务和双重任务？
- 伦理因素如何限制了研究者对此问题能够实施的研究种类？

下的选择——发生得足够迅速时，你就不会意识到 /d/ 的丢失，而是觉得听到了完整的单词（Samuel, 1997）。下次在吵闹的环境中，你会因为自己的知觉加工过程如此有效而庆幸！

情境和期望的影响

知觉的主要目的是获得对外界的准确“定位”。生存依赖于对环境中客体和事件的准确知觉：树丛中移动的是老虎吗？然而，在很多情况下，对于世界中刺激的特性，

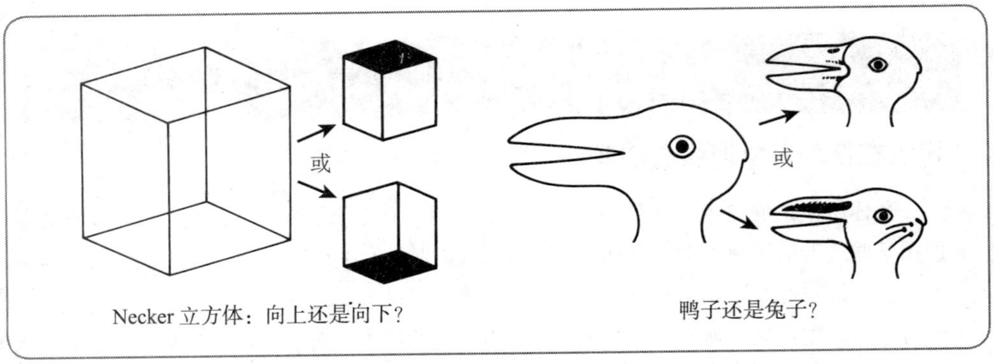

图 4.37
知觉模糊
每一个例子都有两种解释，但是你在同一时刻不会同时体验。你是否注意到自己的知觉在两种可能性间来回变换？

自下而上的感知过程会带给你不止一种假设，或者在一些情况下，根本没有特别恰当的假设。在这样的情况下，你的自上而下过程利用情境和期望来帮助你对世界中的事物获得清晰的认识。

图 4.37 提供了相同的感觉信息允许有两种解释的两个例子。这两个例子是两可图形。**模糊性**（ambiguity）是理解知觉的一个重要概念，因为它表明在感觉水平上单一的图像在知觉上可能有多种解释。盯住每一个图形看，直到你能得出两种解释。注意，一旦你看出两种解释，你的知觉就会在二种解释之间来回变换。

许多卓越的艺术家都把知觉模糊性作为其作品中的创造性手段。**图 4.38** 是萨尔瓦多・达利的作品《奴隶市场和消失的伏尔泰半身像》。这件作品揭示了复杂的模糊性，作品的一部分必须经过彻底的再组织和再解释才能被知觉成法国哲学家伏尔泰的半身像。拱门下的白色天空是伏尔泰的前额和头发，两位女士服装上白色的部分是他的两颊、鼻子和下巴。（如果你觉得看到他有困难，可伸直胳膊拿书或摘下眼镜。）然而，一旦你看出画中伏尔泰的半身像，你就总能看出这个法国人藏在哪里。

当环境提供了模糊的信息时，你利用情境信息和在先的期望来帮助你得出特定的解释。你的识别会依赖于你所知道的、你在哪里以及你在周围所看到的其他事物而各不相同。看看下面的单词：

THE CAT

是不是 THE CAT？然后再看看各个单词中间的字母。它们的物理特性完全是一样的，但是在第一个单词中，你将它识别为 H，而在第二个单词中则将它识别为 A。为什么？很明显是你的英语知识影响了你的知觉。在 T_E 构成的情境，那个字母更可能是 H 而不是 A，而 C_T 所构成的情境则相反（Selfridge, 1955）。

图 4.38 **艺术中的模糊性**
上图是萨尔瓦多・达利的作品《奴隶市场和消失的伏尔泰半身像》。你能发现伏尔泰吗？达利是众多在作品中使用模糊性的现代艺术家之一。（见彩插）

在一些情况下，你需要更加努力地利用情境信息。看一下**图 4.39**，你认为它是什么？假如我们告诉你，这是我们邻居后院的图景，表现的是他的达尔马提亚狗在一棵树的四周嗅来嗅去。现在你可以看到一只狗了吗？（这只狗的鼻子大约在图片的正中央。）为了感知到达尔马提亚狗，你需要自上而下地使用来自记忆的信息。如果你过去没有关于犬嗅的经验，你很可能永远无法对这个场景产生明确的感知。

情境和期望在你的日常生活中扮演着重要的角色。你是

图 4.39 **模糊图形**

你在图中看到了什么？

资料来源：Reprinted with permission from Irwin Rock, *The Logic of Perception*. Cambridge, MA, The MIT Press. Copyright © 1983.

否曾经有过这种经历：发现你认识的人出现在你不期而遇的地方，比如另一个城市或另一个社交团体里？在这种情况下，你需要更长的时间去识别他们，有时你甚至不敢相信他们就是你认识的人。这并非因为他们的样子变了，而是他们出现的情境是你期望之外的。识别客体的空间和时间情境是一种重要的信息来源，因为从这些情境中，你产生一些期望，期望哪些东西你可能见到，哪些你不可能见到。

研究者经常通过研究定势来证明情境和期望对知觉（和反应）的影响。**定势**（set）是一种暂时的准备状态，使你以某种特定的方式对某刺激进行知觉或反应。定势分为运动定势、心理定势、知觉定势三种。*运动定势*是指个体做出预设的快速反应的准备状态。一个赛跑运动员被训练得具有很好的运动定势，就是在听到发令枪声后尽可能快地起跑。*心理定势*是个体根据习得的规则、说明、期望或习惯倾向来应对情境的准备状态，比如问题解决任务或游戏。当原来的规则在新的情境中不适用时，心理定势实际上会妨碍你解决问题，这一点在第 9 章中也会讲到。*知觉定势*是指在既定情境中知觉到特定刺激的准备状态。例如，初为人母者常常会有一种知觉定势，就是总觉得听到了她孩子的哭声。

定势常常会引导你改变对两可刺激的解释。比如下面两列单词：

FOX; OWL; SNAKE; TURKEY; SWAN; D?VE
BOB; RAY; TONY; BILL; HENRY; D?VE

当你读以上两列单词时，你会认为两个 D?VE 分别是什么？如果你认为第一个应该是 DOVE，而第二个应该是 DAVE，那么这是因为两列单词让你产生了一种定势，从而引导你以特定方式在记忆中寻找合适的词。

情境对知觉的影响需要你以某种形式组织记忆，以便与特定情境相联系的信息在特定时间能够被利用。换句话说，要产生适当或不适当的预期，你必须利用储存在记忆中的知识。有时候，你利用记忆“看到”的东西和用眼睛看到的一样多。在第 7 章中，我们将讨论记忆的一些特性，记忆使得情境影响知觉成为可能。

最后的复习

为了巩固所有你在这一章中所学到的知识，请回头看看图 4.2 的流程图，你现在已经具备了必要的知识来理解整个流程图。图 4.2 也可以向你证明知觉研究的重要成果，那就是对某个刺激事件的知觉反应是人的整体反应。除了你的感觉器官接受的信息以外，你对刺激物的最终知觉还依赖于你是谁，你和谁在一起，以及你的期望、需求和价值观。一个知觉者通常要扮演两个不同的角色，就是赌徒和内部设计者。作为一个赌徒，知觉者打赌现在所看到的东西能够用以前掌握的知识和个人经验来解释。作为一个内部设计者，知觉者在坚持不懈地重新安排各种刺激，使得它们更加协调和连贯。为了获得清晰而一致的知觉，你必须拒绝不协调和混乱的知觉。

如果知觉完全是自下而上的过程，那么你会被此时此地平常而具体的相同事实所约束。你可以记住你的经验，但是对未来没有什么用处，在不同的环境下你看到的世界是不同的。然而，如果知觉加工只有自上而下的过程，那么你会迷失在你所想象和期望的世界中。两种加工过程的适当平衡才能完成基本的知觉目标：以生物存在和社会存在的需求方式去体验外部世界，调整并适应你的自然和社会环境。

STOP 停下来检查一下

❶ 音素重建为什么是一个自上而下加工的例子？

❷ 什么造成了刺激的模糊性？

❸ 定势是什么？

要点重述

关于世界的感觉知识

- 知觉的任务是从包含近距（感觉）刺激的信息中确定远距（外界）刺激是什么。
- 心理物理学探究人们对于物理刺激的心理反应。研究者测量的是绝对阈限和刺激之间的最小可觉差。
- 信号检测论使研究者可以将感受性从反应偏差中分离出来。
- 心理物理学的研究者通过数学方程理解了物理强度和心理效应之间的关系。
- 感觉将刺激的物理能量通过换能转换成神经编码。

视觉系统

- 视网膜上的光学感受器即杆体细胞和锥体细胞将光能转换成神经冲动。
- 视网膜上的神经节细胞将感受器和双极细胞上的输入整合起来，它们的轴突形成在视交叉处汇合的视神经。
- 视觉信息传递到大脑的许多不同区域，它们分别处理视觉环境的不同方面，例如事物看起来是怎样的或它们在哪里。
- 光的波长是颜色的刺激物。
- 颜色感觉有色调、饱和度以及明度之分。
- 颜色视觉理论将三原色理论和拮抗加工理论结合起来。

听觉

- 听觉是由不同频率、振幅和复杂度的声波产生的。
- 在耳蜗中，声波被转换成流动波而使基底膜发生振动。基底膜上的毛细胞刺激神经末梢产生了传向听皮层的神经冲动。
- 地点说能够很好地解释高频率声波的编码，频率说能够很好地解释低频率声波的编码。
- 存在两种神经机制，它们分别通过计算到达两耳的声音的相对强度和相对时间来确定声音传来的方向。

其他感觉

- 嗅觉和味觉对物质的化学特性起反应，当人们寻找和选择食物时它们往往同时起作用。
- 嗅觉是由鼻道深处的嗅觉敏感细胞完成的。
- 舌乳头中的味蕾是味觉感受器。
- 肤觉使人们产生了压力和温度的感觉。
- 前庭觉为人们提供了身体运动方向和速度的信息。
- 动觉为人们提供了关于身体不同部分所处位置的信息，它有助于协调运动。
- 痛觉是身体对于潜在的危险刺激的反应。
- 对疼痛的生理反应包括疼痛刺激部位的感觉反应和在大脑和脊髓之间传送的神经冲动。

知觉的组织过程

- 知觉加工把感觉信息组织为连贯的图形并让你产生对客体和图形的知觉。
- 你的个人目标和客体特性都可以决定你注意的焦点。
- 格式塔心理学家提出了知觉组织的原则，包括接近律、相似律、连续律、闭合律以及共同命运律。
- 知觉过程整合了空间和时间信息以解释环境。
- 双眼线索、运动线索和图示线索都能产生对深度的知觉。
- 你倾向于将客体知觉为拥有稳定的大小、形状和亮度。
- 关于感知错觉的知识能够对一般的知觉加工产生限制。

辨认与识别过程

- 在知觉的最后阶段——辨认与识别客体——人们通过自上而下的加工和自下而上的加工来为知觉对象赋予意义。
- 当相同的感觉信息可以被组织为不同的知觉对象时，会产生模糊现象。
- 情境、期望以及知觉定势都可能会将不完整或模糊刺激的识别引向某一方向，而不是另一个同等可能的方向。

关键术语

绝对阈限
调节
无长突细胞
模糊性
注意
听神经
基底膜
单眼深度线索
自下而上的加工
明度
耳蜗
互补色
锥体细胞
视轴辐合
肤觉
暗适应
差别阈限
远距刺激
中央凹
频率说
神经节细胞
门控理论
格式塔心理学
目标指向选择
味觉
水平细胞
色调
辨认与识别
错觉
最小可觉差（JND）
晶状体
动觉
亮度恒常性
响度
双眼深度线索
运动视差
嗅觉
嗅球
拮抗加工理论
视神经
痛觉
知觉
知觉恒常性
知觉组织
信息素
Φ 现象
光感受器
音高
地点说
近距刺激
心理测量函数
心理物理学
瞳孔
感受野
反应偏差
视网膜
视网膜像差
杆体细胞
饱和度
感觉
感觉适应
感受器
定势
形状恒常性
信号检测论
大小恒常性
声音定位
刺激驱动捕获
音色
自上而下的加工
换能
三原色理论
前庭觉
齐射原理
韦伯定律

5

心理、意识和其他状态

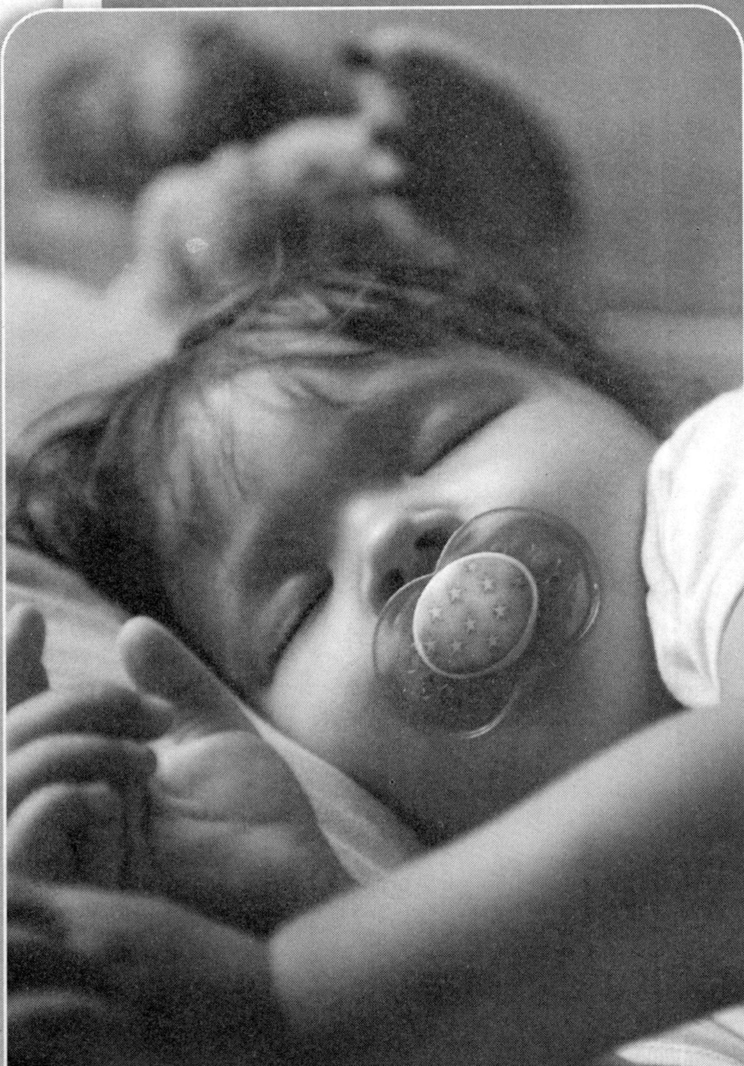

当你开始阅读这一章时，请花点时间想想过去你特别中意的一件事；然后想一想接下来的一天里你希望什么事情发生。这些关于过去的记忆在哪儿？预测将来的来源和去处在哪儿？对于刚刚开始学习心理学的你来说，虽然在你的大脑中显然已经储存了大量的信息，但现在就要求你回答“心理”所拥有的想法是不太可能的。你也许很自然地认为想法直接到达了你的意识，但它们来自那些并不在你意识中的大脑的某些部位。这些特定的想法是怎么进入心理层面的？你实际考虑过对于未来的不同记忆或选择吗？也就是说，你意识到你做了一个选择吗？还是这些想法刚刚出现——实际上经过一些无意识的选择——就不知不觉进入到你的意识中了呢？

这些问题构成了第 5 章的主题。我们将从讨论日常意识的内容和功能开始。我们提出，意识既有助于生存，也让你认识到你是谁和你在世界中的合适位置。之后，我们将转向从觉醒到睡眠的昼夜周期中的意识变化。我们还将考察西方文化和非西方文化中对梦的看法。最后，我们讨论人们有意改变意识状态的许多例子，比如冥想和摄入改变意识的药物。对于所有这些主题，我们都会探讨研究者所使用的方法，以便科学地研究心理的各个方面。我们将描述研究者如何学会将内部的过程外化，将个人的过程解释给公众，并准确地测量主观经验。

意识的内容

首先，我们必须承认，**意识**（consciousness）这个术语具有模糊性。我们可以用这个术语来表示一般的心理状态或其特殊的内容：有时你说你是“有意识的”，这是相对于“无意识”（例如，处于麻醉或睡眠状态下）而言的；另外一些时候，你说你是有意识的，是对某些信息或反应的*觉知*。事实上，这些说法里有某种一致性，即为了意识到任何特定信息，你必须是有意识的。本章中，当我们讲到意识的*内容*时，指的就是你觉知到的信息部分。

觉知和意识

最早的一些心理学研究中就已经涉及了意识的内容。19 世纪初叶，心理学逐渐从哲学中分离出来，成为一门真正研究心理的科学。冯特和铁钦纳使用内省的方法探索意识心理的内容，詹姆士观察到他自己的意识流（见第 1 章）。事实上，在其 1892 年出版的经典教科书《心理学》的第一页，詹姆士就认可了对心理学的这样一个定义：*“对意识状态的解释和描述”*。

清醒时的意识通常包括那个时刻的知觉、思维、情感、意象和欲望，即你正集中注意力的所有的心理活动。你既意识到你正在做的事情，也意识到你正在做这个事实。有时，你会意识到他人正在观察、评价和回应你正在做的事情。*自我感*就是来自于从这个“局内人”的立场出发观察你自己的经验。总之，这些不同的心理活动构成了意识的内容——在特定时刻你有意识地觉知到的所有经验（Legrand, 2007）。

我们已经界定了你在特定地点和时间可能意识到的一般的信息类型，但是什么决定你现在意识到的内容呢？例如，你意识到你刚才在呼吸吗？也许没有；呼吸的控制是*非意识过程*的一部分。你在想你上一个假期中的经历，或者有关*《哈姆雷特》*的作者吗？也许还是没有；对这种思维的控制是*前意识记忆*部分。你觉察到背景噪声了吗，比如钟表的滴答声、交通噪声或荧光灯的嗡嗡声？如果你将全部注意放在

为什么自我觉知被认为是意识中的一个非常重要的方面?

了理解本章材料的含义上，你就很难觉知到所有这些噪声；这些刺激是*未被注意的信息*部分。最后，还有一些信息可能是*无意识的*——不易接近的意识觉知——比如使你理解这个句子的一套语法规则。下面，我们来考察一下这些觉知的各种类型。

非意识过程 一些躯体活动在**非意识**（nonconscious）的范围内，很少进入意识。一个非意识过程的例子是血压的调节。你的神经系统监控着生理信息，一直侦测生理的变化并做出反应，但你并不觉知。某些时候，一些通常是非意识的活动可以有意识地进行：例如，你可以有意识地控制你的呼吸模式。尽管如此，你的神经系统在没有意识资源的参与下就能管理许多重要的功能。

前意识记忆 只有在你注意到之后才能到达意识的记忆称为**前意识记忆**（preconscious memories）。记忆的储藏室里充满了大量的信息，比如你关于语言、运动或地理的一般知识，以及你个人经历过的事件的集合。前意识记忆在你心理的背景上默默地起作用，直到一个需要意识的情境出现（比如当要求你想一件过去你特别中意的事情时）。我们会在第 7 章对记忆进行详细讨论。

未被注意的信息 在任何时候，你都被大量的刺激所包围。就像我们在第 4 章中所描述的，你可以将你的注意只集中在一小部分刺激上。你所注意的事件及其唤起的记忆将决定意识的范围。研究者仍然想知道人们对未被意识注意的知觉信息的加工程度。一个经典的假设是由**唐纳德·布罗德本特**（Broadbent, 1958）阐述的，他提出心理只有*有限的能力*来执行全部的加工。在他看来，人们对未被注意的刺激进行了

在任何给定的时间，对你的工作、你的父母，或你那只饥饿的宠物的考虑也许一直在你的意识水平下，直到某件事情发生，将你的注意集中到这些主题中的一个。为什么认为这些记忆是前意识的，而不是无意识的?

加工，但加工的程度未达到使他们可以识别出这些刺激的那个点。一些研究者报告了与这个观点相反的现象。考虑*鸡尾酒会现象*：人们经常报告在一个喧闹的房间里，即使在聊天的时候也能听到有人提到他们的名字。实验室研究已经证明，在未被注意的信息中人们尤其容易注意自己的名字（Wood & Cowan, 1995）。然而，其他研究者批评了这些研究，提出参与者实际上对“未被注意”的信息分配了一些注意。总体而言，证据表明布罗德本特是正确的：人们需要意识注意来识别环境中的景象和声音等等（Lachter et al., 2004）。

无意识 当你无法用你的意识来解释你的某些行为时，你才会认识到*无意识*信息的存在。弗洛伊德最先提出了有关无意识力量的理论，他主张某些意识经验——创伤性记忆和禁忌的欲望——如此具有威胁性，以至于某些特殊的心理过程（我们将在第 13 章详细说明）将它们一直排除在意识之外。弗洛伊德相信，当这些不可被接受的想法或动机受到*压抑*——排除在意识之外——与这些想法联系在一起的强烈情感仍然存在并影响着行为。弗洛伊德关于无意识的“发现”与西方思想长期以来的传统相悖。自从英国哲学家洛克（Locke，1690/1975）撰写关于心理的经典论著《人类理解论》以来，大多数思想家坚定地相信，理性的人类可以接近所有他们自己的心理活动。弗洛伊德关于存在无意识心理过程的这一最初假设，被他的同时代学者认为是不能容忍的（Dennett, 1987）。（我们在第 13 章讨论每个人独特人格的起源时，会再次论述弗洛伊德的思想。）

比起弗洛伊德提到的必须被压抑的那些想法，现在许多心理学家使用*无意识*这个词所指代的信息和过程要温和得多（McGovern & Baars, 2007）。例如，许多一般语言加工类型依赖于无意识加工。考虑这样一个句子（Vu et al., 2000）：

She investigated the bark.

你怎么解释这个句子？你是描述某个女人正在寻找一条狗还是查看一棵树？因为 *bark* 一词有多个含义，这个句子的上下文几乎没有提供任何帮助，你只能猜测作者想说什么。现在在一个稍大的语境下考虑同样的句子：

The botanist looked for a fungus. She investigated the bark.

你发现这个句子在这个语境下更容易理解了吗？如果是这样，这是因为你的无意识语言加工使用语境在 *bark* 的两个意思之间做了一个迅速的选择。

通过这个例子，我们说明了无意识水平之下的操作过程经常影响你的行为——在这种情况下，它使你很容易对这个句子有一个明确的理解。于是，我们已经从讨论意识的内容，不知不觉地转到了对意识功能的讨论。然而，在继续详细地讨论这个主题之前，我们简要论述研究意识内容的两条途径。

研究意识的内容

为了研究意识，研究者已经设计了一些方法，以使得深层的个人经验能够得到外显测量。一种方法是冯特和铁钦纳实践过的内省法的新变式。要求实验参与者在进行各种复杂任务时大声说出解决过程。他们尽可能详细地报告在完成任务时所经历的思维序列。参与者的这种报告被称为*出声思维报告*（think-aloud protocols），用于说明参与者完成任务时的心理策略和知识表征。例如，研究者通过收集出声思维报告来理解专家和新手用以判断产品设计的不同策略（Locher et al.,2008）。

在经验抽样法（experience-sampling method）中，参与者提供关于他们在日常生活正常进程中的想法和感受的信息（Hektner et al., 2007）。在经验抽样研究中，参与者经常佩戴一些装置，当它发出信号时，他们就报告意识中的内容。例如，在一种方法中，参与者戴着无线传呼机，在一个星期或更长的时间里，无线电发射机在每天的随机时间激活这个传呼机。只要传呼机发出信号，就要求参与者回答这样一些问题，如“目前你专注的程度如何？”通过这种方法，研究者可以对参与者在日常生活中思维、意识和注意的集中程度进行跟踪记录（Hektner & Csikszentmihalyi, 2002）。下面这个例子中，研究者使用掌上电脑来获取经验样本。

表 5.1　人们想法中比较的类型

类型	例子
社会	“我篮球比汤姆打得好。”
反事实	“如果我能早点动身，可能就准时到这里了。”
当前—过去	“我在高中时睡眠更多。”
当前—未来	“我的妹妹正要开始交些新朋友。”

资料来源：A. Summerville & N. J. Roese, Dare to compare: Fact-based versus simulation-based comparison in daily life, *Journal of Experimental Social Psychology*, 44, pp. 664–671, Copyright (2008), with permission from Elsevier.

研究者希望确定，人们是否经常对他们的当前现状与其他的可能性进行比较（Summerville & Roese, 2007）。在两个星期内，掌上电脑每天向 34 名参与者随机发出 7 次信号，让他们报告此刻正在想什么。如果他们的思想集中在比较上，参与者就把这些想法放在如**表 5.1** 所示的类别中。研究者发现 12% 的想法都与比较有关，他们提到，“考虑到心理体验的丰富多样，这个比例之大是惊人的”（p.668）。比较在表 5.1 的四个类别中是平均分布的。而且，当参与者的想法转向改变过去（反事实比较）或思忖未来（当前—未来比较）时，他们最常想到境况本会是怎样或仍然会变好。

你曾留意这些类型的比较经常进入你的意识吗？经验抽样法使得研究者能够对人们如何思考他们的生活以及思考的内容提供细致入微的报告。

如果你环顾一下你现在所在的房间，你会发现在这个环境中有很多客体之前并不是你的意识内容的一部分。你也可以回顾一下你的记忆，你会发现除了你目前有意识关注的信息以外，还存储着多少记忆。像出声思维报告和经验抽样这样的技术，使得研究者可以研究在特定时间和特定任务下，所有可能的信息中哪一部分进入了个体的意识之中。

STOP 停下来检查一下

❶ 前意识记忆是什么意思？

❷ 对于无意识中的信息，弗洛伊德的观点是什么？

❸ 研究者是如何应用出声思维报告的？

批判性思考：回忆关于比较的研究。为什么在随机的时间获取经验样本很重要？

意识的功能

当我们提出意识的功能问题时，就是在试图理解为什么我们需要意识——它给我们人类的经验增加了什么？在这一节，我们会描述意识对于人类生存和社会功能的重要性。

意识的作用

人类意识是在其演化环境中与最敌对的力量（其他人类个体）的竞争中铸造出来的。我们祖先的社会性最初也许只是一组对抗捕猎者的防御措施和一种开发资源的更有效手段，最终逐渐演化成为人类心理。然而，紧密的群体生活又产生了新的要求，即与其他人类个体既合作又竞争的能力。自然选择有利于那些能够思考、计划和想象各种现实情况的个体，他们有能力促进与亲属的联结并战胜对手。那些发展出语言和工具的个体获得了巨大奖励，而其最适应环境的心理特征也被我们幸运地继承了下来（Terrace & Metcalfe, 2005）。

由于意识的演化，你就不会因为它有助于物种生存而感到惊讶了（Bering & Bjorklund, 2007）。同时，意识在个人和文化分享的现实建构中也起到了重要的作用。

帮助生存　从生物学的观点来看，因为意识帮助个体理解环境信息，并利用这些信息计划最适宜而有效的行动，所以它才可能进化。很多时候，你会面临感觉信息负荷过大的情况。威廉·詹姆士将大量信息轰击感受器描述为“嘈杂的嗡嗡声”从四面八方向你袭来。意识可以通过三种方式厘清这种极大的混乱，帮助你适应环境。

首先，意识限制你察觉和注意的范围，从而减少刺激的输入。你可以回顾一下第4章讨论注意时的意识限制机制。意识帮助你滤除了与你即刻目标无关的大量信息。假设你决定出去散步以享受春天的时光，你会注意到树在发芽、鸟在鸣唱，还有孩子们在玩耍。如果这时出现了一只咆哮的狗，你会评估危险，利用意识把注意限定在这只狗上。这种限制机制也适用于你提取自己内部存储的信息。在本章开头，当要求你回忆最美好的一件往事时，你使用意识来把自己的注意集中在过去的一件事情上。

意识的第二个功能是选择性储存。即便在你有意识地注意的信息中，也不是所有的信息都与你要做的事情有关。在你遇到那只咆哮的狗后，你可能会停下来考虑，“我要记住下次不再从这儿走”。意识允许你选择性地储存你想要分析、解释并对将来起作用的刺激。通过选择一些事件和经验而忽视另外一些，意识允许你将事件和经验按照个人的需要分成相关的和无关的。当我们在第 7 章讨论记忆过程时，你会发现并不是所有的记忆都需要意识过程的参与。不过，有意识的记忆与其他类型的记忆相比具有不同的特性，并且涉及的脑区也不同。

意识的第三个功能是让你停止下来，基于过去的知识思考可替代的方案和想象各种可能的结果。这种计划功能使你能够压抑那些与道德、伦理和现实考量冲突的强烈愿望。有了意识的这种功能，你在下次散步时就会计划路线以避开那只咆哮的狗。由于意识给予你广阔的时间观念去计划可能的行动，因此你可以唤起过去和将来的抽象表征来影响你当前的决策。基于所有这些原因，意识赋予你极大的潜能，对你生活中多变的需求做出灵活恰当的反应。

对现实的个人和文化建构 不会有两个人以绝对相同的方式解释一种情境（Higgins & Pittman, 2008）。你对现实的个人建构，是你基于你的一般知识、过去经验的记忆、当前的需要、价值、信念和未来目标，从而对当前情境做出的独特解释。因为每个人对现实的个人建构已经在对独特输入的选择中形成，所以他会更加注意刺激环境中的某些特征。当你对现实的个人建构保持相对稳定时，你的自我感就具有了较长一段时间上的连续性。

当人们在不同的文化中成长，生活在同一文化的不同环境下或面临不同的生存任务时，对现实的个人建构的个体差异会更大。反之亦然——因为同一文化中的人们拥有许多共同的经验，他们经常具有相似的现实建构。现实的文化建构是由一组特定人群的多数成员所共有的思考世界的方式。当社会中的一个成员发展了一种与文化建构相适应的现实的个人建构，它会被文化所肯定，同时也肯定文化建构。你已经看过一个文化影响现实建构的例子了：与即时测量的结果无关，亚洲学生在回顾测量中报告的心境积极水平要比欧裔美国学生低。在第 13 章中，我们会更全面地讨论个体自我和文化自我之间的关系。

研究意识的功能

人们的行为既经常受到意识过程的影响，也常常受到无意识过程的影响。意识的许多功能都包含与无意识状态的内隐比较。也就是说，意识过程经常影响无意识过程或受到无意识过程的影响。为了研究意识的功能，研究者往往开展研究来说明意识过程和无意识过程的不同结果（McGovern & Baars, 2007）。

例如，研究者认为人们利用无意识过程或意识过程来影响生活中的许多决定（Evans, 2008）。依赖于他们所使用的过程系统，人们的反应可能大不相同。考虑道德推理领域（我们将在第 10 章回到这一主题）。你对经典的“哭泣婴儿”困境如何反应，“你必须决定是否闷死自己的婴儿以避免敌军士兵发现和杀死自己、婴儿和其他人”（Greene et al., 2008, p.1147）。当人们面对这个困境时，他们心底的反应——无意识过程的结果——是他们无论如何不会闷死自己的孩子。然而，当人们有意识地对这个问题深思熟虑后，他们通常决定他们必须做出牺牲以拯救更多的人。

为了证明这一转变反映了意识过程的使用，研究者让参与者在两个不同的情境中考虑这类困境（Greene et al., 2008）。在一种条件下，参与者在电脑屏幕上阅读这个困境，然后尽快地对某种可能的反应（如“为了救你自己和其他人，对你来说闷死自己的孩子是恰当的吗？”）做出“是”和“否”的判断。在第二种条件下，参与者也阅读困境并做出反应。然而，他们同时还必须监视一串在电脑屏幕上滚动的数字，每当看到数字 5 时按下按钮。第二个任务的目的是使参与者的意识过程超过负荷。同时进行的任务应该让他们很难使用意识过程来对道德困境做出推理。实际上，当参与者受到额外的负荷时，他们花了更长的时间对代表意识推理的道德困境做出“是”的回答。因此，研究意识功能的一种方式就是证明当意识过程不能正常运作时，人们的反应会如何变化。

另一种研究意识的方式是考察在你每天从事的各种任务中，哪些是需要意识干预的。比如，现在你放下书，在你的房间中找一个红色的物体。假设在你的房间里确实有一个红色的物体。大多数时候，你会觉得你的视线被那个物体吸引而不需要任何意识努力。研究已经证实，人们可以在不需要意识注意或者很少意识注意的情况下搜索物体的基本特征，如颜色、形状和大小（Wolfe, 2003）。再假设你现在来寻

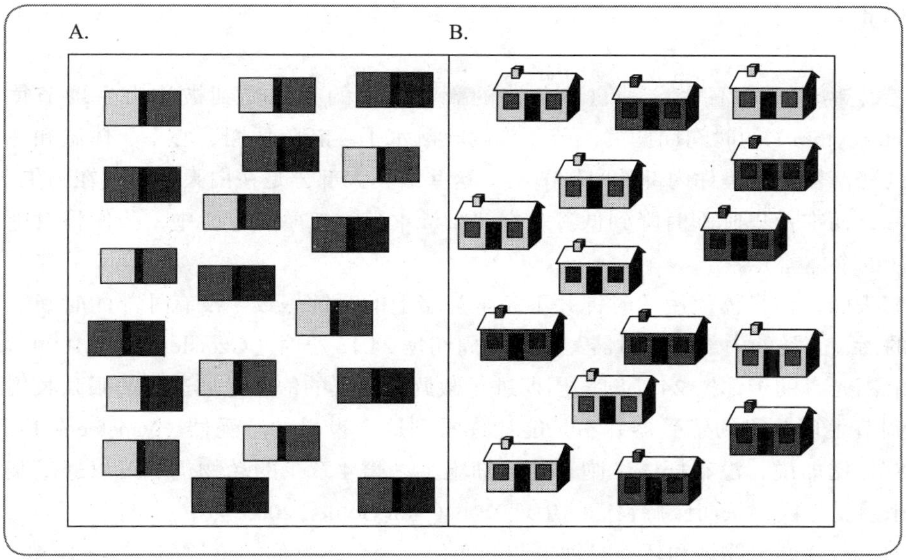

图 5.1

寻找两种颜色的连接体

（A）找到有黄色和蓝色的物体。（B）找到有蓝色窗户的黄色房子。（A）当颜色的连接发生在一个目标的两个部分之间时，寻找的效率是很低的。（B）然而，当颜色的连接发生在整体目标及其某一部分之间时，寻找就容易得多了。（见彩插）

资料来源：Adapted with permission from Jerome Kuhl, from Features and objects in visual processing, by Anne Triesman, *Scientific American*, November 1986, p. 116.

找一个既有红色又有蓝色的物体。如果你试着去寻找，你就会发现这次需要较多的意识活动。在大多数情况下，搜索两个特征的组合需要使用意识注意。

我们再提供另外一个关于使用意识注意的例子，见**图 5.1**。在 A 部分，试试寻找有黄色和蓝色的物体。在 B 部分试试寻找有蓝色窗户的黄色房子。是不是第二个任务更加容易些呢？当两种颜色被组织成整体和部分的关系时，选择就会较少受到图片中其他物体的影响（Wolfe et al., 1994）。你能感觉到当要求寻找有黄色和蓝色的物体时，你需要更多的意识注意吗？通过这样的研究，研究者对意识发挥作用的环境整合出了一个完整的认识。

我们已经看到怎样界定和研究意识的内容和功能。现在我们转向意识的常规变式，然后是意识的超常变式。

STOP 停下来检查一下

❶ 意识的选择性存储功能是什么？

❷ 什么是现实的文化构建？

❸ 意识在视觉搜索中起着什么作用？

睡眠与梦

在你的生活中，你的意识几乎每天都会发生相当深刻的变化：当你决定结束一天的时候，你会进入睡眠——当你睡觉的时候，你肯定会做梦。你生命的 1/3 时间是在睡眠中度过的，睡眠的时候你的肌肉处于“良性麻痹”状态，你的大脑充满了各种活动。本节我们首先来看看睡眠觉醒的一般生理节律，然后直接关注睡眠的生理学。最后，我们考察伴随睡眠的主要心理活动——做梦，探讨梦在人类心理学中所起的作用。

生理节律

所有生物都受到昼夜这种自然节律的影响。你的身体受到被称为**生理节律**（circadian rhythm）的时间周期的调节：你的唤醒水平、新陈代谢、心率、体温和激素活动的涨落依照的是你内部的时钟节奏。这些活动大部分是在白天（通常在下午）达到顶峰，而在夜里睡眠时降到低谷。在“生活中的心理学”专栏中，我们将讨论生理节律的个体差异。

研究表明，你身体使用的时钟并不完全与墙上的时钟一致：没有外部的时间线索矫正的话，人类的内部“定时器”设定的周期是 24.18 小时（Czeisler et al., 1999）。每天接触阳光有助于你按 24 小时的周期进行微调。阳光的信息是通过你的眼睛收集的，但调节生理节律的感受器并不是能让你看到这个世界的感受器（Vansteensel et al., 2008）。比如说，没有杆体细胞和锥体细胞（见第 4 章）的动物仍然可以通过某种方式来感受光线，从而保持它们的生理节律（Van Gelder, 2003）。

任何引起你的生物钟和环境时钟失调的变化，都会影响你的感觉和行动（Blatter & Cajochen, 2007）。例如，上夜班的人经常会体验到生理和认知上的困难，因为他们的生理节律被扰乱了（Boivin et al., 2007）。即使长期上夜班，大多数人还是不能调整他们的生理节律以克服这些负面效应（Folkard, 2008）。当人们跨时区飞行时，个体可能会经历*时差*，在这种情况下人会感到疲劳、不可抗拒的嗜睡，以及随后与平常不同的睡眠—觉醒时间表。时差的发生是因为内部生理节律与正常的时间环境不协调（Waterhouse et al., 2007）。例如，你的身体说现在是凌晨两点，因而是许多生理指标的低谷，但当地时间却要求你的举动仿佛是在正午时分。

什么变量影响时差？旅行的方向和跨越时区的数目是最重要的变量。向东飞行比向西飞行会造成更大的时差。这是因为与缩短相比，你的生物钟更易于延长，而向东旅行需要缩短生物钟。（你更容易维持清醒，而不是提前入睡。）当健康的志愿者在欧洲和美国之间往返时，他们在标准任务中的最佳表现是在向西飞行后的 2~4 天内达到，而向东飞行则要 9 天以后才能达到（Klein & Wegmann, 1974）。

如果你曾遭受过时差的痛苦，你可能得到过服用*褪黑激素*的建议。褪黑激素作用于大脑，有助于调节你的觉醒和睡眠周期。为了证明摄入外来的褪黑激素有助于克服时差，研究者对跨几个时区（如从伦敦到旧金山）飞行的人进行了研究。总体而言，研究表明人们在长距离飞行后服用褪黑激素体验到的睡眠困扰更少（Arendt & Skene, 2005）。来自数个研究的总体建议是：旅行者应该在新时区的睡觉时间服用褪黑激素，并且在飞行当天和接下来的四五天持续服用（Pandi-Perumal et al., 2007）。但请注意，几乎没有证据表明褪黑激素有助于缓解中途短暂停留的时差。研究者还证明，褪黑激素有可能帮助夜班工作者调整他们的睡眠和觉醒周期（Pandi-Perumal et al., 2007）。

生理节律还受到暴露于光的强烈影响。正因如此，研究者开始探索通过让人们暴露于光照之下来帮助他们调整生理节律的可能性。这些干预措施通常被证明对夜班工作者是有效的（Fahey & Zee, 2006）。例如，夜班工作者经常遭遇在工作时无法集中注意的困难。在一个研究中，参与者体验几个小时的亮光来帮助他们向夜班转换（Santhi et al., 2008）。光的处理方式有助于减少参与者注意表现的负面效应。

生活中的心理学

你是晨鸟型还是夜猫子型

我们在介绍生理节律的概念时，提到了一天中身体的重要生理功能如唤醒水平、新陈代谢、心率和体温会经历变化。尽管这些昼夜节律在每个人身上都是确实存在的，但具体的时间在不同的人身上有很大的差异。实际上，研究者提出根据所偏好的睡眠—觉醒模式，人们可以分成不同的时型（chronotypes）。

考虑这样一个研究，一组研究者让数千名欧洲成年人回答一系列问题（比如你何时上床睡觉？你需要睡多久？）。在参与者不需起床工作的日子里，最常见的回答是午夜后不久睡觉，早上 8:20 起床（Roenneberg et al., 2007）。与这样的标准相比，你的偏好是怎样的？如果你早起早睡，你可以算作*晨鸟型*。如果你习惯午夜后上床，你算作*夜猫子型*。你离标准越远，晨鸟型和夜猫子型的程度就越高。随着成人的年龄增大，人们的偏好往往转向晨鸟型：祖父母一般偏向于比他们十几岁的孙子起床早得多。然而，与这种总体的转变相反，个体差异似乎保持稳定。相对成年人来说，夜猫子型的青少年起床更晚。现在让我们看看为什么你的时型很重要。

研究者提供了大量的证据，表明生理节律帮助确定人们在一天的哪些时段表现最佳（Blatter & Cajochen, 2007）。由于生理节律的影响，时型不同的人最佳表现的时间也不同。这个规则同时适用于生理任务和认知任务。例如，足球运动员的运动相关技能（如用脚颠球的能力）因测试的时间而表现出变化（Reilly et al., 2007）。许多表现上的差异与体温变化的生理模式有关。

为了证明时型对认知的影响，研究者招募了一组年龄从 11 岁到 14 岁的青少年（Goldstein et al., 2007）。研究者挑选了 40 名参与者，他们都是鲜明的晨鸟型或夜猫子型。青少年在一天的最佳时段或非最佳时段完成来自标准智力测验（WISC，见第 9 章）的一部分项目。例如，一半的晨鸟型学生在早晨完成测验，另一半则在下午。在他们偏好的时段接受测验的参与者，其智力测验得分高出 6 分。（如果你翻到图 9.2，你将看到这是一个多么大的差异。）

研究者还从青少年的父母和亲属那里获得关于他们日常行为的信息。晨鸟型的学生在这些测量方式中表现出更强的社交能力——比夜猫子型的青少年更少报告注意问题和攻击行为。这类结果支持了夜猫子型学生具有一种“社交时差”的观点（Wittmann et al., 2006）。因为他们是被闹钟叫醒，所以他们的行为表现总是发生在与个人节律不同步的时段。缺乏同步性对成绩和行为都有负面的影响。

那么，你是明确的晨鸟型还是夜猫子型？你可能曾在学校做出一天的计划时或之后认真思考过这个问题。如果你有着很强的时型，想想该如何安排工作和娱乐以获得最佳表现。

睡眠周期

生理节律中大约 1/3 是行为静止期，称为**睡眠**。我们对睡眠了解最多的是脑部的电活动。研究睡眠的方法学突破始于 1937 年，应用脑电图（EEG）技术来记录睡眠者的脑波活动。EEG 提供了在人们清醒或睡眠时，对正在进行的脑活动变化的客观测量。研究者通过分析 EEG 发现，在睡眠开始时脑波的形式发生变化，而在整个睡眠阶段表现出更加系统并可预测的变化（Loomis et al., 1937）。睡眠研究中另一个有意义的发现是在睡眠期间以周期性间隔出现的**快速眼动睡眠**（rapid eye movements, REM）（Aserinsky & Kleitman, 1953）。睡眠者不表现出 REM 的时段称为**非快速眼动睡眠**（non-REM, NREM）。接下来我们来看看 REM 和 NREM 睡眠对夜间主要活动之一梦的意义。

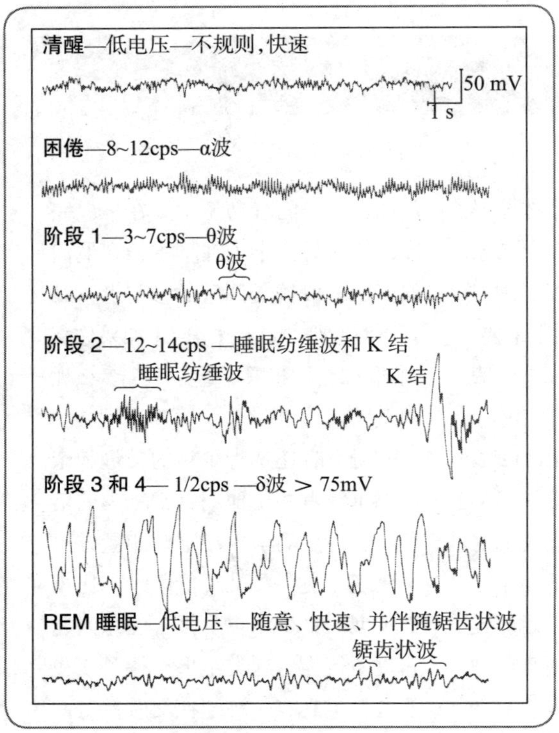

图 5.2 正常夜晚睡眠中各阶段的 EEG 模式
每个睡眠阶段由脑活动的特征模式所界定。

让我们追踪你整个夜晚的脑波。当你准备上床时，EEG 显示你的脑波以每秒 14 个周期（cps）的速率移动。一旦你舒适地躺在床上，开始放松，脑波减缓到 8~12 cps。当你睡着了，就进入了**睡眠周期**，每个阶段都表现出不同的 EEG 模式。在睡眠阶段 1，EEG 显示脑波大约是 3~7 cps。在阶段 2，EEG 的特点是**睡眠纺锤波**，即 12~16cps 的猝发电活动。接下来的睡眠阶段 3 和 4，你进入很深的放松睡眠阶段。你的脑波减缓到 1~2 cps，呼吸和心率也降低下来。最后阶段，脑的电活动增加；你的 EEG 看起来很像阶段 1 和 2 所记录到的波形。这个阶段，你会经历 REM 睡眠，并开始做梦（见**图 5.2**）。（由于 REM 睡眠的 EEG 模式类似于个体清醒时的模式，REM 睡眠最初被称为**异相睡眠**。）

在前 4 个睡眠阶段，即非快速眼动睡眠，完成一个周期需要 90 分钟。REM 睡眠持续大约 10 分钟。在整夜睡眠中，你会经历 4~6 次这种 100 分钟的周期（见**图 5.3**），每个周期里，你深睡（阶段 3 和 4）的时间都会减少，而在 REM 睡眠的时间会增加。在最后一个周期里，你也许会花 1 个小时在 REM 睡眠上。NREM 占整个睡眠时间的 75%~80%，而 REM 睡眠则占睡眠时间的 20%~25%。

每个人的睡眠时间不完全相同。尽管在人类具有先天遗传的睡眠需求，但每个个体实际所获得的睡眠量受到意识行为的极大影响。人们以几种方式主动控制睡眠长度，如熬夜或使用闹钟。睡眠持续时间也受到生理节律的控制，即个体何时入睡影响睡眠持续的时间。只有你在整个星期（包括周末）都使你的就寝和起床时间标准化，才会获得足够量的 NREM 和 REM 睡眠。这样，你睡觉的时间可能与你生理节律中的睡眠阶段相当一致。

更有意思的是，在人的一生中会发生睡眠模式的巨大变化（见**图 5.4**）。你刚来到这个世界上的时候，每天睡眠 16 个小时，将近一半是 REM 睡眠。到 50 岁的时候，你也许只睡 6 个小时，只有 20% 的时间花在 REM 睡眠上。年轻人通常每天睡 7~8

图 5.3

睡眠的各个阶段

一夜中睡眠阶段的典型模式，在周期的早期阶段深度睡眠占更多的时间，而周期的晚期阶段 REM 占更多的时间。

资料来源：From "The March of Sleep Cycles" from *Sleep* by J. Allan Hobson. Copyright © 1989 by J. Allan Hobson, M.D. Reprinted by permission of Henry Holt and Company, LLC.

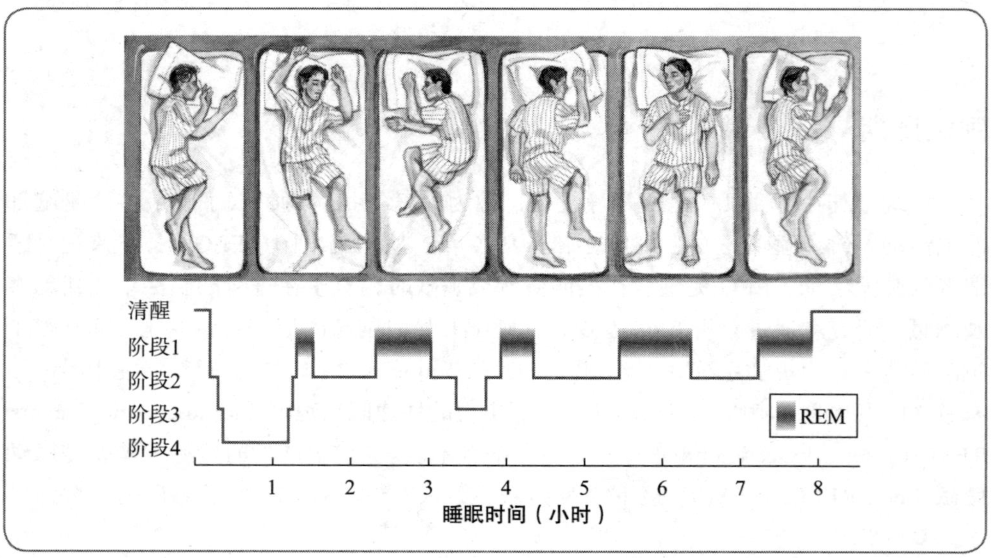

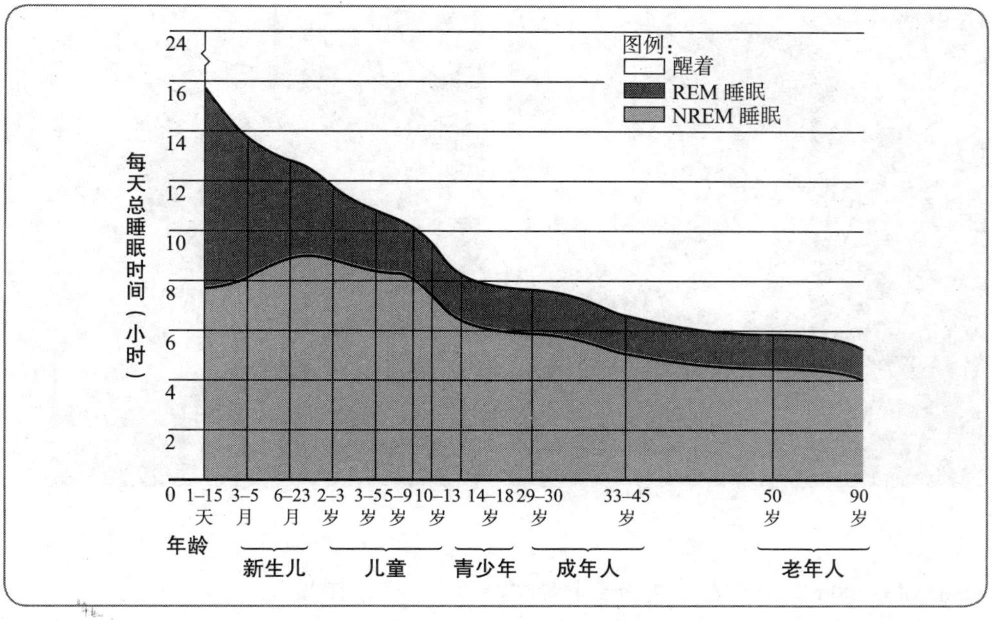

图 5.4

人类一生的睡眠模式

左图显示了每天 REM 睡眠和 NREM 睡眠量随年龄的变化。注意：REM 睡眠量随年龄的增长而快速减少，而 NREM 则平缓地减少。

资料来源：Roffwarg et al., Ontogenetic Development of the human sleep-dream cycle, *Science*, 152, 604-619. Reprinted with permission from AAAS.

个小时，20% 的时间是 REM 睡眠。

尽管睡眠模式随着年龄增长而改变，但这并不意味着当你老了之后睡眠就不那么重要了。一项研究追踪健康状况良好的老人，从 60 多岁直到 80 多岁，以考察睡眠与寿命之间的关系（Dew et al., 2003）。研究人员发现，睡眠效率更高的人活得更长。睡眠效率是通过睡眠的时间除以躺在床上的时间来计算的。这个结果直接引发我们思考下一个问题：人们为什么需要睡眠？

为什么需要睡眠

人和其他动物依次经历各个睡眠阶段，表明睡眠具有进化的基础和生物学的需要。如果个体能在较长一段时间里得到每夜 7~8 个小时的睡眠，那么其各项功能都会运行完好（Foster & Wulff, 2005; Hublin et al., 2007）。为什么人类需要睡这么久？各类睡眠（NREM 和 REM）都有什么功能？

NREM 睡眠的两个最普遍功能是保存和恢复（Siegel, 2005）。由于 NREM 睡眠可以使动物在无需寻觅食物、寻求配偶或工作时保存能量，所以得以演化。但是，睡眠也把动物置于可能受到其他食肉动物攻击的风险之中。研究者认为，睡眠过程中脑活动的周期（见图 5.2）之所以得以进化，是因为这种周期能够使受攻击的风险最小化。脑活动的这种模式能够让动物在睡眠的时候依然保持对环境相对较高的觉察（Lesku et al., 2008）。那么为什么动物一定要把自己置于风险之中呢？答案在于 NREM 睡眠的恢复功能。比如，在觉醒状态下，伴随大脑工作的氧代谢会产生损害脑干、下丘脑、海马（见第 3 章）等脑区神经元的物质。NREM 睡眠为大脑阻止损伤、修复脑细胞提供了机会（Siegel, 2005）。

如果剥夺你一晚的 REM 睡眠，你第二晚的 REM 睡眠会比平常更多，这说明 REM 睡眠也具有某些必要的功能。例如，在婴儿期，REM 睡眠似乎是视觉系统以及或许其他感觉和运动系统正常功能的发育所必需的（Siegel, 2005）。对于成年人，研究发现 REM 睡眠对于学习和记忆发挥重要作用（Paller & Voss, 2004; Walker &

实际的睡眠模式与人们对失眠的知觉之间的关系是什么?

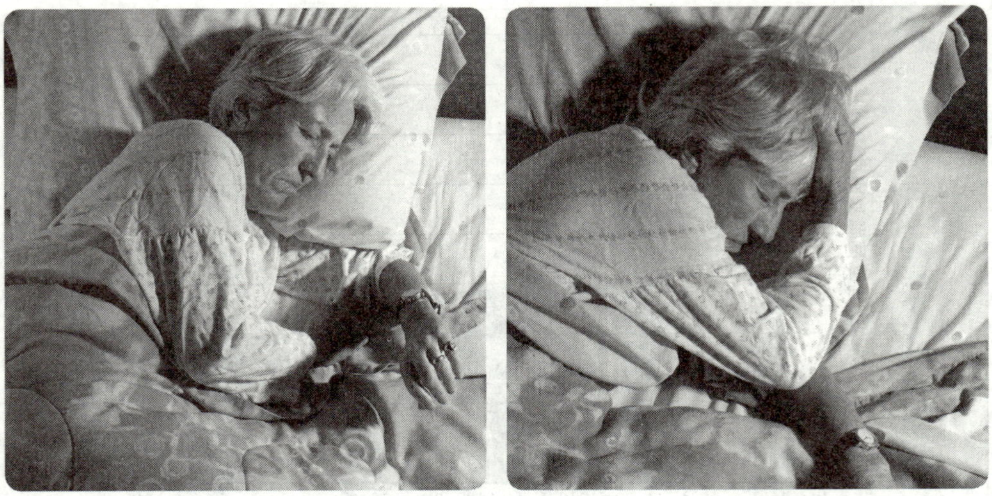

Stickgold, 2006)。下面这个实验要求参与者学习一个新任务。

> 实验开始，24 名参与者在睡眠实验室睡了一晚，这样研究者获得了这些参与者夜间 REM 睡眠的总量，作为之后比较的基线（Smith et al., 2004）。第二个晚上，6 名参与者被分配到了控制组，这些参与者没有做什么特别活动，又在实验室睡了一晚。另外 18 名参与者被要求学习一项新任务——一个叫做河内塔的问题解决任务。再次测量这些参与者的 REM 睡眠。与基线相比，任务学习组的参与者在第二晚出现更多的 REM 睡眠，而且 REM 睡眠中每分钟的快速眼动频率也更高。而控制组参与者的 REM 睡眠则没有什么变化。一周之后，任务组的参与者被要求再做一次河内塔任务，结果这些参与者的重测结果普遍比第一次有所提高，而且 REM 睡眠最多的参与者其成绩提高也最大。

这个实验说明 REM 睡眠为大脑巩固新任务的知识提供了环境。需要注意的是，NREM 睡眠也在巩固学习和记忆中起到重要作用（Rasch & Born, 2008）。研究者发现，在某些任务上的表现与前一晚阶段 3 和 4 的睡眠以及后一晚的 REM 睡眠有显著关系（Walker & Stickgold, 2006）。

在了解睡眠所有的重要功能之后，你可能不会对此感到惊讶：睡眠太少会造成一些严重的后果。睡眠剥夺对认知表现会产生广泛的负面效应，包括注意和工作记忆方面的困难（Banks & Dinges, 2007）。睡眠剥夺也会损伤人们的运动技能。例如，睡眠剥夺后的司机比睡眠良好的司机更容易发生交通事故。这个事实也引发一些评论者建议，与测量过量酒精的呼吸测醉器相似，工程师应该发明一种可以测量过度困倦的仪器（Yegneswaran & Shapiro, 2007）。

睡眠障碍

如果你的睡眠一直很好，这是一件值得庆幸的事。不幸的是，许多人受到睡眠障碍的困扰，这给他们的个人生活和事业带来了严重影响。异常的睡眠状况可能会对社会产生不良影响。许多人的工作需要夜间轮班，这些人中超过一半至少每星期在工作中打盹一次。世界上一些最严重的工业事故——三厘岛、切尔诺贝利、博帕尔和艾克森瓦尔德兹灾难——都是在深夜发生的。这些事故发生的原因皆是由于关键员工缺乏睡眠，因而不能保持最佳工作状态造成的。请记住，睡眠障碍的严重程度是不同的。同样，生物学、环境和心理学的原因也是多种多样的。

失眠症　当人们不满意他们睡眠的质量或数量时，他们则患有**失眠症**（insomnia）。长期不能得到充足睡眠的人具有一些特征，如不能很快入睡、经常醒来或早醒。在由 3643 名美国成人组成的一个样本中，52.5% 的参与者报告一个月内至少有一次失眠；7% 的人报告几乎每晚都会失眠（Hamilton et al., 2007）。这项研究还证明失眠对人们的幸福感有持续的负面影响。

失眠是由多种心理学、环境和生物学因素导致的复杂障碍（Drake & Roth, 2006）。然而，当在睡眠实验室研究失眠病人时，他们实际睡眠的客观质量和数量很不一样，从紊乱的睡眠到正常的睡眠。研究表明，许多抱怨缺乏睡眠的失眠患者却表现出了正常睡眠的生理学模式——一种被描述为主观失眠的情况。比如，一项研究发现在报告有失眠情况的参与者中，38% 的人实际上睡眠正常（Edinger et al., 2000）。同样有趣的是，同一个研究发现没有报告失眠的参与者中，43% 的人实际上有明显的睡眠障碍。这种不一致也许由于人们关于睡眠的认知和情绪有差异（Espie, 2002）。那些患有失眠症的人，包括那些只是认为自己失眠的人，往往更难从意识中排除侵入的想法和情感的干扰，即便他们努力想入睡也是如此。

发作性睡眠症　**发作性睡眠症**（narcolepsy）是一种以白天周期性睡眠为特征的睡眠障碍。它通常伴有猝倒症，即由于情绪激动（如大笑、愤怒、恐惧、惊奇或饥饿）引起的肌肉无力或失去肌肉控制而使人突然跌倒。当他们入睡时，发作性睡眠症患者几乎立即进入 REM 睡眠。突然进入 REM 睡眠会使他们体验到并有意识地觉知梦的生动景象，或有时是可怕的幻觉。发作性睡眠症的发病率是 1/2 000。由于发作性睡眠症在家族中流行，科学家们相信这种疾病具有遗传基础（Mahowald & Schenck, 2005）。由于患者试图避免突然睡去的困窘，因而发作性睡眠症常给他们带来负面的社会和心理影响（Ervik et al., 2006）。

睡眠窒息　**睡眠窒息**（sleep apnea）是一种上呼吸道睡眠障碍，患者在睡眠时突然停止呼吸。疾病发作的时候，血氧水平下降，应激激素分泌，导致睡眠者醒来并恢复呼吸。尽管多数人一夜中会有几次这样的呼吸暂停，但睡眠窒息的患者每夜发生几百次这样的周期。有时这些窒息周期会使睡眠者感到害怕，但由于它们非常短暂，睡眠者往往不会把逐渐增多的困倦归因于它们（Pagel, 2008）。睡眠窒息影响大概 2% 的成年人（Sonnad et al., 2003）。

睡眠期间的呼吸暂停在早产儿中也经常发生，有时他们需要物理刺激才会再次开始呼吸。由于他们的呼吸系统还未发育完善，必须坚持在监控中对其进行精心的护理，直至问题解决。

梦游症　患有**梦游症**（somnambulism）的人会在保持睡眠状态的同时，离开床而四处走动。相对于成年人，梦游在儿童中更为常见（Mason & Pack, 2007）。举个例子，研究发现有 7% 的儿童出现过梦游（Nevéus et al., 2001），而只有 2% 的成年人出现过梦游（Plazzi et al., 2005）。梦游与 NREM 睡眠有关。在睡眠实验室的监测中，成年梦游者在整个夜间睡眠前三分之一的阶段 3 和阶段 4 期间（见图 5.2）会忽然觉醒，包含一些动作和言语 (Guilleminault et al.,2001)。与一般人的观念相反，叫醒梦游者并不会造成特别的危险，他们只是会对忽然醒来感到困惑。但是梦游本身还是比较危险的，因为个体是在没有意识觉知的情况下四处行走。

梦魇和夜惊　当一个梦让你感到无助或失去控制而受到惊吓时，你正在经历**梦魇**（nightmare）。对大多数人来说梦魇较少发生。在一个包含 89 个大学生的样本中，他们每天记录自己的梦境，为期一个月。在这个月中，他们平均报告的梦魇数量是 0.48 次。这个月均值对应的是每年 5.76 次梦魇（Zadra & Donderi, 2000）。然而，有些人经常体验梦魇，有时每夜都会发生。例如，孩子们比成年人更可能经历梦魇。梦魇发生的高峰期是在 3 岁到 6 岁，大多数儿童都至少偶尔发生（Mason & Park, 2007）。而且，经历过创伤事件如强奸或战争的人可能经历重复的梦魇，迫使他们想起创伤的某些方面（Davis et al., 2007）。经历过旧金山大地震的大学生与未经历过地震的匹配组学生相比，梦魇发生的可能性是后者的两倍。而且，也许你能够想象，许多梦魇与地震的灾难性后果有关（Wood et al., 1992）。

夜惊（sleep terrors）是指睡眠者突然醒来并进入极度唤醒状态，常常以惊恐的尖叫为标志（DSM-IV-TR, 2000）。夜惊一般发生在夜晚睡眠前 1/3 的非快速眼动睡眠期。大多数患有夜惊的人都对这些事件毫无记忆。夜惊在儿童期最为常见，最多发生在 5 到 7 岁间（Mason & Pack, 2007）。在 4 到 12 岁间，3% 的儿童都经历过夜惊。只有不到 1% 的成年人发生夜惊。研究者已经开始记录脑活动的特定模式，用以鉴别哪些儿童存在夜惊的特殊风险（Bruni et al., 2008）。

梦：心理的剧场

在你一生每个寻常的夜晚，你都会进入复杂的梦的世界。这个领域曾经只属于预言家、心灵学家和精神分析师的地盘，如今已经逐渐成为科学研究人员的一个极其重要的研究领域。许多梦的研究是在睡眠实验室展开的，在那里实验者可以控制睡眠者的 REM 和 NREM 睡眠。尽管在将个体从 REM 阶段中唤醒时，他们会报告更多的梦——高达 82%，但做梦也发生在 NREM 阶段——在大约 54% 被唤醒的时候（Foulkes, 1962）。NREM 状态时所做的梦，其中包含的故事内容不太可能涉及情绪，而类似于日间的思维，较少伴随感觉表象。

由于梦在人们心理生活中的地位如此突出，因而实际上每种文化中都会有同样的问题：这些梦有意义吗？答案几乎总是肯定的。也就是说，大多数文化抱持这样的信念，即梦具有重要的个人和文化意义。现在我们回顾一些文化赋予梦意义的方式。

弗洛伊德对梦的分析　当代西方文化中，关于梦的最著名的理论创始于弗洛伊德。弗洛伊德把梦称为“暂时性的神经症”和“夜夜发狂”的模式。他也称之为“通向潜意识的捷径”。他的经典著作《梦的解析》（1900/1965）为精神分析学派对梦的分析奠定了里程碑。弗洛伊德提出，所有的梦都是*对愿望的满足*：在他看来，人们的梦允许他们表达强烈的无意识愿望，这些愿望以伪装的象征性形式出现。因为这些愿望包含诸如对异性父母的性欲望这样的禁忌，所以它们以伪装的形式出现。在梦里有两股动力：*愿望*和*抵抗愿望的审查*。审查将梦的隐藏内容，即**潜性梦境**（latent content）转化成**显性梦境**（manifest content），弗洛伊德称这种歪曲过程为**梦的工作**（dream work）。显性梦境是可接受的版本；潜性梦境代表社会和个人不能接受，但是真实而“未经剪辑”的版本。

按照弗洛伊德的理论，梦的解析需要从显性梦境回溯到潜性梦境。对应用梦的分析来理解和治疗患者问题的精神分析师而言，梦揭示了病人的无意识愿望，附加在那些愿望上的恐惧，以及病人用来处理愿望和恐惧之间精神冲突的特征性防御。弗洛伊德相信，梦中的符号和隐喻既具有特异性（对特定个体是特殊的），也具有普遍性含义（许多性的本质）：

> 箱子、盒子、壁柜和炉子代表女性子宫，中空的物体、船和各种器皿也是如此。梦中的房间通常表示女人；如果表明在房内进进出出，则其解释是无可怀疑的……梦中走过一套房间是一个妓院或后宫的梦……梦中出现的所有复杂机械和器具往往代表生殖器（照例是男性生殖器）……（Freud, 1900/1965, pp. 389-391）。

弗洛伊德的释梦理论将梦的符号与人类心理学的外显理论联系起来。弗洛伊德对梦的心理重要性的强调，为梦的内容的当代研究指出了一条道路（Domhoff, 1996; Fisher & Greenberg, 1996）。

释梦的非西方途径 西方社会中的许多人也许从来没有认真地思考过他们的梦，直到他们成为心理学专业的学生或进入治疗。与此形成鲜明对照的是，在许多非西方的文化中，释梦是文化组织架构中的一部分（Wax, 2004）。考虑一下厄瓜多尔印第安人的日常活动（Schlitz, 1997, p. 2）：

> 像每一个早晨一样，（村里的）男人们围坐成一个小圈……他们一起分享前一晚的梦。这种分享梦的日常仪式在他们的生活中是非常重要的。他们的信念是，每个个体的梦不是他们自己的，而是整个团体的。个体经验服务于集体的行动。

在这些早晨的聚会中，每个做梦者讲出他的梦而其他人提供解释，希望达到对梦的意义的某种共识。对比一下个体的梦“属于团体”的信念与弗洛伊德表述的观点（即梦是通向个体潜意识的“捷径”）。

在许多文化中，特定群体中的个体被认为拥有特殊的力量，能帮助人们对梦进行解释。想一想生活在墨西哥、危地马拉、伯利兹城和洪都拉斯各个地方的玛雅印第安人的实践。在玛雅文化中，萨满教的巫师是梦的解释者。事实上，在玛雅人的一些亚群中，当一个人做了被神探访的梦，他就会被选为担任萨满教巫师这种角色。有关宗教仪式的正式程序也是由这些新选出的萨满教巫师通过梦的默示方式提供的。尽管萨满教的巫师和其他宗教人士具有与释梦相关的专门知识，但普通个体也叙述和讨论梦。做梦者通常在夜里叫醒他们的配偶讲述梦境；在一些社会中，母亲每天早晨让她们的孩子讲述他们的梦。如今，玛雅人在他们的家乡已经成为内战的牺牲品；许多人被杀死或被迫逃离。按照人类学家**芭芭拉·特德洛克**（Barbara Tedlock）所说，一个重要的反应是，他们“更加强调梦与想象，这使得他们与其祖先和其生活的神圣地球保持联系”（Tedlock, 1992, p. 471）。

许多非西方群体关于梦的文化实践也反映了本质不同的时间观。弗洛伊德的理论对梦的解释是回顾过去，朝向儿童期的经历和压抑的愿望。在许多其他的文化中，梦被认为是对未来的想象（Basso, 1987）。例如，在埃塞俄比亚和苏丹接壤的英杰萨那山，节日的时间是由梦的景象来决定的（Jedrej, 1995）。宗教圣地的看护人梦到他们父亲和其他祖先的探访，指示他们“宣告节日的到来”。还有其他一些群体拥有文化赋予的梦的符号和含义之间的关系系统。看一看巴西中部的印第安人的这些解释

（Basso, 1987, p. 104）：

> 当我们梦见被火烧，预示着随后我们会被野兽、蜘蛛或蚂蚁蜇咬。
>
> 当我们梦见正在和女人做爱，预示着我们在钓鱼的时候会很成功。
>
> 当一个男孩在偏僻的地方隐居，他梦到爬上一棵高大的树，或另外一个人看到一条长长的路，他们就会活得很长。如果我们梦到跨越森林中一条宽阔的河流也会活得很长。

注意这里的每一个解释都指向未来。梦的未来导向解释是丰富的文化传统中的一个重要成分。

梦的内容的当代理论 西方和非西方对梦进行解释的基础都是梦所提供的信息对个人或社群有着真实的价值。当研究者开始考察梦的生物学基础时，就是在挑战这种观点。例如，激活—整合模型认为从脑干发出的神经信号，刺激额叶和相关皮层区域，从而产生了关于做梦者的随机记忆以及与过去经验的联系（Hobson, 1988; Hobson & McCarley, 1977）。根据这种观点，这些随机发放的电“信号”没有逻辑上的联系，没有内在的含义和一致的模式。

然而，当代研究反驳了梦的内容源于随机信号的观点。脑成像研究发现，在 REM 睡眠期间海马表现活跃（Nielsen & Stenstrom, 2005），这是一个对获得特定记忆至关重要的脑结构（见第 7 章）。而另一个对情绪记忆发挥重要作用的结构杏仁核也在 REM 睡眠阶段相当活跃。这些关于梦的生理学方面的深入理解支持这样一种观点，即梦的一个重要功能是“把个体在过去几天中的新近经验与其目标、愿望以及问题”统合起来（Paller & Voss, 2004, p.667）。根据这种观点，梦境反映了大脑试图把在 REM 睡眠阶段最突显的生活片段组织起来。

关于梦的内容的研究也支持了梦境内容与梦者清醒时所关心的事情之间有着极大连续性的观点（Domhoff, 2005）。例如，采用经验取样法的研究发现，相对于男孩，女孩更多想到两性的朋友，而不仅仅是和自己同性别的朋友（Richards et al., 1998）。针对 9~15 岁的个体，梦的研究也表明在关于同伴的梦的内容上有着相似的性别差异（Strauch, 2005; Strauch & Lederbogen, 1999）。相似地，人们在清醒时某些活动参加得越多（如体育活动或阅读），报告包含这些活动的梦的比例也越高（Schredl & Erlacher, 2008）。另外，在整个成年期，每个个体梦的总体内容在几年甚至几十年内总是保持高度一致（Domhoff, 1999）。

你也许考虑过记录梦的日志——在每天早晨醒后立刻把梦记下来——看看你自己的梦怎样与你日常所关注的事情有关，以及梦的内容怎样随着时间的推移而保持稳定或发生变化。我们需要提醒你，有些人相对于其他人更难记住自己的梦（Wolcott & Strapp, 2002）。比如，当你在 REM 期间或者 REM 快结束的时候被唤醒，你会更容易记住这个梦。如果你想记住自己的梦，你可以考虑调整闹钟的时间。同样，对梦的态度更加积极的人更容易记住自己的梦。也就是说，如果你在记录梦的日志中表现出对梦的兴趣，你会更容易记住自己的梦。

我们可以将梦视为日常意识的外在边界。现在我们要转向个体有意寻求超越日常经验之外的情况。

STOP 停下来检查一下

❶ 为什么你会体验到时差？
❷ 在整个晚上，NREM 和 REM 睡眠之间的平衡是如何变化的？
❸ NREM 睡眠的两大功能可能是什么？
❹ 当一个人出现睡眠窒息的时候，会发生什么？
❺ 弗洛伊德的潜性梦境指的是什么？

批判性思考：回顾一下新任务学习对 REM 睡眠影响的研究。为什么设置控制组非常重要？

意识的其他状态

在任何一种文化中，人们都已经不满足于他们清醒意识的常规变化了。他们已经找到了一些方法，可以把他们带入意识的熟悉形式之外，体验意识的其他状态。其中的一些实践是个体性的，如冥想。而另外一些则是共同的行动，以试图超越意识体验的正常边界，如某些宗教实践。我们调查了大量通过各种程序引起意识状态改变的此类实践。

清醒梦境

当你做梦的时候你知道自己正在做梦，这可能吗？支持**清醒梦境**（lucid dreaming）理论的研究者已经证明，有意识地觉知自己正在做梦是一种习得的技能——可由常规的练习获得——使得做梦者能够控制他们梦的方向（Gackenbach & LaBerge, 1988; LaBerge & DeGarcia, 2000）。

> **史蒂芬·拉伯格**及其同事设计了一种方法，使他们能够检验清醒梦境报告的真实性。这种证明依赖先前的研究，先前的研究表明，REM 睡眠中的一些眼动对应于做梦者所报告的他们注视的方向。于是，研究者请体验清醒梦境的个体在认识到他们正在做梦的时候执行独特的随意眼动模式。在参与者 REM 睡眠期间，多导记录仪上出现了预先安排好的眼动信号，于是表明参与者在 REM 睡眠期间确实是清醒的（LaBerge et al.，1981）。

研究者还记录了清醒梦境的其他生理标志：在清醒梦境中表现出生理活动的个体在做梦期间心跳加速（Erlacher & Schredl, 2008）。

已有多种方法被用来诱导清醒梦境。例如，在一些清醒梦境的研究中，睡眠者戴着特制的护目镜。当侦测到 REM 睡眠时，护目镜就闪烁红灯。参与者先前已经了解到，红灯是让他们有意识地觉知自己正在做梦的线索（LaBerge & Levitan, 1995）。一旦觉知到做梦，尽管还没有醒，睡眠者就会进入到清醒梦境的状态，他们便可以控制他们的梦，按照他们自己的目标引导梦，并使梦的结果符合他们当前的需要。如果睡眠者坚定地相信这种梦是可能的，并有规律地练习诱导技术，结果会增强他们报告清醒梦境的能力（LaBerge & Rheingold, 1990）。诸如拉伯格这样的研究者认

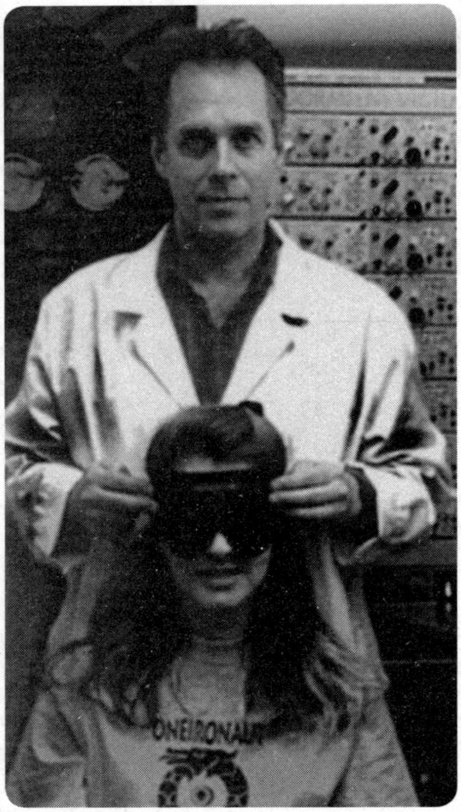

研究者拉伯格调试会提示被试ＲＥＭ睡眠正在出现的特制目镜。他们训练个体进入一种清醒梦境的状态，觉知梦活动的过程和内容。如果你能够体验清醒梦境，你会怎样塑造你的梦境?

为，获得对梦这一“不可控”事件的控制是有益身心的，因为它增强了个体的自信并使其产生积极体验。然而，一些使用梦的分析来理解病人问题的治疗师反对这种程序，因为他们感到这种程序扭曲了做梦的自然过程。

催 眠

如同流行文化中所描绘的那样，催眠师对知情或不知情者都可以施加巨大的力量。这种观点正确吗？催眠是什么？它有什么重要特征？它具有哪些有效的心理学用途？尽管**催眠**（hypnosis）这个词是从希腊神话中睡眠之神许普诺斯的名字而来的，但事实上催眠和睡眠并不是一回事，除了在一些情况下，人们在催眠中会出现深度放松的睡眠状态。（如果人们真的睡着了，他们就不能对催眠有所反应。）对催眠的一个广义界定是，它是一种不同的觉知状态，其特征是一些人对暗示有特殊的反应能力，并在知觉、记忆、动机和自我控制感方面发生变化。在催眠状态下，参与者体验对催眠暗示的反应性增强——他们经常感到他们的行为是在无意中或不需任何意识努力就完成了。

研究者对催眠所涉及的心理学机制意见不一（Lynn & Kirsch, 2006）。一些早期的理论家们提出，被催眠的个体进入了一种恍惚状态，与清醒的意识很不相同。另一些人主张催眠只是增强了动机。还有一些人相信它是一种社会角色扮演，是试图取悦催眠师的安慰剂反应（见第 2 章）。事实上，研究已经在很大程度上排除了以下说法，即催眠伴随有意识的、特殊的恍惚样改变。然而，尽管未被催眠的个体也会产生某些与被催眠个体相同的行为模式，但催眠似乎有一些附加效果，不只是动机或安慰剂作用。在我们讨论催眠感应和可催眠性之后，再来描述这些效果。

催眠诱导和可催眠性　催眠开始于一种催眠诱导，它是一组预备活动，尽可能减少外界干扰，并鼓励参与者只专注于暗示的刺激，而且相信自己正进入一种特殊的意识状态。诱导活动包括想象特定的经验或对事件和反应进行视觉化表征。重复多次这一练习，诱导程序就像一种习得的信号，使参与者可以很快地进入催眠状态。在典型的诱导程序中使用让人深度放松的暗示，但有些人可能通过一种活动的警觉性诱导而进入催眠状态，如想象他们正在慢跑或骑自行车（Banyai & Hilgard, 1976）。

可催眠性（hypnotizability）表示个体对标准化的暗示做出反应并体验催眠反应的程度。易感性有很大的个体差异，从根本没有反应到完全反应。**图 5.5** 显示的是第一次接受催眠诱导测试的大学生不同的可催眠性水平。在这个量表上计分为“高”或“极高”是什么意思呢？进行测试的时候，催眠者做一系列催眠暗示，指示每个个体可以拥有的一些体验。当催眠者暗示他们伸出的胳膊变成了铁条时，可催眠性高的个体可能发现他们自己不能使手臂弯曲了。在适当的暗示下，他们可能掸去并不存在的苍蝇。作为第三个例子，可催眠性高的个体在催眠者暗示他们已经无法点头时，他们就真的不能点头了。在可催眠性量表上计分为“低”的学生很少体验到这些反应。

可催眠性是相对稳定的特质。50 位男女参与者在大学期间和 25 年之后接受可催眠性的测试，结果表明两次可催眠性的分数有相当高的相关（相关系数为 0.71）（Piccione et al., 1989）。与成人相比，儿童更易受暗示；催眠反应高峰是在青少年初期，随后下降。研究者相对很少找到与可催眠性相关的人格特质（Kihlstrom, 2007）。可催眠性高的人并不更加可能是轻信和顺从者。事实上，与可催眠性正相关最高的一种人格特质是专注，这种特质是指“个体倾向于完全投入想象或者感觉经验”（Council & Green, 2004, p.364）。比如，如果你在看电影的时候经常感到完全忘却了现实世界，那么你可能具有较高的可催眠性。

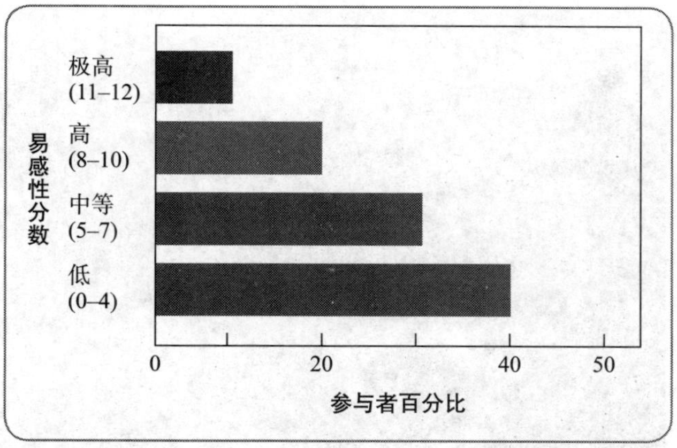

图 5.5　首次诱导的催眠水平

图中显示 533 名个体首次催眠的结果。采用包括 12 个项目的斯坦福催眠易感性量表测量可催眠性。

有些证据表明可催眠性具有遗传决定因素。早期研究发现，可催眠性得分在同卵双胞胎中的相似度高于异卵双胞胎（Morgan et al., 1970）。最近的研究已经开始关注决定这种个体差异的特定基因。例如，研究者识别出一种称为 *COMT* 的基因会影响脑中神经递质多巴胺的使用。这种基因的变异就与个体可催眠性的差异相关（Raz, 2005）。

催眠的效果　在描述测量可催眠性的方法时，我们已经提到过一些催眠的标准效果：催眠状态下，个体对有关运动能力（如他们的手臂变得不可弯曲）和知觉经验（如他们产生有只苍蝇的幻觉）的暗示做出反应。然而，我们怎么能肯定这些行为是由催眠引起的，而不只是源于参与者想取悦催眠师的强烈愿望？为了说明这一重要的问题，研究者常常进行实验，对真正被催眠个体和那些假装者的表现进行比较。

> 研究者通过测试将参与者分成高催眠性、中催眠性和低催眠性三组，每组有 12 名参与者（De Pascalis et al., 2008）。在他们开始实验之前，参与者被告知他们将在手指上接受疼痛的电刺激。每个参与者都收到如何在催眠状态和清醒状态减轻疼痛的建议：例如，告诉他们，想象手指上戴着手套。在实验的每个阶段，参与者报告他们体验的疼痛程度。对于低催眠性的参与者，疼痛体验相对稳定，与清醒或催眠状态无关。中催眠性的参与者从催眠中表现出疼痛减轻。高催眠性的参与者显示出最清晰的证据，即与清醒状态相比，催眠状态下减轻疼痛的相同建议更加有效。

研究者还记录了 EEG 数据（见第 3 章），以确定参与者的大脑活动是否表现出催眠建议的影响。实际上，当高催眠性的参与者收到减轻疼痛的催眠建议时，他们在感觉区域产生更加微弱的大脑反应。

这项实验证明了催眠减少疼痛（催眠性痛觉缺失）的可能性。预期和害怕会使疼痛刺激增强；你可以通过催眠减轻这种心理上的效果（Chaves, 1999）。通过各种催眠暗示可实现疼痛控制：将疼痛的身体部位想象为非器质性的（是由木头和塑料制成的）或是与身体的其他部分分离，以便使一个人的心理离开身体，以及以各种方式扭曲时间。人们甚至在他们把所有思维和想象排除出意识之外后，还可以通过催眠控制疼痛（Hargadon et al., 1995）。

可催眠性高的个体，通过催眠暗示获得的疼痛减少的效果也会更好，对此你可

冥想怎样创造了一种改变了的意识状态?

能不会感到惊讶。研究者试图弄清楚这种差异的大脑基础。例如，一项脑成像研究发现可催眠性高的个体，其胼胝体前部的区域更大（见第 3 章）（Horton et al., 2004）。胼胝体的这个部分在注意和抑制无关信息中发挥着作用，这说明可催眠性高的个体拥有更多使得他们可以通过催眠来抑制疼痛的脑组织。EEG 研究同样发现在催眠导致的疼痛减弱中，高催眠性和低催眠性的个体的大脑反应是不同的（Ray et al., 2002）。

对催眠最后要说明的是：催眠的力量不在于催眠师的某种特殊能力或技能，而是在于被催眠个体的相对可催眠性。处于催眠状态并不需要放弃自己的个人控制；相反，被催眠的体验使得个体有机会了解实施控制的一些新方法，如催眠者（作为教练）训练参与者（表演者）所展现出来的那些控制。当你观看一个人在催眠状态下完成古怪行为的舞台表演时，你应该记住这一点：舞台上的催眠师只是让一些有强烈表现欲的人当众做一些大多数人不曾这样做的事情，以此取悦观众而已。而研究者和治疗师则将催眠作为一种技术，可以让你探索和塑造你的意识感。

冥 想

许多宗教和东方的传统心理学都致力于引导你的意识摆脱当前的世俗纷扰。它们寻求获得对心理和精神自我的一种内在关注。

冥想（meditation）是一种改变意识的形式，它通过获得深度的宁静状态而增强自我认识和幸福感。在专注冥想期间，人们把注意力集中在自己的呼吸和调节呼吸上，采取某些身体姿势（如瑜伽姿势），使外部刺激减至最小，产生特定的心理表象，或什么都不想。而在专念冥想中，个体要学会如何让思想和回忆自由地穿行，而心理不对其做出反应。

研究往往关注于冥想如何帮助必须生活在压力环境中的人们缓解焦虑（Oman et al., 2006; Walach et al., 2007）。例如，专念冥想是专念减压的基础（Kabat-Zinn, 1990）。在一个研究中，患有心脏病的妇女进行持续 8 周的专念冥想训练，在训练结束后，这些妇女所报告的焦虑感均比训练前低（Tacon et al., 2003）。而控制组的妇女没有体验到这种改善。因为焦虑感对于心脏病的病程发展有影响，所以这个结果为心理有助于治愈身体提供了证据。（在第 12 章的健康心理学中，我们还会讨论这个问题。）

脑成像技术发现了冥想影响脑活动的方式（Cahn & Polich, 2006）。事实上，现有的证据表明，冥想对于大脑本身有积极的作用。

研究者认为，与冥想（把注意力集中在内部和外部的感觉上）相关的活动能够给予这些活动相关的脑区带来积极的改变（Lazar et al., 2005）。为检验这个假设，研究者招募了两组参与者：20 位有冥想经历，15 位没有冥想经历。研究者使用 MRI 测量参与者大脑中与冥想相关脑区的厚度。正如研究者所假设的，扫描结果发现，冥想组参与者的听觉皮层、感觉运动皮层（见第 3 章）更厚。

在与冥想不直接相关的脑区上，两组参与者没有显著差异。研究者进一步分析发现，冥想体验最丰富的参与者，其相关脑区也是最厚的。

随着年龄的增长，皮层的厚度是在下降的。基于上述研究，研究者认为冥想有助于减缓这种神经元的自然损失。研究者已经开始证实这个推测。一项研究比较了拥有 3 年以上禅宗冥想的 13 名个体与在年龄、性别和教育水平上相匹配的 13 名控制组参与者（Pagnoni & Cekic, 2007）。控制组参与者中存在一种负相关，即年龄越大的参与者脑容量越低。而经常冥想的参与者没有表现出这种随年龄减少的趋势。

冥想的实践者建议，在有规律地进行练习时，一些冥想形式能够增强你的意识，并且让你以不同的方式看待熟悉的事物，从而帮助你获得开悟。这一近期研究也提示，冥想确实有益于你的大脑。

在这一部分中，我们总结了一些人们在做梦和清醒时改变意识状态的方式。下面我们通过介绍最常见的改变意识的手段来结束这一章，这种最常见的方法就是：药物。

STOP 停下来检查一下

❶ 清醒梦境的主要目标是什么？
❷ 关于可催眠性遗传基础的研究说明了什么？
❸ 冥想的两种形式是什么？

批判性思考：想一想发现冥想者与非冥想者的皮层厚度存在差别的研究。为什么证明两组参与者不是所有大脑皮层区域都存在差别很重要？

改变心理的药物

从古代开始，人们就已经通过服用药物来改变他们对现实的知觉。考古学证据表明，在美国和墨西哥西南部，人类使用槐的种子（龙舌兰豆）已有超过 1 万年的历史。古代的阿兹特克人将龙舌兰豆发酵制成啤酒。从古代开始，作为宗教仪式的一部分，北美和南美人摄入一种“*神圣蘑菇*”，这种含有*裸头草碱*的蘑菇被当地人称为“神之肉”。少量食用这些蘑菇就会让人产生栩栩如生的幻觉。

在西方文化中，药物与宗教公共仪式的联系要少于与消遣娱乐的联系。世界各地的人们服用各种药物来放松，应对压力，逃避令人不快的现实，在社交情境中感到舒适，或体验意识的一种非常状态。100 多年以前，威廉·詹姆士，美国心理学的奠基者，前面我们已经多次提及他，在其实验中报告了一种改变心理的药物。在吸入一氧化二氮（笑气）之后，詹姆士解释道：“核心体验是巨大的兴奋感，强烈的形而上之光。真理存在于使人眼花缭乱的证据深处。心智看到了所有存在的逻辑关系，其中的微妙和即时性是正常意识不可能提供的（James, 1882, p. 186）。”于是，詹姆士对意识研究的兴趣延伸到了对自我诱发状态改变的研究。

正如我们将在第 15 章看到的，药物对于人们心理状态的影响往往是对心理障

表 5.2 精神促动药物的医疗用途

药物	医疗用途
致幻剂	
LSD（麦角酰二乙基酸胺）	无
PCP（苯环己哌啶）	兽用麻醉
大麻	化疗引起的恶心
鸦片类（麻醉剂）	
吗啡	止痛
海洛因	无
镇静剂	
巴比妥酸盐（如速可眠）	镇静、安眠药、麻醉、抗痉挛
苯（并）二氮卓（如安定）	抗焦虑、镇静、安眠药、抗痉挛
氟硝安定	安眠药
GHB（γ-羟基丁酸）	治疗发作性睡眠症
酒精	防腐，杀菌
兴奋剂	
安非他命	多动症、发作性睡眠症、体重控制
甲基安非他命	无
MDMA（摇头丸）	可能有助于心理治疗
可卡因	局部麻醉剂
尼古丁	戒烟用的尼古丁口香糖
咖啡因	体重控制、急性呼吸衰竭的兴奋剂、止痛

碍进行治疗的一个重要方面。事实上，如**表 5.2** 所示，很多药物有重要的医疗用途。然而对于无益于生理或心理健康的药物，人们也会使用。2007 年的美国公民调查中，近 68 000 名 12 岁以上的受访者中有 8.0% 的人报告在过去一个月使用过一种或多种违禁药物（Substance Abuse and Mental Health Services Administration [SAMHSA]，2008）。这个比率在接近 20 岁的人群中比较高——16.0% 的 16~17 岁青少年和 21.6% 的 18~20 岁青少年报告有某种非法药物的使用。此外，样本中 51.1% 的个体在调查前的一个月内喝过酒，28.6% 吸过烟。这些结果表明理解药物使用的原因和结果是多么重要。

依赖和成瘾

精神促动药物（psychoactive drugs）是一种化学物质，它通过暂时改变对现实的意识觉知来影响个体的心理过程和行为。一旦进入脑部，这些化学物质就与突触受体结合，阻断或刺激某些反应。由此，它们会极大地改变脑的通讯系统，进而影响知觉、记忆、情绪和行为。然而，持续服用某种药物会产生**耐受性**（tolerance），即若再获得同样的效果则需要更大的剂量。我们将在第 6 章描述耐受性的某些心理学根源。我们会描述为什么持续地使用药物会使大脑条件反射地发生反应，以对抗药物的作用。因为身体的对抗，人们需要越来越高的药物剂量来获得相同的效果。

与耐受性紧密联系的是**生理依赖**（physiological dependence），即身体逐渐适应与依赖某种物质的过程，部分是因为频繁出现导致神经递质耗竭。耐受性和依赖的悲剧后果是**成瘾**（addiction）。成瘾者的身体需要药物，而且在药物不出现时会遭受痛苦的戒断症状（颤抖、出汗、恶心，在酒精戒断个案中甚至会导致死亡）。

当个体发现如此渴望使用药物，或使用药物如此令人欣快以致出现渴求，那么不管成瘾与否，这种情况都被称为**心理依赖**（psychological dependence）。任何药物都可能发生心理依赖。药物依赖的结果是个体的生活方式逐渐会以药物的使用为中心，而其机能会受到限制和损害。此外，维持日常药物供应的花费相当惊人，常使成瘾者走上抢劫、攻击、卖淫或贩毒之路。

各种精神促动药物

表 5.2 列出了常见的精神促动药物（在第 15 章，我们将讨论用于缓解心理疾病的其他种类的精神促动药物）。我们会简要地描述每类药物怎样产生生理和心理的影响。我们也会提到药物使用的个人和社会结果。

迷幻剂　最具戏剧性的意识变化是由**迷幻剂**（hallucinogens）或致幻剂引起的；它们既改变对外部环境的知觉，也改变内在觉知。这些药物通常产生**幻觉**（hallucinations），这是一种不需要客观刺激就可以出现的生动知觉。幻觉会导致个体丧失自我与非自我之间的边界。麦角酰二乙基酸胺（LSD）和苯环已哌啶（PCP）是最常见的实验室合成的迷幻剂。迷幻剂在脑中的作用一般是影响化学神经递质 5- 羟色胺的使用（Béïque et al., 2007）。例如，LSD 与 5- 羟色胺受体的结合非常紧密，使得神经元产生持续的激活。

大麻是一种具有精神促动效果的植物。它的活性成分是四氢大麻酚（THC），在植物凝结的树脂及其干叶和花中都有发现。吸入 THC 所产生的体验依赖于剂量，小剂量产生温和的欣快，大剂量导致长时间的幻觉反应。定期使用者报告欣快感、幸福感、空间和时间的扭曲，偶尔有脱离身体之外的体验。然而，由于情境不同，效果也可能是负面的——恐惧、焦虑和混乱。

研究者多年前就已经知道，大麻中的化学活性成分大麻酚与脑中特定的受体结合，这些大麻酚的受体在与记忆有关的脑区海马中特别常见（De Oliveira Alvares et al., 2008）。研究者随后发现了脑内与相同受体结合的内源性物质。第一种被发现的内源性大麻素是花生四烯酸乙醇胺（Di Marzo & Crisino, 2008）。这个发现使人们了解到，大麻素是通过结合对脑内自然产生的物质敏感的大脑位点，来产生改变心理的效果。这些内源性大麻素在脑中发挥神经调质的作用，比如，它们可以抑制神经递质 GABA 的释放（Wilson & Nicoll, 2002）。在“生活中的批判性思维”专栏中，我们会讨论这些物质在调节食欲和进食行为中的作用。

鸦片　鸦片，如海洛因和吗啡，可以抑制身体对刺激的感觉和反应。诸如奥施康定（Oxycontin）之类的止痛药也是鸦片，具有相同的效果。在过去几年里，滥用奥施康定和其他处方类鸦片的人数急剧增加（Rawson et al., 2007）。第 3 章中，我们指出大脑中存在内啡肽（内源性吗啡的简称），对情绪、疼痛和快乐产生强烈的影响。这种内源性鸦片在大脑应对生理、心理压力的过程中发挥着重要作用（Ribeiro et al., 2005）。鸦片和吗啡等药物在脑中与跟内啡肽相同的受体位点结合（Trescot et al., 2008）。因此，鸦片和大麻之所以产生效果，是因为它们具有和脑中自然产生的物质相似化学特性的活性成分。

为什么使用海洛因会导致成瘾?

海洛因静脉注射的最初效果是快乐体验的冲击，欣快感替代了身体健康需要的所有担忧和觉知。使用海洛因很容易导致成瘾。当内源性鸦片系统的神经受体是由改变心理的药物人为刺激时，大脑就失去了微妙的平衡。想要戒断鸦片的人会经历严重的生理症状（比如呕吐、疼痛和失眠），还有对药物的强烈渴望。当人们采用一些医疗辅助手段来帮助戒断时，所使用的治疗一般是阻断鸦片在脑中引发快乐反应的能力（Grusser et al., 2006）。

镇静剂　**镇静剂**（depressants）包括巴比妥酸盐、苯二氮卓和酒精。这些物质通过抑制或减少中枢神经系统神经冲动的传导，来压抑（减缓）个体的心理和生理活

生活中的批判性思维

我们能从"极度饥饿感"中学到什么

即使你从未吸过大麻，你对大麻臭名昭著的一个效应也大概不会陌生：大麻让人们强烈地渴求食物，这种渴求经常被称为"极度饥饿感"（munchies）。对大麻产生饥饿感的观察至少可以追溯到公元300年，当时印度的经文中推荐大麻用于刺激食欲（Cota et al., 2003）。花点时间想一想你会如何把"极度饥饿感"变为一个研究项目。你会提出什么样的问题？你想检验什么样的假设？

你想解决的第一个问题可能是"为什么？"：为什么大麻会影响人们的食欲？本书中，我们已经告诉你这个故事的重要部分。研究者确定了大麻中的活性化合物——大麻素与脑中的特殊受体结合。随着研究的深入，研究者还突破性地发现脑中存在内源性大麻素。有了这个发现，研究者就能够检验这个假设，即内源性大麻素在调控食物摄取中起着持续性的作用。这个假设得到了充分的证实（Vemuri et al., 2008）。这项研究甚至还有助于解释人们在产生极度饥饿感时会渴求什么类型的食物。除了调控食欲，内源性大麻素还在脑的奖赏系统中发挥作用（Cota et al., 2006）。出于这个原因，内源性大麻素具有特殊的作用，使得人们寻求美味或甜味的食物。因此，垃圾食品可以最好地满足极度饥饿感，这并非偶然。这些见解使得研究者能够开发出药物来治疗那些因生理原因或医学原因而不愿进食的人（Cota et al., 2003）。

现在你知道了内源性大麻素可以增加食欲。你下一步思考的问题可能是：研究者能够设计出利用相同的系统来抑制食欲吗？这一背景中的目标是找出阻止内源性大麻素产生一般影响的药物。在过去的几年里，研究者已经取得了很大的成功（Vemuri et al., 2008）。初现曙光的一种药物是利莫那班（rimonabant）。利莫那班阻断脑内的大麻受体执行正常的功能。在一个测试利莫那班治疗效果的双盲研究中，给予1036名超重者和肥胖者低剂量或高剂量的这种药物，或者是安慰剂（比如惰性物质）（Després et al., 2005）。在长达一年的研究过程中，安慰剂组的参与者体重减轻约5磅。低剂量组参与者减轻约9磅。高剂量组参与者减轻了19磅。相似地，高剂量组参与者腰围减少了3.6英寸，而低剂量组和安慰剂组分别减少1.9英寸和1.3英寸。基于这样的结果，研究者开始探索与利莫那班有着相同效果，但副作用更小（如恶心或失眠）的药物（Vemuri et al., 2008）。

从这个例子中，你可以看到研究如何从一个现实观察发展成为富有成效的研究项目。为了理解为什么大麻素会影响食欲，研究者产生了新见解，由此引向了成功的治疗方法，无论是对吃得太少的人还是吃得太多的人。实际上，这一研究过程中还显示出更大的未来前景：由于内源性大麻素对脑的奖赏回路有着重要的影响，研究者相信作用于内源性大麻素系统的药物可以成功地治疗疼痛和成瘾（Fattore et al., 2007; Hosking & Zajicek, 2008）。

- 为什么测试利莫那班的研究中双盲控制很重要？
- 为什么调节食欲和调节奖赏的大脑系统之间存在联系？

动。镇静剂产生这种效果部分是通过促进使用突触使用神经递质GABA的神经通讯（Licata & Rowlett, 2008）。GABA常常抑制神经传导，这可以解释镇静剂的抑制作用。过去，人们经常被开出巴比妥酸盐的处方，如*戊巴比妥*和*西可巴比妥*，用作镇静或治疗失眠。然而，由于巴比妥酸盐可能成瘾和使用过量，人们更可能收到苯二氮卓的处方，如*安定*和*佳乐安定*。在第15章，我们将看到这些药物也经常用于减少焦虑。

最近几年，两种镇静剂，*氟硝安定*（Rohypnol，更为人所知的是*迷奸药*）和*GHB*（γ-羟基丁酸）因被称为"约会强奸药"而臭名昭著（Maxwell, 2005）。这两种药物都可以制成无色的液体加到酒或其他饮料中而不被察觉，致使受害者在镇静状态下遭到强暴。此外，氟硝安定会引起遗忘，因此，受害者会忘记其在药物作用下所经历的事件。

酒精显然是一种最先由早期人类广泛使用的精神促动物质。在酒精的作用下，一些人变得愚蠢、粗鲁、友好、多话；另一些人变得口出恶言、暴力；还有一些人变得沉闷沮丧。酒精似乎促进多巴胺释放，而多巴胺会带来欣快感觉。另外与其他的镇静剂一样，它似乎影响了 GABA 的活动（Lobo & Harris, 2008）。在低剂量下，酒精可以使人放松并轻微地增进成年个体的反应速度。然而，由于人体只能缓慢地分解酒精，因此在短时间里摄取大量酒精会使中枢神经系统负荷过度。当血液中酒精浓度从 0.05% 增加到 0.1%，个体的认知、知觉和运动过程会快速恶化。当血液中的酒精浓度达到 0.15%，就会对思维、记忆和判断造成严重的消极后果，连带还会出现情绪不稳定以及运动协调能力的丧失。

为什么酒精是大学生改变他们的意识状态中被最普遍使用的?

在美国，过度摄入酒精是一个重大的社会问题。与酒精有关的车祸是 15~25 岁个体死亡的首要原因。当喝酒的频率和数量干扰了工作表现、损害了社会和家庭关系以及引起严重的健康问题时，就可以诊断为酒精中毒。长时间大量饮酒还会导致生理依赖、耐受性和成瘾。对某些个体而言，酒精中毒与无法戒酒有关。而对其他人来说，酒精中毒是由于他们一旦喝了一些就无法停止。在 2007 年的调查中，14.7% 的 18~25 岁的个体报告有大量饮酒行为，即一个月里 5 天喝一次，每次至少喝 5 杯酒（SAMHSA, 2008）。过度饮酒的高峰期是 21 岁，在 21 岁的群体中大概有 17.9% 的人报告有重度的酒精使用。

血液中含有 0.1% 酒精的人发生驾驶事故和死亡事故的机率，比酒精含量只有其一半的人高出 6 倍。与酒精相关的交通事故是 15~25 岁个体的主要死因。正是考虑到这些令人不安的数据，研究者试图理解酒精对驾驶表现产生负面影响的几种方式。一部分答案在于酒精影响了饮酒者抑制不良冲动的能力。

> 假使你正开车去赴一个重要的约会，不能迟到。你在驾驶时可能产生冲动想要放纵自己做一些不良的驾驶行为，比如加速或鲁莽地换道。然而，你的见识，比如你可能得到罚单或发生事故等等，会消除这些负面的冲动。一组研究者检验了一个假设，即当人们在良好冲动和不良冲动之间发生冲突的这类情况下驾驶时，人们在酒精影响下的驾驶行为尤其恶劣（Fillmore et al., 2008）。研究中的参与者在摄入酒精或安慰剂后进行模拟驾驶任务。（你能理解为什么研究者不能在真实的路面上进行这个实验。）参与者的驾驶行为在摄入酒精后变得相当恶劣，比如没有在红灯前停车和急剧转向操作。当研究者强化参与者的反应冲突感时，酒精的作用甚至更大。如果参与者很快到达目的地，研究者会给予参与者现金奖励，但是，如果他们车开得不好就会输钱。当他们处于这样的冲突状态时，参与者的表现是最差的：他们的不良冲动显著胜出。

你对这样的论断无疑不会陌生：人们在喝醉后会做出清醒时永远不会做出的事情。就驾驶而言，缺乏冲动控制会带来致命的后果。

兴奋剂　诸如安非他命、甲基安非他命（冰毒）和可卡因等**兴奋剂**（stimulants）会冰毒的成瘾作用如此之强，长期使用会造成身体衰退。左边的照片显示了一名42岁的女性在冰毒成瘾之前的模样。右边的照片拍摄于2年半之后。为什么人们对冰毒和其他兴奋剂如此容易上瘾？

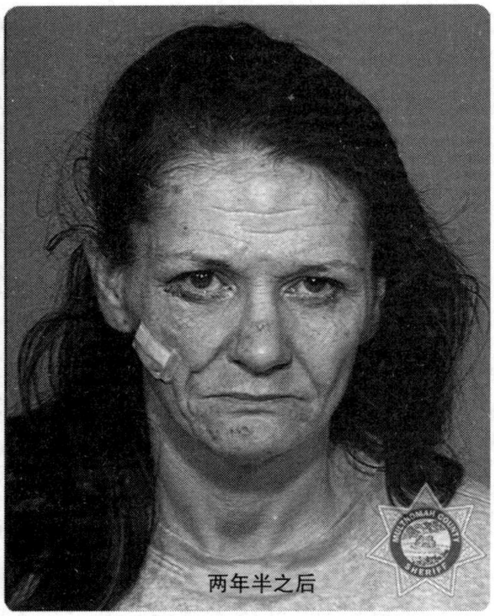

唤起和引起欣快状态。兴奋剂通过增加脑中的去甲肾上腺素、5-羟色胺和多巴胺这些神经递质的水平而起作用。例如，兴奋剂作用于大脑，阻止突触移除多巴胺分子的正常活动（Martin-Fardon et al., 2005）。成瘾往往伴随兴奋剂使用量的提高，因为神经递质系统可能发生了长期的改变（Ahmed & Koob, 2004）。

近年来，研究焦点集中在冰毒的滥用上。从1993年到2003年的10年间，进入戒毒机构治疗冰毒成瘾的人数增加了400%（Homer et al., 2008）。民意调查数据显示，使用冰毒的比例保持稳定，2002年至2007年期间大概占美国人口的0.2%~0.3%（SAMHSA, 2008）。与其他兴奋剂一样，冰毒影响大脑利用多巴胺。摄入冰毒的人会体验到欣快感、焦虑减少和强烈的性欲望。然而，使用冰毒很快产生负面效应：在持续使用几天或几周后，人们开始体验恐惧的幻觉，形成他人要加害自己的信念。这些信念被称为*偏执妄想*。冰毒是高度成瘾的。长期使用会对大脑造成某些类型的损害，包括损失多巴胺系统的神经末梢（Rose & Grant, 2008）。参与决策和计划的大脑皮层受到损害可以解释为什么冰毒使用者变得极具攻击性和遭受社会隔离（Homer et al., 2008）。

MDMA，更普遍地被称为*摇头丸*，是一种兴奋剂，但是也会产生时间和知觉扭曲的幻觉。这种药物的兴奋性让使用者感到无穷无尽的能量；致幻性使声音、颜色和情绪更加强烈。摇头丸之所以具有这些效果，是因为它改变了如多巴胺、去甲肾上腺素和5-羟色胺等神经递质的功能。由于摇头丸对这些神经递质系统具有如此广泛的影响，大量研究关注于药物对大脑的长期影响（Jager et al., 2008）。研究者尤其对摇头丸作为聚会药物的情形感兴趣。他们试图设计研究来精确地表现人们在使用药物时的规则。例如，研究者认识到，摇头丸使用者经常在摄入酒精的同时摄入药物。这产生了一个问题，即酒精和摇头丸是如何共同影响脑的。研究显示，摇头丸和酒精的结合对大鼠脑产生的负面效应是单独使用摇头丸时所没有出现的（Cassel et al., 2005）。

使用者寻求兴奋剂的三种主要效果：增加自信、精力旺盛且高度警觉、趋向欣快的心境变化。重度使用者经常体验可怕的幻觉和偏执性妄想。使用可卡因的一个特殊危险是使个体在欣快和抑郁的两极摇摆。这导致使用者不加控制地增加药物使用的频率和剂量。快克（crack）是可卡因的一种结晶形式，更增加了这种危险。它的作用迅速达到高潮并很快衰退，对这种药物的渴望会非常强烈。

你可能会忽视的两种兴奋剂是**咖啡因**和**尼古丁**。就像你已经从经验中了解到的那样，两杯浓咖啡或茶中的咖啡因足以对心脏、血液和循环功能产生强烈的影响，使你难以入睡。尼古丁是烟草中发现的一种化学物质，它是一种足够强的兴奋剂。美国萨满教的巫师使用高浓度尼古丁，以寻求达到神秘或恍惚的状态。然而，与现代的一些使用者不同，萨满教的巫师知道尼古丁能让人上瘾，他们仔细地选择受其影响的时机。像其他成瘾药物一样，尼古丁也类似于大脑释放的自然化学物质。事实上，研究已经发现，尼古丁和可卡因成瘾所激活的是同一脑区（Vezina et al., 2007）。尼古丁中的化学物质刺激受体使你感觉良好，让你感到无论什么时候你所做的都是对的——一种有助于生存的现象。不幸的是，尼古丁刺激那些相同的大脑受体产生反应，就好像吸烟对你是有益的。然而其实不然。众所周知，尼古丁对健康的负面影响很大。

我们在本章的开始就请你回忆过去和计划将来。这些日常的行为使得我们提出一些有关意识的有趣问题：你的思维是从哪儿来的？它们如何出现？什么时候它们会到达？现在你了解的一些理论可以解答这些问题，并且你可以检验这些理论。你已经看到了意识最终让你拥有了身为人类的全部体验。

我们也请你考虑一些日常不太使用的意识。为什么人们不满意他们平时的心理状态，而寻求如此多样的方式改变他们的意识？通常，你主要关注的是满足当前的任务需要和面临的情境。然而，你也意识到现实对你的意识的束缚。你认识到它限制了你体验的范围和深度，而且不允许你实现你的潜能。也许在这些时候，你渴望超越常规现实的约束。你寻求不确定的自由，而不是常规的安全状态。

STOP 停下来检查一下

❶ 药物耐受性的定义是什么？
❷ 像海洛因这样的药物在大脑中是如何起作用的？
❸ 尼古丁属于哪一类药物？

要点重述

意识的内容

- 意识是对心理内容的一种觉知。
- 清醒意识的内容不同于非意识过程、前意识记忆、未注意的信息、无意识和意识觉知。
- 出声思维报告和经验抽样这样的研究技术被用于研究意识的内容。

意识的功能

- 意识有助于你的生存并使你建构个人的和文化分享的现实。
- 研究者已经研究了意识和无意识过程之间的关系。

睡眠与梦

- 生理节律反映了生物钟的运转。
- 在夜间睡眠期间脑活动模式发生变化。REM 睡眠以快速眼动为标志。
- 睡眠量和 REM 与 NREM 的相对比例随着年龄而变化。
- REM 和 NREM 睡眠具有不同的功能，包括保存和恢复。

- 睡眠障碍如失眠症、发作性睡眠症和睡眠窒息都对人们在清醒期间的机能有负面影响。
- 弗洛伊德提出梦的内容是一个睡眠审查者泄露的无意识材料。
- 在其他文化中，梦总是由担当特殊文化角色的人来进行解释。
- 一些梦的理论集中在梦的来源的生物学解释上。

意识的其他状态

- 清醒梦境是觉知到一个人正在做梦，并试图控制梦的进程。
- 催眠是一种不同的意识状态，其特征是能够使被催眠的人在对暗示的反应中改变知觉、动机、记忆和自我控制。
- 冥想通过将注意从外部转向集中于内部体验的仪式化练习，以此来改变意识的功能。

改变心理的药物

- 精神促动药物通过暂时改变意识和神经系统活动来影响心理过程。
- 在改变意识的精神促动药物中有迷幻剂、鸦片、镇静剂和兴奋剂。

关键术语

成瘾
生理节律
意识
镇静剂
梦的工作
幻觉
迷幻剂
催眠
可催眠性
失眠症
潜性梦境
清醒梦境
显性梦境
冥想
发作性睡眠症
梦魇
无意识
非眼动睡眠
生理依赖
前意识记忆
精神促动药物
心理依赖
快速眼动睡眠
睡眠窒息
夜惊
梦游症
兴奋剂
耐受性

6

学习与行为分析

设想你正在电影院看一部恐怖电影。当男主人公走向一扇紧闭的房门时，影片中的音乐让人越来越感到阴森和恐怖。你突然感觉想大叫一声“别进去！”同时，你发现你的心跳加快了。这是为什么呢？如果你认真思考过这个问题，答案可能是：“我已经学到了电影音乐和电影事件之间的联系，它让我很紧张！”但之前你曾经想过这样的联系吗？可能没有。不知为什么，只要多次坐在电影院里，不用特别的思考，你就学到了这种联系。第 6 章的重要主题就是各种类型的联系，那些你在日常经验中不用经过特别努力就可以学习到的联系。

很久以来，心理学家就对学习，或者说有机体怎样从日常生活经验中学习感兴趣。待会儿我们将给学习下个更加精确的定义。然后，我们将考察学习的两种具体类型：经典条件作用和操作性条件作用。你们将看到，每一种条件作用都代表着有机体以不同方式获得和使用与其生活环境有关的信息。对于每一种学习形式，我们将不仅描述在实验室中其运作的基本机制，也会对它在真实生活情境中的应用进行描述。

在本章中，我们同样思考不同物种间学习方式的异同。你们将会看到，在绝大部分物种中，基本的条件作用过程都是相同的。但是，学习能力因遗传蓝图不同而在物种间有所差异。特别地，我们将会看到*认知*（更高级的心理加工过程）怎样影响人类和其他物种的学习过程。

学习的研究

在探讨学习之前，我们先给学习下个定义，然后对有关这一主题的心理学研究历史进行简要概述。

什么是学习

学习（learning）是基于经验而使行为或行为潜能发生相对一致变化的过程。让我们更仔细地看看这一定义的三个关键部分。

基于经验的过程　学习只有通过经验才能发生。经验包括吸收信息（以及评价和转换信息）和做出反应来影响环境。学习包含因记忆影响而做出的反应。习得的行为既不包括因有机体年龄增长而出现的自然成熟及大脑发育所带来的变化，也不包括因疾病和脑损伤而引起的变化。有些行为上的持久变化需要成熟准备后的经验。例如，想想婴儿何时会爬、会站、会走、会跑以及可以进行如厕训练。在儿童充分成熟之前，任何训练或者练习都无法产生这些行为。心理学家特别感兴趣的问题是，行为的哪些方面能够通过经验而改变，以及这些改变是如何发生的。

行为或行为潜能的变化　很显然，当你能够展示你的成绩，如开车或使用微波炉时，学习便已经发生了。你无法直接观察学习本身，你通常不能看见你脑内的变化，但学习从你*行为表现*的进步中显而易见。不过，通常你的行为表现并不能显示出你学习的全部内容。有时候你形成了某种态度，比如对现代艺术的鉴赏或对东方哲学的领悟，这些并不一定在你可测量的行动中表现出来。在这些情形中，你获得的是一种改变行为的潜能，因为你学到的态度和价值观能影响你读什么样的书或怎样打发你的闲暇时光。这就是**学习－行为表现差异**（learning-performance distinction）方

面的一个例子，即你学到的和你在外显行为中表现出来的内容之间的差异。

芭蕾舞蹈者整齐如一的舞姿是怎样符合学习的定义的?

相对一致的变化　为了表明发生了学习，行为或行为潜能的变化必须在不同场合表现出相对一致性。比如，一旦你学会了游泳，你将可能一直会游泳。值得注意的是，一致的变化并非总是永久性变化。例如，当你每天都练飞镖时，你会成为一个水平相当稳定的投镖手。然而，如果你放弃了这项运动，你的技能水平就会滑向初始水平。但如果你曾一度是一个冠军级的飞镖手，你再次学起来就会很容易。一些先前经验中的东西“保存”了下来。从这种意义上说，变化可以是永久的。

习惯化和敏感化　为了帮助你掌握学习的定义，我们将描述学习的基本形式：习惯化和敏感化。假设你在查看一张描绘快乐场景的照片，比如滑水或冲浪的画面。你第一次看到这张照片时，你可能会产生相对强烈的情绪反应。然而，当你在短时间内连续看了很多次之后，你的情绪反应就会随时间逐渐变弱（Leventhal et al., 2007）。这就是**习惯化**（habituation）的一个例子：当刺激重复呈现时，你会减少行为回应。习惯化帮助你把注意焦点放在环境中的新异事件上——你不必把行为或努力消耗在对那些陈旧刺激的重复反应上。

注意一下习惯化是如何符合学习的定义的。这里的行为改变（你的情绪反应变弱）是基于经验的（你已经重复看了这个画面），并且行为改变是一致的（你不会回到最初的情绪反应水平）。然而，情绪反应的变化不会是永久的。如果你在足够长的时间过去之后再看这张照片，你可能会发现它又能唤起强烈的情绪反应。

当**敏感化**（sensitization）发生时，你对重复呈现刺激的反应会变得更强烈，而不是变弱。例如，假设你在短时间内连续体验过几次同样的疼痛刺激。即使刺激的强度保持一致，你也会报告最后一次刺激的疼痛感要比第一次还要强（Farrell & Gibson, 2007)。敏感化又一次符合了学习的定义，因为世界中的经验（重复体验疼痛刺激）导致行为反应的持续变化（报告疼痛更强）。你可能想知道什么决定人们对不同刺激的反应是习惯化还是敏感化。一般来说，敏感化在刺激很强烈或令人不适时更可能发生。

行为主义与行为分析

现代心理学关于学习的许多观点都可以在**约翰·华生**（John Watson, 1878—1958）的工作中找到根源。华生创立了我们称之为行为主义的心理学派。美国心理学被华生于 1919 年发表的《一个行为主义者眼中的心理学》一书中所阐述的行为主义观点统治了将近 50 年。华生论述到，内省法——人们对感觉、表象和情感的言语报告——不是研究行为的好方法，因为它太主观了。科学家怎么能够检验如此私人经验的准确性呢？然而，一旦我们放弃内省，心理学的主题又该是什么呢？华生

斯金纳扩展了华生的观点并将其应用于广泛的行为领域。为什么斯金纳的心理学强调环境事件，而不是内部状态？

认为是可观察的行为。用华生的话来说，“意识状态，如所谓的精神现象，是无法被客观证实的，出于这一原因，它永远不会成为科学的数据”（Watson, 1919, p.1）。华生还将心理学的首要目标定义为“预测和控制行为”（Watson, 1913, p.158）。

斯金纳（B. F. Skinner, 1904—1990）继承了华生的事业并扩展了他的理论。在读过华生 1924 年的《行为主义》一书后，斯金纳开始了他在哈佛大学的心理学研究工作。一段时间之后，斯金纳系统地提出了一个被称作激进行为主义的观点。斯金纳信奉华生，并认同其对内部状态和心理事件的控诉。但是，斯金纳的兴趣主要不是在它们作为数据的合理性上，而是更多地放在了它们作为行为之原因的合理性上（Skinner, 1990）。按照斯金纳的观点，心理活动，如思维和想象，并不能产生行为。相反，它们都是环境刺激引起的行为样本。

假设我们在 24 个小时里不让一只鸽子进食，然后把它放进一个通过啄食小圆盘而获得食物的设备里，我们发现鸽子很快就学会这么做了。斯金纳认为，动物的行为可以完全通过环境事件如食物剥夺和运用食物作为强化来得到解释。不能被直接观察和测量的主观饥饿感，并不是产生行为的原因，而是食物剥夺的结果。说鸽子因饥饿或想得到食物而啄食圆盘，这并未给我们的说明增加任何东西。要解释鸟儿所做的事情，你不必理解任何有关其内部心理状态的描述——你只需理解能让鸟儿在行为与奖赏之间形成联结的简单学习原则就可以了。这就是斯金纳式的行为主义的精髓（Delprato & Midgley, 1992）。

斯金纳开创的这一行为主义的分支成了**行为分析**（behavior analysis）的最初哲学基础，这一理论强调寻找学习和行为的环境决定因子（Cooper et al.,2007）。一般而言，行为分析家的任务是，在具有可比性的情景下，去发现适用于包括人类在内的所有动物的普遍学习规则。这就是为什么开展非人类动物研究在该领域一直非常重要的原因。复杂形式的学习代表着简单学习过程的组合和加工，而非与之有着质的区别。在接下来的部分，我们将描述经典条件作用和操作性条件作用——产生复杂行为的两种简单的学习形式。

STOP 停下来检查一下

❶ 学习—行为表现差异是什么意思？

❷ 为什么华生强调可观察行为的学习？

❸ 行为分析的主要目标是什么？

❹ 习惯化的定义是什么？

经典条件作用：学习可预期的信号

再次设想你正在看那部恐怖电影。当声音预示着男主人公要遇上麻烦时，为何你的心怦怦直跳？不知为何，当一个环境事件（如可怕的音乐）和另一个环境事件（如可怕的视觉场景）联系起来时，你的身体已经习得了一种生理反应（紧张的心跳）。这种类型的学习被称为**经典条件作用**（classical conditioning）——一种由一个刺激或事件预示另一个刺激或事件之到来的基本学习方式。有机体学习在两个刺激之间形成一种新的联系——一个先前不能诱发反应的刺激和一个天生能诱发反应的刺激。你将看到，将环境中的配对事件迅速联系在一起的先天能力，在行为方面具有深远的应用意义。

巴甫洛夫的意外发现

第一个严格的经典条件作用研究，源于心理学中最著名的一次意外事件。俄国生理学家**伊万·巴甫洛夫**（Ivan Pavlov, 1849—1936）并未打算研究经典条件作用或任何其他心理现象。他在进行消化功能的研究时偶然发现了经典条件作用，此研究使他获得了 1904 年的诺贝尔奖。

巴甫洛夫开发了一项技术来研究狗的消化过程，他在狗的腺体和消化器官中植入管子，将其中的分泌液导入体外的容器里，这样就可以对分泌液进行测量和分析了。为了产生分泌液，巴甫洛夫的助手要把肉末放到狗的嘴里。这种程序重复几次以后，巴甫洛夫观察到狗表现出一个他未曾料到的行为——它们在肉末放进嘴里之前就开始分泌唾液了！它们仅仅在看见食物，后来在看到拿着食物的助手时，甚至仅仅听见助手走过来的脚步声，就开始分泌唾液了。事实上，任何有规律的先于食物出现的刺激都能诱发唾液分泌。十分偶然地，巴甫洛夫观察到学习可以来自两个相互联结在一起的刺激。

幸运的是，巴甫洛夫具有科学研究的技能和好奇心，他开始对这一奇怪现象进行严格的探索。当时的著名生理学家查尔斯·谢林顿曾劝告他应该放弃对这种“心理的”分泌进行愚蠢的研究，但巴甫洛夫对此置之不理。相反，他放弃了自己对消化功能的研究，他这样做的结果，却是永久性地改变了心理学的进程（Pavlov, 1928）。在其后来的生活中，巴甫洛夫一直在努力寻找影响经典条件作用的各种变量。由于主要的条件作用现象是巴甫洛夫发现的，也由于他在追踪影响条件作用之变量方面的卓越贡献，经典条件作用也被人们称为*巴甫洛夫条件作用*。

巴甫洛夫相当丰富的研究经验，使他能够遵循一个简单而一流的策略去发现能使他的狗条件性地分泌唾液所必需的条件。如**图 6.1** 所示，实验时先给狗带上一个束缚它的挽具。以固定的时间间隔呈现一种刺激，如一个声音，然后再给狗一点食物。重要的是，在此之前，对狗而言声音与食物和分泌唾液没有任何关系。你可能会想到，狗对声音最初的反应仅仅是一个*定向反应*——竖起耳朵，转动脑

心理学家伊万·巴甫洛夫（图中正和他的研究人员在一起）在从事消化功能的研究时，观察到了经典性条件反射现象。巴甫洛夫研究这类学习的主要贡献有哪些？

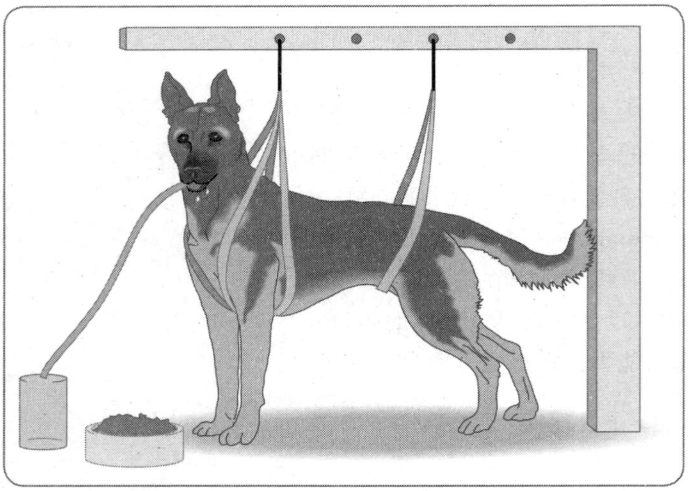

图 6.1 **巴甫洛夫最初的研究程序**

最初的实验里，巴甫洛夫使用了各种刺激，如声音、铃声、灯光以及节拍器作为中性刺激。实验者先呈现其中的一种中性刺激，然后呈现食物碎屑。狗的唾液用一个导管来收集。

袋，对声音进行定位。然而，随着声音与食物的反复匹配，定向反应停止了，唾液分泌反应却出现了。巴甫洛夫在先前的研究中观察到的现象并非意外：在可控制的条件下，这种现象能够被重复。巴甫洛夫采用了一些中性的刺激（相对于分泌唾液来说），如灯光和滴答作响的节拍器，演示了这种效应的普遍性。

图 6.2 说明了巴甫洛夫经典条件作用程序的主要特点。经典条件作用的核心是反射性反应。例如，分泌唾液、瞳孔收缩、膝跳反射或眨眼睛。**反射**（reflex）是由特定刺激自然诱发的，这些刺激对有机体具有生物学意义。任何能够自然诱发反射性行为的刺激，如巴甫洛夫实验中所用的食物，都叫**无条件刺激**（unconditioned stimulus，UCS），因为学习对刺激控制行为而言不是一个必要条件。由无条件刺激诱发的行为，叫**无条件反应**（unconditioned response，UCR）。

在巴甫洛夫的经典条件作用实验中，诸如灯光和声音等刺激一开始不会诱发唾液分泌，要经过一段时间反复与无条件刺激相匹配。与无条件刺激相匹配的中性刺激，被称为**条件刺激**（conditioned stimulus，CS），它诱发 UCR 行为的力量是以它与 UCS 的联系为条件的。经过几次匹配之后，CS 将引发所谓的**条件反应**（conditioned response，CR）。条件反应作为学习的结果是由条件刺激所诱发的任何反应，我们将

图 6.2

经典条件作用的基本特点

在条件作用之前，无条件刺激引发无条件反应，声音之类的中性刺激不会引发这种反应。在条件作用过程中，中性刺激与无条件刺激相伴随。通过与无条件刺激联结后，中性刺激就变成条件刺激，引发出与无条件反应相类似的条件反应。

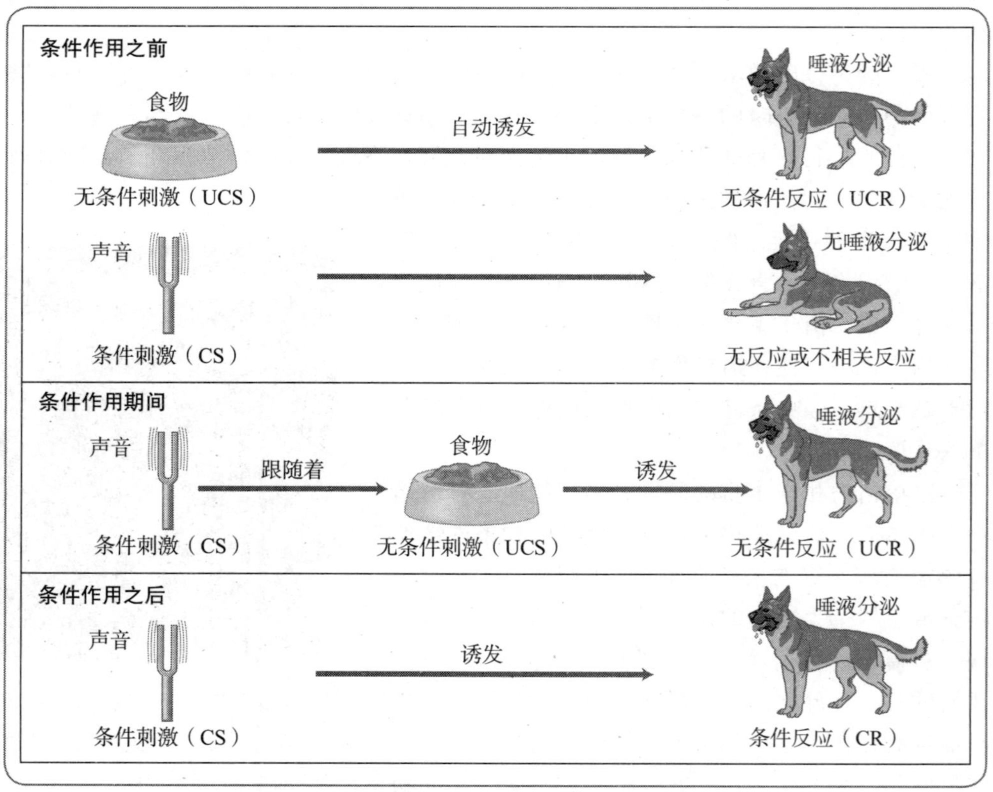

在本节后面提供几个例子。让我们复习一下。人类天生就具有 UCS-UCR 联结，而学习的产生是因为经典条件作用创造了 CS-CR 联结。条件刺激获得了最初只有无条件刺激才具备的、影响行为的某些力量。现在让我们更仔细地看看经典条件作用的基本过程。

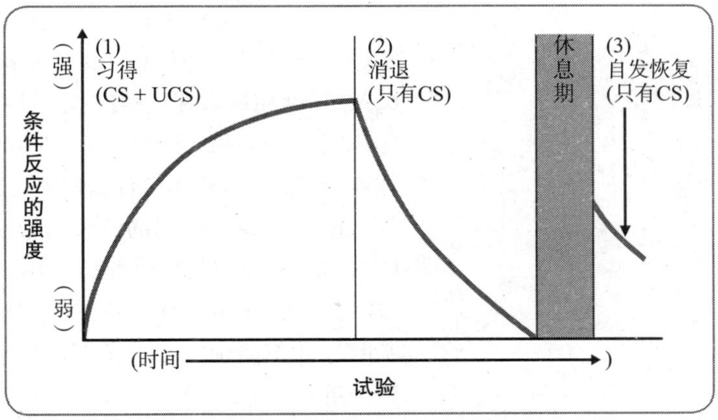

图 6.3 经典条件作用的习得、消退和自发恢复

习得期间（CS+UCS），CR 的强度迅速增加。消退期间，UCS 不再跟随在 CS 之后出现，CR 的强度下降至零。经过一段短暂的休息之后，CR 可以重新出现，即使 UCS 仍未出现。CR 的重现被称为自发恢复。

条件作用过程

巴甫洛夫开创性的实验激发了针对经典条件作用反应怎样出现和消失的大量研究。本节中，我们将回顾一些研究者得出的关于经典条件作用基本过程的重要结论，这些结论来自数以百计针对各种动物物种的不同研究。

习得与消退 **图 6.3** 显示的是假想的经典条件作用实验。第一栏内显示的是条件作用的**习得**（acquisition），即 CR 首次被诱发出来并随着试验的重复而不断增强其频率的过程。一般说来，CS 和 UCS 必须经过多次匹配后，CS 才能可靠地诱发 CR。借助 CS-UCS 的系统匹配，诱发出 CR 的频率会逐渐增加，于是便可以说有机体习得了条件反应。

在经典条件作用中，时机非常关键，这和讲笑话是一个道理。CS 和 UCS 的呈现必须在时间上足够接近，才能使有机体知觉到它们是相关联的。（我们在后面的味觉－厌恶学习一节中会讲述该规则的一个例外。）研究者们探讨了这两个刺激之间的四种时间模式，如**图 6.4** 所示（Hearst, 1988）。应用最广泛的一种条件作用类型是**延迟条件作用**，在这种条件作用中，CS 先出现并至少要持续到 UCS 的呈现。在**痕迹条件作用**中，CS 在 UCS 呈现之前被取消。痕迹指的是有机体对 UCS 出现时已经不再出现的 CS 的记忆。在**同时性条件作用**中，CS 和 UCS 是同时呈现的。最后，在**倒摄条件作用**情形下，CS 出现在 UCS 之后。

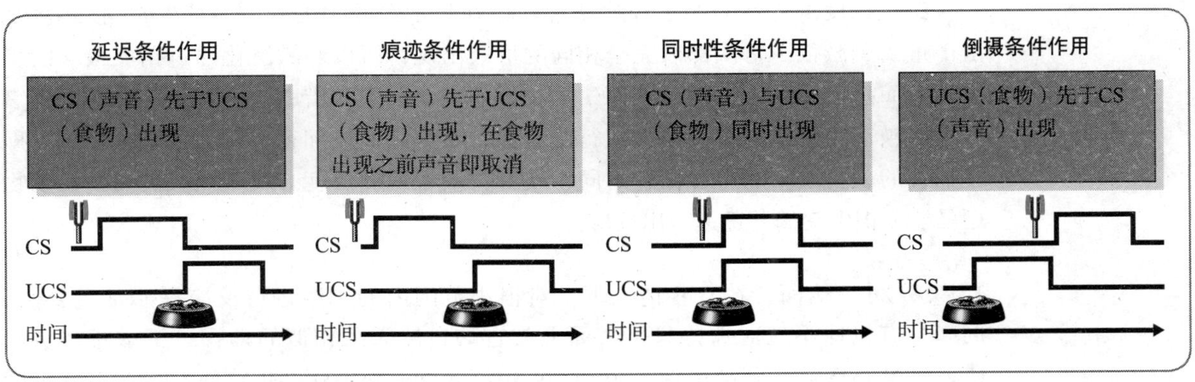

图 6.4 经典条件作用中 CS–UCS 时间安排的四种变式

研究者探讨了 CS 和 UCS 之间四种可能的时间安排。通常，条件作用在 CS 开始呈现到 UCS 开始呈现的间隔时间很短的延迟条件作用模式最有效。

通常，在 CS 和 UCS 之间间隔很短的延迟条件作用模式下，条件作用最有效。不过，产生最佳条件作用的 CS 和 UCS 之间准确的时间间隔依赖于几个因素，包括 CS 的强度和被条件化的反应。让我们重点看看被条件化的反应。对于肌肉反应来说，如眨眼，1 秒钟或再短一点的时间间隔为最佳。但是，对于内脏反应而言，如心跳和唾液分泌，5 秒到 15 秒的较长一点的时间间隔效果最好。

同时性条件作用的效果通常都较差，而倒摄条件作用则更差。倒摄条件作用在 UCS 和 CS 进行几次匹配后会出现，但大量训练后它就消失了，因为动物认识到在 CS 之后的一段时间里并没有 UCS 出现。这两种情形下，条件作用都很弱，因为 CS 实际上并不能预言 UCS 的出现。（下一节，我们的话题将转到可预见性，或者说相倚的重要性上来。）

然而，当 CS（例如，声音）不再预示 UCS（食物）时会发生什么呢？在这类情形下，CR（唾液分泌）会随着时间的推移变得越来越弱，最终不再出现。当呈现 CS（而不呈现 UCS）却不见 CR 时，我们就说**消退**（extinction）过程已经发生了（见图 6.3 第二栏）。这样看来，条件反应并不必然是有机体行为库中的一种永久行为。不过，当 CS 以后再次单独呈现时，CR 又会以一种较弱的形式再次出现（见图 6.3 第三栏）。这种经过一段休息或暂停后，无须再与 UCS 匹配，CR 即可突然重现的现象，巴甫洛夫称之为**自发恢复**（spontaneous recovery）。

当最初的配对又重新恢复，进行消退后训练时，CR 会迅速变得强大起来。这种更快速的再学习即是*节省*的一个例子：再次习得某一反应比初次习得该反应时所需的时间要少。这样看来，即使实验性消退似乎已将 CR 消除，一些最初的条件作用很可能还为有机体所保持。换言之，消退仅仅是削弱了行为，并未消除掉最初的学习。这就是为什么我们在最初定义学习时要区分学习和行为表现。

刺激泛化　假设我们已经教给一只狗使它明白某一频率声音的出现就意味着会有食物。狗的反应会仅局限于那一特定刺激吗？如果你稍作思考，你就不会奇怪为什么答案是否定的了。通常，一旦 CS 与 CR 之间建立了联结，与 CS 类似的刺激也能诱发 CR。例如，如果条件作用是对一个高频声音反应，那么频率稍低的声音也会诱发该反应。曾被一只大狗咬过的小孩很可能对一只小狗也感到恐惧。这种反应自动扩展到从未与最初的 UCS 匹配过的刺激上的现象，叫做**刺激泛化**（stimulus generalization）。新刺激与最初的 CS 越相似，反应就越强。当我们测量在某一维度上差异逐渐增加的刺激所诱发的反应强度时，如**图 6.5** 所示，我们发现了*泛化梯度*。

泛化梯度的存在表明了经典条件作用在日常经验中的作用方式。在自然界中，由于重要刺激很少每次都以完全相同的形式出现，所以刺激泛化通过拓展最初的特定经验而扩大了学习范围，从而建立相似的安全因素。借助这一特性，新的同类事件可以被认为具有同样的意义或行为价值，尽管它们之间存在明显区别。例如，即使捕食的动物发出的声音稍有不同，或者它被看到的角度有所不同，被捕食的动物还是能够识别它们并迅速做出反应。

刺激辨别　然而，在有些情形下，对很小范围内的刺激进行反应是非常重要的。例如，有机体不应对那些只是表面上与它的自然天敌相似的动物过于敏感，从而使自己身心疲惫。**刺激辨别**（stimulus discrimination）就是生物体学会在某些维度上（例如，色调或音高）对与 CS 不同的刺激做出不同反应的过程。有机体对相似刺激（例如，1000、1200 和 1500 赫兹的音调）的辨别随着训练而变得非常敏锐——

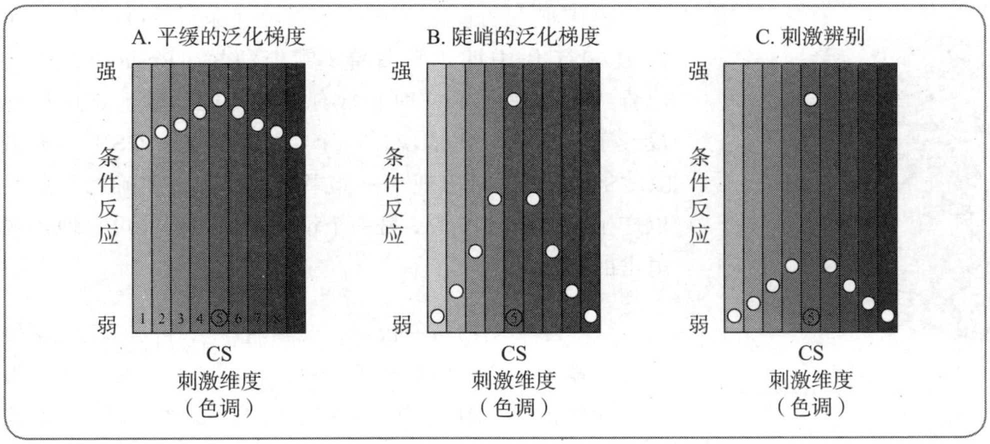

图 6.5 刺激泛化梯度

在对一个中等色调的绿色刺激建立条件作用之后，参与者对相似色调刺激的反应几乎一样强，如图 A 中平缓的泛化梯度所显示的结果。当给参与者呈现的彩色刺激范围更广时，反应随着刺激颜色与最初训练时的刺激颜色的差异逐渐加大而变得越来越弱。如图 B 所示，泛化梯度变得很陡。实验者可以通过对参与者进行辨别性训练，把图 A 所示的泛化梯度改变成类似于图 C 的模式。这种情况下，中等色调的绿色刺激要不断地与 UCS 配对，而其他所有色调的刺激则不与 UCS 配对。（见彩插）

资料来源：*Principles and Methods* of Psychology by Robert B. Lawson, Stephen G. Goldstein, & Richard E. Musty, Copyright © 1975 by Oxford University Press, Inc.

即仅让一种刺激（如 1200 赫兹的音调）能够预测 UCS，在其他刺激反复呈现时无 UCS 相伴。在条件作用的早期阶段，尽管反应不是很强烈，但是与 CS 相似的刺激会诱发类似的反应。随着辨别训练的进行，对其他不相似刺激的反应会越来越弱：有机体渐渐知道了哪一种与事件相关的信号能够预测 UCS 的到来，哪些则不能。

有机体欲在环境中表现出最佳行为，就必须平衡泛化和辨别过程。你既不想过度选择——错过出现在面前的猎物是很不划算的，也不想过度反应——如果你对任何事物都恐惧不安，你将耗费大量的时间和精力来消除这种不安。经典条件作用提供了一种允许生物体对其环境结构做出有效反应的机制（Garcia, 1990）。

为什么曾被一只狗惊吓过的小孩会对所有的狗都产生恐惧反应?

习　得

本节中，我们将更仔细地考察经典条件作用发生所必需的条件。目前为止，我们描述了经典条件反应的习得，但我们还没有解释它是如何发生的。巴甫洛夫认为，经典条件作用来自 CS 和 UCS 的简单配对。在他看来，如果要建立一种经典条件反应，CS 和 UCS 必须在时间上紧接着出现——也就是，在时间上接近。但是接下来我们将看到，当代的研究已修正了这一观点。

图 6.6 **穿梭箱**

雷斯科拉用狗跳过障碍物的频率来测量恐惧条件作用。

巴甫洛夫的理论一直统治着经典条件作用，直到 20 世纪 60 年代中期，**罗伯特·雷斯科拉**（Rescorla, 1966）以狗为被试进行了一项非常有说服力的实验。雷斯科拉设计了不同的对比情境，一个情境是声音（CS）和电击（UCS）几乎同时出现——如果巴甫洛夫是正确的，这足以产生经典条件作用；另一个情境是，声音能可靠地预测电击的出现。

在实验的第一阶段，雷斯科拉训练狗从穿梭箱的一端跃过障碍物到达另一端，由此逃避来自栅格地面的电击（见**图 6.6**）。如果狗不能跳过障碍物，它们就会遭到电击；如果跳过去了，电击将被推迟。雷斯科拉用狗跳过障碍物的频率作为测量恐惧条件作用的指标。

当狗能一致地跃过栅栏时，雷斯科拉将狗分成了两组，让它们接受另一种训练。对于随机组，UCS（电击）的施加是随机的且独立于 CS（声音）（见**图 6.7**）。尽管 CS 和 UCS 出现的时间通常很接近——它们偶然会紧接着出现—— 但 UCS 在没有 CS 和有 CS 呈现时出现的概率是相等的。因此，CS 没有任何预测价值。然而，对于相倚组，UCS 总是出现在 CS 之后。这样，对相倚组而言，声音可以有效预测电击的出现。

一旦完成了这种训练，狗就被放回穿梭箱，但这次有点儿变化。现在，在第二次训练程序中使用的声音只是偶尔出现，预示着电击出现。这会发生什么呢？**图 6.8** 显示当声音出现时，与接近（联想的）CS-UCS 关系中的狗相比，在相倚（可预期的）CS-UCS 关系中的狗跳跃的频率更高。相倚对狗成功识别电击信号是非常关键的。

因此，为使经典条件作用能够发生，除了 CS 与 UCS 相接近（出现的时间接近）以外，CS 还必须可靠地预期 UCS 的出现（Rescorla, 1988）。这一发现相当有意义。毕竟，在学习能使有机体适应其环境变化的自然情境中，刺激并非像实验室实验中那样以有条理的简单方式出现，而是成群出现的。

刺激作为经典条件作用基础的最后一个要求是：它必须在环境中能够提供信息。

图 6.7

雷斯科拉演示相倚重要性的程序

对于随机组，实验者随机呈现 5 秒钟的声音（CS）和 5 秒钟的电击（UCS）。对于相倚组，狗仅仅经历声音预言电击出现（CS 的呈现先于 UCS 的呈现 30 秒或更短）的那部分试验。只有相倚组的狗才能学会在 CS 和 UCS 之间建立联结。

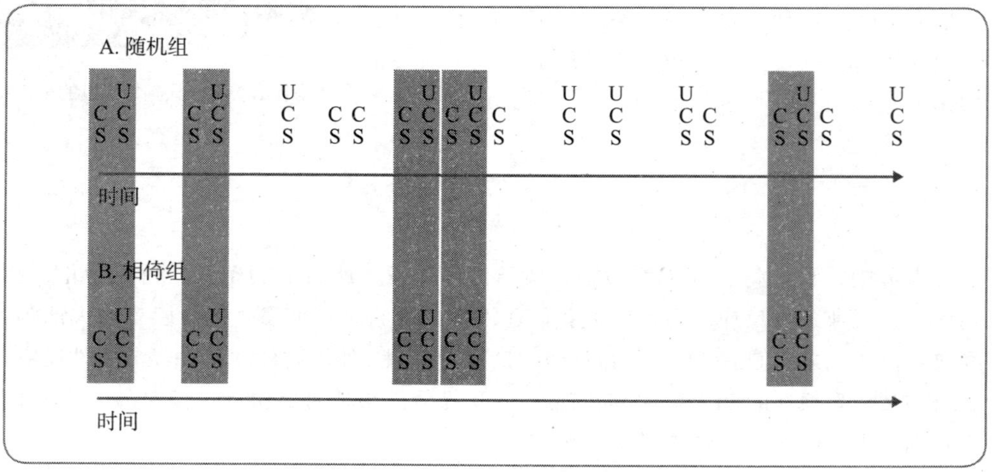

考虑这样一个实验情景：老鼠已经习得了声音能够预测电击。现在，灯光加了进来，灯光和声音都在电击前出现。但是，当灯光随后独自出现时，老鼠们并未习得灯光预测电击（Kamin, 1969）。对这些老鼠来说，实验第一阶段对声音形成的条件作用阻断了随后对灯光的条件作用。从老鼠的立场来看，灯光最好不存在；它没有比声音提供更多的信息。信息性可以解释为什么当 CS 从许多呈现在环境中的其他刺激中突出出来时，条件作用形成得最快。刺激越强，与其他刺激对比越鲜明，越容易被注意到。

你可以看到，经典条件作用比巴甫洛夫最初了解到的更加复杂。只有中性刺激既有相倚性又有信息性时，它才能成为有效的 CS。现在，请转移一下你的注意力。我们想确认经典条件作用在现实生活中的作用。

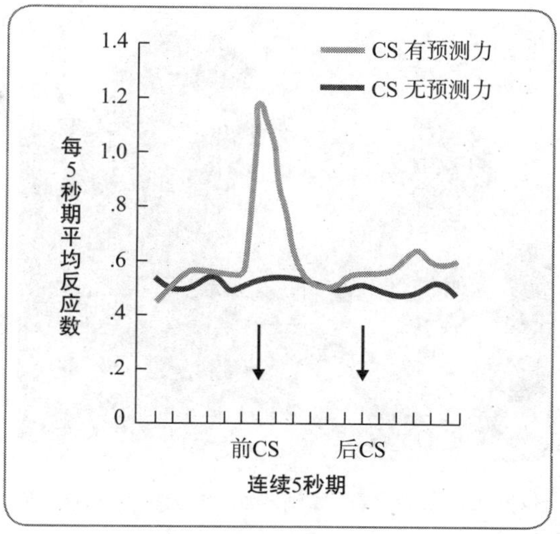

图 6.8 **相倚在经典条件反射中的作用**

雷斯科拉向我们展示：与在接近而非相倚 CS-UCS 关系中接受训练的狗相比，在相倚 CS-UCS 关系中接受训练的狗更多地表现出跳跃行为（也就是条件性恐惧）。箭头表示 CS 的出现和消失。

经典条件作用的应用

关于经典条件作用的知识可以帮助你理解日常生活中的重要行为。本节中，我们将帮你认识一些现实世界中有关情绪和个人偏好的例子，它们是此类学习的产物。我们也将探讨经典条件作用对药物成瘾的影响。

情绪和偏好 前面我们曾让你想象你在看恐怖电影时的体验。在那种情形下，你（无意识地）学到的是恐怖音乐（CS）与某些可能的事件（UCS——恐怖电影中的那类能够引起反射性厌恶的事件）之间的联结。如果你对生活中的事件特别留心，你会发现有很多这样的情形是你无法完全解释的，为什么自己会有这种强烈的情绪反应？或者为什么自己对某些东西有着强烈的偏好？你可以问问自己，这是否是经典条件作用的产物？

想想以下这些情境（Rozin & Fallon, 1987; Rozin et al., 1986）：

- 你认为自己愿意吃做成狗屎形状的奶糖吗？
- 如果你知道一个装糖的容器被错误地标成了毒药，你认为你还会愿意喝这里面的糖冲兑的糖水吗？
- 你认为自己愿意喝浸泡过某个已消过毒的蟑螂的苹果汁吗？

如果你对每一种情境都说“决不！”，你其实并非个别的例子。经典条件反射——“这真恶心”或者“这有危险”——胜过了这东西其实没问题的知识。由于经典条件反射不是有意识地形成的，它们也很难通过有意识的推理来消除！

现实世界中，受到最广泛研究的经典条件作用是*恐惧条件作用*（Delgado et al., 2006; Kim & Jung, 2006）。在行为主义早期，约翰·华生和他的同事罗莎莉·雷纳（Rosalie Rayner）曾试图证明，许多恐惧反应都可以理解为中性刺激与天然能唤起恐惧的东西相配对的结果。为验证其观点，他们用一个被称为小阿尔伯特的婴儿进行了实验。

华生和雷纳（Watson & Rayner, 1920）训练小阿尔伯特害怕一只他最初曾喜欢的小白鼠，他们将小白鼠的出现与一个令人讨厌的 UCS——用锤子在小阿尔

约翰·华生和罗莎莉·雷纳是如何运用条件反射使小阿尔伯特害怕毛茸茸小东西的?

伯特身后敲击一个大钢条所发出的巨大噪声匹配在一起。对这一有害噪声的无条件惊吓反应是，小阿尔伯特学会对小白鼠产生恐惧反应的基础。仅仅经过7次试验，小阿尔伯特的恐惧便形成了。当小阿尔伯特学会逃避恐惧刺激时，情绪条件作用便扩展为行为条件作用。后来，婴儿阿尔伯特的恐惧泛化到了其他有毛的东西上，如小兔子、小狗，甚至圣诞老人的面具！（小阿尔伯特的母亲在进行实验的医院里做奶妈，在研究人员尚未消除小阿尔伯特的实验性条件恐惧之前，母亲就将他带走了。所以之后我们无法知道对小阿尔伯特而言到底发生了什么［Harris, 1979］）。

像第2章提到的那样，心理学研究者必须在一些重要的伦理原则指导下工作。那些原则让他们回顾华生和雷纳的实验时感到非常不舒服：有伦理道德的研究者绝不会重复这样的实验。了解到条件性恐惧是非常难消退的，我们越来越担忧该项研究可能造成的消极影响。

单一的创伤性事件可以使你形成强烈的生理、情绪和认知上的条件反应——它们也许持续终生。例如，我们的一个朋友在一次暴风雨中遭遇严重车祸。现在每当他驾车遇上下雨时，就会变得惊惶失措，有时竟到了不得不把车停到路边等待大雨结束的程度。有一次，这位有理智有判断力的先生竟然爬到汽车后座，脸朝下趴着直到大雨停息。在第15章我们将看到，临床医学家为这类恐惧设计了一些治疗方案，它们可以对抗经典条件作用的效应。

我们不想让你有这样的印象，即只有不良反应才会被经典条件化。事实上，我们猜想你也能将快乐或激动的反应作为经典条件作用。当然，广告商希望经典条件作用产生积极的影响。例如，他们努力在其产品（例如，蓝色牛仔裤、赛车或苏打汽水）和你们对这些产品的热情之间建立联结。他们期望广告中的成分（“性感”人物或情境）能够作为UCS引发UCR（性唤起反应）。然后，他们希望产品本身会成为CS。这样，唤起反应将与他们的产品联结在一起。要找到更多积极情绪的经典条件作用的例子，你应该留心生活中令人愉快的情境，比如当你故地重游时。

了解药物成瘾的成因 想想这一幕：一个男人横躺在曼哈顿的一个小巷里，胳膊上悬垂着一个半空的注射器。死因是什么？验尸官声称是毒品注射过量，但这个人平常的注射量远远高于他死亡前的注射量。这类事件常使调查者们迷惑不解。一个对毒品有着高耐受性的吸毒者怎么会在一剂药液尚未注射完时就死于药物过量？

你现在可能已经建立起完整的概念来理解我们在第5章所总结的关于毒瘾机制的内容。许多年前，巴甫洛夫（1927）和他后来的同事贝可夫（Bykov，1957）指出，当个体预期到鸦片的药理学作用时，他对鸦片的耐药性就会提高。当代研究者**谢泼德·西格尔**（Shepard Siegel）精练了这些观点。西格尔认为，毒品的使用情境作为条件刺激物存在，个体在情境中通过阻止药物的常规效应而学会了保护自己。当人们吸毒时，毒品（UCS）会带来某些生理反应，这些反应就是机体试图重建体内动态平衡而采用的药物对抗反应（见第3章）。机体对药物的对抗反应是无条件反应（UCR）。随着时间的推移，这种补偿反应就变成了条件反应。换言之，在与使用药物通常相联系的情境（CS）中，机体会对药物的预期效应做好生理准备（CR）。在

广告商如何利用经典条件作用来使你对他们的产品产生“热爱”。

那种情境下，有机体必须消耗一定量的药物克服补偿反应，才会开始出现“正”效应，因而抗药力便提高了。渐渐地，随着条件性补偿反应本身的增强，所需的药量也越来越大。

西格尔在实验室中通过引发实验鼠对海洛因的抗药力，验证了这些观点。

> 在一项研究中，西格尔和他的同事通过经典条件作用，使老鼠在一种情境（CS1）中预期注射海洛因（UCS），而在另一种情境（CS2）中预期注射葡萄糖（糖水）溶液（Siegel et al., 1982）。在训练的第一阶段，让所有老鼠都对海洛因形成抗药力。测试那天，所有动物都接受了比平时更大的药量——几乎是先前的海洛因用量的两倍。一半的老鼠是在先前给予海洛因的情境中接受毒品注射的，一半的老鼠是在先前给予葡萄糖溶液的情境中接受毒品注射的。结果发现，在葡萄糖溶液情境中接受大药量老鼠的死亡数是在通常海洛因情境中接受大药量老鼠死亡数的两倍：64% 对 32%！

很可能，那些在通常的情境中接受海洛因注射的老鼠对这一有潜在危险的情境更有准备，因为背景（CS1）引发了对抗药物典型效应的生理反应（CR）。

为了发现是否同样的过程也存在于人类身上，西格尔和一个同事访问了一些海洛因成瘾者，他们都因药物过量而曾濒临死亡。这些人中，十例中有七例是在新的和不熟悉的情境中用过药（Siegel, 1984）。尽管这种自然实验并不能提供结论性数据，但它表明，吸毒者在一种情境中可以耐受的剂量，也许在另一种不熟悉情境中就成了过量剂量。这种分析使我们想到，本节一开始援引的吸毒者是死于在一种陌生情境中注射毒品。

尽管我们只提到了海洛因研究，但经典条件作用是包括酒精在内多种药物耐受性的重要成因（Siegel, 2005）。由此可见，巴甫洛夫在狗、铃声和唾液分泌上观察到的原则，同样对解释人类药物成瘾的某些机制也有帮助。

STOP 停下来检查一下

❶ 反射行为在经典条件作用中有什么作用？

❷ UCS 和 CS 的区别是什么？

❸ 刺激辨别是什么意思？

❹ 为什么相倚在经典条件作用中如此重要？

❺ 当经典条件作用在药物成瘾中起作用时，条件反应指的是什么？

批判性思考：思考在老鼠身上进行的论证条件性海洛因耐受性实验，为什么在测试那天要给老鼠两倍于平时剂量的海洛因呢？

操作性条件作用：对行为结果的学习

让我们再次回到电影院。现在恐怖电影结束了，你从座位上站起来。跟你一起来看电影的朋友问你是否希望有续集。你答道："我知道了我不该看恐怖电影。"你可能是对的，但这是一种什么样的学习呢？我们的回答将再次追溯到 19 世纪和 20 世纪之交。

效果律

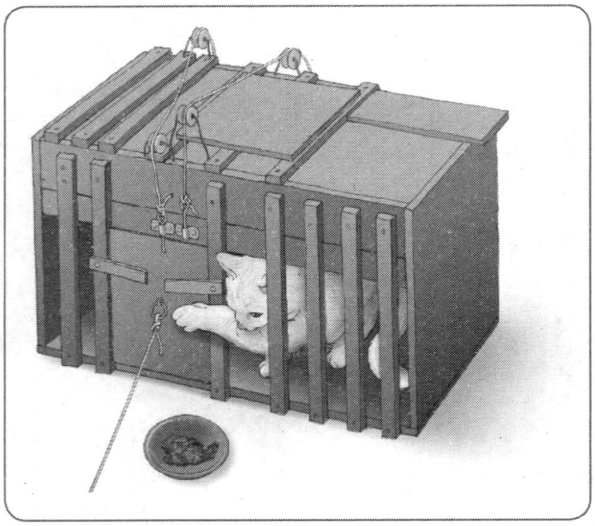

图 6.9　**桑代克的迷笼**

想要逃出迷笼获得食物，桑代克的猫必须操纵一种机械装置，打开笼门。

资料来源：Zimbardo/Johnson/McCann, *Psychology: Core Concepts*, © 2009. Reproduced by permission of Pearson Education, Inc.

几乎在巴甫洛夫运用经典条件作用让俄国的狗对铃声分泌唾液的同时，**爱德华·桑代克**（Edward L. Thorndike, 1874—1949）正在观察美国的猫是如何尝试从迷笼中逃脱的（见**图 6.9**）。桑代克（1898）报告了他的观察，并推论了他认为在其被试身上所发生的学习类型。最初，猫仅仅是挣扎着想逃离禁闭，而一旦某些"冲动"的动作使它们得以打开笼门，"所有其他未成功的冲动便消失了，指向成功的特定冲动则因愉快的结果而保留下来"（Thorndike, 1898, p.13）。

桑代克的猫学会了什么？按照桑代克的分析，学习是情境中的刺激和动物学会做出的反应之间建立的一种联想：刺激 - 反应联结（stimulus-response［S-R］connection）。因此，猫学会了在这些刺激情境（迷笼的限制）中做出一种能够指向预期结果（暂时的自由）的适当反应（例如，抓按钮或门环）。注意，随着动物不断盲目试错，并且体验其行为带来的结果，它们便以一种

生活中的心理学

经典条件作用怎样影响癌症治疗

为了战胜癌症，医学研究者在发展更有效的疗法方面已获得很大的进步。许多此类疗法包括化疗——一种杀死或极大弱化癌细胞的药物疗法。化疗病人通常会产生一些不良反应，如恶心和疲劳。你可能认为那些副作用是由化疗药物直接引起的。尽管部分是这个原因，但是研究者认为经典条件作用是使那些副作用长期保持的重要因素（Bovbjerg, 2006; Stockhorset et al., 2006）。

考虑一个关注癌症病人疲劳体验的研究。病人在化疗时经常感到疲劳，并且指出疲劳使他们无法继续“正常生活”（Curt et al., 2000）。为了解释那些疲劳感的来源，研究者检验了一个基于经典条件作用的模型（Bovbjerg et al., 2005）。82 位女性在同一个门诊接受抗乳癌的治疗。在每个治疗部分，她们都接受化疗药物。

让我们通过经典条件作用来评价一下这个情景。化疗药物作为无条件刺激（UCS），它造成治疗后的疲劳——作为一个无条件反应（UCR）。然后，研究者认为临床环境可作为一种条件刺激（CS）。这个模型认为，在光顾诊所治疗的过程中，随着 CS 与 UCS 反复匹配，当女性一进入这个门诊部时，预期的疲劳就会作为一种条件反应（CR）而出现。

为了检验这个想法，研究者测量了女性的疲劳在一段时间内是怎样变化的。他们既测量了女性在每次化疗前的感受（注入前预期疲劳水平），又测量了每次化疗后的感受（注入后疲劳水平）。数据呈现了一个清晰的模式：在光顾诊所治疗的整个期间，女性感受的疲劳水平越来越高。你可能会认为疲劳程度增加是由于化疗的积累效应。但是，女性并没有报告更高的注入后疲劳水平。与基于经典条件作用的模式一致的是，更高的预期疲劳水平似乎主要来源于与临床环境的条件性联结。事实上，研究者已经有证据证实，化疗方面的其他现象也可以用经典条件作用来分析。比如说，许多病人在化疗前就开始恶心——他们接受治疗的临床环境开始作为条件刺激而起作用（Tomoyasu et al., 1996）。

经典条件作用模型可以帮助解释为什么在治疗结束后一些作用仍然持续存在。研究者在治疗结束后的 1 到 20 年，调查了经历淋巴肉芽肿病的 273 名存活者（Cameron et al., 2001）。他们被问及近 6 个月有没有“注意到任何气味或者味道（任何他们看到过的东西或去过的地方；任何食物和饮料）”，让他们回想起治疗并且使他们“感觉到情绪或身体状态良好或不适”。超过一半的参与者（55%）说他们总是对与化疗相关的刺激产生不适的感觉。研究者指出，这种持续的反应是由于化疗经历的各个方面（CS）与药物注入（UCS）之间的经典条件联结引起的。

这些研究提供了强有力的证据，证明了经典条件作用放大了化疗的消极影响。研究同时提供了研究者怎样设计治疗方案的背景。比如，研究者可以采用一些方法去改变背景线索，以减少临床环境成为条件刺激的可能性。虽然这种类型的干预不能完全消除化疗的副作用，但是它们有助于停止那些副作用的持久存在。

机械的方式逐渐自动地习得了 S-R 联结。导致满意结果的行为出现的频率逐渐增加，最终成为动物被放入迷笼后的主导反应。桑代克将这种行为与结果之间的关系称为**效果律**（law of effect）：带来满意结果的反应出现的概率会越来越大，而带来不满意结果的反应出现的概率会越来越小。

行为的实验分析

斯金纳支持桑代克的观点，即环境结果对行为有着强烈影响。斯金纳描绘了一个研究计划，其目的在于：通过系统地变化刺激条件，来发现不同环境条件如何决定某一特定反应将来是否会出现。

> 行为科学的立论基础是某一特定行为在某一特定时间出现的概率。实验分析所要做的就是分析行为出现的频率或反应速度……实验分析的任务就是发现决定反应概率的所有变量。（Skinner, 1966, p.213-214）

斯金纳的分析是实验性的而不是理论性的。理论家根据理论来推导和预测行为；而经验主义者，如斯金纳，则推崇自下而上的探索。他们的研究始于在实验情境中收集和评价数据，而不是为理论所驱动。

为了实验性地分析行为，斯金纳发展了**操作性条件作用**（operant conditioning）程序，在这种程序中，他操纵有机体行为的结果，以考察它们对有机体随后行为有何影响。**操作**（operant）指的是任何有机体自发产生的行为，可按照它作用于环境并使环境发生了可观察的结果来描述其特点。从字面上看，操作意指影响环境，或在环境中运作之意（Skinner，1938）。操作性行为与经典的条件化行为不同，它不是由特定的刺激所诱发的。鸽子啄食，老鼠觅食，婴儿哭泣并发出咕咕声，一些人讲话时做手势，一些人讲话结结巴巴。所有这些行为在将来发生的可能性，都可以通过操纵其对环境作用的结果来增加或减少。例如，如果一个婴儿的咕咕声能够使父母过来和他（她）接触，这个婴儿以后就会发出更多的咕咕声。这样，操作性条件作用，作为其产生的环境结果的函数，就可以改变不同类型操作性行为出现的概率。

为了实施新的实验，斯金纳发明了一种能让他操纵行为结果的装置——操作箱。**图 6.10** 说明了这种操作箱是如何工作的。当实验者定义的一种适当行为，如老鼠按压杠杆出现后，该机械装置便释放一粒食丸。这种仪器允许实验者研究哪些变量决定老鼠学习或不学习他们所定义的行为。例如，若只有当老鼠先在箱中旋转一圈，然后再按压杠杆时，食物才出现，老鼠则会迅速学会在按压杠杆前先转圈（通过一个我们即将谈到的塑造过程来实现）。

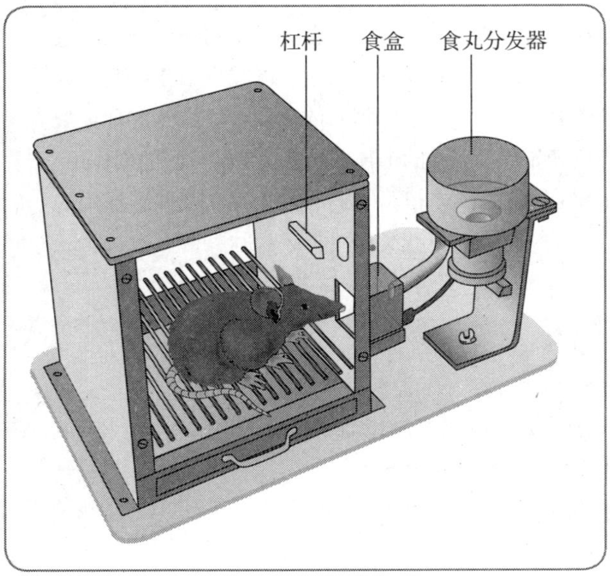

图 6.10 操作箱

在这种特殊设计的用于研究老鼠的典型装置里，按压一次杠杆就会出现一粒食丸。

在许多操作性行为实验中，研究者感兴趣的是动物在一段时间里能表现出多少次特定的行为。研究者记录实验过程中出现的行为模式和总量。这套方法允许斯金纳研究强化相倚对动物行为的影响。

强化相倚

强化相倚（reinforcement contingency）是指某一反应和它使环境发生变化之间的一致性关系。例如，设想在一个实验中，鸽子啄食一个圆盘（反应）通常都伴有谷物的呈现（环境中的相应变化）。这种一致性的关系或强化耦合，通常能增加鸽子随后的啄食频率。要想让谷物的呈现仅仅增强鸽子的啄食概率，谷物的呈现必须仅与啄食反应相并列——谷物必须在啄食反应而不是其他反应，如转身或弯腰之后，有规律地出现。基于斯金纳的工作，现代行为分析家寻求以强化耦合来理解行为。让我们仔细看看关于这种耦合都有哪些发现。

阳性和阴性强化物 假设你现在沉迷于让你的宠物鼠在笼中转圈的想法。为了增加转圈行为出现的可能性，你想使用一个强化物。**强化物**（reinforcer）指的是与行为相倚且随时间的推移能增加行为出现可能性的任何刺激。强化指的是在反应出现之后呈现强化物。

研究者总是根据实际情形来定义强化物，即根据其使某种反应出现的效果来衡量。如果你观察一下外部世界，你可能会发现有三类刺激：那些对你来说是中性的刺激，那些让你感兴趣的刺激（它们让你有“胃口”），以及那些令你厌恶的刺激（你想逃避它们）。显然，这三类刺激的构成对每个人来说是不一样的：喜爱或厌恶是由某一有机体的行为来定义的。就草莓而言，尽管很多人都觉得草莓很好吃，可你的一个作家朋友却认为草莓实际上是不能吃的。如果你打算用草莓来改变该作家的行为，那么你就得知道它是令他厌恶的而不是喜爱的。

当某一行为之后伴随着喜爱的刺激的呈现时，我们称这一事件为**正强化**（positive reinforcement）。如果你的宠物鼠在转圈之后得到了它想要的食物，那么它将学会转圈。如果人们讲笑话会带来愉快的笑声，那么人们以后还会讲笑话。

什么环境相倚导致婴儿更常微笑？

当某一行为之后伴随着令人讨厌的刺激的解除时，我们称这一事件为**负强化**（negative reinforcement）。例如，你的作家朋友更有可能做出一种能让他避免吃草莓的行为。负强化适用于两种常见的学习情境。在**逃脱条件作用**（escape conditioning）中，动物习得某种反应后，可以使它们逃离令人讨厌的刺激。大雨倾盆时撑一把雨伞就是逃脱条件作用的一个常见的例子，你学会使用雨伞以逃脱淋湿。在**回避条件作用**（avoidance conditioning）中，动物习得的反应可以令它们讨厌的刺激免于出现。当你乘车未扣安全带时，安全带蜂鸣器就会叫个不停，于是你学会系上安全带，以避免再听那讨厌的噪声。

要想在正强化和负强化之间做出清晰的区分，请记住以下几点：正强化和负强化都能*增加*行为发生的可能性。正强化通过继反应之后呈现令人喜爱的刺激而增强行为反应的频率；负强化则相反，它通过解除、减少或阻止反应之后出现令人讨厌的刺激来增强行为反应的可能性。

回想一下，对经典条件作用而言，当无条件刺激不再呈现时，条件反应会经历消退的过程。同样的原则也适用于操作性条件作用——若将强化消除，**操作性消退**（operant extinction）就会出现。因而，如果某一行为不再产生可预期的结果，那么它就会退回到操作性条件作用之前的水平——它就消失了。你可能会发觉，自己的行为就有过被强化后又消失的情况。你是否曾有过往自动售货机里投了硬币却什么饮料也没得到的经历？假如你有一次踢了一脚自动售货机，你买的饮料就出来了，那么你这种踢的行为就被强化。然而，如果后来几次你踢自动售货机时不再有饮料出来，那么你这种踢它的行为很快就会消失。

与经典条件作用一样，*自发恢复*也是操作性条件作用的一个特征。假设你已经给一只鸽子这样的强化：当绿灯亮的时候啄键会得到食物球。如果你不再强化，啄的行为就会消失。但是，当你再次把鸽子放在绿灯装置前，鸽子很可能自发地再啄。这被称为自发恢复。对人类来说，最初的消退经验延迟一段时间之后，你还可能再次去踢自动售货机。

阳性和阴性惩罚　你大概很熟悉用来降低某一行为反应概率的另一种技术——惩罚。**惩罚物**（punisher）指的是任何一种——当它伴随在某一反应之后出现时——能降低该反应发生概率的刺激。惩罚是在反应之后施加惩罚物。正如我们可以识别正强化和负强化一样，我们也可以确定阳性惩罚和阴性惩罚。某一行为之后伴随着厌恶刺激时，我们称这一事件为**阳性惩罚**（positive punishment）（你可以这样想，阳性的是因为某种东西加到了该情境中）。例如，触摸热炉子会产生疼痛，疼痛是对之前触摸行为的惩罚，这样你下次就不大可能再摸热炉子了。当某一行为之后伴随有喜爱刺激的消除时，我们称这一事件为**阴性惩罚**（negative punishment）（你可以这样记住阴性的，因为某种东西被从情境中移除了）。因此，当一个小女孩打了自己的小弟弟，父母便取消了给她的零花钱时，这个小女孩便知道以后不再打弟弟。哪一类惩罚可以解释你不再看恐怖电影了呢？

尽管惩罚和强化是密切相关的操作，但它们在一些重要方面却有所不同。区分它们的一个好方法，是考虑它们对行为的影响。惩罚，从定义上看，总是减少某一反应再次发生的概率；强化，从定义上看，总是增加某一反应发生的概率。例如，一些人喝了含咖啡因的饮料后会有严重的头痛。这种头痛就是阳性惩罚，它减少再次出现此类行为的概率。然而，一旦出现头痛，人们通常会服用阿司匹林或其他止痛片来消除头痛，因此，阿司匹林的止痛效应即是对服用阿司匹林的行为进行负强化的刺激。

辨别性刺激与泛化　你可能不想在所有的时候都改变某一行为的概率。相反，你可能只想改变某一特定情境中的行为概率。例如，通常，你想强化小孩子在教室里安安静静坐着的行为，却不想改变他们在课间喧哗和活动的行为。通过与强化或惩罚相联系，某些先于特定反应的刺激——**辨别性刺激**（discriminative stimuli）——便可以设定行为发生的背景。有机体知道，当一些刺激而不是另一些刺激出现时，他们的行为很可能会对环境产生某一特定影响。例如，当绿灯出现时，机动车驶过十字路口的行为会受到强化。而当红灯出现时，这类行为则会受到惩罚——它会招来罚单或交通事故。斯金纳将辨别性刺激—行为—结果这一序列称为**三项相倚**（three-term contingency），相信它能解释人的大多数行为（Skinner, 1953）。**表 6.1** 描述了三项相倚如何可以用来解释几种不同类型的人类行为。

实验室条件下，辨别性刺激出现时操纵行为的结果，可以对行为进行强有力的控制。例如，当绿灯而不是红灯出现时，鸽子啄食圆盘会得到谷粒。绿灯就是一种设定啄食时机的辨别性刺激；红灯则是一种设定非啄食时机的辨别性刺激。有机体很快就能学会在这些条件之间进行辨别，有规律地在一种刺激出现时进行反应，而在另一种刺激出现时不予反应。通过操纵三项相倚的成分，你可以将某一行为限定在某一特定背景下。

有机体也会将反应泛化到类似于辨别性刺激的其他刺激中去。一旦某一反应在一种辨别性刺激出现时被强化，相似的刺激也能成为同一反应的辨别性刺激。例如，经过训练的鸽子在绿灯出现时啄食圆盘，在比最初的辨别性刺激稍亮或稍暗的绿灯出现时也会啄食圆盘。类似地，你会将“继续行车”的辨别性刺激泛化到不同明暗的绿色灯光上。

运用强化相倚　你准备好将新学的强化相倚知识付诸应用了吗？你可能想到了下面这些内容：

表 6.1 **三项相倚：辨别性刺激、行为及其结果之间的关系**

	辨别性刺激	自发反应	刺激结果
1. 正强化：对有效信号的反应产生了预期的结果。反应概率增加。	饮料售货机	将硬币插入槽口	得到饮料 
2. 负强化（逃避）：通过操作性反应使厌恶情境得以避免。逃避反应概率增加。	炎热	扇扇子 	逃避炎热
3. 阳性惩罚：反应后伴随着厌恶刺激。反应被消除或抑制。	吸引人的火柴盒	玩火柴 	被灼伤或被发现后打屁股
4. 阴性惩罚：反应后伴随着喜爱刺激的解除。反应被消除或抑制。	汤菜 	拒绝吃某些蔬菜	餐后无甜点

- *你如何定义想要强化或消除的行为？*你必须仔细确定你想要改变的特定行为。强化应该准确地与那一行为相倚。当强化物的呈现与该行为不相倚时，强化物对行为几乎没有作用。例如，如果父母对孩子做好和做坏都给予表扬，孩子就不会在学校里努力学习——相反，由于正强化的缘故，其他行为很可能会增加。（那些行为会是什么呢？）
- *你如何界定某一行为在哪些情境恰当，在哪些情境不恰当？*记住，你并不想让某一行为适用于所有情境或禁止某一行为出现在任何场合。例如，我们前面提到，你可能想增加小孩子在教室里安安静静坐着的行为，而不改变他们在课间喧哗和活动的行为。你必须定义辨别性刺激，并研究所期望的行为反应在多广的范围里会泛化到其他相似刺激上。例如，假如儿童学会了安静地坐在教室里，这种行为会泛化到其他“严肃”场合吗？
- *你的某些行为是否曾在不知不觉中被强化过？*假设你想要消除某一行为，在你用惩罚作为降低该行为概率的方法之前（在“*生活中的批判性思维*”专栏里，有更多这方面的内容），应该尝试确定你是否能够找出该行为的强化物。如果能，你可以尝试通过撤除这些强化物来杜绝该行为。例如，假设有一个小孩大发脾气，你可以问问自己：“当他尖叫时，我对他格外注意，这是否强化了他发脾气？”如果是，你可以通过去掉强化来消除他乱发脾气的行为。如果你能将消退与那些更受社会赞许的行为的正强化结合在一起，那就更好了。

注意到这样一种现象是很重要的：源于父母的某些强化物可能更容易导致孩子的行为问题，比如乱发脾气。事实上，教养研究发现，孩子身上出现的某些严重的行为问题来自于父母不知不觉的强化。比如，帕特森和他的同事（Patterson, 2002; Reid et al., 2002）提出了反社会行为的*威压模型*（coercion model）。家庭观察发现，当父母对孩子小的错误行为（如哭闹、淘气或喊叫）做出不一致的反应时，会增加孩子做出不当行为的风险。对孩子同样的错误行为，父母大多数时候仅仅是威胁，而只在少数时候施以惩罚。孩子会学习到严厉的攻击和威压行为对达到目标是合适

父母如何用强化相倚影响孩子的行为?

且必要的，这将会导致其反社会行为更加严重，形成恶性循环。

行为分析家认为，任何持续发生的行为都由强化所致。他们主张，任何行为——即使是非理性的或古怪的行为——都能根据其强化或消除因素而得到理解。例如，心理或生理失调得以维持的原因是，它们能让人得到更多注意和同情以及摆脱正常的责任。这些二级增益有时会强化非理性的甚至是自毁行为。你知道害羞行为是如何通过强化而得到维持的吗？即使害羞者本人宁愿不再害羞。当然，我们并非总能认识到某一环境中到底有什么强化物在起作用。然而，随着行为越来越可能出现或不大可能出现，你可以尝试进行一些行为分析。

最后一点思考是，现实生活通常既包括强化，又包括惩罚。打个比方，假设青少年夜不归宿，父母给予他两周内不许出去的消极惩罚。为了软化父母的态度，他在家里帮父母做比平日更多的事。设想他的帮助行为吸引了父母的注意，那他就是在试图强化父母做出“减少惩罚”的行为。如果这个策略成功地把惩罚从两个星期减少到了一个星期，青少年的帮助行为将会受到负强化，因为帮助行为解除了被禁这样令人厌恶的刺激。不管什么时候青少年再次被禁（辨别刺激），他的帮助行为将更容易出现。你明白所有相倚组合是怎样改变青少年和父母的行为了吗？

让我们现在来看看许多物体和活动作为强化物，其可能的作用方式有哪些。

强化物的特性

强化物是操作性条件作用的“权力经纪人”——他们改变和维持着行为。强化物有许多有趣和复杂的特性。它们可以通过经验来学习，而不是由生物因素所决定。它们可以是活动，而不一定是实物。在某些情境中，那些在平时有效的强化物也不足以改变主导性行为（在这种情形下，我们说行为的结果并不是真正意义上的强化物）。

条件性强化物　当你来到这个世界时，仅有少数**初级强化物**（primary reinforcers），比如食物和水，其强化特性是由生物学因素所决定的。然而，随着时间的推移，其他的中性刺激渐渐与初级强化物联合在一起，现在它们作为**条件性强化物**（conditioned reinforcers）而对操作反应起作用。条件性强化物可以充当强化本身的目标。事实上，大量的人类行为很少受具有生物学意义的初级强化物影响，却受其他各种各样的条件性强化物影响。金钱、分数、赞许的微笑、折纸小星星，以及各种地位的象征性标志，都是可有效影响大多数行为的条件性强化物。

事实上，通过与初级强化物相匹配，任何刺激都能成为条件性强化物。在一项实验中，人们对动物学习者使用了简易代币。

> 先用葡萄干作初级强化物，训练黑猩猩解决问题。然后，代币随同葡萄干一起发放。当后来仅呈现代币时，黑猩猩能够继续为它们的“金钱”而工作，因为它们可以在后来把自己辛辛苦苦得到的代币投进一个“黑猩猩币模”里，以换取葡萄干（Cowles, 1937）。

教师和实验人员常常发现，条件性强化物比初级强化物更有效且更易于使用，这是因为：（1）在课堂情境中，可供使用的初级强化物非常少，而被教师所控制的任何刺激事件几乎都可以被用作条件性强化物；（2）条件性强化物可以快速发放；（3）条件性强化物可以随身携带；（4）条件性强化物的强化效果可以更及时，因为它仅依赖于对得到强化物的知觉，而不像初级强化物那样，依赖于生物过程。

在一些机构，如精神病院或戒毒中心，人们基于这些原则建立了代币经济。明确的定义期望发生的行为（例如，喂药或服药），当病人表现出这些行为时，工作人员就分发相应的代币。病人以后可以用这些代币换取各种各样的奖品和特殊待遇（Dickerson et al., 2005; Martin & Pear, 1999）。这些强化系统对调节病人的自我照料、维护环境行为特别有效，更重要的是，它们能有效地促使病人参与积极的社会交往活动。

无法食用的代币可以用来充当条件性强化物。在一项研究中，黑猩猩把代币投入“黑猩猩币模”以换取葡萄干。在你的生活中，有哪些条件性强化物在起作用？

反应剥夺和阳性强化物 假设你要让一个孩子做事情，你不想付他报酬或给他一个折纸小星星，相反，你提出一项交易：“你完成作业后，可以玩视频游戏。”为什么这个策略可能会起作用？根据**反应剥夺理论**，当阻止动物进行某项行为时，这种行为变得更受喜爱且被强化（Timberlake & Allison, 1974）。比如，当老鼠奔跑后伴随有饮水的机会时，被剥夺饮水的老鼠能够学会在训练轮中提高奔跑速度。反之，当饮水反应后伴随有奔跑机会时，被剥夺了锻炼机会的老鼠则能学会增加饮水（Premack, 1965）。由此，你该明白在完成作业后玩视频游戏的承诺也遵循同样的模式。在一段时间内，父母剥夺孩子的视频游戏时间，将其限制在低于平常水平。为了克服剥夺，孩子将学会去做家庭作业。

这个分析给出两个重要提示。第一，这些例子提醒你，为什么不能想当然地认为对动物来说同样的强化物在所有时间都起作用。比如，你需要知道，在你准备使用食物作为强化物之前，动物是否已经被禁食。第二，这些例子说明了为什么任何活动都能作为强化物。你会在任何方面经历剥夺。事实上，如果你一段时间不允许孩子做家庭作业，她会学习用其他行为以克服对做家庭作业的剥夺。

强化程序表

当你不能或不想，在你的宠物每次出现一种特殊行为都对它进行强化时，会发生什么呢？请听一个斯金纳年轻时的故事吧。好像是一个周末，他被隔离在了实验室，里面没有足够的食物奖赏给那些埋头苦干的老鼠。为了节省食物，他仅仅在经过某一时间间隔后才给老鼠食丸——无论这期间老鼠按压了多少次杠杆，它们都不会得到更多的食物。即使这样，老鼠在这种**部分强化程序表**（partial reinforcement schedule）中的反应却和它们在连续强化中一样多。消退训练开始时，即在它们反应之后食物根本没有出现时，你猜猜会发生什么呢？与那些每次反应都得到奖赏的老鼠相比，那些按压杠杆行为只得到部分强化的老鼠反而能坚持更长的时间，且更加

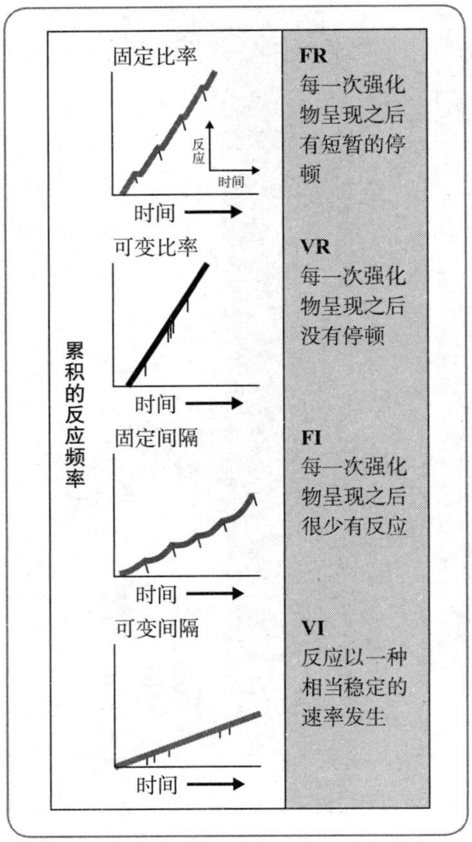

图 6.11 **强化程序表**

这些不同的行为模式是由四种简单的强化程序表产生的。小斜线表示呈现强化物的时间。

不知疲倦地进行按压。看看斯金纳捕捉到的东西有多么重要！

部分强化效果的发现使人们广泛地研究各种**强化程序表**（schedules of reinforcement）对行为的影响（见图 6.11）。日常生活中，你们都经历过不同的强化程序表。当你在课堂上举手时，老师有时候叫你，有时候不叫你；即使强化物偶尔出现，一些玩家还是不断地将硬币放进老虎机的槽口。在现实生活或实验室里，强化物可以按照比率程序——经过一定次数的反应之后给予强化；或者按照间隔程序——经过一个指定的时间间隔之后给予强化。每种情况下，既可以有不变的或固定的强化模式，也可以有不规则的或可变的强化模式，它们构成了强化程序表的四种主要类型。到目前为止，你们已经发现，**部分强化效应**（partial reinforcement effect）：在部分强化程序表中习得的反应比那些在连续强化中习得的反应更能抵抗行为的消退（Bitterman，1975）。让我们看看关于不同的强化程序表，研究者都发现了什么。

固定比率（FR）程序表　在**固定比率程序表**（fixed-ratio schedule）中，强化物在有机体做出一定次数的反应后才出现。如果每一次反应后都伴有强化，我们称这种程序表为 FR-1 程序表（即最初的连续强化程序表）。若每经过 25 次反应后才给予强化，这种程序表称为 FR-25 程序表。由于反应和强化直接相关，FR 程序表产生的反应速率很高——如果鸽子的啄食行为足够频繁，它在一段时间里想得到多少食物就能得到多少食物。图 6.11 显示，FR 程序表在每次强化后有一个停顿。比率越高，每次强化后的停顿时间越长。如果事先没有训练动物做出大量反应，却将强化周期拉长，就会导致反应消退。很多销售人员都接受过 FR 程序表强化：他们必须卖出一定数量的货物，才能得到报酬。

可变比率（VR）程序表　在**可变比率程序表**（variable-ratio schedule）中，强化物之间的平均反应次数是预先确定了的。一个 VR-10 程序表是指：平均每 10 次反应后即伴随有 1 次强化，但强化可能是在 1 次反应后即出现，也可能是在 20 次反应后才出现。可变比率程序表产生的反应速率最高，抗消退能力最强，尤其是当 VR 值较大的时候。假设你从一个低 VR 值（例如，VR-5）开始训练鸽子，然后逐渐提高 VR 值。由 VR-110 程序表训练的鸽子，每小时啄食反应的次数能达到 12 000 次，即使取消强化，它的反应仍会持续几个小时。赌博似乎就是受 VR 程序表控制的。往老虎机中投放硬币的反应有一个高的回报，但时间未知，于是便可维持一个较高的、稳定的投币水平。VR 程序表让你去猜测奖赏何时出现——你打赌它下次就出现，而不是许多次反应后才出现（Rachlin, 1990）。

固定间隔（FI）程序表　在**固定间隔程序表**（fixed-interval schedule）中，强化物是在经过一个固定的时间间隔后，有机体第一次做出某反应时出现。在 FI-10 程序表中，参与者得到强化后，必须等待 10 秒钟，再有反应才会被强化——强化与反应次数无关。FI 程序表中的反应速率表现为扇形模式。每次强化反应一结束，动物几乎不再做出反应。随着回报时间的临近，动物的反应越来越多。当你加热一块披萨时，假设你将计时器设为 2 分钟，那么你在前 90 秒里可能很少去看它，但在最后 30 秒，

生活中的批判性思维

打还是不打孩子

如果你决定成为父母（或者你已经有了一个孩子），你一定经常思考这样一个问题："打还是不打孩子？"事实上，大部分美国父母的选择是"打"。在一个调查了 962 位父母的样本中，64% 的父母报告了他们对其 19~35 个月的孩子打过屁股，而 26% 的父母经常打孩子屁股（Regalado et al., 2004）。打屁股是非常普遍的，但是，对于那些挨打的孩子来说，会有什么样的后果呢？

为什么这是一个很难回答的问题呢？首先，没有研究者能合乎伦理地设计一个实验让孩子遭受体罚。因此，所有关于惩罚的研究都依赖于相关分析：研究者试图确认是否孩子所受的体罚数量与他们的不良行为有关。这又会带来关于"打"的研究的第二个问题。父母可能不愿意或者不可能提供他们打孩子频率的准确数据。虽然研究者可以问孩子，但是他们同样可能记错或是说谎。第三个问题是，必须准确判断孩子的哪些行为会导致挨打：怎样的"坏"会导致挨打？最后一个关于"打"的研究问题是，将它作为更大背景中一个因素来理解（Kazdin & Benjet, 2003）。比如，父母打孩子的家庭大多数情况下也是出现婚姻冲突的家庭。也许来自其他方面的因素导致孩子挨揍，从而使其在将来的生活中出现问题。"打"本身可能不是导致这些问题的原因。

虽然有如上所说的障碍，研究者还是获得了一些重要的结论。有大量的研究结论证实，体罚会给孩子带来消极后果（Gershoff & Bitensky，2007）。例如，有研究调查了 1 000 名以上的儿童，调查这些儿童在 15 个月大的时候所接受的体罚和他们 36 个月大时以及进入 1 年级时出现问题行为之间的关系（Mulvaney & Mebert, 2007）。为了解释为什么有的孩子比其他孩子更难管理——因而更容易引发惩罚——该研究重点关注每个孩子行为上发生的变化。研究结果显示，对于"乖孩子"和"不乖的孩子"（根据其父母的看法）来说，孩子在小时候被打屁股越多，他们长大后显示出的问题行为就越多。另有研究显示，如果父母接受过培训和干预，以便放弃打孩子屁股或做出其他更严重的处罚，那么孩子的问题行为就会减少（Beauchaine et al., 2005）。

有了这些研究之后，人们有必要开始考虑把"打还是不打"与为人父母的目标联系起来（Benjet & Kazdin，2003）。人们通常用体罚去制止孩子的那些有害行为。但是，专家建议父母可以用正强化取代体罚："通过鼓励和强化那些不同于不受欢迎行为的行为，许多不受欢迎的行为能完全被抑制（Benjet & Kazdin, p.215）。"比如，与其因为孩子到处乱跑而打他，你不如在他安静地坐着时去表扬他。这样，比起惩罚孩子的不好表现来说，对孩子良好行为的强化常常是一种更好的长期策略。

作为父母，你应该也不想让孩子处在危险中。为了这个目标，你可以考虑用体罚之外的其他策略去改变孩子的行为。

- 为什么父母"不愿意或者不能"提供他们打孩子的准确信息？
- 为什么考虑"乖孩子"和"不乖孩子"的行为随时间的变化情况对体罚研究来说很重要？

你会更经常去查看。此时，你就在经历固定间隔程序表了。

可变间隔（VI）程序表　在**可变间隔程序表**（variable-interval schedule）中，平均时间间隔是预先确定了的。例如，在 VI-20 程序表中，平均每经过 20 秒就呈现一次强化物。这种程序表产生中等的但却很稳定的反应速率。VI 程序表中的消退是渐进的，并且比固定间隔程序表要慢许多。在一个个案中，强化中止后，鸽子在最初的 4 个小时里啄食了 18 000 次，反应完全消退经历了 168 小时（Ferster & Skinner, 1957）。如果你曾上过一位教授的课，课上常有临时的、无规律的突袭测验，那么你已经体验过什么是 VI 程序表了。如果这样，你是否每天上课前都复习笔记？

这位妇女叫苏·斯特朗，一只接受过操作性行为塑造的猴子正在帮她梳头、喂饭、翻书，以及一些她自己因瘫痪而无法完成的事情。对每一种这样的行为，你能想出为达到最终目标而需强化的一系列连续接近行为吗？

行为塑造

作为实验的一部分，我们谈到了老鼠按压杠杆以获取食物。然而，即使按压杠杆也是一种习得行为。老鼠被放到操作箱后，让它自发地按压杠杆是不太可能的；老鼠已学会以多种方式使用爪子，但它以前可能从未压过杠杆。如果它曾做过，你应该怎样训练老鼠做出一种它平时很少做出的行为呢？你已选定了强化物（食物）以及强化程序表（FR-1），现在该做什么呢？训练老鼠学习一种新的、复杂的行为，你需要使用一种方法，即**连续接近塑造法**（shaping by successive approximations），你对任何连续接近并最终与预期反应相匹配的行为进行强化。

这里讲讲你该怎样做。首先，你对老鼠进行一天的食物剥夺。（没有食物剥夺，食物不可能成为强化物。）然后，你有计划地让食丸呈现在操作箱中的食物漏斗里，以使老鼠知道去那儿找食物。现在，老鼠表现出特定行为之后，如身体朝向杠杆方向，你可以呈现食物，以此来开始真正的行为塑造。接下来，当老鼠离杠杆越来越近时，你才给它呈现食物。不久之后，你就要在老鼠实际触摸杠杆后才给它食物加以强化。最后，老鼠必须压下杠杆才能得到食物。通过逐渐提高要求，老鼠便能学会按压杠杆以获取食物。因此，要让塑造法起作用，你必须定义向着目标接近的各个行为成分，并运用差别强化来推进这一过程。

让我们看看另一个运用塑造法的例子，它是用来提高参加国际比赛的加拿大撑竿跳高运动员成绩的一个例子。

> 一个21岁的大学生撑竿跳高运动员寻求研究小组来帮助他纠正跳高技术问题（Scott et al., 1997），他的具体问题是，在撑竿起跳之前不能充分地舒展胳膊（抓着竿）使撑竿过头顶。在干预初期，起跳前他的平均手—身高伸展长度是2.25米。使用塑造程序的目标是帮他达到其最高潜能2.54米。研究者设定一个光电柱，当撑竿跳高运动员达到一个理想的伸展范围，光柱断掉，装置发出哔哔声。哔哔声被设定成一个条件性正强化物。最初，光柱设定在2.3米，当撑竿跳高运动员超过这个高度的成功率为90%时，光柱变动为2.35米。进一步的成功可使光柱继续升高，2.40、2.45、2.50和2.52米。这样，研究小组成功地塑造了撑竿跳高运动员的行为，使他达到了理想的目标。

你可以想象一下，要想使运动员自觉地将身高加臂长伸长0.27米会有多么困难。行为塑造程序可以通过连续接近的方法达到这一目标。

让我们的话题回到你的老鼠那儿吧。回忆一下，我们曾建议训练老鼠在笼子里转圈。你能想出一个计划，运用行为塑造方法让这种行为发生吗？你要考虑的是每一种连续接近的行为各是什么。比如，一开始，你可以对老鼠朝某一方向转头的行为予以强化。接下来，只有当老鼠的整个身体都朝着正确方向转动时，才给老鼠食物。此后，你该做什么呢？

到目前为止，我们已考察了两种学习形式——经典条件作用和操作性条件作用。

我们通常假定所有动物的学习过程都是一致的，并在此前提下进行研究。事实上，我们已引用狗、猫、鼠、鸽子和人的例子，明确地说明了这种一致性。然而，研究者已开始认识到，在很多情形下，不同物种所具有的特定生物因素和认知能力已经改变了学习过程。现在让我们转向哪些因素会制约学习规律的普遍性吧。

STOP 停下来检查一下

❶ 什么是效果律？
❷ 强化和惩罚怎样影响行为出现的概率？
❸ 在操作性条件作用中的辨别刺激有什么作用？
❹ 强化的固定比率和固定间隔程序表的区别是什么？
❺ 什么是塑造？

批判性思考：在黑猩猩的实验中，为什么研究者在转向代币前，最初使用葡萄干进行训练？

生物学与学习

人和所有动物的学习都可以用单一、普遍的联想主义原则来说明。这一现代观点最早是在 1748 年由英国哲学家**大卫·休谟**（David Hume，1711—1776）提出的。休谟推论说，“任何我们用来解释理解力运作过程的理论，或任何解释人类激情的起源及其相互联系的理论，如果要想让同样的理论解释所有其他动物的同样行为，都需要有更大的权威性”（Hume, 1748/1951, p.104）。

这种观点具有引人注目的简单性，自 20 世纪 60 年代以来，随着心理学家逐渐发现条件作用普遍性的一些制约或限制因素，这一观点也得到了仔细考察（Bailey & Bailey, 1993; Garcia, 1993; Todd & Morris, 1992, 1993）。在第 3 章，我们指出动物为适应生存需要而进化：物种之间的许多差异，我们都可以解释为是特定环境条件所要求的适应的结果。相同的进化观点也适用于物种的学习能力（Leger, 1992）。**学习的生物制约性**（biological constraints on learning）指的是物种的遗传天赋给学习带来的任何限制。这些约束可以是动物的感觉、行为和认知能力。我们将考察两个研究领域，它们能说明行为与环境的关系是如何被有机体的基因型所改变，这两个领域是本能漂移和味觉—厌恶学习。

本能漂移

毫无疑问，你一定在电视上或马戏团里见过动物表演的各种把戏。有的动物会打棒球或乒乓球，有的动物会开微型跑车。许多年来，**凯勒·布里兰**（Keller Breland）和**马瑞恩·布里兰**（Marion Breland）运用操作性条件作用技术训练了数以千计不同种类的动物表演一系列非凡的动作。他们相信，运用任何反应类型或奖赏在实验室研究中所得出的一般性原则，都能直接用于实验室以外来控制动物的各种行为。

训练后的某些时候，一些动物开始“行为不端”。例如，我们训练浣熊捡起一枚

本能漂移如何影响浣熊能够习得的行为?

硬币，把它放入玩具储钱罐中，就可以得到好吃的东西。可是，浣熊可能在捡起硬币后并不立即把它放到储钱罐里。更糟糕的是，当需要投放两枚硬币时，条件作用会彻底被打破，浣熊根本不会投放硬币。相反，它将硬币放在一起揉搓，把硬币插入储钱罐，随后再拔出来。不过，这种现象真的很奇怪吗？当浣熊将自己喜爱的食物如小龙虾的外壳去掉时，它们通常都表现出揉搓和冲洗动作。类似地，当给小猪一项任务，让它把自己辛辛苦苦得到的代币放进一个猪形储钱罐时，它们不但不这么做，反而将硬币扔到地上，用嘴去拱（戳）它们，并把它们抛到空中。同样，你觉得这很奇怪吗？拱食或搅食行为是猪通过遗传而获得摄食行为的一个自然组成部分。

这些经验使布里兰夫妇确信，即使动物学会了进行完美的操作反应，随着时间的推移，“习得的行为也会向着本能行为漂移”。他们称这种倾向为**本能漂移**（instinctual drift）（Breland & Breland, 1951, 1961）。虽然上述动物的行为无法用普通的操作性条件作用原则来解释，但是，如果我们考虑到遗传基因型所决定的特定物种的行为倾向，这些行为就可以理解了。这些行为倾向淹没了操作性条件作用所带来的行为改变。

关于动物学习的传统研究大多随意选择唾手可得之物作为刺激物。布里兰理论及其本能漂移的实例说明，并非学习的所有方面都受实验者的强化物控制。有些行为容易改变，有些行为难以改变，这取决于它与动物在其环境中根据基因选择而形成的正常行为是否相似。当目标反应与生物相关因素相一致时，条件作用就会非常有效。例如，要让猪把代币放到储钱罐里，你应做出何种改变呢？对于一头口渴的猪来说，若将代币与水相匹配，猪就不会像拱食物那样拱代币了，而会把它作为资产投到储钱罐里——我们难道想过液态的东西也可以成为一种资产吗？

味觉—厌恶学习

本书的作者坦承：我们中有一位，只要一想到吃猪肉和豆子就免不了要作呕；另一位则对爆米花有同样的反应。为什么呢？因为我们曾在吃过这些食物后大病一场。尽管不太可能是由于食物本身让我们生病，而且我们也试着勇敢地让自己相信事实，尤其是对爆米花，可是我们还是有作呕反应。为什么会这样呢，我们可以从非人类的动物那儿找到一些线索。

假设我们让你设计一种策略，去品尝各种不熟悉的食物的味道。如果你有老鼠的遗传天赋，你做这事就会非常谨慎。出现一种新的食物或味道时，老鼠仅仅吃一点。只有当它没有感到不舒服时，才回去更多地取食。反过来，假设我们提供的食物有一种新的味道，而它确实让老鼠生病了，它们将再也不会食用有这种味道的食物。这种现象被称为**味觉—厌恶学习**（taste-aversion learning）。由此你可以看到，为什么这种可以辨别与习得哪种食物安全、哪种食物有毒的遗传能力，对于动物来说具有重大的生存价值。

味觉—厌恶学习是一种非常强大的学习机制。与多数经典条件作用的例子不同，味觉厌恶仅仅通过 CS（新异味道）与其后果（潜在的 UCS 结果——实际引发疾病的成分）的一次匹配即可形成。即使老鼠取食该物与它生病之间的时间间隔较长，12 小时或更长，情况也是这样。最后，与许多非常脆弱的经典条件联结不同，只要经历一次，味觉厌恶永久保持。因此，要理解经典条件作用中违反常规的这些现象，你应考虑这种机制是如何戏剧性地促进物种生存的。

约翰·加西亚（John Garcia）是第一个在实验室中证明味觉—厌恶学习的心理学家，他与同事罗伯特·库林（Robert Koelling）运用这种现象说明，一般而言，动物具有学习某些联结的生物学准备。研究者发现，某些 CS-UCS 结合在特定物种上可以通过经典条件作用来实现，而其他的则不能。

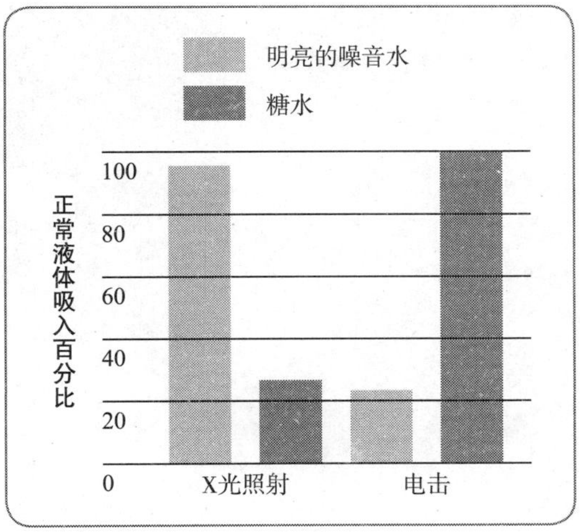

图 6.12　先天偏好
加西亚和库林（1966）的研究结果表明，老鼠拥有将某些线索与某些结果联系起来的先天性偏好。当糖水预示着会带来疾病时，老鼠会逃避糖水，但当它预示着会有电击时，老鼠则无逃避反应。相反，当"明亮的噪声水"预示着有电击时，老鼠会表现出逃避反应，但当这种水预示着会有疾病时，老鼠则无逃避反应。

> 加西亚和库林实验的第一阶段，先让干渴的老鼠熟悉实验情境，即舔食试管产生三种 CS：有糖精味的水、噪声和明亮的灯光。第二阶段，当老鼠舔食试管时，一半得到了甜水，一半得到了噪声、灯光和无味水。两组中的每一组又分为两半：一半老鼠被施加电击产生疼痛，一半老鼠被 X 光照射导致恶心和生病。
>
> 涉及疼痛和疾病时，将第一阶段老鼠的饮水量与第二阶段老鼠的饮水量相比较（见**图 6.12**）。当味道与疾病相联系（味觉厌恶），以及噪声和灯光与疼痛相联系时，饮水量都出现了较大的减少。然而，在另外两种条件下——当味道预言疼痛或当"明亮的噪声水"预言疾病时，老鼠的行为只有很小的变化。

这种结果模式表明，老鼠有一种先天将特定刺激与特定结果相联合的偏好（Garcia & Koelling, 1966）。这样，一些条件作用的实例，不仅依赖刺激与行为间的关系，而且依赖于遗传预先安排有机体将以何种方式对待环境刺激（Barker et al., 1978）。动物似乎在它们的遗传因素中就已经对感觉线索的类型——味道、气味或外观——最有可能提示奖赏或危险的那些信号进行了编码。味觉—厌恶学习是研究者称为生物性准备的一个例子：某些物种已经得到进化，使得该物种的成员只需要少于正常的学习经验便能获得条件性反应。那些武断地试图打破这些遗传联系的实验者成功的希望很渺茫。（在第 14 章，我们将看到，研究者相信人类在生物学上已经准备好获得对某些刺激如蛇和蜘蛛的强烈恐惧［被称为恐惧症］，这些刺激在人类进化的过程中会带来危险。）

研究者已将味觉—厌恶学习机制的知识付诸应用。为了阻止美洲小狼吃绵羊（以及牧羊人开枪射杀狼），约翰·加西亚和他的同事把用羊皮包裹的有毒羊肉汉堡放到羊圈四周。吃到这些羊肉汉堡的狼都生了病，出现呕吐，并立即对羊肉产生了厌恶。后来，它们一看到绵羊就恶心，这使它们远离绵羊而不再攻击它们。

在关于味觉—厌恶学习的经典研究中，研究者总是将新奇的味觉和那些可使老鼠感觉恶心的东西配对。但是，还有另外一些情形也可以导致味觉厌恶。你可以设想一下：是否曾经在从事过某种新的运动项目之后感觉有些不舒服？假设你在从事该运动之前尝试了一种新的运动型饮料，这样做会有怎样的后果？让我们看看研究者在实验室中是如何解决这一问题的。

研究者是如何运用味觉—厌恶条件反射来阻止美洲狼捕杀绵羊的?

要求8只老鼠连续不停地转动一个练习轮，在开始之前，给其中的4只喝一种杏仁口味的饮料，另4只喝的饮料口味是橘子味。然后，这些老鼠需要花费3小时去完成练习。在训练结束之后的几天，研究者评估了老鼠的味觉偏好，让它们随意在两种口味的饮料中做选择。结果发现，老鼠建立起条件性厌恶，它们都不愿意喝那种在练习之前所喝过的口味（Hughes & Boakes, 2008）。研究者还做了另一个版本的实验，要求一群老鼠在条件作用建立前做大量转动轮子的练习。在此情形下,老鼠对新口味的饮料没有建立起味觉厌恶条件作用。相反，对于完成任务之后饮用的新口味饮料却显示出一种偏好。

如果你曾经有过这样的经历，即对某种运动感觉特别喜欢，那么你就很容易理解上述研究结果。一旦老鼠习惯转动练习轮，该练习的积极方面就明显超过最初的不舒服感觉。这些积极方面就有助于建立起味觉偏好的条件作用。你将如何在自己日常的运动和锻炼中运用这些研究发现?

现在你知道了，为什么现代的行为分析家必须留意每一物种最适宜的学习反应类型。如果你想教给一只老狗新花样，最好不要使这些花样试图去改写狗的遗传行为库！不过，我们对学习的考察尚不全面，因为我们还未涉及可能需要更复杂的认知过程的一类学习。现在我们来看看这类学习。

STOP 停下来检查一下

❶ 什么是本能漂移?

❷ 是什么使味觉—厌恶学习不同于操作性条件反应?

认知对学习的影响

我们对经典条件作用和操作性条件作用的回顾表明，很多行为都可以被理解为简单学习过程的产物。不过，你也许会问，是否有些类型的学习需要更复杂的认知过程。**认知**指的是知识表征和加工所涉及的心理活动，如思维、记忆、知觉和语言的运用。本节中，我们来看看动物和人类中的那些无法用经典或操作性条件作用解释的学习形式。由此，我们可以认为，行为部分地是认知过程的产物。

比较认知

本章中，我们强调将不同物种之间的特定限制放在一边，认为来自老鼠和鸽子的学习规则也适用于狗、猴子和人。研究**比较认知**（comparative cognition）的学者关注更广范围的行为，以便追踪不同种类之间认知能力的发展轨迹，以及从动物到人类之间的能力的连续性（Wasserman & Zentall, 2006）。这一领域被称为比较认知，是因为研究者通常需要比较不同动物的能力，同时，因为研究者的关注重点在于非人类动物，所以此领域也被称为*动物认知*。达尔文在最初阐述进化论时就指出，动物的认知能力同它们的身体形态一同进化。本节中，我们将描述两类令人印象深刻的动物行为，它们进一步表明了非人类动物的认知能力与人类认知能力存在连续性。

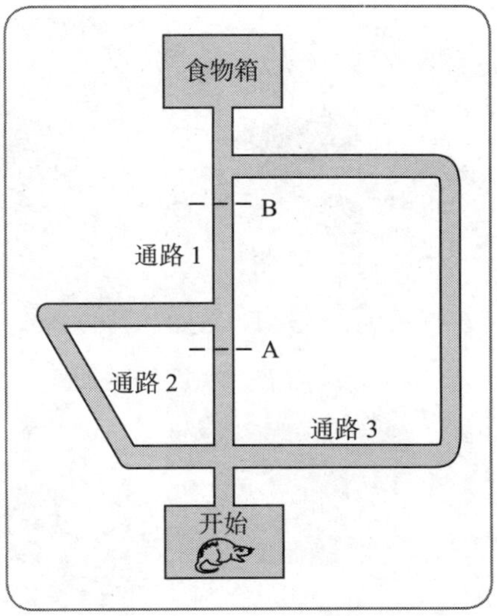

图 6.13 迷津学习中认知地图的运用

通路 1 畅通时，老鼠倾向于选择这条直接通路。在 A 处设置障碍物时，老鼠会选择通路 2。在 B 处设置障碍物时，老鼠通常选择通路 3。老鼠的行为似乎表明，它们拥有获取食物的最佳线路的认知地图。

认知地图 **爱德华·托尔曼**（Edward C. Tolman，1886—1959）开创了学习研究中对认知过程进行研究的先河。他创设了一种实验情境，在这种情境中，用特定刺激和反应之间一对一的联结无法解释所观察到的动物行为。参看**图 6.13** 所示的迷津。托尔曼和他的学生证明，当迷津中最初的目标通路受阻时，先前曾走过迷津的老鼠会以最短的路径绕过障碍，即使这种特定的反应以前从未被强化过（Tolman & Honzik, 1930）。因此，老鼠的行为看起来像是在对它们内部的**认知地图**（cognitive map）做反应，即对迷津整体布局的表征做反应，而不是通过尝试错误盲目地探索迷津的各个不同部分（Tolamn, 1948）。托尔曼的研究结果显示，条件作用不仅涉及刺激情境之间或反应与强化物之间形成简单的联结，它还包含对全部行为背景中其他各方面的学习与表征。

沿袭托尔曼传统的研究一致证明，鸟、蜜蜂、老鼠、人和其他动物有着令人印象深刻的空间记忆能力（Benhamou & Poucet, 1996; Olton, 1992）。为了理解空间认知地图的有效性，让我们来看看它们的功能（Poucet, 1993）：

- 动物运用空间记忆来认知和识别环境特征。
- 动物运用空间记忆来发现环境中重要的目标物。
- 动物运用空间记忆来设计他们在环境中的行进路线。

你可以从许多鸟类的行为中看到认知地图的不同功能，这些鸟类在非常分散的区域的不同地点储存食物，但当它们有需要时，又能非常准确地找到这些食物。例如，松鸦每年秋天储存成千上万颗松子，在接下来的四到七个月，它们会回头找到这些松子以度过冬天和早春（Stafford et al., 2006）。这些鸟在 8 个月大的时候就获得了空间记忆能力，正是凭借这个能力，它们才能找到自己藏起来的松子。还有一些鸟类，利用它们的空间能力来分散储存种子，以防被其他的动物偷吃。比如，岩雀依靠自己对旧存储地点的记忆，来决定把种子存放在哪些新的地点（Male & Smulders, 2007）。这些存储种子的鸟类，绝对不会是随意地在环境中走动，依靠运气正好碰到自己储存的东西。针对一种名为克拉克尖嘴鸟的研究发现，它们找到自己所储存种子的成千上万个储存地点的准确度可达到 84%（Kamil & Balda, 1990）。它们也能够将储存点与已经吃光的地点区分开（Kamil et al., 1993）。需注意的是，鸟类最初埋藏种子时，它们的储藏行为并未得到强化。只有其认知地图在整个冬天都保持准确，

图 6.14

鸽子能够将图片区分成四种基本分类（人、花、汽车、椅子），也能将之区分成两种高级分类（人工的、自然的）。

资料来源：Reprinted with permission from Edward Wasserman, *Categorization in Pigeons*, Department of Psychology, University of Iowa.

它们才能找到自己储藏的种子，从而存活下来并繁殖后代。

概念性行为　我们已经看到，认知地图能部分地帮助动物保持物体在环境中空间位置的具体细节。但是，它们在环境中遇到各种刺激物时，哪种认知过程可以用来使其发现经验的各种结构或类型？在第 10 章，我们将指出，语言获得的一大挑战是让儿童对所学的单词如狗和树等这些新的概念和类别形成概括化。然而，人类并不是能够应付这种挑战的惟一动物。研究者已证明，鸽子也具有利用概念性差异的认知能力。

在第 7 章，我们将描述一些人类划分世界的方式。比如，人们不仅能在椅子和汽车各自基本的分类上思考，而且能理解椅子和汽车属于更高等级的类——人类制造的刺激物，而花朵、人则在更高等级属于自然的产物。然而，人类并不是唯一的能够灵活地划分世界的动物。研究者发现鸽子也拥有以不同方式对物体进行分类的认知能力。

让鸽子观看一些人、花、汽车和椅子的彩色照片（见**图 6.14**）。鸽子必须将每张图片正确地分为两大类之一以获得食物。在一半的实验中，鸽子啄四个键中的一个键，四个键分别代表人类、花、汽车和椅子四种基本分类。在另一半实验中，鸽子啄两个键中的一个键，分别代表更高分类的自然刺激物（人类和花）以及人工刺激物（汽车和椅子）。这两种类型的实验随机混合在一起：鸽子可能看见同样的图片，必须把它分类为“鲜花”，然后紧接着把它分类为“自然刺激物”。事实上，鸽子能很容易地学会对这两种分类进行正确判断。在实验最后，研究者用从来没有在练习中出现过的同类新图片进行测量。鸽子做出的正确反应率超过随机水平。这个研究强有力地证明了鸽子已经学习了基本的分类能力，而不仅仅是对具体事物进行反应（Lazareva et al., 2004）。

我们将在第 7 章和第 8 章对人类的认知过程进行分析。然而，我们在这里所描述的实验应能使你确信，人类不是惟一拥有这种令人印象深刻的、有益的认知能力的物种。在对本章内容做总结之前，让我们将话题转到另一类需要认知过程的学习上。

观察学习

为了介绍这种更深层次的学习，我们想先让你暂时回过来比较老鼠和人类尝试新异食物的方式。老鼠几乎总是比你谨慎，但是那很大程度上是由于它们缺乏有价值的信息源——来自其他老鼠的信息输入。当你品尝一种新食物时，你几乎总是处在这样一种背景下，即有很好的理由相信别人已经吃过了，而且他们认为很好吃。这样，你的“摄食行为”发生的可能性受其他个体的强化模式所影响。这个例子说明，你有一种通过替代强化和替代惩罚而进行学习的能力。你可以将你的认知能力用于

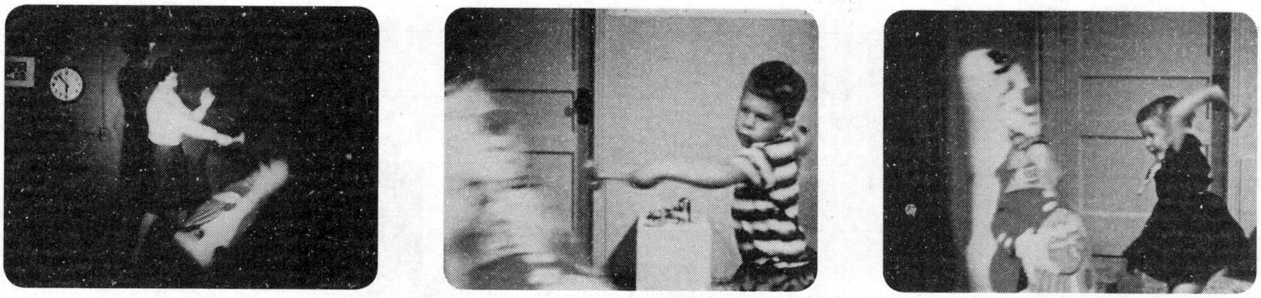

成人攻击性行为的榜样作用；男孩模仿成人的攻击行为；女孩模仿成人的攻击行为。这一实验对榜样在学习中的作用说明了什么呢?

记忆和推理，从而依据他人经验来改变你自己的行为。

事实上，许多社会学习都发生在传统的条件作用无法预见的情境中，因为学习者没有做过主动反应，其反应也未得到过实际强化。个体仅仅是在观察到他人的行为被强化或被惩罚后，就会在后来或者做出类似行为，或者抑制该行为。这就是**观察学习**（observational learning）。在观察学习中，认知通常以一种期待的面目而呈现。本质上，在观察一个榜样之后，你可能会想：如果我也像他那样做，我会得到同样的强化物，或者避免同样的惩罚。弟弟妹妹会比姐姐表现得更好，就是因为他们从姐姐的错误中进行了学习。

就像从实际做的过程中学习一样，这种从观察中学习的能力非常有用。它使你不必经历冗长的尝试—错误过程来消除错误和获得正确反应，就可以获得大量的、完整的行为模式。你可以从他人的错误和成功中立即获益。研究者已证明，观察学习并非人类所特有。其他物种如小鼠（Calier & Jamon, 2006）、乌鸦（Schwab et al., 2008）甚至拟蝗蛙蝌蚪（Ferrari & Chivers, 2008），都能在观察同类其他个体的表现后改变自己的行为。

人类观察学习的一个经典演示发生在**阿尔波特·班杜拉**（Albert Bandura）的实验室里。在看过一个成人榜样对一个大型塑料玩偶进行拳打脚踢之后，与未目睹过攻击榜样的控制组儿童相比，实验组儿童表现出了更高频率的攻击性行为（Bandura et al., 1963）。后来的研究表明，即使榜样是一些卡通人物，儿童也会模仿所看影片中的榜样行为。

毫无疑问，我们通过观察榜样能学到很多东西——既包括亲（帮助）社会行为，也包括反（危害）社会行为。然而，现实世界中存在很多潜在的学习榜样。那么，哪些变量决定着你对榜样的选择呢？研究发现，有四个过程决定了观察榜样的行为的影响力（Bandura, 1977）：

- 注意。观察者必须注意到榜样的行为及其后果。如果观察者和榜样两者之间的特点和特质很相像的话，就更容易发生注意。
- 记忆。观察者必须能够把榜样的行为储存在记忆中。
- 再现。观察者在身体和心理上有能力再现榜样的行为。
- 动机。观察者必须有理由重现榜样的行为。比如，观察者认为榜样行为可带来强化的后果。

你应设身处地想象一个榜样情境，以体会上面的每一个过程是如何发挥作用的。例如，想象你正在观察有经验医生的操作来学习如何做手术，这里的每个过程会如

图 6.15

电视暴力和攻击

无论男性还是女性，在童年期观看暴力电视节目最多的人，在成年期都表现出了最高水平的攻击性。通过自我报告及他人报告测量攻击性，分数越高表示攻击性越强。

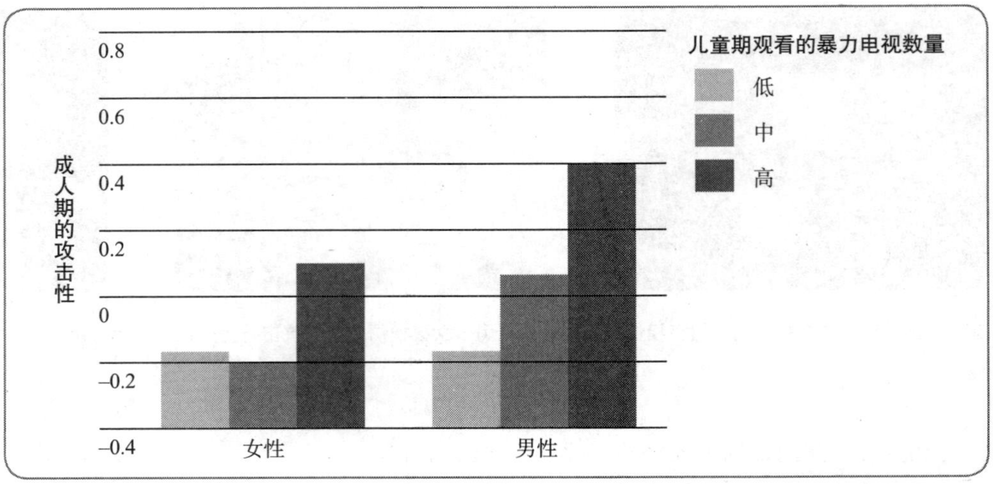

何影响你？

由于人们能非常有效地进行榜样学习，你不难理解，为什么大量心理学研究都探讨电视对行为的影响：人们会为他们在电视上看到的受奖或受罚内容所影响吗？研究者的注意集中在电视暴力——谋杀、强奸、攻击、抢劫、恐怖活动和自杀——与儿童和青少年行为的联系上。观看暴力行为是否会促进观看者的模仿行为？心理学研究的结论是肯定的，对有些人来说确实如此，尤其是在美国社会（Comstock & Scharrer, 1999）。

> 一个研究小组从 1977 年开始调查 557 名来自一年级或三年级的学生在两年间观看的电视节目。研究者特别测量了孩子们观看暴力电视节目的多少。15 年后，研究者访谈了其中 325 名孩子，他们现在已经 20 到 22 岁了（Huesmann et al., 2003）。研究者试图确定是否小时候观看暴力电视的数量与其成人早期的攻击水平有关系。通过他们的自我报告和其他人（如配偶）的报告测量这些成人的攻击水平。如**图 6.15** 所示，不论男性还是女性，在儿童时期观看暴力电视最多的人都表现出最高的攻击水平。这些数据证明，早期观看暴力电视导致了以后的攻击行为。但是你可能会想，是不是因果联系是相反的：本身有攻击性的孩子更喜欢看暴力电视？幸运的是，研究者收集的数据推翻了这种可能性。比如，数据发现，小时候的攻击性与成人时期观看暴力电视只有很小的关系。

这个研究强有力地证明了观看暴力电视的孩子在成人后更容易变得富有攻击性。

几十年的研究一致表明，电视暴力通过三种方式对观看者的生活产生负面影响（Smith & Donnerstein, 1998）。首先，观察学习机制表明，人们观看暴力电视节目会增加攻击性行为。就儿童来讲，这种因果联系具有特别重要的启示：小时候过度观看暴力电视而产生的攻击习惯可能会为长大后的反社会行为埋下种子。第二，观看暴力电视节目导致观看者对日常生活中发生暴力事件的可能估计过高，从而过分害怕自己会成为现实世界中的暴力受害者。第三，观看暴力电视节目会导致脱敏，使人们在看到暴力行为时情绪唤起和悲痛水平降低。

值得注意的是，研究同样表现儿童观看有亲社会行为榜样的电视节目时，他们也可以学习亲社会的助人行为（Mares & Woodard, 2005）。你应认真对待儿童能从所看电视节目中进行学习这一观点。作为父母或儿童管理者，你也许想帮助儿童选择适当的电视榜样。

对观察学习的分析，一方面证实了强化原则影响行为，另一方面也证实了人类有能力运用认知过程，借助替代奖赏和替代惩罚来改变行为。这种理解已被证明是极有说服力的。在第 15 章，我们会看到，运用认知矫正治疗程序对适应不良的行为模式进行成功矫正。

让我们再来回顾一下看恐怖电影的经历，以结束本章的内容。怎样用行为分析来解释你的经历呢？如果是朋友的推荐让你去看电影，那么便是替代强化在你身上起作用了。如果你走了一条跟往常不同的路线去电影院，那么认知地图的作用便在你身上得到了证实。如果恐怖音乐的声音使你对英雄的处境感到担忧，那么你是感受到了经典条件作用的效果。如果你无法欣赏这部电影，并发誓以后再也不看恐怖电影了，那么你就看到了惩罚对你以后行为的影响。

你准备好再回到电影院了吗？

STOP 停下来检查一下

❶ 托尔曼从他开创性的研究中得出了什么结论？
❷ 什么证据证明了鸽子能灵活地概念化刺激？
❸ 替代强化是什么意思？
❹ 为什么用观察学习的视角评价孩子观看的电视节目是重要的？

批判性思考：思考电视观察研究。研究者要通过什么步骤才能确保对从数据中揭示的相关关系进行了正确的因果解释？

要点重述

学习的研究

- 学习使行为或行为潜能在基于经验的基础上发生相对一致的变化。
- 行为主义者相信，很多行为可以用简单的学习过程来解释。
- 他们也相信学习的许多原理适用于所有的生物体。

经典条件作用：学习可预期的信号

- 在巴甫洛夫开创的经典条件作用中，无条件刺激（UCS）诱发无条件反应（UCR）。一个中性刺激与 UCS 配对，就变成了条件刺激（CS），它诱发的反应，称作条件反应（CR）。
- 当 UCS 不再尾随 CS 之后出现时，则出现消退现象。
- 刺激泛化是指与 CS 相类似的刺激诱发了 CR 的现象。
- 辨别学习缩小了有机体对之进行反应的 CS 范围。
- 为使经典条件作用发生，一种相倚的和信息性的关系必须存在于 CS 和 UCS 之间。
- 经典条件作用可以解释很多情绪反应和药物耐受性现象。

操作性条件作用：对行为结果的学习

- 桑代克证明了，能导致满意结果的行为倾向于重复出现。
- 斯金纳的行为分析方法强调操纵强化相倚及观察其对行为的影响。
- 阳性和阴性强化使行为出现的概率增加。阳性和阴性惩罚使行为出现的概率减低。
- 在某一环境背景中表现适当的行为可以由辨别性刺激 – 行为 – 结果的三项相倚而得到解释。
- 初级强化物是那些即使有机体从未经历过但仍可起到

强化作用的刺激。条件性强化物是通过与初级强化物的联合而形成的。
- 高概率活动可以起到阳性强化物的作用。
- 强化程序表是变化的还是固定的，以及是用间隔的还是比率的方式实施，会对行为产生影响。
- 复杂的反应可以通过行为塑造来学习。

生物学与学习

- 研究表明，学习可能受不同有机体的物种特定的行为库制约。
- 本能漂移可以淹没某些反应强化学习。
- 味觉—厌恶学习表明，物种对某些形式的联结具有遗传准备。

认知对学习的影响

- 某些学习形式反映出比经典或操作性条件作用更加复杂的过程。
- 动物形成认知地图以使它们能在复杂环境中活动。
- 概念性行为使动物对环境的结构进行概括化。
- 行为可以通过替代强化或惩罚而习得。人和其他动物可以通过观察进行学习。

关键术语

习得
逃脱条件作用
行为分析
学习的生物制约性
经典条件作用
认知地图
比较认知
条件性强化物
条件反应
条件刺激
辨别性刺激
回避条件作用
消退
固定间隔程序表
固定比率程序表
习惯化
本能漂移
效果律
学习
学习—行为表现差异
阴性惩罚
阴性强化
观察学习
操作
操作性条件作用
操作性消退
部分强化效应
阳性惩罚
阳性强化
初级强化物
惩罚物
反射
强化相倚
强化物
强化程序表
敏感化
连续接近塑造法
自发恢复
刺激辨别
刺激泛化
味觉—厌恶学习
三项相倚
无条件反应
无条件刺激
可变间隔（VI）程序表
可变比率（VR）程序表

7

记 忆

当你开始学习记忆过程这一章时，我们想让你花一些时间找寻你自己的早期记忆。你的记忆开始于多久以前？你的记忆有多生动？你的记忆是否受其他人对于同一事件回忆的影响？

现在，做一个稍有不同的练习。我们请你想象一下，如果你没有了对于过去的记忆——你认识的人或发生在你身上的事，将会变成什么样子。你将会不记得母亲的脸，不记得你的 10 岁生日或你的高中舞会。没有了这些“时间锚”，你将怎样保持一种你是谁的感觉——如何形成你的自我同一性？或者你也可以想象自己失去了形成新记忆的能力，那么你最近期的体验将会怎样？你能与人交谈或了解电视节目的情节吗？如果这真的发生了，一切将会消失，就好像这些事件从来没有存在过，好比你头脑里从不曾有过任何想法一样。你能想到有什么活动是不受记忆影响的吗？

如果你从来没有太关注你的记忆，那也许是因为它在相当好地工作着——你认为它理所当然，就如消化或呼吸等其他躯体过程一样。但是就像胃痛或过敏，一旦你注意到你的记忆，很可能就是出了什么问题：你忘记了你的汽车钥匙、一个重要的约会、剧本中的台词，或忘记了你认为你“确实知道”的考试题的答案。没有理由认为你不该为这些状况恼火，但是你也应该考虑一下：人脑平均能够存储 100 万亿比特的信息，管理如此大批量的信息是一项艰巨的任务。有时在你需要的时候得不到一个答案，也许你不该为此感到太吃惊！

我们这一章的目的是要解释，你通常是如何记得那么多事情的，以及为什么你会忘记一些你曾经知道的事情。我们将会探究你是怎样让你每一天的体验进出记忆的。你将会获悉，关于不同类型的记忆以及这些记忆是怎样工作的，心理学都发现了些什么。我们希望在学习有关记忆的知识的这一过程中，你会真正认识到记忆是多么了不起。

最后一件事：因为这是关于记忆的一章，我们要求你的记忆马上投入工作。我们想让你记住数字 48，想尽办法记住数字 48，是的，后面将会进行测验！

什么是记忆

首先，我们把**记忆**（memory）定义为存储和提取信息的一种能力。在这一章里，我们将会把记忆描述为一种*信息加工过程*。因此，我们的大部分注意将会指向进出我们记忆系统的信息流。我们将考察支配信息获得和提取的过程，这一考察将能使你更好地理解记忆究竟意味着什么。

记忆的功能

当你考虑记忆的时候，首先最可能进入你头脑的情景是，你使用自己的记忆去回想或试图回想特定事件或信息：你所喜欢的电影、第二次世界大战的时间、你的学生证号码。事实上，记忆的一项重要功能就是，它可以使你有意识地回想起个人的和集体的过去。但记忆的功能远不止于此，它还能使你每天的经验具有连贯性。例如，当你驾驶一辆汽车时，记忆的这一功能使你觉得路边的商店看起来很熟悉。在定义记忆类型的时候，我们将会向你说明，为实现这些功能，记忆是在多么辛苦地工作，而且这个过程通常在你的意识觉知之外。

内隐记忆和外显记忆　让我们来看看**图 7.1**，这幅画有什么问题？也许使你感觉不寻常的是厨房中为什么有一只小兔子。但是这种感觉来源于哪儿？你也许没有逐一检查图画中的物体并自问："电冰箱放在合适的位置吗？""橱柜放在合适的位置吗？"相反，兔子会由于不适宜而突显出来。

这个简单的例子使你明白了**记忆的外显作用**（explicit uses of memory）和**记忆的内隐作用**（implicit uses of memory）的区别。你发现兔子的过程是内隐的，因为在你没有特别努力的情况下，你的记忆过程将有关厨房的知识应用到了你对图画的理解上。现在假设我们问你："图画中缺少什么？"要回答这第二个问题，也许你不得不使用你的外显记忆：典型的厨房都有什么？现在缺少了什么？（你想到了水池或炉子吗？）因此，当你要使用存储在记忆中的知识时，有时这种使用是内隐的——信息不需要有意识的努力就可以获得；而有时将是外显的——你做了有意识的努力去恢复信息。

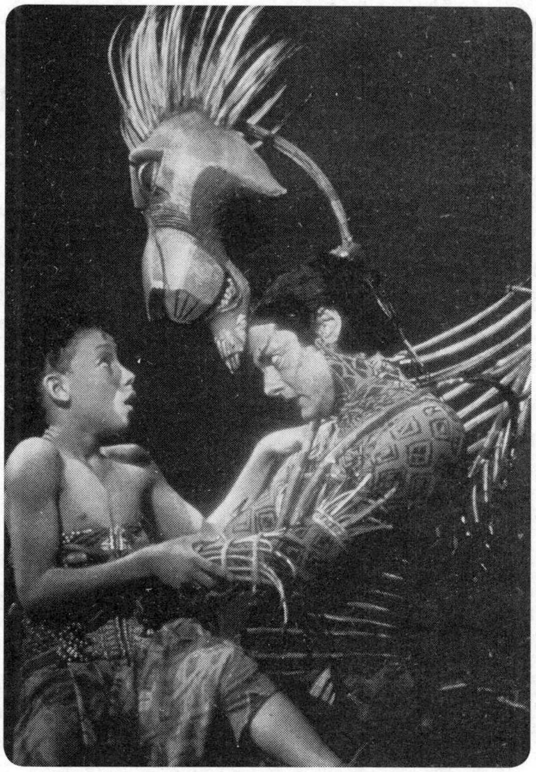

演员怎样才能记住他们表演中的动作、表情和台词？

对于记忆的最初获得我们可以做同样的区分。你怎么知道厨房里应该有什么？你曾经记过厨房里应该有哪些东西和适当的厨房结构吗？也许不会。而更可能的是，你是在没有进行有意识努力的情况下获得此类知识中的大部分。与此相反，你也许外显地学习了房间中很多物体的名称。就如我们将在第 10 章看到的，在学习词语与体验之间的联系时，年纪较小的你需要进行外显记忆。你学会了单词"冰箱"是因为有人使你外显地注意了那一物体的名称。

内隐和外显记忆的区分大大地扩展了研究者对于记忆的研究范围（Bowers & Marsolek, 2003）。大部分研究关注信息的外显获得。实验者经常提供新的信息给参与者让他们保持，而且记忆理论主要致力于解释参与者在这些情景下能记住什么和不能记住什么。然而，就如你在这一章将会看到的，研究者们现在也发明了研究内隐

图 7.1

这幅画有什么问题？

你是否在想："为什么兔子会在厨房里？"，假如兔子立即从中突显出来，这是因为你的记忆过程完成了一个无意识情景分析，得出兔子是一个异常的元素。

为什么假想去拨一个电话号码有助于你记住它?

记忆的方法。因此，我们可以更为全面地说明记忆的各种用途。我们承认，人们编码和提取信息的大多数情景既用到了记忆的内隐作用，也用到了记忆的外显作用，它是两种记忆的混合。现在让我们转向记忆分类的第二个维度。

陈述性记忆和程序性记忆 你会打口哨吗？来吧，试一试。或者如果你不会打口哨，设法咬着你的手指。是哪种记忆使得你能做这类事情？你也许记起曾努力地学习过这些技能，但现在它们似乎是毫不费力的。前面我们所给的外显和内隐记忆的例子都涉及事实和事件的回忆，这类记忆被称为**陈述性记忆**（declarative memory）。现在我们发现你还具有关于*怎样去做某些事*的记忆，这被称为**程序性记忆**（procedural memory）。因为这一章的大部分内容将会集中于你是怎样获得和使用一些事实的，那么让我们现在花一点时间来考虑你是如何学会做事的。

*程序性记忆*是指你记得如何做事。它被用于获得、保持和使用知觉的、认知的和运动的技能。程序性记忆理论通常关注的是学习的时间进程：你关于某一行为的有意识的陈述性知识是怎样转化为无意识的、自动的行为表现的（Anderson et al., 2004）？为什么在学会了一项技能之后，你经常会发现要回去再谈论陈述性知识是很困难的？

即使在一个极其简单的行为中，比如拨一个非常熟悉的电话号码，我们也会看到这些现象。刚开始，你也许不得不从头至尾考虑每一个数字，一次一个，你不得不形成一系列的陈述性知识：

首先，我必须拨 2，
接着，我必须拨 0，
然后，我拨 7，
等等。

然而，当你拨这个号码的次数足够多时，你就开始把它作为一个单元了—— 一系列在键盘上的敏捷动作。这一工作过程被称作*知识编辑*（Anderson, 1987）。由于不断练习，你可以在没有意识参与的情况下执行更长的动作序列。但是你也没有意识到这些编辑单元的内容：再回到打电话这个问题上，某个人如果不试拨一遍的话就不记得某个电话号码，你会发现这种情况很普遍。一般而言，知识编辑会使得与他人分享你的程序性知识变得困难。如果你父母曾试着教你驾车，你可能会注意到这一现象。尽管他们自己可能是好司机，但他们并不擅长传达已经由自己编辑好的驾驶程序。

你可能也注意到了知识编辑会导致错误。如果你是一个熟练的打字员，你也许遇到过“*the* 问题”：只要你一敲 *t* 和 *h* 键，你的手指就飞向 *e* 键，即使你真正试图打的字是 *throne* 或 *thistle*。一旦你将 *the* 的执行充分地转化为程序性记忆，那么你除了完成这个序列外很少能干别的。如果没有程序性记忆的话，生活将会变得非常艰难——你将注定要逐个地去完成每一件事情。不管怎样，当你每一次错打 *the* 的时候，你可以权衡一下效率和潜在错误之间关系。现在让我们对可应用于所有这些不同记忆类型的基本过程做一个概述。

记忆过程概述

无论什么类型的记忆，知识要在随后的某一时间能被使用，就需要涉及三种心理操作过程：编码、存储和提取。**编码**（encoding）是指信息的最初加工，从而在记忆中形成一种表征。**存储**（storage）是指被编码材料随时间的保持。**提取**（retrieval）是指被存储的信息在随后某一时间的恢复。简言之，编码产生了信息表征，存储是将它保存到你需要的时候，而提取就是把信息取出来。现在让我们展开来谈这些观点。

编码要求你对来自外部世界的信息形成心理表征。如果我们用头脑外的表征做一个类比，你就可以理解心理表征的概念了。设想我们想知道你最近一次的生日聚会上得到的最好礼物是什么（假设你没有把它带在身边）。你会怎样向我们介绍这个礼物呢？你可能会描述其特性，或者给我们画一幅图，或者你可能假装你正在使用着它。在每种情形下，这些都是原始物体的表征。尽管没有什么表征会像真实物体当面呈现得那么好，但它们能让我们了解该礼物的一些最重要的方面。心理表征也有相同的作用。它们保存了过去经验最重要的特征，从而使你能够把这些经验再现出来。

如果信息得到适当编码，将会被保存一段时间。存储需要你的大脑结构经历短时变化和长时变化。在本章的末尾，我们将会看到研究者们是怎样定位负责存储新旧记忆的脑结构的。我们也会看到极端的遗忘症是怎么回事，这样的患者不能存储新的记忆。

提取是对之前你所做努力的回报。当它起作用的时候，能够使你得到早先存储的信息，这一过程通常只需要一瞬间。你能记得存储之前发生的解码和编码那些事情吗？现在提取答案很简单，但当几天或几星期后考察你所存储的关于这一章的知识，你还能如此迅速而又充满自信地提取“编码”这一概念吗？为什么你能够从记忆仓库的大量信息中提取一点特定的信息，这是所有想了解记忆是如何工作的，以及记忆如何能得到改善的心理学家们所面临的挑战。

尽管把编码、存储和提取作为记忆过程的不同部分来定义并不困难，但这三个过程之间的关系是相当复杂的。例如，为了对你所看到的老虎进行编码，你必须首先从记忆中提取虎的概念。同样，为了记住某句话的意思，比如“他和本尼迪克特·阿诺德一样忠实”，你必须提取每一个单词的意思，提取英语中使单词组合起来的语法规则，提取特定的文化背景信息——本尼迪克特 · 阿诺德是美国独立战争中一个臭名昭著的叛徒。

现在我们来更详细地考察信息的编码、存储和提取。我们的讨论将从短暂的记忆类型开始，先是感觉记忆，然后转向更为持久的长时记忆（见**图 7.2**）。我们要向你说明你是如何记忆的，你为什么会遗忘。我们的计划是让你对如何使用自己的记忆有一个永久的自我意识。我们希望这甚至能在某些方面提高你的记忆技能。

图 7.2　**长时记忆中的信息流**

记忆理论描述信息流如何进出长时记忆。这些理论提出信息在感觉记忆和工作记忆中得到最初的编码，然后转到长时记忆中存储，而信息从长时记忆转到工作记忆就是提取。

STOP 停下·来检查一下·

❶ 记忆的外显和内隐作用有什么区别？

❷ 假如你是一个有经验的杂耍演员，你的技能更多地依靠陈述性记忆还是程序性记忆？

❸ 你突然想不起来电子邮箱的密码，哪个记忆过程最有可能造成这个困难？

记忆的短时功用

首先让我们演示一下某些记忆的短暂性。在**图 7.3** 中，我们给你呈现了一幅相当忙碌的视觉场景图。请你快速注视它一下——大约 10 秒钟——然后把它盖起来。假设我们问你一些关于这一图画的问题：

1. 最下面的小男孩拿着什么工具？
2. 最上面中间的男士在干什么？
3. 右下角妇女手中的雨伞手柄钩是弯向左边还是右边？

图 7.3

你能从这幅场景中记起多少？

在观看这幅场景图 10 秒钟之后，把它盖起来，然后试着回答正文中的问题。通常情况下，场景图被移开后，图像记忆会将一眼看到的视觉世界保持一段短暂的时间。

要想回答这些问题，如果能再瞥一眼这幅图画，你会感觉更轻松一些，难道不是吗？

这个快速的演示让你明白，你感知到的大多数信息都不会安全地存储在记忆中。相反，你只是在短时记忆中加工和使用这些信息。本节，我们将讨论三种不是很持久的记忆：映像记忆、短时记忆和工作记忆。

映像记忆

当你第一次盖上图 7.3 时，你是否有这样的感觉：在短暂的时间内，你仍然能“看到”整幅图画？这种额外的一瞥是由你的**映像记忆**（iconic memory）提供的——它是一种视觉领域的记忆系统，能使大量信息被存储非常短暂的时间（Neisser, 1967）。映像记忆是感觉记忆的一个例子：研究者推测，每个感觉系统会有一种感觉存储，它可以保存环境中刺激的物理特征的表征，持续时间为几秒钟（Radvansky, 2006）。例如，人们对于身体接触会保持一个短暂的感觉（Gallace et al., 2008）。我们强调映像记忆，是因为它得到很多研究关注。

视觉或映像记忆只能持续大约半秒钟。最初揭示映像记忆是在实验中让参与者从只有二十分之一秒的视觉呈现中提取信息。

斯佩林（Sperling, 1960, 1963）给参与者呈现一些由三行字母和数字构成的列阵：

7	1	V	F
X	L	5	3
B	4	W	7

要求参与者完成两种不同任务。在**全部报告程序**中，他们要努力回忆尽可能多的项目。通常他们能报告的大约只有 4 个项目。另外的参与者接受**部分报告程序**，要求他们只报告一行而不是整个列阵的内容。在列阵呈现后立即发出一个高音、中音或低音信号以提示参与者报告哪一行。斯佩林发现，不管要求参与者报告哪一行，他们的回忆成绩都相当好。

由于参与者能够根据声音信号准确地回忆三行中的任一行，因此斯佩林推断：呈现的所有信息都进入了映像记忆，这证明了它的大容量。同时，全部和部分报告程序的差异表明信息迅速衰退：接受全部报告程序的参与者不能够回忆图像中呈现的所有信息。这第二点在辨别信号（声音信号）被稍作延迟的实验中得到进一步证实。**图 7.4** 表明，当延迟时间从 0 秒增加到 1 秒时，准确报告的项目数平稳下降。研究者们非常精确地测量了信息必须从衰退的图像中得以转移的时间进程（Beckchers et al., 2000; Tijus & Reeves, 2004）。为了充分利用视觉世界的这种“再瞥一眼”的功能，你的记忆过程必须非常迅速地将信息转入更为持久的存储。

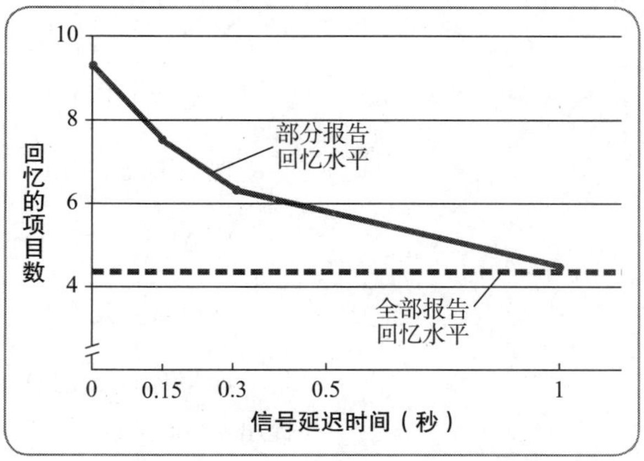

图 7.4 通过部分报告法回忆

实线表示使用部分报告法回忆的平均项目数，包括呈现后立即回忆和四种延迟时间条件下的回忆。作为对比，虚线表示用全部报告法回忆的项目数。

资料来源：Sperling, 1960.

请注意，映像记忆与一些人所谓的“照片式记忆”不是一回事。专业术语“照片式记忆”是遗觉像（eidetic imagery）：有人能够体验这种异常清晰的表象，他们能够回忆一幅图画的细节，持续时间远比映像记忆要长，就好像他们还在看着那幅照片。这种情形下的“人们”实际上指的是孩子。研究者们估计，青春期前的孩子中大约有 8% 的人能产生异常清晰的遗觉像，但成人几乎不会有这种能力（Neath & Surprenant, 2003）。迄今还没有令人满意的理论可以说明为什么遗觉像会随年龄而衰退（Crowder, 1992）。但是，如果你是一个高中生或大学生，几乎可以肯定你有的是映像记忆而不是遗觉像。

短时记忆

在你还没开始读这一章之前，你可能没有意识到你有映像记忆。但是，你很可能意识到了某些记忆你只能保存很短的时间。考虑一件经常发生的事情：查阅电话簿找一个朋友的号码，然后记着这个号码直到把它拨完。如果电话占线，待会儿再拨时经常不得不又去查电话簿。当你想到这种体验的时候，就很容易理解为什么研究者假设存在一种特定的记忆类型，叫**短时记忆**（short-term memory, STM）。

你不应该把短时记忆看做记忆过程必须经由的某个特定地方，而应该把它看做集中认知资源于一小部分心理表征的内在机制（Shiffrin, 2003）。但是，短时记忆的资源是多变的。就如你忘记电话号码的体验，你必须十分专注才能保证记忆编码转入更持久的形式。

短时记忆的容量限制 在第 4 章，我们描述了你的注意力资源怎样致力于从外部世界中选择那些你将投入心理资源的客体和事件。就像容量会限制你只能注意到可获得的一小部分信息一样，在短时记忆中也存在限制你的能力只能保存一小部分信息。短时记忆有限的容量迫使你将注意力高度集中。

为了评估短时记忆的容量，研究者们首先致力于记忆广度的测验。在一生中的某一时刻，你也许会被要求完成这样一项任务：

将下面的一系列随机数字读一遍，然后把它们盖起来，尽可能多地按照它们出现的顺序写下来：

8 1 7 3 4 9 4 2 8 5

你写对了几个？

现在再读下面的一系列字母，进行相同的记忆测验：

J M R S O F L P T Z B

你写对了几个？

如果你像大部分人一样，你也许能回忆出 5 到 9 个项目。**米勒**（Miller, 1956）提出 7（加或减 2）是能描述你记忆下列材料的行为的“魔术数字”：一系列随意排列的字母、单词、数字，或几乎所有类型有意义的、熟悉的项目。

然而，记忆广度测验高估了短时记忆的真正容量，因为参与者能够使用其他的信息源来完成任务。研究者们估计，当记忆的其他资源被分离出去的时候，对于 7 个项目（大约）的记忆广度来说，短时记忆的纯粹贡献只有 3 到 5 个（Cowan, 2001）。但是，如果 3~5 个项目是你能用于获得新记忆的全部容量，为什么你经常没有注意到这种限制呢？尽管短时记忆有容量限制，但至少有两个原因使你能正常记忆。正如我们在后面将会看到的，短时记忆中的信息编码能通过复述和组块得到提高。

短时记忆在你输入 ATM 的密码时起着什么作用？

复述　你也许知道，在头脑中保留朋友电话号码的一种好方法是在你的头脑里循环重复那些数字。这种记忆术称作**保持性复述**。未复述信息的“命运”在一个精巧的实验中得到展示。

> 参与者听到三个辅音，如 *F*、*C* 和 *V*。一段时间后，在给出一个信号时，参与者就要回忆这些辅音，这段时间间隔为 3 秒到 18 秒。为了防止复述，在刺激输入和回忆信号之间安排一个**分心任务**——呈现给参与者一个三位数，告诉他们进行连续减 3 的运算，直到回忆信号出现。实验中用到不同的辅音组和不同的延迟时间间隔。
>
> 就如**图 7.5** 所示，要求保持信息的时间越长，回忆成绩就越差，甚至在 3 秒钟后，相当多的记忆已丧失，18 秒钟后，几乎全部丧失。当没有机会复述信息时，短时回忆随时间而削弱（Peterson & Peterson, 1959）。

成绩下降是由于信息不能被复述，也由于来自分心任务的竞争性信息的干扰（在本章的后一部分我们将会讨论作为遗忘原因之一的干扰现象）。你可能注意到了这样一个现象，一个新认识的人向你介绍他的名字——接着你很快就忘记了。这种情况下，一个很普遍的原因是你没有时间去复述，而这种复述是你获得新记忆所必需的。作为补救，你要设法在继续交谈之前仔细编码和复述一个新名字。

目前为止我们的结论是，复述会帮助你防止信息从短时记忆中衰退。但是，假设你想要获得的信息太繁重以至于不能被复述，你可能会转向使用组块策略。

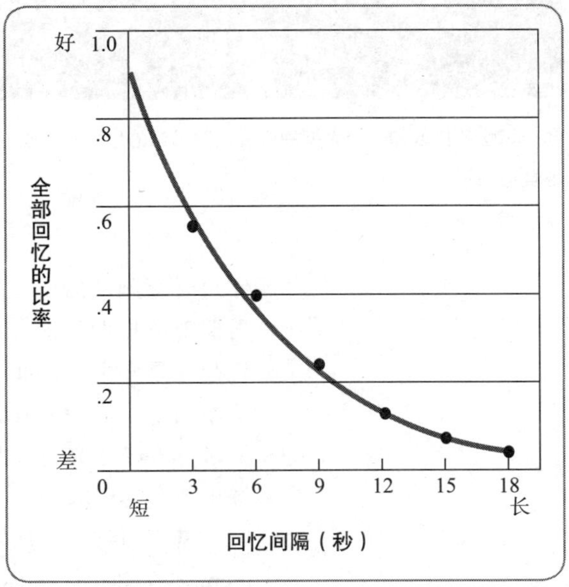

图 7.5　没有复述的短时记忆回忆

在刺激呈现和回忆之间的时间间隔内给参与者安排一项分心任务，回忆会随着间隔的延长而削弱。

组块　组块指的是一个有意义的信息单元（Anderson, 1996）。组块可以是单一的字母或数字，一组字母或其他项目，或者一组单词或一个完整的句子。例如，序列 1-9-8-4 由四个数字构成，它能用尽短时记忆的容量。但是，如果你把这些数字看做一个年份或者乔治·奥威尔的著作《1984》，它们就构成了一个组块，从而留出更多的容量给其他的信息块。**组块**（chunking）是一个重新组织项目的过程，可以基于相似性或其他组织原则进行组织，或者基于存储在长时记忆的信息，将该信息组成一些更大的模块（Chen & Cowan, 2005）。

看看在这样一个由 20 个数字组成的序列中你能发现多少个组块：19411917186518121776。如果你把这个序列看做一列无关数字，你会回答“20 个”，而如果你把这个序列分解为美国历史上几次重大战争发生的日期，你会回答“5 个”。如果你按后者来做，那么你会很容易在快速扫视

你如何能在听课时更好地运用组块技巧?

之后按正确顺序回忆出所有的数字。如果你把它们看做 20 个无关联的项目，就不可能在短暂呈现后将它们全部回忆起来。

如果你能找到一些办法将大量可用的信息组成少量的块，你的记忆广度将被大大增加。一个著名的参与者 S.F. 通过将数字组织成与赛跑时间相关的组块，能够记忆 84 个数字（S.F. 是一个狂热的长跑爱好者）。

S.F. 记忆的原型有助于人们理解他神奇的记忆能力。因为 S.F. 是一个长跑运动员，他注意到了很多随机数字能被组织成不同距离所需要的赛跑时间。例如，他将数字序列 3、4、9、2、5、6、1、4、9、3、5 重新编码为：3:49.2，接近 1 英里赛跑记录；56:14 是 10 英里赛跑所用的时间；9:35 对 2 英里的距离而言有些慢。后来，S.F. 使用年龄、值得纪念事件的年份和特殊数字模式来组块随机数字。通过这种办法，他能使用长时记忆将长串的随机数字转化为易管理和有意义的组块。然而，S.F. 的字母记忆仍处于一般水平，因为他没有使用任何组块策略来回忆字母串（Chase & Ericsson, 1981; Ericsson & Chase, 1982）。

短时记忆的提取和一个大型的研究性图书馆的检索在哪些方式上是类似的?

就像 S.F. 一样，你也可以根据输入信息对你个人而言的意义对其进行组织（例如，将它与朋友或亲戚的年龄相联系）；或者你可以将新刺激与存储在长时记忆中的各种编码信息进行匹配。即使你不能将新刺激与长时记忆中的规则、意义或编码相联系，你仍然可以利用组块。你可以以一种节奏模式或时间模式来对项目进行简单组织（181379256460 可以变成 181，停顿，379，停顿，256，停顿，460）。从日常生活经验中你会发现，这种组织原则对于记忆电话号码相当有效。

工作记忆

迄今为止我们的焦点一直放在短时记忆上，特别是短时记忆在获得新的外显记忆中所起的作用。然而，你每时每刻都需要更多的记忆资源，而不仅仅是获得一些知识和事实。例如，你也需要能够提取先前存在的记忆。本章伊始，我们曾要求你记住一个数字。你现在能记起它是多少吗？如果你能记起（如果不能，看一眼），你是让那个记忆的心理表征又激活了一次——那是另一种记忆功能。如果我们要求你做更复杂的事情——假设要求你在转手传球的同时，从 132 开始连续隔 3 倒数——你就会对自己的记忆资源提出更高的要求。

基于对你一生所需要的记忆功能的分析，研究者们明确提出**工作记忆**（working memory）理论——你用于完成诸如推理和言语理解这样的任务所需的记忆资源。设想你在尽力记住一个电话号码，同时在寻找笔和便签将它记录下来。短时记忆过程可以让你把那个电话号码保存在心里，更加综合的工作记忆使得你执行心理运算来完成有效的搜索。工作记忆为思想和行为每时每刻的流畅性提供了基础。

阿兰·布拉德利（Baddeley，2002，2003）为工作记忆的四个成分提供了证据：

- 语音环路：这一资源保持和处理基于言语的信息。语音环路和短时记忆大部分是重叠的，这一点我们在前面的内容中已经有所描述。当你复述一个电话号码时，如果你通过让它在脑中回荡来“听”它，你就是在使用语音环路。
- 视觉空间画板：这一资源对视觉和空间信息执行着像语音环路一样的功能。例如，如果有人问你，在你上心理学课的教室里有多少张桌子，你可能会使用视觉空间画板形成教室的心理图像，然后从图像中估计桌子的数量。
- 中央执行系统：这一资源负责控制注意并协调来自语音环路及视觉空间画板的信息。任何时候，在你执行一个需要心理过程联合的任务时——例如，设想有人要求你描述记忆中的一幅图画——你依赖于中央执行系统的功能把心理资源分配到任务的不同方面（在第 8 章中我们会回到对这一观点的讨论）。
- 情景缓冲区：这是由中央执行系统控制的、具备有限容量的一个存储系统。情景缓冲区可以帮助你从长时记忆中提取信息，并将它与当前情境中的信息结合起来。大多数生活情境包括图像、声音等复杂的元素。情景缓冲区提供资源，使人们能够将过去的经验与不同类型的知觉刺激相整合，对每个情境做出统一的解释。

将短时记忆合并到更宽泛背景的工作记忆中有助于加强一个认识，即“短时记忆不是一个点而是一个过程”。完成类似语言加工或问题解决等认知活动时，你必须将很多不同的成分快速连接起来。你可以将工作记忆理解为对必要成分进行短时间的、特殊的聚焦。如果你希望更好地查看一个物理客体，你可以用更亮的灯照射它；工作记忆就像一盏更亮的心理灯照向你的心理客体——记忆表征。工作记忆也可以协调各项活动，以便针对这些客体采取行动。

研究者们证明了工作记忆容量是存在个体差异的。他们设计了很多程序来测量这些差异（Conway et al., 2005）。我们举一个这类测量的例子，被称为运算广度（operation span）（Turner & Engle, 1989）。首先看**表 7.1**，为了确定运算广度，研究者要求参与者大声读完一道数学题，然后用“对”或“错”来判断该题的答案是否正确，在回答完之后，参与者需要记住题目后面给出的单词。（在实际测试中，参与者算完数学题后才能看到单词，且每次只看一道数学题。）在完成所有题目后，参与者需要按照正确的顺序回忆看到的单词。你可以试着做表 7.1 中的题目来感受一下这个任务。运算广度要求人们在从事一个任务（如解数学题）的同时完成另一个任务（如记单词）。正因如此，它提供了一种指标，用以考量中央执行系统将心理资源分配给不同任务的效率的个体差异。

因为工作记忆广度是有关个体可用于完成短时认知过程的资源的测量，研究者们能利用它来预测各种任务中参与者的行为表现。例如，工作记忆可以让个体将注意集中在需要完成的任务上。一般来讲，工作记忆容量越大，个体就越能够在头脑中保存更多的信息而不会走神。

表 7.1　**运算广度测量的项目示例**

对每道数学题回答“是”或“否”，然后记住每道题末尾的单词。一旦你做完所有四道题，就把它们挡起来并试着回忆四个单词。
IS (6 ÷ 2) − 2 = 2? SNOW
IS (8 × 1) − 5 = 3? TASTE
IS (9 × 2) − 6 = 12? KNIFE
IS (8 ÷ 4) + 3 = 6? CLOWN

为了揭示工作记忆容量和走神之间的关系，一个研究团队招募了 124 名大学生，使用经验抽样法进行了一项研究（Kane et al., 2007）。在实验开始时，所有参与者都完成了工作记忆容量的测量（类似于运算广度任

务）。在接下来的实验中，参与者需要在一周的时间内携带掌上电脑。每天中午到晚间，电脑会发出信号提醒八次，要求他们在提醒的时候完成问卷。问卷收集的信息与参与者被提醒时所从事的任务有关，比如，他们需要回答手头的任务难度大不大。问卷还会要求他们报告，在做该任务的时候自己在多大程度上走了神。对于没有挑战性的任务来说，参与者的工作记忆容量对其走神的次数没有影响。然而，如果参与者从事的任务难度很大，则工作记忆容量大的人比工作记忆容量小的人显著更少地报告了走神。

请回忆一下，工作记忆的一个成分是中央执行系统，这个实验说明，工作记忆容量大的人，能够更好地使用中央执行系统的资源。他们可以把注意集中在最需要脑力的、更具挑战性的任务上。

对工作记忆的最后一点说明是，工作记忆保持心理的现在。它为新的事件设置背景，并将分离的情节连接起来形成一个连贯的故事。它使你能保持和不断更新你对变化情景的表征，使你能在交谈中保持和跟随相应的话题。所有这些都是真切的，因为工作记忆在此起到一个通道的作用，供信息进出长时记忆。现在让我们把注意转向那些能够持续一生的记忆。

STOP 停下来检查一下

❶ 为什么研究者相信映像记忆的容量很大？
❷ 当前对短时记忆容量的评估是什么？
❸ 什么是对项目进行组块？
❹ 工作记忆的成分有哪些？

批判性思考：回忆那个展示了复述对于保持短时记忆信息的重要性的实验。在那个实验中，为什么要让参与者连续倒数 3（例如，167, 164, 161,…）而不是倒数 1（例如，167, 166, 165…）？

长时记忆：编码和提取

记忆能持续多久？本章开始的时候，我们就让你回忆你自己的早期经历。这个记忆保持了多久？ 15 年？ 20 年？还是更久？当心理学家说到长时记忆的时候，他们指的是那些通常保留一生的记忆。因此，凡是说明如何获得长时记忆的理论，也必须说明这些记忆在一生中是如何保持的。**长时记忆**（long-term memory，LTM）是从感觉记忆和短时记忆中获得的所有体验、事件、信息、情感、技能、单词、范畴、规则和判断等的储存仓库。长时记忆构成了每个人对于世界和自我的全部知识。

心理学家知道，如果能够提前声明一个重要结论，就能够更容易使人获得新的、长时间保持的信息。先得到一个结论后，你就有一个框架来理解随后的信息。对于记忆，我们要下的结论是：当你编码信息的情景与你试图提取它的情景能够很好匹配时，你的记忆效果最好。在下面几部分我们将会看到什么是“好的匹配”。

提取线索

在我们探究编码和提取之前，先来讨论一个问题：你是怎么“找到”一个记忆的？最基本的答案是提取线索。**提取线索**（retrieval cues）指的是你搜索一个特定记忆的时候可以利用的刺激。这些线索可以是外部提供的，就像一项测验中的问题（“由斯滕伯格和斯佩林的研究你能联想到什么记忆原则”），或者是内部产生的（“我以前在哪儿见过她”）。每次当你试图提取一个外显记忆的时候，你肯定是为了某个目的，而那个目的通常会成为提取的线索。毫无疑问，记忆提取的难易取决于提取线索的质量。如果你的一个朋友问你：“我记不得的那个皇帝是谁？”你可能会开始一场猜谜游戏。如果她更换问法：“克劳狄乌斯之后的那个皇帝是谁？”你可能马上回答：“尼禄。”

为了让你更全面地了解提取线索的重要性，我们将重复经典的记忆实验，要求你学习一些单词对，一直学到你能正确无误地连续三次做对 6 个词对。

Apple—Boat
Hat—Bone
Bicycle—Clock
Mouse—Tree
Ball—House
Ear—Blanket

既然你已经将词对储存到了记忆中，我们想让测验变得更有趣。我们需要设法给你一段保持间隔，在这段时间里你必须把信息保持在记忆中。因此，让我们花一点时间来讨论可以用什么样的程序来测验你的记忆。你可能以为，你要么知道某些事，要么不知道，无论使用任何测验方法都将产生相同的结果。事实并非如此。我们先来看看两种外显记忆测验：回忆和再认。

回忆和再认　当你**回忆**（recall）的时候，你要再现先前呈现给你的信息。“什么是系列位置效应”？这就是一个回忆的问题。**再认**（recognition）是指认识到一个特定的刺激事件是你以前看到过或听到过的。“以下哪个是视觉感觉记忆的术语：（1）回声；（2）记忆痕迹；（3）图像；或（4）抽象编码”，这就是一个再认的问题。你可以将回忆和再认与你日常生活中的外显记忆体验联系起来。在试图识别一个罪犯的时候，如果警察要求受害者凭记忆描述罪犯的一些显著特征：“你注意到袭击者有没有什么不寻常的地方？”他们就是在使用回忆的方法。如果他们向受害者出示照片，一次一张，这些照片选自犯罪嫌疑人的档案；或者他们也可能让受害者在拘留所识别罪犯，这样的话，他们就是在使用再认的方法。

现在让我们用这两种程序测验你几分钟前学习的词对。词对中缺失的词是什么？

Hat—?　　Bicycle—?　　Ear—?

你能从这些备选项中选出正确的词对吗？

Apple—Baby	Mouse—Tree	Ball—House
Apple—Boat	Mouse—Tongue	Ball—Hill
Apple—Bottle	Mouse—Tent	Ball—Horn

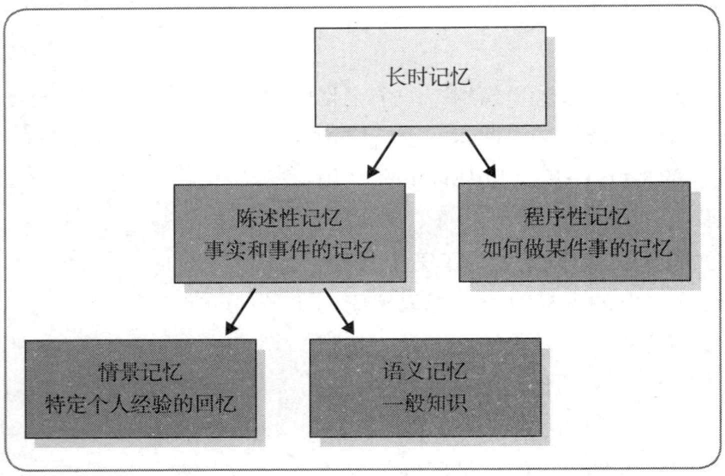

图 7.6 长时记忆的维度

研究者提出人类储存不同类型的记忆。

再认测验比回忆测验更容易吗？应该是。让我们根据“提取线索”来解释这一结果。

回忆和再认都需要通过线索进行搜索。然而，再认的线索更为有用。对于回忆，你不得不期望线索本身会帮助你定位信息。对于再认，部分工作已经为你做了。当你查看词对 *Mouse—Tree* 的时候，你只需要就“我见过这个词对吗？”这一问题回答是或否；而如果看到 *Mouse*—？时，则需要回答“我见过的词对是什么？”这样一个问题。从这点来看，你就可以明白我们使得再认测验对你来说相当容易。设想我们给你呈现的词对改为原始词对的重新组合，下列词对哪个是正确的？

Hat—Clock　　Ear—Boat

Hat—Bone　　Ear—Blanket

现在你不但要认出以前见过这个单词，而且还要认出你是在一个特定背景下见到它的（不久我们会回到关于背景的观点）。如果你是一个解决多项选择测验难题的老手，你可能就会明白，即便再认测验也不会那么容易。然而在大多数情况下，你的再认成绩会比回忆成绩好，因为再认的提取线索更直接。让我们来看看提取线索的其他一些特征。

情景记忆和语义记忆　在这一章的前面讨论记忆功能的时候，我们区分了陈述性记忆和程序性记忆。我们可以定义另一个维度，在这个维度上，依据提取线索的不同来区分陈述性记忆。加拿大心理学家**图尔文**（Tulving, 1972）首先将陈述性记忆区分为情景记忆和语义记忆（见**图 7.6**）。

情景记忆（episodic memory）保存你亲自体验过的特定事件。例如，你对最快乐的生日和对初吻的记忆就被储存在情景记忆中。要恢复这些记忆，你需要一些提取线索来指明事件发生的时间和事件内容。你也许能、也许不能对一个事件形成特殊的记忆表征，这依赖于信息是怎样被编码的。例如，你有没有什么特殊记忆可以区分从现在往前数的第 10 次刷牙与第 11 次刷牙的情景？

你知道的每件事情，最初都是在某个特定的背景下获得的。但是，随着时间的推移，有大量信息是你在很多不同背景下都遇到过的。这类信息的提取与多次体验它们的时间和地点无关。这些**语义记忆**（semantic memory）是属于某个类别的或某个范畴的记忆，就如词语和概念的含义等。对于大部分人而言，像公式 $E = MC^2$ 和“法国首都是巴黎”这样的事实，是不需要参照获取这些记忆时的情景和学习背景之类的线索来提取的。

当然，这并不意味着语义记忆的提取就十分简单。你非常了解自己会忘记很多事实，这些事实与你最初学习它们时的背景是相分离的。当你不能恢复一个语义记忆的时候，有效的策略是再一次把它像情景记忆一样对待。你心想，“我知道我在西方文明课中学过罗马皇帝的名字”，这样也许能提供额外的线索来释放一项记忆。

背景和编码

在我们继续探讨编码和提取之前，我们想让你先考虑一下可以称之为“背景冲击”的现象。你看到一个人穿过拥挤的房间，你知道你认识这个人，但想不起在什么地方认识的。终于，在经过了一段时间还算礼貌的凝视后，你记起了他是谁——你意识到问题产生的原因在于这个人现在身处一个完全不同的环境。平常给你送邮件的这位女士，在你好朋友的聚会上干吗？当你有这类体验，你便再一次发现了**编码特异性**（encoding specificity）原则：当提取的背景与编码的背景相匹配时，记忆最为有效。让我们来看一看研究者是如何证明这一原则的。

对个人而言的重要事件保持在情景记忆中，比如与好朋友分离一年后的第一次见面。语义记忆中什么类型的信息会促成重聚？

编码特异性　在一个特定的背景下学习信息的结果是什么？图尔文和汤姆森（Tulving & Thomson, 1973）通过颠倒回忆和再认之间通常的成绩关系首次证明了编码特异性的力量。

> 要求参与者学习成对的单词，比如 *train-black*，但告诉他们只需要记住每个单词对中的第二个单词。在随后的实验阶段，要求参与者由某个单词（如 *white*）自由联想出四个词，在选择给定的单词时，要使得最初被记忆的单词（如 *black*）可能出现在联想词中。在参与者完成单词联想后，要求他们从联想的单词序列中再认出哪些是在实验第一阶段被要求记忆的词。参与者完成此任务的概率为 54%。然而，当随后给参与者提供每对单词中的第一个单词，如 *train*，并要求他们回忆与之相配对的联想词，他们完成该任务的正确率是 61%。

为什么回忆比再认的成绩还好？图尔文和汤姆森认为，关键在于背景的变化。参与者在 *train* 的背景下学了单词 *black* 后，当背景变为 *white* 时很难恢复记忆表征。即便这么微小的背景都能产生如此显著的影响，你可以想象，丰富的现实生活背景将会对你的记忆产生多大的影响。

研究者已令人信服地证明了背景依赖性记忆（context-dependent memory）的存在。在一个实验中，研究者让佩戴水下呼吸器的潜水员在海滩上或在水下学习一些单词，然后在其中的一个环境下测验他们对这些单词的保持程度。当编码和回忆的环境匹配时成绩接近 50%——尽管实验材料与水或潜水根本没有关系（Gooden & Baddeley, 1975）。同样，学习钢琴的学生，如果在初次学习某段乐曲的钢琴上再演奏那一段时，其准确性会更高（Mishra & Backlin, 2007）。另有一个研究发现，在学习的四周之后测量记忆表现，如果在编码和回忆的时候呈现同样的气味，柠檬或者是薰衣草味，其记忆成绩就更好（Parker et al., 2001）。

从这个人那里接到一次交通警告之后，为什么在一个聚会上再撞见他时你不能认出他来？

在我们所提供的每一个例子中，记忆编码均与特定的外界环境因素建立联系，比如，钢琴的种类或者环境中的气味。然而，编码特异性也与每个人的内部状态有关。例如，在一项研究中，参与者完成一个自由回忆任务，他们在学习和测试阶段之前饮酒或者服用安慰剂（Weissenborn & Duka, 2000）。一般来讲，酒精会损害记忆成绩。但是，在学习和测试中均饮酒的人能回忆起的一些信息，只在学习或只在测试时饮酒的人却回忆不起来。当内部状态为编码特异性提供基础时，这些效应被称为*状态依赖性记忆*（state-dependent memory）。研究者证实，对于大麻和安非他命等药物来讲，状态依赖性记忆都是存在的。而且，如果你服用抗组胺药治疗过敏，有趣的是，它也会带来状态依赖性记忆（Carter & Cassaday, 1998）。如果正赶上过敏季节，你会如何利用这一知识？

作为编码特异性的最后一个例子，我们要你思考一下双语人群的经历，即他们可能在不止一种语言中获得信息。研究者认为双语人群的记忆成绩有一种非常强烈的*语言依赖性*（language-dependent）：即如果在编码阶段和提取阶段使用同一种语言，就更容易回忆起相关信息。

> 20 名汉英双语的人同意参加一个研究，该研究需要测试他们的语言知识（Marian & Kaushanskaya, 2007）。其中一个任务要求参与者根据“旅游胜地”或“著名演员”等类别，列举出四个例子。问题以汉语或英语的方式提出。参与者的反应显示出语言依赖性：尽管他们会使用两种语言来回答这个问题，例如中国和美国的旅游胜地，但他们更容易提供与提问中所使用的语言相一致的答案。在另一个任务中，参与者遇到的问题有两个可能的答案，如“在一个著名的爱情故事中，两个相爱者因为家庭的干涉而殉情，他们的名字是？”答案可以是“罗密欧与朱丽叶”，也可以是“梁山伯与祝英台”。同样，参与者的回答显示出提问所用语言的作用：他们的答案与提问时的语言相一致。

请思考这些结果，要知道所有的信息都储存在同一个大脑中。决定信息提取难易的是每种语言所提供的切入点。对于这些提取特异性来说，一个共同的结论是，如果你能够回到编码时的原始背景，你就可以更容易地提取出信息。

系列位置效应 我们也可以用背景的变化来解释记忆研究中的一种经典效应：**系列位置效应**（serial position effect）。假设我们要求你学习一系列无关联的单词。如果要你按顺序回忆这些单词，你的成绩几乎可以肯定与**图 7.7** 的模式一致。你对头几个单词的回忆将非常好（**首因效应**，primacy effect），对最后几个单词的回忆也非常好（**近因效应**，recency effect），但对序列中间部分的回忆相当差。图 7.7 显示的是：当要求参与者用“*序列回忆*”（“按照你听的顺序背诵单词”）或“*自由回忆*”（尽可能多地背诵单词）去回想不同长度的单词序列（6 个、10 个和 15 个单词）时所呈现出的普遍性模式（Jahnke, 1965）。研究者们在各种测验情境下都发现了首因效应和近因效应（Neath & Surprenant, 2003）。今天是星期几？你是否相信：在一星期的开始或末尾回答这个问题要比在一星期的中间快几乎一秒钟（Koriat & Fischofff, 1974）？

背景对产生系列位置曲线的形状所起的作用与不同项目所具备的**背景区辨性**（contextual distinctiveness）以及每个人的不同生活经验等有关（Neath et al., 2006）。为了理解背景区辨性，你可以问这样的问题：“我学习这一信息的背景和我试图回忆它时的背景有什么不同？”我们先来看看近因效应。**图 7.8** 是区辨性的视觉表征。在 A 中，设想你在凝视火车铁轨，你能看到的是，它们看起来好像在地平线处凝集一团，

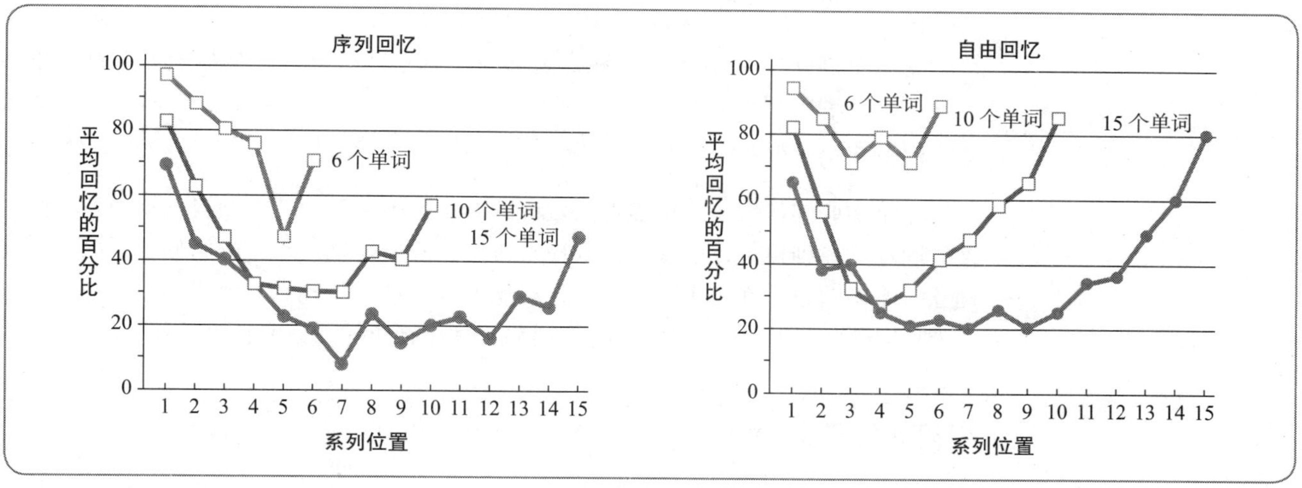

图 7.7　系列位置效应

这个图显示了系列位置效应的普遍性。要求学生用序列回忆（“按照你听的顺序背诵单词”）或自由回忆（尽可能多地背诵单词）设法回想不同长度的单词序列（6 个、10 个和 15 个单词）。每条曲线都显示学生对系列的开始（首因效应）和末尾（近因效应）有更好的记忆。

尽管它们是等间隔分开的。我们可以说最近处的铁轨在背景中最突出，即区辨性最强。现在设想你要回忆自己最近看过的十部电影。电影就像火车铁轨，在大多数情况下，你对最后一部电影的回忆是最好的，因为你看最后一部电影时的背景与当前背景重叠最多——与你当前体验的背景最接近。这一逻辑提示，如果使“中间的”信息更具区辨性，它们将会变得更难忘。根据我们类比的想法，就如图 7.8 的 B 所示，使火车铁轨看似等距离相隔。

> 要使铁轨看似被均匀分隔开，工程师们将不得不把距离远的铁轨相隔更远。研究者们通过空间和时间的类比，把同样的逻辑运用到记忆测验中。他们让参与者设法学习一些字母，但他们控制了这些字母的时间间距。这一方法是通过让参与者读出呈现在计算机屏幕上的一些随机数字实现的，这些数字出现在字母之间。常规条件下（就如图 7.8 的 A 部分），每对字母被两个数字隔开。比

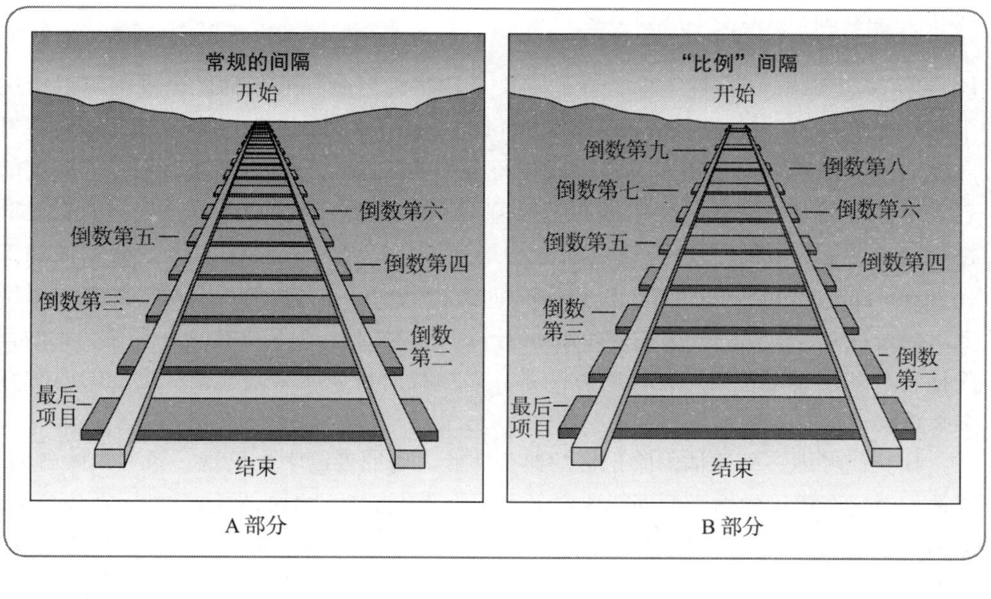

图 7.8

背景区辨性

你可以把输入记忆的项目看做火车铁轨。在 A 部分，你可以设想时间上越早的记忆变得越模糊，就像远距离的铁轨。在 B 部分，你看到防止这种效果的一种方法是使“早期的铁轨”在物理距离上相隔更远。同样地，你可以通过在心理上把它们分隔开使早期记忆更具区辨性。

例条件下（就如 B 部分），头一对字母被 4 个数字隔开，最后一对间没有数字。这将起到使早期数字更独特的效果，就像把远处的铁轨移得更开一样。事实上，当系列的开始项目被分得更开时，参与者对这些项目的记忆更好（Neath & Crowder, 1990）。

这个实验间接表明，标准近因效应的产生是因为最后几个项目自动地具有区辨性。同样的原则也可以解释首因效应：每次你开始记忆新东西的时候，你的行为就建立一个新背景。在那个新背景下，开始的几次体验特别具有区辨性。因此，你可以把首因效应和近因效应看做同一道铁轨的两个视角——分别从两头来看。

编码和提取的过程

目前为止，我们已经看到编码和提取背景的匹配有助于记忆成绩的提高。现在我们将通过考察信息转入长时记忆的实际过程来改进这一结论。我们将会看到，当编码和提取过程匹配得非常好时，记忆功能最好。

加工水平 让我们首先谈一个观点，即你用哪种方法加工信息——编码时你对信息的注意是哪种类型——将会影响你对信息的记忆。**加工水平理论**（level-of-processing theory）认为，信息的加工水平越深，它转入记忆的可能性就越大（Craik & Lockhart, 1972; Lockhart & Craik, 1990）。如果加工涉及的分析、理解、比较和精细处理越多越深，那么记忆效果就越好。

加工深度经常根据参与者对实验材料所做的判断来定义。以单词 *GRAPE* 为例，我们可以要求你做个外形判断：这个单词是用大写字母书写的吗？或者做一个押韵判断：这个单词和 *tape* 押韵吗？或者做一个语义判断：这个单词代表一种水果吗？你是否领会上述的每一个问题要求你对单词 *GRAPE* 所做的思考程度在一点点加深？事实上，参与者进行的最初加工越深，他们记得的单词就越多（Lockhart & Crail, 1990）。

然而，加工水平理论的一个困难在于，研究者们并不总是能够确切阐明什么使得某些加工过程“浅”而某些加工过程“深”。尽管如此，这类结果进一步证实，信息存入记忆的方式——你用于编码信息的心理过程——影响着你以后能否提取那一信息。但是，迄今为止我们只讨论了外显记忆。现在我们将会看到，编码和提取时的过程匹配对内隐记忆是特别重要的。

过程和内隐记忆 在此之前，我们定义了记忆的内隐和外显的区分维度可以应用于编码和提取两个过程（Bowers & Marsolek, 2003）。例如，在很多情况下，你会以内隐的方式来提取你最初以外显方式进行编码的信息。比如，你喊出某个好朋友的名字时并不需要花费任何特定的心理努力。虽然如此，当内隐编码过程与内隐提取过程间有很强匹配时，内隐记忆通常就最稳固。这个观点被称为**传输适宜性加工**（transfer-appropriate processing）。当编码时进行的加工类型能够“传输”到提取时所要求的过程时，记忆的成绩最好（Roediger et al., 2002）。为了支持这一观点，我们首先描述一些用于证明内隐记忆的方法学。然后我们将说明编码和提取过程的匹配有多么重要。

让我们考虑一种评估内隐记忆的典型实验。研究者给学生呈现一系列具体名词，要他们对每个单词的愉悦度进行 5 点量表评价（1 为最不愉快，5 为最愉快）（Rajaram & Roediger, 1993）。愉悦度评定要求参与者思考单词的语义，而不是外显地将它记住。

这一学习阶段之后，用四种内隐记忆任务中的一种评估参与者的记忆（假设其中一个序列包含单词 *unicorn*）：

- 残词补笔：给参与者呈现一个单词的片段，像____*ni*____*or*____，要求他们用头脑中出现的第一个单词补全单词。
- 词干补笔：要求参与者补全一个词干，像 *uni*____，用头脑中出现的第一个词。
- 单词辨认：用一种使参与者不能清楚看到的方式在计算机屏幕上闪现一些字词，参与者必须设法猜测闪现的每个单词。在这种情形下，其中一个单词将会是 *unicorn*。
- 倒序词：给参与者呈现一个颠倒字母顺序构成的单词，像 *corunni*，要求他们给出头脑中出现的第一个恢复原状的单词。

就像我们的例子 *unicorn* 一样，上述每一个任务的正确反应都可以由前面序列中的单词提供。然而，关键在于，实验并没有要求注意前面序列中的单词与这些新任务的关系——这就是此处使用的是内隐记忆的原因。

为了评估内隐记忆的程度，研究者们比较了那些在愉悦度评价词单中看见过特定单词（像 *unicorn*）的参与者与那些没有看见过这个单词的参与者的成绩。**图 7.9** 画出了内隐记忆所导致的记忆成绩的提高——当单词在愉悦度评价中出现过时的正确率减去没有出现过时的正确率（不同的参与者评价了不同的词单）。你可以看到，对于每一个任务来说，以前看过某个单词会带来优势，即使只要求说出这个单词是否具有愉快的语义。这种优势被称做**启动**（priming），因为参与者对这个单词的第一次经历启动了对其随后经历的记忆。对于某些记忆任务来说，诸如残词补笔，研究者们发现了启动效应可以持续一星期以上（Sloman et al., 1988）。

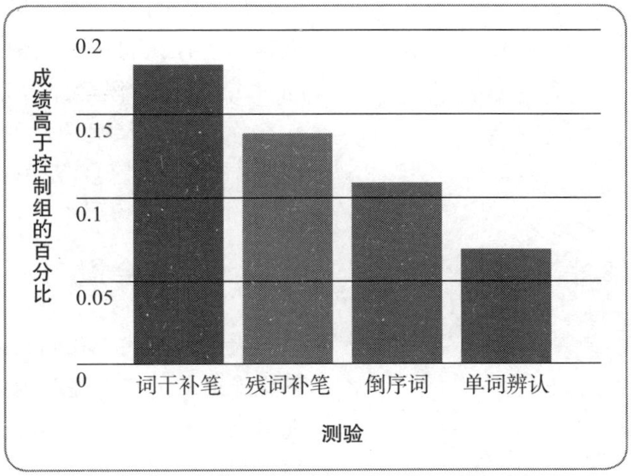

图 7.9　**内隐记忆测验中的启动**

启动表明了在各种任务中内隐记忆导致成绩提高。一些内隐记忆测验证明启动可以持续一个星期或更长时间。

资料来源：Adapted with permission from Table 1 in "Direct Comparison of Four Implicit Memory Tests" by Suparna Rajaram & H. L. Roediger III.

让我们现在转向编码和提取间的匹配。我们迄今为止提到的四种内隐记忆测验，均依赖于最初的刺激和测验时提供信息的物理匹配。从某种意义来说，无论你用何种过程来编码 *unicorn*，你在被要求补全词干 *uni*____时，这一单词就会进入你的头脑。但是，我们可以介绍另一种测验，一般知识测验，它依赖于语义或概念而不是物理匹配。设想我们给出的问题是"哪种传说中的动物只有一个角"，你可能很容易回答出 *unicorn*（麒麟）。然而，如果由于你在前面的词单中看过 *unicorn*（在一个不同背景下）而更容易说出这个单词，这就证明了内隐记忆的确是存在的。

使用两种不同类型的内隐记忆测验——基于物理特征的启动或基于语义的启动，我们可以寻找编码和提取间的联系。

记忆研究者设计了一个加工水平实验来证明不同的内隐记忆依赖于不同的加工类型，该实验要求记忆的时候进行不同水平的加工。参与者被要求对词单中的每个词都要做反应。对于深判断来说，参与者要对单词的意义做出反应——例如，"你能买这个吗？"对于浅判断来说，参与者要对单词的物理属性做出判断——例如，“这个单词是否包含 *c*？”研究者通过一般知识测验和残词补笔来评估内隐记忆。让我们通过这些任务来看看传输适宜性加工的原理。深判断在编码时需要进行概念加工，而浅判断不需要。一般知识测验在提取时需要概念加工，而残词补笔则不需要。因此研究者们预期，当编码和提取时的加工水平匹配时（深判断和一般知识测验），深判断会表现出启动优势。结果证实了他们的预期（Hamilton & Rajaram, 2001）。

这类研究支持了传输适宜性加工的思想：如果你使用了一个特定类别的加工来编码信息——例如，物理的或语义的分析——那么，当提取时能够使用相同类别的分析过程，你将会更有效地提取那一信息。

前面我们提出过这样的观点：当你编码信息时的情景与你试图提取它时的情景很好地匹配时，你的回忆能力将是最强的。本节为此观点提供了研究证据。这个分析说明了什么时候你的记忆加工运作得相对较好（例如：当编码环境和提取环境匹配时），什么时候运作得相对较差（例如：当不匹配时）。在这种意义上说，对于为什么你在需要某些记忆的时候却不能提取出来，我们已经提供了一些初步的看法。现在，让我们从更广泛的角度来看在什么情境下，你的记忆过程会出现问题。

我们为什么会遗忘

大多数时间，我们的记忆都很棒。当你看到新结识的一个人向你走来时，你能毫不犹豫地从记忆中提取她的名字。不幸的是，有时，你只能向她尴尬地点点头，你发现自己想不起她的名字。为什么会这样？有时候，答案可能在我们已经讨论过的内容中。例如，情况可能是你在一个完全不同于最初习得时的背景下去回忆一个名字。然而，研究者们已经考察了遗忘的其他原因。事实上，发表于1885年的有关记忆的最早的正式研究已经直接探讨了这一主题。让我们首先看看这一最早的研究吧。

艾宾浩斯定义的遗忘　看看这样的陈述是否正确：“考试前仓促填塞的知识，如果不通过进一步的学习巩固，并随后进行充分复习，就会很快被遗忘。”换句话说，如果你仓促应考，几天后你不可能记得很多东西。这一敏锐的、非常现代的观察结论是由德国心理学家**艾宾浩斯**（Hermann Ebbinghaus, 1850—1909）于1885年提出的，他概括了一系列这样的现象来推动他的关于记忆的新科学。艾宾浩斯的观察结果构成了令人信服的论据，证明应该对记忆进行实证研究。我们所需要的是一种方法学，而艾宾浩斯发明了一种聪明的方法。艾宾浩斯使用了无意义音节——由两个辅音夹着一个元音构成的无意义的三字母单元，例如 *CEG* 或 *DAX*。他使用无意义音节，而不是像 *DOG* 那样的有意义的字词，因为他希望获得一种对记忆的“纯”的测量，即一种没有被参与者带入实验任务中、先前的学习或联想所污染的测量。艾宾浩斯不仅是研究者，他也是自己的被试。他自己完成研究任务，并测量自己的行为。他派给自己的任务是背诵长度不等的音节序列。艾宾浩斯选择使用死记硬背的学习方法，通过机械复述来识记，以完成任务。

艾宾浩斯开始学习，从头到尾通读音节序列，一个一个地读，直到读完整个序列。然后按照相同的顺序再通读这个序列，不断重复，直到他能按正确顺序背诵所有的条目——他学习所用的时间就称为标准成绩。然后，他强迫自己学习另外一些音节来分心，而不去复述最初的音节序列。一段时间后，艾宾浩斯通过测量重学最初的音节序列所需要的学习时间来测量他的记忆。如果他重学需要的遍数比最初学习需要的遍数少，那就说明最初学习的信息得到了保存（你在第 6 章中应该已经熟悉保存这个概念了。回想一下，当动物重学一个条件反应的时候通常会有时间上的节省）。

> 举例说明，如果艾宾浩斯学会一个序列用了 12 遍，而几天后重学这一序列只用了 9 遍，那么他在那段流逝的时间里的保存成绩为 25%（12 遍 − 9 遍 = 3 遍；3 遍 ÷12 遍 = 0.25，或 25%）。使用节省成绩作为测量指标，艾宾浩斯记录了不同时间间隔后的记忆保存程度。他获得的曲线如**图 7.10** 所示。就如你所看到的，他发现了记忆在最初迅速遗忘，随后遗忘率逐渐下降。

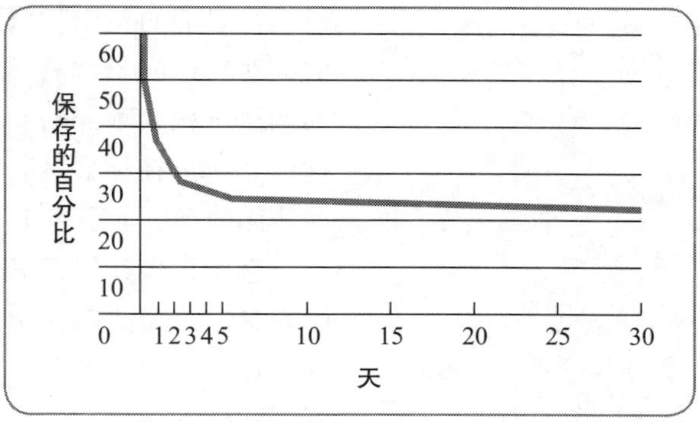

图 7.10 **艾宾浩斯遗忘曲线**

艾宾诺斯使用节省法计算了他在 30 天期间的无意义音节的保存量。曲线显示了快速遗忘，然后到达一种变化很小的高原状态。

你已经在生活中无数次体验到艾宾浩斯描绘的遗忘曲线。想想，你是多么不情愿在学完一周后才进行考试。因为你知道所学的大多数东西已经不记得了。同样，刚刚记住一个名字后，你很容易就能回忆起来；但是，如果你一直不用，一周后你可能会想“我曾经记得她的名字啊”。

干扰　还有其他理由可以说明，为什么一周后你就会忘记某个名字。一个重要的原因是，你不是单独习得这个名字。在你知道这个名字之前，你大脑中已经存储了许多其他人的名字；当你知道这个名字后，你又习得了一些新的名字。所有那些其他的名字对你提取此刻所需要的名字产生了负面影响。再来一次，记忆下列词对直到你能正确无误地连续三次复现它们。

Apple—Robe
Hat—Circle
Bicycle—Roof
Mouse—Magazine
Ball—Baby
Ear—Penny

做得怎么样？检查这个词对表，你会了解我们做了什么——每个旧的提示词配了一个新的反应词。学习这些新词对对你来说是不是变得更困难？你是否认为现在回忆那些旧词对对你来说也变得更困难了？（去试一试）这两种情况下的典型答案都会是“是”。这个简短的练习能让你感觉到记忆之间是如何互相竞争或干扰的。

当我们要求你努力区分关于两次刷牙情景的回忆时，我们已经给了你有关干扰问题在现实生活中的例子。所有这些特定记忆都是相互干扰的。**前摄干扰**（proactive interference）（前摄是指“对今后的作用”）是过去获得的信息使你获得新信息更为困难（参见**图 7.11**）。**倒摄干扰**（retroactive interference）（倒摄是

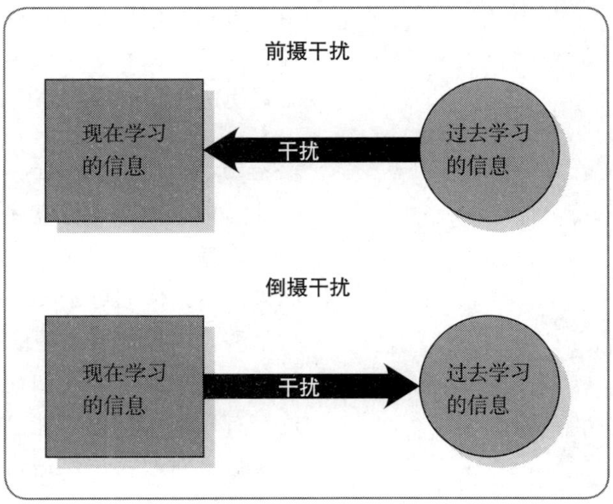

图 7.11 **前摄干扰和倒摄干扰**

前摄干扰和倒摄干扰解释了为什么编码和提取记忆这么难。你过去所学的东西让你现在编码新信息很困难（前摄干扰）。你现在所学的东西让你提取旧的信息很困难（倒摄干扰）。

资料来源：Baron, *Psychology* 5e, © 2001. Reproduced by permission of Pearson Education, Inc.

指“对以前的作用”）是新信息的获得使你对旧信息的回忆变得更困难。我们所呈现的词对表证明了这两类干扰。如果你曾迁居并且更换了电话号码，你便体验过前摄和倒摄干扰。刚开始，你也许发现记住新号码很难——旧号码总是跳出来（前摄干扰）。然而，在你最终能够可靠地再现新号码之后，你会发现自己不能记起旧号码——即使你已经用了很多年（倒摄干扰）。

就像很多其他记忆现象一样，艾宾浩斯是第一位严格通过实验证明干扰现象的研究者。艾宾浩斯在学习了几十个无意义音节序列之后，发现自己遗忘了大约65%的正在学习的新序列。50年之后，西北大学的学生学习了艾宾浩斯的音节序列后得到了同样的结果——在用很多序列做了很多次试验之后，学生前面学习的内容干扰了对当前一些序列的回忆（Underwood, 1948, 1949）。

这一节，我们提出了一些你为什么会遗忘的原因。现在我们应该转向一些研究，它们会就如何改善你的记忆提供一些建议。

如何改善无结构信息的记忆

在读完本部分内容之后，你应该对怎样能提高你的记忆成绩有一些具体的了解——你怎样能够记得更多，忘得更少。（在本章后面的“生活中的批判性思维”栏目里，将会结合教育工作帮你巩固这些思想）你已经知道，若要试图恢复一个信息，最好在一个与最初获得它时相同的情景下进行，或者执行一个与最初获得时同一类型的心理任务。但是稍微有所不同，我们仍需要给你一些帮助。这就涉及编码大量的、无组织和无结构的、随意的信息。

例如，想象一下你是一家商店的职员，你必须设法记住每一位顾客想要的几件东西：“那位穿绿色宽松上衣的女士需要一些剪树篱的剪刀和一条花园用的浇水软管。那位穿蓝色衬衫的男士需要一对钳子、六个四分之一英寸的螺丝钉和一把油漆刮刀。”事实上，这一情节非常接近于研究者要求你记忆配对词对的实验类型。你是怎样着手学习我们前面呈现的词对的？任务也许有些琐碎，因为对你而言这些词对不是特别有意义，没有意义的信息是很难记忆的。要设法把正确的东西给正确的顾客，你需要使这些配对看起来更紧密。让我们来探讨精细复述和记忆术。

精细复述　改善编码的一般策略被称为**精细复述**（elaborative rehearsal）。这一技术的基本理念是，当你复述信息也即第一次将它存入记忆的时候，精细加工材料有助于丰富编码。一种方法是，创造一种联系使得一个配对看起来不那么随意。例如，如果你想记住词对 *Mouse—Tree*，你可以想象一幅图画：一只老鼠急忙窜到树上去寻找干酪。当你把分离的信息片段编码成这类小故事时，你的回忆成绩就会得到提高。你能否想象商店职员快速编织一个故事将每个顾客和适当的东西联系起来（实践中这会有用的）？你可能已经猜到，如果给你的故事配上一幅心理图画，即一个视觉的表象，对改善记忆通常也是非常有用的。视觉表象可以提高你的回忆，因为它同时给你提供了言语的和视觉的记忆编码（Paivio, 2006）。

精细复述也可以帮助你脱离所谓队列效应。例如，当人们在队列中属于下一个要发言的人时，他们经常不记得正好在他前面的那个人所说的话。如果你曾有过这样的经历，一圈人站在一起，每个人报出自己的名字，你也许应该非常熟悉这种效应。紧挨在你前面的那个人的名字是什么？这种效应的原因可能在于，你把自己的注意力集中在准备自己的发言或者说出你自己的名字上了（Bond et al., 1991）。为了克服这种转移，你应该使用精细加工的策略，把注意集中于你前面的人，丰富你对他或她的名字的编码："丽莎——她像蒙娜丽莎一样微笑。"

服务员如何使用精细复述或记忆术来准确地上菜？

记忆术　另一种改善记忆的方法是利用一些被称为记忆术的心理策略（来自希腊词义"to remember"）。**记忆术**（mnemonic）指的是用一些与以往熟悉的、编码过的信息相联系的方法，来编码一系列事实的技术。很多记忆术会提供一些准备好的提取线索，来帮助你组织无序的信息，从而提高你的记忆。

我们首先来看一下所谓的地点法（method of loci），它很早就被古希腊演讲家所使用。*Loci* 的单数是 *locus*，它是指"地点"。地点法是通过与你熟悉的某种地点序列相联系来记忆一系列名字或客体——对于演讲家来说，是一长篇讲演中的各个部分。为了记住一个杂货单，你可以在内心将其中的每个条目沿着你从家到学校的路线顺序排列。以后要回忆这个名单的时候，你在内心走过这条路线，找到与每个地点相联系的条目（参见**图 7.12**）。

桩 - 词法（peg-word method）类似于地点法，只是你要把序列中的项目与一系列线索联系，而不是与熟悉的地点相联系。典型的桩 - 词法是根据不同的韵律将数字

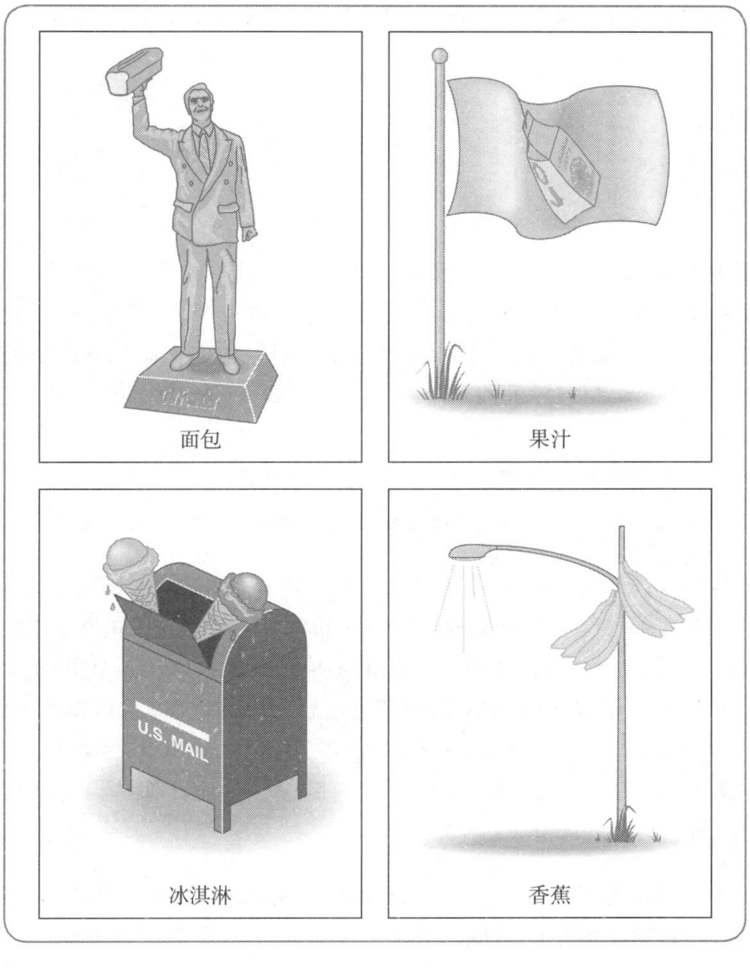

图 7.12

地点法

在地点法中，你将要记忆的项目（就像杂货单上的项目）与一条熟悉路线（例如你往返学校的路线）的各个地点联系起来。

和单词联系起来。例如，你可以识记“one is a *bun*”、“two is a *shoe*”、“three is a *tree*”等等，然后你会将序列中的每个项目与合适的线索相结合。例如，一位历史老师要求你按年代记住罗马帝国的统治者。你可以想象奥古斯都正在吃一盘面包，提比略穿着超大号的鞋，卡里古拉坐在树上，等等。你可以看到，学习无序信息的关键是，以一种能为你自己提供有效提取线索的方式来编码信息。

元记忆

假设你处在一种非常想回忆某事的情境中，你尽最大的努力去利用一些反映编码情景的提取线索，但你就是不能让那些信息出现。你之所以花费如此大的努力，部分原因在于你确信你拥有这些信息。但是你对你的记忆内容如此自信，这样对吗？像这一类问题——关于你的记忆是如何工作的或你如何知道你拥有什么信息——都是**元记忆**（metamemory）问题。元记忆的一个主要问题是你的*知道感*——你确实把信息储存在记忆中的这种主观感觉——在什么时候以及为什么是准确的。

关于“知道感”（feelings-of-knowing）的研究是**哈特**（J.T.Hart, 1965）开创的，他通过询问学生一系列一般知识问题来开始他的研究。例如，假设我们问你：“太阳系中什么行星最大？”你知道答案吗？如果你不知道，你将怎样回答这个问题：“尽管我现在想不起来，但是我的确在某种程度上知道答案，能否给我一些包含错误答案的选项，我能从中把正确答案挑选出来？”这是哈特给学生呈现的一个问题。他让他们从 1（表示他们非常确定不能从多项选择中做出正确选择）到 6（表示他们非常确定会正确选择）给出评定。你的评定是什么？现在这里有一些备选项：

a. 冥王星
b. 金星
c. 地球
d. 木星

如果你做了准确的“知道感”判断，与你给 6 的评定相比，你给 1 的评定时，你得到正确答案 d 的可能性将会更小（当然，为了做一个公平的测验，我们会呈现给你一系列的问题）。哈特发现，当参与者评定 1 时，他们正确回答问题的比率只有 30%，而评定 6 则预示了 75% 的成功率。这是非常令人印象深刻的证据，证明了“知道感”是准确的。

关于元记忆的研究集中在两个方面：引起“知道感”的过程和如何保证它们的准确性（Benjamin, 2005; Koriat & Levy-Sadot, 2001; Metcalfe, 2000）：

- *线索熟悉性假设*认为，人们是基于他们对提取线索的熟悉性建立知道感的。假设问你：“谁在第一部《星球大战》电影中扮演汉·索罗？”如果你以前熟悉《星球大战》，你会认为你也许能够从给出的多项选择里再认出正确的选项。
- *易接近性假设*认为，人们基于记忆中部分信息的可接近性，或可得性来做出判断。因此，如果问题“谁在第一部《星球大战》电影中扮演汉·索罗？”能很容易地将你认为与正确答案相联系的信息唤入脑中，从而让你认为能够很好地再认正确的答案。

这两种理论都获得了实证支持。而且两者都认为，在确信你知道某事时，你一般可以相信你的感觉（本章的后面，我们会描述关于目击者证词的研究，它将会证

生活中的批判性思维

记忆研究怎样帮助你准备考试

批判性思维的一个重要作用是，如何将你所学到的新知识运用到现实生活中重要的任务上。在读了有关记忆研究的内容之后，你可能会问这样的问题："我怎样能马上应用这些？这项研究怎样帮助我准备下一次考试？让我们来看从这类批判性思维中可以产生哪些建议：

- 编码特异性　你回想一下，编码特异性原则表明提取的背景应该匹配编码的背景。在学校的环境里，"背景"通常是指"其他信息的背景"。如果你总是在相同的背景下学习某些材料，你可能会发现在一个不同的背景下提取它很困难。所以，如果一位教授以一种稍微不寻常的方式来谈论一个话题，你可能会完全困惑。作为补救，即使在学习的时候你也应该变换背景，重新组织笔记的顺序，把一些主题混在一起提问，构造你自己的新异组合。但是，如果你在参加一次考试时遇到障碍，试着产生尽可能多的提取线索来帮助恢复最初的背景："让我们想一想，我们是在学习短时记忆的那一讲中听到这个内容的……"
- 系列位置　你从系列位置曲线得知，在非常广泛的情景下，个体对呈现在"中间"的信息的记忆最差。事实上，与开始或结尾部分相比，大学生对一讲内容的中间部分遗忘更多（Holen & Oaster, 1976; Jensen, 1962）。在听课的时候，你应该提醒自己要特别注意中间那段时间。学习的时候，你应该投入更多时间和努力在要学习的材料上，以及确保每次不是以相同的顺序学习这一材料。你可能也注意到了，你现在读的这一章大约在《心理学与生活》一书的中间。如果你要参加涉及所有内容的期末考试，必须特别仔细地复习这一章。
- 精细复述和记忆术　有时，当你准备考试的时候，你会感觉很多学习内容都是"无组织的信息"。例如，你可能需要记住大脑不同部分的功能。这种情况，你需要自己设法提供结构，设法以创造性的方式使概念形成视觉表象，或者用自己的方式构造句子或故事。此书的作者之一仍然记得他从心理学导论课程中学会识记腹内侧下丘脑（ventromedial hypothalamus,通常缩写为 VMH）的功能的记忆术：very much hungry（非常饿）（然而，就如你将在第 11 章学到的，30 年来的研究表明，记忆术的准确性较低）。精细复述使你可以利用已经知道的东西帮助自己更好地记忆新材料。
- 元记忆　关于元记忆的研究认为，人们通常对自己知道什么和不知道什么有很好的直觉。如果你处在一个有时间限制的考试情境下，就应该让直觉来指导你这样分配时间。例如，你可以快速地把所有测验题读一遍，看看哪些题目给你最强的知道感。如果你正在参加一个考试，在这个考试中你会因为给错答案而被扣分（例如在 SAT 和 GRE 考试中），你应该特别注意你的元记忆直觉，这样就可以避免回答那些你感觉很可能错的问题。

当你阅读了这些来自记忆研究的基本事实后，你可能没办法马上知道如何运用这些信息。我们已经给你提供了一些具体的观点，你能看到批判性思维如何让你将心理学的知识直接运用到生活中。

- 为什么在考试之前学习课程笔记是一个好主意？
- 教授应该如何帮助学生克服系列位置效应的影响？

明这个一般原则也会有一些例外）。

现在你对信息如何出入记忆已了解得相当多了。你知道编码和提取情景间的"好的匹配"意味着什么。在下一节，我们将把焦点从记忆过程转到记忆内容上。

停下来检查一下

1. 回忆或再认的背景能提供额外的提取线索吗？
2. 在一个聚会上，为什么你能最好地回忆第一个跟你聊天的人？
3. 传输适宜性加工的观点是什么？
4. 在英语课上，你记住了《乌鸦》（美国作家爱伦坡的叙事诗——译者注），但是你再也背诵不出上周老师布置的内容。这是一个前摄干扰还是倒摄干扰的例子？
5. 你怎样利用地点法记住元素周期表上的元素顺序？
6. 哪两类信息会使个体产生知道感？

批判性思考：回忆测试汉英双语者的实验。如果你测试参与者的情景记忆，你有什么预测？

长时记忆的结构

到目前为止的大部分例子中，我们都是要求你设法获得和提取孤立的、无关的信息。然而，记忆中的主要表征是大量*有组织的知识*。例如，回想一下我们要求你判断葡萄是不是一种水果，你能很快地回答是。*豪猪*是一种水果吗？*番茄*呢？在这一部分，我们将考察这类判断的难度是怎样与信息在记忆中的组织方式相联系的。我们也将讨论记忆组织是怎样在你不能确切回忆经验内容的时候帮你做出一个最好的猜测。

记忆结构

记忆的一项重要功能是把相似的信息连接起来，使你能在与环境的相互作用中发现各种模式（回忆第 4 章中关于知觉功能的类似描述）。你生活在一个充满无数个别事件的世界里，你必须不断从中提取信息，将它们组合成一个更小、更简单的、能够在内心管理的集合。但显然你不需要任何特别的意识努力去发现世界中的结构。正如我们在定义内隐记忆获得时所提到的，你不可能正式地在心中想过这样的事情："这些是一个厨房里应该有的东西。"你是通过日常经验获得的心理结构来反映环境结构。让我们来看你在日常生活经验中所形成的记忆结构的类型。

归类和概念　我们首先看一下将会在第 10 章讨论的一个话题——儿童要理解一个单词（例如小狗）所必须经历的心理过程。为了学习这个单词的语义，儿童必须存储使用"小狗"这一单词的每个实例，以及关于背景的信息。通过这种方式，儿童找出"小狗"表示的共同核心是什么——四条腿的毛皮生物。儿童必须获得这样的认识：小狗不仅用于指一个特定动物，而且指整个一类生物。这种将个体经验归类的能力——对它们采取相同的行动或者给它们以相同的标签——是具备思维能力的有机体最基本的能力之一（Murphy, 2002）。

你所形成的有关归类或范畴的心理表征被称为**概念**（concepts）。例如，概念*小狗*代表了小孩在记忆中集合起来的、关于狗的体验的一批心理表征（就如我们在第 10 章将会看到的，如果儿童还没有提炼出他对*小狗*的含义的理解，这个概念也许会包含一些成人所认为的不合适的特征）。你已经获得了大量的概念。你有*客体和活动*

的范畴，例如谷仓和棒球运动。概念也可以代表特征，例如红色或大；代表抽象思想，例如真理或爱；以及代表关系，例如比谁更聪明或是谁的姐姐。每个概念都代表你体验世界的一个概括单元。

归类的形成怎样有助于你日常决策？例如，当你为准备晚餐而去采购莴苣、甜瓜或西红柿时。

当考虑你所处世界上的许多类别时，你就会发现某些类别中的某些成员很典型或不那么典型。以鸟这样一个类别为例，你可能会形成这样的直觉。你可能会认为知更鸟是一种典型的鸟，而鸵鸟和企鹅是非典型的。某个个体在多大程度上典型地属于某个范畴，这一点在现实生活中具有重要意义。例如，研究表明，人们对一个范畴的典型成员要比对不常见的成员反应更快。你确定知更鸟是一种鸟的反应时将比确定鸵鸟是一种鸟的反应时短（Rosch et al., 1976）。但是什么使人们认为知更鸟是典型的鸟类，而鸵鸟不是？这个问题的答案在于家族成员的相似性，即典型成员的许多属性与类别中的其他成员重合（Rosch & Mervis, 1975）。知更鸟有许多让你可以联系到鸟的属性——它们大小正好、会飞等等。相反，鸵鸟的块头很大而且不会飞。这些例子说明，范畴中成员的相似性在判断典型性方面扮演着重要的角色。然而，最近的研究表明，最典型的成员往往也是理想的类别成员。

研究者招募了来自两个不同群体的参与者，他们都有几十年的捕鱼经验：一个群体是美国土著美浓米尼族印第安人，来自威斯康辛的中北部；第二个群体是欧裔美国人，来自同样的地区（Burnett et al., 2005）。本实验之所以选择这两个群体，是因为他们心目中最理想的或者最想要的鱼的种类是不同的。例如，美浓米尼族认为鳝鱼是神圣的。研究者给参与者呈现了 44 张图片，上面画的都是当地的鱼。参与者对这些卡片进行分组——研究者根据参与者的言语判断（例如：好吃），将各种鱼按照合意度分组。而且，参与者还评估了每一种鱼在多大程度上属于“鱼”类。研究者发现合意度与典型性之间的相关为 0.80。（回忆第 2 章中提到的，相关的范围在 –1.0 到 +1.0 之间）。这个令人印象深刻的证据表明，不同文化中对于理想鱼的想法，在他们的典型性判断中扮演了重要的角色。另外，有关理想型的文化差异影响了参与者的评估。例如，与欧裔美国人群体相比，美浓米尼族参与者认为鳝鱼是更加典型的鱼类。

如果你没有捕鱼经验，与那些参与者相比，你可能感觉不到哪些鱼能吃。然而，你可以想想那些你非常熟悉的类别，你就可以认识到你对于某些东西的“理想观念”会指导你对其典型性的判断。

等级和基础水平　概念和概念的原型并不是孤立存在的。概念通常按等级排列成有意义的组织，见**图 7.13**。例如像动物这样一个大的范畴包括许多像鸟、鱼等这样的亚范畴，这些亚范畴又包括像金丝雀、鸵鸟以及鲨鱼和三文鱼这样的范例。同时动物这个范畴本身又是生物这个更大范畴的亚范畴。概念还和其他类型的信息有联系，例如，你可能存储着这类知识：一些鸟是可食用的，一些濒临灭绝，一些是国家的象征等。

在上面所提到的概念等级中存在一个**基础水平**（basic level），在这个水平上人们

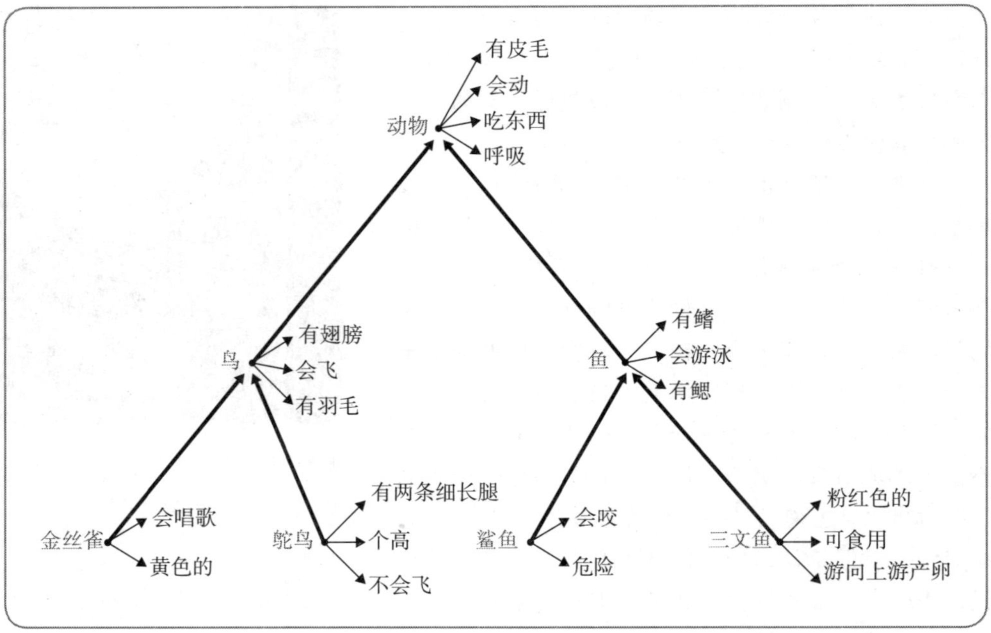

图 7.13

按等级组织的概念结构

动物这个范畴可以被分成鸟、鱼等亚范畴；同样地，每个亚范畴也可以进一步细分。一些信息（比如有皮毛）可以用到等级中的所有概念上；但另一些信息（比如会唱歌）只能用到低等级的概念（比如金丝雀）上。

可以更好地对客体进行分类和思考（Rosch, 1973, 1978）。例如，当你在食品店买苹果时，你可以把苹果叫做一种水果，但这显然不够精确，你也可以把苹果叫做红富士，但这又太具体了。在这个例子中，苹果就是基础水平。如果给你看这个物体的图片，你最有可能叫它“苹果”，而且人们用苹果进行命名的速度要快于用水果进行命名的速度（Rosch, 1978）。能够产生原型的那些外界刺激同样更容易产生基础水平的概念。你对苹果这个概念的经验要多于水果和红富士。不过也有一些特殊情况，如果你成了一个苹果栽培者，那么你的基础水平很可能下降到一个苹果的某个亚范畴水平上。

图式　我们已经知道概念是组成记忆等级结构的砖瓦。同样，概念也是构成更复杂的心理结构的砖瓦。回忆一下图 7.1。为什么你立即知道兔子在厨房中是不适宜的？我们曾在前面提到过，这个判断依赖于内隐记忆，但是我们没有说明你使用的是什么类型的记忆结构。很明显，你需要记忆中的一些表象，用它们将厨房的一些独立概念（你关于炉子、水池和冰箱等的知识）结合成一个大的单元。我们把这个大的单元叫做图式。**图式**（schema）是关于物体、人和情境的概念框架或知识群。图式是对你所体验的环境结构进行综合概括和编码的“知识包”。比如说，你有关于厨房和卧室、赛车运动员和教授、惊喜聚会和毕业典礼的图式。在随后的章节中，我们将提供一些例子，说明图式塑造着你的日常生活。例如，第 10 章中我们将看到，儿童与父母所形成的依恋关系模式将为其未来的社会交往提供图式。在第 13 章，我们将看到你会形成一个自我图式，这一记忆结构将帮助你组织与你有关的所有信息。

有一点恐怕你已经想到了，图式并不包括你所有体验的每一个不同细节。一个图式代表的是你在某个环境中多种情况的平均经验。因此，图式并不是永恒不变的，而是随着生活经验的变化而变化。同样，你的图式只包括了那些你十分注意的细节。例如，当要求大学生画出硬币（美元）正面的图案时，他们毫无例外地都忽略了“自由”这个词，尽管这个词在每一个硬币的正面都有（Rubin & Kontis, 1983）。你可以拿出一枚硬币验证一下！这个例子说明你的图式精确地反映了你所注意到的信息。下面就让我们看一下你究竟是如何应用概念和图式的。

使用记忆结构 让我们考虑两个应用记忆结构的例子。首先，我们看一下**图 7.14** 中的 A 部分。它是什么？尽管我们有意地选择了一个不寻常的类别成员，你可能轻易地就得出了结论“它是椅子”。但是，为了得到这个结论，你需要提取关于该类别成员的记忆表征。你可以说“它是椅子”，因为图上的物体轮廓使你回想起了过去有关椅子的经验。

研究者提出了两种不同的理论来解释人们是如何使用记忆中的概念来对客体进行分类的。一种理论认为，对于记忆中的每一个概念，你编码一个**原型**（prototype）——一个类别中最核心的或者平均成员的表征（Rosch, 1978）。根据这个观点，你通过比较客体和记忆中的原型来识别客体。因为图 7.14 中的 A 部分与 B 部分所代表的原型在一些重要属性上完全匹配，所以你能将这幅图识别为椅子。

另一种理论认为，人们在记忆中储存了自己感受到的每一个类别的不同**范例**（exemplars）。图 7.14 的 C 部分，我们提供了一个椅子范例的子集。根据范例的观点，你通过将客体与记忆中的范例相比来识别它。你将这幅图识别为椅子，是因为它与这些范例很相似。研究者通过大量的研究对比了类别化的原型和范例。研究数据支持范例观点：人们通过比较客体与记忆中的多种表征来对客体进行分类（Nosofsky & Stanton, 2005; Smits et al., 2002）。

我们认为图 7.14 中的椅子不同寻常，但它毕竟还只是椅子。但是，正如我们在第 4 章中所看到的，有时世界提供了模糊的刺激，你依靠先前知识的帮助来解释这些刺激。你还记得**图 7.15** 吗？你看到了一只鸭子还是一只兔子呢？假设我们告诉你将要看到一只鸭子，这就使你产生了一种预期。如果你能够将图形的特征和你记忆中鸭子的范例特征相匹配，你将可能是比较满意的。如果我们告诉你预期要看到一只兔子，那么你也将会进行类似的匹配。你应用记忆中的信息来产生预期，并确认预期。

正如我们前面所提到的，记忆表征使我们理解世界上一些不同寻常的事情成为

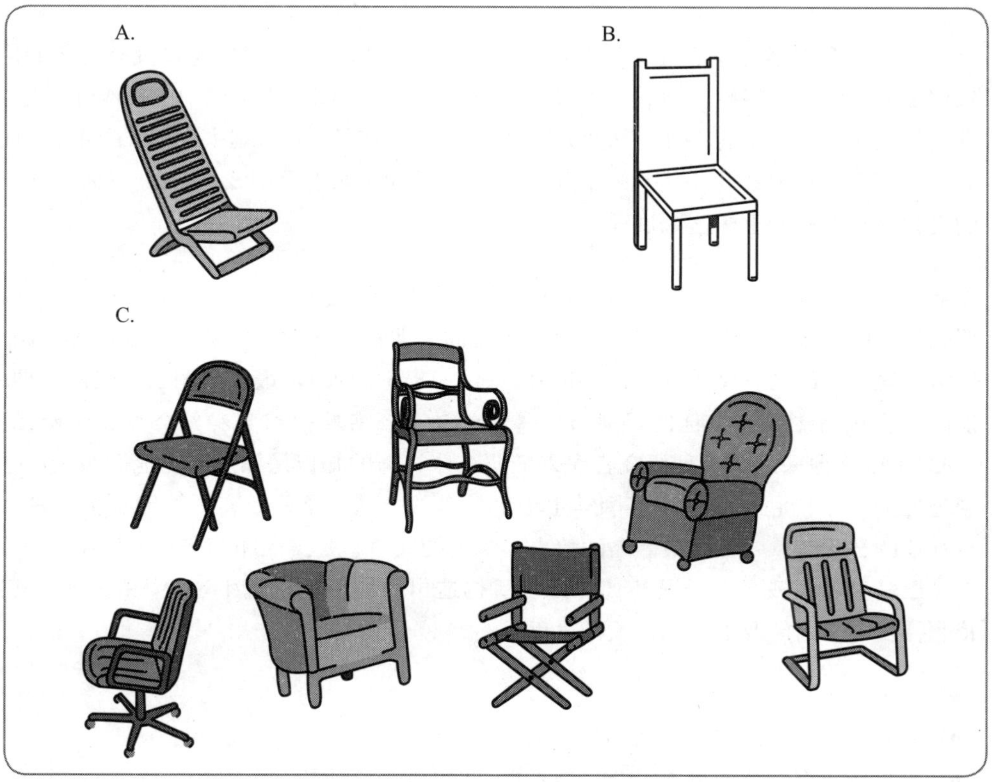

图 7.14

类别理论

A. 这个不寻常的物体是什么？ B. 一种理论表明，你通过将客体与记忆中存储的原型作比较来对客体进行分类。C. 另一种理论认为，你通过将客体与记忆中的范例做比较来对客体进行分类。

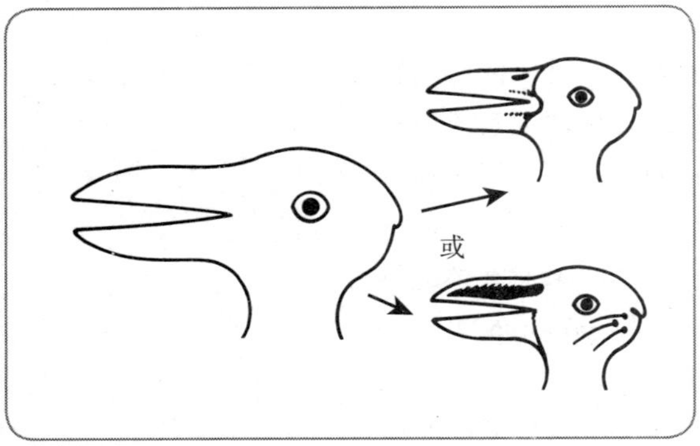

图 7.15 **再认错觉**
鸭子还是兔子？

可能。这就是你为什么会很快就注意到图 7.1 中那个反常的兔子。事实上，你关于厨房的图式使你能够做出兔子不适宜厨房的判断，在这幅图中你最有可能记住它。研究者在一个研究中发现，当研究生的办公室里充满了典型的（如：笔记本和铅笔）和非典型的东西（如：口琴和牙刷）时，与图式不一致的信息更容易被记住（Lampinen et al., 2001）。参与者在房间中待 1 分钟，接下来，要求参与者判断清单上的哪些东西曾经出现在房间中。他们对非典型东西的记忆要比对典型东西的记忆更精确。另外，参与者对非典型东西有更具体的记忆，然而他们对典型东西的记忆更多的是基于一般的熟悉感。这个研究表明，记忆结构是如何指导你注意场景中不寻常的方面。

总之，这些例子表明，记忆结构的可获得性会影响你思考世界的方式。你过去的经验影响了你现在的体验，并提供了有关未来的预期。你将看到，由于同样的原因，概念和图式有时候会对精确的记忆起反作用。

作为重构过程的回忆

现在让我们来探讨人们使用记忆结构的另外一种重要方式。在很多情况下，当你要记一条信息时，你往往不是直接记住它，而是基于记忆中更概括的知识来重构信息。为体验**重构性记忆**（reconstructive memory），请考虑下面三个问题：

- 第 3 章中是否包含 *the* 这个词？
- 1991 年包括 7 月 7 日这一天吗？
- 你在昨天下午 2:05 到 2:10 这段时间里呼吸了吗？

你可能会毫不犹豫地对每一个问题回答“是”，但几乎可以确定你没有特定的情景记忆来帮助你（当然，除非一些事情碰巧将这些事件固定于记忆中——或许 7 月 7 日是你的生日，或者你为了打发时间将第 3 章中所有的 the 都划去）。为了回答上面的三个问题，你必须用更为概括化的记忆来重构可能发生了什么事情。下面就让我们更为细致地检验重构这个过程。

重构性记忆的准确性 如果人们重构了记忆，而不是恢复一个特定的记忆表征，那么你可能会预期到在一些情况下会发生扭曲，即重建的记忆与真实的事件不相同。**弗雷德里克·巴特利特**（Sir Frederic Bartlett，1886—1969）最早证明了记忆的扭曲，他的研究极有影响。在他的经典著作《回忆：一项实验心理学和社会心理学研究》（1932）中，他采用了一种研究程序来证明个体先前的知识是如何影响他们对新信息的记忆的。巴特利特研究了英国学生记忆故事的方式，这些故事的主题和措辞都来自其他的文化背景。其中最著名的故事《幽灵的战争》是美国印第安人的传说。

巴特利特发现，与原著相比，读者所构造出的故事通常发生了很大的变化。巴特利特发现扭曲涉及下面三种重构过程：

- 趋平——简化故事；
- 精锐化——突出和过分强调某些细节；
- 同化——将细节变得更符合参与者自己的背景或知识。

因此，读者重构故事时用自己文化中的熟悉词汇代替了原文中的不熟悉词汇：用小船代替了独木舟，用钓鱼代替了抓海豹。巴特利特的参与者还经常改变故事的情节，他们去掉了那些在其本土文化中所不熟悉的、涉及超自然力量的内容。

在巴特利特的带领下，当代的研究者证明了人们在使用建构过程再生记忆时发生的各种各样的记忆扭曲（Bergman & Roediger, 1999）。例如，你还记得自己小时候做过什么吗？在一个实验中，要求参与者回忆在 10 岁前，他们是否“在主题度假胜地与著名的电视人物见过面而且握过手”（Braun et al., 2002, p.7）。在回答完这个问题后，作为一个更大的生活经历问卷的一部分——一些参与者阅读了一则迪士尼的广告，以唤起关于家庭旅行的想法：“回到你的童年……记住你青少年时代的人物，米奇、高非和唐老鸭。”然后，广告描述了一个情境，游人能与童年时的英雄握手：“兔八哥，你很崇拜的一个电视人物，离你只有几步之遥……你走上前抓住他的手”（p.6）。读完广告后，参与者更有可能说——尽管以前根本没有——他们握过大人物的手。而且，他们更可能报告一个具体的记忆，他们在迪士尼乐园握过兔八哥的手：广告组中 16% 的参与者这样认为，而没有阅读自传式广告的参与者中只有 7% 的人这样认为。当然这些记忆都不正确，因为兔八哥不是迪斯尼中的人物。

这个研究表明，你关于自己的生活事件的记忆是如何被各种来源重构的。该研究也说明，人们经常不能准确地回忆其记忆中不同成分的最初来源（Mitchell & Johnson, 2000）。事实上，研究表明，个体有时候会相信他们做出了某些行为，而实际上这只是他们的想象。

40 名大学生参加了一个分成三阶段的实验。第一阶段，参与者与实验者一起绕着校园行走一小时，在散步过程中停下来 48 次，每次停下来的时候，实验者会公布一个动作指令，如“检查一下饮料机有没有变化”。在听到这个指令后，参与者在四个选项中择一做出反应：亲自完成、看实验者完成、想象两个人一起完成、想象实验者单独完成。有一半的行动是比较古怪的。例如，有一半的参与者接收的指令不是“检查饮料机有没有变化”，而是“单膝下跪，向饮料机求婚”。实验的第二个阶段，实验者和参与者 24 小时后再次散步。在这次散步中，参与者需要在一些地点（既有新地点也有旧地点），想象自己或者实验者做出各种动作，包括新的动作和旧的动作（既有常见的也有古怪的）。在实验的第三个阶段，即第二阶段之后的两周，要求参与者回想第一次散步。参与者需要回忆当时的情景是真正做出某个动作，还是仅仅想象过某个动作。无论那些动作是常见的还是古怪的，实验均发现：参与者经常把当时要求自己想象的动作，回忆成由两个人或由实验者实际完成的动作。因此，一些参与者会回忆成自己的确向饮料机求婚，或喋喋不休地询问一本字典有何感受，尽管当时只要求他们想象（Seamon et al., 2006）。

假设当你参加野餐聚会时，有人告诉你，左边的这个人是百万富翁。这将对你关于这个人在聚会上行为的记忆产生怎样的影响呢？如果有人告诉你，他只不过自以为是百万富翁时，又会怎样呢？

你能将这个结果运用到你的生活中去吗？假定你不断地提醒自己上床前定闹钟。你每提醒自己一次，你的大脑中就会形成你要做的每一步。如果你想象了足够多次，你可能会相信自己已经做了！

但是，牢记以下方面也是很重要的，就如在第 4 章中我们讨论知觉错觉时提到的，心理学家经常通过演示一些可能导致错误的过程来推断这些过程的正常操作。你可以把这些记忆扭曲当做正常情况所产生的结果。事实上，在多数情况下，你并不需要记住一个特定情景的确切细节，对于事件要点的重构已经可以使我们很好地应付日常生活了。

闪光灯记忆　对于以往的大多数生活经历，你可能需要重构记忆。例如，如果要问你三年前的生日是如何过的，你可能就需要回想并试图重构当时的情形。但是，人们相信，对某些场合来说，他们的记忆与原始的情形是完全一样的。这种类型的记忆就叫做**闪光灯记忆**（flashbulb memory），当人们经历的事件引起情绪的极大波动时，这种记忆就会出现。人们的记忆是如此鲜明，就好像他们看到当时情景的照片一样。对于闪光灯记忆的第一个研究，重点关注人们对公共事件的回忆（Brown & Kulik, 1977）。比如，研究者要求参与者回忆，他们在最初听到肯尼迪总统遇刺时有什么特别的记忆。在调查的 80 个人中，有 79 人表示自己有鲜明的记忆。

闪光灯记忆既可以用于私人事件，也可以用于公共事件。人们可能对自己经历过的事故有鲜活的记忆，比如，关于 9・11 袭击事件的记忆。然而，关于闪光灯记忆的研究主要集中在公共事件上。在做这些研究的时候，研究者招募参与者，要求他们分享关于那些引起情绪共鸣的事件的记忆。对不同年龄的人来说，这些事件可能是挑战者号的爆炸、戴安娜王妃的去世或者珍珠港偷袭。闪光灯记忆的内容反映了人们对该事件的认识，比如，从媒体获得信息的人，与从其他人那里听来消息的人相比，其记忆中会包括更多的事实（Bohannon et al., 2007）。对于 9・11 恐怖袭击事件来说，美国人要比其他国家的人有更多的细节回忆，比如意大利人、荷兰人和日本人（Curci & Luminet, 2006）。

针对这些公共事件的研究证实了人们能够获得闪光灯记忆。然而，问题仍旧存在，这些记忆是否真如人们所认为的那样准确？为了解决准确性的问题，研究者在事件发生后立即招募参与者，并在其后的一个或几个时间段来评估其记忆。下述实验就开始于 2001 年 9 月 12 日。

> 9・11 袭击事件发生后的第二天，研究者就招募了一些学生，要求他们回答一系列问题，如："你听到这个消息的时候在哪里？"以及"是否有其他人和你在一起，如果有的话，是谁和你在一起？"（Talarico & Rubin, 2003）。为了进行比较，这些学生也对袭击前几天里日常发生的一些事情（比如一个晚会或某个运动比赛）进行了回忆。学生对于日常发生的这些事情也回答了类似的问题（如，"你当时身在何处？""是否有谁和你在一起？"）。在最初的记忆测试之后的 1 周、6 周、32 周之后，这些学生又回答了与 9 月 12 日相同的问题。研究者比较了这些回答与最初的回答有哪些相同、哪些不同。你可以从**图 7.16** 看出，9・11 的记忆与日常生活的记忆没有什么不同，对于两种类型的记忆来说，他们回忆的一致细节以几乎相同的比率下降，而引入的不一致细节几乎也以相同的比率上升。

研究者对该研究进行了扩展，在整整一年之后，他们又邀请这些参与者参加了另外一个记忆测试（Talarico & Rubin, 2007）。研究结论还是一样的，两种类型的记忆变化模式相同，参与者提供准确细节的能力在下降，而提供不准确细节的趋势在上升。但是，有一个特点可以将闪光灯记忆和日常记忆区别开来，对闪光灯记忆来说，参与者相当自信地认为他们能够提供准确的细节。

最后这个结果说明，为什么人们很难接受关于闪光灯记忆的研究结果。感觉如此生动和真实的记忆，怎么可能是不准确的（或者，退一步，怎么可能会比不那么生动的记忆更不准确）？我们先前讨论的重构过程同样可以运用于闪光灯记忆。然而，人们想将特定的、引起情绪反应的事件牢牢地记住，这就会使他们很难去想象，这些记忆有可能是不准确的。

我们现在转而讨论另一个领域，其中，人们对其记忆的过度自信很容易给现实世界带来不利的后果。在目击者证词这一问题上，人们有责任准确地报告到底发生了什么事情。

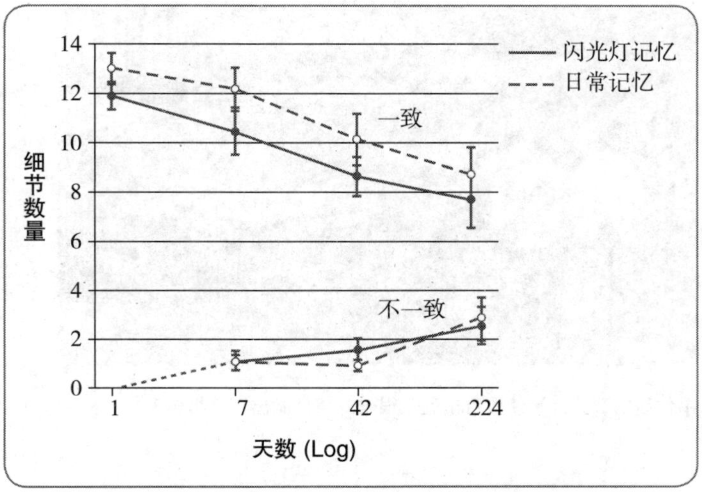

图 7.16　学生对闪光灯记忆和日常记忆的回忆

2001 年 9 月 12 日，学生报告了他们对 9 · 11 袭击的记忆，以及事件发生前些天的日常记忆。在 1 周、6 周、32 周后测试记忆时，他们两种记忆的表现是高度相似的。随着时间的流逝，他们报告的与第一次报告一致的细节越来越少，不一致的细节越来越多。

资料来源：From J.M. Talarico & D.C. Rubin (2003). Confidence, not consistency, characterizes flashbulb memories. *Psychological Science*, 14, pp. 445–461. Reprinted with permission of Wiley-Blackwell.

目击证人的记忆　目击证人在法庭上发誓“说真话，并且只说真话”。通过本章的学习，我们知道记忆的正确与否决定于编码时的注意程度以及编码和提取的环境匹配程度。考虑我们在本章开始让你想象的关于一群人的场景。不用翻回去看，尽你所能地写下或者想象这个场景。然后回去检查你的结果。你怎么做的？你回忆的每一件事情精确吗？由于研究者知道，即使在人们热切地希望说真话时，他们也有可能不能报告“真相”，所以研究者将注意力聚焦在*目击证人记忆*这个题目上。这些研究的目的是帮助司法体系确定，有什么好的方法可以确保证人记忆的准确性。

洛夫特斯（Loftus, 1979, 1992）和她的同事做了一些有影响力的关于目击证人记忆的研究。她们的研究得出了一条一般性的结论：目击证人对于所看到信息的记忆很容易因*事后信息*而出现歪曲。例如，在一个研究中给参与者看一个关于车祸的电影，然后要求参与者估计当事车的行驶速度（Loftus & Palmer, 1974）。然而，询问一些参与者：“当两辆车相撞时，它们开得有多快？”而另一些参与者的问题则是：“当两辆车接触时，它们开得有多快？”前一组参与者估计车速超过了 40 英里 / 小时，相反，后一组参与者估计车速为 30 英里 / 小时。大约在一个星期后，询问所有的目击证人:“你是否看到了玻璃碎片？”事实上,在影片中根本没有玻璃碎片出现。但是，前一组参与者中有三分之一的参与者报告他们看到了玻璃碎片，后一组中只有 14% 的参与者报告他们看到了玻璃碎片。由此可以看到，事件后的信息对于目击证人的报告有潜在的影响。

这个实验反映了大多数目击证人的真实经历：在事件发生后，他们有很多机会获得新的信息，而这些新信息会与他们最初的记忆发生交互作用。事实上，洛夫特斯和她的同事认为，参与者经常受到*错误信息效应*（misinformation effect）的影响（Loftus，2005）。例如，在一个实验中参与者观看交通事故的幻灯片，然后回答一系列问题。一半参与者回答的问题是：“另一辆车经过了红色的达特桑汽车，停在了停

事件后的哪些因素使得目击证人很难对事件做出正确报告?

止标志前？”另一半参与者回答了另外一个问题：“另一辆车经过了红色的达特桑汽车，停在了让路标志前？”最初的录像中是停在了停车标志前。然而，要求参与者再认最初的幻灯片中出现的是停止标志还是让路标志时，回答停止标志问题的参与者中有75% 的人答对了，而回答让路标志问题的参与者中只有 41% 的人回答正确（Loftus et al., 1978）。这就是错误信息的影响。

目击证人记忆的研究者试图捕捉范围更广的目击者的真实经历。比如，研究者将注意力转向目击者与看到同样事件的其他人即共同目击者在提供证词之前讨论该事件的情况。调查数据证实，有一个问题很重要：在一次抽样中发现，目睹人身攻击或抢劫等严重事件的人中，有 86% 的人会与共同目击者讨论该事件（Paterson & Kemp, 2006）。而在他们向警察报告该事件时，因为有过这样的交谈而被排除在采信范围之外的机会只有 14%。这是有问题的，因为共同目击证人有可能成为一个信息来源，污染了目击者本来的记忆。

> 一个研究团队试图证明，如果目击证人之间相互讨论目击事件的话，人们的记忆表现会受到损害（Hope et al., 2008）。研究者也想评估目击证人之间的关系有何影响，于是他们使用的配对参与者包括陌生人、朋友以及情侣。参与者观看了一段视频，其中有一个女孩进入某大学的一间办公室。录像是从两个角度拍摄的，于是有的行动（比如女孩偷钱）从一个角度可以看到，但从另一个角度是看不到的。每对参与者看到的只是事件的一个版本。之后，他们需要从头到尾完成一个问卷，问卷要求他们回忆看到的事情，就当“他们是真的目击证人，在等待警察到来”（p.478）。最后，参与者分别完成各自的问卷，这个问卷引导他们只报告自己目击的信息。尽管如此，参与者与陌生人有交流时，有 29% 的人报告了从目击同伴那里获得的信息；而当参与者与朋友或情侣有交流时，则有 58% 的人报告了这样的信息。

这个实验说明，在与共同目击者交谈之后，目击者很难将自己的记忆与从其他人那里听来的信息区分开来。如果他们与共同目击者的关系密切，这个效应就更强烈。这个结论非常重要，因为人们在法庭上作证时，会发誓说自己所报告的情况完全是自己在相应事件中的亲身经历。

至此，我们已经讨论了记忆的编码、储存和提取。在本章的最后一节，我们将介绍记忆的脑生理基础。

STOP 停下来检查一下

❶ 类别与概念之间的关系是什么？
❷ 类别化的范例理论的观点是什么？
❸ 根据巴特利特的解释，在重构记忆时产生扭曲的三个阶段分别是什么？
❹ 洛夫特斯和她的同事是如何证明错误信息效应的？

批判性思考：回忆考察鱼类典型性的实验。为什么作者要选择来自同一地理区域的两个不同群体？

记忆的生物学

请你再次回忆在本章的开始让你记住的那个数字。你还记得它吗？这项练习的目的是什么呢？让我们从生物学方面考虑一下，你是如何在看到一个随意的信息后很快把它记住的？记忆的编码要求你立即改变你大脑中的一些内容。如果你想记住一个章节那么多的内容，则这种改变必须有可能变得持久。你曾经对这种能力感到惊奇过吗？我们让你回忆那些随意数字的理由，就是想让你明白记忆的生理机制到底是什么。让我们进一步看一下我们的大脑内部。

寻找记忆的痕迹

让我们考虑一下你对 48 这个数字的记忆，或者更具体地说，你对我们要求你记忆的数字是 48 的记忆。我们怎么能够确定这个记忆存在于你大脑的哪一部分呢？**卡尔·拉什利**（Lashley, 1929, 1950）是一个在记忆的解剖学方面做出了开创性工作的科学家，他指出这一问题涉及记忆**痕迹**（engram）的找寻，所谓记忆痕迹指的是记忆的物理性描述。拉什利训练大鼠走迷宫，然后将其皮层切除掉大小不同的部分，接着再测验它们对迷宫的记忆。拉什利发现，由大脑损伤引起的记忆损害，与切除组织的数量成正比。皮层损伤得越多，记忆损害就越严重。但是，记忆并不受被切除的脑组织在皮层中哪个位置的影响。拉什利得出这样的结论：这些复杂的令人难以捉摸的记忆痕迹并不存在于特定的脑区，而是广泛分布于整个大脑。

也许，拉什利没有得出记忆痕迹的确切定位，是因为他的每一个实验条件下都需要很多不同类型的记忆参与。迷宫学习实际上涉及空间的、视觉的和嗅觉的信号的复杂相互作用。神经科学家现在相信，复杂信息的记忆分布于很多神经系统，尽管不同类型的知识是分开加工且分别定位于大脑的特定区域的（Markowitsch, 2000; Rolls, 2000）。

与记忆相关的五个主要的组织是：

- 小脑，主要负责程序性记忆，这种记忆主要靠后天的重复，以及经典条件化反应获得。
- 纹状体，是前脑的一个复杂结构，是习惯的形成和刺激—反应间联系的基础。
- 大脑皮层，负责感觉记忆以及感觉间的关联记忆。
- 海马组织，负责事件、日期、名字等的陈述性记忆，也负责空间记忆的巩固。
- 杏仁核，在具有情绪意义的记忆的形成和提取中起着关键作用。

脑的其他部分，如丘脑、前脑叶基部和前额叶皮层也都与不同种类的记忆有关（见图 7.17）。

在第 3 章，我们着重介绍了脑的解剖结构。

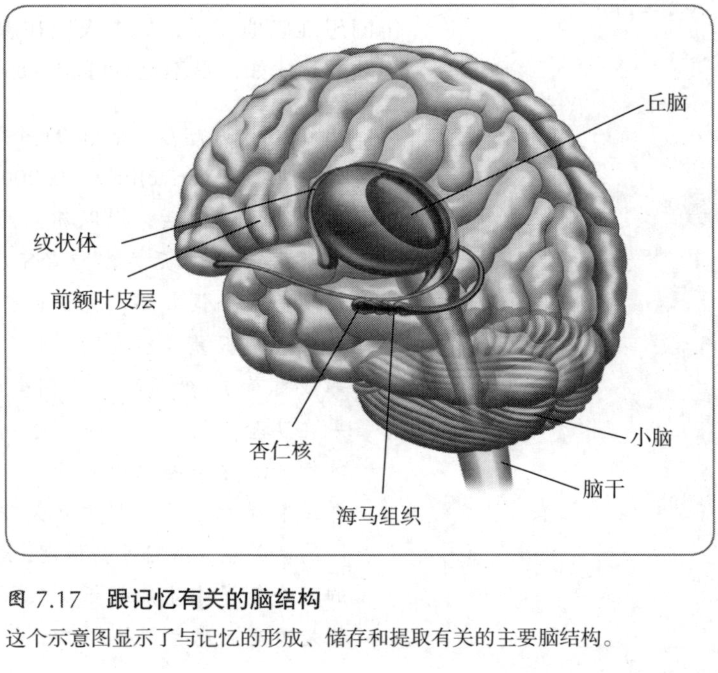

图 7.17 跟记忆有关的脑结构

这个示意图显示了与记忆的形成、储存和提取有关的主要脑结构。

这里，让我们看看神经科学家用什么样的方法得出这些结论——不同的脑区对记忆所起的作用。首先，让我们看看“自然实验”给我们带来的发现，即用脑损伤志愿者做进一步的记忆实验。其次，我们会描述研究者正在使用的几种最新的脑成像技术。这些技术现在正被用来进一步了解记忆过程的脑机制。

记忆障碍

1960 年，一个叫尼克的年轻空军雷达技术员遭遇了一次意外的创伤，此次遭遇永久地改变了他的一生。尼克坐在桌边，而他的室友正在玩着一把微型的钝头剑。突然尼克站起来转过身去——这时他的同事正巧用剑刺杀。剑穿过他的右鼻孔一直插入他的左侧大脑。这场事故使尼克的方向感严重受损。更糟糕的是，他因此患了**遗忘症**（amnesia），长时间内无法记忆。他忘记了很多刚刚发生过的事情。在他读了几段文字之后，第一句话就从记忆中消失。他不能记住电视剧的情节，除非在广告期间，他主动去回想和复述他刚才看到的东西。

尼克所患的是**顺行性遗忘症**（anterograde amnesia）。就是说自尼克的大脑损伤之后，他无法形成任何的外显记忆。长期酗酒导致的一个后果就是 *Korsakoff* 综合征，其中顺行性遗忘症是一个主要症状。有些病人患的是**逆行性遗忘症**（retrograde amnesia）。在那些案例中，脑损伤导致病人不能记起损伤前的事情。如果你的脑部受到过重击（例如，在一次车祸中），你很有可能体验到车祸带来的逆行性遗忘。

研究者们十分感谢像尼克这样的病人，因为这些人可以作为“自然实验”的对象来进行研究。通过将像尼克之类患者的脑损伤部位与行为缺陷模式相联系，研究者们已经开始了解我们这一章所介绍的记忆类型与大脑各区域的对应关系（O’Connor & Lafleche, 2005）。尼克仍然记得怎样做一些事情，尽管陈述性知识缺失，但他的程序性知识看来是完好的。举个例子，他记得怎样按照菜谱来混合、搅拌和熏制配料，但是他却忘了配料是什么。

这种外显记忆的选择性缺损有力地表明，记忆有其重要的生物学基础。有大量的证据表明，不同的脑区参与外显和内隐记忆（Voss & Paller, 2008）。然而，研究者仍旧想准确地探知，如果人们在患有顺行性遗忘症时，哪些类型的内隐记忆是完整无缺的。比如，是不是有可能，那些患有遗忘症的人可以习得单词间的新关联？

> 20 个遗忘症患者和 21 个控制组的参与者参加了这个评估内隐和外显记忆能力的实验（Verfaellie et al., 2006）。实验中，参与者大声朗读词对，如**苔藓—报纸**。同时朗读一句话，用以建立两词之间的关系，如“向混合物中加入苔藓有助于分解报纸”。之后，参与者完成外显和内隐记忆任务。在外显任务中，给参与者呈现第一个词，要求他们回忆第二个词。与控制组相比，遗忘症患者在这个任务中表现很差。在内隐记忆任务中，给参与者来自一个词对的第一个词（如苔藓或香蕉），然后要求他们生成来自一个类别（如“阅读材料”）的四个词。如果在实验中看过这个词，控制组和遗忘症患者都更容易生成这个词作为该类别的例子。这个结果说明遗忘症患者能够获得新信息。然而，遗忘症患者的反应并没有显示出他们习得新关联的证据，例如，如果参与者编码了苔藓和报纸之间的新关联，我们可以预期，比起没有形成该关联，他们会更容易在“阅读材料”的四个例子中生成报纸。实际上，控制组在**苔藓**的背景下更经常生成报纸——但是遗忘症患者不是这样。

生活中的心理学

为什么阿尔茨海默病会影响记忆

最近，研究者对记忆在脑内是如何形成的有了更深的理解。这让我们注意到阿尔茨海默病，它是因生物因素导致记忆功能衰退。在美国，65 到 74 岁的老人中有 5% 的人患此病。65 岁之后，每过 5 年患此病的概率增加一倍，85 岁以上的老年人中有 50% 的人患有此病（Nation Institute Aging, 2006）。阿尔茨海默病一开始很轻微，早期仅仅能观察到记忆的损伤。然而，这是一个持续恶化的过程。患有阿尔茨海默症的个体会出现人格变化，如冷漠、缺乏自发性、逃避社交。后期，个体完全沉默，不关心甚至忘记配偶和孩子的名字。

阿尔茨海默病最初是由德国精神病学家阿洛伊斯·阿尔茨海默发现的。在那些早期的调查中，他发现，死于该病的个体，其大脑出现不同寻常的神经组织纠缠和粘性的堆积物。阿尔茨海默不能确定这些大脑变化是这种病的原因还是产物。（回忆第 2 章你会发现，相关不代表因果）。在过去的 10 到 15 年中，研究者这才确定这些物质是导致大脑恶化的原因（Esler & Wolfe, 2001; Hardy & Selkoe, 2002）。斑块是由一种叫淀粉样 β- 肽（Aβ）的物质形成的，它是大脑在生成和维持神经元的过程中产生的一种副产物。一般来说，Aβ 在液体的神经元环境中会分解。但是，在阿尔茨海默病人的脑中，Aβ 变成了危害神经元的物质：Aβ 形成了斑块导致脑细胞自行毁灭（Li et al., 2007）。

Aβ 在阿尔茨海默疾病中的作用带来了重大的突破。例如，研究者开始改善他们诊断疾病的能力。正如我们在第 10 章所看到的，人的老化会带来记忆功能的变化。为了能够及时地对阿尔茨海默病做出诊断，医生需要确定老人的记忆损伤是不是普通的改变。在过去 100 年间，这一直是个难题。只有当医生看到病人的大脑时，阿尔茨海默病才能被明确地诊断出来。但在病人活着时，这是不可能实现的。现在，研究者已开始用 PET 扫描（见第 3 章）来检测活体大脑中 Aβ 的存在（Nordberg, 2008）。最关键的进步是一种放射性的标记能够依附在 Aβ 上。在 PET 扫描中可以观察到这种放射性产物，这种方法可以解决脑中的 Aβ 的早期诊断。

早期诊断可以及早进行治疗，使疾病的负面影响最小化。尽管科学家找到了很多防御措施和治疗方法，许多研究仍然着眼于 Aβ（Salloway et al., 2008）。例如，研究者寻找方法来干预产生 Aβ 的生物过程。他们还发展出来一些技术，在 Aβ 斑块刚刚形成时就破坏它。总之，这些方法为阿尔茨海默病的治愈带来了希望，下一代人有望只受到该疾病较少的危害。

这个实验表明了当人们经历顺行性遗忘症时，内隐记忆过程缺失和紊乱之间存在细微的差别。遗忘症患者能够学习关于单个项目的信息（因而当他们提供“阅读材料”的例子时更容易提取某些词语如报纸）。然而，内隐记忆过程一般并不允许遗忘症患者学习新关联。

人们丧失回忆过去信息或获得新信息的能力是记忆障碍最极端的形式。然而，受伤或疾病会导致范围不那么广泛的记忆紊乱。例如，上面“生活中的心理学”专栏描述了阿尔茨海默症的发展进程。研究者通过研究阿尔茨海默症高风险的个体来理解记忆功能连续变化的生物学基础（Murphy et al., 2008）。研究者经常找出特定脑区受损的人来检验关于记忆过程生物基础的理论。例如，回想一下，元记忆揭示出人们的知道感判断通常是相当准确的。研究者提出，前额叶（PFC）脑区（见图 7.17）提供了这些判断的脑基础（Modirroustа & Fellows, 2008）。为了检测这个理论，研究者确认了五名前额叶受损的个体。这些前额叶受损的个体以及匹配的控制组都试着学习面孔和姓名之间的新关联。即使两组参与者在辨认测试上的表现相当，但 PFC

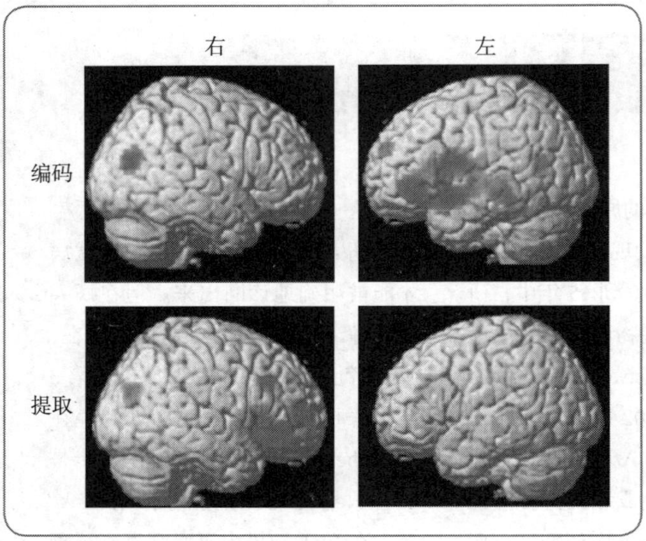

图 7.18　编码和提取时的脑活动

这个图显示了编码和提取时最活跃的脑区。PET 扫描显示，在编码情景记忆信息时，左侧前额叶高度激活，提取时右侧前额叶高度激活。

资料来源：*Trends in Cognitive Sciences*, 7(6), Reza Habib, Lars Nyberg, and Endel Tulving, "Brain activity for encoding versus retrieval," p. 241, copyright © 2003, with permission from Elsevier.

受损的个体在知道感判断的准确性上总是较低。该实验支持了这个理论，即前额叶皮层在元记忆中起作用。这个例子表明考察记忆障碍细微形式的研究是有价值的。

脑成像

心理学家通过对遗忘症病人的大量实验，得到了很多有关记忆及其解剖结构之间联系的知识。然而，当今先进的脑成像技术使研究者可以不通过脑损伤病人就能研究记忆的产生过程（Nyberg & Cabeza, 2000）。（你可以翻看前面第 3 章提到的脑成像技术部分）比如说，图尔文和他的同事（Habib et al., 2003）用正电子发射断层扫描技术（PET）发现，在情景信息的编码和提取过程中大脑两半球的激活有显著不同。他们的实验与标准化的记忆研究实验一样，只是他们用 PET 扫描技术监测了参与者在编码和提取时的脑血流。这些研究者发现，在情景信息的编码阶段，左前额叶表现出不对称的高度活动（见**图 7.18**）；而在情景信息的提取阶段，右前额叶表现出高度活动。因此，除了认知心理学家所做的概念区分外，这些过程显示了一些解剖学上的区分。

使用功能性磁共振成像（fMRI）所做的研究也为了解记忆操作在大脑中的分布方式提供了值得注意的细节。例如，有研究者利用 fMRI 技术识别新记忆形成时会激活哪些特定的脑区。有这样一个研究，参与者在观看情景喜剧《抑制热情》的片段时，接受磁共振扫描（Hasson et al., 2008）。在 27 分钟的时间内，剧中的角色从事一系列活动，如参加晚餐聚会或与朋友争执。三周之后，参与者回到实验室完成一个包括 77 个问题的问卷，这些问题与该剧情节有关。研究者分析了磁共振数据，以便确定在信息正确编码时大脑的哪些区域是特别活跃的。如**图 7.19** 所示，分析发现了

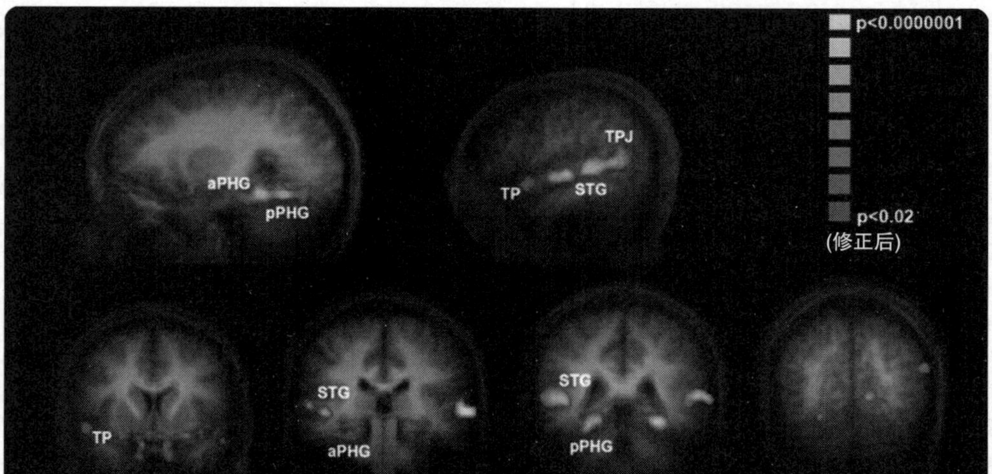

图 7.19
预测成功记忆的大脑区域
当这组脑区在编码阶段特别活跃时，人们更容易从观看情景喜剧中记住细节。这些区域是右侧颞极（TP）、颞上回（STG）、前海马旁回（aPHG）、后海马旁回（pPHG）以及颞顶联合区（TPJ）。RH 和 LH 分别指右半球和左半球。

若干活跃区域。除非你也研究认知神经科学，否则没必要知道为什么正好是这些区域的活跃预测了随后的记忆。图 7.19 能够告诉你的是，在见证新记忆的形成和巩固中，研究者已经取得了进步。

大脑扫描也提供了关于记忆过程如何随时间展开的信息。如果要你回答法国的首都是哪里，答案可能会（或不会）立即呈现在你的大脑中。然而，如果要你回忆你在法国第一次遇到某个人的情景，你可能需要一定时间来提取和精细化相关记忆。对这些丰富的自传体记忆来说，大脑不同区域的作用会随着时间而变化。

> 一个研究小组要求参与者回忆自传体记忆，同时进行磁共振扫描（Daselaar et al., 2008）。参与者听到一个线索词，如“树”，同时试图回忆与此词相关的一个特定事件。如果他们已经形成这个记忆，就按压反应盒上面的一个按钮。因为这个过程的展开需要几秒钟，因此研究者就可以确定，自传体记忆的哪些方面与大脑的哪个特定区域有关系。比如，在早期，参与者搜寻情景记忆时，海马等结构就会激活。在参与者精炼其记忆时，其他区域的活动就会突出。比如，如果参与者试图用图像来丰富自己的记忆时，视觉皮层就会更加活跃。视觉皮层特别活跃时，参与者会报告说，他们实际上有一种重温记忆的强烈感觉。

请你试着回想一下与“树”相关的记忆。你有没有发现自己对事件的回忆随时间变得更加精细？磁共振扫描可以提供实时图像，解释你大脑中哪个区域在活动以及精细化过程是如何进行的。

这些脑成像的研究结果说明，为了寻求对记忆过程的全面理解，为什么不同学科的研究者应该紧密合作。心理学家提供的有关人类行为的数据，促使神经生理学家探测脑结构功能的特异化。与此同时，生理学揭示出的真相，也规范了心理学家关于编码、储存和提取的理论。通过共同的努力，这些研究领域的科学家可以更深入地理解记忆过程。

STOP 停下来检查一下

❶ 拉什利对记忆痕迹的脑定位得出什么结论？

❷ 从遗忘症患者的内隐记忆损伤中可以认识到什么？

❸PET 研究说明情景记忆编码和提取时的脑基础是什么？

批判性思考：回忆考察情景喜剧细节记忆的研究。为什么参与者之前没有看过该集情景喜剧很重要？

要点重述

什么是记忆？

- 认知心理学家把记忆作为信息加工的一种类型来研究。
- 有意识参与的记忆叫做外显记忆，无意识的记忆叫内隐记忆。
- 陈述性记忆是对事实的记忆；程序性记忆是对如何运用技能的记忆。
- 记忆过程通常被分为三个阶段：编码、储存和提取。

记忆的短时功用

- 映像记忆容量很大，但是时间很短。
- 短时记忆（STM）容量有限，在不复述的情况下，保持时间短暂。
- 保持复述可以在一定程度上延长短时记忆材料的保存。
- 通过把无关联的项目加以组块，构成有意义的组群，可以增加短时记忆的容量。

长时记忆：编码和提取

- 长时记忆（LTM）构成你关于世界和自己的全部知识。长时记忆的容量几乎是无限的。
- 你对信息的记忆能力有赖于编码背景和提取背景之间的匹配程度。
- 提取线索允许你从长时记忆中提取信息。
- 情景记忆指的是有关个人经历的事件的记忆。语义记忆是关于词语或概念的基本意义的记忆。
- 学习和提取时的背景相似，有助于提取。
- 系列位置曲线可以通过背景区辨性来解释。
- 信息的加工越深入，通常记忆的效果就越好。
- 编码过程和提取过程的相似，对于内隐记忆来说十分重要。
- 艾宾浩斯研究了有关遗忘的时间进程。
- 当提取线索不指向惟一的特定记忆时就发生了干扰。
- 精细复述和记忆术可以改善记忆表现。
- 一般来说，“知道感”能够准确地预测记忆中信息的可获取性。

长时记忆的结构

- 概念是思维的记忆构件。当记忆过程把各类客体或想法的分类与共同属性聚集在一起时就形成了概念。
- 概念通常是分等级组织的，从总体到基础水平再到具体。
- 图式是更复杂的认知群。
- 所有这些记忆结构都是为解释新信息提供预期和背景。
- 回忆并不是简单的复制，而是一个建构的过程。
- 人们对于具有重大情绪意义的事件会编码闪光灯记忆，但这些记忆可能并不比日常记忆更准确。
- 新信息会使回忆出现偏差，导致目击者记忆由于事后输入信息的污染而变得不可信。

记忆的生物学

- 不同的脑结构（包括海马、杏仁核、小脑、纹状体和大脑皮层）被证明与不同类型的记忆有关。
- 遗忘症个体的实验帮助研究者更好地理解了不同类型的记忆在大脑中是如何获得并表征的。
- 脑成像技术拓展了有关记忆编码和提取的脑基础的知识。

关键术语

遗忘症	精细复述	映像记忆
顺行性遗忘症	编码	记忆的内隐作用
基础水平	编码特异性	加工水平理论
组块	记忆痕迹	长时记忆（LTM）
概念	情景记忆	记忆
背景区辨性	记忆的外显作用	元记忆
陈述性记忆	闪光灯记忆	记忆术

首因效应
启动
前摄干扰
程序性记忆
原型
回忆
近因效应
再认
重构性记忆
提取
提取线索
倒摄干扰
逆行性遗忘症
图式
语义记忆
系列位置效应
短时记忆（STM）
储存
传输适宜性加工
工作记忆

8 认知过程

现在是午夜。你听到了敲门声。当你出去开门时，一个人也没有，但是，你看到地上有一个信封，信封里面有一张纸条，上面写着“猫在垫子上”。你如何理解这句话呢？

此时你肯定会启用多种认知加工过程。你需要运用语言加工过程将这些词的基本意思组合起来，然后呢？你能发现这些词与你记忆中的什么情景有联系吗？（第 7 章我们谈到记忆是一种认知过程）如果不能，你就得换个思路来理解这件事。这条信息是密码吗？是什么样的密码？你认识的人中谁会编出这样的密码？抑或天将降大任于斯人？

或许我们扯得远了些，但我们想要让你明白什么样的活动才算是**认知过程**（cognitive processes），并且它们为什么会引起你的兴趣。能够使用语言并且以抽象的方式进行思维，通常被视为人类经验的本质。你认为认知是理所当然的，因为它是你在大部分清醒的时间里所持续从事的一种活动。虽然如此，当精心构思的演说为你赢得选票时，或当你阅读一篇侦探小说，其中侦探把几个零碎的、微不足道的线索结合起来，找到聪明的破案方法时，你还是不得不承认认知过程的威力。

认知（cognition）是一个通用的术语，涉及所有与知识相关的活动，如**图 8.1** 所显示的那样，对认知的研究就是对你心智活动的研究。（第 4 章已经讨论过图 8.1 中的一些主题。）认知既包括内容，也包括过程。认知的内容是指你知道什么——概念、事实、命题、规则和记忆，如“狗是哺乳动物”，“红灯意味着停止”，“我第一次离开家是在 18 岁”。认知过程是指你如何操纵这些心智内容——以便让你解释周围世界，并且为生活中的困境找到创造性解决办法。

在心理学中，认知研究是由**认知心理学**（cognitive psychology）领域的研究者所承担的。在过去的 30 年中，**认知科学**（cognitive science）（见**图 8.2**）中其他跨学科的研究也对认知心理学有所补充。认知科学将几个领域中关于同样一些问题的理解积聚起来，它能让每个相关领域的研究者分享彼此的资料和见识，并从中获益。在第 7 章中，当我们描述记忆的生物学研究如何能规范——限制和提炼——记忆过程的理论时，你就已经看到了这一认知科学原理在起作用。类似地，在本章我们将要描述的理论中，有许多理论是通过多个学科研究者不同视角之间相互碰撞形成的。

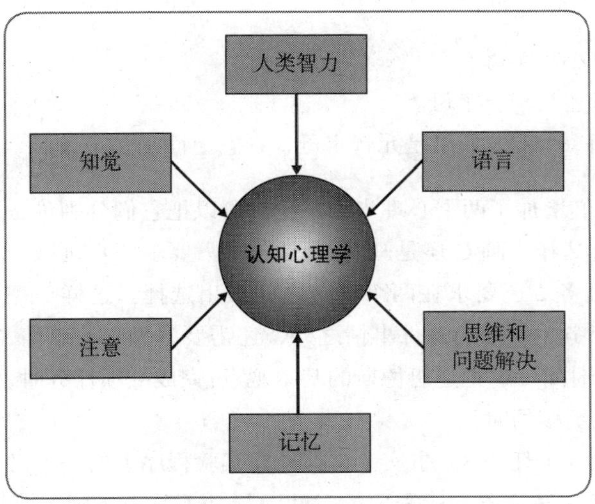

图 8.1 认知心理学的领域

认知心理学家研究高级心理功能，特别着重于研究人们如何获得知识并利用它形成和理解自己的生活经验。

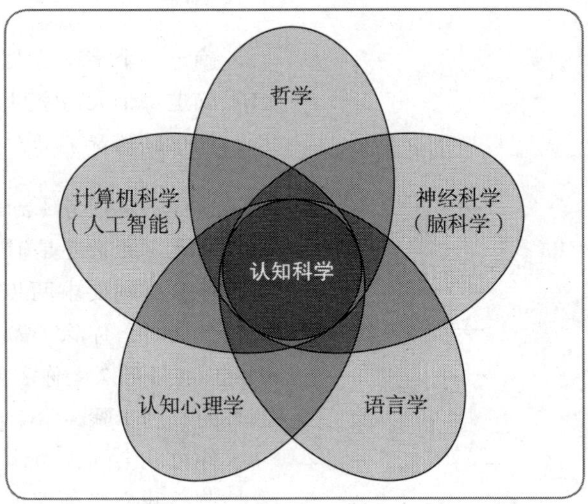

图 8.2 认知科学的领域

认知科学的领域处于哲学、神经科学、语言学、认知心理学和计算机科学（人工智能）的交叉地带。

下面，我们首先简要描述研究者如何测量认知功能所涉及的内在及隐蔽的过程。然后，我们将相当详尽地考察认知心理学中引发许多基础研究和实际应用的一些主题：语言使用、视觉认知、问题解决、推理、判断和决策。

研究认知

如何研究认知呢？当然，你所面临的挑战是认知发生在头脑内部。你可以看到输入，例如，一张便条上写着“给我打个电话”，然后体验到输出——你打了一个电话。但是，你如何确定有一系列心理活动把便条同你的反应连接起来呢？也就是说，你怎样揭示在认知过程和你的行为所依赖的心理表征中间发生了什么？本节中，我们将描述多种类型的逻辑分析方法，它们使认知心理学的科学研究成为可能。

揭示心理过程

1868 年，荷兰生理学家**唐德斯**（F.C.Donders, 1818—1889）设计了一个研究心理过程的基本方法。为了研究“心理过程的速度”，唐德斯设计了一系列实验任务，他相信成功完成这些任务所涉及的心理步骤是有区别的（Lachman et al., 1979）。**表 8.1** 提供了一个按照唐德斯的逻辑所进行的纸笔实验。在继续阅读之前，请花一点时间来完成每一项任务。

完成任务 1 你花了多长时间？假设你想要列出完成这项任务所需要的步骤，那么，你列出的步骤可能如下：

a. 确定一个字符是大写字母还是小写字母。
b. 如果是大写字母，在它上面画一个 C。

完成任务 2 你花了多长时间？当我们做这个练习时，学生们通常会多花半分钟或更长的时间。一旦我们清楚地列出了完成任务 2 所需要的步骤，你就能明白为什么会这样：

a. 确定一个字符是大写字母还是小写字母。
b. 确定每个大写字母是元音字母还是辅音字母。
c. 如果是辅音字母，在它上面画一个 C；如果是元音字母，在它上面画一个 V。

这样，从任务 1 到任务 2，我们增加了两个心理步骤，我们可以把它们分别称做*刺激分类*（元音还是辅音）和*反应选择*（画 C 还是画 V）。任务 1 只要求一步刺激分类，任务 2 则要求两步。此外，任务 2 还要求在两个反应之间做出选择。这样，完成任务 2 时，你除了需要做完成任务 1 所需的每件事情之外，还需要多做一些事情，因此，在任务 2 上你需要多花一些时间。这正是唐德斯的基本观点：完成一项任务时，额外的心理步骤经常会使人们花费更多的时间。

你可能会问，为什么我们还设计了任务 3。事实上，这是在实验程序上的一个必要控制。我们必须保证，完成任务 1 和任务 2 所需要的时间差异并不是由于画 V 比画 C 需要花更长的时间。任务 3 也应该比任务 2 更快，是这样吗？

研究者还在遵循着唐德斯的基本逻辑。研究者经常利用*反应时*——参与者完成特定任务所花费的时间——来检验关于某种特定认知过程的一些理论。唐德斯所提

表 8.1 **唐德斯对心理过程的分析**

注意你完成每一个任务花费了多长时间（以秒计）。尽量准确，但要尽可能快。

任务 1：在所有的大写字母上面画 C：
TO Be, oR noT To BE: tHAT Is thE qUestioN:
WhEther ‘Tis noBIEr In tHE MINd tO SuFfER
tHe SLings AnD ARroWS Of OUtrAgeOUs forTUNe,
or To TAke ARmS agaINST a sEa Of tROUBleS,
AnD by oPPOsinG END theM. 时间：________

任务 2：在大写的元音字母上面画 V，在大写的辅音字母上面画 C：
TO Be, oR noT To BE: tHAT Is thE qUestioN:
WhEther ‘Tis noBIEr In tHE MINd tO SuFfER
tHe SLings AnD ARroWS Of OUtrAgeOUs forTUNe,
or To TAke ARmS agaINST a sEa Of tROUBleS,
AnD by oPPOsinG END theM. 时间：________

任务 3：在所有的大写字母上面画 V：
TO Be, oR noT To BE: tHAT Is thE qUestioN:
WhEther ‘Tis noBIEr In tHE MINd tO SuFfER
tHe SLings AnD ARroWS Of OUtrAgeOUs forTUNe,
or To TAke ARmS agaINST a sEa Of tROUBleS,
AnD by oPPOsinG END theM. 时间：________

出的基本前提，即额外的心理步骤将花费更多时间，至今仍然是大量认知心理学研究的基础。让我们看看这种成功的思想在过去的 135 年里是如何发展起来的。

心理过程和心理资源

当认知心理学家把诸如语言使用和问题解决这样的高水平活动分解成一些不同的成分和过程时，他们看起来就好像正在玩一种积木游戏。每块积木代表必须执行的不同成分。他们的目标是确定每块积木的形状和大小，并且考虑这些积木应该如何组合才能组成一个完整的活动。就唐德斯的任务来说，你会看到这些积木排成一行（见**图 8.3**，A 部分）。一个步骤接一个步骤地进行。用积木来做比喻可以让我们看到，我们也可以堆叠这些积木，使得几个过程同时发生（B 部分）。这两个图说明了我们在第 5 章中简要介绍过的**序列过程**（serial processes）和**平行过程**（parallel processes）之间的区别。当它们一件接着一件发生的时候，过程是*序列*的。假设你在餐馆点菜，你需要决定要什么。你会专注于菜单，然后决定它们是“要”、“不要”或者“有待考虑”，对每一道菜，你的决定程序是跟在阅读程序后面的。而当它们在时间上重叠时，过程则是*平行*的。到了你点菜下单时，你理解侍者提出的问题的语言过程（如，“您需要点些什么？”）很可能与你形成回答的过程（如，“我想要炖小牛腿”）是同时发生的。这就是为什么当侍者刚问完，你就立刻准备好了答案的原因。

认知心理学家经常使用反应时来确定一些过程究竟是平行进行还是序列进行。然而，图 8.3 中 C 部分的例子会让你觉得这是一件棘手的事情。假设我们有一项任务，

图 8.3

分解高水平认知活动

认知心理学家力图确定心理过程的特性和组织，这些心理过程是形成高水平认知活动的积木。

（A）我们的唐德斯任务版本，它要求一个接一个地完成至少三个过程。

（B）一些过程顺次、序列地完成，另一些过程同时、平行地完成。

（C）完成任务所花费的时间，并不总能让研究者得出结论，说明该认知任务究竟是序列过程还是平行过程。

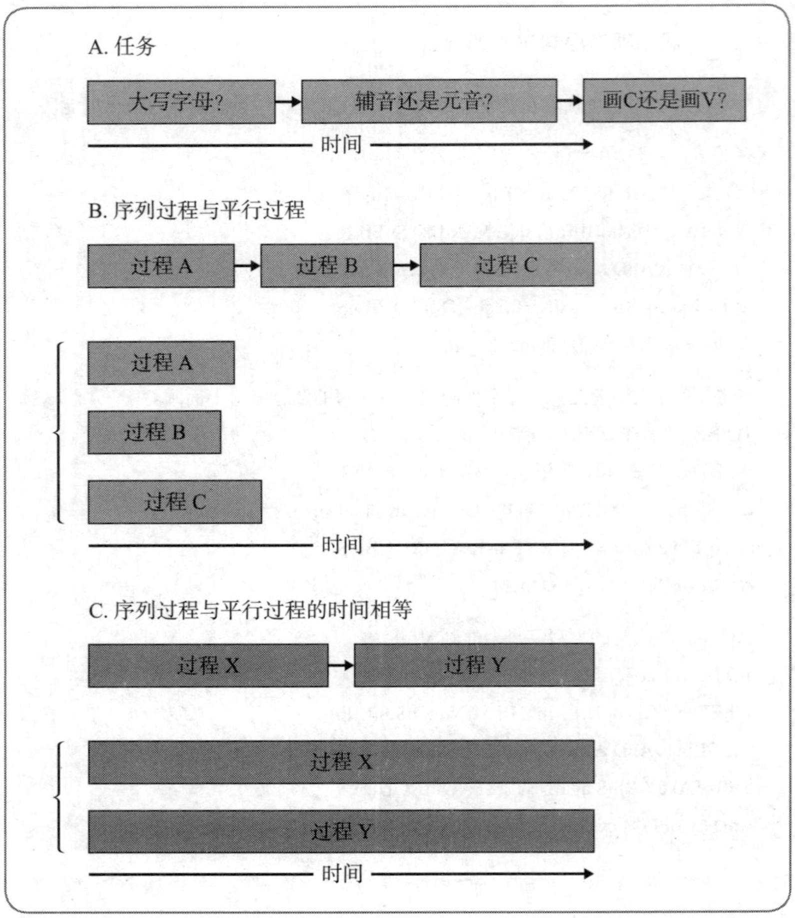

我们认为这项任务可以分解为两个过程，*X* 和 *Y*。如果我们只知道完成这个过程所需的总时间，那么，我们永远不能肯定过程 *X* 和 *Y* 究竟是并列发生还是一个接一个地发生。认知心理学研究所面对的大量挑战是创造一些任务环境，它们能够让研究者确定，在许多可能的积木结构中，究竟哪一个是正确的。在你刚刚完成的练习任务 2 中，我们有理由确信这些过程是序列的，因为从逻辑上看，一些活动必须以另一些活动的完成为前提。例如，直到确定了什么是正确的反应，你才能执行你的反应（准备画 *C* 或 *V*）。

许多情况下，理论家通过估计心理过程需要占用多少*心理资源*来确定心理过程究竟是序列的还是平行的。例如，假设你和一个朋友步行去上课。通常，在一条笔直的路上走并同时和朋友交谈对你来说应该很容易——行走过程和语言过程可以平行进行。但是，如果突然碰到一段充满水坑的路，你会如何做呢？当你在水坑间择路行走时，你可能不得不停止说话。现在，你的行走过程要求额外的资源，因此，你的语言过程暂时被挤了出去。

在这个例子中，一个关键的假设是，你的加工资源*有限*，这些资源必须散布在不同的心理任务中（Logan, 2002）。你的*注意过程*负责分配这些资源。在第 4 章中，我们曾经把注意看成一系列过程，它使你能够为了特定的目的而选择将少量的信息纳入知觉过程。我们在这里使用“*注意*”依然是指其选择性。然而，现在的决策所关心的是，哪些心理过程会被选择来作为加工资源的接受者。

我们还要补充一个复杂的情况：不是所有的过程都对资源有同样的要求。事实上，我们可以定义一个维度，从控制的过程到自动的过程（Shiffrin & Schneider, 1977）。**控制过程**（controlled processes）需要注意，而**自动过程**（automatic processes）一般不需要。一次执行一个以上的控制过程通常是困难的，因为它们需要更多的资源。自动过程常常能够无干扰地与其他任务并肩执行。

为什么当你正在尽量避开水坑时，交谈会出现困难？

我们想通过一个例子来说明自动过程。请你先花一点时间完成**表 8.2** 中的任务。你的任务是把看起来“外形”更大的数字圈出来。你有没有发现某个系列比另一个系列要稍微难一些？

> 实验要求参与者完成表 8.2 中的判断任务。如果你仔细看这些数字，你会发现系列 A 中的数字在外形大小和数值大小上是错误匹配的（如 61 本来比 67 小，但外形上显得更大）。而在系列 B 中，外形和数字的实际大小是匹配的。如果你从头到尾完成这个任务，你就会发现，在做这一判断的时候，系列 A 比系列 B 需要花费的时间多（Ganor-Stern et al., 2007）。但是，为什么数字的数值大小会影响到对其外形大小的判断呢？研究者认为，人们在看到 61 和 67 的时候，会忍不住想到这两个数字所代表的数值大小，即使数值大小会影响到对其外形大小的判断。也就是说，你自动化地寻求数字的意义，即使你不需要，或不想这么做。

表 8.2　大小判断

你的任务是圈出每对数字中外形更大的数字。试着判断哪个系列更难。

系列 A			
61 – 67	22 – 28	25 – 29	47 – 41
68 – 64	27 – 23	43 – 49	44 – 48
系列 B			
47 – 41	61 – 67	27 – 23	25 – 29
22 – 28	68 – 64	43 – 49	44 – 48

这个任务表明，自动加工严重依赖记忆的使用效率（Barrett et al., 2004）。在你看到数字 61 和 67 时，你的记忆过程都会快速提供有关数量的信息。

这个任务同样表明，在开始时需要用到控制加工的任务，随着练习会变成自动加工。你可能记得，当你还是一个小孩子时，你不得不学习数字是如何运算的。现在，数字和它们所代表的数量之间的联系，已经变得如此自动化，以至于你无法切断这种联系。你可以回忆曾经为了使某个任务达到自动化程度而不断练习的经历。你是否练习过一门乐器？你能够不看键盘打字吗？

让我们把关于控制和自动过程的知识应用到前面所提到的行走和谈话的情形。当你走直路时，你感觉不到两个活动之间的干扰，这说明维持行走路线和组织说话都是相对自动的活动。然而，当水坑迫使你在大量的路线选项中做出选择时，情形就不同了。现在你必须选择走的方向和说的内容。由于你不能同时执行两种选择，所以，你在注意资源的调配上遇到了瓶颈（Tombu & Jolicoeur, 2005）。这个例子说明，为什么控制和自动过程处于同一个维度，而不是构成了两个严格独立的范畴。当情形变得具有挑战性时，以前看起来自动进行的过程，现在则需要注意控制。这样，不同认知过程所需注意的多少要根据具体情况而定。

现在，关于心理过程的逻辑，你已经知道得很多了。为了解释人们如何完成复杂的心理任务，理论家提出模型，这些模型结合了序列的和平行的以及控制的和自动的过程。很多认知心理学研究的目标是创造一些实验来证实这些模型的每个成分。既然你已经了解了认知心理学有关心理过程的研究的一些逻辑，那么，是时候进入更专门的领域了。在这些领域中，你让认知过程发挥它们的作用。我们从语言的使用开始。

STOP 停下来检查一下

❶ 当唐德斯让参与者操作不同的实验任务时，他的目标是什么？
❷ 序列过程和平行过程的区别是什么？
❸ 什么类型的加工过程一般不需要注意资源？

语言的使用

让我们回到你午夜收到的信息——“猫在垫子上”。我们可以做些什么来改变这种情境，以使你能马上理解这条信息呢？我们能采取的最容易的步骤是给你介绍一些合适的背景知识。假设你是一名特工人员，你经常会以这种古怪的方式收到一些指令，你可能知道“猫”是你的联络人，“在垫子上”的意思是在摔跤场里。你应该出发去和他碰头了。

但是，你没必要一定是名特工人员，因为“猫在垫子上”有多种意义：

- 假设你的猫想要出去，它在靠门的垫子上等着。当你对你的室友说“猫在垫子上”时，你用这些词来传达这样的信息：“你能起来一下让猫出去吗？”
- 假设你的朋友想把车驶离车道，因为她不知道猫在什么地方，所以有些担心。当你说“猫在垫子上”时，你用这些词来传达这样的信息：“把车驶离车道是安全的”。
- 假设你正在试图让你的猫和你朋友的狗赛跑。当你说“猫在垫子上”时，你用这些词来传达这样的信息：“我的猫不想赛跑”。

这些例子说明了*句子的意思*与*说话者的意思*之间的区别，前者是各个单词组合在一起时的简单意义，后者是指说话者通过恰当地使用句子所能传达的无限多的意义（Grice, 1968）。当心理学家研究语言的使用时，他们既想理解说话者是如何表达的，也想理解说话者想表达的意义是什么：

- 为了传达想要传达的意义，说话者如何产生正确的语言？
- 听者如何获得说话者希望传达的信息？

我们将依次考察这两个问题。同时还将讨论与语言使用相关的进化和文化背景方面的问题。

语言生成

请看**图 8.4**，并试着用几句话来描述这幅图。你想说什么？假设现在我们请你向一位盲人重新描述图中的人物，你的描述会发生什么样的变化？后一个描述要求更多的心理努力吗？有关**语言生成**（language production）的研究既关心人们说什么——在一个特定的时间人们选择说什么，也关心为了产生相应信息人们需要经历怎样的过程。值得注意的是，对于语言使用者来说，大声地说出语言并不是必需的。语言生成也包括做手势和书写。然而，为方便起见，我们将语言生成者称做*说话者*，而将语言理解者称做*听者*。

图 8.4 **语言的产生**

你如何向一个朋友描述这幅照片？如果你的朋友是一个盲人，你的描述会有怎样的变化？

听众设计 为了让你理解语言生成中的**听众设计**（audience design），我们请你想象，就图 8.4 向看得见的人和盲人做出不同的描述。每当你产生话语时，你都必须考虑话语所针对的听众，以及你与你的听众分享哪些知识（Clark, 1996; Clark & Van Der, 2002）。例如，如果你的听者并不知道猫只有在想出去的时候才坐在垫子上，那么说"猫在垫子上"对你不会有任何帮助。哲学家**保罗·格赖斯**（Grice, 1975）最先提出了*听众设计的首要原则*，即合作原则。格赖斯把合作原则看成是对说话者的一个指导，即说话者所产生的话语应该适合正在进行的交谈的背景和意义。为了详尽阐述这一指导原则，格赖斯定义了合作的说话者所依赖的四条准则。在**表 8.3** 中我们给出了这些准则，以及一段虚构的交谈，这段交谈说明了这些准则如何影响语言生成中的每一个细节和步骤。

正如你能够从表 8.3 中看到的那样，要成为一个合作的说话者，很大程度上依赖于你对听者可能知道和可能理解的东西有一个精确的预期。因而，如果你没有充分的理由相信你的朋友知道亚历克斯是谁，你肯定不会告诉你的这位朋友，"我正在和亚历克斯吃午饭"。你也必须让自己确信，在你朋友可能认识（并且她也知道你明白）的所有的亚历克斯中，只有一个会作为这些情形中你所提到的特定的亚历克斯出现在你朋友的心目中。更通常的说法是，我们可以说，在你与朋友分享的*共同点*——共同知识中，一定有某个亚历克斯很突出。

克拉克（Clark, 1996）提出，说话者根据三个不同的证据来判断共同知识：

- *团体成员身份*。语言生成者经常强烈地假设哪些东西可能是彼此都知道的，这通常根据双方都属于某个共同的团体来判断。
- *行动同现*。语言生成者经常假设某些事件或行动成为交谈双方共同的基础，这些信息来源于双方稍早之前的交谈（或过去的交谈）。
- *知觉同现*。当说话者和听者直接面对共同的客体或情境（光线、声音）时，就存在着知觉同现。

所以，在句子"我正在和亚历克斯共进午餐"中，你对亚历克斯的使用可能是成功的，因为你的朋友和你属于同一个小团体（如室友），这个小团体中只有一位名叫亚历克斯的人（团体成员身份）。此外，你对亚历克斯的成功使用，还可能是因为你在稍早的交谈中提到过亚历克斯（行动同现），或者亚历克斯正好站在房间中（知觉同现）。从这个例子中可以看出为什么共识的判断依赖于你关于个人和团体信息的记忆能力（Horton, 2007; Horton & Gerrig, 2005a, 2005b）。

让我们再进一步关注一下团体成员这一问题。先想想这个问题："你预期大学的

表 8.3 **格赖斯关于语言生成的准则**

1. 量：让你说的话所提供的信息恰好满足需要（为了当前的交流目的）。不要让你说的话所提供的信息超出所需。
 对说话者的价值：你必须尽力判断你的听众真正需要的信息有多少。这个判断常常要求你对你的听众可能已经知道什么做出评估。

2. 质：尽量让你所说的话正确。不要说你自己认为错误的话。不要说缺乏充足证据的话。
 对说话者的价值：当你说话时，听者会假设你能够用合适的证据支持你的断言。当你计划说每句话时，你都必须考虑这句话所基于的证据。

3. 关系：让你所说的话前后相关联。
 对说话者的价值：你必须保证你的听者能够理解你正在说的如何与你以前所说的相关联。如果你希望转移话题，即你所说的话前后没有直接关系，那么，你必须做出解释。

4. 方式：敏锐。避免表达模糊和歧义。让你所说的话简洁、有序。
 对说话者的价值：你的责任是以尽可能清晰的方式说话。尽管你会不可避免地犯错误，但是，作为一个合作的说话者，你必须保证你的听者能够理解你的信息。

在以下的对话中，你能看出克里斯是如何应用格赖斯的准则吗？

对话	克里斯可能正在想
帕特：你去过纽约吗？ 克里斯：1992 年我去过一次。	我不知道为什么帕特问我这个问题，因此我可能应该稍微多说点儿，而不只是“去过”。
帕特：我应该去一趟，但是我担心会遭到抢劫。 克里斯：我想很多地方还是安全的。	我不能说他不应该担心，因为这样说他不会相信的。我能说些什么听起来是真的，会让他感觉舒服的话呢？
帕特：你住的宾馆怎么样？ 克里斯：我们没有在那儿过夜。	如果我说“我们没有住在旅馆里”，那么那可能表示我们住在了别的什么地方。我需要说一些有关联的、能解释为什么我不能回答这个问题的话。
帕特：你愿意和我一起去纽约吗？ 克里斯：让我想一想，看看我能不能去。	我不想去，但是我不想显得不礼貌。帕特会从我的反应中注意到我正在推托吗？
帕特：啊？ 克里斯：嗯……	帕特掉到陷阱里了。

同学知道什么样的信息？你期望学生（不是教授）知晓什么信息？”研究者考察了人们对团体知识的估计的准确性和实效性。

在第一个实验中，中国香港的大学生观看 30 个来自中国香港、中国澳门和美国纽约的路标（Lau et al., 2001）。参与者回答他们是否认识这些路标并对其命名。此外，参与者试着估计其他同学是否认识这些路标。实验结果表明，学生能相当准确地估计其他同学的表现：几乎和真实的数据一致。但是学生们也错误地认为其他人也知道他们自己知道的事：他们对自己知道的路标给予很高的估计。在第二个实验中，一组新参与者对 30 个路标中的每一个都进行了描述，他们的目标是让班上一个同学根据描述从 30 幅图画中正确地挑选出每一个路标。研究者发现，描述的长度与团体知识相关：参与者使用更多的单词来描述那些在第一个研究中最不容易识别的路标。

你可以将这些研究结果融入到日常生活中。如果你与一个同学对话，你可能会说“在 Union 见面吃午饭”。如果你与一位对校园陌生的朋友对话，则你可能说“就是喷泉 100 码后左边的那幢红色建筑”。这些更长的描述表明，你正在使用团体成员信息来组织你的话语。

迄今为止，我们对语言生成的讨论集中在信息这个水平上：你会根据听众是谁来组织你的语言。现在，让我们开始讨论你产生这些信息的心理过程。

表 8.4 **计划言语产生过程中的错误**

计划的类型：

- 说话者必须选择最符合他们思想的内容词。
  如果说话者想到两个词，如 grizzly（灰色的）和 ghastly（苍白的），那么，可能会发生像 grastly 这样的混合错误。
- 说话者必须把所选的词放在话语中正确的位置。
  因为说话者在产生话语时会计划话语的全部单位，所以，内容词有时会发生错位。
  把 a tank of gas（一桶汽油）说成 a gas of tank。
  把 wine is being served at dinner（宴会提供葡萄酒）说成 dinner is being served at wine。
- 说话者必须填满声音，这些声音组成他们想说的词。
  再一次，因为说话者要事先计划，所以，有时会出现声音的错位。
  把 left hemisphere（左半球）说成 heft lemisphere。
  把 pass out（昏倒）说成 pat ous。

言语执行和口误 你想因为口误而闻名吗？看一下牛津大学的斯本内（Reverend W. A. Spooner）吧，**斯本内现象**（spoonerism，指在一个短语或句子中两个或更多个词首音的互换）便是以其名字而命名。斯本内无愧于这项荣誉。例如，当他斥责一个懒惰的学生浪费了整整一个学期时，他说：“You have tasted the whole worm（你已经品尝了整条虫子）？”实际上，斯本内想说的是“You have wasted the whole term（你已经浪费了整个学期）”。斯本内现象是语言生成者所犯的几种有限口误中的一种。这些口误能够让研究者了解说话者产生话语时所做的计划。在**表 8.4** 中，你可以看到，你需要在许多不同的水平上计划你要说的话，而口误为每一个水平都提供了证据（Bock & Levelt, 1994; Rapp & Goldrick, 2000）。所有这些口误的例子中，能够给你留下深刻印象的是，口误不是随机的——就英语口语结构而言，它们有意义。因而，说话者可能互换起始辅音——把“slips of the tongue”说成“tips of the slung”——但永远不会说成“tlips of the sung”，后面这种说法违反了英语中“tl”不能作为起始声音出现这一规则（Fromkin, 1980）。

鉴于口误对语言生成理论的发展具有重要价值，研究者并不满足于总是被动地等待口误自然发生。相反，研究者已经探索出多种方法在控制的实验环境中人为产生口误（e.g.Hartsuiker et al., 2003; Warker & Dell, 2006）。有一个经典的技术，被称为 SLIP 技术（spoonerism of laboratory-induced predisposition，实验室诱导产生的斯本内现象）（Baars, 1992）。这个程序要求参与者默读一些由词对构成的词表，这些词对为渴望出现的斯本内现象的语音结构提供了模型。例如，“*ball doze*, *bash door*, *bean deck*, *bell dark*”。然后，要求参与者大声说出像“*darn bore*”这样的词对，但是，在先前词对的影响下，“*darn bore*”有时会被说成“*barn door*”。

在这种技术的帮助下，研究者能够研究哪些因素可能使说话者产生口误。例如，当口误仍然导致了真实存在的词时，斯本内现象更可能出现（Baars et al., 1975）。这样，同“*dart board*”上的口误（生成“*bart doard*”）相比，“*darn bore*”上的口误（生成“*barn door*”）更可能出现。类似这样的发现说明，当你正在说话时，你的一些认知过程专注于觉察和修正潜在的错误（Nooteboom & Quené, 2008）。那些过程不愿意让你说出像“*doard*”（它不是英语中真正存在的词）这样的声音。

当代语言生成理论试图预测人们的话语是如何逐渐呈现声音、词汇和结构的。比如，研究者可能想知道，演讲者在持续发言的过程中，为什么更容易发出某些声音，而不是另一些（Goldrick & Larson, 2008）。此类分析的重点包括，某些特定的声音出

图 8.5 **选择一个句子结构**
你会如何描述这个场景？
资料来源：Reprinted from *Cognition, 104*, Bock, K., Dell, G.S., Chang, F., & Onishi, K. H., Persistent Structural Priming From Language Comprehension to Language Production, 437-458, Copyright (2007), with permission from Elsevier.

现在特定位置的频率有多大（如，在英语单词中，*s* 比 *z* 更容易出现在单词的开头）。另外一些研究项目则考察，人们的话语中生成特定单词的时间过程。比如，研究者已经证明，人们如果刚刚说过某个单词（如 *milk*），就很难说出另一个与其有联系的单词（如 *cow*）。这些现象可以用一些理论来解释，即在一段话语中，不同的记忆表征会相互竞争（Rahman & Melinger, 2007）。

关于结构，研究者常常检查哪些因素导致说话的人选择以某种方式，而不是另一种方式来表达同样的意思。请看**图 8.5**，如果要你描述这个场景，你可能会说："小女孩被盒子中的小丑吓了一跳"，或者"盒子中的小丑吓到了小女孩"。为了理解说话者为什么选择某个特定的结构，研究者指出，说话者最近听到和理解的语言是这类因素（Bock et al., 2007）。例如，如果你最近刚听到这样一个句子："外交人员没有被政府撤走"，你更可能在产生语言的时候说出与它结构相同的句子（如"小女孩被盒子中的小丑吓了一跳"）。

现在我们已经考察了一些会导致说话者产生特定话语的因素，并且考察了哪些过程使他们那样做。下面，让我们转到听者，他们负责理解说话者试图传达的内容。

语言理解

假设说话者已经说出"猫在垫子上"。你已经知道，依赖语境，这句话可用来传达各种不同的意义。那么作为一个听者，你是如何确定一个意义的呢？我们将通过对歧义问题的详细考察来开始对语言理解的讨论。

歧义消解　*bank* 这个词的意思是什么？你可能至少想到两个意义，一个与河有关，另一个与钱有关。假设你听到"He came from the bank"这句话，你怎样知道 bank 是指哪一个意义？你需要在两个意义之间消解词汇歧义（*lexical* 与 *lexicon* 有关，后者是词典［dictionary］的同义词）。如果你考虑过这个问题，那么，你会认识到你拥有一些认知过程，这些过程让你能够使用周围的语境消除歧义。你是在谈论河还是在讨论钱？那个更宽泛的语境应该能够让你在两个意义之间做出选择。但是，这一切究竟是怎样发生的呢？

在回答这个问题之前，我们想介绍另一种类型的歧义。看看这句话的意思是什么："The mother of the boy and the girl will arrive soon"？乍看之下，你可能只觉察到一个意义，但是这里实际上存在结构歧义（Akmajian et al., 1990）。看一下**图 8.6**。为了显示各个词如何聚集在一起形成合乎语法的单元，语言学家经常用树形图描绘句子结构。在 A 中，我们向你显示了对句子"The cat is on the mat"的分析。这个结构相当简单：由一个冠词和一个名词组成的名词短语，加上由一个动词和一个介词短语组成的动词短语。在另外两个部分，你看到与"The mother..."的两个不同意义相对应

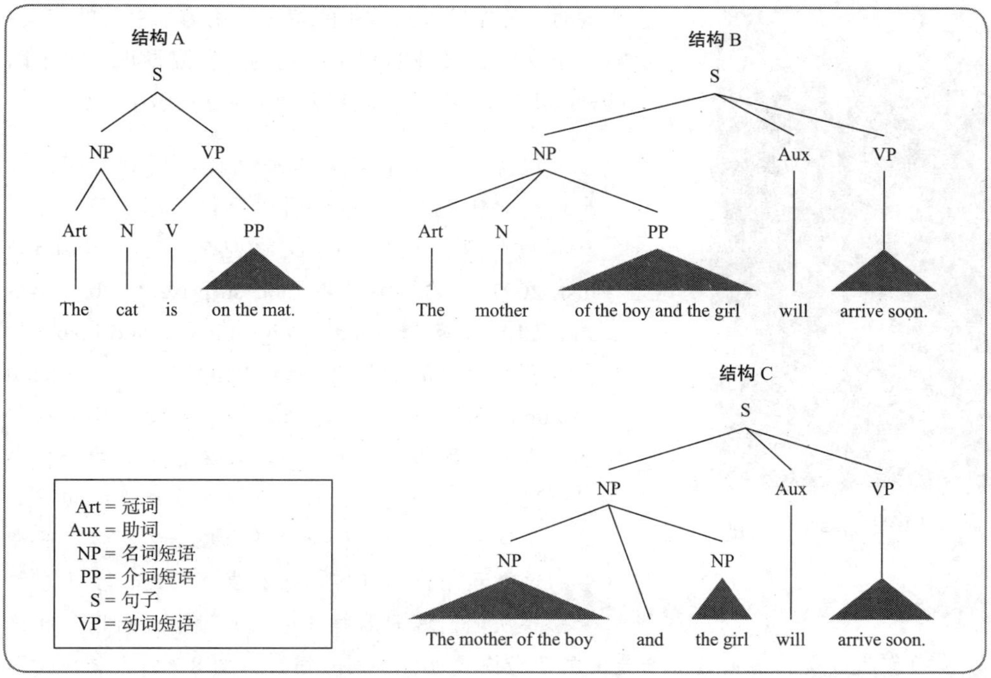

图 8.6

句子结构

语言学家使用树形图来显示句子的语法结构。A 部分显示了句子“The cat is on the mat”的结构。B 和 C 两部分显示了句子“The mother of the boy and the girl will arrive soon”可以用两种不同的结构分析来表征。谁马上就到，一个人（结构 B）还是两个人（结构 C）？

的更复杂的结构。在 B 中，结构分析表明整个短语“of the boy and the girl”适用于“the mother”。一个人——两个孩子的母亲——马上就到。在 C 中，分析表明，存在两个名词短语，“the mother of the boy”和“the girl”，有两个人，他们马上就到。当你最初阅读这个句子时，你想到了句子的哪一种意思？既然你能看出两个意义都是可能的，那么，我们就提出一个问题，它与针对词汇歧义所提出的问题相同：当可能存在不止一个意义时，先前的语境如何能让你从中确定一个？

让我们返回到词汇歧义的问题（关于词义的歧义）。看下面的句子（来自 Mason & Just, 2007）：

To their surprise, the bark was unusual because it sounded high-pitched and hoarse.

当你读到这个句子时，你如何解释“*bark*”这个词？如果你的头脑里有一部词典，那么，关于“bark”的词条可能如下：

定义 1. 树的外皮。

定义 2. 犬吠声。

研究表明，你遇到类似的含义模棱两可的单词时，两种定义都可能出现在记忆中，但你会快速运用上下文的信息来确定哪个含义更合适。“*bark*”这样的词叫做平衡歧义（balanced ambiguity），因为人们以几乎相同的频率来使用这两个含义。现在再举另一个例子：

Last year the pen was abandoned because it was too dirty for the animals to live in.

这个句子是不是给你带来麻烦了？“*pen*”也有两个意思：

定义 1. 用墨水书写的工具。

定义 2. 动物的围栏。

“*pen*”这样的词叫做有偏歧义（biased ambiguity），因为人们使用其中一个意思的时候比另一个明显多（定义 1）。你可能在读到这个句子时有点疑惑，因为你遇到

现在看着这张动物围栏（animal pen）的图片，当你想起 pen 这个词时，首先想到的是什么？

这个词时，首先进入头脑中的意思“用墨水书写的工具”会被上下文的含义证明它是不对的。研究发现，对于以上两种类型的歧义，大脑会以不同的方式做出反应。

12 名参与者在实验室中阅读不同的句子，同时进行 fMRI 扫描。他们阅读的句子包括平衡歧义及有偏歧义，也包括匹配的控制句子（Mason & Just, 2007）。比如，“To their surprise, the bark was unusual because it sounded high-pitched and hoarse”，在实验中用“*howl*”来代替“*bark*”，即“the howl was unusual ……”，以此来提供一个没有歧义的句子。研究者预测，由于参与者需要在不同的含义之间做出选择，相比控制句子来说，有歧义的句子会产生不同模式的大脑活动。正如**图 8.7** 所示，研究者的这一预测得到证实。研究者还预测，由于参与者需要从他们偏向的解释中回复过来，所以，相比平衡型歧义，有偏歧义产生的脑活动模式也会不同。同样，图 8.7 的大脑扫描图像也证实了这一预测。

这一实验确认了哪些大脑区域帮助你理解歧义词：你可以利用语境的信息，快速而高效地获得一个惟一的含义。语境对于结构歧义也会产生相同的影响（Farmer et al., 2007; Grodner et al., 2005）。当你需要在不同的语法结构中做出选择时，语境信息有助于你快速做出判断。

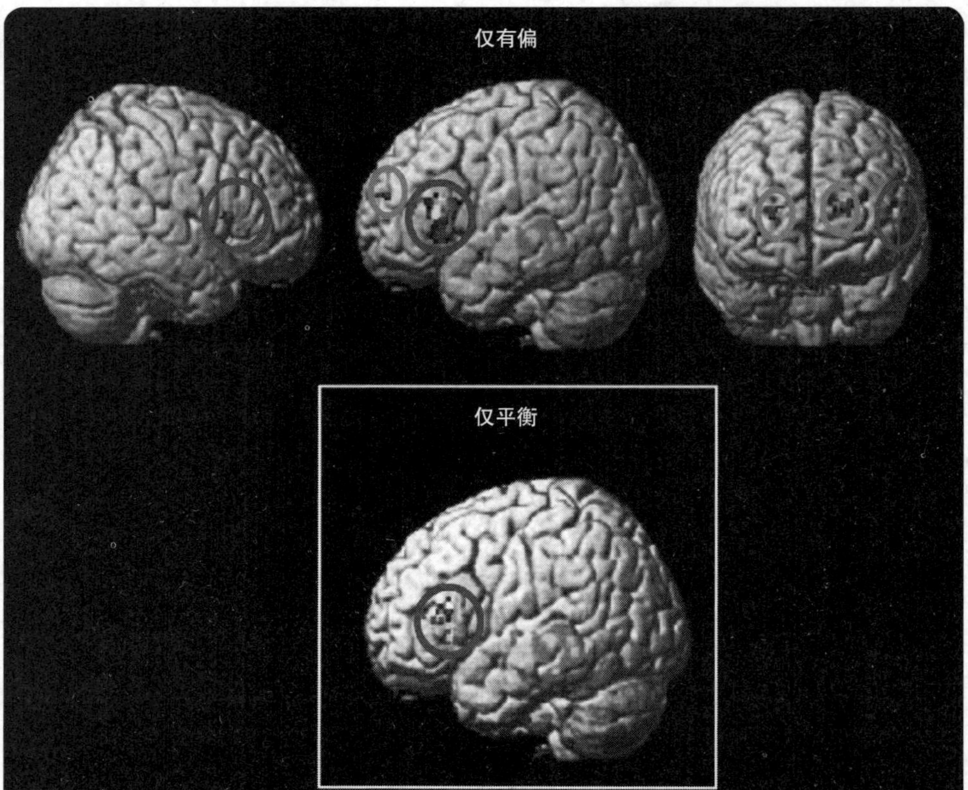

图 8.7
歧义消解的脑基础
参与者在阅读平衡歧义或有偏歧义的句子以及匹配的控制句子时进行 fMRI 扫描。红色圆圈内的脑区在两种歧义下都更活跃（相对控制句子）。绿色圆圈内的脑区只在有偏歧义的句子下更活跃。（见彩插）

你能得出的总体结论是，你的语言过程能够有力和高效地使用语境来消解歧义。一定程度上，语言产生和语言理解之间很匹配。当我们讨论语言生成时，我们强调听众设计——通过这些过程，说话者尽力让他们所说的话适合当前的语境。我们对理解的分析表明，听者期望说话者的表达令人满意。在这些情况下，对于听者而言，让语境引导他们对说话者所要表达的意思产生一个预期，这样做是合理的。

理解的产物　我们对歧义消解的讨论主要集中在理解这一过程上。本节我们把注意力转向理解的产物。现在的问题是：当听者理解话语或文本时，记忆中产生了什么样的表征？例如，当你听到我们在前面多次提到过的句子“猫在垫子上”时，记忆中将会储存什么？有研究已经表明，意义表征始于一个基本单元，该单元被称做命题（Clark & Clark, 1977; Kintsch, 1974）。所谓的命题是指话语的主要思想。对句子“The cat is on the mat”来说，主要思想是某物在别的物体上面。当你阅读这句话时，你会抽取出命题“*on*”，并对这句话所表达的 *cat* 与 *mat* 之间的关系进行理解。命题通常写成下面的形式：“ON（cat、mat）”。许多话语包含不止一个命题。看下面这句话：“The cat watched the mouse run under the sofa”。作为第一个成分，我们有命题“UNDER（*mouse*、*sofa*）”。在此基础上，我们建造命题“RUN（mouse、UNDER [mouse、sofa]）”。最后，我们获得命题“WATCH（cat，RUN [mouse、UNDER（mouse、sofa）]）”。

我们如何检验你对意义的心理表征是否真的以这种方式工作？语言心理学中一些最早的实验旨在证明命题表征在理解中的重要性（Kintsch, 1974）。这方面的研究显示，如果一句话中的两个词属于同一个命题，那么，在记忆中它们会表征在一起，即使在实际的句子中它们并不接近。

看这个句子：The mausoleum that enshrined the tzar overlooked the square（祀奉皇帝的陵墓俯瞰着广场）。尽管 *mausoleum* 和 *square* 在句子中离得较远，但是，命题分析表明，对于命题“OVERLOOKED（mausoleum、square）”，它们在记忆中应该是存储在一起的。为检验这一分析，研究者要求参与者阅读词表，并说出每个词是否曾经在句子中出现过。在词表中，一些参与者在看到“square”之后直接就看到了“mausoleum”。另一些参与者则看到来自另一命题的一个词之后再看到“mausoleum”。与先看到出自另一个命题的词语的人相比，当“mausoleum”立即跟在“square”之后时，参与者会更快地表现出“是的，我看见过 mausoleum”这种反应。这一发现表明，在记忆中，“mausoleum”和“square”这两个概念是表征在一起的（Ratcliff & McKoon, 1978）。

你是否曾经注意到，要精确地记得某人所说过的话有多困难。例如，你可能尝试过逐词地去记一部电影里的一句话，但是，当你回到家里时，你意识到你只能记得这句话的大致意思。这个实验显示了为什么逐词记忆效果不是那么好。事实上，这是因为，你的语言过程执行的一个主要操作是抽取命题，而那些赋予命题的确切形式很快就会丢失（例如，到底是“猫追老鼠”还是“老鼠被猫追”）。

值得注意的是，并不是储存在听者记忆中的所有命题都是由说话者直接陈述的信息所组成。听者经常使用**推论**（inferences）——一些逻辑假设，记忆中的信息使它们成为可能——来填充空隙。看下面这两句话：

我要去熟食店见堂娜。
她答应买一块三明治给我当午餐。

表 8.5 **语篇情境和推论**

1. 卡萝尔是有两个小孩的单身母亲。她不得不做两份工作以维持生活，一份全职教师工作，一份兼职服务员工作。她讨厌没有休息时间的日子。卡萝尔的坏脾气是出了名的，而且有的行为不假思索。她从不考虑自己行为的后果，所以通常得到的多是负性反馈。她决不让人超她车。事实上，她刚刚因为超速得到罚单。她决定从不与她认为不友好的人交往。一个特殊的夜晚，卡萝尔遇到一位特别粗鲁的顾客。顾客抱怨意大利面并对卡萝尔大吼，就像这是她的错一样。于是卡萝尔将意大利面举到了顾客的头顶上。
2. 卡萝尔是有两个小孩的单身母亲。她不得不做两份工作以维持生活，一份全职教师工作，一份兼职服务员工作。她讨厌没有休息时间的日子。卡萝尔刚刚做完肩部手术回来工作。每当从顾客的桌子上举起东西时她都需要小心翼翼。每一次这样做都让她疼得厉害，甚至她觉得自己会晕倒。如果举得太高，她就会整晚极度不适。但是，当她需要清理桌子时她总是寻求帮助。一个特殊的夜晚，卡萝尔遇到一位特别粗鲁的顾客。顾客抱怨意大利面并对卡萝尔大吼，就像这是她的错一样。于是卡萝尔将意大利面举到了顾客的头顶上。

为了理解这两个句子是如何连贯起来的，你必须做出至少两个重要的推论。你必须弄清第二个句子中的“她”指的是谁，你还要弄清楚怎样把“去熟食店”与“答应买一块三明治”联系在一起。值得注意的是，真正说这两句话的朋友确信你能理解这些事情。你从来不会期望听到下面这样的说话：

> 我要去熟食店见堂娜。她——我说的她是指堂娜——答应买一块三明治给我——熟食店是一个可以买到三明治的地方——三明治可以当午餐。

说话者指望听者能自己做出这种推论。

大量研究已经把目标指向正常情况下听者会做出什么样的推论（Gerrig & O’Brien, 2005）。在任何话语背后，潜在的推论都是无限的。例如，因为你知道堂娜可能是人，所以，你可以推论她有心脏、肝、一对肺等等。但是，当你听到句子“我要去熟食店见堂娜”时，你不可能回想起那些（完全正确的）推论中的任何一个。

研究表明，事实上，听者针对整个情景所形成的模型会影响他们的推论。比如，阅读**表 8.5** 中的语篇 1。读完后，你是否推测卡萝尔会把意大利面倒在顾客身上？研究表明读者较一致地认为会（Guéraud et al., 2008）。现在阅读语篇 2，在这种情况下，读者推断出卡萝尔会经历疼痛。

我们对语言使用所做的讨论已经证明，为了在正确的时间产生正确的句子，一个说话者有许多工作要做；该讨论也证明，为了精确地领会说话者的意思，听者也有许多工作要做。你通常不会意识到所有这些事情！我们的讨论是否让你更好地了解到你的认知过程存在多么精致的设计？

语言和进化

我们已经总结了一些认知过程来帮助你了解语言的生成和理解。有一个问题一直很吸引研究者——其他生物是否同样拥有这些能力？我们知道没有其他物种使用像人类语言这么复杂的语言。这也就提出了一个相当有趣的问题：什么进化过程使人类产生了语言？为了回答这个问题，研究者针对其他物种开展了大量的研究：他们试图找出什么使人类和人类的语言如此特殊。我们会关注语言结构和听众设计。

人类语言的特点之一在于，人能够使用有限的单词表达无限的意思：你可以根据一些语法规则，如图 8.6 中所示，用你知道的单词组合出无穷多你所需要的句子。研究者认为，人类是唯一能够使用这样复杂的语言规则的物种（Fitch & Hauser, 2004; Saffran et al., 2008）。这是数十年研究后得出的结论，在此期间，研究者试图教会其他物种按照人类语言的结构来使用语言。

从 20 世纪 20 年代开始，心理学家就试图通过教黑猩猩学会使用人类语言来回答这个问题。黑猩猩没有可用来产生语言的发音器官，因此，研究者不得不想出其他一些交流方法。例如，一只叫沃舒的黑猩猩学会了一种非常简单的美洲手语（Gardner & Gardner, 1969）；一只叫莎拉的黑猩猩学会在一个磁板上操纵符号（代表像“苹果”和“给”这样的概念）（Premack, 1971）。这些实验结果引起了激烈的争论（Seidenberg & Petitto, 1979）。怀疑论者质问，黑猩猩偶然将手势或符号结合起来的做法（例如，“*Washoe sorry*”，“*You more drink*”），是否能够称得上是语言使用。他们也怀疑，是否大多数被认为属于黑猩猩话语的意义是由人脑产生的，而不是由黑猩猩脑中产生的。

最近几年，**苏·萨维奇－朗博**和她的同事们（Savage-Rumbaugh et al., 1998）所做的研究，更为可靠地洞察了黑猩猩的语言能力。萨维奇 - 朗博主要研究了倭黑猩猩，它是一种在进化上比普通黑猩猩更接近人类的类人猿。相当引人注目的是，在她的研究中，两个倭黑猩猩，坎兹和姆利卡，自然地习得了塑料符号的意义：它们没有接受外在的训练，相反，它们通过观察其他生物（人类和倭黑猩猩）使用符号进行交流的过程来习得符号。而且，坎兹和姆利卡能理解一些英语口语。例如，当坎兹听到一个口语词时，它能找到词的符号或者物体照片。坎兹能执行一些简单的任务，比如“把苏的鞋脱下”。坎兹的表现有力地证明了人类语言的某些特点也能在其他动物中存在。但是坎兹只具备有限的一些能力：它不能掌握可产生无数言语的语法规则。其他的一些跨物种研究支持这一结论，即只有人类通过进化获得了产生和理解复杂语法结构的心理能力（Fitch & Hauser，2004）。

跨物种研究的另一个焦点是前面涉及的“听众设计”。听众设计意味着你把听众知道什么和不知道什么纳入自己的考虑范围。非人类动物也能根据听众来修改它们的语言吗？研究者已经在试图回答这个问题，例如，**桃乐茜·切尼和罗伯特·赛法斯**（Cheney & Seyfarth, 1990）进一步研究了长尾黑颚猴的交流能力。长尾黑颚猴通过发出不同的叫声来警示不同的危险，如豹、鹰和蛇。这些猴子能够根据其听众调整自己的叫声：与和它们没关系的猴子在一起时相比，当与自己的孩子在一起时，雌性猴子会以更高的速率发出警报。然而，长尾黑颚猴不能根据其听众都知道些什么来调整他们的叫声：在一个实验环境中，母长尾黑颚猴发出同样的叫声，不管它们的孩子是否也目击了唤起母猴叫声的事件。

研究者还想知道，就听众设计而言，是什么使人类有别于其他的物种（Hare, 2007）。比如，有人研究了其他物种在多大程度上能够理解人们的注意力与其所看的东西之间的关系（Okamoto-Barth et al.,

一些倭黑猩猩即使没有接受外在的训练也能掌握词的含义。那么在认为它们能够天才地掌握人类的语言前，它们还必须展示哪些其他方面的能力？

2007）。在研究中，实验者直接注视一个障碍物，这个障碍物或者是实心的，或者有一个小窗口。设想你面对这样的情形。如果障碍物有小窗口的话，你可能会快速推断出实验者所看到的是障碍物远端所出现的物体。倭黑猩猩、黑猩猩、大猩猩都可以建立起相同的推断，但猩猩却不能。在遇到实心物体时，倭黑猩猩、黑猩猩与大猩猩相比，其视觉搜寻行为会更加复杂。这些结果揭示出，人类在采取他人视角的能力上存在哪些进化步骤。

语言进化论的视角考察人类语言进化的关键过程。然而，普遍的一套过程允许产生大量不同的语言。在下一部分，我们会讨论语言间的差异可能导致的结果。

语言、思维和文化

你有机会学习多种语言吗？如果有，你相信在两种不同的语言中，你的思维方式不同吗？语言影响思维吗？这是研究者以各种方式来澄清的一个问题。为了让这个问题更为具体，我们请你看一个跨语言的例子。以狗（*dog*）、臭鼬（*skunk*）、猴子（*monkey*）这几个词为例，你认为哪两个词更相似？如果你说英语，你可能对这一问题有清晰的答案。但是，假如你是说意大利语的，你就会发现，在意大利语中，名词会被指定语法性别，*cane*（dog）是阳性，而 *puzzola*（skunk）和 *scimmia*（monkey）是阴性。许多语言，比如西班牙语、法语等都以相同的方式给名词做出阳性和阴性的区分。是不是有可能因为语法性别，说意大利语的人与说英语的人相比，认为臭鼬和猴子更相似？这个例子很好地说明了为什么人们会因为语言的问题而影响到其思维。

有关这个问题的学术性工作始于**爱德华·萨波尔**（Edward Sapir）和他的学生**本杰明·李·沃夫**（Benjamin Lee Whorf），他们所做的跨语言研究使其得出了一些激进的结论，即语言上的差异造成了思维上的差异。萨波尔这样说道：

> 我们尽可能多地看、听和体验，因为我们的语言习惯使得我们在做解释的时候有一些特定的倾向（Sapir, 1941/1964, p.69）。

对萨波尔和沃夫来说，这个结论是从他们的研究结果中得出来的，他们提出一个假说，这个观点吸引了广泛关注，此观点被称为**语言相对论**（linguistic relativity）（见 Brown, 1976）。根据这种假说，每个人的语言结构对其思考世界的方式有影响。当代心理学、语言学和人类学的研究者已经尝试对这些思想进行严格检验（Gentner & Goldin-Meadow, 2003）。让我们来看一个特定的研究领域，在该领域中，研究者的研究结果显示，语言对思维有直接的影响。

不同的语言在它们所使用的基本颜色词上有很大区别，这一点可能令你感到奇怪。语言学分析发现，英语中的基本颜色词有 11 个（黑、白、红、黄、绿、蓝、褐、紫、粉红、橙和灰）。一些语言，如巴布亚新几内亚的达尼人的语言，只有两个基本颜色词，仅仅在黑白（或明暗）之间做出区分（Berlin & Kay, 1969）。沃夫提出，语言使用者“沿着（他们的）本族语言所规定的路线对大自然进行剖析”（1956, p.213）。研究者推测，基本颜色词的数目（例如，2 个或者 11 个）可能影响使用不同语言的人思考颜色的方式：

> 研究者要求来自纳米比亚北部辛巴地区的 12 个辛巴人区分三种色块，它们都属于蓝 – 绿色带区。参与者的任务是选择出“这三个颜色中哪两个看起来最

像，就像兄弟之间那样相像”（Roberson et al., 2005, p.395）。辛巴语与英语不同，它并没有对蓝绿在词义上做出区分，相反，这一语言使用“borou”来表示大部分的蓝绿色调。研究者想要寻找**类别知觉**的证据：他们认为辛巴人对同类颜色及不同颜色的知觉与他们的语言有很大关系。事实上，辛巴参与者做出相似判断的结果，说明了语言对分类的重要影响。

巴布亚新几内亚的达尼人说一种只包括两个基本颜色术语的语言，这两个术语在黑与白（或明与暗）之间做出了区分。相比之下，英语有 11 个基本颜色术语。这种语言差异会影响人们体验世界的方式吗？

实验结果为语言相对论提供了支持——在有些情况下，语言会对思维产生影响。

作为语言相对论的第二个例子，让我们回到本节开头所提到的英语和意大利语之间的对比。为了检验语法性别所起的作用，研究者要求三类人来完成一个任务：只会说英语的人、只会说意大利语的人以及使用英语－意大利语双语的人。他们需要对屏幕上呈现不到一秒钟的动物图片做出命名（Kousta et al., 2008）。因为这个任务难度比较大，参与者在给动物命名时往往会出现错误。但是，说英语和意大利语的人所犯的错误模式是不同的：说意大利语的人犯错时，其说出的错误名称与正确名称在语法性别上是一致的。而说双语的人在用英语完成任务时犯的错是英语式的，在用意大利语完成任务时，所犯错误是意大利语式的！

世界上有上千种语言，这些语言呈现出许多有趣的区别。研究者已经对这些区别中的很多问题进行了研究，他们发现，语言相对论的假设在某些方面比在另一些方面得到更好的证实（见 January & Kako, 2007; Papafragou et al., 2007）。然而，关于语言和思维之间，仍旧有许多有趣的假设有待检验。在《心理学与生活》整本书中我们都描述了文化差异，所以，在语言相对论问题上，需要保持开放的头脑。鉴于不同文化的成员说着非常不同的语言，因此，我们想知道，语言在多大程度上直接造成了文化差异。

现在，让我们从“通过词语来表达意义”的情形，转到“通过图形来表达意义”的情形。

STOP 停下来检查一下

1. 合作原则和听众设计的关系是什么？
2. 假设你准备说出“big pet”和“bird pen”，为什么你更容易犯“pig bet”而不是“pird ben”的口误？
3. 你如何从人们的表达中发现推论？
4. 研究者认为将人类和其他物种分开的两种语言能力是什么？
5. 语言相对论的观点是什么？

批判性思考：回想团体成员身份的研究。为什么研究者使用来自三个不同城市的路标？

生活中的心理学

人为什么说谎，如何说谎

在有关语言使用的这一部分，我们强调的一点是，人们在交流时努力彼此协作。比如，我们建议人们遵从这样的原则："努力使你的贡献是真实的"。但是，我们知道人们通常远离这条标准。当要求在日记中记下自己说过的谎言时，大多数人报告说平均一天说谎 1~2 次（Depaulo et al., 2003）。但是为什么人要说谎？当谎言较轻时，说谎的理由主要是心理上的原因（比如，他们希望避免尴尬）。但是，当谎言成为一个严重的问题时，说谎的动机则是为了个人好处（personal advantage）。有一个实验要求人们写出曾经说过的最大谎言（DePaulo et al., 2004），很多人承认最大的谎言是隐瞒私情或其他形式的社会交往。人们觉得自己有权利欺骗伴侣，认为说谎是为了实现这种权利。这样看来，说谎纯粹是为了个人好处。

让我们看看人们说谎的心理机制。说谎比告诉真相容易还是简单？答案是：这要看情况（DePaulo et al., 2003）。假设有人问："你昨天晚上做什么了？"如果你决定马上就说谎，那说谎比告诉实情困难。但是，如果你早已准备好了谎言——因为你预料到了这个尴尬的问题——你的谎言会非常流利。然而，谎言和实话还是存在某些差异。一个考察谎言内容的研究发现，与告诉实情者相比，说谎者提供了较少的细节描述（DePaulo et al., 2003）。此外，较实话来讲，说谎者的话合理性低，也并不流畅。

这些结果表明，说话者可能需要使用不同的心理过程编造谎言。为了验证这个假设，研究者已开始分析讲实话和说假话时大脑活动中可能存在的差异。在一个研究中，研究者要求参与者对他们参与的医院开枪事件说谎或讲真话（Mohamed et al., 2006）。为了使说谎的体验尽可能真实，内疚条件下的参与者在空房间里确实开了枪（只装空弹壳）。在内疚和非内疚条件下的参与者需要回答一系列问题，同时进行 fMRI 扫描。内疚组参与者需要对他们在事件中的角色说谎。fMRI 的结果发现，当说谎时，参与者大脑中几个部分的活动都比讲实话时强烈。比如，当参与者准备谎言时，负责计划和情绪的脑区活动非常强烈。

另外一个研究考察了**病理性说谎者**（这些人经常说谎且行为不正常，根据是第 14 章讲到的 DSM-IV 分类标准）的脑活动。将这些病理性说谎者的所有脑结构的 fMRI 结果与匹配组参与者加以比较（Yang e al., 2005），结果发现两者在前额叶上存在巨大差异。比如，病理性说谎者有更多类型的大脑组织参与活动，以便神经元之间彼此传递信息。前额叶皮层是大脑控制计划的重要部分，这说明病理性说谎者特别擅长编造谎言。但是这些结果并没有考察因果关系：病理性说谎者是因为大脑的结构导致他们做出类似行为，还是高频率的撒谎改变了其大脑的结构？

视觉认知

在**图 8.8** 中，我们给你呈现两种关于句子"猫在垫子上"的视觉表征。哪一个看起来是对的呢？如果你从基于语言命题的角度来思维，那么，每个选项都抓住了正确的意义——两图中猫都是在垫子上。尽管如此，你可能只对选项 A 满意，因为它与你第一眼看到这个句子时想到的情景相匹配（Searle，1979）。选项 B 怎么样呢？它可能让你有点不安，因为看起来似乎猫就要翻倒了。这个紧张的感觉一定会产生，因为你能用图来思维。在某种意义上，你能确切地看到将要发生什么。本节中，我们将就视觉表象和视觉过程如何影响你的思维方式做一些探讨。

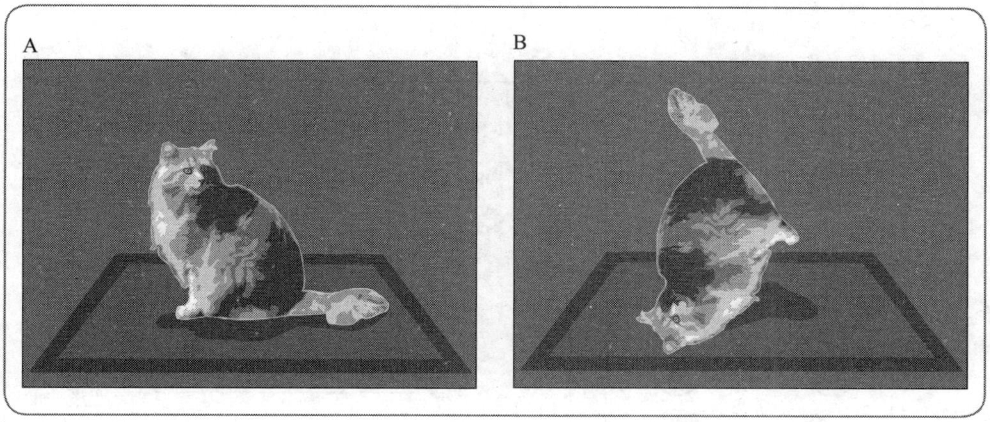

图 8.8
视觉表征
这两只猫都在垫子上吗？

使用视觉表征

一些著名的发现实际上是在心理表象基础上获得的，历史上这样的例子可以说是不胜枚举（Shepard, 1978）。回忆一下凯库勒，我们在第 6 章中曾经提到过他。作为苯的化学结构的发现者，凯库勒经常想象一个心理表象，即原子手拉手跳舞，结合成牢固的分子链。他关于苯环的发现据说就发生在梦中。他曾经梦见一条像蛇一样的分子链，突然抓住它自己的尾巴，形成一个环。法拉第发现了磁力的许多特性，他对数学知之不多，但对于磁场的特性，却有着非常清晰的心理表象。爱因斯坦宣称自己完全是根据视觉表象来产生思想，只有基于视觉的探索完成之后，他才能把他的发现转化为数学符号和语词表达。

为了鼓励你充分享受视觉思维，我们给你举了上面这些例子。但是，甚至无须努力，你也能习惯性地使用你的能力来操纵视觉表象。下面，我们看一个经典的实验，其中，研究者要求参与者变化他们头脑中的表象。

> 研究者向学生呈现字母 R 和它的镜像，这些图像从 0 度到 180 度做出各种角度的旋转（见**图 8.9**）。实验要求学生鉴别所出现的字母是正常的 R 还是 R 的镜像。研究结果发现，决策所花的反应时与图形旋转的量成正比。这个发现表明，在决定图形是 R 还是 R 镜像之前，参与者首先在他的“心理眼”中想象这个图形，然后以某种固定的速度把图像旋转到正立的位置。旋转速度的这种一致性表明，心理旋转过程非常类似于物理旋转过程（Shepard & Cooper, 1982）。

你能非常好地利用这种心理旋转能力。你经常从不熟悉的观察位置看环境中的物体。心理旋转使你能够把这个表象转化成与记忆中所储存的表征相匹配的表象（Lloyd-Jones & Luckhurst, 2002）。

你也能利用视觉表象来回答某些实际问题。例如，假设我们问你高尔夫球是否比乒乓球大。如果你不能直接从记忆中提取相关的事实，那么，你也许会发现，你可以通过将其在你头脑中的视觉表象并排排列，来回答相对大小的问题。在客体脱离你的视线时，心理表象也可以帮助你回忆客体的视觉特点（Thompson et al., 2008）。比如，想象一下英语字母表中第一个字母大写的样子。你的表象中是否包括一条斜线？你的表象中是否有一个封闭的空间？你是否在回答这些问题时感觉到有一个聚焦的过程？这个例子再次说明，表象的使用与真实视知觉的特点在许多方面是一致的。当一个物体真实存在时，你可以再次集中注意力获取更多信息。对视觉表象来说，

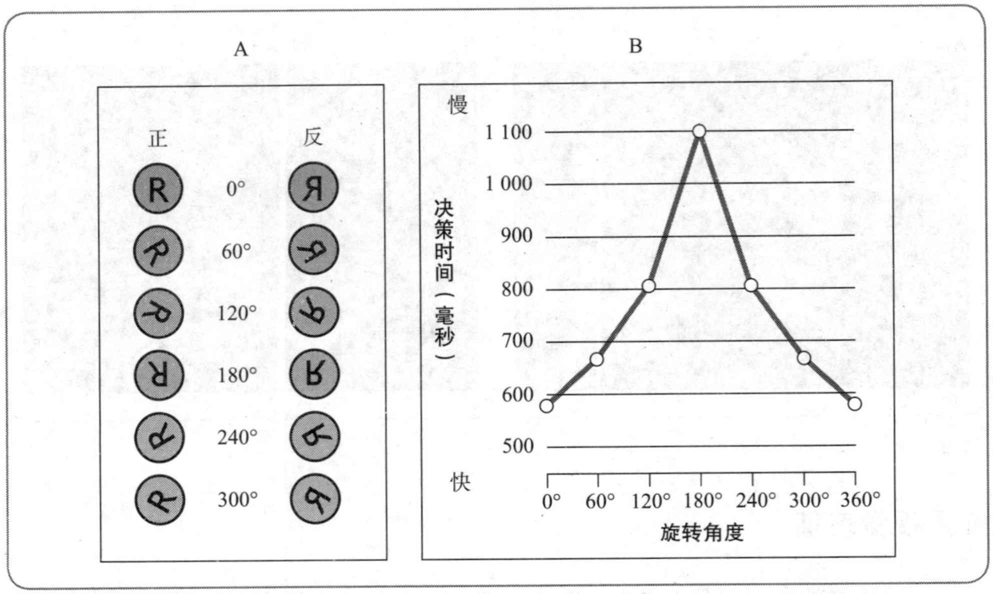

图 8.9
用于评估心理表象的经过旋转的 R
按随机顺序向参与者呈现这些图形，要求他们尽可能快地说出每个图形是一个正 R 还是一个镜像的 R。图形从正立的位置旋转的角度越大，反应时越长。

这一点是相同的。

当然，你在使用视觉想象方面，也存在一些限制。考虑下面的问题：

> 想象你有一大张白纸。在心里把它对折（折成两层），再次对折（四层），然后继续对折，直到总数达到 50 次。当你做完时，纸大约有多厚（Adams, 1986）？

实际答案是约 5 000 万英里（$2^{50} \times 0.028$ 英寸，后者是一张纸的厚度），大约是地球到太阳距离的一半。你的估计可能相当低。你的心理之眼被你要求它表征的信息给蒙蔽了。

我们希望你能完成最后一个视觉表象练习。在周围找出一个物体并仔细看几秒钟。现在闭上眼睛，在头脑中表征这个物体。想想这个问题：视觉时的脑活动区与想象时的脑活动区在多大程度上重合？为了回答这个问题，研究者让参与者看一些常见物体的简笔画（如一棵树）（Gains et al., 2004）。实验的下一阶段，参与者在电脑上看这些简笔画或在头脑中想象这些简笔画，同时通过 fMRI 记录其脑活动。对每一个简笔画，参与者需要回答"这个物体中是否包含有圆形"这样一个简单的问题。**图 8.10** 表示不同脑区 fMRI 扫描的结果。左边和中间的纵列代表进行各项任务时高于基线水平（当参与者没有进行该任务时）的脑活动。右边的纵列表示与知觉活动相关的脑区。这些数据支持了两个结论：第一，知觉和想象的脑活动过程有很大相似处；第二，想象的脑区只是知觉脑区的一个部分——参与者并没有使用任何特殊的脑区来进行想象活动。就脑活动而言，我们只是在使用与知觉外部世界时相同的资源在头脑中创建关于外部世界的心理表征。

言语和视觉表征的结合

迄今为止，我们的讨论很大程度上集中在你通过将环境中的视觉刺激保留在记忆中而形成的各种视觉表征上，或者在想象的情况下，通过从记忆中提取而形成的视觉表征。然而，你经常能够在言语描述的基础上形成视觉表象。例如，你可以在

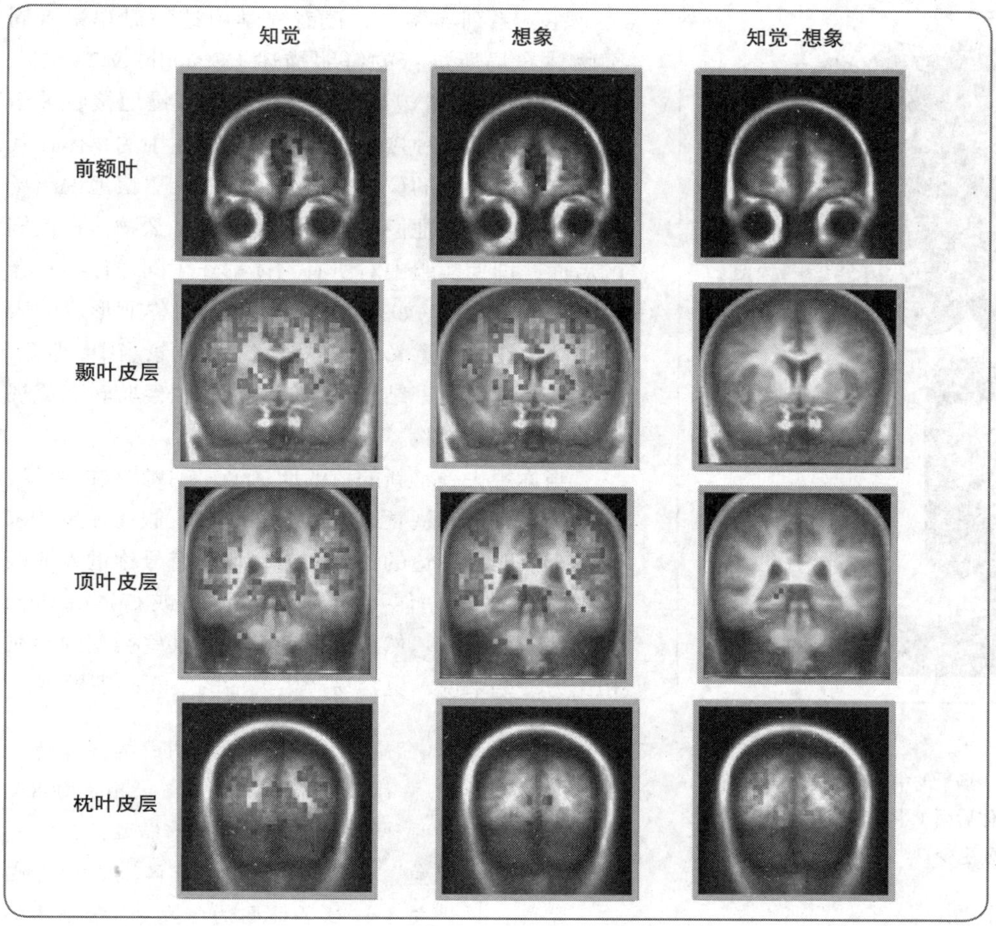

图 8.10

视觉表象的脑基础

该图表示当参与者完成知觉任务或视觉表象任务时的 fMRI 扫描结果。左边和中间的纵列代表完成各项任务时的脑活动：红色、橙色或黄色表示相对基线（没有任务）时脑更活跃区域；蓝色则表示低活跃脑区。右边的纵列表示受知觉活动影响的脑区。扫描结果说明知觉和视觉表象的脑活动过程有很大相似处。（见彩插）

资料来源：Reprinted from *Cognitive Brain Research*, 20, G. Ganis et al., "Brain areas underlying visual mental imagery and visual perception: An fMRI study," pp. 226–241, copyright © 2004, with permission from Elsevier.

头脑中形成一个长着三条尾巴的猫的心理图像，尽管你几乎肯定从来没有见过这样的猫。言语描述使你能够形成视觉表征。当你阅读包含空间细节的科幻作品时，这种由言语情景导致的心理表象能力特别有用。看看下面这段文字，它来自关于詹姆斯·邦德的短篇故事——《雷霆杀机》：

> 这块空地大约有两个网球场那么大，上面铺满了厚厚的草和苔藓。有一大片百合布满山谷，周边树底下，散布着野风信子。一边是低的土墩……完全被荆棘和现在盛开的野蔷薇玫瑰环绕着、覆盖着。邦德绕着土墩走，凝视着各种植物的根，但是，除了土墩的外形之外，什么也看不见（Fleming, 1959, pp. 19-20）。

你尝试过想象一下上面这个场景，你能帮助邦德觉察到危险吗？（他会发现这种危险。）当你阅读时，为了跟踪人物的行踪，你可以形成空间心理模型（Zwaan & Radvansky, 1998）。研究者经常关注空间心理模型是如何利用实际空间经验的（Rinck et al., 1997）。

例如，假设你阅读一段课文，这段课文把你放在一个有趣的环境中间。

> 你正在歌剧院中开怀畅饮。你今天晚上是来与上层人物——一些有趣的议员——见面和聊天的。此刻，你正站在栏杆旁边，俯瞰一层宽大高雅的包厢。你的正后方，在你的视平线位置的包厢墙上，有一盏装饰灯，灯的底座是镀金的（Franklin & Tversky, 1990, p. 65）。

图 8.11 空间心理模型

你能够使用想象把自己投射到一个场景的中间。就好像你真的站在房间里一样，同说出什么东西在你后面（半身像）相比，说出什么东西在你前面（灯）所花的时间要更少。

在一系列实验中，读者先学习这种对观察者周围物体布局所进行的鲜明描述（Franklin & Tversky, 1990）。研究者希望证明，读者或快或慢地接收关于场景的信息，这种接收速度依赖于描述中的物体在其心理空间中所处的位置。例如，读者能更快地说出场景中什么物体在他们的前面，而不是什么物体在他们的后面，即使实验中对所有物体都作了同样仔细的介绍（见**图 8.11**）。如果你相信，阅读时你所形成的表征实际上在某种意义上把你放到了该场景当中，那么，你很容易理解这一结果。你能够把言语经验转变成视觉的、空间的经验。

当你想去一个新的目的地，而在寻找路线的时候，经常会将言语和视觉表征结合在一起。假如你想从家里开车去明尼苏达的达尔文市，那里有号称世界上最大的人工线球。你可能去 MapQuest 或 GoogleMaps 等网站获取路线。然而，研究发现，某些类型的导航相比另一些来说，更容易产生灵活的空间心理模型。

> 参与者学习关于某些社区地图的描述（选自匹兹堡和底特律的社区）（Brunyé et al., 2008）。这些描述有两种格式，一种是**俯瞰描述**，提供一种“鸟瞰视角”，好比一个人在社区上方的空中盘旋，提供关于该社区地图的信息：“先锋林荫大道从摩尔广场开始，向南延伸。大道的一部分因为维修而中断。首都大道从先锋大道分出，向东延伸。”还有一种是**路径描述**，帮助读者在头脑中走过该社区：“从摩尔广场左转，走上先锋大道，该大道向南延伸。大道的一部分因为维修而中断。从先锋大道开车过来，向左转进入首都大道”。在学习完这些描述后，参与者完成一个问卷测试，检测他们对该社区的知识。参与者的成绩受到其学习材料所用描述类型的影响，当他们根据俯瞰信息形成空间心理模型时，其回答问题的能力则更加灵活。

研究者认为，俯瞰描述能使读者以更好的方式将社区中的各部分建筑结合在一起。相反，路径描述只关注如何在社区中行走的单一路线。如果你下载一个导航，它错误地将你带到一个死胡同，你就会发现建立在路径描述基础上的心理模型是多么不灵活：在障碍周围你将无法找到自己的路。

在这部分我们了解到，你的视觉过程和表征能够弥补你言语能力的不足。在应对生活中的要求和任务时，这两种获取信息的方法都可以给你提供特别大的帮助。现在，我们转向两个领域，其中，你利用视觉和言语表征来应对生活中的复杂事物。这两个领域分别是问题解决和推理。

STOP 停下来检查一下

❶ 物理旋转和心理旋转过程有多相似？
❷ 对视觉表象脑基础的研究发现了什么？
❸ 如果你想象自己位于某个场景中，你把自己放在这个空间的位置是否重要？

批判性思考：想一想比较描述类型的研究。如果你接收到路径描述的导航，你会如何转换成俯瞰描述？

问题解决和推理

让我们再回到那条神秘的信息——“猫在垫子上”。如果你已经理解了此信息，你下一步需要做什么？对那些生活少有神秘色彩的人来说，考虑一下生活中更为普通的一种情境：你偶尔会把自己锁在家、房间或汽车的外面。接下去你会做什么？反思一下，为了克服这个困难，你可能经历哪些心理过程。那些心理步骤几乎肯定会包括构成**问题解决**（problem solving）和**推理**（reasoning）的认知过程。为了达到某种特定的目标，比如获得结论或解决办法，这两种活动都要求你把当前的信息同储存在记忆中的信息相结合。我们将着眼于问题解决的几个方面以及两类重要的推理——演绎推理和归纳推理。

问题解决

*什么东西早晨用四条腿走路，中午用两条腿走路，黄昏时用三条腿走路？*根据希腊神话，这是斯芬克斯给出的一个谜语。斯芬克斯这个邪恶的怪物，威胁要对底比斯人实施暴政，直到有人解开这个谜底为止。为了破解这个谜语，俄狄浦斯必须要认识到这个谜语的要素是一些隐喻。早晨、中午、黄昏代表人生的不同阶段。婴儿爬行（因此实际上有四条腿）用四条腿；成人走路用两条腿；老年人用两条腿走路，此外还使用手杖，这样总共三条腿。俄狄浦斯给出这个谜语的答案是“人”。

尽管你在日常生活中所遇到的问题可能并不像年轻的俄狄浦斯所面对的问题那样有不朽的价值，但是，问题解决活动是你日常生活的一个基本部分。你不停地遇到需要解决的问题：如何在有限的时间里管理工作和任务，如何在一次工作面试中取得成功，如何断绝一种关系，等等。许多问题涉及你所知道的和你需要知道的这二者之间的差异。当你解决一个问题时，你会找到一种方法来获得缺失的信息，从而减小那个差异。为了了解问题解决的本质，试着解决**图 8.12** 中的问题。当你做完之后，我们再看一下心理学研究如何能帮助你清楚地了解自己的行为——而且，我们可能为如何改进你的行为提供一些建议。

问题空间和过程 在现实生活情形中，你如何定义一个问题？你经常会觉察到你当前的状态与你渴望的目标之间的差异：例如，你一文不名，你想拥有一些钱。你也通常能意识到，为了在差距间架起桥梁，你能（或愿意）采取的一些步骤：你将努力得到一份兼职工作，但你不想当扒手。问题的正式定义抓住了这三个要素（Newell & Simon, 1972）。一个问题一般由下面三个方面来定义：（1）*初始状态*——一开始时

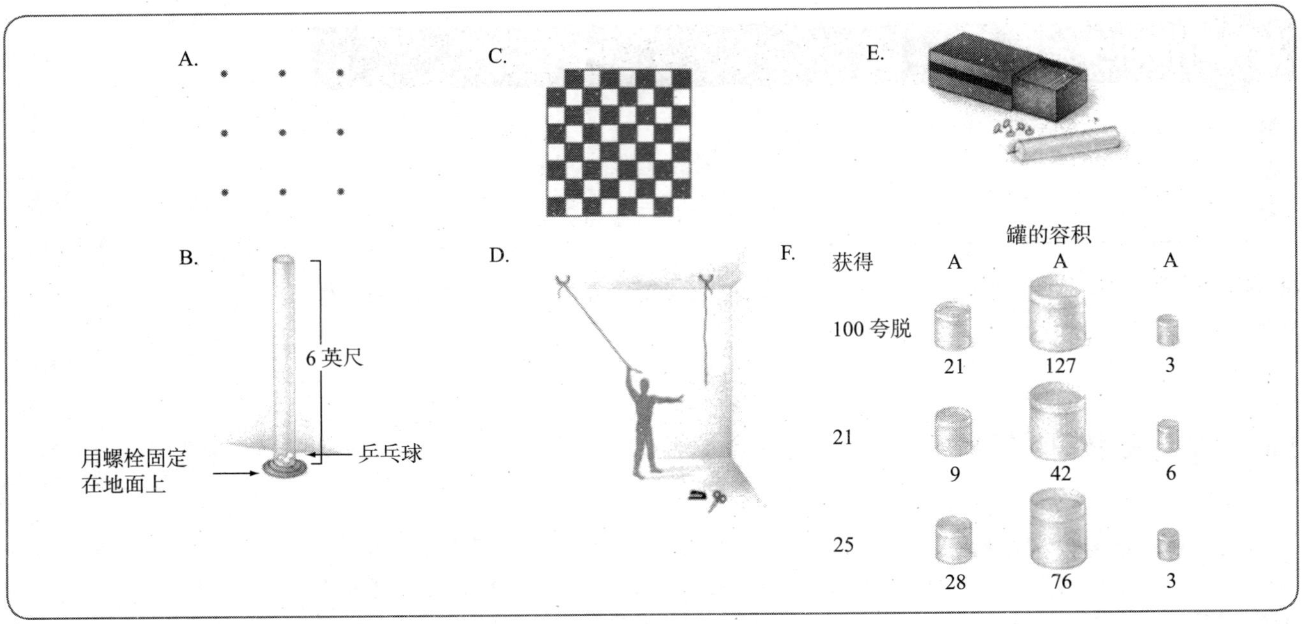

图 8.12　你能解决吗？（第一部分）

尝试解决每一个问题（答案在图 8.13 中，不过，请尝试解决所有问题之后再看答案）。

（A）你能不抬起笔，画 4 条首尾相连的直线，把图中所有的点连上吗？

（B）一个顽皮的人把 3 个乒乓球放进了一根 6 英尺长的管子里。这根管子垂直地竖立在物理实验室的一个角落里，被固定在地面上。你怎样才能把乒乓球拿出来？

（C）棋盘的两个角被切掉了，剩下 62 个棋盘格。你有 31 张多米诺骨牌，每张正好覆盖两个棋盘格。你能用这些多米诺骨牌覆盖整个的棋盘吗？

（D）你处于图中所示的情形，你的任务是把两条绳子系到一起。如果你抓住一条绳子，那么，你就够不到另一条绳子。你知道怎样做吗？

（E）给你图中所示的一些物体（一支蜡烛、一些大头钉和一些装在火柴盒里的火柴）。任务是把一只燃烧的蜡烛安装到门上。你知道怎样做吗？

（F）给你 3 个"水罐"问题。仅用 3 个容器（水不限），你能获得每种情况下所指定的精确数量的水吗？

资料来源：From *How to Solve Problems* by Wickelgren, Wayne. Copyright 1974 by Wayne Wickelgren, Rightsholder. Reproduced with permission of Wayne Wickelgren, Rightsholder in the format Textbook via Copyright Clearance Center.

不完全的信息或令人不满意的状况；（2）目标状态——你希望获得的信息或状态；（3）操作——为了从初始状态迈向目标状态，你可能采取的步骤。这三部分加在一起定义了**问题空间**（problem space）。你可以把解决问题看成走迷津（问题空间），从你所在的位置（初始状态）到你想去的位置（目标状态），做一系列的转弯（允许的操作）。

如果未能对这些要素中的任何一个进行很好的定义，那么，问题解决过程中就会出现许多困难（Simon, 1973）。定义完好的问题类似于教科书中的问题，在这种问题中，初始状态、目标状态和操作都说明得非常清楚。你的任务是找到办法，使你能够利用允许的、已知的操作获得答案。相比之下，定义不清的问题类似于设计一个住宅、写一本小说或寻找治疗艾滋病的方法。其中，初始状态、目标状态和/或操作可能不清楚、很含糊。这种情况下，问题解决者的首要工作是尽可能找出问题究竟是什么，让初始、理想的解决方案以及可能的手段都变得清楚。

根据你自己的经验，你知道，甚至当初始状态和目标状态明确时，为了找到开

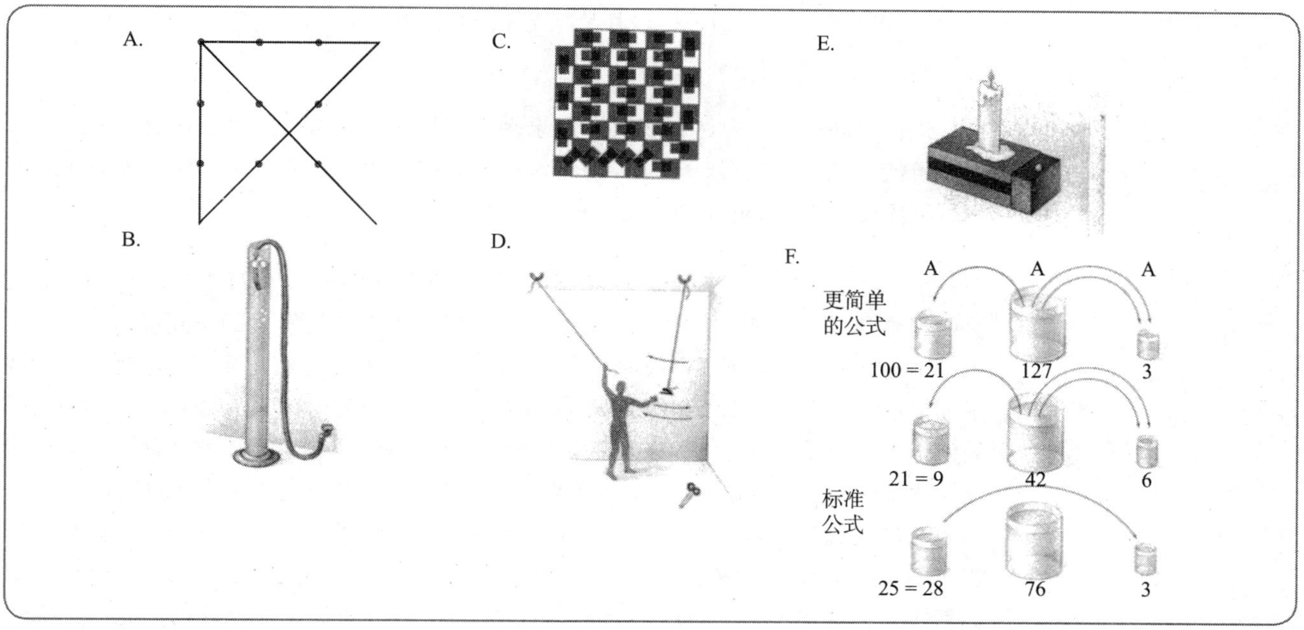

图 8.13　你能解决吗？（第二部分）
这是问题的解决方法。你做得怎么样？随着问题解决和推理这部分内容的逐渐展开，我们会探讨是什么让这些问题变得不容易解决。

端到结束之间的正确操作，也仍然可能遇到困难。如果回想一下你在数学课上的经历，你就会知道真的是这样。老师给你一个像 $x^2 + x - 12 = 0$ 这样的方程式，要求你算出 x 可能的值。你会做什么？为了解决这个代数问题，你可以使用一种**算法**（algorithm）：按照特定的步骤，为特定类型的问题提供正确的答案。如果你正确地应用代数规则，那么，你肯定能够得到 x 的正确值（即 3 和 –4）。如果你忘记了密码锁的号码组合，你也可以由算法来指导自己的行为。如果你系统地尝试解法（如，1，2，3;1，2，4），你肯定会找到正确的号码组合——尽管你可能会花相当长的时间！同定义不清楚的问题相比，明确的问题有着清楚的初始状态和目标状态，因此，算法对它们可能更有用。当算法不可用时，问题解决者通常依靠**启发式**（heuristic），所谓的启发式是一些策略或经验法则（rules of thumb，俗称“拇指规则”）。例如，假设你正在看一篇侦探小说，你想弄清楚是谁谋杀了电子业大亨。你可能排除了“是男管家干的”这种可能性，因为你利用了“作者不会使用如此陈腐的情节线索”这种启发式。我们不久就会看到，启发式对于判断和决策来说也是至关重要的。

研究者一直希望了解，当人们解决问题时，他们是如何应用算法和启发式的。为了研究问题解决者所采用的步骤，研究者通常使用一种称做**出声思维法**（think-aloud protocol）的程序。这种程序要求参与者描述他们正在进行的思维（Ericsson & Simon, 1993）。例如，两位研究者希望了解参与者解决图 8.12C 中的残缺棋盘问题时所经历的心理过程（Kaplan & Simon, 1990）。下面是其中一位参与者的描述，该参与者取得了关键性突破，认识到了仅仅水平和垂直摆放多米诺骨牌，并不能解决问题（棋盘是粉红色和黑色相间的）：

> 这样看来，你剩下了……缺了一块——多少，你剩下了，嗯……粉红的比黑的多，为了完成它你必须把两个粉红色的连起来，但是你不能那样

做，因为它们是斜的……这样的话是不是有所接近（Kaplan & Simon, 1990, p. 388）？

这位问题解决者刚刚认识到，如果多米诺骨牌只能水平或垂直摆放，那么，目标不可能达到。研究者经常从参与者对自己思维过程的说明出发，建构更为正式的问题解决模型（Simon, 1979, 1989）。

改进你的问题解决　是什么让问题解决变得困难？如果反思日常经验，你可能就会找到答案——“有太多的事情需要同时考虑”。有关问题解决的研究得到了非常一致的结论。造成问题难于解决的一个通常原因是，解决一个特定问题的心理要求压倒了加工资源（Cho et al., 2007; Kershaw & Ohlsson, 2004）。为解决一个问题，你需要计划你将采取的一系列操作。如果那个计划太复杂，或者每个操作本身太复杂，你可能就无法看到从初始状态到目标状态的路线。你怎样才能克服这个潜在的局限性呢？

改进问题解决的一个重要步骤是，找到一种方法来表征一个问题，使你在现有资源的条件下来完成每个操作。如果你必须习惯解决类似的问题，那么，一个有用的程序是，对解决办法的每一个成分都进行练习。这样，过了一段时间之后，那些操作就会要求较少的资源（Kotovsky et al., 1985）。例如，假设你是纽约城的一位出租汽车司机，每天都面对塞车。你可以在心里练习如何对城市里各个地点的塞车做出反应，这样，你就能事先准备好解决办法，从而快捷地带着你的乘客从上车地点到目的地。通过练习这些解决办法，你能把更多的注意集中在道路上。

有时，找到一个有用的表征，就意味着找到一个全新的方法来思考问题（Novick & Bassok, 2005）。看一下**表 8.6** 中的问题。你如何着手进行证明？在你往下阅读之前，请思考几分钟。你做得怎么样？如果“证明”这个词让你联想到某些数学上的东西，那么，你可能不会有什么进展。考虑这个问题的一个更好的方法是，想象有两个和尚，一个从山顶出发，另一个从山底出发（Adams, 1986）。因为一个向上爬，一个往下走，所以，很明显他们会在山上的某个位置相遇，对吗（见**图 8.14**）？现在用一个和尚替换一对儿和尚——概念上是相同的——你就可以证明。使得这个问题突然变得非常容易的是，你使用了正确的表征，即视觉表征，而不是言语或数学表征。

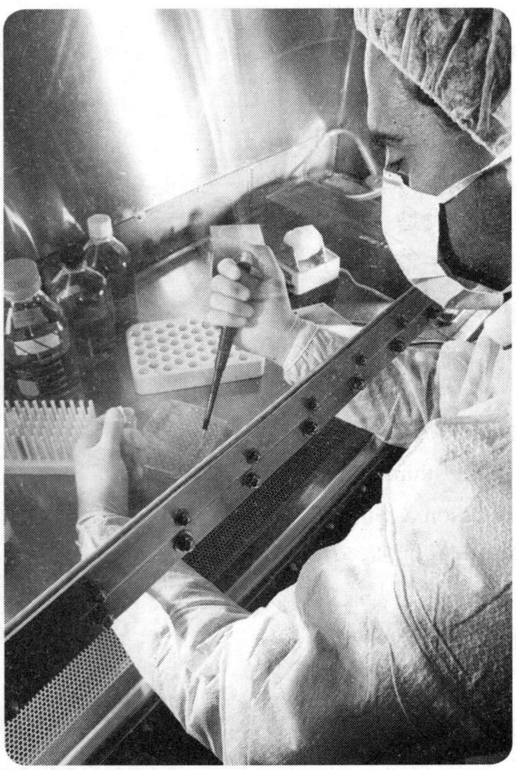

科学家如何探索治疗艾滋病这种定义不清的问题？

如果回到图 8.12 中的问题，你就会看到其他一些较好的例子，它们能够说明对问题空间形成适当表征的重要性。为了从管子中拿出乒乓球，你需要认识到解决办法中不应该包括把手伸到管子里；为了把两条绳子连起来，你需要看到地板上其中一个工具可作为重物；为了把蜡烛安放到门上，你需要改变你通常的看法，即把火柴盒看成一个平台而不是一个容器，并且，你不仅需要把蜡烛看成要安放到门上的物体，还需要把它也看成一个工具。后面这两个问题显示了功能固着现象（Duncker, 1945; Maier, 1931）。**功能固着**（functional fixedness）是一种心理上的阻塞，它抑制了某些物体的新用途，只把它以前的一些功能联系起来，这样就会对问题解决产生不利影响。无论何时，当你面对某个问题时，你都应该问自己：“我正在怎样表征这个问题？有没有考虑用不同的或更好的方法来解决这一问题？”如果这些提醒不起作用，就试着画一个图。或者分析你的假设，看看通过新的组合你能打破哪些“常规”。

通常，当你努力解决一个问题时，你就会陷入一种特定的思维，即我们所说的推理。现在，让我们转向你用来解决问题的第一种推理——演绎推理。

表 8.6 和尚难题

一天早晨，就在日出的时候，一个和尚开始爬一座高山。一条狭窄的山路，不超过一两英尺宽，环绕着山盘旋，一直通向山顶上闪闪发光的寺庙。和尚以不同的速度攀登，沿途多次停下来，休息、吃随身携带的干果。日落之前他到了寺庙。几天的禁食和冥想之后，他开始了沿着同样路线的返程旅行，仍然是日出时启程，以变化的速度行走，沿途多次停下来。当然，他下山的平均速度大于上山的平均速度。请证明，和尚上山和下山的旅途中，恰好在同一个时间到达了某个地点。

见图 8.14 和尚难题的“证明”。

资料来源：From *Conceptual Blockbusting* by James Adams. Reprinted by permission of Da Capo Press, a member of Perseus Books Group.

演绎推理

假设你正在去饭店的路上，你想要用你惟一的信用卡——美国运通卡——来付餐费。你给饭店打电话：“你们接受美国运通卡吗？”饭店女服务员答复说，“我们接受所有的主流信用卡”。现在你能有把握地得出结论：他们接受美国运通卡。为了了解其中的原因，我们来重新展示你所做的推理，使它符合希腊哲学家亚里士多德 2000 多年前所提出的三段论结构：

前提 1：这家饭店接受所有的主流信用卡。
前提 2：美国运通卡是一种主流信用卡。
结　论：这家饭店接受美国运通卡。

亚里士多德关心陈述之间的逻辑关系，这样才能够得出有效的结论。**演绎推理**（deductive reasoning）涉及如何正确运用这样的逻辑规则。我们上面提到的信用卡的例子，就是想说明怎样才能得出具有合乎逻辑的、演绎证明形式的结论。尽管如此，心理学研究仍旧关心这样的演绎推理形式和规则是否真的能够出现在你的头脑中（Evans 2008; Goel, 2007）。这方面的研究表明，你可能拥有一些一般的、抽象意义上的形式逻辑，但是，你在真实情境中的演绎推理，既受你掌握的特定知识的影响，也受针对特定的推理问题你所能拿来使用的代表性资源的影响。让我们详述这些结论。

知识如何影响演绎推理？考虑下面这个三段论：

前提 1：所有带有发动机的东西都需要油。
前提 2：汽车需要油。
结　论：汽车有发动机。

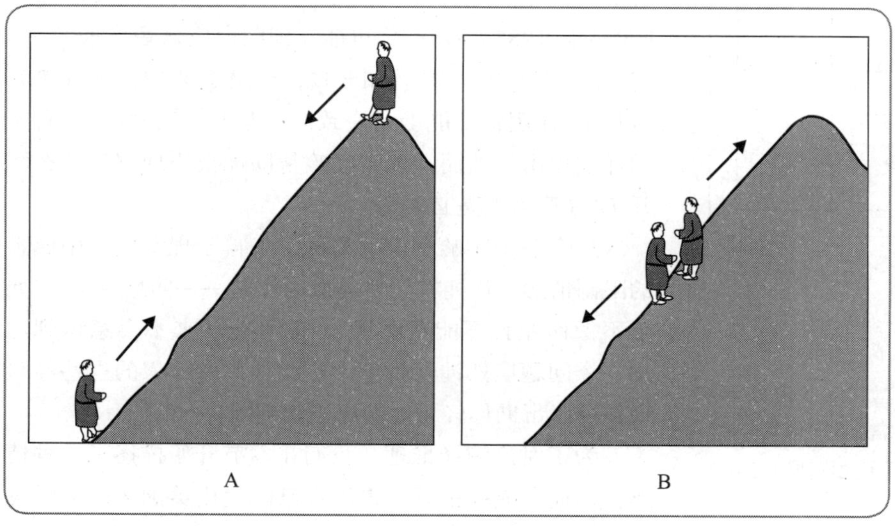

图 8.14

和尚难题的“证明”

A 显示了两个和尚，一个从山脚开始，一个从山顶开始。B 显示了他们肯定在这天的某个时候相遇。用一个和尚替换这两个和尚，你就能找到你的证明方法！

资料来源：From *How to Solve Problems* by Wickelgren, Wayne. Copyright 1974 by Wayne Wickelgren, Rightsholder. Reproduced with permission of Wayne Wickelgren, Rightsholder in the format Textbook via Copyright Clearance Center.

这是一个正确的结论吗？按照逻辑规则，它不是，因为前提 1 未能解决这样的可能性，即一些没有发动机的东西也需要油。对你来说，困难在于，在一个逻辑问题中错误的东西，在现实生活中并不必然是错误的。换言之，如果你把前提 1 和 2 看做你所拥有的所有信息——如果你只是作为有关形式逻辑的一次练习来接受这一点，你会这样认为——那么，这个结论就是错误的。

这个结果说明了一个普遍的**信念偏见效应**（belief-bias effect）——人们倾向于把那些他们发现可信的结论判断为正确，而把那些他们发现不可信的结论判断为错误（Janis & Frick, 1943）。研究者认为，信念偏见体现了人们在进行演绎推理时两种心理过程的冲突（Evans, 2008）。一种过程运用过去的经验，提供快速的、自动化的问题解决方法。（我们讨论判断和决策时会用更多篇幅讨论启发式。）另一个过程速度较慢，有意识地运用了形式逻辑。假设你判断“汽车都有发动机”是一个合理的观点。这说明，将过去经验用于判断的过程与运用逻辑分析进行判断的过程存在冲突，前者战胜了后者。研究者证实，信念偏见在这里起了作用。例如，他们要求实验参与者在 10 秒钟内进行三段论式演绎推理（Evans & Curtis-Holmes, 2005）。在时间压力下，人们表现出更多的信念偏见。这个结果说明，人们在运用形式逻辑规则时，需要做出有意识的努力。

在有些情况下，你运用过去经验的能力有助于你在推理任务中表现得更好。想象给你**图 8.15** 所示的四张卡片，上面印着 *A*，*D*，*4* 和 *7*。你的任务是，为了检验“如果卡片的一面是元音字母，那么，它的另一面是偶数数字”这一规则，你必须翻开哪些卡片（Johnson-Laird & Wason, 1977）。你会做什么？大多数人说他们会翻开卡片 *A*——它是对的，还有卡片 *4*——它是不对的。不管在卡片 *4* 翻过来的那一面上出现什么符号，你都无法证明规则失效。（你能明白那是为什么吗？）相反，你必须翻动卡片 *7*。如果你发现那儿有一个元音字母，那么，你会认为这个规则是错误的。

上述任务通常被称做*沃森选择任务*（wason selection task），这个任务对人们有效地进行推理的能力提出了疑问。然而，当参与者能够把他们在现实生活中的知识运用于沃森任务时，演绎推理可以得到改善（Holyoak & Spellman, 1993）。假设要求你完成另一个逻辑上类似的任务，见图 8.15 下面的那套卡片。在这种情形中，要求你评估规则“如果一位消费者要喝酒精饮料，那么，她*必须*年满 18 岁”（Cheng & Holyoak, 1985）。现在你可能立即明白应该翻哪张卡片：*17* 和“*喝啤酒*”。看看图 8.15，你就会明白，卡片 *7* 和卡片 *17* 在逻辑功能上是一致的，翻开 *17* 和翻开 *7* 有着同样的理由。然而，现实经验帮助你很快理解为什么翻开 *17* 在逻辑上是必要的。

抽象任务	A	D	4	7
现实世界任务	喝啤酒	喝苏打水	23	17

图 8.15 **抽象与现实世界推理**

在上边一排中，要求你说出为了检验规则“如果卡片的一面是元音字母，那么，它的另一面是偶数数字”，你必须翻开哪些卡片。在下边一排中，你必须说出为了检验规则“如果一位消费者要喝酒精饮料，那么，她必须年满 18 岁”，你需要翻开哪些卡片。人们通常会在后一个任务上做得更好，该任务允许他们使用现实世界中的策略。

这个关于年龄和饮酒的例子来自于现实生活中熟悉的限制情形。你拥有大量类似的经验——回忆一下，“如果不做作业就不能看电视”。你可能从来不会意识到这样一个问题居然涉及推理。然而，你所积累的这些经验现在可以帮助你轻易地做出正确判断！

为了讨论演绎推理，我们在本节开始描述了一种情形，你通过演绎推理，得出自己能使用美国运通卡付餐费的正确推论。不幸的是，生活中有许多场合，你不能非常肯定根据正确的前提就一定能得出正确的推论。现在，我们再次以饭店中的情形为例，来说明另外一种不同形式的推理。

归纳推理

让我们假定你已经到了饭店的外面，这时候才想起看一下自己是否有足够的现金。你再次发现你可能需要用到你的美国运通卡，但是饭店外面没有相关的标示。你通过饭店的窗户向里面望了一眼，看到穿着考究的顾客，你也看到菜单上昂贵的价格。你判断附近居住的是高消费阶层人士。所有这些观察资料使得你相信，这家饭店可能会接受你的信用卡。这个不属于演绎推理，因为你的结论基于概率而不是逻辑的必然。这是**归纳推理**（inductive reasoning）——利用可获得的证据，产生可能却并不确定的结论。

尽管这个术语可能是新的，但是，我们已经向你描述了几个归纳推理的例子。在第 4 章和第 7 章，我们多次了解到，人们利用以图式的形式储存起来的信息来产生一些关于目前和将来的期望。例如，如果你根据空气中的某种气味来推断某人正在做爆米花，那么，你就在使用归纳推理；如果你认为本书中这一页上的词不可能突然变得看不见（此外，如果你学了这个材料，你关于这个材料的知识就不可能在测验那天突然消失），那么，你也是在使用归纳推理。最后，在这一章的前面，我们讨论了人们使用语言时所做的这种类型的推论：你认为我们告诉你的话表明“*她一定是堂娜*”，这也是依赖于归纳推理。

在现实生活环境中，你的很多问题解决的能力都依赖于归纳推理。回到我们开始时所举的例子：你不小心把自己锁到住宅、房间或汽车外面。你应该做什么？最好第一步从记忆中回忆过去曾经奏效的解决办法。这个过程叫做*类比问题解决*：你在当前情形的特征与先前情形的特征之间建立了一种类比（Christensen & Schunn, 2007; Lee & Holyoak, 2008）。在这种情形中，你“被锁在外面”的过去经验可能促使你形成“找其他有钥匙的人”这种概括性解决方案。有了这种概括，你就可以开始想，那些人可能是谁以及如何找到他们。这个任务可能需要你去室友的下午课上找他们。如果这个问题对你来说很容易，那是因为你已经习惯了让你的过去告诉你的现在：归纳推理允许你通达曾经尝试过的并且正确的方法，这些方法能够加快当前的问题解决。

关于归纳推理，有一个问题需要注意。尽管以前有效的解决方法通常可以再次作为一种成功的解决方法来使用，但是，有些时候，你必须认识到，当旧的情境与当前的情境存在关键性的差别时，依赖过去会妨碍你的问题解决能力。图 8.12 所给出的水罐问题就是一个经典的例子——依赖过去可能让你无法找到问题的解决方法（Luchins, 1942）。如果你已经在 F 中的前两个问题中发现了“$B-A-2(C)=$ 答案”这个规则，那么，你可能尝试使用同样的公式来解决第三个问题，接下来你就会发现这个公式并不奏效。实际上，简单地注满水罐 A，然后倒出去一满罐 C，你就可以得到正确数量的水。如果你使用最初的公式，那么，你可能注意不到这个更简单的可能性——你先前使用另一个规则所获得的成功给你造成一种心理定势。所谓**心理定势**（mental set）是指先前存在的心理状态、习惯或态度，在某些条件下，它能加强感知和问题解决的质量和速度。然而，当旧的思维和行动方法在新的情境中没有价值时，同样的定势可能抑制或破坏你的心理活动的质量。在一个问题解决情境中，当你发现自己灰心丧气时，你应该后退一步，并且问自己：“我过去所获得的成功正在让我的思路变得过于狭窄吗？”你应该尽量通过考虑比过去情形更宽范围的解决方法，使你的问题解决变得更富有创造性。

在我们结束推理讨论前，我们还需要回到你的大脑中。在这部分，我们对演绎推理和归纳推理做了重要的区分。研究表明在大脑中这两种推理也有差异。

> 参与者在完成两种推理任务时，通过 PET 扫描大脑活动。在**图 8.16** 的顶部，一种任务要求演绎推理。参与者阅读传统的三段论并回答结论是否可信。另外一个问题提供的前提无法得到确信的结论。因此，参与者需要采用归纳推理。参与者需要指出结论是否更可能是正确的。如图 8.16 底部所示，两种类型的推理具有不同的脑活动。结论非常清楚：演绎推理在右半球产生更多的活动；而归纳推理在左半球产生更多的活动（Parson & Osherson, 2001）。

为了使结果更明了，回想第 3 章的内容——左半球在言语生成上起重要作用。这项关于推理的研究表明，演绎推理包含的逻辑分析与言语活动是相对独立的。归纳推理则需要基于我们前面讨论过的言语理解和推测。

在这节中，我们考察了各种类型的问题解决和推理。每种情形中，我们都向你提供了一些你可以采取的具体步骤，你可以用来改进你在现实生活中的行为。在本章的最后一部分，我们遵循同样的策略。我们首先描述有关判断和决策过程的一些主要的研究发现，然后给你一些建议，告诉你如何能把那些发现运用到你生活中的一些重要情境中。

演绎推理：	归纳推理：
他要么喜欢乡村音乐，要么喜欢歌剧。 他不喜欢乡村音乐。	如果他是会计师或图书馆工作人员，他就会喜欢歌剧。 他喜欢歌剧。
他喜欢歌剧。	他是一名会计师。
这个结论正确吗？	**这个结论更可能正确而不是错误的吗？**

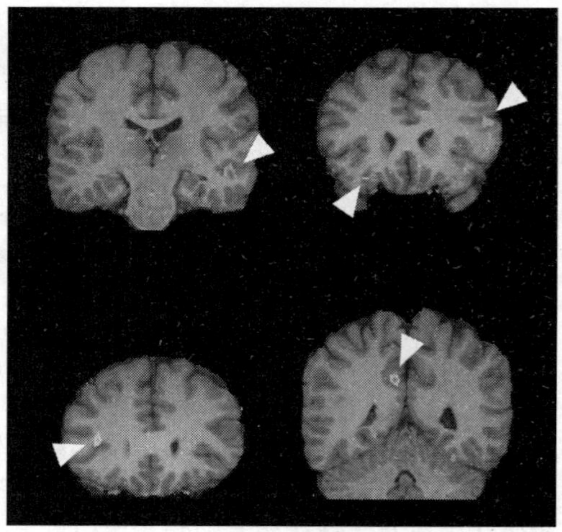

图 8.16　推理时的大脑

当学生使用演绎推理时，右侧的大脑结构相对更活跃（绿色区域）。当学生使用归纳推理时，左侧的大脑结构相对更活跃（黄色区域）。（见彩插）

停下来检查一下

❶ 就问题解决而言，算法是什么？

❷ 克服功能固着指的是什么？

❸ 当人们出现信念偏见效应时会发生什么情况？

❹ 记忆在归纳推理中的作用是什么？

批判性思考：考虑推理过程的脑基础研究。就归纳推理来说，为什么参与者是判断对错的可能性而不是绝对的对和错。

判断和决策

在最后一部分，我们再次回到“猫在垫子上”。让我们来做出决策和判断：多大程度上你认为这条信息是一个笑话？多大程度上这条信息对你有非常重要的作用？你应该不理这件事而继续上床睡觉吗？

这一系列问题说明了日常经验中的一个重要真理：你生活在一个充满着不确定性的世界。下面是一些问题，一些你很熟悉的问题。你会花 10 美元看一部你可能喜欢，也可能不喜欢的电影吗？在考试之前，复习一下笔记或把这一章再读一遍，情况会更好吗？你准备让自己对一种长期的关系负责任吗？由于你对未来只能猜测，而且你对过去也从不会有完全的了解，所以，你很少能完全肯定你已经做出了正确的判断或决策。这样，判断和决策过程必须以一种让你能有效地处理不确定性的方式来进行操作。正如认知心理学的奠基人之一**赫伯特·西蒙**（Herbert Simon，1916—2001）所提出的那样，因为“同人类所生活环境的复杂性相比，人类的思维能力非常有限”，所以，人类一定愿意“找到‘足够好的’问题解决方法以及‘足够好的’行动路线”（1979, p. 3）。据此，西蒙提出，思维过程受有限理性（bounded rationality）的指导。你的判断或决策可能并不像理想中的那样好——那样“理性”，但是，你会看到它们之所以产生，是因为你要把有限的资源应用到需迅速行动的情境之中。

在我们更彻底地分析有限理性的结果之前，让我们很快地区分一下判断和决策这两个过程。**判断**（judgment）是一个过程，你通过它形成看法、得出结论，以及对事件和人做出评论性评估。你常常在没有提示的情况下，自发地做出判断。**决策**（decision making）是在备选项之间做出选择，选择某些结果而拒绝另外一些选项。判断和决策是两个相关的过程。例如，在一个聚会上，你可能遇见某个人，在简短的谈话和一起跳过舞之后，你判断这个人聪明、有趣、诚实和真诚。然后，你可能决定在聚会中大部分时间和这个人在一起，并且决定下周末安排一次约会。决策更紧密地与行为和动作联结在一起。现在让我们转到对这两种思维的研究。

启发式和判断

什么是做判断的最好的方法？例如，有人问你是否喜欢一部电影。为了回答这个问题，你可以填写一个有两列内容的表，一列是“关于这部电影，我所喜欢的”；另一列是“关于这部电影，我不喜欢的”，然后看看哪一列填写得更长。为了更精确

当你准备开始一段长期的关系时，什么过程会影响你的决定？

一点儿，可能你应该根据重要性为每列中的条目赋予权重（这样，同消极因素一边中的“尖锐刺耳的声音”相比，积极因素一边中的“演员的表演”权重可能更高）。如果你完成了这个完整的程序，那么，你可能对你的判断非常有信心。但你知道你很少做这种练习。在现实生活情形中，你不得不经常迅速做出一些判断。你没有时间——也没有足够的信息——使用这样一种正规的程序。

相反，你会做什么？**阿莫斯·特维尔斯基**（Amos Tversky）和**丹尼尔·卡尼曼**（Daniel Kahneman）最早回答了这个问题。他们认为，人们的判断依赖于启发式而不是正式的分析方法。正如我们在对问题解决的讨论中所注意到的那样，启发式根据一些非正式的经验法则来提供捷径，它们能够降低判断过程的复杂性。在特维尔斯基和卡尼曼的引领下，研究者认为，人们会陷入一个所谓的“*适应性工具箱*（adaptive toolbox）”，即一个“快速而节省”的启发式仓库，得到的判断大多数时候是正确的（Gigerenzer, 2008; Todd & Gigerenzer, 2007）。这里要强调的重要一点是，在有限资源条件下快速做出正确判断的能力是适应性的——此能力具有生存价值。研究者已经确认了一些快速而节省的启发式，证明它们通常能带来正确的判断（Hertwig et al., 2008）。

即便如此，针对启发式的研究通常关注哪些情形会导致*不正确*的判断。对这一情形有两种解释。起初，此类研究遵循前几章中大家已经很熟悉的逻辑：可以通过研究知觉错误来研究知觉，也可以通过研究记忆失败来研究记忆。同样，你可以通过研究判断错误来更好地理解判断。另外，如果能够确认哪些情形导致启发式产生错误，也是很有价值的。它能使人们有机会运用更多的心理特点，以便做出更好的判断。

我们在描述信念偏见效应时已经提供给你这样一个例子。一般来讲，将过去的经验带到当前的判断中是件好事。然而，在演绎逻辑背景下，这个做法可能导致不正确的反应。为了获得正确的演绎推理，你有时候需要慢下来，努力运用你关于逻辑规则的知识。演绎逻辑的这个例子显示出，为什么很多研究者推崇关于判断和决策的*双过程模型*（Evans, 2008）。这些模型认为人们有两套心理过程：快速、自动和无意识的过程（体现在启发式中），以及慢速、需要努力、有意识的过程。正如我们已经指出的那样，你的启发式过程通常能够提供正确的判断。大多数时候，你不需要借助意识的干预，应该让这些过程自动发挥作用。但是，在研究以下三种启发式时——可得性、代表性以及锚定——你应该试图获得一些关于周围环境的具体想法，此时意识干预可能是必要的。

可得性启发式　我们先请你做一个无足轻重的判断。（我们知道你可能做出错误的回答，我们不想让你在某件重要的事情上感到很尴尬。）如果我们给你一段简短的小说摘录，那么，你认为在这段摘录中，是以字母“*k*”开头（如“*kangaroo*”）的词更多呢？还是第三个字母是“*k*”（如“*duke*”）的词更多？如果你像特维尔斯基和卡尼曼（Tversky & Kahneman, 1973）的一项研究中的参与者一样，那么，你可能判断“*k*”

更经常出现在词的开头。事实上，“*k*”出现在第三个位置的频率大约是前者的两倍。

为什么大多数人相信“*k*”更可能出现在第一个位置？答案与来自记忆的信息的可得性有关。与想起“*k*”出现在第三个位置的词相比，想起以“*k*”开头的词要容易得多。这样，你的判断来自于你使用了**可得性启发式**（availability heuristic）：你让你的判断基于记忆中易于使用的信息。可得性启发式有两个成分，第一个是你提取信息时是否相对容易或流畅。比如，让你判断滑翔和保龄球哪个项目更危险。如果你和我们一样，你可能更容易提取到记忆中的滑翔事故，而不是保龄球事故。如果你根据提取的容易度来做判断，你肯定会说滑翔更危险。可得性启发式的第二个成分是，你发现某些记忆内容很容易提取。假设要求你说出浮现在头脑中关于保龄球的前五个记忆。如果所有这些记忆都是不快乐的，那么你就会认为保龄球不是你休闲运动的最佳选择。让我们来看一下这里每个成分是如何导致潜在问题的。

回忆第 7 章中所讨论的提取线索是如何帮助你回忆的。我们的结论认为，同样的提取线索可能有效，也可能无效，依赖于你如何使用这些线索的背景。假设在我们向你提出关于“*k*”的问题前，先给你一些测验，其中“*k*”在单词中位于第三个位置，如“*bike*、*poke*、*take*”。通过改变提取的背景，我们有可能改变你的判断。我们所要做的是，信息的流畅性——你从记忆中提取信息的容易程度——将在不同的背景下有所改变。有这样一个研究，让参与者评估某个样例在某类别中的典型性程度（Oppenheimer & Frank, 2008）。有时候，样例以容易辨认的字体给出：

hummingbird

有时候，则以不容易辨认的字体给出：

hummingbird

针对同样的样例，参与者在字体容易辨认时，给出的典型性评分更高。对这一结果有一个解释，参与者评估的流畅性——从印刷字体到记忆表征过程中体验到的难度——决定了他们对其代表性的评价。这个研究显示，你根据流畅性做出的判断取决于背景因素。不同的背景（如字体的变化）可能带来不同的判断。你在做重要判断的时候，首先应该问自己：“这个背景是否会影响我提取特定信息的难易程度？”

当你在记忆中所储存的信息会给可得性带来偏差时，作为一种判断启发式，可得性就会引起另一个困难。再来看一个例子，人们对各个国家人口数的判断（Brown & Siegler, 1992）。看看你是否能从人口最少到人口最多对这四个国家进行排序：

a. 瑞典
b. 印度尼西亚
c. 以色列
d. 尼日利亚

研究者证明，大体上，参与者对一个国家了解得越多，他们对这个国家人口的估计也越高。而且，参与者所评定的关于一个国家的知识，与一年中《纽约时报》的文章中该国家被提及的次数之间存在相当大的相关。（顺便说一句，正确答案是以色列、瑞典、尼日利亚和印度尼西亚。可得性让你误入歧途了吗？）

很明显，你没有必要对你的认知过程感到沮丧，因为媒体向你提供了一个有缺陷的资料库。我们可以提供另一个例子，它可能会使你更加不安。很多同学不愿意承认记忆对其考试成绩有不利影响，想象你在做一项多选测验，你选定一个答案，但思考了一会之后，你又做了改动。你更容易从对改成错，还是从错改成对？如果你和大多数同学一样，你就会坚持原先的答案，这就会使你对改变答案产生不安，但是，你的确应该这样吗？

研究者考察了 1 561 个学生在多项选择题中改变答案后的结果（Kruger et al., 2005）。在 3 291 个改变的答案中，23% 的答案是由一种错误变成另一种错误。另外的改变中，51% 使错误答案变正确；25% 使正确答案变错误。这个结果说明，你不应该为改变答案而犹豫。但是，当问及改变答案的作用时，75% 的人表示最好坚持原来的观点。研究者认为，学生对改变答案的偏见可能来源于记忆偏差：他们指出，学生对改变答案导致错误的记忆更为深刻。多少次你曾抱怨说："我本来答对了！"现在，有多少次你会说："我本来是做错了！"为了考察学生是否更易提取消极性结果的记忆，研究者开展了第二个研究。在这种条件下，研究者在学生做完题后马上给出正确和错误的反馈。4~6 周以后，研究者要求参与者试着回忆他们试图改变答案的情景，他们当时是怎样决定的，决定的结果是什么。比如，一个学生报告说她在三个难题上慎重考虑了很久，但最终还是坚持原始的答案。记忆数据表现出一致的偏差：参与者高估了他们经常将正确答案改成错误答案；低估了他们常常将错误答案改成正确答案。

想象自己在教室参加考试，你现在需要决定是否改变答案。这些研究结果表明，你的判断所依据的信息库是有偏差的：你更易记得消极性结果而非积极性结果。这些分析并不是明确表示你总是应该改变答案。但是，你现在应该知道，为什么在考虑改变答案时会出现困惑。

代表性启发式　当你基于**代表性启发式**（representativeness heuristic）做判断时，你认为，如果一个东西具有某范畴成员的典型特点，那么，它事实上就属于那个范畴。这种启发式对你来说并不陌生，因为它抓住了这样的思想，即人们利用过去的信息来对当前类似的情形进行判断。这正是归纳推理的本质。在大多数情况下，只要你对相匹配的特征和范畴没有偏见，沿着相似性的路线做判断将会是非常合理的。这样，如果你正在决定是否开始一项像滑翔这样的新活动，那么，确定那种运动是否属于你以前喜爱的活动范畴就是有意义的。

但是，正如你将看到的，如果代表性使你忽视了其他类型的相关信息，它就会误导你（Kahneman & Frederick, 2002; Kahneman & Tversky, 1973）。例如，可以看一下**图 8.17** 中关于一个成功律师的描述。

耶路撒冷一名成功的律师。同事们说他的心血来潮妨碍他成为一个好的团队工作者，他的成功归功于他的竞争力和动力。他很瘦而且不高，他很自负。他每周会花不少时间从事他最喜欢的运动。那会是项什么样的运动呢？

a. 快步走
b. 一项球类运动
c. 网球
d. 一项田径运动

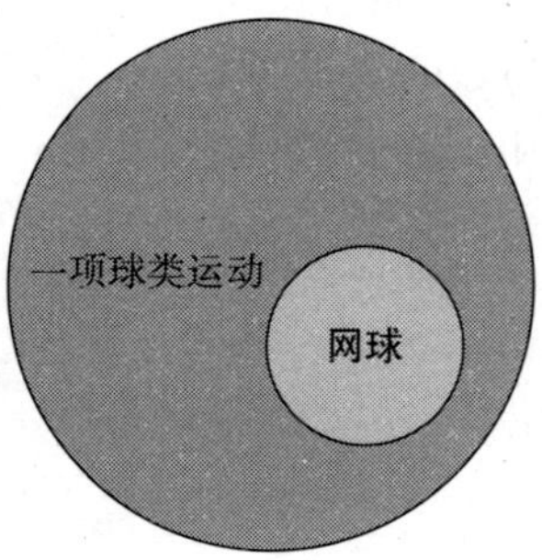

范围更大的类别
必然可能性更大。

图 8.17　使用代表性启发式
当要求选出这位律师所喜欢的运动时，代表性启发式导致大多数人选择"网球"。然而，像图下边部分所显示的那样，更可能的答案是"一项球类运动"，因为它包括了"网球"。

在一个实验中，研究者向他们的参与者提供一列选项，其中包括图 8.17 中的那些。如果排列正确的话，参与者有机会赢得 45 美元——真正的钱。对你来说，哪个选项看来是正确的？如果你像大多数最初的参与者一样，那么，你会输掉 45 美元，因为你会选择"网球"而不是"球类运动"。图 8.17 下面显示了为什么"网球"从来不会被视做一个好的赌博选项：它包含在"球类运动"这个范畴当中。参与者判断“网球”是更好的答案，因为它看起来具有律师可能玩的运动的所有特征。然而，通过代表性所做的这个判断使参与者忽视了另一种信息——范畴结构。在这个案例中，错误判断付出的代价是 45 美元（Bar-Hillel & Neter, 1993）。

上述例子对你日常生活的意义是，在你考虑到所有选项的结构之前，你不应该被一个代表性的选项所迷惑。

让我们再看关于代表性的另外一个例子。回想一下你最近参加的某次现场音乐会。假如我们问你：“你觉得这个音乐会怎么样？”你将如何回答这个问题呢？大多数现场演出会持续很长一段时间，有一些精彩的时段，也有一些不那么精彩的时段。要回答这样一个概括性的问题（也就是，“……怎么样？”），你需要找到能够对所有时段都有代表性的一个值。研究者认为，代表值通常是某个事件的峰值强度和事件结尾时强度之间的平均（Kahneman & Frederick, 2002）。比如，有一个研究，参与者把他们的手浸入刺骨的冷水中，先后试验两次（Kahneman et al., 1993）。第一次浸入的时间较短，他们把手浸入 14 摄氏度的水中 60 秒；第二次浸入的时间稍长，在 14 摄氏度的水中浸泡 60 秒之后，又在逐渐加热到 15 摄氏度的水中继续浸泡 30 秒（参与者能够注意到这一摄氏度的差别）。随后询问参与者，他们愿意再次尝试的话，会选择短时间的那个测验，还是长时间的那个测验。结果发现，绝大多数的参与者宁愿选择长时间的测验。你是不是很奇怪，为什么参与者宁愿选择忍受 90 秒钟的痛苦，而不是 60 秒钟的痛苦吗？研究者的解释是，短时测试中，峰—尾均值是 14 摄氏度，而长时测试中，峰尾均值是 14.5 摄氏度，前者比后者低。因此，在他们的回想中，长时测试会使参与者感觉不那么痛苦。这一模式对于积极体验来说也是如此（Do et al., 2008）。有一个实验，参与者宁愿选择得到较少的糖果，因为“峰值”时刻单独一块糖果的味道，要比“峰—尾”平均时糖果的味道好。你有没有想到自己在日常生活中应该如何运用峰—尾规则？为了影响人们对某个事件的评价，你应该想到如何安排事件的各个组成部分，以便人们按照你的设想来编码关于该事件的代表性感受。

锚定法 为了向你介绍第三种启发式，我们需要你尝试一个思维实验。请你先花 5 秒钟估计一下下面几个数字的乘积，然后写下你的答案：

$1 \times 2 \times 3 \times 4 \times 5 \times 6 \times 7 \times 8 =$ ______

5 秒钟的时间里，你只可能做几个乘法计算，获得了其中一部分数据的计算答案，可能是 24，然后从那儿开始向上调整。现在试试这个数字系列：

$8 \times 7 \times 6 \times 5 \times 4 \times 3 \times 2 \times 1 =$ ______

即使你注意到这是反过来的同样一个序列，你也会看到这一次完成乘法的经历有多么的不同。你将从 8 × 7 开始，结果是 56，然后尝试 56 × 6，感觉数字已经很大了。再一次，你只能进行部分的猜测，然后向上调整。当特维尔斯基和卡尼曼（1974）向参与者呈现同一个问题的这两种排列时，1~8 的顺序所产生的估计中数为 512，8~1 组所产生的估计中数为 2 250（*正确答案是 40 320*）。显然，当参与者从其 5 秒钟的估计开始向上调整时，较高部分的解答导致较高的估计。

人们在这种简单的乘法任务上的表现，为一种锚定偏向提供了证据。当你对某个事件或结果的可能值做出判断时，一种基于**锚定启发式**（anchoring heuristic）的偏向是，从一个起始值开始做不充分的调整——或者向上，或者向下。换句话说，你的判断过分稳固地“锚定”在最初的猜测上。甚至当这个信息明显只有很小的用途或根本没有用时，人们仍然显示出很强的受锚影响的倾向。例如，在一个研究中，给实验条件中的学生一个任意的身份号码（在 1 928~1 935 的范围中），要求他们把这个号码抄到他们的问卷上。随后，要求这些学生估计当地黄页中所列出的医师的数目。学生的反应明显地受到无关的、任意的锚的影响。控制组的学生（没有接受身份号码这个锚）给出的医师平均数为 219，而领到任意身份号码的学生给出了更高的估计——平均数的 539。尽管他们被特别地警告，身份号码可能影响他们所做的判断（Wilson et al., 1996）。你可以看到，试图使一个锚不产生影响有多么困难。

为什么人们会根据锚做出不充分的调节呢？研究者已经着手在真实情境中研究这个问题。在这种环境中，人们在开始调节过程之前已经产生了自己的锚。思考一下这个问题：火星绕太阳公转一周需要多长时间？你将如何回答这个问题？有研究表明，人们会以 365 天作为锚来估计火星的公转周期。接下来呢？你可以使用火星距太阳比地球距太阳更远这样的知识来将 365 这个锚调向更大值。事实上，估计火星公转周期的参与者得出的结果是大约 492 天（Epley & Gilovich, 2006）。这个数字依然比真实值 869 天要小。在这个实验中，人们以一个合理的锚（也就是 365 天）作为推测的起点，然后不断地调节直到得出一个看起来可能的值。当你发现自己身处一个锚定和调节的情境中时，回想一下这里提到的现象：你应该付出一些额外的努力，以确认那个看起来可能的值就是正确的答案。

你使用可得性、代表性和锚定这样的判断启发式，是因为多数情况下它们能让你做出有效的、可接受的判断。如果承认情形的不确定性和你的加工资源的限制，那么，在某种意义上，你正在尽可能做得更好。然而，我们已经向你显示，启发式也会导致错误。当需要做重要的判断时，你应该尽力使用这个知识来检查自己的思维过程。当你感觉到其他人可能正在试图使你的判断发生偏差时，你应该特别具有批判性。现在，让我们来看看你的决策过程。

决策心理学

让我们从一个很有力的例子开始，这个例子说明了心理因素如何影响人们做决策的方式。考虑**表 8.7** 中部分 1 给出的问题。看一下指导语，然后在地点 A 和地点 B 之间做出选择。现在看一下部分 2 给出的问题版本。你愿意改变你的选择吗？

在一个实验中，学生们阅读这个问题的一个版本（Shafir, 1993）。在部分 1 中，当问他们喜欢哪一个选项时，67% 的学生选择了地点 B。然而，在部分 2 中，当要求学生们取消一个选项时，这个数字降到了 52%（也就是说，48% 的学生说他们将取消地点 B）。为什么这个变化这么奇怪？如果你仔细地看一下这个问题的“喜欢”和“取消”两个版本，你会发现两种情形中可用的信息并没有差异。第一遍看上去，你可能期望同样的信息将导致同样的决策。但是，人们不是那样做的。看起来，“喜欢”问题把人们的注意集中在选项的一些正面的特征上——你收集证据支持某些东西；而“取消”问题把人们的注意集中在选项的负面特征上——你收集证据反对某些东西。你的决策可能发生转变。

这个直接的例子证明，问题的措辞方式可以对你将要做的决策产生重大影响（Slovic, 1995）。这就是为什么你需要理解决策心理学的原因：你要能够检验自己的

表 8.7 **心理因素对决策的影响**

部分 1：喜欢版本		部分 2：取消版本	
1. 想象你正在计划春假期间在一个温暖的地方度假一周。你现在有两个价格合理的选项。关于这两个选项，旅行小册子只提供了有限的信息。有了下面这些可用的信息，你喜欢哪一个度假地点？		2. 想象你正在计划春假期间在一个温暖的地方度假一周。你现在有两个价格合理的选项，但是你预订的两个地点只能保留一个。关于这两个选项，旅行小册子只提供了有限的信息。有了下面这些可用的信息，你决定取消哪一个度假地点的预订？	
地点 A	一般的天气 一般的海滩 中等质量的宾馆 中等温度的水 一般的夜生活	地点 A	一般的天气 一般的海滩 中等质量的宾馆 中等温度的水 一般的夜生活
地点 B	许多阳光 华丽的海滩和珊瑚礁 超现代的宾馆 非常冷的水 非常大的风 没有夜生活	地点 B	许多阳光 华丽的海滩和珊瑚礁 超现代的宾馆 非常冷的水 非常大的风 没有夜生活

一些决策，看看它们是否得到了仔细分析。在这种情形中，你可以问自己，“如果我被要求拒绝而不是选定一个选项，我的选择会有怎样的变化？”如果你发现你最喜欢的也是你第一个拒绝的候选项，你就会知道这个选项既有许多正面的特征，也有许多负面的特征。现在问一下自己，“那是可接受的吗？”这是发展你的批判性思维技能的一个关键步骤。

决策框架 做决策的一个最自然的方法是，判断哪个选项会带来最大的收益或哪个选项会带来最少的损失。这样，如果我们给你 5 美元或 10 美元，那么毫无疑问，较好的选项是 10 美元。然而，使得情形更复杂一点的是，对收益或损失的知觉，经常依赖于形成决策框架的方式。所谓的**框架**（frame），是关于选择的一个特定描述。例如，假设问你得到 1 000 美元的加薪，你会有多高兴。如果你根本没有指望加薪，那么，这个加薪就如同一笔很大的收益，你可能会非常高兴。但是，假设你已多次被告知，预期会有一个 10 000 美元的加薪。现在，你的感觉如何？突然间，你可能感到似乎你失去了钱，因为 1 000 美元少于你的预期。你一点都不会高兴！两种情形中，你都是一年多挣 1 000 美元——客观上看，你确实处于同样的位置——但是心理效应完全不同。那就是为什么在决策中*参照点*很重要的原因（Kahneman, 1992）。看起来像是收益或损失的东西，将部分地由期望——0 美元或 10 000 美元的加薪——来决定，决策者会参考这种期望。（在这种情形中，决策可以是是否继续这份工作。）

现在，让我们看一个稍微复杂一些的例子，其中，框架对人们所做的决策有相当大的影响。在**表 8.8** 中，要求你想象在手术和放射治疗肺癌两者之间做出选择。首先看一下这个问题的*幸存框架*，选出你更喜欢的治疗方法；然后看一下*死亡率框架*，

表 8.8 **框架效应**

幸存框架

手术。在 100 个做过手术的人中，90 个过了术后期还活着，68 个在第一年的年底还活着，34 个在第五年的年底还活着。

放射治疗。在 100 个做过放射治疗的人中，所有的人过了治疗期还活着，77 个在第一年的年底还活着，22 个在第五年的年底还活着。

你选择什么：手术还是放射治疗？

死亡率框架

手术。在 100 个做过手术的人中，10 个在手术期间或术后期死亡，32 个到了第一年的年底死亡，66 个到了第五年的年底死亡。

放射治疗。在 100 个做过放射治疗的人中，没有一个人在治疗期间死亡，23 个到了第一年的年底死亡，78 个到了第五年的年底死亡。

你选择什么：手术还是放射治疗？

看看你是否想要改变你的偏好。值得注意的是，客观上，两种框架中的数据是相同的。惟一的差别是，关于每种治疗结果的统计信息，是从幸存率还是从死亡率的角度来呈现。当向参与者呈现这一决策时，关注收益还是关注损失显著地影响了对治疗方法的选择。只有 18% 的接受幸存框架的参与者选择放射治疗，但是在接受死亡率框架的参与者中，这个数字是 44%。对临床病人、统计学方面富有经验的商科学生以及有经验的医师来说，这种框架效应都会起到作用（McNeil et al., 1982）。

既然你已经理解了框架的概念，你应该在日常生活中学会如何运用它。在人们想让你买他们的东西时，你很容易发现框架的作用。下面这个研究试图揭示人们在两个肉店之间如何做出选择。

实验参与者阅读一份简短的材料，介绍了社区中有两家肉店（Keren, 2007）。其中一间肉店宣称其出售的牛肉中脂肪含量为 25%，另一家肉店宣称其牛肉中瘦肉含量为 75%。参与者想象他们要筹备一个大型宴会，需要从这两家肉店购买牛肉。他们会选择哪一家呢？绝大多数的参与者（82%）选择了后一家。你可能知道为什么，因为 75% 瘦肉含量的牛肉听起来似乎更健康。实际上，两家肉店出售的牛肉是相同的（75% 瘦肉的意思就是脂肪含量为 25%）。抛开数字来看，框架就有这么重大的影响。现在思考另外一组参与者的判断，他们需要说出自己更信任哪个肉店。在关于信任程度的判断中，参与者的选择开始反转过来，大多数（73%）的人信任第一家肉店，因为明确告知了其牛肉中含有多少脂肪！

这个实验说明，同样的框架，对不同的判断来说可能产生相反的作用。你认为，肉店店主是得到信任更高兴，还是卖出牛肉更高兴呢？在你思考现实生活中的框架效应时，你应该考虑它会影响人们做出哪种类型的判断。

我们与你分享的这些结论应该能够使你在做决策时从不同的框架视角出发。例如，假设你想要购买一辆新汽车。推销员会倾向于把所有东西都作为收益形成框架：“78% 的 Xenon 第一年不需要修理！”你可以重新形成框架：“22% 第一年要求一些修理！”新的框架改变了你对这个情形的感觉吗？它是现实生活中值得尝试的一种做法。

汽车推销员是这种情形的一个很好的例子，他们以影响你决策的方式呈现信息，从而达到他们的预期效果。当然，这种情形在你的生活中无法避免。例如，当每次选举临近时，两个对立的候选人互相竞争，力争让关于他们自己的以及关于争议的框架在投票者中流行。一个候选人可能会说，“我会坚持那些已经获得成功的政策”。他的对手可能这样还击，“他害怕新的思想”。一个候选人可能会说，“那个政策将带来经济的增长”。他的对手可以还击说，“那个政策将带来环境的破坏”。两个主张常常都是正确的——同一项政策往往既能带来经济上的好处，也会带来环境上的害处。照这样，哪个框架似乎更引人注目，很大程度上可能与个人经历有关（Tversky

& Kahneman, 1981; Vaughan & Seifert, 1992）。这样，关于形成框架效应的知识能够帮助你理解，当人们面对实际上相同的证据时，他们会做出根本不同的决策。如果你想要理解其他人的行为，那么，你应该尽力思考那些人是如何形成决策框架的。

销售人员应如何形成其推销产品的框架，从而使未来的客户对这些产品产生更积极的看法？

决策的后果 当你做出一个决定，会发生什么？就所有可能的最好的结果来看，一切都进展顺利——而且你决不回头。但是，你也知道，并不是所有的决定都会产生最好的结果。当决策被证明很失败时，你可能会感到后悔。研究表明，人们会对教育和职业方面做出的决定表达最大程度的后悔（Roese & Summerville, 2005）。为了解释这个结果，研究者指出，这两个领域提供了特别广泛的机会：世界上有很多方式来追求和实现自己向往的教育和职业。这种广泛的机会使得人们很容易思考："我是否做出了正确的决定？"

人们在明确知道这个决策带来的损失时也会体会到更多的后悔（van Dijk & Zeelenberg, 2005）。假如在游戏中，参与者必须在盒子 A 和盒子 B 中选择。结果参与者选择了 10 美元而不是 10000 美元的盒子，那么我们可以理解他为什么会后悔。生活中的有些决定就像是上面的游戏。你有苹果派，你的朋友有核桃派。在你们相互咬了一口后，你知道做出了错误的决定。你体会到后悔是因为你很清楚自己放弃的是什么。在其他情况下，你对决策的结果比较模糊，如果你选择狮子猴作为宠物，你永远也不知道如果选择的是斗牛犬，你的生活将会怎样。在那种情况下，你几乎不可能体会到后悔。

人们在预料到可能会后悔时，在面临决策时就会更加慎重——他们会花费更多时间去收集信息（Reb, 2008）。实际上，在有些时候，人们会努力设法避免做出任何决策。在**表 8.9** 中，我们提供一个例子来说明不愿做决策的情形会逐渐增加。考虑 A 部分中的情形，你会选哪一个？研究者发现，只有 34% 的参与者说他们会等待更多的信息（Tversky & Shafir, 1992）。现在考虑 B 中做过一点改变的情节，你想改变你的选择吗？事实上，看了这个版本的参与者中有 46% 的人说他们会等待新的信息。怎么会是这样？通常，你认为增加一个选项会导致其他选项所占份额减少。例如，如果第三个候选人进入政治竞选，那么，你会期望最后那个候选人会从最初的那一对候选人那里拉走选票。然而，这里，加进第三种可能性使得最初一个选择的份额增加了 12%。到底发生了什么？

获得这种效应的关键是，它让决策变得困难。当研究者按照提供低质量 CD 播放机作为额外选项的版本来测验参与者时，只有 24% 的参与者说他们

表 8.9　决策规避

A. 假设你正在考虑购买一个 CD 播放机，并且还没有决定买哪种型号。你经过一家商店，这家商店正在进行一天的清仓削价销售。一种流行的索尼播放机，他们只卖 99 美元，比定价低很多。你：

1. 购买这种索尼播放机。
2. 等一等，直到你对各种型号了解得更多。

B. 假设你正在考虑购买一个 CD 播放机，并且还没有决定买哪种型号。你经过一家商店，这家商店正在进行一天的清仓削价销售。一种流行的索尼播放机，他们只卖 99 美元，高价位的爱华播放机也只卖 159 美元，两款均比定价低很多。你：

1. 买这种爱华播放机。
2. 买这种索尼播放机。
3. 等一等，直到你对各种型号了解得更多。

资料来源：Reprinted with permission from "Decision Aversion," *Psychological Science*, 3(6). Copyright © 1992 by Blackwell Publishing.

会等待更多的信息——减少而不是增加——这反映了参与者容易选择索尼。然而，在并不昂贵的索尼与高质量的爱华之间做出决策，这就困难了。推迟困难的决策，等待更多的信息，这是合适的。

最后一个例子：不是所有的决策者都是一样的。假如你到一个录像店为星期六晚上选择一张 DVD 光盘。如果你是一个*知足者*，你可能会浏览 DVD 直到找到特别吸引你的一张。如果你是*利益最大化者*，你可能浏览完所有 DVD 直到你说服自己这就是最好的一张。研究者已经发现，世界上既有知足者也有利益最大化者——决策方式会对随后的结果产生相当重要的影响（Parker et al., 2007; Schwartz et al., 2002）。

> 在招聘会上，来自 11 个大学的 548 名学生参加了一项实验（Iyengar et al., 2006）。学生首先完成一个问卷，该问卷能反映出他们在多大程度上是知足者或利益最大化者。他们表达在多大程度上同意一些陈述（比如“当购物时，我很难决定我最喜欢哪件衣服”）。研究者在 3 个月和 6 个月后分别联系这些学生——在这些时间里，学生们参加面试并接受工作。研究者收集了大量的数据来分析这些学生在此期间的各种感受。这些数据清楚表明：利益最大化者接受的工作比平均工资高出 20%——但他们却是可怜的。正如研究者所说：“虽然他们相对成功，利益最大化者却对工作结果有较低的满意度，而且在整个过程中更悲观，感到压力、焦虑、担心甚至抑郁”（Iyengar et al., 2006, p.147）。很明显，对好工作的高要求带给利益最大化者相当大的心理负担。

我们认为大部分人希望有一个好工作，但不至于让他们太痛苦。当你开始找工作时，你可能回过头来想想利益最大化者和知足者的区别，从而使你做出一个能让生活达到平衡的决定。

整个这一章，我们一直让你想象午夜神秘的信息——“猫在垫子上”。我们的目标是让你依次考虑许多类型的认知过程——语言使用、视觉认知、问题解决、推理、判断和决策，我们希望你已经花了一些时间来思考这些能力所带给你的兴奋。现在已到了本章的末尾，我们希望这个例子能伴随你——你就不会认为认知过程是理所当然了。利用你所得到的每一个机会，思考一下你的思维过程，推理一下你的推理过程，等等。当你那样做时，你实际上正在对人类经验的本质进行内省。

STOP 停下来检查一下

1. 为什么人们做决策的时候会依赖启发式？
2. 你会使用什么启发式回答这个问题：“活着的人中最大年龄是多少？”
3. 为什么框架对决策心理有这么大的作用？
4. 知足者和利益最大化者的区别是什么？

批判性思考：回忆关于代表性的研究。为什么研究者奖励参与者 45 美元，如果他们的答案正确的话？

生活中的批判性思维

政治专家能预测未来吗

下面可能是你希望尝试的练习：花 15 分钟在网上收集政治专家关于未来前景的预测。某政党是否会在下一次选举中获得更多票？中东是否会变成民主国家？你肯定会找到关于某一问题的不同意见。好了，你应该相信谁？根据一项由心理学家**菲利浦·泰特洛克**（Tetlock, 2005）开展的长期研究，最可信的答案是，你不应该相信任何预测。更确切地说，你无法知道应该相信谁。让我们看看为什么？

为了考察专家的集体智慧，泰特洛克招募了来自不同国家和地区的 284 名在政治预测上有良好声誉的专家作为参与者（泰特洛克确保参与者是匿名的，所以我们并不知道这些专家具体是谁）。他让这些专家预测“这次大选之后，在政府执法机关占优势的执政党保持其地位、丧失其地位或者增强其地位的可能性各是多少？（p.46）”针对不同国家和地区，研究也对这个问题做了相应的修改。参与者在有些问题上是专家，而在其他问题上他们则依赖于常识。比如，某一参与者可能是俄罗斯问题专家，但却不了解意大利问题。参与者需要在 0 到 100% 的问卷上对每个问题给出自己的估计（比如，保持地位、丧失地位或者增强地位）。泰特洛克等待了很长时间，直到真实事件发生后，他考察了这 27451 个预测的准确性。

每个问题有三种评估结果，参与者随机的准确率是 33%。如果他们确实有专长，他们的准确率应该高于 33%。但是，结果并非如此。事实上，在有些比较中，专家的预测准确率比随机水平还低。此外，所有的参与者在其专业领域并没有比在依靠常识的领域表现得更好。也就是说，俄罗斯专家和意大利专家在回答有关俄罗斯问题（和意大利问题）上的准确率是没有差别的。你可能会问，名气是否会起作用？是否那些出名专家的预测比不出名专家的预测能力高？答案是否定的。正如泰特洛克所指出的：“受追捧的专家与边缘化的、不出名的同事相比，更加过于自信。（p.63）”

既然专家的预测如此不准确，为什么还有人愿意听专家的意见？一个重要的原因是，专家并不对他们的预测负责：媒体很少追究那些满怀信心预测史密斯会赢的专家，去问他为什么现在却是琼斯成了总统。但是泰特洛克确实询问了专家为什么他们的预测是错误的。专家们提供的解释是生活中很熟悉的解释。比如，他们解释为什么他们“几乎就对了”或者“因为正确的原因而错误”，他们指出了预测结果之前出现的没人能预知的“不可预料”的力量的作用。

以下是从泰特洛克研究中得出的一个安全的结论：就政治而言，没有人能惯常地预测将来。一些人可能比另一些人做得好些，但是，你不能依据他们的名气或信心来得知做得好或不好的这些人是谁。而且，重点要指出的是，这个研究只是针对在一特殊领域内的专家和一个特定类型的预测，不应该否定所有专家。比如，当你咨询医学博士时，他们应该能做出预测——“这可能是这种治疗的影响”，这些都是基于多年的教育和经验。同样，他们按规定也要对自己预测的准确性负责！

- 为什么泰特洛克会呈现给参与者三个预测问题？
- 为什么过于自信反而使人变得更加有名，或继续保持出名，即使他们的预测是不准确的？

要点重述

研究认知

- 认知心理学家研究心理过程和结构，它们使你能够感知、使用语言、推理、解决问题、判断和决策。
- 研究者使用反应时测量来把复杂任务分解为基础的心理过程。

语言的使用

- 语言使用者既能生成语言，也能理解语言。
- 说话者设计他们的话语，使之适合特定的听众。
- 口误能揭示许多通向言语计划的过程。
- 许多语言理解过程包括使用语境来消解歧义。
- 意义的记忆表征始于利用推论来加以补充的命题。
- 语言进化的研究主要集中于语法结构和听众设计。
- 个体所说的语言在决定他们如何思维中可能起作用。

视觉认知

- 视觉表征可以用来补充命题表征。
- 视觉表征使你能够思考你周围环境的视觉方面。
- 人们能够形成结合了言语和视觉信息的视觉表征。

问题解决和推理

- 问题解决者必须定义初始状态、目标状态以及能够使他们从初始状态到达目标状态的操作。
- 演绎推理包括从基于逻辑规则的前提来得出结论。
- 归纳推理包括从基于可能性或概率的证据来推出结论。

判断和决策

- 许多判断和决策由启发式来引导，启发式是心理上的捷径，能够帮助个体快速找到解决方法。
- 当可得性、代表性和锚定被错误使用时，它们都能导致错误。
- 后悔的可能性使得一些决定很难做出，相对于知足者，利益最大化者的个体就更是如此。

关键术语

算法
锚定启发式
听众设计
自动过程
可得性启发式
信念偏见效应
认知
认知过程
认知心理学
认知科学
控制过程
决策
演绎推理
框架
功能固着
启发式
归纳推理
推论
判断
语言生成
语言相对论
心理定势
平行过程
问题解决
问题空间
推理
代表性启发式
序列过程
出声思维法

9

智力与智力测验

假设让你来定义“智力”这个词，你会在你的定义中包括什么类型的行为？回想你自己的经验。当你刚开始上学时是怎样的？当你从事第一份工作时又是怎样的？你经常能在这样或者那样的情况下听见，你的行为被贴上了有智力的或者缺乏智力的标签，即聪明的或者不怎么聪明的。当这些标签应用于平时谈话时，它们看起来似乎不怎么重要。然而，在许多情况下，你的行为是否被认为是有智力的，这很重要。例如，如果你在美国长大，那么你的“潜力”可能在很小的时候就会被测量。在大部分学区，教师和管理人员都试图在你很小的时候就测量你的智力。这样做的目的通常是希望将学生的智力与教学工作相匹配，以满足合适的需求。然而，正如你所观察到的，人们在课堂之外的生活也会受到智力测验的影响。

在本章里，我们将会考察智力测量的基础和使用。我们将回顾心理学家在智力领域为理解个体差异所做的贡献，也会讨论当人们开始解释这些个体差异时不可避免地会产生各式各样的矛盾。我们的焦点将会放在智力测验怎样操作、如何让测验有效以及为何它们通常不能起到它们本应起到的作用这几个方面。最后，我们将通过考察心理测量在社会中所起的作用，得出一种个人化的总结。

下面，我们就从心理测验实践的简要回顾开始。

什么是测量

心理测量（psychological assessment）是用来检测人们的能力、行为和个性特质的特定的测验程序。心理测量通常是指对个体差异的测量，因为大多数测量都是针对在某一特定维度上，某个个体与其他人的差异与相似。在详细了解心理测验的基本特性之前，让我们首先回顾一下测量的历史，这会帮助你理解测量的应用和局限，以及当今存在的一些争论。

测量的历史

在西方心理学中，正式测验和测量程序的发展是一个相对较新的领域，在20世纪初才得到广泛应用。但早在西方心理学开始编制测验来评价个体之前，测量技术在古代中国就已经得到了普遍的应用。实际上，在4000多年前，中国就采用了复杂的公务人员考试制度。公务人员需要在每三年进行一次的口头测试中表现出他们的胜任能力。在2000年之后的汉朝，公务员笔试制度已应用于法律、军事、农业和地理等领域。在明朝（公元1368—1644），公职人员的选拔是根据他们在三个客观选拔阶段的成绩决定的。第一阶段进行地区考试，其中有4%的人进入第二阶段的考试，第二阶段的考试是关于经典名作的论文式考试，共持续九天九夜，通过这一阶段的人（占5%）可以参加在国都举行的最后阶段的考试。

19世纪初，英国的外交官和传教士们对中国的科举选拔制度进行了考察和描述。这一制度经过修正后很快被英国、而后被美国用于公务人员的选拔（Wiggins, 1973）。

西方智力测验发展史上的关键人物是英国上流社会的**弗朗西斯·高尔顿爵士**（Sir Francis Galton, 1822—1911）。他在1869年出版的《遗传的天才》（*Hereditary Genius*）一书，极大地影响了其后有关测验方法、理论和实践的思想。高尔顿是达尔文的堂兄弟，他试图将达尔文的进化论应用于人类能力的研究中。他对人们在能力上的差异及其原因很感兴趣，比如为什么有些人就像他一样聪明、事业成功，而其他人则不是。

弗朗西斯·高尔顿爵士（1822—1911）对智力测量提出了什么重要思想?

高尔顿是第一个提出有关智力测量的四条重要思想的人。第一，智力的差异可以根据智力的程度来定量。也就是说，可以将不同人的智力水平数量化。第二，智力的个体差异分布成钟形曲线或者呈正态分布。在钟形曲线上，多数人的智力值居于中间，只有少数人被界定为天才和存在智力缺陷（我们会在这一章的后面再次谈到钟形曲线）。第三，智力，或心理能力，可以由客观测验测得，测验中每一道题目只有一个“正确”答案。第四，两套测试成绩之间的相关程度可以由统计分析来确定。事实证明，高尔顿的这些思想具有长久的价值。

另一方面，高尔顿还提出了许多颇有争议的思想。例如，他相信天才具有遗传性。根据他的观点，天才或出众的人会出现在同一个家族，教养对智力的影响很小。而且他认为，智力与达尔文的物种适应论相关，并且，从某种程度上来说，智力从根本上与人的道德价值相关。高尔顿试图将公共政策建立在人天生就分上等人和下等人的观点上。他发起了优生运动，主张通过应用进化理论，鼓励生物上的优等人群进行异种交配，阻止生物上的劣等人群生育后代，以达到改良人类物种的目的。高尔顿写道：“虽然有些人存在着抵触下等种族逐渐灭绝这一观点的情绪，但这种情绪大部分是不合理的”（Galton，1883/1907，p.200）。

这些颇具争议的思想后来被许多人认可并加以扩展。他们强调，智力优等人群应该大量繁殖，而那些下等人群的想法则不用考虑。美国心理学家高达德和推孟就是这一思想的拥护者，我们将在后面部分讲述他们的理论。当然，拥护这些思想的人还包括纳粹独裁者阿道夫·希特勒。在这一章的后面部分我们将会看到，直到目前仍有人拥护这些优等人的思想。

高尔顿的工作开创了现代智力测量之先河。下面，让我们来看看正式测量具有哪些特点。

正式测量的基本特点

为了有效地界定个体或选择具有特定特质的人，**正式测量**（formal assessment）程序应该满足三方面的要求，即（1）信度、（2）效度和（3）标准化。如果测量在这几方面没有达到要求，那我们很难确定测量的结果是否可信。虽然这一章的重点是讲述智力测验，但正式测量的程序适用于所有类型的心理测量。为了保证读者对这些原则的广泛应用有所理解，我们将对智力测验和其他心理测量领域分别举例。

信度　信度，如同你在第 2 章中所了解的，是指某一测量工具给出一致性分数的可信程度。在同一天早晨，如果你在浴室内测量了三次体重，得出三个不同的读数，那么这一测量并没有达到目的，你可以认定它不可信，因为你没有得到一致的结果。当然，如果你在两次量体重期间吃了一顿大餐，那么你就不应该期望结果是一致的。也就是说，测量工具是否可信与所测量的潜在概念是否保持一致有关。

检测一种测验是否可信的直接方法之一是计算**重测信度**（test-retest reliability），即对同一个人使用同一种测验，在两种情况下所测结果的相关程度。最佳的相关系

测量分半信度的错误方法。

数可以高达 +1.00。这就意味着在不同的时间点上，得分的模式是相同的。第一次测验时得到最高分和最低分的参与者，在重新进行测验时会有相同的结果。完全不可信的测验的相关系数为 0.00，即在第一次测验和第二次测验的分数之间没有任何联系。如某一个人在第一次测验时得到了较高的分数，但在第二次测验中的得分完全不同。相关系数越高（趋近于 +1.00），测验的可信度越高。

还有两种方法可以用来检测信度。一是采用变化了的**平行测验**（parallel forms）取代两次使用同一测验。采用平行测验可以减少测验的练习效应、对测验问题的记忆以及参与者力求两次测验表现一致的愿望。可信的测验在平行测验中的成绩与原始成绩相当。另一种方法是对单个测验进行**内部一致性**（internal consistency）检验。例如，对奇数项目和偶数项目的成绩进行比较。在信度较好的测验中，这两部分的成绩相当，这时可称为内部一致性较好，具有**分半信度**（split-half reliability）。在多数情况下，不仅测量工具本身要可信，采用的方法也要可信。如果研究者希望观察教室里孩子们的不同攻击性水平，他们就需要制定*编码方案*，以确保他们能对孩子们的攻击性进行适当的区分。如果所有观察到同一个孩子的同一行为的人都给出高度相似的评级，那么这一方案就是可信的。这也是为什么在精确的心理测量实施之前，要对主试进行大量培训的原因之一。他们必须学会以一种可信的方式应用区分体系。

开发和管理测量工具的研究者都在努力工作以确保信度。你是否参加过大学入学的 SAT I 考试？你可能不知道，你所参加的考试中有一部分题目实际上并不影响你的成绩。这些不参与计分的题目主要是为未来的考试考虑的。开发考试题目的研究者要比较计分和不计分题目的得分，以确保人们在未来考试中的成绩与你现在所参加的考试的成绩具有可比性。因此，如果你参加过 SAT I 的考试，那么你就为这个测试的信度提供了一些有用的信息。

效度 测验的*效度*是指测验能够测得它所要测量的东西的程度（见第 2 章）。智力的有效测验可以衡量智力这一特质，预测人们在智力十分重要的情境下的表现。创造力的有效测量分数反映的应该是人们真实的创造力，而不是绘画能力或心境。一般来说，效度反映了对于与测验目的和设计相关的行为或结果进行准确预测的能力。三种重要的效度分别是*内容效度*、*效标效度*和*结构效度*。

当测验能够测量欲测领域的所有方面时，该测验就具有**内容效度**（content validity）。例如，假设你想测量人们的生活满意度，那么只关注其在校的成就是不够的。为了开发具有内容效度的测验，你必须从生活的各个领域广泛抽样。在上面的例子中，你可能需要测量个体对工作、人际关系等各方面的满意度。

为了评价**效标效度**（criterion validity）[也称为**预测效度**（predictive validity）]，心理学家要将某一个人的测验成绩，与其在和测验相关的其他标准上的成绩相比较。例如，如果测验是为了预测人们在大学中是否成功，那么大学成绩就是一种合适的标准。如果测验成绩与大学成绩高相关，那么这一测验就具有效标效度。测验开发者的主要任务之一就是找到合适的、可以测量的标准。我们来看一下研究人员是如何验证陪审员偏见测验的效标效度的。

当一个人成为陪审团成员时，人们通常会希望他能够毫无偏见地考虑案件证据。两位研究者试图验证审判前陪审员态度问卷（Pretrial Juror Attitude

Questionnaire, PJAQ）这一测量工具的效度，从而利用它来识别潜在的不能满足无偏见标准的陪审员（Lecci & Myers，2008）。该问卷由 29 条文字描述组成（例如："如果嫌疑犯越狱，那么他可能真的犯过罪。""很多向保险公司提出索赔的意外都是伪造的。"）。它采用 5 点计分法，要求参与者从非常不同意到非常同意对每条阐述打分。为了评估"审判前陪审员态度问卷"的预测效度，研究者要求 617 位参与者完成该测验。随后让他们阅读一些谋杀、强奸和持械抢劫案件的审判摘要，参与者要指出每个案件中他们认为合适的判决。当参与者比大多数同伴做出了更多的有罪判决时，就说明该参与者受到了先前偏见的影响。审判前的陪审员态度问卷成功地预测了哪些参与者可能做出更多有罪判决。

一旦一个测量工具被证明有很好的效标效度，那么，研究人员运用这一工具做进一步预测时就会备感自信。

心理学家感兴趣的许多个人特质，其实并不存在理想的标准。例如，没有单一的行为或表现的客观测量能够表示个体总体上有多么焦虑、抑郁或者具有攻击性。心理学家对于这些抽象特质提出了相关理论或结构——什么导致它们、它们怎样影响行为以及它们与哪些变量相关。测验的**结构效度**（construct validity）是指它充分测量潜在结构的程度。例如，一个新的抑郁测验，如果它的分数与抑郁结构所定义的有效测验的特征高相关，那么这个测验就具有结构效度。另外，新的测验还应该与抑郁结构之外的特征无关。

一种测验是否有效的条件也许是非常特定的，因此很重要的一点是，对一种测验要考虑"基于何种目的它是有效的"。知道一种测验与其他测验是否相关，会对人类行为的测量、结构和复杂性提供一些新信息。例如，如果你设计了一种测验来测量医学专业学生应对压力的能力，然后你发现，测验分数与学生应对课堂压力的能力高度相关。于是，你推测你的测验与学生处理医院急诊的能力也相关，但是你发现结果并非如此。因为你已经证明这一测验具有某些效度，所以你了解到你的测验在某些情境下是适用的，同时你也了解到你的测验结构，即不同的应激类型有不同的结果。你将会修正你的测验，以使它能顾及在医院急诊室中的各种特殊压力源。

让我们来考虑一下信度和效度之间的关系。信度是某一测验与其自身（在不同时间或采用不同的项目测定）的相关程度，而效度是测验与外部（另一个测验、行为标准或评价者的评分等级）的相关程度。通常，缺乏信度的测验也不具有效度，因为不能预测自身的测验也不能预测其他事情。例如，如果你的班级今天进行了攻击性测验，其得分与明天的平行测验之间没有相关（表现为不可信），那么这两天的成绩都不可能预测在未来一周的时间里，哪一些学生更可能打架或频繁争论。毕竟这两个测验分数不能得出相同的预测！另一方面，具有较高信度的测验也可能没有效度。例如，你可以想象我们决定用你的成年身高来评价你的智力。你是否看出了为什么它是可信的，却不是有效的？

如果有人用你的成人身高来评估你的智力，你有何感想？这种测量是可信的，但是它有效吗？

常模和标准化　我们虽然有了可信且有效的测验，但是我们仍需要采用常模来解释不同的测验分数。例如，你可以想象一下，在测量抑郁程度时，你得了 18 分。它说明了什么？你是轻度抑郁、完全不抑郁还是中等抑郁？为了说明你所得分数的意义，你会将你的成绩与其他学生的典型分数或统计**常模**（norm）作比较。通过查看测验的常模，你会知道分数的大致范围，以及在你的年龄和性别范围内的平均数是多少。这会给你提供一些线索来解释你的抑郁分数。

你可能在收到你的能力倾向测验分数如 SAT I 时，见过测验常模。常模会告诉你，与其他人的成绩相比你的成绩如何，这会有助于评价你在正态人群中的相对位置。当进行比较的群体中共有一些很重要的个体信息，如年龄、社会地位、文化和经验时，这一群体的常模对于解释个体成绩就会非常有用。

为使常模具有意义，每个人必须在标准情境下参加同一测验。**标准化**（standardization）是指在同一条件下对所有人、以同样的方式实施测验。标准化是必要的，但在实践中并不总能做到。一些人会比其他人有更多的时间得到更清楚和更详细的指导语，他们被允许提问题或得到测验者的激励以做得更好。当实验程序没有包含明确的施测指导语和结果计分方法时，我们就很难解释某一测验得分的意义，也很难将其与其他对照组进行比较。

我们已经回顾了研究人员在编制测验并找出实际测量是否真的测量了他们希望得到的时所关注的一些问题。他们必须使他们自己确信测验是可信的、有效的。他们必须确定实施测验的标准化条件，以使结果的常模有意义。因此，对于任何测验，你都应该根据测验的信度和效度、操作的常模以及测验环境的标准化程度来评价测验分数。

现在，我们将转向对智力的测量。

STOP 停下来检查一下

❶ 弗朗西斯·高尔顿爵士对智力研究有何贡献性的想法？
❷ 什么是分半信度？
❸ 研究者如何确定某测验是否具有预测效度？
❹ 为什么说常模对于测验很重要？

批判性思考：回顾一下前面评估审判前陪审员态度问卷效标效度的研究。如果是在现实的审判情景中，你会如何评估该问卷的效度？

智力测量

你或你朋友的智力水平如何？为了回答这一问题，你必须先定义**智力**（intelligence）。这并不是一件容易的事，由 52 名智力研究者组成的学术团体同意如下定义："智力是一种非常一般的心理能力，其中包含推理、计划、问题解决、抽象思维、理解复杂思想、快速学习以及从经验中学习等能力"（Gottfredson, 1997, p.13）。由于智力包含这么多方面的能力，也就不难理解为什么争论总是围绕着智力如何测量这一问题了。理论家们定义智力和高级心理功能的方式，极大地影响着他们试图去测定它的方法（Sternberg, 1994）。一些心理学家相信，人类的智力可以定量并归结为一个分数；另一些人认为智力具有多种成分，可以分别测量；还有一些人认为在不同的经验范围内，存在几种不同的智力。

在这一部分，我们将描述智力测验与不同的智力概念是如何交织在一起的。首先，让我们从对智力和智力测验最初产生兴趣的历史背景谈起。

智力测验的起源

1905 年，第一份可实施的智力测验出版问世。**阿尔弗雷德·比奈**（Alfred Binet，1857—1911）对法国教育部长的建议——针对发育迟滞儿童采用更有效的教学方法——做出回应。比奈和他的同事**西奥菲勒·西蒙**（Théophile Simon，1873—1961）相信，测量儿童的智力方面的能力对于上述建议的计划和实施是必要的。比奈试图编制一份客观的智力测验，用来区分发育迟滞儿童与正常学龄儿童。他希望这种测验可以帮助学校减少对过于主观甚至可能带有偏见的教师评价的依赖。

为了定量测量智力表现，比奈设计了与年龄相当的问题或测验项目，以便可以将孩子们的反应进行比较。测验通常为选择题，这样可以客观地评价对错，测验的内容可以有所变化，也不受孩子们生活环境不同的影响，而且测验评定的是判断和推理能力，而非机械记忆能力（Binet, 1911）。

他们对不同年龄的儿童都进行了测量，这样不同年龄的正常儿童的平均分数被计算出来。然后每个儿童的成绩与同龄儿童的平均成绩相比较。测验的结果以达到某一特定分数的正常儿童的平均年龄来表示，这被称为**心理年龄**（mental age）。例如，当一个儿童的成绩与一组 5 岁儿童的成绩相当，那么他的心理年龄是 5 岁，而不管他的**生理年龄**（chronological age）多大。

比奈智力测验的成功开发对美国产生了很大影响。美国特殊的历史事件和社会—政治力量相结合，使美国人对心理能力的测量更有兴趣。20 世纪初，美国是一个混乱的国家。经济、社会和政治全球化的结果导致数百万移民涌入了美国。新的全民教育法使学校挤满了学生。这时，就需要有一些测量形式来识别、记录和区分移民进来的成人和学龄儿童（Chapman, 1988）。当第一次世界大战爆发时，数百万名志愿者被征募。招募人员需要知道哪些人有能力学得更快，可以从特殊的领导力训练中获益更多。新的、非言语的、成组实施的心理能力测验被用来测量 170 多万名志愿者。在这种战时紧急状态下，一组优秀的心理学家，包括刘易斯·推孟、爱德华·桑代克和罗伯特·耶基斯（Robert Yerkes），仅用了一个月的时间就设计了这些测验（Lennon, 1985）。

这一大规模的测验项目的后果之一是，美国公众开始接受这样一种观点，即智力测验可以根据领导能力及其他社会重要特性来区分不同的人。这使得测验在学校和工厂被广泛应用。测量被看成是在混乱的社会中注入了秩序，是采用经济而民主的方法来区分一个人能否能从教育和军队领导力训练中受益。为了推动智力测验的大规模应用，研究者努力开发应用范围更广的测验程序。

IQ测验

虽然是比奈在法国开创智力能力的标准测量，但美国心理学家后来居上。他们也提出了 IQ 的概念，即智商。IQ 是对智力的数量化和标准化的测量。两种对个体施测的 IQ 测验至今还被广泛应用：斯坦福—比奈量表和韦克斯勒量表。

斯坦福—比奈量表　斯坦福大学的**刘易斯·推孟**（Lewis Terman）以前是一位公立

学校的校长，他很认可比奈测定智力方法的重要性。他采用比奈的测验题来测量美国的学龄儿童，并对测验进行了标准化，最终通过对成千上万名儿童的测量得到了与年龄相关的常模。1916 年，他发表了比奈测验的斯坦福版本，通常被称为斯坦福—比奈量表（Terman，1916）。

在推孟的新测验中，他提出了**智商**（intelligence quotient）的概念，即 **IQ**（1914 年由德国心理学家威廉·斯登定义）。IQ 是心理年龄与生理年龄的比率再乘以 100（以去除小数）之后的数值：

$$IQ = 心理年龄 \div 生理年龄 \times 100$$

如果一个 8 岁的儿童所测得的心理年龄为 10，那么他的 IQ 是 125（$10 \div 8 \times 100 = 125$）；而同一生理年龄的儿童如果只完成了 6 岁组孩子的任务，那么他的 IQ 为 75（$6 \div 8 \times 100 = 75$）。那些心理年龄与生理年龄相当的个体的 IQ 为 100，因此 100 是 IQ 的平均值。

新的斯坦福—比奈测验很快成为临床心理学、精神病学和教育咨询中的标准工具。斯坦福—比奈测验包括一系列的分测验，每一个分测验适合于一个特定的心理年龄。自从问世以来，斯坦福—比奈测验进行了多次修正（Terman & Merrill, 1937, 1960, 1972；Thorndike et al., 1986）。经过这些修正，其施测范围已经扩大到了非常年幼的儿童和非常聪明的成年人；另外，这些修订版还更新常模或与年龄相适应的平均分。最新的斯坦福—比奈测验对正常人群、发育迟滞者和天才人群都能提供 IQ 估计值（Roid, 2003）。

韦克斯勒智力量表　纽约贝尔维尤医院的**大卫·韦克斯勒**（David Wechsler）致力于使成人智力测验不再依赖于言语项目。1939 年，他出版了韦克斯勒—贝尔维尤智力量表。该量表包括言语和非言语（或操作）分测验。这样除了总的 IQ 值，人们还可以分别估计言语和非言语的 IQ 值。经过一系列修正之后，1955 年这一测验被称为*韦克斯勒成人智力量表*（WAIS），现在又被称为 WAIS- Ⅳ（Wechsler，1997）。

表 9.1　与 WAIS–IV 相似的问题

语言理解分测验	
相似性	飞机和潜艇有何相似之处？
词汇	仿真是什么意思？
知觉推理分测验	
方块图形	参与者将不同形状的方块排列成给定的图案。
图片填充	参与者观察图片并说出图形缺少哪一部分（如马没有鬃毛）。
工作记忆分测验	
数字广度	请重复以下数字：3 2 7 5 9
算术	如果你用 8.5 美元买了一张电影票，用 2.75 美元买了一桶爆米花，那么你付了 20 美元可以找回多少钱？
加工速度分测验	
符号搜索	参与者努力判断在一长串符号表中是否有一两个抽象符号（例如，Θ、∀）。
划消	参与者先看一段图像展示，然后执行实验者的指导语（例如，划掉每一个蓝色的正方形和绿色的三角形）。

WAIS-Ⅳ中包含 10 个核心分测验和 5 个补充分测验，涉及 IQ 的几个方面。**表 9.1** 提供了该测验中不同类型问题的例子。如表中所示，WAIS-IV 将这些分测验合并为 4 个量表，包括言语理解、知觉推理、工作记忆和加工速度。如果你参加 WAIS-IV 测试，你不仅可以获得整体（或全量表）IQ 分数，还可以获得 4 个分量表的 IQ 分数。

WAIS-IV 适用于 16 岁及以上的人群，但也有针对儿童的相似测验（见**图 9.1**）。*韦氏儿童智力量表第四版*（WISC-IV，Wechsler，2003）适用于 6~16 岁的儿童；*韦氏学前和小学智力量表第三版*（WPPSI-III，Wechsler，2002）适用于 2.5~7.25 岁的儿童。近来对这两个量表的修订使得测验材料更丰富，更有现代气息，对儿童更有吸引力。

图 9.1 **智力测验**
心理学家正在对一名 4 岁儿童进行智力测验。该测验的部分操作包括对一系列彩色的糖果进行分类。为什么这一操作是该测验的重要组成部分？

WAIS-IV、WISC-IV 和 WPPSI-III 组成了智力测验的大家族，它们可以提供所有年龄段的 IQ 总分数。它们还提供了可比较的分测验值，这样研究者可以追踪特定智力随时间的发展。由于这一原因，在对不同年龄的同一参与者进行施测时，韦克斯勒量表具有特别的价值，例如，它可以测定接受不同的教育项目时儿童的进步水平。

特殊智力

IQ 分数不再是用个体的心理年龄除以生理年龄。如今，你参加某个测验，你的分数会被加起来，直接和同年龄组其他人的分数相比较。IQ 值 100 是“平均值”，也就是说有 50% 的同年龄人比你的分数低。如**图 9.2** 所示，分数段为 90~110 之间的个体被界定为“正常”。下面，我们将考察 IQ 分数未落在这一区间的个体。

智力缺陷和学习障碍 当 18 岁以下的个体在智力测验中的有效 IQ 得分低于平均值约 2 个标准差时，他们就被界定为**智力缺陷**（intellectual disability）。对于韦氏成人智力量表来说，智力缺陷的标准是 IQ 得分低于 70。然而，如**表 9.2** 所示，被归为智力缺陷的个体还必须“在概念技能、社交技能、适应性技能”等方面的表现也存在缺陷（American Association on Mental Retardation［AAMR］，2002，p.73）。在过去，*心理迟滞*（mental retardation）通常指那些 IQ 得分为 70~75 或更低的个体。但是，由于现在的定义更宽泛，包含了适应性行为，所以，*智力缺陷*这一术语更恰当（Schalock et al., 2007）。在诊断个体是否存在智力缺陷时，临床医师会尽可能地理解个体在适应性技能方面的缺陷。现在，我们的目标是提供切实符合个体需求的环境和社会支持，而不是简单地根据 IQ 得分对个体进行分类。

智力缺陷可能与基因和环境因素有关。例如，*唐氏综合症*——一种由第 21 号染色体变异所导致的出生缺陷——个体的 IQ 通常比较低。另一种遗传疾病，*苯丙酮尿症*（PKU），同样对于 IQ 有潜在的负面影响（Gassió et al., 2005）。然而，只要在婴儿期就获得诊断，通过严格遵循特殊饮食，就能够控制 PKU 的负面影响。家庭研究显示，基因遗传可能只在一定范围内，即历史上所称的中度迟滞方面起作用（见图 9.2，

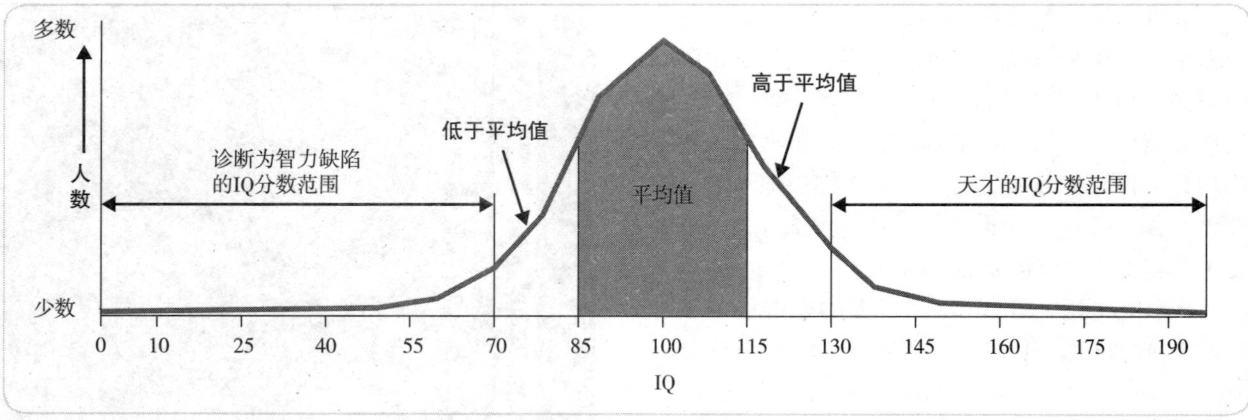

图 9.2 **IQ 分数在大样本中的分布**

IQ 分数被标准化，因此 100 分是人群的平均数（低于 100 和高于 100 的样本一样多）。85~115 为“正常”；高于 130 可能是“天才”；低于 70 为智力缺陷的诊断标准。

Plomin & Spinath, 2004）。更为严重的迟滞形式是由个体发展中非遗传的自发性基因异常所引起的。影响智力缺陷最重要的环境就是产前环境。患风疹和梅毒的孕妇很可能会生出智力缺陷的婴儿。另外，孕妇如果曾使用过酒精或者其他药物，尤其在怀孕的前几周，也会增加出生婴儿认知缺陷的风险（Bennett et al.，2008；Huizink & Mulder，2006）。

从历史上来看，智力缺陷的个体一般在与正常个体相分离的机构中接受教育。然而，越来越多的证据显示，这些隔离项目并不有效，美国政府已经通过法令保障有缺陷的儿童应该最大限度地在普通班级里上课（Williamson et al., 2006）。法律还确认，某些水平的受损技能需要学生接受隔离式的教育。然而，大约 45% 被诊断为智力缺陷的学生每天上学时应该花一些或更多时间与他们的同伴在一起。

表 9.2 **智力缺陷的诊断**

如果符合以下标准，则可诊断为智力缺陷：
• 个体在智力测验中的 IQ 得分低于平均值约 2 个标准差。
• 个体的适应性行为受限，如：
概念方面
语言使用
读写
金钱概念
社交方面
行为的责任性
轻信他人
避免受伤害
实践方面
准备食物和进食
穿衣
工作技能
• 发病年龄低于 18 岁。

资料来源：American Association on Mental Retardation, 2002, p. 42.

针对适合年龄的常模，IQ 分数给出了个体在各种言语和非言语任务中所能达到程度的信息。在一些情况下，某些原因会引起 IQ 分数和个体表现无法匹配。当个体的学业成绩和所测得的 IQ 之间存在巨大差异时就会被诊断为**学习障碍**（learning disorder）。在临床专家做出学习障碍的诊断之前，他们需要排除其他可能导致个体表现差的因素，如低动机、中等偏下的教学质量或生理问题（如视觉障碍等）。许多学校对于被诊断为学习障碍的学生给予了特殊的帮助。

天才　如果个体的 IQ 分数在 130 以上，他就很可能被称为天才。然而，根据智力缺陷的界定，研究者建议，天才这个概念不应该仅由 IQ 来确定。例如，**约瑟夫·任朱利**（Renzulli, 2005）就更喜欢有关天才的“三环”概念，这种概念把天才的特征描述为三个维度：能力、创造力和任务执著（task commitment）（见图 9.3）。根据这一观点，被认为是天才的个体，其 IQ 需要在平均水平之上，但并不必是上等水平。但是，他们需要具有高水平的创造力，并对于特定问题或者在特定领域的表现有高水平的执著。这个扩展后的定义解释了为什么通常人们不可能在所有的学术领域都是天才（Winner，2000）。例如，在言语和数学领域，个体的能力、创造力和任务执著都可能会有所不同。

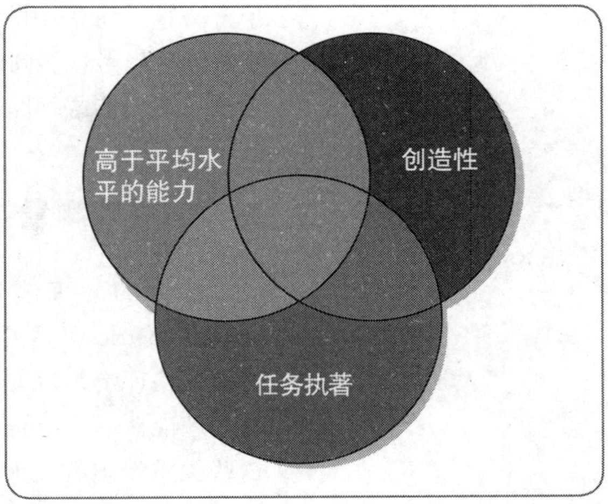

图 9.3 天才的“三环”概念

根据“三环”概念，天才需同时具备以下三个要素：高于平均水平的能力、高水平的创造性以及任务执著。

资料来源：From Renzulli, J.S. (1978). What makes giftedness? Re-examining a definition. *Phi Delta Kappan*, 60, 180–184. Reprinted with permission.

天才儿童通常具有什么样的特质？关于天才儿童的正式研究开始于 1921 年。当时，推孟（Terman, 1925）对 1 500 多个测试成绩在学校位于前 1% 的男孩和女孩这两个群体进行了一项长期的追踪研究，一直到他们 80 多岁（Holahan & Sears, 1995）。推孟及其之后的研究者想知道这些儿童是如何度过他们的一生的。推孟提出的这个问题一直都是研究的重点。例如，推孟考察了一种谬论——天才儿童存在社交和情绪调整上的问题。推孟得出的结果与此相反，他发现其样本中的个体比同龄人能够更好地进行社交和情绪调整。然而，同时期的很多研究支持天才儿童比同龄人更内向的结论（Sak, 2004）。在某种程度上，对自己内在生活的取向支持了任务执著这一因素，而这一因素有助于界定天才。而且，天才学生报告了参与学校活动的合理水平。例如，参与某暑期天才项目的 230 名学生报告了他们最经常参加的课余或者校外活动中的运动（Olszewski-Kubilius & Lee, 2004）。他们也参加了许多学术俱乐部和竞赛，尤其是数学方面。

推孟还证明，大部分天才儿童在生活上都很成功。其实这并不稀奇，因为就像我们在这一章的后面部分会讲到的，IQ 是对个体职业地位和收入的很好的预测变量。因此，我们不应关注天才个体是不是做得不好，而应关注他们是否获得足够的教育支持，以允许他们的天赋得到充分的发展（Briggs et al.，2008；Sternberg & Grigorenko, 2003）。当天才被认为是一种多维度的建构时，天才化的教育就必须更加灵活以适应学生个体的特殊天赋。

STOP 停下来检查一下

❶ 最初人们运用什么测量手段来计算智商？
❷ 大卫·韦克斯勒引入了哪几类分测验来测量 IQ？
❸ 最近 20 年来，智力缺陷的诊断有了怎样的变化？
❹ “三环”概念从哪些维度来定义天才？

智力理论

至此，我们已经知道了几种测量智力的方法。你会问自己：这些测验是否包含了智力这一术语中的所有内容？这些测验是否包含了组成自己智力的所有能力？为了帮助你思考这些问题，现在我们回顾一下有关智力的理论。当你读到每一种理论时，考虑一下支持这一理论的人是否会把 IQ 作为测量智力的方法。

智力的心理测量学理论

智力的心理测量学理论也源于让 IQ 测验出现的哲学氛围。**心理测量学**（psychometrics）是心理学的一个分支领域，主要是对心理能力进行全方位的测量，包括人格评定、智力评估和能力测量。因此，心理测量学与测验方法有内在的联系。这些理论在不同的能力测量中寻找*统计相关*，如 WAIS-III 的 14 个分测验，然后基于这些关系得出有关人类智力本质的结论。这一技术通常被称为*因素分析*，这种统计方法从大量独立变量中检测出少量的维度、聚类或因素。因素分析的目的是为研究的概念寻找基本的心理维度。当然，统计程序只能找出统计规律，需要由心理学家来对这些规律做出解释。

查理斯·斯皮尔曼（Charles Spearman）在智力领域中较早地应用了因素分析，对后人的影响很大。斯皮尔曼发现，个体在不同智力测验上的成绩高度相关。他从这一模式得出结论，认为存在*一般智力*（general intelligence）因素或 **g 因素**，这是所有智力操作的基础（Spearman, 1927）。每个维度还与其特殊智力相关联，即斯皮尔曼定义的 s。例如，人们在词语或算术中的操作都依赖于一般智力和特定领域的能力。研究者使用 MRI 扫描技术以确定 g 因素的大脑基础。**图 9.4** 显示，一般智力相对较高的个体，其大脑中的一些区域拥有更多的脑组织。

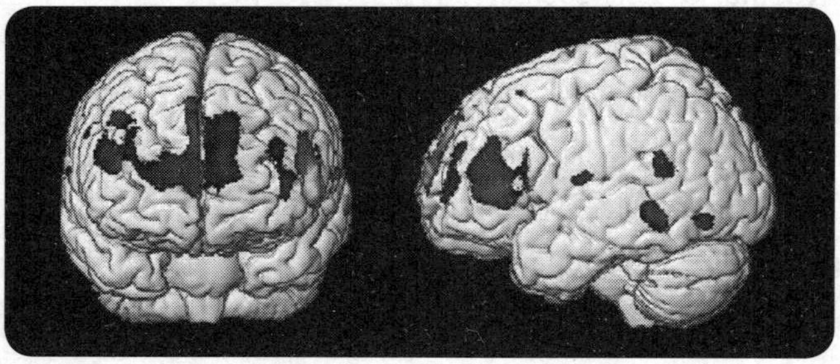

图 9.4 **一般智力因素的大脑基础**

在完成韦克斯勒智力量表之后测量一般智力因素，对个体进行 MRI 扫描以显示其大脑结构。彩色区是一般智力更高的个体有更多大脑组织的地方。（见彩插）

资料来源：Reprinted from *NeuroImage*, 23, R. J. Haier et al., "Structural brain variation and general intelligence," pp. 425–433, copyright © 2004, with permission of Elsevier.

雷蒙德·卡特尔（Cattell, 1963）采用更为先进的因素分析方法，将一般智力分为两个相对独立的成分，他称之为晶体智力和液体智力。**晶体智力**（crystallized intelligence）包括一个人所获得的知识以及获得知识的能力，它由词语、算术和一般知识测验来测定。**液体智力**（fluid intelligence）是发现复杂关系和解决问题的能力，它由木块图、空间视觉等测验来测定，在这些测验中，所需要的背景信息是很明确的。晶体智力使得人们能够很好地应对自己的生活和具体问题，而液体智力则帮助你处理新奇的、抽象的问题。

自卡特尔以来，许多心理学家都扩展了智力的概念范围，加入了许多传统 IQ 测验没有的操作。我们现在来看两种超越 IQ 概念的理论。

斯滕伯格的智力三因素理论

罗伯特·斯滕伯格（Sternberg, 1999）在他的更为一般的智力理论中，也强调在问题解决时认知过程的重要性。斯滕伯格提出了智力的三因素理论，认为智力包括三种类型：分析、创造和实践，它们都代表有效操作的不同方面。

分析智力（analytical intelligence）提供了人们可以应用于生活中许多熟悉任务的基础信息加工技能。这种类型的智力是根据思维和问题解决过程中的成分或心理过

生活中的批判性思维

你相信网络上的测验吗

学完智力这一章时学生们经常会问，当他们参加 IQ 测验时应该怎么做。现在，通过网络获取一些测验、完成这些测验并得到 IQ 分数是很容易的。但这些数字对你来说重要吗？我们通过复习本章的一些概念来回答这一问题。

我们需要结合数据来进行分析，所以我们请一位朋友波因德克斯特来进行在线 IQ 测验。他访问的第一个网站包括 4 个不同的测验，这为我们评价测验的信度提供了机会。回忆一下，信度是有关一致性的：假定这些测验是测量同一项能力的，那么完成它们是否可以得出相近的分数？事实上，波因德克斯特的 4 个得分分别为 116、117、129 和 130。如果你再看一下图 9.2，你会明白所有的分数都表明波因德克斯特的得分高于正常水平（这对波因德克斯特来说是件多么好的事情！），但两个分数将他划为“较好”，另外两个分数将他划在“优秀”或“非常优秀”的边界。这提示我们，这些 IQ 测验并不是很可信。

如果测验不是可信的，那么它们就不是有效的。现在，我们假定它们是有效的。让我们来看看，为什么在任何情况下我们都要考虑测验的效度：测验在多大程度上测定了它想测的东西？波因德克斯特在网上得到的 IQ 分数是通过比较他的操作（20 个问题中的正确个数）与其他访问过网站的人的操作得到的。假定这一分布如图 9.2 呈钟形，网站的测验所测的是 IQ 值，你看出问题的所在了吗？首先，我们没有理由相信访问网站的人的平均 IQ 值为 100（这是由传统的可信的离线测定法得到的）。这看起来像不像从愿意进行网上 IQ 测验的人中进行了自我选择？其次，我们没有理由相信每一个人都是在标准的情境下进行测验的。例如，测验在某种程度上依赖语词问题。我们能保证人们不用手头的字典（或用在线字典）来提高成绩吗？（“妈妈，你看，我总是告诉你我是一个天才！”）

互联网为你提供了很多测定你的 IQ、其他表现和人格结构的机会。你应该运用你在这一章中所学的知识，对你在网上所得的分数认真地进行信度和效度评价。

然而，波因德克斯特沉迷于在线 IQ 测验。迄今为止，他的最好成绩是在“欧洲人 IQ 测验”中获得 159 分。波因德克斯特相信 159 分是对他 IQ 的可信评价。你也相信吗？

- 除了比较总体的分数，你会如何评价网络上不同的 IQ 测验的信度？
- 你可以做些什么以使得网络测验的环境标准化？

程来定义的。斯滕伯格认为，有三种成分对信息加工至关重要：（1）知识获得成分，可以用于学习新的事实；（2）操作成分，作为问题解决的策略和技巧；（3）元认知成分，用于选择策略、监控认知过程以达到成功。为了考察你的分析智力，请试着做**表 9.3** 中的练习。

你如何完成这些字谜？要完成这些字谜，通常你需要使用操作成分和元认知成分。操作成分可以使你在脑中操作字母，而元认知成分则使你采用策略找到解决的办法。来看一下 T-R-H-O-S，你是如何进行心理转换使之成为 SHORT 的？一个较好的策略是寻找英文中可能的辅音聚合，如 S-H 和 T-H。选择策略需要元认知成分，执行它们则需要操作成分。请注意，一种好的策略有时也会失败。看一下 T-N-K-H-G-I，大多数人觉得这个字谜比较难的原因是 K-N 不像是一个词的开头，而 T-H 比较像。在看这个字谜时，你是不是也试着以 T-H 开头来完成这个变位词？

通过将许多任务分解为不同的成分，研究者就可以找出区分不同 IQ 个体的操作过程。例如，研究者发现，与低 IQ 的学生相比，高 IQ 学生的元认知成分使得他们

表 9.3 分析智力的运用

以下是一组字谜游戏。 请尽快找到每个字谜的解决办法。
1. H-U-L-A-G ______
2. P-T-T-M-E ______
3. T-R-H-O-S ______
4. T-N-K-H-G-I ______
5. T-E-W-I-R ______
6. L-L-A-O-W ______
7. R-I-D-E-V ______
8. O-C-C-H-U ______
9. T-E-N-R-E ______
10. C-I-B-A-S ______
请在本章最后查找上述字谜的答案

资料来源：From Sternberg，1986.

可以选择不同的策略来解决特定的问题。这种在策略选择上的差异，可以说明为什么高 IQ 的学生有较高的问题解决能力。

创造智力（creative intelligence）是指人们处理新异问题的能力。斯滕伯格（Sternberg,2006）认为，“创造智力包括创造、发明、发现、想象、猜想或假设的能力”（p.325）。例如，如果一组人发现自己在意外发生之后进退两难，你会认为，那个最快帮助团体找到回家之路的人是具有创造智力的。

实践智力（practical intelligence）反映在对日常事物的处理上。它包括对新的不同环境的适应，选择合适的环境以及有效地改变环境以适应你的需要。实践智力依赖于特定情境。为了测量实践智力，研究者需要把他们自己融入到情境中。

一个研究团队设定目标，决定测量来自阿拉斯加地区的尤皮克爱斯基摩人中青少年的实践智力（Grigorenko et al., 2004）。尽管尤皮克人居住在有电、汽油和电话的现代房子里，但是许多部落在严寒的冬季时只能通过飞机到达。基于此，测量的实践智力主要关注与尤皮克部落生存相关的不同类型的知识。请思考以下问题：

马库斯叔叔知道狩猎狼獾的方法。当他在____设陷阱时，最可能抓到狼獾？

（a）在一棵倾斜的树上　　（b）在一棵死树的树洞中
（c）远离水的地方　　（d）靠近结了冰的河边

你会选（a）作为正确答案吗？实践智力测试包括 36 个类似这样的问题。这个样本中的青少年学生完成了这个测验。另外，研究者还收集了来自群体内其他人（包括成年人和老年人）的评价，询问他们哪些青少年可以被描述为，例如 *umyuartuli*——“一个好的思考者，可以针对问题想出新异的解决方法，并且通过思考得以生存”（p.191）。研究者得到了尤皮克人群中青少年的实践智力得分的分布范围。总的来说，那些生活在城市环境中的个体比生活在乡村的个体拥有更少的实践智力。另外，拥有最高实践智力的青少年同样在特质上赢得了最正面的评价，如 umyuartuli。

你可以从这个例子中发现，为什么实践智力的概念在不同情境下有不同的意义。不过，总体思想是一致的：人们可以拥有或多或少的实践智力来应对他们的日常任务。

加德纳的多元智力理论与情绪智力

霍华德·加德纳（Gardner, 1999，2006）也提出了一个超出 IQ 测验定义的智力理论。加德纳确定了涵盖人类经验范围的许多智力。每一种智力依据特定社会对它的需要、奖赏以及它对社会的作用，在不同的人类社会中其价值也有所不同。如**表 9.4** 所示，加德纳归纳出了 8 种智力。

表 9.4 加德纳的 8 种智力

智力	终极状态	核心成分
逻辑—数学	科学家 数学家	对数字或逻辑的敏感和推理能力，有能力掌握复杂的推理
语言	诗人 新闻记者	对语音、节律和意义的敏感性；对不同语言功能的敏感性
自然主义	生物学家 环保主义者	对不同种属间差异的敏感性；与生物进行互动的能力
音乐	作曲家 小提琴家	产生和欣赏节奏、音高和旋律的能力；欣赏不同的音乐表达形式
空间	航海家 雕塑家	准确感受视觉—空间世界的能力；对人的最初知觉进行转换的能力
身体运动	舞蹈家 运动员	控制身体运动和灵活掌控物体的能力
人际	心理治疗师 推销员	辨别他人的情绪、气质、动机和需求并作出恰当反应的能力
内观或自知	详细的、准确的自我认识	对自己情绪的感知和区分能力，并以此指导行为；对自己的优势、弱点、需求和智力的了解程度

资料来源：From Frames of *Mind* by Howard Gardner. Copyright © 1983 by Basic Books. Reprinted by permission of Basic Books, a member of Perseus Books Group.

加德纳认为，西方社会关注逻辑—数学和语言智力的发展，而非西方社会对其他智力更为关注。例如，在西太平洋岛屿的卡罗琳岛，船员们必须能够在没有地图的情况下，仅仅依靠他们的空间智力和身体运动智力在海上航行很长一段距离。在那个社会中，这种能力比写出一篇学期论文更重要。在巴厘岛，艺术行为是日常生活的一部分，因而流淌在优美舞步中的音乐智力和天赋更为宝贵。与强调个人主义的美国社会相比，日本这样的集体主义社会更强调合作行为和社区生活，因而人际智力更为重要（Traindis, 1990）。

评价这类智力不仅仅需要纸笔测验和简单的定量分析。加德纳的智力理论认为，应该对个体在许多生活情境下的行为进行观察和评价，包括传统的智力测验。如果人们对 8 种智力进行全面且有效的测量，我们期待可以发现智力优劣组合模式的更多变异。然而，加德纳认为，人们通常会在主宰自己生活经验的智力数量上存在差异。他非常关注*探照灯式*和*激光式*两种智能模式的主要区别（Gardner, 2006）。拥有探照灯式智能模式的人们在各种智力间相对平衡。加德纳指出，这种智能模式在政治家和生意人中较普遍。拥有激光式智能模式的人们则在一两种智力上表现卓越。加德纳认为，这种智能模式在艺术家和科学家中较常见。

近年来，研究者开始探讨另外一种智力——*情绪智力*——它与加德纳的*人际智力*和*自知智力*的概念相关（见表 9.4）。另一种主要观点认为，**情绪智力**（emotional intelligence）包括四种主要成分（Mayer et al., 2008a，2008b）：

- 准确和适当地知觉、评价和表达情感的能力；

- 运用情绪来促进思维的能力；
- 理解和分析情绪、有效地运用情绪知识的能力；
- 调节和管控情绪，以促进情绪和智力发展的能力。

研究人员已经发现，情绪智力对于日常生活有非常重要的影响。想想在学校环境中，学生的情绪体验。假设波因德克斯特考试时考得很差，如果他没被消极情绪所压倒，那么他可能在未来发展得更好。总之，情绪智力较高的学生能更好地处理学习成绩引发的情绪。我们来看看研究者是如何验证这一假设的。

> 有研究小组让 378 名学生完成一项情绪智力（EI）测验（Rode et al., 2007）。测验要求参与者观看一些人脸的彩色照片，并指出照片中的表情传达了何种情绪。研究者用这些学生的累积平均分作为他们学习成绩的指标。此外，研究者还在小组讨论时对每位参与者的三分钟演讲进行录像。评判员通过观看录像确定参与者演讲中论据的质量等特点。在评估情绪智力和学习成绩之间的关系时，研究者发现，情绪智力高的学生其公开演讲更有效。而对其他学习成绩的测量，情绪智力的重要作用受到了参与者相关动机的影响。例如，只有那些严谨细心的高情绪智力的学生，其平均分才高于同龄人。

这些研究结果证实了情绪智力的重要性，同时也说明了一个结论：知识和动机都是学生成功的基础。这一结论我们将在第 11 章进一步讨论。

我们对于智力测验和理论的论述，为讨论使智力话题如此富有争议的社会环境奠定了基础。

STOP 停下来检查一下

❶ 为什么斯皮尔曼相信 g 因素，即一般智力？
❷ 斯滕伯格三因素理论中的三种智力类型分别是什么？
❸ 在加德纳的理论中，哪种智力可能会决定一个人是否能成为成功的雕刻艺术家？

批判性思考：思考一下考察情绪智力与日常心理健康关系的研究。为什么获得老板对参与者的评价很重要？

智力的政治学

我们已经看到，现代的智力概念抛弃了 IQ 分数与人的智力相关的狭义认识。即便如此，IQ 测验在西方仍是测量智力最常用的工具。因为 IQ 测验的盛行以及 IQ 值的易得性，所以根据“平均”IQ 来比较不同人群的差异变得很容易。在美国，这种民族和种族群体的比较经常被作为证据，以说明少数族群成员的先天低劣性。我们将简要地介绍这一采用 IQ 测验来指证所谓智力低等人群的历史，然后我们来看一下关于智力与 IQ 成绩的先天和后天因素的证据。你会发现这是一个在心理学中最具政治敏感性的话题之一，因为移民配额、教育资源分配和其他公共政策都建立在如何解释群体 IQ 值的基础之上。

族群比较的历史

早在 20 世纪纪初，心理学家**亨利 · 高达德**（Henry Goddard，1866—1957）就提倡对所有移民进行心理测验，以选择性地排除那些有“心理缺陷”的人。这种观点助长了美国国内反对某些移民群体的敌意性的民族倾向（Zenderland, 1998）。的确，美国国会通过的 1924 移民限制法案，使得移民在进入纽约港的埃利斯岛时进行智力测验成为一项国家政策。根据 IQ 测验的得分，众多犹太人、意大利人、俄罗斯人和其他一些国家的移民被归为“低能者”。一些心理学家将这些统计结果作为一种证据：与欧洲北部和西部的人相比，从欧洲南部和东部来的移民天生是下等人（Ruch, 1937）。然而，这些“下等人群”对于 IQ 测验中的主流语言和文化最不熟悉，因为他们是最近才移民来的。（经过几十年的时间，IQ 测验中的这种族群差异已完全不存在，但是智力的天生种族差异理论仍然存在。）

当移民到达埃利斯岛时，为什么要对他们进行 IQ 测验？这些测验是如何用来得出基因劣等论的？

在第一次世界大战时的军队智力测验中，非裔美国人和其他少数种族士兵的得分低于大多数白人士兵，这一事实更加强化了高达德（Goddard，1917）及其他研究者提出的基因劣等论。在帮助收集美国少数种族的相关数据时，曾经促进美国 IQ 测验发展的推孟以一种非科学的方式对此进行了评论：

> 他们的迟钝似乎是种族性的……现在似乎不可能使社会相信他们不应该生育，但从优生学的观点来看，他们不同寻常的多子多孙带来了严重的问题（Terman,1916, pp.91—92）。

现在虽然名称改变了，但问题依然相同。在今天的美国，非裔美国人和拉丁裔美国人在标准智力测验中的平均分数要比亚裔美国人和白人低。当然，在所有的群体中都有一些个体具有极高或极低的 IQ 值。对于这种 IQ 分数的族群差异应该如何解释？传统做法是将这种差异归因于遗传因素（先天论）。当我们讨论了 IQ 的基因差异的证据之后，我们还要考虑第二种可能性，即环境（后天）对 IQ 的重要影响。任何一种解释（或几种解释的结合）的有效性都有重要的社会、经济和政治影响。

遗传与IQ

研究者如何确定智力在多大程度上是由遗传决定的？任何回答都需要研究者找到一些测定智力的方法。因此，抽象意义上的“智力”如何受遗传影响的问题，在多数情况下变成了智力在同一家族中是否相似。为了回答这个更为局限的问题，研究者需要将基因和环境的影响区分开来。一种方法是比较同卵双生子、异卵双生子和其他基因有重叠的亲戚的智力表现。**图 9.5** 表示了建立在遗传关系基础上的个体 IQ 值之间的相关程度（Plomin & Petrill, 1997）。如图所示，基因越相似，其 IQ 值越接近。（你会注意到在这些数据中，环境的作用也被凸显出来，因为被一起抚养的人的 IQ 值更为相似。）

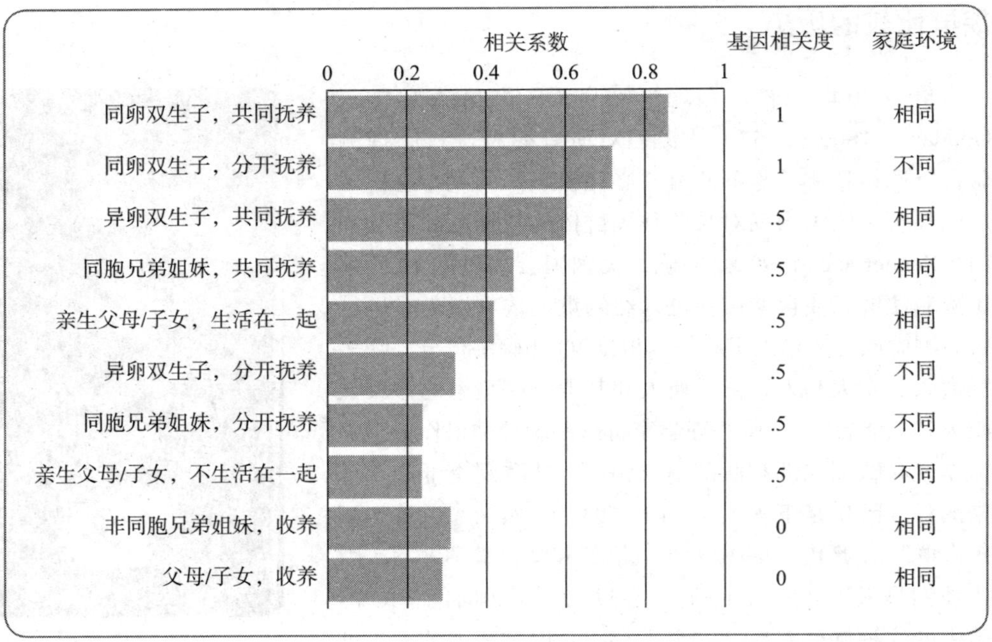

图 9.5　IQ 与基因的关系

此图表示了同卵双生子和异卵双生子在共同抚养（相同的家庭环境）与分开抚养（不同的家庭环境）情况下 IQ 得分的相关程度。在比较中，也包括了同胞兄弟姐妹和收养意义上的兄弟姐妹、父母和孩子的数据。结果显示，遗传因素（指在基因上有重叠）和环境因素都很重要。例如，同卵双生子比异卵双生子在 IQ 值上有更高的相关度——基因的影响。但是，当两类双生子分别共同抚养时，其相关性都有所提高——环境的影响。

资料来源：Reprinted from *Intelligence*, 24, R. Plomin & S. A. Petrill, "Genetics and Intelligence: What's New?" pp. 53–77, copyright © 1997, with permission from Elsevier.

研究者试图运用这种方法所得的结果来评价 IQ 的*遗传力*。某一特质如智力的**遗传力估计**（heritability estimate），是基于这一特质的测验分数可归因于遗传因素的变异比例。在一组给定的人群中(例如大学生或精神病人)，对所有测验得分计算其变异，然后确定总变异中有多少是由遗传或先天的因素造成的。为了完成上述工作，我们需要比较基因重叠程度不同的人群。研究者对 IQ 遗传力的研究进行了综述，他们得出的结论认为，大约有 50% 的 IQ 分数变异是由基因造成的（Grigorenko, 2000）。

但更为有趣的是，*遗传力随年龄的增长而增加*：为了证明这一增长趋势，研究者通常会在若干年间反复测量双生子的 IQ。下面我们来看一项历时 13 年的研究。

一个研究小组在研究初期招募了 209 对 5 岁的双生子（Hoekstra et al., 2007）。在参与者 5 岁时，要求其完成智力测验，评估他们的言语和非言语智商。随后，研究人员在参与者 7 岁、10 岁、12 岁和 18 岁时再次测量其智商。在研究期间，毫无疑问，会有一些参与者流失。但是，研究者仍收集到了 115 对双生子 5 次测量的完整数据。数据分析结果显示，随着时间的推移，双生子的 IQ 得分非常稳定。对全部参与者来说，他们 5 岁时的 IQ 分数和 18 岁时的 IQ 分数相关分别为：言语智商 0.51，非言语智商 0.47。为了评估遗传的作用，研究者在各个年龄对比了同卵双生子和异卵双生子的相关性。在言语智商方面，5 岁时遗传因素大约占 46%，到 18 岁时则上升到 84%；在非言语智商方面，5 岁时遗传因素约占 64%，18 岁时上升到 74%。

许多人对这一结果感到吃惊，因为似乎随着年龄的增长，环境因素的作用应该变大而不是变小。研究者是这样解释这种反常结果的：“很可能基因的规划使得环境促进了我们的基因特质，因而使生命全程中的遗传性增加”（Plomin & Petrill, 1997, p.61）。

这张照片显示了诺贝尔化学奖获得者玛丽·居里和她的女儿艾莉娜(左)以及伊娃(右)。艾莉娜同样获得了诺贝尔化学奖，伊娃成为了著名的作家。这样的家庭为什么会鼓励研究者尝试理解遗传和环境对于 IQ 的影响呢?

让我们来看一下那些更具争议性的基因分析：在非裔美国人和美国白人之间的得分差异。在几十年前，他们的 IQ 差异约为 15。但研究者估计，从 1972 年到 2002 年的 30 年间，这一差距缩小为 4~7（Dickens & Flynn, 2006）。虽然差距变小表明了环境的影响，但持续存在的差异仍使很多人认为，种族间存在不可逾越的基因差异（Hernnstein & Murray, 1994）。但是，即使 IQ 具有高度遗传性，但这种差异是否就是由于低分人群中的个体基因低劣造成的呢？回答是否定的。遗传力是对于一个组内的估计，它不能用于解释组间的差异，不论在客观测验中的组间差异有多大。

遗传力估计只与给定人群的平均值相关。例如，我们知道，身高的遗传力非常高，在 0.93~0.96 之间（Silventoinen et al.，2006）。但是你还是不能确定你的身高有多少可以归因于遗传的影响。同样的论述也适用于 IQ。即使有高的遗传力估计，我们也不能确定特定基因对个体的 IQ 或群体的平均 IQ 的贡献。某一种族人群的 IQ 得分低于另一种族的事实并不意味着这种差异是先天的，即使同一组内 IQ 得分的遗传力估计较高（Hunt & Carlson，2007）。

另一个争议是种族这一概念本身。当人们声称“IQ 之间的差距是由于遗传造成的”时，其背后的假设是，基因分析能够清楚地看到种族间的差异。IQ 研究者通常都承认，种族既是生物的也是社会的建构。例如，在美国的社会习俗中，有非洲血统的人通常被称为“黑人”。来看一下著名的年轻高尔夫球运动员泰格·伍茨，虽然他的真实出身非常复杂（他的祖先有白人、黑人、泰国人、中国人和美国土著人），但他常被歧视性地称为美国黑人。社会判断并不一定依据生物现实，对此伍茨是一个很好的例子。尽管如此，仍有一些智力研究人员坚持认为，种族间的遗传学差异非常大，足以进行有意义的对比（Hunt & Carlson，2007）。而另一些研究人员则极力主张，种族这一概念受社会环境影响极大，因此，族群比较毫无意义（Sternberg & Grigorenko，2007；Sternberg et al.，2005）。

可以肯定，基因在个体的 IQ 测验中起着相当大的作用，如同它对其他特质和能力的作用一样。但是，我们认为遗传不足以解释不同种族人群间的 IQ 差异。它是我们理解这种表现差异的必要而非充分条件。现在，我们将论述环境对 IQ 差异的作用。

环境与IQ

由于 IQ 的遗传力估计小于 1.0，由此我们知道，基因遗传并不是唯一影响 IQ 的因素，环境也在一定程度上影响着 IQ。但是，如何评价环境的哪些方面对 IQ 有重要影响呢？在你所处的环境中，哪些特性影响你的 IQ 测验得分的潜力呢（Kristensen & Bjerkedal，2007；van der Sluis et al.，2008）？环境是在多种维度上变化的复杂刺激

泰格·伍兹是白种人、美国黑人、泰国人、中国人和本土美国人的后代。为什么他经常被称为美国黑人？这表明了美国有什么样的种族结构？

的组合体，它既是物理的又是社会的，其发挥作用的方式也不同。即使生活在同一家庭中的孩子也未必会分享相同的关键的心理环境。回想一下你在家庭中的成长经历。如果你有兄弟姐妹，他们是否得到了父母同样的关注；是否随时间不同，他们感受到的家庭压力也不同；是否家庭的经济来源有所变化；是否父母的婚姻状况有所变化？很明显，环境包括很多成分，这些成分总是处于动态关系和变化之中。因此，对于心理学家来说，很难说清楚是哪些环境条件，如注意力、压力、健康和战争等，真正影响着 IQ。

研究者总是关注于对环境的一般测量，如家庭的社会经济状况。例如，在对 26 000 多名儿童进行的大规模纵向研究中，对 4 岁孩子 IQ 值的最好预测源是家庭的社会经济状况和母亲的教育水平。对美国黑人儿童和白人儿童的调查也得到了相同的结果（Broman et al., 1975）。类似地，**图 9.6** 显示了社会地位对 IQ 的总体影响。

为什么社会地位会影响 IQ 呢？富裕和贫穷在许多方面能够影响智力的功能，其中对健康和教育资源的影响最为明显。母亲孕期健康状况较差和新生儿低体重是孩子心理能力低下的较强的预测因子。出生在贫穷家庭的儿童通常营养不良，他们饿着肚子去上学，因而无法将精力集中在学习上。不仅如此，他们还缺少书本、计算机和其他心理刺激物。父母的"生存导向"，尤其是在单亲家庭，会使他们没有时间或精力陪孩子玩耍以及激发孩子的智力，而这些都会对标准 IQ 测验中的任务表现产生负面影响。

过去 40 年来，研究者致力于开发旨在消除不利环境影响的方法。1965 年开始的由美国联邦政府资助的"开端计划"，旨在强调"低收入儿童的身体健康、发展、社会、教育以及情绪的需求，并通过授权和支持性的服务来提高家庭抚养孩子的能力"（Kassebaum, 1994, p.123）。开端计划的核心不是使孩子们进入优越的环境，而是改善他们出生后的生长环境。孩子们接受特殊的学前教育，每天有正规的三餐；他们的

儿童所得到的个体关注可以影响智力。在 20 世纪 40 年代田纳西州的"分离但平等"的教室（左图），美国黑人的孩子只得到很少的关注。相反，父母的关注（右图）已深深包含在对孩子的教育中。不同的环境是如何影响 IQ 的？

父母接受关于如何抚养出健康的孩子以及其他一些方面的指导。

思考一下，1962 年在密歇根伊普斯兰提镇的高瞻佩里幼儿园开展的项目（Schweinhart，2004）。这个计划关注低收入非裔美国家庭的 3~4 岁儿童，他们被评估为在以后的学业上有较大的风险。高瞻佩里计划给儿童提供教室环境，并采用*参与式教育*——鼓励儿童发起并计划他们自己的行动以及班级的群体行动。另外，该计划还包括通过家访和父母团体见面会等方式，让父母参与到这些儿童的教育中。研究者对参加该计划的学生进行了长达 40 年的追踪研究。**图 9.7** 比较了参与该计划的学生群体与未参与该计划的相同群体的表现。正如你所看到的，参与高瞻佩里计划的学生在 5 岁时比未参加的同龄儿童拥有更高的 IQ。他们更可能从普通高中毕业，并在 40 岁时拥有更高薪的工作。

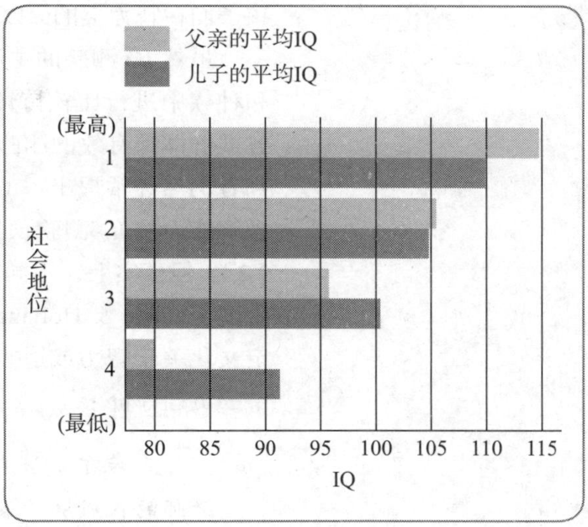

图 9.6 **遗传、环境和 IQ 间的关系**

此图表明遗传和环境对 IQ 得分的贡献。父子间的 IQ 值相似（遗传的影响），但是父亲与儿子的 IQ 值都与社会地位相关（环境的影响）。

相似的数据来自芝加哥的早期干预项目：在参加学前项目的 15 年后，就像高瞻佩里群体一样，参加项目的学生表现出同样的优势，包括更高的高中毕业率（Ou & Reynolds，2006）。这些研究结果为环境在智力发展过程中具有重要作用提供了有力的支持。它们也提供了具体模型来说明如何改变处于风险中的学生的生活。

文化与IQ测验的效度

如果 IQ 值不具备有效的预测功能，人们对它也不会如此关注。深入的研究表明，IQ 得分可以很好地预测人们在学校中的成绩，包括从小学到大学，以及职业状况和在许多工作中的表现（Gottfredson, 2002; Nettlebeck & Wilson, 2005）。这些结果表明，IQ 成绩可以有效地测量智力，这些能力是通向西方文化所认可的成功的基础和重要因素。通过 IQ 所测得的智力水平直接影响着成功。通过改变一个人的动机和信念，IQ 差异也可以间接地影响其学业和工作成绩。那些 IQ 得分高的人，很可能在学校时有更多的成功经历，因而会变得更主动学习，建立成就取向，并对他们良好表现的机会持乐观态度。而那些 IQ 得分较低的人，会被分到较差的学校、班级和项目中，从而降低学生的自我效能感。从这点来看，IQ 受环境影响；反过来，IQ 也可以为孩子们创造新的环境——有些更好，有些则更差。因而 IQ 测验可能决定命运，而不论

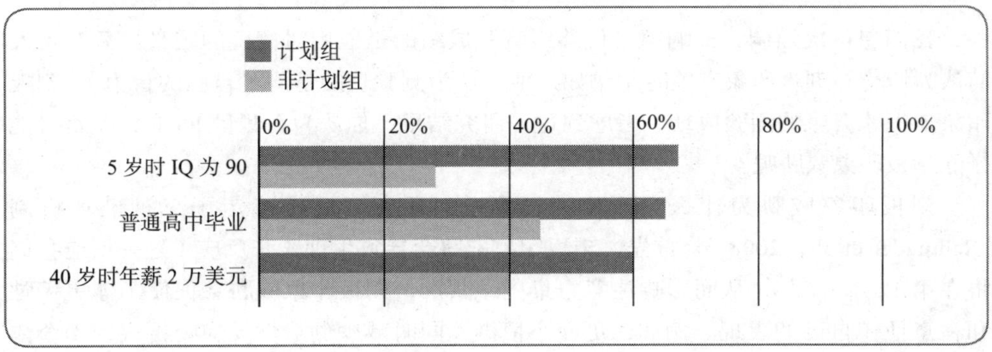

图 9.7

学前干预的影响

参加高瞻佩里学前计划的学生比未参与的学生有更好的表现。

资料来源：From Lawrence J. Schweinhart, "The High/Scope Perry Preschool Study through Age 40."

孩子们在智力上的天赋如何。

虽然 IQ 测验的主流用途被证明是有效的，但观察者仍对它是否可以在不同文化和种族中进行比较持怀疑态度（Greenfield, 1997; Serpell, 2000）。研究者必须使用对各类群体都有效的测验，才能进行有意义的比较（Hunt & Carlson, 2007）。然而，批判者仍然经常提出，IQ 测验存在系统偏差，导致跨文化测量无效。例如，测量言语理解能力的 IQ 测验预先假设某种特定知识在对每位受测者来说都能轻易获得（见表 9.2）。但事实上，不同文化中的个体其背景知识往往差别很大，这会影响测验题目的难度（Fagan & Holland，2007）。此外，许多测验形式和施测方式也可能都不符合特定文化关于智力或适宜行为的观念（Sternberg，2007）。让我们来看一看发生在教室中的负性评价：

> 当拉丁美洲移民的子女走进教室，他们被告知理解重于言谈，尊重老师的权威胜于表达自己的意见，这导致了负面的学业评价……因此，在某种文化中受重视的交流模式——尊重地倾听——在学校环境中则成为负面评价的基础，因为美国学校重视的沟通模式是自信的表达。（Greenfield, 1997, p.1120）

这些移民儿童必须学会在美国的教室中应该如何言谈举止，以使老师了解他们的智力程度。

尽管对跨文化比较的争议通常聚焦于测验内容，但智力测验的情境同样存在很大问题。**克劳德·斯蒂尔**（Steele, 1997; Steele & Aronson, 1995, 1998）认为，人们在能力测验中的成绩受**刻板印象威胁**（stereotype threat）的影响，即某个群体会受负性刻板印象影响的威胁。斯蒂尔的研究表明，在一些情况下，负性刻板印象的信念会导致较差的表现。下面我们来看一个刻板印象威胁的例子。

> 某研究关注来自西印度群岛的第一代和第二代移民（Deaux et al., 2007）。研究者假设，第一代移民出生于西印度群岛，一般来说，他们的美国文化经验较少，因此不会对自己的智力形成负性刻板印象。与之相对应，研究者预期，出生于美国的第二代移民则会具有负性刻板印象。当第一代和第二代移民两组参与者完成评估其刻板印象理解的测验后，研究者的预期得到了证实。为表明这种知识分化所产生的结果，研究者让两代移民都完成一系列取自 GRE 考试的语言类题目。研究者引导一半参与者认为题目是用来评定他们的言语能力的，而另一半参与者则被告知回答问题的目的仅仅是为了协助测验的发展。如**图 9.8** 所示，具有负性刻板印象的第二代移民，其测验成绩在评定言语能力的情境下更差。当测验情境使得刻板印象具有实际意义时，刻板印象威胁会产生消极影响。但是，由于第一代移民并没有形成刻板印象，所以不会受到刻板印象威胁的影响。

我们想再次强调，影响第二代移民测验成绩的是他们对情境的定义。只有当人们认为情境与刻板印象有关时（例如，他们认为测验目的是测量自己的智力），刻板印象知识才会影响测验成绩。考虑到这一研究结果，你认为在测量 IQ 时，是否可能排除刻板印象威胁呢？

刻板印象威胁为什么会产生消极影响？研究者已经确定了三种破坏机制（Schmader et al.，2008 ）。首先，刻板印象威胁会导致生理紧张反应（这一反应我们将在第 12 章介绍），从而影响注意力集中；其次，刻板印象威胁会促使个体更警觉和在意他们自己的表现。例如，更谨小慎微，同时减少创造性反应；再次，当个体体验到刻板印象威胁时，其心理资源会部分用于压制由此引发的负性想法和情绪。回想一下我们在第 7 章讨论过的工作记忆，刻板印象威胁的净效应使受测者的工作记忆资源过载，导致他们无法成功处理当前面临的问题。

最后来考虑一下智力和文化。从整体上看，美国存在一种倾向于用基因来解释个体差异的文化偏见。**哈罗德·史蒂文森**和他的同事（Stevenson, 1993）花了几年的时间来追踪中国、日本和美国儿童的数学能力。在 1980 年，亚洲儿童的成绩均高于美国孩子。在 1990 年，这种差异仍旧存在，“只有 4.1% 的中国儿童，10.3% 的日本儿童的成绩与美国儿童的平均成绩一样低”（p.54）。是否亚洲儿童先天优秀呢？事实上，对此问题的回答美国人更有可能说“是”。当史蒂文森和他的同事要求亚洲和美国的学生、老师和家长比较“努力学习”和“天生聪明”的重要性时，亚洲人更强调努力学习，而美国人则强调天生的能力。现在，你明白了这种观点是如何导致美国人认为亚洲人在数学能力上具有先天优势了吧？因为这样的信念具有公共政策的意义：如果美国人不能通过其他途径学习数学，那么应该把多少经费用于数学教学？智力表现哪些可以改变，哪些不可以，有关这方面的深入研究十分重要。

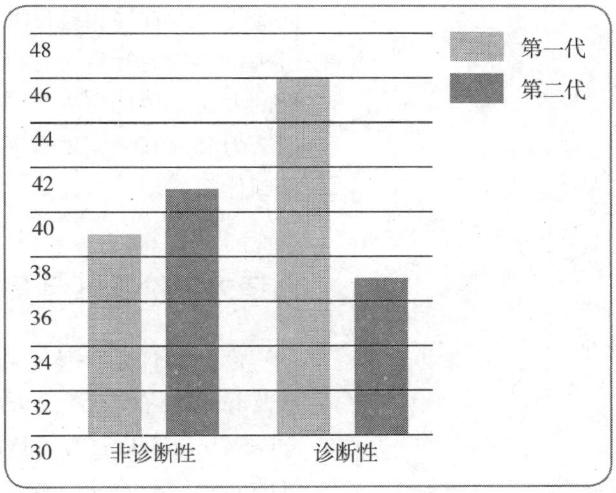

图 9.8 刻板印象威胁

研究对比了来自西印度群岛的第一代和第二代移民，第二代移民对其智力持有负性刻板印象，而第一代移民却没有这种刻板印象。由于第二代移民具有这种负性刻板印象，当他们认为测验目的是测量其智力（诊断性情境）时，他们的测验成绩会受影响。

资料来源：From Deaux, L., Bikmen, N., Gilkes, A., Venuneac, A., Joseph, Y., Payne, Y.A., & Steele, C.A. (2007) Becoming American: Stereotype threat effects in Afro-Carribean immigrant groups. *Social Psychological Quarterly*, 70, 384–404. Copyright © 2007 by the American Sociological Association. Reprinted with permission.

STOP 停下来检查一下

❶ 高达德和其他人是在何种背景下开始进行群体间的 IQ 比较的？

❷ 为什么说使用遗传力估计解释 IQ 种族差异的论断是不合适的？

❸ 人们生活的哪些方面会受学前干预的影响？

❹ 哈罗德·史蒂文森对于学业成绩的跨文化研究的观点说明了什么？

批判性思考：思考刻板印象威胁的研究。在真实的测验中，施测者可以采取什么方式来使参与者相信测验是为了评估其智力的？

创造力

在我们结束有关智力及其测量的内容之前，我们将转向创造力这一话题。**创造力**（creativity）是指就特定环境而言，个体产生新异的和合适的思想和产品的能力（Sternberg & Lubart, 1999）。想一想车轮的发明。这个部件是新异的，因为从前没有人见过对圆形物体的应用。由于新物体的用途很清楚，因而它是合适的，否则新思想和新物体通常会被认为是奇怪的和不相关的。

我们之所以把对创造力的讨论放在智力这一章，是因为许多人相信，在智力和创造力之间存在很强的相关。为了确定这是否属实，我们需要首先测定创造力，然后确定创造力和智力之间的关系。因此，我们先讨论如何确定思想和产品具有创造性的方法，再确定它与智力的关系。下一步，我们会研究特殊创造力的情境，评价创造力和疯狂之间的关系。我们将会看到，你会从那些具有特殊创造力的人们身上学到什么。

创造力评价及其与智力的关系

你如何评定个体（相对而言）有没有创造力？研究人员已经用任务测量了发散思维和聚合思维（Nielsen et al., 2008; Runco, 2007）。许多方法集中于**发散思维**（divergent thinking），即对某一问题可以产生许多不寻常的想法的能力。检验发散思维的问题使测验编制者有机会明确液态（敏捷）和灵活的思维方式（Torrance, 1974; Wallach & Kogan, 1965）：

- 说出所有你能想到的是正方形物体的名称；
- 在三分钟之内，说出尽可能多的白色、可食用的物体；
- 列举你能想到的砖的用途。

以上问题的答案可以按照以下维度分类：流畅性，即独特想法的总数；独特性，即在适当的例子中没有被别人说到的想法数；非普通性，例如少于 5% 的人给出的想法数（Runco, 1991）。

聚合思维（convergent thinking）指整合不同来源的信息，从而解决问题的能力。如果个体能以某种方式整合信息，形成新颖的解决办法，我们就认为他富有创造性。远距离联想测验（remote associates test）是研究者用来研究聚合思维的一项测验，要求参与者找出与给定词相关联的词（Bowden & Beeman，2003）。

- 与以下三个词都相关的词是什么？小屋、瑞士、蛋糕。
- 与以下三个词都相关的词是什么？鱼、矿井、奔腾。
- 与以下三个词都相关的词是什么？花、朋友、跟踪。

（在本部分结尾我们将给出答案。）对聚合思维的其他测量集中于对**顿悟**（insight）的研究，即问题解决办法突然出现在脑海中的情境。你是否还记得第 8 章中如何从 6 英尺高的水管中取出乒乓球的问题？这一问题的解决就依赖于顿悟。突然顿悟并找到新颖解决办法的参与者，我们就认为他富有创造性。

另一种判断个体是否具有创造力的方法是，要求他们提供具有创造性的作品，包括绘画、写作诗歌和短故事，然后评判者对每一件作品进行创造力评价。如图 9.9 所示，这里有两张图片，你认为哪一张更有创造力？你可以解释一下为什么会这样认为吗？你认为你的朋友是否同意你的观点？研究发现，当评判创造力的等级时，其一致性相当高（Amabile, 1983）。人们可以被可靠地鉴定为高创造力者或低创造力者。事实上，人们也能相当准确地判断他们自己的努力是否具有创造性。

在一项研究中，226 名学生完成了发散思维测验（Slivia，2008a）。例如，要求他们列出小刀不同寻常的用途。在完成所有任务后，参与者回顾自己的答案，并从中选出两个自认为最富有创造性的。同时，会有三位评委对参与者的答案进行评价。总体来看，参与者与评委对最富创造性的答案观点高度一致。但是，

（A）

（B）

图 9.9 关于创造力的判断

假定的拍摄任务：拍一张尽可能好的照片。（A）没有创造力的照片；（B）有创造力的照片。

> 在判断自己的答案方面，一些学生确实比其他学生做得更好。尤其是那些认为自己极富创造性且对新经验持开放态度的学生，他们在选择最具创造性的答案时做得最好。研究者得出如下结论，"富有创造性的个体具备两种技能，他们擅长提出创造性的想法，同时也善于分辨出其中最好的答案"（p.145）。

你可能会很乐意知道，当你认为自己富有创造性时，其他人更可能同意你的观点。

研究人员经常试图评估创造性与智力的关系。例如，某研究考察了 12~16 岁的德国学生，测量其 IQ 和发散思维（Preckel et al., 2006）。在该研究中，IQ 和发散思维的相关为 0.54，这表明 IQ 高的学生其发散思维能力也较强。对美国大学生的研究也得出了相似的结果（Slivia，2008b）。这些研究都是用发散思维任务来测量创造性的，我们前面提到，这只是测量创造性的方法之一（Runco，2008）。对于用其他方法测量的创造性与 IQ 间的关系，我们知之甚少。总之，正如一位研究者提出的，"智力在某种程度上使创造力能够施展，但并不能促进创造力"（Perkins，1988，p.319）。换言之，一定水平的智商使个体有机会富有创造性，但个体可能并没有充分利用这一机会而已。在专栏"生活中的心理学"中，我们将回顾一些关于提升创造力的研究。

前面关于聚合思维的问题，你的答案是什么？答案分别为奶酪、黄金和女孩。

极端的创造力

有一些特殊的个体在创造力测验中明显偏离正常。当你被问到谁有特殊的创造力时，你会想到谁？你的回答部分取决于你的专长领域和喜好。心理学家会提名弗洛伊德。对美术、音乐或舞蹈感兴趣的人会提到毕加索、费多尔洛维奇或是葛兰姆。是否有可能通过这些人的人格或背景来预测他们特殊的创造力？加德纳（Gardner, 1993）选取了一些特殊能力与我们前面所述的八种智力相关的个体代表，包括弗洛伊德、毕加索、费多尔洛维奇和葛兰姆。加德纳的分析使他产生了一个具有极端创造力的人的生活肖像，他称之为 E.C.：

E.C. 发现她对某一未知领域的问题有特殊的兴趣，这是一个极度兴奋的时刻。在这一点上 E.C. 与她的同辈们无法交流，她必须独自工作。她感到自己正在突破的边缘，虽然她对此还不甚了解。奇怪的是，在这个关键时刻，E.C. 渴望认知和情感上的支持，从而使她可以保持她的方向。没有这些支持，她可能会深刻地体验到某种形式的崩溃（Gardner, 1993, p.361）。

你从有关特殊创造力的叙述中学到了什么？你可以仿效冒险的模式，高创造力的个体愿意走入“未知的领域”（Gardner, 1993; Sternberg & Lubart, 1996）。存在一种准备模式，即高创造力的人通常会在他们希望有所成就的领域中花费很多年来获得专业知识（Weisberg, 1986）。存在一种内在动机的模式，高创造力的个体从事他们的工作，是因为他们能从所创造的事物中得到快乐和满足（Collins & Amabile, 1999）。如果你将这些因素都用于你自己的生活，你应该可以提高自己的创造力水平。

艺术历史学家经常怀疑文森特・梵高作为艺术家的创造力是不是受精神疾病影响的结果。研究者对创造力和疯狂之间联系的一般结论是什么？（见彩插）

在我们结束创造力这个主题之前，我们想思考一种最常见的关于创造者形象的刻板印象：他们生活在疯狂的边缘或生活中包括疯狂的体验。有这样一种思想，最早可以追溯到柏拉图时期，认为伟大的创造力和疯狂有内在的联系（Kessel, 1989）。近代社会的克雷佩林（Kraepelin, 1921）认为，患有“躁狂—抑郁症”，也就是双相障碍的人，在其不正常的阶段会有思维自由流动的过程，这会促进创造力的产生。如我们将在第 15 章所讲的，癫狂以一个阶段的持续性兴奋为特征，个体通常做事豪爽，感到兴高采烈和自我膨胀。毋庸置疑，很多艺术和人类的伟大作品都与这种情绪紊乱有关（Keiger, 1993）。但是为了建立创造力和心理疾病之间的关系，研究者尝试在这些轶事报告之外走得更远。一篇综述文章显示，在某些形式的心理疾病（例如双相障碍）和创造力之间至少存在着弱相关（Lauronen et al., 2004；Santosa et al., 2007）。然而，相关并不表示因果关系。这可能是由于某些形式的心理疾病使得人们能够变得更加具有创造力；也有可能希望变得更具有创造力的努力增加了个体患心理疾病的可能性（Akiskal & Akiskal, 2007）。另外，也有可能是个体脑部的某些特征使得他们具有更高的创造力，同时更容易患心理疾病（Ramey & Weisberg, 2004）。总之，这两个现象之间很可能并不存在因果关系（Dietrich, 2004）。

现在你已经学习了一些心理学家如何测定和解释智力和创造力之间个体差异的方法。你对研究者怎样尝试测量和理解这些不同的概念有了很好的了解。在本章的最后部分，我们将要讨论为何心理测量有时会产生矛盾。

STOP 停下来检查一下

1. 判断观点或产品是否具有创造性的两条重要标准是什么？
2. 什么是发散思维？
3. 哪三种因素看起来会对优秀的创造能力发挥作用？

测量与社会

心理测验的主要目的是对人进行准确的测量，其中测量者的判断错误越少越好。通过采用更为客观的测验方法来代替老师、雇主和其他测量者的主观判断，这一目的可以实现。这些客观测量都进行了仔细的建构，并接受严格的评价。这一目标是比奈完成其先驱工作的动机。比奈和其他人希望测验能够有助于社会民主化，尽量少地做出基于性别、种族、国家、特权或外表等人为标准的决定。但是，尽管有着这些崇高的目标，没有一个心理学领域比心理测量更充满争议性。争论的焦点是三个与伦理有关的方面：基于测验的决策的公平性、测量用于教育评价的可行性，以及以测验分数进行个体分类的意义。

批评测验公平性的人认为，对某些测验参与者而言，其代价或负面后果要高于其他人（Helms，2006）。例如，当少数群体的得分较低时，他们被排除在某些工作之外，这种代价相当高。有时候，少数种族群体成员的测验成绩差是因为与他们作对比的常模并不恰当。为了解决这类问题，研究者对既能测量认知技能，也能测量非认知技能的人才选拔方法进行了研究（De Corte et al., 2007）。其目的是以用测验分数能区分群体差异的综合测验来预测个体的工作成就。

第二个伦理方面的担心是，测验不只是帮助评价学生，它在教育塑造上也起到一定的作用。学校系统的质量和老师的效率通常是根据学生在标准成绩测验中的成绩来判断的（Crocco & Costigan，2007）。美国地方政府依据某些测验，通过调整老师的个人所得税给予学校支持。由于与考试成绩存在利害关系，在一些校区中出现了作弊丑闻。例如，有研究分析了芝加哥多所公立小学的标准化测验成绩。研究者估计，在至少 4%~5% 的班级中，管理员或老师存在严重作弊行为（Jacob & Levitt，2003）。在美国马里兰州的波托马克地区，一名小学校长辞职，因为有充分的证据表明，她负责的五年级学生得到了更多的帮助来提高测验得分，包括延长时间和第二次机会（Thomas & Wingert, 2000）。反对学校的证据还来自于学生自己。10 岁的儿童告诉他们的父母，他们被要求或允许撒谎：他们不明白为什么学校中的大人坚持让他们这么做。儿童的困惑表明，将测验得分看得比教育还重是多么具有破坏性。

第三个伦理方面的担心是，测验结果作为不可改变的标签的状况。人们会经常想起自己的 IQ 分数是 110 或自己是 B 级学生，似乎这些评定已标记在他们的额头上。这种标签作用对于成功是一种巨大的障碍，因为人们开始相信心理和自身素质是固定的、不可改变的，因而他们就不可能全力提高自身的生活质量。对于那些得到负性评价的人来说，分数会成为自我影响的动机限制，如他们的自我效能感降低、愿意接受的挑战变少。这是宣布某个群体 IQ 低下的另一个可怕的后果。那些被污名化的人开始相信专家们所说的，并且不再将学校和教育作为改善生活的途径。

当学校在标准化测验中得高分时能获得奖励，那么老师们是否更强调测验应试技能，而非广泛的学习目标？

在本章中，我们回顾了智力和创造力的一些重要内容。你了解了研究者是如何定义这些概念，又是如何对其重新定义的，从而更好地认识人们操作行为的重要方面。你也了解了为什么 IQ 测验会备受争议。对特定个体或群体的能力下定论之前，我们必须慎重考虑他们施测时更宽泛的环境。

生活中的心理学

如何才能变得更富创造性

在研究者测量创造力时，总会有一些人的表现优于他人（Runco，2007）。但是，这并不意味着创造力不可提升。事实上，研究者已经开始证明环境是如何对个体的创造性产物的质量产生重大影响的。下面我们将描述三项提升人们创造力的研究。在阅读每项研究时，想一想在你自己的日常生活中可以如何运用这些研究发现。

在第一项研究中，研究者证明多元文化体验对学生的创造力有积极影响（Leung et al.，2008）。研究者推断，接触另一种文化会为个体注入各种“陌生观点”，这些观点的来源、地点以及整合方式都是个体之前所不熟悉的（p.173）。然而，研究者并没有将实验参与者送到国外来证明文化的影响。相反，他们让参与者观看45分钟的幻灯片，不同组观看不同版本。其中一个版本只针对中国文化（这是参与者不熟悉的），另一个版本则并列呈现中国和美国文化。观看完幻灯片后，要求参与者尝试创作一个新版的灰姑娘的故事。研究结果显示，观看第二个版本幻灯片的参与者所创作的故事的创造性整体较高。提升创造力的关键在于让学生同时体验两种文化。

另一项研究对比了人们对近期和远期将来的想法，提升创造力的第二种方法即源于该研究（Förster et al., 2004）。假设我们问你，你会怎样计划明天的聚会，又会怎样计划一年后的一次聚会？对于不久的将来，你可能会关注一些具体的细节；而在考虑遥远的未来时，你的想法可能会更抽象。当你在考虑一次聚会计划时，是否经历了从具体到抽象的转变？研究者预期，通过引导参与者以更抽象的方式来思考问题，可以提升他们的创造性。为了验证这一假设，研究者在实验初期促使参与者形成近期和远期未来的观点。他们要求参与者用两分钟想象“明天”和“一年后”的生活。在短暂间隔后，要求他们对以下剧情做出反应：“米勒太太喜欢养花种草，请你尽可能多地帮她想出能进一步美化房间的创造性方法”（p.184）。结果显示，想象一年后生活的参与者对剧情的反应总体来说更富创造性。

提升创造力的第三种方法关注人们如何思考“事情可能会是什么样的”（Markman et al.，2007）。当人们回忆往事时，经常会用与事实相反的方式来思考（例如，“如果当初我早出发几分钟，就不会碰到那场交通大堵车了”）。有些反事实是*加法的*，因为这类反事实为曾经发生的消极后果提供了更多可能的措施（例如，“如果我当初……，结果可能会更好”）；而另一些反事实则是*减法的*，因为这类反事实编码的行为范围更窄（例如，“如果我当初不……，结果可能比现在要好”）。研究者要求参与者对自己过去发生的消极事件分别按照加法或减法方式来建构反事实。研究者推断，“加法式反事实在重构现实时加入了新的元素，能够激发更开阔的加工风格，从而促进创造性产品的生成”（p.322）。事实上，与构建减法式反事实的参与者相比，构建加法式反事实的参与者产生了更多的短期创造性行为（例如，对于一块砖的新颖用途，他们能够给出更多答案）。

如何运用以上三项研究来提升你在日常生活中的创造性？你现在有答案了吗？

STOP 停下来检查一下

❶ 为什么测验会对特定群体的个体产生负面影响？

❷ 为什么测验会在教育塑造中发挥作用？

❸ 当测验分数成为标签时，为什么会产生很严重的后果？

要点重述

什么是测量

- 心理测量拥有悠久的历史，始于中国古代。英国的弗朗西斯·高尔顿爵士对此做出了许多重要的贡献。
- 有用的评价工具必定是可信的、有效的和标准化的。可信的测验能给出一致的结果；有效的测验能够测量设计测验时要测的特质。
- 标准化测验总是以同样的方式施测和计分。常模使一个人的分数可以与在年龄、性别和文化等方面与其相当的人的平均分进行比较。

智力测量

- 在 20 世纪初，法国的比奈就开始了客观的传统智力测验。他根据心理年龄给出了代表儿童现在功能水平的分数。
- 在美国，推孟编制了斯坦福–比奈智力量表，使 IQ 概念盛行。
- 韦克斯勒设计了针对成人、儿童和学龄前儿童的智力测验。
- 智力缺陷和天才的定义都着重于 IQ 分数和日常表现两个方面。

智力理论

- IQ 的心理测量分析显示，在 IQ 分数中存在一些基本的能力，如液体智力和晶体智力。
- 现代理论通过考察人们在解决各类问题时所用的技能和洞察力，对智力进行了非常广泛地构思和测量。
- 斯滕伯格区分了分析智力、创造智力和实践智力。
- 加德纳区分了八种智力，既包括也超越了传统的 IQ 测验类型。近期的一些研究主要集中于情绪智力。

智力的政治学

- 几乎从一开始，智力测验就被用来对少数种族和民族群体做出负性评价。
- 由于 IQ 具有高度遗传力，一些研究者将某些种族和文化群体的低分数归因于天生的低等。
- 环境的不利和刻板印象威胁似乎可以解释某些人群的低分状况。研究表明，组间差异受环境干预的影响。

创造力

- 研究者通常运用发散和聚合思维测验来评估创造力。
- 有特殊创造力的人善于冒险、提前做准备，并具有高动机。
- 尽管创造力和某些形式的心理疾病之间存在一定联系，但是两者之间的因果关系还未得到证实。

测量与社会

- 尽管智力测验可用于预测，也可以作为个体当前表现的一个指标，但测验的结果不应该用来限制个体发展和改变的机会。
- 当测量的结果将影响个体的生活时，所用的测量技术对该个体和测量目的而言，必须可信和有效。

表 9.3 的答案

1. laugh	6. allow
2. tempt	7. drive
3. short	8. couch
4. knight	9. enter
5. write	10. basic

关键术语

生理年龄	正式测量	常模
结构效度	一般智力（g）	平行测验
内容效度	遗传力估计	预测效度
聚合思维	顿悟	心理测量
创造力	智力缺陷	心理测量学
效标效度	智力	分半信度
晶体智力	智商（IQ）	标准化
发散思维	内部一致性	刻板印象威胁
情绪智力	学习障碍	重测信度
液体智力	心理年龄	

10

人的毕生发展

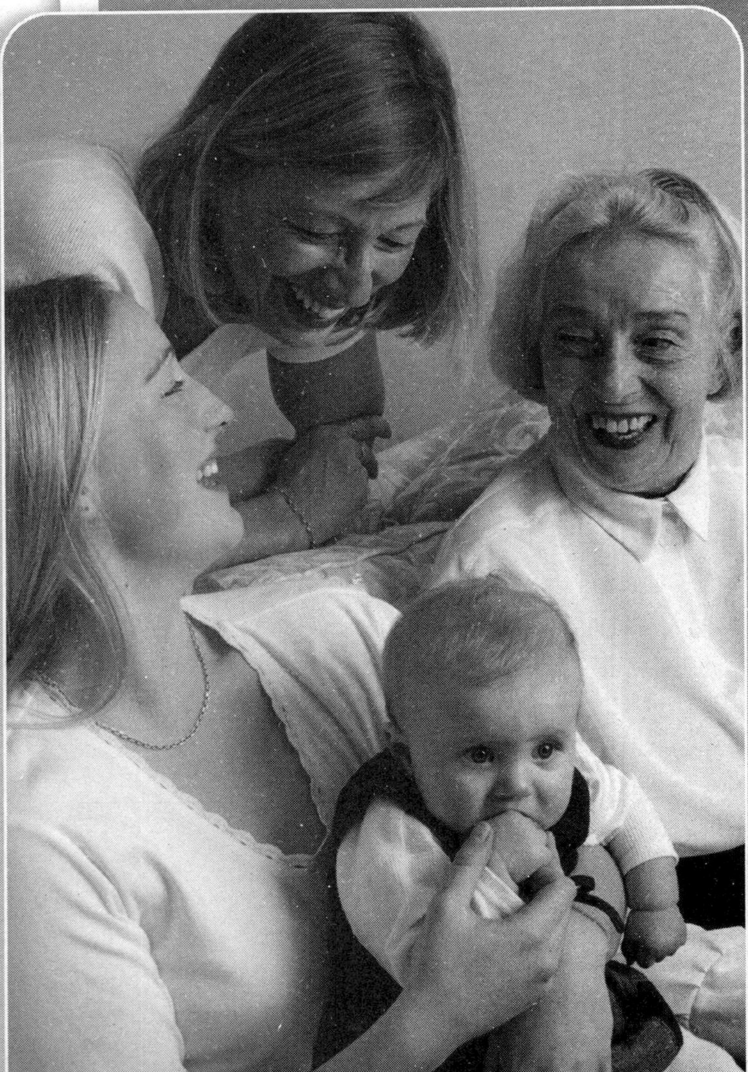

假设你正抱着一个新生儿，那么请你预测一下，这个孩子在 1 岁时会是什么样子？在 5 岁时会是什么样子？在 15 岁时、50 岁时、70 岁时以及 90 岁时又会是什么样子呢？你的预测肯定是一般性和特殊性的综合结果——这个孩子肯定能够学会一种语言，但可能会、也可能不会成为一位天才作家。另外，你的预测肯定会依赖于你对遗传因素和环境因素两者的考虑——如果小孩的父母都是才华横溢的作家，那么你可能会预测这个小孩将来也会显示出文学才能；如果这个小孩在良好的环境中接受教育，你也许会预测这个孩子将来的成就肯定会超越其父母。在本章，我们将着重阐述发展心理学的理论，这些理论将有助于我们对新生儿的生命进程做出系统预测。

发展心理学（developmental psychology）是心理学的一个分支，它关注个体从受孕开始贯穿一生所发生的生理和心理机能的变化。发展心理学家的任务就是发现有机体怎样以及为什么会随着时间的推移而发生变化，也就是说对发展进行记录和解释。研究者对各种能力和机能第一次出现的时间阶段进行研究，观察这些能力是如何被塑造的。在这里，一个基本假设就是，心理机能、社会关系以及人性的其他关键方面，都是在人的一生中随时间而发展和变化的。**表 10.1** 粗略勾画出了个体一生的主要阶段。

表 10.1 **毕生发展的阶段**

阶段	年龄段
胎儿期	从受孕到出生
婴儿期	足月出生到大约 18 个月
童年早期	从大约 18 个月到大约 6 岁
童年中期	从大约 6 岁到大约 11 岁
青少年期	从大约 11 岁到大约 20 岁
成年早期	从大约 20 岁到大约 40 岁
成年中期	从大约 40 岁到大约 65 岁
成年晚期	大约 65 岁以后

在本章中，我们将概述研究者是如何记录发展和发展心理理论。然后，我们将你的生命历程划分成不同的领域，分别描述各个领域的发展变化。在本章前半部分，我们重点讲述生理、认知和语言发展。接着，我们把注意力转到毕生中社会关系的变化发展，以及个体在他们的生命中特定的时刻所面临的特定任务。现在，我们首先讨论一下研究发展的意义。

研究发展

假如现在要求你列出在过去一年中，你都在哪些方面发生了变化，你会列举什么内容呢？你是参加了新的健身项目，还是进行了伤病治疗？你是培养了一些新的业余爱好，还是将全部精力集中于某一兴趣之上？你是结交了一大帮新朋友，还是只与其中一人亲密交往？在描述发展时，我们使用*变化*这一概念。我们请你对自己所发生的变化进行仔细思考，表明变化几乎总是涉及一些权衡。

人们通常认为，个体在童年期主要是*收获*——向好的方面变化，在成年期主要是*丧失*——向坏的方向发展。但是，我们所采纳的发展观强调*选择*，故而收获和丧失都是发展的特征（Dixon, 2003; Lachman, 2004）。例如，当人们选择终生伴侣时，虽然他们放弃了多样化，却收获了安全感；当人们退休时，虽然他们放弃了地位，却得到了悠闲。同样重要的是，你不能把发展看成是一个*被动的*过程。你会看到，许多发展性的变化都需要个体积极地与所处的环境进行交互作用（Bronfenbrenner, 2004）。

记录变化的第一步是确定在某个特定的年龄阶段，一个普通人在身体外表、认知能力等方面应该是什么样子的。**常模研究**（normative investigations）试图刻画某个特定年龄段或发展阶段的特征。通过系统地观察、测试不同年龄的许多个体，研究者可以确定发展的关键点，这些数据提供了发展或成就的标准模式，即*常模*。

在纵向设计中，对同一组个体在不同的年龄进行反复观测，经常要持续许多年。这个举世闻名的女人也许可以成为对 1926 年出生的英国儿童纵向研究的一个参加者。她与那时期的儿童有什么相似和不同之处？

常模标准可以让心理学家区分生理年龄——一个人自出生以来的岁月和**发展年龄**（developmental age）——一个儿童能表现出大部分人所具有的特定生理或心理发展水平时的生理年龄。如果一个 3 岁儿童能具有大部分 5 岁儿童典型具有的言语能力，那么这个儿童言语技能的心理年龄就是 5 岁。常模向我们提供了比较不同个体或不同团体的标准。

发展心理学家使用多种研究设计来理解变化的可能机制。在**纵向设计**（longitudinal design）中，将持续观察和测试同一个体，通常是连续多年不间断（见图 10.1）。回顾第 9 章所描述的高瞻佩里学前教育计划效果的研究。研究者最初从一群 3~4 岁的儿童中搜集数据（Schweinhart, 2004），为了评估学前教育的长期影响，研究者每年都对这些儿童进行研究，直到他们 11 岁，然后再观察这些参与者到 14 岁、15 岁、19 岁、27 岁和 40 岁时的发展情况。纵向研究搜集的数据使得研究者可以就学前教育对个体生命全程发展的作用得出较强的结论。研究者经常用纵向设计来研究个体差异。为了解不同人群的不同生活结果，研究者可能需要对人生早期一系列可能存在的影响因素进行评价，以便确定此类因素如何影响个体的生命历程。

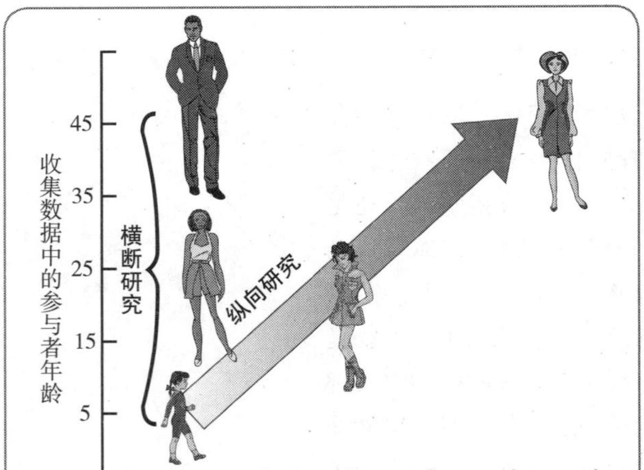

图 10.1 **纵向研究和横断研究**

在纵向研究中，研究者通常是连续多年不间断地观察和测试相同组的个体。在横断研究中，研究者在相同的时间段测试不同年龄的个体。

纵向研究的一个普遍优点是，因为参与者生活在同样的社会经济时期，与年龄有关的变化就不会与不同的年代条件所造成的变化产生混淆。然而，它的一个缺点是，某些类型的理论模型只能适用于与参与者生活在同一年代的人。例如，假设我们发现当前 50 岁的群体会在孩子离家后获得幸福感。但这一结论可能并不适用于未来的 50 岁群体，因为他们的成长经历不同，对“孩子应该跟父母一起生活多久”的观念也不同。而且，纵向研究花费巨大，因为很难长时间对同一组参与者进行

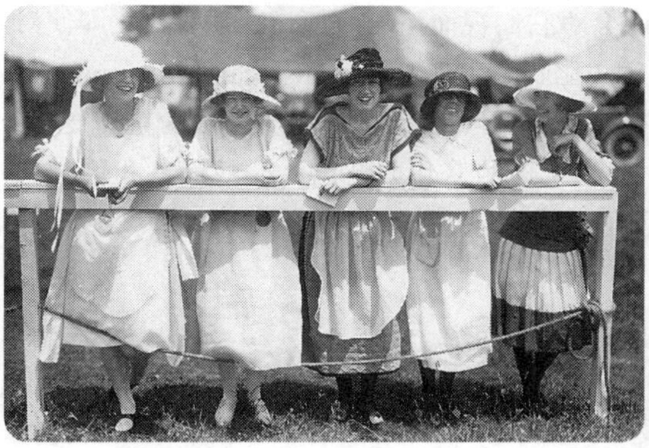

横断研究的一个缺点就是同辈效应。这两组妇女会因为她们所处的年代而存在什么样的差异?

追踪研究；并且，数据也极易因参与者的中途退出或消失而缺损。

许多发展研究使用**横断设计**（cross-sectional design），在这种设计中，研究人员在同一时间观测、比较处于不同生理年龄阶段的参与者，并对与年龄有关的行为差异得出结论。例如，想要了解孩子是如何学习走路不摔倒的研究者，会在同样的实验任务条件下，测试 15 个月大、21 个月大、27 个月大、33 个月大和 39 个月大的孩子（Joh & Adolph, 2006）。横断设计的一个缺点源于它在出生日期和生活年代都不同的参与者之间进行比较。与年龄有关的变化混淆在因出生于不同年代而经历不同的社会或政治条件而产生的差异中。因此，一项比较 10 岁和 18 岁参与者的研究可能发现，现在的参与者之间的差异可能不同于 20 世纪 70 年代成长起来的 10 岁与 18 岁参与者之间的差异，因为所发现的差异既与其发展阶段有关，也与其所处的时代有关。

每一种研究方法都给研究者提供了记录从一个年龄到另一个年龄变化的机会。研究者使用这些方法研究各个方面在每一个阶段的发展情况。比如我们接下来所探讨的这些领域：生理、认知和社会性发展。你将重新体会和理解一些你已经经历过的巨大改变。

STOP 停下·来检查一下·

❶ 什么是发展年龄?
❷ 为什么纵向设计经常被用来研究个体差异?
❸ 出生年代和横断研究设计的关系是什么?

毕生的生理发展

我们需要一些特殊的知识来看出本章所描述的许多发展类型。例如，在读到关于社会性发展关键期的论述之前，你也许会对它们视而不见。但是，某些变化即使对没有受过训练的双眼也会显而易见，这种变化就是**生理发展**（physical development），我们还是以此为始进行讨论吧。毋庸置疑，自从出生以来，你已经历巨大的生理变化，这些变化将持续下去，直至生命终结。因为生理的变化如此巨大，故而，我们只集中探讨对心理发展产生重要影响的那些变化。

孕期和童年期的发展

你生来就具有独一无二的遗传潜质：在受孕的那一刻，精子与卵子相结合，变成了一个单细胞的**受精卵**（zygote）：你从母亲那里得到正常人所具有的46条染色体的一半，从父亲那里得到另一半。本节我们主要讲述孕期发展，也就是从受精到出生之间的生理发展。我们还将描述婴儿在出生前就已具有的某些感知能力。最后，我们描述童年所经历的重要生理变化。

子宫内的生理变化　受精卵形成的最初两周称为胎儿发育的**胚种期**（germinal stage）。在这一阶段，细胞开始迅速分裂，大约一周后，一小团极微小的细胞将自己植入母亲的子宫壁。胎儿发育的第3~8周称为**胚胎期**（embryonic stage）。这一阶段，细胞继续迅速分裂，但细胞开始分化，形成不同的器官。随着器官的形成，胎儿出现第一次心跳。对刺激的反应大约在6周时就可以观测到，此时胚胎还不到1英寸长。到第8周时，可以观察到胚胎自发的移动（Kisilevsky & Low, 1998）。

胎儿期（fetal stage）是指从第8周结束直至婴儿出生。母亲在受孕16周后可以感觉到胎动。此时，胎儿大约18厘米长（出生时平均长度约为50厘米）。大脑在子宫中成长时，大约每分钟能产生25万个新的神经元，出生时可达到超过1千亿个神经元（Cowan, 1979）。对人类和许多其他哺乳动物来说，神经元细胞的繁殖以及迁移到正确位置主要是在孕期进行的，而轴突和树突的分枝发展主要是在出生后发生的（Kolb, 1989）。**图10.2**显示了从怀孕30天到9个月大之间大脑的发展顺序。

在整个孕期，诸如营养不良、感染、放射或药物之类的环境因素会阻碍胎儿器官和身体结构的正常形成。任何能够造成胎儿组织异常的环境因素都称为**致畸物**（teratogen）。例如，当母亲在孕期感染风疹（德国麻疹），则她们的胎儿会受到诸如智力障碍、眼疾、耳聋和心脏病之类疾病的折磨。当感染发生在孕期的最初6周时，胎儿先天缺陷的可能几乎是百分之百（De Santis et al.,2006）。如果在怀孕后期接触致畸物，则消极影响的可能性会降低（例如，第4个月为50%，第5个月为6%）。在敏感期使用了某些物质（如酒精）的母亲很可能让胎儿处于风险之中，如大脑损伤及其他障碍（Bailey & Sokol,2008）。母亲在孕期饮酒最严重的后果是胎儿酒精综合征。胎儿酒精综合征患儿的头和身体通常都较小，且面部畸形。中枢神经系统受损也会造成患儿的认知和行为问题（Niccols，2007）。

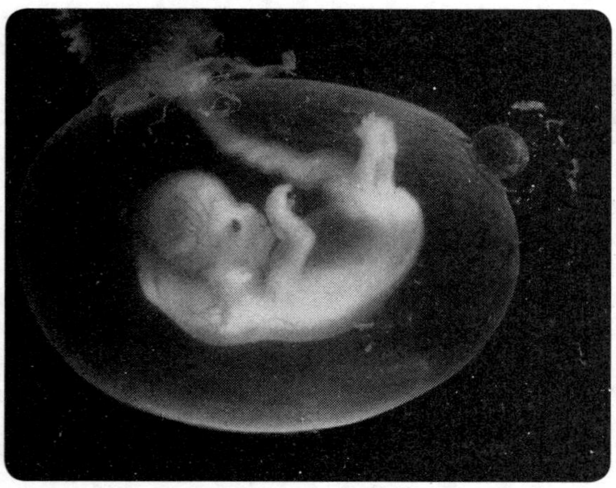

胎儿的大脑每分钟产生250 000个新的神经元。孩子一旦来到这个世界，大脑必须做哪些准备？

怀孕期间吸烟也会使胎儿处于风险之中。孕妇整个孕期吸烟增加了流产、早产和婴儿体重过轻的风险（Salihu & Wilson，2007）。事实上，怀孕期间被动吸烟的女性也一样有可能生出体重过轻的婴儿（Dejin-Karlsson et al.,

1998）。最后，儿乎所有毒品都会对胎儿造成伤害。例如，可卡因流经胎盘，则可能会直接影响胎儿的发育。对成人来说，可卡因会使其血管收缩；而对孕期的女性而言，可卡因会使胎盘的血流紧缩，从而使胎儿的供氧量减少。如果供氧量严重减少，则可能会导致胎儿大脑血管破裂。这类出生前的不幸事故可能会导致终身的智力缺陷（Bennett et al., 2008; Singer et al., 2002）。研究者认为被可卡因损坏的主要是那些负责注意控制的神经系统：曾在子宫中接触过可卡因的儿童，可能终身都要费力克服无关视觉及听觉信息的干扰。

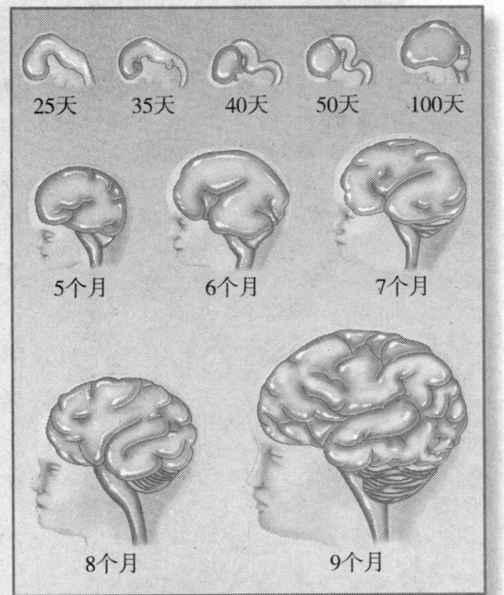

图 10.2　人类大脑的发展

在出生前的 9 个月内，大脑拥有了它全部所具有的 1 000 多亿个神经元。

资料来源：Adapted from *The Brain* by R. Restak. Copyright © 1984. Bantam Books.

婴儿生存的先天机制　婴儿出生伊始具有哪些先天的能力？我们习惯上认为新生儿完全处于无助之中。行为主义的创始人华生把婴儿描绘成“一个可爱的、扭动的肉球，只能做一些简单的反应。”如果你正是这么认为的，那么，以下发现会使你倍感惊奇。婴儿一离开子宫，就表现出通过感官获得信息并做出反应的非凡能力。人们也许应该认识到婴儿具有生存的先天机制，能够对成人照料者做出反应，以影响他们的社会性环境。

婴儿在出生伊始就具备了一些反射，这些反射就是他们对周围环境做出的最早的行为反应。回顾一下第 6 章我们讲过的，反射是指由与机体有生物关联的特定刺激引发的自然反应。下面我们来看两种对婴儿生存至关重要的先天反射。当有物体碰触婴儿面颊时，婴儿会将头转向有物体的方向。这种觅食反射使得新生儿能够找到母亲的乳头。把物品放入婴儿口中，婴儿会开始吮吸。这种吮吸反射使得新生儿能够进食。这类反射是婴儿在出生后头几个月内赖以生存的保证。

例如，婴儿在出生前就能够听到声音。研究者证明婴儿能对他们在子宫中曾听到的某些声音做出反应。相对于其他女性的声音，新生儿更喜欢母亲的声音（Spence & DeCasper, 1987; Spence & Freeman, 1996）。事实上，最近的研究也表明，婴儿在子宫里时就学会了辨识母亲的声音。有研究发现，在听到母亲声音的录音时，胎儿的心率会增加；而听到陌生人的声音时，胎儿的心率会降低（Kisilevsky et al.，2003）。假设这些结果很大原因是由于胎儿对母亲的偏爱，那么或许你也想知道是否胎儿也会对父亲的声音做出同样的反应。遗憾的是，迄今为止的研究表明，胎儿似乎对父亲的声音没有足够的听觉体验。新生儿对他们父亲的声音没有什么特别偏好（DeCasper & Prescott, 1984）。即使到 4 个月大时，婴儿在父亲和陌生人的声音之间还是没有什么明显的偏好（Ward & Cooper, 1999）。

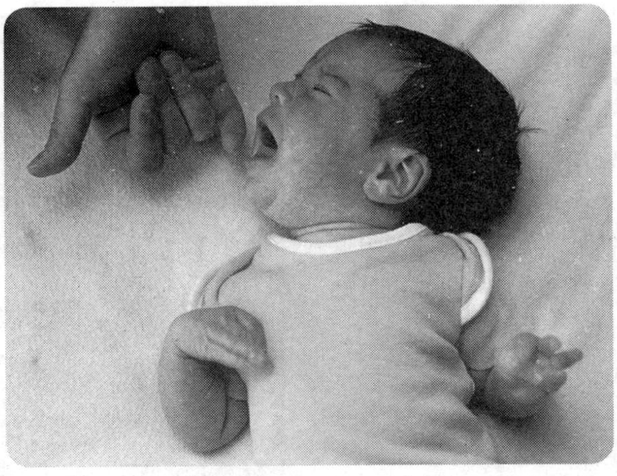

当有什么东西碰到新生儿的面颊时，与生俱来的反射就使得他试图去吮吸。婴儿已经为生存而事先做好了哪些准备？

刚出生的婴儿也立即使用了他们的视觉系统。出生几个月后，新生儿的眼睛开始产生警觉，转向发出声音的方向，探询性地搜索某些声音的来源。尽管这样，他们出生时的视觉还是比其他的感觉发展得迟缓一些。成人的视敏

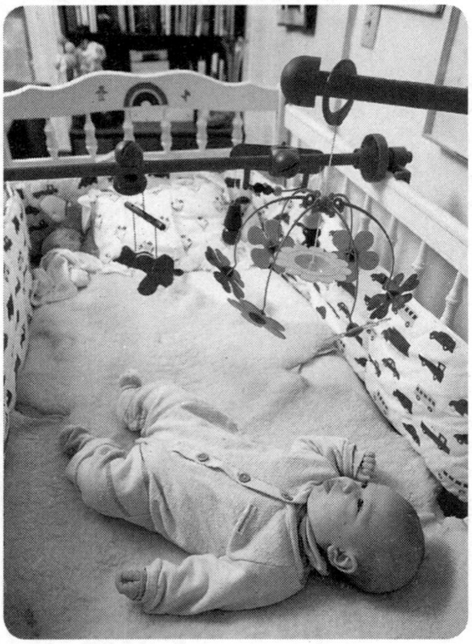

在早期，婴儿能够感知对比很大的大型物体。新生儿最喜欢什么样的视觉经验？

度大约是新生儿的40倍（Sireteanu, 1999）。然而，在出生后的头6个月，婴儿的视敏度迅速得到提高。新生儿对三维世界也经验不足。回顾一下第4章，我们要整合大量线索才能形成深度知觉。研究者已经开始记录婴儿能够理解各种线索的时间进程。例如，4个月大时，婴儿开始能够利用一些线索，如相对运动和插入，来根据物体的二维图像推断其三维结构（Shuwairi et al.，2007；Soaka & Johnson，2008）。

婴儿虽然没有完善的视觉，但也具有视觉偏好。**罗伯特·范茨**（Fantz, 1963）的开创性研究发现，4个月大的婴儿就已经开始偏爱轮廓鲜明的物体，不喜欢扁平的物体；偏爱构造复杂的物体，不喜爱简单的物体；偏爱整体的面孔，不喜爱特征随便排列的面孔。最近的许多研究证实，3天大的婴儿对*“头重脚轻”的模式*有所偏好（Macchi Cassia et al., 2004）。可以在镜子中注视自己的脸来体验一下“头重脚轻”的模式：你的眼睛、眉毛等比你的嘴唇占用更大的空间。人脸是“头重脚轻”的模式，这可以用来解释相比其他类型的视觉刺激物，为什么婴儿更喜欢看人脸。

一旦婴儿能够开始在他们的环境中移动，他们很快就能获得其他感知能力。例如，**伊利诺·吉布森**和**理查德·沃克**（Gibson & Walk, 1960）的经典研究考察了婴儿如何对深度信息做出反应。此研究使用了一种称为*视崖*的装置。在此装置中，一块可移动的板子覆盖在一块固定的玻璃表面，如**图10.3**所示，使用棋盘图案的棉布来制造出深端和浅端。在最初的研究中，吉布森和沃克证明，婴儿很轻易地离开中央的板子，爬向浅的一端，而不愿意爬向深的一端。后续的研究表明，对深度是否恐惧取决于婴儿的爬行经验：刚开始学会爬行的婴儿惧怕深度，而不会爬行的同龄婴儿则不会产生这种恐惧（Campos et al., 1992；Witherington et al., 2005）。因此，对高度的警觉并非“先天遗传的”，但当婴儿开始用自己的力量探索世界时，他们很快就能学会这一点。

童年期的发育和成熟 新生儿的变化速度惊人，但如**图10.4**所示，婴儿身体各部分的生理发育并不是同时进行的。你也许已经注意到，头部似乎占据了婴儿身体的大部分。刚出生时，婴儿的头部尺寸是成人头部大小的60%，占整个身体长度的25%（Bayley, 1956）。在头半年中，婴儿的身体重量翻了一番；一岁时翻了两番。到

图10.3

视崖

一旦儿童获得在周围环境中的爬行经验，他们就会对视觉悬崖深的一边表现出恐惧。（见彩插）

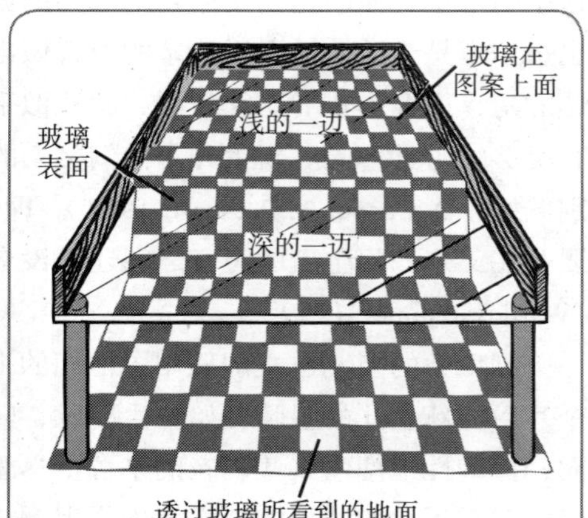

两岁时，儿童的躯干是其成年时长度的一半。而在青春期前生殖器官变化较少，在青春期迅速发育到成人状态。

对于大多数儿童来讲，生理发育伴随着运动能力的成熟。**成熟**（maturation）是指一个物种的所有成员在其物种通常的生活环境中被抚养长大的典型生长过程。新生儿所经历的典型成熟序列是由遗传得来的生物学基础和环境输入的相互作用决定的。例如，在**图 10.5** 所示的运动序列中，一个儿童不需要进行特殊训练就能学会走路。这个序列适用于绝大多数婴儿；但也有少数儿童会跳过这一步，发展他们自己的序列。即便如此，在一些生理刺激较少的文化中，儿童学会走路的时间会相对晚一些。土著美洲人把婴儿紧紧包裹起来，以便于背携，这会妨碍婴儿学步，但一旦除去了婴儿身上的包裹，他们也会以同样的序列发展。因此可以认为，所有无缺陷的新生儿都具有同样的生理成熟潜质。

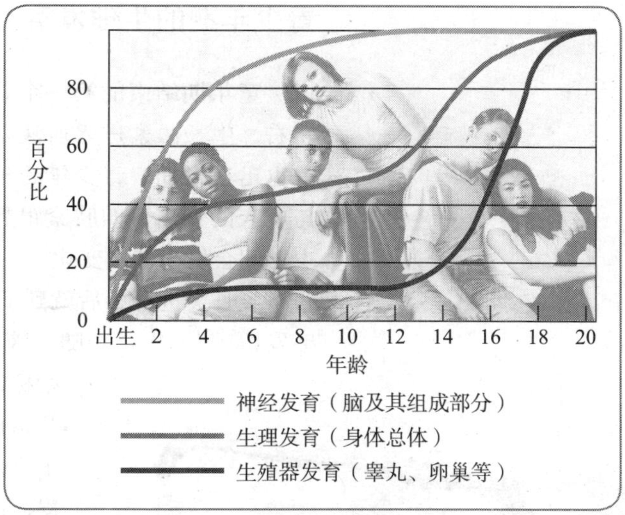

图 10.4 生命最初 20 年的成长模式

在生命的第一年，神经发育非常迅速，它比总体的生理发育要快得多。与此对照，生殖器的成熟只有到青少年期才开始发育。

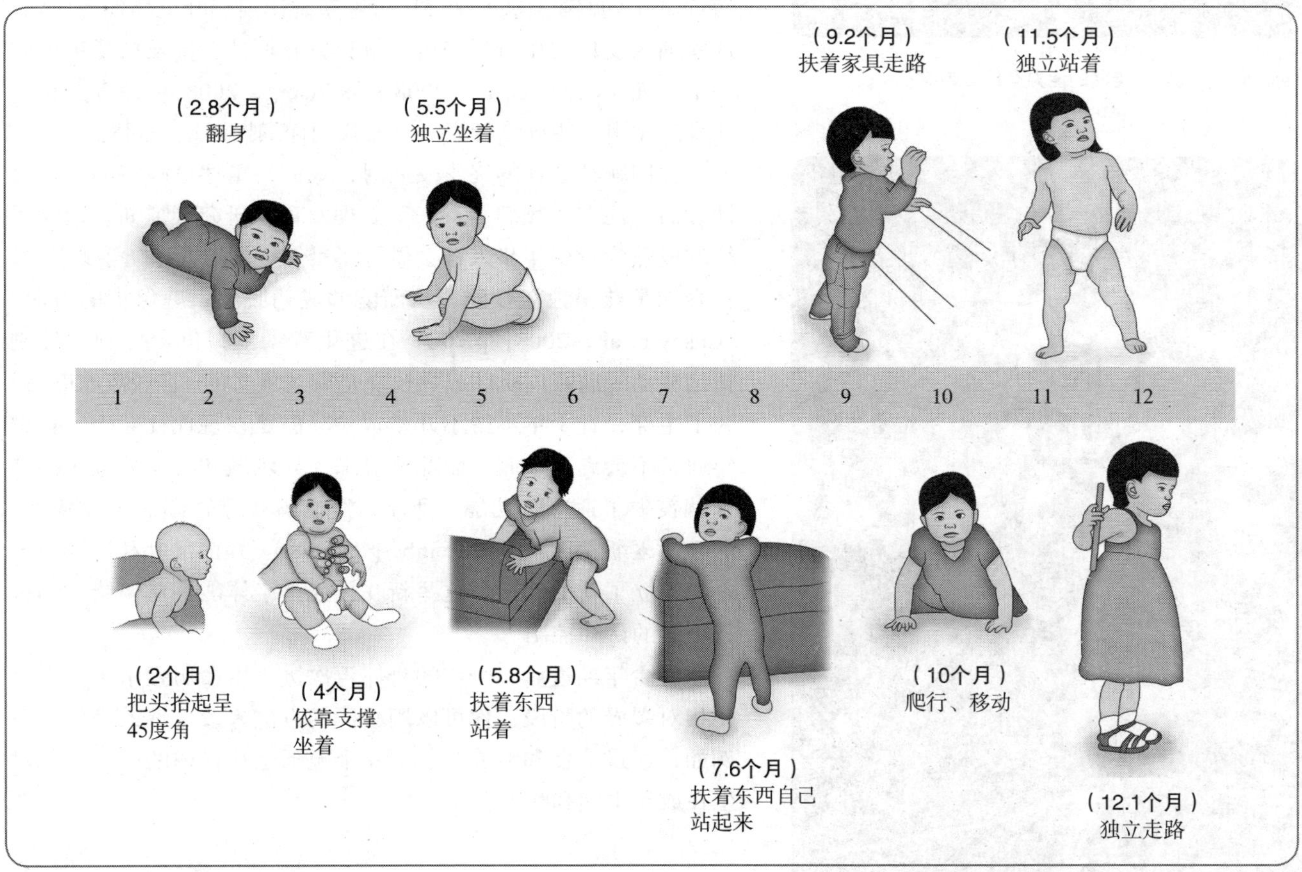

图 10.5 运动技能成熟时间表

走路的发展并不需要特别的教导，它遵从一个固定的时间表序列，这个序列是我们人类所有生理健全的人所具有的。

青少年期的生理发育

童年期结束的第一个具体表现就是*青春期生长突进*。在女孩 10 岁、男孩 12 岁左右，生长激素进入血液。在接下来的几年中，青少年每年可以长高 3~6 英寸，体重也迅速增加。青少年的身体并不是均速发展到成人比例的，手掌和脚掌首先长到与成人的相当，四肢紧跟其次，躯干的生长最为缓慢。因此，个体的总体体型在青少年期会发生多次变化。

生长突进开始后就到了**青春期**（puberty）或性成熟期。（拉丁语 *pubertas* 意为"有毛发覆盖"，指臂和腿、腋下和生殖器区域毛发的生长。）男性的青春期以遗精为开始标志，女性则是以**月经初潮**（menarche），即月经的来临为开始标志。在美国，女孩月经初潮的平均年龄在 12~13 岁，但正常范围是 11~15 岁。对男孩来说，遗精的平均年龄在 12~14 岁，但同样也存在较大的个体差异。这些生殖变化通常带来性觉醒。在第 11 章，我们将讨论性动机的开始。

摇篮板对婴儿学习走路的能力有什么影响？

另外一些重要的生理变化发生在青少年的大脑中。研究者曾经认为大部分的脑发育在生命早期完成。但是，近期使用脑成像技术的一些研究发现，青少年期的大脑也一直在持续发育（Paus, 2005）。研究者证实，在青春期有两个脑区的变化尤其重要，即负责调节情绪过程的*边缘系统*和负责计划、控制情绪的*前额叶*（见第 3 章）。但是，边缘系统比前额叶更早发育成熟。这些脑区变化的相对早晚可以解释青春期社会性发展最突出的一个方面（Casey et al.，2008；Steinberg，2008）：即青少年往往容易做出一些危险行为。下面我们详细探讨这一问题。

为什么研究者建议"用进废退"？

在回顾社会性的终生发展时，我们将重述危险行为的社会性方面。现在，我们重点来看生理发育。研究者推断，边缘系统的成熟为青少年步入社会做好了准备，"从进化的角度来看，青春期是获得独立技能，从而能够成功脱离家庭保护的阶段"（Casey et al.，2008，p.70）。在进化背景下，负责抑制和控制情绪冲动的前额皮质区成熟较晚是有其意义的。在脱离家庭后，为了生存，青少年不得不开始冒险。但是在现代社会中，青少年通常不会离开家庭。因此，寻求新异刺激和冒险的进化冲动也就丧失了适应性功能。所幸，随着青少年逐渐进入成年期，前额叶逐渐发育成熟（Steinberg，2008）。在前额叶和边缘系统之间建立了新的联接。这些新联接使得个体能够对情绪冲动进行更多的认知控制。

青少年期过后，个体的身体再次进入生命历程中生物学变化相对缓慢的阶段。你可以用不同的方法来改变你的身体——例如，通过节食和锻炼——下一个包括老化在内的巨大变化发生在成年中期和晚期。

成年期的生理变化

随年龄增长而发生的某些显而易见的变化与你的体型和体

能有关。随着逐渐步入老年，你会发现自己的皮肤有了皱纹，头发越来越稀少，并变得灰白，身高也会下降 2~5 厘米。你还会发现自己的感官也不如以前那么灵敏了。这些变化并不是在 65 岁时突然发生的，它们是从成年早期就逐渐开始了。在我们描述与年龄有关的常见变化之前，我们想强调一个一般性的道理：许多生理变化并不是因为老化，而是因为不使用。研究结果支持一个普遍的信条——“用进废退”。持续（或重新开始）锻炼身体的老年人，较少会体验到那些通常被认为是不可避免的衰老所带来的困难。（请注意，在我们讨论中年及老年认知和社会性发展时，我们会得出完全相同的结论。）现在，让我们看看一些不可避免的、经常影响成年人评价其生活的变化。

视觉　从四五十岁开始，多数人开始经历视觉系统的功能变化：眼睛的晶状体弹性下降，调节晶状体厚度的肌肉作用减弱。这些变化导致看近处的物体产生困难。晶状体硬化也会影响眼睛的暗适应，造成老年人夜间视物困难。这类正常的视力变化很多都可以通过佩戴合适的眼镜进行辅助。随着年龄增长，眼睛的晶状体也会变黄。研究者认为，晶状体变黄是一些老年人颜色视觉衰退的原因。有些老年人很难区分短波长的颜色，如紫色、蓝色和绿色。到 65 岁时，大多数人会经历某种程度的视觉功能丧失（Carter，1982；Pitts，1982）。

听觉　听力丧失在 60 岁以上的人群中相当普遍。老人在听高频音时普遍会有困难（Corso, 1977）。通常，这种损伤在男性身上比在女性身上更为严重。老人在理解言语时会有困难，特别是那些用高频音说出的语言。（奇怪的是，随年龄的增长，由于声带软化，人说出的声音频率反而增高。）听力损伤可能是逐渐发生的，在达到极度之前很难被觉察到。此外，即使个体意识到听力损伤，他（她）也许会否认这一点，因为他（她）会认为这是老化的不详征兆。听力丧失部分可以用助听器弥补。同样，你应该意识到，当你变老或与老年人说话时应用低沉的音调，清晰地说话，降低背景噪音，这都有助于你们之间的交流。

生育和性功能　我们已经知道，青春期意味着生育能力的开始。在中年和老年，生育能力会逐步下降。在 50 岁左右，大多数女性会经历*更年期*（menopause），即月经和排卵的停止。对男性来说，这种变化不会那么突然，但能够生育的精子质量在 40 岁后会逐渐降低，而精子数量在 60 岁后开始减少。当然，这些变化主要与生育有关。年龄的增长和身体的变化并不一定损害性体验的其他方面（Delamater & Sill，2005；Lindau et al., 2007）。实际上，性活动有助于健康和快乐的生活，可使老年生活更为丰富多彩，因为它能激起生理机能、提供有氧运动、刺激幻想，同时它也是社会互动的一种关键形式。

老人能够并且确实享受亲密和性关系所带来的许多好处，为什么这张照片与人们对老人的刻板印象相冲突？

上面我们简要回顾了生理发展的一些里程碑。在此背景下，现在我们转向个体是如何发展起理解周围世界的能力的。

停下来检查一下

❶ 爬行经验怎样影响儿童在视崖实验中的表现？
❷ 对青春期大脑发育的一些近期研究有什么新发现？
❸ 为什么年龄的增长会影响颜色视觉？

批判性思考：回顾胎儿对于声音认知的实验。为什么研究者使用母亲所读诗句的录音带记录而不是让她们现场读出这些诗句？

毕生的认知发展

个体对毕生的生理及社会现实的理解是如何变化的？**认知发展**（cognitive development）是对心理的过程和内容随时间发生和变化的研究。由于研究者对最初发生或出现的认知能力特别感兴趣，所以我们将对认知发展的早期阶段给予特别关注。但是，我们也会描述研究者对成年期认知发展的某些发现。

我们在开始认知发展的讨论之前，先让你回忆并区分一下第 3 章所介绍的两个概念：天性和教养。一个问题是如何更好地解释新生儿与 10 岁儿童之间的广泛差异：这样的发展在多大程度上取决于遗传（天性），在多大程度上取决于习得的经验（教养）？天性—教养之争在哲学家、心理学家和教育工作者之间由来已久，他们辩论遗传与学习孰轻孰重，一方坚信婴儿生来并不具有知识或技能，这些经验是以人类学习的形式在婴儿洁白无瑕的心灵（在拉丁语中，称为 tabula rasa，白板）上刻下印迹的结果。这种观点最早由英国哲学家洛克提出，被称为经验主义，它将人类的发展归功于经验。经验主义者认为，指导人类发展的是人在被教养过程中所接受的刺激。反对经验主义的学者有法国哲学家卢梭，他坚持先天论，认为天性，也就是儿童与生俱来的进化产物，塑造了儿童的发展。我们关于认知发展的讨论将带你理解这一争论的双方的哪些方面是正确的。儿童具有在这个世界上从他们的经验中学习的先天准备。

下面我们首先讨论瑞士心理学家皮亚杰关于认知发展的开拓性工作。

皮亚杰关于心理发展的观点

近半个世纪以来，**皮亚杰**（Piaget, 1929, 1954, 1977）提出了一套有关儿童思维、推理和问题解决的理论。皮亚杰对认知发展的兴趣源于他自己年轻时的智力性活动。他在 10 岁时发表了第一篇文章，14 岁时就获得了博物馆长的职位（Brainerd, 1996）。皮亚杰采用简单的示范法，对自己的孩子以及其他孩子进行了细致入微的观察和访谈，从而产生了有关早期心理发展的复杂理论。他的兴趣并不在于儿童拥有信息的数量，而在于他们在发展的不同阶段对外部物质世界的内部表征和思维方式是如何发生变化的。

发展变化的基本单元 皮亚杰把促使个体能够理解世界的心理结构称为**图式**（schemes），图式是发展变化的基本单元。皮亚杰把婴儿的最初图式描述为感知运动智力——指导感知运动，如吮吸、注视、抓握和推等运动的心理结构或程序。经过练习，基本的图式可以组合、整合和分化成更为复杂多样的行为模式。例如，儿童推开不想要的物体或找到背后想要的物体时所表现出的行为模式。皮亚杰认为，有两个基本的过程协同工作来达到认知的发展，这两个过程就是同化和顺应。**同化**（assimilation）是对新的环境信息加以修改，使之更适合个体已有的知识结构。对儿童来说就是使用已有的图式来对新感觉到的数据加以组织。**顺应**（accommodation）就是对儿童已有的图式进行修改或重新构建，以使新的信息得到更为全面的理解。

婴儿从吮吸母亲的乳房（或奶嘴），到用吸管喝，再到直接拿着杯子喝，想象一下这期间所发生的变化。最初的吮吸是与生俱来的条件性反射，但必须有所改善才能适应母亲乳头的大小和形状。为了适应奶瓶，婴儿仍然需要不断变化地使用原来行为序列中的许多部分（同化），但必须用与以前不同的方式来抓握和拿橡皮奶嘴以使奶瓶保持适当角度（顺应）。从奶瓶到吸管直至水杯，这些过程需要更多的适应，但仍然依赖于早期的技能。皮亚杰认为，认知发展就是这样一种同化与顺应相互穿插、相互作用的结果。适当地使用同化和顺应就使得儿童的行为和知识越来越少地依赖具体的外部现实，越来越多地依赖抽象的思维。

认知发展的阶段 皮亚杰相信，儿童的认知发展可以分为四个有序的但不连续的阶段（见**表 10.2**）。他认为，所有的儿童都以同样的顺序经历这些阶段，虽然与其他儿童相比，某些儿童可能需要更长的时间来通过某个特定的阶段。

感知运动阶段 感知运动阶段大约从出生到两岁。在最初的几个月中，婴儿的大部分行为都以有限的先天图式为基础，例如吮吸、注视、抓握和推。在第一年中，感知运动序列得到了改善、组合、协调和整合（如吮吸和抓握、注视和摆弄）。随着他们发现自己的行为对外界能够产生影响，他们的行为变得更为丰富多彩。

婴儿期最重要的认知发展就是获得了对不在眼前的客体形成心理表征的能力。所谓不在眼前的客体，是指儿童的感知运动不能直接接触到的客体。**客体恒常性**（object permanence，也译作“客体永久性”）是指儿童理解了客体可以独立于他们的行为和知觉而存在或运动。在生命的最初几个月中，儿童的目光追随客体，但当客体消失时，他们移开目光，就好像客体不存在了一样。到 3 个月大时，他们开始盯着物体消失的地方看。到 8~12 个月大时，儿童开始搜索消失的客体。到两岁时，儿童已经能够确定，“消失”了的客体继续存在（Flavell, 1985）。

前运算阶段 前运算阶段大约在 2~7 岁之间。在这个阶段，认知上的最大进步就是对不在眼前的客体有了更好的心理表征。除了这个成就之外，皮亚杰还根据儿童不能做什么来定义前运算阶段。例如，皮亚杰相信，前运算思维的特点是**自我中心**（egocentrism），即他们不能站在别人的角度来思考问题。如果你听过一个两岁的孩子与其他孩子的对话，你就可能会注意到这种自我中心性，这个年龄的儿童经常是在自言自语，而不是与他人交流。

前运算阶段的儿童也会经历**中心化**（centration），他们往往只会关注情境的某一方面，而忽略其他相关方面。在皮亚杰的经典理论中，中心化被解释为儿童还不能理解液体的总量不会随容器的大小和形状而改变。

表 10.2 **皮亚杰的认知发展阶段**

阶段 / 年龄	特征和主要成就
感知运动阶段（0~2 岁）	儿童用生来就有的一小部分感觉运动反应开始了生活。儿童发展出客体恒常性和开始进行符号思维。
前运算阶段（2~7 岁）	儿童的思维具有自我中心的特点。提高了符号思维的能力。
具体运算阶段（7~11 岁）	儿童理解了守恒，可以对具体的、实实在在的物体进行推理。
形式运算阶段（11 岁以后）	儿童发展出了抽象推理和假设思维的能力。

皮亚杰观察到，一个典型的6个月大婴儿会注意一个诱人的玩具（右图），但如果一个屏幕挡住了视线，他很快就会失去兴趣（左图）。2岁大的儿童会对物体有什么看法？

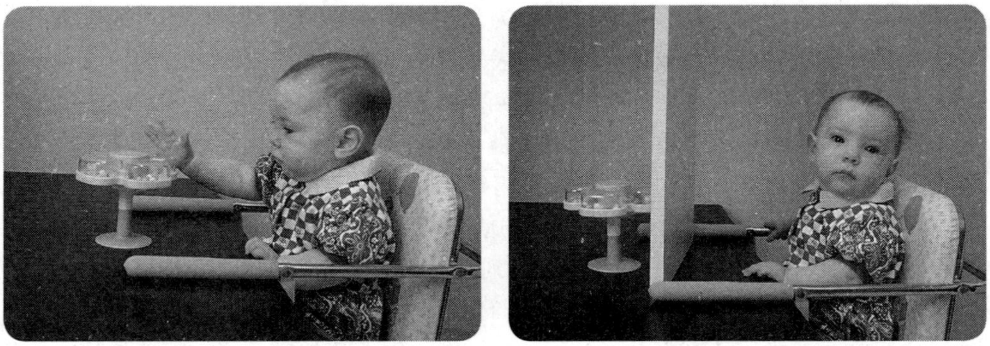

> 将同样多的柠檬汁倒进两个相同的杯中，5 岁和 7 岁的儿童都认为杯中有同样多的柠檬汁。但当把其中一个杯中的柠檬汁倒进一个细长的杯中时，这两组儿童的看法发生了分歧，5 岁的儿童虽然知道高杯中的柠檬汁还是原来的柠檬汁，但他们还是认为现在的柠檬汁多了。7 岁的儿童肯定地认为：它的总量并没有发生变化。

在皮亚杰的演示中，年幼儿童的注意力固着于单一的、知觉上突出的维度——杯中柠檬汁的高度。大一点的儿童既考虑到高度，也考虑到宽度，从而正确地推导出：外在表现并不是实质。

具体运算阶段　具体运算阶段大约在7~11岁之间。在这个阶段，儿童开始了心理运算，即在脑中产生逻辑思维的活动。研究者通常会把前运算阶段与具体运算阶段相对照，因为在具体运算阶段，儿童能够完成他们早先不能完成的任务。具体运算使得儿童可以用心理活动代替物理活动。例如，如果一个儿童看见亚当比扎拉高，后来又看见扎拉比坦尼亚高，这个儿童就会推理说，亚当在三人中最高，而他并不需要实际比较这三个人的高度。但是，如果这个问题是用言语来表述的，则这个孩子还是不能做出准确的推论（亚当最高）。只有达到具体运算阶段，儿童才能够运用抽象思维来解决这类问题。

柠檬汁研究也表明了具体运算阶段的另一个显著特征。7 岁大的儿童已经学会了皮亚杰所谓的**守恒**（conservation）：他们知道，即使物体的外表发生了变化，但如果不增加或删减，物体的物理属性不会改变。**图 10.6** 表示了皮亚杰从不同角度测试守恒的例子。儿童最新获得的与守恒有关的运算之一是可逆性。*可逆性*是指儿童理解了物理活动和心理操作都是可逆的：儿童可以推理说，柠檬汁的总量不可能发生变化，因为当物理行为颠倒过来时，即当柠檬汁倒回原先的杯子中时，两者的总量看起来还是一样多。

形式运算阶段　形式运算阶段大约始于 11 岁。在认知发展的这个最后阶段，儿童的思维变得抽象了。青少年开始认识到，他们所处的现实只是众多可以想象到的现实中的一个，他们开始思考真理、公平和存在等此类深刻的问题。他们开始系统地寻求问题的答案；一旦达到了形式运算，儿童开始担当科学家的角色，按顺序逐一尝试每一系列的可能性；青少年也开始使用我们在第 8 章中所描述的高级演绎推理，与他们的弟妹不同，他们具有从抽象的前提（“如果 A，则 B”和“非 B”）得出逻辑结论（“不是 A”）的能力。

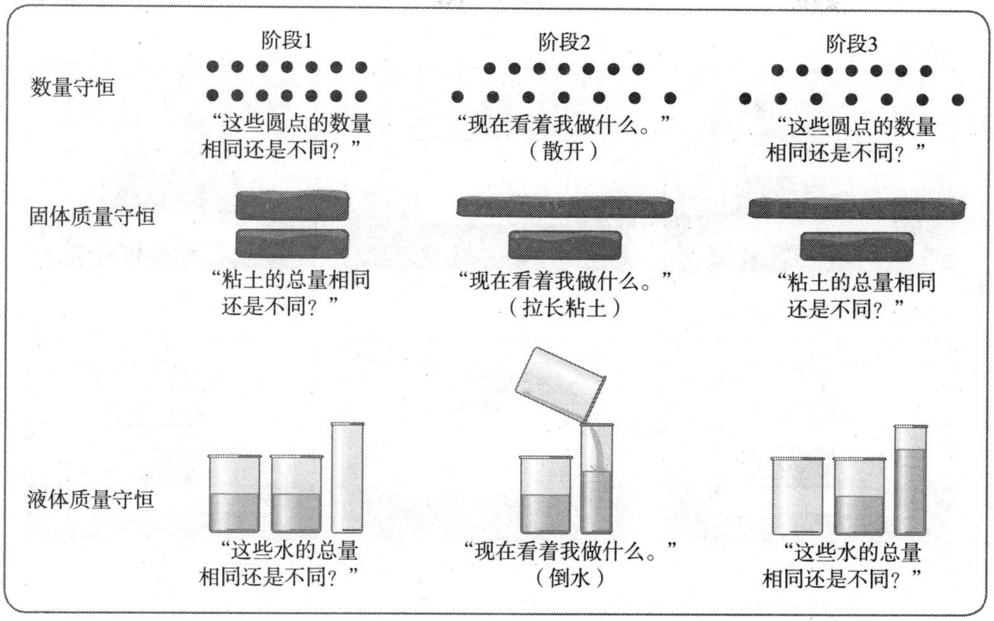

图 10.6
守恒测验

关于早期认知发展的当代观点

皮亚杰的理论依然是我们理解认知发展的经典参考文献（Feldman，2004；Flavell, 1996）。但是，当代研究者已经提出了一些更为灵活的研究儿童认知能力发展的方法。

婴儿的认知　我们已经详细描述了皮亚杰用来研究认知发展所用的一些研究任务，但是，当代的研究者开发出了一些新的技术，可以使他们重新审视皮亚杰的结论。皮亚杰认为，客体恒常性的发展是 2 岁儿童的重大成就。然而，当代的研究表明，3 个月大的婴儿，甚至更小的婴儿，其实就已经发展了这一概念的某些方面。这个重要的发现已由研究人员**雷尼·拜爱宗**（Renée Baillargeon）和她的同事采用不同的任务得以证明。

> 在一项研究中，让 4 个月大的婴儿看实验者放下一个宽的方形物体（见**图 10.7**）（Wang et al., 2004）。一种条件是，在物体下降的路径上放一个**宽的遮挡物**，它足以完全挡住方形物体。另一种条件是，在物体下降的路径上放一个**窄的遮挡物**，它不能够完全遮挡住方形物体。当实验开始呈现时，用一个幕布遮挡物体下落的过程，当幕布撤除时，物体被完全遮挡。婴儿在这两种条件下会有何反应？如果他们不具备客体恒常性的概念，我们推测，他们在两种条件下会有相同的且不会困惑的反应：一旦方形物体消失，我们预测婴儿不能回忆起它们是存在过的。假设婴儿对客体有一些记忆，在这种情况下，我们则预测当看到宽的物体被窄的遮挡物遮挡时婴儿会表现出更多的惊讶。研究者记录幕布撤除后，通过婴儿看演示的时间有多长来测量婴儿的惊讶程度。结果发现，那些看窄的遮挡物的婴儿看演示的时间比看宽的遮挡物的同伴的时间长 16 秒。

我们不能把婴儿的惊讶看做是他们已经完全掌握客体恒常性概念的标志，也许他们只是觉得有点不对劲，但并不确切知道什么地方不对（Lourenco & Machado,

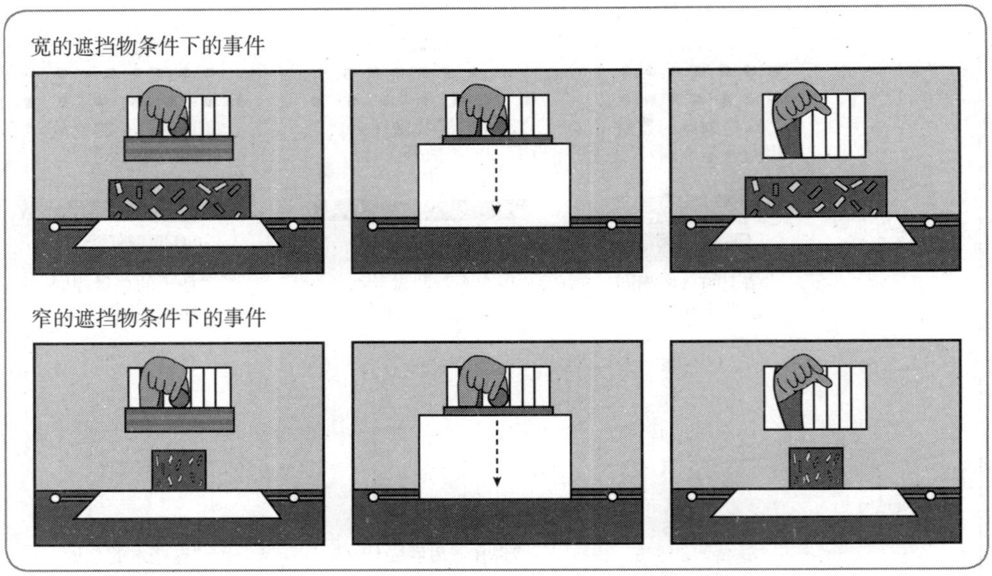

图 10.7 4 个月大的婴儿和客体恒常性

4 个月大的婴儿看实验者在一个宽的遮挡物或窄的遮挡物条件下（每次都用绿色显示）放下一个长方形物体（显示为褐色）。当实验开始呈现时，用一个幕布遮挡长方形物体下落的过程，当幕布撤除时，实验者的手中没有东西。处于窄的遮挡物条件下的婴儿会花费更多的时间来看演示过程，这表明他们对于一个宽的物体能藏在窄的遮挡物后感到吃惊。婴儿的惊讶表明他们已经获得了客体恒常性的某些特征：长方形的物体虽然不在眼前，但仍存在于他们的大脑中。（见彩插）

资料来源：From *Cognition*, 93, Su-hua Wang et al., "Young infants' reasoning about hidden objects: Evidence from violation-of-expectation tasks with test trials only," pp. 167–198, Copyright © 2004, with permission from Elsevier.

1996）。即使这样，拜爱宗和她同事的研究表明，即便是特别小的孩子也已经获得了有关物理世界的重要知识。

研究者开发出的研究婴儿心理的创新方法，使我们能够不断改变我们对于婴儿知道什么以及他们如何知道的理解。思考一下行为和目的之间的关系。作为成人，你已经习惯了当看到人们出现某种行为时去推测他们的目的。例如，如果你看到某人掏出一串钥匙，你会简单地推断他（她）可能想打开某些东西。你是何时开始理解行为和目的是如何相关的？研究者提出，7 个月大的婴儿已经开始区分行为是否具有目的性（Hamlin et al., 2008）。我们来看一项实验，让婴儿坐在屏幕前，屏幕上呈现两个玩具。实验者对两个玩具分别做出不同的动作让婴儿观看：一些婴儿看到研究者抓住一个玩具，而另一些婴儿则看到研究者用手背碰了一下玩具。成人看到这种情形很容易就可以理解，抓住玩具具有特定目的（想得到玩具），但用手背碰玩具则不然。婴儿的反应表明，他们也理解这两种行为的区别。在观看实验者的行为之后，实验者对婴儿说："现在该你了！"并把玩具放在他们能够到的地方。看过实验者抓住玩具的婴儿更可能去碰触实验者曾抓过的玩具，而看过实验者用手背碰玩具的婴儿则没有表现出对那个玩具的偏好。这一结果表明，婴儿能够理解只有抓握行为才对其中一个玩具具有目的性意义。该研究显示了婴儿对待周围世界非常谨慎小心，以便理解他人行为的原因。

儿童的基础理论　皮亚杰的理论是建立在儿童思维方式发生阶段性的显著变化基

础之上的。近来，研究者认为，当儿童发展起**基础理论**（foundational theory），即儿童最初理解世界的框架时，可以用来解释他们在世界中的经验（Gelman & Raman, 2002; Wellman & Inagaki, 1997）。例如，儿童把他们关于心理状态特征的经验汇集为*心理理论*，又称为朴素心理学。通过这样做，儿童就能更好地理解自己和他人的思维过程。

研究者已经正式研究了科学概念的发展，诸如儿童是如何把一个物种的生物特性的知识迁移到另一个物种上的。要求儿童回答许多动物中哪些动物会睡觉或有骨头时，4 岁的儿童倾向于根据他们认为的动物与人类的相似程度来回答（Carey, 1985）。例如，大部分 4 岁儿童认为，狗比鱼更具有这些特征（即“睡觉”和“有骨头”）；认为鱼比苍蝇更具有这些特征。随着时间的推移，儿童势必取代建立在动物与人类相似性基础上的理论来承认动物世界的丰富结构。例如，他们一定会掌握*脊椎动物与无脊椎动物*之间形式上的区别。同样，3~4 岁的儿童还不太清楚在物体内部有什么，但是他们已经能理解物体内部的东西能影响其功能（Gelman, 2003; Gelman & Wellman, 1991）。因此，虽然 3~4 岁的儿童还不能完全知道狗的身体内有什么，但是他们能够肯定，如果将狗身体内的东西拿掉，就不称其为狗了。在每个领域中，你将会看到，儿童都开始发展一个一般性的理论，然后利用一系列新的经验不断地对该理论进行修正。

社会和文化对认知发展的影响 当代研究者开始关注社会交往在认知发展中的作用。这类研究可以追溯到俄国的心理学家**维果斯基**（Lev Vygotsky，1896—1934）。他认为儿童通过**内化**（internalization）的过程而获得发展。所谓内化，就是儿童吸收来自社会环境的知识，该环境对认知如何随时间展现具有举足轻重的作用。

维果斯基开创的社会理论得到了有关发展的跨文化研究的支持，就如同皮亚杰的理论一开始时就抓住了发展心理学研究者的注意力一样，许多研究者试图使用维果斯基的任务来研究不同文化中儿童的认知成就（Rogoff, 2003; Rogof & Chavajay, 1995）。这些研究开始对皮亚杰观点的普遍性提出了质疑，原因之一就是在许多文化中，儿童并没有表现出皮亚杰所主张的形式运算。在晚年，皮亚杰本人开始推测，他所描述为形式运算的儿童成就也许依赖于儿童所获得的特定的科学教育，而不是依赖于生物学决定的认知发展的特定阶段（Lourenco & Machado, 1996）。

维果斯基的内化概念有助于解释文化对认知发展的影响。儿童的认知发展可以执行文化价值的功能（Serppell, 2000; Serpell & Boykin, 1994）。例如，皮亚杰发明的任务是要反映他关于一些恰当和重要的认知活动的设想。其他的文化也许希望本文化中的孩子在别的方面有所超越。相对于危地马拉的玛雅儿童来说，如果根据对编织物的认知复杂性的理解来评价皮亚杰任务中的儿童，他们的发展似乎要相对迟缓（Rogoff, 1990）。认知发展的跨文化研究结果表明，学校教育的类型在决定儿童完成皮亚杰任务的成绩上具有很大的作用（Rogoff & Chavajay, 1995）。心理学家必须使用这些不同类型

儿童如何根据他们的体验和观察来形成关于世界的一般性认识呢?

的发现来区分认知发展的先天的一面和教养的一面。

上面我们所描述的发展变化是十分明显的。我们很容易知道 12 岁的儿童具有 1 岁婴儿所不具备的各种认知能力。下面我们将转向整个成年期所发生的更为细微的变化。

成年期的认知发展

在描述童年期的认知发展如何变化成青少年期的状态时,“变化”一般意味着“变得更好”。当我们到了成年晚期时，文化留给我们的刻板印象是,“变化”意味着“变得更糟”(Parr & Siegert, 1993)。然而，人们即使认为成年期带来了普遍性的衰退，他们还是预期在生命晚期他们仍然能有所收获(Dixon & de Frias, 2004)。下面我们通过考察成年期的智力和记忆来看看丧失和获得是如何相互作用的。

智力 很少有证据支持健康老年人的一般认知能力会下降这一看法。全美人口中只有大约 5% 的老年人的认知功能会出现较大程度的下降。当与年龄有关的认知功能下降时，通常只局限于某些能力。如果把智力分为言语能力(*晶体智力*)和快速学习能力(*液体智力*)这两部分时，液体智力会随年龄的增加而表现出较大程度的下降(Baltes & Staudinger, 1993; Singer et al., 2003)。液体智力下降主要是因为加工速度的减慢：完成需要在短时间内进行许多心理操作的智力任务时，老年人表现出较大的困难(Sheppare & Vernon, 2008)。

老年人如何能够最大限度地减少认知表现随年龄增长而产生的下降？这是研究者一直感兴趣的问题。“用进废退”这一格言备受关注。例如，一项研究以一组平均年龄 69 岁的老年人为研究对象(Bielak et al., 2007)。在日常生活中保持高水平的社会活动、体育锻炼和智力活动的老年人，其在认知任务中的加工速度也最快。这一结果似乎支持了“用进废退”的观点。但是，正如我们在第 2 章讲过的，对这类结果的解释很容易被混淆：相关不等于因果(Salthouse, 2006)。这一结果可能表明，高水平的活动使得加工速度能够保持相对较高的水平。但是，我们也必须考虑到另外一种可能，即加工速度较高使得某些老年人能够保持较高的活动水平。

许多著名人物，如纳尔逊·曼德拉，在他们 70 多岁，甚至更老的时候继续做出重要的贡献。为什么在成年后期，智力的某些方面不会下降呢?

尽管很难证明“使用”能够预防“丧失”，但研究者还是提供了一些证据，证明“多用”能够提高智力功能。他们设计了一些训练项目，来逆转老年人某些认知能力的衰退(Schaie, 2005)。下面我们来看一项对液体智力有积极影响的干预研究。

> 参与者年龄从 60 岁到 75 岁，被随机安排到实验组和控制组(Tranter & Koutstaal, 2008)。在为期 10~12 周的时间内，实验组的参与者参加各种智力刺激任务，如绘画创作和识别神秘照片；而控制组的参与者则不参加任何特殊任务。研究者在实验开始时分别测量了两组参与者的液体智力；干预结束后，研究者再次测量了他们的液体智力。与研究者的预期一致，在液体智力方面，实验组比控制组提高更多。

这些研究结果激励你终生都要保持较高水平的认知活动。

同时，如果你受过高等教育，恭喜你也将从中获得长期收益。研究者使用 fMRI 扫描的研究结果表明，接受过更多教育的老年人会比受过很少教育的同龄人更好地应对大脑机能的自然衰退（Springer et al., 2005）。这为你提供了另外一个让你继续受教育的理由。

在本节最后部分，我们指出，有一种智力在人的一生中都在不断提高。现在心理学家开始探索与年龄有关的智慧收益（Baltes & Kunzmann, 2003; Baltes & Staudinger, 2000）。所谓**智慧**（wisdom）是指生活中某些基本方面的专长。**表 10.3** 列举了某些能定义智慧的知识类型（Smith & Baltes, 1990）。你可以看到，每种知识类型都是在长期的终生的实践中获得的。

表 10.3　智慧的特征

- 丰富的事实性知识。有关生活条件及其各种变化的一般性和特定性知识。
- 丰富的程序性知识。有关判断策略及生活方方面面的一般性及特定性知识。
- 毕生的生活背景经验。有关生活背景及背景之间世俗（发展性）关系的知识。
- 不确定性。有关生活的相对不确定性和不可预见性的知识，以及有关如何应对这些不确定性的知识。

记忆　最常见的老年人的抱怨就是记忆力没有以前好了。在许多记忆测验中，60 岁以上的人确实比 20 多岁的人表现得差（Hess, 2005）。即使受过高等教育、拥有良好的智力技能，人们也会体验到记忆力的衰退（Zelinski et al., 1993）。但是，对于提取一般性知识和多年前发生的事件的个人信息，老化并不会降低老年人在这方面的能力。在一项涉及姓名和面孔的再认研究中，对于 35 年前毕业的高中同班同学，中年人能够认出 90%；而对于 50 多年前毕业的高中同班同学，老年人也能够认出 70%~80%（Bahrick et al., 1975）。但老化对信息的有效组织、存储和提取过程有影响（Buchler & Reder, 2007）。

然而，迄今为止研究者还没有发展出一种完全合适的理论来描述老年人记忆受损的机制（Hess, 2005）。某些理论集中探讨老年人和年轻人组织和加工信息之间的差异，另一些理论关注老年人对信息的注意能力的衰减。还有一种类型的理论考察了产生记忆痕迹的大脑系统的神经生物学变化。我们在“生活中的心理学”专栏探讨这些观点。注意这些大脑的改变与老年痴呆症患者不正常的神经组织错乱以及由血小板引起的记忆力丧失是不同的。研究者还相信，老年人记忆成绩下降的一个原因正是他们自认为记忆力不好了（Hess & Hinson, 2006）。现在，研究者还在进一步探讨这些因素的相对作用。

下面我们将从一般性的认知发展转到更为具体的方面——语言的获得。

STOP 停下来检查一下

❶ 在皮亚杰的理论中，同化和顺应是什么关系？
❷ 当儿童能克服中心化时，这意味着什么？
❸ 现代的研究手段怎样修正了客体恒常性的一些结论？
❹ 维果斯基理论的主要观点是什么？
❺ 在人的一生中，加工速度会发生怎样的变化？

批判性思考：回忆一下研究 4 个月大婴儿客体恒常性的实验，为什么婴儿的注视时间可以作为恰当的指标来检验研究者的假设？

生活中的心理学

当你变老时，你的大脑工作起来会有差异吗

如果你和老年人待在一起，你很可能会听到他们偶尔说："我的大脑不如以前了。"长久以来，研究者已经相信老年人的大脑功能和年轻人的确存在差异。然而，大脑成像技术作为一种研究工具，它的使用让我们逐渐理解了这些变化。工作状态的大脑图像显示了成年期大脑活动模式的一致性差异。

让我们思考与两种任务相关的大脑活动，它们和前几章描述的大体一样。一项任务测试了参与者使用工作记忆的能力：首先向他们呈现 4 个用于工作记忆的单词，然后让他们指出接下来的探测词是否在最初的组里。第二项任务测试参与者视觉注意的能力：向他们呈现一组 B 字母的录像，然后要求他们确定是否字母在整个呈现过程中短暂消失了 0 次、1 次或者 2 次。两项任务的参与者分别为年轻的成年人（平均 22.6 岁）和老年人（平均 70.3 岁）。两组参与者在两项任务上的准确性基本相同，只不过年轻人更快一点。下图反映了参与者在两项任务中时用 fMRI 扫描参与者大脑得出的结果（Cabeza et al., 2004）。彩色区域是在每项任务中参与者大脑最活跃的部位。你看到的用箭头指出来的是老年人两个大脑半球当中相对更加活跃的部位。

为了更好地理解这些结果，请回忆第 3 章中的相关结果，大脑两半球实现的功能是不同的。图像中的 fMRI 扫描显示，老年人的大脑在扮演的角色功能方面变得更加对称（Cabeza, 2002）。研究者对这种大脑两半球功能分布过程的发展变化提供了两种可能的解释。一些研究者认为，当老年人的大脑启动了与年轻人大脑使用的不同区域时，活跃部位表示了对大脑当中老化部位的补偿。另一些研究者则提出质疑，认为老年人的大脑活跃的特殊部位反映了一种干扰——一种抑制不必要的大脑部位活跃的无能。

事实上，研究者已经发现的一些证据说明，老年人的大脑中同时存在着补偿和分化。补偿方面的证据有，使用 PET 扫描的研究说明了大脑活动的个体差异和再认记忆的表现之间的关系（Grady et al., 2005）。早期的研究中显示，老年人大脑中可能活跃的部位，在年轻人的脑中却是不活跃的部位。而且还发现这些区域越活跃，老年人的再认记忆表现就越好，两者之间呈正相关。研究结果支持了这一观点，这些大脑区域的使用表现了老年人大脑的一种优势。但是，研究者也使用 fMRI 研究来测量了某些记忆任务以证明大脑当中确实存在老年人不能抑制的一些区域（Grady et al., 2006）。与任务不相关的大脑部位的活跃性证明，一些和年龄有关的大脑功能的差异是由手头任务的干扰所造成的。

这项研究本身支持了这样的观点：事实上，随着年龄的不同，大脑的工作机制也会不同。功能上的变化反映了与日常的认知任务相关的补偿和分化。

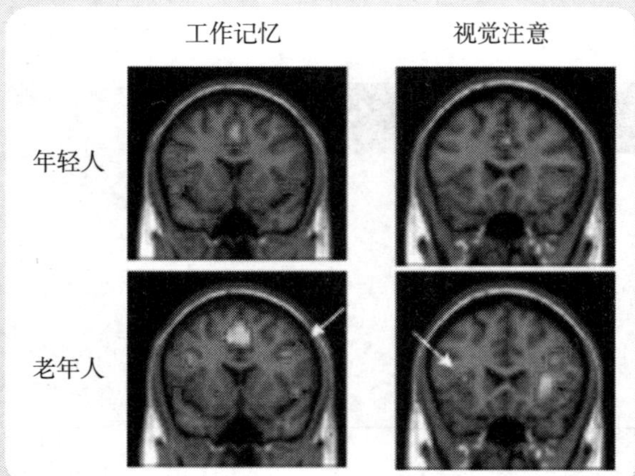

资料来源：From R. Cabeza et al., "Taskindependent and task-specific age effects in brain activity during working memory, visual attention, and episodic retrieval," *Cerebral Cortex* (2004) 14, 372. By permission of Oxford University Press, Inc.

语言获得

这有一个引人注目的事实：到 6 岁时，儿童就能够把语言分解成语音和语义的各个单元，使用他们发现的规则把声音组合成词，把词组合成有意义的句子，然后进行连贯、有序的对话。儿童非凡的语言成就使得大多数研究者认为，学习语言的能力具有生物学基础，即儿童生来就有语言能力（Tomasello, 2008）。即便如此，这也取决于儿童出生在什么地方，对于世界上 4 000 多种语言，任何一种语言都有可能成为其母语。此外，儿童同时也具有学习口头语言和手势语言的能力，如美国手势语。这意味着学习语言的先天基础既十分深厚，又具有很强的灵活性（Schick et al., 2006）。

下面，我们将描述这样一些证据，用以支持儿童具有先天语言能力这一结论，并以此来解释婴儿为什么是语言学习专家。我们也会讨论环境因素所起的作用，毕竟儿童学会的是其所处世界中特定的语言。**表 10.4** 列出了儿童在获得某种手势或口头语言时必须掌握的知识。你也许应该读一读第 8 章中的"语言使用"一节，看看成年人是如何在流利的会话中使用这些知识的。

表 10.4　**语言的结构**

语法是研究语言的结构和使用的学科，它包括几个领域：
音素学——研究构成词的语音的学科。 **音素**是区分词的言语最小单位，例如 *b* 和 *p* 区分了 *bin* 和 *pin*。 **语音学**是研究语音，并对其进行分类的学科。
句法是指词与词相互组合而形成句子的方式。例如，主语（I）+动词（like）+宾语（you），是标准的英语句子词序。 **词素**是区分意义的最小语法单位，*bins* 一词有两个词素，*bin* 和 *s*。
语义学是研究词的意义以及它们如何随时间变化的学科。 **词汇意义**是指词的词典意义。词的意义有时候是用这个词在句子中的上下文来表达［比较"Run *fast*（跑快点）"对"make the knot *fast*（快一点打结）"］，或它被说出时的方式来表达（分别重读这条短语中的三个词，看看会有什么效果：*white house cat*）。
语用学是参与对话的规则；交流、安排语句顺序、恰当回应他人的社会惯例。

理解言语和词汇

假设你是一名新生儿，能听到周围嘈杂的声音。你是从何时开始懂得，这其中的某些声音与人际交往有关？儿童获取某种特定语言的第一步，就是注意到在该语言中被有意义地使用的声音差异（例如，对手势语来说，儿童必须注意到手的位置之间的差别）。人类的声带可以发出许多不同的声音，而每种口头语只是使用其中的一部分；没有一种语言能包含所有的声音差异。语言中区分词的最小单位就是**音素**（phonemes），英语中大约有 45 个不同的音素，假定你听到某人讲到词 *right* 和 *light*，如果你是土生土长的英语使用者，你很容易就能听出这两个词之间的差别，因为 /r/ 和 /l/ 在英语中是不同的音素。但如果你的语言经验仅局限于日语，你就不易听出这两个词之间的差别，因为 /r/ 和 /l/ 在日语中并不是两个不同的音素。这是因为说英语的人获得了区分这两个音素的能力，还是因为说日语的人失去了这种能力？

为回答这类问题，研究者需要找到方法，以便从语前儿童那里获得语言信息。

> 研究者利用我们在第 5 章描述的操作条件作用原理，使婴儿一听到输入的语音发生了变化就会把头转向声音源。强化这种行为的奖赏是一个明亮的盒子，盒子中有一个会拍手和敲鼓的玩具动物。这个程序能够保证，如果孩子能够检测到声音的变化，他们可能会把头转向声音源。为了测量孩子区分语音的能力，研究者监控在发生声音变化时孩子们转头的频率。

珍妮特·沃克及其同事（Werker, 1991; Werker & Lalond, 1988）利用这种技术，考察了言语知觉能力的先天基础，就像前面所讲的 /r/—/l/ 问题一样。沃克研究了被应用于印度语但在英语中不用的声音差异，这些差异对于学习印度语的成年英语使用者来说是非常困难的。沃克和同事测量了学习英语和印度语的婴儿以及讲英语和印度语的成人区分印度语音素之间差异的能力。结果发现，不管是学习英语的还是学习印度语的，8 个月大的婴儿都能区分印度语中的音素差异，但对 8 个月以后的婴儿和成人来说，只有讲印度语的人才能听出这种差异。

这类研究强烈地表明，你出生伊始就天生具有感知（对语言来说极为重要）声音差异的能力。但是，你很快就失去了感知其中某些声音差异的能力，因为这些差异在你的母语中并不存在（Werker & Tees，1999）。

除了言语感知的生物学基础之外，许多儿童也得到了环境的支持。在许多文化中，当成人与婴幼儿讲话时，他们使用一种不同于和成人讲话的语言方式。例如，在与婴幼儿讲话时，成人通常会放慢语速，并使用夸张的高语调，或采用较短的结构简单的语言形式（Soderstrom，2007）。根据儿童的不同年龄，研究者把这类语言形式称为**婴儿指向型言语**（infant-directed speech）或**儿童指向型言语**（child-directed speech）。儿童指向言语的特征出现在许多但不是所有的文化中（Fernald & Morikawa, 1993; Kitamura et al., 2002）。研究者提出，这些特殊的说话形式能够为婴幼儿提供信息，让他们能够更好地从周围的语言中获得音素和词汇（Fernald & Hurtado，2006；Thiessen et al.，2005；Vallabha et al., 2007）。

哪一年龄段的儿童能够感知到指向他们的语言流中的声音模式（即词）的重复？这是语言获得的第一大步：如果你没有注意到*小狗*这个声音模式总是与那个毛茸茸的小动物一同反复出现，那么你就不可能知道*小狗*与那个毛茸茸的小动物有某种关系。总体而言，婴儿在 6~7 个半月大时开始意识到重复的声音具有某种意义（Jusczyk, 2003; Jusczyk & Aslin, 1995）。但对于某个特定的词，婴儿学习其意义的时间会早几个月：婴儿早在 4 个半月大时已经能够对自己的名字表现出认知偏好了（Mandel et al., 1995）！

学习词的意义

一旦你能够探测到声音和某种经验的联系，你就已经准备好开始学习词义了。毫无疑问，儿童是学习词汇的能手。在 18 个月左右大时，儿童的词汇学习以惊人的速度发展，研究者把这个阶段称为*命名爆炸阶段*，因为这时儿童以极快的速度学习新词，特别是物体的名称（见**图 10.8**）。到 6 岁时，儿童平均能够理解 14 000 个词汇（Templin, 1957）。假定这些词大部分是在 18 个月到 6 岁之间学会的，可以算出儿童大概是一天能学会 9 个新词，换言之，在他们醒着时是一小时学一个新词（Carey, 1978）。儿童拥有一种特殊能力，研究者称之为*快速映射*，即儿童能够从极少的经验中学会新词的含义，有时甚至只要一次就能学会（Gershkoff-Stowe & Hahn, 2007）。这怎么可能呢？

假设一种简单的情景：一名儿童和她的父亲在公园中散步，父亲指着某个东西说，“这是一只小狗。”这名儿童首先必须确定，*小狗*这个词到底是指世界中的哪一部分，这并不是一件容易的事（Quine, 1960）。*小狗*也许是指“任何有四条腿的东西”，也许是指“动物的毛皮”，也许是指“动物的吠声”，又或者是指某人每次指向一只狗时都正确的一大堆其他意义中的任何一个。在所有这些可能性中，儿童如何能确定一个词的意义呢？

研究者认为，儿童会像科学家一样工作：对每个新词的意义首先建立一些假设。例如，你可以看到，儿童对某个词义外延的理解会扩大，即用这个词来表达更大范围内的东西。他们也许用小狗一词来代表所有的动物，用月亮一词来代表所有圆的东西（包括钟和硬币）。在另外一些时候，儿童对某个词义外延的理解也许会缩小，例如，相信小狗一词只是指他们家的狗。

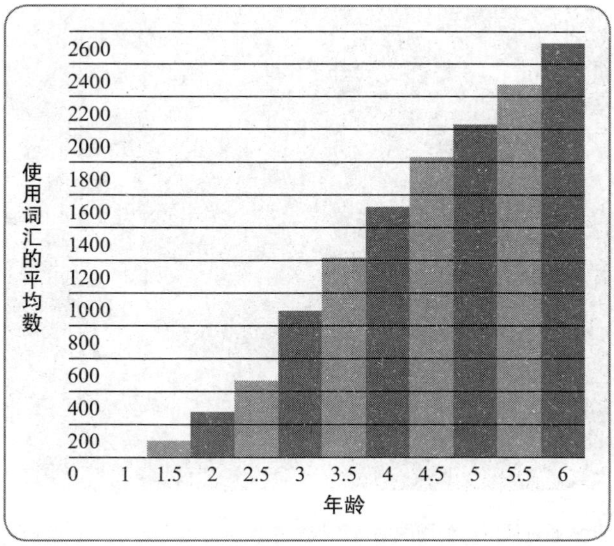

图 10.8 **儿童词汇量的增长**

在 18 个月到 6 岁之间，儿童所能使用的词汇量迅速增长。这项研究表明了儿童每相隔 6 个月的平均词汇量。

资料来源：B. A. Moskowitz, 1978. The acquisition of language. Scientific American, Inc. All rights reserved. Reprinted by permission.

但是，儿童形成假设的这个观点并不能解释儿童如何在特定的情境中获得特定的含义。有研究者认为，儿童的假设可能受到了先天所具有的原则的制约。例如，儿童也许受对比原则的制约。这一原则表明，形式上的差异预示了意义上的差异：当儿童听到新词语时，他们应该会寻找与他们已经掌握的词汇意义截然不同的意义（Clark，2003）。比如，父亲和女儿在看电视时，其中有袋鼠在跳，儿童知道单词“跳”（jump）但是不知道单词“袋鼠”（kangaroo）。假设父母说：“袋鼠（Kangaroo）”！接下来会发生什么呢？因为儿童知道“跳（jump）”，她认为如果“袋鼠（kangaroo）”恰好意味着“跳（jump）”，父母会说“跳（jump）”。不同的单词应该代表不同的意思。现在，儿童能够假设袋鼠（Kangaroo）指的是那个客体而不是那个行动。她以她自己的方式获得了“袋鼠（Kangaroo）”这个词的意思。如果你花时间观察小孩子，你很有可能会注意到对比原则在起作用。例如，一名儿童因为母亲将他的消防车称为救火车而难过！

获得语法

在解释儿童如何获得词义时，我们把儿童描绘为科学家，他们的假设受到内在原则的制约。我们可以用同样的比喻来描述儿童如何获得把有意义的单位组合起来、形成更大单位（也就是语法）的规则。儿童面对的挑战是不同的语言有不同的规则。例如，在英语中，典型的词序是主格—动词—宾格；但在日语中，典型的词序是主格—宾格—动词。儿童必须发现他们所使用的语言到底是什么词序。他们是如何做到这一点的呢？

现在，许多研究者相信，这个问题的答案主要存在于人类的基因中。例如，语言学家**诺姆·乔姆斯基**（Chomsky, 1965, 1975）认为，儿童一出生就具有帮助他们理解和产生语言的心理结构。某些支持语法生物学基础的最佳证据来自于，儿童在缺乏很好的输入的情况下仍然能够获得完整的语法结构。例如，研究者研究了严重丧失听力的聋童，这些儿童不能获得口头语言，而他们的父母也不会使他们接触到完整的手势语，例如美国手势语（Goldin-Meadow, 2003）。这些儿童开始创造他们自己的手势系统，尽管环境并不支持他们所创造的语言，但他们的手势系统产生了规则的语法结构。“不管是否有已建立的语言作为向导，儿童似乎已经准备好在词和句子的水平上寻找结构，并建立交流的系统”（Goldin-Meadow & Mylander, 1990, p.351）。

儿童通过倾听他们周围的言语模式来发展语言流畅性。在语法获得中，天性和教养分别担当着什么角色？

但是，研究者如何能够确定究竟哪些知识是先天就具有的呢？研究这个问题最有效的手段是考察许多不同语言中的语言获得——*跨语言研究*。通过在全世界的许多语言中考察儿童容易获得什么以及难以获得什么，研究者就可以确定语法的哪些方面最有可能得到先天倾向的支持。

我们再回归到儿童是科学家这一论题。儿童在学习某种特定语言时利用了先天制约机制。**丹·斯洛宾**（Slobin, 1985）把这些机制定义为构成儿童**语言运用能力**（language-making capacity）的一系列*操作原则*。根据斯洛宾的理论，操作原则表现为指向儿童的形式。例如，这里有一种帮助儿童发现词与词组合成为一个语法单位的操作原则："把在一个特定表述中一起出现的词类和功能词类按有序的方式存储在一起，并标记上该表述的类型（p.1252）。"简言之，这个操作原则是指儿童必须记住词出现的顺序与其意义之间的关系。通过综合许多研究者所提供的数据，斯洛宾总结出了操作原则，这些研究者考察了许多不同的语言。但我们这里还是只用英语作为例子来证明这些原则是如何起作用的。

思考一下，讲英语的儿童在两岁左右如何开始使用词的合并——*双词阶段*。儿童这时的言语被描述为电报句，因为主要是短的、简单的句子，通常只有名词和动词。电报句中缺少帮助表达词与思想之间关系的功能词（如 *the*、*and* 和 *of* 等）。例如"All gone milk"就是一个电报句。

成人要理解两个词的句子，就必须结合说出这些词语时的语境。例如"坦尼娅 球"可以是指"坦尼娅想要球"或者"坦尼娅扔球"，又或者其他什么意思。尽管如此，有证据表明，处于双词阶段的儿童已经获得了某些有关英语语法的知识。操作原则使他们能够发现，词序在英语中很重要，依次出现的三个关键成分是动作者—动作—客体（主格—动词—宾格）。支持这个"发现"的证据来自儿童对如下句子的误解："玛丽被她的小羊跟着去了学校（Mary was followed by her little lamb to school）"。儿童把这个句子理解"*玛丽（动作发出者）跟随（动作）她的小羊（客体）*（Mary followed her lamb）"（见**图 10.9**）。随着时间的推移，儿童必须利用其他的操作原则来发现"动作发出者—动作—客体"这条规则有例外。

图 10.9　**获得语法**

许多学步儿会把"Mary was followed by the lamb"和"Mary followed the lamb"视为具有相同的意义。

再看一下斯洛宾称之为扩充的操作原则，这个原则要求儿童使用同一个意义单位，即*词素*，来表达同一个概念。这些概念的例子包括所有格、过去式和连续行为。在英语中，这些概念都是通过在一个内容词后面加上一个词素，如 *-'s*（例如 Maria's），*-ed*（例如 called）和 *-ing*（例如 laughing）来实现的。请注意，在名词或动词后面加上一个发音后，其意义发生了什么样的变化。

儿童利用诸如“扩充”之类的操作原则来形成此类词素如何工作的假设。然而，因为这个原则需要儿童用同样的方式来标记所有的情况，所以儿童也就会产生**过度规则化**（over-regularization）的错误。例如，儿童在学会过去式的规则（在动词后面加 *-ed*）后，他们会把 *-ed* 加在所有动词之后，产生诸如 *doed* 和 *breaked* 之类不正确的过去式。在儿童学习复数规则（在词尾加 *-s* 或 *-z*）时，他们也会过分扩展这个规则，产生像 *foots* 和 *mouses* 之类不正确的词。过度规则化是一种特别有趣的错误，因为它通常出现在儿童学会使用名词和动词的正确形式*之后*。儿童首先学会使用正确的动词形式（如 *came* 和 *went*），显然这是因为他们把这些词作为单独的词汇来学习的；但当他们学会动词的一般性原则以后，他们就把这个规则扩展到对该规则例外的动词上面，虽然他们以前已经能正确地使用这些词了。随着时间的推移，儿童就会使用其他操作规则来克服这些暂时的过分扩展化。

儿童的语言获得对他们的社交能力有巨大的影响。在我们转向毕生的社会性发展之前，你应该牢记这一点。

STOP 停下来检查一下

1. 儿童指向言语最主要的功能是什么？
2. 为什么儿童会扩大词的含义？
3. 研究者怎样用失聪儿童来支持他们语法是天生习得的观点？
4. 你怎样观察到儿童过度规则化英语的过去时态？

批判性思考：思考关于儿童感知声音差异能力的研究。为什么将母语为英语的成年人和母语为英语的儿童之间进行比较很重要？

毕生的社会性发展

通过上面的学习，我们已经了解了从出生到老年期的生理和认知变化是多么巨大。在本节中我们将探讨**社会性发展**（social development），即个体的社会交往和社会期望在个体的一生中是如何变化的。我们将看到社会和文化环境与生物学意义上的老化过程之间的相互作用，使得一生中的每个阶段都面临着独特的挑战和回报。

在我们讨论社会性发展时，你应该特别注意文化和环境是如何影响我们生活的方方面面的。例如，生活在经济困境中的人会遭受“正常”发展进程中不会遇到的压力类型（Kohen et al., 2008；Scaramella et al., 2008）。美国和世界上其他国家的文化趋势使得发展心理学家考察艰难的环境显得尤其重要，在这些特殊环境中，许多儿童、青少年和成年人生活在压力之下，他们的卫生、安全和生存都持续受到威胁（Huston, 2005）。美国的文化使得男女两性以及少数族群的差异更为扩大。例如，在 2006 年，65 岁以上的老人中，12% 的女性处于贫困中，而男性则只有 7%；同年龄段的群体中，27% 的非裔美国女性生活贫困，而白人女性则仅有 9% 处于贫困中（Federal Interagency Forum on Aging-Related Statistics，2008）。这些差异是当代美国社会结构不平等的直接产物。

当我们在对“平均”生命进程下结论时，你应该记住，文化决定了某些个体会偏离这个均数；在我们描述“普通”个体所面临的心理挑战时，请记住，许多个体面临着非同寻常的挑战。研究者的任务之一就是记录这些问题所造成的影响，而且还要发展出能减轻这些可怕后果的干预方法。

在阅读本章余下的部分时，你应该记住，年龄的增长和文化经验的社会积累是怎样共同决定人生任务的。在开始讨论社会性发展前，我们首先介绍埃里克森的毕生发展理论，该理论清晰地阐述了人生各个阶段的挑战和回报。

埃里克森的社会心理发展阶段

艾瑞克·埃里克森（Erik Erikson, 1902—1994）是弗洛伊德的女儿安娜·弗洛伊德的学生。他提出个体必须成功地通过一系列的**心理社会发展阶段**（psychosocial stages），每个发展阶段都会出现一个主要冲突或危机。埃里克森认为人的一生分为八个发展阶段（Erikson，1963）。每个阶段的危机见**表 10.5**。虽然每个危机不会完全消失，但如果个体想要成功应对后面发展阶段的冲突，就需要在特定的阶段成功地解决这个主要危机。

信任对不信任　在埃里克森提出的第一个发展阶段中，儿童需要通过与照料者之间的交往建立对环境的基本信任感。信任是对父母的强烈依恋关系的自然伴随物，因为父母为儿童提供了食物、温暖以及由身体接触带来的安慰。但是，如果儿童的基本需要没有得到满足，经历不一致的回应，缺乏身体的接触和温暖的情感以及照料者经常不在身边，儿童就可能发展出一种强烈的不信任感、不安全感和焦虑感。

自主对自我怀疑　伴随着走路的发展和语言技能的出现，儿童探索和操纵客体（有时是与人交往）的能力提高了。随之而来的是一种安全的自主感和成为有能力和有价值的人的感受。相反，在第二个阶段中过分地约束和批评儿童可能导致他们出现自我怀疑。同时，要求过高（如过早或过严格的“如厕训练”）可能阻碍儿童征服新任务的韧性。

埃里克森的心理社会发展阶段模型被广泛运用来理解人一生的发展。艾里克森所提出的哪种危机主导着你这一年龄的个体?

主动对内疚　在学前期结束前，发展了基本信任感的儿童能够主动产生智力或运动行为。儿童首先培养对当前环境的信任，然后培养对自己的信任。父母对儿童自己主动发起活动的反应方式，要么促进了自主感和自信感，这是儿童下个发展阶段所需要的；要么导致儿童产生内疚感，使他们感到无力进入成人的世界。

勤奋对自卑　到了小学阶段，如果儿童顺利解决了之前的发展危机，那么现在他们就不仅仅是随意地探索和试验了，而是准备系统地发展各项能力。学习活动和体育活动为儿童获得知识技能和运动技能提供了场所，与同伴的交往为儿童提供了发展其社交技能的机会。努力追求这些技能使儿童感到自己有能力。但是，一些儿童更多的是作为旁观者而不是参与者，或者他们经历了太多的失败以致于产生了自卑感，导致他们无力去面对下一个阶段的发展要求。

同一性对角色混乱　埃里克森认为，青少年阶段的基本危机是要

表 10.5 **埃里克森的心理社会发展阶段**

大致年龄	危机	充分解决	不充分解决
0~1.5 岁	信任对不信任	基本信任感	不安全感、焦虑
1.5~3 岁	自主对自我怀疑	知道自己有能力控制自己的身体、做某些事情	感到无力完全控制事情
3~6 岁	主动对内疚	相信自己是发起者、创造者	缺少自我价值感
6 岁 ~ 青春期	勤奋对自卑	丰富的社交技能和认知技能	缺乏自信心，有失败感
青少年期	同一性对角色混乱	作为一个人，有舒适的自我感：明白自己是谁、接受并欣赏自己	碎片化的、变化不定的自我感，不清楚自己是谁
成年早期	亲密对孤独	有能力与他人建立亲密的、需要承诺的关系	感到孤独、隔绝；否认需要亲密感
成年中期	繁殖对停滞	更关注家庭、社会和后代	固着于自我放纵，缺乏未来的定向
成年晚期	自我整合对绝望	圆满感，对自己的一生感到满意	感到无用、无价值，沮丧

资料来源：*Childhood and Society* by Erik H. Erikson. Copyright © 1950, 1963 by W.W. Norton & Company, Inc., renewed © 1978, 1991 by Erik H. Erikson. Used with permission of W.W. Norton & Company, Inc.

对不同人扮演不同的角色，并在这种混乱中发现自己正确的同一性（identity）。解决这个危机使个体培养出对自我的一致感；如果失败则导致青少年缺乏稳定、核心的自我形象。

亲密对孤独　成年初期的危机是解决亲密和孤独之间的矛盾，即发展对他人做出充满情感、道德和性的承诺的能力。做出这种承诺要求个体克制一些个人的偏好，承担一些责任，放弃些许隐私和独立。如果个体不能成功解决这个危机，则很可能导致心理学意义上的孤独感和与他人交流的无力感。

繁殖对停滞　下一个重要的发展时机出现在成年中期，被称为是繁殖感。30~40 岁时，个体把对自己和伴侣的承诺扩展为对整个家庭、工作、社会以及后代的承诺。没有妥善解决之前发展阶段中的危机的个体，现在仍然沉湎于自我放纵之中，质疑以前的决定和目标，不顾安危地追求自由和无拘无束的生活。

自我整合对绝望　成年后期的危机是自我整合和绝望。成功解决前几个阶段的危机使成人可以回顾往事而不留遗憾，可以享受一种圆满感。如果以前的危机仍未解决，愿望仍没有实现，那么个体将会产生挫折感、绝望感和自卑感。

你会发现，埃里克森的理论框架对于追踪个体一生的发展是很有用的。我们首先从童年期开始介入。

童年期的社会性发展

儿童的基本生存取决于与他人形成有意义和有效的关系。**社会化**（socialization）是一辈子的过程。在此过程中，个体的行为模式、价值、标准、技能、态度和动机被塑造得符合特定社会期望的要求。这个过程涉及许多人（亲戚、朋友、老师）和机构（学校和教会），它们对个体施加压力，促使其接受社会认同的行为价值和标准。但是，家庭是最有影响力的社会化塑造者和调节者。家庭这个概念本身已经发生了巨大的变化，我们得承认这样的事实：许多孩子成长于一种或者少于（单亲家庭）或者多于（一个大家庭）一个父亲、母亲和兄弟姐妹的环境。无论何种家庭，它都帮助个体形成对他人反应的基本模式，而这些模式反过来变成个体一生与他人交流的基础。

气质　即使婴儿已经开始了社会化的过程，他们也不是在相同的时间开始的。不同的儿童拥有不同的**气质**（temperament），即对环境做出反应的那些情感和行为的生物学基础水平（Thomas & Chess, 1977）。研究者**杰罗姆·凯根**（Jerome Kagan）和他的同事已经证明：一些婴儿“生就胆小”，另一些婴儿“生就胆大”（Kagan & Snidman, 2004）。这些孩子在对物理和社会刺激的敏感性方面有差异：害羞或拘谨的孩子经常表现为，当他们面对陌生的人或者环境时，显得小心谨慎和情绪冷漠；勇敢和无拘束的儿童表现出自主的情感，在同样陌生的情境下很少表现出恐惧（Kagan & Snidman, 1991, p.40）。在一个样本中，10% 的婴儿是拘谨的，25% 的是无拘束的；剩下的婴儿处于这两种类型之间（Kagan & Snidman, 1991）。研究者已经开始探索这些气质差异背后的基因变异（Rothbart，2007）。

追踪研究也证实了早期的气质类型对人生全程的影响。4 个月大的婴儿表现害羞或者无拘束的气质类型，会持续到长大后的不同行为表现中（Kagan & Snidman, 2004）。在两岁时，拘谨的孩子面对陌生的事情时一般会表现得更加胆小，而无拘束的儿童则很少会害怕。在 4 岁时，无拘束的儿童被认为在和不熟悉的孩子交流时会更加友善。但是，并非所有开始时处于某个极端的孩子，最终也会处于拘谨和无拘束这两个维度的极端上：一些孩子长大后，会变得较少害羞，更加勇敢（Pfeifer et al., 2002）。但是，即使儿童的反应会有所改变，他们也很少会从一个极端跳到另一个极端。比如，出生时拘谨的孩子可能会变得不再害羞，但是他（她）不可能变成一个完全无拘束的儿童。

婴儿的气质类型奠定了其之后社会化发展的基础，接下来，我们将考察儿童所建立的第一种社会关系——依恋的影响。

康拉德·洛伦兹，奥地利动物心理学家，1973 年诺贝尔生理学或医学奖获得者之一，“印刻”研究的先驱，形象地阐述了当幼雏对其他人（而非母亲）产生印刻之后会发生什么。为什么印刻对许多动物非常重要?

依恋　社会性发展始于婴儿与父母或其他主要照料者之间建立紧密的情感联系。这种强烈的、持久的社会—情感关系被称为**依恋**（attachment）。因为儿童不能养活和保护自己，依恋的最初功能是保证生存下去。某些物种的幼雏对第一次看到或者听到的移动客体自动地产生印刻（Bolhuis & Honey，1998）。在发展的某个关键期，**印刻**（imprinting）迅速发生，而且很难被修改。印刻的自动性有时是很麻烦的。习性学家**洛伦兹**（Konrad Lorenz，1903—1989）发现，人工养育的幼鹅能够对人（而非同类）产生印刻。幸运的是，在自然界里几乎所有的幼鹅最先见到的都是其他的鹅。

你不会发现人类的婴儿会在他们的父母身上产生印刻。即便如此，**约翰·鲍尔比**（Bowlby, 1973），一位有影响力的人类依恋研究理论家，认为婴儿和成人之间有生物学的基础，从而会形成依恋。依恋关系有着广泛的影响。1973 年，从鲍尔比开始，理论学家们认为，依恋关系的经验提供给个体一个终生的有关社会关系建立的图式，称为内部工作模型（Bretherton, 1996），*内部工作模型*（internal working model）是一种记忆结构，搜集和储存了有关他（或她）和照料者之间的相互影响。这种互动产生了特别的依恋模式。内部工作模型为个体提供了一个对未来社会关系建立期望的模式。

为什么与父母或其他照料者的安全依恋对儿童非常重要?

玛丽·安斯沃斯（Mary Ainsworth）及其同事发明的*陌生情境实验*是被最广泛使用的测评依恋的方法之一（Ainsworth et al., 1978）。在标准程序的第一步，儿童被带进一个有很多玩具的陌生房间里。有母亲在场的情况下，儿童被鼓励去探索房间和玩玩具。几分钟后，一个陌生人走进屋与母亲交谈，并接近这个儿童。接着，母亲离开房间。经过短暂分离后，母亲返回，与儿童重新在一起，陌生人离开。研究人员记录下儿童与母亲分离和重聚时的行为。研究者发现，儿童在这个实验中的反应可分为三种基本类型（Ainsworth et al., 1978）：

- *安全型依恋* 儿童在母亲离开房间时显得忧伤；在母亲回来后要寻求亲近、安慰和接触；然后慢慢地又去游戏。
- *不安全依恋—回避型* 儿童显得冷淡，在母亲返回后主动躲开或忽视她。
- *不安全依恋—矛盾型* 儿童在母亲离开后变得极为不安和焦虑；在母亲返回后也不能安静下来，对母亲表现出生气和抵制，但同时又表现出接触的需要。

在美国中产阶级的样本里，70% 的婴儿被归为安全型依恋；在不安全型依恋的儿童中，大约 20% 被归为回避型，10% 为矛盾型。对依恋关系进行的跨文化研究（研究的国家包括瑞典、以色列、日本和中国）显示，依恋类型分布一致性很高，这也合乎情理（van IJzendoorn & Kroonenberg, 1988）。在每个国家，大多数的儿童都属于安全型依恋；文化差异主要表现在不安全型依恋的不同类型上。研究者还发现，陌生情境实验的依恋分类和通过自然观察法及母亲报告得到的依恋分类有很高的一致性（Pederson & Moran, 1996）。

建立在陌生情境实验基础上的分类，尤其是将儿童分为安全型依恋和不安全型依恋，能有效预测儿童以后在许多情境中的行为。例如，与不安全型依恋的同伴相比，12 个月时为安全型依恋的婴儿到 24 个月时与母亲玩得更好（Donovan et al., 2007）。同样地，15 个月大时在陌生情境实验中表现出安全或不安全行为的儿童，到 8~9 岁时在学校的行为有很大差异（Bohlin et al., 2000）。那些在 15 个月大时是安全型依恋的儿童比那些不安全型依恋的儿童在学校里更受欢迎，更少经历社会性焦虑。依恋性质的后续发展具有连续性，这在 10 岁儿童（Urban et al., 1991）和青少年（Weinfield et al., 1997）群体中也得到了证明。研究者已经开始开发测验，来测量婴儿期以外的依恋。这些测验同样能够预测个体的社会功能（Shmueli-Goetz et al.，2008）。在第 16 章中我们会看到研究者用依恋来预测成人恋爱关系的质量。

我们已经看到了依恋关系在童年期的重要性。与提供社会支持的成人建立起安全依恋可以使儿童学到很多亲社会行为，他们能承担风险，冒险去探索新环境，去寻找和接受人际关系中的亲密。我们现在来看一看父母应该如何培养这些至关重要的安全依恋。

教养方式 儿童把他们独特的气质带到与父母的交往中：有多个子女的父母通常都知道，从一出生，每个孩子就有很大差异。儿童的气质可以促使父母最好的（或最坏的）教养行为，进而产生意想不到的结果。研究者承认，儿童的气质与父母行为之间相互影响，产生出诸如依恋等发展结果：父母改变儿童多少，儿童就会改变父母多少（Collins et al., 2000）。

尽管如此，研究者找到了一种对不同气质儿童都是最优的**教养方式**（parenting style）。这种方式处于*控制性*和*反应性*两个维度的交界处（Maccoby & Martin, 1983）：“控制性是指父母愿意充当儿童社会化的负责人，而反应性是指父母对儿童个性的认可”（Darling & Steinberg, 1993, p.492）。如**图 10.10** 所示，*权威型*父母对儿童提出恰当的要求——他们要求孩子遵守适当的行为规则——但也对儿童的需求做出回应。他们保持交流的渠道畅通，培养儿童调节自己的能力（Gray & Steinberg, 1999）。这种权威型教养方式最可能在父母与儿童之间培养出有效的联系。如图 10.10 所示，不同的教养方式有*专制型*——父母严格要求孩子，但很少注意孩子的自主性；或者*放任型*——父母响应孩子的需求，但不能帮助孩子学习生活必要的社会规则；或者*忽视型*——父母既不管教也不回应孩子的独特性。

如你所预期的，教养方式会影响儿童的依恋关系。父母采用权威型教养方式，则孩子更可能在童年期到青春期形成安全依恋（Karavasilis et al., 2003）。此外，研究还表明，当教养方式改善后，孩子的表现也会获得相应的改善。例如，一项追踪研究以 1 000 名儿童及其母亲为研究对象，从孩子 15 个月大一直追踪到上小学（NICHD Early Child Care Research Network, 2006）。研究者在孩子 15 个月时用陌生情境法测量其依恋类型。母亲的教养方式则根据她们与孩子互动的录像进行评定。研究者通过分析录像来判断母亲的教养方式在三年的研究期间是否发生了改变。与我们前面提到的研究一样，这项研究也表明，15 个月大时为不安全型依恋的儿童上学后的社交能力较差，问题行为也更多。但是，如果母亲的教养方式发生改变，则不安全型依恋儿童的命运也将随之改变。与教养质量下降的儿童相比，母亲教养质量改善的儿童，其行为也会一贯地表现更好。这类研究结果鼓励研究者设计相关的干预措施，以改善父母的教养行为（Van Zeijl et al., 2006）。

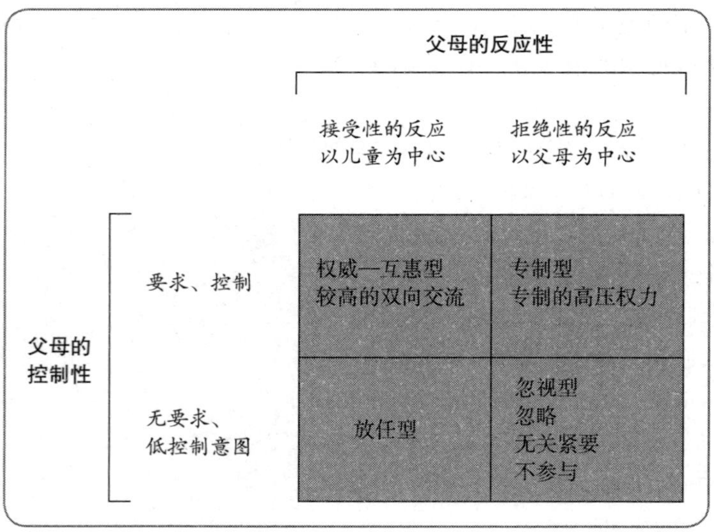

图 10.10 父母教养方式的分类

父母的教养方式可以从控制性和反应性两个维度来划分。控制性是指父母积极地充当儿童社会化的负责人。反应性是指父母能意识到儿童的个体特点。权威型的教养方式最有效。

与富有爱心的成年人建立密切的关系，这是儿童健康成长和正常社会化的第一步。当把与主要照料者的最初依恋扩展到家庭的其他成员身上时，它们也成了儿童新的思维和行为方式的模式。儿童从早期依恋中培养了回应自己和他人需要的能力。

接触性安慰和社会经验 儿童从依恋中获得了什么？弗洛伊德及其他心理学家认为，婴儿依恋父母是因为父母为他们提供最基本的物质需要——食物。这种观点被称为依恋的*碗柜理论*（cupboard theory）。假如碗柜理论是正确的，那么只要有充足的食物，儿童就会健康成长。这听起来有道理吗？

生活中的批判性思维

日托是如何影响儿童发展的

如果你计划生两个孩子和从事一份工作，你将很可能面对一个难题：将孩子送去幼儿园进行日托合适吗？这是一个在大众媒体中经常被极端化的引起众多关注的问题。做出这种重要的抉择之前，你需要先区分哪一个是错误的："日托好"和"日托不好"。另外，你还应该思考更多的特殊问题，以便你有所准备地进行抉择。我们先提出两个问题：在哪种意义上日托对儿童的发展更好或更坏？日托的替代形式是什么？

为了对第一个问题做出缜密的回答，某研究团队对 1 364 名儿童进行了研究，研究从这些儿童 1 个月大开始，现在这批儿童已经 6 年级毕业了（Belsky et al., 2007）。在研究期间，有些儿童在入学前一直是由母亲照料；其他的儿童每天会参加时间或长或短的日托照料。该研究团队最早的出版物主要关注日托对儿童依恋安全性的影响。研究数据表明，参加日托的儿童只有当其母亲对他们的需求不能做出体贴的回应时，他们才存在形成不安全型依恋的风险（NICHD Early Child Care Research Network, 1997）。否则，参加日托的儿童与待在家中的同伴一样，能形成安全型的依恋。

随着这批儿童不断长大，研究人员测量了他们的智力和社会性这两方面的发展。这些研究证实，参加日托对儿童的智力和社会性发展能产生积极和消极的影响。积极的影响是，参加日托的儿童在标准化测验中成绩较好，如记忆和词汇方面（Belsky et al., 2007）。消极的影响是，参加日托的儿童在班级中经常会表现出社交和行为问题。然而，出现社交问题的可能性主要取决于儿童所参加的日托的准确类型。这也是为什么研究者的注意力从"更好或更坏"的疑问转移到什么构成了特定儿童所需的优质照料问题上来。

研究日托的专家**斯图尔特**（Clarke-Stewart, 1993; Clarke-Stewart & Alhusen, 2005）通过研究文献，总结出了优质日托的一系列纲领。她的一些建议和儿童的身体舒适度有关：

- 日托中心要舒适和安全。
- 6~7 个儿童至少需要 1 名照料者（3 岁以下的儿童需要更多的照料者）。

其他的建议涵盖了有关日托的教育和心理方面：

- 儿童应该可以自由选择有明确教育性的活动。
- 儿童应被教会解决社会问题的技巧。

斯图尔特也建议日托的提供者要具有优秀父母的诸多品质：

- 照料者应当及时回应儿童的需要，并积极地参与他们的活动。
- 照料者不要对孩子施加不适当的限制。
- 照料者应当灵活地认识不同儿童的特殊需要。

假如这些纲领能被执行，那么就可以为所有那些父母外出工作的儿童提供优质的日托服务。如果心理学家传播这样的信息：日托不是损害而是提高儿童的发展，那么家长对双职工家庭必要的不安感就会减轻。这种压力的减少自然会改善儿童整个的心理环境。

- 如果你想比较参加日托和未参加日托的孩子的差异，那么你评价的维度是什么？
- 你怎样评判日托提供者是否以适当的方式与孩子互动？

哈里・哈洛（Harlow, 1958）认为碗柜理论并不能解释依恋的重要性。他开始用自己的假设来检验碗柜理论。他的假设是，婴儿可能会依恋那些给予他们**接触性安慰**（contact comfort）的人（Harlow & Zimmerman, 1959）。哈洛将刚出生的小猕猴与母猴分开，放在有两个人造"母猴"的笼子里：一只母猴是用金属网做的，另外一只母猴是绒布做的。哈洛发现，尽管只有金属网做的"母猴"能提供奶水，幼猴却紧紧地搂着绒布做成的“母猴”,很少会和金属网做的“母猴”在一起！当遭遇惊吓时，幼猴把绒布母猴视为安慰处。当探索新的刺激物时,幼猴则把绒布母猴当作行动基地。当恐惧的刺激物（比如敲鼓的玩具熊）出现时，幼猴会跑回到绒布母猴那里。当新奇的刺激物出现时，幼猴会逐渐地冒险去探索，但在进一步探索前会回到绒布母猴那里。

哈洛及其同事的进一步研究发现，为了促进社会性的健康发展，这些猴子仅仅对替代母亲建立起强烈的依恋是不够的。实验者最初以为，和绒布母猴待在一起的幼猴可以正常发展，但当用这种方式抚养长大的母猴成为母亲时，结果却大大出乎人们的意料。在生命早期被剥夺了与其他猕猴交往的幼猴，成年后难以形成正常的社会和性关系。

现在我们来看看，从对猴子的研究中获得的结论对人类剥夺有何借鉴。

人类剥夺　人类社会有时会制造出这样的悲剧：儿童被剥夺了接触性安慰。许多研究显示，缺少亲密的和充满爱意的关系会影响儿童的身体发育，甚至生存。1915 年，约翰·霍普金斯医院的一位医生指出，尽管有足够的医疗看护，巴尔的摩孤儿院中 90% 的婴儿还是在第一年就夭折了。随后的 30 年内对住院儿童的研究结果发现，尽管有足够的营养，儿童还是经常患上呼吸道感染及不明原因的发烧、体重无法增加和身体状态不断恶化等症状（Bowlby, 1969; Spitz & Wolf, 1946）。

当代的研究一直在论证分离模式。例如，对在家抚养的孩子和在组织机构中抚养的孩子（他们生活中 90% 的时间）进行依恋结果的比较（Zeanah et al., 2005）。研究者发现，74% 的在家养育的孩子形成了安全型依恋；机构中养育的孩子中仅有 20% 的孩子是安全型依恋。而且，缺少正常的社会接触也会对大脑的发育有长久持续的影响。一项研究以大脑激素水平作为指标，比较了一组在孤儿院生活了一年半的儿童和一组由亲生父母养育的孩子的差异（Wismer Fries et al., 2005）。到四岁半时，虽然两组儿童都和陌生人接触，但早年在孤儿院生活的孩子在和陌生人交流时不能有正常的大脑反应模式。

哈洛是如何证明接触性安慰对正常的社会性发展的重要性的?

不幸的是，不管儿童的生活环境如何，都有可能被虐待。在近期的研究中，美国政府发现，大约有 144 800 名儿童在出生后第一年会遭遇身体虐待，近 80 000 名儿童遭遇了性虐待（U.S. Department of Health and Human Services, 2008）。在一个由 375 位青少年组成的样本中，有近 11% 的人报告他们忍受着一些生理的或性方面的虐待。其中大约 80% 的青少年有着一个或多个精神失常症状（Silverman et al., 1996）。儿童受虐待事件给心理学家提出了一项非常重要的任务，那就是要找出最符合儿童利益的干预措施。在美国，大约有 513 000 名儿童和青少年被从家中带走后安置在政府资助的某种机构中（比如收养院和集体宿舍中）（Child Welfare Information Gateway, 2007）。这些孩子对离开虐待他们的家庭感到高兴吗？这个问题的答案很复杂，因为即使受虐待的儿童通常也会形成对照料者的依恋：孩子可能还保持着对原来家庭的忠心，希望他们被允许返回家庭后一切都会正常。这就是为什么很多研究设计各种干预计划，希望通过改变导致虐待的环境来重建以前的家庭（Miller et al., 2006）。

在这一部分你看到了童年期的经验对后期的社会性发展有怎样的影响。现在，我们来关注生命中童年之后的那些阶段，让我们从青少年期开始谈起。

青少年期的社会性发展

前面我们根据生理和认知的变化定义了青少年期。在这一节，那些变化将作为社会经验的背景。因为当个体达到了生理和精神成熟的某一水平后，新的社会挑战和个人挑战就出现了。我们首先来看看青少年期的一般经验，然后再回到个体不断变化的社会环境。

青少年期的经验　传统上，人们习惯把青少年期看做人生的一个独一无二的骚动阶段，处于这一时期的个体有着极其不稳定的情绪、不可预测和困难的行为："风暴和压力"（storm and stress）。这种观点可以追溯到 18 世纪末和 19 世纪初的浪漫主义作家，如歌德（德语对应的词组是 Sturm Und Drang，文学上称之为 "狂飙运动"——译者注）。**斯坦利·霍尔**（G.Stanley Hall）大力宣传了这种将青少年期看做风暴和压力的思想（Hall, 1904）。他是现代史上第一位对青少年期发展颇有研究的心理学家。在他之后，受弗洛伊德思想影响的精神分析学家也持这种观点（例如，Blos, 1965; Freud, 1946, 1958）。他们中的一些人甚至认为动荡是青少年期正常的一部分，如果没有这种动荡反而是发展受约束的一种表现。**安娜·弗洛伊德**（Anna Freud）就写道，"青少年期的正常是通过不正常来表现的"（1958, p.275）。

文化人类学的两位先锋，**玛格丽特·米德**（Mead, 1928）和**露丝·本尼迪克特**（Benedict, 1938）认为，风暴和压力理论并不适用于很多非西方文化。他们描述了许多文化中的儿童逐渐地承担了越来越多的成人责任，并不存在一段充满压力的突然的转换期或者一段不稳定的动荡期。当代的一些研究也证明了不同文化下的青少年期经验存在差异性（Arnett, 1999）。这些跨文化的差异有力地反驳了关于青少年期经验的生物学理论。相反，研究者将注意力投向了不同文化中儿童的过渡形式。

大多数研究者认为，生理发育并不是青少年期 "风暴和压力" 产生的原因。但是，通常情况下，人们确实会在从童年期进入青少年期时经历更多的情绪紧张和冲突。在前面讨论青少年期的生理发育时，我们曾提到，控制情绪反应的脑区在青少年期会有所发育。脑部的成熟可以解释为什么青少年会体验到极端的积极情绪和消极情绪（Casey et al.，2008；Steinberg，2008）。回顾一下埃里克森的观点：青少年期的首要任务是发现自己正确的同一性。那么我们就可以理解青少年与父母之间产生的冲突。在大多数类似美国的文化中，一个结果是儿童试图从他们父母那里获得独立。父母和他们的青少年期的孩子必须经历这样一种转变：从父母拥有至上的权威到青少年被给予合理的独立性之间做出重要决定（Allen & Land, 1999; Holmbeck & O'Donnell, 1991）。一项对 1 330 名 11~14 岁的青少年进行的研究结果显示（McGue et al., 2005），比起 11 岁的青少年，14 岁的青少年报告他们和父母之间有更强烈的冲突。14 岁时，青少年的父母较少卷入他们的生活，青少年对他们的父母很少有积极的关注，并且他们相信，他们的父母也很少积极关注他们。这些数据说明了这种关系的一些特点：孩子为独立而斗争。

尽管如此，青少年与父母的冲突通常并不会导致消极后果。在多数情况下，大部分青少年都能够很方便地从父母那里获得实践支持和情感支持（Smetana et al.,

2006）。因此，很多青少年与父母的冲突并不会破坏彼此之间的基本关系。发生在积极关系环境中的冲突，产生消极后果的可能较小。但是，如果青少年与父母的关系是消极的，则冲突可能导致其他问题，如社会退缩和青少年犯罪（Adams & Laursen, 2007）。因此，家庭环境可以解释为什么一些青少年会经历非正常水平的“风暴和压力”。

现在，我们已经讨论了青少年期的一般经历，让我们转向在青少年社会经验形成方面有重要作用的同伴关系上。

同伴关系　关于青少年期社会性发展的许多研究都集中在家庭（或者照料者）和朋友作用的变化上（Smetana et al., 2006）。我们知道，儿童对成年人的依恋在刚出生时就开始形成。儿童在很小的时候就开始有朋友了。但是，只有从青少年期开始，同伴在影响个体的态度和行为上才能够与父母的作用竞争。青少年从三种水平上参与到同伴关系中：友谊、朋党、团伙（Brown & Klute, 2003）。在多年的变化过程中，青少年逐渐增加了可以提供给他们帮助和支持的一对一的友谊形式（Bauminger et al.,2008; Branje et al., 2007）。朋党是一种经常由 6~12 个人组成的团体。这些团体的成员可能会随着时间而变化，但是他们会在许多维度上加以聚合，例如年龄和种族（Smetana et al., 2006）。最后，团伙是指大的群体，例如“乡下人”或者“无聊的人”。团伙在这个年龄段的个体中比较松散。在与同伴交往的这三种水平中，青少年逐渐确定他们发展同一性的社会因素，决定他们要成为哪种类型的人，以及要发展哪种关系。

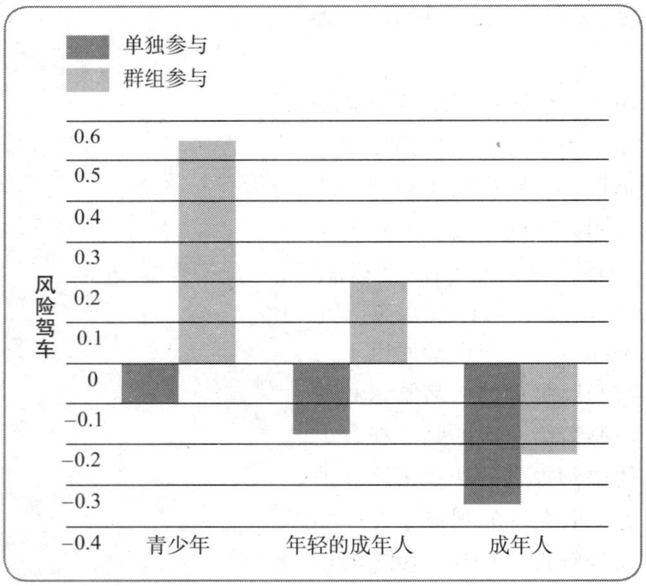

图 10.11　**同伴对冒险行为的影响**

青少年、年轻的成年人和成年人都喜欢单独或群组玩“博弈”的电子游戏。这种电子游戏允许参与者极速驾车。坐标图的 y 轴是对风险驾车的测量：较大的正数表明较高的风险。青少年显示出同伴具有最大影响力。

资料来源：Margo Gardner and Laurence Steinberg, “Peer Influence on Risk Taking, Risk Preference, and Risky Decision Making in Adolescence and Adulthood: An Experimental Study,” *Developmental Psychology*, 41(4), 625–635. Copyright © 1997 by the American Psychological Association. Reprinted with permission.

青少年期形成的同伴关系对于社会性发展十分重要。它为个体提供了一种学习在社会环境下扮演各种角色的机会。从这个意义上讲，同伴关系在青少年将来发展的准备中扮演着正面的角色。同时，父母也会担心同伴关系对孩子产生负面影响，毕竟这是合情合理的担心。前面我们提到，青少年可能会做出一些危险行为。在同伴的影响下，这一倾向会增加。

为了研究同伴影响下行为的变化，研究者招募了三组参与者：青少年（13~16 岁）、年轻的成人（18~22 岁）和成年人（24 岁以上）（Gardner & Steinberg, 2005）。每个年龄段的参与者都会参与一个叫“胆小鬼”的电子游戏。在这个游戏中，参与者扮演司机，他们必须决定在当交通信号灯由绿变黄时，能多快停下他们的车。他们的目标是在灯变红和撞到墙之前开到最远的距离。如果他们不能够及时停下来，他们将撞到一堵墙。参与者中的一半单独玩游戏，另一半 3 人一组一起玩，每一个参与者轮流扮演，另两个人观看。**图 10.11** 呈现了实验结果。如你所见，当他们的同伴在场时，青少年在危险驾驶中会开得更远（在电子游戏的背景中）。

这项研究证实了一种一般青少年都存在的倾向：同伴会促使个体从事危险行为。但是，一些青少年更容易被同伴所影响，并且更容易产生不良后果。在一项追踪研究中，在研究的开始阶段很容易被亲密的朋友所影响的学生，在一年后也更容易产生吸毒或者酗酒等问题（Allen et al., 2006）。我们再一次注意到青少年不会感受到风暴和压力。但是，这类研究指出了一些处于危险状态下的青少年的行为模式。

成年期的社会性发展

埃里克森认为成年期的两项任务是亲密感和繁殖感。弗洛伊德将成年期的需要确定为*爱和工作*（Lieben und Arbeiten）。马斯洛（Maslow, 1968, 1970）则认为这个时期的需求是爱和归属感。当需要被满足后，则又出现了成功和尊重的需要。其他一些理论也认为这个时期的需要是归属感、社会接纳和成就或能力需要。这些理论的共同的核心是：在成年期，社会关系和个人成就占重要地位。本节我们将讨论成年期的这些问题。

亲密感　埃里克森认为，**亲密感**（intimacy）是一种对他人做出性、情感、道德郑重承诺的能力。亲密感可能出现在朋友关系和恋爱关系中。它要求坦诚、勇气、道德感，并且往往要牺牲一些个人偏好。许多研究都证实了埃里克森的假设：社会亲密感是成年期心理健康的先决条件（Kesebir & Diener，2008）。在第 11 章和第 16 章，我们将讨论个体选择朋友、情侣和性伴侣的影响因素。在这里，我们重点来看亲密关系在社会性发展中的作用。

成年初期是大多数人开始步入婚姻关系或其他稳定关系的时期。2007 年，在 20~24 岁的人群中，14.7% 人已婚；25~29 岁的人群中已婚者达 41.2%（U.S. Census Bureau，2008b）。此外，很多未婚者也有同居伴侣。2007 年，4.9% 的美国家庭为异性伴侣，0.7% 的家庭为同性伴侣（U.S. Census Bureau，2008a）。近年来，一些州开始允许同性恋夫妻进入民事关系或合法婚姻。研究者试图弄清这类关系对成年期社会性发展所产生的影响。例如，研究者关注同性恋与异性恋夫妻之间的相同点和差异（Balsam et al.，2008；Roisman et al.，2008）。研究表明，同性恋与异性恋夫妻在维持长久关系时所使用的策略有很多相同点。例如，他们都会通过共同分担任务、共同活动来保持关系亲密（Haas & Stafford，2005）。但是，异性恋夫妻的关系获得的社会支持更多（Herek，2006）。由于同性恋的社会接受度低，同性恋夫妻通常会采用一些特殊措施来维持关系，如在公共场合隐瞒夫妻身份。

上面提到的每一种关系都加强了家庭在成人社会生活中的作用。当个体决定要孩子的时候，家庭的作用发展了。你会惊奇地发现，孩子的出生常常会威胁夫妻的幸福感（Lawrence et al.，2007；Twenge et al.，2003）。为什么会这样呢？对于异性夫妻，研究者关注男女两性在转换为父母角色上的不同方式（Cowan & Cowan，2000）。现代西方社会较过去而言，婚姻关系中的平等观念更常见。但是，孩子的出生可能促使丈夫和妻子在性别定向上更加传统。妻子可能感到照顾孩子的负担过重，丈夫感到更大的供养家庭的压力。总的结果可能是，随着孩子的出生，双方都发现婚姻关系变得消极了。近年来，研究者开始研究男女同性恋夫妻抚养孩子的现象。如你所想，同性恋夫妻在教养孩子方面的性别角色问题要少于异性恋夫妻（Goldberg & Perry-Jenkins，2007；Patterson，2002）。尽管如此，一项对女同性恋夫妻的研究发现，在为人父母以后，夫妻间的爱情会减少，冲突会增多。这与异性恋夫妻的研究

从统计结果上看，夫妻中的哪一方活得更长久？婚姻质量对这一结果可能产生何种影响？

结果一致（Goldberg & Sayer，2006）。

对于大多数异性恋的夫妻来说，婚姻满意度持续下降的原因是父母与青春期孩子的冲突。与人们常有的看法相反，许多父母希望孩子离开家庭，离开自己，留给自己一个“空巢”（Dennerstein et al.,2002; White & Edwards, 1990）。当孩子不与父母住在一起时，父母会更喜爱他们（Levenson et al., 1993）。我们当然不希望我们阻碍了你生孩子的计划。我们的目的是要你了解我们的研究，研究可以帮助你预期和解释你的生活模式。

你已经知道，总之，到了成年晚期，个体的婚姻更加幸福。但是，你一定也已经意识到，很多婚姻在步入成年晚期之前早就以离婚告终。研究者试图确定什么样的夫妻可能是错误的结合，什么样的夫妻可以避免离婚的结局（Orbuch et al., 2002; Story & Bradbury, 2004）。下面我们来看一项纵向研究，该研究以数百对夫妻为被试，考察了离婚的预测因素。

研究人员在1987~1988年采集了4 460对夫妻的数据，在1992~1994年再次采集数据（Amato & Hohmann-Marriott，2007）。在此期间，509对夫妻已经离婚或分手。为了研究离婚的原因，研究者在研究初期收集了相关数据，要求参与者报告自己的婚姻质量（如对婚姻关系的幸福感、冲突数量等）以及对婚姻的承诺（如阻碍结束婚姻的因素、婚姻以外的其他选择等）。研究者通过分析将离婚者分为两类。第一类在1987~1988年的测量中为高痛苦（high-distress）关系，他们报告的婚姻关系质量很低，这是他们离婚的原因；另一类离婚者则为低痛苦（low-distress）关系，他们的婚姻质量居于平均水平。那么他们的婚姻为什么会结束呢？这是因为他们结束婚姻的障碍偏低，婚姻外其他选择的诱惑超过了这些障碍。

这些研究结果表明，婚姻关系的表象（如夫妻间公开的冲突）并不总是能够预测离婚。当人们面临其他选择时，即使是中等幸福水平的婚姻关系也可能结束。

让我们以我们最初提出的观念结束本节内容，即社会性亲密是健康生活的先决条件。重要的不是社会交往的数量，而是质量（这一点对美国文化下的女性尤为重要）。当你到了老年，你将选择那些能够提供给自己直接的情感支持的个体，以保障自己对亲密感的需要。

让我们转到成年人发展的第二个方面——繁殖。

繁殖　那些建立适当亲密关系的人有能力将注意力转向**繁殖**（generativity）。这是一种超越自我，对家庭、工作、社会或后代的一种承诺，是30~40岁时一个至关重要的发展阶段（McAdams & de St. Aubin, 1998）。更好的定位使成年人建立一种心理幸福感，以弥补对年轻的渴望。

乔治·范伦特（George Vaillant）对95位高智商的男性进行了长达30年的追踪访谈和观察研究，研究从20世纪30年代中期他们大学毕业开始。他们中的大多数人在这段时间内发生了巨大的变化。他们后来的行为与大学时的行为有很大的差别。访谈的内容包括身体健康、社会关系和事业成就。30 年后，有 30 个人发展得最好，另外 30 人发展得最差（见**表 10.6**）。中年时发展得很好的男人开始从事一些具有繁殖和传承的任务：对他人有责任心，以某种方式为社会做贡献。他们的成熟度似乎与他们孩子的适应能力也有关——父亲越成熟，越能为孩子在适应世界的过程中提供帮助（Vaillant, 1977）。

表 10.6 发展得最好和最差的参与者在与心理社会性成熟有关的因素上的差异

	最好组（30 人）	最差组（30 人）
大学期间人格完整性排在最后 5% 的参与者	0%	33%
成年生活受母亲支配	0%	40%
50 岁时与朋友关系冷淡	0%	57%
30 岁前未婚	3%	37%
50 岁时悲观、自我怀疑、被动，并且对性怀有恐惧感	3%	50%
童年的生活环境较差	17%	47%
当前工作中无管理职责	20%	93%
职业选择得到了父亲的认可	60%	27%
童年的发展结果为良或优	66%	23%

这项研究说明了繁殖的前提条件：发展最好的男人的其他生活方面也十分稳定，这就使他们可以将资源转向外面或下一代。如果问成年中期的人（平均年龄 52 岁）和老年人（平均年龄 74 岁）良好的适应是什么，他们都认为良好的适应依赖于成为一名“关注他人”的人——一名关心他人、富有同情心并拥有良好社会关系的人（Ryff, 1989）。这是繁殖的本质。

我们注意到，大多数的老年人带着某种程度的成就感回忆自己的生活，这种感觉从成年期的最初几年开始就稳定了（Carstensen & Freund, 1994）。对于社会关系，正如我们所见，成年后期是目标转换的时期；当未来发展不如意时，优先次序将发生变化。但是在这种变化中，老年人仍然坚持看重生活价值的感觉。埃里克森认为，成年期的最后一项危机是自我整合与绝望之间的冲突。相关资料表明，很少有成年人带着失望来回顾自己的生命历程。大多数老年人以一种圆满感和满意感来回顾生命历程——展望未来。

通过对童年期、青少年期和成年期的社会和个体等诸多方面的讨论，我们已经走完了生命全程。在结束本章之前，我们再回顾一下经验会随时间推移而发生变化的两个领域：性和性别差异以及道德发展。

STOP 停下来检查一下

❶ 在人生发展的哪个阶段，埃里克森建议人们处理好亲密与孤独这对危机？

❷ 儿童早期依恋关系的质量对个体未来长期发展会有什么影响？

❸ 父母教养方式用什么维度来定义？

❹ 青少年期的孩子参与什么水平的同伴关系？

❺ 孩子的出生通常会对婚姻满意度产生怎样的影响？

批判性思考：回顾一下关于电子游戏中冒险行为的研究，组里的三名参与者轮流玩游戏，这一点为什么非常重要？

性与性别差异

大多数儿童在生命的最初几个月就获得的一种信息，即社会环境中有两类人：男人和女人。之后，儿童了解到，许多关于男女两性的心理经验是高度一致的。然而，当差异发生，儿童获得并理解这些差异受生物和其他社会文化因素的共同影响。用以区别男女两性的生物特征是**性差异**（sex differences）。这些特征包括不同的生殖器官以及激素和解剖学上的差异。然而，儿童首先认识到的差异完全是社会性的：他们在不知道任何解剖学知识之前就已经开始认识到性别差异了。与生物学意义的性不同，**性别**（gender）是指一种习得的、与性有关的行为和态度的心理现象。文化不同导致了性别角色与日常活动相关联的程度不同，对跨性别行为的容忍程度也不同。在这一部分，我们将考察两种性差异和性别的发展：儿童感知男性化和女性化的先天和后天影响。

两性差异

在孕期的第 6 周，当男性胎儿开始产生荷尔蒙*睾丸素*并被鉴定开始发育时，男性胎儿和女性胎儿开始表现出差异。睾丸素分泌缺失与否对于胎儿出生时的性别十分重要。睾丸素也对脑的发育有重要的影响：非人类的物种实验已经证明，在同性差异有关的神经结构方面的差异与激素有关（Morris et al., 2004）。

睾丸素在人脑发育中扮演的角色还不够清晰。但是，大脑扫描已经证明了在男女两性的脑之间存在着结构差异（Goldstein et al., 2001）。控制多个因素后，通常，男性的大脑比女性的要大。控制多个因素后的大脑差异激发了两性的行为差异。例如，MRI 扫描显示，在管理社会行为和情感功能中扮演重要角色前额叶区域，女性的相对比男性的更大（Gur et al., 2002）。为了确认这方面的性别差异是生物学层面的，而不是在一定文化环境下的男性或者女性长时间经验的结果，研究者也对儿童和青少年进行了同样的研究（Lenrout et al.,2007）。这些研究确定，大脑当中出现的这种性别差异是最初生物发展的一部分。

其他的有关两性差异的分析集中在男性和女性的大脑在完成认知和情感任务方面的差异（Kimura, 1999）。思考一下，当男女两性在观看情绪启动画面时其大脑使用过程的差异。

> 对 12 名男参与者和 12 名女参与者在观看图片时进行了 fMRI 扫描。实验者向参与者呈现 96 张系列图片，包括中立的（比如一本书或者一个叉子）和消极的（比如验尸现场或者墓碑）（Canli et al., 2002）。当参与者看到图片时，他们（她们）评价情绪体验的紧张程度，在从 0（“完全没有情绪紧张”）到 3（“强烈的情绪紧张”）的量表上记录。在第一次实验后的 3 周，参与者要求完成一个图片再认的测验：当他们（她们）第一次见到图片时没有被告知会进行这项记忆测验。研究者测查参与者在编码时期大脑的活跃程度和随后的记忆表现之间的关系。他们发现男女两性的大脑有不同的活跃模式。例如，对女性来说，左杏仁核更高的活跃程度预示再认的成功（见第 3 章）；对男性来说，右杏仁核更高的活跃程度预示更高的成功。

后续关于大脑工作的进一步研究将证实两性对情绪性激活图片的编码和再认方

父母和同伴是怎样影响儿童性别角色获得的?

面存在差异（Cahill et al., 2004）。这些研究说明，一些表现了男女两性差异的行为可以被认为更多地源于生理而非文化作用。

大部分有关人类两性差异方面的生物学研究都集中在男女两性之间的整体差异上。但是，研究者最近发现了一些个体之间细小差异的生物学原因。这些研究再一次让我们审视荷尔蒙睾丸素在随后发展中的影响。在这个例子中，研究者测定每个参与者的羊水中的睾丸素水平。例如，研究者将这些胎儿的睾丸素水平与这些男孩或女孩在 4 岁时的社会关系质量进行相关分析（Knickmeyer et al., 2005）。总之，男孩比女孩的胚胎睾丸素水平高。以此为依据，个体更高水平的胚胎睾丸素与儿童较差的社会关系相联系。这些结果说明，个体对男女两性的行为的预测在一定程度上应该归因于他们的胚胎激素环境（Morris et al., 2004）。

性别认同与性别刻板印象

你已经了解了由生物学方面的差异所导致的男女两性在行为上的重要差异。但是，文化期望对性别认同也具有重要影响。**性别认同**（gender identity）是个体对男性化和女性化认同的程度。在很小的时候，儿童就开始知道，人分为两种性别（Martin & Ruble，2004；Martin et al.,2002）。例如，10~14 个月大的婴儿就已表现出对同性别儿童某些运动的偏好（Kujawski & Bower, 1993）。最初，儿童开始知道自己是男孩或女孩，有了性别认同。同时，他们也获得了**性别刻板印象**（gender stereotypes）的知识，即关于特定文化中男女两性恰当行为的信念。

研究者已经证实了大多数儿童获得性别刻板印象的时序（Martin & Ruble，2004）。在学龄前阶段，儿童从周围世界的经验中学习有关所处文化对两性期望的知识。在 5~7 岁时，儿童将这些知识统一为性别刻板印象。事实上，这一阶段儿童的性别刻板印象最死板。例如，一项研究测量了儿童的性别刻板印象，要求儿童指出哪个孩子“喜欢玩具店”，或哪个孩子“粗鲁，喜欢故意伤害他人”（Trautner et al., 2005）。在每种情境下，要求儿童把卡片放入不同的盒子里，每个盒子分别代表只有男孩、男孩多于女孩、男孩和女孩一样多、女孩多于男孩，以及只有女孩。5~7 岁的儿童更多地对“只有男孩”或“只有女孩”的盒子做出反应，这表明他们的性别刻板印象最严苛。年长的儿童在性别和行为的问题上表现出较高的灵活性。他们更多地认为在很多行为上，男女两性都会出现。因此，在8岁左右，儿童开始懂得，男孩和女孩之间也存在相似性。

这些赖以形成性别认同和性别刻板印象的信息，儿童是怎样获得的呢？父母是儿童的信息源之一。对儿子和女儿，父母会给他们穿不同的衣服，买不同的玩具，用不同的方式与他们交流。在和孩子玩耍时，父母通常会认为有些玩具是“男性化的”，而有些玩具则是“女性化的”。他们更多地选择适合孩子性别的玩具，但这种偏爱体现在男孩子身上比女孩子身上更多（Wood et al., 2002）。通常，父母会鼓励孩子参加适合自己性别的活动（McHale et al.,2003）。

同伴是性别社会化的另一重要来源。例如，**伊利诺·迈克比**（Maccoby, 2002）提出，年幼儿童都是隔离主义者，即使父母不监督，甚至父母鼓励他们参加男女混合的游戏，他们也总是和同性别的孩子凑在一起。迈克比认为，儿童行为的很多性别差异是在同伴关系的影响下产生的。事实上，男孩和女孩在社会互动模式上表现出一贯的差异，有些差异是互动结构方面的。例如，至少在6岁时，男孩喜欢集体活动，而女孩则更喜欢一对一的交往（Benenson et al.，1997；Benenson & Heath，2006）。男孩和女孩间其他的差异与游戏内容有关（Rose & Rudolph，2006）。与男孩相比，女孩更喜欢参加社会交际，彼此分享自己的信息；男孩则更喜欢追逐打闹。随着年龄的增长，这种性别差异会越来越突出。

以上是影响儿童性别发展的普遍因素。但是，与儿童发展的其他领域一样，我们必须承认个体差异。下面我们来看一项为期六年的纵向研究，该研究考察了儿童的性别类型化行为。

> 该研究以5 501名儿童为研究对象，在孩子两岁半时，由母亲提供孩子性别类型化行为的信息（Golombok et al., 2008）。这些信息通过学前行为量表（*Preschool Activities Inventory*, PSAI）进行搜集，要求母亲回答一些问题，例如“在最近一个月内，孩子多久戴一次首饰，或多久打一次架”。在孩子3岁半和5岁时，母亲再次完成学前行为量表。儿童8岁时自己完成儿童行为量表（*Children's Activites Inventory*, CAI），测量其性别类型化行为。该量表由若干成对的句子组成，分别描述不同类型的儿童，如“有些孩子戴首饰，……但另一些孩子不戴首饰”（p.1586）。参与者指出自己觉得这两类儿童有多少相似性。在这些追踪评价的基础上，研究者得出结论：对单个儿童来说，随着年龄的增长，其参与性别类型化行为的可能性相对稳定。例如，**图10.12**对儿童3岁半时学前行为量表的得分和8岁时儿童行为量表的得分进行对比，我们可以看到，两个得分高度匹配。

儿童的行为为何会如此稳定？有研究者指出，其原因有天性和教养两方面。在天性方面，胎儿期的环境可能导致儿童的大脑相对更加男性化或女性化；在教养方面，研究者考虑了父母和同伴行为对儿童的影响。如果父母的性别刻板印象比较僵化，则其孩子的性别类型化行为也较多。此外，儿童会选择与自己性别类型化行为水平接近的同伴作为朋友，这种环境使得儿童的性别类型化行为随时间而保持相对稳定。

我们已经简要回顾了男孩和女孩如何以及为什么以不同的方式来体验社会性发展的。现在，我们看一看道德发展。

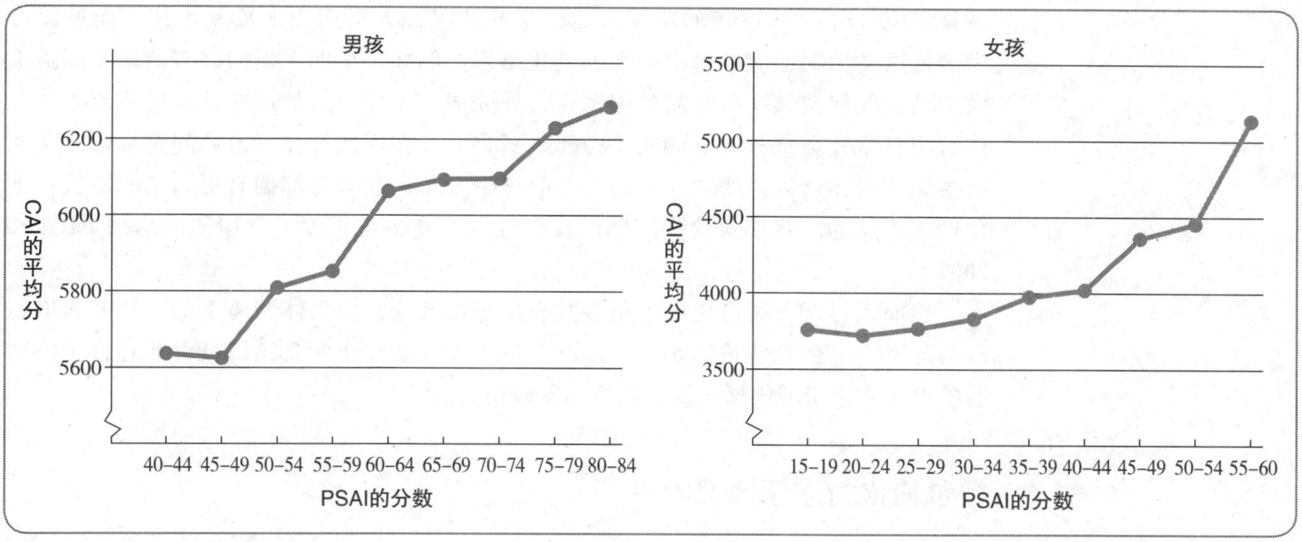

图 10.12 性别类型化行为随时间的稳定性

孩子 3 岁半时，其母亲完成学前行为量表，测量孩子的性别类型化行为。到孩子 8 岁时，自行完成儿童行为量表。研究者根据儿童 3 岁半时在学前行为量表上的得分进行分组，（分数越低，表示刻板的女性化行为越多），分别计算每组儿童 8 岁时在儿童行为量表上的得分均值。图中曲线表明，儿童的性别类型化行为水平在两个时间点高度相似。

资料来源：Golombok, S., Rust, J., Zervoulis, K., Croudace, T., Golding J., & Hines, M. Developmental trajectories of sex-typed behavior in boys and girls: A longitudinal general population study of children aged 2.5–8 yrs. *Child Development*. Copyright © 2008 by Blackwell Publishing, Ltd. Reprinted with permission.

STOP 停下来检查一下

❶ 性差异和性别差异之间有何区别？
❷ 研究表明男女两性在情绪刺激加工中有何差异？
❸ 年幼儿童的“隔离主义”表现为什么方式？

道德发展

迄今为止，我们已经了解到发展一种亲近的社会关系对于毕生发展是多么重要。现在我们考察一下作为社会团体一员的个体生活的另一方面。在很多情况下，你必须根据社会的需要，而不仅仅是根据自己的需要，来判断自己的行为，这是道德行为的基础。**道德**（morality）是一种关于人类行为正确与否的信念、价值和深层判断的系统。

在讨论个体的道德发展之前，我们先思考一个关于整个人类物种道德发展的问题：道德是如何进化的？查尔斯·达尔文认为人类是社会性物种，并在此基础上进行观察。为了回答关于道德进化的问题，现代研究人员以达尔文的理论作为基础

（Krebs，2008）。从进化的角度来看，某些情况在人类历史上反复出现，而道德行为恰是这类情况适应性解决办法的进化结果。例如，早期人类的许多活动（如猎杀大型动物或保卫领地）都需要很多人合作完成。因此，人类适应性地进化出了“合作解决日常社会事务”的倾向（Krebs，p.154）。在现代社会，道德问题常常涉及利己主义和合作行为。例如，人们是否应该少开车，让大家都拥有更清新的空气？进化论观点认为，我们对这类问题的反射性反应在一定程度上是遗传的结果（Haidt，2007）。

然而，尽管人类进化出了很多共有的道德反应，但具体情境下的道德或非道德行为却是一个公众争论的热点。因此，道德发展研究也颇具争议就并非巧合了。这些争议最初始于劳伦斯·科尔伯格的基础研究。

柯尔伯格的道德推理阶段

劳伦斯·柯尔伯格（Kohlberg, 1964, 1981）通过研究道德推理而建立了他的道德发展理论。所谓道德推理（moral reasoning）是指人们对在某种情形下什么行为是正确的，什么行为是错误的所做的判断。柯尔伯格的理论深受皮亚杰观点的影响，后者试图把道德判断的发展与儿童基本的认知发展联系起来。在皮亚杰看来，随着儿童所经历的认知发展阶段的不同，他也会给某一行为的后果和行为者的意图赋予不同的比重。例如，对前运算阶段儿童来说，一个无意中打碎 10 个杯子的人要比一个有意打碎 1 个杯子的人更加“没规矩”。随着儿童年龄的增长，行为者的意图在道德判断中会得到重视。

> 要求 3 岁、4 岁和 5 岁的儿童对人们的行为做出道德判断，这些行为在三个维度上有变化：行为、后果和意图。在某种特定情形下，行为既可以是正性的，也可以是负性的（如爱护动物与殴打动物）；后果也是如此（如动物或愉快或悲伤）。为了操纵意图，实验者把某些行为描述为故意的，把另一些行为描述为偶然的（如行为者要么是故意、要么是碰巧打到了动物）。要求儿童对某种行为的可接受性进行评价，从 5 个代表“特别坏”到“特别好”的面孔中挑出一幅来表示他的打分。年幼儿童的可接受性评分几乎都取决于行为的后果，只有 5 岁的儿童考虑到了行为者的意图。但是，如果问儿童是否应该惩罚行为者，则会有更多的年幼儿童考虑到了行为者的意图（Zelazo et al., 1996）。

这些结果说明，随着儿童认知能力发展的越来越复杂，他们也开始从单纯注意后果转换到既考虑后果也考虑意图。然而，可接受性判断和惩罚判断之间的差异说明，某些形式的道德判断可以使儿童在更小的年龄考虑到更多的因素。正如我们在本章开始时所看到的，要求儿童去完成的特定任务在一定程度上决定了这些儿童看起来的“成熟”程度。

柯尔伯格扩展了皮亚杰的观点，定义了道德发展的阶段。每个阶段都有不同的可做出道德判断的基础（见**表 10.7**）。道德推理的最低水平是以自我利益为基础的，最高的层次则围绕社会利益，不管个人收益如何。为了证明这些阶段，柯尔伯格使用了一系列两难问题，让不同的道德原则处于针锋相对的境地：

> 在一个两难问题中，一个名叫海因茨的人试图买到药来挽救他患癌症的妻子。一个贪婪的药剂师答应海因茨付出比此药成本高 10 倍的价格时才

表 10.7 **柯尔伯格的道德推理阶段**

水平和阶段	道德行为的理由
Ⅰ. 前习俗水平的道德	
阶段 1. 愉快 / 痛苦定向	避免痛苦或避免被抓住
阶段 2. 代价—收益定向；互惠性—投之以桃，报之以李	获取奖赏
Ⅱ. 习俗水平的道德	
阶段 3. 好孩子定向	获取赞同，避免遭反对
阶段 4. 法律和秩序定向	服从规则，避免来自权威方面的责备
Ⅲ. 有原则的道德	
阶段 5. 社会契约定向	促进社会福利
阶段 6. 道德原则定向	达到公正，避免自责
阶段 7. 普遍原则定向	坚持普遍性原则，感到自己是宇宙的一员，超越社会规范的指导

肯把药卖给他。这个价格超出了海因茨的承受能力。海因茨为了救妻子，只好不顾一切闯进了药店，偷走了那副药。海因茨应该这样做吗？为什么？

实验者进一步询问参与研究的儿童，找出他们做判断的理由，并进行打分。

打分的标准是儿童做出判断的理由，而不是判断本身。例如，如果某人说海因茨应该偷药，因为他要担负起救助在死亡线上挣扎的妻子的责任；或者说他不应该偷药，因为他要维护法律（尽管他迫不得已这么做）。那么这两者都是在表达个体要担当应负的责任，因此都应该归为第 4 阶段。

有四条原则制约着柯尔伯格的阶段模型：（1）个体在某个时间只能处于某一个阶段；（2）每个人都以相同的顺序经历每个阶段；（3）每个阶段都比前一个阶段更为全面，更为复杂；（4）每种文化中都存在同样的阶段。柯尔伯格继承了皮亚杰许多阶段论思想。事实上，从阶段 1 到阶段 3 的进步看起来与正常的认知发展进程相匹配。儿童有序地经历这些阶段，而每个阶段在认知上都看上去比前面的阶段复杂，到 13 岁时几乎所有的儿童都达到阶段 3。

有关柯尔伯格理论的许多争论都围绕阶段 3 以后的阶段。柯尔伯格最初的观点是，在阶段 3 后，人们的道德发展会稳步地继续发展。但是，并不是所有的人都会达到阶段 4 至阶段 7。事实上，许多成年人都没有达到阶段 5，只有少数人超过了阶段 5。柯尔伯格后面几个阶段的内容似乎是主观的，而且难以理解。为什么后面的几个阶段会比它们前一个阶段更为全面，更为复杂。例如，阶段 6 的道德判断的基础是“避免自责”，阶段 5 的基础是“促进社会福利”，似乎阶段 6 看起来并不比阶段 5 更为成熟。而且，后面的阶段并未在所有的文化中都被验证（Gibbs et al., 2007）。下面我们转向当代研究者对柯尔伯格理论更为广泛的批评，这些批评是在考察不同的性别和文化时产生的。

关于道德推理的性别和文化观点

许多对柯尔伯格的批评围绕他所声称的普遍性：柯尔伯格后面的几个阶段没有

认识到成人道德判断可以反映不同但平等的道德原则。在一篇著名的批评文章中，**卡罗尔·吉利根**（Gilligan, 1982）指出，科尔伯格忽略了男性和女性一贯的道德判断可能的差异。吉利根认为，女性的道德判断是以“关爱他人”为基础的，逐渐过渡到自我实现阶段，而男性的道德判断则是以“公正”为基础。研究证实，对“关爱”和“公正”的关注与道德推理相关，但与性别无关（Jaffee & Hyde，2000）。面对相同的道德两难问题进行推理，男性和女性表现出的关怀和公正反应模式高度相似（Clopton & Sorell，1993）。

跨文化研究也使得研究者对道德推理的关注范围有了进一步了解（Gibbs et al.，2007）。有分析识别出三类关注点（Jensen，2008）。第一类关注与自主性有关："关注有需要、愿望或偏好的人"；"道德目标是认识到"人们有权利"满足自身需要和愿望"（Jensen，2008，p.296）；第二类关注与共同体有关：关注“作为某一社会群体成员的人，如家庭、学校或国家”；道德目标是“承担对他人的角色责任，发挥社会群体的保护作用和积极作用”；第三类关注与神德有关：关注“作为精神或宗教实体的人”；“道德目标是使自身……越来越纯洁和神圣”。

从这三类关注点来考虑，我们可以看到，在不同文化中三类关注点的重要性各不相同。考虑一下这样的情境：你在马路上遇见一个人，他的汽车爆胎了。你现在停下来帮他吗？如果你说“不”，这算不道德吗？如果你是在美国长大的，你可能会认为，在这种情况下是否帮忙仅是你的个人选择，没有什么不道德的。但如果你是在印度长大的印度教徒，你也许会认为不帮忙确实是不道德的，因为印度的文化更强调相互依赖、相互支持（Miller et al., 1990）。

生活经历也会影响个体的道德判断，这一点也非常重要。下面我们来看一下成长环境充满极端暴力的个体的道德判断。

> 研究者从波哥大市某极度贫困地区征募了一组儿童和青少年作为研究对象（Posada & Wainryb，2008）。大多数参与者（88%）都曾目击或亲身经历某种暴力行为。例如，他们曾目睹有人开枪、有人被枪击或杀死。首先，研究者要求参与者对抽象的问题进行道德判断。例如，“拿走别人的东西对不对？”对于这些抽象问题，所有参与者的回答都基于道德的公正性。例如，他们表示偷盗是不对的。但是，当面对具体情境时，参与者的道德判断模式发生了变化。例如，要求参与者读一段剧情，主角是15岁的胡里奥，他的爸爸和哥哥曾被人伤害，全家不得不搬走。现在胡里奥有机会偷走伤害自己家人的坏人的自行车（p.886）。读完剧情后，参与者通常会表示，他们认为胡里奥会偷走自行车。此外，尽管参与者普遍讨厌偷盗行为，但在这一具体情境下，很多参与者都赞同胡里奥偷走自行车。

研究者指出，参与者的暴力生活经历并不能完全破坏正常的道德发展。“尽管身处战争和流离失所的贫困环境，青少年仍有机会反思伤害性行为的本质特征”（p.896）。但是，研究者推测，由于强调复仇的情境会影响参与者的道德判断，“因此，这些情境可能导致冤冤相报”（p.896）。同一行为，在某一道德关注点的框架下似乎是极端错误的，但在另一关注点下则可能被认为是非常正确的。

我们已经阐述了个体发展变化的几个方面。在本章的最后章节，我们来看一些关于未来人生阶段的思考。

STOP 停下来检查一下

❶ 柯尔伯格的道德推理理论中的三种主要水平是什么？
❷ 卡罗尔·吉利根认为，针对男女两性的道德推理存在哪些差异？
❸ 人们在进行道德推理时有哪三类关注点？

批判性思考：回顾一下关于哥伦比亚儿童和青少年道德判断的研究。思考研究者为什么会选择含有复仇的情节呢？

学会成功老化

现在让我们回顾一下本章的一些主题，为成功老化开出一剂处方。在本章开始，我们鼓励你把发展看成总是伴随收获和丧失的变化过程。据此，在一生中成功的秘诀就在于巩固一个人的收获，减少一个人的损失。我们认为，“用进废退”的原则既适用于生命的生理方面，也适用于生命的认知方面。许多被一般人认为与年龄有关的变化，其实是由于不使用而不是衰退所致。因此，我们的第一个忠告就是：保持它。

随着年龄的增长，不可避免地会出现各种变化。老年人该如何成功应对这些变化呢？成功老化是指充分利用现有资源，同时，尽量减小衰老导致的正常丧失所产生的影响。这一成功老化策略的提出者是心理学家**保罗·巴尔特斯**和**玛格丽特·巴尔特斯**夫妇，其理论被命名为**补偿的选择性优化**（selective optimization with compensation）（Baltes et al.，1992；Freund & Baltes，1998）。选择是指个体在数量和程度方面缩少自己的目标。优化是指个体在优先选择的领域进行自我实践或训练。补偿是指个体利用替代性方式来应对丧失，例如，选择对年龄有利的环境。下面我们来看一个实例：

> 在一次电视访谈节目中，主持人问职业钢琴演奏家阿图尔·鲁宾斯坦在如此高龄仍能成功演奏的秘诀，鲁宾斯坦提到了三种策略：（1）年纪大了以后，他只演奏少数几个曲目；（2）现在他对每一曲目练习次数更多；（3）在快节奏的段落到来之前，他会降低弹奏速度，这样后面的快节奏就会听起来比实际更快。这些就是选择（少数曲目）、优化（勤加练习）和补偿（更多的利用速度对比）的实例。（Baltes，1993，p.590）

上面的例子为我们提供了一个思考自己生活的样板。尽管补偿的选择性优化观点最初源于对老化过程的研究，但它却很好地勾勒出我们一生中做出各种选择时的特征。我们总是尝试选择最重要的目标，在这些目标上努力做到最好，在实现目标的过程中遇到阻碍时采取其他补偿措施。以上是我们关于毕生发展最后的一点建议。希望你能够明智地成功应对老化。

要点重述

研究发展

- 研究人员收集常模数据、纵向数据和横断数据来记录和描述变化。

毕生的生理发展

- 在儿童还在子宫里的时候，环境因素就能影响生理发展。
- 新生儿和婴儿具有一系列非凡的能力：他们为生存而预先进行了装备。
- 在整个青春期，青少年的性器官发育成熟。
- 成年晚期的某些生理变化是不使用的结果，而不是不可避免的衰退。

毕生的认知发展

- 皮亚杰关于认知发展的关键思想包括图式、同化和顺应的发展，以及不连续的发展四阶段理论。这四个阶段是感知运动、前运算、具体运算和形式运算阶段。
- 皮亚杰理论的许多方面因创造性研究范式的发明而受到改变。这些范式显示，婴儿和儿童比皮亚杰所想象的要更有能力。
- 研究者提出，儿童的基础理论会随时间的发展而变化。
- 跨文化研究质疑了认知发展理论的普遍性。
- 与年龄有关的认知功能下降通常只在几种能力上有典型的证据。

语言获得

- 许多研究者认为，人类天生就具有语言运用能力。即便如此，与成人进行交往也是儿童语言获得过程中必不可少的一部分。
- 就像科学家一样，儿童会建立有关他们语言的意义和语法的假设。这些假设经常受到某些先天原则的制约。

毕生的社会性发展

- 社会性发展发生于特定的文化环境之中。
- 埃里克森将人的一生视为一系列个体必须应对的危机。
- 儿童以不同的气质类型开始他们的社会化发展过程。
- 社会化开始于婴儿对照料者的依恋。
- 儿童不能形成安全的依恋关系会带来许多的生理和心理问题。
- 青少年必须通过与父母和同伴形成舒适的社会关系来发展个人的同一性。
- 成年期的重要问题源于对亲密和繁殖的需求。
- 随着年龄的增长，人在社交中变得不再那么活跃，因为他们只选择与其情感联系最紧密的社会关系。
- 人们部分地根据他们对他人生活做出积极贡献的能力来评价自己的生活。

性和性别差异

- 研究已经证明在男女两性大脑中存在生物学基础的性差异。
- 儿童的性别刻板印象在 5~7 岁时最僵化。
- 从出生时起，父母和同伴帮助个体进行性别角色社会化。

道德发展

- 柯尔伯格界定了道德发展的阶段。
- 后来的研究评价了道德推理中的性别和文化差异。

学会成功老化

- 认知的成功老化可以定义为：个体在自己优先选择的领域实现功能最优化，并通过替代性行为补偿衰老造成的各种丧失。

关键术语

顺应
同化
依恋
中心化
儿童指向型言语
认知发展
守恒
接触性安慰
横断设计
发展年龄
发展心理学
自我中心
胚胎期
胎儿期
基础理论
性别
性别认同
性别刻板印象
繁殖
印刻
婴儿指向型言语
内化
亲密感
语言运用能力
纵向设计
成熟
月经初潮
道德
常模研究
客体恒常性
过度规则化
教养方式
生理发展
音素
心理社会发展阶段
青春期
图式
补偿的选择性优化
性差异
社会性发展
社会化
气质
致畸物
智慧
受精卵

11 动　机

早上你的闹钟响了，你本想关掉闹钟多睡一会儿，但你却翻身起床了，为什么？你饿了吗？你必须去完成一些重要的任务吗？你与心上人有约会吗？当你思考“为什么我今天早晨起床”的问题时，你已经直接触及了动机的核心问题：什么使得你这样做？是什么使你坚持不懈地努力实现某些目标，不管付出多大的努力、痛苦或金钱？相反，为什么有时你会在实现其他一些目标前犹豫不决或者很快就打退堂鼓呢？

心理学研究者的任务就是对诸如动机这样的问题给出严格的理论解释。动机状态如何影响一场体育竞赛或考试的结果？为什么有些人体重超重而有些人却让自己瘦骨伶仃？我们的性行为是由遗传决定的吗？在本章，你将会了解到人们的行动是由各种各样的需要决定的——从基本的生理需要（如饥饿和口渴）到心理需要（如对个人成就感的追求）。但是你会发现，生理和心理的需要往往并不容易区分。即使像饥饿这种似乎是生理的需要，也要与个体的个人控制和社会接受的需要相竞争，从而决定个体的饮食模式。

通过向你提供一个框架去了解动机本质和动机研究的一般观点，我们开始这一章的讲述。在本章的第二部分，我们将深入探讨三种动机，从不同的方面来说这三种动机都很重要，而且每种动机其生理和心理因素起作用的程度也不一样。它们就是饥饿、性和个人成就感。

理解动机

动机（motivation）是一个概括性的术语，是对所有引起、指向和维持生理和心理活动的过程的统称。动机这个词语来源于拉丁语 *movere*，意思是“趋向于”（to move）。所有的生物有机体都会趋向于某些刺激和活动而远离其他的刺激和活动，这由它们的喜好和厌恶而决定。动机理论不仅解释了每个物种（包括人类）普遍的“运动”模式，而且也解释了每个物种中不同个体的喜好和行为。下面，我们通过思考动机被用来解释和预测物种和个体行为的不同方式，进而展开对动机的分析。

动机概念的功能

心理学家之所以采用动机这一概念，有以下五个基本目的：

- *把生物学和行为联系起来*。作为一个生物有机体，你的体内有复杂的内部机制来调节身体的机能从而帮助你生存。早上你为什么起床？你可能是饿了、渴了或感到冷了。对于每种可能，剥夺的内部状态会刺激你的身体做出反应，促使你采取行动来恢复身体的平衡状态。
- *解释行为的多样性*。为什么某天你顺利地完成了某项任务，而在另一天对相同的任务却做得不好呢？为什么几乎具有同样能力和知识水平的两个孩子在一项竞赛中，一个发挥得很好，而另一个却发挥得不好呢？当情境恒定（如相同的能力、技能、经验和机会）时，心理学家就会用动机这一概念来解释人们操作的差异性。如果你今天早晨想早点起床，以便多学点东西，而你的朋友却不这样想，我们就会很容易确定这是因为你的动机状态与你的朋友不同所致。
- *从公开的行动来推断内心的状态*。当你看见某人坐在公园的凳子上微笑时你如

对于图中个体的这种行为，人们会提出什么样的动机问题？

何解释这种行为呢？心理学家和外行人都是通过观察行为来推断引起它的内部原因。人们总是用可能发生的原因来解释某种行为为什么发生，这种规则同样适用于你自己的行为。你常常想弄明白，自己的行为是由外因还是内因驱动的，是否别人从内因和外因上理解了你的行为。

- *将责任感赋予行动*。个体责任在法律、宗教和伦理学中是一个基本的概念。个体责任假定内心的动机和能力控制人的行为。当出现下列情况时，人们是可以免除责任的：（1）他们没有故意导致负面结果的出现，（2）外部力量足够强大以致于激发产生某些行为，（3）行为受到药物、酒精和强烈情绪的影响。因此，动机理论必须能够区分导致行为产生的不同潜在原因。
- *解释逆境中的意志*。心理学家研究动机的最后一种原因是用来解释为什么操作某种行为更难时，生物体还要去做它。动机促使你在筋疲力尽时也要按时工作或学习。它帮助你坚持比赛并把你的能力发挥到极致，即使当你输了或意识到自己不会赢时依然如此。

现在，你也许对心理学家运用动机这一概念来解释和预测行为的情况有了基本的了解。在我们转向经验的具体领域之前，让我们先看一下动机的基本来源。

动机的来源

1999 年，自行车车手兰斯·阿姆斯特朗赢得了环法自行车赛的冠军——填补了体育史上一项最了不起的空白。1996 年，阿姆斯特朗被诊断为患有睾丸癌并已扩散到了肺部和脑部。经过积极的化疗后，阿姆斯特朗做出了重回训练场的决定。在接下来的三年里，他完成了运动生涯中最辉煌的事情。截至 2005 年，阿姆斯特朗连续七次赢得了环法自行车赛冠军。反对者们曾断言 1999 年他获得的冠军已是强弩之末。然而，此后六次的胜利证明了他能打败世界上最优秀的自行车赛手。

你能像阿姆斯特朗一样，虽然身患重病又重返赛场，向你的体能发起挑战吗？你认为激发其行为的是其*内部因素*——人具备这种行为方式需要有特殊的生活经历吗？或者是某种*外部因素*，如某种环境因素？如果大多数人处于这种相同的环境，他们的行为会一样吗？或者他的行为代表了个体和环境特征的*交互作用*？为了帮助你了解动机的来源，我们将探讨内因和外因力量的差别。首先，让我们从解释某种类型的行为的理论开始，这些行为源于内在的生物驱力。

驱力和诱因　有一些动机看起来很简单：如果你饿了，你就要吃东西；如果你渴了，你就要喝水。理论家**克拉克·霍尔**（Clark Hull，1884—1952）提出了一种理论，即最重要的行为是由内驱力激发的。按照霍尔的观点（Hull，1943，1952），**驱力**（drive）是一种内部状态，是对动物的生理需求做出的反应。就其自身条件来说，如体温和能量供应，生物体会寻求维持一种平衡状态或者说**内稳态**（homeostasis）（参见第 3 章）。想想我们的身体是怎样使体温保持在 37℃左右的？如果太热，我们就开始出

内因和外因力量的何种组合帮助了自行车赛车手阿姆斯特朗战胜了癌症并赢得了环法自行车赛的冠军?

汗;如果太冷,我们就开始发抖。正是这些机制使得体温保持平衡。现在来思考,一只动物被剥夺食物数小时后会发生什么?霍尔认为,这种剥夺会造成不平衡或紧张状态,从而唤起驱力。这些驱力反过来促使生物体采取消除紧张的行为;当这些驱力得到满足或消除时——内稳态又得到恢复——生物体就会停止这种行为。因此,按照霍尔的理论,当一个动物长时间没有吃东西时,就会产生饥饿感,从而诱发出寻找食物和进食的行为。同时,动物寻找食物的反应又会得到加强,因为这些反应和进食与紧张的消减是联系在一起的。

消除紧张能用来解释所有被激励的行为吗?当然不能。我们来看一项实验,该实验证明,饥渴并不一定是大鼠最重要的动机。

> 几组被剥夺食物或水的大鼠被放入一个方形迷宫,迷宫由 9 个大小相同的格子组成,相互有门连通(Zimbardo & Montgomery,1957)。每个迷宫格中放置一个盛有食物或水的碗。根据驱力理论,我们预测在剥夺食物和水一段时间后,大鼠会在第一时间进食或饮水。但事实上,大鼠往往并没有马上降低饥渴的紧张程度,而是选择首先探索迷宫。例如,剥夺食物 48 小时或 72 小时的大鼠,在迷宫中的前两分钟有 80% 的时间都在探索迷宫;它们只花了 20% 的时间来进食。

在上面的实验中,大鼠似乎只有先满足自己的好奇心后才会开始进食和饮水。除此以外,研究者还提供了另外一些相似的实例,证明还有其他动机优先于驱力(Berlyne,1960;Fowler,1965)。

这些实验证明,行为不仅仅是由内部驱力所激发的。行为还受**诱因**(incentive)所驱使,诱因是指外部的刺激和奖赏,它们与生理需要并无直接联系。当这些老鼠和猴子与它们周围环境中的事物而不是与它们的心理状态保持协调时,它们的行为就是受诱因所控制。人类的行为也受许许多多的诱因控制:为什么你整夜泡在网上而不去好好地睡上一觉呢?为什么你要观看你明明知道会引起你焦虑或恐惧的电影?为什么尽管你已经吃得很饱了,在聚会上还会吃很多垃圾食品?在这些实例中,环境因素作为诱因在激发你的行为。

你可能已经发现,行为是由内部和外部动机共同作用的结果。尽管那些老鼠有饥渴的生理压力,但它们同样无法抗拒探索新环境的冲动。现在我们要转到一个动机研究的传统领域,即特定物种的本能行为。

本能行为与学习 为什么生物体有其自身的行为方式?部分原因可能在于某物种有许多行为受**本能**(instinct)所控制,这些预设的趋势对物种的生存至关重要。本能好比提供了一个行为仓库,它是每个动物遗传特征的一部分。鲑鱼能从几千英里外准确地游回它们的出生地,跃过瀑布一直到达合适的地点,在那里,那些幸存下来的雄鱼和雌鱼就开始了神圣的求爱和交配。然后受精卵沉积在水中,鲑鱼父母双双死去。在适当的时候,鲑鱼小宝宝又要顺流而下回到海洋中生活,直到数年以后它们的这些孩子又要返回产卵地,上演同样的一幕。在大部分动物身上都会出现非常类似的行为。蜜蜂把食物所在地的信息传递给同伴,负责守卫的蚂蚁能进行高度同

像非洲的黑脸织布鸟筑巢这样的本能行为是受先天遗传所激发的。理论家认为人类的哪些活动源于本能?

步的快速搜索行动，鸟类修建巢穴，蜘蛛编织复杂的蛛网——这些与它们父母和祖辈的行为完全一致。

早期的人类机能学说过高地估计了本能对人类的重要性。1890 年，威廉·詹姆士写道，人类比动物更多地依赖于本能行为（尽管人类的本能没有固定的行为模式）。例如，他提出人类有很多社会本能，如同情、谦虚、社交和爱。截止到 20 世纪 20 年代，心理学家已经整理编纂了 10 000 多种人类的本能（Bernard, 1924）。但与此同时，用本能来广泛解释人类行为的观点因受到强烈的批评而开始动摇。跨文化人类学家，如本尼迪克特（Benedict, 1959）和米德（Mead, 1939），发现了许多不同文化之间的行为差异。他们观察到的现象与只考虑天生本能的理论相悖。

在心理学界，行为主义者反对进行循环论证，这种推理往往会得出人类本能的结论：人类具有同情心是因为人类具有同情的本能，而同情行为则证实了同情本能的存在。此外，正如我们在第 6 章所提到的，行为主义者用实验证明，重要的行为与情感是后天习得的，而非先天具有。这些观点我们在第 6 章中就已经阐述过。我们认为人类和动物一样都对环境中刺激和反应的关联方式高度敏感。如果你想解释为什么某个动物表现出某种行为而另一个动物却没有，你可能只需要了解该动物的行为被强化，而另一个动物的则没有就可以了。在这些情况下，你根本不需要把这些动机单独分开来考虑（也就是说，一个动物是被激发了动机而另一个动物却没有，这样的说法可能是错误的）。然而，在第 6 章中，我们也知道动物很容易学会的行为类型至少部分是由物种特定的本能决定的。这就是说，每种动物都表现出后天习得和先天本能行为的组合。

最后，再回顾一下第 6 章：我们看到认知取向的研究者挑战了一种观念，即本能和过往强化作用足以解释某个动物行为的所有细节。现在我们将转向讨论期望和认知在动机中的作用。

动机的期望与认知取向 不妨将《绿野仙踪》作为心理学研究动机的一个例子。桃乐茜与她的三个伙伴克服困难，始终坚持与敌人作斗争，历尽千辛万苦来到了翡翠城。他们之所以这样做是因为，他们期望翡翠城的巫师赐给他们想得到的东西。但是这个神奇而智慧的巫师让他们明白了，不是他而是他们自己才有能力来满足他们的愿望。对桃乐茜来说，家不是一个地方，而是可以与她所爱的人共处，获得安全与慰藉的感觉，是她的心之所在。狮子想要的勇敢、稻草人渴望的智慧以及机器人想得到的情感，这些都是他们已经拥有的品质。他们需要把这些品质看做与别人交往时的正确方式，而不是内部条件。然而他们在去翡翠城的路上就已经表现出了这些品质，这次旅行仅仅被一种*期望*所激发，这种期望就是得到他们所需东西的可能性。毫无疑问，《绿野仙踪》中的巫师就是最早的认知心理学家，因为他认识到了人们的思想过程在决定其目的以及实现该目的的行为上的重要性。

当代的心理学家用认知分析来探索激发各种各样的个人和社会行为的力量。这些心理学家与巫师持有同样的观点，即重要的人类动机不是来自于外部世界的客观实体，而是来自于对这些实体的主观解释。如果一个人没有意识到自己的行动会获得奖赏，那么这种奖赏的强化作用就不存在。你现在所做的常常是由被你认为造成过去成功和失败的因素所控制，被你认为自己能做什么的信念或对此行为可能的结果的预期所控制。认知取向解释了人类为什么常常被对未来事件的期待所驱动这个问题。

期望对激发行为的重要性在**朱丽安·罗特**（Rotter, 1954）的**社会学习理论**（social-learning theory）（我们在第 6 章对观察学习的讨论中接触过社会学习理论）中有所阐述。罗特认为，个体从事某一特定行为（为考试学习而不是玩乐）的可能性是由他达到目标（获得好的考试成绩）的期望以及该目标的个人价值所决定的。期望与现实之间的差距能够驱使个体做出正确的行为（Festinger, 1957; Lewin, 1936）。假设当你发现你的行为与你所属群体的标准和价值观并不一致时，你就会产生改变你的行为以更好地适应群体的动机。例如，你可能被激发去改变你的着装风格或者你听的音乐，以减少期望和现实的不一致。

弗里茨·海德 (Fritz Heider, 1896—1988) 总结了期望如何与动机的内部和外部力量相联系。海德（Heider, 1958）认为，行为的结果（例如很差的分数）可归因于*内在特质*，如缺乏努力或不够聪明，或者归因于*情境因素*，如考试不公正或老师有偏见。这些因素影响着你的行为方式。如果你认为是由于缺乏努力而导致考试分数很差，你下次就可能会加倍努力；但是，如果你认为分数低是由于考试不公正或自己能力不够，你也许就会放弃努力（Dweck, 1975）。因此，把动机来源看做内部的还是外部的，在一定程度依赖于你对客观实体的主观认识。

让我们来回顾一下动机的各种来源。我们以研究者的观察开始，研究者一般将产生行为的因素分为内部和外部两类因素。驱力、本能和历史学习都是动机的内部来源，它们在合适的外部激励条件下影响行为。一旦生物体开始思考其行为——这是人类倾向于去做的事情——对什么该发生和什么不该发生的期望也就产生了动机。会思考的动物会选择把有些动机归因到他们自身，把另一些动机归因到外部世界。

需要层次

我们已经讨论了动机的几种来源。作为本章其他部分的一个预览，我们想回归动机概念被应用最广泛的一个领域。我们的目的是让你对支配你生活的因素有全面的认识。

人本主义心理学家**亚伯拉罕·马斯洛**（Abraham Maslow, 1908—1970）系统地总结了这一理论，即基本的动机形成了**需要层次**（hierarchy of needs），如**图 11.1** 描述的那样。按照马斯洛的观点（Maslow, 1970），在到达下一个更高等级之前，每一等级的需要都必须满足——这些需要按低级到高级的顺序排列。在需要层次的最底层是基本的*生理需要*，如饥渴。在产生其他任何需要之前，这些基本的生理需要必须满足。如果基本的生理需要很紧迫，其他需要就处于抑制状态，而且不可能影响你的行为。当它们得到合理的满足后，下一个层次的需要——*安全需要*——就会对你产生激励作用。当你不再关心安全问题时，你又会被*归属的需要*——融入他人中间与他人发生联系的需要、爱以及被爱的需要——所激励。如果

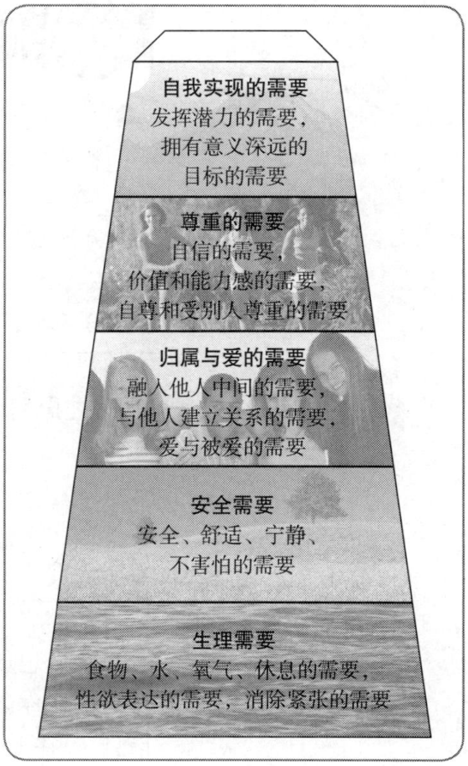

图 11.1 马斯洛的需要层次论
按照马斯洛的观点，低层次的需要没有得到满足时，它就支配着人们的动机；只有当它得到适当满足时，高层次的需要才能引起人们的注意。

归属的需要，以及形成依恋和体验爱的需要，属于马斯洛需要层次中的哪一级？

你的生活衣食无忧并且很安全，而且具有社会归属感，你就会上升到**尊重的需要**——喜欢自己，认为自己有能力和有效率去做能赢得别人尊重的事情。

位于需要层次顶端的是这样一些人，他们生活富裕、安全、被别人爱以及爱别人、有信心、善于思考并有创造力。这些人已经超越了人类基本的需要而寻求他们潜力的充分发展，或者说**自我实现**（self-actualization）。在其他正性的品质中，一个要实现自我的人有自知之明，能自我接受，在社会中反应灵敏，有创造性，自动自发，以及愿意接受新事物和挑战等积极特征。

马斯洛的理论是关于人类动机的一种非常乐观的观点。该理论的核心就是个体的成长以及发挥其最高潜力的需要。然而，你也许从你的个人经验中发现，马斯洛的需要层次理论存有不足之处。例如，你可能为了帮助朋友而忘记饥饿；你也许能忍受野外探险的危险来提升自尊。尽管如此，我们还是希望马斯洛的理论能够帮你梳理自己的动机体验的不同方面。

现在，我们已经为你提供了理解动机的总体框架。在本章的后面部分，我们将密切关注三种不同类型的行为，这些行为受到动机相互作用的影响：饮食、性表达以及个人成就。

STOP 停下来检查一下

❶ 当你坐在长椅上时，你看到另一个学生从旁边跑过。动机概念的哪个功能适用于解释该情境？

❷ 有机体达到内稳态意味着什么？

❸ 为什么跨文化研究会对人类本能的观点提出质疑？

❹ 关于行为结果的解释，海德做了怎样的区分？

❺ 马斯洛的归属需要意味着什么？

批判性思考：回顾一下剥夺大鼠食物和水的实验。为什么在每个迷宫格中放置食物和水很重要？

饮　食

我们想让你做一下预测。我们将给一位正在学习心理学导论课程的学生提供一块披萨。你认为该学生会吃吗？你愿意猜一猜吗？你的回答可能是“我需要更多的信息。”在上一部分，我们教给你了一种组织附加信息的方法，而这些信息在你做出预测前是需要获得的。你也许想知道有关的内部信息。该学生已经吃了多少东西？他有必要节食吗？你也想知道外部信息。这块披萨好吃吗？他的朋友是否要边聊天边分享这块披萨？你看，即使是一个简单的结果，如是否某人将吃一块披萨，我们也需要做一些工作来解释影响它的各种力量。下面我们来看一下进化而来的调节饮食的一些生理过程。

饮食生理学

什么时候你的身体会告诉你该吃东西了？因为你具有提供饥饱感觉的各种机制（Logue, 1991）。要有效地调节食物的摄入，生物体必须具备能完成以下四种任务的结构：（1）察觉内部对食物的需要，（2）启动和组织饮食行为，（3）控制摄入食物的数量和质量，（4）觉察何时吃饱了并停止饮食。研究者力图通过把这些过程与身体不同部位的外周机制（如胃收缩）或中枢脑机制（如下丘脑）的机能联系起来，以便对这些过程有一个深入的理解。下面我们来详细介绍这些过程。

外周反应 饥饿的感觉从何而来？你的胃是否发出不舒服的信号来表明它已经空了？心理学先驱**沃尔特·坎农**（Walter Cannon, 1871—1945）认为，空腹的胃部活动是饥饿的惟一基础。为了检验该假设，坎农的其中一个勇敢的学生沃什伯恩训练自己吞食一个连在橡胶试管上的没有膨胀的气球。试管的另一端连在记录空气压力变化的一个设备上。然后坎农对这个气球打气。当这个学生的胃收缩时，空气就从气球里跑出来并激活了记录笔。沃什伯恩饥饿痉挛的记录与他的胃严重收缩的时间相关，但与他的胃膨胀的时间无关。坎农认为，他已证明胃部痉挛收缩就是饥饿产生的原因（Cannon, 1934; Cannon & Washburn, 1912）。

尽管坎农和沃什伯恩的研究方法很有独创性，但是后来的研究证明，胃部收缩并不是饥饿的必要条件。把糖注射到血液里能阻止胃的收缩，但不能消除一个腹中空空的动物的饥饿感。胃被完全切除的病人仍有饥饿感（Janowitz & Grossman, 1950），对切除胃的老鼠施以食物的奖励仍然能使其学会走迷宫（ Penick et al., 1963）。因此，尽管胃部的运动对人们的饥饿感起着重要作用，但是这些感觉不能完全解释身体是如何察觉需要食物以及引起进食行为的。

空腹不是饥饿的必要条件，那么“塞满食物”的胃能阻止进食吗？研究表明，由食物引起的胃部扩张——不是由膨胀的气球引起的——将提示人停止进食（Logue, 1991）。所以，身体对胃部压力的来源很敏感。口腔的感觉也是一种能提供过饱信号的外周来源——与吃饱感觉有关的信号。你也许注意到，当你吃饱时，即使是你最喜爱的食品你也会没有胃口，这是一种被称为*特定感觉饱食感*的现象（Raynor & Epstein, 2001）。这种与食物类型相联系的食欲状态的迅速消除，可能是身体调节进食的一种方式。然而，特定感觉饱食感的“特定”意味着过饱针对的是特定的味道，而不是食物本身。在一项实验中，参与者通过进食特定的食物，比如菠萝或黄瓜，达到饱的感觉。然而，当食物的味道稍微转变的时候——通过添加受喜爱的香草味奶油或盐及胡椒粉——人们重新对食物感兴趣了（Romer et al., 2006）。该研究表明，食物味道的变化——这在有多道菜的用餐上很常见——可能会抵消身体里其他指示已经吃饱的信号。

现在，我们转到有关进食行为的脑机制，外周来的信息也聚集在这里。

中枢反应 显而易见，有关启动和停止进食的脑中枢的简单理论已经让位于更复杂的理论。早期的脑部对进食的控制理论是建立在对*外侧下丘脑*（lateral hypothalamus, LH）与*腹内侧下丘脑*（ventromedial hypothalamus, VMH）观察的事实上。（下丘脑的位置见图 3.16）。研究表明，如果 VMH 被损毁（或 LH 受到刺激），动物就会摄入更

为什么当有多种不同口味的食物时人们会吃得更多?

多的食物。如果程序相反，LH 被损毁（或 VMH 被刺激），动物就会吃较少的东西。这些观察导致了双中心模型的产生，在这个模型里，LH 被认为是“饥饿中枢”，而 VMH 被认为是“饱食中枢”。

然而，随着时间的推移，后期的研究者提供了更多数据证明这一简单理论并不完善（Gao & Horvath，2007）。例如，VMH 被损毁的白鼠只多吃它们认为可口的食物，而尽量不碰那些它们不愿吃的食物。因此，这个 VMH 不仅仅是一个发射“多吃”或“少吃”信号的简单中心，这个信号还依赖于食物类型。实际上，VMH 的损毁可能会部分夸大白鼠对食物的反射性反应（Powley，1977）。如果老鼠对美味食物的反射性反应是吃它，夸大的作用就是多吃。如果老鼠对差的食物的反射性反应是呕吐，夸大的作用就是不吃。研究者还发现了下丘脑的另外两个脑区，即众所周知的弓状核（ARC）和室旁核（PVN），它们对 VMH 和 LH 调节进食起补充作用。

这些下丘脑区域调节进食所需的大部分重要信息来源于血液（Gao & Horvath, 2007）。糖（在血液中以葡萄糖的形式呈现）和脂肪是新陈代谢的能量来源。启动进食的两种基本信号来自于血液里调节糖和脂肪浓度的感受器。当存储的葡萄糖浓度很低或不能为新陈代谢所用时，来自肝细胞的信号就会传到 LH，在这里作为葡萄糖检测器的神经元就会对信息的响应做出相应的变化。其他下丘脑神经元负责收集血糖水平或脂肪酸浓度偏高的信息，并利用这些信息来结束进食行为。下丘脑环路还可以监测机体长期的饱食状态。例如，脂肪细胞释放出的物质为 ARC 提供“减少进食”的信号。

到目前为止，我们已知道体内有专门启动和停止进食的系统。然而，根据个人丰富的经验，你会发现你对食物的需求不仅仅依赖于身体所收集到的信号。下面我们来看看促使你多吃或少吃的心理因素。

饮食心理学

现在，你已经知道个人体内有多种能调节摄入食物量的机制。但是你吃东西仅仅是因为饥饿吗？你会回答：“当然不是！”如果你回顾一下过去的一段日子，你可能会想起几个场景是你进食的时间和所吃的东西都与饥饿无关。在关于饮食的心理学中，我们通过回顾文化对你吃什么和吃多少的影响作为开始。接下来，我们关注人们用来控制他们的饮食从而影响体型和胖瘦的方法——我们探索一些肥胖和节食的根源及后果。然后，我们描述过分关注身体意象和体重如何导致饮食障碍。

文化影响饮食　你是如何决定你何时吃饭和吃什么的？为了回答这个问题，首先需要考虑文化的影响。例如，在美国，人们一天在固定的时间吃三餐；定这几餐的时间依赖于社会习俗，而不依赖于身体的信号。而且，人们常常按照社会和文化标准来选择吃什么东西。如果给你提供一顿免费的龙虾大餐你会高兴吗？你的答案可能取决于你是否是一个严守清规的犹太人（这种情况下你会说“不”），或者你是否是一个素食者（这种情况下，你的答案仍然会依赖于你是否是那种不排斥海鲜的素食者）。这些例子就表明了为什么文化能胜过你的身体信号。

让我们更近距离地看看美国人的饮食文化。信息的重要来源之一是美国政府，它执行一系列的职能。首先，政府规定了多大量是“食用分量”，以及食品制造商应该提供给顾客什么类型的营养信息。其次，政府提供健康饮食成分的周期性建议。例如，2005 年美国农业部出版了《美国人的饮食指南》。这一出版物提供了针对体重的管理和身体锻炼的一般性建议，以及关于个体如何维持健康饮食的特殊建议。政府的出版物反映了科学知识的现状：因为研究的进步，给出的建议也随时间发展而不断改变。毋庸置疑，《饮食指南》在你的一生中将再次改变。正像其他的任何基于研究的建议一样，正确理解数据如何支持关于发展的建设性意见，这对你来说也颇为重要。

不幸的是，美国文化的其他方面与健康饮食的建议相反。例如，不健康的食物与健康的食物相比更便宜。经济拮据的人可能觉得负担不起健康的饮食。这一观察结果产生了这样的建议，如果健康和不健康食品的价格差异发生改变，人们的营养将得到改善（Epstein et al., 2006）。请思考一项研究，研究者和阿拉巴马州的一家熟食店一起努力来降低健康食品的价格（Horgen & Brownell, 2002）。当健康食品的价格便宜时，人们吃更多的健康食品。这类研究支持这样的结论，即健康饮食的一些障碍是经济限制的产物。

肥胖与节食　心理学家用了大量时间考察环境，这些环境经常被贴上肥胖“流行病”的标签。为了确定谁超重和谁肥胖，研究者经常借助一种称为*身体质量指数*（body mass index, BMI）的方式。BMI 计算方法是，将个体用以千克为单位的重量除以以米为单位的身高的平方。例如，某人重 154 lbs，高 5′7″，其 BMI 为 24.2（154 lbs = 69.8 千克，5′7″ = 1.7 米，$69.8/1.70^2 = 24.2$。使用 Google，你能在网上找到 BMI 计算器）。在大多数的例子中，BMI 在 25~29.9 之间的个体被认定为超重；BMI 为 30 或 30 以上的个体被认定为肥胖。依据这些标准，在美国大概 71% 的成年男性和 62% 的成年女性处于超重或肥胖的范围（Ogden et al., 2006）。在儿童和青少年中，18.2% 的男孩和 16% 的女孩为超重或肥胖。

这些数字表明，为什么迫切需要回答这个问题，即为什么有些人会过胖？当你读完《心理学与生活》这本书时，你就不会感到奇怪了。答案是，部分原因在于先天遗传，即某些人具有肥胖的遗传倾向。研究者有足够的证据证明，每个人生来就有体重或轻或重的内在倾向性。例如，在 BMI 及其他体重指标方面，同卵双生子之间的相关都高于异卵双生子（Schousboe et al.，2004；Silventoinen et al.，2007）。这种一致模式是“人类体重受遗传影响”的强有力的证据。

研究者已经发现了一些可能造成个体肥胖的遗传机制（Farooqi & O’Rahilly, 2007）。例如，研究者找到一种基因，当进食过程中机体已经储存了足够多的脂肪时，这种基因就会把相应的信息传递到脑部，个体就会停止进餐（Dahlman & Arner, 2007）。该基因会影响一种名为*瘦蛋白*的激素分泌。我们在第 5 章中讲过，脑中的大麻素会刺激食欲（Kirkham, 2005）。而瘦蛋白的作用恰恰相反，它可以控制食欲（Jo et al., 2005）。如果瘦蛋白水平过低，无法与大麻素保持平衡，个体就可能继续进食。因此，控制瘦蛋白的基因对个体的体重调节和肥胖倾向有着至关重要的影响。研究者仍在继续努力寻找可能影响个体肥胖的其他基因（Boutin & Frougel, 2005）。

但是，仅有生物倾向可能并不足以“导致”某人超重。除生物倾向外，真正起作用的是个体对食物和进食行为的*看法*。早期对饮食的心理学研究主要关注超重个

生活中的心理学

他人在场会对你的进食行为产生怎样的影响

回想一下你最近一次和他人共同进餐的情景。与单独进餐相比，你觉得自己吃得更多、更少还是一样多？截至目前，经过本章前面部分的学习，我们希望大家已经确信，个体的进食量仅仅部分取决于机体内部的饥饿信号。研究者指出，社会环境，即他人在场是影响个体进食的一条重要外部线索。事实上，当与他人一起进餐时，给他人留下积极印象才是我们最重要的动机（Herman et al.，2003）。下面我们来看这一动机会产生怎么样的影响。

有研究以大学生为研究对象，要求他们分别与自己的恋人、朋友或陌生人交谈 10 分钟（Salvy et al.，2007）。为使交谈氛围更"轻松愉快"，研究者提供饼干供交谈者享用。每次交谈结束后，研究者会检查参与者吃了几块饼干。结果显示，不同组合所吃掉的饼干数量存在差异：与男性朋友聊天的男性参与者吃的饼干最多，而与陌生男性聊天的女性参与者吃的最少。如果参与者的动机是给对方留下积极印象，那么我们就可以看到这些研究结果背后的原因。例如，女性可能不愿在陌生异性心里留下贪吃的消极印象。

另一项类似研究考察了社会环境对超重儿童和正常儿童进食的影响（Salvy et al.，2008）。参与者年龄在 10~12 岁，他们会两次进入实验室。其中一次是参与者独自在实验室里玩耍、吃饼干，另一次则与一名同伴一起进去。结果显示，体重正常的儿童两次吃的饼干量相当；但超重儿童在与同伴一起时吃的饼干量较少。研究者对此作了两种解释。第一，为了避免自己背上"超重者"的坏名声，所以超重儿童吃得较少（p.195）；第二，超重儿童刻意少吃，以便表现得跟体重正常的儿童差不多。这两种解释都支持了同一结论：超重儿童控制自己的进食行为，以便给别人留下积极印象。

在近几十年中，家庭就餐模式发生了很大变化，"从家庭聚餐转变为独自一人吃饭"。研究者也考察了这种变化趋势并指出，过去，孩子们都与父母和兄弟姐妹一起吃饭，这种进餐环境有助于他们控制进食量。家庭聚餐环境的消失可能是现代肥胖儿童增多的原因之一。研究者提出，进行社会干预，让儿童与他人一起进餐，可能有助于超重儿童减少食量。

下面我们思考关于饮食的社会环境的最后一个问题：人们往往会大大低估社会环境的影响。在一项研究中，让成对的学生一边看录像一边吃披萨。每对参与者吃披萨量的相关系数为 0.64。尽管如此，当询问为什么吃了那么多披萨时，122 名参与者中仅 3 人提到受同伴的影响（Vartanian et al.，2008）。参与者提到更多的是其他原因，如自己很饿，自己很久没吃东西了或披萨特别美味等。但是，第二项研究表明，这些因素实际上与参与者在社会环境中的进食量并不相关。

现在，我们回到开头的问题：回想一下你最近一次和他人一起吃饭的情景，与单独进餐相比，你觉得自己吃得更多、更少还是一样多？为了能中肯地回答这一问题，你必须真正地解决另一个问题：为了给他人留下某种印象，你会如何调整自己的进餐量？

体对自身内部饥饿信号和外部环境中食物的关注程度（Schachter,1971b）。研究者提出，当食物很显眼并唾手可得时，超重个体会忽略自己身体发出的信号。但是，研究证明该理论并不完善，因为体重本身并不总能预测个体的饮食模式。也就是说，并非所有超重的人在饮食行为方面都具有相同的心理模式。下面我们来看原因何在。

珍妮特·波利维（Janet Polivy）和**彼得·赫尔曼**（Peter Herman）提出，构成饮食行为心理基础的关键维度是**限制性饮食**和**非限制性饮食**（Polivy & Herman, 1999）。**限制性饮食者**总是对他们要吃的食物量加以限制：他们会长期节制饮食，总是为食物而焦虑。尽管肥胖者更容易报告有这种思想和行为，但任何体型的人都可能成为限制性饮食者。如果他们长期节制饮食，那么体重又是如何增加的呢？研究者指出，当限制性饮食者解除限制时——当生活环境使得他们取消对食物的限制时——他们就会暴饮暴食高热量的食品。不幸的是，许多类型的生活环境看起来都会导致限制性饮食者解除限制。例如，当限制性饮食者对其能力灰心失望或尊严受到伤害时，解除饮食限制的情况常常会发生（Tanofsky-Kraff et al., 2000；Wallis & Hetherington, 2004）。实际上，对严格节食的预期本身就是一种压力。

> 建立在对她们关于食物和节食的行为和想法的自我评估基础上，女大学生被分为限制性饮食者（17 位女生）或非限制性饮食者（24 位女生）。这些学生被告知，她们将参加一项“调查食物剥夺会影响味道知觉”的研究（Urbszat et al., 2002, p.398）。当她们到达实验现场时，一半的学生被要求参加低卡路里节食——被“加拿大政府和多伦多大学”批准——为期 1 周。然后，在节食和不节食条件下的参与者被要求参加三盘甜饼的品尝测验。参与者相信这些品尝测验是味道知觉研究的基线数据。实际上，研究者测量的是每个参与者吃掉的甜饼的总克数。研究结果如**图 11.2** 所示。对于非限制性饮食者，是否预期严格的节食不会产生差异。然而，对于限制性饮食者，节食的预期导致她们吃了 2 倍多的甜饼。

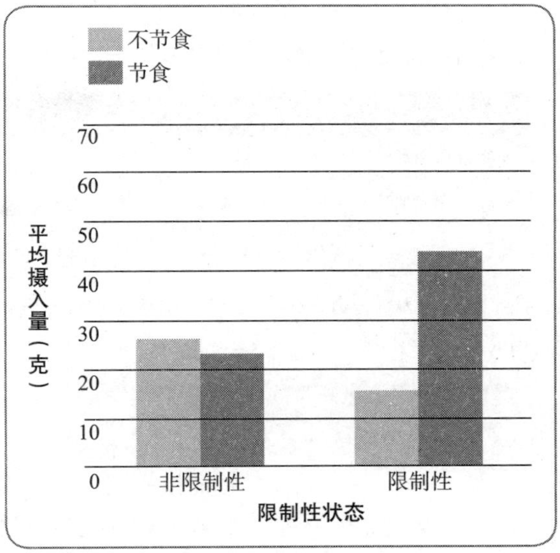

图 11.2 预期节食的效应

限制性饮食者和非限制性饮食者品尝甜饼来评定其味道。每组中有一半的女生同意进行为期一周的减少卡路里的节食。对于非限制性饮食者，当进行味道评定时，她们吃的甜饼数（克数）未受预期的节食影响。然而，那些限制性饮食者预期到节食时，所吃的甜饼数是不节食者的 2 倍还多。

这个结果显示，为什么限制性饮食者节食经常是不成功的。正如研究者注意到的，他们的节食能被“将不能吃到禁止食物的预期”所打乱（Urbszat et al., 2002, p.399）。

你现在应该了解为什么一旦超重，减肥就很困难的原因了吧。许多肥胖者报告说他们经常节制饮食——也就是说他们也常常是限制性饮食者。如果生活中有应激事件的发生，就会使他们解除限制，暴饮暴食很容易导致体重的重新增加。因此，长期节制饮食的心理效应会产生更多的体重增加而不是减轻。在下一部分，我们将讨论，同样的心理压力如何导致威胁健康和生命的饮食障碍。

饮食障碍　我们已经知道，饥饿这一机体内部线索对个体的进食量仅起部分决定作用。对于饮食障碍患者来说，机体内部信号与进食行为之间的作用机制尤其令人匪夷所思。当一个人的体重低于他（她）期望体重的 85% 但仍然非常担心变胖时，就会被诊断为**神经性厌食症**（anorexia nervosa, DSM-IV-TR, 2000）。**神经性贪食症**（bulimia nervosa）的病人表现为毫无节制地狂吃，然后用呕吐、滥用泻药、绝食等方式来清除体内的过多热量（DSM-IV-TR, 2000）。患有神经性厌食症的病人也可能同时患有神经性暴食症。他们可能先暴饮暴食，然后把吃泻药来当作防止体内吸收过多热量的手段。这两种病症都具有严重的医学后果。更严重的情况会导致饿死。

当一个人经常毫无节制地狂吃，但又不像神经性贪食症患者一样采取措施清除体内过多的热量，就会被诊断为**暴食症**（binge eating disorder）。暴食症患者在疯狂进食的过程中会觉得自己失去了控制，暴饮暴食让他们非常痛苦。与厌食症和贪食症相比，暴食症是一个相对较新的诊断分类。我们将在第 14 章的“生活中的批判性思维”专栏中讨论这一概念。在这里，我们重点来看厌食症和贪食症，因为研究者

表 11.1　饮食障碍的发病率（%）

	女性	男性
神经性厌食症	0.9	0.3
神经性贪食症	1.5	0.5
暴食症	3.5	2.0

注：数据均为百分数，样本为 9 282 名曾患饮食障碍的美国成人。

对这两者的病因做了大量探索。

表 11.1 中列出了每种饮食障碍的发病率。这些数据来源于一项面对面的访谈，访谈对象是 9 282 名美国男性和女性，年龄都大于 18 岁（Hudson et al.，2007）。表 11.1 显示，女性的发病率高于男性。但是，这种性别差异在近几年逐渐减小。早期的研究者估计，女性患厌食症和贪食症的比例约为男性的 10 倍（DSM-IV-TR，2000）。但是，表 11.1 的数据显示，这一比率实际上仅为 3:1。当我们了解饮食障碍的患病原因后，就会明白为什么发病率的性别差异会缩小。

对饮食障碍原因的研究证实了遗传因素的重要性。有证据表明，患饮食障碍的倾向可能受遗传影响（Kortegaard et al.，2001）。有研究对若干对双胞胎女孩进行追踪，从 11 岁开始一直追踪到 18 岁（Klump et al.，2007）。研究者对同卵双胞胎和异卵双胞胎进行对比。数据显示，随着年龄增长，遗传的作用越来越大。在追踪研究的 7 年间，即从青春期中期到晚期，同卵双胞胎的发病率往往保持相似，而异卵双胞胎之间的差异则会逐渐增大。这种模式表明，遗传作用在青春期会逐渐增强。研究者还采用双胞胎研究来考察影响饮食障碍风险的人格因素。例如，研究者发现，完美主义得分较高的女性双胞胎（如过度关注错误或对行为持怀疑态度）被诊断为厌食症的几率也更高（Wade et al.，2008）。如果这种追求完美的一般动机促使个体去追求"完美"的体型，其后果可能就是患上饮食障碍。

事实上，高水平的形体不满（body dissatisfaction），即对自己体重、体形和外貌的不满，是个体患进食障碍的风险因素（Lynch et al.，2008）。对很多饮食障碍患者来说，形体不满与他们的实际身体状况无关，却与他们错误的身体感知相关。即使别人已经觉得他们瘦得可怕，厌食症患者还是经常觉得镜子里的自己太胖。下面我们来看一项关于这种错误感知脑基础的研究。

凯拉・奈特利和玛丽莲・梦露这两张照片表明了媒体所宣扬的女性性感身材是如何随着时间的流逝而发生变化的。

参与者为 10 名女性厌食症患者和 10 名健康女性，在她们观看一系列数码照片时对她们进行 fMRI 扫描（Sachdev et al.，2008）。每位参与者的照片系列是个性化的，其中一半照片是参与者本人，另一半照片则是一名年龄和身体质量指数与参与者相当的女性。所有照片中的人都穿同样的衣服，可以清楚地看到整个体形轮廓。最后，为了让参与者更关注照片中人物的体形，研究者将照片中的人脸挡上。在参与者观看照片时，研究者会告诉她们这张照片是自己的还是别人的。fMRI 扫描显示，控制组在观看两类照片时的大脑活动模式相同，但厌食症患者在看自己的照片和他人的照片时大脑活动迥然不同。例如，当观看自己的照片时，厌食症患者负责从外界获取准确信息的大脑区域几乎没有活动。

这一研究结果的重点在于，厌食症女性在观看其他女性时显示出完全正常的大脑活动模式，只有自我意象会产生非正常的大脑活动模式。

研究者对形体不满现象进行研究后发现，在身体尺寸判断方面也存在一致性的组间差异（Roberts et al.，2006）。例如，一项研究显示，与黑人同伴相比，白人大学生对自己的身体满意度更低。此外，当要求参与者选择一幅人物图片来代表她们喜欢的体形时，与黑人学生相比，白人学生会选择更瘦的人物图片（Aruguete et al.，2005）。与此类似，要求黑人和白人女大学生对偏瘦、中等和偏胖的模特照片打分，只有白人女生对偏胖的模特在吸引力、智力和受欢迎性等方面评分较低（与偏瘦和中等模特相比）（Hebl & Heatherton，1998）。白人女性对自己理想体重和体形的期望会受文化规范和媒体的影响，在解释黑人和白人女性的诸多差异时，研究者通常会关注这种影响（Durkin & Paxton，2002；Striegel-Moore & Bulik，2007）。例如，将自己的体形和喜欢的明星作消极对比的女性更易患饮食障碍（Shorter et al.，2008）。可能由于媒体提供的消瘦白人女性形象更多，所以与黑人女性相比，白人女性的形体不满受这些媒体形象的影响更大。

在这种背景下，你可能就不会对白人女性比黑人女性更容易患饮食障碍感到奇怪了。有一项研究调查了 985 名白人女性和 1 061 名非裔美国女性，年龄大约为 21 岁（Striegel-Moore et al., 2003）。在这些群体中，白人女性中有 1.5% 在生活中的某段时间患过神经性厌食症；没有一个非裔美国女性经历过这种障碍。神经性贪食症影响了 2.3% 的白人女性，但只影响了 0.4% 的非裔美国女性。考察其他种族和人种的这类研究比较少，但是迄今为止的证据显示，美籍亚裔中的饮食障碍者比白人要少，但是西班牙裔女性和白人女性中的饮食障碍人数是相同的。对于每一个发现，研究者都试图把有关体型的文化价值与饮食行为联系起来。

在本节的最后，我们再回到饮食障碍发病率的性别差异逐渐缩小的问题上来。研究者已经开始考察媒体形象对男性形体不满的影响。近十年来，清瘦的、肌肉发达的男性形象在媒体中如雨后春笋，这一现象使得研究者开始关注媒体对男性的影响。一般来说，当男性看到理想化的男性形体形象时，自己的形体不满会增强（Blond，2008）。例如，有研究以欧裔和西班牙裔美国男性为对象，要求他们回答对一些表述的赞同程度，如“我认为身材好的男性穿衣服更好看”，“我希望自己拥有杂志上内衣模特那样的好身材”（Warren，2008，p.260）。对男性外形的媒体规范赞同度最高的参与者报告的形体不满也最多，两个种族结果一致。尽管其中的因果关系还需进一步证实，但这些研究结果支持了最初的推测：媒体所呈现的男性形体的变化导致男性饮食障碍的发病率增加。

STOP 停下来检查一下

❶ 什么是特定感觉饱食感？
❷ 哪些证据显示腹内侧下丘脑（VMH）在进食中起不同于双中心模型提出的作用？
❸ 限制性饮食者一般遵循哪种饮食模式？
❹ 神经性贪食症的症状是什么？

批判性思考：回顾证明预期节食影响食物消耗的那项研究。为什么研究者引导学生相信这项研究是测量味道知觉的？

性行为

如果由于生理的需要让你觉得每天吃饭是必需的，那么性方面的作用又如何呢？性的生理功能就是生殖，这很容易界定。但你认为它能解释性行为发生的频率吗？当问"一天想有多少次性行为"时，54% 的成年男性和 19% 的成年女性报告说，他们想一天至少一次（Michael et al., 1994）。我们如何解释人们想象的性生活频率？如何考虑性与性行为的关系？

动机问题再一次成为人们为什么要使行为达到一定范围的问题。正如我们所承认的，性行为只是对生殖来说必不可少。虽然饮食对每个人的生存至关重要，但是性并非如此。某些动物和人类终生保持独身，但对其日常身体机能并没有什么损害。然而，生殖对于物种的生存却至关重要。为了确保精力用在生殖上，大自然赋予性刺激以强烈的快感。能量释放到交配上，生物体就会得到最大程度的强化刺激。

这种潜在的快感使性行为的刺激力量远远大于生殖需求。生物体会采取多种行为来获得性满足。但是某些性动机是来自外部的。对于什么是可接受的或被期待的性行为，不同的文化已经建立了不同的规范和标准。尽管大部分人遵守这些规范并与之保持一致，但也有些人却要通过违反这些规范来获得性满足。

首先，我们讨论动物中某些已知的性和交配行为方面的问题。然后把注意力转到人类性行为的某些问题上。

动物的性行为

在非人类的动物中，性行为的主要动机是繁殖。对于把性作为繁殖手段的物种，在进化中一般产生了两种性别类型：雄性和雌性。雌性产下大量的卵子（储存有胚胎生长发育所需的能量），雄性产生专门的可游动的精子（游进卵子）。两性必须让它们的性活动在时间上保持同步，以使精子和卵子在一定的条件下结合，形成受精卵。

性唤起主要是由生理过程决定的。动物的交配行为主要由脑垂体和性腺（性器官）分泌的性激素决定。雄性分泌的激素叫雄性激素，并且是在体内连续分泌的，因此雄性在任何时候都能进行交配。而大多数物种的雌性，其雌性激素是周期性分泌的，即根据时间（如天数、月份或季节）的变化才分泌，因此雌性并不随时接受交配。

这些性激素对大脑和生殖器官都起作用，并且经常产生一种可预测的刻板性行为模式，适用于一个物种的所有个体。例如，如果你看见了一对老鼠的交配场景，你就会知道所有老鼠的交配过程。发情的雌鼠在雄鼠周围打转，直到引起它的注意。然后雄鼠就追逐雌鼠。雌鼠突然停下来并翘起臀部，引诱雄鼠爬背、插入和拔出。然后雌鼠一下跑开，这种追逐继续多次，在雄鼠射精前大约有 10~20 次这样的反复插入，休息一会儿又开始这种性追逐。猿猴交配的时间比较短（大约 15 秒）。紫貂的交配缓慢而又漫长，时间可长达 8 小时之多。食肉动物，如狮子，能允许又慢又长的交配仪式——在连续的 4 天里，每次长达 30 分钟。它们的猎物，如羚羊，只交配几秒的时间，而且常常是在奔跑中进行（Ford & Beach, 1951）。

哪些因素决定了大多数物种的性行为?

性唤起也常常由外部环境的刺激所引起。对许多物种来说，交配对象展现出的视觉和声音方面的固定模式是性欲唤起的一个必要条件。而且对于不同的物种，如绵羊、公牛和老鼠，新的雌性配偶会影响雄性的行为。对于一头与雌性配偶已达到性满足的雄性动物来说，当新的雌性介入时，可能会重新激发性行为（Dewsbury, 1981）。抚摸、舔舐和闻气味都可以当做性唤起的外部刺激物。正如我们在第 4 章中描述的那样，某些物种能分泌具有化学信号的信息素来吸引求爱者，有时这些求爱者在很远的地方就能闻到这种气味（Carazo et al., 2004; DeCock & Matthysen, 2005）。许多物种，当雌性处于发情期时（性激素水平和性欲都处于巅峰）它就会分泌这种信息素。这些分泌物是唤起和吸引该物种雄性的刺激物，因为雄性遗传了被这种刺激物唤起的倾向。当被俘获的雄性恒河猴闻到附近笼子里雌性的发情气味时，它们会产生许多与性有关的生理变化，包括睾丸的尺寸增大（Hopson, 1979）。

尽管动物的性行为在很大程度上是由先天生物因素决定的，但“文化”因素对择偶的影响仍有可讨论的空间。让我们来看看帆鳍玛丽鱼的情况。

> 在大部分情况下，德克萨斯州的科马尔河里的雌帆鳍玛丽鱼喜欢与更大的雄帆鳍玛丽鱼交配。然而，当一条雌帆鳍玛丽鱼看到另一条雌鱼喜欢更小一点的雄帆鳍玛丽鱼时，会出现什么情况？为了回答这个问题，研究者安排了一组鱼缸，雌帆鳍玛丽鱼在大缸里游泳，在两端各放两个更小的鱼缸（Witte & Noltemeier, 2002）。在实验的开始阶段，一条大的和一条小的雄帆鳍玛丽鱼被放进任一端的小鱼缸里。如**图 11.3** 所示，雌鱼花更多的时间接近更大的雄鱼。在实验的第二阶段，第二条雌鱼被放到另一个小鱼缸里，以至于看起来正游向更小的雄鱼附近。第一条雌鱼有 20 分钟时间观察第二条雌鱼和更小的雄鱼之间的互动。在实验最后的阶段，研究者捞出第二条鱼，再观察第一条鱼的偏好，如图 11.3 所示，在第二次偏好测验中，结果模式大反转。现在雌帆鳍玛丽鱼花更多的时间游向更小的雄鱼附近。

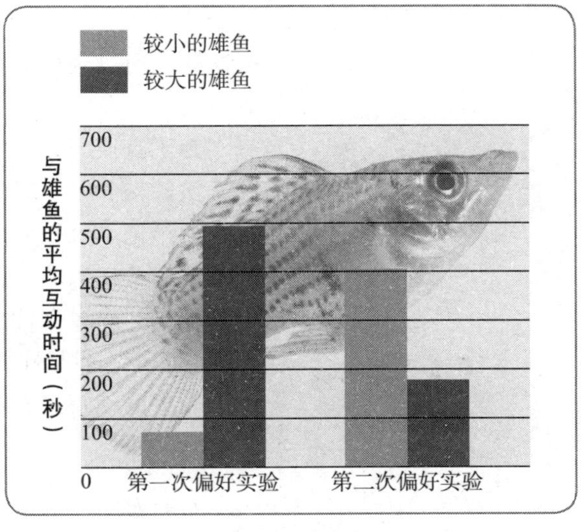

图 11.3　雌帆鳍玛丽鱼的配偶选择

研究者计算了雌帆鳍玛丽鱼接近更大的和更小的雄鱼的时间，雌鱼花更多的时间接近更大的雄鱼。接下来，第一条雌鱼观察到第二条雌鱼接近更小的雄鱼共 20 分钟。在第二段偏好测验中，20 分钟之后，第一条鱼逆转了它们的本能模式，即花更多的时间接近更小的雄鱼。

当你了解了那些在水族馆中畅游的天真鱼儿被判断哪条是受欢迎的哪条是不受欢迎的时，你还会感到惊奇吗？该实验为我们讨论人类性行为奠定了基础。我们马上就会发现，人类的性反应同样是由进化历史和我们的偏好共同塑造的。

人类性行为的唤起与反应

性激素的分泌对某些动物性行为的调控起着非常重要的作用，但对男人和女人的性接受和性满足却作用甚微。当性激素水平在正常范围内时，性激素水平的个体差异并不能预测性行为的数量和质量。然而，一旦由于疾病或衰老导致性激素水平低于正常值，则往往会对性欲产生消极影响，其中睾酮（testosterone）尤其为甚。通过治疗对低水平的睾酮进行补充后，男性和女性的性欲都会增强（Abdallah & Simon，2007；Allan et al., 2008）。此外，做过阉割手术（不再产生睾酮）的男性通常仍会有一定水平的性欲。这说明，性激素并非人类性行为的惟一驱动因素（Weinberger et al., 2005）。

威廉·马斯特和弗吉尼娅·约翰逊是如何使人类性行为的研究合法化的？

人类的**性唤起**（sexual arousal）是由对性欲刺激的生理和认知反应引起的一种激动而紧张的动机状态。性欲刺激可能是生理的或心理的，它产生了性兴奋和激情感。由性欲刺激引起的性唤起可以由个体在性满足，特别是性高潮时体验到的性快感而逐渐减弱。

研究者已经对动物的性行为和性反应探索了几十年，但对人类性行为的研究还很少，还基本属于禁区。**威廉·马斯特**和**弗吉尼娅·约翰逊**（Masters & Johnson, 1966, 1970, 1979）打破了这个传统禁区。他们通过在实验条件下，直接观察和记录进行中的人类性行为所产生的生理改变，从而使人类性行为的研究合法化。通过这样的实验，他们探索的不是人们对于性的看法，而是人们对于性的真实反应和表现。

为了直接研究人类的性反应和性刺激，马斯特和约翰逊对几千名男女志愿者在几万次性交和手淫时的性反应周期进行了控制实验观察。从这个研究中得出四个最重要的结论：（1）男性和女性有相似的性反应模式；（2）尽管两性的性反应周期的阶段顺序是相似的，但女性的变化更多，而且往往反应更慢，但保持的性唤醒时间更长；（3）许多女性能有多次的性高潮，而男性在相同的时间里却很少如此；（4）阴茎的大小一般与性能力无关（除非这个男人想拥有一个大阴茎）。

人类的性反应周期分为四个阶段：兴奋期、平台期、高潮期和消退期（参见**图 11.4**）。

- 在兴奋期（持续时间从几分钟到一个多小时），盆腔区域血管扩张、血流增加。阴茎会变得直立，阴蒂会膨胀；睾丸和阴道出现充血；产生身体上的潮红或性反应的红晕。
- 在平台期，达到了一个最大的（尽管是变化的）唤醒状态。心跳、呼吸和血压都有快速的增加，全身的性腺分泌以及有意识和无意识的肌肉紧张也快速增加。阴道润滑增强而且乳房膨胀。

- 在高潮期，男女两性都在性紧张的释放中得到了一种强烈的快感。性高潮是以生殖器官区域有节奏的收缩为标志的，收缩频率大约是 0.8 次 / 秒。男性和女性的呼吸和血压都达到了很高的水平，而且心率加倍。对男性来说，颤动的收缩引发了射精。
- 在消退期，身体逐渐恢复到兴奋前的正常状态，血压逐渐降低、心跳逐渐变缓。多数男性在一次高潮后就进入了一个绝对不应期，持续时间从几分钟到几小时，在此期间不可能再次产生高潮。而一些女性可以处于持续唤起的状态，能够非常快速而连续地获得多次高潮。

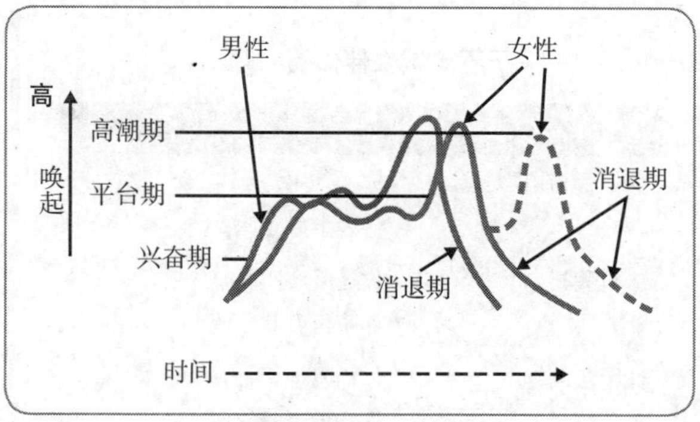

图 11.4 人类性反应的阶段

在人类性反应的阶段中，男性和女性都有类似的模式。主要的差异在于男性和女性到达每个阶段所需的时间不同，以及女性可以有多次的性高潮。

尽管马斯特和约翰逊的研究重点是性反应的生理方面，但他们最重要的发现可能就是性唤起和性满足的心理过程。他们证实，引起性反应的根本原因是心理上的，而不是生理上的，并且可以通过治疗改善或克服。在这些问题中，人们最关心的是不能完成性反应周期并获得性满足。这种缺乏性能力的原因与个体有关，他们害怕性活动的结果，担心配偶对自己的性能力的不良评价，或者是拥有无意识的犯罪感和一些负面的想法。然而，营养不良、疲劳、紧张以及过多饮酒和药物滥用也会降低性驱力和性能力。

我们已经回顾了人类性活动和性唤起的某些生理因素。但还没有讨论造成性表达差异的原因。有观点认为，正是为了确保生殖的目的，致使男女两性性行为模式出现这种差异。下面我们就从这一想法开始讨论。

性行为的进化

对于动物，我们已经知道它们的性行为模式在很大程度上是由进化决定的，其目的是生殖——保存物种——且这种性行为已经高度仪式化和固化。对于人类的性行为是否也能得出相同的结论呢？

进化心理学家已经探讨了这个观点，即男性和女性已进化到拥有隐藏在性行为后面的不同策略（Buss, 2008）。为了描述这些策略，我们首先谈谈人类生育的一些事实。男性如果能找到足够的配偶，那么他们一年能进行无数次生殖。为了生育一个小孩，他们只需投资一茶匙精子和几分钟的性交时间。女性一年最多只能生育一次，然后每个孩子都需要投入巨大的时间和精力去抚养。（顺便说一句，一个妇女生育小孩的世界纪录是 50 个，但一位男性却可以是很多孩子的父亲。摩洛哥的一位暴君——残忍的伊斯梅国王有 700 多个子女。）

因此，如果生殖是目的，卵子就是有限的资源，而且雄性会争夺为其受精的机会。雄性动物面临的一个基本问题就是尽可能多地与雌性交配，以使其生育的后代数量达到最大化。但是，雌性面临的基本问题是找到一个优秀的雄性配偶，以保证从她存储的卵子中生出最好最健康的后代。人类后代成长的时间很长，并且在成长期如此无助，以至于需要持续的**亲本投资**（parental investment）（Bell, 2001; Sear & Mace, 2008）。父母必须花很多时间和精力去养育孩子——而不像鱼类和蜘蛛，简单地产下卵就离开了。因此，女性的问题不仅仅是要挑选最高大、最强壮、最聪明、地位高、

表 11.2 关于不忠诚性伴侣的问题

情绪卷入的问题	
他人指向	你爱他吗？ 你爱上她了吗？
自我指向	你还爱我吗？ 你不再爱我了吗？
性背叛问题	你们发生了性行为吗？ 你和他睡觉了吗？

资料来源：Adapted from a study by Achim Schützwohl, "Sex differences in jealousy: Information search and cognitive preoccupation," *Personality and Individual Differences*, Science Direct online.

最令人兴奋的配偶，还要挑选最忠实、有责任心的伴侣来帮助她抚养孩子。

进化心理学家**戴维·巴斯**（Buss, 2008）认为，男女两性对短期和长期伴侣具有不同的策略、情感和动机。若男性的策略是勾引尽可能多的女性然后遗弃——表达了忠诚和责任后离去，这就是一种短期策略。若男性对女性坚守承诺，并投资后代的抚养，这就是一种长期策略。女性希望吸引一个帮助她抚养孩子的忠诚男士，这是长期策略。若女性只想获得资源或得到地位高的男性，这是一种短期策略。因为这些关于男性和女性不同策略的主张是基于进化论的分析，研究者寻找跨文化的数据来支持他们的这种分析。例如，在一项涉及 52 个国家的 16 000 名参与者的研究（Schmitt, 2003）中，男性和女性提供了他（她）们对短期性关系兴趣的信息。纵观整个样本，男性一致报告了比女性更多的有关性的多样化的需要。这个结果支持进化论的观点，即男性和女性不同的生殖角色影响了各自的性行为。

研究者提供了多种类型的证据来支持进化论的预测。看看男性和女性的配偶策略是如何引起不同的妒忌体验的。根据进化理论，当一位女性怀疑她的伴侣可能不再觉得要为抚育她的孩子提供资源负责任时，她应该体验到妒忌——这些关注*情绪的卷入*。相反，当一位男性怀疑他正被与他没有血缘关系的孩子拖累时，他会体验到妒忌——这些关注*性的背叛*。

为了测量进化理论预测的男性和女性的妒忌体验，一位研究者要求男性和女性参与者回忆或想象一段有承诺的异性恋爱关系（Schützwohl, 2006）。然后用适当的性别术语让参与者考虑这样的情境："假设一下，最近你的伴侣经常很晚才回家。在你的追问下，她（他）承认去见了其他的男性（女性）。"然后参与者产生了一系列的疑问——在这种情况下，他（她）们将追问他（她）们的伴侣什么问题？参与者的问题分为几类。**表 11.2** 呈现了与进化理论相关的分类：情绪卷入的问题和性背叛问题。**图 11.5** 显示了男性和女性问每种问题的百分比。正如你看到的，女性更可能提出基于情绪卷入的问题；男性更可能提出基于性背叛的问题。

尽管性的功能是生殖，但大部分人进行多次的性生活却不是为了生殖。即便如此，进化论的观点是如何解释当代性策略的呢？

在你自己的妒忌体验中，你熟悉这种模式吗？该研究说明了人类生活的重要方面是如何被我们的进化史所支配的。

尽管研究支持了进化论对人类性行为的诸多预测，但是，其他的理论家认为这种解释大大低估了文化的作用（Eastwick et al., 2006; Baumeister & Twenge, 2002）。例如，女性比男性表现出更大的**性欲弹性**，即女性在性反应和性行为方面表现出的变化比男性更大（Baumeister, 2000）。这些变化在很大程度上似乎是文化限制的结果（Hyde & Durik, 2000）。想一想 20 世纪 60 年代的"性解放运动"：性行为上的变化是由女性不断增长的邂逅随意性关系的意愿所造成的。当然，变化的不仅仅是女性的进化历史，而且还有性表达上的文化观点。

尽管进化论取向解释了人类性行为的某些方面，反对者的观点却强调要注意文化造成的差异。人类性行为规范对时间和地点都是高度敏感的。现在我们来探讨性规范。

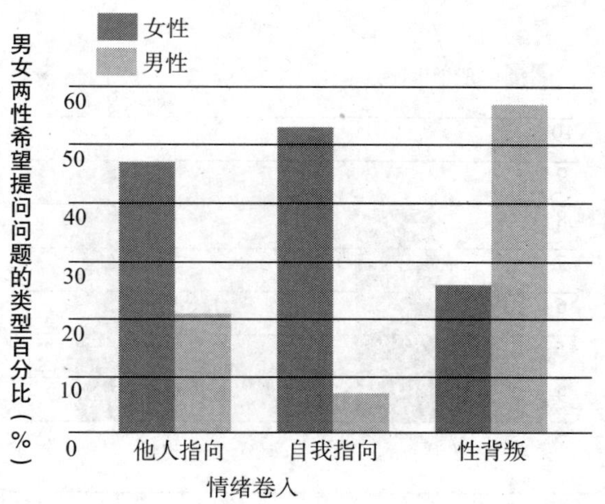

图 11.5 **妒忌的性别差异**

异性恋的男性和女性写下想象如果他（她）们得知伴侣不忠诚时将要问的问题。女性问更多关注情绪卷入的问题。男性问更多关注性背叛的问题。

资料来源：Adapted from a study by Achim Schützwohl, "Sex differences in jealousy: Information search and cognitive preoccupation," *Personality and Individual Differences*, Science Direct online.

性规范

一般的性生活像什么？在 20 世纪 40 年代，**阿尔弗雷德·金赛**（Kinsey, 1948, 1953）与他的同事开始了关于人类性行为的科学调查，给出了第一个重要的鼓舞人心的答案。他们调查了大约 17 000 名美国人的性行为，并揭示了某些以前被认为是很少见并且甚至是不正常的行为实际上是相当普遍的。例如，在 20 世纪 60 年代早期，避孕药的出现让女性有了更多的性自由，因为它降低了怀孕的几率。1998 年出现的壮阳药伟哥延长了男性性活动持续的年限。在科学的影响下，许多文化中都出现了一种一般的趋势，即更开放地谈论性问题。**表 11.3** 提供了一份研究数据，该研究调查了来自美国东北部地区的同一所中学的 1950 年、1975 年和 2000 年的班级学生在高中时的性经验（Caron & Moskey, 2002）。你能看到人们更开放地与他们的家庭成员谈论性问题的变化趋势；同时，实际的性经验也增加了。

这些性规范是你作为文化中的一分子所必须遵守的一部分内容。我们已经指出，

表 11.3　1950 年、1975 年和 2000 年高中学生的性经验

	1950	1975	2000
在高中时，你和你的父母 / 家庭成员讨论过多少次性交、避孕、性传染病或怀孕？			
我们从来不讨论性问题	65%	50%	15%
我们偶尔 / 有时谈论性	25%	41%	45%
我们多次谈论性问题	10%	9%	40%
哪种状态最好地描述了你高中时的性经验？			
我没有想过性	25%	2%	6%
我从未接过吻	41%	9%	3%
我与某人亲吻过	10%	24%	22%
我有 1~3 次性经验	8%	13%	11%
我有多于 3 次的性经验	16%	52%	58%

资料来源：Adapted from Sandra L. Caron and Eilean G. Moskey, "Changes over time in teenage sexual relationships: Comparing the high school class of 1950, 1975, and 2000." University of Maine.

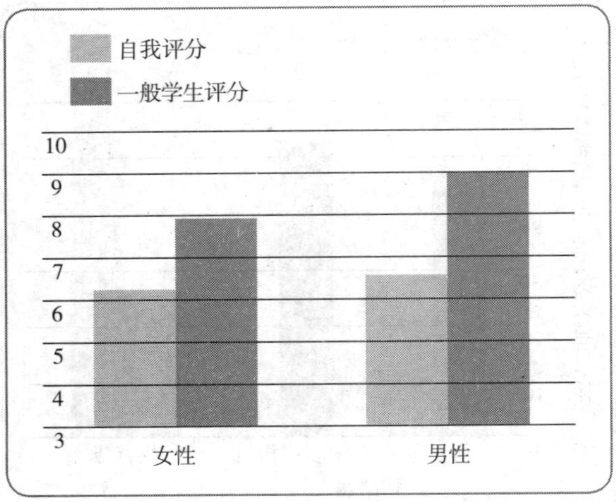

图 11.6 对勾搭行为的评价

要求大学生对两个关于“勾搭”的问题进行评分，评分范围从1（感觉非常不舒服）到11（感觉非常舒服）。自我评分反映出参与者自己对本校发生的勾搭行为的认可程度。一般学生评分反映出参与者认为一般学生对本校勾搭行为的认可程度。

资料来源：From *Journal of Sex Research* by Lambert, T.A., Kahn A.S., & Apple, K.J. Copyright 2003 by Taylor & Francis Informa UK Ltd–Journals. Reproduced with permission of Taylor & Francis Informa UK Ltd–Journals in the format Textbook via Copyright Clearance Center.

一般的“男性”和“女性”的性行为问题可能是人类进化的结果。尽管如此，不同的文化对它们认为可接受并合适地表达了性冲动的行为类型做了具体说明。**性脚本**（sexual script）是从社会中学习到的性反应内容，通常是不言而喻的，包括这样一些规定：该做什么；做的时间、地点和方式；和谁做、用什么来做以及为什么这样做（Krahé et al., 2007; Seal et al., 2008）。这些脚本的不同方面通过你一生中与社会的相互作用集合到了一起。包含在你的性脚本里的价值和观点是你的性动机的外部来源：这个脚本表明了你可能或应该采取的性行为类型。

我们特别关注大学生的性行为，研究者一直感兴趣的是大学生做出性行为的决定，以及他们对这一决定的感受。例如，在一个152名有过性行为的女生样本中，77%的参与者报告对自己的性行为决定至少“有点”后悔（Eshbaugh & Gute，2008）。最让她们后悔的有两种行为。第一，“与某人有过一次性行为，且仅有一次”（p.83），约36%的女生报告曾有过一夜情；第二，“与相识不到24小时的人发生性关系”（p.83），约29%的女生报告曾有过。我们可以把这些行为归入“勾搭”的范畴（Bogle，2008）。在另一项以327名大学本科生为对象的研究中，“勾搭”被定义为“两个可能认识也可能不认识，但通常没有正式约会的人发生性行为”（Lambert et al.，2003，p.131）。在这种定义下，78%的女生和84%的男生报告自己曾有过“勾搭”行为。研究者还让有过勾搭行为的学生做两项评分：一，参与者自己对本校发生的勾搭行为的认可程度；二，参与者猜测一般学生对本校发生的勾搭行为的认可程度。如**图 11.6**所示，对于自己认为的合适程度，男生的评分高于女生。但是，我们也可以看到，参与者的自我评分都低于他们猜测的其他学生的评分。因此，合适水平的实际标准（即参与者自我报告的平均值）低于他们知觉到的标准！这种知觉会对个体的行为产生怎样的影响呢?

性骚扰的情况是如何从对立的性脚本中产生的?

对大学生性经验的研究还揭示了另一方面，即男生和女生在其中的一个领域的性脚本有激烈的冲突：这就是强暴。在一项研究中，研究者让大学二至四年级的4 446名女生提供关于她们在某一学年的7个月中遭受性侵犯的相关经历（Fisher et al., 2000）。在这个指定的期间内，1.1%的女生遭受过强暴未遂，而1.7%的女生遭受过强暴。研究者扩展了那些数据去估计一个女生在她的大学期间遭受强暴或强暴未遂的可能性，他们的结论是：受侵害的女生数可能达到20%~25%。研究者也考察了一种特殊的强暴类型：**约会强暴**（date rape）。约会强暴指个体被熟悉的人强迫发生性行为的情况。针对该样本的女生，12.8%的强暴和35%的强暴未遂都发生在约会时。研究者已经证明，男性和女性有着不同的“约会强暴脚本”。在一项研究中，要求大学男生和女生阅读相同的脚本，故事中一位女性被强迫发生性行为

（Clark & Carroll，2008）。与女生相比，认为这一情节属于强奸的男生较少。男生也更多地把责任推到受害者身上。

在我们对性动机的大部分讨论过程中，我们一直忽视了性经验的一个重要范畴：同性恋。我们以对男同性恋和女同性恋的讨论来结束这一节。该讨论将提供给我们另一种机会，看清性行为是如何受内部和外部力量控制的。

同性恋

迄今为止，我们所关注的是引起人们进行特定性行为的动机问题。在这一部分，我们将讨论同性恋的情况，但并不把同性恋当作是对异性恋的背离来讨论。通过对性动机的讨论，大家都已清楚，所有的性行为都是“有原因的”。根据这种观点，同性恋和异性恋都是由一定的动机因素引起的，它们都不代表一种动机对另一种的偏离。

大部分性行为的调查都试图获得对同性恋情况的一种准确估计。在早期的研究中，金赛发现他的样本中约 37% 的男性至少曾经有过某些同性恋经验，而且大约 4% 的男性是纯粹的同性恋者（女性的比例稍微低一些）。一个较大的研究项目发现，在他们的样本中，大约 4% 的女性被同性的个体所吸引，但是样本里只有 2% 的女性实际上在过去一年里与别的女性发生过性关系。同样地，他们的调查中有 6% 的男性被其他男性在性方面所吸引，但是样本里也只有 2% 的男性实际上在过去一年里与其他男性有过性关系（Michael et al., 1994）。最近，一项在美国进行的超过 2 000 人的调查中，3.2% 的男性和 2.5% 的女性报告在前一年中有过同性性行为（Turner et al., 2005）。这些数据是否准确？只要社会上存在对同性恋的敌对情绪，就不可能得到完全准确的估计，因为这些人不愿意相信研究者。

在这一部分，我们讨论同性恋和异性恋的起源问题。我们也将回顾社会和个人对同性恋行为的态度的研究。

同性恋的遗传和环境因素 经过我们对性行为和进化进行讨论后，你了解到相关研究证据显示性偏好具有遗传性，这已不足为奇。情况往往如此，研究者基于这样的研究，即他们比较同卵（MZ）双胞胎（在遗传上完全一样的双胞胎）和异卵（DZ）双胞胎（那些和其他的兄弟姐妹一样只有一半基因相同的双胞胎）的特征相同程度来作出断言。当一对双胞胎中的两个都具有同样的倾向时——同性恋或异性恋——他们就是双胞胎特征相同的；如果一对双胞胎中的一个是同性恋而另一个是异性恋时，那他们的双胞胎特征就是不同的。关于男女同性恋的研究均证实，同卵双胞胎比异卵双胞胎的双胞胎特征的相同程度要高得多（Rahman & Wilson, 2003）。例如，在一份包括 750 对双胞胎的样本中，32% 的同卵双胞胎在同性恋倾向上的双胞胎特征是相同的，而异卵双胞胎仅为 8%（Kendler et al., 2000a）。尽管同卵双胞胎比异卵双胞胎的养育环境可能更相似——他们被父母更一致地对待——但这种形式强烈地暗示了性特征部分地由遗传所决定。

什么样的证据表明性取向有遗传的成分?

研究者还开始着手证明同性恋和异性恋之间的大脑差异。

例如，一项研究采用 MRI 和 PET 扫描技术对两者的大脑形状和体积进行了对比(Savic & Lindöstrm，2008)。脑成像结果显示，异性恋男性的大脑半球是非对称的，右半球略大，而同性恋女性也是如此。异性恋女性和同性恋男性的大脑半球都是对称的。该研究还发现了杏仁核（前面我们讲过，对情绪控制和记忆起重要作用）与其他脑区间的联结模式。同性恋者的联结模式仍与异性恋的异性相似。今后的研究可能进一步证实或推翻这种大脑差异。但有一点似乎是明确的，同性恋和异性恋的某些方面是完全由生物因素决定的。

社会心理学家**达里尔·贝姆**（Bem, 1996, 2000）指出，生物特征并不直接影响性偏好，而是通过影响儿童的性情和活动来对性偏好产生间接影响。回忆第 10 章中的有关内容，研究者已经指出，男孩和女孩会进行不同的活动，例如男孩的游戏往往更具激烈的打斗性。按照贝姆的理论，不管儿童进行同性别典型的或同性别非典型的游戏，他们开始感到他们与同性或异性的小伙伴不一样。根据贝姆的理论，“相异相吸”：感觉上的差异导致情感上的激发；随着时间的推移，这种激发就会转化成性的吸引。例如，如果一个小女孩因为不愿意参加典型的女孩游戏而感到与其他的女孩有差异，那么随着时间的推移，她的这种情感上的激发就会转变成同性恋的感觉。注意，贝姆的理论支持这样一种主张，即同性恋和异性恋都源自相同的因果机制：在这两种情况中，儿童认为的性别差异随着时间的推移变成了性欲。

社会与同性恋　假如贝姆认为孩提时代的体验关系重大这一论断是正确的，那么每个人儿童时代产生的冲动都起作用吗？最有可能使得同性恋和异性恋区分开来的就是在社会的各个角落对同性恋行为的持续的敌对状态。在一项调查中，包括 1 335 个异性恋的男性和女性参与者被问到周围有“一个男人是同性恋”或“一个女人是同性恋”时感觉不舒服的程度（Herek, 2002）。**图 11.7** 呈现了感到“有些”或“非常”不舒服的人的百分比。从中你可以看到，当周围存在与自己性别相同的同性恋时，男性和女性都会感到不舒服。研究者已经将对同性恋的否定态度标定为同性恋恐惧症。

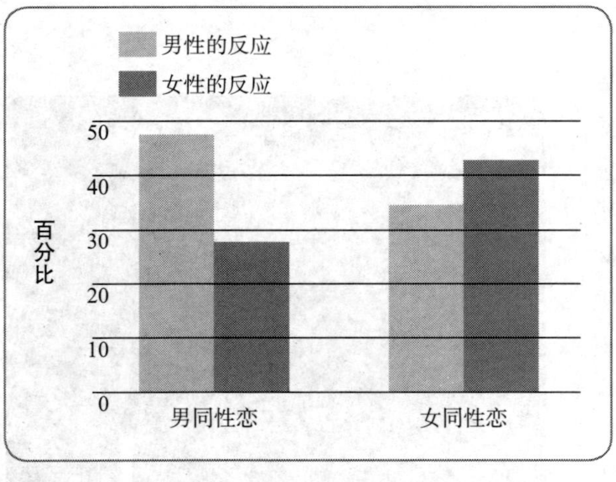

图 11.7　对同性恋的态度

参与者被问到，如果周围有“一个男同性恋者”或“一个女同性恋者”，他们感觉如何不舒服。上图显示了男性和女性回答的“有些”或“非常”不舒服的比例。

资料来源：From Gregory M. Herek, “Gender Gaps in Public Opinion about Lesbians and Gay Men,” *Public Opinion Quarterly*, 66, 40–66, by permission of Oxford University Press and the American Association for Public Opinion Research.

大部分同性恋者开始认识到，同性恋恐惧的社会环境把他们推向了同性恋关系。虽然如此，研究显示，许多个体在相当年轻时就开始意识到那些感觉。例如，研究者要求来自美国东南部的学生参加一个给男女同性恋、双性恋和变性的年轻人召开的会议，说明他们在多大的时候认识到他们的性倾向（Maguen et al., 2002）。男同性恋的平均年龄是 9.6 岁；女同性恋的平均年龄是 10.9 岁。男性报告在 14.9 岁时有同性性接触，而女性报告在 16.7 岁时有同性性接触。这些数据显示，许多人在学校的时候就认识到他们的同性恋倾向，而学校环境通常对同性恋持相当敌对的态度（Espelage et al.，2008）。另外，同性恋青年通常必须做出是否把他们的性倾向告诉父母的艰难抉择（Heatherington & Lavner, 2008）。大多数的青少年在情感和经济支持上都依赖他们的父母；透露他们的同性恋倾向使他们有失去所有支持的风险。实际上，父母的拒绝与这类青少年日趋增加的自杀尝试也有关（D'Augelli et al., 2001）。

对于青少年的这些发现强调一点，即大多数的男女同性恋者发现，同性恋恐惧症比同性恋本身在心理上更难以承受。1973 年，美国精神病协会一致同意将同性恋从心理障碍名单中删除，1975 年美国心理学协会也接着效仿了这一做法（Morin & Rothblum, 1991）。发起这项运动的是这样一份研究报告，它指出，大部分的男同性恋者和女同性恋者实际是快乐和高效的人。当代的研究显示，与同性恋有关的许多焦虑不是来自性动机本身——同性恋者对他们的性别取向感到很快乐——而是在于人们对揭示这种性动机的反应。很多男女同性恋者对同性恋的焦虑不是来自同性恋本身，而是来自对家人、朋友和同事是公开还是隐瞒他们的同性恋身份的需要中（D'Augelli et al., 2005b）。更普遍的是，同性恋者体验到焦虑是因为他们不能公开地讲他们的生活（Lewis et al., 2006）。正如你所预期的一样，男同性恋者和女同性恋者也在建立和维持爱情关系上花费了不少时间，这与异性恋是一致的。

男女同性恋者有“透露”实情的意愿，这就表明他们已经向消除社会敌对状态迈出了第一步。有研究指出，当人们确实了解到有人属于同性恋者的团体时，他们对这些男女同性恋者的态度就会更少地持否定态度；从总体上来说，一个人认识的男女同性恋者越多，他对此的态度就越肯定（Liang & Alimo，2005；Vonofakou et al.,2007）。（当我们转向第 16 章的偏见主题时，我们将再次发现，了解少数群体成员的经历是如何能促进我们更肯定的态度的。）

对同性恋的简短回顾使我们加深了关于性动机的主要结论。性行为的动力有些来自内部的，即遗传的东西和物种的进化为异性恋和同性恋行为提供了内部模式。但是外部环境也会引发性动机。你可能会发现某些刺激特别有诱惑力，而某些行为为文化传统所接受。就同性恋这种情况而言，外部的社会规范可能与内部的指令相对立。

现在让我们转到第三种重要动机的实例：促使个体相对成功或失败的力量。

STOP 停下来检查一下

❶ 刻板性行为意味着什么？
❷ 马斯特和约翰逊确定的人类性反应的四个阶段是什么？
❸ 根据进化理论，为什么男性比女性要求更多的性多样性？
❹ 什么是性脚本？
❺ 针对双胞胎开展的研究对同性恋的遗传性有何启示？

批判性思考：回顾男性和女性的性妒忌的研究。将情绪卷入的问题分为指向自我的和指向他人的这样更小类别为何很重要？

个人成就动机

为什么有些人成功了而另一些人相对来说失败了？例如，为什么有些人能游过英吉利海峡，而另一些人却只能在离岸不远处痛苦地挣扎？你可能把这些差异归结到遗传因素如体型上。你这样做并没有错，但是你也知道，有些人只是比其他人更

这些人正在参加国际残疾人运动会。动机是如何解释个体差异的呢，例如某些人在比赛中比其他人表现更出色？

图 11.8　对一幅 TAT 图片的不同解释

显示高成就需要的故事

图中的这个男孩刚学完了他的小提琴课程。他对他的进步感到开心，而且开始相信他所有的进步将证明他所做出的牺牲是值得的。要成为一个在音乐会上演奏的小提琴家，他不得不放弃大部分的社会活动时间来每天练琴数小时。尽管他知道，如果继承父亲的事业可能会挣很多钱，但他更愿意成为一名小提琴家，并用他的音乐给人们带来欢乐。他坚持他的个人承诺，不管需要付出什么代价。

显示低成就需要的故事

这个男孩拿着他哥哥的小提琴并希望能演奏它。但是他认为不值得花费时间、精力和金钱去学习小提琴课程。他为其兄长感到遗憾，他放弃了生活中所有快乐的事，只是练习、练习、再练习。要是有一天能一觉醒来就成为著名的音乐家就太棒了，但是事情并非如此。现实就是枯燥的练习，没有乐趣，而且很可能成为一位只能在一个小城市的乐队里演奏乐器的人。

有兴趣畅游英吉利海峡而已。因此，我们又回归到我们研究动机的另一个核心原因。我们想在这种情况下了解导致人们寻求不同水平的个人成就的动机因素。让我们从成就需要的概念开始探索。

成就需要

早在 1938 年，**亨利·默里**（Henry Murray）就假定了一种成就需要，这种需要的强度不同，相应的人的表现也会不同，并且影响着他们接近成功和评价自己行为的倾向。**戴维·麦克利兰**（McClelland, 1953）与同事设计了一种方法来测量这种需要的强度，然后他们寻找不同社会中追求个人成就动机的强度关系，寻找培育这种动机的条件以及它在工作领域中的作用。为了测量成就需要的强度，麦克利兰运用了实验参加者的想象。在**主题统觉测验**（Thematic Apperception Test, TAT）中，他们要求实验参加者就一系列模棱两可的画面编故事。这些看到 TAT 图片的参加者要编出关于这些图片的故事，以说明图画中发生了什么事，并且描述可能的结果。正如预料的那样，他们把自己的价值观、兴趣和动机都投射到这些情境中。根据麦克利兰的说法："如果你想要了解一个人的内心发生了什么，别问他，因为他不能总是准确地告诉你；你要研究他的想象和梦。如果你这样做，过一段时间后，你就会发现他的大脑中不断重复的主题，而且这些主题就可以用来解释他的行动"（McClelland, 1971, p.5）。

根据实验参加者对一系列 TAT 图片的反应，麦克利兰开发出了几种测量人类需要的方法，包括对权力、关系和成就的需要。**成就需要**（need for achievement）反映了在实现个体目标的计划和工作重要性方面的个体差异。**图 11.8** 展现了高成就需要者和低成就需要者解释同一幅 TAT 图片的例子。实验室和现实生活中的研究都证明了这种测量方法的有效性。

例如，成就需要得高分的人比得低分的人更积极努力，测量中成就需要得高分的孩子在事业上的发展比得低分的孩子更容易超过其父亲（McClelland et al., 1976）。在成就需要测量中得高分的 31 岁男女参与者到 41 岁时所得的工资往往比得低分的同龄人要高（McClelland & Franz, 1992）。这些发现是否表明了高成就需要的人总是愿意更努力地工作呢？情况并非如此。当面临一项让高成就需要者感到非常棘手的任务时，他们会很快放弃（Feather, 1961）。实际上代表高成就需要的似乎是*效率的需要*——一种用较少的努力得到相同结果的需要。如果他们比同龄人挣得多，可能是他们重视对他们努力的具体回报。作为对进步的衡量，薪水就非常的具体（McClelland, 1961; McClelland & Franz, 1992）。

成就的高度需要是如何产生的？研究者已经考察了父母的养育行为是否能带来高或低的成就需要。资料来自于对波士顿地区一群孩子的追踪研究。

> 麦克利兰和弗兰兹（McClelland & Franz, 1992）将 1951 年当参与者大约 5 岁时收集到的父母养育行为资料，与 1987 至 1988 年当参与者 41 岁时收集的成就需要和收入资料作对比。在 1951 年，请父母就喂养、照料和训练孩子的行为做简要说明。麦克利兰与弗兰兹认为，当孩子的父母用严格的规则来喂养、照料和训练他们时，参与者会体验到高度的成就压力。总的来说，早期的父母成就压力与参与者长大后的成就需要之间呈正相关，而且经历过高成就压力的参与者比经历低成就压力的同龄人每年要多挣 1 万美元。

这些资料表明，你所获得成就需要的程度可能在你早期的岁月里就已经建立起来了。

成功与失败的归因

成就需要不是影响一个人迈向成功动机的惟一变量。要了解原因何在，我们先来看看一个假设的例子。假设你有两个学习同一门课程的朋友，每个人都在第一学期的期中考试得了 C。你认为他们会在第二学期中努力学习吗？答案将部分取决于他们对自己 C 等成绩的解释方式。**归因**（attribution）就是关于某一结果产生原因的判断（在第 16 章中我们将详细地讨论归因理论）。归因能对动机产生重要影响。下面我们来看看原因。

假设一位朋友把成绩差归因于考试过程中存在持续不断的建筑噪音，而另一位朋友却归因于自己记忆力差。这两种归因可以回答一个问题，“原因在多大程度上源于个体的内在因素，或外界环境的一般因素？”在本例中，一位朋友作了外部归因（建筑噪音），而另一位朋友作了内部归因（记忆力差）。这些归因往往都会对动机产生影响。如果你的朋友将考试成绩差归因于建筑噪音，那么她可能会在下半学期努力学习。可如果另一位朋友认为考试失败是由于自己记忆力差所致，那么他可能会放弃努力。

内—外部维度只是使归因发生变化的三种维度中的一种。我们可能会问：“随着时间的推移，因果性因素在何种程度上可能保持稳定和连续，或者说在何种程度上可能不稳定并发生变化？”这个问题的答案为我们给出了稳定性与不稳定性的衡量尺度。我们可能还会问：“因果性因素在何种程度上是特别明确的，它仅仅局限于一个特定的任务或环境中，或者是全局性的，可以在很多场景中广泛应用？”这又为我们提供了整体与部分的尺度。

图 11.9 给出了控制源与稳定性是如何相互作用的一个例子。我们仍然讨论关于考试分数的归因例子。你的朋友可能把他们的分数差解释为是内部因素，如能力（稳定的个性特征）的结果，或者解释为是努力不够（变化的个体属性）的结果。

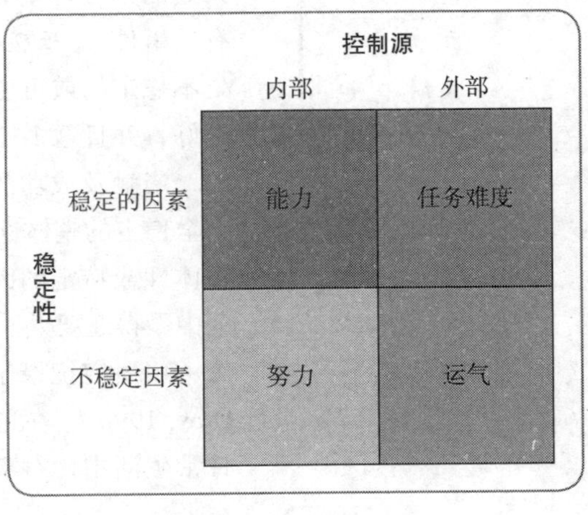

图 11.9 **关于行为结果原因的归因**

行为的两种归因方法能产生四种可能的结果：控制源和行为发生的情境。能力归因是对内部稳定因素做出的，努力是一种内部不稳定的因素。当认为是外部稳定的因素在起作用时所做的归因是困难的任务（考试），而运气是对外部不稳定的因素组合做出的归因。

表 11.4 **依赖于归因的情绪反应**

就结果产生的原因而言，你的成功和失败的情绪依赖于你所做出的归因类型。例如，当你把成功归因于能力时你会因此感到自豪，但是，如果你认为是缺乏能力而导致失败时你就会感到沮丧。或者当你把成功归因于其他人的影响时，你就会有感激之情，但当你把他们看做是你失败的原因时你就会感到生气。

	情绪反应	
归因	成功	失败
能力	有能力 有信心 自豪	无能力 听天由命 沮丧
努力	轻松 满意 松弛	内疚 耻辱 害怕
别人的影响	感激 感谢	生气 愤怒
运气	吃惊 内疚	吃惊 震惊

或者他们也可能把分数差看做主要是由外部因素造成的，如任务难度、别人的作用（稳定的环境问题）或运气（不稳定的外部因素）。根据他们对这种成功或失败做出的归因本质，他们可能经历一种**表 11.4** 中描述的情绪反应。这里很重要的一点是，解释的类型会影响他们的情绪和随之而来的动机——是努力学习还是偷懒松懈——而不管导致成功或失败的真正原因是什么。

再回到上面提到的两位朋友的例子中。我们假设一位朋友作了外部归因（建筑噪音），而另一位朋友作了内部归因（记忆力差）。研究者发现，个体解释生活事件——从赢牌到约会被拒——的方式可能会成为终生的习惯性的*归因风格*（attributional styles）（Cole et al.,2008）。个体对自己成功和失败的原因会从我们讲过的三个维度进行归因，其归因方式会影响动机、心境，甚至恰当表现的能力。个体是主动还是被动、轻易放弃还是坚持不懈、敢于冒险还是安于现状，这些都受归因风格的影响（Seligman，1991）。

在第 14 章中，我们会看到一种内在—整体—稳定的归因风格（“我从没有做对任何事”），会使人陷入沮丧消沉（沮丧的一个征兆就是受伤害的动机）的危险之中。现在让我们把注意力集中在能导致你的一个朋友在后半学期获得 A 等成绩而另一个朋友只得了 F 等成绩的归因风格上。塞利格曼的研究小组研究了这个问题，即解释一个人有抵抗失败的能力，而另一个人没有抵抗失败的能力。这个神秘的答案其实看起来很简单：*乐观与悲观*。这两种不同的观察世界的方式，极大地影响了个体的动机、心境和行为。

*悲观的归因方式*的焦点是认为失败的原因是内因导致的。而且，认为造成这种失败的不良环境和个人因素是稳定、具有整体性的——“它从不变化而且会影响所有的事件”。*乐观的归因方式*把失败看做是外部因素的结果，如“考试不公平”以及是不稳定的或可变化的和特定事件的结果，“如果我下次更加努力的话，我就会做得更好，并且这个挫折不会对我完成其他重要的任务产生影响。”

当触及成功的问题时，这些解释就会反过来。乐观主义者对成功抱以个人内部完全稳定的整体性的信心。然而，悲观主义者却把他们的成功归因于外在—不稳定—整体性或特定的因素。由于他们相信他们命中注定要失败，所以悲观者会比别人想象中做得还要差。一个研究小组支持关于乐观主义者和悲观主义者的这些概述。例如，有一项研究记录了一家英国大型保险公司中 130 名男销售人员的归因风格（Corr & Gray, 1996）。在这项研究中，具有乐观归因风格的销售人员有着更高的销售额。在日常生活中，对事件的解释方式会影响乐观主义者和悲观主义者对未来成就的动机水平。

为了结束这一部分，让我们来看看这样一项研究，即在一种学术环境中归因方式是如何产生影响的。

少数族群的学生进入大学后，往往会不适应新环境。这种背井离乡的感觉可能会影响学生的成就动机。有研究者预测，如果可以改变黑人学生对自己缺

乏社会归属感的归因，他们的学习成绩就会提高（Walton & Cohen，2007）。研究者要求学生阅读一些关于大学感受的调查材料。在实验组的材料中，研究者对难以形成社会归属感作了一种新的归因。例如，调查称，“量化统计结果显示，多数高年级学生都‘担心（和一年级新生一样）其他同学是否会接纳自己’，但现在他们大多都确信‘其他同学接纳了自己’”（p. 88）。控制组的材料中则没有类似信息。为了测试这种信念干预的效果，研究者观察了参与者在下一学期的考试成绩,并与他们作出的下一学期的预期成绩（根据第一学期成绩）进行对比。结果显示，实验组的学生实际成绩高于预期值，而控制组则低于预期值。

由于归因方式影响动机，所以关于社会归属感的少量信息就会对学生的学业成绩产生深远影响。

我们认为该领域的心理学研究成果对你来说有很大的价值。你可以努力发展一种对你的成功和失败的乐观解释风格。通过检查环境中可能的因果性因素，你可以避免对失败采取消极的、不变的和宿命论的归因。最后，别让你的动机被暂时的挫折所伤害。你可以应该用这项研究得出的结论使你的生活变得更好，这是《心理学与生活》中一个经常被提及的主题。

工作和组织心理学

现在，假定你积极的态度帮助你在一家大公司谋到了一份工作。我们能否通过了解你的成就需要和解释风格，从而准确地预见你是如何被激励的？你的个人动机水平在一定程度上依赖于你工作环境中的人员和规章制度的总体背景。由于认识到工作环境是一种复杂的社会系统，**组织心理学家**（organizational psychologists）研究了人类关系的不同方面，如雇员之间的沟通、工人的社会化和对环境的适应、领导关系、对工作和／或组织的态度和责任、工作满意度、压力与疲劳，以及在工作情境中的总体生活质量（Blustein，2008；Hodgkinson & Healey，2008）。作为企业顾问，组织心理学家能帮助招聘、筛选和培训雇员。他们还对工作的重新设计提出建议——调整工作以适合雇员。组织心理学家应用管理、决策和发展的理论来改善工作环境。

让我们看看组织心理学家发展的用来理解职场中的动机的一对理论。组织心理学家试图用公平理论和期望理论解释和预测人们在不同的工作条件下是如何反应的。这些理论假定工人卷入某些认知活动，如通过与其他工人的社会比较过程来评价公平性，或者估计与自己的成绩有关的预期报酬。尽管公平理论和期望理论产生于 40 年前，但是研究者们一直在用这些观点来理解工作场所的动机（例如，Bolino & Turnley，2008；Grant，2008；Siegel et al., 2008）。

公平理论（equity theory）假定工人被激励去维持与其他相关人员之间的公平或公正的关系（Adams, 1965）。工人关注他们的投入（他们对工作做出的投资或贡献）及其产出（他们从工作中得到的回报），然后与其他工人的投入与产出进行比较。当工人 A 的产出与投入的比例与工人 B 的比例相等（A 的产出／A 的投入＝B 的产出／B 的投入），那么工人 A 就会感到满意。如果这些比例不相等就会感到失望。因为不相等的感觉令人失望，所以它就会激励工人通过改变相关的投入和产出比来恢复平等。这些改变可以是行为上的（例如，通过削减工作来降低投入或者通过提升投入来增加产出），也可以是心理上的（例如，重新解释投入的价值——“我的工作真的不是那么好”，或者重新解释产出的价值——“我每周都能数数所发的薪水就很幸

期望理论如何解释有些运动员的选择更偏爱本垒打，而不是追求更高的击球率？

运了”）。

你注意到了你自己工作环境中公平和不公平的情况了吗？考虑这样一个情境：一个同事为了谋求更好的工作而离开了。这会使你产生什么样的感觉？根据公平理论，你可能会感觉到被不公平地留在了一个不理想的岗位上。实际上，当同事离开了他们表示不满的环境时，留下来的人往往会对工作不怎么卖力气了——他们会通过削减生产来恢复公平的感觉（Sheehan, 1993）。如果你被提拔到管理岗位，你应该重视你的员工对公平的心理需求，从而阻止这种行为模式的发生。例如，把投入与产出关系上的变化作适当解释的益处牢记在心里。

期望理论（expectancy theory）假定当工人期待他们工作上的努力和成绩会产生理想的结果时，他们就会受到激励（Harder, 1991; Porter & Lawler, 1968; Vroom, 1964）。换言之，人们会从事自己认为有吸引力（产生可喜的结果）和有成就感的工作。期望理论强调三种成分：期望、有效性和效价。期望指一种感觉上的可能性，即工人的努力会产生一定水平的好业绩。有效性指这样一种感觉，即好业绩会导致某些好结果，如回报。效价指对特定结果在感觉上的吸引力。就某一特定的工作环境而言，你可以想象这三种成分有不同的可能性。例如，你可能拥有这样一份工作，也就是如果业绩不错的话非常有可能获得回报（高有效性），但是业绩不错的可能性不大（低期望）或者不值得努力去获得回报（低效价）。那么根据期望理论，工人就会评价这三种成分的可能性，并通过把这三种成分的值相乘来将它们组合在一起。因此，当所有成分都具有比较大的可能性时就会产生高水平的动机，但是，如果任何一个成分为零的话就会产生低水平的动机。

如果你是一位管理者，你希望期望理论如何帮助你呢？你应该清晰地厘清期望、有效性和效价的关系。你应该能确定其中是否有一个项不平衡。例如，假定你的员工开始相信他们的努力和得到回报的多少之间没有一种很好的关系，你想怎么做来改变工作环境以恢复高度的有效性？

作为本部分的结论，我们对工作环境中的成就和动机关系提出需要注意之处：当你就某份职业你能努力的程度做出个人选择时，小心观察生活中的其他方面。正如我们会在下一章看到的那样，一味为追求成功而雄心勃勃地奋斗，在某些方面会与长期的健康生活的目的背道而驰。

从我们让你思考为什么你早晨起床开始，我们已经走了很长一段路程了。我们已经描述了饥饿和饮食习惯的生物学和心理学，以及人类性行为的进化论和社会衡量尺度。我们探索了人们的成就需要，并解释了个人成功的个体差异。在整个讨论过程中，你已经看见了遗传和环境因素在个人和物种水平上的复杂相互作用。因此，了解了所有这些信息，你就该知道早上你为什么起床了吧？

生活中的批判性思维

动机如何影响学业成就

假设你和两个朋友——安吉拉和布莱克选修了心理学导论课程。在上课的第一天，安吉拉说："在这门课上我想得到最高分。" 布莱克则说："我只要不得到 F 就很开心了。" 你能预测安吉拉和布莱克的目标如何激励她们采取不同的行动吗？她们中的一个可能花更多的时间修这门课！我们能追踪安吉拉和布莱克之间的差异直到考试。换句话说，关于学生的目标如何影响他（她）们的动机和成绩，研究者发现了什么？这个回顾的目的是让你批判性地思考你自己的目标和动机。

对学生成绩的分析已经识别出三种一般类型的成就目标（Meece et al., 2006）。安吉拉代表的是**成绩—接近目标型**的学生。她关注的是看起来比别的学生更有能力。布莱克代表的是**成绩—回避目标型**的学生。他关注的是避免被视为比别的学生能力更差。第三种目标类型是**掌握目标**。被掌握目标激励的学生关注的是掌握新的技能："成功是由自我改善来评价的，并且学生从任务的内在性质——比如它的重要性和挑战——中得到满足"（Meece et al., 2006, p.490）。研究者通过下面的方法来测量学生的目标定向，他们问学生是否同意这样的表述，如"我要完全掌握这门课上呈现的材料"和"在这门课上，我只是避免做得不好"（McGregor & Elliott, 2002, p.381）。

一般来讲，具有掌握目标的学生是最可能被激励去从事有助于保证学业成就的行为。一项研究评估了学生在心理学导论考试两周前的行为和即将考试前的行为（McGregor & Elliott, 2002）。那些有成绩—回避目标的学生也回避学习：在考试前两周，他们承认他们没有做很多准备；在即将考试之前，他们承认他们准备不充分。那些掌握目标和成绩—接近目标类型的学生都预先开始为考试做准备。然而，有掌握目标的学生的显著特征是对考试有冷静的期望：从考试前两周到即将考试之前，他们变得更少地回避考试。

当你检查构成你学业成就的基础目标时，也返回去想一想你的课堂经历：老师灌输了不同的目标（Meece et al., 2006）。老师可以通过认可学生的努力和赞赏其学到的新能力来强调掌握目标；老师也可以通过识别成绩最高的学生或忽视差的学生来强调成绩目标。一般来讲，学生的目标倾向于反映老师的目标。学生可能不是总有机会来发展掌握目标的。

另外，老师通过观察学生的行为来对他们的动机做出归因。假定你在考试中表现不好。正如我们在课本中注意到的，你能够用稳定的和可控的维度来解释你的成绩。老师用相同的维度来回应他们的学生（Reyna & Weiner, 2001; Weiner, 2006）。思考一下可控性。假定某教授相信布莱克的考试失败是因为他从来没有努力，而安吉拉的考试失败是因为她很晚才转到这个班级。教授可能更同情安吉拉而不是布莱克。改变教授的归因对布莱克是有利的！

当我们班的学生表现不好时，我们鼓励他们检查他们对课程设定的目标，以及那些目标如何激励他们的行为。我们希望你能看到采取这种练习的重要性。

- 为什么具有掌握目标的学生随着考试的临近却变得更加平静？
- 为了改变教授对学生成绩的归因，学生能做什么？

STOP 停下来检查一下

❶ 什么是成就需要？
❷ 人们在哪些维度上进行归因？
❸ 期望理论如何解释工作场所中的动机？

批判性思考：回顾一下证明归因影响学习成绩的研究。研究结果对你自己的大学生活有什么启迪？

要点重述

理解动机

- 动机是用来描述指导行为过程的动态概念。
- 动机分析有助于解释生物学过程和行为过程是如何联系在一起的，以及尽管面临困难和逆境，为什么人们还要继续完成既定目标。
- 驱力理论认为动机的作用是消减紧张。
- 人们也能被诱因激励，即与生理需要无关的外部刺激。
- 本能理论指出，动机通常依赖于先天的刻板反应。
- 社会和认知心理学家强调个人对环境的知觉、解释和反应。
- 马斯洛指出人类的需要能够以等级的方式组织起来。
- 尽管人类真实的动机更加复杂，但是马斯洛的理论为总结动机因素提供了有用的框架。

饮　食

- 人体内有很多调节启动和停止进食行为的机制。
- 文化规范影响着人们吃什么和吃多少。
- 如果个体变成限制性饮食者，则他们节食会导致体重增加而不是体重减少。
- 饮食障碍是威胁生命的疾病，它源于遗传因素、文化压力以及对身体意象的错误认识。

性行为

- 根据进化论的观点，性是繁殖后代的机制。
- 对动物来说，性驱动在很大程度上是受激素控制的。
- 马斯特和约翰逊的工作提供了有关男女两性性反应周期的第一手数据。
- 进化心理学家指出，大多数人类性行为反映了男性和女性择偶的不同策略。
- 性脚本定义了所处文化中适当的性行为方式。
- 同性恋和异性恋是由遗传、个体因素和社会环境共同决定的。

个人成就动机

- 人们有不同的成就需要。成就动机受人们解释成功和失败的方式所影响。
- 两种归因风格，即乐观主义和悲观主义，导致了人们对成就持不同的态度并影响了其动机。
- 组织心理学家研究工作场所中的人的动机。

关键术语

神经性厌食症	期望理论	组织心理学家
归因	需要层次	亲本投资
暴食症	动态平衡	性唤起
神经性贪食症	诱因	性脚本
约会强暴	本能	社会学习理论
驱力	动机	主题统觉测验（TAT）
公平理论	成就需要	

12

情绪、压力和健康

假设我们现在问你："你的感受如何？"你会怎样回答这个问题呢？你至少应该提供三方面的信息。首先，你会告诉我们你现在的心境如何，即你所感受到的情绪。你可能很快乐，因为你读完本章后就可以去参加一个聚会了？你可能很愤怒，因为你的老板刚刚在电话里冲你大吼大叫？其次，你可能会大致地告诉我们你所感受到的压力。你是否感到自己可以胜任目前的工作呢？还是觉得有一点超负荷了？最后，你可能会报告一下你的心理或生理健康状况。你是否感到自己就要病倒了？还是感觉良好？

本章将探索你回答"你的感受如何？"这个问题的三个层面之间的交互作用，即你的情绪、应激和健康。情绪是人类体验的外在表现。它们为你的人际交往赋予了丰富的内容，也为你的记忆增添了鲜明的特征和意义。我们将在本章讨论情绪的体验与功能。如果情绪对你的生理和心理功能造成太大的压力会发生什么样的后果？你可能会感到压力太大而无法面对。本章还要考察应激对你的影响以及应对之道。最后，我们将拓宽视野，看看心理学为健康和疾病研究所做出的贡献。健康心理学家要考察环境、社会及心理因素对病程的影响。他们还会利用心理过程与原则帮助人们治疗和预防疾病，并为增进个体健康献计献策。

现在我们来看看情绪的内容和意义。

情　绪

设想一下，如果你可以思考和活动，却感受不到情绪，生活将会怎样？你是否愿意不再感到恐惧，但同时也不得不失去热吻爱人的激情？你是否愿意以放弃欢乐为代价而远离悲伤？显然这些都不是什么好交易，你注定会后悔。我们很快会看到情绪的诸多重要功能。然而，让我们先从情绪的定义开始，并看一看情绪体验的根源。

也许你认为情绪只是一种感觉——"我感到快乐"或"我觉得悲伤"，但我们需要对这个重要概念下一个更广泛的定义，既包括身体，也包括心理。当代心理学家将**情绪**（emotion）界定为一种复杂的身体和心理变化模式，包括生理唤醒、感觉、认知过程、外显的表达（包括表情和手势）以及特殊的行为反应，这些反应都是针对个体认为具有个人意义的情境做出的。为了了解为什么所有这些成分都是必需的，请先设想一下让你感到特别快乐的情境。你的生理唤醒可能是平缓的心跳；你的感觉是积极的；相关的认知过程包括那些使你将该情境界定为快乐的解释、记忆和预期；你的外显行为反应可能是表情上的（微笑）或动作上的（拥抱爱人）。

在我们试图将这些成分（唤醒、感觉、思维和行动）整合在一起说明情绪以前，我们必须区分情绪和心境（mood）。我们把情绪定义为对具体事件的特殊反应，准此而论，情绪通常持续的时间较短，比较强烈。相反地，心境通常不太强烈而且可能持续数天。心境与激发事件的关系很弱。你的心境可能或好或坏，却茫然不知原因。我们运用理论解释它们时，还须牢记情绪和心境的区别。

基本情绪与文化

假如你可以将各种文化的人集合到一间屋子里，你估计他们在情绪体验上有何共通之处？要想初步地回答这个问题，你可以先看看查理·达尔文的著作《人类和动物的表情》（1872/1965）。达尔文认为，所有物种的情绪与其他重要的结构及功能一同进化而来。他对于情绪的适应功能颇感兴趣，并认为它不是一种模糊不清的、不可预期的身体状态，而是人脑功能高度特异化、协调运作的模式。达尔文将情绪看做一种遗传得来的、对世界上某类反复发生的情境做出反应的特定心理状态。纵览人类种系的历史，人类不断受到肉食动物的攻击，堕入爱河，繁衍子孙，彼此争斗，面对伴侣的不贞，目睹爱人的亡故——这样的时刻数不胜数。因此我们可能会预期，所有人种的人都会表现出一些特定的情绪反应。通过对新生儿情绪反应以及跨文化表情一致性的观察，研究者已经验证了这种情绪普遍性的主张。

是否存在一些与生俱来的情绪反应？ 如果进化论的观点是正确的，我们预期将会在全世界的儿童中找到许多相同的情绪反应模式（Izard, 1994）。**希尔文·汤姆金斯**（Silvan Tomkins, 1911—1991）是第一位强调这种即时的、非习得性的情感（情绪）反应普遍性的心理学家（Tomkins, 1962, 1981）。他指出，无须预先的学习，婴儿就会对巨大的声响表现出恐惧，或者表现出呼吸急促。他们似乎对特定的刺激具有“预置”的普遍情绪反应，从而适应各种环境。

跨文化研究也证实了这一预期，生活在不同文化中的儿童，他们的某些情绪反应非常相似。

> 研究者希望确定美国、日本和中国 11 个月的婴儿如何表现自己的愤怒和恐惧情绪（Camras et al., 2007）。为了引发婴儿的愤怒反应，研究者将每个婴儿的手腕抓住并固定在小盘桌上，这样婴儿的手臂就不能自由活动。为了引发婴儿的恐惧反应，研究者给每个婴儿展示了“一个大猩猩玩具，大猩猩的头部与身体分离，可以通过遥控发出刺耳的咆哮声，同时眼睛里的灯会变亮，嘴唇会张开”（p.136）。结果发现两种条件下婴儿都表现出不同的行为反应。比如，恐惧相比于愤怒更可能使婴儿的心率加快。这些行为反应具有跨文化的相似性。此外，婴儿的面部表情也具有跨文化的相似性。不过，婴儿恐惧和愤怒的面部表情并不总是存在差异。显然，儿童在一岁之后就能对负面情绪表现出不同的面部表情。

虽然这一研究说明了情绪的跨文化一致性，但这三个国家婴儿的面部表情也表现出微妙的差异。比如，美国孩子与中国孩子相比，面部表情更可能表现出下拉的眉毛和啼哭的嘴唇。这一结果表明，文化很早就会对天生的情绪反应产生影响

达尔文是首先把照片用于情绪研究的人之一。该图片出自《人类和动物的表情》（1872/1965）。为什么达尔文认为情绪是进化的产物呢？

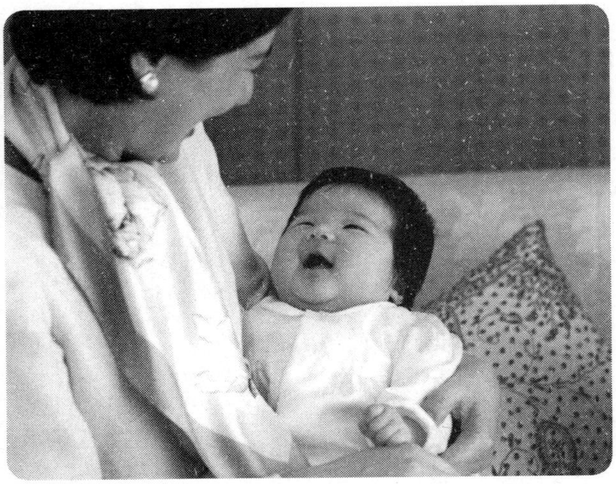

为什么研究者认为一些情绪反应是天生的?

（Camras et al., 1998）。

还要注意的是，婴儿解释他人面部表情的能力似乎与生俱来。在一项实验中，5 个月大的婴儿出现了习惯化反应，即对于重复呈现的不同程度的成人笑容的兴趣有所降低（Bornstein & Arterberry，2003）。随后给婴儿出示两张新照片：一张照片上是同一个成人，但笑容不同（即笑的程度不同）；第二张照片上的同一个成人表现出恐惧的表情。所有婴儿一致地花了更多的时间看向恐惧的表情——表明他们既把恐惧表情体验为新事物，又把不同程度的笑容归为同一类别。还有研究表明 7 个月的婴儿在面对愤怒和恐惧表情时表现出不同的脑活动模式（Kobiella et al., 2008）。因此，婴儿对不同的面部表情具有不同的反应，正如我们恰好在前文中 11 个月大的婴儿身上所观察到的，只不过他们还不能表现出来而已。

情绪表达是否具有普遍性？ 我们已经看到，婴儿可以做出并知觉到标准的表情。如果真的是这样，我们也可以预期在不同文化的成人中，他们通过表情进行交流的方式也应具有相当的一致性。

保罗·艾克曼（Paul Ekman）是一位研究表情属性的杰出学者。根据他的观点，所有人都拥有共同的“表情语言”（Ekman, 1984, 1994）。艾克曼和他的助手已经证明了达尔文最初的假设——存在一系列的对于人类种系具有普遍性的情绪表达，可能因为它们是我们演化过程中与生俱来的成分。在你往下读之前，先看看**图 12.1**，思考一下你对常见的七种表情的识别能力如何（Ekman & Friesen, 1986）。

有相当多的证据说明，这七种表情的识别具有世界普遍性，它们是快乐、惊奇、愤怒、厌恶、恐惧、悲伤和轻蔑。跨文化研究者要求来自不同文化的人们对标准化照片中的表情所表达的情绪进行识别，结果发现人们通常可以识别这七种情绪相应

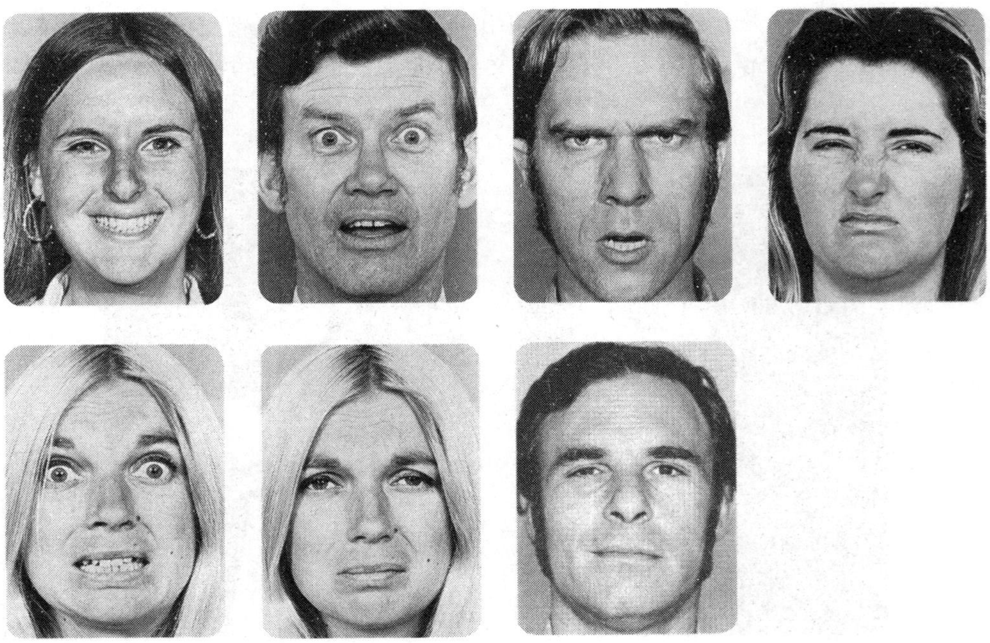

图 12.1

表情的判断

将恐惧、厌恶、快乐、惊奇、轻蔑、愤怒和悲伤这七种情绪术语与右边的七张面孔相匹配。答案见本章结尾。

的表情。

> 在一项研究中，新几内亚的一个还处在前文字阶段（前文化）部落中的成员可以精确地对图 12.1 中的白人面孔所表达的情绪进行识别，而在进行这项实验前，他们几乎从未见过西方人或接触过西方文化。他们是通过自己的生活感受进行推断的。比如，照片 5（恐惧）意味着你没有长矛在手时被一头野猪追逐，照片 6（悲伤）暗示你的孩子死去了。他们惟一的困惑来自于区分照片 2 所表现的是惊奇抑或恐惧，可能因为这些人在惊奇的时候通常是恐惧的。
>
> 接下来，研究者让该文化中的其他成员（那些没有参加第一项研究的人）做出用以交流六种情绪（不包括轻蔑）的表情。当美国学生观看这些前文化个体的表情录像时，他们可以准确识别他们的情绪——但有一种除外。毫不奇怪，美国人难于分辨前文化中恐惧和惊奇的表情，而前文化中的人也弄不清西方人的这两种表情的差别（Ekman & Friesen, 1971）。

最近的一项研究比较了匈牙利人、日本人、波兰人、苏门答腊人、美国人和越南人对于面部表情的判定，结果发现他们具有很高的一致性（Biehl et al., 1997）。一个普遍的结论是，全世界的人们都会以相同的方式表达基本情绪，不管文化、种族、性别或教育的差异。同时，可以根据他人的面部表情来推断他们的情绪。

请注意，这种普遍性只是指七种基本情绪。艾克曼和他的同事并不认为所有的表情都具有普遍性，也不认为所有文化都以同样的方式表达所有情绪（Ekman, 1994）。实际上，艾克曼（Ekman, 1972）称之为神经文化理论，从而反映了脑（进化产物）和文化在情绪表达中的共同影响。当一种特定情绪被唤醒时，大脑控制相应的面部肌肉做出特定表情。然而，在普遍的生物学之外，不同的文化会施加各自的影响。我们在描述前文化的成员和美国大学生反应上的不同时，报告了一些文化影响。上述六国比较研究也发现了在普遍一致的背景下不同国家间的差异（Biehl et al., 1997）。例如，日本人识别愤怒的能力要比美国人、匈牙利人、波兰人和越南人差。越南人在识别厌恶表情时要比其他国家的人差。

为什么会出现这些不同呢？让我们直接来看看文化对于情绪的影响。

文化怎样限制情绪的表达？ 我们刚刚已经看到某些情绪表达具有普遍性。尽管如此，不同的文化对于情绪的掌控仍存在不同的标准。某些情绪反应，特别是表情，每一种文化都有其独特性。文化建立起社会规范，以规定人们应该有哪些特定的情绪反应，以及特定成员的哪些情绪表达具有社会适应性（Mesquita & Leu, 2007）。让我们看三个不同于西方常规的情绪表达示例。

塞内加尔的沃洛夫部落对地位和权力有严格的界定。该文化要求上层人士节制自己的情绪表达。下层人士在情绪表达上则有较大的自由度，特别是一个叫做民间艺人（griots，指北非民族特有的一类民间艺人，有诗人、乐师、说书人，其民族历史皆由这些说书人口耳相传。——编者注）的阶层。实际上，这些民间艺人通常被认为以一种“不庄重”的方式表达着贵族的情绪。

> 一个下午，一群妇女（五个贵族和两个说书人）聚集在城镇郊区的一口水井旁，这时另外一个妇女一步跨向水井，结果掉进了井里。所有的妇女对于这种明显的自杀行为都大为震惊，但是贵族妇女仍然沉默不语，而民间艺人的妇女却尖声惊叫起来。只有民间艺人的妇女尖叫代表了所有人的正常反应（Irvine，1990，p.146）。

文化通过何种方式抑制情绪表达——比如葬礼上的情形?

你能想象自己会如何表现吗？你很可能会和民间艺人的妇女做出同样的反应，而不会像那些贵族妇女一样保持沉默。除了惊叫，你还能做什么呢？很显然，那些贵族妇女恪守着文化传统对她们的要求——不要做出过于强烈的情绪反应。

第二个关于情绪表达的文化多样性的例子来自于本书一位作者的生活。在一位叙利亚裔美国朋友的葬礼上，他对于下面的场景大为吃惊：每当一个新的吊唁者进入灵堂，一群妇女就会发出尖叫和哀号。然后她们会突然停止，直到下一位吊唁者进入灵堂，才会重新开始她们的哀号。这种行为如何解释？原来，由于死者的任何一位家属都难于承受连续三天这样激烈的情绪反应，因此他们雇用专门的啼哭者，向每一位新来的吊唁者表达他们强烈的悲伤情绪。这种行为在地中海和近东的文化中都可以见到。

在我们的第三个例子中，我们转向疼痛情绪表达的跨文化差异。回忆第 4 章，我们知道心理背景对人们疼痛强度的感受有巨大的影响。同样地，文化背景会影响人们表达疼痛的适当行为。比如，有项研究证明，美国人和日本人认同的表达疼痛的适当行为有很大差异（Hobara, 2005）。两种文化背景下的参与者完成了适当疼痛行为问卷（Appropriate Pain Behavior Questionnaire, APBQ），问卷条目包括如“女人在大部分情况下都应忍受疼痛”和“可以接受男人在疼痛时大哭”等问题。一般来说，日本人的 APBQ 分数低于美国人：他们不太赞同疼痛情绪的公开表达。另外，两个文化群体都赞同女性可以比男性表达更多的疼痛情绪。研究者把文化差异归结为“许多亚洲文化传统的禁欲主义……”（Hobara, 2005, p.392）

当你将各种情绪视为人类经验的进化产物，也不要忘记文化所起的作用。西方观念中的那些必需的或不可避免的情绪表达对于其他社会未必适用。由于情绪表达标准的不同，是否会给来自不同文化的人们带来误会?

迄今为止，我们已经看到了一些情绪的生理反应——比如微笑或痛苦的表情——可能是与生俱来的。现在我们将转向那些将情绪的生理反应和心理原因联系起来的理论。

情绪理论

情绪理论通常要解释情绪体验中生理和心理层面的关系。我们首先讨论身体在情绪化情境中做出的反应。然后我们将回顾一些解释生理反应作用于心理情绪反应的理论。

情绪的生理学　当你体验到强烈的情绪时会有什么表现？心率、呼吸会加快，嘴巴会发干，肌肉会紧张，你还有可能会发抖。另外，除了这些可见的变化外，还有一些看不见的变化。所有这些反应都是为了动员你的身体，以对引起情绪的情境做出反应。让我们来看看情绪生理反应的过程。

自主神经系统（ANS）通过它的交感和副交感系统的活动，同时为身体的情绪反应做好准备（见第 3 章）。这两个系统的平衡取决于唤醒刺激的性质和强度。对于轻微的、不愉快刺激，交感系统更加活跃；而对于轻微的、愉快的刺激，副交感系统则更加活跃。刺激的强度增大时，会同时导致两种系统活动的增强。生理上，诸如恐惧和愤怒等强烈的情绪反应会激活身体的紧急反应系统，从而让身体迅速而高效地为应对潜在危险作好准备。交感神经系统促使肾上腺释放激素（肾上腺素和去甲肾上腺素），进而导致内脏释放血糖，升高血压，增加汗液和唾液分泌。当紧急事件过后，为了让有机体平静下来，副交感神经系统会抑制这些活性激素的释放。你可能会在经历了强烈的情绪事件后维持一段时间的唤醒状态，这是因为血液中仍残留着一定的激素。

在介绍情绪理论时我们将会看到，研究者一直在争论这样一个问题："特定的情绪体验是否会引发不同模式的自主神经系统活动？" 跨文化研究对这一问题的回答是肯定的。研究小组测量了美国人和苏门答腊岛西部的米南卡保人（Minangkbau）产生和表达情绪时的自主反应，如心率和皮肤温度。米南卡保文化要求其成员不要表露消极情绪。尽管如此，他们是否也会像美国参与者一样对消极情绪表现出潜在的自主反应模式呢？数据显示，两个文化之间具有很高的相似性，这使得研究者认为，自主反应模式"是普遍的生物演化遗迹的一个重要部分"（Levenson et al., 1992, p.986）。

现在让我们从自主神经系统转向中枢神经系统。激素和神经方面的唤醒全部由下丘脑和边缘系统负责，它们是控制情绪和进攻、防御和逃避等行为模式的脑区。神经解剖学的研究特别关注杏仁核的作用，它是边缘系统的一部分，起着情绪的通路和记忆过滤器的作用。杏仁核的主要作用是给接受到的感觉信息赋予意义，特别是在对负性经历的意义解释中，杏仁核扮演着重要的角色。例如，当人们观看一张恐怖的面部表情的图片时，左侧杏仁核（你的大脑的两侧各有一个独立的杏仁核）随着表情强度的上升，激活水平也提高；相反，快乐表情强度的增加几乎不会使杏仁核的激活水平上升（Morris et al., 1996）。

第 10 章我们曾提到的研究表明，男性和女性在观看和回忆涉及情绪的画面时，左右侧杏仁核具有不同的加工过程（Cahill et al., 2004; Canli et al., 2002）。最近来自 PET 扫描的证据表明，男女两性的大脑对情绪的加工过程是不同的，即使他们没有积极地参与任务（Kilpatrick et al., 2006）。情绪记忆的研究表现出类似的结果，男性的右侧杏仁核更持续地激活，而女性的左侧杏仁核则出现更多的激活。并且，男性和女性的杏仁核与其他脑区的连接模式也是不同的。男性的右侧杏仁核与外部环境定向的脑区（如运动区和视觉皮层）存在广泛的信息传递；女性的左侧杏仁核与身体的内部环境定向的脑区（如下丘脑）存在广泛的信息传递。这些数据表明，男女两性可能在生物层面上预先设定了不同的情绪事件偏好。

皮层也因为其内部神经网络和与身体其他部分的联系而涉及情绪体验过程。皮层能为个体提供联结、记忆和意义，将心理体验和生理反应整合起来。应用大脑扫描技术的研究已经开始描绘不同情绪的特定反应。例如，快乐和悲伤不仅仅是同一

为什么大脑对小狗和蜘蛛的体验产生不同的反应?

皮层位置的两种相反的反应。毋宁说，相反的情绪会在大脑截然不同的位置造成最大激活。在一项研究中，用 fMRI 扫描参与者观看积极图片（小狗、巧克力小饼干和日落）和消极图片（生气的人、蜘蛛和手枪）时的脑区。扫描显示，观看积极图片时，左半球脑区表现出更大激活，而观看消极图片时，右半球脑区表现出更大激活（Canli et al., 1998）。事实上，有研究者提出大脑有两个截然不同的系统，分别掌管“接近-相关”和“回避-相关”的情绪反应（Davidson et al., 2000；Maxwell & Davidson，2007）。想想小狗和蜘蛛，大部分人想接近小狗而回避蜘蛛。研究认为，不同的大脑回路隶属于不同的半球，负责不同的情绪反应。

到此为止，我们已经看到你的身体会针对情境表现出一系列和情绪有关的反应。但是你怎么知道哪种情绪会伴随哪种生理反应呢？现在我们要介绍试图回答这一问题的三种理论。

身体反应的詹姆斯—兰格理论　首先，你可能会想，每个人都会同意情绪先于反应。例如，你会冲某人大叫（反应），因为你感到气愤（情绪）。然而在 100 多年前，威廉·詹姆斯就争辩道，亚里士多德很早就提出，这个顺序是相反的——你的感觉晚于你的身体反应。如詹姆斯所说，“我们感到难过，因为我们哭泣，气愤，因为我们打斗，害怕，因为我们颤抖”（James, 1890/1950, p.450）。情绪来源于身体反馈的观点被称为**詹姆斯—兰格情绪理论**（James-Lange theory of emotion，卡尔·兰格是和詹姆斯同年提出相同观点的丹麦心理学家）。根据这一理论，体验到一个刺激引起的自动唤醒和其他身体反应后，才会产生特定的情绪（见**图 12.2**）。詹姆斯—兰格理论被看做是外周主义的理论，因为它将情绪链中最重要的角色赋给了内脏反应，而控制它的自主神经系统位于中枢神经系统的外周。

坎农—巴德的中枢神经过程理论　生理学家沃特·坎农（Cannon, 1927, 1929）反对外周主义而支持中枢主义，视情绪为集中于中枢神经系统的作用。坎农（和其他批评者）指出了詹姆斯—兰格理论的一系列不足（Leventhal, 1980）。例如，他们提到，内脏反应同情绪无关——即使通过手术切断内脏同中枢神经系统的联系，实验动物仍然会继续存在情绪反应。他们还辩论道，自主神经系统的反应显然太慢了，不足以成为引发情绪的源头。根据坎农的看法，情绪反应要求大脑在输入刺激和输出反应中起作用。来自丘脑的信号到达皮层某一位置，产生情绪感觉，到达另一位置而引起情感的表达。

另一位生理学家菲利普·巴德也得出同样的结论，即内脏反应在情绪反应中并不重要。相反，唤醒情绪的刺激同时产生两种效应：通过交感神经系统导致身体上的唤起；通过皮层得到情绪的主观感受。这些生理学家的观点可以总结为**坎农—巴德情绪理论**（Cannon-Bard theory of emotion）。该理论说明了情绪刺激产生的两种同时反应，生理唤醒和情绪体验，它们没有因果关系（见图 12.2）。如果某事令你生气了，你的心跳加快的同时，你会想：“太可气了！”但是，既不是你的身体也不是你的大脑导致了愤怒反应。

坎农—巴德理论预测了身体和心理反应的独立性。接下来我们会看到同时代的

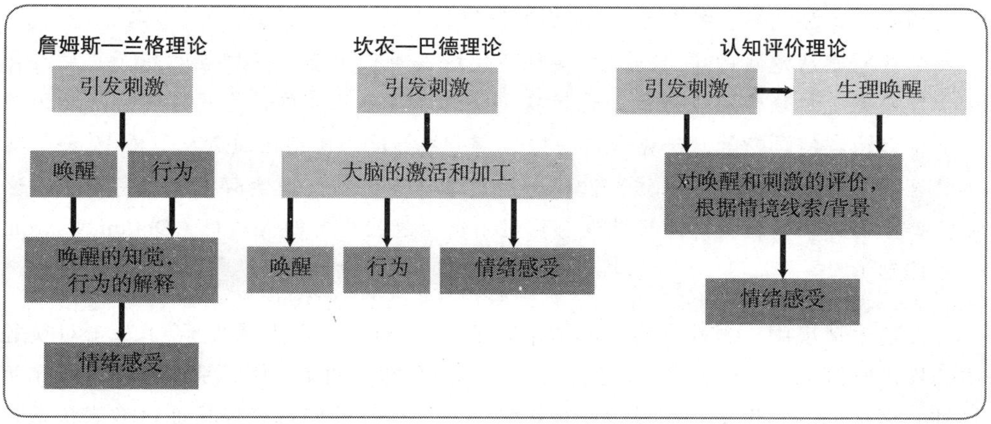

图 12.2 三种情绪理论的比较

这些情绪的经典理论假定了情绪的不同成分。它们也假定了刺激事件导致情绪体验的不同进程。在詹姆斯—兰格理论中，刺激引发自主的唤醒和行为，被知觉到后引发特定的情绪反应。在坎农—巴德理论中，刺激首先作用于大脑的不同中心，直接刺激产生唤醒反应、行为行动和情绪体验。在认知评价理论中，刺激事件和生理唤醒都同时依据情境线索和环境因素得到认知评价，在唤醒水平和评价性质的交互作用中产生情绪体验。

资料来源：Rathus, *Psychology*, 3E. © 1987 Wadsworth, a part of Cengage Learning, Inc. Reproduced by permission. www.cengage.com/permissions

情绪理论并不认为这两种反应必然独立。

情绪的认知评价理论　由于在许多不同的情绪中，唤醒症状和内部状态是相似的，因此在模棱两可或者新异的情境中体验到它们时，很可能混淆不清。**斯坦利·沙赫特**（Stanley Schachter，1922—1997）提出**情绪的双因素理论**（two-factor theory of emotion）来解释人们对此种不确定性的应对情况。根据斯坦利·沙赫特（Schachter, 1971a）的理论，情绪的体验是生理唤醒和认知评价两种因素相结合的产物，它们对于情绪的发生都必不可少。所有的唤醒都被假定为普遍的、没有差别的，而且唤醒是情绪序列的第一步。个体先要对生理唤醒进行评价，从而决定具体感受是什么，哪个情绪标签最为合适，以及在情绪体验的特定情境中，你的反应意味着什么。

理查德·拉萨如（Richard Lazarus，1922—2002）是另一位认知评价观点的倡导者。拉萨如（Lazarus, 1991, 1995; Lazarus & Lazarus, 1994）坚持认为，“情绪体验不能简单地理解为在个人或大脑中发生了什么，而要考虑和评估前者与环境的交互作用”（Lazarus, 1984a, p.124）。拉萨如还强调了评价通常是在无意识状态下发生的。当你拥有和产生情绪的情境相关的过去经历时——这是以前与我产生过冲突的那个暴徒！——你就无须再刻意对你的唤醒进行环境上的解释。这种主张被定义为**情绪的认知评价理论**（cognitive appraisal theory of emotion，见图 12.2）。

为了检验这个理论，研究者们设置了一些情境，参与者可利用一些线索，为他们的唤醒贴上标签。

> 一位女性研究者对男性参与者进行了采访，这些参与者刚刚通过了加拿大温哥华的两座桥，一座是很安全、坚固的桥；另一座是摇摆不定、很危险的桥。研究者假装要研究景色对于创造力的影响，要求这些男士根据一幅模棱两可的

妇女图画写一个简短的故事，还告诉他们如果对研究感兴趣，还可以给她打电话。那些刚刚从危险的桥上通过的男性写出的故事里包含更多的性幻想，而且给女性研究者打电话的人数也是通过安全桥的参与者的4倍。为了证明唤醒是影响认知曲解的自变量，研究者还安排了另一组男性，他们在通过危险桥10分钟甚至更长时间后才接受采访，这段时间足够让他们的生理唤醒症状平息下来。这些不再处于唤醒状态的男性没有再显示出唤醒状态时的性幻想（Dutton & Aron, 1974）。

在这个情境中，男性参与者的情绪判断（“我对这个女人感兴趣”）基于对唤醒源的错误归因（女性代替了危险的桥梁）。在一个类似的实验中，那些刚刚进行完两分钟有氧运动的学生报告了较少的极端情绪——当时他们可以轻易地将唤醒状态归因于运动而非情绪状态——而拖延了一段时间后再进行报告，则持续的唤醒好像与先前的运动很少相关（Sinclair et al., 1994）。

认知评价理论的一些细节受到了挑战。例如，你已经知道唤醒状态——自主神经系统的活动——可以伴随各种不确定情绪（Levenson et al., 1992）。因此，至少对于某些情绪体验的解释并不需要评价。进一步来说，强烈的、没有明显原因的唤醒，不会像理论所假设的那样带来中性、没有差异的主观解释。请想象一下，就在此刻，你的心跳突然加速，呼吸变快变浅，胸肌紧张，手掌因出汗而变得潮湿。你将对这些症状作何解释呢？你是否会感到惊讶——人们通常会把那些无法解释的生理唤醒看做是消极的，是情形变糟的信号。另外，人们还会偏向于为这种消极的解释寻找一些缘由，来加以解释和证实（Marshall & Zimbardo, 1979; Maslach, 1979）。

另一个对情绪的认知评价理论的批评来自研究者**罗伯特·扎荣茨**，他证明了在何种条件下人们会毫无理由地偏好或产生不知原因的感觉（Zajonc，1980，2000）。在一系列简单曝光效应的研究中，参与者要观看各种各样的刺激，比如外语单词、汉字、一组数字和奇怪的面孔，它们呈现的速度很快，因此无法看清楚。然后询问参与者他们有多喜欢某些刺激，其中一些是旧刺激（即在意识阈限之下闪现的刺激），还有一些是新刺激。参与者倾向于给旧刺激的评分更高。因为参与者体验到这些积极情绪而没有意识到它们的来源，所以情绪反应不可能是来自于评价过程。

认知评价很重要，但不是惟一的情绪体验过程，做出这样的结论可能是最为安全的（Izard, 1993）。在某些情况下，你实际上会考虑情境的影响（至少是无意识的）以解释为什么会有这种感觉。然而在另一些情况下，你的情绪体验可能受进化而来的天生机制控制。生理反应不需要任何解释。情绪体验的这些不同途径显示，情绪对你的日常生活经验具有各种不同的影响。现在我们就来看看心境和情绪对人们的影响结果。

心境和情绪的影响

我们先思考一下心境和情绪对社会交往的影响。作为一个积极的社会粘合剂，它们使你贴近某人；作为一种消极的社会防水剂，它们使你远离他人。当某人暴怒时你会后退，当某人用微笑、放大的瞳孔和“到这边来”的一瞥给出接受的信号时，你会靠近。你可能碍于他人的身份或权力而压抑住自己强烈的消极情绪不表露出来。回想一下 D.R.，那位丧失了杏仁核功能的妇女——同时也丧失了她知觉气愤和恐惧的能力（Scott et al., 1997）。当我们在前面介绍 D.R. 时，我们请你想象一下，如果你无法理解别人试图向你传达的负面情绪，你的生活将会怎样？例如，如果无法从他人那里得知情况的危险，或者无法知道你的情绪已经引起了别人的愤怒，事情将会怎样？当 D.R. 失去了她的杏仁核的功能后，她也失去了她完整的社交能力。

如果你周围的人为你最喜欢的球队欢呼，你会有何种感受？

你所体验到的心境对于你在社会中的行为有着重大影响。研究者已经证明积极和消极的心境会影响人们加工信息的方式（Clore & Huntsinger，2007；Forgas，2008）。具体而言，处于消极心境的人与处于积极心境的人相比，往往会更详尽、更努力地加工信息。请思考积极或消极心境对人们判断有无罪行的影响。

> 实验参与者先要观看短片，使他们处于快乐、中性或悲伤的心境（Forgas & East，2008）。一旦参与者具有了某种心境，就要观看四段视频，片子中的人否认自己偷了电影票。实际上，两个人是诚实的（即他们没有偷电影票），而另两个人不诚实（即他们偷了电影票）——但参与者并不了解这一信息。参与者在观看了每段视频之后，都要判断片子中的人是否无辜。结果发现，大体上悲伤的心境更可能让人以为人们不诚实。此外，心境对于参与者做出有罪的正确判断能力也有重要影响：处于悲伤心境的参与者比随机条件下表现更好，而处于中性和快乐心境的参与者则没有更好的表现。

在讨论他们的结果时，研究者指出消极心境可能会使人不太轻易相信别人。想一下你自己的生活：当你高兴时，你是否会在社交中冒更多的风险？当你悲伤时，你是否更容易怀疑别人？

我们刚刚举例说明了，你所处的总体心境会对你的判断产生影响。此外，研究者还考察了思维和情感的相互作用对行为反应的影响（Storbeck & Clore, 2007）。让我们看看**表 12.1** 中的两个推理问题。你将怎样回答每个问题？如果你仔细分析这些情境，试着坚持只关注结果，你会发现这两种情况下，都是一个人为了其他 5 个人的生还而牺牲。然而，大多数人对这两种情况的回应是不同的：他们相信转动开关是合理的，但是他们却不能够接受把一个陌生人推入电车轨道。对这种差异的解释可能是第一个问题涉及了情绪过程。真正地把一个人推入电车轨道的想法很难不产生情绪反应。对这个假设的支持直接来自于大脑。在一项研究中，研究者要求参与者思考道德推理问题，并进行 fMRI 扫描（Greene et al., 2001）。一些问题是个人化的，如例一，他们要求参与者考虑个人直接参与的行为。与这些问题相反，有些问题是相对非个人的，如例二。这两类问题导致截然不同的大脑反应。具体说来，在个人化问题上，fMRI 扫描显示在与情绪处理相关的脑区（前测研究）有更大的激活。这个研究提供了强有力的证据证明：你在生活中所面临

表 12.1 道德推理问题

1. 一架失控的电车沿着轨道向工人冲去，照这样的速度，轨道上的 5 个工人会毙命。现在你站在电车和工人之间的人行桥上。旁边有个陌生人也在人行桥上，他看上去很强壮。解救这 5 个工人的唯一方法是把这个陌生人推下轨道。他强壮的身躯会阻挡电车的前进。如果你这么做了，这个陌生人会死，但是那 5 个工人会获救。

   对你来说，把陌生人推下轨道去救这 5 个工人合理吗？

2. 你在操作一架失控的电车快速冲向轨道的交叉口。轨道向左延伸有 5 个铁路工人，向右只有一个铁路工人。如果你什么都不做，电车会驶向左边轨道，这 5 个工人会毙命。解救这 5 个工人的唯一方法是把你操作盘上的开关扳到右边，右边轨道上的那个工人将会毙命。

   对你来说，为了解救这 5 个工人的生命而扳动开关是合理的吗？

为什么你会担忧积极心境让你更容易轻信别人?

问题的性质决定了你的认知和情绪怎样互相影响以提出解决方法。

我们要说的最后一点是心境和认知的关系。研究者不断证明那些处于积极心境的人会产生更有效率、更有创造性的想法和问题解决办法（Baas et al., 2008）。请思考一项研究，实验者要求医生解决需要一定创造性的问题。那些处于温和愉快情绪中的人（实验者给一些医生一些糖果作为礼物），比起那些控制组的医生（没有得到礼物）在创造性测验中表现得明显要好（Estrada et al., 1994）。你可以看到一些这种发现的即刻应用：如果你保持良好的情绪，你在学校的表现会更好、更有效率。你可能会想："我怎样才能在每件工作中都保持愉快的情绪呢？" 我们将转向需要层次这个话题，以及你如何可以应付它，你将学会怎样用认知的方法控制你的"感觉"。我们现在要思考人们在长期幸福感上存在的个体差异。

主观幸福感

本章开篇我们请你思考这样一个问题，"你的感受如何？" 迄今为止，我们关注的焦点还是你当前的状态：你现在体验到何种心境或情绪？不过，可以延长这个问题的时间维度，这样问"你对你整个人生感觉如何？" 这个问题就涉及**主观幸福感**（subjective well-being）——个体对生活满意度和幸福度的总体评价。近年来，大量心理学的研究都关注于探索影响人们主观幸福感的因素（Kesebir & Diener，2008）。这一研究焦点部分地反映了心理学领域的一场重要运动即**积极心理学**（positive psychology）浪潮的兴起。积极心理学的目标是传授人们知识和技能，从而让他们体验充实的生活。积极心理学要问的问题是："心理学家能否利用他们掌握的治疗精神疾病的科学和实践知识，帮助人们获得持续的幸福？"（Seligman et al., 2005, p.410）。许多主观幸福感的研究都侧重于确定某些人感觉更幸福的原因。正如大多数心理学领域一样，研究者也试图评估遗传和环境的影响。

为了解遗传的影响，研究者利用经典的行为遗传学方法进行研究：他们考察了同卵和异卵双生子所报告的主观幸福感相似程度。比如，有研究者测量了 4 322 名挪威双生子的主观幸福感（Nes et al., 2006）。同卵和异卵双生子的比较表明，遗传因素可以解释男性主观幸福感 51% 的变异，而女性则为 49%。研究者还在相隔 6 年的两个时间点上收集了主观幸福感数据。遗传因素可以解释男性主观幸福感跨时相关的 85%；而女性则为 78%。而利用 973 对美国双生子样本的研究也表明遗传对主观幸福感有巨大的影响（Weiss et al.,2008）。不过，这些数据也表明人格在这些遗传影响中具有重要的作用。在第 13 章我们将讨论人格特质具有高度遗传性的证据。美国双生子样本的结果表明，主观幸福感的差异乃是人们与生俱来人格特质的结果。比如，情绪稳定和社交参与度高的人同时很可能报告较高的主观幸福感。

我们刚刚看到，遗传对主观幸福感的个体差异有着重要的影响。然而，生活经历也很重要。人们判断主观幸福感的一条重要依据是对生活中积极和消极情绪的权衡。

有研究小组调查了 46 个国家的 8 557 名参与者（Kuppens et al.，2008）。参与者要回应某些陈述，以评估他们的生活满意度，比如在从“强烈反对”到“强烈赞同”的 7 点量表上回答“我的生活几乎接近了我的理想”（p.71）。他们在最后一周还要用 9 点量表——从“一点也不”到“一直都是”——来表示他们感到积极情绪（如自豪、感恩和爱意）和消极情绪（如内疚、羞耻和妒忌）的频率。结果发现这些测量数据之中存在一致的关系。概而言之，参与者有着更多的积极情绪体验和更少的消极情绪体验时，他们报告的生活满意度更高。不过，积极情绪对生活满意度判断的影响约两倍于消极情绪。结果还发现存在某些跨文化差异。比如，人们为保证日常生存而必须付出的努力程度存在文化差异。在生存都成问题的文化里，生活满意度的判断较少取决于积极的情绪体验。

你或许可以把这些结果与你自己的主观幸福感联系起来：在你的思绪掠过上一周时，心中自然出现何种情感体验？

你可能还会思考生活中导致此种情感体验的特殊事件。研究者检验了可能影响主观幸福感的各种生活事件的假设。比如，重大的消极事件（如失业、丧偶等）往往有损于主观幸福感（Lucas,2007）。研究者还关注人们生活环境的持续差异。比如，有研究者指出，“幸福最重要的惟一源泉”是良好的社会关系（Kesebir & Diener，2008，p.122）。从本书前述部分来看，读者对这一结论应该很熟悉；本章稍后我们会强调社会支持是应对压力的重要资源。

研究者还试图理解财富和主观幸福感的关系。当人们还在努力满足其基本需要时，他们报告的生活满意度和幸福感往往都很低（Howell & Howell，2008）。然而，一旦人们通过这一界限，基本需要获得满足，财富与主观幸福感的相关却非常小。如果你必须在更多的金钱与更多的朋友之间做出选择，积极心理学会建议你应该选择后者。

我们现在已经探讨了心境和情绪的短期及长期后果。接下来我们要考察压力及其应对。你将学会如何对自己的“感受”进行认知控制。

STOP 停下来检查一下

❶ 关于面部表情识别的跨文化研究揭示了什么？
❷ 自主神经系统在情绪体验方面起着什么作用？
❸ 坎农—巴德情绪理论的主要观点是什么？
❹ 情绪对信息加工的总体影响是什么？
❺ 幸福最重要的惟一源泉是什么？

批判性思考：回忆一下心境对人们判断有无罪行的研究。为什么心境对判断录像带中的人有无罪行如此重要？

生活压力

设想一下，我们要求你想一想你一整天的“感觉”如何。你可能会说，在短暂的一些时期里，你感到了快乐、悲伤、气愤、惊奇或其他情绪。但有一种情绪是人们经常报告的，而且成了日常生活的基调，那就是压力（Sapolsky, 1994）。现代的工业化社会给人们带来了快节奏、高消耗的生活。人们仅有的时间里总有许多事情要做，还要为渺茫的前景担忧，很少有时间分给家庭和娱乐。但是，如果没有了压力，你的生活是否会好些呢？没有压力的生活也就没有了挑战——没有了困难去克服，没有了新的领域去开拓，也没有了理由去加速运转你的头脑或提高你的能力。每个有机体都要面临来自外界环境和个体需求的压力。个体必须解决这些问题，从而实现生存和发展。

应激（stress）是一种反应模式，当刺激事件打破了有机体的平衡和负荷能力，或者超过了个体的能力所及，就会体现为压力。这些刺激事件包括各种各样来自外界或内部的情形，统称为应激源。每个**应激源**（stressor）都是一个刺激事件，要求有机体做出适应性的反应：一个自行车手在你的车前猛拐，你的教授提前了你交期末论文的日期，或者你要出任班长一职。个体为了应付这些改变而做出的反应包括许多方面，是多种反应形式的综合体，包括生理上的、行为上的、情绪上的和认知上的。人们通常会把应激与痛苦联系起来，认为所有的压力都是不好的。然而，你同样会经历积极应激（eustress，“Eu”在古希腊语中是“好”的意思）。你在本节结尾将会看到，在许多情况下，应激能给你的生活带来积极的改变。

图 12.3 描述了应激过程的要素。我们这一部分的目标是让你对图中所示的每一部分内容有一个清楚的了解。我们将从应激源引起的一般的生理反应开始。然后我们将描述不同类型的应激源所带来的特定影响。最后，我们将探索一些你用于应付这些生活中压力的不同方法。

图 12.3

应激模型

对于压力情境的认知评价和应激源，以及生理的、社会的以及个人可利用来应对压力的资源之间交互作用。个体对威胁做出各个方面的反应：生理上的、行为上的、情绪上的和认知上的。一些反应是适应性的，另一些则是非适应性甚至是致命的。

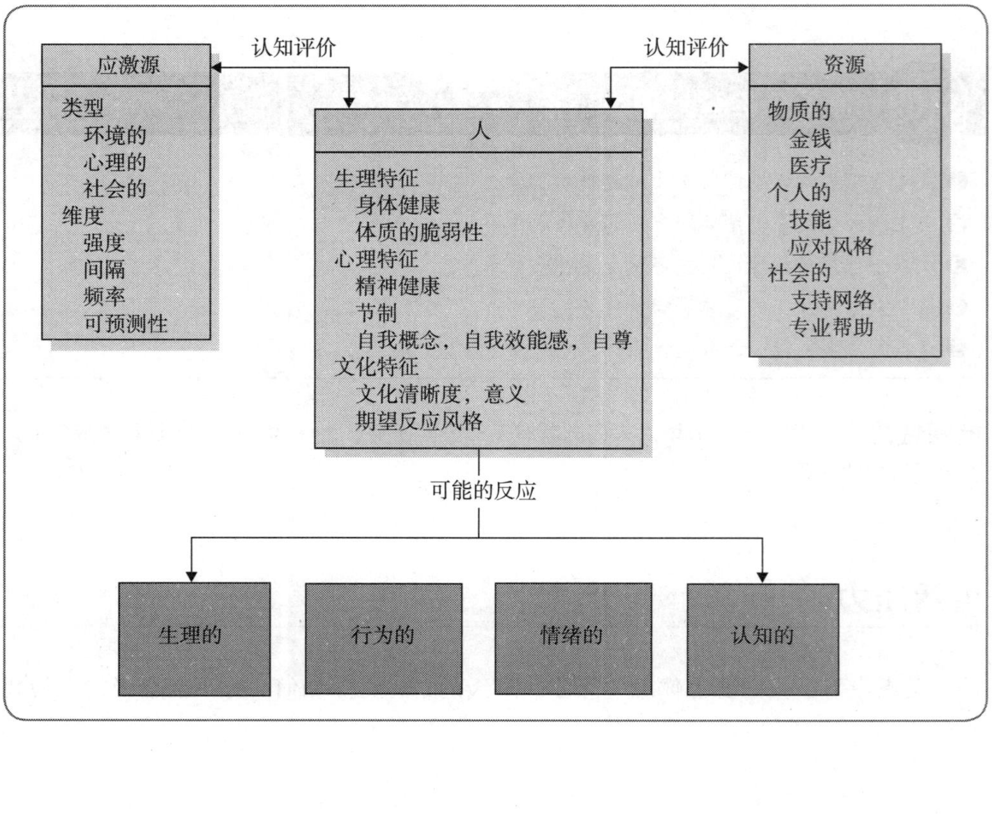

生活中的心理学

你能否准确地预测未来的情绪

假设你正准备上交一份作业。研究者走过来打断了你，要你预测未来。首先，研究者要求你预测一下自己的评分。接下来，假设你的实际评分比预测值高或低，或完全一样，研究者要求你预测一下自己的（在喜悦和懊恼的维度上）感受。请花点时间思考你会怎样回应。

研究者进行这项实验时，目的是比较学生预测的情绪反应与实际的反应（Sevdalis & Harvey，2007）。在学生获悉他们的评分之后，研究者再次找到他们，询问结果对他们感受的影响。平均来看，学生在作业上的表现要略好于他们的预期。不过，这些超出预期的好结果并没有让他们感到想象中的那般快乐：学生体验到的喜悦远少于他们的预期。

在我们思考人们预测未来情绪不准确的原因之前，且看另一个例子。许多城市居民都可能熟悉这一幕：你冲下阶梯时刚好看到地铁门关闭。你有什么感受？假设那班地铁开出去较长时间，你又有什么感受？有心理学家恰好进行了这项研究（Gilbert et al.，2004）。研究者走近美国马萨诸塞州坎布里奇市地铁站台上的人，给他们 1 美元要求完成简短的问卷。一组参与者是体验者，研究者给他们提供准确的信息：他们刚错过地铁（1 分钟）或地铁离开较长时间（5 分钟）。参与者要在从“完全不”到“非常”的评价量表上，表明自己对错过地铁感到遗憾的程度。而作为预测者的参与者则要利用一样的量表，来预测自己在任何一种条件下错过地铁所感到的遗憾程度（即每位预测者都只在一种时间条件下回答问题）。

之前，我们曾让你充当预测者，问你“你感觉如何？”如果你的回应类似于本实验的参与者，那么你的预期可能与预测者一样：他们预测人们刚刚错过地铁比错过较久感到更遗憾。然而，体验者实际报告的遗憾程度两者几乎一样。我们再一次看到，人们对自己未来情感的预测并不很准确。

为什么人们很难预测他们对特定结果的反应？在很大程度上，人们能以宽广的视角审视结果，这一点似乎比他们的预期更好（Kermer et al.，2006）。人们真的错过地铁时，能在一整天的大背景下从容处理这一结果。他们并不会纠结于孤立的事件，而让自己持续受到消极情绪的影响。相形之下，当人们预测自己将来的感受时，却不能在更完整的背景下解释事件之结果。对于积极情绪亦然。对于超出期望的评分你或许并不如预测的那般欣喜，因为该结果已成为你整个持续生活的一部分。

人们往往基于预测特定结果将带给你怎样的感受来做出重大决策。你做出决策时，还请小心你对未来感受的预测可能并不准确。

生理应激反应

当你到教室时发现要参加一个突然袭击的小测验，你会做何反应？你可能会同意这会给你带来一定的压力，但这对于你身体的反应意味着什么呢？我们描述过的许多情绪化情境中的生理反应也和日常的压力状况有关。这些短暂的唤醒状态，伴随着典型的进攻或撤退模式，成为**急性应激**（acute stress）的例证。另一方面是**慢性应激**（chronic stress），它是一种长期的唤醒状态，会持续很长时间，使人感到即便内在资源和外在资源加在一起，也不再能满足压力事件的要求。当你总是不够时间去完成你要做的事情时，你会体验到一种持久的沮丧感，这就构成了一种慢性应激。让我们看一看，你的身体对不同类型的压力是如何反应的。

对于强烈威胁的紧急反应　20 世纪 20 年代，坎农第一次科学地描述了动物和人

无论在工作还是游戏中，当今社会的个体都可能会遇到压力情境。你生活中让你感到压力最大的事是什么？

类对于危险的反应。他发现一系列的神经和腺体反应将被引发，使身体作好防御和挣扎或者逃跑的准备。坎农将这种双重的应激反应称为**战斗或逃跑反应**（fight-or-flight response）。这种应激反应的中心位于下丘脑，包括了许多种情绪反应。丘脑下部有时被视作应激中心，原因在于它在紧急事件中的双重功能：（1）它对于自主神经系统（ANS）的控制；（2）它对于垂体腺的控制。

自主神经系统调节着有机体的活动。在应激条件下，呼吸会加快加深，心率增加，血管收缩，血压上升。除了这些内部变化之外，肌肉使得喉部和鼻腔的通道打开，从而使得更多的空气进入肺部，同时面部也出现强烈的情绪表情。信息还传递到胃部肌肉，使得消化之类的特定功能停止，虽然它们和目前应对的紧急事件毫不相干。

自主神经系统在应激反应中的另一重要功能在于促进肾上腺素的分泌。它刺激肾上腺的*肾上腺髓质*使其分泌两种激素：*肾上腺素*和*去甲肾上腺素*。这两种激素转而再去通知其他组织执行特定的生理功能。脾脏会产生更多的红血球（如果有伤口的话，将促进血液的凝固），骨髓受到刺激将会产生更多的白细胞（去抵抗可能产生的感染）。肝脏受到刺激后会制造更多的糖元，为肌体提供能量。

*垂体腺*接受到来自下丘脑的信号，分泌出两种对应激反应起重要作用的激素。*促甲状腺激素*（TTH）会刺激*甲状腺*，使肌体获得更多可利用的能量。*促肾上腺皮质激素*（ACTH）被称做“应激激素”，会促进肾上腺的外层（即肾上腺皮质）释放控制新陈代谢的激素，并且使肝脏释放更多的糖进入血液。促肾上腺皮质激素还会通知其他组织释放将近 30 种激素，每一种都在肌体适应性的防御准备中充当一定的角色。所有这些生理反应都总结在**图 12.4** 之中。

健康心理学家**谢利·泰勒**（Taylor, 2000）和她的同事在近期的分析中发现，这些应激中的生理反应对于女性和男性会产生不同的结果。泰勒等人指出，女性不会体验到*战斗或逃跑反应*；相反，这些研究者指出，应激源会导致女性产生一种**照料和结盟反应**（tend-and-befriend response）：在应激时刻，女性首先要考虑孩子的需求来确保他们的安全；女性还会和她所在的社会团体中有着相同目标的成员结盟，从而减少对孩子的伤害。你可以看到这些对于性别差异的分析和我们前面提到的人类行为的进化论观点具有怎样的一致性。例如，当我们在第 11 章讨论人类的性行为时，我们注意到男性和女性的*择偶策略*不同，一定程度上是因为在整个进化进程中，男性和女性在后代的抚育上所扮演的角色相对不同。这种想法在这里也大致相同：由

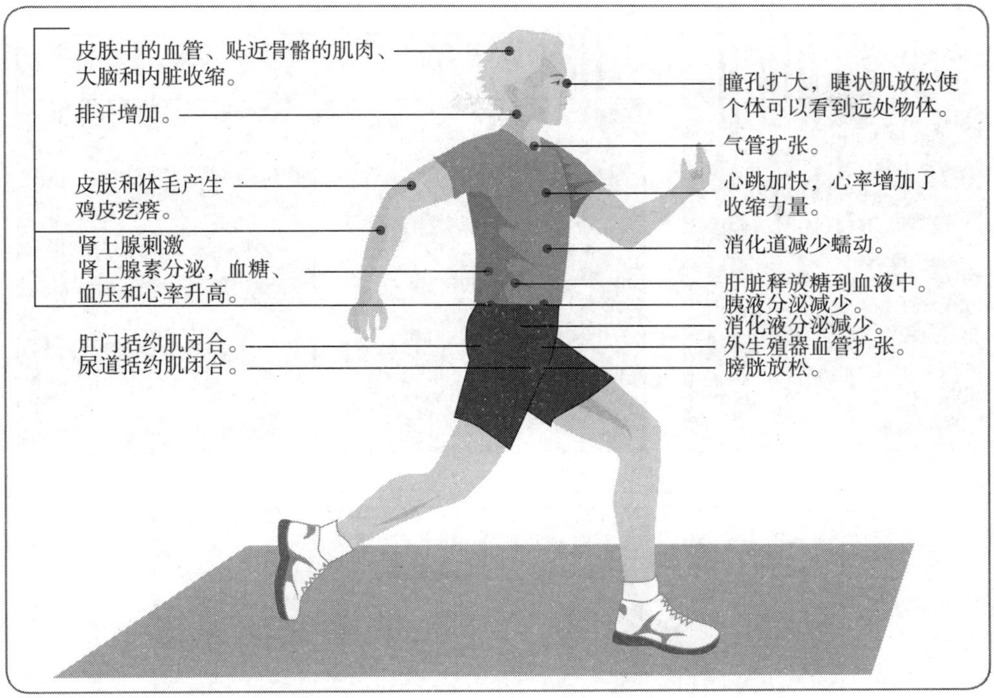

图 12.4
应激中的躯体反应
压力给你的身体带来了广泛的生理变化。

于男性和女性在抚育后代上面的进化轨迹不同，压力带来的相同的初始生理反应最终会导致截然不同的行为。

不幸的是，无论是战斗或逃跑反应还是照料和结盟反应，都无法完全适用于现实生活。男性和女性在面对日常的诸多应激源时，还会做出许多非适应性的生理应激反应。例如，你可以设想自己正在参加一场很难的考试，时间飞快流逝。虽然你的应激反应令你精神集中，对你来说很有益处，但其他生理变化对你可能没有任何好处——没有人让你去争斗或防御。种系发展出来的许多应对外界危险的反应反而被用来去对付许多相应类型的心理应激源。下面我们将会看到，当人们生活在慢性应激状态中时，这种反应尤为明显。

一般适应症候群和慢性应激 当代第一位探究持续的严重压力对于身体影响的研究者是**汉斯 · 塞里**（Hans Selye, 1907—1982），他是一位加拿大的内分泌学家。20世纪 30 年代末期，塞里报告了实验动物对伤害性事件的一系列复杂反应，这些事件包括细菌感染、中毒、外伤、强制性束缚、热、冷等等。根据塞里的应激理论，许多种应激源都会引发相同的反应或一般性的身体反应。所有这些应激源都需要*适应*：一个有机体必须寻回他的平衡或稳定，从而维持或恢复其完整和安宁。应激源带来的反应被塞里称为**一般适应症候群**（the general adaptation syndrome, GAS，也译作“一般适应综合征”）。它包括三个阶段：报警反应、抵抗阶段和衰竭阶段（Selye, 1976a, 1976b）。*报警反应*是一个短暂的生理唤醒期，它使得身体能够有力行动而做好准备。如果应激源持续存在，身体则会进入*抵抗期*——一个适度的唤醒状态。在抵抗期内，机体可以忍耐并*抵抗*长时间的应激源带来的衰弱效应。然而，如果应激源持续的时间足够长或强度足够大，身体的资源将会耗尽，机体将会进入*衰竭期*。**图 12.5** 描绘并解释了这三个阶段。

塞里明确了一些和衰竭期有关的危险。例如，你可以回想一下促肾上腺皮质激素（ACTH）在对压力的短期反应中所扮演的角色。然而长此以往，它的作用将会降

图 12.5

一般适应症候群（GAS）

暴露于应激源下，躯体的抵抗力不断下降，直至相应报警反应的生理变化把它重新带回正常水平。如果应激源持续存在，躯体的报警反应开始消失；对特定应激源的抵抗力上升到正常水平之上，但其他的下降。这种适应性的抵抗使躯体恢复它的正常功能。继续暴露于应激源之中，适应被打破；警报信号再次出现，应激源的影响已不可逆转，个体生病或死亡。

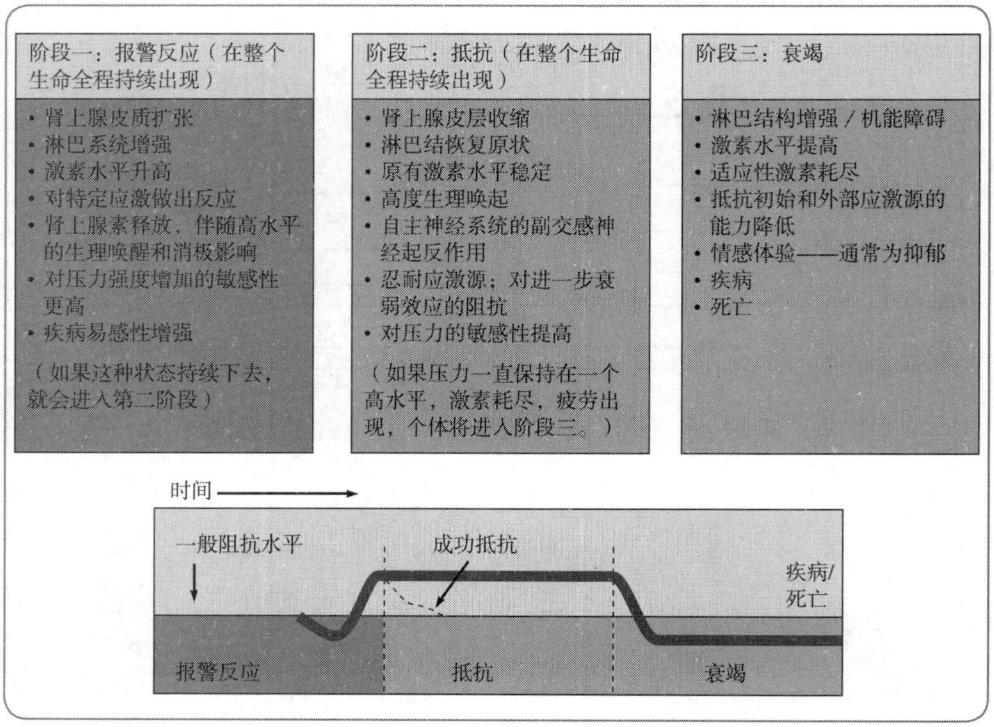

低吞噬细胞对癌细胞杀伤能力及抵抗其他一些威胁生命的感染的能力。当身体处于慢性应激时，“应激激素”分泌的增加将会损害免疫系统的完整性。运用一般适应症候群理论有助于解释**心身失调**（psychosomatic disorder）——一种不能完全用生理原因解释的疾病——它曾经使那些未将压力考虑到病因之中的内科医生大为困惑。那些有助于身体对付急性应激的事物，反而会在慢性应激中对身体造成伤害。

塞里的研究使疾病看上去成为了应激的一种必然反应。然而我们将会看到，你对什么有压力什么没压力的心理解释——即你评价潜在压力事件的方式——将会影响你身体的生理反应。为了对压力带给你身体的影响给出一个全面的解释，我们将于下面在塞里的生理理论的基础上加入心理因素的研究。

长期压力带来的生理反应是什么呢?

心理应激反应

你的生理应激反应通常是自动的、可预期的、无法用意识加以控制的内置反应。然而，许多心理反应却是习得的。它们依赖于对世界的知觉和解释。本节我们将讨论对于不同类型应激源的心理反应，比如重大的生活改变和创伤性事件。

人生重大事件　生活事件对随后的心理和生理健康的影响是许多研究的重要目标。它始于 20 世纪 60 年代的*社会再适应量表*（Social Readjustment Rating Scale，SRRS）的开发，它可以简单地衡量各种生活变化所需的适应程度。该量表源自成人的反应，他们被要求从一系列的生活变化中识别出自己所经历过的事件。结婚被随意赋予 50 单位的生活改变值，这些成人将其他事件同结婚相比较，然后给出每个变化所需的再适应的数值。然后，研究者计算出每人经历的**生活变化单位**（life change units，LCUs）的总值，这些单位可作为个体所经历的压力总量的度量（Holmes & Rahe, 1967）。

SRRS 在 20 世纪 90 年代进行了更新（参见**表 12.2**）。研究者使用了相同的程序，要求参与者比照结婚对人生事件的压力进行评估（Miller & Rahe, 1997）。在这次更新中，LCU 的评估比其原始值上升了 45 个百分点——这就是说，参与者在 90 年代体验到的压力水平总体上高于 60 年代的同辈人。而且，90 年代的妇女仍报告说她们比男性体验到更多的压力。研究者坚持把 SRRS 的报告与身心健康联系起来。一项研究中的 268 名受访者完成了这一量表（Lynch et al.，2005）。结果发现，SRRS 分数与参与者接下来六个月的看病总次数存在正相关：总的看来，SRRS 分数最高的参与者看医生的次数也最多。

研究者们已经找到了很多途径来研究生活事件和健康之间的关系。在一个研究中，参与者自愿暴露于一般性的感冒病毒中。那些在高于小组平均水平上将其评价为负性事件的参与者有 10% 更高的可能性真正罹患感冒（Cohen et al., 1993）。另一个研究将和你如何选择组织你的学业关系密切。

> 当一个教授给你布置了一个任务——每个学生生活中都会经历的压力事件——你会试图尽快完成，还是打算拖到最后一分钟？心理学家已经设计了一套测量方法，称为一般拖延量表（Lay, 1986），用以区分那些习惯上将事情拖后的拖沓者和那些不这样做的不拖沓者。两位研究者在健康心理学课程上将这一量表给学生使用，并在课上布置了一篇学期末论文。在学期初和学期末，学生们还被要求报告他们体验到了多少身体不适的症状。结果不出所料，拖沓者交论文的时间平均晚于不拖沓者，而且得分也普遍偏低。**图 12.6** 显示出了拖沓对于健康的影响。你可以看到，在学期初，拖沓者报告的症状更少，但在学期末，他们所报告的症状明显多于不拖沓者（Tice & Baumeister, 1997）。

从这个研究中你可以看出，为什么并非所有的生活事件都会对每个人产生相同的影响。不拖沓者喜

表 12.2 人生重大事件中的生活变化单位

事件	生活变化单位
配偶死亡	119
离异	98
家人死亡	92
夫妻分居	79
失去工作	79
重伤或重病	77
刑期	75
好友死亡	70
怀孕	66
事业的重大再调整	62
抵押品或贷款逾期	61
婚姻和解	57
增加新家庭成员	57
家人的健康或行为改变	56
经济状况改变	56
退休	54
换工作	51
与配偶争吵变多	51
结婚	50
配偶开始或结束上班	46
性障碍	45
抵押或贷款超过一万美元	44
孩子离开家庭	44
工作职责变化	43
居住条件变化	42
居住地变化	41
姻亲矛盾	38
入学或离校	38
杰出的个人成就	37
工时或工作环境变化	36
转学	35
圣诞节	30
娱乐方式的变化	29
与老板闹矛盾	29
抵押或贷款低于一万美元	28
社会活动的变化	27
个人习惯的变化	27
进食习惯的变化	27
睡眠习惯的变化	26
家庭聚会次数的变化	26
度假	25
宗教活动的变化	22
行为不端	22

资料来源：Adapted from M.A. Miller and R.H. Rahe. Life changes scaling for the 1990s. Journal of Psychosomatic Research, 43 (3): 279–292, Copyright (1997), with permission from Elsevier.

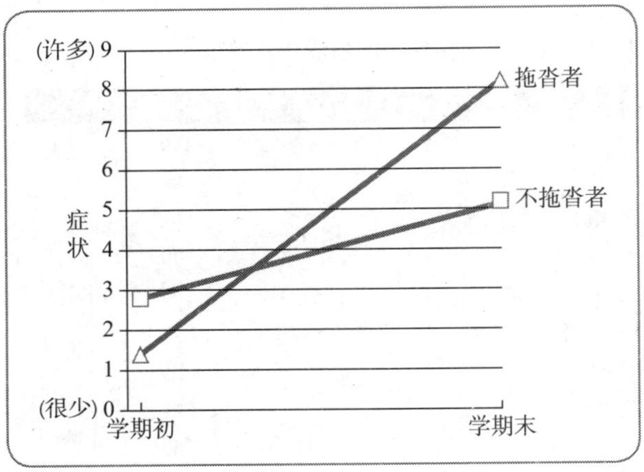

图 12.6 **拖沓的健康成本**

研究者鉴别了学生中那些一贯的拖沓者和不拖沓者。学生们被要求在学期初和学期末报告他们体验到多少躯体疾病的症状。在学期末，所有学生症状都有所上升，然而——由于一切都将到期——拖沓者比不拖沓者报告出更多的躯体症状。

欢马上将工作做完，因此他们在学期初体会到更多的压力和症状。然而，那些在学期初躲避压力的拖沓者会在期末体验到更多的生理病痛。因此，恰恰是在一学期中最需要他们以良好的健康状态来完成被他们拖到最后的工作的时候，他们却病得最厉害。因此在你制定每个学期的计划时，应该考虑一下这些结果。如果你相信自己是一个习惯性的拖沓者，你应该考虑向心理学家或学校的咨询师咨询一下，从而改变你的行为。你的学分和健康就是赌注呀！

创伤性事件 一个事件如果不仅是消极的，还无法控制、无法预测或暧昧不清，它就特别具有压力。这些情况在创伤性事件中尤为突出。像强暴和车祸这些灾难性事件会影响个体；而另一些灾难性事件，如地震和龙卷风，则有更大的影响。近几年，没有任何灾难性事件能超过 9・11 事件带来的影响。就在那天，客机撞向世贸大厦和五角大楼，导致近 3 000 人的死亡。为了提供合适的心理健康辅导，研究者转向测量恐怖袭击带来的心理后果。

尤其令人关注的是普遍发作的**创伤后应激障碍**（posttraumatic stress disorder，PTSD）。PTSD 是一种应激反应，个体不断地以某种形式重复体验到创伤性事件，比如闪回或噩梦（DSM-IV, 1994）。患者对日常的生活事件感情麻木，并且感觉和他人疏远了起来。最后，这些反应带来的情绪上的伤痛将导致各种症状的出现，比如睡眠问题，幸存者的内疚感，注意力集中困难，以及极端的惊恐反应。

在 2001 年 10 月和 11 月，一个研究小组在美国对 2 273 名成人进行了一项互联网调查（Schlenger et al., 2002）。调查测量了他们接触这次意外事故的程度和心理健康状况。如**表 12.3** 所示，接触程度越高表现出更高的 PTSD。生活在纽约市区里的人遭受到事件的影响最大，这些人最可能亲身经历灾难。从表 12.3 看出，事件对华盛顿区的人没有产生额外的影响。研究者认为在纽约和华盛顿出现差异可能反应了对民间目标（世贸中心）和军事目标（五角大楼）攻击的不同。表 12.3 也说明了观看该事件电视节目较多的个体报告更高的 PTSD 症状。研究者将会继续测量 9・11 事件后的心理健康后果：他们尝试对灾难性事件后人们的反应进行概括，以减轻他们面对新环境时的最坏结果。

为什么观看电视可能会对创伤后应激障碍的体验产生影响?

我们早先提到，个体的灾难性事件同样对他们的心理健康有消极影响。比如，强奸受害者通常会出现许多创伤后应激的症状（Ullman et al., 2007）。在遭到侵害后的两周进行的评估中，94% 的强奸受害者被诊断为 PTSD，遭侵害后的第 12 周，仍有 51% 的受害者符合诊断标准（Foa & Riggs, 1995）。这些研究数据表明，创伤后应激的情绪反应可以在灾难后立即发作，在数月后平息。我们在第 14 章讨论焦虑失调时，会再次回到 PTSD 主题上来。

慢性应激源 在我们讨论应激的生理反应时，我们对那些有明确发作和消退的急性应激源和持续很长时间的慢性应激源进行了区分。在涉及心理压力时，并非总能轻易地给出一个明确的区分。例如，设想你的自行车被偷了。起初，它是一个急性的应激事件。但是当你开始不断地担心新车再次被偷时，该事件就变成了慢性的。研究者已经在那些患有癌症一类的严重疾病的人们身上发现了这一模式（Kangas et al., 2005; Stanton et al., 2007）。应对癌症诊断和治疗的焦虑所导致的慢性应激对健康造成的损害要远快于疾病本身。

对许多人来说，慢性应激来自于社会和环境条件。人口过剩、犯罪、经济条件、污染、艾滋病和恐怖主义的威胁对你有哪些累积的影响呢？这些和其他一些环境中的应激源怎样影响你的心理健康？有些人群所承受的社会地位或种族界定导致的慢性应激，对他们的整体健康都产生了影响（Gallo & Matthews, 2003; Mays et al., 2000）。一项研究对 1 000 名持续了 30 多年经济困难的参与者进行了测量（Lynch et al., 1997）。经济困难被定义为家庭收入低于联邦贫困线的 200%。在 1994 年的评估中，这些成年人在 1965~1983 年间经历的经济困难时期越长，他们的一些生理功能中就存在更多的困难，这些生理功能和日常生活的基本活动密切相关，比如烹饪、购物和沐浴。同样的效应在心理功能和认知功能上也有所体现。同那些没有经历过经济困难的人相比，那些有过三段贫困时期的人们患有临床抑郁症状的数量要多 3 倍，而他们带有嘲讽的敌意和缺乏乐观的可能性多于 5 倍，而且有多于 4 倍的可能性报告说存在认知功能上的困难。为了确认这些结果是由经济困难而非最初的健康较差导致的，研究者证明了那些参与者中的残疾人在 1965 年时都拥有良好甚至优秀的健康状况。

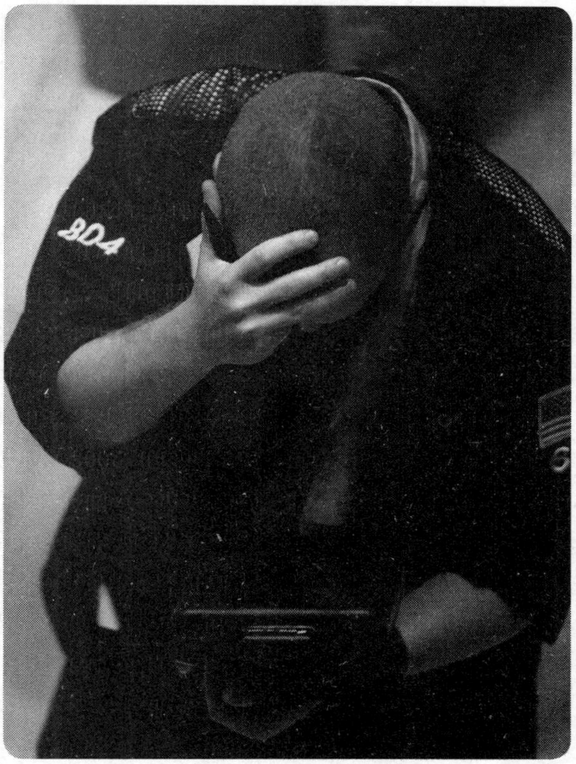

这位纽约证券交易所里的交易员可能正因为不确定的经济形势而经历慢性应激。这对他的身心健康可能产生什么影响？

表 12.3 接触到 9 · 11 事件对人的心理影响

	PTSD 发病率
接近撞机的地点	
纽约市中心区	11.2
哥伦比亚特区中心区（华盛顿）	2.7
其他主要的城市中心区	3.6
美国其他地方	4.0
每天看电视的时间（小时）	
4 以下	0.8
4~7	3.9
8~11	4.2
12 以上	10.1

日常挫折 你可能会同意关系的终结、地震或者偏见都会带来压力，但你在日常生活中经历的更小的应激源又如何呢？昨天在你身上发生了什么？你可能没有离婚，也没有遭遇坠机事故。但你可能弄丢了你的笔记或课本。也许你在一次重要的约会中迟到了，或者你收到了一张停车罚单，或者你那吵闹的邻居搅了你的好觉。这种不断出现的日常应激源大多数人都会经常遇到。

在一项日记研究中，一组白人中产阶级的中年男女被要求记录他们一年内的日常争吵（同时还要记录重大的生活变故和身体症状）。一个清晰的相关关系在挫折和健康问题中间呈现出来：那些报告遭受更频繁、更强烈的挫折的人，其健康状况也较差，无论是生理上的还是精神上的（Lazarus, 1981; 1984b）。看看一个证明职场日常挫折影响的研究。

这个研究的参与者是大学行政机构的全职人员，他们主要关注学生的生活质量（Luong & Rogelberg, 2005）。在5天中，参与者记录他们会议的数量。互动人数如果在2人或2人以上，并且期间多过一个简短聊天或5分钟的电话都被当作会议考虑。参与者同样提供了他们健康状况的日常记录：他们记录**疲劳**水平（如，在当下感到疲劳的程度）和**主观工作量**水平（如他们感到繁忙或匆促的程度）。结果发现，会议数量与这两个测量都有正相关：更多的会议与更高的疲劳和更多的主观工作量相关。

如果你曾经在办公室工作过，这些结果可能让你听起来很熟悉：工作被会议打断越多，你就越觉得工作没有进步。

我们已经对日常的挫折给予了很多关注。然而值得注意，许多人可以用日常的积极体验抵消日常挫折的影响（Lazarus & Lazarus, 1994）。例如，一项研究要求132位男性和女性报告生活中挫折（即烦恼事件）和激励（即高兴事件）的频次和强度（Jain et al., 2007）。研究者还测量了参与者血液中标示心血管疾病风险的物质（如炎症因子）含量。结果发现，报告的挫折越多、越强，这些高危物质的含量就越多；报告的激励越多、越强，高危物质就越少。因此，如果我们要基于日常挫折来预测你的生命进程，我们还要了解你生活中的激励事件（Lyubormirsky et al., 2005）。

我们刚刚回顾了人们生活中的诸多应激源。心理学家们很久以前就已经认识到，不同类型的应激源所造成的影响有很大一部分依赖于人们能否做出有效的应对。现在让我们考虑一下人们是怎样成功或者失败地应对压力的。

应对压力

如果生活压力不可避免，而且慢性压力会扰乱你的生活，甚至可能危及你的生命，你就必须学习一些对付压力的方法。**应对**（coping）是指对付那些被知觉为紧张或超过了个体资源所及的内在或外在要求的过程（Lazarus & Folkman, 1984）。应对可能包括行为的、情绪的或动机上的反应及想法。在本部分，我们将从描述认知评估如何影响你的压力体验开始。然后我们将看看各种类型的应对反应；我们将同时描述应对的一般原则和特殊干预方式。最后，我们将考虑在应对问题中个人能力方面的个体差异。

对压力的评估　当你应付一个压力情境时，实际上，你的第一步是判定它们是怎样对你造成压力的。认知评估是对应激源的一个认知解释和评估的过程。认知评估在情境的判定中扮演核心角色——要求是什么，威胁有多大，以及你所具备的资源有哪些（Lazarus, 1993; Lazarus & Lazarus, 1994）。有些应激源，比如身体受伤或发现某人的房屋着火，几乎每个人都会将其定义为一种威胁。然而还有其他许多压力事件可以有多种定义方式，主要取决于你的生活状况、核心目标与特定需求之间的关系，你应对需要的能力，以及你对能力的自我评价。那些给一个人的生活带来剧烈痛苦的情境对另一个人来说可能只是一种日常工作。请尝试去注意并理解，生活事件对于你、你的朋友和家人都是不同的：有些情况给你造成了压力，你的朋友和家庭却没事，另外一些则刚好相反。为什么呢?

我们曾在情绪部分讨论过理查德·拉扎勒斯的一般评价理论，将认知评价的需求分成了两个阶段。*初级评估*是对于需求的严重性的初始评估。这种评估起自“发生了什么”以及“这个事情对我是好是坏，还是无关？”的问题。如果第二个问题

表 12.4 **稳妥决策 / 认知评估的步骤**

步　骤	关键问题
1. 对挑战进行估计	如果我不改变，风险是否严重？
2. 考察备选方案	这一选定方法对于应付挑战是否是可以接受的？ 我是否已经充分考察了所有可能的选择？
3. 权衡备选方案	哪个选择是最佳的？ 最佳选择是否可以满足所需？
4. 仔细考虑义务	我是否应将最佳选择付诸实施，并让他人知晓？
5. 即使是消极反馈也要坚持	如果我不改变，风险有多严重？ 如果我改变了，风险有多严重？

的答案是“有压力”，你就需要对应激源的潜在影响进行一下估计了，你需要判定伤害是否已经发生，或者将要发生，或者是否需要你采取一些行动（见**表 12.4**）。一旦你决定了必须做些什么，*二级评估*就开始了。你要估计自己的个人和社会资源是否能够有效地应对压力情境，并斟酌备选的行动方案。当你开始尝试进行应对时，评估还在继续；如果起初的方法不奏效，压力没有消失，你就要拿出新的反应，并对它们的有效性进行评价。

认知评估是压力调节变量的一个例子。**压力调节变量**（stress moderator variable）是指那些可以改变应激源对于特定类型的应激反应的影响的变量。调节变量对于应激源给个体反应造成的一般影响起过滤或改变的作用。例如，你的疲劳水平和一般的健康状况是影响你对遇到的心理或生理应激做出反应的调节变量。当你处于最佳健康状态时，你可以比自己状态不佳时能更好地应对一个压力事件。你可以看到，认知评价也符合调节变量的定义。你如何对应激源进行评价，将决定你需要采取何种应对反应。现在让我们看看几种一般的应对反应。

应对反应的类型　假设你即将面临一场重大考试。你已经对它深思熟虑，即对情形进行了评估，而且你非常肯定这是一个压力情境。你会怎样做？你一定要注意到，应对行为可以先于潜在的压力事件出现，即以**预先应对**（anticipatory coping）的形式出现（Folkman, 1984）。你将如何对付因为考试将至而带来的压力？你将如何告诉你的父母你在学校跟不上了，或者告诉你的爱人你的爱已不复存在？对一种压力情境的预期会带来许多想法和感受，它们本身也导致了压力的产生，比如一次采访、演讲或无法预见的约会。你需要知道如何去应对。

进行应对的两条主要途径分别是：是否直接面对问题——*问题指向的应对*；还是为了减轻压力产生的不适——*情绪聚焦的应对*（Billing & Moos, 1982; Lazarus & Folkman, 1984）。这两种基本方法的子类别列在了**表 12.5** 中。

让我们先从问题指向的应对开始。“迎难而上”通常被我们用来描述这种直面问题的策略。这一方法包括了所有*直接*对付应激源的策略，无论是外在的行动还是认识上的问题解决行为。你要么面对威胁，要么逃跑；你要试图通过收买或其他激励性方法来战胜他或她。你关注的焦点是要对付的问题和产生压力的事件。你认识到要采取的行动，对情境和你所拥有的应对资源有所估计，还要采取适当的反应来消除或减轻威胁。这类解决问题的努力对于那些*可控应激源*通常是有效的，即那些你

表 12.5 应对策略的分类

应对策略类型	举 例
问题指向的应对方法	
通过直接的行动或问题解决行为来改变应激源或个体与它的任何关系	战斗（摧毁、消除或削弱威胁） 逃跑（使自己远离威胁） 寻求战斗或逃跑（磋商、讨价还价、折衷） 避免未来的应激（加强某人的韧性或降低预期压力的强度）
情绪聚焦的应对方法	
通过行动来改变自己会有所助益，但不去改变应激源	躯体聚焦的做法（使用抗焦虑药物、放松方法、生物反馈） 认知聚焦的做法（有意的分心、幻想、自我想象） 通过治疗调适那些导致额外焦虑的意识和无意识过程

可以通过你的行动改变或消除的应激源，比如，盛气凌人的老板或还可以挽回的成绩。

情绪聚焦的应对方法对于应付那些*不可控应激源*产生的影响更为奏效。比如你有责任照顾患阿尔兹海默病的父母。在那个情境中，没有什么来自于环境的“威胁”需要你去排除。你无法找到改变外界应激情境的方式。相反，你需要改变自己对于此事的感觉和想法，你可以向阿尔兹海默症的照料组织寻求支持，或者学习一些放松技术。这也是一种应对策略，因为你认识到你的健康所面临的威胁，并采取一些步骤来减轻这种威胁。

压力情境中，应对策略越多，效果越好（Fresco et al.，2006；Tennen et al., 2000）。要成功应对，你的资源必须和知觉到的需求相匹配。因此，有效的多重应对策略更加适合，因为你更可能达到匹配，管理压力事件。有项研究考察了女性对乳腺癌手术压力的应对方法（Roussi et al.，2007）。女患者分别要在术前一天、术后三天和三个月之后报告她们的痛苦水平和应对策略（如问题指向或情绪聚焦的策略）。术后报告采用多重应对策略的女性在三个月之后报告的痛苦更少。

关注应对策略的研究者发现，有些个体在面对应激源时有很大的*韧性*（resilience），即使在面对严重的健康威胁时，他们也有能力达到积极的结果（Bonanno & Mancini, 2008）。研究关注高韧性个体的应对技巧类型，以及他们是怎样获得这些技巧的。这个答案的一个重要方面是：孩子韧性的提高来自有良好教养技巧的父母支持（见第 10 章）。除此之外，有韧性的孩子能够发展一些应对技巧以调整他们自己的行为（Buckner et al., 2003）。他们能专注在任务上（问题指向的应对），并且能控制他们的情绪反应（情绪聚焦的应对），通过这些方法达到更好的生活目标。

到目前为止，我们已经讨论了应对应激源的一般方法。现在我们将综述一下成功应对的具体的认知和社会方法。

改变认知策略 一个有效适应压力的方法是改变你对于应激源的评价，以及你对于应对它们的方式的自我挫败认知。你需要换一种方式来考虑你的处境、你在其中的角色，以及在解释那些出乎意料的结果时所采用的归因方式。心理上应对压力的方式有两种，一是*重新评价*应激源自身的性质，一是*重构*你对于应激反应的认知。

我们已经描述了人们通过评价生活事件以在一定程度上控制生活中的压力体验

的观念（Lazarus & Lazarus, 1994）。学习换一种方式考虑特定的应激源，重新标定它们，或者想象它们处于较小威胁（甚至是可笑的）的情境当中，都是用以减轻压力的认知再评价方式。你是否害怕在一大群难于亲近的听众面前进行演讲呢？一种应激源再评价技术是想象你的所有潜在批评者都裸体坐在那里——这样一定可以很大程度上削弱他们对于你的威胁力量。你是否因为羞于参加一个派对而感到焦虑？想想去寻找一个比你更害羞的人，然后通过引发一次谈话来减少他或她的社交焦虑。

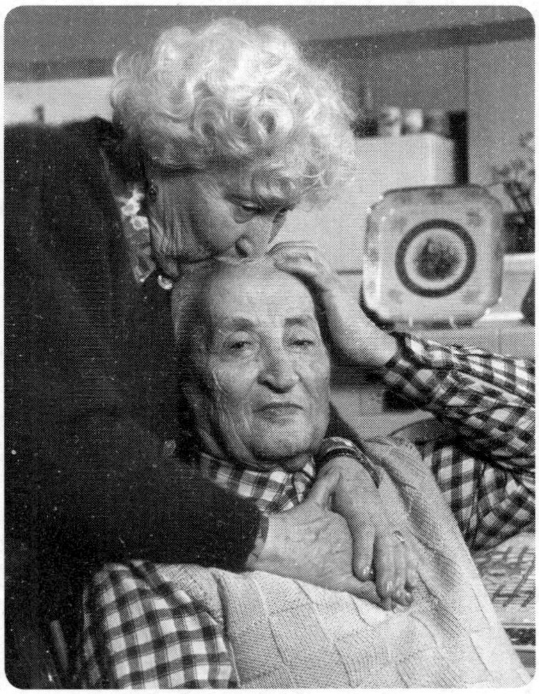

为什么多种应对策略对某些人来说是有益的，如阿尔茨海默病人的照料者？

你也可以通过改变你对自己说的话或改变你的处理方式来控制压力。认知—行为治疗师**唐纳德·梅钦鲍姆**（Meichenbaum, 1977, 1985, 1993）提出了一种分为三个阶段的*应激思想免疫法*。在第一个阶段，人们首先要对他们的实际行为获得更多的认识，是什么引发了它，以及它的结果如何。做到这一点的最佳方法是记日记。通过了解了起因和结果，人们会对他们的问题有一个更明确的界定，这些记录将增加他们的可控感。比如说你会发现，你的成绩很差（一个应激源）是因为你几乎没有给课后作业留多少时间，自然难以很好完成。在第二个阶段，人们开始认同那些可以抵消非适应性、自我挫败行为的新做法。也许你会安排一些固定的"学习时间"，或者限制你每晚打电话的时间只能有 10 分钟。在第三阶段，当适应性行为已经建立后，个体要对他们的新行为的结果进行评价，避免先前那种令人难堪的内心独白。他们不再对自己说，"我可真幸运，教授提问的内容刚好是我看过的"，他们会说"我很高兴我为教授的提问作好了准备，在课堂上可以明智反应的感觉真不错。"

这种三阶段的方式意味着建立与以前的挫败性认知不同的反应和自陈。一旦走上这条路，人们就会意识到他们正在改变——并对改变满怀信心，从而带来更大的成功。**表 12.6** 给出了一些新的自陈方式的例子，有助于对付压力情境。*应激思想免疫训练*已经在诸多领域得以成功运用。

> 这个研究邀请了法学院一年级 22 名学生（Sheehy & Horan, 2004）。这些学生接受了应激思想免疫训练，训练特别针对来自法学院的各种应激源。比如，训练关注学生们在与教授交流和与同龄人竞争时经历的焦虑。除此之外，他们学习认知重构技术，以克服消极的自陈和非理性信念。虽然所有的学生最终都接受了训练，但是大约一半学生在研究开始时立即进行训练，而另一半在数周后才开始。这种设计让研究者既有机会证明应激思想免疫训练的好处（比较立即组和延迟组），又不会让一些学生享受不到训练的益处。事实上，立即进行训练的参与者比延迟训练的参与者在延迟时间结束时报告了更低的应激水平。另外，当期末成绩出来时，许多完成全程训练的学生的成绩都超过了预期（基于他们的 LSAT 分数）。

整个法学院的 158 名学生都有机会参加这个应激思想免疫训练。只有小部分的聪明人充分获益。

成功进行应对的另一主要因素在于建立对应激源的**知觉控制**（perceived control），

表 12.6 应对自我陈述的实例

应对自我陈述
准备
我可以制定一个计划对付它。
只要想着我可以做什么就行了。那要比感到焦虑好。
不做消极的自我陈述，理智一点儿。
面对
循序渐进；我可以控制局面。
这种焦虑是大夫说我可以有的；它提醒我去进行应对练习。
放松；我已经在控制中了。慢而深的呼吸。
应对
当恐惧来临，就停止。
保持对当前的关注；我必须去做什么？
别试着完全消除恐惧；让它们可控就行了。
这还不算最糟的事。
想点儿别的吧。
自我强化
见效了，我做到了。
没我想象的那么糟。
我对于自己的进步真感到高兴。

即你对于可改变事件或经历的进程或结果的信念（Endler et al., 2000; Roussi, 2002）。如果你认为自己可以影响一些不适或日常病痛的症状进程，你就有可能更好地适应这些紊乱症状。然而，如果你认为压力来源于那些你无法影响其行为的外人，或你无法改变的状况，你对于自己的慢性症状的心理适应就可能较差。有项研究考察了经历乳腺癌手术的女性（Bárez et al.，2007）。报告控制水平较高的女性在术后一整年体验到的身体和心理痛苦越少。

当你将那些将来可以使用的控制策略一一列出后，我们将转向压力应对的最后一个方面——社会维度。

以社会支持作为应对资源 **社会支持**（social support）是他人提供的一种资源，告知某人他是被爱、被关心、被尊重的，他生活在一个彼此联系且相互帮助的社会网络当中。除了这些情感支持的形式外，他人还可以提供有形的支持（金钱、交通、住房）和信息支持（建议、个人反馈、资讯）。任何一个你与之有着明显的社会关系的人——比如家庭成员、朋友、同事和邻居——都可以成为你在需要时的社会支持网络的一部分。

许多研究者都指出了社会支持在缓解压力带来的伤害方面的作用（Kim et al., 2008）。当人们有他人可以依靠时，他们能够更好地处理工作压力、失业、婚姻困扰、严重疾病、其他各种灾难，以及他们日常生活中遇到的问题。看看在世界上许多动乱区域工作的和平工作者。在战争地域出现的关乎生命的创伤常常导致创伤后应激障碍。然而，在黎巴嫩工作的荷兰和平工作者证明，经历更多积极社会交流的个体将表现更少的 PTSD 症状（Dirkzwager et al., 2003）。

研究者正在试图确定对于特定事件，哪些社会支持最为有效。一项研究检验了信息支持和情感支持对进行面部手术的男性和女性的影响（Krohne & Slangen, 2005）。总的来说，获得更多社会支持的人对手术的焦虑更低、手术期间要求的麻药更少并且住院的时间更短。然而，在男性和女性之间有更多特殊的差异结果。虽然所有的病人都能从更多的信息支持中获益，但是只有女性更容易受情感支持水平影响。总体而言，问题的关键是，个体需要的支持类型和个体得到的支持要相匹配。如**图 12.7** 所示，愿望与现实有四种可能的关联方式（Reynold & Perrin, 2004）。对人们来说，最好的方式是他们想要的和他们得到的相互匹配。对一组患乳腺癌的妇女来说，最糟的心理结果是她们获得了她们不想要的社会支持（“支持委员会”）（Reynold & Perrin, 2004）。这种情况的出现可能是因为，不想要的帮助让妇女很难去获得她们真正需要的情感支持。

研究者们还试图确定社会支持对人们身体和大脑应对压力源的影响。有研究表明，简单的握手行为就能带来脑反应的持续变化。

16 名面临电击威胁的已婚女性进行了 fMRI 扫描：只要红色的“X”出现在前面的屏幕上，她们的脚踝就有 20% 的可能遭受电击；随着研究的进行所有的女性都遭遇了一些电击（Coan et al., 2006）。每位女性都要完成三个区组的试次。第一个区组可以握着丈夫的手。第二个区组可以握着一位陌生男性的手。第三个控制区组则不握任何人的手。当她们握着自己丈夫的手时，其大脑中通常注意和回应威胁的脑区激活极大地减少了（对比的是控制区组的脑活动）。威胁反应的减少对于那些报告夫妻关系更和睦的女性更为明显。握住陌生人的手也能减少女性大脑对威胁的反应，但不如握住自己丈夫的手那样明显。

在这项研究中，握住配偶的手（甚至陌生人的手）是一种非常平淡无奇的社会支持，但却能影响女性的大脑反应，就好像威胁变得不再那么危险一样。这个案例中，社会支持直接影响了妇女对应激源的认知。

社会支持	期望	不期望
得到	匹配一致的积极支持	支持委员会
没有得到	支持缺失	零支持

图 12.7　社会支持的匹配性

当人们必须应对困难情境时，在他们期望得到的社会支持和实际获得的社会支持之间存在匹配与否的情形。

资料来源：Julie S. Reynolds and Nancy Perrin, "Matches and Mismatches for Social Support and Psychosocial Adjustment to Breast Cancer," *Health Psychology*, 23(4), 425–430. Copyright © 2004 by the American Psychological Association. Reprinted with permission.

成为有效的社会支持网络的一部分，意味着你要相信在你需要时，他人会给你提供帮助——即使在你体验到压力时你并没有真的开口求援。《心理学与生活》要教给你的重要知识是，一定要使自己时刻成为社会支持网络的一部分，千万不要让自己与社会孤立起来。

应激的积极作用

本章节我们主要关注应激对我们生活带来的消极影响。这种关注反映了研究者付出的巨大努力，以帮助人们避免和克服这些消极结果。然而，最近几年，研究者开始更多关注应激给人们生活带来的积极影响。我们在讨论主观幸福感时，提到这种新关注是积极心理学运动的另一个结果。让我们从积极心理学的视角看看应激和应对。

在我们第一次定义应激时，区分了痛苦和良性应激。对你来说，想象一个让你经历痛苦的环境可能很简单，但是如果是良性应激呢？想象你最近一次看过的奔跑比赛情景。当你看到某位选手获胜时高兴吗？选手到达终点线你激动吗？研究者证明良性应激——激动和焦虑的经验——常常是人们观看体育比赛的重要动机（Cohen & Avrahami，2005；Wann et al.，2002）。如果你喜欢的队或竞赛者最后失败了，你可能会经历一些痛苦。但是，当竞争激发了良性应激，你在这个过程中可能会有更多的积极情绪体验。寻找生活中另一些让你感到快乐的应激事件，我们再给出一个例子：在你坐过山车时为什么会感到快乐呢？

对一些应激事件来说，很难想象积极的影响是怎么出现的。但是，研究证明人们能够从相当负面的事件中得到积极结果和个人成长。一类研究关注*利益发现*（benefit finding）——人们从负面事件中寻找积极方面的能力（Helgeson et al.，2006；Littlewood et al.，2008）。看看一个关于乳腺癌早期妇女的研究。

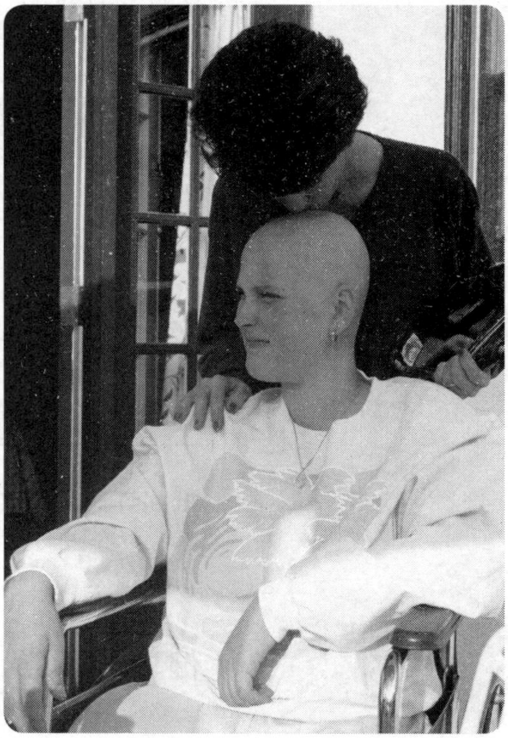

为什么某些形式的社会支持更受欢迎？

研究者招募了一组平均半年前被诊断为乳腺癌的妇女。这些妇女被问道："从患乳腺癌的经历中，你得到过什么好处吗？"（Sears et al., 2003, p.491）。在 92 名妇女中，83%

的妇女报告了好处。她们提供的回答有“自从这件事发生后，我和丈夫的关系更近了”；以及“当你开始走近死亡，生活对你来说变得更加真实了”。研究者追踪了这些妇女一年以来的心理和生理健康的发展变化。一般来说，那些能利用认识到的好处进行**积极重新评估应对方式**的妇女做得最好。这就是通过重新评估情境的积极影响，一些妇女能够很好地应对疾病带来的不利结果。

我们早就注意到重新评估是应对应激的一个重要工具。在这种情况下，通过重新评估的过程，人们能够从负面事件中获益。

在面对严重的疾病、事故、自然灾害和其他创伤性事件时，人们同样能够经历**创伤后成长**——一种积极的心理变化。创伤后成长表现在五个方面（Cryder et al., 2006; Tedeschi & Calhoun, 2004）：

- 新的可能性：“我有了新的喜欢做的事情。”
- 与他人的关系：“我觉得在那之后我和其他人的关系更紧密了。”
- 个人力量：“我知道我能依靠自己。”
- 评价生活：“我知道生活是重要的。”
- 心灵变化：“我能理解更多的宗教观点。”

不是每个经历创伤的人都会获得创伤后成长。例如，一项研究关注在北卡罗莱纳州的弗洛德龙卷风后幸存的 6 岁到 15 岁儿童（Cryder et al., 2006）。那些认为自己有应对问题最好策略（我们在这节提到的策略类型）的孩子，获得了最大的创伤后成长。更一般地，人们常常思考最初的创伤性事件，帮助他们解释事件，并赋予那些事件一定意义，以获得创伤后成长。

在这许多关于应激的讨论之后，我们已经了解了压力对于生理或心理健康的影响。我们将直接转向健康心理学家的做法，看他们如何运用研究获得的知识来处理疾病和健康问题。

STOP 停下来检查一下

1. 一般适应症候群有哪三个阶段？
2. 生活变化单位怎样评估从 20 世纪 60 年代到 20 世纪 90 年代的变化？
3. 日常挫折和日常快乐是怎样影响幸福感的？
4. 进行情绪聚焦应对是什么意思？
5. 为什么知觉控制在应对时很重要？
6. 什么是利益发现？

批判性思考：回忆证明应激思想免疫训练价值的研究。为什么法学院的学生是证明这种训练效果的一个特别好的参与者群体？

健康心理学

你的心理学学习历程对于你获得有关疾病和健康的经验有多大作用呢？我们

已经给了你要相信它“非常重要”的理由。由于认识到心理和社会因素对于健康的重要作用，使得一个新的领域不断成长，这就是健康心理学。**健康心理学**（health psychology）是心理学的一个分支，致力于研究人们怎样保持健康、患病的原因以及生病后的反应（Taylor, 1986, 1990）。**健康**（health）是指身体和精神上的一种稳定、充满活力的一般状态。它不是简单的不生病或不受伤，而是关注人体的各个组成部分是否协调运转良好。我们将从描述这一领域的基本哲学是如何从传统的西方医学模式中分离出来的，以此来开始讨论我们的健康心理学。然后我们将考察健康心理学对于预防和治疗疾病和机能障碍上的作用。

健康的生物心理社会模型

健康心理学是以健康的*生物心理社会模型*为指导的。你会发现这一观点根植于许多非西方文化。为了引入生物心理社会模型的概念，我们将从描述一些非西方的传统入手。

传统的健康实践 有史以来，心理学的定律就被用来治疗疾病、追求健康。许多文化都理解公共健康，以及通过放松仪式来提升生活品质的重要性。在纳瓦侯人（Navajo）中，伤痛、疾病和健康要归因于社会的和谐以及心身交互作用。纳瓦侯有一个概念叫“**hozho**”，意味着心理的和谐、宁静，身体健康，理想的家庭关系，艺术和手工艺品之美，以及身体和灵魂的健康。疾病被看做是任何*不和谐*的产物，源自触犯禁忌、巫术、纵欲或者噩梦带来的邪恶。传统的治疗仪式旨在驱除疾病恢复健康，它不仅依靠巫师的药物，还要联合所有家庭成员，他们要和患者一起努力，重新达到圆满的状态。部落中任何成员的疾病都不被看做其个人的责任（和过错），而是要通过治疗仪式来修复的不和谐的信号。这种文化取向保证了一个有力的社会支持系统自动为患者提供了帮助。

像世界上许多生活在其他文化中的人一样，纳瓦侯人把伦理、家庭和睦和身体健康看得很重。那么他们又是如何看待导致疾病的根源的呢？

生物心理社会模型 我们已经看到，非西方文化中的许多治疗实践都假设了身体和心理的关系。相反，现代西方的科学想法却几乎完全依赖于*生物医学模型*，一种身体和心理两极对立的概念。根据这一模型，医学医治的是同心理无关的生理身体；心理只对情绪和信仰起重要作用，同身体没有任何关系。然而，随着时间的推移，研究者开始发现其中的各种交互作用，使得严格的生理医学模型开始动摇。你已经看到了一些证据：好的和坏的生活事件都可以影响免疫功能；在预期到压力的消极结果后，人们会有一定的韧性；充分的社会支持可以减少死亡的可能性。这些现实产生了**生物心理社会模型**（biopsychosocial model）的三个成分。*生物*是指现实的生物学疾患，*心理*和*社会*是指健康的心理和社会成分。

生物心理社会模型将你的健康同你的心理状态和社会环境联系了起来。健康心理学家将健康看做一个动态的、多维度的体验。**最佳健康**（wellness）综合了你的生活的生理、智力、情绪、精神、社会和环境的方方面面。当你采取一些行动来预防疾病，或者想要在其还处在无症状阶段就检查出来时，你就是在采取健康行动。健康心理学的总体目标是运用心理学的知识来提升健康水平，促进健康行为。现在让我们看一看和这一目标有关的理论与研究。

健康促进

健康促进（health promotion）意味着发展一般的策略和特定的方法来消除或减少人们患病的风险。在 21 世纪，人们对于疾病的预防面临着同 20 世纪初截然不同的挑战。在 1900 年，引起死亡的主要原因是疾病感染。那时的医务工作者发起了美国公众健康的第一次革命。时至今日，随着研究和公众教育的运用，疫苗的发展，以及公众健康标准的改变（比如对于浪费和污染的控制），人们已经可以从本质上降低由于流感、肺结核、小儿麻痹、麻疹和天花等疾病而导致的死亡率。

如果研究者希望他们对提高生活品质有所贡献，他们必须努力降低同生活方式因素有关的死亡率（见**表 12.7**）。吸烟、超重、食用高脂肪和高热量的食品、过度饮酒、不系安全带驾驶以及有压力的生活，都会导致心脏病、癌症、中风、事故和自杀等健康问题。改变大众的那些同疾病有关的行为，将有效预防疾病和避免过早死亡。

有了这些知识，我们就容易给出一些建议了。如果你养成了列在**表 12.8** 中的好的健康习惯，你的状态会更佳。这里的许多建议你可能已经非常熟悉了。然而，健康心理学家试图运用心理学原理来增加你按照有利于你的方法行事的可能性。为了使你了解这一点，我们现在来看两个具体的问题：吸烟和艾滋病。

吸烟　难以想象，哪位读者在读了本书之后，还不知道吸烟是极度危险的。每年大约有 438 000 人死于和吸烟有关的疾病（Armour et al., 2005）。尽管如此，在美国仍有 6 010 万人在吸烟（Substance Abuse and Mental Health Services Administration,

表 12.7　**导致美国人死亡的十大原因**

排名	死亡率（%）	死亡原因	死亡原因的归因 *
1	25.9	心脏病	D，S
2	23.1	癌症	D，S
3	5.6	中风	D，S
4	5.1	呼吸系统疾病	S
5	4.8	各种事故	A/DA
6	3.0	老年痴呆症	
7	3.0	糖尿病	D
8	2.3	流感和肺炎	S
9	1.8	肾病	D
10	1.4	败血症（血液中的细菌）	A/DA

* D＝饮食；S＝吸烟；A/DA＝酗酒 / 药物滥用

资料来源：Heron et al., 2008.

2008)。健康心理学家想要了解人们为什么开始吸烟——从而使心理学家可以去阻止它，以及怎样帮助人们停止吸烟行为——从而可以使他们变成非烟民，并从中获得实质性的福利。

表 12.8 达到个人最佳健康状态的 10 个步骤

1. 有规律地进行锻炼。
2. 营养饮食，膳食平衡（多吃蔬菜、水果和谷物，以及低脂肪和低热量食物）。
3. 维持适当体重。
4. 每晚睡眠 7~8 小时；每天休息或放松。
5. 系好安全带，驾驶摩托戴头盔。
6. 不吸烟，不吸毒。
7. 适度饮酒。
8. 有保护、安全的性行为。
9. 定期的健康 / 牙科检查；采用医学养生法。
10. 保持乐观态度和发展友谊。

人们为什么开始吸烟的分析集中于天性与教养的相互作用。许多研究比较了同卵和异卵双生子烟草使用的相似性，结果一致发现遗传的可能性估计在 0.50 以上（Munafò & Johnstone, 2008）。有项研究考察了 1 198 对青少年同胞（即同卵双生子、异卵双生子和非双生子）的吸烟行为（Boardman et al.，2008）。研究者发现，在判断个体是否吸烟上遗传力达到了 0.51，而在判断每天的吸烟量上遗传力达到了 0.58。这项研究还记录了环境的影响。比如，如果青少年身边的同学普遍吸烟，基因的影响就更大：显然，在这种社会背景下，学生会实现他们的“遗传潜力”。

为了了解基因与吸烟的关系，研究者常常关注那些能预测人们开始吸烟的人格差异。一种与开始吸烟有关的人格类型被称作*寻求感官刺激*（Zuckerman, 2007）。寻求感官刺激个体的特征是喜欢从事冒险性的活动。60 年代中期（1964—1967）有一项研究评估了一些男性和女性的人格，然后同他们在 80 年代（1987—1991）的吸烟行为进行了比较。无论男女都显示出，那些在 60 年代的评估中寻求感官刺激的参与者在 20~25 年后更容易吸烟（Lipkus et al., 1994）。健康心理学家明白，要想成功防止个体吸烟，必须关注吸引他们吸烟的人格因素。

避免吸烟的最佳方法是根本不要开始。但对于那些已经开始吸烟的人，哪些研究提供了戒除的方法呢？虽然许多试图戒烟的人故态复萌，但美国仍有大约 3 500 万人戒烟成功。他们中有 90% 是自己做到的，没有借助任何专业的治疗方案。研究者给出了一些人们要经历的阶段，为戒烟做好更多的准备（Norman et al., 1998, 2000）：

- *打算前* 吸烟者没有考虑戒烟。
- *打算* 吸烟者开始考虑戒烟，但还没有任何行为上的改变。
- *准备* 吸烟者为戒除做好了准备。
- *行动* 吸烟者开始向着为戒烟设定的行为目标而努力。
- *维持* 原来的吸烟者现在已经是不吸烟的人了，并在努力保持。

这一分析说明，并非所有的吸烟者都为戒烟做好了心理准备。干预策略必须使吸烟者响应表 12.8 中的行为，直至最终他们为采取健康的行为做好了充分的心理准备（Velicer et al.，2007）。

成功的戒烟治疗要同时满足吸烟者生理和心理上的需求（Fiore et al.，2008）。在生理方面，吸烟者可以采用*尼古丁替代治疗*，比如尼古丁片剂或尼古丁口香糖。在心理方面，吸烟者必须意识到有许多戒烟成功者，因此并非不可能。更进一步，戒烟者必须学习一些应对伴随着戒烟努力而来的强烈诱惑。治疗一般包括我们在前面讲述的认知应对技术，它们可以减少许多种应激源给人们带来的影响。对于吸烟问题，通常鼓励人们去寻找一些方式来避免或逃离那些可能带来复吸冲动的情境。

为什么干预措施应该认识到不是所有的吸烟者在准备戒烟方面都是一样的?

艾滋病　**艾滋病**（AIDS）是获得性免疫缺陷综合征（acquired immune deficiency syndrome）的字头缩写。虽然有成千上万的人正死于这种恶性疾病，但有更多的人是 HIV（人类免疫缺陷病毒）的携带者。HIV 是一种在人类血液中袭击白血球（T 淋巴细胞）的病毒，从而损坏免疫系统，降低人体抵抗其他疾病的能力。个体因此而容易被其他病毒或细菌感染，患上致命的疾病，比如癌症、髓膜炎和肺炎等。从感染初期到发病（潜伏期）可能间隔 5 年甚至更长的时间。虽然估计有上百万的 HIV 病毒感染者没有患上艾滋病（一种医学诊断），但他们也不得不生活在这种致命疾病可能突然发作的压力之下。目前，治疗方法只能推迟艾滋病的全面进攻，但是还没有治愈艾滋病的方法或预防其传播的疫苗。

HIV 病毒无法在空气中生存，它必须直接进入血液而感染。HIV 主要以两种方式在人群中传播：(1）性接触中精液或血液的交换；(2）在注射毒品时共用静脉注射针头和注射器。该病毒也有可能通过输血或其他医疗过程，如带菌血液或组织不小心感染了健康个体。许多血友病患者以这种途径感染了艾滋病。然而，每个人都有患上艾滋病的危险。

防止被感染的惟一方法是改变那些可能将个人置于风险中的生活风格习惯。这意味着要永久性地改变一些性行为的模式，以及不再使用毒品器具。健康心理学家**托马斯·科茨**（Thomas Coates）是多领域研究小组的一员，他致力于运用一系列心理学原理来阻止艾滋病的进一步蔓延（Coates & Szekeres, 2004）。该小组涉及许多应用心理学的方面，比如心理社会风险因子评估，干预行为，培训社区领导来有效教育人们采取更加健康的性行为和药品使用行为模式，帮助设计媒体广告和社区宣传运动，以及系统评估相关态度、价值观和行为的改变（Fernánez-Dávila et al., 2008；Hendriksen et al., 2007）。成功的艾滋病干预措施包括三个部分（Starace et al., 2006）：

- 信息　人们必须获得关于艾滋病如何传播以及怎样预防其传播的知识；必须劝告人们进行健康的性行为（比如在性接触中使用避孕套）并使用消毒针头。
- 动机　必须激励人们主动预防艾滋病。
- 行为技巧　教会人们如何运用知识。

为什么这三个成分都是必需的呢？有人可能有很高的动机但知识不足，有些刚好相反。有人则可能有充分的知识和动机，但缺乏必要的技巧。此外，信息的传达方式必须要保护好人们的动机。比如，信息的框定方式倘若能让人们感到能控制自己的行为，他们就更可能参加艾滋病预防活动（Albarracín et al., 2008）。

治　疗

治疗的目的在于帮助人们适应他们的疾病并尽快康复。我们将会看到治疗的三个方面。首先，我们将考虑健康心理学家在鼓励人们按照专业健康师的要求饮食养生中所扮演的角色。接着，我们将看一看一些技术，可以使人们明确地运用心理学技术来控制身体反应。最后，我们将研究一些心理对于身体康复起作用的例子。

遵守医嘱 病人通常会被告知一套*治疗方案*。这可能包括药物治疗、饮食上的改变、规定的卧床和锻炼期，以及随后的一些程序，比如复查、康复训练和化学疗法。不遵守医嘱是保健中的严重问题之一（Christenson & Johnson，2002；Quittner et al.，2008）。对于某些治疗方案，病人不遵医嘱的比例估计高达 50%。

什么因素会影响病人对医嘱的遵守？一类研究侧重于病人对疾病严重性的感知。你或许能预见，认为疾病更严重的患者也更可能坚持按医嘱治疗（DiMatteo et al.，2007）。然而当研究者考虑患者的客观健康（而非患者的主观知觉）时，情况变得更为复杂。面临严重疾病的患者，身体很虚弱，相比于不太虚弱的同类患者他们遵守医嘱的程度要低。这种不遵医嘱的表现可能反映了他们对治愈可能性的悲观情绪较大。另一类研究显示了社会支持对患者坚持按医嘱治疗的重要性（DiMatteo，2004）。如果患者能得到实际的帮助，能让他们正确地完成治疗方案，就能获得最大的益处。

研究已经证明，保健专家可以采取步骤促进病人按医嘱治疗。一项研究表明，患者与医生态度的匹配非常重要。

> 一组研究者招募了 146 名患者和 16 名最近给他们看过病的医生（Cvengros et al.，2007）。医患双方都完成了一份问卷，以评估他们对患者在其治疗结果所起作用的态度。患者要对诸如“我能控制自己的健康”和“我患病时正是我自己的行为决定了康复速度”这类陈述做出回应。医生要回应的问卷则侧重于患者（如“患者能控制他们自己的健康”）。患者还要报告对医生的满意度以及他们坚持按医嘱治疗的程度。结果显示，如果患者的态度与医生一致，患者对医生就更满意，更可能遵医嘱。

要理解这一研究结果，假设某位患者认为她能控制自己的健康状况，而她的医生则不这么认为，那么会出现什么状况。这种不一致很可能损坏患者对医生的信任。研究者建议医生应当努力理解患者的态度——并修正自己的行为以与患者的态度保持一致。

利用精神治疗身体 对病人的治疗方法开始越来越多地涉及心理成分。许多研究者现在相信，心理策略可以改善健康。例如，许多人在遇到压力时会紧张，结果导致肌肉紧缩、血压上升。幸好许多紧张反应是可以采用心理技术加以控制的，比如*放松法*和*生物反馈*。

通过冥想达到放松的方法很早便出现在世界上的许多地方。在东方文化中，镇静头脑和舒缓身体紧张的方法已经被沿用了许多个世纪。今天，源自日本和印度的忍术和瑜伽练习还被许多人在日常运用，而且在西方日渐盛行。越来越多的证据显示，完全的放松是一种有效的对抗压力的反应（Dusek et al., 2002）。**放松反应**（relaxation response）是一种可使肌肉紧张度、皮层兴奋性、心率和血压都有所降低，呼吸变得缓慢的状态（Benson, 2000）。这时，大脑中的电活动降低，从外界环境向中枢神经系统的输入也有所减少。在这种低唤醒水平下，人们会从压力中

为什么通过冥想进行放松有利健康？

生活中的批判性思维

健康心理学能帮助你多锻炼吗

健康心理学的一个重要目标是：促使人们更多地从事有益健康的行为。首要的健康行为就是锻炼：大量证据表明进行充分锻炼的人健康状况更好。多少锻炼才“充分”？美国政府提出以下建议（U.S. Department of Health and Human Services，2008，p.vii）：

- 要想获得实在的健康益处，成人一周至少要进行 150 分钟的中等强度的锻炼，或者 75 分钟的高强度的有氧运动，或者等量的中等强度和高强度有氧运动的组合。有氧运动至少应以 10 分钟一组进行，而且最好贯穿一周。
- 成人一周还应进行 2 天以上的中等强度或高强度的锻炼肌肉的运动，要锻炼所有重要的肌肉群，这些锻炼能带来额外的健康益处。

上述锻炼能增进心脏和呼吸系统的功能，改善肌肉的张力和力量，以及其他诸多健康益处。那么，健康心理学的知识对你获取这些健康益处有何帮助？

研究者考察了这样一个问题：什么样的人会经常锻炼，为什么？他们试图确定什么计划或策略能最有效地让人们开始并坚持锻炼(Nigg et al.，2008)。事实上，我们列出的戒烟模型同样适合人们的锻炼行为（Buckworth et al.，2007）。在打算前阶段，个体仍然更关注锻炼的障碍（如时间太少、没有锻炼伙伴等），而非益处（如帮助放松、改善体形等）。随着个体经过打算和准备阶段，关注的重点就从障碍转变为益处。锻炼时间不到 6 个月的人就处在行动阶段；而经常锻炼 6 个月以上的人则处在维持阶段。

如果你现在还没有经常锻炼，你怎样才能走出打算前阶段？研究表明个体能学会一些策略，从而克服锻炼的阻碍（Scholz et al.，2008）。一个策略是制定行动计划：你应当制定详尽的计划，预料你何时、何地、如何积极地锻炼。另一个策略是制定应对计划：你应该预料可能会出现什么阻碍而干扰你的行动计划，并确定怎样才能最有效地应对这些阻碍。在一项研究中，研究者教导冠心病病人怎样制定这两种计划（Sniehotta et al.，2006）。两个月之后，结合运用这两种计划的病人较之控制组的病人（他们没有接受任何训练），明显参加了更多的体育锻炼。

这类研究表明，你可以像在任何其他情境下运用认知评价应对压力一样对待锻炼。你读到美国政府建议每周 150 分钟中等强度的有氧锻炼时，你或许想完全避开这一话题来应付这一提议。不要让你自己被击倒！相反，请运用行动计划和应对计划帮助你实现健康生活的目标。

- 为什么同样的阶段既可以用来克服不健康的行为又可以用来促进健康的行为？
- 为什么思考健康行为如定期锻炼会产生压力？

恢复过来。要想达到放松状态，应该满足四个条件:（1）安静的环境，（2）闭上眼睛，（3）舒服的姿势，（4）不断重复的心理刺激，比如在心中反复吟诵一个短语。前三种条件降低神经系统的输入，第四种条件则降低内部刺激。

生物反馈（biofeedback）是一种自我调节的技术，它有许多特殊的应用，比如控制血压、放松前额肌肉（包括紧张的头部），甚至消除严重的脸红现象。生物反馈首先由心理学家**尼尔·米勒**（Miller，1978）开创，它可以通过提供清楚的外部信号来意识到本来很弱或者内在的反应。病人的身体反应被转化成不同强度的光和声的信号，再通过仪器加以放大和监测，使得病人可以“看到”他们自己的身体反应。病人的任务就是控制这些外部线索的水平。

让我们来看看生物反馈在医疗中的应用。患高血压或低血压的参与者来到了实验室（Rau et al., 2003）。来自仪器的反馈测量了参与者每次心搏周期的血压，数据呈现在电脑屏幕上，使参与者知道绿柱上升代表正确的方向，红柱上升代表错误的方向。另外，研究者进行了口头强化："你做对了！" 在三个训练周期后，参与者能像期望的那样提高或降低他们的血压了。如果你对你的血压或者其他生理障碍感兴趣，这个结果可以鼓励你寻找生物反馈过程配合药物治疗。

心理神经免疫学　20 世纪 80 年代早期，一系列研究发现，心智还会以另一种方式影响身体：即心理状态能够影响机体的免疫能力，这一结果相当令人震惊。历史上，有识之士曾认为免疫反应——快速产生抗体以反击侵入并损伤有机体的物质——是自动的，无须中枢神经系统介入即能发生的生物学过程。条件作用实验证明，这种假定是不正确的。

> 打破传统观点的研究者**罗伯特·阿德**（Robert Ader）和**尼古拉斯·科恩**（Nicholas Cohen）（1981）训练一组老鼠在有甜味的糖精和一种削弱免疫反应的药物环磷酰胺（CY）之间建立联结。控制组仅仅得到糖精。后来，当两组老鼠都只得到糖精时，先前曾在糖精和 CY 间形成过条件性联结的老鼠对外来细胞产生的抗体显著少于控制组老鼠。可见，习得联结本身就足以导致免疫系统的抑制，使实验组老鼠更易受到多种疾病的伤害。学习效应是如此强烈，以至于在后来的研究中，一些老鼠仅仅是喝了糖精溶液便死掉了。

这类结果给人们带来一种希望，即经典条件作用可以用来调节免疫系统的功能。一个新的研究领域，**心理神经免疫学**（psychoneuroimmunology）已经出现，它是一门涉及心理学、神经系统和免疫系统研究的学科（Ader & Cohen, 1993; Coe, 1999）。

过去 25 年的研究证明，应激源以及人们应对它们的方式，稳定地影响着免疫系统的效能（Kiecolt-Glaser et al., 2002）。想想免疫系统的一个基本功能，治疗皮肤上的小伤口。有个研究小组给 13 个照顾阿尔茨海默病（见第 7 章）患者的家属和其他作为控制组的 13 个参与者在皮肤上留下一个标准的小伤口。一般来说，阿尔茨海默病患者的家属通常会经历慢性应激，需要多花 9 天时间伤口才能愈合（Kiecolt-Glaser et al., 1995）！人们受自己人格的影响也会经历慢性应激——对免疫功能有着类似的影响。例如，报告很难控制愤怒情绪的个体较之能较好控制愤怒情绪的个体，其同样标准化的伤口通常要多花几天才能愈合（Gouin et al., 2008）。从这些数据你可以看到，应激水平的细微差异就会影响人们身体的康复速度，即使是最小的擦伤或划伤。见微知著，你能了解在治疗严重疾病如传染病和癌症方面，为什么应激反应甚至起着更为重要的作用。研究者希望了解心智如何影响免疫机能，并能利用这些力量减缓严重的疾病。

心理对生理健康的影响　关于治疗我们再谈谈最后一点。你是否有过羞于把一些秘密告诉任何人的情况？如果有的话，将这些秘密说出来将大大改善你的健康。这一结论来自健康心理学家**詹姆斯·彭尼贝克**（Penebaker, 1990, 1997; Petrie et al., 1998）的研究，压抑关于个人创伤、失败、悔恨或羞耻经历的想法和感受，会大大损害精神和生理健康。这种抑制是一项艰难的心理工作，慢慢地它会损害人体对于疾病的抵抗力。倾诉的体验通常可以在几周或几个月后改善生理和心理健康。让我们看看情绪暴露对于感染人类免疫缺陷病毒患者的影响。

> 37 名感染人类免疫缺陷病毒（HIV）的成人参加了实验。大约一半的病人

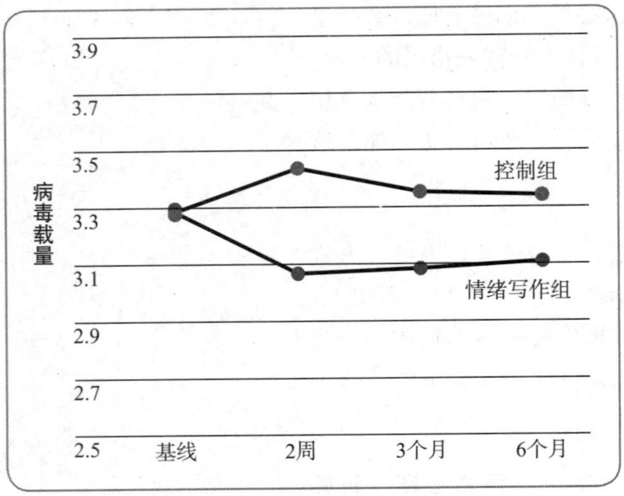

图 12.8 情绪写作对 HIV 感染的影响

参与者进行了4期的写作活动，主题是情绪事件或不带情绪的活动。写作活动之后的2周、3个月和6个月之后都测量了HIV病毒的载量。结果发现，进行情绪写作的参与者病毒载量一直少得多。

资料来源：Figure "Viral Load" in "Effect of Written Emotional Expression on Immune Function in Patients with Human Immunodeficiency Virus Infection: A Randomized Trial" by Keith J. Petrie et al., *Psychosomatic Medicine*, (66): pp. 272–275, © 2004 by the American Psychosomatic Society. Reprinted with permission of the author.

被分到了情绪写作组，在连续4天里每天花30分钟写下"生活中最具创伤性的和情绪性的经验"（Petrie et al., 2004, p.273）。控制组则将同样多的时间用在中性任务上，如写下他们前天做的事。为了测量情绪写作的作用，研究者测量了HIV载量——一毫升血液中人类免疫缺陷病毒的复制数量。**图 12.8** 显示了情绪写作的巨大影响。在2周、3个月和6个月后，情绪写作组的人类免疫缺陷病毒载量要少得多。

这个结果与其他研究证明个体应激水平对HIV感染过程影响的数据是一致的。情绪写作能帮助参与者应对感染带来的消极心理结果。

人格和健康

你是否知道有这样一类人：他们一心追求成功而不管有什么障碍；他们在高中时就被断定"很有可能在不到20岁时患上心脏病"。你是这样的人吗？如你所见到的，有些人急于控制生活，有人却步伐舒缓，你可能会奇怪，不同的人格是否真的会影响健康？健康心理学的研究清楚地表明，答案是肯定的。让我们来看一些例子。

在20世纪50年代，迈尔·弗里德曼和瑞·罗森曼报告了从古代就受到怀疑的一个问题：某一族群的人格特质与患病的可能性（特别是得冠心病的可能性）是否存在相关（Friedman & Rosenman, 1974）。这些研究者确定了两种行为模式，分别标定为类型A和类型B。**A型行为模式**（type A behavior pattern）是一种复杂的行为和情绪模式，包括极端好胜、富有攻击性、缺乏耐心、有时间急迫感和怀有敌意。类型A的人通常对生活中的某些核心方面感到不满，极富竞争性且野心勃勃，而且通常是一个孤独者。**B型行为模式**（type B behavior pattern）则恰好同类型A相反，他们有较少竞争性、较少敌意等等。研究者认为那些显示出类型A行为模式的人较一般人群更容易患上冠心病。

因为A型行为模式有很多特征，研究者把焦点放在识别A型行为模式中最危险的因素。人格特质中"毒性"最烈的就是敌意。

一项开始于1986年的纵向研究调查了774名没有任何心血管疾病病史的男性（Niaura et al., 2002）。在1986年测量了每个参与者的敌意水平（使用我们将在第13章提到的明尼苏达多相人格调查表中的条目）。敌意被定义为个体以愤世嫉俗和消极的方式看待世界和他人的稳定倾向。为了描述敌意和冠心病之间的关系，研究者把敌意分数通过百分比组表示出来。如**图 12.9** 所示，敌意分数最高的20%的个体在随后的年份冠心病发作次数激增。在这个男性样本中，敌意比其他危险的行为指标（如吸烟和喝酒）能更好地预测疾病。

敌意对于健康的影响可能是因为生理原因——导致应激反应长期的过度唤醒，

也可能是由于心理原因——导致带有敌意的个体养成不良的健康习惯，而且躲避社会支持（Smith & Ruiz, 2002）。

好消息是，研究者已经开始运用行为治疗，以减少敌意和其他 A 型行为模式（Pischke et al., 2008）。比如，针对患冠心病的高敌意男性进行干预（Gidron et al., 1999）。干预的一个部分是，指导他们学习怎样使用问题聚焦应对方法减少怒气；怎样使用认知重构减少愤世嫉俗的倾向。8 周后，干预组的男性的敌意水平显著低于控制组（非干预组）。另外，干预组男性的血压也比控制组低。你觉得你符合敌意的定义吗？如果你认识到自己怀有敌意，请使用这种干预方法来维护自己的健康。

为了更好地说明人格和健康的关系，让我们回想在第 11 章介绍的乐观主义概念。我们看到那些乐观的个体将失败进行外部归因，归于事件的不稳定和变动（Seligman, 1991）。这种应对风格对于乐观者的健康有很大影响，其特定的影响还取决于应激源的难度（Segerstrom，2005）。因为乐观者相信自己能战胜应激源，他们往往直面应激源。如果应激源过于困难，这种持续投入的策略可能会导致负面的生理后果。有项研究评价了乐观精神对转专业到法学院的学生健康的影响（Segerstrom，2006，2007）。对于某些学生而言，这种转专业压力相对较大——因为社会和家庭都对他们的学业有着非常高的要求。每名学生都要完成测量乐观精神的问卷，还要完成评价他们免疫反应的程序。他们要注射检查腮腺炎易感性的制剂。注射之后的反应是皮肤肿胀。免疫反应的测量指标是皮肤肿胀或硬化的程度。如**图 12.10** 所示，最乐观的学生面对低要求时表现出较好的免疫反应；他们在面对高要求时则表现出较差的免疫反应。这些数据表明，乐观主义者必须认识到某些应激源最好的应对方式并非直接与之死磕。

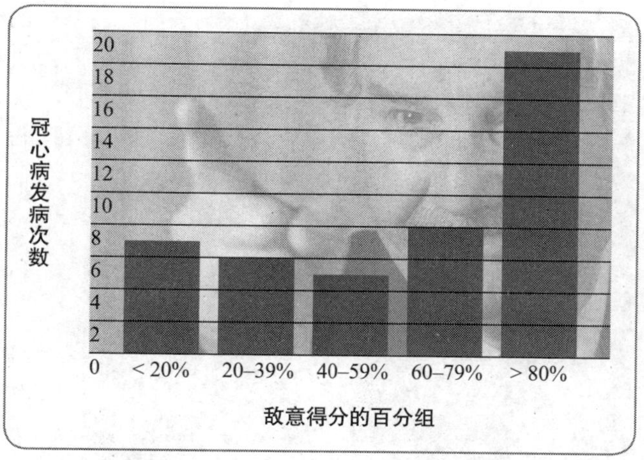

图 12.9 **敌意能预测冠心病**

根据参与者自我报告的敌意程度，把他们分成百分等级组。测量中得分处于前 20% 的参与者（即该组的得分高于其他 80% 的参与者），冠心病发病率最高。

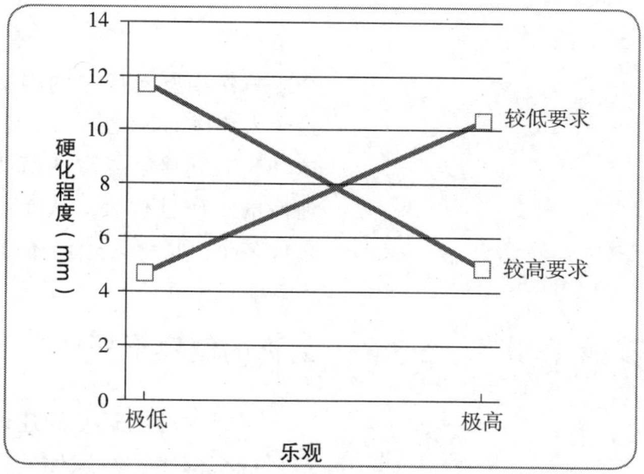

图 12.10 **乐观与免疫功能**

最乐观的学生面对较低要求时表现出较好的免疫反应。然而，他们在面对较高要求时则表现出较差的免疫反应。

资料来源：S.C. Segerstrom, "Stress, energy and immunity." *Current Directions in Psychological Science*. Copyright © 2007 by Blackwell Publishers Ltd. Reprinted with permission.

职业倦怠和医疗保健系统

健康心理学关注的最后一个问题是为医疗保健系统的设计给出建议。比如，研究者考察了同医护人员有关的压力问题。即使是最富热情的看护者，也会因为压力而感到疲惫，这些压力是他们不断同大量面对各种个人的、生理的和社会的问题的人接触，始终高强度的工作带来的。

这些专业的健康和福利工作者所体验到的情绪压力的一个特例被克里斯蒂娜·马斯拉奇定义为职业倦怠，她是这一普遍问题的研究带头人。**职业倦怠**（job burnout，也译作"工作倦怠"或"职业枯竭"）是一种情绪衰竭、人格解体、个人成就感降低

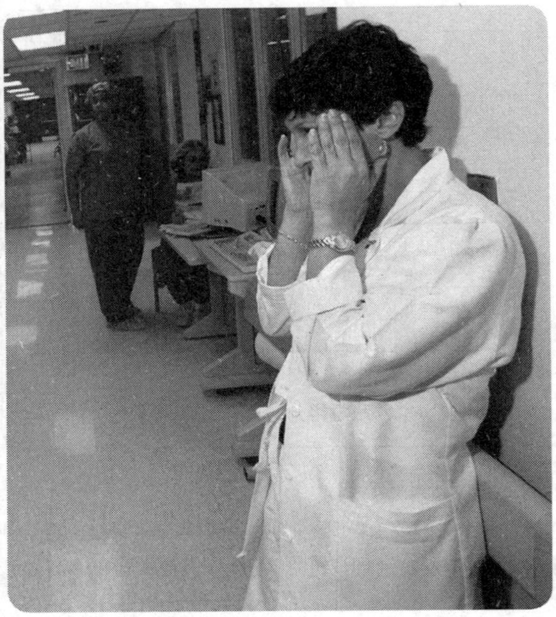
为什么健康护理工作者尤其容易产生职业倦怠现象?

的综合症，通常发生在那些需要不断同病人、来访者和公众进行高强度的接触的职业中。健康工作者开始失去他们对病人进行关心和爱护的热情，甚至用冷漠乃至不人道的方式对待他们。他们对自己的感觉很糟，而且为自己的失败而担心。职业倦怠同更高的旷工和离职率相关，损害工作绩效，带来恶劣的同事关系、家庭问题和糟糕的个人健康（Maslach & Leiter,2008）。

由于组织小型化、工作重组的影响，以及对于利润的关注胜过了对员工道德和忠诚度的关注，当今劳动力中的职业倦怠达到了更高的水平。因此，职业倦怠已经不仅仅是工人和健康从业人员的问题，而是反映了组织的功能失调，需要重新检查组织的目标、价值、工作负荷及奖励结构并加以修正（Leiter & Maslach, 2005）。

我们可以给出怎样的建议呢？许多社会和情境因素影响着职业倦怠的产生和水平，也蕴含着防止或减轻它的方法（Leiter & Maslach, 2005; Prosser et al., 1997）。例如，每个看护者所要照顾的病人的数量是医患互动质量的重要影响因素，病人数越多，就有越大的认知、感觉和情绪负荷。另一个影响医患互动质量的因素是医护人员直接与病人接触的数量。当这些接触困难而且令人焦虑时，比如和垂危病人接触，这一点就显得尤为突出（Jackson et al., 2008）。这种长时间接触导致的情绪压力可以用许多方法来减轻。例如，从业人员可以更改他们的工作日程表，从而可以暂时避开这种高压力的情境。他们可以采用团队接触来代替个人接触。他们还可以安排一些机会得到关于他们工作效果的积极反馈。

为你的健康干杯

是时候给出最后的建议了。与其等压力或疾病自己找上门来再去应付，不如设定目标来健康地组织你的生活。下面的 9 个步骤可以带来更多的快乐和更好的精神健康，可以作为一种指导，鼓励你更加积极地生活，并为你自己和他人创建一个更加积极的心理环境。下面的步骤可以在一年内实施。

1. 永远不要诉说自己不好的事情。寻找那些你将来能采取行动加以改变的不快乐的根源。只给你自己和他人建设性的批评——下次应该采取什么不同的做法来得到你想要的成果?
2. 将你的反应、想法和感受同你的朋友、同事、家庭成员以及他人进行比较，从而使你可以估计出自己行为的适宜性以及你的反应同适宜的社会规范的关系。
3. 结交一些密友，你可以同他们分享感受、快乐和忧虑。致力于发展、保持和拓展你的社会支持网络。
4. 发展一种平衡时间的观点，从而可以灵活地对待你的工作、环境的要求和自身需求。有工作要做时请面向未来，在目标达到和快乐在握时请享受当下，与你的亲朋好友联系时请珍惜过去。
5. 永远对你的成功和快乐充满信心（并且和他人分享你的积极感受）。清楚地了解你独特的、与众不同的品质——那些你可以惠及他人的品质。例如，一个害羞的人可以给一个善谈者提供专注的倾听。了解你的个人优势和可以有效进行应对的资源。

6. 当你感觉你就要对自己的情绪失去控制时，请用离开的办法避开使你不快的环境，或者站在另一个人的位置上考虑一下，或者设想未来，使你看到问题得以克服的前景，或者向一个同情者倾诉。请允许你自己感受和表达自己的情绪。
7. 记住失败和失望有时是伪装下的祝福。它们可以告诉你目标可能并不适合你，或者救你于未来更大的失败之前。吃一堑，长一智。遭受挫折后说一句“我犯了个错误”，再继续前进。你所经历的每一次事故、不幸和挫折，实际上都是一个潜在的美妙机会，只是它们未以真面目示人。
8. 如果你发现无法使自己或他人走出抑郁，那就向学校或社区健康部门受过训练的专业人员寻求建议。在某些情况下，有些看上去的心理问题实际上是生理问题，有些则正好相反。在你需要它们之前，先了解一下你的学生心理健康服务内容，而在运用它们时不必有任何会被污名的疑虑。
9. 培养健康的愉悦。花些时间放松、反省、收集信息、放风筝、享受你的爱好、进行一些你可以独处的活动，以及做一些力所能及并得到愉悦享受的活动。

现在你的感受如何？如果你生活中的应激源正将你偷偷地带入坏情绪中，我们希望你能够采用认知再评估的方法减轻它们的影响。如果你感到自己病了，我们希望你可以利用你精神的康复能力加速你恢复健康的进程。永远不要低估这些控制着你的生活的各种“感觉”的力量。利用这些力量吧！

STOP 停下来检查一下

❶ 有关吸烟的遗传学研究揭示了什么？

❷ 艾滋病成功干预的三个部分是什么？

❸ 产生放松反应的必要条件是什么？

❹ 心理神经免疫学的研究者的主要目标是什么？

❺A 型人格的“毒性”方面是什么？

❻ 职业倦怠是怎样定义的？

批判性思考：思考情绪表露对健康影响的研究，为什么研究者要让控制组的参与者进行写作？

要点重述

情绪

- 情绪是生理唤醒、认知评价和行为及表达性反应带来的复杂变化模式。
- 作为进化的产物，人类可能共同拥有一些基本的情绪反应。
- 然而，文化还会为情绪表达的适宜性建立不同的标准。
- 经典理论强调情绪反应的不同部分，比如外周躯体反应或者中枢神经过程。
- 当代理论多强调对唤醒的评价。
- 心境和情绪影响信息加工和决策。
- 主观幸福感同时受到遗传和生活经历的影响。

生活压力

- 压力可以产生于积极或消极事件。大多数压力的根源是改变，以及对环境的、生物的、生理的和社会要求的适应。
- 生理应激反应由下丘脑和复杂的激素与神经系统之间的交互作用控制。
- 根据应激源的类型以及它的作用时间，压力可以是轻微的干扰，也可能引起威胁健康的反应。
- 认知评价是压力的一个主要调节变量。
- 应对策略可以是问题指向的（采取直接行动），也可以是试图调节情绪（间接或逃避）。
- 认知再评价和重构可以用来应对压力。
- 社会支持也是一个明显的压力调节变量，只要它适应于环境。
- 应激可能导致积极的变化如创伤后成长。

健康心理学

- 健康心理学致力于治疗和预防疾病。
- 健康和疾病的生物心理社会模型关注疾病中生理、情绪和环境因素间的联系。
- 疾病预防聚焦于生活方式的因素，比如吸烟和可能感染艾滋病的风险行为。
- 心理因素影响免疫机能。
- 疾病的心理社会治疗给病人的治疗加入了另一个维度。
- A 型行为模式（特别是敌意）、B 型行为模式和乐观行为模式的个体在患病的可能性上存在差异。
- 健康护理人员有产生职业倦怠的危险，通过在他们提供帮助的环境中进行适当的改变，可以降低这种危险。

图 12.1 的答案

1. 快乐
2. 惊奇
3. 愤怒
4. 厌恶
5. 恐惧
6. 悲伤
7. 轻蔑

关键术语

急性应激	健康	心身失调
艾滋病（AIDS）	健康促进	放松反应
预先应对	健康心理学	社会支持
生物反馈	人类免疫缺陷病毒（HIV）	应激
生物心理社会模型	Hozho	压力调节变量
坎农—巴德情绪理论	詹姆斯—兰格情绪理论	应激源
慢性应激	职业倦怠	主观幸福感
情绪的认知评价理论	生活变化单位（LCU）	照料和结盟反应
应对	知觉控制	A 型行为模式
情绪	积极心理学	B 型行为模式
战斗或逃跑反应	创伤后应激障碍（PTSD）	最佳健康
一般适应症候群（GAS）	心理神经免疫学	

13

理解人类人格

人格的类型和特质理论

类型分类 / 对特质的描述 / 人格特质和遗传性 / 特质能否预测行为 / 对类型及特质理论的评价

心理动力学理论

弗洛伊德的精神分析理论 / 对弗洛伊德理论的评价 / 后弗洛伊德理论

生活中的心理学：为什么有些人会害羞

人本主义理论

人本主义理论的特点 / 对人本主义理论的评价

社会学习和认知理论

罗特的期望理论 / 米希尔的认知—情感人格理论 / 班杜拉的认知社会学习理论 / 坎特的社会智力理论 / 对社会学习和认知理论的评价

自我理论

自我概念的动力方面 / 自尊 / 自我的文化结构 / 对自我理论的评价

人格理论的比较

生活中的批判性思维：人格特质如何在网络世界里传递

人格测评

客观测验 / 投射测验

要点重述

假设我们让你去比较和对照你的两个最亲密的朋友。他们在哪些方面相似，在哪些方面不同？你很可能会迅速去分析你朋友的人格。例如，你可能会说一个比另一个更友善，或者一个比另一个更自信。这种断言说明你已经将自己的人格理论运用到了你的人际关系中——你有一套自己用来评价人格的体系。你用自己的信念体系来确定在一个新的班级中谁将是朋友或敌人；你根据自己对父母或老师的人格的解读来找到应对他们的策略。

心理学家从许多角度对人格进行了定义，其中有两个基本概念是一致的：*独特性*以及*行为的特征性模式*。我们将**人格**（personality，也译为"个性"）定义为：一系列复杂的心理品质，具有跨时间、跨情境一致性的特点，对个体行为的特征性模式有独特的影响。

人格理论是对个体人格结构和功能的假设性说明。它们可以帮助我们达成心理学的两个主要目标：（1）理解人格的结构、起源以及与此有关的特点；（2）基于人格测量预测行为和生活事件。不同的理论对人在一定条件下如何做出反应或表现出适应行为有不同的预测。

在考察几个主要的理论方法之前，我们应该了解一下为什么会有这么多不同的（通常是对立的）理论。由于理论家们的出发点、数据的来源以及解释的现象不同，他们研究人格的方法也不同。有些着重于个体人格的结构，而另一些则关注人格是如何发展的。有些对个体做什么感兴趣，无论是特定行为还是重要的生活事件。而另外一些研究的是人们对自己的生活感受如何。最后，一些理论试图解释那些有心理问题的个体的人格特点，而还有一些关注的是健康的个体。所以说，每个理论都可以解释人格的一部分，综合起来就可以使我们对人性有更多的了解。

我们的目的是提供给大家一个理解人格日常经验的框架。但在开始之前，请考虑以下几个问题：如果你被心理学家研究，你认为他们会如何描述你的人格特点？他们会认为你的哪些早期经历对你现在的行为和思考模式产生了影响？你现今哪些状况对你的行为和思维方式产生了重要的影响？是什么使得你与相同环境中的其他个体相异？本章可以帮你找到这些问题的详细答案。

人格的类型和特质理论

最早的两种描述人格的方法是，通过有限的几种明确类型对个体进行分类；在不同特质上对个体进行等级评定。对自己或他人的行为进行分类看来似乎是一种天生的倾向。我们来介绍一下心理学家对类型和特质进行分类的理论。

类型分类

我们通常依据不同的特点对人们进行分类，包括大学的类别、专业、性别和种族。一些人格理论家也将人们归入不同的类别中，也就是**人格类型**（personality type）。人格类型是全或无的现象，而不是程度的问题：如果一个人被归类为某一类型，那么该个体就不能再被归类到该体系中的其他类型中去。许多人喜欢在日常生活中使用人格类型，因为这能帮助他们将理解他人这一复杂的过程简化。

早期的类型理论之一是由公元前5世纪的希腊医生**希波克拉底**（Hippocrates）提出来的，他创建了内科学新开业医生誓约。他认为人体含有四种基本的体液，每种体液与一个特定的气质类型（一种情绪和行为的模式）相对应。在公元 2 世纪的时候，希腊内科医生**盖伦**（Galen）认为，个体的人格是由体内何种体液占主导所决定的。盖伦将希波克拉底的体液类型说与人格气质作如下联系：

- *血液*　多血质：欢快，好动
- *粘液*　粘液质：缺乏感情的，行动迟缓的
- *黑胆汁*　抑郁质：悲伤，易哀愁
- *黄胆汁*　胆汁质：易激怒，易兴奋

虽然盖伦提出的这个理论没有经受住现代社会的考验，但它的确流行了几个世纪，其影响一直延续到中世纪。（然而，在艾森克的特质理论中我们可以看到这些气质的现代模式，我们将在稍后进行介绍）。

在现代，1942 年，**威廉·赛尔顿**（William Sheldon，1898—1977）提出了一种类型理论，将体型和气质联系在一起，他根据体型将人分为三种类型：*内胚层型*（胖，柔软，圆润），*中胚层型*（肌肉发达，矩形身材，强壮），*外胚层型*（瘦，长，虚弱）（Sheldon，1942）。赛尔顿认为内胚层型的人是放松的，喜欢吃东西而且喜爱社交。中胚层型的人是充满能量、勇气以及有过分自信倾向的人。而外胚层型的个体是有头脑的、爱好艺术的以及内向的，他们通常更多地思考生活，而不仅仅是随波逐流或消极地活着。在一段时间里，赛尔顿使用成千上万的诸如耶鲁和韦尔兹利大学学

希波克拉底的理论认为，身体有四种基本体液，每种都与特定的性格相联（见图，按顺时针方向）：抑郁患者有过量的黑胆汁；血液激发了乐观的弹奏者表演；少女为冷漠所操纵，对情人反应迟缓；太多的黄胆汁使主人怒气冲冲。你是否认为希波克拉底人格类型亦可应用于你所认识的人身上？（见彩插）

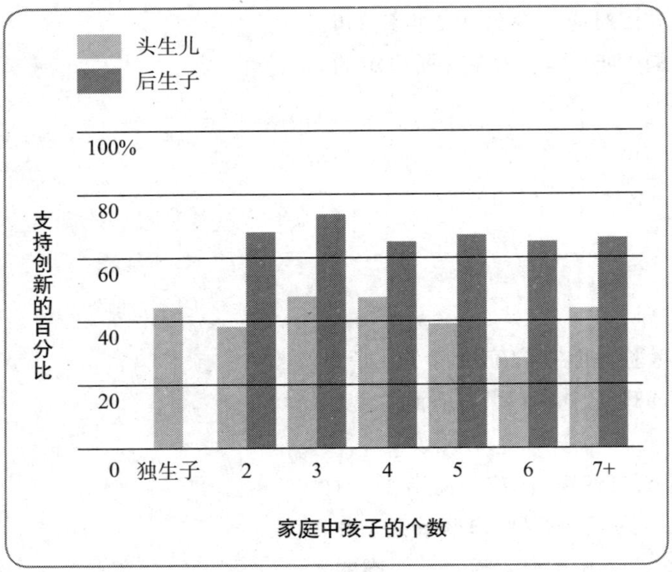

图 13.1 **出生顺序与对科学创新的支持**

弗兰克·沙洛威对 23 项科学创新理论以及 1 218 名或支持或反对这些理论的科学家的出生顺序进行了研究。在所有家庭规模中，后出生的孩子比头生儿都更倾向于接纳创新理论。

资料来源：*Born to Rebel* by Frank J. Sulloway, Copyright © 1966 by Frank J. Sulloway. Used by permission of Pantheon Books, a division of Random House, Inc.

生的裸体照片进行了体型和生活因素之间关系的研究，这使得该理论在当时非常有影响力。但是，如同希波克拉底早期的理论一样，赛尔顿的体型类型说也被证实同个体行为几乎没有相关（Tyler, 1965）。

近些年，**弗兰克·沙洛威**（Sulloway, 1996）提出了基于出生顺序的现代类型理论。在家里你是头生儿（或是独生子）吗？或者你是后生子？因为你只能选择这些出生顺序中的一个，沙洛威的理论满足了类型理论的标准。（对于特殊的家庭格局——例如，两个子女的年龄差距非常大——沙洛威也提供了分类的方法。）根据达尔文"生物体是为了找到生存的合适环境而出现多样化"这一观点，沙洛威提出了使用出生顺序预测人格的方法。根据沙洛威的观点，头生儿的位置是现成的：他们直接要求父母的爱与关注；他们通过认同和遵从父母来寻求保持最初的依恋。相比之下，后来出生的孩子需要找到一个不同的位置——一个无法非常清晰地得到父母模范作用的位置。因此，沙洛威将后出生的孩子特征化为"天生的反叛"："他们要在先前出生的孩子还没有占到主导地位的领域里占据优势。后出生的孩子通常被培养成对经验持有开放性态度——一个有用的策略，以在生活中获得更新颖、更成功的位置"（Sulloway, 1996, p.353）。为了验证后出生的孩子喜爱创新而头生儿安于现状这一假设，沙洛威调查了科学、历史以及文化上的革命，分析了对这些革命持支持或反对态度的大量当代及历史人物的出生顺序。**图 13.1** 表示了头生或后出生的科学家对 23 项科学创新理论的支持程度。从中可以看出，在所有家庭规模中，后出生的孩子比头生儿更倾向于支持创新理论。你有兄弟姐妹吗？在你的家庭里可以发现这种模式吗？

你是否会把你认识的人归为特殊"类型"？这些类型可以涵盖这个人所有的特点吗？类型理论往往无法抓住个体人格中更细微的方面。下面让我们转入那些根据特质来描述个体而且更具灵活性的理论。

对特质的描述

类型理论认为可以把人划分为不同的类型，这些类型是独立的、不连续的，就像第一胎出生的孩子和以后出生的孩子一样。与此不同，特质理论推崇连续性维度，如智力和友谊等。**特质**（trait）是持久的品质或特征，这些品质或特征使个体在各种情况下的行为具有一致性。比如说，某一天你可能会归还一个捡到的钱包来证明你的诚实，而另一天你可能会通过在考试中不作弊来证明这一点。一些特质理论家认为特质是引起行为的先决条件，但更加保守的理论家仅仅将特质作为描述性维度，认为它只是简单地概括了被观测到的行为模式。下面让我们来看一些比较著名的特质理论。

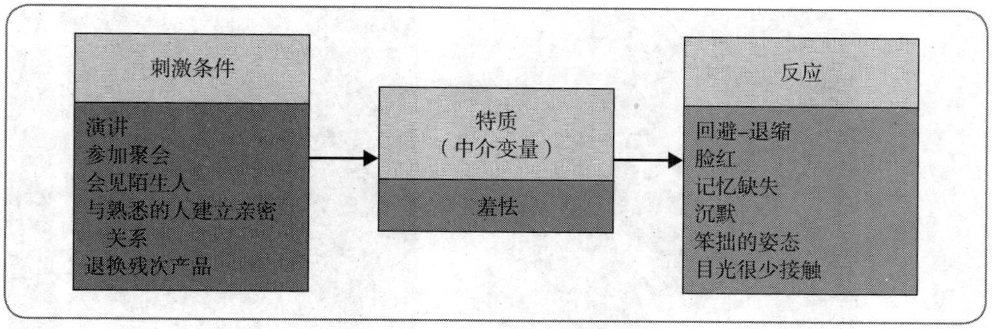

图 13.2
羞怯作为一种特质
特质可以作为一种中介变量，使一系列刺激和反应产生联系，而这些刺激和反应最初看起来可能彼此间几乎没有联系。

阿尔波特的特质理论　**戈登·阿尔波特**（Gordon Allport, 1897—1967）将特质视为人格的框架和个性的根源。根据阿尔波特的理论（Allport, 1937, 1961, 1966），特质使行为具有一致性，这是因为它们将一个人对于各种刺激的反应联系并统一起来。特质可能作为中介变量，使一系列刺激和反应产生联系，而这些刺激和反应最初看起来可能彼此间几乎没有联系（见**图 13.2**）。

阿尔波特确定了三种特质：首要特质、核心特质和次要特质。首要特质决定着一个人如何组织生活。比如对于特雷莎修女来说，一个首要特质可能是为了他人的利益自我牺牲。但并不是所有的人都会发展出这样明显的首要特质。核心特质是代表一个人主要特征的特质，如诚实和乐观。次要特质是有助于预测个体行为、特定的个人特征，但对于理解个体的人格，次要特质的作用要小得多。对于食物和衣着的偏好是次要特质的例子。阿尔波特感兴趣的是，这三种特质以何种独特方式组合起来，从而决定一个人成为某个独特的个体，他支持使用个案研究的方法来检验这些独特的特质。

阿尔波特将人格结构视为决定个体行为的关键因素，而不是环境条件。阿尔波特经常用“使黄油融化的那把火会使鸡蛋变硬”这句话来说明相同的刺激对于不同的个体可能会有不同的影响。许多现代的特质理论都遵循了阿尔波特的传统。

确定普遍性的特质维度　1936 年，阿尔波特和他的同事 H.S. 奥德波特通过对字典的检索，发现在英语中有 17 953 个形容词被用来描述个体的差异。自那以后，研究者一直试图在浩如烟海的特质词汇中确定基本的维度。他们希望弄清存在多少维度，哪些维度有助于心理学家给出一个对于所有个体都可用的、普遍的特征。

卡特尔（Cattell, 1979）使用阿尔波特和奥德波特的形容词表作为他的研究起点，想要揭示出少数几个基本的特质维度。通过研究，他提出了人类人格的 16 因素。卡特尔将这 16 因素称为根源特质，因为他相信这 16 因素是外显行为的潜在根源，而这一根源就是我们通常所说的人格。卡特尔的 16 因素包含了重要的行为范畴，如有保守的和开放的，信赖的和怀疑的，以及放松的和紧张的。虽然这样，现代特质理论家辩称，也可以用更少的维度涵括人格中最重要的特性。

艾森克（Eysenck, 1973, 1990）根据人格测验的数据推论出三个大维度：外向性（内源导向性的或外源导向性的）、神经质（情绪稳定的或情绪不稳定的）和精神质（善良的、体贴的或有攻击性的、反社会的）。如**图 13.3** 所示，艾森克将外向性和神经质这两个维度组合起来勾勒出一个环状图形。他指出，这个图形中的每一个象限代表了盖伦用希波克拉底的体液说所提出的四种人格类型中的一种。然而，艾森克的特质理论允许在这些分类中存在个体变异。个体可以落到这个圆圈中的任何一点上，从非常内向的到非常外向的，从非常不稳定的（神经质的）到非常稳定的。圆圈上

在缺少人格测验结果的情况下，特质可以根据所观测到的行为作出推断。例如，人们可能会认为马丁·路德·金具有和平地抵抗不公的首要特质；诚实是亚伯拉罕·林肯的核心特质；而麦当娜对于多变的时尚的偏好是一种次要特质。你的首要特质、核心特质和次要特质分别是什么呢?

所列出的特质描述了两个维度的组合。例如，一个非常外向并有些不稳定的人可能是冲动的。

五因素模型　艾森克理论的许多观点得到了研究证据的支持。但是，近年来，多数人一致认为五因素可以最好地描述人格结构，这五个因素能很好地与艾森克的三个维度重叠。五个维度是非常宽泛的，因为每个维度代表一个大的分类，里面包含许多特征，这些特征有独立的内涵但却又有一个共同的主题。人格的这五个维度现在被称为**五因素模型**（five-factor model），或用一种不太正式的称谓，叫做“大五”（Big Five）（McCrae & Costa, 1999）。这五个因素列于**表 13.1** 中。你将再次注意到每个维度都是两极的——与维度的名称意义相似的条目描述的是较高的一极，而意义相反的条目描述的是较低的一极。

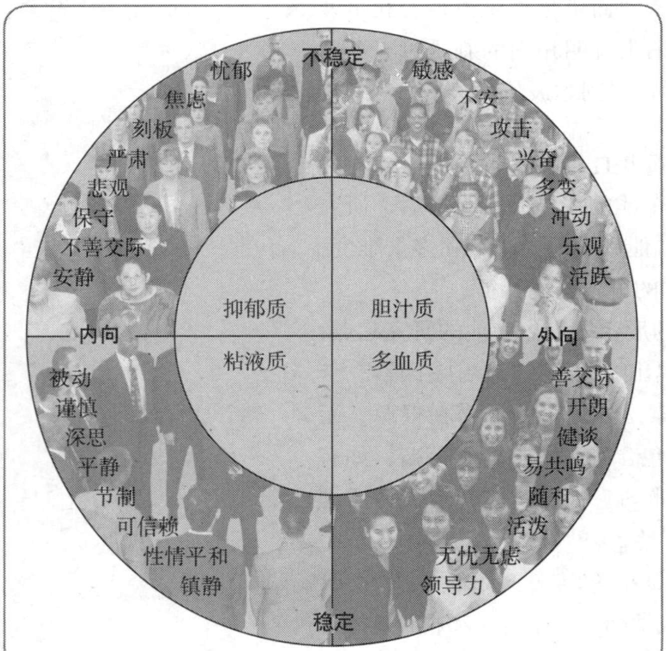

图 13.3　艾森克人格环的四个象限

外向性和神经质这两个维度组合起来形成一个环状图形。艾森克将图形中的每一个象限与希波克拉底所提出的四种人格类型中的一种联系起来，但是，艾森克的特质理论允许这些分类中存在个体差异。

五因素模型运动代表了研究者们在阿尔波特和奥波特（Allport & Odbert, 1936）庞大的特质词表中找寻人格结构的尝试。特质被压缩成大约 200 个同义词类群，用于组成特质维度：这些维度有一个最高的极点和一个最低的极点，如负责任和不负责任。下一步，要求参与者给自己和他人在两极维度上评分，用适当的统计方法来处理这些评分结果，以确定这些同义类群是如何相互联系的。运用这一方法，许多独立的研究小组得到了相同的结论：人们用来描述自己和他人的特质时仅有五个基本维度（Norman, 1963, 1967; Tupes & Christal, 1961）。

从 20 世纪 60 年代以来，人格问卷、访谈提纲和其他一些数据都得到了非常相似的维度（Costa & McCrae, 1992; Digman,1990; Wiggins & Pincus,

1992）。为了证明五因素模型的普遍性，研究者将他们的研究扩展到英语之外：五因素的结构在许多语种中得到重复验证，包括德语、葡萄牙语、希伯来语、汉语、朝鲜语和日语（McCrae & Costa, 1997）。这五个因素并不是要取代那些带有词义细微差别的特定的特质术语，它们只是勾画出一种分类的方法，让你可以对你认识的所有人进行描述，抓住这些人之间互相区别的最重要的维度。

我们要强调的是，五因素模型是通过对特质词群的统计分析得出，而不是由于某个理论认为“这就是那些必定存在的因素”才得到这个模型（Ozer & Reise, 1994）。然而，研究者已经开始证明，与五因素模型中的特征差异相对应，个体的脑功能是有差异的。

回忆一下第 12 章，一个叫做杏仁核的脑结构在处理情绪刺激的过程中起着重要的作用。然而，研究者开始怀疑，不是所有的杏仁核——因此，也不是所有的人——都用相同的方式对刺激做出反应。为了考察这一观点，一个研究小组招募了 15 名外倾水平不同的参与者（Canli et al., 2002b）。研究者预测外倾性将对情绪处理产生影响，因为这种特质在人类情绪世界中起着重要的作用。为了寻找个体差异，研究者让参与者观看害怕的、快乐的和中性的面孔，同时进行 fMRI 扫描。**图 13.4** 显示了参与者自我报告的外倾性和左右杏仁核的活动之间的相关：红色的区域是高水平的外倾性和高水平的脑活动相联结的那些区域。正如你看到的，外倾性与大脑面对害怕面孔时做出的反应不相关（例如，没有出现红色的区域）。实际上，害怕的面孔同时激活了左右杏仁核；但是在所有的外倾水平中，激活情况基本是相同的。相反，对于快乐的面孔，外倾性高的个体的左杏仁核有大量激活。

你可以回忆第 12 章中，研究者将情绪视为与接近有关的情绪和与回避有关的情绪。这个研究显示，最乐于接近他人的人——这使得他们是外倾的——在与接近有关的情绪的脑区有更多的激活。

表 13.1 五因素模型

因素	双极定义
外倾性	健谈的、精力充沛的、果断的 / 安静的、有保留的、害羞的
宜人性	有同情心的、善良的、亲切的 / 冷淡的、好争吵的、残酷的
尽责性	有组织的、负责的、谨慎的 / 马虎的、轻率的、不负责任的
神经质	稳定的、冷静的、满足的 / 焦虑的、不稳定的、喜怒无常的
开放性	有创造性的、聪明的、开放的 / 简单的、肤浅的、不聪明的

害怕的

快乐的

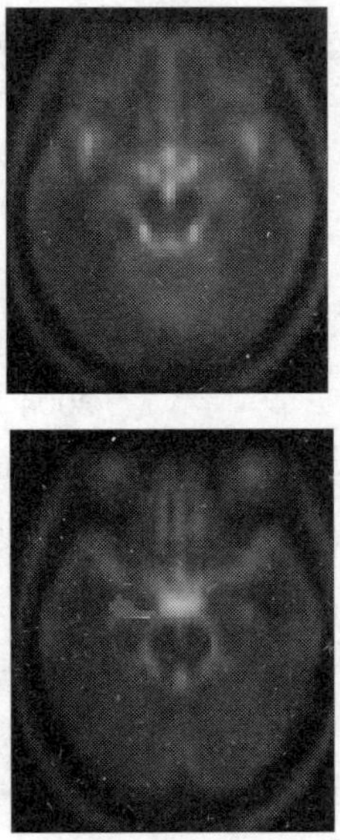

图 13.4 外倾性对左侧杏仁核功能的影响
参与者观看害怕的和快乐的面孔。图中的红色区域表明，外倾性和杏仁核的活动正相关。对于害怕的面孔，却没有发现这种相关。然而对于快乐的面孔，外倾性高的个体其左侧杏仁核有大量激活。（见彩插）

关于特质维度的进化观 五因素模型的支持者也在试图从进化的角度来解释为什么恰巧形成了五个维度：他们试着将五个维度和人们在进化过程中形成的与他人和外部世界互动的一贯类型联系起来（Buss, 1995; Costa & McCrae, 1992a; McCrae et al., 2000）。例如，因为人类本质上是社会性动物，我们可以把五个维度看做是对基本社会问题的回答：“谁会成为你的好伙伴（外倾性），谁是善良的、支持性的（宜人性），谁会坚持不懈（尽责性），谁的情绪是不稳定的（神经质），谁有成功的想法（对经验的开放性）（Bouchard & Loehlin, 2001, p.250）”。进化的基础将有助于说明五因素跨文化的普遍性（Yamagata et al., 2006）。

进化取向的研究者还考察了为什么不同维度会存在如此大的变异性（Penke et al., 2007）。以外倾性为例。前面曾提到，人类是高度社会化的物种，所以一个不善社交的保守的人可能会表现出不适应。然而，不同环境需要不同因素。与低外倾的人相比，高外倾的人更可能做出危险行为（Nettle，2006）。而在极端危险的环境下，社会互动过程中较为谨慎的人更可能得以生存。人类进化过程中的环境多样性可以解释为什么人们会认为每个维度都有其优势和不足。如果这种解释是正确的，我们可以预期，如同进化而来的人类经验的其他方面一样，特质也可以代代相传。我们现在来介绍一下这种观点。

人格特质和遗传性

你或许听到过人们这样评价一个人："吉姆像他妈妈一样具有艺术才能"或是"玛丽和她祖父一样固执"。或许你会发现，兄弟姐妹的急躁个性也正是你自己想改变的缺点，你可能正为此而沮丧。让我们来看一看有哪些证据支持人格特质的遗传性。

回顾一下行为遗传学的内容，行为遗传学所研究的是人格特质和行为方式受遗传影响的程度。为了确定人格的遗传效力，研究人员比较了具有不同基因比例以及在相同或不同家庭环境中成长的家庭成员的人格特质。例如：如果人格特质中的社交能力是遗传的，那么社交能力在同卵双生子（他们具有100%相同的基因）之间的相关比异卵双生子或其他同胞（平均来说，他们具有50%相同的基因）之间的相关要高得多。

遗传学的研究表明，几乎所有的人格特质都受遗传因素的影响（Bouchard, 2004）。使用不同测量工具的研究得到了相同的结果。这些测量工具既有测量一般性特质的（如，外倾性和神经质），也有测量特殊特质的（如，自我控制和社会性）。让我们先来看一个研究。

> 第12章中曾提到，积极心理学领域的研究者希望确认哪些因素决定了人们的积极特征。为了理解积极人格特质的遗传基础，研究者要求336对双生子完成一份调查，调查中列出了与24种特质（如勇敢、善良和公平）相关的描述（Steger et al., 2007）。对于每一个陈述（例如，我从来不会因为太忙而不去帮助朋友），参与者需要在"非常像我"到"非常不像我"之间做出评价。研究者通过分析发现，在24种特质中，有21种特质受遗传影响较大。例如，就勇敢来说，同卵双生子之间的相关为0.50，而异卵双生子之间的相关仅为0.19。

这些数据证明了一个普遍结论，遗传对人格有较大的影响。重新看一下表13.1，你更靠近每一个大五因素的哪一极？你能发现你和父母的一些相似之处吗？

特质能否预测行为

假设我们让你选择一些你认为非常适合自己的特质词汇。例如，你会告诉我们，你是个非常友善的人。现在我们了解到了什么？如果人格理论允许我们对行为进行预测，那么在我们知道你将自己评定为非常友善时，我们能对你做出什么样的预测呢？我们如何才能判断你的观点是否可信？让我们来探讨一下这个问题。

你可能有这样一个观点，如果知道一个人具有某种特质，就能对他在不同情境中的行为加以预测。因此，我们可以假设你在任何情况下都能做出友善的举动。然而，在 20 世纪 20 年代，一些研究人员对特质相关行为的研究却发现了令人吃惊的结果，行为在所有情境下都一致的证据微乎其微。例如，在测验中撒谎和欺骗这两种行为都与诚实这个特质有关，但它们在学龄儿童中的相关却很小（Hartshorne & May, 1928）。另外的研究人员在对其他特质（如内向性和守时）的跨情境一致性的研究中也发现了相同的结果（Dudycha, 1936; Newcomb, 1929）。

通过研究同卵双生子来证明人格特质的遗传性。你确信在你的家族中存在遗传性的人格特质吗?

如果特质相关行为不具有跨情境的一致性，也就是说，如果人们的行为在不同情境下是变化的，那么为什么我们所知觉到的自己和别人的人格是稳定的？更令人疑惑的是，某个熟识者在某个环境下对你所做出的人格评定与另一个熟识者在另一个环境下对你所做出的人格评定是相关的。在不同时间和不同观察者之间进行的人格评定具有一致性，然而，一个人在不同情境下的行为评定却缺乏一致性，这一现象被称作**一致性矛盾**（consistency paradox）（Mischel, 1968）。

一致性矛盾的提出引发了大量的研究（Mischel, 2004）。一段时间以来，有一个大多数人都同意的结论是，这些不一致的产生，在很大程度上是因为对情境的分类方式是错误的：一旦理论家们对情境的心理特征做出合适表述，这种矛盾就会逐渐减弱（Mischel & Shoda, 1995, 1999）。例如，假设你试图通过确定某个朋友在她参加的每一个聚会中是否有相同的表现来评价行为一致性。你会发现，在你仅仅用“聚会”来划分情境时，她的行为会有很大的变化。你需要确定的是，什么样的心理特征能明确标定互不相同的聚会。可能你的朋友在需要向陌生人透露私人信息的场合会觉得不舒服，因此她会在这些聚会（她被期望透露私人信息的聚会）中显得非常不友好；而在另外一些聚会（不需要透露私人信息）中却显得相当友好。同样，在另外一些需要展现她自己（如在找工作，面试时）的情境里，她也可能会表现出一些消极行为。

假设你可以负担得起以下任何一种度假方式，你会选择哪一种？通过这种方式又能告诉我们关于人格特质和环境特征相互关系的哪些信息？

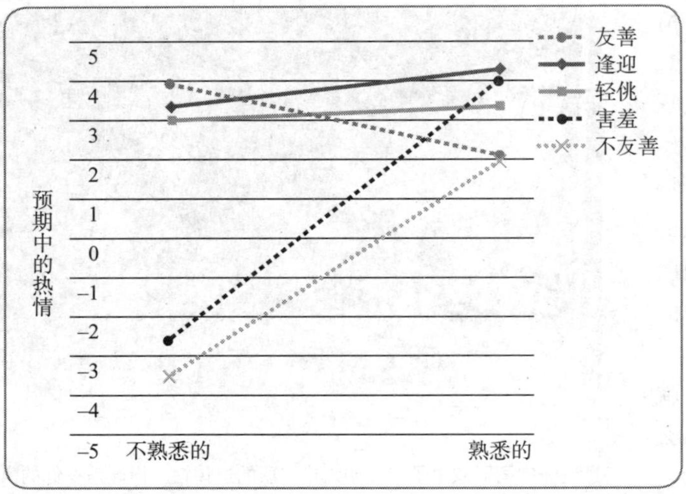

图 13.5 学生们"如果……那么……"方面的知识

参与者将简想象为一个友善的人、一个逢迎的人、一个轻佻的人、一个害羞的人或一个不友善的人。然后在从 –5 到 5 的量表上评定简的热情，–5 代表简很冷漠，+5 代表简非常热情。参与者对简热情度的预期因其互动对象（不熟悉的人 / 熟悉的人）而不同。

资料来源：L. K. Kammrath, R. Mendoza-Denton, and W. Mischel, *Journal of Personality and Social Psychology*, 88 (4), Copyright © 2005 by the American Psychological Association. Adapted with permission.

因此，我们从环境特征诱发人的不同反应中找到了一致性。

研究者用"如果……那么……"的方式来描述人们在倾向性和情境之间的关系：如果一个人在特定情形下有一种特殊的倾向性，那么他 / 她将表现出特殊的行为方式（Mischel, 2004）。看下面一个研究，它证实了参与者在"如果……那么……"方式中的丰富内涵。

> 研究者让参与者想象一个叫简的大学生（Kammrath et al., 2005）。然而，不同组的参与者分别将简想象为一个友善的人、一个逢迎的人、一个轻佻的人、一个害羞的人或一个不友善的人。在思考了几分钟简的性情之后，要求参与者判断简将在六种情境下表现出多少热情：与同伴或教授互动；与女性或男性互动；与她第一次见面的人或她认识很长时间的人互动。**图 13.5** 显示了参与者所预期的简对刚认识的人（不熟悉）和旧识（熟悉）所表现出的热情。你可以看到人们对不同情境有不同的预期。例如，他们预期如果简是害羞的，那么她对不熟悉的人展现的热情要比对熟悉的人少得多。

花几分钟时间来看一下图 13.5 中的其他数据。你应该会发现自己也拥有大量"如果……那么……"之类的知识，以此来解释倾向性和情境之间的关系。

对类型及特质理论的评价

我们已经看到类型理论和特质理论能够让研究者对不同人的人格进行精确的描述。但这些理论也受到了一些批评，比如，这些理论不能较全面地解释"行为是如何产生的"或者"人格是如何发展的"这些问题，它们仅仅是识别和描述了与行为相关的特点。尽管当前的特质理论家已经开始在这些方面进行修正和补充，典型的特质理论仍然只是按照人格结构现有的样子为之提供静态的或者稳定的描述。与之形成鲜明对比的是，我们将要看到的人格的心理动力学理论，更注重个体内部相互冲突并导致人格变化和发展的驱动力。

STOP 停下来检查一下

❶ 人格类型是如何定义的?

❷ 神经质特征维度的两极是什么?

❸ 研究者如何评价特质的遗传性?

❹ 一致性矛盾是什么?

批判性思考：请回忆考察"如果……那么……"陈述的研究。为什么每位参与者对各种情境所作出的预测如此重要?

心理动力学理论

强大的内在驱力塑造人格并引发行为，这种观点在所有**心理动力学的人格理论**（psychodynamic personality theory）中都是一致的。心理动力学理论的创始人弗洛伊德被传记作者欧内斯特·琼斯描述为“心理学领域的达尔文”（Jones，1953）。弗洛伊德的人格理论试图对人格发展的起源和进程、心理的本质、变态人格的各个方面以及通过治疗改造人格进行解释。这里我们仅仅将重点放在正常人格方面。弗洛伊德关于心理病理学和心理治疗方面的观点将在 14 章和 15 章讲述。在探讨弗洛伊德的理论之后，我们将介绍对该理论的批评和修正。

弗洛伊德的精神分析理论

根据精神分析理论，人格的核心是一个人头脑中的各种事件（即内心事件，intrapsychic event），这些事件是产生行为的动机。通常情况下人们会意识到这些动机，然而，某些动机也会产生在非意识层面。*心理动力学理论*的本质就在于对行为产生的内在来源以及这些内在驱动力之间冲突的关注。在弗洛伊德看来，*所有的行为都是由动机引发的*。行为从来不会由随机和突发事件引起，所有的行为都是由动机所决定的。人类的每一个动作都有一个原因和一个目的，这种原因和目的能够通过对思维联想、梦、错误和其他的关于内在情绪的行为线索进行分析而被发现。弗洛伊德关于人格假设的证据主要来自临床观察，以及在治疗中对个人进行的深入案例研究。他通过对那些有心理障碍的病人进行深入研究而提出了正常人格理论。让我们看一下弗洛伊德理论的要点。

驱力和性心理发展　弗洛伊德在神经学方面受过的医学训练，使其认为存在普遍的生物学因素，这种生物学因素是那些他从病人身上观察到的行为模式的基础。他将人类行为动机的来源归因为在每个个体内都能找到的*心理能量*。他假设每个人都具有与生俱来的本能或者驱力，这些本能成为一个*张力系统*。这些能量来源一旦被激发就会以各种各样的方式表达出来。

弗洛伊德最初提出两种基本的驱力。其中之一是和*自我生存*相关的（满足诸如饥饿和口渴等需要）。另一个他称为*性本能*，这是一种和性冲动以及物种延续相关的本能。弗洛伊德极大地丰富了人类性渴望的概念，使其不仅包括对性结合的冲动，还包括其他所有的寻求快乐或者寻求与他人身体接触的行为。他用**力比多**（libido）这个词来形容性冲动能量的来源，这种心理能量能驱使我们寻求各种各样的感官快乐。性冲动需要即时的满足，这种满足既可通过直接的行为，也可以通过间接的诸如梦和幻想等行为来实现。

根据弗洛伊德的理论，性本能是一种广泛的性驱力，它不是在青春期忽然产生的，而是在一出生时就开始起作用。对儿童生殖器官和其他敏感区域（*性感区*）的身体刺激会引发快乐，他认为从这点来看，性本能是很明显的。从**表 13.2** 我们能看到弗洛伊德关于*性欲心理发展*的五个阶段。弗洛伊德认为性快感的生理来源会按照这样的顺序不断变化。一种主要的性欲心理发展障碍，至少对男孩而言，发生在“生殖器期”。在这个阶段，一个 4 岁或者 5 岁的儿童必须克服*俄狄浦斯情结*。弗洛伊德根据希腊神话人物俄狄浦斯来命名这种情结，俄狄浦斯在不知情的情况下杀死了自己的父亲并娶了自己的母亲。弗洛伊德相信小男孩都有一种将父亲视为自己追求母

生活中的心理学

为什么有些人会害羞

最近的调查发现：超过 50% 的大学生认为他们自己是“经常害羞”的人（Carducci & Zimbardo, 1995）。他们中的许多人认为害羞是一种令人不快的状态，它对个人和社会具有更多的负面影响。另外一群学生认为自己会“情境性害羞”，他们认为，他们在某些特定情境中会感到害羞，比如，新奇、窘迫、社会压力下（如与陌生人约会、单身酒吧或在没有准备的情况下被推上舞台为大家表演）。研究者对成年人的害羞进行调查后惊奇地发现，“不害羞”的人非常少，无论在美国还是在其他国家（Zimbardo, 1991）。

害羞（shyness）可以被界定为一种在人际环境中使人感到不舒服和压抑的状态，它会影响人们建立人际关系和追求职业目标。害羞可能是我们中的许多人到新环境后经常感觉到的轻微的沉默寡言和窘迫，但是它也可能会发展成为由于怕人而引起的极端恐惧（我们会在第 14 章讨论这一社会恐惧问题）。许多害羞的人同时也是内向的人；他们采用独居的方式生活，没有社会活动。其他一些是“外向性害羞”的人，在公共场合表现活跃但内心是害羞的，他们喜欢参加社会活动，也有社交技巧来有效地完成这些活动。但是，他们仍然担心别人是否会真正喜欢和尊重他们（Pilkonis & Zimbardo, 1979）。

为什么有些人害羞，有些人不害羞？其中一个解释是天性。研究证据表明，大概有 10% 的幼儿“生来害羞”（Kagan, 1994）。从一生下来，这些儿童在与不熟悉的人或环境接触时，会显示出不同寻常的谨慎和缄默。一种补充性的解释关注教养。在儿童期，一些人被嘲讽，并且由于一时失误，成为大家取笑的对象。另外一些人则成长在不同的家庭环境中，这些家庭认为外表美丽或在活动中取得成功才会被人喜爱。

第三个解释集中在文化上。在九个国家和地区进行的研究发现，害羞比例最高的是日本和中国台湾地区，最低的是以色列（Zimbardo, 1991）。这些差异的一部分原因是由于文化所强调的内容不同造成的。在这些亚洲国家和地区，社会活动的失败被认为是一种耻辱，人们也倾向于屈从于权威；而在以色列则鼓励冒险，公开责备或批评也被认为没啥了不起（Pines & Zimbardo, 1978）。第四个原因或许来自美国最近出现的关于害羞普遍性的报告：年轻人都被电子产品包围着，他们长时间独自一人看电视、打电子游戏、网上冲浪和发电子邮件，由此产生了社会隔离，减少了与人面对面接触的机会。过度使用网络会使人们感到孤独、隔离和更加害羞（Shaw & Black, 2008）。

当害羞变得严重时，就会迫使人们的生活发生进一步的变化，降低一个人的社会快乐，增加其社会不适和隔离感。这里为害羞者提供一些简单原则和策略，希望他们能深入思考，并尝试去做（Zimbardo, 1991）：

- 要意识到，并不只有你一个人感到害羞。每一个你见到的人都可能像你一样害羞。
- 即使存在着遗传因素，害羞也是可以改变的。但是这需要勇气和毅力，就像你要改变一个存在了很久的习惯一样。
- 对接触到的人微笑，并与他们进行目光接触。
- 与别人交谈，大声清晰地说话，特别是当你说出自己的名字或询问信息时。
- 在新的环境中努力使自己第一个提出问题或发表观点。准备一些有趣的东西去说，第一个去说。每一个人都会欣赏“破冰者”。
- 永远不要小瞧你自己。相反，想一下为了达到你想要得到的成就，下一步你要采取怎样的行动。
- 注意要使别人感到舒服，特别是当你寻找其他害羞者时。这样做会使你不再过度关注自己的害羞。

如果你是个害羞的人，我们建议你采用上述办法。一些学生采用了这些方法，已经从害羞的桎梏中摆脱出来，开始享受充满自信的生活。

表 13.2　弗洛伊德的性欲心理发展阶段

阶段	年龄	性敏感区	主要发展任务（潜在冲突来源）	本阶段发生的固着会导致成人期的性格特征
口唇期	0~1	口，嘴唇，舌头	断奶	嘴部行为，如抽烟、过度饮食；被动性和易上当
肛门期	2~3	肛门	如厕训练	杂乱无章、吝啬、固执，或者相反
生殖器期	4~5	生殖器	俄狄浦斯情结	虚荣、莽撞，或者相反
潜伏期	6~12	无特定区域	防御机制的发展	无（一般在此阶段不会发生固着）
生殖期	13~18	生殖器	成熟的性亲密行为	成功完成早期阶段的成年人会对他人产生真诚的兴趣并具有成熟的性特征

亲的性竞争对手的内在冲动。因为男孩不能替代他的父亲，俄狄浦斯情结一般会在男孩对父亲的力量产生认同时被消除。（弗洛伊德关于年幼女孩的理论描述和此种理论并不一致）。

根据弗洛伊德的理论，如果在性欲心理发展的某个阶段得到过分的满足或者受到挫折就会导致**固着**（fixation），固着将导致无法正常地进入性欲心理发展的下一个阶段。从表 13.2 中我们可以看到，每个阶段的固着会导致成年后不同的性格特征。固着的概念能够解释为什么弗洛伊德如此重视早期经验对于人格连续性的作用。他相信，在性欲心理发展方面的早期经验对人格形成和成人行为模式有着很深层次的影响。

精神决定论　固着的概念让我们首次认识到，弗洛伊德认为早期冲突会决定后来的行为。**精神决定论**（psychic determinism）认为，所有心理和行为反应（症状）都是由早期经验决定的。弗洛伊德相信症状不是随意的，症状和生活中的重要事件存在着有意义的联系。

弗洛伊德相信精神决定论，这让他非常关注**无意识**（unconscious），即信息会存储到一个不能够被意识到的地方（见**图 13.6**）。一些研究者也曾讨论过这一概念，但是弗洛伊德将这种人类思想、感觉和行为的无意识的精神决定作用放在了人类生活舞台的中心位置。根据弗洛伊德的理论，行为能够被人所意识不到的驱力引发。你可能在不了解原因或者说不了解直接导致行为的真正理由的情况下做出某一行为。你能够认识到某些行为所明显表露的内容——比如你所说的、所做的或者所觉察到的，但同时也有一些隐藏的、潜在的内容。神经症状（基于焦虑）、梦、笔误或者口误能够表明思维或者信息处理在无意识层面上的意义。今天，很多心理学家将无意识概念看做弗洛伊德对心理学所做的最大的贡献。很多现代的文学和戏剧作品同样也在探究人类行为无意识的含义。

图 13.6　**弗洛伊德关于人类心理的概念**
弗洛伊德理论将人的心理类比为冰山。冰山的尖顶能够看到，代表着意识。冰山的大部分沉没在水下，是看不到的，它代表着无意识。

为什么弗洛伊德认为吃不仅受饥饿的驱使，同时也受寻求口欲满足的“性”驱力的影响？

根据弗洛伊德的理论，内心中一些你所不能接受的冲动也在寻求释放。当你的讲话或者行为中表露出无意识的渴望时，*弗洛伊德式失误*就出现了。比如，某人在他朋友家度过了一个并不愉快的周末，但出于礼貌他认为仍应该写一封感谢信。他想写：“我很高兴我们一起度过了很长一段（chunk）时间”。然而，他朋友后来很不高兴地打来电话说他实际写的是：“我很高兴我们一起度过了一堆垃圾（junk）时间”。你能看出junk（一堆垃圾）这个词是如何表达无意识愿望的吗？无意识动机的概念使得心理机制更为复杂，从而为人格研究增添了一个新的维度。

我们已经重新回顾了弗洛伊德理论的一些基本内容。下面让我们看看它们对人格结构的贡献。

人格的结构 在弗洛伊德理论当中，人格的差异源于人们以不同的方式对待基本的驱力。为了解释这种差异，弗洛伊德描绘了人格的两个不同部分——*本我*和*超我*——之间的无休止的战斗，这种战斗由*自我*来调和。尽管我们仿佛把它们描绘成三种不同的事物，但要记住，弗洛伊德认为它们只是不同的心理过程。比如，弗洛伊德并没有对本我、自我和超我在大脑中进行具体的定位。

本我（id）可以看做是原始驱动力的储存处。它的运作是非理性的，冲动行事并追求即时的满足，不考虑所渴望的行为是否现实可行、是否被社会所认可或道德所接受。本我受*快乐原则*支配，无节制地寻求满足感而不考虑其后果，这种快乐特别指性、生理和情感欢愉。

超我（superego）是一个人的价值观的储存处，包括从社会中习得的道德态度。超我大致上和*良心*这一概念相对应。当儿童开始将父母或者其他成年人认为的某些社会禁忌作为其价值观的一部分时，超我便逐步发展起来。这是内心中关于哪些是*应该的*和哪些是*不应该的*声音。超我也包括*理想自我*，这是一个人想努力成为的样子。因而，超我经常和本我相冲突。本我想要做感觉上快乐的事情，而超我则坚持做那些正确的事情。

自我（ego）是一个基于现实的方面，来调和本我冲动和超我需求之间的冲突。自我代表一个人关于物质的和社会现实的观点，是他（她）关于行为的原因和结果的理性认识。自我的一部分工作是选择那些能够满足本我冲动的行为，但这些行为同时又不会带来不愿看到的结果。自我受*现实原则*支配，这种原则为快乐的需求提供现实的选择。因此，自我会阻止考试作弊的冲动，因为它考虑到被抓住而产生的后果，同时它会用以后更努力的学习行为或者寻求教师同情等方法来代替作弊。当本我和超我产生矛盾后，自我会进行折衷来尽量满足两者需要。然而，当本我和超我之间的压力非常紧张时，自我很难调和两者的矛盾。

压抑与自我防御 有时本我和超我之间的妥协就如同是“在本我上加个盖子”。极端的欲望被排除在意识之外而保留在不被察觉的无意识当中。**压抑**（repression）是一种自我保护的心理过程，以免因不被接受的和／或可能引起危险的冲动、愿望或记忆而体验到极度焦虑或罪恶感。自我既意识不到被审查的心理内容，也不能觉察

通过压抑使信息排除在意识之外的过程。压抑是个体克服有威胁的冲动和愿望的最基本的自我防御方式。

自我防御机制（ego defense mechanism）是自我在寻求表现的本我冲动与否定它们的超我要求之间的日常冲突中用来保护自身的心理策略（见**表 13.3**）。在精神分析理论中，这些机制对个体应对重大内部冲突是极为重要的。通过使用自我防御机制，个体可以保持满意的自我意象和受欢迎的社会形象。例如，一个儿童强烈地憎恨他的父亲，如果付诸行动就会有危险，而压抑就会相安无事。因而这种敌意冲动在意识范围内不再急于要求满足，甚至它的存在也不会被注意到。然而，尽管这种冲动不会被看到或听到，但它并没有消失；这种情感始终在人格功能中产生影响。例如，儿童对父亲建立强烈的认同，可增加其自我价值感，并减少因敌意冲动被发现而产生的无意识恐惧。

在弗洛伊德的理论中，**焦虑**（anxiety）是被压抑的冲突要出现在意识领域时所引发的一种强烈的情绪反应。焦虑是一种危险信号：压抑失效！红色警报！需要更多的防御！这时就需要第二道防御，它将会动用其他的自我防御机制缓解焦虑，并将令人烦恼的冲动送回到无意识中去。例如，一位不喜欢也不想照顾儿子的母亲可能会使用反向形成，将其不被接受的冲动转变到相反的方向："我不能恨我的孩子"变成"我爱我的孩子，看我是多么爱我的孩子呀！"这种防御是缓解和应对焦虑的一种功能。

如果防御机制有助于你克服焦虑，为什么它们还会有负面的结果呢？自我防御机制虽然有用，但终究是自我欺骗。当人们过度使用时，会产生更多的麻烦，要多过其所解决的问题。为了减少焦虑，人们需要花费大量的时间和心理能量去歪曲、伪装以及改变不被接受的冲动，这是一种不健康的心理状态，其后果是，人们没有

为什么个体对拳击的热情可能表示她使用了自我防御机制中的置换?

表 13.3 **主要自我防御机制**

对现实的否认	为保护自我，拒绝承认自己不想接受的现实。
置换	改变强烈的敌意情感，从最初唤起情绪的目标转移到较少引发危险的另一目标。
幻想	用想象的方式满足受挫的欲望（白日梦是一种最常见的形式）。
认同	通过认同他人或其他机构以增加自我价值感，常常是虚幻的表达。
分离	将情感与伤害性的环境分开，或把相互矛盾的态度分离为有逻辑关系的不同成分（同时持有相互冲突的态度，但它们从未被同时想起，或从未认为它们之间有什么关系）；也称为分隔。
投射	把对困难的抱怨归于他人，或把自己不被允许的欲望归于他人。
合理化	试图证明一个人的行为是合理和公正的，以证明自我和他人的价值感。
反向形成	通过认同相反的态度和行为，把它们作为屏障，以防止危险欲望的表达。
退行	退回到以前的发展水平，包括更幼稚的反应以及较低水平的愿望。
压抑	将痛苦或危险的想法排除在意识之外，使之不被觉知，是最基本的防御机制。
升华	将受挫的性欲望以社会文化认可的非性活动来满足。

精力去有意义地生活或建立满意的人际关系。我们在下一章将看到，有一些心理疾病就是过度依赖防御机制来应对焦虑所造成的后果。

对弗洛伊德理论的评价

我们已经使用了大量的篇幅叙述精神分析理论的要点，因为弗洛伊德的观点对许多心理学家关于正常与异常人格的思考产生过深远的影响。然而，与赞成弗洛伊德的人相比，更多的心理学家对其持批评态度。他们批评的内容是什么呢？

首先，精神分析的概念是模糊的，不容易给出操作性定义，因此，理论中的许多内容很难被科学地评估。由于无法证明一些核心假设甚至原理，因而整个弗洛伊德的理论都是有争议的。怎样才能更直接地研究利比多、人格结构以及婴儿性冲动的压抑呢？

其次，有批评认为，弗洛伊德理论是好的历史，却是不好的科学。它不能可靠地预测将要发生什么，它是*回顾性的*，是在事件发生之后进行的分析。通过精神分析理论理解人格，无法对可能产生的行为和可预测结果进行科学的建构，而是历史性的重新建构。此外，由于过分强调目前行为的历史成因，使人们忽视了当前刺激可引发和维持行为。

另外，还有三个对弗洛伊德理论的主要批评：其一，它虽是一个发展理论，但它从不对儿童进行观察或研究。其二，它弱化了创伤性经验（比如儿童受虐）的作用，将它们重新解释为一种记忆中的幻想（以儿童渴望与父母性接触为基础）。其三，它有*以男性为中心*的偏见，因为它以男性为模板，却没有考虑女性是如何的不同。

但是，弗洛伊德理论的某些方面在通过实证修正和改善以后不断得到认可。例如，在第 5 章我们看到现代研究者们正在系统地探索无意识的概念（McGovern & Baars, 2007）。这项研究揭示出人的大多数日常经验受意识之外的过程影响。这些研究结果支持了弗洛伊德的理论，但是弱化了无意识过程与精神病学之间的关系：你的无意识中的内容很少会引起你的焦虑或痛苦。类似地，研究者已经发现，有证据证明，某些心理上的习惯反应可验证弗洛伊德关于防御机制的论述。我们早就指出，当个体体验到焦虑时最有可能使用防御机制。研究者用各种方法考察了这一假设。

> 有一个研究关注 9 到 11 岁的女孩（Sandstrom & Cramer, 2003）。研究者通过同伴访谈，确定在 50 个女孩中谁是相对受欢迎的，而谁是相对不受欢迎的。每个女孩都在实验室中遭受了被另一个年轻女孩拒绝的经历。研究者推理——因为其社会交往历史中的消极经历——在面对拒绝时，不受欢迎的女孩比受欢迎的女孩体验到更多的焦虑。研究者认为，为了应对焦虑，不受欢迎的女孩将表现出更频繁地使用防御机制的倾向。为了检验这个假设，研究者让女孩根据《主题统觉测验》的卡片讲故事。分析故事内容以找出**否认**、**投射**等防御机制出现的证据。这些分析支持了这一假设：在经历同伴拒绝的场景后，不受欢迎的女孩比受欢迎的女孩使用了更多的防御机制。

在第 12 章中我们所描述的一些应对压力的方式可以归结为一般意义上的防御机制。例如，对与个人创伤、罪恶感或羞耻体验有关的思想和情感的抑制，可能会对心理和身体健康有害（Pennebaker, 1997; Petrie et al., 2004）。这些发现与弗洛伊德关于“压抑导致心理痛苦”的观点是一致的。

弗洛伊德的理论是关于正常和异常人格的最复杂、最全面和最引人注目的理论观点——即使在他的预测被证明是错误的时候。然而，像任何其他理论一样，对弗洛伊德理论的最佳态度应该是对其理论的每一个成分都逐条检验其真伪。由于弗洛伊德的一些观点已被普遍接受，因此它仍然对现代心理学产生着影响。弗洛伊德的另一些观点已经被抛弃。对弗洛伊德理论的最早修正来自他自己的学生。让我们看看他们是如何修正弗洛伊德的观点的。

后弗洛伊德理论

弗洛伊德的一些追随者坚持了他的基本观点，高举无意识原始冲动的大旗与社会价值观交战。然而，许多有才华的后继者对人格的精神分析观点进行了修正。总体来说，这些后弗洛伊德主义者有以下改变：

- 他们更强调自我的功能，包括自我防御、自我的发展、有意识的思维过程和个人控制。
- 他们认为社会变量（文化、家庭和同伴）对人格形成具有重要的影响。
- 他们较少强调性冲动或利比多的重要性。
- 他们认为人格发展不仅限于儿童期，而是持续一生。

我们简述一下阿尔弗雷德·阿德勒、凯伦·霍妮和卡尔·荣格理论的主要特点。

阿尔弗雷德·阿德勒（Alfred Adler, 1870—1937）抛弃了性欲（Eros）和快乐原则。阿德勒（1929）认为，作为无助的、必须依赖于人的儿童，人人都会体验到*自卑感*。所有生命都会寻求一切办法克服自卑感。人们往往通过补偿获得*优越感*，更多情况是过度补偿而追求优越。人格就是围绕着这种基本的奋斗来建构；每个人以自己的方式克服基本的、普遍的自卑感，从而建立自己的特定生活方式。人格冲突不是源于人们之间的竞争，而是起因于外部环境压力与追求卓越的奋斗之间的矛盾。

凯伦·霍妮（Karen Horney, 1885—1952）接受过精神分析学派的训练，却在一些方面背离了正统的弗洛伊德理论。她挑战弗洛伊德强调阴茎重要性的观点，认为男性妒忌怀孕、母性、乳房，并且提出吸吮在男孩和男人的无意识当中是一种动机力量。这种“子宫妒忌”使男人贬低女人，并通过无意识地进行创造性工作加以过度补偿。霍妮比弗洛伊德更强调文化因素，更强调目前的人格结构而不是婴儿性欲（Horney, 1937, 1939）。由于霍妮对人本主义的产生具有一定的影响，在下一节我们还会再次讨论她的思想。

荣格认为，创造性是从个人无意识和集体无意识中释放意象的手段。为什么荣格认为有两种类型的无意识呢？

卡尔·荣格（Carl Jung, 1875—1961）极大地扩展了无意识的概念。在荣格（1959）看来，无意识并不限于个体独特的生活经验，而是包括整个人类共有的基本心理事实，即**集体无意识**（collective unconscious）。集体无意识可以解释你对普遍存在的、可构成原型的原始神话、艺术形式和象征的直觉性理解。**原型**（archetype）是特定经验或人物的原始的象征性表达。对于每一种原型，人们都有一种本能性的倾向，以一种特殊的方式去感受它、思考它或体验它。荣格假定许多原型出自历史和神话：太阳神、英雄、地神。阿妮姆斯（*animus*）是男性原型，阿妮玛（*anima*）是女性原型，每个人都不同程度地同时具有两种原型。自身的原型是曼荼罗（*mandala*），或不可思议的圆圈，它象征着自身对完整和统一的渴望（Jung, 1973）。

荣格把健康的、整合的人格看做男性的攻击性和女性的敏感性的对立和平衡力量。这种在动态平衡中补偿内部力量的人格观点被称为**分析心理学**（analytic psychology）。此外，荣格拒绝弗洛伊德理论核心利比多的重要性。他提出两种同样强大的无意识本能：个体的创造需要与和谐一致的整体需要。在下一节的人本主义理论中，我们将看到与第二种需要相关的自我实现概念。

STOP 停下来检查一下

❶ 根据弗洛伊德的理论，如果个体在口唇期的发展固着，会出现什么行为？
❷ 自我如何受到现实原则的引导？
❸ 尽管列昂好斗，但他总是责备其他人先动手打架。这里起作用的是何种防御机制？
❹ 根据阿德勒的观点，人们行为的主要动机是什么？

批判性思考：回忆运用防御机制的研究。为什么研究者特意采用拒绝的情境来制造焦虑？

人本主义理论

人本主义学派从整合个体的个人经验和意识经验及成长潜能的角度理解人格，其核心是强调自我实现的驱力。**自我实现**（self-actualization）是指个体不断努力开发自身才智与能力，实现个人内在潜能的倾向。这部分将介绍人本主义心理学家如何提出自我实现的概念，以及人本主义理论与其他人格理论之间的区别。

人本主义理论的特点

人本主义人格心理学家，例如卡尔·罗杰斯、亚伯拉罕·马斯洛和凯伦·霍妮等认为，个体追求自我实现的动机，无论先天还是后天的，会驱动个体一直向积极的方向发展和变化。在第 11 章中我们提到，马斯洛将自我实现置于其需要层次结构的顶端。自我实现作为一种建设性、指导性的力量，驱动个体不断扩展自我以及做出积极的行为。

自我实现的驱力有时会与个体需要获得自己和他人认可发生冲突，尤其在个体觉得必须服从某些约束或先决条件才能得到认可之时。例如，卡尔·罗杰斯（Rogers, 1947, 1951, 1977）认为，**无条件积极关注**（unconditional positive regard）在儿童成长过程中十分重要。通过无条件的积极关注，儿童会认为，尽管他们可能有错误和过失，但总是被爱和被认可的，他们不必努力去争取父母的爱。罗杰斯建议，当儿童行为不当时，父母应该强调他们不认可的是该行为而非孩子本身。无条件的积极关注对成人也十分重要，因为成人也经常为获得认可与自我实现之间的冲突而焦虑。对于那些与自己亲近的人，成人应该同时给予和获得无条件的积极关注。更加重要的是，成人需要无条件的、积极的自我关注，也就是悦纳自我，而不是关注那些你试图改变的缺点。

尽管没有得到充分承认，凯伦·霍妮仍然是奠定人本主义人格理论基础的主要理论家之一（Frager & Fadiman, 1998）。霍妮坚信人们的“真实自我”需要一个良性的环境氛围才能得以实现，这样的良性环境包括温暖、别人的美好祝愿、父母把子女当作“独特个体”而关爱等等（Horney, 1945, 1950）。当缺乏这样一个良性的环境氛围时，儿童会产生一种根本性的焦虑，进而压制了真实情感的自然流露，阻碍了有效人际关系的形成。为了应付这种焦虑，个体发展出内部或人际的防御。人际防御引发个体亲近别人（过度顺从与自我抹杀）、对抗别人（攻击性、傲慢、自恋）和远离别人（疏远）。内部防御使某些个体形成非现实的、理想化的自我形象，并创造“追寻光荣”的行动来强化这种自我形象；同时，创造一个与这个光辉的自我形象相适应的僵化运作的尊严（骄傲）系统。这种人完全为“应该法则”所控制，例如，他们认为自己应该“完美、慷慨、有吸引力而且勇敢”等。霍妮认为，人本主义治疗的目标就是帮助个体获得自我实现的快乐，强化其人性中的建设性力量，支持他们不断走向自我实现。

为什么卡尔·罗杰斯要强调父母对孩子的无条件积极关注?

卡尔·罗杰斯、亚伯拉罕·马斯洛和凯伦·霍妮理论中一个共同而重要的方面就是，他们都强调自我实现与实现真实自我的过程。另外，人本主义理论被认为具有整体性、先天倾向性、现象学性，以下是其原因。

人本主义理论的整体性体现在它从个体的整体人格来看待其分散的行为，它还认为个体不应被看做仅仅是那些以不同方式影响着行为的不同特质的总和。马斯洛认为，尽管受到低层次需要缺失的阻碍，人们仍然不断受到内部的驱动去追求更高层次需要的满足（见第 11 章）。

人本主义理论的先天倾向性体现在它关注影响、决定行为方向的个体内在特征。环境因素往往被看做是限制与障碍，就像拴住气球的绳子一样。一旦摆脱负性环境制约，实现的倾向会积极引导个体选择那些开阔生活空间的环境。然而，人本主义理论并不像特质理论与精神分析理论一样看待个人先天倾向性。后两者认为先天倾向性是行为当中不断重复出现的主题。人本主义的先天倾向性专指创造性与成长。这种特征的每次运用均导致个体的点滴变化，因此，这种特征从不以重复的方式表现出来。人本主义的先天倾向性逐渐引导个体走向自我实现，即这些动机最纯粹的表达。

人本主义理论的现象学性表现在它强调个体的参考框架与对现实的主观看法，而不是观察者或治疗家的客观视角。因此，人本主义心理学家总强调个体独特的观点，这同时也是一种以当前为导向的观点。过去的影响因为与个体当前状况有所联系才显得比较重要，而未来代表努力的方向。与精神分析理论不同，人本主义理论不认为个体的当前行为受其过去经验的无意识引导。

对那些尝遍弗洛伊德之药等苦果的心理学家来说，乐观的人本主义的人格观无异于一道美餐。人本主义强调充分发挥自我潜能。人本主义直接关注生活的不断改进——使得生活更美好，而不是反复咀嚼那些本应该压抑的痛苦经验。人本主义观点强调，每个人都应该有能力认识到其全部潜力。

对人本主义理论的评价

人们经常批评弗洛伊德理论太过悲观，关注充满矛盾、创伤与焦虑的人性。人本主义理论倡导的是驱动人们追求快乐与自我实现的健康人格。即使有不足之处，人们也难以对这样一个鼓励与欣赏人的理论提出批评。然而，人们仍提出，人本主义的概念模糊不清，难以研究。例如，“自我实现究竟指什么？”、“自我实现是先天的倾向还是基于文化环境产生的？”人本主义也并不是历来就关注那些个体所独有的特征，而是更多关注人性和人们的普遍特征。其他心理学家注意到，由于强调自我在经验与行动方面的主导地位，人本主义心理学家不可避免地忽略了那些对行为有重要影响的环境因素。

尽管存在以上不足，关注个体陈述与生活史的这种当代研究方法仍然可以在一定程度上追溯到人本主义的传统（McAdams, 2001）。心理传记——一种用心理学理论去理解个体生活中的细节的传统可以追溯到弗洛伊德对达·芬奇的研究（Freud, 1910/1957；见 Elms, 1988，对弗洛伊德工作的批评）。**心理传记**（psychobiography）是系统地运用心理学理论（尤其是人格理论），将人生转换成连贯而具有启发性的故事（McAdam, 1988, p.2）。例如，画家毕加索在童年期经历了许多创伤——地震、小妹妹亡故等，心理传记试图将毕加索巨大的艺术创造力，归因于他一生中保留的各种对早期创伤的反应（Gardner, 1993）。

一旦某个知名的历史人物成为心理传记的主角，研究者将遍寻其著作、日记、书信等相关资料。对普通人，研究者则直接获得其生活经验的陈述，例如，请他回忆其经历最近一次高峰体验时之所思、所想、所感和所为，这次体验阐释出他现在是什么样子？曾经是什么样子？可能成为什么样子？以及他是如何逐渐成长起来的（McAdams & et al., 2006, p.1379）。在一系列陈述材料中表现出的特征性主题支持了人本主义心理学家提出的整体性与现象学人格概念的特征，即人们通过陈述中的线索编织生活史，建立自己的同一性。个人陈述为我们了解个体的思想与人际关系打开了一扇窗户。

人本主义理论家强调每个人都追求自我实现。然而，他们也承认，人们追求自我实现的进程一定程度上是由环境现实所决定的。下面我们将介绍有关个体行为如何由环境所决定的理论。

STOP 停下来检查一下

❶ 什么是自我实现？
❷ 人本主义理论的先天倾向性体现在哪些方面？
❸ 什么是心理传记？

社会学习和认知理论

迄今为止，我们看到的所有理论有一个共同点，都强调某种内部机制，如特质、本能、冲动、自我实现倾向等概念，它们推动行为并进一步形成了人格的功能结构基础。然而，这些理论大多没有确定人格和特定行为间的稳固联系。例如心理动力学和人本主义的理论只对人格做了解释，却没有能够对特定的行为进行预测。人格理论的另一个传统是，更直接地关注个体行为差异。回顾第 6 章所讲述的内容：人们的大多数行为都可以被环境事件所预测。支持学习理论的心理学家往往更关注环境对于行为的控制作用。人格被看做个体显性和隐性反应的总和，这些行为反应由个体曾经受到的强化所引起。学习理论指出，人们受到的强化不同，导致了个体间出现差异。

我们将要回顾的这些理论都有一个共同的起点：行为受环境突发事件的影响。然而，除了行为，这些当代的社会学习理论和认知理论进一步强调了认知过程的重要性。那些提出人格认知理论的人指出，人们在思考和定义外部情境时存在显著的个体差异。例如，你在很大程度上主动选择了自己所处的环境，你并非只是被动地做出反应。你会权衡各种情况，选择特定的环境并依环境而采取行动。即你选择进入自己会受到强化的环境，避免那些令人不满意和不确定的环境。

让我们看看这些理论的具体内容，以下将要分别介绍朱利安·罗特、沃尔特·米希尔、艾伯特·班杜拉和南茜·坎特的人格理论。

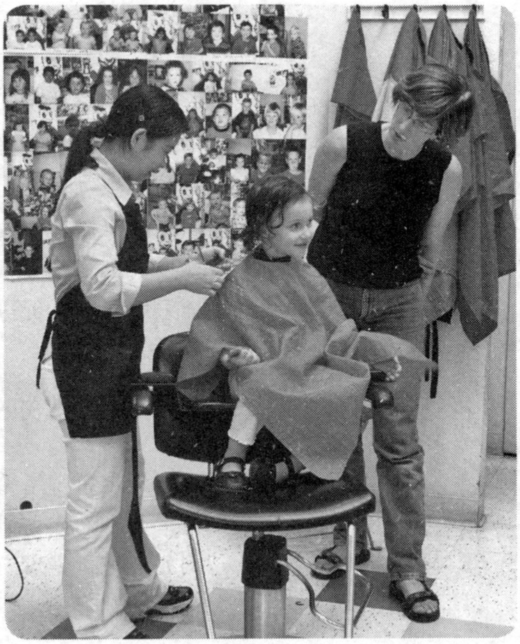

如果你的父母在你每次理完发后都对你的新发型进行赞扬，那么这种评价会对你认为自己表现出像一个成年人的信心产生什么影响？相反，如果每一次父母对你的新发型都给予批评，你又会受到什么样的影响？

罗特的期望理论

朱利安·罗特（Rotter, 1954）的理论聚焦于**期望**（expectancy）。期望是指人们对自己在某种特定情境下的行为能够带来奖赏的相信程度。例如，假设在做课堂报告之前，你需要确定练习次数。你希望自己的表现最差也是 B。在这种情况下，高期望就意味着你认为额外的练习会使你达到 B 或更高的水平，而低期望则意味着你不太确定额外的练习是否会有助于提升你的成绩。在一定程度上，期望的高低与你过去受到强化的经历有关：如果练习曾经使你获得奖赏，你可能会更期望它会再次带给你奖赏。罗特还强调奖赏的价值，即个体赋予某种特定奖赏的价值。如果你这个学期过得比较艰辛，那么对你而言，B 的价值可能更大。在罗特看来，如果你能够估计人们对某个奖赏的期望和奖赏对他们而言的价值，你便可以预测其行为。

罗特强调，人们在许多现实生活情境下的期望都是具体的。然而，他也认为人们对自己在多大程度上可以控制奖赏形成了更普遍的期望。罗特于 1966 年提出了**控制点**（locus of control）的概念：某些人（内控）更坚信行为结果取决于行为；另一

表 13.4 内外控量表项目举例

1. a.	从长远来看，人们最终会得到他们应得的尊重。
b.	不幸的是，不管个体如何努力，他的价值通常得不到认可。
2. a.	一个人得不到充分的休息，不可能成为有效的领导者。
b.	有能力的人未能成为领导者是因为他们没有好好抓住机遇。
3. a.	大多数人没有意识到，他们的生活在多大程度上受偶然事件的影响。
b.	根本不存在所谓的“运气”。
4. a.	我能很好地控制发生在我身上的事情。
b.	有时候，我觉得我不能完全掌握我的生活方向。

注：1a、2b、3b 和 4a 代表内控。

资料来源：J.B.Rotter, Generalized expectancies for internal versus external locus of reinforcement, Table1. *Psychological Monographs*, 80(1):11-12. Copyright©1966 by the American Psychological Association. Adapted with permission.

些人（外控）则认为行为结果取决于环境因素。**表 13.4** 给出了罗特《内外控量表》的一些项目。在完成量表时，请从每个项目的 a 和 b 选项中选出你认为更为准确的描述。从这些例子中你应该能发现，内控者和外控者对事件结果的期待会有所不同。一直以来，研究者都发现人们的控制点很重要。例如，一项研究考察了个体 10 岁时的控制点与其 30 岁时的身心健康之间的关系（Gale et al.,2008）。总体来看，儿童期内控的个体在 30 岁时更健康。如他们更少出现肥胖、高血压和心理困扰。研究者认为，外控者的健康状况可能会较差，因为他们相信自己无法掌控自己的健康，从而也不会采取行动来促进健康。

米希尔的认知—情感人格理论

沃尔特·米希尔（Walter Mischel）提出了一套以认知为基础的、颇具影响的人格理论。米希尔强调，人们在与环境的互动中能主动投入到认知建构的过程中。他强调务必把行为理解为个体与情境相互作用的结果（一种因变量）（Mischel, 2004）。请看这个例子：

> 约翰具有一种独特的人格，其表现是，在与陌生人的第一次接触中，他通常显得非常友好。但是，随着交往的进一步深入，他开始渐渐表现出粗鲁和不友好的行为。而吉姆则恰恰相反，他的独特性在于：他在自己不熟悉的人面前总表现出害羞和寡言，但是，当他和别人熟悉起来后，就变得非常合群和健谈（Shoda et al., 1993a, p.1023）。

如果我们分别将约翰和吉姆的友好指数作一个平均，会发现他们在这个特质上具有等量的值，但很显然，这种方法未能抓住他们两人在行为上的重要差异。根据米希尔的观点（Mischel, 1973, 2004），人们如何对特定的环境刺激进行反应，取决于**表 13.5** 中所列举的一些变量。你能否知道所列出的每一个变量是如何在特定情境下对行为产生影响的？我们为每一个变量都提供了一个例子。试着去想象一个不同的情境，在这一情境下，你将做出不同于表中所列的特征行为，因为你在相应变量上是不同的。你也许想知道对一个特定个体而言，到底是什么因素决定了这些变量的本质。米希尔认为，它来自于人们的观察学习经验，以及他们同其他有生命个体和

表 13.5 米希尔认知—情感人格理论的个人变量

变　量	定　义	举　例
编码方式	人们对于自己、其他个体、事件以及情境等相关信息的归类方式。	每当鲍勃接触到一个人，他总是首先试图界定出这个人的富有程度。
期望和信念	人们对社会环境以及特定行为在具体情境下可能出现的结果的信念。	格雷格试图邀请他的朋友们去看电影，但他对说服他们和他一同去不抱什么希望。
情感	人们的感受和情感，包括一些生理上的反应。	辛迪非常容易脸红。
目标和价值观	你看重或不看重的行为后果和情感；你的目标和生活规划。	皮特想成为班里的班长，因为他认为当班长很有价值。
能力和自我管理计划	你能够完成和谋划可以产生认知和行为后果的行为。	简可以讲英语、法语、俄语和日语，她一直希望将来能去联合国工作。

无生命物理环境之间的互动（Mischel, 1973）。

我们想通过一个实例来说明米歇尔理论中提到的变量如何解释人们在同一情境下的具体行为差异。让我们来看一项研究，它考察了能力与自我管理计划（见表 13.4）如何共同预测 10 岁儿童的攻击行为。

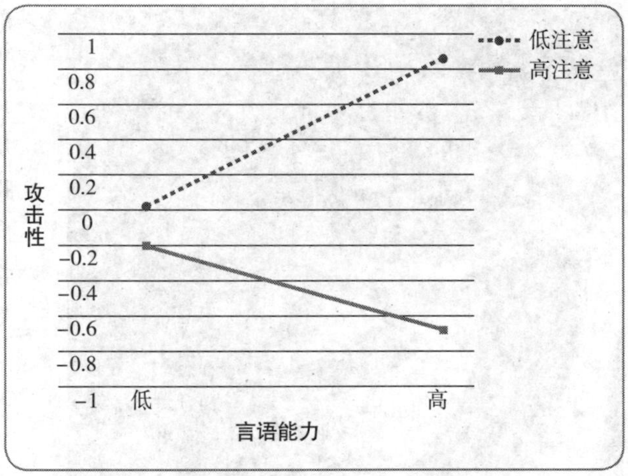

图 13.7 男孩的攻击行为水平

参加夏令营的男孩的攻击行为水平反映了他们言语能力和延迟满足能力的交互作用。

资料来源：Reprinted from O. Ayduk, M. L. Rodriguez, W. Mischel, Y. Shoda, & J. Wright. Verbal intelligence and self-regulatory competencies: Joint predictors of boys' aggression, *Journal of Research in Personality* (41): 374-388, Copyright © 2007, with permission from Elsevier.

> 这项研究考察了 59 个参加夏令营的男孩（Ayduk et al., 2007）。研究者通过让每个男孩接受言语能力测验来测量他们的能力，通过让每个男孩完成一项测量其延迟满足能力的任务来测量他们的自我管理能力。这些男孩被带进一间放有他们特别喜欢的食物的房间，食物分为一大、一小两块（例如，某种糖果）。为了得到较大的糖果，他们必须等待 25 分钟，期间不能按铃让研究者回来。如果他们按了铃，就只能得到一小块糖果。在这 25 分钟里，男孩们必须控制自己的行为。尤其是，为了让时间快点过去，他们必须能够把自己的注意力从糖果和按铃上移开。因此，研究者将男孩控制注意力的能力作为对其自我管理能力的测量。最后，为了测量攻击性，研究者从夏令营辅导员那里获得了多方面的信息，评估了他们在团体活动中的言语攻击和身体攻击行为。正如从**图 13.7** 中可以看到的那样，言语和自我管理能力对预测男孩们的攻击水平而言很重要。特别需要指出的是，与言语能力和注意力控制能力都强的同伴相比，言语能力强且注意力控制较差的男孩表现出了更强的攻击性。

你可能会预期，聪明的男孩拥有应对社会环境的知识，而不必诉诸武力。这项研究表明仅有知识是不够的，孩子们还需要有做出其他行为的能力和动机。透过该研究结果，你便可以理解，为什么米歇尔的人格理论关注几种不同变量之间的交互作用。

班杜拉的认知社会学习理论

通过理论论述和对成人与儿童所做的广泛研究，班杜拉（Bandura, 1986, 1999）成为以社会学习理论来解释人格的雄辩有力的支持者（在第 6 章中描述了他对儿童攻击行为的研究）。人格的社会学习观点强调学习原则和个人在社会环境下的互动相结合。根据社会学习理论的观点，人既不是由内部因素驱动的，也不是完全受环境所左右。社会学习理论强调，认知参与到获得和保持某种行为的过程之中，当然，这一过程也是形成人格的过程。

班杜拉的理论提出了一个由个体因素、行为和环境刺激三者构成的复杂的互动系统。这三者中的每一个都会影响并能改变另一个元素，并且这种影响极少是单向的，它是*相互的*。你的行为会受到你的态度、观念、之前的强化经历以及环境中的刺激所影响；你所做的可以对环境产生作用，同时人格中某些重要的成分受到环境和行为反馈的影响。因此，**交互决定**（reciprocal determinism）成为班杜拉理论中

如果让你对图中的人物在快速看过一眼后就对他们做出人格判断，你是否会感到很困难？为什么我们在对他人人格进行判断前总是希望能够先了解他们在不同情境下行为模式的差别？

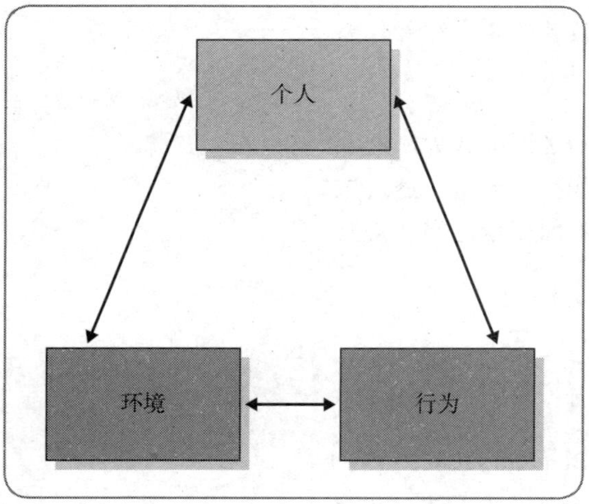

图 13.8　交互决定理论
交互决定理论认为，个体、个体的行为和环境三者之间存在交互作用，每个成分都可以影响和改变其他成分。

的一个重要概念。它意味着，如果要完整地理解人的行为、人格和社会生态学，就必须全面考察所有这些因素（Bandura, 1999; 见**图 13.8**）。举例来说，如果你不把自己当成运动员，那么你可能不会在田径场上表现得很活跃；但是，如果你住得靠近某个游泳池，你可能会花时间去游泳；如果你性格外向，你可能会和游泳池周围的人交谈，在那里创造了一个非常友好的气氛，这样游泳池的环境会变得更加令人愉快。这是一个人、地点和行为交互影响的例子。

从前面的第 6 章中，你了解到班杜拉的理论强调观察学习过程，即个人通过观察别人的行为来改变她 / 他自己的行为。通过观察学习，儿童和成人都获得了大量关于社会环境的信息。通过观察，你可以知道什么行为是适宜的、受到欣赏的，什么是会受到惩罚的，什么是不被重视的。因为你可以使用记忆和对外部事件进行思考，所以你能够预测你某个行为的结果而不必亲身去体验。仅仅通过观察别人做什么和他们行为的结果，你就可以获得一些技能、态度和观念。

随着理论的发展，班杜拉（Bandura, 1997）将自我效能作为核心概念进行了详细阐述。**自我效能**（self-efficacy）是一种相信自己在某种情境下能够充分表现的信念。你的自我效能感会以多种方式影响你的知觉、动机和绩效。当你预测不能产生效果时，你不会尝试采取行动或者捕捉机会，当你认为准备不够充分你会逃避。甚至当事实上你拥有能力并且存在意愿时，如果你认为自己缺乏某种事情需要的资源，你也不会去采取需要的行动，或者是不能坚持以成功地完成那项任务。

除了根据现实的成绩和表现，人们还从以下几个方面来进行自我效能判断：

- 替代性经验——你对其他人的表现所做的观察
- 说服——别人可能让你确信你能够做一些事情，或者你让自己获得这样的确信
- 当你考虑或开始某项任务时监控你的情绪唤起——例如，焦虑表明自我效能期望较低，而兴奋则表明自我效能期望较高

在人生的各种情境下，自我效能判断影响着人们在面临困难时愿意付出多少努力和能够坚持多久（Bandura, 1997; Cervone, 2000）。例如，你将以多大的精力和耐心来学习本章内容，可能更多地取决于你的自我效能感，而不取决于你的能力（Zimmerman et al., 1992）。

让我们来看一下自我效能对学业的影响。例如，研究发现，你学习本章内容时的热情和坚持性更多地取决于你的自我效能感，而不是你的实际能力。

有一项研究考察了 202 名学生的自我效能对其大学学业成绩的影响（Elias

& MacDonald，2007）。研究中，每个学生接受学业自我效能测验：他们在 10 点量表（从“完全没信心”到“非常有信心”）上做出选择，以表明他们感觉自己能成功通过接下来三个学期所选课程的可能性或者是在某门生物课上得 B 的可能性（p.2531）。这些学生还需要报告高中和大学的平均成绩。你可能会猜测，他们高中的平均成绩能很好地预测其大学的平均成绩，并且能很好地预测其自我报告的自我效能感：那些在过去越成功的学生也期待在未来更成功。然而，自我效能却远远比过去的成绩更重要。在那些过去的学业成绩相同的学生中，高自我效能的学生比低自我效能感的学生表现更优秀。

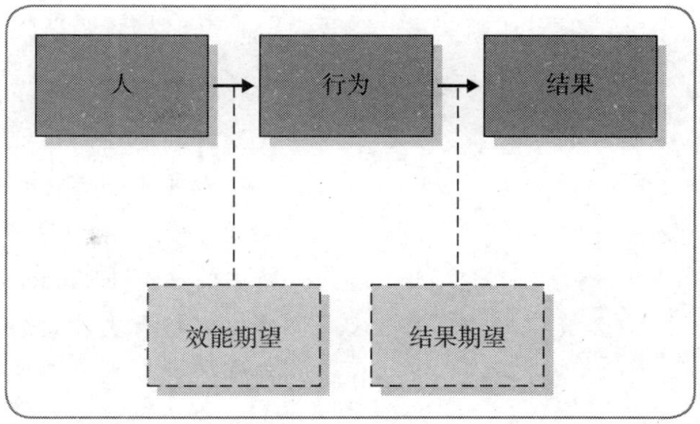

图 13.9 班杜拉的自我效能模型
这个模型表示了人们和他们行为之间的效能期望；结果期望在行为和预测的结果之间。

基于上面的研究，你可能会想，我们是否可以通过提升学生的自我效能感来提高他们的成绩。“是的，这是可以做到的。”我们将在第 15 章详细介绍，研究者已经设计了可以成功提升自我效能感的干预计划。

班杜拉的自我效能理论也承认环境的重要性。对成功和失败的预测，以及与此相应的中止或者是坚持行动的决定，可能是根据周围环境究竟是支持性的还是非支持性的判断来做出的，当然，还有对于自己能力的认识。这种期望被称作*基于结果的期望*。**图 13.9** 呈现了班杜拉理论中各个概念之间的关系。行为结果取决于人们对自己能力的认识和对环境的认识。

坎特的社会智力理论

在一些早期的认知和社会理论的基础之上，**南茜·坎特**（Nancy Cantor）和她的同事构建了一个人格的社会智力理论（Cantor & Kihlstrom, 1987; Kihlstrom & Cantor, 2000）。**社会智力**（social intelligence）是指人们在不同的人生任务中需要的专门技能。社会智力理论定义了以下三种类型的个体差异：

- *人生目标的选择* 对不同的人而言，最重要的人生目标和任务各不相同。人们的目标也会随时间而改变。
- *社会互动的知识* 人们之间的差异还体现在他们完成社会任务和解决个人问题的技能上。
- *完成目标的策略* 人们在解决问题中所采用的策略也各不相同。

你认为上述三个方面的特征的相互作用可以形成一些你能够将它认为是人格的行为模式吗？例如，你可能有两个朋友——一个更关注“交朋友和维系友谊”，另一个更重视“得到好成绩”。或者假设另外两个朋友都期望获得好的学习成绩，但是，他们所知道的和所能够运用的知识不同，他们在行为过程中所做的一步步决策也可能有很大的不同。一个人的学习策略可能是经常寻求外部帮助，而另外一个人可能自己应付过去而不愿寻求特别的帮助。社会智力理论就人格如何预测一致性给出了一个新的视角：在一定时期内，人们的目标、知识和策略使用是具有一致性的。

让我们来看看具体情景下不同的目标是如何产生不同结果的：研究者们发现，

寻求亲密关系的目标对人际关系的满意度有很大的影响。

> 当人们进入友谊关系时，他们在多大程度上将确立亲密关系作为目标是有差异的，一些人强烈期望建立一种可以互相依赖的关系，渴望自我表露，而另一些人并不期望通过友谊来满足这些需要。一项包含80个参与者（40名男性，40名女性）的研究考察了亲密关系目标的强度如何影响人们处理亲密的同性友谊中的冲突（Sanderson et al., 2005）。研究者假设，有强烈亲密关系目标的个体对冲突将有更建设性的反应，因此，更可能有长久的友谊。为了测量亲密关系目标的重要性，研究者让参与者对诸如“在我的亲密的朋友关系中，我想分享我的想法和感受”这样的表述做出评定。参与者还对诸如“我的朋友和我经常用开放的和诚实的方式来表达我们的感觉，防止小问题变成大问题”这样的表述做出评定，以说明他们应对冲突的方法。与研究者的假设一致，建立亲密关系愿望强烈的学生，最可能使用各种办法来减少冲突，而且，他们也对友谊更满意。

你看出了个体的目标是如何影响其关系模式的吗？以建立亲密关系为目标的人，更容易采用维持友谊的方式去行动。在这个例子之中可以看出，目标引导人们的行为，从中可发现人格的一致性。

对社会学习和认知理论的评价

对社会学习和认知理论的一种批评是，这些理论往往没有把情绪作为人格中一个重要的成分。在心理动力学理论中，情绪是一个非常重要的角色，例如焦虑。而在社会学习和认知理论中，情绪只是被认为是其他认知或行为过程的伴随产物，没有被赋予同样的重要性。对那些认为情绪在人格中处于中心地位的学者而言，社会学习和认知理论对它的忽视是一个非常严重的理论缺陷。还有的批评认为，认知理论没有注意到无意识动机过程对行为和情感的影响。

第二种类型的批评强调认知理论对个人概念和能力产生方式解释的模糊性。认知理论的学者们很少提及成人人格的发展过程，他们关注的是个体对当前行为环境的感知而不是个人的历史。

尽管存在上述这些批评，人格认知理论对当前学术思潮的贡献仍然很大。米希尔对环境的重视使我们能够更好地理解环境对个人的作用以及个人对环境的影响。班杜拉的理论能够指导教师如何提高学生的学习成绩，同时对其他一些领域，如卫生、商业和体育方面提高绩效具有启发意义。最后，坎特的理论使对人格一致性的关注转向了人生目标和社会策略方面。

这些认知人格理论是否能够帮助你理解自己的人格和行为？你可以开始通过你与环境的互动来思考你自己。以下我们将转向一些新的理论，以便使你对自己有更多的了解。

STOP 停下来检查一下

❶ 在罗特的理论中，外部控制点的取向表示什么？
❷ 在米希尔的理论中，哪五种类型的变量能解释个体差异？
❸ 班杜拉的交互决定理论涉及哪三个成分？
❹ 如何定义社会智力？

批判性思考：请回忆夏令营中考察男孩攻击行为的研究。为什么研究者对男孩攻击水平进行多重评价很重要？

自我理论

我们现在将述及一些直接关注个人的人格理论。这些理论直接涉及每个人是如何处理他（她）的自我感的。对你的自我你有什么样的概念？你认为你的自我与所反映的世界一致吗？你在朋友及家庭面前尽量展现出了一贯的自我吗？积极和消极的经验对你思索自我的方式有什么样的影响？在开始思考这些问题之时，我们不妨进行一下简单的历史回顾。

威廉·詹姆士（James, 1892）是关注自我研究的最坚定的早期倡导者。詹姆士将自我经验分为三个部分：*物质我*（与周围物质客体相伴随的躯体我）、*社会我*（关于别人对自己的看法的意识），以及*精神我*（监控内在思想与情感的自我）。詹姆士认为，一切与自身相关的事物都会在某种程度上成为自我的一部分。这就解释了为什么朋友或家庭成员——自我的一部分——受到打击时人们会做出防御性反应。“自我”概念也是心理动力学理论的核心。自我领悟是弗洛伊德的精神分析理论中的重要部分。荣格则强调，要想自我得到充分发展，个体就必须接受并整合其意识和无意识经验的各个方面。

现代理论又是如何阐述自我的呢？首先，我们将从认知的角度描述自我：自我概念和可能的自我。然后，我们要考察一下人们以怎样的方式将自我展现给外界。最后，我们来看一看不同文化对这个重要主题有哪些不同看法。

自我概念的动力方面

自我概念（self-concept）是一个动态的心理结构，它引发、解释、组织、传递、调节个人的以及人际间的行为和活动。自我概念包括许多部分，其中有：关于你自己的记忆；关于你的特质、动机、价值以及能力的信念；你最想成为的理想自我；你预期要扮演的可能自我；对你自己的积极或消极评价（自尊）；以及你认为别人怎么看待你（Chen et al., 2006）。在第 7 章，我们讨论了图式这一概念，即对环境结构进行综合概括的“知识包”。你的自我概念中包括关于自我的图式——*自我图式*。自我图式让你能组织有关你自己的信息，正如其他图式使你可以管理你经验中的其他部分一样。然而，自我图式不只是影响你如何加工与自己有关的信息。有研究表明，这些你经常用来解释自己行为的图式，也会影响你如何加工与别人有关的信息（Krueger & Stanke, 2001; Mussweiler & Bodenhausen, 2002）。因此，你会根据对自己想象一下你不同的“可能自我”。对可能自我的思考可能会对你的行为产生什么样的影响？

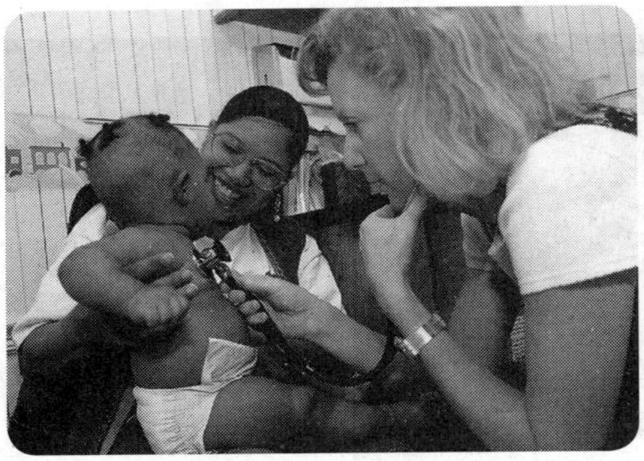

的了解及信念来解释他人的行为。

自我感中另一个重要的认知成分，或许是相对于当前自我概念的另外一个概念，即可能自我。**黑兹尔·马库斯**（Hazel Markus）和她的同事将**可能自我**（possible selves）定义为“我们非常想达到的理想自我，也是我们可能达到的自我以及害怕实现的自我”（Markus & Nurius, 1986, p.954）。可能自我能够刺激行为——通过让你考虑你的“自我”能去向何方来刺激行为，无论向好的方向还是坏的方向。

让我们介绍一个实验，它考察的是人们是否已经做好为人父母的准备。

> 研究小组设计了一个评估工具，用来测量年轻人是否能想象他们自己如何为人父母（Bloom et al., 1999）。参加研究的683个大学生要对量表中诸如“我认为我将来会结婚但不会要孩子”的陈述作出评定，从非常不像我到非常像我进行评分。为避免参与者猜到研究目的，涉及为人父母的问题被分散到一个更大的问卷中。在完成问卷后，每个学生得到一个“为人父母之可能自我分数”（parent possible-self score, PPS）。总的来说，男女之间在分数上没有显著差异。不过，研究者将得分特别高或低的男女参与者分组。入组的参与者对录像带中婴幼儿的表情做出从“快乐”到“烦躁不安”的评分。PPS得分高的学生比得分低的学生，一致性地对婴儿给出更为积极的评价。

你能想到一个人想象自己为人父母的能力为什么会对他解释婴幼儿的行为产生影响吗？

自 尊

一个人的**自尊**（self-esteem）是对自我的泛化评价，人们的自尊水平各不相同。我们前面已经指出基因对人格的其他方面有重要影响，所以毋庸置疑，自尊的差异也受基因的影响：人们天生具有低自尊和高自尊的倾向（Neiss et al., 2006）。然而，环境因素对自尊的影响也很重要。例如，人们对自己的外表满意与否影响到他们自我报告的自尊（Donnellan et al., 2007）。自尊不同，人们对自身社交能力的认识也有所不同。那些具有高自尊的人通常认为自己的社会关系良好，而低自尊的人通常会怀疑自己的社会价值（Anthony et al., 2007）。

自尊对人的思维、情感和行为有重大影响（Swann et al., 2007）。实际上，研究者发现，大量消极结果与低自尊有关。例如，在青少年和大学生中，低自尊与攻击性和反社会行为相关（Donnellan et al., 2005）。那些青少年时期报告低自尊的人长大成人之后，其心理健康和生理健康状况更差，他们也会面临更多经济问题（Orth et al., 2008; Trzeniewski et al., 2006）。这些结果表明，低自尊会破坏人们向往积极结果和应对消极生活事件的能力。

某些人确实经历了低自尊。然而有证据表明，大多数人都想尽办法来维护自尊，并维持完整的自我概念（Vignoles et al., 2006）。为了维护自我形象，人们会通过各种方式来*自我提升*：他们一贯地将自己的行动和行为视为积极的（Sedikides & Gregg，2008）。例如，当人们怀疑自己胜任某项任务的能力时，他们可能会做出**自我妨碍**（self-handicapping）行为，故意破坏自己的表现！采取这一策略的目的是为失败找借口，从而不把失败归因为自己*缺乏能力*（McCrae & Hirt，2001）。因此，一个学生可能会去参加朋友聚会，而不是努力学习为重要的考试做准备。这样，如果他失败了，他就可以把失败归因为自己不努力，而不是能力不足。注意，我们在这个例子中使用“他”是有意为之。研究发现，男性向来比女性采取更多的自我妨碍行为。

> 在参加智力测验之前，学习心理学的男生和女生都有机会做 18 个项目的练习（McCrae et al., 2008）。研究者给其中一半学生的指导语是*练习很重要*：这些学生被告知，如果不做适当的练习，他们的智力测验分数无效。另一半学生的指导语是*练习不重要*：这些学生被告知，练习可能对他们的测验分数没有影响。假设你处在练习很重要的条件下，如果你想为你（可能的）的低分准备好借口，你可能会选择不做太多练习。正如**图 13.10** 所显示的，男生普遍都选择了不做太多练习。那些被告知练习很重要的女生做了大量练习，而接受同样指导语的男生却尽可能少做练习。为了理解这一差异，研究者要求参与者完成包含诸如“在我所选的每堂课上我都全力以赴”和“我因自己的勤奋而自豪”等项目的一份量表（p.309）。结果发现，与男生相比，女生更赞同这些说法。

这些结果支持了研究者的结论——女性更重视努力程度，不太会采取自我妨碍行为。对女生而言，她们付出的努力是其自尊的重要来源。

在本节内容中，我们已经强调，人们会做出自我妨碍之类的行为，以此来维护高自尊。因此，对于人们对自己自尊的整体评价通常不能很好地预测他们在不同领

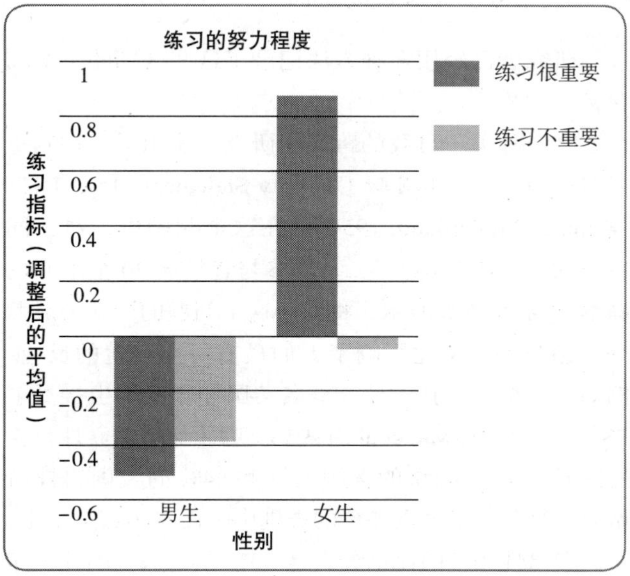

图 13.10 男生和女生的自我妨碍行为

练习指标包括一个学生所完成的练习项目的数量和他花在单个项目上的时间。正分数表示高于平均练习水平，负分数表示低于平均练习水平。当指导语为练习不重要时，男生和女生之间的练习差异很小。然而，当学生们相信练习很重要时，女生的练习量远远高于男生。

资料来源：Reprinted from S. M. McCrae, E. R. Hirt, & B. J. Milner, She works hard for the money: Valuing effort underlies gender differences in behavioral self-handicapping, *Journal of Experimental Social Psychology* (44): 292-311, Copyright © 2008, with permission from Elsevier.

正在进行的自我妨碍：你没有为明天的考试而用功，却在图书馆睡着了。藉此，如果你在考试中没得到好成绩，你可以说“唉，我真的没有努力”。你有采取自我妨碍的情况吗?

域中的表现这一事实，你不必感到吃惊（Baumeister et al., 2003）。相反，人们对自己在某个具体领域（比如某个特定的学科）内表现的看法，反而可以提供更好的有关其成绩的预测性信息。（Swann et al., 2007）。同样，提升自尊的计划最好是针对某个具体的领域，这样，人们才可以学到真正可以改变其成绩的策略。

自我的文化结构

到现在为止，我们一直都是围绕着自我来讨论相关概念的，例如自尊和可能自我，这些概念可以广泛地应用于不同个体之中。然而，研究自我的学者也开始研究不同文化约束如何影响自我的概念和自我的发展。如果你生长在某种西方文化下，你可能很容易接受我们所回顾的这些研究：这些理论和概念与西方文化中自我的概念非常吻合。然而，西方式自我赖以产生的文化——个人主义文化——却只流行于全世界人口中的少数，而全球大约有 70% 的文化是集体主义文化。个人主义文化注重的是个体的需要，而集体主义文化注重的是群体的需要（Triandis, 1994, 1995）。这种显著的不同对于各文化中的每个成员形成其自我概念有着重要的影响：马库斯与北山等人（Markus & Kitayama, 1991; Kitayama et al., 1995; Markus et al., 1997）曾经讨论过每一种文化对于自我的不同建构：

- 个人主义文化倡导**独立的自我建构**（independent construals of self）——“要达到此文化中的独立，需要把自我看做一个独立的个体，根据其自己内在的全部技能，包括想法、感受和行动，而不是参考他人的想法、感受和行为，来对自己的行为进行组织和赋予意义”（Markus & Kitayama, 1991, p.226）。
- 集体主义文化倡导**互依的自我建构**（interdependent construals of self）——“相互依赖需要个体把自我看做周围社会关系的一部分，并且要认识到，一个人的行为在很大程度上受到他所感受到的社会关系中的其他人的想法、感受和行动的影响”（Markus & Kitayama, 1991, p.227）。

当个体是集体主义文化成员而非个人主义文化成员时，他（她）是以什么方式感知自我差异的?

研究者已经用多种方法记录了这些区别的事实和含义。

有一种关于自我的跨文化研究，使用了一种测量工具——二十句测验（Twenty Statements Test, TST）（Kuhn & McPartland, 1954）。在这个测验中，对于同一个问题“我是谁?”，要求参与者给出 20 个不同的答案。如**表 13.6** 所示，将对于这个问题的回答分成六个典型类别。文化影响了人们最有可能产生的反应。例如，一个研究让大约 300 名美国和印度学生接受了 TST 测试（Dhawan et al., 1995）。为了保持独立性自我的感觉，大约 65% 的美国女性和 64% 的美国男性所做的回答落在了自我评价的类别中。而在印度学生中，女性和男性相应的比例分别是 33% 和 35%。因此，印度学生在自我评价方面的倾向只有美国学生的一半。我们注意到，总体上男生和女生之间的差异是相当小的——这说明文化的影响更大。

你可能想知道，西方文化的输出是如何影响集体主义文化中成员的自我概念的。有一个研究比较了不同的肯尼亚人对于 TST 的反应，一部分参与者来自游牧的山布鲁（Samburu）和马塞（Maasai）部族，他们几乎从未接触过西方文化，另一部分参与者来自生活在西方化的肯尼亚首都内罗毕。部族成员有大约 82% 的测试答案是社会性的反应；内罗毕的工人只有 58% 的社会性反应，而内罗毕大学中的学生只做出了 17% 的社会性反应（Ma & Schoeneman, 1997）。这个模式说明，一个国家在引进西方产品的同时，可能同时也引进了西化的关于自我的评价。

这些研究证明，人们所从属的文化对于他们如何解释自我有很大的影响。你已经在前面的章节中读到了这些解释带来的后果。例如，在第 10 章中，你了解到文化会影响道德判断（Miller & Bersoff, 1992）。在后面的章节中，你还会了解到这些区别，例如，我们想知道对于爱的看法是否受到自我解释的影响（见第 16 章）。现在，我们要来看一个与自我理论相关的研究。

表 13.6 二十句测验的类别

类别	举例
社会同一性	我是学生 我是女儿
思想信念	我相信所有人都是好的 我相信上帝
兴趣	我喜欢弹钢琴 我喜欢旅游
志向	我想成为一个医生 我想深入学习心理学
自我评价	我诚实、努力 我是个高个子 我担心未来
其他	我有一些爱吵闹的朋友 我养了一只狗

我们在前面提到，有证据表明人们关注自我提升（self-enhancement）——带来自尊的积极改变。然而，不同文化下的人对自我提升中的自我有不同的解释。鉴于此，一组研究者预测，来自美国的学生将更可能选择个人主义的行为来促进自我提升，而来自日本的学生将选择集体主义的行为（Sedikides et al., 2003）。为了检验这个观点，研究者要求来自美国和日本的学生花 10 分钟想象自己是一个团队中的一员，负责解决某个商业问题。学生需要思考一系列问题，并写下他们对那些问题的想法。在完成这个练习之后，学生预测他们在一系列行为上有多大可能胜过团队的其他成员（想象）。这些行为中有一些是个人主义的："认为团队是错的时，他们将会不同意团队的意见吗？"；还有一些是集体主义的："他们将回避与团队的公开对抗吗？"。学生对每种行为进行评定，从 –5（"与典型的团队成员相比最不可能"）到 +5（"与典型的团队成员相比最有可能"）。如**表 13.7** 所示，学生预测，在那些与其自我结构匹配的行为上，他们做得比同伴要好——数值越大表示自我提升的程度越高。

表 13.7 不同文化中的自我提升

文化	个人主义	集体主义
美国	1.28	–0.45
日本	0.06	0.63

资料来源：Adapted from C. Sedikides & A. P. Gregg (2008). Selfenhancement: Food for thought. *Perpsectives on Psychological Science*, 3, 102-116, table 3.

在接下来的几天中，你可以尝试两种体验：周围发生的事情如何影响作为一个个体的自己，又如何影响作为更大社会结构中一员的自己。

对自我理论的评价

自我理论成功捕捉到人们对自己的人格所形成的概念以及希望自己如何被别人感知。此外，对于自我的跨文化解释也影响到心理学家如何评估其理论的普适性。

然而，有批评认为人格的自我理论取向没有边界。因为如此之多的东西与自我和自我概念有关，所以有时候会搞不清到底什么因素对于预测行为最为重要。另外，把自我当作一个社会建构的说法与人格中的某些成分来自遗传的证据不完全一致。正如我们介绍过的其他理论一样，自我理论捕捉到了一部分内容，但不是我们所认为的人格的全部内容。

STOP 停下来检查一下

❶ 可能自我对动机有什么作用？

❷ 什么是自我妨碍？

❸ 互依的自我建构指什么？

批判性思考：请回忆自我妨碍性别差异的研究。为什么参与者在练习之前要完成工作量表很重要？

人格理论的比较

没有一个统一的人格理论是主流心理学家都认可的，在我们考察不同的人格理论时，发现在每个理论的基本假设中存在一些差异。因此，有必要扼要地重述一下不同人格理论中存在的五个最重要的差异。

1. 遗传和环境。正如你在《心理学与生活》一书中所看到的，这种差异也被称为天性与教养的区别，对人格发展来说，哪一个更加重要？是基因、生理因素还是环境的影响？特质理论回避了这个问题；弗洛伊德理论强调遗传；人本主义、社会学习、认知学派和自我理论都强调环境决定人的行为，或者人与环境的交互作用造成了人格的差异，推动了人格发展。
2. 学习过程和行为的先天法则。应该强调学习改变人格，还是强调人格发展的先天时间表？特质理论没有明确；弗洛伊德理论持内在决定论；而人本主义乐观地假设经验可以改变人；社会学习、认知学派和自我理论则明确认为行为和人格是学习的结果。
3. 过去、现在和将来。特质理论强调“过去”所起的作用，无论先天还是学习；弗洛伊德理论强调儿童早期的经验；社会学习理论强调“过去”的强化作用和“现在”的偶然性；人本主义强调当前的现实和将来的目标；认知学派和自我理论强调“过去”和“现在”（如果涉及目标那么也强调“未来”）。
4. 意识与无意识。精神分析强调无意识的过程；人本主义、社会学习、认知学派强调意识过程；特质理论不关注这两个过程；自我理论则在这个问题上态度不明确。
5. 内在倾向与外在情境。社会学习理论强调情境因素；特质理论强调内在倾向；其他的理论强调个人和情境的交互作用。

不同的理论对我们理解人格做出了不同的贡献。如果把人比作一辆汽车，则：特质理论提供了人格的部件和结构；精神分析理论提供了使车辆移动的动力引擎和

生活中的批判性思维

人格特质如何在网络世界里传递

我们首先来看一个简单的问题：人们能否根据你的电子邮箱准确地猜测你的人格特征？为了弄明白这个问题，一组研究人员通过网络调查获得了 599 个人的电子邮箱和他们自我报告的人格特征（Back et al., 2008）。然后，研究者要求 100 个学生基于同样的人格维度，仅仅根据电子邮箱对这些人做出评价。我们来看一个例子，honey.bunny77@hotmail.de，你认为这个邮箱主人的宜人性和尽责性如何？

研究者发现，这 100 个评价者仅仅根据电子邮箱所做的人格评价非常一致。研究者还发现，在大多数人格维度上，评价者的评价与电子邮箱主人的自我报告之间存在正相关。也就是说，评价者可以仅仅根据电子邮箱来做出合理有效的人格判断！评价者在进行评价时似乎会考虑邮箱的诸多特征。例如，评价者认为，如果电子邮箱包含了较多字符串，那么邮箱主人更有责任心；如果电子邮箱包含了较多数字，那么邮箱主人的责任心就较弱。

当然，为了在网络上准确呈现自己，我们需要就很多事情做出抉择。如果你与大多数学生一样，那么电子邮箱就只是这众多决定中的一个。例如，假设你在某个社交网站上（MySpace 或 Facebook）有自己的主页，你需要决定很多因素，包括你有多少朋友，提供多少有关个人的细节描述，下载什么类型的照片（Kramer & Winter, 2008）。这些因素会影响那些浏览你主页的人如何看待你。一项研究考察了朋友数量的变化（102，302，502，702 或 902）对一个虚拟主页的影响（Tong et al., 2008），参与者就主页主人的社交吸引力进行了评价。当主人的朋友数量为 302 时，评价最高，朋友更少或更多都会起到反作用。为什么是 302 呢？参与者自我报告的朋友数量的中值是 300，所以他们可能会给那些与自己相似的主页主人以最高评价。

另一项研究考察了 Facebook 主页上的照片类型如何影响人们对主人自恋特质的评价。（Buffardi & Campbell，2008）。自恋者有过度积极的自我意象。让我们花一分钟时间来想一下，自恋特质如何通过 Facebook 上的照片来体现。研究者发现，当 Facebook 主页上的头像是具有吸引力且自我提升的照片（照片似乎在向他人昭示主人的积极品质）时，评价者会认为主人非常自恋。当主页上有大量社会互动时，评价者也会认为主人有较高的自恋。最后，评价者的判断与主页主人自我报告的自恋倾向之间存在正相关。也就是说，Facebook 主页提供了有关特质的有效信息。

这些研究结果是否促使你重新思考，你如何在网络上呈现自己？

- 为什么人们可以通过 Facebook 上的内容来判断人格特质？
- 你如何确定相似性影响人们对 Facebook 主页判断的其他情境？

燃料；人本主义理论把人请到了驾驶座上；社会学习理论提供了车轮、指示信号和其他操作仪器；认知理论则为旅行加上种种注释，使所计划、组织的旅行方式符合人为实现目标所选择的心理地图；最后，自我理论提醒驾驶员考虑他的驾驶要对后座的人员和行人负有责任。

为了完成关于人格的讨论，我们现在来考虑人格测评。我们将描述一些方法，心理学家用它们来获得关于人格特征的信息，而这些特征使每个个体与众不同。

STOP 停下来检查一下

❶ 在遗传和环境的维度上人格理论有什么差异？

❷ 弗洛伊德的人格理论最直接地关注过去、现在还是将来？

❸ 人格理论的哪个维度提到人们对塑造他们行为之力量的认识？

人格测评

考虑一下你和你最要好的朋友之间的差异，心理学家想知道塑造每个个体的不同属性，或者如何区分不同的个体（例如，害羞的人或外向的人、抑郁的人或快乐的人）。理解和描述人格有两个基本的假设，一是个人的特征决定他们的行为；二是这些特征可以被评估和测量。人格测验必须满足信度和效度标准（见第 9 章）。此外，为了实施测验和解释测验，临床工作者和研究者需要接受全面的培训。我们将描述两种测验：客观测验和投射测验。心理学家通常会综合运用不同的测量，以期全面理解个体的人格。

客观测验

人格的客观测验计分和施测相对简单，有明确的规则。一些客观测验的计分和解释甚至都可以通过计算机程序来完成。最后的分数通常就是沿着某单一维度分布的简单数字（如从适应到不适应），或者在不同特质上的一系列得分（如，冲动、依赖、外向），研究者可以用这些得分来和常模进行比较。

自陈式问卷是一种客观测验，参与者要求回答关于自身思想、情感和行为的一系列问题，《伍德沃斯个人资料表》是最早的自陈式问卷之一（1917），它向参与者提出诸如“你经常在午夜感到害怕吗”等问题（见 DuBois,1970）。现在，接受**人格量表**（personality inventory）测验的人会读到一系列的陈述，并判断“对”、“错”，或判断这些陈述与自己的符合程度。

最经常使用的人格测量工具是明尼苏达多相人格问卷（Minnesota Multiphasic Personality Inventory），简称 MMPI（Dahlstrom et al., 1975），用于临床诊断并指导治疗。在回顾它的特点和应用后，我们会简要讨论 NEO 人格量表（NEO-PI），该问卷更多用于正常人群。

MMPI 明尼苏达多相人格问卷（MMPI）是 20 世纪 30 年代由美国明尼苏达大学心理学家哈萨威（Starke Hathaway）和精神病学家迈肯利（J. R. McKinley）编制（Hathaway & McKinley, 1940, 1943）。它的主要目的是根据精神病学的经验效标来对个体进行诊断，最初编制成的测验由 550 个题目组成，参与者对每个题目回答“是”、“否”或“不肯定”。研究者从这些题目库中选择问题，构成精神病院中各种患者所使用的量表。

MMPI 量表不同于其他的人格问卷，因为它们的编制采用了实证方法，不同于当时占主导地位的直觉和理论取向。量表是否采用某个题目，完全取决于它是否能清楚地区分两个群体，如精神分裂症病人和正常人。每个题目都已经证实了存在不同组之间的区分效度和同组间的同质效度，因此，这些题目不是根据理论来选择（内容对专家而言似乎意味着什么），而是根据实证（即是否区分了两个组）进行。

MMPI 有 10 个临床量表，每个量表都能区分一个具体的临床群体（如，精神分裂症病人）和正常比较组，另外还包含效度量表，用来测量参与者是否做出不可信的回答，诸如明显的不诚实、粗心、防御和逃避。测验者解释 MMPI 时，首先检查效度量表以确认测验是有效的，然后再看临床量表分数。分数的模式组成了“MMPI 得分模式图”，该模式图可体现出哪方面的得分最高，存在哪些特征与差异等。每个人的“MMPI 得分模式图”可以用来与特殊群体进行比较，如重罪犯或赌徒。

在 20 世纪 80 年代中期，MMPI 经历了一次大的修订，这就是 MMPI-2（Butcher

et al., 2001)。MMPI-2 为了更好地适应时代的变化，进行了语言和内容的更新，根据新的数据制定了常模。同时，MMPI-2 还新增加了 15 个内容量表，这些量表部分地采用了理论取向的方法。针对 15 个临床相关的主题中的每一个（如，焦虑或家庭问题），根据两个依据选择问题：是否在理论上与该主题有关；从统计上看是否是同质的量表，后者意味着每个量表测量了一个单一而又统一的概念，**表 13.8**、**表 13.9** 是 MMPI-2 的临床量表和内容量表，你会发现大部分临床量表测量了几个相关概念，而内容量表从名称上就可以看出它更简单，而且可以自圆其说。

表 13.8 MMPI-2 临床量表

疑病症（Hs）：对身体机能异常地关心
抑郁症（D）：悲观；无望；思想及行动迟缓
癔病（Hy）：无意识地以心理症状来回避冲突和责任
精神变态（Pd）：漠视社会习惯；情绪肤浅；不能吸取教训
男子气—女子气（Mf）：男性和女性反应的差异
妄想狂（Pa）：猜疑；夸大和被害妄想
精神衰弱（Pt）：痴迷；强迫；恐惧；内疚；优柔寡断
精神分裂症（Sc）：思想或行为怪异；退缩；幻想；幻觉
轻躁狂（Ma）：情绪激动；思维奔逸；过于兴奋
社会内向（Si）：害羞；不关心他人；靠不住

因为 MMPI-2 在临床诊断和实践中起着如此重要的作用，所以研究者继续评估了该测验的信度和效度，以确保临床诊断的准确。该项研究的重要方面被收入到了 MMPI-2-RF（修订版）中（Tellegen & Ben-Proath，2008）。MMPI-2-RF 主要修订了临床量表，对 MMPI-2 的临床量表加以补充。这些修订的目的是为了更好地描述具有不同人格障碍的人。修订后的临床量表的信度和效度已经得到验证，心理学家们可以将 MMPI-2-RF 投入恰当的使用（Hoelzle & Meyer, 2008; Rouse et al., 2008）。

MMPI 最初是用来评估个体的临床问题，在下一部分，我们将描述更多用于正常群体的测量工具。

表 13.9 MMPI-2 内容量表

焦虑	反社会行为
恐惧	A 型人格（工作狂）
强迫症	低自尊
抑郁	社会不适
健康关注	家庭问题
古怪想法	工作干预
愤怒及愤世嫉俗	对医生和治疗的消极态度

资料来源：Excerpted from the MMPI-2 ™ (Minnesota Multiphasic Personality Inventory-2) ™ Manual for Administration, Scoring, and Interpretation, Revised Edition.

NEO-PI　NEO-PI 用来评估正常成人的人格特点，测量我们先前讨论过的人格的五因素模型。如果你做了 NEO-PI，你会在人格的五个维度上获得 5 个相对于整个大样本的标准分数，五个维度分别是外向性、宜人性、尽责性、神经质、开放性（Costa & McCrae, 1985）。最近的 NEO-PI-3 评估了五个主要因素中包含的 30 个独立特质（McCrae et al., 2005）。例如，神经质维度下有六个分量表：焦虑、愤怒敌意、抑郁、自我意识、冲动性和脆弱性。很多研究证明 NEO-PI 各个维度是同质的，信度高，也可显示了很好的效标效度和结构效度（Furnham et al., 1997; McCrae et al., 2004）。NEO-PI 可用来研究人格的稳定性和终生的变化，也用来研究人格特点和生理健康、生活中各种事件的关系，诸如职业成功或者提前退休等。

投射测验

你是否曾经把一朵云看成是一张脸或一种动物？如果你让你的朋友来看，他们看见的可能是一个睡美人或一条龙。心理学家用投射测验来测量人格时也依据了同样的原理。

前面已经讨论过，客观测验采用两种形式：要么给受测者一系列的陈述，要求他们进行简单反应（“是”、“否”或“不肯定”），要么要求受测者根据给定的维度来回答对他们的典型性程度（如，焦虑或不焦虑）。因此，这类方法把受测者限制在从预先给定的反应中做一个选择。而投射测验则对反应的范围不作预先的规定，参与者可以自由作答。在**投射测验**（projective test）中，给受测者呈现一系列的模糊刺激，如抽象的图形、可以作多种解释的未完成图片、绘画。分别要求受测者叙述这些抽象图形、完成图片或讲述画中的故事。投射测验首先由精神分析学家使用，他们希望通过这种测验揭示病人人格的无意识动力。因为刺激是模糊的，反应部分取决于参与者将什么样的内在情感、个人动机和先前生活经验的冲突带入情境。这些个人的、特异的方面会被投射到刺激中去，从而使得人格评估者可以做出各种解释。

在人格评估工具中，投射测验最常被心理学从业者使用（Butcher & Rouse, 1996），同时与MMPI等客观测验相比，更多地在美国以外的地区使用，如荷兰、中国香港、日本（Piotrowski et al., 1993）。因为对美国之外的群体，客观测验无法准确翻译和准确标准化，而投射测验对言语的敏感性则要小得多。然而，正因为投射测验使用广泛，批评家也经常担心投射测验的使用缺乏效度。在我们介绍最常用的两个投射测验——罗夏墨迹测验和主题统觉测验时，我们将讨论效度问题。

罗夏墨迹测验　罗夏墨迹测验由瑞士精神病学家**赫尔曼·罗夏**（Herman Rorschach）在1921年创立。模糊刺激是对称的墨迹图（Rorschach, 1942），有黑白的，有彩色的（见**图13.11**）。在测验中，向参与者呈现墨迹图，然后问“这可能是什么？”先让参与者确信答案没有对错之别（Exner, 1974），施测者逐字记录参与者所说的话、记录反应花费了多少时间、在每张墨迹图上总共花费了多少时间，以及参与者拿墨迹图片的方式。然后，在第二阶段，也就是询问阶段，要求参与者根据先前的反应作详细地说明。

对罗夏墨迹测验的计分主要根据三个方面的特性来定：（1）定位，就是在做出反应时参与者注意了卡片的哪个部分，：是注意卡片的整体，还是注意部分，还是细节的大小；（2）反应的内容，反应对象和活动的性质；（3）决定因素，对卡片的哪个方面引发了反应，如颜色还是阴影，计分者同时记录反应是原发的、独特的，还是常见的、普通的。

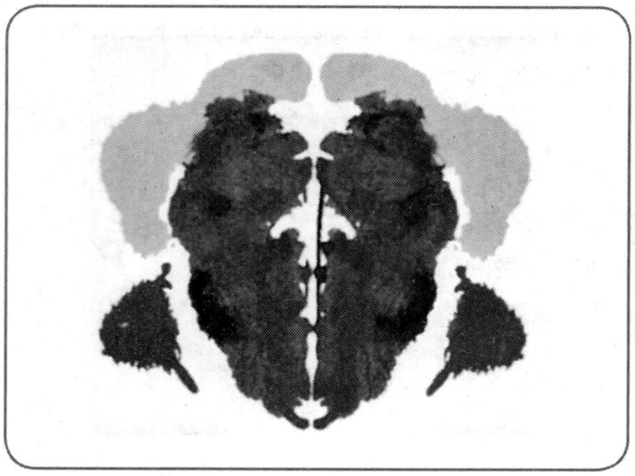

图 13.11　与罗夏测验相似的墨迹图

你看到了什么？你对该墨迹的解释是否揭示了你的人格特征？（见彩插）

你也许会认为，模糊的墨迹图会引起各种不同的反应，这么多反应将无法解释，实际上，研究者已经给罗夏墨迹测验的反应设计了一套综合计分系统，使得在不同的施测者间可以进行比较（Exner, 2003; Exner & Weiner, 1994）。例如，这个计分系统对常见的反应的内容进行了分类，如，反应为整个人（反应提到或暗示以整个人的形式）和反应为血迹（反应提到血迹，人或动物的）。研究者开发了一些培训程序，以确保临床工作者可以学习如何有效地使用综合计分系统（Hilsenroth et al., 2007）。此外，罗夏墨迹在诊断特定类型心理障碍（比如异常的思维模式）时已被证明是有效的（Dean et al., 2007）。然而，实践者还是会根据人们在罗夏墨迹测验中的反应做出一些缺乏依据的诊断，并没有正式的证据可以证明这些推论的可信性。因此，罗夏墨迹测验仍然备受争议（Garb et al., 2005）。

主题统觉测验 主题统觉测验是由**亨利·默里**（Henry Murray）在 1938 年创立的。测验向参与者呈现的是模糊情景的图片，要求参与者根据这张图片讲述一个故事，包括情景中的人在干什么，想什么，故事是怎么开始的，而每个故事又是怎么结尾的（见**图 13.12**）。测验的执行者评价故事的结构和内容以及个体描述故事的行为，试图发现参与者关心的问题、动机和人格特征。例如，施测者可以根据参与者是否关心人们履行了他们的义务，以及参与者是否以严肃、有条理的方式讲述故事，并以此来评价一个人的尽责性。在第 11 章曾提到，主题统觉测验经常用来揭示个体在支配需要上的差异，诸如权力、接纳和成就动机（McClelland, 1961）。经过几十年的研究，主题统觉测验已被证明是测量个体成就需要的有效工具（Spangler, 1992）。

图 13.12 主题统觉测验中的一张卡片

根据这张卡片，你会讲一个什么样的故事？你的故事揭示了你具有什么样的人格特征？

资料来源：Reprinted by permission of the publishers from Henry A. Murray, *Thematic Apperception Test*, Plate 12 F, Cambridge, Mass.: Harvard University Press, Copyright © 1943 by the President and Fellows of Harvard College, © by Henry A. Murray.

让我们对人格测评做如下总结，你发现了人格测评工具和先前的人格理论之间的关系了吗？我们的结论是，不同人格理论描绘了人类经验的不同方面，而我们对人格测评同样有此结论：不同的测评工具为我们理解个体的人格提供了不同的视角。临床工作者在进行人格测评时，更多的是综合使用不同测验。在许多情形下，使用客观测验，甚至是计算机分析的结果，它们可以对特定结果作精确的预测；而在另外一些情形下，临床经验和训练有素的直觉补充了客观常模。在实践中，将两种途径有效结合起来就会做出最好的预测。

在结束本章时，我们要求你根据已经学习的知识思考一系列问题：如果心理学家研究你，你的人格会被他们描述成什么样？他们确定哪些早期经验对你现在的行为和思想起了作用？在你当前的生活中，是什么对你的想法和行为产生了巨大的影响？是什么使你不同于那些和你处在基本相同的情境中的人？你现在会明白，每种人格理论都为你回答这些问题提供了一个框架。假设真的到了需要描述你自己的心理肖像时，你会从哪儿开始？

STOP 停下来检查一下

❶ MMPI 的 10 个临床量表的用途是什么？

❷ NEO-PI 的用途是什么？

❸ 临床医生用来解释罗夏墨迹测验的三个主要特性是什么？

要点重述

人格的类型和特质理论

- 一些理论家根据人的特殊行为把人用全或无的方式进行分类。
- 其他理论家把特质看成是在人格维度上的连续分布，作为人格的构成元素。
- 人格的五因素模型是一个人格体系，它描述了普通特质词、理论概念和人格量表之间的关系。
- 双生子和寄养子研究显示人格特质具有部分遗传性。
- 当人们把情境定义为相关的心理特征时，行为表现出一致性。

心理动力学理论

- 弗洛伊德的心理动力学理论强调个体本能的生物能量是人类动机的来源。
- 弗洛伊德理论的基本概念包括：心理能量驱动和指导行为，早期经验是人格的主要决定因素，精神决定论，强大的无意识过程。
- 人格结构由本我、超我、自我组成，其中自我对本我和超我起协调作用。
- 无法满足的冲动被压抑，通过自我防御机制来减轻焦虑和保持自尊。
- 阿德勒、霍尼、荣格等后弗洛伊德理论则更加强调自我的功能和社会因素，而忽略性的因素，他们把人格发展看成是一个终生过程。

人本主义理论

- 人本主义理论注重个体的成长潜能，即自我实现。
- 人本主义理论是整体的、先天性的、现象学的。
- 人本主义传统的当代理论集中在个体的生活故事。

社会学习和认知理论

- 社会学习理论强调对个体行为差异的理解，把人格看成是以往生活强化的结果。
- 认知理论强调个体对环境的知觉和主观解释上的差异。
- 朱利安·罗特强调人们对于奖励的期望，包括总的内部或外部控制点取向。
- 沃尔特·米希尔认为行为是个体和情境交互作用的结果。
- 阿尔伯特·班杜拉持个体、环境和行为的交互决定论。
- 南希·坎特强调目标、知识和行为策略的影响。

自我理论

- 自我理论强调自我概念的重要性，可以更加全面的理解人格。
- 人们会采取诸如自我妨碍这样的行为来维持自尊。
- 跨文化研究表明个人主义文化倾向于自我的独立解释，而集体主义文化倾向于自我的人际解释。

人格理论的比较

- 不同人格理论可以通过着重点的不同进行比较：遗传与环境，行为的学习过程与先天法则，过去、现在和将来，意识与无意识，内在倾向与外在情境。
- 每种理论都为我们理解人格做出了不同的贡献。

人格测评

- 人格特点可以用客观测验和投射测验进行测评。
- 最常用的客观测验是 MMPI-2，用来诊断临床问题。
- NEO-PI 是用来测量人格五个维度的客观测验。
- 人格的投射测验要求人们对模糊刺激进行反应。
- 两个重要的投射测验是罗夏墨迹测验和主题统觉测验。

关键术语

分析心理学
焦虑
原型
集体无意识
一致性矛盾
自我
自我防御机制
期望
五因素模型
固着
本我
独立的自我建构
互依的自我建构
力比多
控制点
人格
人格量表
人格类型
可能自我
投射测验
精神决定论
心理传记
心理动力学的人格理论
交互决定论
压抑
自我实现
自我概念
自我效能
自尊
自我妨碍
害羞
社会智力
超我
特质
无条件积极关注
无意识

14 心理障碍

下面一段文字由一个被诊断为精神分裂的 30 岁女性所写：

> 我想让你了解一个精神分裂症病人的生活是怎样的，以及得了这种病的人要面对些什么……我生活得很正常，如果我不告诉别人，没人能看出我有病……我服药之前的妄想可以沿着任何一个线索编成一个故事，而又随意地改变。在接受帮助之前，随着时间的推移，我感到我整个脑子逐渐被疾病控制，我是多么希望我的心智和生活能恢复到从前的样子……

你读了这位年轻女性的这段文字后有何感想？

如果你的感受与我们相似，那么你会产生一种夹杂着悲哀、高兴、愤怒和希望的复杂情绪。悲哀是因为她的困境；高兴是因为她愿意尽最大努力与她的心理疾病带给她的各种难题抗争；愤怒是因为仅仅因为她的行为有时与别人不同，有人就把她视为异类；希望是因为药物和治疗使她的状况有所好转。这些只是临床工作者和研究者及精神科医生在试图了解和治疗心理障碍时所体验到的情绪中的几种。

这一章集中讨论心理障碍的性质和成因：心理障碍是什么，它是如何发生的，我们如何解释其原因。下一章将在这些知识的基础上描述治疗和预防心理障碍的对策。研究指出，在美国 18 岁以上的个体中有 46.4% 的人在一生中的某个时期遭受过心理疾病的困扰（Kessler et al., 2005a）。这样看来，许多读者将从本章有关心理病理学的知识中直接获益。但是，这一事实本身还不足以揭示心理疾病对日常生活中的个人和家庭的巨大影响。在这一章中，当我们讨论各种类型的心理障碍时，请读者努力去想象日夜受到心理障碍困扰的真实个体。就像本章开头所做的一样，我们将与读者分享他们的想法和生活。首先，让我们探讨一下变态这个概念。

心理障碍的性质

你是否曾经过度担心过？有没有感觉到抑郁或焦虑却不知道原因是什么？是否曾经觉得害怕什么东西但理智上却很清楚它不会对你造成任何伤害？你想到过自杀吗？曾经通过酗酒或滥用药物去逃避难题吗？几乎所有的人都会对以上问题中的至少一个问题做出肯定回答。这意味着几乎每个人都曾有过心理障碍的症状。本章将考察那些被认为不健康或变态的心理功能，人们常称之为*心理病理*或*心理障碍*。**心理病理功能**（psychopathological functioning）包括情绪、行为或思维过程的扰乱，它们会引起个体的痛苦或阻碍个体达到重要目标。**变态心理学**（abnormal psychology）这一领域直接研究和理解与个体意识、情绪和行为相关的病理问题。

本部分从探讨变态的确切定义开始，然后探讨其客观性的问题，最后我们考察这个定义在几百年中的演变。

确定什么是变态

说某人是*变态*或*患有心理障碍*意味着什么？心理学家和其他临床工作者如何确定什么是不正常？正常与不正常行为之间的界限是否总是很清楚的？一个人是否有心理障碍，通常根据专家对个体*行为功能*评估来做出判断。用于描述这种现象的术语——*心理障碍*、*精神疾病*或*变态*——依赖于评定者的特定视角、训练和文化背景，

你想象中患有精神疾病的人们的生活是什么样子的?

以及被评者所处的情境和状况。

让我们看一看可以用来标识“变态”的七项标准（Butcher et al.,2008）：

1. *痛苦或功能不良*。个体经历痛苦或功能不良，进而产生造成身体或心理衰退或丧失自由行动能力的风险。例如，如果一个男人离开家就要哭，那么他就无法追求正常的生活目标。
2. *适应不良*。个体的行为方式妨碍了目标的达到，不利于个人的幸福，或者严重扰乱了他人的目标和社会的需要。比如，喝得酩酊大醉而无法保持一份工作，或者因为酗酒对他人的安全造成威胁，这些都是适应不良行为的表现。
3. *非理性*。个体的行为或言语方式是非理性的或不能被他人所理解。比如，个体若对事实上不存在的声音有反应就是非理性的行为。
4. *不可预测性*。个体的行为不可预测或者不具有跨情境的稳定性，如同失去了控制一般。比如，一个孩子无缘无故用拳头打碎玻璃就是不可预测性的表现。
5. *非惯常性和统计的极端性*。个体的行为方式在统计学上处于极端位置且违反了公认的可接受或赞许性的标准。但是，只是在统计上的异常不能判断为心理变态，例如拥有超常水平的智力是极为罕见的，但这是被社会赞许的。相形之下，非常低的智力也是罕见的，但这是不被社会赞许的。所以，它就常常被列为变态的范围。
6. *令观察者不适*。个体通过令他人感到威胁或痛苦而给他人造成不适，比如，一个女人走在大街中间，大声地自言自语，就会对试图绕过她的行人造成不适。
7. *对道德或理想标准的违反*。个体违反了社会规范对其行为的期望。比如，如果人们普遍认为照料后代很重要，那么抛弃孩子的父母就会被认为不正常。

你能否看出为什么这里大部分的变态指标并不都是显而易见的？拿最后一条来作例子。如果你不想工作，按照社会规范来说这是非正常的，但它是否就表明你有心理疾病呢？或者我们考虑一些更严重的症状。在我们的文化中，有幻觉是“不好的”，因为幻觉被看做心理困扰的迹象，但是，在将幻觉解释为来自精神力量的神秘幻象的文化中，它就是“好”的。哪一个判断是正确的？在本章的结尾，我们将考察这种不同社会文化下所做出的不同判断，以及与基于这些判断做出的决策相关联的一些负面后果和危险。

当某些行为符合以上列举的多条指标时，我们就更加有把握将某种行为标定为“变态的”，这种指标越极端和越常出现，我们就越有把握认为它们指向一种变态的情形。对所有的心理障碍来说，没有哪一条指标是*必要条件*。例如，一位斯坦福大学的研究生用斧头杀害了他的数学教授，然后在办公室门上贴上“今日不上班”的字条。在审讯中，他说自己未感到内疚或懊悔。尽管缺乏个人的痛苦体验，他的整个行为应当标定为变态。同样，没有哪一条标准可以单独作为*充分条件*来区分异常的行为和正常的行为。正常和异常之间的差别,并不是两个独立行为类别之间的差异，而是一个人的行为在多大程度上合乎一整套公认的异常标准。心理障碍最好被看成一个从心理健康到心理疾病的连续体。

你对这些有关变态的观念有何感受？尽管这些标准看起来很清楚，心理学家仍然担心其客观性问题。

客观性问题

研究者总是根据对个体行为的评估做出某人有心理障碍或者变态的判断：许多研究者的目标是客观地做出没有任何偏差的判断。对于某些心理障碍，如抑郁症或精神分裂症，诊断常常容易符合客观性的标准，而其他的情况则比较困难。正如我们在心理学的学习过程中所看到的，行为的意义是由其内容及其出现的环境共同决定的。在不同情形中同样的行为会传递非常不同的含义。一个男人吻另一个男人，这在美国可能是同性恋关系的一种信号，但在法国则是一种礼节性的问候，而在西西里岛则表示黑手党的“死亡之吻”。行为的意义总是取决于情境。

让我们看看为什么客观性是一个重要的论题。历史上有很多因出于维护道德或权力的需要而做出变态判断的例子。请看 1851 年发表在医学杂志上的一篇题为《黑人的疾病和身体特征》的报告，其作者塞缪尔·卡特赖特（Samuel Cartwright），曾经被路易斯安那医学委员会任命为委员长来调查非洲籍美国人奴隶的“奇怪”做法。人们收集了“无可争议的科学证据”来证明奴隶制的做法是正当的。他们发现了几种白人以前没听过的“疾病”。一个发现是，他们断言黑人们患有感觉疾病，这种疾病使他们在“受惩罚时对于疼痛”不敏感（所以，不需要吝惜使用皮鞭）。这个委员会还发明了一种疾病叫类躁狂，这是一种寻求自由的躁狂症，一种造成奴隶从奴隶主那里逃走的心理疾病，逃走的奴隶要被抓起来，以便他们的疾病能得到适当的治疗（Chorover , 1981）！

一旦一个人被标定为“变态”，人们便倾向于用其后来出现的行为来证明先前的这种判断。**大卫·罗森汉**（Rosenhan, 1973, 1975）与其同事的实验揭示出，在一个“疯狂的地方”，人是不可能被认为“正常”的。

> 罗森汉和其他 7 个正常的人伪装出一种简单的症状——幻觉，而被收入不同的精神病院住院治疗。这 8 个假病人在入院时被诊断为偏执型精神分裂症和双相障碍。一收入院后，他们就放弃伪装，其一切行为与正常人没有区别。但是，罗森汉发现，当正常人身处于一个不正常的地方，就会被判断为不正常，而他的任何行为都会根据这个情境被重新解释。如果这些假病人用理性的方式与医护人员讨论他们的处境，报告中就会说他们在运用“理智化”的防御机制。他们将其观察所得记了笔记，就成为他们“书写行为”的证据。这些伪装的病人继续留院待了三周时间，却没有一个人被医护人员认为是正常的。当他们在配偶或者同事的帮助下终于获准出院的时候，他们的出院诊断仍旧是“精神分裂症”，但是“有所缓解”，意思是他们的症状不再那么活跃了。

罗森汉的研究展示了关于变态的判断是如何由行为之外的因素所决定的。

在精神科医生**托马斯·萨茨**（Thomas Szasz）看来，精神疾病甚至根本就不存在——它只是一个“神话”（Szasz, 1974, 2004）。萨茨宣称，作为精神疾病依据的那些症状只是一些医学标签，用于标定那些违反了社会规范的不正常的人，以便做出专业干预。一旦标定后，这些人就可以因为他们“与他人有别”的问题，得到或仁慈或苛刻的治疗，从而不会威胁或扰乱社会现状。

很少有临床工作者会做得这样极端，主要原因在于，许多研究和治疗的重点还是为了了解和减轻个人的痛苦。对于本章所描述的大部分障碍，个体的确能意识到他们自己的行为是不正常的，或者不适应所处的环境。即使如此，我们这里的讨论仍表明，可能并不存在统一的判断变态的标准。当我们描述每一种心理障碍的时候，读者应当尝试了解为什么临床工作者相信，对个人而言，这些症状所代表的行为方式与单纯违反社会规范相比，其严重性要大得多。

心理障碍的分类

为什么将心理障碍进行分类是有益的呢？从笼统地评定一个人不正常到鉴别不同种类的异常有哪些益处呢？**心理诊断**（psychological diagnosis）是通过把观察到的行为模式归类到公认的诊断系统中而给某种异常贴上的标签。这种诊断从许多方面讲比做一个医学诊断更困难。在医学场景中，医生可以依据实物证据如X光片、血液化验、活组织检验来做出诊断。但在心理疾病的情形中，诊断的依据来自对人的行为的解释。为了使不同临床工作者的诊断更为一致，同时也为了使他们的诊断评估更具条理性，心理学家协助建立了一套诊断和分类系统，它提供了关于症状的准确描述，还提供了帮助临床工作者确定一个人的行为是否属于某种障碍的其他标准。

为保证有效性，分类系统应当具有以下三点好处：

- *通用的简略语言（术语）*。为了促进心理病理领域的临床工作者和研究者之间快捷和清楚地互相理解，从业者寻求有着公认涵义的一套共同术语。一个诊断类别，例如抑郁，概括了大量复杂的信息，包括特征性症状以及此障碍的典型病程。在临床环境下，诸如诊所或医院，一个诊断系统可以使精神卫生专业人员更有效地交流。关注心理病理学各方面内容或评估治疗项目的研究者，必须就其所观察的障碍达成共识。
- *对病因的理解*。理想情况下，对特定障碍的诊断应当同时明确了症状的病因。正如躯体疾病一样，同样的症状可能源于不同的障碍。分类系统的一个目标是说明为什么临床工作者将特定的症状模式解释为存在特定潜在障碍的证据。
- *治疗计划*。一个诊断应当包括以下内容，即针对特定的障碍采取何种治疗方式。研究者和临床工作者发现，特定的治疗或疗法对于某种特定的心理障碍是最有效的。例如，治疗精神分裂症非常有效的药物不但不会对抑郁症病人有帮助，而且还可能有害。在治疗的疗效和特异性方面的新进展，将使得快捷和可靠的诊断更加重要。

分类的历史视角 纵观历史，人类对心理障碍一直心存畏惧，常常把它同罪恶联系在一起。因为这种恐惧，人们对任何令他们感觉怪诞或异常的行为都采取攻击性的和果断的反应。表现出这类行为的人都被囚禁起来，并且必须接受极端的医学治疗。直到18世纪末期，西方社会才不再将心理疾病患者视为只能用铁链和身体惩罚对待的、没有大脑的野兽。

在18世纪的下半叶，一个关于变态心理起源的新观点出现了——人们开始把心理问题看做一种疾病，而不是魔鬼附身或者不道德，在对心理疾病者提供的设施方面也逐渐出现了一些变革。一个基本的理念是思维、情绪和行为障碍在很多方面与躯体、器质性疾病相类似。基于该理念，**菲利普·皮奈尔**（Philippe Pinel, 1745—1826）成为最早试图建立一个心理疾病分类系统的临床工作者之一。根据这种系统，每一种障碍都有一些典型的症状将其与其他疾病和健康机能区分开来。根据症状的发生模式、障碍起始阶段的客观环境、障碍的自然进程，以及障碍对治疗的反应这几项可以对障碍进行分类。这样的分类系统参照博物学家的生物分类系统制定，旨在帮助临床工作者更容易地识别一般障碍。

1896 年，德国的精神科医生**埃米尔·克雷丕林**（Emil Kraepelin, 1855—1926）开创了第一个真正全面的精神疾病分类系统。他确信心理问题有其躯体基础，因而其心理诊断和分类过程带有医学诊断的风格，而且这种风格一直保留至今。

DSM-IV-TR　在美国，最广为接受的分类模式是美国精神病学会制定的，称为《精神疾病的诊断和统计手册》，其最近的版本是 2000 年发行的第四版修订版（2013 年已出版第五版，DSM-5 不再使用罗马数字，而改用阿拉伯数字——译者注）。这个版本被临床工作者和研究者们称为 ***DSM-IV-TR***。它分类、定义和描述了 200 余种心理障碍。

为了减少不同方法在诊断心理障碍时遇到的诊断困难，*DSM-IV-TR* 强调症状模式以及病理的描述，而不太强调病因理论和治疗策略。纯粹的描述性术语使得临床工作者和研究者可以用共同的语言来描述问题，同时为不一致的意见以及进一步的持续研究以便更好地解释问题和提出理论模型留下空间。

DSM 的第 1 版发行于 1952 年（*DSM-I*），其中罗列了几十种精神疾病。在 1968 年推出的 *DSM-II* 修订了该诊断系统，使之与另一个常用的系统——世界卫生组织的《国际疾病分类（ICD）》更加相容。*DSM* 的第 4 版（*DSM-IV*，1994）是委员会的学者们经过几年的大量工作之后出版的。为了做这些改动（引自 *DSM-III* 修订版，1987 年），这些委员们仔细审查了大量心理病理学的研究，亦验证了提出的修改意见在实际临床环境中的可行性。*DSM-IV* 与第 10 版的 *ICD* 是完全兼容的。*DSM-IV-TR*（2000）整合了 *DSM-IV* 出现之后增加的新研究文献。由于这些修改对文本内容的影响很大，但对分类系统没有什么影响，因而将这次“文本修订”形式的版本称为 *DSM-IV-TR*。在了解了 *DSM* 的简短历史后，你可能就不会对委员会召开会议收集支持 *DSM-V* 的最新研究感到奇怪了，预计 *DSM-V* 将于 2012 年问世。在“生活中的批判性思维”专栏中，我们会向你介绍将新障碍纳入 *DSM-V* 的过程。

为了鼓励临床工作者考虑与心理障碍相关联的心理、社会和躯体因素，*DSM-IV-TR* 采用了不同的维度，或称为轴来描述这些因素的相关信息（见**表 14.1**）。主要的临床障碍大部分包括在轴 I 内。轴 I 还包括了除智力迟滞外的所有童年期出现的障碍。轴 II 罗列了智力迟滞和人格障碍，这些问题可以与轴 I 的障碍伴随发生。轴 III 加入了一般医学状况的信息，如糖尿病，这些因素可能与了解和治疗轴 I 或轴 II 的障碍有关系。轴 IV 和轴 V 为制定个体的治疗计划或评定预后（对将来病情发展的预测）提供了有用的补充信息。轴 IV 评定可以解释病人应激反应或应激资源的心理社会和环境问题。在轴 V 上，临床工作者对于个体功能的整体水平做出评价。*DSM-IV-TR* 的完整诊断需要包括对每一个轴的考察。

在这一章中，我们将提供一些个体罹患各类心理疾病的估计值。这些估计值来自一些大型研究，收集了大规模样本的精神健康史。我们还有各种障碍在一年以至终生的发生率数据（Kessler et al., 2005a, 2005b）。这些数字通常引自美国国家共病研究（National Comorbidity Study, NCS）的结果，此研究样本是 9 282 个 18 岁以上的美国成年人（Kessler et al., 2005a）。再有一点需要强调的是，通常会有一个人在一生

表 14.1 DSM-IV-TR 的五个轴

轴	信息的分类	描　述
轴 I	临床障碍	这些精神障碍表现为给个体带来痛苦或者导致某一部位功能损害的症状、行为模式或心理问题。包括在婴儿期、儿童期或者青少年期出现的障碍。
轴 II	（a）人格障碍 （b）智力迟滞	这些是对现实世界感知或反应机能失调的模式。
轴 III	一般医学状况	这个轴包括与了解或治疗个体的轴 I 和轴 II 中的心理障碍有关的躯体问题。
轴 IV	心理社会和环境问题	这个轴包括可能影响个体障碍的诊断、治疗或康复的可能性的心理社会和环境应激。
轴 V	对功能的整体评价	这个轴包括个体在心理、社会和职业领域内当前功能的整体水平。

中的某个时间同时体验多于一种障碍的情况，这种现象称为**共病**（comorbidity）（患病是指疾病的发生，共病是指几种疾病共同发生），NCS 发现 45% 的患有一种障碍的人实际上在 12 个月内经受过两种或更多的障碍。研究者们开始对不同心理障碍的共病模式进行深入的研究（Kessler et al., 2005b）。

诊断类别的演变　诊断类别以及用来组织和呈现这些类别的方法，在每一版的 DSM 中都有变化。这些变化反映了大部分心理健康专业人员关于什么构成心理障碍以及如何将不同类型的障碍分界的看法上的演变，同时也反映了公众对于什么是变态行为的看法上的变化。

在每次 *DSM* 的修订中，一些诊断标准被舍弃而另外一些诊断标准被添加进来。例如，1980 年出版 *DSM-III* 后，传统上关于神经症和精神症之间的区分就被取消了。**神经症性障碍**（neurotic disorders）或称为神经症，最初指相对较为普通的心理问题，个体没有脑异常的迹象，没有表现出严重的非理性思维，没有违反基本的规范，但体验到主观的痛苦或自我挫败或无法做出适当的应对策略。**精神症性障碍**（psychotic disorders）或精神症，被认为在性质和严重程度上有别于神经性障碍。精神症患者的行为非常显著地偏离了社会规范，还伴有在理性思维和一般情感过程上的深度混乱。*DSM-III* 顾问委员会觉得神经症性障碍和精神症性障碍这样的术语太过宽泛，在诊断分类中没有多大用途（但是许多精神科医生和心理学家仍在沿用这些术语来刻画一个人的总体障碍水平）。

塞勒姆巫术审判是清教徒殖民者为了追究一些可怕的怪异行为而孤注一掷的产物。殖民者推测，这些症状都是魔鬼造成的，魔鬼通过世俗女巫的力量控制了年轻女性的灵魂和身体。

我们想指出诊断类别随时间推移所发生的最后一个变化。从历史上来看，心理疾病患者通常会被贴上某种障碍的标签。例如，临床工作者将患者称作“精神分裂症患者”或“恐惧症患者”。但这种现象不会出现在生理疾病患者的身上，患有癌症的人从来不被称为“癌症患者”。现在，临床工作者和研究者会小心地将个体与诊断结果区分开来。患有精神分裂症或恐惧症的人，就像得了癌症或流感的人一样。人们希望合适的治疗方法能够减轻疾病，直到它们不再适用于这个人。

精神病的概念　在我们转而探讨心理疾病的原因之前，我们先来简单看一下何为精神病。*DSM-IV-TR* 中并没有**精神病**（insanity）这个概念。相反，精神病是一种通俗说法，在法律系统中也可见。从法律上来看，关于精神病的治疗可以追溯到 1843 年的英格兰，当时迈克纳顿因患有精神病而未被判以谋杀罪。迈克纳顿的谋杀对象是英国首相（然而他却误杀了首相的秘书），他深信上帝委派自己来实施这次谋杀。鉴于迈克纳顿的妄想症，他并未被投进监狱，而是被送进了精神病院。

这一裁决所引发的愤怒（甚至激怒了维多利亚女王）促使英国上议院不得不对限制起诉精神病人的迈克纳顿法则加以说明。该法则规定罪犯一定是“不了解自己行为的本质和后果，或者了解这些，但是不知道自己的行为是错的。”对有罪或者是无辜的人来说，迈克纳顿法则是公平的评判吗？随着对心理疾病了解的增加，研究者进一步认识到，在某些情况下，罪犯能够区分对错，能够理解自己正在做的事情是不合法的或不道德的，但是仍然无法抑制自己的行为。

尽管媒体对精神病辩护给予了大量关注，因此公众对此也有了一定认识，但是这类辩护还是太少了（Kirschner & Galperin，2001）。例如，一项研究发现，在马里兰州巴尔的摩的 60432 起诉讼案中，只有 192 名被告（0.31%）进行了精神病辩护，而其中只有 8 人（4.2%）辩护成功（Janofsky et al., 1996）。所以，你作为陪审团的一员来判定另外一个人精神正常或不正常的机会极少。

心理疾病的病原学

病原学（etiology，也译作“病因学”）是指引起或促使心理疾病和医学疾病形成的因素。只有了解障碍为什么会发生，它的起源是什么，它如何影响思维、情感和行为过程之后，我们才可能找到新的治疗途径。而且，如果理想的话，还可以防患于未然。我们讨论每种障碍时，会着重分析其具体原因。这里我们将介绍两种一般性原因：生物因素和心理因素。

生物学取向　基于医学传统，现代生物学取向假定心理障碍可以直接归因于生物学因素。生物学研究者和临床工作者常常研究脑内结构异常、生化过程以及基因影响。

脑是一个复杂的器官，各构成部分相互联系，维持一种精密的平衡。化学信使，即神经递质，或其组织的微妙变化，都可以产生显著的效果。遗传因素、脑损伤或感染是这些改变的几种原因。我们已经在前几章中看到，脑成像技术的进步使得心理健康专业工作者不用手术就能看到活体脑的结构和特定的生物化学过程。应用这些技术，生物学取向的研究者正在探索心理障碍与特定脑变异之间的新联系。不仅如此，行为遗传学方面的进展提高了研究者的能力，使他们能更好地辨识特定基因与心理障碍之间的联系。本章我们将关注这几类生物学的解释，试图了解多种心理障碍的本质。

2001 年，安德鲁·耶茨在浴盆里淹死了自己的五个孩子。五年后，陪审团发现她是无罪的，因为她患有精神病。为什么法律上对“精神病”的界定会随时间而变化？

心理学取向　心理学取向关注心理或社会因素在引发心理疾病中的作用。这些方法把个人经历、创伤、冲突和环境因素看做心理障碍的根源。

我们将简要介绍变态的四种主要的心理学模型：心理动力学模型、行为模型、认知模型和社会文化模型。

心理动力学模型 像生物学取向一样，心理动力学模型认为心理病理的原因位于个体内部。但是，根据这一学派的创始人西格蒙德·弗洛伊德的说法，其内部原因是心理性的而非生物性的。正如我们在前几章中所看到的，弗洛伊德相信，许多心理障碍仅仅是所有人都会经历的"正常"精神冲突和自我防御过程的延伸。在心理动力学模型中，童年早期经历既塑造了正常的行为，也塑造了不正常的行为。

在心理动力学理论中，行为通常由人们意识不到的那些驱力和愿望所驱动。心理病理症状的根源存在于*无意识冲突*和观念中。如果无意识中有冲突而且充满紧张，一个人就会被焦虑或其他障碍所折磨。这些精神冲突的大部分源于*本我*那种非理性地寻求快乐的冲动与*超我*强加于人的、内化的社会限制之间的冲突。自我通常是这场争斗的仲裁者，但是它执行此功能的能力可能因童年期的异常发展而被削弱。个体尝试用压抑和否认等*防御机制*，逃避由于动机冲突引起的痛苦和焦虑。防御可以被过度使用，以致歪曲现实或导致自我挫败的行为。个体可能把大量的精神能量用于对抗焦虑和冲突，以至于所剩的能量过少，而无法为个体提供一个充实和满意的生活。

行为主义模型 由于行为主义强调可观察到的反应，因此心理动力学假定的那些心理动力过程对他们来说没有一点用。行为主义者认为，变态的行为与健康的行为是通过同样的方式即学习和强化获得的。他们不注重内部的心理现象或早期的童年经验。相反，他们注重现时的行为以及使行为得以维持的现时的条件或强化。心理障碍症状之所以出现，是因为个体学会了自我挫败或无效的行为方式。研究者或临床工作者可以帮患者找到那些维持不被社会赞许的、不正常行为的环境事件，为患者提供相应治疗，改变这些维持性环境因素，以消除那些不需要的行为。行为主义者依赖经典条件作用和操作性条件作用模型（回忆第 6 章），以此来理解那些可能导致不适应行为的过程。

认知模型 心理病理学的认知观点常被用作行为主义观点的补充。认知观点认为，心理障碍的起源并不总是存在于客观的刺激情境、强化和外显的反应中。同样重要的还有，人们如何感知或思考他们自己，以及他们与别人和周围环境之间的关系。在认知变量当中，引起适应性反应或带来非适应性反应的因素很多，包括一个人认为自己能在多大程度上控制强化物、一个人对自己应对威胁性事件的信心，以及就环境和个人因素对事件做出的解释。这种认知取向认为，心理问题是对现实情境的歪曲感知、错误推理，以及不良的问题解决所导致。

社会文化模型 心理病理学的社会文化观点强调文化在变态行为的诊断和病原学中的作用。在描述客观性的问题时，你可能已经感觉到了文化对诊断的影响。我们提出行为可以在不同的文化中以不同的方式解释：某种特定类型的行为是否会引起个人的适应问题，部分取决于该文化背景如何看待这种行为。从病原学的角度看，人们生活的特定文化情境可能帮助我们确定，在特定环境下何种心理病理学或某亚型容易被引发。我们会在下一节的分类学中举一些与特定文化相伴随的综合症的例子。

我们已经呈现给读者各种针对精神疾病起因的解释。值得一提的是，当代心理病理学的研究者越来越多地采用*交互论*的观点，精神疾病被看做各种生物学和心理学因素交互作用的产物。例如，遗传基因可能影响一个人的神经递质水平或激素水平，造成个人对心理障碍的易感性，但是，心理或社会应激的存在或特定的习得行为使心理疾病得以充分发展。

既然我们已经有了一个基本的框架来思考变态，现在我们来谈谈大家想知道的核心内容——几种主要的心理障碍的起因和后果，比如焦虑、抑郁和精神分裂症。对于每一个类别，我们都会从描述其主观痛苦经验以及观察者对他们的印象开始。然后，我们会逐一介绍重要的生物学和心理学流派是如何从病原学的角度解释这些心理障碍的。

还有许多其他类型的心理障碍，我们没有时间一一考察。但对其中最重要的几个类别我们简要概括如下：

- *物质滥用障碍* 包括酒精和毒品的依赖和滥用。我们曾在讨论意识状态的内容中讨论过许多有关物质滥用的问题（见第 5 章）。
- *性障碍* 包括性压抑、性无能、性变态等各种行为。
- *饮食障碍* 例如厌食症和贪食症，已在第 11 章中讨论过。

当你读到各种心理障碍的一些典型症状和体验的时候，你可能感觉有些特征对你适用——至少是某些时候——或者是对你认识的某个人适用。我们要介绍的一些障碍并不少见，所以，如果你对它们完全陌生倒是有些奇怪了。许多人都有人性的弱点，这些弱点可能会出现在某种特定心理障碍的症状中。我们应当意识到，这种熟悉性可以进一步加深我们对变态心理学的理解。然而应当记住，任何一种障碍的诊断取决于多条标准，而且需要受过专业训练的精神卫生专业工作者来做出判断。请读者抵制住诱惑，不要用本章所学的新知识判断你的朋友和家人是否有病。但是，如果你在心理健康问题上感到有任何不适，请注意，大多数院校都有学生咨询中心可以帮助你。

STOP 停下来检查一下

❶ 杰瑞对蜘蛛非常恐惧，只有在信任的人向他保证房间里没有蜘蛛的情况下，他才会进屋。根据什么标准我们可以判断杰瑞的这一行为异常？

❷ 心理障碍分类的三个主要益处是什么？

❸ 为什么文化在精神病理学的诊断中有一定的作用？

批判性思考：思考一下大卫・罗森汉与其他七个人获准进入精神病医院的研究。为什么他们选择“幻觉”作为他们佯装的病症。

焦虑障碍

每个人都可能在一定的生活情形下体验到焦虑或恐惧。但是，对于一些人来说，焦虑成了一个问题，干扰了他们有效处理日常生活的能力或使他们无法享受生活的乐趣。据估计，将近 28.8% 的成年人曾经在某段时间经历过**焦虑障碍**（anxiety disorders）的特征性症状（Kessler et al., 2005a）。尽管在这些障碍中焦虑都起到一个关键作用，但它们在焦虑体验程度、焦虑的严重程度以及诱发焦虑产生的情境上有所不同。我们将介绍五种主要的焦虑类型：广泛性焦虑症、惊恐障碍、恐惧症、强迫症和创伤后应激障碍。随后，我们还会介绍这些症状的起因。

生活中的批判性思维

如何将一种障碍纳入 DSM

随着本章的展开，你将会读到 *DSM-IV-TR*（2000）对一些心理障碍的描述。在你思考这些障碍之前，我们希望你能反思一下，临床工作者如何就某种具体的障碍达成一致，将其纳入 *DSM*。对于每种障碍而言，这一过程都是始于近距离观察：治疗师和研究者密切注意人们的症状表现，以及这些症状如何结合在一起。即使是那些已经有明确定义的诊断类别，例如本章后面将会讨论的心境障碍，研究者依然在收集相关数据，以期改进分类系统的效度和信度（Klein，2008）。

尽管 *DSM-IV-TR* 的体系已经很庞大，但临床观察还在继续发现新的障碍。*DSM-IVs*（1994）的附录中简要描述了 20 种尚待“进一步”研究的障碍：*DSM-IV* 的作者声称，基于当时的研究知识，我们缺乏充分的证据，不能将这些症状纳入 *DSM-IV*。为了让你通过一个具体的例子来理解研究者如何确定一种新障碍，我们将对其中的暴食症加以介绍。

在第 11 章中，你已经简单了解了暴食症（BED）。在这里，我们通过将之与另一种饮食障碍进行对比来定义暴食症：我们认为，当一个人定期出现暴饮暴食，并且没有出现与神经性贪食症相伴随的清晰行为时，就可以被诊断为暴食症。此外，我们认为暴食症患者会感到无法控制自己的暴饮暴食，而暴饮暴食又会给他们带来巨大的痛苦。

注意，该定义有两个重要特征（Striegel-Moore & Frako, 2008）。第一，定义指出了暴食症与其他饮食障碍的不同，但也存在一些共同的症状（比如暴饮暴食）。当临床工作者提出一种新的诊断类别时，他们必须明确新障碍不同于已确定的障碍。第二，暴食症的定义中提到了一组症状。当临床工作者提出一种新的诊断类别时，他们是在说某些特定的体验会有规律地同时出现。

从某种意义上说，障碍的定义就是一个假设：提出该障碍的临床工作者预期，数据结果能够证明体验到了一组独特的症状。对暴食症而言，这些已经得到了证实。研究者在一项研究中面对面地访谈了 9 282 位美国成年人（Hudson et al., 2007），为了确定人们是否患有暴食症，他们使用了 *DSM-IV* 中的重要标准。在这个样本中，3.5% 的女性和 2% 的男性符合标准，这些有代表性的数据支持了假设：暴食症作为一种障碍，它拥有独特的症状表现和后果。

此外，一些有关暴食症的证据鼓励研究者重新考察障碍的诊断特征（Striegel-Moore & Franko, 2008）。例如，其他饮食障碍的定义中包含了“体重和体形对自我评价的过度影响”这样的诊断特征（DSM-IV，1994，p.545），研究者已经开始考虑是否将该特征纳入暴食症（Grilo et al., 2008）。有研究表明，与没有受到过度影响的人相比，符合暴食症的标准且受到“过度影响”的人体验到更大的痛苦。然而，研究者就纳入该特征将如何影响对暴食症的诊断还未达成一致。

与其他饮食障碍（无论新旧）研究一样，暴食症研究的目标是提供最有效的诊断。研究者努力改进 *DSM* 是为了提供有效的诊断，从而提供恰当的治疗，最终将人们的痛苦降到最低。

- 为什么心理障碍的定义中包含了一组症状？
- 为什么说改进诊断通常能改进治疗？

广泛性焦虑症

当一个人在至少 6 个月以上的时间中感到焦虑或担心，但却不是由于受到特定危险的威胁，临床专家们就将其诊断为**广泛性焦虑症**（generalized anxiety disorder）。焦虑通常聚焦于特定的生活环境，比如对于爱人的经济状况或者身体健康产生一种不现实的担忧。焦虑的表达途径——特定的症状——因人而异，但是要做出广泛性焦虑症的诊断，病人还应当表现出至少三个另外的症状，例如肌肉紧张、容易疲倦、坐立不安、思想难以集中、易激惹或睡眠障碍。5.7% 的美国成人经历过广泛性焦虑症（Kessler et al., 2005a）。

因为病人的担心不能被控制或搁置一旁，广泛性焦虑症会造成功能的缺损。由于病人的注意焦点在焦虑的来源上，因此，他就不能够充分专注于他的社会和工作责任。这些困难又被与这种障碍相关的躯体症状所加重，使得情况更加复杂。

惊恐障碍

与广泛性焦虑症中持续的焦虑相对比，**惊恐障碍**（panic disorder）的病人体验到的是一种预料之外的严重的惊恐发作，可能只持续几分钟。这种发作一开始的感觉是强烈的恐惧、害怕或惊慌，伴随着这些感觉的是一些焦虑的躯体症状，包括自主神经系统的高兴奋性（如心率加快）、眩晕、头昏或窒息感。这种发作是无从预期的，因为它并非由情境中的某些具体事情导致。当一个人反复出现无预期的惊恐发作，并且开始持续担心再次发作的可能性时，惊恐障碍的诊断就可以成立。研究发现 4.7% 的美国成年人经历过惊恐障碍（Kessler et al., 2006b）。

为什么广场恐惧症会使人在自己的家中成为“囚犯”？

在 *DSM-IV-TR* 中，惊恐障碍在诊断时必须做出伴有或不伴有广场恐惧症。**广场恐惧症**（agoraphobia）是一种对在公众场所或者开阔地方停留的极端恐惧，因为要逃离这种地方是不可能的或者是会令人感到尴尬的。有广场恐怖的人通常害怕拥挤的房间、商场、公共汽车和高速公路。他们常常害怕，如果他们离开家里，可能会遇到得不到帮助的或者令自己十分尴尬的困难，比如膀胱失禁或惊恐发作。这些恐惧剥夺了病人的自由。在极端的例子中，他们会把自己囚禁在家中。

你能够发现广场恐怖与惊恐障碍的联系吗？对于一些（不是所有）遭受惊恐发作的人，由于担心惊恐再次发作及其将带来的无助感足以使他们足不出户。而遭受广场恐怖的人也可能离开安全的家，但是几乎总是伴随着极度的焦虑。

恐惧症

恐惧（fear）是一种对于客观确认的外部危险的理性反应（例如家里着了火或者有人行凶抢劫），这种情绪能促使人们逃跑或发起以自我防御为目的的攻击。相形之下，**恐惧症**（phobia）病人持续和非理性地害怕某一特定的东西、活动或者情境，这种恐惧相对于实际的威胁来说是夸大的和非理性的。

很多人都会对蜘蛛或蛇感到不安（或者甚至害怕做多项选择题）。这种轻微的恐惧并不妨碍他们的日常活动。而恐惧症病人的恐惧干扰了他们的适应行为，使其产生显著的痛苦，限制其做出有目标导向性的活动。即使一种非常具体的、特定的恐惧症也可以对一个人的生活有重大影响。*DSM-IV-TR* 定义了两类恐惧症：社交恐惧症和特殊恐惧症（见**表 14.2**）。

社交恐惧症（social phobia）是指一个人对进入的公众场合，预先感到的一种持久的、非理性的恐惧。一个有社交恐怖的人害怕自己做出令人难堪的举止。这种人

表 14.2 一般恐惧症

社交恐惧症（担心被发现正在做丢脸的事）
特殊恐惧症
动物类型
猫
狗
昆虫
蜘蛛
蛇
啮齿目动物
自然环境类型
风暴
高度（恐高症）
血—注射—受伤类型
血
针
情境类型
封闭空间（幽闭恐惧症）
铁路

意识到，这种恐惧其实是多余的，没有理由的，但还是被恐惧所控制，要躲避那些可能有其他人在场的场合。社交恐怖常常涉及一种自我实现预言。一个人可能很害怕别人的审视和拒绝，以至于造成过度的焦虑，影响了自己的表现。即使是积极的社会交流也会引起社交恐惧症患者的焦虑：他们担心自己无法达到已经设定好的标准（Weeks et al., 2008）。

在美国成人中，12.1% 的人经历过社交恐怖（Ruscio et al., 2008）。

特殊恐惧症（specific phobia）指的是对几种特殊的东西或情境做出恐惧反应，如表 14.2 所示。特殊恐惧症可以进一步分成几个类别。比如，动物型特殊恐惧症患者可能会害怕蜘蛛。恐惧反应是由特定东西或情境出现或对其出现的预期引起的。研究表明，美国成年人中 12.5% 的人曾经体验过某种特殊的恐惧（Kessler et al., 2005a）。

强迫症

一些焦虑障碍的患者无法摆脱特定的思维和行为模式。考虑下面的案例：

> 大约一年以前，17 岁的吉姆还是个正常的青年人，才华横溢，兴趣广泛。然后，一夜之间，他变成了一个孤独的旁观者，被他的心理问题隔绝于社交生活之外。具体来说，他得了一种强迫性的清洗症。“自己是脏的”这一信念在他脑子里挥之不去，尽管他的理性告诉他事实并非如此。他开始花大量的时间来洗掉自己想象的污秽。开始，他的仪式化清洗只在周末或者晚上出现，但不久就占据了他所有的时间，迫使他不得不退学（Rapoport，1989）。

吉姆所患的是**强迫症**（obsessive-compulsive disorder，OCD），估计美国成年人中大约 1.6% 的人在一生中的某一段时间内曾经受过这种病的困扰（Kessler et al., 2005a）。强迫观念指的是一些思维、意象或冲动（正如吉姆认为他自己不干净），它们反复出现或持续作用，尽管个人要努力抑制这些观念。强迫观念是对意识的一种外来侵入，它们似乎全无意义或令人讨厌，而且对于正在经历着的人而言它们也是难以接受的。你可能有过轻微的强迫体验，比如，有时会冒出一些小的担心“我是不是真的锁了门”或者“我是不是关了烤箱”。强迫症患者的强迫观念更加不可抵挡，有可能引起更多的痛苦，而且可能干扰他们的社交和工作。

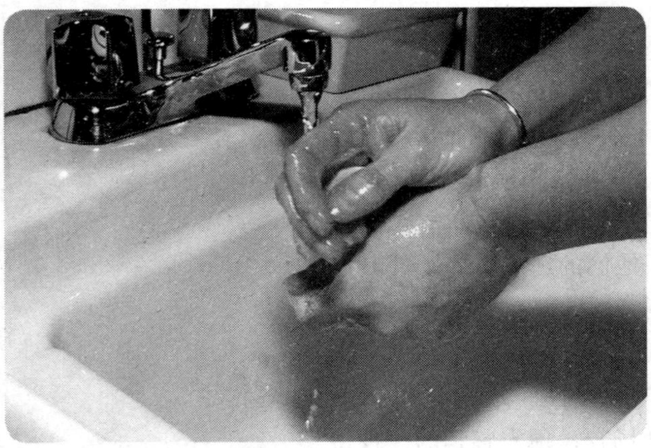

为什么患有强迫症的人会做一些诸如重复洗手的行为?

强迫行为指的是重复的、目的性的动作（例如吉姆的清洗），根据特定的原则或仪式化方式对于某种强迫观念进行反应。做出强迫行为是为了减少或预防与某些可怕的情境相联系的不适感，但是其本身显然不合理，或者多余。典型的强迫行为包括不可抑制的清洁行为、检查灯或电器是否关好、清点物品或财产。

至少在一开始，强迫症病人是会抵制其强迫行为的。当他们平静下来之后，他们把自己的强迫行为看做是毫无意义的。但当焦虑来临时，为了释放紧张，仪式化的强迫行为似乎有一种不可抵挡的力量。有心理问题的人体验到的痛苦一定程度上是因为他们认识到强迫观念是非理性或多余的，但没有能力消除这些观念所导致的挫折感。

创伤后应激障碍

在第 12 章中，我们描述了创伤性事件的一种心理后果：人们会经历创伤后应激障碍，这是一种焦虑障碍，通过痛苦的回忆、做梦、幻想或闪回，持续地重新体验到创伤事件。人们可能在遇上强奸、生命受到威胁或严重伤害、严重的自然灾害时发生创伤后应激障碍（PTSD）。无论是创伤的受害者，还是目睹创伤时情景的人都有可能罹患 PTSD。患上 PTSD 的人也可能同时患上其他心理疾病，如重度抑郁症、物质滥用问题和性功能障碍（Kilpatrick et al., 2003）。

研究表明，在美国大约 6.8% 的成年人在一生中的某个时期有过 PTSD 的经历（Kessler et al., 2005a），研究一致发现，大多数成人都曾经历创伤事件，例如严重的事故、悲惨死亡事件或身体 / 心理虐待（Widom et al., 2005）。在一个研究中，1 824 个瑞典成年人中有 80.8% 的人曾经历过至少一次创伤性事件（Frans et al., 2005）。在这次取样中，男性经历创伤性事件的次数高过女性，但女性患 PTSD 的比例是男性的两倍。研究者认为，这一差异可能是因为女性在对创伤性事件做出反应时经历了更多的压力。

研究者的注意力主要集中于创伤性事件和 PTSD 所带来的广泛影响。例如，一项研究评估了 2001 年 9 月 11 日恐怖袭击两年后五角大楼雇员的 PTSD 症状（Grieger et al., 2005）。这一次抽样中，14% 的雇员报告了 PTSD 症状。那些真正受伤或看到过尸体的个体受影响最大。另外一个研究关注的是参与伊拉克战争的士兵（Hoge et al., 2004）。在他们参战之前，5.0% 的陆兵满足了 PTSD 的诊断标准。从伊拉克战场归来的 3~4 个月之后，12.9% 的陆军和 12.2% 的海军经历了 PTSD。

创伤后应激障碍严重扰乱了患者的生活。研究者们如何探索 PTSD 和其他焦虑障碍的起源呢？只有了解了疾病的病因，才能燃起我们消除这些心理痛苦的希望。

焦虑障碍的原因

心理学家如何解释焦虑障碍的形成？我们列举的四种病原学取向（生物学派、心理动力学派、行为学派和认知学派）分别强调不同的原因，让我们分析每一种观点在理解焦虑障碍的原因时都有哪些独到之处。

生物学派 一些研究者提出，焦虑障碍有其生物学根源。一种理论试图解释为什么某种恐惧症，如害怕蜘蛛或高处，相比其他类型的恐惧来说（如电）更加常见。因为很多恐惧是跨文化共有的，有人提出，在进化的某个时期，特定的恐惧加强了我们祖先生存的机会。可能人类生来就有一种倾向，害怕那些在进化史上曾经与严重危险来源有关的事物。这个理论被称为**预备假设**，它提出我们携带着一种进化倾向，会迅速和“不假思索”地对从前害怕过的刺激做出反应（Lobue & Deloache, 2008;

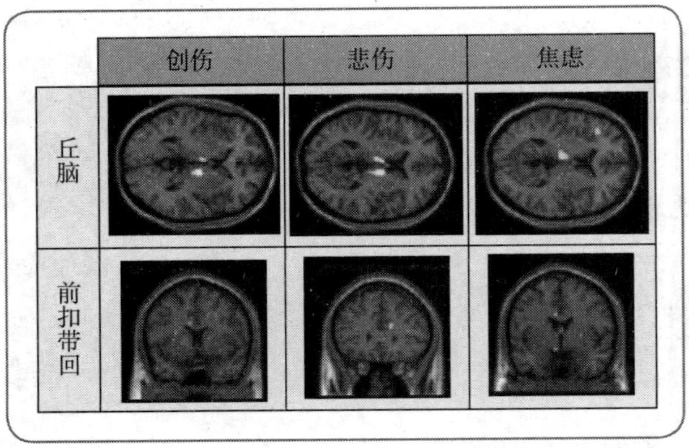

图 14.1 **脑活动与情绪记忆**

这项研究比较了因创伤性事件而出现 PTSD 和未出现 PTSD 的个体。每组成员回忆一些与情绪相关的事件，同时采用 fMRI 技术扫描他们的脑区。图片表明，在回忆创伤、悲伤和焦虑事件时，非 PTSD 组的个体，其脑区表现出了更多的活动。（见彩插）

Öhman & Mineka, 2001），但是，这个假设不能解释那些在进化史上没有适应意义的恐惧症，比如害怕针或害怕驾驶以及电梯。

某些药物能够解除焦虑，另一些药物可以导致焦虑，这成为生物学因素在焦虑障碍中发挥重要作用的证据（Hoffman & Mathew, 2008; Kalueff & Nutt, 2007）。如在第 3 章提到的，当脑内神经递质 GABA 的水平降低时，人们通常会出现焦虑的感受。大脑中神经递质血清素的不足也与某些焦虑障碍有关。在第 15 章中我们将看到，影响 GABA 水平的药物被成功地用来治疗某些焦虑障碍。

研究者还运用脑成像技术来考察这些障碍的脑基础。看看下面这个创伤后应激障碍（PTSD）的研究。

> 一些个体经历过创伤性事件会出现 PTSD，而一些人则不会。一个研究小组使用 fMRI 扫描以便发现这两类个体中脑区激活模式的差异（Lanius et al., 2003）。这个研究关注的是个体回忆悲伤、焦虑和创伤事件时脑区的激活。如**图 14.1** 所示，与那些经历了创伤性事件并罹患 PTSD 的个体相比，那些没有得 PTSD 的个体在情绪加工的脑区（丘脑和前扣带回）表现出更多的激活。而且这种差异在三种类型的回忆（悲伤、焦虑和创伤性事件）中都有同样的表现。这一发现表明，因创伤性经历而罹患 PTSD 的个体，其大脑对情绪事件做出反应的功能受到了显著的破坏。

这一研究阐明了为什么脑成像技术对于深入理解焦虑障碍的生物基础是有帮助的。关于其他障碍的研究也得到了相似的结果。例如，PET 扫描发现，惊恐病人和控制组的病人，大脑中血清素受体的功能不同（Nash et al., 2008）。这些差别有助于解释惊恐障碍的发作。MRI 技术发现强迫症患者的大脑明显异常。例如，在大脑中负责抑制行为的区域，强迫症患者的皮质层更厚（Narayanet al., 2008）。这一异常阻碍了神经元之间的交流，在一定程度上可以解释为什么强迫症患者难以抑制自己的行为冲动。

最后，家庭和双生子研究发现，罹患焦虑障碍的倾向性是有其生物基础的（Hettema et al., 2005）。例如，一对同卵双生子同时患社交恐惧或特殊惊恐障碍的概率就比异卵双生子显著要大（Kessler et al., 2001）。此外，应该记住的是，先天和环境永远是交互的。例如，回忆一下第 13 章你就会发现，人格的很多方面是可遗传的。研究者发现，创伤后应激障碍受基因影响的部分原因在于，具有不同人格特质的个体，其所做生活决策会使他们经历创伤性事件的可能性加大或减小（Stein et al., 2002）。

心理动力学派 心理动力学模型有一个前提假定，认为焦虑障碍的症状源自潜在的精神冲突或恐惧。这些症状的目的是试图保护个体不受心理伤害。这样，惊恐发作就是无意识冲突爆发到意识中去的后果。假定一个孩子想压抑自己逃避糟糕的家庭环境的矛盾想法。在他长大后，一个能够象征这一冲突的客体或情境可能会激发他的恐惧症。比如，一座桥可能象征着这个人从家庭跨越到外部世界的通道，看到桥会迫使无意识冲突进入意识，引起恐惧症中常见的恐惧和焦虑，逃避桥是一种符号化的努力，以远离童年期在家中经历的焦虑。

在强迫障碍中，强迫行为被看做试图移除焦虑的一种努力，这种焦虑由相关但更为恐惧的意愿和冲突造成。通过将严格禁止的冲动用符号化的方法置换为一种强迫观念，一个人就获得了某种解脱。例如，我们之前描述过吉姆体验到的那种害怕脏的强迫观念，可能根源于其对性活动的渴望与其害怕“污损”其声名之间的冲突。强迫性地执行一项仪式化的任务，也会使个体更容易避免可产生无意识冲突的问题。

行为主义学派　行为主义对于焦虑的解释强调，焦虑障碍症状是强化或条件化的结果。研究者不去探究潜在的无意识冲突或者早期童年经验，因为这些现象不可能直接观察到。正如我们在第 6 章中所看到的，行为主义理论常常可用来解释恐惧症的形成，即经典条件作用形成的恐惧。前面提到了小阿尔伯特，华生和罗莎莉·雷纳训练他害怕一只大白鼠。这个行为实验表明，一个先前中性的物体或情境伴以恐怖经验一起出现后，会变成一个恐怖刺激。例如，当一个孩子走近蛇时，他妈妈大叫着警告他，这可能会使他建立起对蛇的恐惧症。通过这次经历后，即使想到蛇，也会产生一阵紧张。当一个人逃避害怕的情境，焦虑就降低，这样一来，恐怖就得以维持。

对于强迫症的行为分析表明，强迫行为能够降低与强迫观念有关的焦虑，如此就强化了强迫行为。例如，如果一个女人害怕碰到垃圾弄脏了她的手，她就反复去洗手以降低焦虑，这样就得到了强化。与恐惧症的情形类似，由于强迫动作之后焦虑有所降低，从而强迫行为便得以维持下来。

认知学派　关于焦虑，认知观点强调的是，知觉过程或态度可能歪曲一个人对于自己所面临危险的认识或估计。一个人可能高估了现实的危险，或低估了自己有效应对威胁的能力。例如，在对一大群人做演讲之前，一个有社交恐惧症的人可能会这样想：

> 如果我忘记要说什么时该怎么办？我会在众人面前出尽洋相。那时我会更加紧张而且开始出汗，我的声音会发抖，我看起来会更蠢。从今以后人们什么时候想起我，都会想起那个在讲台上出尽洋相的蠢家伙。

患有焦虑障碍的人常常把自己的痛苦解释为灾难即将来临的信号。他们的反应可以引起一个恶性循环：他们害怕灾难，这导致焦虑增加，而焦虑感加重则进一步巩固了他的恐惧（Beck & Emery, 1985）。

心理学家通过测量焦虑敏感性检验了这种认知观点。焦虑敏感性指的是一个人认为身体方面的症状——诸如气短或心悸——可能会有害处。焦虑敏感性高的人可能会同意以下说法：“我注意到自己心跳得厉害，我担心自己可能要犯心脏病了”。在一项研究中，研究者通过让参与者面对创伤事件测量了 68 个 10~17 岁儿童的焦虑敏感性（例如，他们亲眼目睹有人被杀害）（Leen-Feldner et al., 2008）。结果发现，儿童的焦虑敏感性与其创伤后应激障碍症状相关：那些报告高焦虑敏感性的儿童也更可能报告 PTSD 症状。研究者指出，高焦虑敏感性会使创伤事件的再现（例如闪回）更可怕。

研究也发现，焦虑的病人因认知上的偏差，强调威胁性刺激，从而维持了他的焦虑。例如，一项研究通过电脑快速地呈现（1/100 秒）与身体相关的词（眩晕、头昏和气短）以及与控制相关的词（精巧的、缓慢的、友好的），让参与者做出区分。惊恐障碍的参与者与控制组的健康参与者相比，识别出更多与身体相关的词（Pauli et al., 1997）。类似地，有“净癖”的强迫症患者看到研究者触摸分别带有“清洁、未使用”和“污染、已使用”的标签的物体。在随后的回忆测验中，这些强迫症患者对“脏的”物体的回忆能力要胜于对“清洁的”物体的回忆能力（Ceschi et al., 2003）。这类研究证明，患有焦虑障碍的人会更加关注生活中可能维持其焦虑的那些事物。

对于焦虑障碍，每一种理论取向都可以解释其病原学之谜中的一部分。每一种理论取向的继续研究将会澄清病因，从而发现治疗的潜在途径。现在您已具备了焦虑障碍的基本知识，我们接下去看看将要详细介绍另一个障碍——心境障碍。

STOP 停下来检查一下

1. 恐惧和恐惧症的关系是什么？
2. 强迫观念和强迫行为的区别是什么？
3. 恐惧症的预备假设是什么？
4. 焦虑敏感性的影响是什么？

批判性思考：请回忆要求参与者在做 fMRI 时提取各类记忆的研究。为什么研究者选择了悲伤、焦虑和创伤性三类记忆？

大多数人感觉到的偶尔不高兴与重度抑郁障碍症状的分别到底是什么？（见彩插）

心境障碍

在你的一生中一定会有这样的时候，你会感到极度消沉或者非常不快乐。但是，对有些人来说，极端的情绪会打乱正常的生活。**心境障碍**（mood disorders）是一种情绪障碍，诸如严重抑郁或抑郁与躁狂相交替。研究者们估计，大约 20.8% 的成人患有心境障碍（Kessler et al., 2005a）。我们将描述两种最主要的类型：重度抑郁症和双相障碍。

重度抑郁症

抑郁被形容为“心理病理中的普通感冒”，因为它发作频繁，也因为几乎人人都在一生的某些时间或多或少地体验过。每个人都可能曾经历过丧失亲人或朋友的悲哀，或者因没有达到想要达到的目标而沮丧。这些悲哀的情绪只是**重度抑郁症**（major depressive disorder）患者所体验症状中的一种（见表 14.3）。

思考下面这个深陷抑郁中的人关于自己如何处理日常事务的描述：

> 做日常的事情似乎也要付出巨大的努力才行。我记得自己曾在淋浴时因用完了香皂而失声痛哭。我因计算机上的一个键卡住了而哭泣。我发现所有事都极其艰难，例如，举起一个话筒对我而言就像四百斤的重压。我必须要穿上两只袜子和两只鞋，这把我压垮了，所以我只想回床睡觉（Solomon, 2001, pp.85-86）。

这一段摘录生动描述了一些重度抑郁症的表现。

被诊断为抑郁的病人，其症状的严重性和病程不同。其中一些人只在一生中的某个时间与抑郁斗争了几个星期，而另一些人则断断续续地或慢性地经历了数年的抑郁。心境障碍的发病率显示，约有 16% 的人在一生中的某些时间曾患有重度抑郁症（Kessler et al., 2005a）。

表 14.3 重度抑郁障碍的特征

特征	举 例
悲观的情绪	悲哀、忧郁；对日常的大部分活动失去兴趣或乐趣
食欲	体重显著减少（并未节食），或体重增加
睡眠	失眠或睡眠过多
运动活动	显著减缓（运动迟滞）或激越
内疚感	感觉自己没有价值；自责
注意力	思维和集中注意的能力降低；健忘
自杀	反复想到死；有自杀的念头或举动

抑郁给病人、家属和社会带来巨大的损失。世界卫生组织的一项调查估计了人们因身体和心理疾病而损害健康的生命时段（世界卫生组织，2008）。在这一分析中，重度抑郁症成为威胁各国人民生命的第三大重负（仅次于呼吸道感染和腹泻）。在中等收入和高收入的国家中，重度抑郁位列第一。在美国，因抑郁而入院者占据了精神科入院人群中的大部分，但是这还被认为是未全部诊断和未全部治疗的情况。美国国家共病研究发现，只有 37.4% 的个体在重度抑郁症后的第一年寻求了治疗（Wang et al., 2005）。事实上，平均来看，人们常常在患重度抑郁症 8 年之后才求助治疗。

双相障碍

双相障碍（bipolar disorder）以严重抑郁与躁狂阶段交替出现为特征。一个经历**躁狂阶段**（manic episode）的人，其行为和情感常常是高涨的和夸张的。但是，有时个人的主导情绪是易激惹而不是高涨，特别是当这个人感觉到挫折的时候。在躁狂阶段，一个人常常体验到一种膨胀的自尊或不现实的信念，认为他自己拥有特殊能力或权力。病人可能感觉到自己需要的睡眠时间急剧减少，积极投身额外的工作或过度参加社交或娱乐活动。

被这种躁狂情绪所影响的病人可能会表现出过度乐观，冒不必要的风险，随便做出承诺，而且可能放弃任何东西。看一下这些描述：

> 一个躁狂 – 抑郁症患者可能会买一打海因茨番茄酱，可能会在凌晨 4 点把路边商贸中心的 8 瓶清洁剂全买光，可能会三天之内从苏黎世飞到巴哈马群岛再飞回苏黎世以逃避天气的冷暖变化，从东京回国的途中在鞋里运带 100 面额的两万美元……创造出疯狂的电子音乐声，瞬间完全陷入幻觉，祈福，为了提升快乐和兴奋，为了确保控制力而做出不理智的、危险的行为（Behrman, 2002）。

当躁狂开始减退时，病人就会开始应付那阶段的狂乱所造成的损害和窘境。这样，躁狂阶段之后几乎总是紧跟着陷入严重的抑郁。

双相障碍病人情绪障碍的持续时间和次数因人而异。一些人经历长时间的正常功能期，期间会被偶尔的短暂躁狂或抑郁发作困扰。一小部分不幸的病人从躁狂到抑郁，然后再到躁狂，如此的反复对他们自己、他们的家庭、朋友以及同事而言破坏力极大。对于躁狂症的病人，他们可能会赌输毕生的积蓄，或送给陌生人慷慨的礼物。做出在抑郁阶段使自己更内疚的行为。双相障碍比重度抑郁症要少见得多，在成年人中的发病率是 3.9%。(Kessler et al., 2005a)。

心境障碍的原因

心境障碍的发展中涉及哪些因素？我们将从生物学、心理动力学、行为学和认知学的角度陈述这个问题。我们注意到，由于其发病率的不同，研究者对重度抑郁症比对双相障碍的研究更加广泛，这将从我们的文献回顾中反映出来。

生物学派 几种类型的研究为心境障碍的生物学解释提供了线索。例如，缓解躁狂和抑郁症状的药物不同，证实了导致双相障碍两个极端症状的是不同的脑状态（Thase & Denko, 2008）。脑中两种化学信使（5- 羟色胺和去甲肾上腺素）的降低与抑郁相联系；神经递质水平的提高与躁狂相联系。但是，尚未发现心境障碍的确切生物化学机制。

研究者们发现可以用脑成像技术来理解心境障碍的起因和后果（Gotlib & Hamilton, 2008）。例如，研究者们已经使用了 fMRI 来阐明罹患双相障碍的患者在抑郁期和躁狂期脑部的不同反应（Blumberg et al., 2003）。**图 14.2** 报告了 36 个双相障碍个体的数据。在研究期间，11 个人的情绪处于躁狂阶段，10 个人处于抑郁阶段，还有 15 个人处于愉快阶段（平衡阶段）。所有人都在接受 fMRI 扫描的同时，完成相同的认知任务——命名文字的颜色。图 14.2 表明：额叶的哪一个区域激活多一些、哪一个区域激活少一些，取决于参与者处于双相障碍的哪一个阶段。

心境障碍受基因影响，这一点证明了生物学对于心境障碍病理学的贡献（Edvardsen et al., 2008; Kendler et al., 2006）。例如，一项双生子研究考察了双生子同时被诊断为双相障碍的可能性。同卵双生子之间的相关为 0.82，异卵双生子之间的相关为 0.07。这些数据表明双相障碍具有 0.77 的可遗传性（Edvarsen et al., 2008）。你们将会在“生活中的心理学”专栏中看到，心理学研究者在识别影响个体心境障碍的确切基因方面已经取得了一些进展。

让我们看看另三个重要的心理学流派如何促进我们对心境障碍病理学的理解。

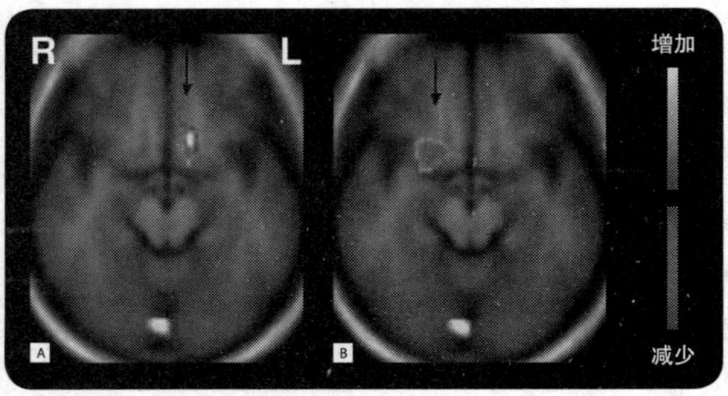

图 14.2 脑活动与双相障碍

在双相障碍个体完成认知任务时，采用fMRI技术扫描其脑区。结果发现，正在经历躁狂、抑郁或处于正常阶段的个体的尾腹侧前额叶皮层（cVPFC）的反应不同。正如图 A 所示，相比于正常阶段，抑郁期个体的左侧 cVPFC 的活动有所增加。图 B 显示，相比于正常阶段，躁狂期个体的右侧 cVPFC 的活动减少。（见彩插）

心理动力学 心理动力学观点认为，无意识冲突和童年早期形成的敌意情绪在抑郁的形成中起了关键的作用。弗洛伊德曾一度对抑郁病人表现出的自我批评和内疚颇感困惑。他认为自我责备的根源是愤怒，该愤怒本来是指向他人的，后来指向内部，转向自己。这种愤怒被认为与一种童年期特别强烈的依赖性关系相联系，比如亲子关系中个人的期望和要求不能被满足。成人期时这种真实或符号化的损失会使敌意情绪重新活跃起来，开始指向个体自己，引发抑郁中的典型表现——自责。

行为学派 行为学派不去挖掘抑郁在无意识中的根源，而是集中探讨一个人得到的正强化和惩罚所带来的效果（Lewinsohn, 1975; Lewinsohn et al., 1985）。从这点来看，当一个人经历丧失或其他重要的生活变更之时，若得到不充分的正强化而且经历很多惩罚，就会导致抑郁。缺乏充

分的积极强化，导致一个人感到悲哀和退缩。这种悲伤的状态被关注和他人的同情所强化（Biglan, 1991）。但是，通常的情况是，最初对抑郁患者做出支持反应的人，会渐渐厌烦他们的情绪和态度，并开始躲避他们。这种反应切断了强化的另一个来源，使病人更深地陷入抑郁之中。研究还表明，抑郁病人倾向于低估正反馈而高估负反馈（Kennedy & Craighead, 1988; Nelson & Craighead, 1977）。

认知学派 抑郁的认知观点有两种重要理论，一种理论提出负性*认知定势*，它“规定”了个体感知世界的模式，使得人们消极地认为自己对生命中的负性事件负有责任。第二种理论，*解释风格模型*，提出抑郁是因为个人抱有一种信念，认为自己没有或只有极少的能力来控制有意义的生活事件。这两种模型都解释了抑郁体验的一些方面。让我们分别看看它们是如何解释的。

亚伦·贝克（Beck, 1983, 1985, 1988）是抑郁领域内首屈一指的一位研究者，他提出了认知定势理论。贝克主张，抑郁病人有不同类型的消极认知，称为抑郁的*认知三合一*：对自己的消极看法，消极的当前体验，对未来消极的看法。在某些程度上，抑郁病人倾向于把他们自己看做是没有能力和有缺陷的，对当前的体验做负面的解释，并且相信将来会继续给他带来痛苦和困难。这种负面的思维模式使所有的体验变得阴沉黯淡，造成了抑郁的其他特征性迹象。一个总是预期负面后果的人不太可能有动机去追求任何目标，这就造成抑郁中的主导症状——*意志的瘫痪*。

在由**马丁·塞利格曼**倡导的解释风格观点中，人们相信，无论对错，他们都无法控制对他们来说很重要的未来。塞利格曼的理论是由研究发展而来，这些研究显示在狗身上有类似抑郁的症状（后来在其他物种身上也发现有类似的现象）。塞利格曼和梅尔（Maier, 1967）将狗置于痛苦而不可躲避的电击下：无论狗做什么，都没有办法逃避电击。这些狗就产生了塞利格曼和梅尔所称的**习得性无助**（learned helplessness）现象。习得性无助的标志是三种类型的缺陷：*动机缺陷*——这些狗很慢地主动做出或引发已习得的行为；*情绪缺陷*——它们显得僵化、无精打采、惊恐和痛苦；以及*认知缺陷*——它们在新的情境下表现出不良的学习成绩。即使被放回一个它们事实上能够回避电击的情境中，它们也不会学习这样做（Maier & Seligman, 1976）。

塞利格曼相信，抑郁病人也是处于一种习得性无助状态；他们有种做什么都无济于事的预期（Abramson et al., 1978; Peterson & Seligman, 1984; Seligman, 1975）。但是，这种状态的出现在很大程度上取决于个体如何解释生活事件。正如我们在第 11 章中讨论过的一样，解释风格有三个维度：*内部的－外部的*；*整体的－特定的*以及*稳定的－不稳定的*。假定你刚刚在心理学测验中得到一个不满意的分数。你将这次考试归因于内部因素（“是我笨”，这使你感到悲哀），而不是归因于外部因素（“考试真的太难”，这使你感到生气）。你可以选择一个除智力以外的不太稳定的内部品质来解释你的成绩（“我那天累了”），而不是将你的成绩归因于一个内部的、稳定的而且有整体或远期影响的因素（我笨）。哪怕将解释限制在特定的心理学考试或心理学课程都会好得多（“我不擅长心理学课程”）。解释风格理论表明，那些将失败归因为内部的、稳定的和整体性的个体对抑郁有易感性。这个预测已经被反复验证了（Lau & Eley, 2008; Peterson & Vaidya, 2001）。

一旦个体开始经历和重度抑郁症相关的负性情绪，平常的认知加工就使得他们更难摆脱这种心境。我们通过一项研究来看看抑郁如何影响人们对周围世界中信息的关注。

图 14.3

重度抑郁症患者的注意偏差

抑郁组和控制组的参与者都需要观看四张图片，每张图片的情绪分别为悲伤、威胁、积极和中性。与控制组参与者相比，抑郁的个体注视悲伤图片的时间更长，注视积极情绪图片的时间更短。图中显示了某一抑郁个体的眼动轨迹，较大的圆圈表明该个体注视某个特定位置的时间更久。

资料来源：Kellough, J. L., Beevers, C.G., Ellis, A.J., & Wells, T.T. (2008). Time course of selective attention in clinically depressed young adults: An eye tracking study. Behaviour Research and Therapy, 46, 1238–1243.

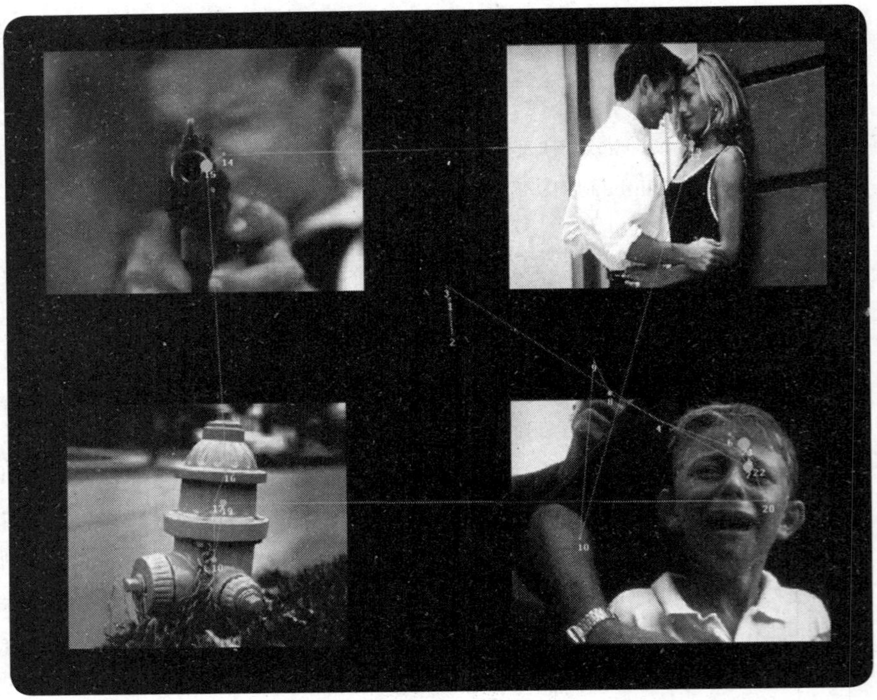

研究者招募了 15 个抑郁患者和 45 个控制组个体（他们从未经历过抑郁）（Kellough et al., 2008）。参与者需要佩戴一种装置，这样研究者可以观察到他们注意视觉呈现物时的眼动轨迹。正如你在**图 14.3** 中所见，每次呈现四张图片，每张图片中的情绪分别为悲伤、威胁、积极和中性。参与者被告知他们戴的是眼球追踪仪，以便研究者确定瞳孔扩张与情绪图片之间的关系。实际上，研究者想要检验的假设是，与控制组个体相比，抑郁组个体注视悲伤图片的时间更长，注视积极情绪图片的时间更短。研究获得的数据支持了这一预期。在图 14.3 中，图片上的信息叠加显示了其中一位抑郁个体的眼动轨迹。需要注意的是，该个体大多数时候都在注视悲伤的小男孩。

该研究表明，重度抑郁的个体会将其注意力集中于生活中的消极信息。从而你可以了解到，正是这种注意偏差使得抑郁者感到无处可逃。

在第 15 章中，我们将了解到抑郁的认知理论带来了几种成功的治疗形式。接下来，我们将回顾有关抑郁研究的两个重要方面：男性和女性抑郁发病率的显著差异以及抑郁与自杀之间的关系。

抑郁的性别差异

抑郁研究中遇到的一个核心问题是，为什么女性抑郁患者是男性的两倍（Hyde et al., 2008）。对心境障碍发病率的估计显示出，21% 的女性和 13% 的男性在其一生的某个阶段患过重度抑郁障碍（Kessler et al., 1994）。这一性别差异出现在青少年期，大概在 13~15 岁期间。不幸的是，这一差异的一个直接原因是：平均而言，女性比男性经历更多的负性事件和生活压力（Kendler et al., 2004; Shih et al., 2006）。譬如女性更可能遭受身体暴力、性虐待，或身处贫穷而又需要抚养年幼的孩子和赡养年长的父母。如此，女性就会经历更多类型的生活事件，而这些事件会成为抑郁发生的基础。

性别差异研究已经开始关注那些使得女性更容易抑郁的因素（Hyde et al., 2008）。其中一些因素是生物性的。例如，从青春期开始出现的激素差异，使得青少年女孩比其男性同伴更容易抑郁。研究者也开始密切关注一些导致男女差异的认知因素。例如，**苏珊·诺伦－霍克西玛**等人（Nolen-Hoeksema，2002；Nolen-Hoeksema et al., 1999）的研究对比了男性和女性在经历消极情绪之后的反应风格。根据这一观点，女人经历悲伤时会想到可能的原因以及其感受的含义；相反，男人则试图通过专注于其他事情或者投入体育运动来积极地分散自己的抑郁情绪。

这个模型提出，女人的反应风格偏向于反刍思维，倾向于过度集中在自己的问题上，这增加了女性对抑郁的易感性。我们来看一项考察青少年反刍思维的研究，该研究的样本量非常大。

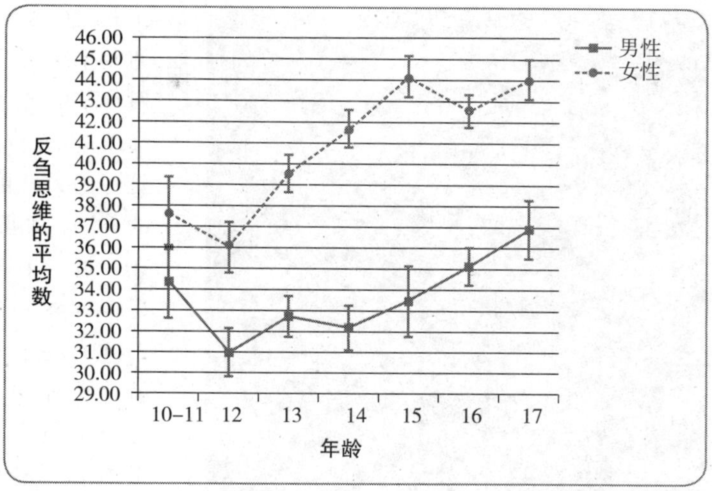

图 14.4　反刍思维的性别差异

在整个青少年期，男孩和女孩所报告的反刍思维差异越来越大。

资料来源：Jose, P. E., & Brown, I. (2008). When does the gender difference in rumination begin? Gender and age differences in the use of rumination by adolescents. *Journal of Youth and Adolescence*, 37, 180–192. With kind permission of Springer Science + Business Media.

问卷调查了 1 218 名 10~17 岁的学生，评估他们对生活事件的反应方式（Jose & Brown, 2008）。问卷包含此类描述“我坐在家里回忆我的感受”“如果我不能摆脱这种情绪，我想是不会有人愿意接近我的”。学生们在一个五点量表上做出回答，从“从来不”到“总是如此”。正如你从**图 14.4** 中所见，在较小的年龄端，男性和女性之间的差异较小。然而，随着进入青少年期，这一差异变大，女孩开始进行大量反刍思维。该研究中的学生同时还完成了测量抑郁的问卷。不论是男孩还是女孩，那些进行较多反刍思维的学生最有可能报告最多的抑郁症状。然而，反刍思维与抑郁之间的相关在女孩身上更明显。

这一研究支持了反刍思维是引发抑郁的危险因素：关注消极情绪会增加对消极事件的思考，最终会增加消极感受的数量和强度。研究还发现，反刍思维的男性也面临抑郁的风险。抑郁之性别差异的出现，在一定程度上是因为女性更多地进行反刍思维。

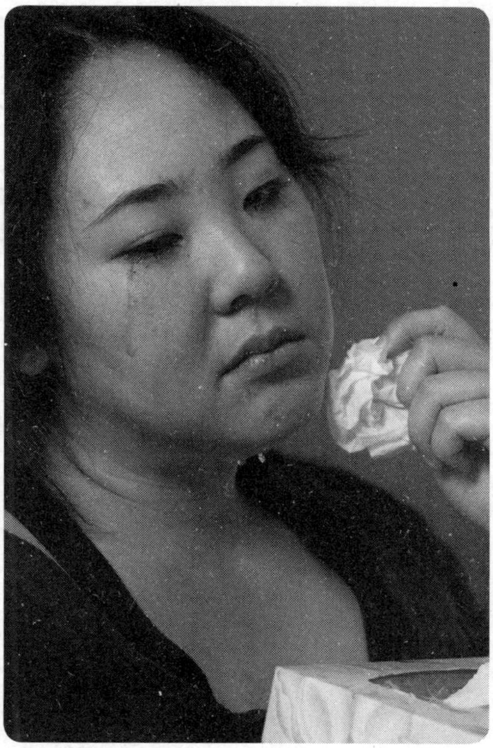

哪些因素有助于解释：为什么女性比男性更多地经历抑郁?

自　杀

“生存和成功的意志已经被压垮和击败……现在，所有的东西都失去了光彩，看不到任何希望。”（Shneidman, 1987, p.57）这是一个想要自杀的年轻人写的悲哀的宣言，反映了心理障碍的最极端后果——自杀。尽管多数抑郁病人不会自杀，但是分析表明，许多企图自杀的人患有抑郁症（Bolton et al., 2008）。在普通美国人群中，官方统计每年死于自杀的人数有 30 000 左右（Nock

极其成功的个体，比如演员欧文·威尔逊，也未能免除引发自杀的绝望情绪。那么，关于沮丧与自杀的关系，研究又是如何揭示的呢？

et al., 2008）。因为很多自杀被归结为意外或是其他原因，实际的发生率可能要高出很多。抑郁在女性中较常见，所以女性试图自杀的比率是男性的三倍，这一点也不足为怪。但是，男性尝试自杀比女性更容易成功（Nock et al., 2008）。这个区别可能是因为男性更多地使用手枪，而女性则倾向于采用不那么致命的方法，如服用安眠药。

近十年来，一个应当引起重视的社会问题是年轻人的自杀。尽管自杀在美国所有人的死因中位居第 11 位，但在 15~24 岁的人群中，它位居第三位（Heron et al., 2008）。每有一次自杀成功，就有 8 到 20 次自杀尝试。为了评价青少年自杀的风险，一个研究小组回顾了 128 项研究，其中涉及 500 000 个 12 至 20 岁的个体（Evans et al., 2005）。纵观这一大型样本，29.9% 的青少年在生命的某个时刻想到过自杀，9.7% 真正尝试过自杀。女性青少年尝试自杀的次数约是男性青少年的两倍。

年轻人的自杀并非不假思索的、一时冲动的行为。通常情况是，它是经历内部混乱及外部压力之后的最后结果。大部分青少年自杀者在自杀前都会与别人谈过或写出他们自杀的意图。所以，应该严肃对待谈及自杀的人（Ruddet al., 1998）。如同成人案例，青少年在经历抑郁时很可能尝试自杀（Gutierrez et al., 2004; Neugham et al., 2008）。无望、孤立以及产生消极的自我概念也和自杀风险相关（Rutter & Behrendt, 2004）。另外，同性恋青年自杀的风险比其他青年更高（D'Augelli et al., 2005）。这些高自杀率无疑反映了同性恋者相对缺乏社会支持的状况。当青少年感到大声疾呼也无法得到他人的帮助时，会产生自杀的极端反应。我们应该敏锐地觉察自杀意图及信号，充满关爱地去干预，这对于拯救那些在他们的生活中除了自毁外看不到其他出路的青少年和成年人的生命来说是至关重要的。

STOP 停下来检查一下

❶ 双相障碍的特征是什么？
❷ 在亚伦·贝克的理论中，什么类型的消极认知组成了抑郁的认知三合一？
❸ 反刍思维式反应风格如何有助于解释抑郁的性别差异？
❹ 青少年自杀的风险因素有哪些？

批判性思考：请回忆重度抑郁症注意偏差的研究，为什么要让参与者相信这是关于瞳孔放大的研究？

人格障碍

人格障碍（personality disorder）指的是一种持久的（慢性的）、不可变的、适应不良的感知、思维或行为模式。这些模式可以严重损害一个人在社交或职场中的功能，造成显著的痛苦。通常在一个人进入青年或成年早期时即可以识别。*DSM-IV-TR* 的轴 Ⅱ 对人格障碍进行了编码。如**表 14.4** 所示，*DSM-IV-TR* 将 10 种类型的人格障碍归为了三组。

人格障碍的诊断常常是有争议的，因为各障碍之间有重叠：一些行为可以出现在不同的障碍中。此外，研究者试图理解常态与非常态人格的关系。人们会问，在一个特定人格维度上极端到什么程度便表明是有障碍的（Livesler & Lang, 2005）？例如，大多数人都在某种程度上依赖着他人。当这种依赖极端到什么程度就表明是依赖性人格障碍呢？其他类型的心理障碍也一样，临床医生必须理解什么时候以及什么程度下人格特质就变得不适应了——也就是这些特质何时及如何会使个人或社会遭遇不适。为了阐明这一结论，我们来关注一下边缘型人格障碍和反社会人格障碍。

边缘型人格障碍

患有**边缘型人格障碍**（borderline personality disorder）的个体，其人际关系紧张且极不稳定。这些困境出现的部分原因是他们难以控制愤怒。障碍使个体更频繁地打斗和发怒。此外，边缘型人格障碍的个体表现出更多的冲动性行为——尤其与自我伤害的行为相关联，如物质滥用和自杀尝试。在美国成人中，边缘性人格障碍的发生率约为 1.6%（Lenzenweger et al., 2007）。

边缘型人格障碍的一个重要特征是对遗弃的强烈恐惧（Lieb et al., 2004）。为了防止被遗弃，他们陷入疯狂的行为，例如频繁地打电话及身体接近。但是因为他们难以控制情绪，他们很容易发怒或做出自我伤害的行为，这又使人们很难和他们保持关系。一项研究追踪边缘型人格障碍的患者两年，研究发现在此期间参与者的社

表 14.4　人格障碍

障　碍	特　点
A 类：人们的行为很古怪	
偏执型	不信任和怀疑与其接触的个体的动机。
分裂样型	缺乏社交欲望；在社交场合非常冷漠。
分裂型	认知或知觉歪曲，在社交场合中感到不自在。
B 类：人们的行为似乎很夸张或不稳定	
反社会型	缺乏尊重他人权利的能力；不负责任或做出违背社会规则的违法行为。
边缘型	人际关系不稳定，很紧张；冲动，有时做出自残行为。
表演型	过度寻求关注和情绪化；不适宜的挑逗行为。
自恋型	妄自尊大，总想得到他人的赞美，缺乏同情心。
C 类：人们的行为很焦虑或恐惧	
回避型	担心被拒绝尽力避免人际接触；害怕被批评，在社会场合缺乏自信。
依赖型	需要他人为自己的生活负责，没有他人的支持会感到不适和无助。
强迫型	执着于规则和条理，在完成任务时追求完美。

会功能都是受损的（Skodol et al., 2005）。这一研究指出，边缘型人格障碍具有跨时间稳定性。

边缘型人格障碍的原因　和对待其他心理障碍一样，研究者也关注造成边缘型人格障碍的先天与环境因素。双生子研究为基因作用提供了强有力的证据（Distel et al., 2008）。例如，一个研究者对比了同卵双生子和异卵双生子的发病率（Torgersen et al., 2000）。当同卵双生子之一患有边缘型人格障碍时，另一同胞患病的概率是 35.3%；而对于异卵双生子，两人同时患病的可能性只有 6.7%。如果回忆一下第 13 章中讨论的人格特质的强可遗传性，你就不会惊讶这些特质障碍同样是可遗传的了。

研究者指出，环境因素对于边缘型人格障碍的出现同样有重要影响（Cohen et al., 2008; Lieb et al., 2004）。一项研究对比了 66 个边缘型人格障碍患者与 109 个健康人士经历早期创伤性事件的情形（Bandelow et al., 2005）。患者们的生活相当不同。例如，73.9% 的边缘型人格障碍患者报告童年时遭遇过性虐待；只有 5.5% 的控制组个体报告了同样的经历。患者报告，平均来说虐待开始于 6 岁，持续三年半左右。这一早期创伤很可能导致了障碍的发生。但是，不是所有忍受过童年性虐待的个体都会发展出边缘型人格障碍——如我们所见，这一研究中控制组参与者中也有 5.5% 的人经历了童年性虐待，但并没有发展为边缘型人格障碍。很有可能，基因风险和创伤性事件共同构成了障碍的病因。

反社会型人格障碍

反社会型人格障碍（antisocial personality disorder）的特征是：持久的缺乏责任感，不遵守法律，做出违反社会规范的行为。说谎、偷窃和打架是常见的行为。反社会型人格障碍患者对于他们的伤害行为不会感到羞耻或者后悔。他们从小就开始做出违反社会规范的行为——扰乱课堂秩序，参与打架斗殴，离家出走。这些行为的特征是藐视他人的权利。在美国成人中，反社会人格障碍的发生率约为 1.0%（Lenzenweger et al., 2007）。

反社会型人格障碍常常与其他病理状态共存。例如，一项研究考察了具有酒精或药物滥用史的成人，其中男性出现反社会型人格障碍的概率为 18.3%，女性的概率为 14.1%，远远高于普通人群 1.0% 的发生率（Goldstein et al., 2007）。此外，即使没有患重度抑郁症，反社会型人格障碍同样也会致人于自杀的险境之中（Hills et al., 2005）。这一自杀风险可能源自反社会型人格障碍所特有的冲动与对安全的忽视。

为什么具有反社会型人格障碍的人经常做出违反法律的行为?

反社会型人格障碍的原因　研究者们用双生子研究验证反社会型人格障碍患者做出特定行为是什么样的基因特点所导致的。例如，一项研究考察了 3 687 对双生子的行为一致性（Viding et al., 2005）。老师就研究问卷中的相关陈述，对每个双生子的冷酷 - 无情特质和反社会行为进行了评估。同卵双生子与异卵双生子的对比表明，冷漠 - 无情特质表现出很强的遗传性。此外，在表现出高水平冷漠 - 无情特质的双生子中，

生活中的心理学

我们如何查明先天与环境的交互作用

在整个一章中，我们都声称几种主要的心理障碍均有其基因上的原因。这一观点中的大多数有其根据，其所依据的研究方法，你们在《心理学与生活》中应该已经非常熟悉了。例如，研究者对比同卵双生子和异卵双生子患相同心理疾病的比率，得出每一类型的障碍的可遗传性（Coolidge et al., 2001; Hettema et al., 2001）。但是近些年来，研究者开始超越仅仅计算可遗传性这一方法，试图查明个体之所以经历心理障碍有没有基因上的原因。让我们来看一个研究，它确立了基因变异与生活经历在抑郁症病理学中的重要关系。

在讨论心境障碍时，我们指出神经递质血清素的功能损坏对于抑郁至关重要。因此，研究者开始关注影响血清素系统的基因（Caspi et al., 2003）。这种基因有短型（s）和长型（l）（在第 12 章我们描述了一个研究，该研究评估了这一基因在杏仁核对情绪刺激进行反应时的影响［Hariri et al., 2002］）。研究者对新西兰的 847 个个体进行纵向研究，确定了他们在该基因上的类型。在这一取样中，17% 的个体有两个短型的基因（s/s），51% 的个体有一个短型基因和一个长型基因（s/l），31% 的个体有两个长型基因（l/l）。参与者提供了他们生活中所经历的紧张性刺激的相关信息。对于 21 至 26 岁的个体，要求他们回答自己是否曾经在工作、经济、健康或人际关系等各方面出现过问题。对于各基因型（例如，s/s，s/l，l/l）个体，他们经历的紧张性刺激相同。所得出的一个结论很重要：抑郁症发病率的组间差异不能归因于生活的艰辛程度，相反，我们发现个体的基因型使个体倾向于对相同的经历做出不同的反应。

研究的最后一步是验证哪些参与者患了重度抑郁症。如图所示，结果呈现出的模式十分令人吃惊。通常来说，经历了更多生活压力事件的人更可能患重度抑郁症。但是，图中显示基因型同样起了重要的作用。对于有一个或者两个短型基因的参与者，负性生活事件的作用被放大了。

这一研究很具体地指出了我们对于先天和环境的种种看法。研究者指出，已知的基因差异与负性生活事件相结合，会极大地增大个体经历抑郁的可能性。对于人类基因组的突破性理解使得研究者得以查明先天与环境的交互作用。

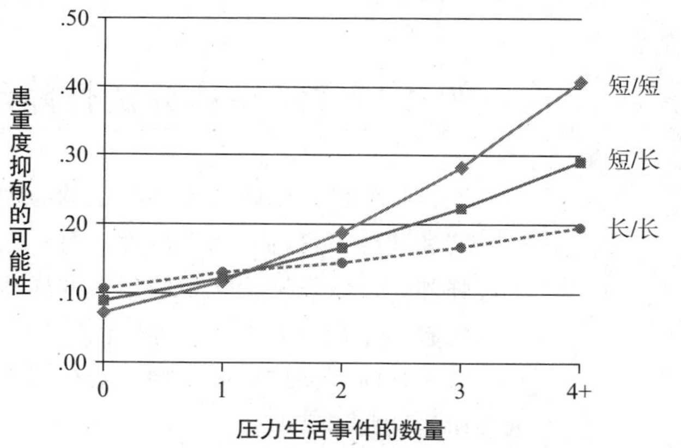

遗传因素同样会导致反社会行为。

研究也集中探讨了环境因素对于人格障碍形成所起的作用（Paris, 2003）。考虑以下关于父母教养与反社会人格特质关系的研究。

一个研究小组评价了 742 个男性和女性，他们的人格特质满足了 *DSM-IV* 中反社会型人格障碍的标准（Reti et al., 2002）。参与者通过完成父母教养方式问卷（PBI）来报告童年时其父母的行为。PBI 设置了一系列问题让参与者按四分量表打分。一些问题测量了父母照顾孩子的程度（例如，“当我沮丧时，是否会让我感觉好些”），另一些问题测量父母管教孩子行为的程度（例如，“只要我喜欢就由着我去穿着”），第三类问题测量给予孩子心理自由的程度（例如，“试图控制我所做的任何事”）。研究者试图找到参与者在PBI中的回答与其表现出的反社会人格特质程度之间的关系。研究发现，报告父母照顾水平更低的参与者，有更高的可能性表现出反社会人格特质。同样，那些相信母亲过度保护他们的个体，也表现出更高水平的反社会型人格障碍。

研究者很快断定这是一种相关并非因果关系。有可能父母行为引起了反社会人格特质，也有可能孩子因反社会人格特质而表现出的行为，负性地影响了其父母对待他们的行为。此外，研究结果表明，研究者应该观察家庭模式，以验证什么样的孩子在成年后有发展为反社会型人格障碍的风险。

STOP 停下来检查一下

❶ 边缘型人格障碍的个体在面对人际关系时会有什么样的强烈恐惧?

❷ 边缘型人格障碍的个体与健康控制组个体相比，其早期经历如何?

❸ 为什么患有反社会人格障碍的个体有自杀的风险?

批判性思考：请思考教养方式对反社会人格特质影响的研究。为什么研究者要测评三个不同维度的教养方式?

躯体形式障碍和分离性障碍

我们已经回顾了不同类型的心理障碍，你可以从中了解到日常经历如何导致无能和适应不良的行为。例如，每一人都会经历焦虑，但是有一些人体验的焦虑如此强烈，以致发展为焦虑障碍。同样地，很多人都会经历某些身体疾病，却没有明显的起因；很多人有“不像自己”的日子。但是，当这些类型的经历破坏了个体的日常生活时，他们可能表现出躯体形式障碍或分离性障碍。我们来回顾一下这两种障碍的征兆和病理。

躯体形式障碍

患有**躯体形式障碍**（somatoform disorder）的个体有无法用实际的疾病完全解释的躯体病痛或主诉。要被确诊为患有这类障碍，个体必须经历一定程度的病痛，有很大的压力并影响到日常功能。我们将集中讨论疑病症、躯体化障碍和转换性障碍。

尽管医生已经确诊没有疾病，**疑病症**（hypochondriasis）患者仍深信自己有身体疾病。即使在他们健康时，他们也持续担心自己会得身体疾病。此外，他们的精神完全集中于自己患病或将要患病的状态，这给他们带来了巨大的压力，以致破坏了他们的日常生活。为了评估疑病症与其他躯体形式障碍的发病率，研究者常常关注正在接受医疗的个体。这样，问题就变为多少比例的人患有医学无法解释的身体病痛。研究者指出，4.7% 的寻求医治的成人满足了 *DSM-IV-TR* 的疑病症标准（Fink et al., 2004）。

患有**躯体化障碍**（somatization disorder）的个体表现出多年的身体病痛史。这些医学无法解释的病痛必定跨越了若干个医疗分类。个体必须经历四种疼痛症状（例如，头痛或胃痛），两种肠胃症状（例如，反胃或腹泻），一种性症状（例如，勃起障碍或月经经血过多）和一种神经性症状（例如，瘫痪或复视觉），才算达到了 *DSM-IV-TR* 的诊断标准。在寻求医治的成人中，只有 1.5% 的人满足了躯体化障碍的标准（Fink et al., 2004）。

疑病症和躯体化障碍都是根据人们对身体症状的抱怨来进行界定。然而，疑病症患者是担心自己患有某种潜在疾病，而躯体化障碍患者更关注自身的症状表现。此外，正如你刚才所见，被诊断为躯体化障碍的人一定报告了大量不可解释的身体不适。

转换性障碍（conversion disorder）表现为自主神经或感觉功能的缺失，并且这种缺失无法由神经系统的损坏或其他躯体损伤来解释。例如，个体可能在没有任何医学原因的情况下就经历瘫痪或失明。此外，躯体症状出现之前必须有心理因素，例如人际冲突或情绪压力。历史上，转换性障碍被称作*癔症*（hysteria）——在某些时代，曾被认为是魔鬼附身。当前对转换性障碍的理解托庇于弗洛伊德的帮助。他有一个不朽的洞见，即认为心理创伤可能会引起躯体症状。在寻求医治的成人中，转换性障碍患者占 1.5%（Fink et al., 2004）。

躯体形式障碍的原因　躯体形式障碍的定义强调一个特征，即个体经历了医学无法充分解释的身体疾病。研究者在尝试理解一些事件，比如，拥有完好的自主神经系统的个体怎么就瘫痪了呢？研究中使用了脑成像技术来探测转换性障碍的脑基础（Black et al., 2004）。考虑以下研究，该研究指出，患有转换障碍的个体与假装有该症状的个体相比，表现出了不同模式的脑区激活。

> 这一研究关注的是四位病人，他们的踝关节虚弱，但并非由神经系统的疾病所致（Stone et al., 2007）。当病人努力弯曲受疾病影响的脚踝和正常的脚踝时，对他们进行 fMRI 扫描。同时研究者还招募了四个正常的个体作为参照组。研究者告知控制组的人通过想象自己的一只脚踝“太脆弱而无法移动”来模仿转换症状（p.963）。病人组和控制组个体的大脑活动模式表现出了有趣的差异。具体来说，病人的 fMRI 扫描结果表明，当努力弯曲脆弱的脚踝时，他们做出的心理努力远远大于控制组。

为了理解这些结果，你可以花一分钟时间来想一下，如果你模仿一只无法弯曲的脚踝的动作会是什么感觉，要使这只脚踝弯曲可能需要一些心理努力。然而，研究却表明转换症状的个体付出了更多心理努力来关注自己无法克服疾病的尝试。

研究者同样关注认知过程对躯体形式障碍的影响（Brown, 2004）。例如，疑病症有一核心特征，即个体对身体感觉的反应存在注意偏差。假设某天早晨起床时你嗓音沙哑，如果你有注意偏差，你就很难从沙哑的嗓音上转移思维，你可能开始认为自己确实得病了。事实上，一

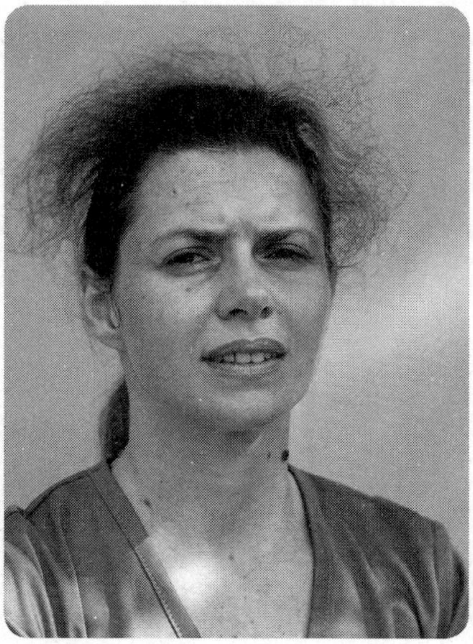

当这位妇女（官方取名为“Jane Doe”，意指不明身份的人或尸体）在佛罗里达的一个公园里被找到时，她神情憔悴，语无伦次，已濒临死亡。她患有严重的遗忘症，已经忘记了她的名字，她的过去，但是尚有能力读和写。什么样的创伤可能导致分离性遗忘症？

项研究表明，对自己的健康高度焦虑的个体，很难将自己的注意力从癌症、肿瘤、中风这类字眼上移开（Owens et al., 2004）。对症状和疾病的这种高度关注导致了恶性循环：压力和焦虑会引起躯体表现出类似疾病的症状（例如，出汗增加和心率加快）——这又为患者确认自己的健康焦虑提供了进一步的证据。将身体症状归因为疾病的人，会同时知觉到嗓音沙哑、过度出汗、心跳加速。因此，认知偏见和躯体形式障碍一起，导致患者夸大了身体方面的些许不适。

分离性障碍

分离性障碍（dissociative disorder）指的是同一性、记忆或意识整合方面出现混乱。对一个人来说，认为自己可以控制自己的行为是很重要的，包括情绪、思维和行动。对于这种自我控制的感觉来说，头等重要的就是自我感，即自我在各个方面的一致性以及跨时空的同一性。心理学家相信，在分离状态中，人们通过放弃他们宝贵的一致性和连续性来逃避冲突——从某种程度上说，这意味着他们失去了一部分自我。这种在没有器质性障碍的情况下由心理因素导致的对重要个人经历的遗忘，被称为**分离性遗忘症**（dissociative amnesia），它是分离性障碍的一种。对某些人来说，回忆过去的能力的丧失还伴有从家里或工作地点出走。这一障碍被称作**分离性漫游**（dissociative fugue）。人们可能连续几个小时、几天或几个月都处于神游状态，他们可能是以一种新的身份生活在一个新的地方。

分离性身份识别障碍（dissociative identity disorder, DID），过去叫做多重人格障碍或解离性人格疾患，是一种分离性心理障碍，指两个或多个显著不同的人格存在于一个个体之中。在任何一个特定的时间，其中一个人格占支配地位，主导这个人的行为。分离性身份识别障碍，通俗地被称为分裂人格，有时被错误地称为精神分裂——我们下一节将要讨论的另一种疾病，该障碍中人格会有损害但不会分裂成多种人格。在 DID 中，每一种显现出来的人格都与原本的自我有显著的反差——如果这个人本来害羞，他们则表现为外向；如果这个人本来软弱，他们则表现为刚强；如果这个人本来在性方面幼稚，他们则表现为在性方面十分自信。每一个人格都有独特的身份、名字和行为方式。在一些个案中，甚至会出现几十个不同的角色去帮助个体应付生活困境。下面这段话摘自某患有 DID 的一名女性的自述（Mason, 1997, p.44）。

> 正如波浪从海洋深处翻滚出来，使海面换了副样子，我们当中的每一个都像潮涨潮退一样，循环交替着出现，时而温柔，时而狂暴。一个小孩正在拿着笔涂色。她退到一边，让位给了一个官员，后者正在调停银行结算单。过了一会儿，死孩子接替了角色，躺在地板上不动，没有知觉。她这样待了一段时间，但是没有人感到难过——应该轮到她上场。正在爬行的孩子停了下来，全神贯注地看着一片污渍。厨师做好了三天的饭并且把它们分别打包——我们都有不同的喜好。受惊的人尖叫着，受伤的人呻吟着，痛苦的人哀号着。

你能否设想自己就是这名女性，在头脑中想象这一系列“个体”：孩子、死孩子、活孩子、厨师等等！

分离性障碍的原因 精神分析派的心理学家认为分离具有重要的生存功能。他们

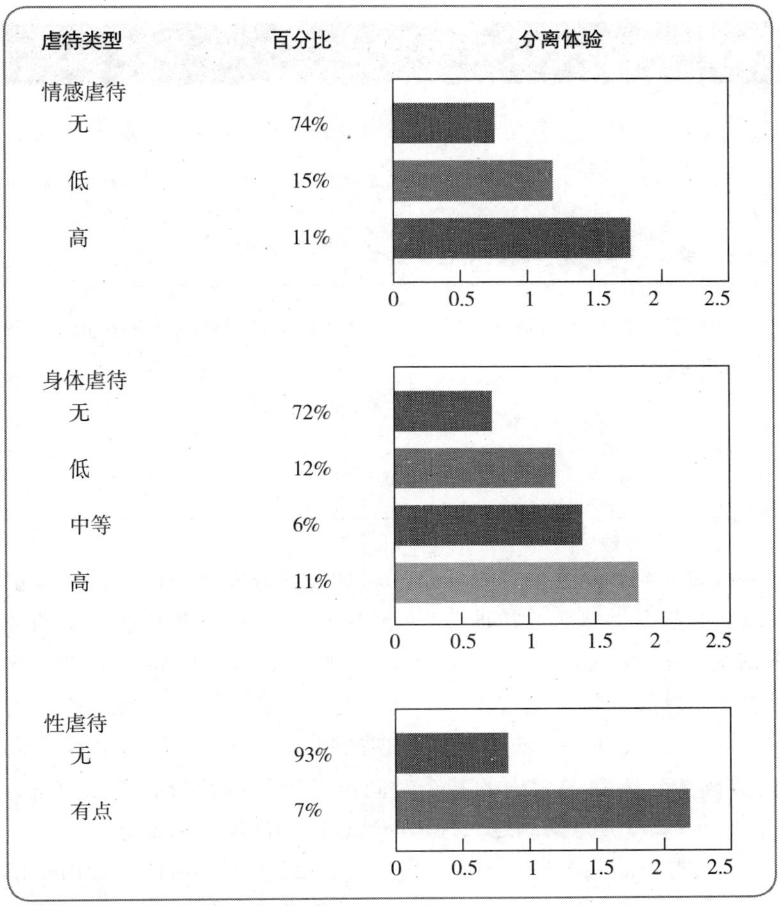

图 14.5 **伤害与分离性症状**

青少年提供有关自身伤害性经历和分离性症状的信息。图中的百分比数字表明，大部分孩子没有经历过任何形式的虐待。那些遭受过虐待的孩子报告了更多分离性症状。

资料来源：Martínez-Taboas, A., Canino, G., Wang, M. Q., Garcías, P., & Bravo, M. (2006). Prevalence of victimization correlates of pathological dissociation in a community sample of youths. *Journal of Traumatic Stress*, 19, 439–448. Reprinted with permission of John Wiley & Sons.

指出，经历了创伤性压力的人有时会通过防御机制来压抑对创伤事件的意识。我们来看一项研究，该研究考察了波多黎各 891 名 11~17 岁青少年的生活经历（Martinez-Taboas et al., 2006）。这些孩子需要完成一份问卷，测量他们生活中经历的伤害事件和分离性症状。从**图 14.5** 中可以看出，几乎没有人经历过严重的伤害事件。例如，74% 的青少年没有经历过情感虐待。然而，图 14.5 也揭示出，青少年遭受的情感、身体和性虐待越严重，他们表现出的分离性症状也越严重。

尽管这些数据以及我们前面所引用过的例子听起来十分确凿，许多心理学家依然怀疑创伤与分离之间的关系（Kihlstrom，2005）。他们的怀疑主要集中在分离性身份识别障碍上，没有可靠的证据支持该障碍的普遍性（*DSM-IV-TR*，2000）。实际上，有些批评指出，因为媒体对那些声称具有许多独特人格的个体的关注，被诊断为分离性身份识别障碍的人有所增加（Lilienfeld & Lynn，2003）。持怀疑态度的人认为，"相信" DID 确实存在的治疗者可能人为地制造了 DID——这些治疗者常常在病人被催眠的状态下用一种促使多重人格"显现"的提问方式进行询问。研究者努力找到一些严谨的方法来检验该断言：分离性身份识别障碍患者的不同身份之间是分离的。例如，研究通过测量以某一身份获得的信息在多大程度上为另一身份所知，来考察身份之间的失忆。研究结果并不支持身份之间的失忆这一断言（Kong et al., 2008）。

研究分离性身份识别障碍的研究者达成的共识是，并非所有的诊断都是恰当的。然而其他心理学家相信，已有足够的证据支持 DID 的诊断不是治疗者的热情的产物（Gleaves et al., 2001）。最安全的结论可能是，在一组被诊断为 DID 的个案中，一些是真实的，而另一些则是患者为了迎合治疗者的要求而产生的。

STOP 停下来检查一下

❶ 尽管霍华德的医生确定他是健康的，可他仍然认为自己头痛是因为脑中长了肿瘤，据此我们可以认为霍华德患了躯体形式障碍吗？

❷ 如何定义分离性遗忘症？

❸ 研究认为生活经历在分离性身份识别障碍的病因中起着怎样的作用？

批判性思考：请回忆验证转换性障碍脑基础的研究，为什么转换性障碍病人在安静状态下没有表现出脑激活差异很重要？

精神分裂症

每个人都知道感到抑郁或者焦虑像什么样子，尽管大部分人从未体验过可真正称之为障碍的严重抑郁或焦虑。然而，精神分裂症是一种与个体正常功能有质的区别的障碍。**精神分裂症**（schizophrenic disorder）是一种严重的心理病理形式，这类病人的人格似乎解体，思维和知觉出现歪曲，情感变得迟钝。精神分裂症患者就是你想到疯子或精神失常的人时，头脑中常常显现的形象。但是精神分裂症非常少见，约有 0.7% 的美国成年人在一生中的某个时间点经历了精神分裂（Tandon et al.,2008），也就是说，约有 200 万人受到这一神秘而悲惨的心理障碍的影响。

小说家库尔特·冯内古特的儿子马克·冯内古特在其 20 多岁的时候开始出现精神分裂症症状。在《伊甸园快车》（The Eden Express, 1975）中，他讲述了他如何与现实分离而最终又如何复原的故事。一次，当他在修剪果树的时候，他的现实世界开始扭曲了：

> 我开始搞不清楚我是否弄痛了那些树，我发现自己在道歉。每棵树都显现出自己的人格。我想知道它们中哪棵喜欢我。我全神贯注地望着每一棵树，开始注意到它们微微闪光，在树枝旁闪着从内部发出的、柔和的光芒。然后，不知道从什么地方，来了一张不可思议的、满是皱纹的、发光的脸。从远处一个细小的点开始，它向前冲，变得硕大无比。除了它我其他什么都看不到。我的心跳停止了。这一刻似乎成了永恒。我试图让这张脸走远，但是它嘲笑我……我试着注视这张脸中的眼睛，然后，我意识到我已经离开了所有熟悉的背景（1975, p.96）。

冯内古特的描述让我们得以窥见精神分裂症的症状。

在精神分裂症的世界里，思维变得毫无逻辑性，概念之间的联系遥远，没有明显的模式。经常发生幻觉，病人认为其想象出来的感知觉是真实的，包括视觉、嗅觉或者最常发生的听觉（经常是语音）。一个人可能听到有个声音一直对他的行为进行现场评述，或者同时听到几个声音在对话。**妄想**（delusions）也是常见的，尽管有清楚的相反证据存在，患者却仍然坚持错误的或者非理性的观点。语言可能变得不连贯——患者会说出一些没有关联的和自编词汇的“语词杂拌”——也有的患者可能一声不吭。情绪可能单调，面无表情，或者表现出不合情境的情绪。心理动力行为可能紊乱（扮鬼脸，奇怪的举止），或者身体姿态变得僵硬。即使只有一些症状出现，随着病人在社交上退缩或在情绪上隔离，工作和人际关系功能的缺损也可能会出现。

心理学家将分裂症状分为阳性范畴和阴性范畴。在精神分裂症的急性期或活跃期，阳性症状——幻觉、妄想、思维不连贯、紊乱的行为——是突出的。在其他的时间，阴性症状——社交退缩和淡漠情绪——变得更明显。一些人，像马克·冯内古特，经历了一个或几个精神分裂症的急性期后恢复到正常的生活。另外一些人常常被描述成慢性病人，他们会经历了多次的急性期和短期的阴性症状扩展期。即使最严重的病人，也不是总处于急性的妄想状态。

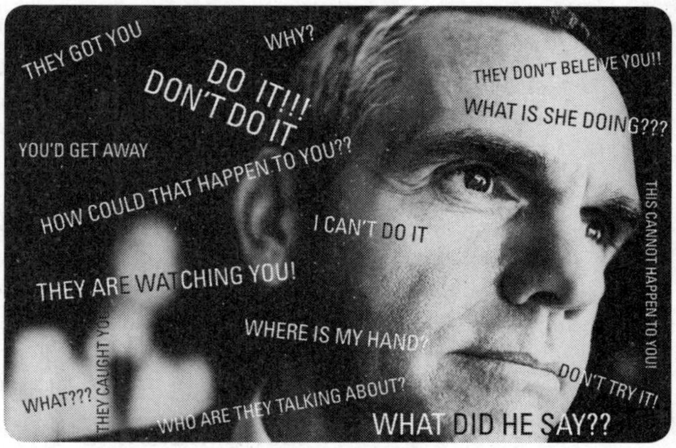

为什么思维模式可以显示出一个人正患有精神分裂症?

精神分裂症的主要类型

因为精神分裂症的一些特征性症状非常广泛，研究者们并不将它看做单一的障碍，而是看做几种不同类型的集合体。五种最常见的亚类型列在**表 14.5** 中。

瓦解型　在这种精神分裂症的亚类型中，个体表现出不连贯的思维模式和非常怪异和紊乱的行为。病人的情绪很单调呆板或并不适合于当时的情境。一个人常常做出傻气的或孩子气的行为，诸如无缘由地傻笑。言语变得不连贯，满是不寻常的词和不完整的句子，无法与他人进行正常交流。如果出现妄想或幻觉，它们也不能组织成一个连贯的主题。

紧张型　紧张型精神分裂症的主要特征是动作的紊乱。有时患有这种障碍的病人就好像处于昏迷的僵化状态。在很长的时间内，病人都保持不动，维持一个奇怪的姿势，对环境中的任何事物都很少反应或没有反应。在其他时候，这些病人显示出过多的活动性，漫无目的且不会受外界刺激的影响。紧张型的另一个特征是极端的违拗，即对所有的指示都表现出明显的、原因不明的抗拒。

偏执型　这类精神分裂症病人有复杂且具系统性的妄想，围绕着以下特定主题：

- 被害妄想：病人觉得他们总是在被侦察、被密谋，他们面临着死亡的危险。
- 夸大妄想：病人相信他们自己是重要的或至高无上的人物——百万富豪、大发

表 14.5　**精神分裂症的类型**

精神分裂症的类型	主要症状
瓦解型	不适宜的行为和情感，不连贯的言语
紧张型	木僵、刻板动作，或兴奋性的动作过多
偏执型	被害或夸大的妄想
未分化型	混合思维障碍以及其他类型特征的症状
残留型	缺乏主要的症状，但是有疾病持续存在的次要的症状

明家，或像耶稣基督那样的宗教人物。被害妄想可能与夸大妄想一起出现——一个人可能是一个伟人，但是一直被邪恶势力所迫害。

- 嫉妒妄想：在没有正当理由的情况下，病人相信他们的伴侣不忠实。他们拼凑资料迎合自己的理论，以“证明”其妄想的真实性。

偏执型精神分裂症很少表现出明显的紊乱行为。相反，他们的行为多半是激烈的和非常正式的。

未分化型　这是精神分裂症的“杂物袋”类型，此类人表现出不止一种类型特征，他们出现妄想、幻觉、不连贯的言语，或者非常紊乱的行为。这些个体所体验的症状，不能被很清楚地分化到各种精神分裂症的反应中去。

残留型　被诊断为残留型的病人通常经受了上一次精神分裂症发作的影响，但目前没有诸如幻觉和妄想这类阳性症状。这种障碍的特征是次要的阳性症状，或诸如情感单调这样的阴性症状。残留型的诊断表明病人的疾病进入缓解期，或暂时停止了活动。

精神分裂症的原因

不同的理论模型指出精神分裂症源自不同的原因、有不同的发展路径以及不同的治疗方法。让我们看看这几个模型对于了解一个人如何形成精神分裂症有什么贡献。

遗传取向　很久以前我们就知道精神分裂症是家族遗传的（Bleucer, 1978; Kallman, 1946）。三种独立的研究——家族研究、双生子研究和领养研究——指向一个共同的结论：遗传上与精神分裂症患者相联系的人比遗传上与精神分裂症患者没有联系的人更容易患精神分裂症（Owen & O’Donovan, 2003）。因不同类型的亲属关系而患上该病的风险总结在**图 14.6** 中。精神分裂症的研究者**欧文·格特曼**（Gottesman, 1991）删掉了那些质量较差的数据，合并了 1920~1987 年在西欧做的 40 个可靠研究中的数据。如图所示，数据是按照基因联系的紧密程度来排列的，与风险性的高低相关。例如，如果父母双方都患有精神分裂症，其后代的患病风险就是 46%，而一般人群当中这一风险只有 1%。如果只有父母一方有精神分裂症，其后代患病的风险锐减到 13%。还要注意，同卵双生子同时患精神分裂症的概率是异卵双生子的三倍。

因为精神分裂症的遗传性非常确定，所以研究者已经将注意力转向了使人们处于精神分裂症危险中的具体基因。正如你所看到的，几种主要的精神分裂症的症状有很大不同。因此，研究者认为有很多基因决定了人们何时以及如何受影响，研究已经发现了该障碍的几种候选基因（Shi et al., 2008）。不同人体验到的精神分裂症（就其症状严重性而言）可能依赖于其遗传基因的实际组合。

脑功能　研究精神分裂症的另一种生物学取向是寻找患病个体的大脑中是否存在异常结构。这类研究现在多数依靠脑成像技术，它使我们可以直接比较精神分裂症患者和正常控制组个体的脑结构和功能（Keshavan et al., 2008）。例如，如**图 14.7** 所示，磁共振技术已经证明精神分裂症病人的脑室（脑脊液流过的脑结构）往往有所扩大（Barkataki et al., 2006）。MRI 研究也显示，患精神分裂症个体大脑皮质的前额叶和颞

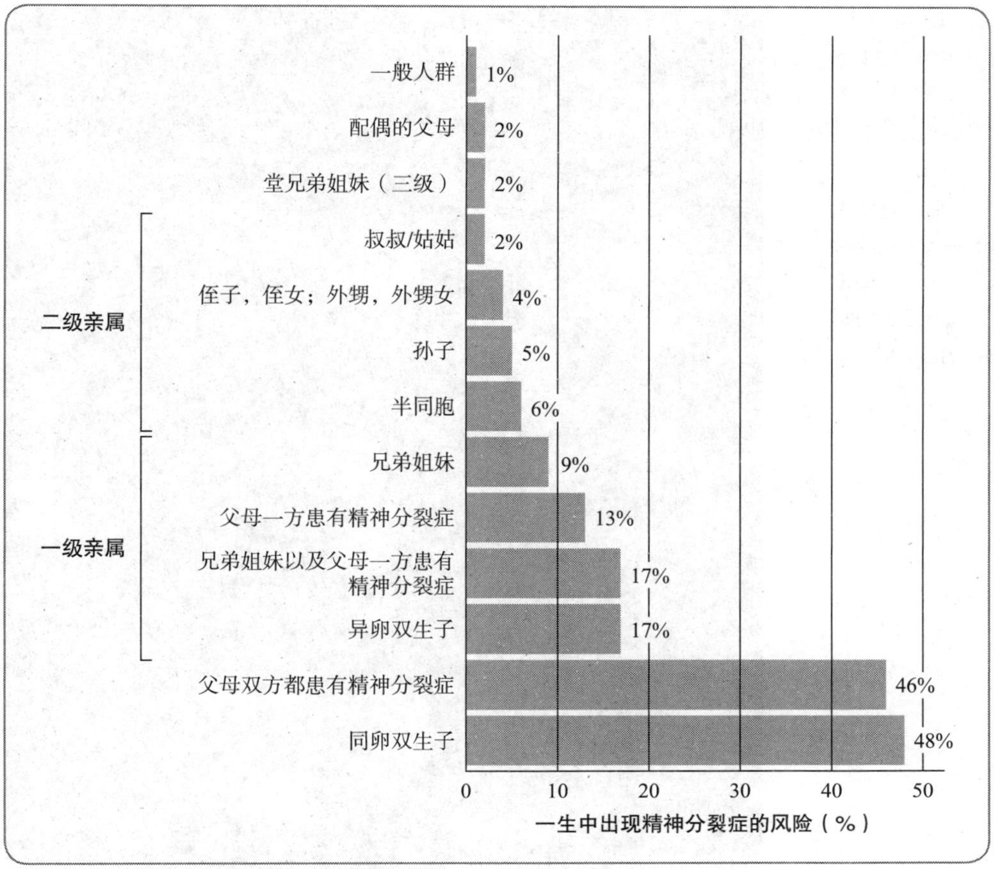

图 14.6

精神分裂症的遗传风险

图中显示了形成精神分裂症的平均风险。数据源于 1920—1987 年期间有关欧洲的家庭研究和双生子研究；风险程度与基因相关性高度相关。

叶区域较窄小，这一神经组织的缺失可能和障碍的行为异常性有关（Kuperberg et al., 2003）。

研究者也开始证明，某些脑部异常与疾病的进展有关（Brans et al., 2008）。例如，**图 14.8** 呈现了某个纵向研究的数据，该研究对 12 个从 12 岁便开始出现精神分裂症状的个体进行了追踪（Thompson et al., 2001）。研究关注了这些个体五年内的大脑灰质的变化（主要是大脑皮层内的细胞体和神经元树突）。这 12 个参与者反复接受了核磁共振成像扫描，同时另外一组与其年龄相仿的身体健康的参与者也接受了同样的核磁共振成像扫描。回忆第 10 章的内容，你会发现青少年的大脑依然在发生变化。这可以用来解释为什么一些正常青少年的灰质也在减少。然而，如同你在图 14.8 中所见，患有精神分裂症的青少年的灰质急剧减少。通过监测携带精神分裂症危险基因的人的大脑灰质的变化，临床工作者能够较早地对该障碍做出诊断和治疗（Wood et al.,2008）。

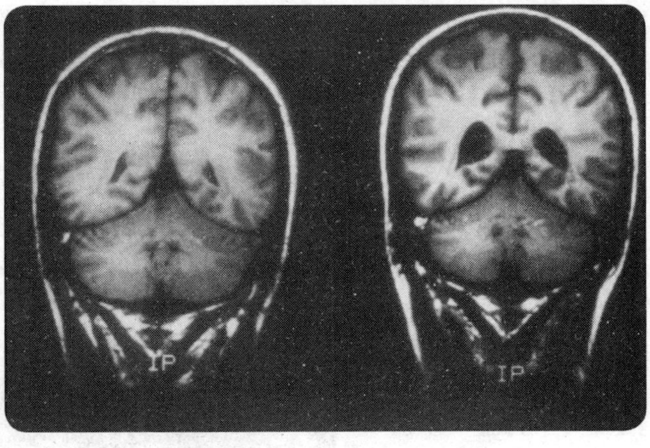

图 14.7 **精神分裂症与脑室的大小**

男性同卵双生子的 MRI 扫描图。图中显示右侧患有精神分裂症的个体的脑室比左侧正常个体的脑室大。

资料来源：Photo courtesy of Drs. E. Fuller Torrey and Daniel Weinberger.

既然精神分裂症有多种不同的症状，那么其形成原因或导致结果出现多种多样的形式也就不足为奇了。那么，环境特征是如何促使这些风险人群患上疾病的呢？

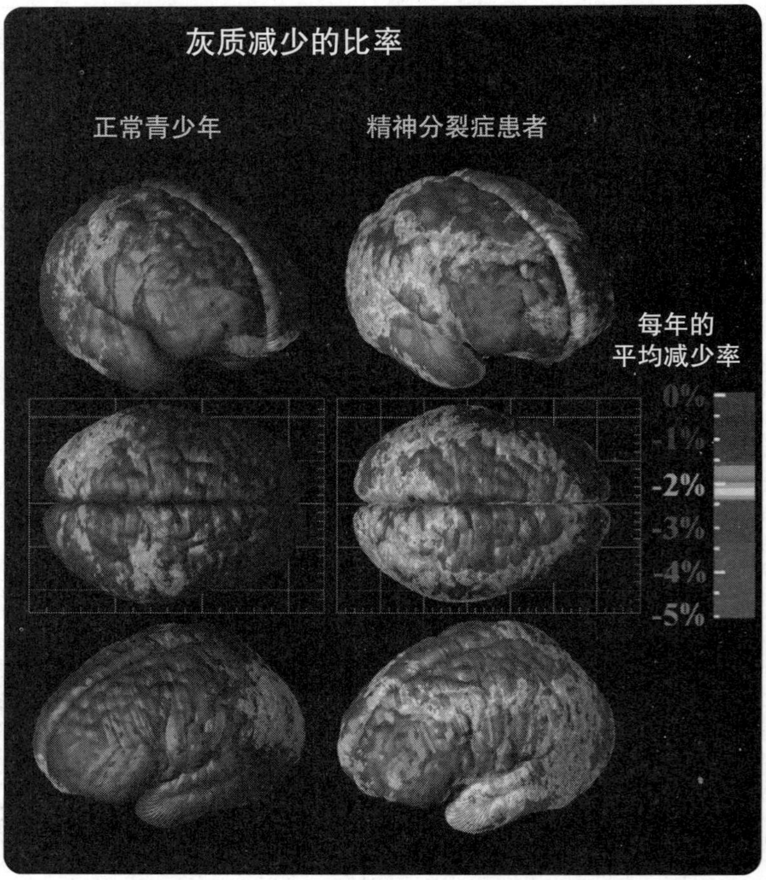

图 14.8 精神分裂症青少年大脑灰质的减少
研究者对 12 个患有精神分裂症的青少年和 12 个年龄相仿的健康青少年进行了核磁共振扫描。在五年的时间里，精神分裂症青少年几个脑区内的灰质大量减少。（见彩插）

资料来源：Thompson, P. M., Vidal, C., Giedd, J. N., Gochman, P., Blumenthal, J., Nicolson, R., Toga, A. W., & Rapoport, J. L. (2001). Mapping adolescent brain change reveals dynamic wave of accelerated gray matter loss in very early-onset schizophrenia. *PNAS*, 98, 11650–11655.

环境压力源 我们已经介绍了有关精神分裂症的遗传和生理因素。然而，从图 14.6 中你可以看出，即使是在基因最相似的群体中，风险因子也低于 50%。这说明，尽管基因很重要，但是环境因素也是精神分裂症出现的必要因素。关于精神分裂症的原因，一个广为接受的假设是*素质－压力假说*。根据**素质－压力假说**（diathesis-stress hypothesis），遗传因素将个体置于风险中，而环境压力却冲击这一潜在的风险，使之表现为精神分裂症。我们来看其中一些环境因素。

例如，研究者发现生活在城市里的人、陷入过经济困境的人和移民出现精神分

这四位具有相同基因的妇女都患有精神分裂症，这表明遗传在精神分裂症的形成中起着重要的作用。对于这四胞胎来说，她们的疾病严重程度、病程和治疗结果均有所不同。总的来说，遗传和环境是如何交互作用，来形成精神分裂症的不同情况呢？

裂症的比率较高（Tandon et al., 2008）。对这些关系的解释通常聚焦于社会压力和社会逆境。研究者还指出，经历过创伤性生活事件的人更可能出现精神分裂症。一项研究考察了美国和英国的大量个体，发现人们经历的创伤（如身体或性虐待）越多，他们越有可能出现精神分裂症（Shevlin et al., 2008）。

对于已经被诊断为精神分裂症的患者，生活事件会对其症状变化产生怎样的影响，研究者对此也进行了考察。下面这样研究指出了患者对生活事件的反应与其自身症状之间的关系。

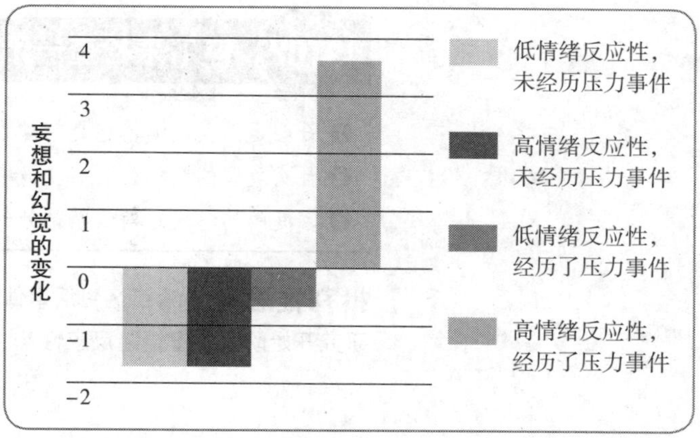

图 14.9 精神分裂症症状的变化

研究者测量了患者的情绪反应性和九个月里的症状变化。只有那些经历了消极生活事件且高情绪反应性的患者的症状加重了（这里的症状是指妄想和幻觉）。

资料来源：Docherty, N. M., St-Hilaire, A., Aakre, J. M., & Seghers, J. P. (2008). Life events and high-trait reactivity together predict psychotic symptom increases in schizophrenia. *Schizophrenia Bulletin*.

> 研究者在研究开始和结束时（研究历时9个月）分别测量了精神分裂症患者的症状（Docherty et al., 2008）。在研究之始，研究者还测量了每个患者的情绪反应性——个体在生活事件中的情绪反应强度。例如，患者需要对诸如“我的情绪波动很大”这样的描述做出评价，从“从来不，或几乎不”到“总是如此，或几乎是”。9个月后，患者讲述前一个月内发生的生活事件。根据他们的报告，研究者将其分为两组：上个月经历了中度或严重生活事件的患者和上个月未经历的患者。研究者预测消极生活事件会加重精神分裂症的症状，但仅限于那些对日常生活事件通常有强烈情绪反应的患者。从**图 14.9** 中可以看出，研究数据支持了这一预测。只有那些经历了消极生活事件且高情绪反应性的患者的症状加重了（这里的症状是指妄想和幻觉）。

在前面我们了解到，人们对生活事件的反应不同，他们出现心理障碍的可能性也不同，比如重度抑郁。该研究表明对精神分裂症而言也同样如此。

研究者还考察了家庭压力源对人们患精神分裂症和症状缓解后复发可能性的影响（Miklowitz & Tompson, 2003）。例如，有几项研究关注了情感表达。如果家庭成员对患者的批评性言论过多，如果他们对患者有过多的情感卷入（即过度保护或过度妨碍），如果他们一贯地对患者表现出敌意，那么这些家庭都属于高情感表达家庭。当症状得到缓解的患者离开医院回到家里之后，高情感表达家庭的患者再次复发的可能性是低情感表达家庭患者的两倍（Wearden et al., 2000）。这个研究的意义在于，治疗应该是针对整个家庭的，应该将家庭作为一个系统，改变家人对待病人的行事风格。

从我们对精神分裂症的解释以及经过大量研究仍没有得到解决的问题来看，我们对这种严重的心理障碍仍然所知不多。或许我们应该把被称为精神分裂症的现象看做多种心理障碍的集合，每种心理障碍可能有其独特的潜在病因。正因为我们简化了这个概念，对它的理解才变得困难起来。此外，至少在某些个案中，我们发现基因、大脑活动、家庭互动都起了一定的作用。研究者仍需确定的是，这些因素以怎样的具体方式共同导致了精神分裂症的产生。

STOP 停下来检查一下

❶ 社会退缩及淡漠情绪是精神分裂症的阳性还是阴性症状？
❷ 什么类型的精神分裂症有被害妄想或夸大妄想？
❸ 家庭的情感表达对于精神分裂症的复发有何影响？

批判性思考：请回忆生活事件对精神分裂症症状之影响的研究。为什么要在为期 9 个月的研究开始阶段测量情绪反应性？

儿童的心理障碍

到目前为止，我们的讨论集中于患有精神疾病的成人。但是需要着重指出的是，很多个体从童年期和青春期开始就经历心理疾病的症状。研究者最近开始重视精神障碍出现在年轻人中的时间进程（Zahn-Waxler et al., 2008）。研究者通常会努力确认有助于早期诊断和治疗的行为模式。例如，社交功能障碍可能暗示儿童和青少年面临出现精神分裂症的风险（Tarbox & Pogue-Geile，2008）。

DSM-IV-TR 也标识了一系列“通常从婴儿期、童年期、青春期就可以诊断”的障碍。我们在第 9 章讨论了其中的一种障碍，即精神发育迟滞。此处，我们集中讨论注意缺陷多动障碍以及孤独症。

注意缺陷多动障碍

注意缺陷多动障碍（attention-deficit hyperactivity disorder, ADHD）涉及了两类症状（*DSM-IV-TR*，2000）。首先，孩子必须表现出与其发展水平不一致的某种程度的注意缺陷。例如，他们在学校可能很难集中注意或者常常丢失玩具或错过学校布置的作业。其次，孩子必须表现出和其发育水平不一致的多动冲动。多动行为包括蠕动、坐立不安和过度表达；冲动行为包括未加思索的抗辩和打断别人谈话。孩子在 7 岁以前持续 6 个月表现出这些行为模式才能被诊断为 ADHD。

研究者估计 ADHD 的发病率占美国学龄儿童的 3% 至 7%（Root & Resnick, 2003）。许多研究表明，患有多动症的男孩多于女孩。然而，研究还表明，文化偏见（例如，性别期望）会导致在女孩中诊断出的多动症患者较少，从而导致很难准确地估计性别差异。然而，在一项对成人进行的大规模研究中，3.2% 的女性和 5.4% 的男性达到了多动症的诊断标准（Kessler et al., 2006a）。这些数据可能准确反映了人一生中的性别差异。那些被诊断为多动症的男孩和女孩表现出了相同的问题行为模式（Biederman et al., 2005）。随着年龄的增长，一些儿童克服了多动症。在 133 个被诊断为多动症的儿童（4~12 岁）中，42% 的人在 21 岁的时候不再表现出多动症（Fischer et al., 2005）。58% 的年轻人依然表现出了多动症，他们在大量认知任务中的成绩低于控制组。

ADHD 诊断的复杂之处就在于，事实上很多孩子都倾向于表现出短暂的注意缺陷、多动或冲动。因此，这一诊断有时是备受争议的：人们担心孩子正常的无序状态被贴上不正常的标签。但是，现在很多临床医师一致同意，一些孩子的行为达到了适应不良的水平，也就是说这些孩子无法控制他们的行为或者完成各种任务。尽管一直以来人们都认为多动症诊断过度，但是研究证据否认了这一看法（Sciutto&Eisenberg, 2007）。实际上，正如前面所指出的，人们对女孩中多动症患者的诊断可能不足。

为什么心理障碍儿童可能导致课堂中断?

和其他我们描述过的障碍一样，研究者开始考虑先天和环境对 ADHD 的影响。双生子和收养研究提供了强有力的遗传证据（Biederman & Faraone, 2005）。研究者开始证明影响脑神经递质功能的特定基因与 ADHD 症状的关系（Smoller et al., 2006）。也存在一些与 ADHD 相关的重要环境变量。例如，来自经济贫困或有高水平冲突的家庭的孩子更可能经历这一障碍（Biederman et al., 2002）。一些环境变量对不同出生顺序的孩子有巨大影响。例如，有些家庭其成员之间彼此不提供支持，在这种缺乏凝聚力的家庭中，年长的孩子比年幼的孩子有更高的患 ADHD 的风险（Pressman et al., 2006）。这类研究结果表明，父母教养会影响 ADHD 的发病率。

孤独症

孤独症（autistic disorder）的孩子，其形成社会联系的能力严重受损。他们可能有很明显的迟滞，口头语言表达能力有限，对外部世界的兴趣极少。看一看这一被诊断为孤独症的孩子的报告：

> [奥德丽] 看上去几乎被她日常生活中的所有变化吓到了，包括陌生人的出现。她要么在与其他孩子的交往中退避，要么回避和他们在一起，她似乎满足于沉浸在数小时没有意义的自我游戏中。当她和其他孩子在一起时，她很少投入到互动游戏中，甚至不模仿他们的任何动作（Meyer, 2003, p.244）。

很多患有孤独症的孩子也做出重复性和仪式性的行为，比如，他们可能会将物体摆成行或者对称的模式（Greaves et al., 2006）。

研究表明，大约 150 个儿童中就有一个孤独症（以及相关障碍）患者（Centers for Disease Control and Prevention, 2007）。因为很多孤独症症状与言语及社会互动有关，所以，除非他们的父母发现他们难以使用语言或与人交往，否则孤独症就很难被诊断出来。但是，最近的研究开始探索生命中第一年的行为可以预测其后的孤独症诊断（Zwaigenbaum et al., 2005）。例如，有患孤独症风险的孩子与其他孩子相比，对社会性微笑和自己名字的回应都更少。

孤独症的原因 和 ADHD 一样，孤独症也有很大比例的基因成分。事实上，研究者们开始识别出使个体倾向于经历孤独症的人类基因组变异（Bartlett et al., 2005;Liu et al.,2008）。研究者还发现了孤独症的脑标记。例如，孤独症个体的大脑发育会比同龄人更快速（Amaralet al., 2008）。接下来的问题就是，这样的大脑异常如何引起了孤独症。

研究者还指出，患有孤独症的孩子不能发展出理解其他孩子心理状态的能力（Baron-Cohen, 2000）。通常情况下，孩子会发展出心理理论。起初，他们仅仅从自己的视角理解世界。但是，3 到 4 岁时的快速成长，使孩子开始理解其他人有不同的知识、信仰和意图。研究者指出，孤独症个体缺乏发展这种理解力的能力。由于没有心理理论，因此也很难与人建立社会关系。孤独症个体的确无法理解和预知别人的行为，这使得日常生活看上去神秘而又敌对。

STOP 停下来检查一下

❶ ADHD 有什么类型的行为特征？

❷ 为什么在 2 岁或 3 岁之前很难对孤独症做出诊断？

❸ 为什么心理理论和孤独症有关？

精神疾病的污名

本章最重要的目标之一就是剥去精神疾病的神秘外衣，帮助读者认识到变态行为从某些方面来看是很平常的。有精神疾病的人经常被指为异类。但是，这个异类的标签对于如今的现实来讲并不是真实的：当 46.4% 的美国成年人报告他们在一生的某些时间经历过某种心理障碍时（Kessler et al., 2005a），那么至少从统计上看来，精神病理学是相对正常的。

即使大家都已经知道“正常人”的心理病理发生率，心理障碍的人们也常常背负着躯体障碍的人所没有的污名。**污名**（stigma）是一种不体面的记号或标签，用心理学术语来说，它是针对个人的一整套负性态度，会使别人将他或她排斥在正常行列之外（Hinshaw & Stier, 2008）。想一想本章开头所引用的话，“我认为无论是公众还是患者，都需要接受更多有关精神疾病的教育。因为人们在关键时刻嘲笑我们，苛刻地对待我们，甚至误解我们。”另外一位康复的患者写道：“对于我来说，精神疾病的污名就像住院治疗的过程一样具有破坏性。一再地被排斥，周围人的尴尬不安，以及我自己的不适和自我意识将我置于一种孤立的境地。”（Houghton, 1980, pp.7-8）。针对患有心理障碍个体的负性态度来自许多方面：大众媒体将精神病患者形容成有犯罪倾向的；关于精神病人的笑话可以被接受；家庭不愿承认其成员的精神痛苦；司法术语强调精神病人缺乏行为能力。人们还会隐藏自己的心理痛苦或精神疾病史，这也玷污了他们自己。

研究者发现精神疾病的污名会给人们生活的多个方面带来负面影响（Hinshaw & Stier, 2008）。一个研究选取了 84 名曾因精神疾病住院的男性，其中 6% 的人报告因住院而失去工作，10% 的人报告他人拒绝租房给他们，37% 的人报告他人躲避他们，45% 的人报告他人曾利用他们的精神疾病史来伤害他们的感情。只有 6% 的男性报告没有遇到排斥事件（Link et al., 1997）。这组男性经过一年的治疗，心理健康得到了很大的改善。即便如此，在那年年底，他们对污名的看法并没有改变：尽管他们的机能有所改善，但这些患者并不指望世界会对他们更友善。这类研究表明，许多心理障碍患者的经历具有很大的双重性：寻求帮助——让自己的问题被贴上标签——

通常既能带来缓解也会带来污名；治疗引起生活质量的提高，同时污名又降低了生活质量（Rosenfield, 1997）。

除此之外，另外一个困难是，有精神疾病的人常常内化他们被排斥或拒绝的预期，而这种预期又带来负面的交互作用（Pachankis, 2007），请看下面这个经典的实验。

> 29 名曾因精神疾病入院的男性自愿参加了这项研究。他们相信该研究关注曾患精神疾病的个体在找工作时所遇到的困难。这些参与者被告知他们将与一个来自某企业的人事部实习生打交道。一半的参与者被告知，这个实习生知道他们从前是精神疾病患者，另一半的参与者被告知，这个实习生曾被引导相信他们由于内科或外科原因住过院。实际上，这个“实习生”是实验者的同谋，并不知道任何有关参与者的信息，即他并不知道哪些参与者认为他知道他们从前是患者。所以，任何参与者与实验者同谋互动中的差别都可以归结为参与者的期望。事实上，那些相信自己被标记从前是患者的参与者，在一项合作任务期间说话较少，作业情况也较差。不仅如此，实验者同谋还把这一组的组员评价为更加“紧张和焦虑”，而实验者同谋并不知道是如何分派每一组的（Farina et al., 1971）。

这里重要的结论是，当人们相信别人将“精神疾病”的标签贴到自己头上时，他们与人交流的方式就发生了变化，他们自己感到不自在：被拒绝的预期可以引起被拒绝，精神疾病可以成为生活中另一个不幸的自我实现预言。

对于污名还有最后一点需要注意：研究表明，曾经与精神疾病患者打过交道的人的态度较少受污名所影响（Couture & Penn, 2003）。例如，让一些学生读关于一个名叫吉姆的男人患精神分裂症后康复的故事，那些曾经与一些精神疾病患者打过交道的学生对吉姆的前途持更乐观的态度（Penn et al., 1994）。类似地，如果学生曾经接触过精神分裂症患者，他们对其危险性的评估会降低（Penn et al., 1999）。我希望阅读本章将有助于你调整对精神疾病以及被治愈意味着什么的看法，并增加你对精神疾病患者的宽容和同情。

在理解心理病理学时，你一定要抓住正常、现实以及社会价值这些基本概念。为了发现如何理解、治疗以及预防心理障碍，研究者们不仅要帮助那些患病和失去生活幸福的人们，而且还要扩展普通人对于人性的基本了解。心理学家和精神科医生又是怎样干预偏离正常的头脑和修正无效的行为的？我们将在下一章中进行讨论。

STOP 停下来检查一下

❶ 在心理疾病的背景下，污名如何起作用？

❷ 为什么心理疾病的治疗常常会同时带来症状减轻和污名？

❸ 什么样的经历会减少污名？

批判性思考：请思考曾是精神病患者的个体对拒绝预期的研究。为什么实验助手不知道病人属于哪一组很重要？

要点重述

心理障碍的性质

- 变态是由个体行动接近于一系列指标的程度来判断的，包括痛苦、不适应、非理性、不可预测、非惯常性、观察者不适感，以及违反标准或社会规范。
- 客观性是精神疾病讨论中的一个重要问题。
- 心理障碍的分类系统应当提供一个共同的简略表述，以供交流心理病理学的一般种类和特殊病例。
- 最广泛被接受的诊断和分类系统是 DSM-IV-TR。
- 精神疾病病原学的生物学取向主要关注大脑异常、生物化学过程和遗传影响。
- 心理学取向包括心理动力学模型、行为主义模型、认知模型以及社会文化模型。

焦虑障碍

- 五种主要的焦虑障碍的类型是广泛性焦虑、惊恐障碍、恐惧症、强迫症和创伤后应激障碍。
- 与引起焦虑障碍的行为及认知成分一样，研究者也证实了它的遗传及脑机制。

心境障碍

- 重度抑郁症是最常见的心境障碍，而双相障碍更为罕见。
- 心境障碍有遗传倾向。
- 心境障碍改变了人们回应生活经历的方式。
- 女性的高水平重度抑郁症可能反映了负面生活经历及对这些经历认知反应的差异。
- 自杀最常发生于患有抑郁的病人中。

人格障碍

- 人格障碍是知觉、思维和行为持久而僵化的模式，它会损害个体的机能。
- 边缘型人格障碍和反社会人格障碍都起因于遗传和环境因素。

躯体形式障碍和分离性障碍

- 躯体形式障碍，如疑病症、躯体形式障碍、转换性障碍，都以机体疾病及病痛无法由实际的疾病所解释为特征。
- 分离性障碍涉及记忆、意识或个人身份功能整合的破坏。

精神分裂症

- 精神分裂症是一种严重的心理病理形式，其特征是知觉、思维、情绪、行为和语言的极端扭曲。
- 精神分裂症的五个亚型是瓦解型、紧张型、偏执型、未分化型和残留型。
- 精神分裂症的病因证据找到了各种因素，包括遗传、脑异常和环境压力源。

儿童的心理障碍

- 注意缺陷多动障碍（ADHD）儿童表现出注意缺陷及多动冲动。
- 孤独症的特征是孩子形成社会关系及运用语言的能力受到严重破坏。

精神疾病的污名

- 那些患有心理障碍的人常常被打上躯体疾病患者所没有的污名。
- 尽管对心理障碍的治疗会带来积极效果，但与心理疾病相关联的污名却对病人的生活质量有消极影响。

关键术语

变态心理学
广场恐惧症
反社会人格障碍
焦虑障碍
注意缺陷多动障碍（ADHD）
孤独症
双相障碍
边缘型人格障碍
共病
转换性障碍
妄想
素质—压力假设
分离性遗忘症
分离性障碍
分离性漫游
分离性身份识别障碍（DID）
DSM-IV-TR
病原学
恐惧
广泛性焦虑症
疑病症
精神病
习得性无助
重度抑郁症
躁狂阶段
心境障碍
神经症性障碍
强迫症（OCD）
惊恐障碍
人格障碍
恐惧症
心理诊断
心理病理功能
精神症性障碍
精神分裂症
社交恐惧症
躯体化障碍
躯体形式障碍
特殊恐惧症
污名

15 心理治疗

在第 14 章，你可能对个体所患的不同类型心理障碍感到惊讶。幸运的是，心理治疗师和其他心理健康工作者研究出来的治疗方法涵盖了精神病理学的所有领域。本章我们将看到研究者在治疗技术上的持续创新。研究者对精神病理学的原因和结果了解得越多，如我们在 14 章所描述的研究，他们就能越好地优化治疗方法。

本章我们将考察不同类型的治疗方法，这些方法有助于不同患者重建其个人控制能力。我们还会回答一系列难题：历史、文化和社会力量如何影响心理障碍的治疗？在研究者开发和检验各种治疗方法时，理论、研究和实践之间存在着怎样的交互作用？我们如何去影响那些不受正常理性支配的心智，去矫正那些不受控制的行为，去改变未加抑制的情绪，去纠正出现异常的大脑？

本章我们将对该领域目前主要的治疗学派——精神分析、行为矫正、认知改变、人本主义治疗和药物治疗进行探讨，并考察这些治疗是怎样起作用的，同时也评价每种治疗方法的成效。

治疗的背景

对于心理障碍而言，存在不同类型的治疗方法，当然，人们寻求帮助的动机也各不相同（有一些需要接受治疗的人却不寻求帮助）。心理治疗的目的、场所以及治疗师的特点各不相同。尽管如此，所有的治疗方法都是对个人生活的干预，都必须以某种特定的方式去改变个人的生活。

目标和主要的治疗学派

对心理障碍的治疗涉及以下四个主要目标：

1. 得到一种*诊断*，即说明个体的问题是何类型，可能的话，对现有问题做出精神病学（DSM-IV-TR）诊断并对障碍进行归类。
2. 提出一个可能的*病因学*（问题的原因）的看法，即确定障碍发生的可能原因，以及症状所起的作用。
3. 提出对于*预后*的看法，即对进行治疗或不进行治疗所可能出现的病程进行估计。
4. 确诊并进行*治疗*，即减轻或消除问题症状，有可能的话，铲除症状产生的根源。

生物医学治疗（biomedical therapy）关注的是改变中枢神经系统运转的机制。这种治疗被精神病学家和医生大量采用，主要通过化学或物理干预，试图改变大脑机能，这类干预包括外科手术、电击、药物等直接作用于脑与身体的多种手段。

心理学方面的治疗统称为**心理治疗**（psychotherapy），关注的是改变人们习得的不良行为，如话语、想法、解释等，这些行为会直接影响人们的日常生活。这类治疗为临床心理学家和精神病学家所采用。心理治疗包括四种主要的派别：心理动力学治疗、行为治疗、认知治疗和存在主义—人本主义治疗。

*心理动力学派*认为，神经症是由人内部未能解决的创伤和冲突造成的。心理动力学派的治疗师采用“谈话疗法”治疗心理障碍，通过这一方法，治疗师帮助个体把外显症状与内部未能解决的冲突联系起来，并引导其产生领悟。

*行为治疗*认为治疗的对象应是失调的行为，必须对行为进行矫正。在这里，障碍被看做习得的行为模式，而不是心理疾病的症状。行为的改变可以通过多种方式

为何许多心理治疗师会在临床实践中整合不同的理论取向？

进行，包括对适宜的或不适宜的行为进行强化，对条件作用引起的反应进行消退以及提供有效的问题解决方案等。

*认知治疗*试图通过改变个体对问题的自我陈述，重建其思维方式。这种认知的重建可以改变个体对于困难的理解和认识，使个体有能力应对问题和困难。

*人本主义学派*强调人的价值。治疗的方向直接指向个体的自我实现、心理成长，指向更有意义的人际关系，提高个体选择的自由。治疗更为关注改善健康人的心理功能，而不是纠正处于严重失调的个体的症状。

尽管我们分别介绍了每一类心理治疗方法，但是许多治疗师在实践中采用*整合的*治疗方法：为了给患者或来访者提供最优的帮助，他们整合了不同的治疗方法。很多时候，心理治疗师在职业生涯开始时追随特定的治疗方法。然而，随着职业生涯的展开，他们开始将不同治疗方法中最有效的部分整合起来（Norcross et al., 2005）。心理治疗师整合每一种治疗方法（如：认知和人本；行为和精神动力学派）。但是，最突出的是认知和行为疗法的整合（Goldfried, 2003; Norcross et al., 2005）。我们会在本章后面描述整合后的认知行为疗法。

治疗师和治疗场所

当出现心理问题时，多数人最初倾向于在熟悉的环境中寻求非正式的帮助。许多人向家庭成员、关系密切的朋友、私人医师、律师或教师寻求支持、辅导和咨询。有宗教信仰的人可能会向牧师求助。还有一些人可能会从偶然遇到的酒吧招待员、售货员、出租车司机或其他愿意倾听其烦恼的人那里得到帮助。这些非正式的治疗师承担了供人们释放大量日常生活负担、挫折和冲突的功能。当人们遇到的问题在一定范围内时，这些非正式的治疗师常常能够对人有所帮助。

与过去相比，人们在遇到问题时会更多地寻求治疗，但人们通常是在心理问题变得严重，或是在问题持续了相当长的时间时，才会向心理卫生专业人员求助。当他们求助时，可以去找下列不同类型的治疗师。

临床社会工作者（clinical social worker）是心理卫生领域的专业人员。他们在社会工作学院接受过专业培训，能与精神病学家和临床心理学家协同工作。与精神病学家和临床心理学家不同的是，这类咨询师更关注问题产生的社会环境，所以他们的工作可能会涉及家庭其他成员，或者至少要与来访者的家庭及工作单位取得联系。

宗教咨询师（pastoral counselor）是指属于宗教团体但专门对心理障碍进行治疗的成员。这类咨询者通常结合宗教精神来开展其工作。

临床心理学家（clinical psychologist）必须完成研究生的训练，其训练包括心理问题的测量与治疗，完成在临床单位的实习训练并接受督导，取得了哲学博士（Ph.D.）或心理学博士（Psy.D.）的学位。与精神病学家相比，这类心理学家具有广博的心理学、心理测量学和研究方面的知识背景。

咨询心理学家（counseling psychologist）通常情况下也需获得相关专业博士学位，主要针对于职业选择、学校问题、药物滥用、婚姻冲突等问题提供指导。这些咨询师常常在与社区有关的领域，如企业、学校、监狱、军队服务机构或邻近的诊所工作。他们所采用的方法有访谈、测验、辅导或提供建议，以帮助个体解决特定的问题或帮助个体对未来做出选择。

精神病学家（psychiatrist）必须完成医学博士（M.D.）学位所必需的训练，还需要完成某些心理和情绪障碍方面特殊的博士后训练。精神病学家所接受的训练更多地集中于心理问题的生物医学基础。

精神分析师（psychoanalyst）具有医学博士或哲学博士学位，但必须接受过精神分析的特殊训练，以了解心理障碍并知道如何进行分析性治疗。

不同的治疗师在不同的场所从事临床实践工作：医院、诊所、学校和私人办公室。某些人本主义的治疗师更愿意在他们的家中开展团体治疗，以便使治疗情境更为自然。社区治疗是一种将治疗“送上门”的方式，可能会在当地有专门的办公室或者利用教堂等场所进行咨询工作。治疗师进行现场治疗时，他们会和来访者一起进入与来访者问题相关的场所中。例如，他们会和具有飞行恐怖的来访者一起坐在飞机里，或者和具有社交恐惧症的来访者一起去大型购物中心。

心理治疗师已开始通过邮件或网络提供心理健康治疗（King & Moreggi, 1998; Taylor & Luce, 2003）。这种计算机辅助的治疗中，每个人都可以通过发邮件与治疗师交流。研究者已很快指出网络治疗的潜在危险和优点。危险方面，如果没有额外的面对面的检查，仅仅依靠个体所提供的有限或扭曲的信息，可能会造成误诊（King & Moreggi, 1998）。而且，消费者无法确定在线治疗师的资格；在网络上任何人都可以称自己是专家。尽管有危险，邮件治疗为治疗师和来访者提供了独特的机会。例如，一些治疗师相信这种治疗形式相对匿名，来访者可以透露他们最紧迫的问题且能更快进入主题而很少感到尴尬；当他们不用担心治疗师在听了他们的艰难告白后有何反应时他们就可以更诚实（Grohol,1998）。

接受治疗的人常常会被称为病人或来访者。对心理问题采用生物医学方式进行治疗的专业人员会使用**病人**（patient）一词。把心理障碍看做“生活中的问题”而不是心理疾病的专业人员会使用**来访者**（client）一词。我们在介绍生物医学治疗和心理分析治疗时采用*病人*一词，介绍其他治疗时则采用*来访者*一词。

无论何种形式的治疗，个体在寻求帮助时必须进入一种有效的治疗联盟中，这一点很重要。*治疗联盟*（therapeutic alliance）是来访者或病人与治疗师之间建立的一种共同关系：个体与治疗师共同合作来消除疾病。研究表明，治疗联盟的质量会影响心理治疗的效果（Goldfried & Davila, 2005; Joyce et al., 2003）。当你接受治疗时，你应该相信自己能与治疗师建立一个紧密的治疗联盟。

心理治疗中的多元化问题

临床工作者的一个重要目标是缓解所有心理障碍患者的症状。然而，文化和性别的差异使得这一目标复杂化。首先，并非所有的文化群体都有同等的机会接受治疗（Wang et al., 2005）。例如，在美国，与少数种族群体相比，白种人更可能去寻求治疗。导致这一差异的一个重要方面在于，白人和黑人获得身体和心理健康护理的机会不同。然而，文化标准也会影响人们在多大程度上去寻求心理帮助（Snowden & Yamada, 2005）。例如，研究表明，非裔美国人更可能将心理疾病解释为身体疾病。因此，他们不太可能获得必要的心理治疗（Bolden & Wickes, 2005）。

一旦人们开始寻求治疗，便出现了另一个多元化问题：具体的治疗方法是否在所有的文化群体中都具有同样的效果。虽然有很多研究验证了不同形式的心理治疗的效果，但仅有少数研究考察了这些治疗方法在少数族群中的疗效（Miranda et al., 2005）。幸运的是，目前有限的研究结果对标准心理治疗的普遍适用性持乐观态度。例如，一篇综述（本章后面将会介绍）发现，认知行为疗法在对少数族群成年来访者的治疗中非常有效（Voss Horrell, 2008）。我们需要更多研究来验证这些早期的发现。

同样，我们也需要更多研究来评估同一治疗方法对女性和男性的治疗效果（Sigmon et al., 2007）。在前面的章节中，我们回顾了心理障碍发生率的性别差异。回忆一下，例如，与男性相比，更多女性出现了进食障碍。因此，治疗进食障碍的大多数方法是针对女孩和年轻妇女（Greenberg & Schoen, 2008）。研究者必须要确定，同一种治疗方法对男性而言的有效程度。同样，研究者也必须确定，临床工作者一开始用于治疗男性心理障碍的方法，是否需要加以修正才可以用来治疗女性的障碍。

最后一个多元化问题涉及心理治疗师的培训：治疗师必须准备好提供具有文化敏感性的治疗。已经有研究者指出，治疗师尤其要具备*文化理解力*（Whaley & Davis, 2007）。文化理解力包含以下三个成分（Sue, 2006, p.238）：

- “文化意识和信念：治疗师要对自身的价值观和偏见有足够的敏感性，并能洞察到这些个人因素会影响其对来访者、来访者的问题以及咨询关系的理解。”
- “文化知识：治疗师要了解来访者的文化、世界观及其对咨询关系的期待。”
- “文化技能：治疗师能够以具有文化敏感性和相关性的方式进行干预。”

研究表明，在面对来自不同群体的病人和来访者时，治疗师的文化理解力越强，越能收到好的治疗效果（Worthington et al., 2008）。

在更详细地了解当代的治疗方法和治疗师之前，我们需要先来看看心理治疗的历史。

机构化治疗的历史

在过去几个世纪中，如果有人受到心理问题的困扰时会接受何种治疗呢？在大多数时候，他所得到的治疗不但无助于病情好转，而且可能是伤害性的。我们将循着历史足迹，介绍21世纪之前的机构化心理障碍治疗，现在的治疗正趋向于**去机构化**（deinstitutionalization），即将接受治疗的地点从精神病院转移到其他场所。

心理治疗的发展历史 14世纪的欧洲，大城市中人口的增长和移民的涌入使失业和社会隔离问题更加严重，从而导致了贫困、犯罪和心理问题。当时很快建立了一些特殊机构来安置三种被认为“不适应环境”的人：穷人、罪犯和受心理疾病困扰的人。

1403年，伦敦的伯利恒圣玛丽医院（St.Mary of Bethlehem）接收了首个有心理问题的病人。在以后的300多年里，这所医院里接受的心理疾病患者一直被锁链束缚着、拷打折磨着，并对公众进行公开的收费展览。在很长一段时间里，伯利恒被误称为疯人院，这不仅是因为该医院弥漫的恐怖和混乱，也是因为疯人院对病人的非人性化的治疗所致（Fousault, 1975）。

这种情况一直持续到18世纪后期，欧洲社会从那时起才把心理问题看成是心理疾病。法国大革命结束后，法国的一位医生**菲利普·皮内尔**（Philippe Pinel）于1792

年征得政府的许可，为关在精神病院的一些精神病人解开了枷锁。在美国，有心理困扰的个体被拘禁以便保护他们，同时也保证社区安全，但他们并未得到治疗。然而，到 18 世纪中叶，当心理学作为一个研究领域已经取得了一定的认可并得到尊重时，一种“可治愈的狂热”席卷全美。**多萝西·迪克斯**（Dorothea Dix，1802—1887）根据她在监狱工作时获得的第一手材料，在 1841 年到 1881 年期间付出全部身心，不断地改进对心理疾病的物理疗法。

19 世纪末到 20 世纪初，人们认为精神失常与城市发展所带来的混乱和环境的压力有关。为此，患者被关在郊区的精神病院里，远离了城市的压力，其目的不仅仅是为了保护病人，同时也是为了治疗工作的开展（Rothman, 1971）。不幸的是，许多这样的医院很快变得拥挤不堪。医院的目标不再是治疗病人，而是将这些奇怪的人收容到偏远地区。那些大的、人手不足的州立精神病院，对于精神困扰的个体而言，简直就像一个大仓库（Scull，1993）。在 20 世纪 60 年代，改革者开始反对这种仓储式的医院，而提倡去机构化，他们认为，至少对于那些能够通过门诊治疗和适当的社区支持而获得好转的精神病患者，不需要住院治疗。不幸的是，正如我们接下来要看到的，许多出院的病人在其社区中并没有得到足够的帮助。

18 世纪针对心理障碍的治疗方法的理念主要是把“不良情绪”从身体里驱赶出去。图中所示的是一种由费城治疗师本杰明·拉什倡导的“镇静椅”。关于心理疾病的治疗态度为什么会有所改变?

去机构化和无家可归　1969 年，美国的精神病院住院病人有 471 000 人。到 2002 年，锐减到 181 000 人（Substance Abuse amd Mental Health Service Administration, 2006）。其他国家也出现了和美国一样的情况（Fakhoury & Priebe, 2002）。正如我们在第 14 章中所看到的，这并不是因为患心理疾病的人在减少。这个改变反映了去机构化的过程：很多患有心理障碍的人选择在医院外接受治疗。去机构化不仅源于社会压力（也即反对将精神病患者“关押”在医院的运动），还源于治疗的真正进步。例如，在本章后面我们会讲到，有了药物治疗之后，精神分裂症患者可以在医院之外接受治疗。

很多转为一般治疗的人都有这样的想法：他们将在其他场所接受心理健康治疗。不幸的是，情况并非总是如此。事实上，很多人离开精神病院进入社区之后，不能应对他们的心理障碍。结果变成，他们离开机构后，变得无家可归。例如，研究者调查了 438 个患有严重的心理疾病的个体，其中有 24% 的人无家可归（Kuno et al., 2000）。1980 年进入州立精神病院的病人中，有 15.3% 的人无家可归。到 1996 年，这个比例增加到 20.2%，2003 年增加到 29.2%（Appleby et al., 2006）。当去机构化的人们无家可归时，他们的心理健康问题则会带来很多麻烦。例如，有研究者考察了患有严重心理疾病的个体沦落为暴力犯罪（如抢劫和袭击）受害者的比率（Teplin et al., 2005）。该研究调查了 936 名男性和女性，有 25.3% 的人遭遇过暴力犯罪，这一数字是普通人群的 11 倍。研究者认为，患有心理疾病的个体很难意识到危险，也不能很好地保护自己。

去机构化的另一个结果有时被人们称为“旋转门”：人们离开治疗机构后不久又会因为需要帮助而回来。一个大样本的研究考察了 29 373 名出院的精神分裂症患者。

研究者发现，42.5% 的参与者在出院 30 天之后又重新入院（Lin et al., 2006）。一般来说，40%~50% 的心理疾病患者在出院 1 年后又重新入院（Bridge & Barbe, 2004）。在这些案例中，病人离开医院时，他们心理障碍的症状已经恢复到可以在外界正常生活的水平。不幸的是，在治疗机构之外，常常没有合适的社区或人力资源来跟进治疗。在这个意义上，去机构化面临的问题是我们缺乏机构之外的社区资源。

STOP 停下来检查一下

❶ 治疗过程的主要目标是什么？
❷ 精神分析师需要哪些方面的特殊训练？
❸ 为什么文化理解力对于治疗师很重要？
❹ 关于去机构化，"旋转门" 表示什么？

心理动力学治疗

心理动力学派认为，心理问题是由于个体的无意识的冲动与其现实生活环境的限制之间存在一种心理压力所造成的。这类治疗将障碍的核心定位于个体的内心世界。我们将回顾精神分析学派的源头弗洛伊德及其追随者，然后再介绍当代临床工作者如何运用精神分析法。

弗洛伊德的精神分析学派

精神分析（psychoanalysis）由弗洛伊德创立，是探索神经症及焦虑个体的无意识动机和冲突的一种深层的、长期的治疗方法。正如我们在前面的章节中所看到的，弗洛伊德的理论将焦虑障碍看成个体无力解决内部冲突造成的，即本我的无意识及非理性的冲动被超我的社会限制所抑制，从而产生冲突。心理分析的治疗目标是重建个体心灵内部的和谐，增加对本我冲动的觉知，减少对超我要求的过分服从，使自我的力量强大起来。

对于治疗师来说，核心目的是要了解病人如何采用压抑过程应对自己内心的冲突。病人的症状体现的是从无意识层次传递出来的信息，说明某些地方出了问题。精神分析师的任务是帮助病人将被压抑的想法带到意识中来，领悟症状和被压抑的冲突之间的关系。从心理动力学的观点来看，只有病人从早年形成的"压抑中解放出来"，才说明治疗取得成功，病人获得康复。由于治疗师的中心目标是使病人领悟症状与过去经历之间的关系，因此心理动力学治疗常常又被称为**顿悟疗法**（insight therapy）。

在传统的心理动力学治疗中，治疗师试图重构长期被压抑的记忆，并帮助他们有效缓解这些痛苦的情感。精神分析取向通过几项技术来帮助病人将被压抑的冲突带回意识中并解决冲突（Luborsky & Barrett, 2006）。这些技术包括自由联想、对阻抗的分析、梦的解析以及对移情和反移情的分析。

为什么源自弗洛伊德研究的精神分析疗法通常又被称为“谈话疗法”（talking cure）？

自由联想和宣泄 在心理分析中应用最多的方法是探测无意识内容、释放被压抑的内心冲突，这种方法称为**自由联想**（free association）。此法让病人很舒服地坐在椅子里或以一种放松的姿势躺在长沙发上，让病人的大脑处于自由的状态，把在头脑中出现的想法、愿望、躯体的感觉和想象都讲出来。分析师鼓励病人说出自己的每种想法和感受，而不管这些想法、感受是否重要。

弗洛伊德坚持认为，自由联想中的内容不是随机出现的，而是事先存在于个体的内心。分析师的任务就是探索这些联想的源头，并确认外显的词语背后有什么样的重要反应模式。分析师鼓励病人表达自己强烈的情感，这种情感通常是针对某些权威人士的，由于害怕受到惩罚或报复而被长期压抑在无意识之中。这类情感的释放，无论是由自由联想或者其他治疗程序所引发，都被称为**宣泄**（catharsis）。

阻抗 精神分析师在治疗过程中会特别重视病人不愿意讨论的一些主题。在自由联想的过程中，病人有时会表现出**阻抗**（resistance）——不能或不愿意讨论某些观念、意愿或经历。这类阻抗被认为是无意识和意识之间的障碍。与阻抗有关的内容常常涉及个体的性生活（包括所有引发人快感的事物）、对父母的敌意、憎恶感。当这类被压抑的事物最终被说出来时，病人一般都会声明那些事物是不重要的、荒谬的、无关的，或者不值得讨论，等等。治疗师却相信这些恰恰是有用的信息。心理分析的目的就是要打破阻抗，使病人敢于面对那些使他们感到痛苦的观念、意愿和经历。

梦的解析 精神分析师相信梦是病人无意识动机的重要信息来源。当人们入睡时，超我对本我的那些不被接受的冲动的警戒可能有所下降，所以那些在清醒时不能表达的动机就会在睡梦中出现。在精神分析看来，梦包含有两类内容：一类是显梦（以视觉形式表现出来），即人们在清醒时可以回忆起来梦的内容；另一类是隐梦（隐含的内容），即无意识中寻求表达的实际动机，因其内容是令人痛苦或无法接受的，所以在表达时需要进行伪装或以象征性的形式表现出来。治疗师为了揭示那些隐含的动机就要采用**梦的解析**（dream analysis），这种方法考察梦的内容，以发现那些潜在的动机，以及某些重要生活经历或愿望所具有的象征意义。

移情和反移情 在深入进行精神分析治疗的过程中，病人常常会对治疗师产生一种情绪反应。治疗师通常会被当作个体过去某种情绪冲突的对象，而最为常见的是父母或爱人。这种情绪反应被称为**移情**（transference）。移情包括正移情和负移情，前者是指病人针对治疗师的情感是爱或崇敬；后者是指病人的情感是敌意或嫉妒。病人的态度常常是矛盾的，同时包含着正性的和负性的两种情感。分析师要把握和处理好移情并非易事，因为病人的情感是非常敏感和脆弱的；然而，把握和处理移情又是治疗的关键部分。治疗师需要向病人解释移情，使其了解他们现在的移情源自其早期的经历和态度。

相似的情感也同样会出现在治疗师对病人的反应中。**反移情**（countertransference）是指治疗师可能会觉得某个来访者与自己过去生活中的重要之人很相似，进而对该来访者产生喜欢或憎恨的情绪及相应反应。治疗师对反移情的分析，可以使他发现自己潜意识中的动力学内容。治疗师对病人而言是“生活中的一面镜子”，而病人反过来也可以使治疗师发现真实的自己。如果治疗师无法发现自己的反移情，则治疗可能不会有成效（Winarick, 1997）。由于这类治疗关系所引发的强烈的情绪反应和病人的敏感性及脆弱性，治疗师必须十分清醒地把守住对病人的职业性关心和个人情感卷入的界限。这类治疗情境非常明显地将人放在了不平等的位置上，治疗师对此必须有充分的认识，并遵从有关的职业规范。

后续的心理动力学治疗

弗洛伊德的追随者保留了他的许多基本观点，但修正了某些治疗的原理和实践内容。概括而言，新弗洛伊德学派与弗洛伊德不同的方面是：（1）更强调病人现在的社会环境（较少关注过去的情况）；（2）更强调个体生活经历的持续影响（而不仅仅是儿童期的冲突）；（3）更强调社会动机和人际关系的作用（而不是生物本能和对自我的关注）；（4）更强调自我的功能和自我概念的重要性（较少强调本我和超我之间的冲突）。

在第 13 章中，我们已经对两位著名人物荣格和阿德勒进行了介绍，为了使读者对近现代心理动力学流派有更多了解，我们将对斯塔克·沙利文（Stack Sullivan）、梅拉尼·克莱恩（Melanie Klein）的工作进行介绍（参见 Ruiten-beek, 1973，以了解弗洛伊德学派的更多其他成员）。

亨利·斯塔克·沙利文（Sullivan, 1953）认为，弗洛伊德的理论和治疗没有考虑到社会关系的重要性，没有考虑到病人有被他人接受、被尊重和被爱的需要。他坚持认为，心理障碍并非仅仅涉及创伤性的内部心理过程，而且包括了人际之间的纠葛，甚至强大的社会压力。焦虑障碍和其他心理疾病的产生，正是源于个体与父母或其他重要他人关系中的不安全感。这种重视人际关系的治疗，强调观察病人对治疗师表现出的态度所产生的感受，治疗会谈同时也是一种社会交往，任何一方的情感和态度都会受到另一方的影响。

梅拉尼·克莱恩的理论和弗洛伊德的理论有何不同?

梅拉尼·克莱恩（Klein, 1975）背离了弗洛伊德所强调的俄底浦斯冲突是心理病理学的主要来源的观点。她认为俄底浦斯冲突并不是心理组织中最重要的元素，死本能先于性意识而存在，并导致了内部攻击性冲动，这一本能是心理组织中的一个重要元素。她提出攻击和爱是心理组织中两种基本的力量，攻击产生分裂，爱将心理组织联合起来。对于克莱恩而言，有意识的爱是与对我们所爱之人的破坏性的仇恨和潜在暴力倾向的悔恨联系在一起。对此克莱恩解释道：“所有的人都必须面对一个非常神秘的事情，那就是爱和仇恨——我们个人的天堂与地狱——两者无法截然分开”（Frager & Fadiman, 1998, p.135）。克莱恩运用大量的治疗方法来解读病人身上的攻击性和性驱力，在此方面她是一个先驱。

在当代的治疗实践中，精神分析师继续采用弗洛伊德及其追随者提出的基本概念。大多数精神分析治疗的核心焦点是人际冲突。在这一背景下，个体治疗师可能会或多或少地强调一些具体过程，比如对移情的解释（Gibbons et al., 2008）。治疗师在解释病人生活经历时所扮演角色的活跃度也有所不同。最后，传统的精神分析治疗通常需要很长一段时间（至少是几年，并且每周至少五次会面）。它还需要病人能够内省，口头表达流畅，有强烈的治疗动机，愿意并能够支付高昂的费用。现在，新式的心理动力学疗法正在缩短整个治疗过程。

心理动力学疗法的一个重要目标是，让病人能够洞察并领悟人际冲突，而这是其心理障碍的基础。我们接下来要介绍的行为疗法则更关注用来界定心理障碍的不良行为。

STOP 停下来检查一下

❶ 为什么心理动力学治疗又称为领悟疗法？
❷ 什么是移情？
❸ 死本能在梅拉尼·克莱恩的理论中有什么作用？

行为治疗

心理动力学治疗关注人的内部原因，行为治疗学派则关注可以观测的外显行为。行为治疗家主张，如同正常行为一样，异常行为也是习得的，即通过基本的条件作用原理和学习原理习得。行为治疗主张应用条件作用原理和强化原理去矫正那些与心理障碍相联系的不良行为模式。

行为治疗（behavior therapy）和**行为矫正**（behavior modification）常常被交替使用，两者均系统地采用学习原理以增加适应性行为，减少问题行为。可运用行为疗法进行治疗的异常行为及个人问题非常广泛，如恐惧、强迫行为、抑郁、成瘾行为、攻击行为以及违纪行为等。一般而言，行为治疗对于特定问题的干预效果好于对宽泛的个人问题的干预，即与弥散性焦虑相比，行为治疗更适于对恐惧症的治疗。

由条件作用原理和学习理论发展而来的行为治疗扎根于实用的、经验主义的研究传统。行为治疗认为，有机体的中心任务是学习如何适应当前社会和自然环境。当有机体无法学习如何有效地应付环境时，他们可以通过以学习（或再学习）原理为基础的治疗去克服那些非适应性行为。在行为治疗中，靶行为并不被假定为任何潜在过程的一种症状，症状本身就是问题。心理动力学的治疗师预言，如果只治疗外在行为而不正视真正的、内部的问题，将引发替代性的症状，就会在躯体或心理上表现出新的症状。然而，研究表明，当某些病理性行为被行为治疗消除以后，个体并未出现新的替代性症状（Kazdin, 1982; Wolpe, 1986）。“与此相反，靶症状得到改善的病人常常报告说，其他不那么重要的症状也得到了改善”（Sloane et al., 1975, p.219）。

下面让我们看一下能解除个体痛苦的各种行为的治疗。

反条件作用

为什么有些个体在面对无害的刺激时会非常焦虑？例如看到了一只蜘蛛、一条

生活中的心理学

被压抑的记忆是否会影响生活

1969 年 9 月 22 日，8 岁的苏珊·纳森在她北加利弗尼亚的居所处失踪了。1969 年 12 月，人们发现了她的尸体。在其后 20 年的时间里，没有人知道是谁杀害了她。直到 1989 年，苏珊的朋友艾伦·富兰克林—利普斯科找到镇调查员，说她在心理治疗的帮助下，已经回忆起了被压抑很久的、关于苏珊被害的恐怖情况。在 1990 年秋季，艾伦正式证实，在 20 多年前她亲眼目睹了她的父亲乔治·富兰克林对苏珊进行性侵犯并用一块岩石将苏珊击打致死的情景（Marcus, 1990; Workman, 1990）。依据这一证据，我们足以将乔治·富兰克林判为一级谋杀。但由于审判中的技术性错误，富兰克林只坐了五年牢便被释放。在那五年里，其女儿记忆的有效性也受到了很大质疑。此外，一个陪审团最早发现，20 岁时记忆的突然恢复是非常可信的。

从理论上讲，这种记忆为何能保存 20 年之久呢？要回答这一神秘的问题，需要从弗洛伊德关于被压抑记忆的理论中寻找答案。正如我们已经提醒读者的那样，弗洛伊德（Freud, 1923）认为，当某些人的生活经验对他们良好的生存状态构成威胁时，个体就会压抑这些记忆，即把其从意识之中驱逐出去。临床心理学家常常能够通过解释压抑记忆对人造成的影响，而帮助来访者走出混乱的生活模式，重新掌控他们的生活。心理治疗的一个重要目标就是宣泄那些被压抑的记忆。

但是，并不是所有受到压抑的记忆都能回忆出来。近年来，大量媒体都在报道被压抑记忆的神奇恢复。经过相当长的一段时间，个体报告说突然鲜活地回忆起了一些恐怖的事件，例如谋杀或童年期性虐待等等。这些回忆是否都是真实的？

我们在第 7 章对有关记忆的研究进行了回顾，有些研究是专门针对目击证人的，这些研究可能使人们对回忆持一种怀疑论的观点（Loftus & Davis, 2006）。你可能会回忆起，人们认为真实的记忆信息，实际上却并非真实的情况。你可能会发现，即使证人被告知他们被误导了，他们仍然坚信自己的回忆。因此，非常有把握的回忆也不能保证记忆的来源。

临床人士同样担心，那些相信被压抑记忆的治疗师，有可能通过心理治疗的机制将这种观念植入病人的信念之中（Lynn et al., 2003）。那些相信被压抑记忆的治疗师通常会鼓励病人努力去发现这些记忆，并且当这些记忆出现的时候，治疗师会给予病人口头上的鼓励（de Rivera, 1997）。在一项研究中，研究者招募了 128 位声称自己有童年性虐待经历的参与者（Geraerts et al., 2007）。大多数参与者（128 位中的 71 位）对虐待有连续的记忆。也就是说，他们回忆自己在生活的任何阶段都经历了虐待。另外 57 位参与者的记忆是不连续的。通过治疗，其中 16 位参与者已经恢复了有关虐待的记忆，而剩余的 41 位参与者在没有任何帮助的情况下也恢复了此类记忆。研究者让访谈者到现场去试图发现能够证实参与者虐待记忆的证据。对于 45% 的具有连续记忆的参与者和 37% 的自动恢复记忆的参与者而言，这是可行的。然而，对于那些在治疗中恢复记忆的参与者，访谈者没有发现任何有效的证据。

这一研究证明，恢复记忆的一些报告具有事实依据。然而，研究也表明心理治疗的过程可能会引导人们创造虚假记忆。相信被压抑的记忆是可以恢复的，这一点对于接受心理治疗的病人而言有许多好处。尽管如此，如果你想探讨是否可以用被压抑的记忆来解释你现在的不幸，你必须首先确定，你没有被动地接受其他人对你生活的解释。

无毒的蛇，或在社会交往时感到焦虑。行为治疗以我们在第 6 章和第 14 章中所论述的简单条件作用原理来解释焦虑。影响到个人生活的某些强烈情绪反应（“不需要什么特别的理由”）通常是条件反应，而人们自己却不能意识到这是先前习得的反应。在**反条件作用**（counterconditioning）中，个体要学习一个新的条件化的反应去替代或“对抗”适应不良的反应。行为治疗的早期工作都是按照这一原理进行的。**玛丽·琼斯**（Jones, 1924）的工作表明，恐惧可以通过条件作用被消除（读者可以将下面提到的琼斯的案例与第 6 章中小阿尔伯特的例子进行对比）。

> 她的病人叫彼得，是一个 3 岁的小男孩，由于某种不明原因，他害怕小兔子。治疗过程中先将彼得安置在房间的一边，将兔子放在房间的另一头。通过一系列的阶段，兔子被逐步地放到接近彼得的地方，直到最后，彼得不再害怕兔子，并能够自由自在地与兔子一起玩耍。

以琼斯的工作为基础，行为治疗的治疗师们采用了若干种反条件作用的技术来进行治疗，其中包括系统脱敏法、满灌疗法、暴露疗法和厌恶疗法。

暴露疗法　**暴露疗法**（exposure therapy）的核心成分是让个体直接面对引发焦虑的客体或情境。这种治疗方法的原理是暴露导致反条件作用——让个体在引发高焦虑的情境下学着放松。根据人们暴露在焦虑源面前的时间和情境不同，暴露疗法也有所不同。

例如，**约瑟夫·沃尔普**（Wolpe, 1958, 1973）观察发现，神经系统无法同时处于放松和兴奋状态，因为这是两个不相容的过程，所以无法同步出现。这一原理是交互抑制理论的核心观点，沃尔普采用这一理论对恐惧和恐惧症进行了治疗。沃尔普首先教会病人放松自己的肌肉，然后让他们想象令其害怕的情境，由最初的远距离联想，逐步地向直接想象过渡。在放松的状态下，逐步地想象令他们害怕的刺激，从心理上直视刺激，这种治疗技术被称为**系统脱敏法**（systematic desensitization）。

脱敏治疗包括三个主要步骤。首先，来访者需要确认引发其焦虑的刺激，并将这些刺激按照引发焦虑的程度由弱至强进行等级排列。例如，一个学生患有严重的考试焦虑，她对引起其焦虑的刺激情境做出等级排列，见**表 15.1**。请注意，她把“考试马上要到来”（No.14）看做比“考试本身”（No.13）还要严重的压力。第二，来访者必须系统地接受渐进式深度放松肌肉的训练。放松训练需要占用几次治疗的时间，因为来访者需要学会区别紧张和放松的感觉，以便在躯体上和心理上能够达到放松的状态。最后进行实际的脱敏程序：处于放松状态的来访者从恐惧程度最弱的刺激开始进行生动地想象。如果来访者能够在生动的视觉想象中不再对该刺激感到不安，就可以对下一个恐惧刺激进行想象了。经过一系列的过程，来访者开始能够放松地想象最严重的情境。

为什么许多治疗焦虑障碍的方法被称为暴露疗法?

系统脱敏疗法让参与者逐步地暴露于诱发焦虑的刺激下。治疗师探索了各种各样的技术，有些是让参与者迅速地暴露在刺激面前。例如满灌疗法，在得到来访者许可的情况

表 15.1 一名考试焦虑的大学生所述诱发焦虑刺激的层级表（按焦虑升高的次序排列）

1. 距考试一个月以前
2. 距考试两个星期之前
3. 距考试一个星期之前
4. 距考试 5 天之前
5. 距考试 4 天之前
6. 距考试 3 天之前
7. 距考试 2 天之前
8. 距考试还有 1 天
9. 考试之前的那个晚上
10. 面对试卷时
11. 等待发试卷时
12. 在到达考场的门口时
13. 在回答试卷时
14. 考试当天走在通往学校的路上时

下，使其真正置身于令其恐怖的情境之中。让具有幽闭恐惧症的人坐在黑暗的小储藏室里，或把一个害怕水的孩子放入游泳池里。研究者成功地治疗了一个 21 岁的大学生对气球爆破声的恐惧症，这一治疗共进行了三次，打破了上百只气球（Houlihan et al., 1993）。在第三次治疗中，他还自己打破了最后的 115 个气球。满灌疗法也可以从想象开始，这是此法的另一种形式。当以此形式治疗时，治疗师可能会给来访者播放录音，该录音详细描述其最害怕的情境，让来访者听一到两个小时。一旦恐惧有所消退，来访者就被带到令其害怕的真实情境之中。

当暴露疗法刚刚产生时，治疗师让个体通过想象或真实地接触暴露在刺激面前。最近，临床医生开始通过虚拟现实的技术提供暴露治疗（Power & Emmelkamp, 2008）。这个研究以害怕飞行的个体为参与者，将虚拟现实疗法与标准的暴露疗法相比较。

一组研究人员招募了 50 位害怕飞行的人，他们对飞行的恐惧程度达到了心理障碍的标准（Rothbaum et al., 2006）。其中一半人接受标准形式的暴露疗法，大部分治疗在真实的机场中进行。在几个阶段的练习中，参与者要接触与飞行相关的各个方面，这些方面使他们的焦虑逐渐升级，一开始是查看票务区域，最后是登上飞机。剩余的参与者在虚拟环境中接受暴露疗法。他们在模拟飞机中体验登机、飞机起飞和降落。当他们的同伴们接触真实环境时，他们需要留在虚拟场所直到焦虑缓解。为了测量每种干预方法的效果，研究者通过《飞行恐惧量表》测量了参与者对飞行产生的特有的不适。两种治疗方法都一致而持久地缓解了参与者的恐惧。实际上，治疗结束后，当研究者邀请参与者乘飞机时，每组都有 76% 的人接受了邀请，而控制组（未接受治疗）中接受邀请的人只有 20%。

暴露疗法对于治疗恐惧症很有效。虚拟现实技术预示着不用冒险和花费时间进入真实世界，就可以为个体提供强有力的暴露体验。

暴露疗法也被用于强迫性障碍，但是，这种治疗增加了另外一个要素：*反应阻止*。来访者不仅要接触自己所害怕的事物，还要抑制自己做出通常能减轻焦虑的强迫行为。我们来看一项关于 20 个患有强迫症的儿童和青少年的研究（Bolton & Perrin, 2008）。因为每一位参与者都有不同的强迫观念和强迫行为，所以需要采取一对一的治疗。然而，治疗的核心要素是相同的：每个参与者都要接触给他带来困扰的客体，但是要练习抑制自己做出强迫行为。这一治疗程序带来了很好的效果。

厌恶疗法 上面描述的暴露治疗可以帮助来访者直接应付那些实际上对他们没有伤害性的刺激物。但是，当人们迷恋某些对他们有伤害性的刺激时应该怎样帮助他们呢？药物成瘾、性心理异常、无法控制的暴力等人类异常行为都具有明确的诱发性刺激。**厌恶疗法**（aversion therapy）运用反条件作用的程序，将这些诱发性刺激与一种强烈的、令人厌恶的刺激，如电击或让人呕吐的药物等，反复匹配。在这种情况下，这些诱发性刺激会不断引发同样的负性反应，来访者逐步发展出了一种对原先喜欢

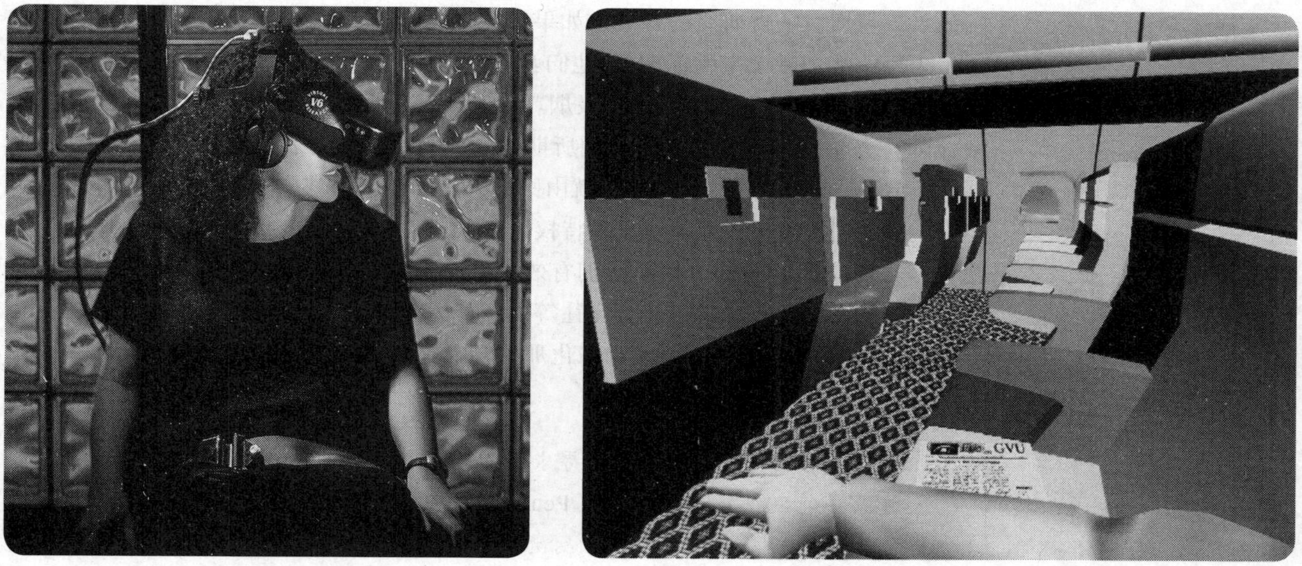

行为治疗师如何利用虚拟现实暴露疗法来帮助来访者克服对飞行的恐惧?

的刺激的厌恶反应，即厌恶替代了对某种刺激的喜爱。例如，用厌恶疗法治疗那些有自残行为的个体，有的人会猛打自己的头或将头猛烈撞向其他物体，治疗中当病人出现这种行为时就给予其一个轻微的电击，这种治疗对消除某些自残行为很有效，当然，它并不是对所有的病人都有效（Duker & Seys, 1996）。

在最极端的情况下，厌恶治疗类似于对人的折磨，那么人们为什么还要自愿地服从这一治疗呢？治疗师通常需要帮助病人认识：坚持原有的行为模式将会带来长期不良后果，即这些行为会损害他们的身体健康，或毁了他们的事业或家庭生活。另外，接受这一治疗的人也可能面临来自特定机构的压力，例如在某些监狱中实施的治疗就是如此。然而，厌恶治疗在特定机构的康复项目中的应用已受到伦理条例和各州立法的规范。我们希望，有了这些规范，厌恶治疗能作为一种治疗手段得到很好的应用，而不是一种强制性手段。

权变管理

反条件作用适用的情况是一种反应能够被另一种反应所替代。其他行为矫正程序的建立则依赖于由斯金纳提出的操作性条件作用原理的应用。**权变管理**（contingency management）是借助改变行为的结果来改变行为的一种治疗策略。其中有两种最主要的技术，分别是正强化（又译作阳性强化）策略和消退策略。

正强化策略 当出现某种反应之后马上给予奖赏，这个反应就会倾向于重复出现，而且反应出现的频率也会增加。这一操作性学习的核心原理已成为行为治疗的策略，可提高所希望的行为出现的频率，以替代某种不希望出现的行为。将正强化运用于矫正行为问题的努力已经取得了极大的成功。

现在你可能已经回忆起第 6 章中提到的行为塑造技术，研究者强化那些与期望行为相接近的行为。我们来考虑一下，行为塑造如何帮助吸烟者减少吸烟（Lamb et al., 2007）。研究者测量了每位参与者呼出的一氧化碳（BCO）水平，以确定他们初始的吸烟习惯。随着研究的开展，如果参与者能够使其BCO水平降到某个特定的水平（为每位吸烟者设定的标准），他们就会得到现金奖励。这些目标不断升级，从而塑造参与者养成期望的行为，不再吸烟。在第6章，我们也讲了代币制，在那个例子里，治疗师首先明确定义了什么是我们所期望的行为（例如能表现对人的关心或按时服药），当病人表现出这些行为时，就由医护人员给予代币式的奖励；当病人积攒了一定量的代币时，就可以此换取某种特权（Kazdin, 1994; Martin & Pear, 1999）。这一强化程序在矫正病人的行为方面特别有效，有助于提高他们对自我的关心程度，保持周围环境的整洁，积极进行社会交往等良好行为。

另一些治疗中，治疗师区别强化那些与非适应性行为不相容的行为。这一技术对药物成瘾者的治疗效果显著。

> 研究者招募了142名前来寻求帮助的可卡因和鸦片（如海洛因）依赖的个体，实施了一个为期12周的实验（Petry et al., 2005）。所有的参加者都接受了一系列咨询会谈，学习如何克服依赖行为的策略和技巧。除了这个标准的治疗外，对于其中的53名参与者，当其尿液检查没有呈药物阳性时，她们就可以得到代金券的奖励。参加者第一次药检呈阴性时，她们可以得到1美元的代金券，只要这种情况在药物检查中能够得到保持，在每一次检查之后她们得到的代金券额度会增加1.5美元。出现阳性的药检结果后，他们的代金券额度又会回到刚开始的1美元。而对于另外51名参与者，根据其阴性药检结果进行奖赏。为了赢得奖赏，参与者需要从一个大壶中抽卡片。大多数卡片上（62.8%）写着“干得不错，再试一次”，其他的卡片提供了1美元、20美元到100美元不等的奖赏。当第一次出现阴性药检结果时，参与者从壶中抽一张卡片。之后每一次药检呈现阴性结果，他们就可以额外多抽一次卡片。如果出现阳性药检结果，他们就只能抽一次。研究者评估了每一个方案的有效性，例如，测量了每个小组中参与者连续节制的平均周数。只接受标准治疗的小组的节制时间是4.6周，代币组是7.0周，奖赏组是7.8周。这些权变管理治疗增加了参与者戒除药物的可能性。

研究证实，两种不同的权变管理方案——代币和奖赏——可以成功地用于治疗药物依赖。你可能已经发现，我们这里提及的方法的原理与前面所描述的激发反条件作用的程序的原理相同：运用基本的学习原理以增加适应性行为出现的可能性。

消退策略 当人们有可能采用其他方式时，为什么却仍坚持做给他们带来痛苦和苦恼的事情呢？答案在于许多行为会带来多种不同的结果，其中有些是消极的，有些却是积极的。有时，一些小的正性强化会使人保持某种行为，尽管这一行为会带来明显的负性结果。例如，如果惩罚是儿童获得成人关注的惟一的方式，那么当儿童因为其不恰当的行为受到惩罚时，他就有可能继续这一行为。

当不能确定什么情境造成了不良行为的强化时，消退法是非常有用的。首先仔细分析情境以确认强化物，然后，在不良行为出现时通过某种方法撤销这些强化物。实施这一程序时，在相关情境中任何一个可能不经意地给被治疗者的行为以强化的人都需要进行合作，这样一来，消退程序才可能使不良行为的出现频率下降，或最终完全消除这种行为。让我们以教室中的行为管理作为例子。一个患有多动症的小男孩通常会在课堂上做出一些干扰性的开小差行为，这会给老师带来麻烦。研究者发现，当这个学生做出开小差行为时，老师对他的关注恰恰从正面强化了他的行为（Stahr et al., 2006）。当老师不再关注他的不当行为时，其行为反而有所改进。

精神分裂症病人的症状也会由于某些无意识的强化而得以维持甚至发展。让我们看下列的情形：在许多精神病院里，一个典型的情境就是医护人员常常会问病人“你感觉怎么样？”这是一种正常的交往形式，而病人常常会错误地理解这一问题，认为这是在询问与诊断有关的信息，他们就会去想并谈论他们的感受、罕见的症状和幻觉。结果可能是非建设性的，这一做法可能使医护人员认为病人专注于自我，行为表现异常。事实上，病人的症状和言语表达越古怪，医护人员就越是关注病人异常的症状，进而强化他们的异常症状。在一个经典的研究中，简单地要求医院的医护人员忽视病人的异常行为，只有当病人的行为正常时才给予关注。医护人员这样做之后，人们所观察到的病人的精神分裂症症状明显地减少了（Ayllon & Michael, 1959）。

社会学习疗法

社会学习理论家扩大了行为治疗的范围，他们指出，人类通过观察其他人的行为就可以发生学习。通常，你会通过观察生活、电视或电影中他人的经历来学习和应用原理到新经历中。**社会学习疗法**（social-learning therapy）通过设计特定情境，让来访者观察到，榜样在该情境中因表现出适应性的行为而得到强化，进而矫正来访者的问题行为。这种替代性的学习在帮助来访者克服恐惧症和学习社会交往技能方面很有价值。我们在前面的章节中已经说过，社会学习理论的发展很大程度上与阿尔伯特・班杜拉的开创性研究有关。下面我们将只介绍他的理论在榜样模仿和社交技能训练这两方面的应用。

榜样模仿　社会学习理论认为，个体是通过观察他人而获得某种反应的。因此，有恐惧症的人同样能够通过模仿榜样的行为而祛除恐惧的反应。例如，在治疗对蛇恐惧的人时，治疗师首先演示并不害怕的趋近行为，让榜样一步一步地逐渐接近蛇，最终接近蛇笼或触摸蛇。通过观看演示，治疗师鼓励并协助来访者一步步地模仿治疗师的行为。来访者逐渐习得这种接近的行为，最终能够抓起蛇，并让蛇在身上自由地爬行。无论何时，来访者都不会被强迫完成某种行为，在任何水平出现阻力时，都可以让来访者回到前一个已成功克服的、威胁性水平较低的接近行为。

已有研究将这种**参与性模仿**（participant modeling）与符号性模仿、脱敏治疗和控制组的情况进行过比较。在*符号性模仿治疗*中，让已经接受过放松训练的来访者观看一部电影，电影中有若干不害怕接触蛇的榜样。参与者在看电影的过程中如果感到焦虑，即可在任何一处要求停放电影，并进行放松。控制组参与者没有接受任何治疗性的干预。读者可以在**图 15.1** 中看到研究结果，其中参与性模仿的干预效果最好，该组的 12 人中有 11 人完全消除了对蛇的恐惧（Bandura, 1970）。

社交技能训练　社会学习治疗师鼓励人们用一种创新性的治疗方法来训练那些缺乏社交技能的人，使其社交行为变得更加有效。如果一个人患有心理障碍，且与世隔绝、行为不合时宜或缺乏自信，那他就会面临许多困难，即使只是日常生活中的一些小问题。*社交技能*指人们与他人接近或交往时能够有效地达到其社交目标的一系列行为反应。这些技能包括在特定的情境中知道该说该做*什么*（内容），以便能引发自己所希望的反应（结果），*如何*去说或去做（方式），以及*何时*去说或去做（时机）。

为了帮助人们获得这样的技能，社会学习治疗师推荐采用**行为演练法**（behavioral

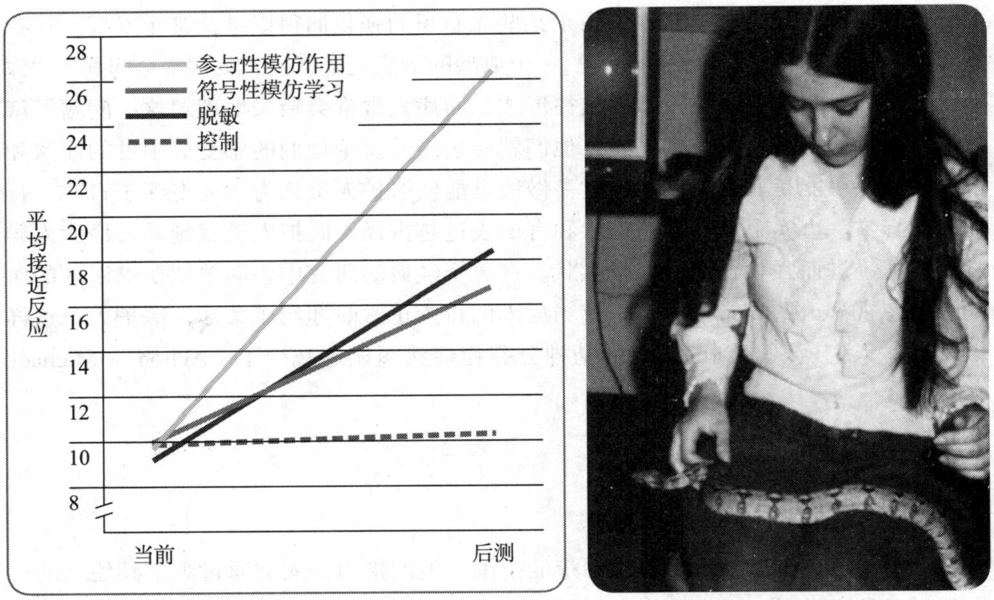

图 15.1

参与者榜样作用治疗

照片中的参与者首先观看一个榜样逐渐接近蛇的行为及其反应，然后让她模仿。她最终能够拿起蛇并让它在自己身上爬行。图表显示了参与者接受参与性模仿样治疗（更有效）前后的情况，并将之与接受其他两种治疗干预的参与者和控制组进行了比较。

资料来源：Albert Bandura, from "Modeling Therapy." Reprinted by permission of Albert Bandura.

rehearsal)，向个体清楚地呈现特定情境下一个人应该有什么样的行为以及该行为带来的积极结果。演练可用于帮助个体建立或增强各种基本技能，从个人的卫生习惯、工作习惯到社会交往技能。研究证明，社交技能训练能够有效地提升不同群体的社交能力，比如患有精神分裂症的成人、有情绪障碍和（或）行为障碍的青少年（Cook et al., 2008; Kurtz & Mueser, 2008）

泛化技术

行为治疗师一直非常关心来访者在治疗情境中学习到的新行为模式是否能够用于日常生活之中（Kazdin, 1994)，这个问题对于任何治疗学派来说都非常重要，因为，对于任何疗效的评估必须考虑来访者离开诊所以后的情形，评估治疗效果的持久性。

由于治疗情境缺乏来访者真实生活中的基本要素，所有治疗过程中出现的行为改变很可能会在治疗会谈结束后消逝。为了预防这种情况的发生，在治疗过程中建立稳定治疗效果的泛化技术就成为治疗实践中的组成成分之一了。这一技术旨在增加治疗中的靶行为、强化物、榜样、刺激等与实际生活情境中事物的相似性。例如，在治疗中教授的有礼貌的行为或关心他人的行为，在个人生活的自然情境中很可能会得到强化，例如表现出礼貌或宽容。来访者在实际生活中并非总能得到奖励，所以治疗师在治疗中就制定了部分强化计划，以保证来访者的行为在真实的世界中能够坚持下去。使用这样的程序时，个体对明显的外部奖励的期待会逐渐减弱，社会称赞和自然发生的结果，包括个体的自我强化，会被个体同化。

例如，行为治疗师使用消退法来治疗一个拒绝喝牛奶的小男孩（4 岁 10 个月大）（Tiger & Hanley，2006）。为了让他喝牛奶，治疗师告诉他的老师在一杯牛奶中混入少量巧克力糖浆。加入巧克力糖浆之后，小男孩喝掉了这杯牛奶。在接下来的 48 次用餐中，老师逐渐减少巧克力糖浆的量，直到提供给小男孩的杯子里只有纯牛奶。在此次干预的最后，小男孩一直都在喝纯牛奶，在家里也喝，这说明小男孩的喝奶行为从教室泛化到了其他场所。

在我们进入认知疗法之前，先回顾一下前面所讲过的两种治疗方法的差异——精神分析疗法和行为疗法——见**表 15.2** 中的总结。

表 15.2　精神分析治疗和行为治疗比较

分歧焦点	精神分析	行为治疗
基本的人性	生物学本能、原始的性冲动和攻击冲动要求即刻的释放和满足，这使人与社会现实的要求发生冲突。	人与其他动物相似，出生以来就具有学习的能力，而且遵从着与任何物种都相似的原理进行学习。
人的正常发展	成功地解决每一发展阶段的冲突，个体就能够获得成长。通过认同和内化机制，成熟的自我能够控制并保持内部的秩序。	适应性行为是通过强化和模仿学习而习得的。
心理病理学的特点	心理病理学反映了个体内部不良的解决冲突的方式，或者个体的心理固着于早期的某个发展阶段，表明冲动的力量过强或控制能力过弱。症状是对焦虑的防御性反应。	问题行为是由于适应不良的错误学习所导致的。症状即是问题，症状背后不存在什么潜在的病症。
治疗目标	使个体的性心理成熟起来，增强自我功能，降低无意识的控制和对冲动的压抑。	以适应性行为替代或消除症状性行为。
强调的心理领域	个体体验到的动机、情感、幻想和认知。	治疗涉及行为和可观察到的情感及行动。
时间定向	倾向于发现那些过去的冲突及被压抑的情感，对其进行解释，以使现在的生活得以改变。	仅仅关注来访者的强化历史，个体现在的行为才是治疗关注的重点。
无意识材料的作用	在经典的精神分析中，无意识的材料是最为重要的，但新弗洛伊德学派则较少强调这一点。	对无意识过程并不关注，甚至对意识范畴内的主观经验也不关注。
领悟的作用	治疗的核心是使来访者达到领悟，这表现在来访者出现“正确的情绪体验”上。	领悟与治疗无关，或者并不是必须要达到的。
治疗师的角色	探测出来访者内心冲突和阻抗的根源，保持分离和中立以便促发来访者的移情反应。	作为一个训练者要帮助来访者祛除旧的行为，学习新的行为。重要的是要控制强化水平，人际关系是次要的。

STOP 停下来检查一下

❶ 反条件作用的基本原理是什么？
❷ 当临床医生允许病人获得代币时，使用的是什么学习原理？
❸ 如果有人接受了社会学习治疗，可能会发生什么？
❹ 精神分析治疗和行为治疗中治疗师的角色有何差异？

批判性思考：请回忆利用代币和奖赏治疗药物依赖的研究。为什么参与者给出阳性样本时奖品数量或抽卡片的次数变回最小？

认知治疗

认知治疗（cognitive therapy）通过改变来访者对于其生活经历的思维方式，以此来改变他们有问题的情感和行为。这类治疗的潜在假设是，人们所想的内容（认知内容）和他们如何去想（认知过程）是造成异常行为模式和情绪困扰的原因。认知疗法将治疗的重点放在改变认知过程上，提出了重建认知的不同方法。在第12章中，我们在论述如何应对应激和如何改善健康状况时对某些认知疗法的观点进行了讨论，在这一部分，我们将讲述两种主要的认知疗法，即认知行为疗法和改变错误信念。

改变错误信念

一些认知行为治疗师将改变信念、态度和习惯的思维模式视为其主要目标。认知治疗师认为，许多心理问题是由于人们在考虑自己与他人的关系时或他们面对事件时运用不良思维方式导致的。那些错误的想法可能源于：（1）非理性的态度（“作为一个学生最重要的一点是在各方面都要尽善尽美”）；（2）错误的前提假设（“如果我做到别人要求我做的所有事情，我就会成为最受欢迎的人”）；（3）以僵化的规则指导自己的行动，即使这些规则是无用的，仍然在重复先前的错误（“我必须服从权威”）。情绪的困扰是由于认知错误和无法区分现实与想象（或期望）所导致。

对抑郁的认知治疗　认知治疗师采用有效的问题解决技术来帮助病人矫正其错误的思维模式。艾伦·贝克（Aaron Beck）作为认知疗法的先驱人物，已经成功地采用这种疗法治疗了许多抑郁症病人（Beck, 1976）。他指出，治疗应以下列简单的方式进行：“治疗师帮助病人确认其歪曲的思维，并帮助他们学习以更为现实的方式去建构自己的经验”（p.20）。例如，治疗师可能会要求抑郁症患者写下对自己的那些消极想法，并帮助他们分析为什么他们的自我批评是不正确的，并使来访者形成更为现实的（更少破坏性的）自我认知。

贝克相信抑郁症状之所以能够持续，是因为病人没能意识到自己负性的自动化想法。例如：“我永远也不可能做得像我哥哥那样好”，“如果人家真的了解我，就再也没有人会喜欢我了”，“我的智力水平不足以使我在这个竞争性很强的学校立足”，等等。治疗师通过采用下列四种策略来改变抑郁者的认知功能（Beck & Rush, 1989; Beck et al., 1979）：

- 挑战来访者关于自己的基本假设。
- 评估来访者给出的、支持或否定其自动化思维的证据是否准确。
- 对事件进行再次归因，将事件归因于环境因素而非病人的无能。
- 对于可能失败的复杂任务，与来访者一起讨论其他可行的解决方法。

这一认知治疗与行为治疗相似，治疗师始终把病人现在的情况作为关注的重点。

抑郁症最糟糕的方面是，它使病人始终备受与抑郁症状相关的消极情感折磨，毫无生气。病人会沉浸在由其消极心境所致的不良回忆中，这使得病人变得更加抑郁。他们透过黑色的眼镜看待输入的信息，会看到原本并不存在的批评，会将表扬听成讽刺，这些会成为进一步抑郁的“理由”。认知疗法可以有效地抑制抑郁症的恶性循环（Hollon et al., 2006）。

理性－情绪疗法　一种早期形式的认知疗法称作**理性—情绪疗法**（rational-emotive therapy, RET），这一疗法是由**阿尔伯特·埃利斯**（Albert Ellis, 1913—2007）创立的（1962, 1995; Windy & Ellis, 1997）。RET的理论体系认为，可以通过改变非理性的信念来改变人格，而非理性的信念会导致不适宜的、高情绪负荷的反应，如导致严重焦虑（Ellis, 1962, 1995; Windy & Ellis, 1997）。来访者可能有一种核心价值观，即过度希望获得成功和获得赞赏，强烈要求得到公平对待，并坚信这个世界应该更加美好。

理性 – 情绪疗法的治疗师们要教来访者学会如何去辨认他们自己的那些"应该"和"必须"，使他们明白这些过高的要求一直在控制着他们的行动，阻碍了他们选择自己所希望的生活。他们向来访者阐明，某些事件所伴随的情绪是由于他们自己对事件的信念所导致的，但是人们通常无法认识到这种联系。RET 即通过这样的方式打破来访者那些狭隘的观念。例如，在做爱时未能达到性高潮（事件）紧跟着会出现抑郁的情绪反应和对自我的贬低，引起情绪反应的信念可能是："我无法做到所希望的那样，这说明我在性方面是无能的。"在治疗过程中，治疗师会采用对质的方法，与来访者一起公开讨论这一信念（包括其他信念），并考察这一事件发生是否还存在其他原因，如疲劳、饮酒、对性行为的错误观点，或当时对是否要做爱有所犹豫，或者这种情况是否只是在与特定的人做爱时才出现，等等。对质技术与其他干预措施一起使用，以便用理性的、适宜的观念来替换那些武断的、非理性的信念。

理性—情绪疗法的治疗目标是提高个体的自我价值感，使个体能够摆脱阻碍其成长的不良信念系统而达到自我实现。在这一点上，这一疗法与我们将要介绍的人本主义治疗具有相似之处。

认知行为疗法

告诉自己你能成为什么样的人，你就会成为那样的人；你认为自己应该做什么，你就会那样去做，这就是**认知行为疗法**（cognitive behavioral therapy）最基本的假设。这一治疗模式将两个观点结合起来，一个是改变错误信念，另一个是用强化方法来塑造行为表现（Goldfried, 2003）。这一疗法认为，人的一些无法接受的行为模式可以通过认知重构而得以改变，即将人的消极自我陈述变为更有建设性的陈述。

这一治疗模式中最关键的部分是，治疗师和来访者认清来访者思考和表达问题的方式。一旦治疗师了解了来访者的思维方式，并使来访者认识到正是这种思维导致了他们的非建设性或功能失调的行为，治疗师和来访者就可以共同找出新的、建设性的自我认知，而减少那些带来焦虑和降低自尊的自我挫败思维（Meichenbaum, 1977, 1985, 1993）。例如，他们可以用建设性的想法（如"下一次，如果我想表现得更好些，我会事先做好准备，讲一个有意思的笑话，并对主人所讲的故事作出反应"），来替代那种消极的自我陈述（如"我在晚会上的表现真的让人觉得厌烦，他们再也不会邀请我了"）。治疗师教来访者学会不再沉溺于那些关于过去的消极想法之中，而是去注意那些关于未来的积极想法。

认知行为疗法已被成功用于治疗各种障碍。我们来看一下治疗师如何用它来治疗强迫性购物症，强迫性购物症是指"过度消费和大量毫无意义的开支或过度的购物冲动引起明显的痛苦，从而影响到社交和职业功能，并且通常会导致经济困境"（Mueller et al., 2008, p.1131）。

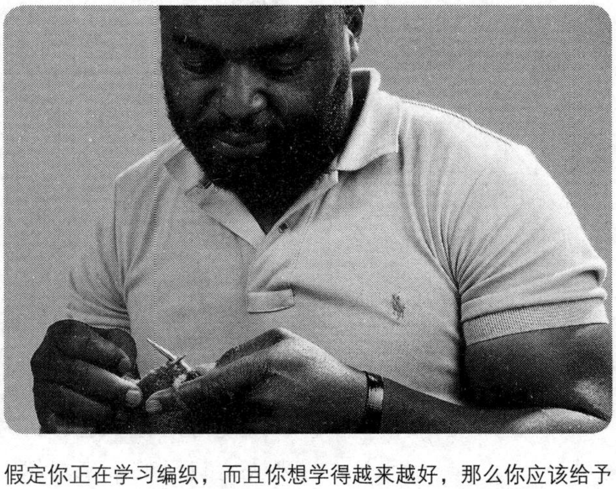

假定你正在学习编织，而且你想学得越来越好，那么你应该给予你自己什么样的内部信息？

研究者将 60 位强迫购物症患者随机分到认知行为治疗组和控制组（Mueller et al., 2008）。治疗组的参与者每周接受一次治疗，为期 12 周。治疗包含了几个要素（Burgard & Mitchell, 2000），其中之一是参与者要确认日常生活中引发其强迫性购物行为的线索（比如社会或心理情境）。一旦参与者确认了这些线索，治疗师要与他们一起提出认知策略以瓦解或避免这些线索的影响。另一个治疗要素是参与者要获得可以控制自身行为的信心。研究者鼓励参与者通过收集与消极自我描述相反的证据和制定达到更大控制的计划来削弱此类消极描述（比如，我不能控制自己的购物冲动）。治疗结束时和治疗结束六个月后的后续评估发现，这项计划带来了改善。

注意，研究者需要通过与控制组的对比来证明治疗效果。（也就是说，与控制组的人相比，治疗组的参与者取得了更大改善。）但是，一旦研究结束，控制组的参与者也应该接受治疗。

正如你从这个例子中看到的，认知行为疗法构造了有效的预期。认知行为疗法是建立在有效的预期之上。治疗师非常清楚，建构这些预期可以提高行为的有效性。通过设立可以达到的目标，形成实现目标的现实策略，正确地评价现实的反馈信息，个体就可以发展出掌控感和*自我效能感*（Bandura, 1992, 1997）。正如我们在第 13 章中所看到的那样，自我效能感会以多种方式影响人的感知觉、动机和表现。面对艰难生活，自我效能判断会影响你的努力程度和坚持时间（Bandura, 2006）。研究者证明了自我效能在治愈心理障碍中的重要性（Benight et al., 2008）。我们来看一项关于 108 位患有暴食症的女性的研究（Cassin et al., 2008）。控制组的女性收到一本介绍暴食症的指导手册。治疗组的女性不仅收到了手册，而且要接受一个旨在提升自我效能感的治疗疗程。例如，研究者鼓励每位女性“回忆过去你曾经克服的困境和挑战”（p.421）。治疗结束 16 周后，28% 的治疗组女性战胜了暴食症，而控制组的这一比例仅为 11%。在治疗组中，那些战胜了暴食症的女性报告了较高的自我效能感。这项研究再次说明，认知行为疗法能有效地缓解症状。

STOP 停下来检查一下

❶ 认知治疗的潜在假设是什么？

❷ 在理性—情绪疗法中，高情绪负荷的反应来源于什么？

❸ 为什么自我效能感的增强是认知行为疗法的目标？

批判性思考：请回忆强迫购物症患者的认知行为疗法研究。为什么找出引发购买行为的线索很重要？

人本主义治疗

人本主义理论的核心观点是，个体处于连续变化和成长的过程之中。尽管环境和遗传对此有一定的制约，人还是可以通过创造自身的价值，并且坚持自己的选择，来决定自己的未来。然而，伴随这种*选择的自由*而来的是责任。因为你永远也不可能完全清楚自己行为所带来的影响，你会感到焦虑和绝望。你还会因为失去了发挥潜力的机会而感到内疚。在这些关于人性的普遍理论基础上发展起来的心理治疗，试图帮助来访者界定他们自己的自由，重视他们体验到的自我以及此时此刻体验的丰富性，陶冶他们的个性，寻找实现他们发挥全部潜能的方式（自我实现）。

志愿工作如何帮助人们发挥最大的人类潜能？

在某些方面，人本主义疗法吸收了*存在主义者*研究人类体验的方法（May, 1975）。这种方法强调人们应对日常挑战的能力或人们被挑战所击垮。存在主义者认为人们有一种*存在危机*，它由日常生活中的问题、缺乏有意义的人际关系以及缺少重要的人生目标等构成。存在主义理论中有一种新兴的临床观点，它整合了以往的许多主题和方法，认为生活中复杂的现实导致人类出现两类疾病。抑郁症和强迫症反映了对这些现实的一种逃避；而反社会和自恋障碍反映了对这些现实的一种自私的利用（Schneider & May, 1995）。

人本主义哲学曾经引发了美国 20 世纪 60 年代末的**人类潜能运动**（human potential movement）。这一运动围绕着那些使普通人获得更高的绩效以及更丰富的体验的方法而展开。在此运动中，最初的治疗只是面向有心理障碍的人，后来推广到那些希望自己更有效率、更有能力并且能更加快乐的健康人群身上。

接下来我们将考察人本主义传统治疗中的两类疗法：来访者中心疗法和格式塔疗法。

来访者中心疗法

卡尔·罗杰斯（Carl Rogers, 1902—1987）开创并发展了*来访者中心疗法*，对许多治疗师在确立与病人的治疗关系方面都具有重要的影响（Rogers, 1952, 1957）。**来访者中心疗法**（client-centered therapy）的首要目标就是促进个体的心理健康。

这种方法基于这样一种假设：所有人都有基本的自我实现的倾向——即实现他们的自我潜能。罗杰斯认为“生物体的一种与生俱来的倾向是发展其全部能力，用以维持或提升其生存状态”（1959, p.196）。人的健康发展可能会被错误的学习模式所阻碍，在这种模式中人们接受他人的评价，以此替代来自自己的评价。此时自然形成的正性自我意象与负性外部批判之间的冲突导致了人的焦虑和不幸福。人们可能无法意识到这种冲突或者不一致，所以只是体验到了不幸福感和低自我价值，而不知道其中的原因。

罗杰斯学派治疗的任务是要创造一个良好的治疗环境，使来访者在那里能够学习怎样提高自己并达到自我实现的目标。这一疗法假设人性本善，治疗师的主要工作是清除那些限制自然正性发展的障碍。此疗法的基本治疗策略就是承认、接受并澄清来访者的感受。这些是在一种*无条件积极关注*的氛围下完成的，即接受和尊重来访者而不对其进行任何价值判断。治疗师也将自己的感受和想法毫无保留地向来访者开放。除了保持真诚，治疗师应尽可能体验来访者的感受。这种完全的同理心要求治疗师把来访者看做一个有价值、有能力的人，而不是被判断和评估的对象，是一个在发现自身个性的过程中需要帮助的人（Meador & Rogers, 1979）。

在来访者尝试寻找真正的冲突根源并清除这些压制自我实现的不良影响时，治疗师的情绪和态度是很有帮助的。与其他治疗取向中从业人员进行解释、回答或者指导的角色不同，来访者中心疗法的治疗师是一个支持性的倾听者，他会不时地复述来访者的评价性的陈述和感受。来访者中心疗法中，治疗师的工作只是促进来访者的自我觉知和自我接受，所以他们需努力保持非指导性的做法。

罗杰斯相信，一旦人们能够自由而开放地与他人相处并接受自己，个体就有潜力引导自己恢复心理健康。这种乐观的观点，以及治疗师作为关爱型专家而来访者作为有尊严的人这样一种关系，影响了许多实践者。

格式塔治疗

格式塔治疗（Gestalt therapy）的重点在于将个体的思想和身体整合为一个整体（读者可以回忆第 4 章中讨论知觉时对格式塔学派的论述）。这种治疗可以帮助来访者表达被压抑的感受，并且认识到，过去冲突中的那些未解决的事件被带入了现实的新关系之中，个体只有解决这些事件才能获得成长。格式塔治疗即以此达到使来访者自我觉醒的治疗目标。格式塔治疗的发起者**弗立兹 · 波尔斯**（Fritz Perls, 1893—1970）要求来访者把有关冲突和感受强烈的幻想表演出来，并且让他们重新创造梦，因为他把梦看做人格被压抑了的那一部分。波尔斯说："我们必须重新接受这些被投射出来的破碎的人格片断，重新接受梦中出现的潜在力量"（Perls, 1969, p.67）。

在格式塔治疗的过程中，治疗师鼓励参与者与他们"内心中真实的声音"重新建立联系（Hatcher & Himelstein, 1996）。格式塔治疗中最著名的方法就是空椅技术。使用这种技术的时候，治疗师把空椅放在来访者身边，来访者要想象一种感受、一个人、一种物体或者一种场景正在那把椅子上出现。然后来访者与椅子上的人或物进行"对话"。例如，治疗师可能鼓励来访者去想象坐在椅子上的是自己的母亲或父亲，他可以在这个时候表达出其他时刻不愿表露的感受。然后来访者可以想象这把椅子上的人或事物的感受，想象当他们听到来访者所说情况时的感受，想象他们对来访者的人生受到的影响有何感受。这种技术可以使来访者面对并探索那些未被表达出来的强烈感受，可能正是这些感受一直在妨碍来访者的心理健康。

STOP 停下来检查一下

❶ 人类潜能运动的目标是什么？
❷ 在来访者中心疗法中提到的无条件积极关注指什么？
❸ 在格式塔疗法中，空椅技术的目的是什么？

团体治疗

目前为止，我们所论及的所有治疗方法都是治疗师与病人或来访者一对一的治疗情况。然而，现在有许多人得到的治疗是**团体治疗**（group therapy，又译作群体治疗、小组治疗）。团体治疗已经蓬勃发展起来，并且具有一定的实践优势。团体治疗对于参与者来说更为经济，而且可以由少数心理健康从业人员去帮助更多的来访者。此方法还有一些其他的优势，与团体本身的力量有关：（1）对于害怕与权威面对面一起解决自身问题的人来说，团体治疗是一个威胁性相对较小的环境；（2）在这种治疗中，能够运用团体成员的互动来影响个体的适应不良行为；（3）团体治疗的过程为参与者提供了观察和实践人际技巧的机会；（4）团体治疗为参与者提供了类似家庭成员的集体，这可以使个体的情绪体验有机会得到矫正。

团体治疗有哪些优势？

团体治疗也存在一些问题（Motherwell & Shay, 2005）。例如，有些团体会确立某种文化，很难使团体成员取得进步——团体成员之间建立了被动的规范和有限的自我表露。另外，当团体成员离开或者新的成员加入时，团体的有效性会发生剧烈的变化。加入和离开都会打破团体作为一个单位得以正常运作的微妙平衡。团体治疗中的治疗师必须注意解决这种群体动力学问题。

团体治疗的某些基本前提与个体治疗不同。团体治疗所提供的社会性情境为参与者提供了机会，供人们学习人与人之间如何进行沟通和理解，并且使其有机会了解到自我意象为什么会与个人的意图或自己的经验不同。另外，团体向个体证实一个人的症状、问题以及“离经叛道”的行为并非是某个人所独有的，它们通常具有普遍性。因为人们在他人面前倾向于掩饰自己身上的负面信息，所以很多人可能都会有一个相同的问题，那就是认为“只有我才是这样的”。团体经验的相互分享可以打破这种多元无知状态，因为很多人都会在这里说出他们具有相似的体验。此外，同伴团体还可以在治疗情境之外提供社会支持。

配偶及家庭治疗

许多团体治疗都由那些碰巧在同一时间走到一起的陌生成员组成，每个人都能从这个暂时性的社会群体中获益。而配偶或家庭治疗则把一个具有社会意义的、业已存在的社会单位带入了团体治疗之中。

为了解决婚姻问题而设立的*配偶治疗*首先需要确认夫妻之间典型的互动模式，然后着手改善他们之间的互动质量（Snyder et al., 2006）。治疗师会同时约见夫妻双方，而且通常会把他们之间相互交流的情况用录像机录下来并重放给他们看。这样可以帮助他们了解彼此支配、控制以及造成对方困惑的言语或非言语行为方式。夫妇当中的每一方都被教授该如何强化对方做那些自己所期望的行为，如何撤销对不期望行为的强化。他们同样要学习非指向性的倾听技巧，以便帮助对方澄清并且表达其情感和想法。配偶治疗在解决婚姻问题方面比只对其中一方进行的个别治疗要有效得多，而且有研究表明，配偶治疗可以减少婚姻危机，确保婚姻的完整性（Christensen et al., 2006）。

在*家庭治疗*中，来访者是整个核心家庭的全部成员，而每一个家庭成员都被当作关系*系统*中的一分子来看待（Fishman & Fishman, 2003）。家庭治疗师与问题家庭中的所有成员一起工作，帮助他们意识到是什么原因使得他们之间产生了问题。想象一个被诊断为焦虑障碍的孩子所处的环境。研究表明，特定的父母抚养方式可能持续造成儿童焦虑（Wood et al., 2003）。例如，当父母不允许孩子享有充分的自主性，孩子就不能获得自我效能感来成功地应对新任务。在那种环境下，新任务会继续引发焦虑。家庭治疗的焦点不仅在于孩子的焦虑，还在于父母的行为，后者造成了孩子的焦虑。

研究者招募了 40 个 6~13 岁的儿童来参加一项有关治疗方法的研究（Wood et al., 2006）。所有的儿童都患有焦虑障碍（如：广泛性焦虑障碍和社交恐惧症）。一半参与者接受了个体认知行为治疗，包括技能培训（如应对焦虑的策略）和暴露于不同等级的恐惧情境。另一半参与者参与类似的活动，且他们的父母也参与到大部分治疗过程中。在这些家庭治疗中，父母也学习了一些技能，比如增加孩子的自主性和自我效能感。治疗前两组参与者的水平相当。治疗结束的时候，两组表现出的焦虑均处于低水平。但是，与接受个体治疗的参与者相比，父母也参与治疗过程的参与者有更大程度的改善。

这个研究显示了家庭治疗的重要性。通过整个家庭的参与，这种治疗干预改变了家庭的环境因素，而这些因素可能恰恰就是持续造成儿童焦虑的因素。

家庭治疗可以通过帮助成员认清其关系中的正性和负性因素来降低家庭内部的紧张，并且提高成员个体的功能。家庭治疗方法的发起人之一**弗吉尼娅·萨提亚**（Virginia Satir, 1916—1988）指出，家庭治疗师扮演了很多角色，包括针对治疗过程中发生互动的解释者和澄清者，治疗师还要扮演影响者、中介者和仲裁者（Satir, 1967）。绝大多数家庭治疗师认为，家庭带入治疗中的问题更多地表现了人际间的情境性难题或者社会互动问题，而不是个体性格方面的问题。随着时间的推移，当家庭成员被迫接受自己所不喜欢的角色时，这些难题可能就会显现出来。非建设性的沟通模式可能会因为家庭环境的自然变化而出现，例如在家庭成员失业、孩子上学、约会、结婚或生孩子等情况下。家庭治疗师的工作就是理解整个家庭的结构以及作用于家庭之中的各种力量，然后与家庭成员共同消除家庭结构中“不良的”元素，并同时创造和维持新的、更有效的家庭结构（Fishman & Fishman, 2003）。

社会性支持团体

人们对自助团体和互助团体的兴趣和参与度越来越大，这是治疗领域中的一个飞跃。据估计，美国有 6 000 多个这样的团体，自助团体报告有 100 多万名成员（Goldstrom et al., 2006）。此外，美国每年大约有 500 万 12 岁以上的人参加酒精和毒品类的自助团体（Substance Abuse and Mental Health Services Administration, 2008a）。一般而言，这些支持性团体的活动是免费的，尤其在没有健康领域专家指导的情况下更是如此。这些团体为人们提供了一个机会，可以与具有相同问题的人进行交流，这些人渡过了生活中的难关，有时候甚至比从前生活得更好。“自助”（self-help）这个概念是由匿名戒酒者协会（AA，建立于 1935 年）最先引用到社会性团体之中的。而 20 世纪 60 年代的妇女觉醒运动扩展了其涵义。现在，支持性团体主要解决四类问题：成瘾行为、躯体和精神障碍、生活中的变迁或危机，以及因为亲朋好友的严重问题带来的创伤性体验。近年来，网络成为人们发展自助团体的另一场所（Barak et al., 2008）。一般来讲，网络自助团体也在处理相同范畴的问题（ Goldstrom et al., 2006）。然而，网络为那些没有自由活动能力的人提供了特别重要的聚会场所，比如患有慢性疲劳综合症以及多发性硬化症的病人，即使身体条件不允许他们去参加现场的团体活动，他们也一样可以从网上的自助活动中获益。

研究者们已经着手调查自助团体中的哪些因素使其产生效果。自助团体似乎可以为其成员提供多种帮助，例如，它可以给人们带来一种希望和对自身问题的控制感，它为备受困扰的人们提供了社会支持，同时它还提供了一个分享和获取有关疾病以及治疗信息的场所（Riessman, 1997; Schiff & Bargal, 2000）。如果你打算参加一个自助团体，最重要的是要意识到，只有当人们对团体感到满意的时候，团体才会对人们产生积极的影响（Schiff & Bargal, 2000）。例如，一项研究发现，那些与 AA 联系最密切的成员在结束治疗之后滥用酒精的水平最低。显然，与 AA 的紧密联系使这些人维持了对酒精控制行为的自我效能（Morgenstern et al., 1997）。

自助形式的一个非常有意义的发展是将团体治疗技术应用在患有绝症的病人身上。这一治疗的目的是帮助病人和他们的家人，使他们在病人患病期间的生活尽可能有意义，帮助他们现实地面对即将到来的死亡，并且适应他们的绝症（Kissane et al., 2004）。这类绝症患者支持团体的工作重点在于帮助病人学会怎样使生活更充实，直到他们说“再见”的那天。

团体治疗是我们所介绍的纯心理干预治疗的最后一种形式。我们现在将分析生物医学治疗，即如何通过改变躯体和大脑来影响个体的心理。

STOP 停下来检查一下

❶ 团体治疗怎样帮助参与者了解他们问题的独特性？

❷ 夫妻治疗的共同目标是什么？

❸ 在什么环境下，网络自助团体特别有效？

批判性思考：请回忆用家庭疗法治疗儿童焦虑障碍的研究。为什么在治疗前匹配两组儿童的焦虑水平很重要？

生物医学治疗

心理的生态系统保持着某种微妙的平衡。当大脑出现问题的时候，我们可以从异常的行为模式、特殊的认知和情绪反应中看到问题所造成的后果。同样地，环境、社会或者行为的混乱，比如毒品或暴力，也会改变大脑的化学物质和功能。生物医学治疗通常把心理障碍看做大脑出了问题。在这里将介绍四种生物医学治疗方法，即药物治疗、精神外科手术、电痉挛以及重复经颅磁刺激技术（rTMS）。

药物治疗

在对心理障碍进行治疗的历史中，还没有什么方法可以比得上药物所带来的革命性影响。药物安抚了焦虑的病人，使那些退缩的病人重新建立了与现实的联系，药物还可以抑制精神分裂症患者的幻觉。这种治疗的历史性纪元始于 1953 年医院治疗流程中引入氯丙嗪。药物治疗的出现几乎立刻得到认可，并且被认为是改变病人行为的有效方法。**心理药理学**（psychopharmacology）是心理学的一个分支，主要研

表 15.3 心理疾病的药物治疗

障碍类别	治疗类型	例子
精神分裂症	抗精神药物	氯丙嗪 氟哌啶醇 氯氮平
抑郁	三环类抗抑郁药	丙米嗪 阿米替林
	选择性 5- 羟色胺再摄取抑制剂	氟西汀 帕罗西汀 佐洛复
	5- 羟色胺和肾上腺素再摄取抑制剂	米那普仑 文拉法辛
	单胺氧化酶抑制剂	苯乙肼 闷可乐
双相障碍	情绪稳定剂	锂盐
焦虑	苯二氮卓类	安定 阿普唑仑
	抗抑郁药	氟西汀

究药物对行为的作用。这一领域的研究者们试图通过研究来解释药物对某些生物系统的作用及其效果。

*药物治疗*在治疗重症病人方面起到了重要的作用。精神病医院的工作人员再也不用充当卫兵的角色，再也不用使用隔离病人或让病人穿约束衣的方法了。工作人员的士气得到了提高，而对精神疾病患者的看护就不再仅仅限于进行监狱式的管理上了（Swazey, 1974）。此外，药物治疗的革命还对美国精神病医院的病人数量产生了重大的影响。1955 年，全美有五十多万住院精神病患者，平均住院时间为几年。镇静剂和其他药物的引入使稳步增长的病人数量有了下降。到了 20 世纪 70 年代初，住院病人数量减少了一大半，而他们平均只需住院几个月。

我们将要介绍缓解不同心理障碍症状的药物，它们都被归为处方药物。健康维持组织（HMOs）要求将心理健康治疗纳入治疗范围，但为了缩减成本，寻求心理治疗的病人数目在减少，这就造成了一个结果，只能用相对便宜的药物治疗来代替。研究者调查发现，药物治疗的处方在不断地增加（Stagnitti, 2007）。因此，了解药物治疗的积极和消极特征很重要。

目前在治疗中使用的药物主要分为三类：*抗精神病药物*、*抗抑郁药物*以及*抗焦虑药物*（见**表 15.3**）。顾名思义，这些药物可以分别使大脑中影响精神病症状、抑郁以及极度焦虑的物质发生化学改变。

抗精神病药物 抗精神病药物可以使妄想、幻觉、社会退缩以及偶尔的心烦意乱等精神症状有所缓解（Dawins et al., 1999）。抗精神病药物通过降低大脑中枢神经递质多巴胺的活性而产生疗效。最早的药物研究者发现，像*氯丙嗪*（美国商品名为 Thorazine）和*氟哌啶醇*（商品名为 Haldol）这样的药物，会阻断或降低多巴胺受体的感受性。这些药物通过降低大脑活性的整体水平达到效果，但它们不只是起到了镇静的作用，对于很多病人来说，这类药物不仅消除了心烦意乱，同时还消除或减轻了包括妄想和幻觉在内的精神分裂症阳性症状。

不幸的是，这些抗精神病药物存在着副作用。由于多巴胺在运动控制方面起着重要的作用，因此伴随着药物治疗，个体经常出现肌肉失控的情况。*迟发性运动障碍*就是抗精神病药物所引起的一种特殊的运动控制障碍，特别是对面部肌肉的控制障碍。受这种副作用影响的病人会出现下颌、嘴唇以及舌头的不自主运动。

经过一段时间，人们发明出一类新药，即*非典型性*抗精神病药物，它产生的副作用较少。这类药的第一个成员是*氯氮平*（商品名为 Clozaril），1989 年在美国推出。氯氮平既可以直接降低多巴胺的活性，又能够提高 5- 羟色胺的活性，而 5- 羟色胺会抑制多巴胺系统的活动。新药氯氮平可以更有选择性地阻断多巴胺受体，从而降低了引起运动障碍的可能性。但是此药物却有可能导致一种使骨髓停止再生白血球的罕见疾病——*粒细胞缺乏症*，在使用氯氮平治疗的病人中会有 1% 到 2% 的人患此疾病。

研究者还发明了一些新药，它们作用于大脑的方式与氯氮平相似。大量的研究发现，每一种药对于缓解精神分裂症的症状都是有效的，但也会带来一些副作用（Lieberman et al., 2005）。例如，服用这些药的人可能有体重增加和患糖尿病的危险（Nasrallah, 2005; Smith et al., 2008）。不幸的是，这些副作用经常导致病人终止药物治疗。病人停药之后的复发率非常高，3/4 的人在停药 1 年内都出现了新的症状（Gitlin et al., 2001）。即使仍在服药的病人，也会有 15% 到 20% 的复发几率（Leucht et al., 2003）。所以，抗精神病药物并不能治愈精神分裂症——它们并不能消除潜在的、真正导致疾病的心理病理学的病因。幸运的是，它们在控制病人最混乱的症状方面有着很好的疗效。

抗抑郁药物　抗抑郁药物通过增加神经递质去甲肾上腺素和 5- 羟色胺的活性来产生疗效（Thase & Denko, 2008）。回忆第 3 章中所提到的，神经元通过释放递质到突出间隙（两个神经元之间的空隙）来传递信息。三环类抗抑郁药，例如丙米嗪和阿米替林，能够抑制从突触间隙释放的神经递质的再摄取（见**图 15.2**）。百忧解（氟苯氧丙胺，Prozac）是选择性 5- 羟色胺再摄取抑制剂（selective serotonin reuptake inhibitors，SSRI），能降低 5- 羟色胺的再摄取。单胺氧化酶（MAO）抑制剂可以限制负责分解去甲肾上腺素的单胺氧化酶的活动。当 MAO 被抑制时，可利用的神经递质就增加了。因此每种类型的药物都会使可利用的神经递质增加，从而产生神经信号。

尽管有 50% 的病人的病情没有得到改善，但抗抑郁药物对于减轻抑郁症状具有普遍的疗效（Hollon et al., 2002）（这些病人可以作为电休克或者重复经颅磁刺激治疗的候选人）。因为抗抑郁药物影响了脑内重要的神经递质系统，它们可能有很严重的副作用。例如，服用了 SSRI（如百忧解）的人可能会出现反胃、失眠、紧张和性功能障碍等症状。三环类抗抑郁药物和单胺氧化酶抑制剂可能会引起口干、睡眠困难和记忆损伤。研究表明，大多数抗抑郁药物减轻症状的效力都差不多（Hollon et al., 2002）。出于这个原因，每个人都希望找到对自己而言副作用最小的药物。

研究者继续寻找那些可以缓解抑郁症症状而副作用比较小的药物。最新的药物是 5- 羟色胺和去甲肾上腺素再摄取抑制剂（serotonin and norepinephrine reuptake inhibitors, SNRI）。顾名思义，这些药物，如 Effexor 和 Dalcipran，阻断了 5- 羟色胺和去甲肾上腺素的再摄取。使用这些药物的临床案例表明，它们比 SSRI 更有效（Stahl et al., 2005）。但是研究者仍然没有确定哪种 SNRI 的副作用最小（Perahia et al., 2008）。

近年来，研究者考察了一个重要问题，服用抗抑郁药物的个体是否面临更大的自杀风险，尤其是儿童和青少年。尽管研究结果之间存有争议，但大部分证据表明，实际上，对抑郁的药物治疗确实会导致自杀风险略有增加（Moller et al., 2008），重点在于为什么会出现这种情况。某些研究者认为药物，尤其是选择性 5- 羟色胺再摄取抑制剂作用于大脑，增加了自杀的想法。另一些研究者认为，自杀风险的略微增加是药物促成的症状缓解所带来的不幸结果：因为重度抑郁削弱动机，所以人们只会在其心理健康开始好转的时候才可能做出自杀行为。因

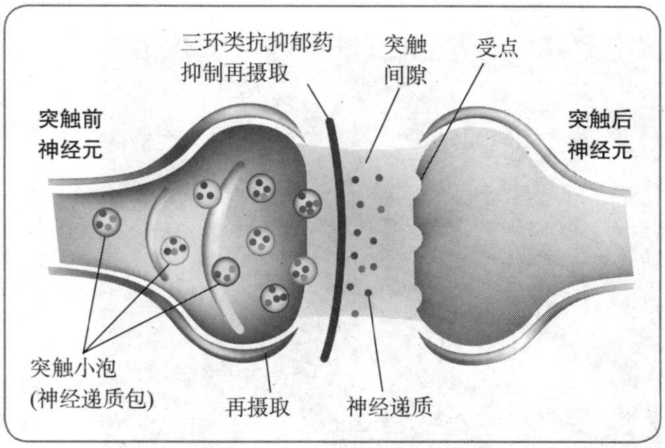

图 15.2　三环类抗抑郁药的大脑机制

三环类抗抑郁药阻断了去甲肾上腺素和 5- 羟色胺的再摄取，从而使神经递质留在突触间隙。

资料来源：Butcher et al., *Abnormal Psychology*, 13/e, © 2010, 2007 Pearson Education, Inc. Reproduced with permission of Pearson Education, Inc.

而，那些开始接受药物治疗的重度抑郁症患者应该得到持续的临床关注，以监控他们可能出现的自杀想法或意图。许多研究者还指出，因为抗抑郁药物能够缓解抑郁，所以相比药物引发的自杀，它们阻止了更多自杀行为，它们带来的好处大于其危害（Bridge et al., 2007）。

锂盐在治疗双相障碍方面也卓有成效（Thase & Denko, 2008）。有的病人处于不能控制的过度兴奋期，他们似乎精力无穷而行为又过度，就可以用锂盐降低他们的躁狂水平。此外，如果在症状得到缓解之后，人们继续服用锂盐，那么他们就不太可能旧症复发（Biel et al.,2007）。然而，对于那些躁狂期和抑郁期更迭非常频繁的双相障碍患者，锂盐似乎不如其他药物有效，比如丙戊酸钠——这是一种最初用作治疗抽搐发作的药物（Cousins & Young, 2007）。

抗焦虑药物　像抗精神病药物和抗抑郁药物一样，抗焦虑药物也是通过调节大脑中神经递质的活动水平产生疗效。针对不同类型的焦虑障碍，不同的药物具有不同的疗效（Hoffman & Mathew, 2008）。治疗广泛性焦虑障碍最好使用苯二氮卓这类药物，例如安定或者阿普唑仑，它们会增加神经递质 GABA 的活性。因为 GABA 控制着抑制性神经元，所以 GABA 活性的增加就会降低与广泛性焦虑反应有关的脑区的活性。惊恐发作障碍以及广场恐怖和其他恐惧症可以用抗抑郁药物进行治疗，尽管研究者还不清楚其中的生理机制。强迫障碍可能是 5- 羟色胺水平偏低所引起的，对 5- 羟色胺的功能有影响的药物，如百优解，对其疗效甚好。

与治疗精神分裂症和情绪障碍的药物一样，苯二氮卓类药物会影响重要的神经递质系统，有很强的副作用（RivasVazquez, 2003）。人们开始一段治疗后，会体验到日间嗜睡、胡言乱语和协调问题。药物还会影响认知过程，如注意和记忆（Stewart, 2005）。而且，服用苯二氮卓类的人经常会体验到药物耐受性——他们必须增加剂量来维持稳定的效应（见第 5 章），而终止之后会出现戒断症状（O'Brein, 2005）。因为潜在的心理和生理依赖，人们在服用抗焦虑药物时应该咨询健康治疗师。

精神外科手术

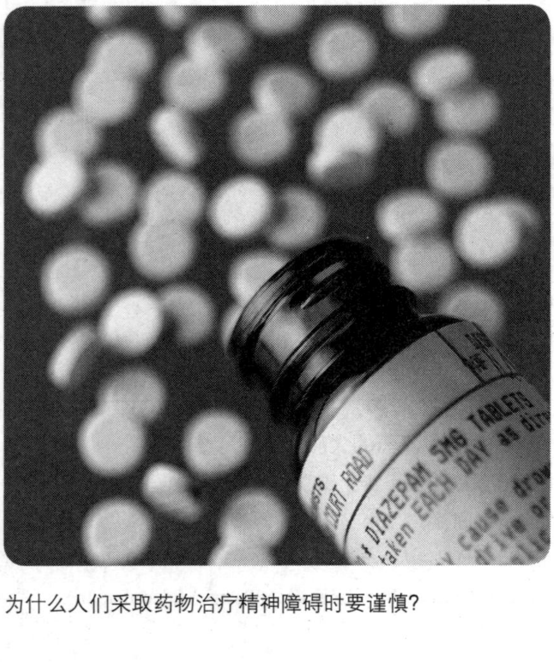

为什么人们采取药物治疗精神障碍时要谨慎?

《洛杉矶时报》（1988 年 2 月 23 日）曾发表了一篇题目为“脑内子弹治愈人的心理问题”的文章。文中披露了一个受到严重强迫症困扰的 19 岁男子,因不堪痛苦而试图用 0.22 口径的手枪对准自己的前额开枪自杀。令人震惊的是，他不仅没有死，心理上的症状竟然痊愈了，而且他的智力水平也没有受到影响。目前人们尚未搞清楚导致这一结果的真正原因。

这个案例说明了一种最直接的生物医学疗法——对大脑进行外科干预——有着潜在的疗效。这类干预包括损伤（切断）大脑不同区域之间的连接部位，或者切除大脑某一区域的小块组织。这类方法通常是在其他方法都已经被证实无效后才做出的最后选择。**精神外科手术**（psychosurgery）是对那些为了减轻心理障碍而对大脑施行的外科手术的统称。

最广为人知的精神外科方法是**前额叶切断术**（prefrontal

lobotomy），它通过手术切断连接大脑额叶与间脑的神经纤维，特别是丘脑和下丘脑的部分。这种方法是由神经学家**埃加斯·莫尼兹**（Egas Moniz, 1874—1955）发展出来的，他因此获得了 1949 年的诺贝尔奖。

切断术的最初候选病人来自于精神分裂症以及强迫且极度焦虑的患者。精神外科手术的效果是极富戏剧性的，手术导致个体呈现出一个崭新的人格，变得不再有强烈的情绪唤起，所以也就不会有很强烈的焦虑、内疚或者愤怒了。然而，手术永久性地破坏了人类天性中的一些基本方面。切断术使人失去了预先做计划的能力，使人无视他人的见解，使人的行为变得像孩童一般，且因为对自我缺乏一致感而导致智力和情绪的平庸（莫尼兹的一个女病人深受这些意料之外的后果所折磨，以至于她最终竟开枪袭击了莫尼兹，致使莫尼兹的身体部分瘫痪）。

由于精神外科手术的影响是永久性的，所以它使用范围非常有限。临床治疗者只有在其他治疗方法反复失败后才会考虑精神外科手术。例如，一项研究评估了*扣带回切开术*的效果，手术中外科医生损伤被称为扣带回的边缘系统结构（Shields et al., 2008）。研究中的 33 位病人患有难治的重度抑郁症，除了其他标准化治疗，他们还接受了四个疗程甚至更多的药物治疗，都不见有什么疗效。接受外科手术之后，75% 的病人的症状得到了缓解。扣带回切开术还缓解了强迫症患者的症状，而药物治疗对这些患者而言同样无效（Kim et al., 2003）。

电痉挛疗法和重复经颅磁刺激技术

电痉挛疗法（electroconvulsive therapy, ECT）是通过对大脑进行电击来治疗精神障碍的一种方法，如对精神分裂症、躁狂症的治疗，而应用最广泛的是对抑郁症的治疗。这种技术用微弱的电流（75~100 伏特）电击病人的太阳穴，时间持续 1/10 秒到 1 秒，直到病人产生抽搐，抽搐通常在 45~60 秒之后消失。在接受这种痛苦的疗法之前，首先使用一种短效的巴比妥镇静剂和肌肉放松剂，使病人处于无意识状态，以此将躯体的剧烈反应降低到最小程度（Abrams, 1992）。

电痉挛疗法在减轻重度抑郁症的症状方面取得了极大的成功（Lisanby, 2007）。因为它见效快，所以格外重要。通常，三到四天的电痉挛疗程就可以缓解抑郁症状，

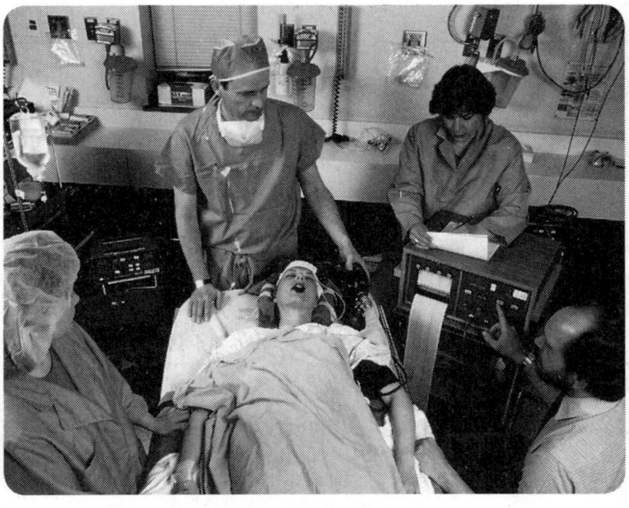

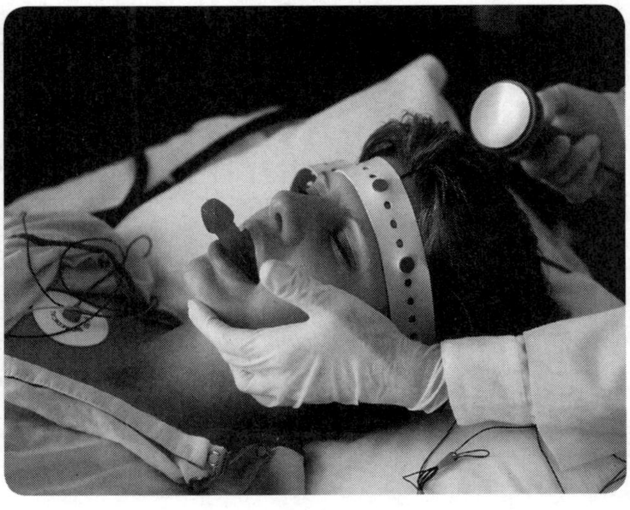

电痉挛疗法对严重的抑郁非常有效。那么为什么对它的使用仍然存在争议呢?

而药物治疗一般需要一到两周的时间才可以见到疗效。即使是这样，绝大多数的治疗师还是把 ECT 作为最后的选择。ECT 通常作为对自杀或者严重营养不良的抑郁症病人采取紧急治疗的保留方法。当抗抑郁药物对病人不起作用，或者他们不能忍受药物带来的副作用时也使用 ECT。

ECT 如此有效，为什么它常常被形容得很恐怖呢？举例来说，1982 年，加利福尼亚州伯克利市的市民曾投票要求颁布一项法令，禁止在他们社区的任何一所精神健康机构里使用电痉挛疗法（这一要求最终并没有得到法律的认可）。ECT 在科学领域内所遭遇的困难主要是人们还不清楚它的作用机制。这一疗法起源于临床观察。人们发现，同时患有精神分裂症和癫痫的患者，在癫痫发作之后其精神分裂症的症状就有所缓解。临床工作者们猜测，在人工诱发发作的情况下会有同样的效果产生。尽管这种猜测得到了部分的证实——ECT 对于减轻抑郁症状比对精神分裂症更为有效，但是，研究者仍然没有找到一个明确的理论来解释这一偶然观察到的现象。

很多批评是针对 ECT 的潜在副作用的（Breggin, 1979, 1991）。ECT 会引起人暂时性的神志不清和多种记忆缺陷。例如，在治疗期间病人常常会遗忘某些事件，并且无法形成新记忆（Ingram et al., 2008）。然而，在治疗结束后的前几周，大多数病人都能从这些缺陷中恢复过来，为了把暂时性的缺陷降低到最小，现在只对一侧大脑实施 ECT，以减少人的言语能力受损的可能性。这类单侧 ECT 治疗不仅缓解了治疗带来的某些认知危害，同时也保留了抗抑郁的效果（Fraser et al., 2008）。

近年来，研究者发展出了一种新的治疗方法来替代 ECT——*重复经颅磁刺激技术*（rTMS）。在第 3 章中我们提到，接受 rTMS 治疗的人的脑部受到了重复的磁刺激。研究者不清楚为什么 rTMS 能缓解重度抑郁症状和其他形式的精神病理症状。然而，越来越多的证据表明，rTMS 具有某些抗抑郁药物的效果（Schutter, 2008）。研究者正在确定诸如磁刺激的强度等变量如何影响 rTMS 的治疗效果（Daskalakis et al., 2008）。

STOP 停下来检查一下

❶ 与早期治疗精神分裂症的药物相比，非典型性抗精神病药物有哪些优势？
❷ SNRI 在脑内是如何发生作用的？
❸ 前额叶切断术的一些后果是什么？
❹ rTMS 的程序是什么？

治疗评估和预防策略

假设你认识到生活出现了问题，并且你相信一个受过专业训练的临床医生可以帮助你解决问题。在我们已介绍的多种治疗方法中，你怎么能知道哪一种方法最有效？你怎么确定哪种疗法可以起作用？在本章的这一部分，我们将介绍研究者们用来考察特定疗法有效性的课题，并比较不同疗法，目的是发现哪种方法能最有效地帮助人们渡过难关。我们还会简短地提到预防的问题，即心理学家如何通过干预来预防心理疾病的发生。

评估疗效

英国心理学家汉斯·艾森克（Eysenck, 1952）曾在许多年前愤怒地指责心理治疗根本没有作用。他回顾了以往各种关于治疗效果的资料，结果发现，那些没有接受过治疗的病人和接受了精神分析以及其他内省治疗的病人，几乎具有相同的治愈率。他声称，在神经症患者中，差不多有 2/3 的人在出现问题之后的两年内都会自动康复。

研究人员开发出多种更为精确的方法来评估治疗的效果，以此来迎接艾森克的挑战。艾森克的批评使研究开始设置相应的控制组；由于某些原因，一部分没有得到专业干预的病人的确会出现**自然缓解效应**（spontaneous-remission effect），这是评估治疗效果的一个基线水平，对此必须加以考虑，这样才能证明治疗的有效性。简单地说，接受治疗的病人必须比没有接受治疗的病人显示出有更大的进步。

类似地，研究人员试图证明治疗效果不是因为病人的期望所导致。你可以回忆一下前面有关安慰剂效应的讨论，在许多案例里，人们的心理或者身体状况会由于自己预期的好转而出现改善；在进行治疗时，治疗师扮演着医生的社会角色，他们可能会强化病人的这种想法（Frank & Frank, 1991）。虽然治疗中的安慰剂效应是治疗性干预的一个重要部分，但是，研究者们仍然希望证明他们的特殊的治疗方式比**安慰剂疗法**（placebo therapy）（一种中性的治疗，只是制造可以治愈的预期）更为有效（Hyland et al., 2007）。

近年来，研究人员利用一种名为元分析的统计方法来评估治疗的效果。**元分析**（meta-analysis）提供了一种正规的方法来检验从不同实验数据中得到的结论。在许多心理实验中研究者经常会产生这样的疑问："大多数参与者会不会表现出我所预期的效果呢？" 元分析把实验本身看做是参与者。关于治疗效果，研究者又会提出这样的问题："大部分实验研究结果显示出了积极改变吗？"

图 15.3 显示了抑郁症治疗的元分析结果（Hollon et al., 2002）。这个图表比较了三种不同类型的心理治疗和药物治疗（各种抗抑郁药物的平均治疗结果）与安慰剂效应。在本章的前面，我们提到了心理动力学治疗和认知治疗。人际治疗着眼于病人当前的生活和人际关系。正如你所看到的，元分析中回顾的所有研究结果都显示在这张图上，人际治疗、认知行为治疗和药物治疗的效果都强于安慰剂效应。然而对于治疗抑郁症而言，经典的心理动力学治疗的效果并不怎么理想。

这些数据反映了每一种治疗方法的单独影响。研究者还评估了心理治疗的单独效果，以及心理治疗和药物治疗相结合的效果。一项研究发现，联合治疗最有可能缓解慢性抑郁（Manber et al., 2008）。一个疗程的治疗结束后，在那些只接受药物治疗的参与者中，只有 14% 的人满足了研究所定义的彻底缓解的标准；在只接受心理治疗的参与者中，这一比例也是 14%；在既接受药物治疗又接受心理治疗的参与者中，29% 的人表现出了同样水平的改善。

由于上述发现，当代的研究者已经很少再关注心

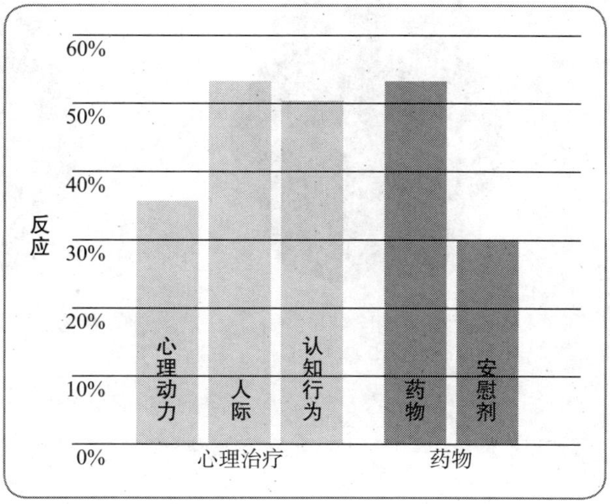

图 15.3 抑郁症治疗的评估

图中显示了抑郁症治疗的元分析结果。从图中可以看出，接受每种治疗的病人中症状得以缓解的人数比例。例如，接受抗抑郁药物治疗的病人中，有 50% 的人的可识别症状得到了缓解。

生活中的批判性思维

治疗会影响脑活动吗

这一章，我们介绍了不同治疗方法之间的差异。然而，最基本的差异是心理和生物医学治疗方法之间的差异。在实践中，我们通常以计算机来比喻这一差异：如果把大脑看做计算机，心理疾病可能是由于大脑的硬件或者软件如程序方面的问题引起的。生物医学治疗着眼于改变硬件，而心理治疗着眼于改变软件。但是，最先进的研究模糊了硬件与软件之间的差异：越来越多的证据表明，心理治疗也会使大脑产生持久的改变（Frewen et al., 2008）。

我们来看一个研究，该研究考察社交恐惧症治疗对大脑的影响（Furmark et al., 2002）。研究中的10个男人和8个女人都达到了*DSM-IV*的诊断标准。研究者将他们分成三组。一组参与者服用Citalopram（商品名Celexa）。在9周的治疗快结束时，研究者进行了血液化验以确保参与者坚持服用药物。第二组参与者接受了8周的治疗，在每次的持续3个小时的治疗中，他们都暴露于模拟的恐惧情境中，并进行认知重建。第三组参与者是控制组（实验结束后，他们开始接受药物治疗）。

为了评估药物和认知行为治疗的效果，要求所有参与者在接受PET扫描时进行简短的演讲。研究者有意设计了这个对社交恐惧症者造成影响的情境：当参与者做2分半钟的演讲时，有6到8名听众围绕在扫描床旁边。行为测验（参与者在演讲期间体验到的焦虑程度）发现，与控制组相比，两个治疗组的参与者都有明显的同等程度的改善。而且，如图中所示，同一脑区的PET扫描显示了较低的脑活动（相对于控制组）。重要的是，活动减弱的脑区（如，杏仁核）在情绪反应中扮演着重要的角色。

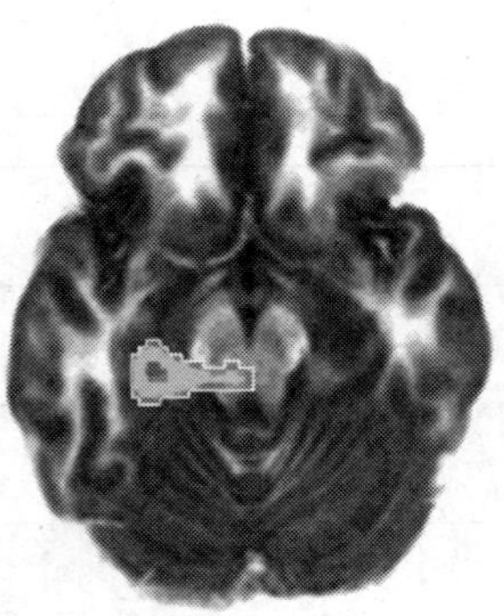

认知行为治疗组（与控制组相比）

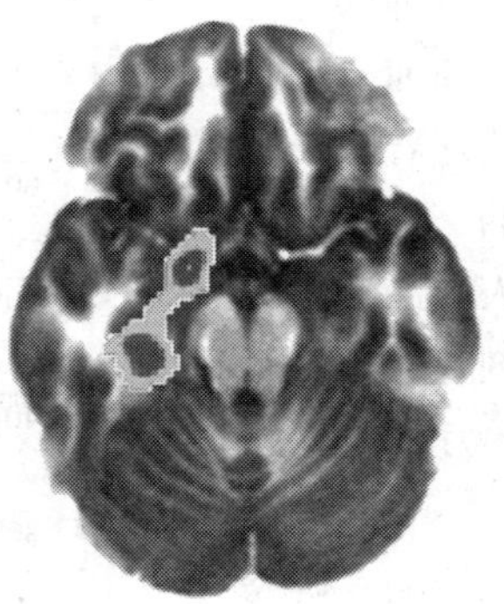

药物治疗组（与控制组相比）

研究者现在已经证明，对某些障碍进行心理治疗会对大脑产生影响。例如，创伤后应激障碍患者在接受心理治疗后，其与PSTD症状有关的脑区的成像发生了变化（Lindaueret al., 2008）。同样，重度抑郁症患者在接受认知行为疗法后，其引起该症状的某些脑区也发生了变化（Goldapple et al., 2004）。这些例子并不足以说明这些心理治疗影响了哪些特定脑区。研究者还指出这些区域的变化与参与者体验的缓解有关。

根据这些结果，研究者可以将他们的注意力转到“如何”上：在那些药物影响的脑区上，心理治疗如何保持大脑系统的平衡？例如，认知治疗是否可以与药物治疗（如选择性5-羟色胺再摄取抑制剂）一样，对脑的神经递质产生相同的影响（Brody et al., 2002）？这类问题将成为21世纪研究日程上的首要课题。

- 为什么确保药物治疗组的参与者坚持服药很重要？
- 为什么研究者要在扫描设备旁安排真正的听众？

理治疗是否有效的问题了。现在人们更多关注的是其之所以有效的原因，以及某种治疗方法对于某类特殊的问题或病人是否最有效（Goodheart et al., 2006）。例如，大多数治疗评估是在研究情境中进行的，合理地控制了病人（研究排除了患两种以上心理障碍的参与者）和程序（经过严格训练的治疗师必须使治疗中的差异最小化）。

研究者需要确保治疗在研究情境中和社区情境中（病人和治疗师的症状和体验更多样化）同样有效（Kazdin, 2008）。另一个重要的研究课题是，评估个体完成治疗的可能性。几乎在所有的情况下，都会有一些人选择中止治疗（Barrett et al., 2008）。研究者试图理解谁会坚持治疗以及为什么，最终希望发展出一种大多数人能坚持下来的治疗方法。

从**图 15.4** 所提供的流程图中可以看出，理论、临床观察以及研究在任何一种治疗方法的发展和评估中都占据重要位置（包括对心理和生理疾病的治疗）。该图显示系统性研究需要帮助临床医生检查自己的治疗方法是否与自己的理论相契合。从流程图的一侧你可以看到临床观察这条线（基于临床工作者自身的经验）。通常情况下，新的治疗方法在没有经过严格的实验检验时先获得实践的检验。在流程图的另一侧，你可以看到一种理论模型被提出来了，这种理论可以预测什么方法是可行的，但这还需要实验研究的进一步确定。研究者已经认识到，临床和实验两种方法的相互结合最有助于发展出新的治疗方法。

在本章的最后一节，我们将讨论一条非常重要的生活原则，即无论治疗的效果怎样，预防疾病的发生总比治疗疾病更好。

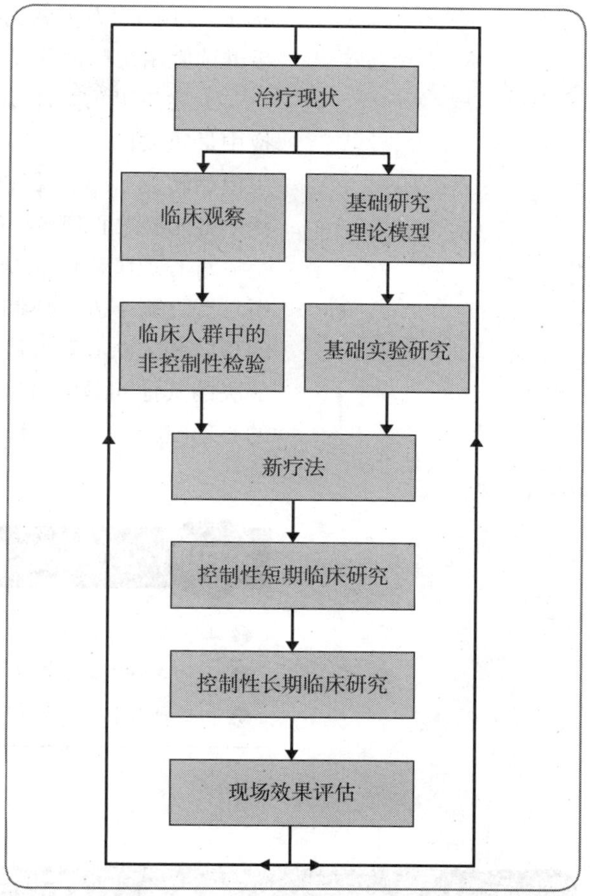

图 15.4 选择更好的治疗方法

研制干预心理 / 躯体障碍的治疗方法的流程图

资料来源：Reprinted with permission from *American Journal of Psychiatry*. Copyright © 1979 American Psychiatric Association.

预防策略

本章所介绍的传统治疗方法都聚焦于改变已经出现某种障碍的人。这种聚焦是必要的，因为在大多数时候，人们无法意识到自己处于心理障碍的风险中。只有当人们开始出现症状的时候，他们才会去寻求治疗。然而，正如我们在第 14 章中所了解到的，研究者已经发现了一些会使人们处于风险中的生物和心理因素。*预防*的目标是应用这些有关风险因素的知识减少痛苦出现的可能性和严重性。

我们可以在几个不同水平上实现预防。*初级预防*希望在有关情况出现之前就阻止它们。对此可以采取下面的措施，比如说，教给个体一些处理问题的技巧，这样他们就可以有更强的复原能力；减少周围环境中可能导致焦虑或抑郁的消极因素（Boyd et al., 2006; Hudson et al., 2004）。*二级预防*的目标是努力限制疾病的持续时间和可能的危害。通过早期鉴定和及时治疗可以实现上述目标。例如，根据我们前面描述过的元分析结果，心理健康实践者可能会结合药物治疗和心理治疗使二级预防的效果最大化（Manber et al., 2008）。*三级预防*是要通过防止复发来控制心理疾病的长期影响。例如，我们前面提到的患精神分裂症的个体中断治疗后很容易复发（Gitlin

预防策略如何鼓励人们建立“心理卫生”习惯，从而最大限度地避免治疗？

et al., 2001）。为了做到第三级预防，心理健康实践者会建议精神分裂症病人在出院后继续服用抗精神分裂类药物。

上述三级预防体现了心理健康领域内关注焦点和基本范式的转换。这些范式转换中最重要的是：（1）把预防作为治疗的补充；（2）超越医学疾病模型而向公众健康模型转变；（3）关注使人们处于和远离患病危险的情境和生态环境；（4）寻找生活中可能导致心理障碍的诱发因素，而不过分关注个体的素质因素。

对心理障碍的预防是一项复杂而困难的工作。这不仅要了解相关的诱发因素，而且要克服个人、体制以及政府的阻力。我们的研究应该致力于证实，对心理疾病的预防和公众心理健康运动的长期效果，完全抵得上因此少做了那么一些需要即刻解决的其他问题所带来的代价。预防计划的根本目的在于维护我们社会中所有成员的心理健康。

STOP 停下来检查一下

❶ 抑郁症治疗的元分析得出什么结论？
❷ 为什么研究侧重于人们完成治疗过程的可能性？
❸ 初级预防的目标是什么？

要点重述

治疗的背景

- 治疗要求做出诊断并确定治疗程序。
- 治疗可以是医学取向的，也可以是心理学取向的。
- 心理治疗的四个主要派别是心理动力学治疗、行为治疗、认知治疗以及人本主义治疗。
- 不同派别的专业人员都在从事治疗实践工作。
- 研究者必须评估心理治疗在不同族群中的疗效。
- 早期对精神病人的治疗很残酷，这导致现代去机构化运动。
- 不幸的是，很多机构之外的精神病人并没有足够的资源，因此他们可能变得无家可归，或者很快又再次被机构收容。

心理动力学治疗

- 心理动力学治疗源自弗洛伊德的精神分析理论。
- 弗洛伊德强调无意识冲突在心理病理的病因学中的作用。
- 心理动力学理论寻求对这些冲突的调和。
- 自由联想、对阻抗的关注、释梦、移情与反移情均是这种治疗的重要内容。
- 其他心理动力治疗师更为强调病人当前的社会环境和人际关系。

行为治疗

- 行为治疗应用学习和强化的原则矫正或消除问题行为。
- 反条件化技术以更具有适应性的行为替代诸如病理性恐惧反应等不良行为。
- 暴露是恐惧症矫正治疗中的普遍元素。
- 权变管理应用操作性条件作用，尤其是正强化和消退策略来矫正行为。
- 社会学习疗法使用模仿学习和社交技能训练帮助个体赢得对自身能力的信心。

认知治疗

- 认知治疗集中于改变个体关于自身及社会关系的消极的或非理性的思维模式。
- 认知治疗在治疗抑郁症方面非常成功。

- 理性－情绪疗法能帮助来访者认识到那些妨碍他们获得成功生活结果的非理性信念。
- 认知行为疗法鼓励来访者学会通过更具建设性的思维模式看待问题，并在其他情境中也采用这种新技术。

人本主义治疗

- 人本主义治疗帮助个体更为充分地自我实现。
- 治疗师在帮助来访者建立正性的自我意象以应对外部批评的过程中尽量保持非指导性。
- 格式塔治疗聚焦于整个个体——身体、心理以及生活背景。

团体治疗

- 团体治疗允许人们观察并投入社会互动中，以此作为降低心理痛苦的手段。
- 家庭及婚姻治疗侧重于情境困难以及夫妇或家庭系统中的人际动力。
- 社区和网络上的自助团体能让个体在社会支持的环境中获得信息和控制感。

生物医学治疗

- 生物医学治疗侧重于改变精神疾病的生理方面。
- 药物治疗包括治疗精神分裂症的抗精神病药物以及抗抑郁药物和抗焦虑药物。
- 精神外科手术因其过激的、不可逆的后果而很少被使用。
- 电痉挛治疗和重复经颅磁刺激（rTMS）对于抑郁症病人可能有效。

治疗评估和预防措施

- 研究显示，很多治疗都比无治疗的等待以及非特定的安慰剂疗法更为有效。
- 评估项目有助于回答什么因素让治疗有效的问题。
- 干预策略十分必要，它可以阻止心理障碍的发作，或者在心理障碍发作时尽量减少影响。

关键术语

厌恶疗法
行为演练
行为矫正
行为治疗
生物医学治疗
宣泄
来访者
来访者中心疗法
临床心理学家
临床社会工作者
认知行为疗法
认知治疗
权变管理
咨询心理学家
反条件作用
反移情
去机构化
梦的解析
电痉挛疗法（ECT）
暴露疗法
自由联想
格式塔治疗
人类潜能运动
顿悟疗法
元分析
参与性模仿作用
宗教顾问
病人
安慰剂疗法
前额叶切断术
精神病学家
精神分析
精神分析师
心理药理学
精神外科手术
心理治疗
理性－情绪疗法
阻抗
社会学习疗法
自然缓解效应
系统脱敏法
移情

16 社会心理学

想象这样一种情境：你为按时参加一次求职面试已做好万全准备，可惜事情进展的并不顺利。由于晚上停电，所以你的闹钟没响。那个原本说好载你一程的朋友车胎没气了。当你打算去取钱打的时，ATM 机吞了你的卡。当你终于到达面试办公室时，你知道那里的经理肯定这样想："我为什么要把工作给这样一个不值得信任的家伙？"你打算申辩："这不是我的错，实在是情况特殊！"当你沉浸在这样的情节中时，你就已经开始步入社会心理学的世界了——心理学的这一领域要研究个体如何创造和解释社会情境。

社会心理学（social psychology）研究思维、情感、知觉、动机和行为如何受人与人之间相互作用的影响。社会心理学家试图了解处于社会背景中的行为。社会背景就像是一块绚丽的画布，人们在这块画布上描绘社会动物的活动、优点和弱点。广义而言，社会背景包括对他人真实的、想象的或符号的表征；人与人之间发生的活动和相互作用；行为发生的情境特点；以及在给定场景下控制行为的期望和规范（Sherif, 1981）。

我们在本章要探索社会心理研究的几个重要主题。本章第一部分集中在**社会认知**（social cognition）上，它是人们选择、解释和记忆社会信息的过程。接着我们要考察情境影响人们行为的方式，以及态度和偏见形成和改变的过程。接下来，我们要思考你与他人建立的社会关系。最后，我们要考察攻击和亲社会行为。本章从头至尾都在说明社会心理学的研究成果如何直接应用于你的生活和你所生活的社会。本章我们试图回答这个问题：心理学知识是否会让人们的日常生活和社会变得有所不同？

建构社会现实

为了开启本章话题，我们请你想象在求职面试之前所有可能变糟的事情。当你终于到达经理的办公室时，对于同一事件，你和经理的解释会很不一样。你知道你是情境的牺牲品。然而，至少在那一刹那，经理只会根据已经很明显的事实进行判断：你迟到了，而且衣冠不整。这就是我们所指的建构社会现实。经理根据你所提供的证据对情境做出解释。如果你依然打算得到这份工作，你就得让经理建构新的解释。

让我们来看一个经典的社会心理学例子，该例子说明人们的信念会使得他们从不同的视角来看同一情境，就"实际发生"了什么得出矛盾的结论。该研究关注了若干年前"常青藤联盟杯"两支球队之间的橄榄球比赛。在整个赛季的最后一场比赛中，保持不败的普林斯顿大学对阵达特矛斯大学。比赛结果是普林斯顿队赢了，但比赛非常粗野，犯规处罚很多，双方都有球员受了重伤。比赛之后，两所学校的新闻对于所发生的事情提供了截然不同的说法。

> 各种不同的看法激起了一组社会心理学家的兴趣，他们同时调查了两所大学的学生，给他们看比赛录像带，并记录他们就各队犯规次数所做的判断。几乎所有普林斯顿的大学生都认定这场比赛"粗野和卑鄙"，没有人说比赛"公平和光明正大"，而且多数人认为是达特矛斯的队员最先使比赛变得粗野。与此相反的是，大多数达特矛斯的大学生觉得比赛这么粗野双方同样都负有责任，很多人认为比赛"虽然粗野，但光明正大而且公平"。不仅如此，普林斯顿的大学生在观看比赛录像时"看到"达特矛斯队员的犯规次数是自己球队的两倍之多。

观看同样的录像之后，达特矛斯的大学生“看到”双方犯规次数一样多（Hastort & Canril, 1954）。

这个研究很清楚地说明，人们对于像橄榄球比赛这样复杂的社会情境无法进行客观、无偏差的观察。观察者按照自己期待看到和愿意看到的内容进行选择性编码，这时社会情境才显得有意义。在橄榄球比赛这个例子中，他们观看同样的活动，但他们看到了两场不同的比赛。

普林斯顿和达特矛斯球迷对同一场比赛有如此不同的看法，为了寻找原因，我们必须回顾知觉一章的内容。回忆我们在第 4 章所述的，要解释模糊的知觉对象，我们往往必须用到先前的知识。原理与橄榄球比赛的道理一样——人们带着过去的知识来解释当前的事情——只不过知觉过程的对象是人和情境。**社会知觉**（social perception）是指人们了解其他人的行为，并将他人行为分类的过程。本节我们主要集中于社会知觉的两个问题。首先，我们考察人们如何判断影响他人行为的力量，即因果归因。其次，我们探讨为何有时社会知觉过程能够让这个世界与我们的预期一致。

归因理论的起源

作为社会知觉者，一个最重要的推论任务就是确定事件的原因。你想知道现实生活许多问题的原因：我的女朋友为什么要与我断交？为什么他得到了那份工作而我却没有？为什么我父母结婚这么多年后还是以离婚而告终？所有这些问题导致人们去分析某些行动、事件或后果的可能原因。**归因理论**（attribution theory）是描述社会知觉者如何利用信息得出因果解释的一整套方法。

为什么球迷在观看他们喜爱的球队比赛时会觉察到更多的对方球队犯规动作的情形？

归因理论出自弗里茨·海德（Heider, 1958）的论著。海德坚持认为，人们之所以不断做出因果分析，部分原因在于他们试图全面地理解整个社会。他指出，人人都是直觉心理学家，试图弄清楚人们在什么方面相类似，导致行为的原因是什么，这与专业心理学家的工作一样。海德认为，多数归因分析中的主导性问题是搞清楚行为的原因在人（内在的或特质的原因）还是在情境（外在的或者情境的原因），以及谁对结果负责。那么人们如何做这些判断呢？

哈罗德·凯利（Kelley, 1967）对海德的思路进行了整理，他具体描述了人们用来进行归因的变量。凯利的**协变模型**（covariation model）指出，如果某个因素一旦出现就可以看到某个行为，该因素不出现就看不到这个行为，那么人们就会把该因素归结为该行为的原因。例如，你正在街上行走，看到一位朋友指着一匹马并大声尖叫。要确定是你的朋友疯了（特质归因）还是危险正在临近（情境归因），你需要收集什么样的证据呢？

凯利指出，当人们试图解释某个人的行为时，要做出归因判断，就要评估三方面的信息协变：区别性、一贯性和一致性。

- 区别性：指该行为是否是特定情境下的具体行为——你的朋友是否对所有的马

都大喊大叫？

- 一贯性：指行为是否反复出现以回应这一情境——这匹马过去是否让你的朋友大喊大叫？
- 一致性：指其他人是否在同样情境下也做出同样的行为——每个人都指着马并大喊大叫吗？

在你得出结论的时候，这三个维度都起着重要的作用。例如，假如你的朋友是惟一尖叫的人，这会让你更可能做特质归因还是情境归因呢？

海德和凯利为归因理论提供了坚实的基础，但已有成千上万的研究对归因理论进行了修订和扩充（Försterling, 2001; Moskowitz, 2004）。在这些研究当中，很多都只是关注在什么条件下归因会出现偏差，不能系统地搜寻现有的信息。我们将描述四种情形，它们会使你的归因不知不觉地出现偏差。

基本归因错误

假如你已经安排好要在 7 点会见一位朋友。现在是 7 点 30 分，朋友还没有到。你会如何就这件事情给自己一个说法呢？

- 我敢肯定一定发生了什么真的很重要的事情，这使得她不能准时来这儿。
- 这个笨蛋！她就不能多上心一些吗？

我们再次给你选择的机会，是做情境归因还是特质性归因。研究表明，平均而言，人们更愿意选择第二种原因，即特质性解释（Ross & Nisbett, 1991）。事实上，这种倾向非常强烈，以致社会心理学家**罗斯**（Ross, 1977）将它标注为基本归因错误。**基本归因错误**（fundamental attribution error, FAE）描绘人们在考察某些行为或后果的原因时，会高估特质因素（谴责或赞誉人）并且低估情境因素（谴责或赞誉环境）的双重倾向。

让我们看看基本归因错误的实验室研究案例。罗斯及其同事（Ross et al.,1977）创造了一种实验用的"大学投球"类的问答游戏，参与游戏的人通过投掷硬币成为提问者或者竞赛者。掷硬币结束后，提问者和竞赛者都听到这样的介绍：实验者要求提问者基于自己的个人阅历编制富有挑战性的难题，编制完之后，他们向竞赛者提出这些问题。竞赛者尝试回答这些问题，但往往白费力气。活动结束的时候，提问者、竞赛者和观察者（其他观察游戏的参与者）对提问者和竞赛者双方的才学打分。结果如**图 16.1** 所示。正如你看到的，提问者似乎觉得自己和竞赛者都一般般。但是，竞赛者和观察者给提问者打的分都高很多，他们觉得提问者的知识要比竞赛者渊博得多——竞赛者对自己的评价甚至还略低于平均值！这公平吗？我们必须清楚，该情境对提问者极为有利（难道你不愿意充当提问的角色

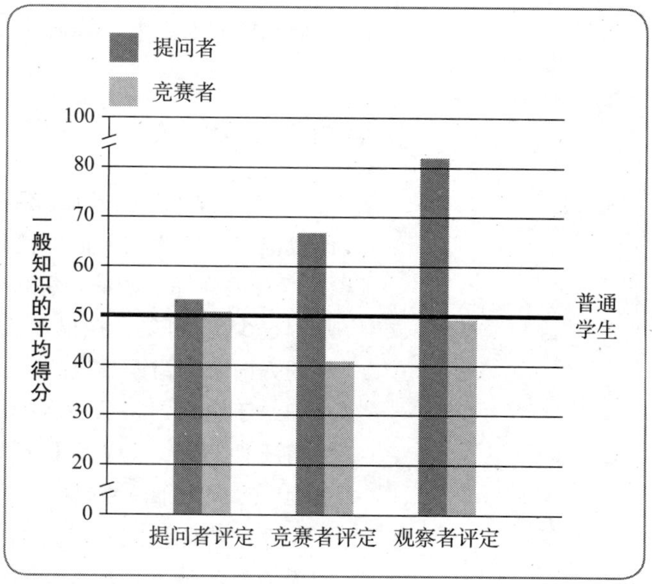

图 16.1　对提问者和竞赛者一般知识的评价

在问答游戏结束之后，提问者、竞赛者和观察者评价参与各方的一般知识水平，普通学生的得分为 50 分。提问者觉得他们自己和竞赛者都水平一般。但是，竞赛者和观察者都给提问者评价很高，认为他们比竞赛者懂得多。而且，竞赛者对自己的评价还略低于平均值。

吗）。是情境使得一方显得聪明机灵，另一方愚不可及，而竞赛者和观察者的评分显然无视这一点。这就是基本归因错误。

你应该始终小心基本归因错误。然而，这可能不太容易——往往需要做些“研究”才能发现行为的情境根源。情境力量常常是无形的。例如，你看不到社会规范，你只能看到它们引发的行为。你能做些什么来避免出现基本归因错误呢？尤其是当你所做的是负面的特质性归因（“这个笨蛋”）时，你应该退后一步并问自己：会不会是情境中的某些事情导致这个行为？你可以把这类练习当作“归因宽容”。你知道这是为什么吗？对于那些生活在西方社会里的人来说，这个建议可能特别重要，因为有证据表明，基本归因错误部分是由于文化的差异（Miller, 1984）。回忆一下我们在第 13 章阐述自我构念存在的文化差异。如同我们阐述的，多数西方文化具有独立的自我构念，而多数东方文化体现的是相互依赖的自我构念（Markus & Kitayama, 1991）。研究显示，作为依赖性文化的函数，非西方文化的成员不那么关注情境中的单个行动者。让我们看看这种文化差异对媒体报道奥运会运动员的影响。

> 研究者收集了美国和日本的电视和报纸对 2000 年夏季奥运会及 2002 年冬奥会运动员的报道（Markus et al.，2006）。研究助手并不知道该研究的目的，他们要分析媒体的每篇报道，从而确定报道在讨论运动员的成绩时运用了何种解释：比如，文章是否提及运动员的优势和劣势，他们的动机水平或其他竞争对手的实力？结果发现，美国媒体的报道集中在运动员的个人特征上。而日本媒体则考虑了相当广泛的因素。他们的报道并没有忽视运动员的特征，但同时还讨论了其他背景因素，包括运动员达到他人期望的程度。此外，美国媒体的报道几乎完全侧重运动员的积极特征，而日本媒体则会提及积极和消极两方面。

这一研究给人印象深刻之处就在于，它捕捉到了电视和报纸报道中的文化归因风格。该研究清楚地说明，文化归因风格会相互传递，并保留在特定文化下所有接触该媒体的人之中（Morling & Lamoreaux, 2008）。

自我服务偏差

“大学投球”游戏研究最令人惊讶的发现之一是，竞赛者对他们自身的能力评价比较消极。这说明人们即使付出代价也会犯基本归因错误（事实上，你应该回顾第 14 章有关抑郁起源的一种理论，它指出抑郁的人对自己所做的负面归因过多，情境归因过少）。可是，在很多情形下，人们的所作所为恰恰相反——他们按照对自我有利的方向来为错误寻找原因。**自我服务偏差**（self-serving bias）引导人们将他们的成功归结于自己，否认或者推卸自己失误的责任。在很多情境中，人们倾向于对成功做特质性归因，对失败做情境性归因（Gilovich, 1991）：“我之所以获奖是因为我的能力”；“我败下阵来是因为有人做了手脚”。

这些归因模式对于短期的自尊提升可能有益。不过，对你人生成就中起作用的因果力量的精准把握通常更为重要。考虑一下你在课堂上是如何做的。如果你获得优秀成绩 A，你如何归因呢？如果你获得及格成绩 C，你又会如何归因呢？研究显示，大学生倾向于把高分归因于他们自己的努力，而把低分归因于自身以外的因素（McAllister, 1996）。事实上，教授也表现出同样的模式——他们把学生的成功而不是失败归因于自己。再说一次，你能明白这种归因模式可能对你的平均绩点（GPA）产生什么影响吗？如果你不认为你的成功是外部原因所致（例如，“第一次考试很容易”），你下一次可能就不会努力学习了；如果你不认为失败是特质方面原因所致（例如，“我不应该在那个晚会上玩那么长时间”），你可能照样不会抽出时间努力学习。

我们前面强调过，考虑其他人的行为时，你应该努力避免基本归因错误。同样道理，你要考察你对自己行为的归因，以消除自我服务偏差。事实上，对特质和情境归因所伴随的大脑活动研究表明，要避免反射性的自我服务偏差，人们要付出额外的心理努力。

研究的参与者要进行一项“面孔工作记忆”的测试任务（Krusemark et al., 2008）。参与者在计算机屏幕上会看到“靶子”面孔。在一系列的干扰面孔之后，参与者最后会看到一张面孔，要判断它是否与之前的靶子面孔匹配。参与者做出判断之后，会收到自己成绩的反馈。然而，研究者给出的反馈并不精确。研究者希望所有的参与者都有平等的机会进行成败归因，因此一半试次给参与者积极反馈，一半试次给消极反馈（不管实际表现如何）。每次反馈之后，参与者要选择体现特质归因的陈述（如“我很笨”）或者情境归因的陈述（如“任务太难”）。研究者使用 EEG（参见第 3 章）监控参与者做判断时的大脑活动。当参与者做出非自我服务的判断时，出现了最特别的大脑活动：当参与者把失败归因于自己而非情境时，他们更可能调动大脑中负责监控意图和自控的脑区。

这些资料表明，参与者并不需要反思就能做出自我服务判断。正如他们的脑活动所示，当参与者深思熟虑时，这种审慎更可能对不正确的判断进行非自我服务的特质归因。

你所做的归因为什么如此重要呢？回忆一下前面例子中你那个拖沓迟到的朋友。假如说你不去考虑情境方面的情况，那么你认定她实际上不大愿意与你交朋友。这种错误信念能否真的导致这个人将来对你不友好呢？为了回答这个问题，我们现在转向探讨信念和期望在建构社会现实中的威力。

期望与自我实现预言

信念和期望为你解释经验添加了色彩，但它们的作用是否仅仅局限于此，它们能否真正地塑造社会现实？大量的研究指出，人们对于某些情境所持有的信念和期望，能够显著地改变这些情境的真正特性。**自我实现预言**（self-fulfilling prophecies）指对于未来行为或事件的预测会改变人们的互动行为，以至于得到预期的结果（Merton, 1957）。例如，假如你去参加一个预期很开心的晚会，同时假定有位朋友觉得晚会很无聊。你能够想象一下你们两个人在这些预期的前提下，行为举止方式会有多大的差异吗？这种不同的行为方式，反过来会改变晚会上的其他人对你们的态度。在这种情形下，你们两个人实际上谁更可能在晚会上玩得开心呢？

社会期望最有力的例证来自小学课堂。心理学家罗森塔尔与一位名叫雅各布森的小学校长合作，给教师提供了制造自我实现预言的信息。

波士顿小学的老师从研究者那里获得消息，研究者经过测试发现有些学生属于“学习苗子”。在研究者的引导下，老师们相信这些特殊学生是“在本学年里将获得非凡成绩的智力高度成熟的人”。事实上，这种预测根本没有任何客观依据；这些人的名字是随机挑选出来的。然而，到学年结束的时候，被随意命名为“苗子”的儿童中有 30% 的人智商平均增加了 22 分！所有人的智商几乎都

自我实现预言对儿童酗酒行为有怎样的影响？

至少提高了10分。作为标准智力测验的结果，这些孩子在智力成绩方面的进步明显高于他们那些作为控制组的同学，而起初他们的平均智商是一样的（Rosenthal & Jacobson, 1968）。

那些老师的虚假期望是如何转变成学生成绩的积极变化的呢？罗森塔尔（Rosenthal, 1974）指出，老师的期望至少促进了四个过程。第一，老师对这些“苗子”更加热情、友好，这创造了一种社会赞许和接受的氛围。第二，对于他们寄予高度希望的学生，他们的要求更高——这涉及学习材料的质量和难度水平两个方面。第三，他们对于挑选出来的学生给予学习方面更为直接、清晰的反馈（表扬和批评）。最后，老师给那些特殊学生创造较多的机会，让他们在课上发言、展示自己的作业、获得表扬，因而给学生以确凿的证据，表明他们确实如老师所期盼的那样优秀。

当然，故意给老师以错误的期望，这是该实验不同凡响之处。这一方法使得罗森塔尔和雅各布森能够充分展示自我实现预言的潜在影响力。不过，现实世界的大多数情境下，期望都依据相当准确的社会知觉（Jussim & Harber, 2005）。例如，老师会指望某些学生表现不错，因为这些学生来上学的时候就表现出很好的成绩；一般说来，这些学生确实学习成绩优异。有研究指出，自我实现预言事实上对于低成就学生的生活影响最大（Madon et al., 1997）。如果老师预期他们学不好，他们甚至会更糟糕；老师期望他们学得好一些，就有可能扭转他们的学习生活。

很多自我实现预言的研究都集中在学业成绩上。然而，研究者们在其他领域也发现，人们的错误信念和期望能对发生的事实造成影响。例如研究表明，当母亲高估孩子的酒量时，这种期望就会变成自我实现的预言（Madon et al., 2008）。这些研究资料表明，青少年会基于其母亲的期望构建自我形象，并摄入更多的酒精来匹配这种自我意象。

本节介绍的研究侧重于人们依据特质或情境来解释行为。在下一节我们要提供证据证明：人们往往会低估情境对自身行为的影响。

STOP 停下来检查一下

1. 凯利认为影响归因过程的三个维度是什么？
2. 为什么自我服务偏差对学生的绩点（GPA）可能有消极影响？
3. 普通课堂实践对自我实现预言有什么限制？

批判性思考：回忆一下媒体报道中跨文化差异的研究。为什么研究者关注奥运会运动员？

情境的力量

纵观《心理学与生活》全书，我们已经看到以了解行为原因为己任的心理学家分别在不同的方面寻求他们的答案。有些心理学家关注基因因素，有的则关注生物化学和脑过程，还有一些则注重环境造成的影响。社会心理学家认为，行为所处的社会情境的性质是行为的首要决定因素。他们认为，社会情境极大程度地控制着个体行为，并往往主宰着人格和一个人过去的学习历史、价值观和信念。本节我们要就微妙但强大的情境变量对人行为的影响，回顾有关的经典研究和近期的实验。

角色与规则

适合你的社会角色有哪些呢？**社会角色**（social role）指个体在既定的环境或群体中活动时，人们期待他做出的一系列由社会界定的行为模式。不同的社会情境需要扮演不同的角色。当你在家的时候,你可能扮演着“孩子”或“兄弟姐妹”的角色。当你身处教室的时候,你是“学生”角色。有时候你还是一名“最好的朋友”或者“恋人”。你能明白这些不同的角色是如何迅速导致大概适宜的不同行为吗？这些角色你也扮演过吗？

情境的特点还可以表现为特定情景下行为指南和**规则**（rule）的运用。有些规则以外显方式表述在符号里（禁止吸烟、课堂上禁止吃东西），或者明确地传授给孩子（尊敬老人、不要吃陌生人的糖果）。其他规则却是内隐的——人们通过在特定情境中与他人的交往而习得这些规则。你的立体收录机音量有多大？你站得离别人有多近？什么时候你能对你的老师或者老板直呼其名？面对恭维或礼品如何应对才合适？所有这些行为都有赖于情境。例如，日本人不当着送礼人的面打开礼物，他们担心这样不够尊重对方；而外国人不知道这个不成文的规则，他们会把同样的行为理解为粗鲁而非体贴。下次乘电梯时，你可以试着确定在电梯情境里你学会了什么规则。人们为什么往往小声说话，或者根本不说话？

通常情况下，你可能没有特别意识到角色和规则的作用，但有一个经典的社会心理学实验，即斯坦福监狱实验，让人看到这些力量发挥作用以后所带来的令人吃惊的后果（Zimbardo, 2007; Lovi-bond et al., 1979）。

美国加州夏季的一个周日，一阵警笛声打破了大学生汤米·怀特洛平静的早晨。一辆警车在他家门口急促地戛然而止。几分钟之内，汤米因为一种严重的罪名被捕，警察宣读了宪法赋予他的权利，经过搜身，并带上了手铐。经过登记和留下指纹，汤米被蒙上眼睛，押送至斯坦福郡的监狱。在监狱里，他被脱光衣服，喷洒了消毒剂，穿上工作服一样的制服，制服前后都有一个表示身份的数字。汤米变成了 647 号囚犯。另外 8 名大学生也被捕并分派了不同的号码。

汤米和他同牢房的室友都是志愿者，他们看到报纸广告后应征而来，同意参加研究，体验一段为期两周的监狱生活。通过随机掷硬币的方式，有些志愿者被分配担当囚犯的角色，其他人则成为狱警。所有人选都经过了多个心理测验和面试，是从大量的学生志愿者当中挑选出来的，他们被确认为遵纪守法、情绪稳定、身体健康的普普通通的平常人。囚犯整天待在监狱里，狱警则 8 小

打开还是不打开？不同文化背景中的人是如何学会赠送和接受礼物时的礼仪的？

斯坦福监狱实验创造了一个新的“社会现实”，在这一现实中，良好行为的规范被情境的力量彻底击败了。为什么这些学生狱警如此滥用他们的权力？

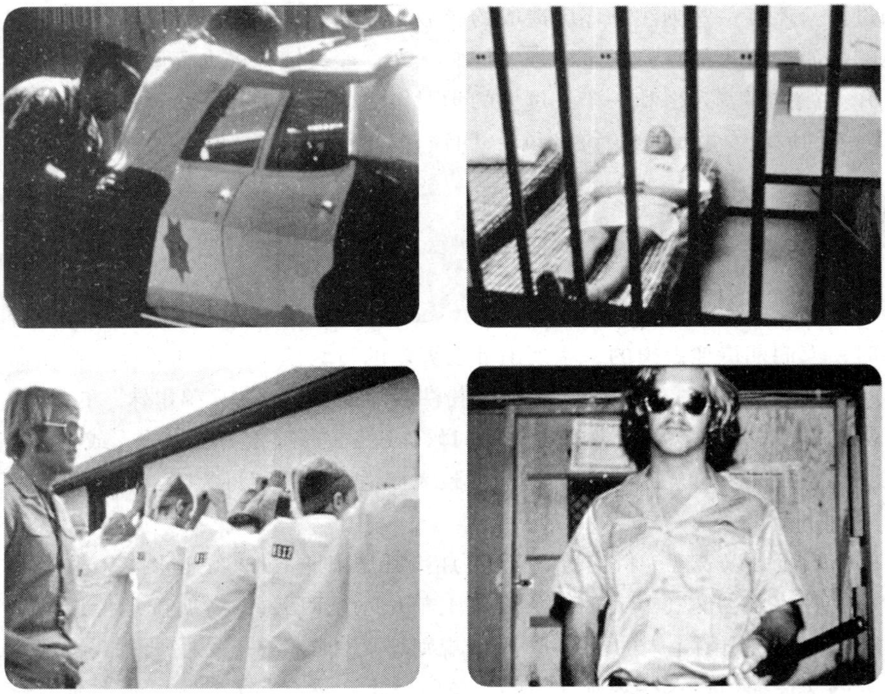

时轮值上班。

这些学生一旦接受了随机分派给他们的角色之后会发生什么情况？处于狱警角色时，原本温文尔雅的大学生变得盛气凌人——有时甚至残酷成性。狱警们强调囚犯必须无条件遵守所有规则。做不到这一点，就会失去某种基本权利。开始的时候，基本权利包括读书、写作或与其他牢友交谈的机会。后来，最轻微的抗议也会导致失去诸如吃饭、睡觉或洗漱这样的“基本权利”。违背规则还会受罚做一些卑微、机械的工作，如直接用手清洁厕所，做俯卧撑时狱警踩着囚犯的后背，关几个小时的禁闭。狱警们总能想出一些新的花招让囚犯们感到自己毫无价值。

作为囚犯，原本心理稳定的大学生很快就行为怪异，意外的命运让他们无奈地要求退出。这帮人被捕不到36小时，囚犯的一次反抗行动流产，作为其中的一个小头目，8412号囚犯早晨醒来开始失声痛哭。他变得有些情绪激动、思维混乱，而且严重抑郁。第二天，又有3名囚犯出现类似的应激症状。还有一名囚犯，当假释委员会拒绝他的假释请求之后，他全身都起了心因性的皮疹。

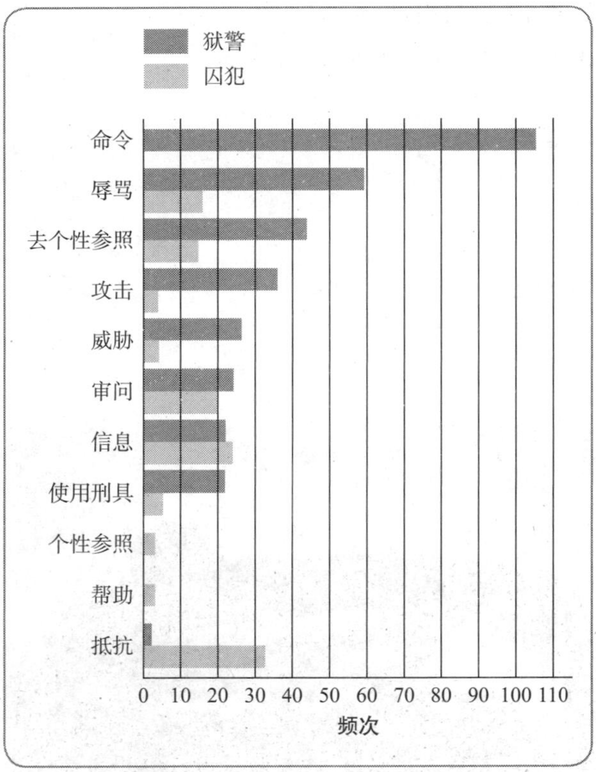

图 16.2 **狱警与囚犯的行为**

在斯坦福监狱实验中，随机分派的囚犯和狱警角色彻底影响了参与者的行为。6天的互动观察记录表明，在25个观察记录阶段中，囚犯多表现出被动抵抗，而狱警则变得更加专横、支配一切和充满敌意。

到斯坦福监狱实验结束的时候，狱警和囚犯的行为在几乎各个可观察的方面都差异显著（见图 16.2）。然而，这幅图并没有完全解释狱警的极端行为。在很多时候，狱警将囚犯扒光。狱警用黑头套罩住囚犯的头，用镣铐锁住囚犯。他们不让囚犯吃东西和睡觉。你是否觉得这些列举出的行为很熟悉？它们同样出现在 2003 年伊拉克阿布格莱布监狱狱警所犯下的虐囚行为。斯坦福监狱实验可能有助于揭示这样的丑闻：情境力量能够导致普通人做出极其可怕的行为（Fiske et al., 2004; Zimbardo, 2007）。

社会心理学研究会怎样解释阿布格莱布监狱狱警的行为？

在斯坦福监狱实验开始前，利用本书第 2 章里介绍的方法对参与者进行了彻底的检查。任何人都没有预测到前面存在的风险。即使研究者意识到情境的力量，也被情境的巨大威力和快速出现的阴暗心理过程所震撼。仅仅在 6 天之后就结束了预计两周的研究。在反思时他们承认，他们本应更早地停止这项实验：道德考量本应胜过科研动机。研究者对参与者进行了广泛的事后解释。在实验中止之后他们直接进行了三四个小时的会谈。在解释阶段之后收集的数据表明，狱警和囚犯所处的情绪状态与他们开始参与这项研究的积极状态相仿。大部分参与者在数周之后还返回听取额外的事后解释，回顾和讨论研究采集的录像带。数年之后的跟踪调查表明并不存在持久的负面影响。幸运的是，参与实验的学生们基本上都健康，他们轻松地从这种高压的情境中恢复了过来。

在我们进行道德考量，评价学生付出的代价与实验给科学和社会带来的益处时，还必须考虑实验对参与者的益处。几位参与者都反思了参与实验对于他们的长期影响。比如，因极其强烈的情绪困扰而首先被释放的学生囚犯后来成为法庭临床心理学家，在旧金山监狱系统工作。他明确表示自己的目标是利用自己在斯坦福监狱实验中的经验来改善囚犯和狱警的关系。同样，汤米也表示，虽然他不想再次经历这样的实验，但他很重视自己的个人体验，因为对自己和人性都有了更多的了解。（要想更多了解这项研究和相关研究的道德问题，我们建议你阅读津巴多的《路西法效应》[Zimbardo，2007]。）

斯坦福监狱实验的关键之处在于，仅仅以运气（即随机分配的形式）决定了参与者的角色是狱警还是囚犯。角色创造了在监狱情境中行之有效的地位和权力差别。没有人告诉参与者如何扮演角色。参加实验的大学生在他们原先的社会互动中就体会过这种权力差别：父母与子女、教师与学生、医生与病人、老板与工人、男人与女人的互动。他们只是针对这一特定情境修正和强化了他们原先的行为模式。每个学生都可能扮演过其中的一个角色。很多扮演狱警角色的大学生都报告说他们也很意外，为什么自己这么容易地把支配别人当作一种享受。只要给他们套上制服，就足以把温文尔雅的大学生变成咄咄逼人的狱警。当你碰巧担任或者摆脱不同的角色，你会变成什么样的人呢？你的自我感在哪里结束，社会认同感在哪里开始？

社会规范

除了对角色行为的期望之外，群体还制定了许多对群体成员*应该*如何行动的期望。公开陈述或内隐的群体规则包含了特定的期望，告诉群体成员哪些态度和行为从社会角度看是适宜的，这类期望就是所谓的**社会规范**（social norm）。社会规范可以是泛泛的指南：如果你是（美国）民主党成员，你很可能持有激进的政治主张；而如果你是年轻的（美国）共和党成员，那你将赞同比较保守的观点。社会规范也包含特定的操行标准。例如，如果你受聘成为一名服务员，那么无论顾客多么苛求和让人讨厌，人们还是认为你应该彬彬有礼地对待你的顾客。

要归属于一个群体，很重要的一点是发现其中的一套社会规范，这套规范调节着群体情境下人们所渴望的行为。这种调节表现为两种方式：你会注意到所有或者多数成员的某种行为整齐划一，同时你会看到某人违背社会规范的负面后果。

规范起着若干重要的作用。意识到制约给定群体情境的规范，有助于成员适应形势，调节他们的社会互动。每名参与者都能预期其他人会如何进入情境，他们如何穿着，他们可能说什么和做什么；还有为了获得他人赞誉，他们应该做出什么样的行为。在新情境中你可能往往会感到手足无措，这正是因为你感觉不到规范，不知道自己应该如何为人处事。偏离标准行为的程度也是规范的一个组成部分——有些情形下容忍度大，有些情形下容忍度小。例如，宗教仪式上，短裤和T恤打扮勉强可以接受；而身着浴袍就显然太过偏离规范了。群体成员一般能估计出自己可以走多远，否则就会体验到群体的强制力量，其形式通常为嘲笑、再教育和排斥。

从　众

当你接受一个社会角色或者屈服于一种社会规范时，你在某种程度上就是在遵从于社会期望。**从众**（conformity）指人们采纳其他群体成员的行为和意见的倾向。你为什么从众？是否存在着让你忽略社会制约、独立行事的情形？社会心理学家一直在研究两种导致从众的因素：

- **信息性影响**（informational influence）过程——希望准确无误，想了解既定情境下正确的反应方式。
- **规范性影响**（normative influence）过程——希望被别人喜欢、接受、支持。

我们将介绍有关这两种影响的经典实验。

信息性影响：谢里夫的自主运动效应　很多生活情境要求你必须就行为做出决策，但情境本身非常模糊。例如，假定你与一大群人在一家高雅的餐馆共进晚餐。餐桌的每个座位摆放了一堆令人眼花缭乱的银餐具。当第一道菜上来时你怎么知道应该使用哪个餐叉？一般情况下，你会观察与会的其他人，这有助于你做出适当的选择。这就是信息性影响。

谢里夫（Sherif, 1935）做过一个经典实验，说明了信息影响如何导致**规范具体化**（norm crystallization，又译作“规范共识性”或“常模一致性”）——规范形成和固化。

> 要求参与者判断一个光点的运动量，该光点出现在一个全黑的背景上，没有任何参照点，虽然它实际是静止的，但看上去像是在运动。这是一种知觉错觉，称为自主运动效应。起初的时候，个人判断的差异很大。然而，当参与者被召集到一起，小组里还有陌生人，每个人大声说出自己的判断时，他们的估计就趋向一致。他们开始看到光点朝着同样的方向移动，移动量也类似。谢里夫研究的最后一个部分更有意思——在结束集体观看之后，这些参与者独自回到同样的暗室，研究发现他们继续在遵从一起时所形成的群体规范。

群体中的规范一旦形成，它们自身就倾向于永久存在下去。随后的研究发现，自主运动的这些群体规范在一年后的测试中依然存在，即使原先目击判断的小组成员并不在现场（Rohrer et al., 1954）。规范可以在小组成员之间代代相传，远在创立规范的最初小组成员离开之后，规范继续影响人们的行为（Insko et al., 1980）。我们怎么知道规范能够跨代产生影响？在自主运动效应研究中，研究者每做一轮自主运动测试，就更换一名小组成员，直到情境中都是新成员。先后经过几代小组成员的传递，群体的自主运动规范依然完好如初（Jacobs & Campbell, 1961）。你是否明白这个实验是如何紧扣一些让现实生活中的规范代代相传的过程的？

规范性影响：阿施效应　人们有时会因为规范性影响——他们希望被别人喜欢、接受和支持——而从众于他人，有什么方式可以最好地解释这一现象呢？**阿施**（Asch, 1940, 1956）是早期最重要的社会心理学家之一，他创设了一些情境，要求参与者在客观事实绝对清晰的条件下做出判断，但小组其他人员都报告说他们看到了不同的事实。实验是这样的：引导男性大学生，让他们相信在做简单的视知觉研究。给他

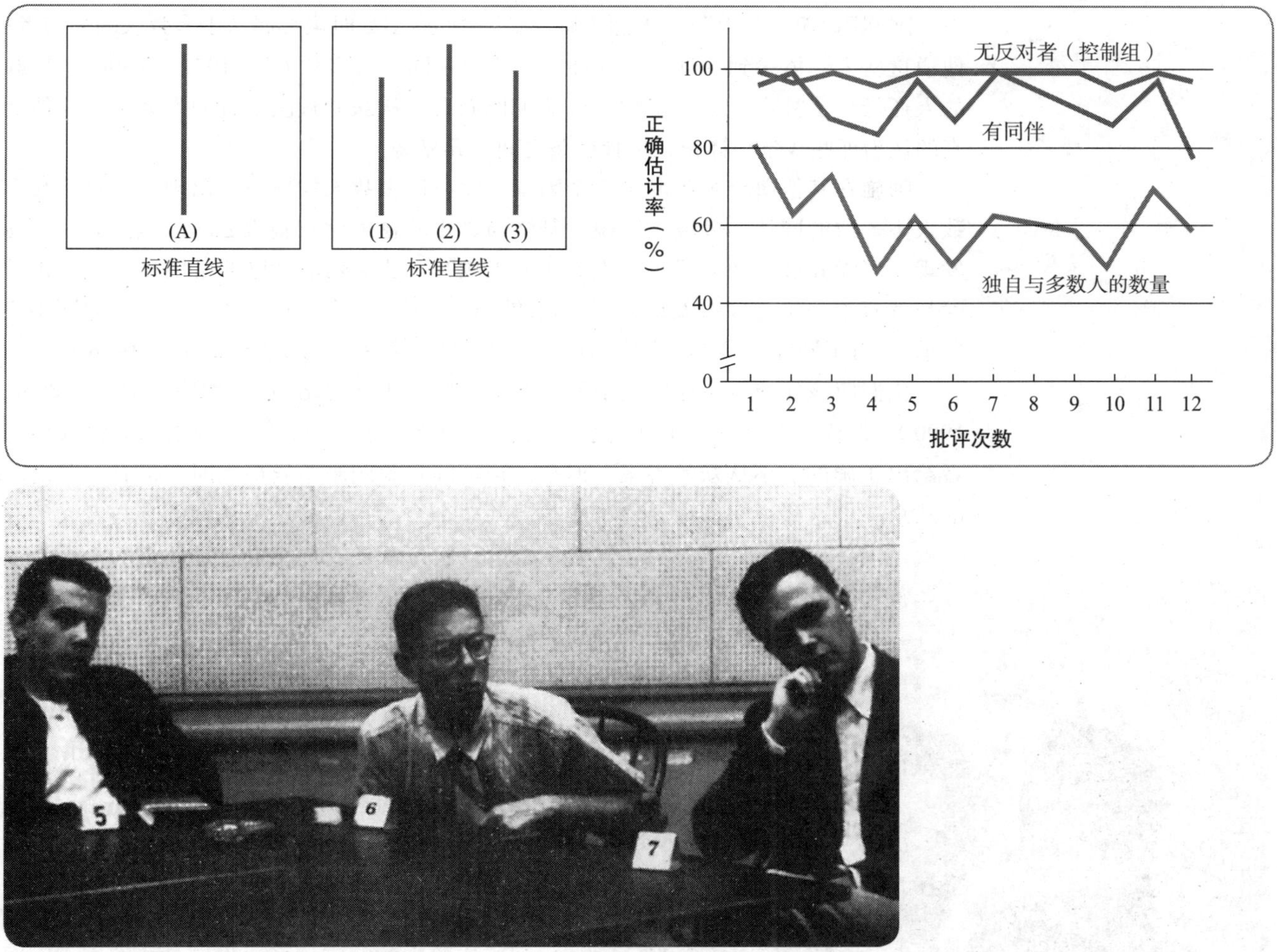

图 16.3　阿施实验中的从众

这张照片引自阿施的研究，它显示了真正参与者（6 号）对于多数人出奇一致的错误判断大感困惑。图的左上部分显示了典型的刺激材料。参与者要么单独与意见一致的多数人编在一组，要么组里有一名持不同意见的同伴，参与者有同伴时表现出了更大的独立性，结果如右上部分图表所示。正确估计比率越低，说明个体从众于群体错误估计的程度越高。

们看的卡片上有三条长短不一的线条，要求他们指出其中哪条线与标准线一样长（参见图 16.3）。线条长短差异足够明显，极少出现错误，它们的相对长短每次实验都有所不同。

> 参与者与另外 6~8 名学生呈半圆形坐好，参与者坐在最后的位置。参与者不知道其余人都是实验者的同伙——实验者的同谋——他们按事先安排好的情节行事。头三次实验中，一圈人都一致做出正确的比较。但是，第四轮实验时，头一名同伙将两条显然不同的线条等同起来，小组其余成员也做出一样的反应。轮到参与者的时候，他不得不考虑是与周围其他人的观点保持一致，还是根据自己亲眼所见保持独立看法。他在 18 次判断中有 12 次面临同样的两难境地。参与者表现出怀疑的迹象，而且面对那些看法如此不同的多数人，他明显感到不适。他们做了些什么呢？
>
> 大约四分之一的参与者保持了完全的独立性——他们从没有从众。然而，50%~80% 的参与者（研究项目中的不同研究）至少一度从众于大多数人的错误估计，三分之一的参与者半数或更多的判断都屈从于多数人的错误判断。

阿施用“无判断力”和“迷惑不解”来描述那些多数时候都屈从于多数人的参与者；他说这些人“体验到一种强烈的冲动，不要不同于大多数人”（1952，p.396）。屈服的人还低估了社会压力的影响，低估了他们自己从众的频次；有的人甚至声称他们真的认为那些线条一样长，尽管线条之间差异显著。

阿施在其他研究中改变了三个因素：无异议多数人的规模、出现一位意见与多数人不一致的同伴、多数人所说的刺激与真正的物理比较刺激之间的差异大小。他发现，当无异议多数人只需 3 人或 4 人组成时，从众效应就已非常明显。若真正的参与者有了一位与多数人意见不一致的同盟，那么从众几率会急剧减少（如图 16.3 所示）。有了同伴，参与者通常能够抗拒从众于多数的压力（Asch, 1955, 1956）。

我们应该如何解释这些结果？阿施本人对不从众的比例感到震惊（Friend et al., 1990）。他称这个实验是有关“独立性”的研究。事实上，有三分之二的时候参与者给出正确的、不从众的答案。但是，当阿施实验刺激差异最大时，仍有三分之一的从众率。这些说法往往忽略了参与者并非个个都一样：从不从众的参与者大约有 25%，这与总是或者几乎总是从众的人数大致相当。因此，阿施研究给了我们两个互补的启示：一方面，我们发现人们不完全随着规范性影响而摇摆，他们面对多数人能坚持自己的独立性（有些人一贯如此）；另一方面，我们发现人们即使在极其明确的情境有时也会从众于他人。从众的潜在可能性是人性的一个重要成分。

规范性影响对于人们的日常行为有什么作用？

日常生活中的从众 尽管你可能从未经验过阿施实验中的特定情形，你还是能够毫无问题地识别你日常生活中的从众现象。许多从众情境都能被轻易发现。例如，你可能会注意到，你穿了一件事实上你觉得十分难看的衣服，却只是因为一些人宣扬它很时尚（当然对其他人

表 16.1 意识不到规范影响的人们

信息类型	信息节选	激励作用	能耗
描述性规范	在最近对你小区住户的调查中，研究者发现 77% 的住户在夏天都利用电风扇而非空调纳凉。	1.76	16.10
自我利益	研究者发现，今夏利用电风扇而非空调纳凉，你每月可节省 54 美元。	1.86	17.45
环境保护	研究者发现，今年夏天利用电风扇而非空调纳凉，每个月你可以减少排放 120 公斤的温室气体！	2.07	16.89
社会责任	研究者发现，今年夏天利用电风扇而非空调纳凉，你每个月的用电量可以减少 29%！	1.99	17.52
只呈现信息	夏天来到了，也是节能的好季节。今年夏天你怎样做才能节能？请使用电风扇而非空调！	1.94	17.36

注意：能耗为每天的耗电度数。

来说的确是这样）。也正如我们在第 10 章所提到的，青少年经常会在吸毒等危险行为上与同伴保持一致。

人们通常认为自己的行为不会受规范的影响。有项研究考察了信息类型对人们节能减排的影响（Nolan et al.，2007）。加利福尼亚的居民会在他们家的门把手上发现 5 类信息。**表 16.1** 给出了每种信息的例子。研究者后来挨家挨户询问居民："门把手上悬挂的信息对你节能有多大的激励作用？"居民可以在 1（一点也不）到 4（非常激励）的范围里回答。正如你在表 16.1 中所见，居民报告规范性信息的激励作用最小。研究者还读取了居民的电表，以确定在信息悬挂之后一个月他们实际的能耗。表 16.1 显示，规范性信息导致的能耗最低。把这些结果整合在一起，你就会明白为什么研究者会得出这一有趣的结论："尽管参与者认为他们邻居的行为（描述性规范）对他们节能的影响最小，结果却表明描述性规范实际上对参与者的节能行为有最强的影响"（pp.920—921）。

在节能领域，人们会不自知地受到社会规范的影响，这太正常了。不过，这种屈从于规范性影响的强烈趋势也有可能导致非常负面的结果。比如，历史上有若干自杀邪教的例子——加入邪教的人已经内化了群体规范，这种规范导致他们结束自己的生命。请思考 1997 年 3 月在美国加州圣地亚哥发生的事件。有个叫"天堂之门"的邪教组织实施了集体自杀：警方发现了 39 具穿着同样黑色制服的尸体，边上还放着塞满行李的旅行包（Balch & Taylor，2002）。在他们自杀前，邪教成员都接受这样一条信念，必须抛弃他们世俗的肉体才能登上 UFO，把他们带到天堂。该群体把他们许多的信条都张贴到了其官方网站上。研究者担心互联网会为这些邪教提供特别有效的招募成员和宣扬其信条的渠道（Dawson & Hennebry，2003）。这是否引起了你足够的关注？你应该在阿施实验和其他从众场面的背景下考虑这个问题。

少数人影响与不从众 既然赋予多数人以操控信息及资源的权力，那么人们通常对群体表现出从众行为也就不足为奇了。但是，你也知道，人有时候会坚持自己的观点。这是怎么回事呢？人们如何逃避群体的主宰，（违背规范的）新生事物是如何产生的？是否存在一些条件，在这些条件下少数人能够扭转多数人的看法，创造新的规范？

当个体从属于一个群体——如一种宗教仪式，他们就很容易表现出从众行为。两万对身着统一礼服的男女一起举行了婚礼。1995 年 8 月，位于世界 500 个地方的 36 万对男女通过卫星同时举行了婚礼。为什么人们会在那么大量的人群中感到舒适呢？

为解决这类问题，法国的**莫斯科维奇**（Serge Moscovici）开展了一系列针对少数人影响力的研究。在一项研究里，要求参与者完成颜色命名任务，多数人正确地识别出色块，但有两名实验者的同谋一致地将绿色识别为蓝色。他们的反对意见一致，但他们是少数，当时对多数人没有产生什么影响。然而，后来单独测试时，有些参与者的判断出现了变化，在颜色分布中蓝和绿这个范围内偏向蓝色这一端（Moscovici, 1976; Moscovici & Faucheux, 1972）。最后，多数人的力量被全力以赴的少数人的坚信所战胜（Moscovici, 1980, 1985）。

我们在前面介绍过规范性影响和信息性影响的区别，你可以根据这一点来描述这些效应（Crano & Prislin, 2006; Wood et al., 1994）。少数人的规范性影响相对微乎其微：多数派成员一般不特别关心是否被少数派喜欢或者接受。另一方面，少数派的确具有信息性影响：少数人可以鼓励群体成员从多种角度来认识问题（Peterson & Nemeth, 1996）。不幸的是，信息性影响的这种可能性，只是偶尔让少数派克服多数派成员的规范性愿望，规范性使得人们避免让自己成为反叛者或者观点与众不同（Wood, 2000）。

群体中的决策

如果你曾经作为小组一员进行决策，那么你就知道这种决策多么痛苦。例如，想象一下你刚刚与一帮朋友看了一场电影。虽说你觉得电影“好”，但电影观后感讨论将近结束时，你发现你自己也接受了这样的说法——该电影是“难以置信的垃圾”。小组讨论之后看法发生改变，这种变化是否典型？群体的判断是否始终与个人的判断不同？从事社会心理学研究的学者总结认为，当群体进行决策时，存在两种特殊的力量（Kerr & Tindale, 2004）。我们将集中讨论*群体极化*和*群体思维*。

电影观后感讨论的经历就是**群体极化**（group polarization）的例子：与群体成员单独决策相比，群体倾向于做出比较极端的决策。例如，假定你要求参与电影观后感讨论的每名成员都对电影提交一个态度评定；接下来，作为一个群体，你同意某个价值判断，以反映你们群体的态度。如果群体的评定比个人评定的平均数要极端一些，那么这就是极化的例子。群体极化倾向于使得一个群体更加谨慎或者更加冒险，这取决于群体初始的倾向。

研究者指出群体极化有两种内在过程：*信息影响模型*和*社会比较模型*（Liu & Latane, 1998）。信息影响模型认为群体成员能为决策提供不同的信息。如果你和你的朋友们分别有一些微小的理由不喜欢某部电影，所有理由汇集在一起，就有足够的证据让你觉得你实际上很不喜欢该电影。社会比较模型认为，群体成员极力将群体的观念表达得比群体真实的基准还要极端一点，以获得同伴的关注。这样一来，如果你得出每个人都不大喜欢某部电影的结论，你就会试图表达更极端的观点，以显示自己特别机敏。如果群体里的每个人都试图以同样的方式来获得群体的敬重，那么极化就不可避免。

有一种被称为*群体思维*的一般思维模式，群体极化只是这种思维模式的一种结果。**欧文 · 贾尼斯**（Janis, 1982）创造了**群体思维**（groupthink）这一术语，用以指决策群体具有过滤掉不中意的观点使其保持一致，尤其使之与领导的见解一致的倾向。贾尼斯的群体思维理论源自他对 1960 年入侵古巴猪湾事件所做的历史分析。这次灾难性的入侵是肯尼迪总统召集完内阁会议之后下达的命令。在这次会议上，反对意见被总统的顾问们忽略或者压制住了，顾问们急于发起进攻。贾尼斯基于他对这次事件的分析，总结出一系列特征，他相信这些特征使得群体陷入群体思维的陷阱：例如，他指出凝聚力高、脱离专家、受领导直接操纵的群体很可能做出群体思维决策。

为了验证贾尼斯的观点，研究者们一直在同时开展历史分析和实验室实验（Henningsen et al., 2006）。这类研究指出，当群体有一种集体愿望，想保持一种共同的正面群体观的时候，特别容易陷入群体思维（Turner & Pratkanis, 1998）。群体成员必须清楚，有异议往往能改善群体决策的质量，尽管它从表面上看可能会贬低群体的正面感受。

我们刚刚回顾了一些影响群体决策的情境力量。接下来我们要关注人们作为个体所做出的最重要的决策：什么时候他们应当服从权威？

服从权威

什么原因使得成千上万的纳粹分子甘愿听命于希特勒，把数百万犹太人送进毒气室？为什么美国士兵会服从上级的命令，屠杀越南广南省美莱村手无寸铁的无辜平民（Hersh, 1971; Opton, 1970, 1973）？难道是人格缺陷导致人们盲目地执行命令？难道他们没有道德价值观？阿施的学生**斯坦利 · 米尔格拉姆**（Stanley Milgram）进行了一系列的研究，发现盲目的服从与其说是性格特质的产物，倒不如说是吞噬每个人的情境力量作用的结果（Milgram, 1965, 1974）。米尔格拉姆的“服从”研究备受争议，因为它对现实世界具有重大的影响，而且也引发了道德问题。

服从的实验范式　为了区分人格和情境等变量，米尔格拉姆做了一系列的实验，整个研究包括 19 个独立的控制严密的实验，超过 1 000 名参与者参加了这些实验。他的第一个实验是在耶鲁大学进行的，纽黑文及其周边社区的男性居民参加了实验，并获取酬劳。后来，米尔格拉姆将他的实验室搬出了大学，他在康涅狄格州的布里奇波特成立了一个研究室，通过报纸广告征募了来自不同领域的人们，其中涵盖了不同年龄、职业、学历乃至不同性别的成员。

米尔格拉姆的基本实验范式是让一个参与者实施一系列被认为对另一个人来说

是异常痛苦的电击，这些志愿者相信他们所参与的是一个关于记忆与学习的科学研究。他们被告知此项研究的教育学目的是探索惩罚如何影响记忆，从而学会通过合理的奖惩来改善学习效果。一些参与者的社会角色是“老师”，将对那些扮演“学生”的人所犯的每一个错误施以惩罚。他们被告知，应遵循的主要规则是每当学生犯了错误，就要加大电击的强度，直到学习中不再出现错误。身穿白色制服的主试则扮演合法的权威形象——他制定规则、安排角色分配（以事先做了手脚的抓阄产生），并且无论“老师”犹豫还是持有异议时，都要命令他们恪尽职守。这里的因变量是“老师”拒绝服从权威以前所给出电击的最高强度（通过一台机器，每档有 15 伏特，直至 450 伏特）。

实验情境　研究的设计者让参与者相信，通过执行命令，他或她在制造痛苦和煎熬，甚至是在杀害无辜的人。每一位“老师”都被施予 45 伏的电击以便了解它所造成的痛苦。“学生”是位和气的人，风度翩翩，五十来岁，他提及自己的心脏有问题，但表示愿意继续下面的实验程序。他被绑在隔壁房间的一张电椅上，并且同“老师”通过内线电话联系。他的任务是记住成对的单词，并在听到第一个单词时反应出第二个。学生很快开始犯错误——根据事先的安排——老师开始实施电击。受害者的抗议随着电击强度的上升而增加。75 伏的时候，他有点哼哼和嘟囔；150 伏，他要求离开实验；180 伏时，他大声呼喊说自己无法再忍耐这种痛苦。到了 300 伏特，他坚决地说不会再参与这类实验并要求被释放。他大声嚷嚷自己有心脏病，并且尖叫。倘若老师迟疑或是抗拒继续给予电击，主试会说，“实验要求你继续”或者“没有选择，你必须继续”。

也许你会想，这样的情境对于参与者来说有很大的压力。大多数的参与者们抱怨、责难，反复强调说不能继续下去了。女性参与者们常常边流泪边抗拒。从他们的表现看来，实验情境明显造成了参与者激烈的思想斗争：

- 180 伏特下：“他受不了了！我不要这么杀死他！你听到他叫喊了吗？他在嘶喊。他受不了，他出了事怎么办？……我是说，如果那位绅士出了什么意外谁来负责任？”（主试表示承担责任。）“好吧。”
- 195 伏特下：“你听他在嚎叫。听呀，我真的搞不明白。”（主试说：“实验要求你继续下去。”）“我知道是这样，先生，但我想说的是——嘿——他不知所措了。都 195 伏特了”（Milgram, 1965, p.67）。

就连学生的房间里不再传出任何声音时，老师也被命令施加越来越强的电击，直至标有“危险：强电击 XXX（450 伏特）”。

人们为什么会服从权威　当米尔格拉姆要求 40 名精神病医生预测参与者在实验中的表现时，他们估计大部分人不会超过 150 伏特（基于实验描述）。在他们的专业眼光看来，不到 4% 的参与者在 300 伏特时仍然能够保持服从，而只有大约 0.1% 的参与者会坚持到 450 伏特。精神病医生们推测，只有极少数某种程度上说有些异常的个体，才会盲目服从命令而用最大强度的电击。

精神病医生的评价建立在人们人格特质的基础上，他们认为行为异常的人可能会这样做。他们忽视了这种特殊情境对人的思维和行为的影响。但这个著名而令人焦虑的研究结果证明这些专家们大错特错了：大部分的参与者完全地服从了权威。达到 300 伏特的电压时，仍没有参与者退出实验。65% 的参与者对学生施加了最高

米尔格拉姆的服从实验："老师"（参与者）与实验者（权威人物），电击发生器以及"学生"（实验者的助手）。实验情境的哪些方面会影响老师实施最强电击的可能性呢?

值 450 伏的电击。注意，绝大多数人*口头抗拒*，但在行动上并未*反抗*。从受害者的角度看来，差异是微忽其微的。假如你是受害者，如果参与者反复地电击你（他们服从了），但嘴上却说自己并不想继续伤害你（他们抗拒了），你会有怎样的感觉?

米尔格拉姆的研究表明，要理解人们为什么服从权威，你必须用心地观察在这种情形下工作时的心理压力。在前面我们看到了情境因素是如何约束行为的。在米尔格拉姆的研究中，我们发现了关于这一普遍原理的生动例子。米尔格拉姆和其他研究者们通过操纵一些实验条件，证明服从的因素主要取决于与情境有关的变量，而不是人格的变量。**图 16.4** 显示了在不同情境下人们的服从水平。比方说当合作者最初形成服从时，或当一个参与者作为一个*旁观者*协助主试电击他人的时候，或者当受害者（学生）身体上远离老师时，那么服从的程度会非常高。而如果当学生（受害者）要求电击自己，或当两种权威做出相悖的命令，抑或权威人物本身就是受害者的时候，服从的程度就相当低。这些发现都说明这样一个观点，即情境的因素，而不是个体参与者间的区别，在很大程度上控制着行为。

我们给当代学生讲授米尔格拉姆的研究时，他们往往确信一点：自从 1960 年代早期开始文化不断改变，人们不会再服从了。为了检验这一主张，社会心理学家**杰里·伯格**（Jerry Burger）部分重复了米尔格拉姆的实验（Burger，2009）。伯格修改了米尔格拉姆原来的实验程序以解决道德顾虑。具体而言，如果参与者认为自己已经实施了 150 伏特的电击之后仍继续服从，伯格就会让参与者停止。如前所述，150 伏特是学习者要求退出实验的关键点。根据米尔格拉姆实验的数据，伯格推断：那些持续到 150 伏特之后的参与者极有可能在超出此关键点后仍继续服从。在米尔格拉姆原来的实验中，有 82.5% 的参与者在超出 150 伏特之后仍继续服从，而在伯格的重复实验中，有 70% 的人这样做。故而，在重复实验中绝大多数的参与者仍继续服从实验者的命令。伯格总结道："在米尔格拉姆实验中影响参与者服从的情境因素在今天仍然起作用"（p.9）。

在这些情境下，人们服从权威的原因有两个：*规范性影响*和*信息性影响*。这一点我们在前面已经讨论过：人们希望别人喜欢自己（规范性影响），并且希望自己的主张是对的（信息性影响）。首先，人们倾向于做别人做的事或者别人要求自己做的事情，从而使自己能被社会接受和承认。其次，如果在一个模糊的情境下——例如实验情境下——人们会相信其他人关于适当和正确行为方式的暗示，更会可能按照专家或者可靠的消息传达者告诉他们的方法行事。在米尔格拉姆例子中，第三个因素是参与者可能对于*如何反抗*很迷惑，没有提出任何异议使权威感到满意。如果他

图 16.4

米尔格拉姆实验中的服从

该图表明在米尔格拉姆的许多实验中服从效应从小到大的变化。

资料来源：*The Obedience Experiments*, by A. G. Miller, 1986, Copyright © 1986 Praeger. Reprinted with permission.

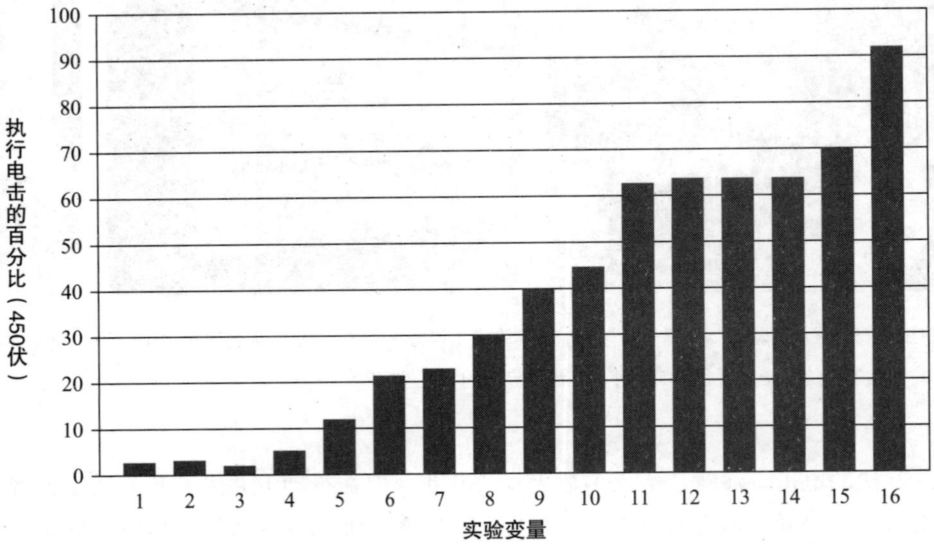

1. 学习者要求被电击
2. 权威人物就是受害者——普通人在发出命令
3. 两个权威——发出相悖的命令
4. 被试可以自由选择被电击的程度
5. 两个同伴的反抗
6. 普通人发出命令
7. 远距离的权威人物
8. 接触
9. 靠近
10. 规则背景
11. 声音反馈
12. 远距离的受害者
13. 参与者是女性
14. 两个权威——一个作为受害者
15. 参与者作为旁观者
16. 一同伴实施电击

们用一种简单的、直接的方式来跳出这一情境——比如按下“停止”键——那么他们可能更倾向于不服从（Ross, 1988）。最后，实验情境下对权威的顺从实际上是人们固有习惯的一部分，这些习惯是人们从小在不同的环境中习得的，这就是绝对服从权威（Brown, 1986）。如果权威的要求是合理的，并且值得服从，那么这一推论是利于社会的。问题在于这一规则被过度的运用了。盲目服从权威，就是指仅仅因为权威的地位而服从他们，而不去关心他们的要求和命令是否正当。

米尔格拉姆的服从研究对于你个人有什么意义？当你在生活中遇到了道德上左右为难的困境时，你会做出什么样的选择？花点时间思考一下可能出现在你日常体验中服从权威的情境。设想你是一个售货员，如果你的老板鼓励欺骗，你是否会欺骗顾客？设想你是议会成员，你会遵循党派的观点投票，还是本着自己的良心投票？

米尔格拉姆的服从研究，对下列这些说法提出了质疑：“邪恶潜伏在坏人的心中”；坏的“他们”与好的“我们”或“你们”截然不同。我们叙述这些研究结果的目的并非是要贬低人的本性，而是要弄清为什么就连有完整意识的正常个体，在强大的情境和社会压力下，都显得那么脆弱。

本节我们提出，人们由他们共有的规则、规范和情境相互联系。接下来我们要思考人们如何从他们的日常经历中收集和运用信息。我们要考察的问题是：态度如何形成和改变？我们还要考察信念、态度与行为的关联。

STOP 停下来检查一下

❶ 斯坦福监狱实验证明了社会角色的什么特点?
❷ 为什么群体会产生规范性影响?
❸ 群体中的少数派能产生何种影响?
❹ 如何辨识导致群体极化的环境?
❺ 在米尔格拉姆的实验中,精神病学家的预测较之参与者的实际行为如何?

批判性思考:请思考线段判断实验的从众研究。为什么在最先几个试次中群体成员全都给出正确回答如此重要?

态度、态度改变与行动

你今天有机会表达你的态度吗?有没有人问你,"你觉得我的裙子怎样"或者"鸡块味道好吗"。**态度**(attitude)是对人、客体或观念的积极或消极评价。这样界定态度有助于我们表达这样的事实,即你所拥有的很多态度都不是外显的;你可能并没有意识到你所持有的某种态度。态度非常重要,因为它们影响你的行为,影响你解释社会现实的方式。回顾一下普林斯顿—达特矛斯橄榄球比赛的例子。那些偏爱普林斯顿的人"看到"的比赛与那些喜欢达特矛斯的人看到的不同;人们对于事件的归因是按照他们的态度来进行的。你的态度来源于什么,它们怎样影响你的行为?

态度与行为

我们已经把态度定义为积极或消极的评价。这一节我们首先给你一个做出评价的机会。在多大程度上你同意这一表述?(圈出一个数字)

我喜欢安吉丽娜·朱莉的电影

1——2——3——4——5——6——7——8——9

非常反对　　　　无所谓　　　　非常赞同

我们假定你给出评价"3"——你不大同意。你判断的依据是什么呢?我们能确定引发你态度的三种信息:

- 认知:关于"安吉丽娜·朱莉"你有什么想法?
- 情感:提到"安吉丽娜·朱莉"会引发什么感受?
- 行为:例如,当你有机会观看安吉丽娜·朱莉的电影时你会怎样做?

当你圈数字"3"(或其他数字)的时候,很可能是这几类信息以某种方式综合在一起指挥着你的手。你的态度还生成了同样三类反应。如果你认为自己对安吉丽娜·朱莉有一些负面的态度,你可能会说,"她不是一个认真的演员"(认知),"她比出道时好看"(情感),或者"在看了《空军上校和未来世界》之后,我打算等着看她的回忆录"(行为)。

测量态度并不是很难,但态度是否总是预示人们实际上将如何行动的准确指标?

你对安吉丽娜·朱莉的态度对你观看她主演的电影有什么影响?

从你自己的生活体验中你会了解到，答案是“否”。人们会说他们不喜欢安吉丽娜·朱莉，但实际上花了很多钱观看她的电影。与此同时，人们的行为有时候确实与态度一致：他们说他们不会花钱看安吉丽娜·朱莉，他们真的不去看。你能确定态度什么时候能预测行为、什么时候不能预测行为吗？研究者为回答这个问题做了大量的工作——确定什么情形下人们的态度与他们的行动之间联系最为紧密（Ajzen & Fishbein, 2005; Glasman & Albarracín, 2006）。

在预测行为方面，态度有一个属性：可获得性——态度客体与个体对该客体评价的联系强度（Fazio & Roskos-Ewoldsen, 2005）。当我们就安吉丽娜·朱莉向你提问的时候，你是脱口而出还是考虑了一会儿？研究显示，当态度很容易获得时，行为更可能与态度保持一致。但态度怎样才能变得很容易获得呢？研究表明，当态度是基于直接经验的时候，他们就比较容易获得。如果你看过安吉丽娜·朱莉的几部电影，而不是间接地道听途说，那么你对安吉丽娜·朱莉电影的态度就会比较容易获得。当态度比较经常地反复听到，那么态度也会比较容易获得。正如你所期望的，你越是经常地形成对某种事物（考虑“巧克力”与“鹬鸵”[生长在新西兰的一种不能飞行的鸟——译者注]）的态度，你就越容易获得这种态度。我们来看一项证明态度复述影响行为的研究。

> 研究者想了解导致人们重复献血的原因（Godin et al., 2008）。该研究关注先前已经献过血的 4 672 名参与者。这些献血者对献血的重要性很可能已经形成积极的态度。研究者推断：如果使这些态度更容易获得，人们献血的可能性就会增加。为了增加态度的可获得性，研究者随机选择了 2 900 名参与者作为实验组，并邮寄了一份问卷要求他们报告自己对献血的态度。结果有 2 389 人完成了问卷。而随机分入控制组的 1 772 人则不会收到问卷。在问卷寄出之后的 6 个月和 12 个月，研究者要核查有多少人献了血。问卷的作用非常明显：实验组的成员有更多的人献血。比如，6 个月之后，实验组多出 8.6% 的人登记献血。

在 6 个月或 1 年里人们是否献血的原因可能有很多。不过，通过简单的问卷复述和报告他们的态度，正是这一信息的可获得性对人们随后的行为有重大影响。

如果态度较长时间里保持稳定，也能较好地预测行为。比如，假设我们问你是否同意这一陈述：“我信任政治家。”你的判断取决于心中想起的政治人物：是华盛顿、丘吉尔、小布什还是奥巴马？现在，假设一周之后我们问你同样的问题。如果你想起不同的政治人物，你对政治家的整个态度就可能发生变化（Lord et al., 2004；Sia et al., 1997）。只有当支持你的态度的“证据”随时间保持稳定时，我们才能预期你的评价（想法）和行为具有紧密的关联。

提高态度与行为一致性的另一种方法是改进态度的测量。近年来，研究者创造了各种新的态度测量方法，以窥测人们自动或内隐的态度——即通常停留在意识觉知之外的对人、客体或观念的态度（Greenwald et al., 2002；Stanley et al., 2008）。有学者断言这种内隐态度能较准确地预测行为。来看一项针对意大利选举中一群未决选民的研究（Arcuri et al., 2008）。虽然这些选民并没有有意识的偏好，但当他们经过内隐联想测试时，许多人都显示出无意识的偏好。该测试的政治版本可以评估人们在把两位候选人与积极或消极词语联系在一起进行归类的难易程度。选举之后参与者报告他们的投票时，他们更可能一致地投票选举他们更易联想到积极词语的候选人。虽然这些选民并不能有意识地表露自己的偏好，但他们的内隐态度却与未来行为有关联。研究者在人类体验的若干领域继续考察内隐测量对行为预测的作用。这类研究大多关注与外显态度相同的问题，比如内隐态度在时间上的稳定性（Gawronski & LeBel，2008）。

说服过程

我们刚刚看到，在适宜的情形下，态度能预测行为。对于那些花了时间和金钱来影响你的态度的人来说，这可是好消息。然而比较常见的是：其他人想影响你的态度，但他们做不到。当你看到一个新的广告片中的演员满口珍珠般洁白的牙齿时，你并不是每次都更换牙膏品牌；当某个候选人对着镜头真诚地说明他应该获得你的选票时，你也不是每次都改变政治倾向。你生活当中的很多人都偏爱**说服**（persuasion）——刻意努力来改变你的态度。说服要奏效，必须满足某些条件。让我们探讨其中的一些条件。

作为开端，我们先介绍**精细可能性模型**（elaboration likelihood model），这是一种说服理论，描述人们有多大可能将他们的认知过程集中在精心考虑说服性信息（Petty & Brinol，2008；Petty et al., 2005）。这一模型对说服路径做了重要的区分：中心路径和外周路径。中心路径指的是这样的情形：人们仔细思考说服性的沟通意见，因此态度改变与否取决于论点的强弱。这种仔细思考称为高度精细化。一旦有人试图让你相信每加仑汽油应该值5美元，那么你就可能会以这种细心的方式来处理信息。外周路径指的是这样一些情形：人们不怎么集中精力关注信息，而是对情境中的表面线索做出反应。当有人想让你购买某种产品，产品前站着一位性感的模特，那么卖方正是希望你的思维能避开要害。缺乏仔细的思考叫做低度精细化。人们是采用中心路径还是外周路径，在很大程度上取决于他们对信息的动机：他们是否愿意并且能够仔细地思考说服性内容？他们是被卷入高度精细化中还是低度精细化中？

如果你仔细看看你周围的信息，你将很快得出结论：例如，广告商往往指望你采取外周路径。广告商为什么花钱请名人来推销他们的产品？你真的相信好莱坞演员无比关心哪一种长途电话服务会节省更多的钱？大概说来，广告商不希望你过于仔细地推敲各种论点——相反，他们希望你被自己对那个正在兜售产品的演员的热情感受所说服。

为什么广告商付费请名人宣传他们的商品?

现在问你自己这样一个问题：在什么情形下，你可能会有足够强的动机采取说服的中心路径？研究者已经做了大量的研究探讨这一问题（Petty et al., 2005）。让我们来看看一项研究，就会发现在所有的时间说服所有的人是多么困难。这个研究始于一项日常观察，人们总是将自己标定为晨鸟型或者夜猫子型的人。研究者假设：当人们在一天中最兴奋的时间段接受到说服信息时，他们会有更多的能量和动机进行精细化加工，即采用说服的中心路径。

为了检验他们的假设，研究者招聘了一批将自我的“最佳”

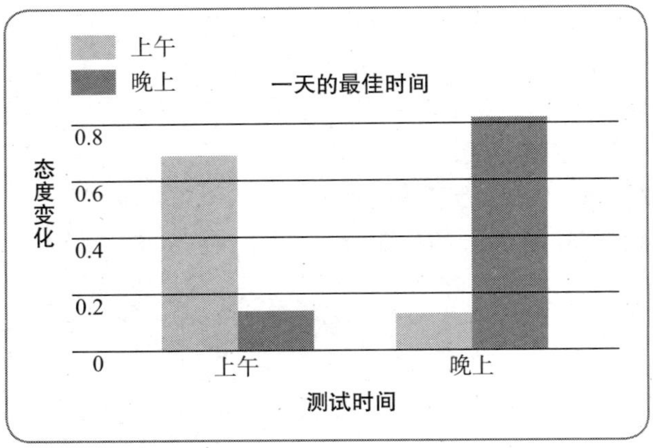

图 16.5 在一天最佳时间的说服效果

当参与者在他们最佳的时间段里阅读说服性的陈述时，他们被说服的态度变化更大。

资料来源：Adapted from Martin & Marrington, *Personality and Individual Differences*, 39, 367–377, 2005.

时间确定为早晨或者夜晚的参与者（Martin & Marrington, 2005）。研究有两个时间段：在上午 8:30 进行或晚上 7:00 进行。每个时间段既有晨鸟型又有夜猫子型的人参加。在实验开始时，参与者通过 9 点量表的评定提供了他们对一些社会事件（包括绝症病人的安乐死）的态度。然后，参与者阅读了一组反对安乐死的陈述。最后，参与者列出了阅读陈述时的感受并提供了第二次的态度等级。当参与者参加实验的时间与他本身的最佳时期相匹配时，他们列出的支持说服陈述的想法更多。另外，如**图 16.5** 所示，当人们在一天中的最佳时间阅读说服陈述时，他们表现出了更多的态度转变。

在他们一天中的最佳时期，唤起了参与者对说服陈述进行精细加工的动机。由于陈述提供了有力的证据反对安乐死，他们的态度发生了与陈述一致的改变。如果陈述的论证薄弱，那么高度的精细化会妨碍态度改变。

现实生活中很多情况下你都可能想抗拒态度变化。精细可能性模型表明，要避免被他人说服，你往往必须付出一定的努力。有项研究要求学生阅读一篇短文，该文辩称大学假期应当减少到仅仅一个月的时间（Burkley，2008）。比如，该文提到这种变化能让学生更快地毕业。在读这篇文章之前，有些参与者要完成一项不同的任务，用 5 分钟的时间列出心中的想法——但明确要求他们不要想到白熊。在完成这项任务之后，参与者的态度较之控制组更支持一个月假期的观点。如此看来，他们为了不想到白熊所付出的努力已经消耗了心理资源，而这些资源是抗拒短文论证所必需的。在你自己的生活中，如果你知道自己即将面临一场说服战，就应该尽力保证你能投入所有的心理努力。

被自己的行为说服

上一节我们描述了影响我们改变他人态度的能力的因素。但是，在若干情形下，有些作用力量会导致人们自己的态度发生变化。想象一下你在某个情境中曾经发誓不会摄取任何过量热能的食物。你到了上班的地方，那里有祝贺你老板生日的蛋糕。你吃了一块蛋糕。你违背了你的誓言吗？也就是说，对于你自己的行为你是否应该有一个负面的态度？你是否可能认为自己的所作所为是正确的？为什么？我们将要介绍两种自我说服的分析观点：认知失调理论和自我知觉理论。

认知失调理论　态度研究中，一个最常见的假设就是人们愿意认为自己的态度能经久不变。人们这种努力追求一致的倾向，在社会心理学领域里的认知失调理论中得到了探索。认知失调理论是由**利昂·费斯廷格**（Leon Festinger）提出来的。**认知失调**（cognitive dissonance）指某人在做出决定、采取行动或者接触到一些有违原先信念、情感或价值的信息之后所体验到的冲突状态（Festinger, 1957）。例如，假如你不听朋友的建议选择购买了一款轿车。为什么你可能过分地为这款轿车辩解？我们假定：当个体对于其行为及相应的态度发生失调时，即它们之间产生不一致时，就会出现一种令人厌恶的状态，这个状态会激发人们去减少失调。减少失调活动能缓和这种不愉快的状态。就你买车这个例子，你显得防御性十足，即过于强调这种车的价值，反对你朋友的意见能使你感觉好一些（失调也可能导致你认为你的朋友不怎么样）。

如果你意识到吸烟的不利影响但仍然在吸烟，你会如何说服自己从而降低你的认知失调感？

失调具有激励力量——它推动你采取行动减弱不愉快的感受（Wood, 2000）。减少失调的动机会随着认知不一致性所产生的失调程度变大而增强。换句话说，失调程度越大，减少失调的动机就越强。在一个经典的失调研究中，要求大学生向其他学生说一个谎。当他们这么做之后获得一个较小的而不是大的奖赏时，他们开始相信他们的谎言。

> 斯坦福大学的学生参加了一个非常无聊的活动，然后要求他们（实验者请求他们帮忙，因为他的助手还没有出现）向另一个参与者撒谎，对他说活动挺好玩、有趣。有一半参与者因为说了这个谎言而获得 20 美元，其他参与者只获得 1 美元的报酬。为 20 美元报酬撒一次谎是有比较充分的外部理由的，但是为 1 美元报酬撒谎显然说不过去。因此，只得到 1 美元报酬的人产生了认知失调："活动很无聊"而"我选择了撒谎，告诉别人活动挺好玩、有趣，但我这么做却没有什么像样的理由。"
>
> 为了减少他们的不协调性，这些只获得 1 美元的参与者改变了他们对活动的评价。他们随后表达的看法是，他们发现"这真的挺好玩、有趣——我愿意再做一次"。相比之下，因为撒谎而获得 20 美元的参与者没有改变他们的评价——活动依然是枯燥无味；他们只是"为了钱"而撒谎（Festinger & Carlsmith, 1959）。

正如这个实验所揭示的，在高度失调的条件下，个体在事后会竭力证明自己的行为合理，并且会进行自我说服。

成百上千的实验研究和现场研究都已表明认知失调在改变态度和行为方面所具有的威力（Cooper, 2007）。然而，最近有研究人员开始质疑失调效应是否普遍适用于其他文化。再考虑一下，自我概念在每个文化都有变化。正如我们在前面提到的，北美人一般都把自己视为是*独立的*，不同于环境中的其他人；亚洲文化的成员一般把自己视为是*相互依赖的*，与其他人有必不可少的重要联系。自我概念的文化差异是否会影响认知失调方面的体会呢？

> 几组加拿大人和日本人参与评价中国餐馆的一系列主菜的实验（Hoshino-Brown et al., 2005），实验要求他们从 25 盘菜中挑选 10 碟他们最喜欢的（第一种条件），或者他们想到的一个朋友会最喜欢的（第二种条件）。接下来，请他们按照他们自己或者他们的那个朋友从最想要到最不想要排列这 10 盘菜的顺序。随后，研究者让参与者在两份免费食品的优惠券中挑选一份（为他们自己或者为他们的朋友）。这两张优惠券是他们刚才评定的（他们自己或者他们的朋友）第五和第六喜欢的菜。最后，再要求参与者检查一下，再次评定他们的最喜欢

的 10 盘菜的顺序。第一次和第二次评定会有什么变化呢？依照失调理论，当你做出艰难抉择的时候——就像这里在第五和第六名中选择一盘菜——你应该会调整你的态度，对选定的结果感觉会变得更好一些："如果我选择了宫保鸡丁（原来排名第五），我对它的喜欢程度一定远胜于对木须肉（原来排列第六）。然而，自我的跨文化研究显示加拿大的参与者应该在他们自己的选择上（因为他们的独立型自我感）体验到更多的认知失调，而日本参与者应该在他们朋友的选择上（因为他们的相互依赖型自我感）体验到更多的认知失调。数据验证了这些预期：加拿大参与者在自我判断的上有了更多的态度改变；日本人在对他们朋友的判断上显示了更多的态度改变。

这一研究说明，他们会体验到认知失调——但是，是以一种独特的对于他们的自我感觉特定的方式，在他们的自我概念中维持一致性。如果你曾经经历过必须与来自其他文化的人共同做决策的情形，那么等决策做出之后，你确实该反思一下文化对于你们所有人思维和行动方式的影响。

自我知觉理论　失调理论描述了一种影响方式，即人们——至少是西方文化中的人——的行为（"我挑选了这张 CD"）对他们的态度有影响（"我对它的喜欢程度一定远胜于对其他选项的喜好"）。自我知觉理论是由贝姆（Bem, 1972）提出的，它确定了行为激活态度的其他情形。根据**自我知觉理论**（self-perception theory），要推测你内在的状态（信念、态度、动机和情感）如何或者应该如何，你要感知你现在正在怎么做，要回忆过去在给定情境中你是如何做的。你利用那些自我知识反过来推测你行为最为可能的原因或者决定因素。例如，面对"你是否喜欢心理学？"这个问题，自我知觉者回答说："当然喜欢，我正听它的基础课，它不是必修课程。我阅读所有指定的文献，上课时我很专心，我这门课的分数不会低。"换句话说，你在回答一个有关个人偏好的问题时，你是以行为描述来作答的，你谈到了有关的行动和情境因素，但并没有深入地探讨你的思想和情感。

通过自我知觉获取自我知识的过程有一个缺点，即人们对于他们的行为在多大程度上受情境力量的影响可能不那么敏感。如果你最后一次回顾前面的大学问答游戏实验，你就会明白这个问题。回想一下，那些作为竞赛者参与实验的不成功参与者，他们对自己的一般知识水平评价相对较低。想象一下处于他们那样的位置会出现什么情况。你一次又一次地听见自己说："我不知道。"你能明白观察到这种行为——自我知觉过程——是如何导致一种负面的自我评价的吗？

让我们回到前面说过的例子，假如你在老板的生日聚会上吃了一块蛋糕，你会如何对自己表达你的态度。按照失调理论，你必须解决你发过的誓言（"我不会摄取多余热量的食物"）与你的行为（吃了一块蛋糕）之间的不一致性。你可以做很多事情来避免不好的感觉：或许你有理由，"为了拒绝一块蛋糕而让老板不高兴，我可消受不起。"类似的道理，按照自我知觉理论，你看着自己的行为来考虑你的态度。"因为我吃蛋糕，所以我老板的生日必然非常重要。"如果你这么想，那么你同样也可以避免自尊受到任何负面影响。自我说服有时候非常管用！

顺　从

从这一节开始到目前为止，我们已经讨论了什么是态度，态度如何被改变。但是你应该明白，人们想让你做的事情，最常见的还是想改变你的行为：人们希望引发**顺从**（compliance）——行为变化与他们的直接要求一致。当广告商为电视广告投入大量金钱时，他们不只是要让你觉得他们的产品不错——他们想让你走到商店里去买这些产品。医生想让你遵从他们的医嘱，道理也是类似的。社会心理学家做了大量的研究，探讨个体以什么方式引发与他们的要求相一致的顺从（Cialdini, 2009；Cialdini & Goldstein，2004）。我们将介绍其中的一些技巧，提醒你那些老谋深算的推销人员如何经常利用这些伎俩让你做一些换种方式你不一定会做的事情。

互惠 支配人们经验的规则有很多，其中之一就是：当某人为你做了些事情，你也应该为他做些事情。这被称为**互惠规范**（reciprocity norm）。实验室研究表明，即使是非常小的恩惠也能引导参与者反过来给予比较大的恩惠（Regan, 1971）。推销人员利用这种互惠影响，表现得好像在给你一些善意的好处："我来告诉你吧，我会降价 5 美元。"或者"这是免费赠送的样品，今天你只要同我说说话就可以获得它。"这种策略将你置于一种颇为不爽的境地，除非你回报以相应的善意举动，购买那个产品。

从互惠规范衍生出来另一种顺从技巧，人们通常称之为"*以退为进*"技巧（the door-in-the-face technique）：当人们对于一个较大的请求说"不行"之后，他们往往会对一个比较适度的请求说"行"。

> 在一个实验中，要求大学生在两年时间内每周花两个小时担当少年犯的辅导员。所有大学生都说"不行"。接下来，又要求大学生充当一些少年犯的陪伴，陪少年犯逛一次动物园。前面对于较大的请求说了"不行"的那些大学生有 50% 的人同意接受这项较小的请求。而当找到另外一组大学生，之前没有向他们提出过大要求，他们只有 17% 的人同意充当旅游陪同（Cialdini et al., 1975）。

这种技巧是如何借用互惠规范的呢？当人们从大到小来提要求的时候，他们已经为你做了些事情：现在你必须为他们做些事情了——否则就有违背这种规范的风险。于是，你接受了较小的那个请求！

承诺 以退为进技巧是让你从大要求转到小要求。推销人员还很清楚，他们一旦能让你致力于做出一些小的让步，他们就还有可能让你承诺一些比较大的事情。在一些研究中，那些同意接受较小请求（例如，在倡议书上签名）的人，接下来更有可能同意接受较大的请求（例如，在他们家的草坪上插上大标志牌）（Freedman & Fraser, 1966）。这通常被称为*登门槛技巧*（foot-in-the-door technique）：一旦人们有一只脚跨入了门槛，他们就能利用你的承诺感增加你随后的顺从性。

这种方法起作用的原因是，你起初的行为让你对自己形成了特定的看法。你希望随后的行为能与这种自我形象保持一致：你开始意识到自己是何种人，并变得忠于这种自我感。因此，如果人们对自己顺从最初的要求进行特质归因，登门槛就更有效；而如果人们对其初始的行为进行情境归因，登门槛效果就更差。例如，如果参与者在请愿书上添加评论就能得到 1 美元，较之只是让其他参与者感觉自己是好人，前者同意之后较大要求的可能性更小（Burger & Caldwell，2003）。推销人员似乎明白，利用这种技巧的关键是让你关注自己是何种人。他们常常利用这一技巧来对付你，让你做出了决定，然后又狡猾地改变交易："我知道你想买的就是这种车，但我们经理只允许我给你优惠 200 美元。""我知道你就是那种买东西挑质量的人，所以我知道你不在乎多花一点钱。"除非你做完这笔交易，否则这种策略会让你感到前后矛盾

如果你想提高你邻居的旧物回收利用率，你应该怎么做？

或者荒唐可笑。

为了解释这些顺从技巧，我们例举了很多你可能愿意去做的事情：你可能为了美好的事业愿意奉献一些时间，或者协助保护地球资源。但是你能看到，多数时候人们还是利用这些技巧让你做你可能不愿意做的事情。你怎样才能保护自己不受老谋深算的推销人员以及类似人员的误导？对付他们，你应该尝试应用这些策略来抵制他们的影响。尝试忽略毫无意义的恩惠；尝试避免愚昧的一致性；尝试察觉虚假编造的稀缺；行动之前一定要先花时间思考和推理。你对社会心理学的了解，能让你成为明智的消费者。

本节我们介绍了态度和行为以及它们之间的关系。然而，我们还没有涉及这样一种情形，即表现为偏见的态度可能会导致破坏性的行为。现在我们就来探讨偏见这个话题，偏见怎样产生，如何有效地减少或消除偏见。

STOP 停下来检查一下

❶ 定义态度的三个成分是什么？
❷ 区分中心和外周说服路径的认知过程是什么？
❸ 为什么文化对认知失调过程有影响？
❹ 为什么以退为进技巧会涉及互惠规范？

批判性思考：请回忆参与者填写献血态度问卷的研究。为什么把参与者随机分配到实验组和控制组很重要？

偏　见

在人性的所有弱点当中，没有什么比偏见对人的自尊和人的社会关系更有害，它是社会现实被扭曲的最主要例证。产生于人脑的偏见，能够贬低人的人格和毁灭人的生命。**偏见**（prejudice）是针对特定目标群体的一种习得性的态度，它包括支持这种态度的消极情感（厌恶）和消极信念（刻板印象），以及逃避、控制、征服和消灭目标群体的行为意向。例如，纳粹领导人通过法律来强化他们带有偏见的信念，他们把犹太人视为企图毁灭雅利安文化的劣等人。如果一个人面对证明他是错误的证据，还不愿对自己的信念加以改变的话，那么这个人就是一个有偏见的人。比如人们断言美国黑人很懒惰，尽管他们身边的这些人工作非常卖力，这时人们就显示出对黑人有偏见。偏见的观念起着过滤器的作用，一旦人们对这个目标群体的成员有偏见，就会以一定的方式看待和对待他们。

社会心理学总是把对偏见的研究放在很显著的位置，力求理解偏见的复杂性和持久性，并且找到一些改变偏见和歧视行为的策略（Allport, 1954; Nelson, 2006）。在第 1 章我们谈到，1954 年最高法院做出的废除种族隔离教育的决定，部分就是基于社会心理学家**肯尼斯·克拉克**（Kenneth Clark）在联邦法院的陈述。克拉克的研究显示了对黑人小孩的隔离和不平等教育所产生的消极影响（Clark & Clark, 1947）。在这一部分，我们将描述社会心理学家为弄懂偏见产生的根源、影响以及如何克服偏见所做出的努力。

偏见产生的根源

从偏见研究中得到的一个令人悲伤的事实是：对那些不属于他们同一“群体”的人，人们很容易表现出偏见。**社会分类**（social categorization）是一个过程，借助这个过程，人们把自己和别人分成群体来组织社会环境。最简单和最有说服力的分类形式包括判断别人是否与自己相像。这种分类是从“我与非我”到“我们与他们”的导向发展而来的。人们把世界分成**内群体**（in-group）和**外群体**（out-group），人们认同自己是内群体的成员；而不认同自己归属于外群体。

最细微的差别线索都足以让人们产生强烈的内群体和外群体感觉。社会心理学家**亨利·塔杰菲尔**（Henry Tajfel）等人发明了一个范式，用以说明他们称为*最简群体*的影响（Tajfel et al., 1971）。一项研究中学生要估计电影屏幕上一系列图案中小点的数量。研究者告诉学生，根据他们的成绩，他们是“点数高估者”或“点数低估者”。事实上，研究者把学生随机地分配到这两个组。接下来，每个学生都有机会给这两组的成员分配金钱奖励。结果发现，学生们一致地给予与自己估计趋势一样的人更大的奖励。

这类研究表明，要制造**内群体偏见**（in-group bias）是多么容易：只要存在群体认同的细微线索，人们就会更支持他们自己群体的成员，而排斥其他群体的成员（Nelson, 2006）。许多实验已经检验了这种内群体与外群体状况造成的结果（Brewer, 2007；Hewstone et al., 2002）。这一研究显示，在大多数情况下，人们对于自己群体的人表现出更多的喜爱，但并不对其他群体的人表现出更多的偏见。例如，人们对属于内群体的成员的评价比对外群体成员的评价更高（工作更努力、合作更愉快等等）。但是，这只是因为他们对于内群体的成员有积极感受，而对外群体的成员有中性感受。因此，一个人可以在不持有构成偏见的消极感受的基础上单单对内群体有偏爱。

不幸的是，某些情况下人们对于外群体的感受会被一些习得的偏见所误导。如此内群体的偏见会变得更加有目的性。偏见很容易导致**种族主义**（racism），即一种根据人的肤色或种族遗传所产生的歧视；偏见也会导致**性别主义**（sexism），即一种根据性别所产生的歧视。当今时代，人们通常不愿意承认自己持有种族或性别歧视的态度。相反，人们会表现出所谓的*现代种族主义*和*现代性别主义*。比如，测量现代种族主义的句子包括“黑人对其他人索求过多”和“过去数年来黑人在经济上的收益超过他们应得的”（Henry & Sears, 2002）。前文介绍的内隐态度测量也能用来衡量不太公开的偏见（Greenwald et al., 2002）。这些测试能识别某些人，他们的外显态度无种族歧视，但对外群体的自动反应却隐含负面态度。同样，这些测试也能识别只歧视黑人的人，他们认可诸如“黑人索求过多”这类论断，但对其他种族却没有负面的内隐态度（Son Hing et al., 2008）。要想全面了解个体对其他群体成员的反应，我们必须同时测量外显和内隐态度。

我们已经看到，人们对“他们”和“我们”的这种分类能很快地导致偏见，现在让我们来看看偏见通过刻板印象是如何起作用的。

偏见如何产生？为什么根除偏见如此困难？

刻板印象的影响

我们用社会分类的力量来解释许多种偏见的起源。为了解释偏见是怎样影响日常交往的，我们必须探索支持偏见的记忆结构——刻板印象。**刻板印象**（stereotype）是对一群被赋予同样特征的人的分类。毫无疑问，你对许多刻板印象是非常熟悉的。你对男人和女人有什么信念？犹太人、穆斯林和基督徒呢？亚洲人、西班牙人和高加索人呢？这些信念是怎么影响你与这些群体成员的相互交流的？你是否因为你的信念而避免和某些群体的成员进行交往？

因为刻板印象在*期望*的编码中是如此重要，所以常常在本章前述的几种情境中发挥作用，人们据此建构自己的社会现实。请思考在判断情境“存在”的因素上刻板印象的潜在作用。人们倾向于用刻板印象中的信息来填补“遗失的数据”：“我是不会坐一个日本人开的车的，因为所有的亚洲人都是很糟糕的司机。”同样，这些强烈的期望可能促使人们进行*行为确认*：他们对待外群体个体的行为制造出一种氛围，其中个体发出的行为与刻板印象一致（Klein & Snyder，2003）。比如，有人与亚裔朋友一起开车时，明显非常焦虑，其结果是这位朋友就会驾驶得不太好。此外，为了维持一致性，人们可能对与他们的刻板印象不一致的信息加以贬低。

研究开始时，有 210 名学生表示他们赞同“同性恋是合情合理、可以接受的性取向”这句话（Boysen & Vogel，2007）。接下来，学生们要阅读心理学导论教材中一页半讨论同性恋起源的生物学证据。参与者读完教材后，要对诸如“阅读材料在证明同性恋是合情合理、可以接受的性取向上有多少说服力”这类句子做出回应。结果发现，参与者的回应与他们之前的态度一致。比如，原先对同性恋持负面态度的参与者就会认为这段文字对于同性恋的正当性没有说服力。参与者还要说明短文是否改变了他们的态度。虽然他们读到的是完全相同的文字，参与者的反应现在更趋向于极化：原先持负面态度的参与者可能报告他们的态度现在更负面；原先持正面态度的参与者可能报告他们的态度现在更正面。

这个实验说明了单凭信息通常并不能减少偏见的原因：人们往往会贬低与他们以前刻板印象相矛盾的信息（我们将在下文看到克服偏见的更成功的方法）。

这不禁使我们想起智力测验情境中刻板印象的影响。回过头来看看第 9 章，我们讨论了 IQ 分数中的种族差异。在那个部分我们看到了一些证据，刻板群体的成员会体验到*刻板印象威胁*，只要他们置身于与负面刻板印象有关的情境之中。受到刻板印象威胁的人并不能有效地利用他们的心理资源（Schmader et al.，2008）。虽然研究者最初是在智力表现的情况下考察这一概念，但他们现在证明只要存在刻板印象，任何领域都可能会产生负面影响。比如，有项研究考察了一群妇女打高尔夫球的表现，她们都认为自己的水平要高于一般运动员（Stone & McWhinnie，2008）。有些妇女得到的信息只是：该任务要测验她们“天生能力”。另一些妇女还被告知，该任务先前存在男女差异，“所以，即使这次测试存在性别差异，我们仍要求你付出 100% 的努力，以便我们能准确地测量你的天生能力”（p.448）。尽管研究者要求她们付出 100% 的努力，但曾提醒存在性别差异的妇女完成 8 个高尔夫球洞却需要更多的击球杆数。

这一结果表明，刻板印象威胁在生活的方方面面都有损于人们的表现。

即使你不相信自己是存有偏见的人，你仍可意识到这种刻板印象在现代社会的存在。你可能在无意识层次上使用这些刻板印象的知识（Amodio & Devine, 2006; Trawalter et al., 2008）。由于不知不觉地内化了当前的和早期环境中的信息，即使是那些没有明显地表现出偏见的人们也可能产生自动的偏见行为。想想你最好的朋友，他和你是属于同一个种族群体吗？如果是的话，为什么会是这样？

我们得出一个非常麻烦的结论：偏见很容易产生却很难消除。即使这样，从早期的社会心理学开始，研究者们就试图克服偏见。现在举出一些在这方面所做努力的例子。

克服偏见

在一个经典的社会心理学研究中，心理学家最早证明："我们"与"他们"的区分导致很大的敌意。1954 年夏天，**谢里夫**等人（Sherif et al.，1961/1988）带着两组男孩去了位于俄克拉荷马的罗伯斯洞穴公园举行夏令营。这两组小孩分别被命名为"老鹰队"和"响尾蛇队"。每组人有自己的营地，并在那里进行一些活动，例如徒步旅行、游泳、共同准备饭，这样过了大约一个星期。然后把两个小组的孩子放在一起，并让他们完成一系列竞争性的活动，像篮球、足球和拔河比赛。结果发现，从一开始，两个组的竞争就变得激烈起来，他们烧毁对方组旗，争夺营地，一场几乎是混乱的抢夺食物的战争也爆发了。怎样能够减少他们之间的敌意呢？

研究者们尝试了一种宣传方法，就是互相称赞，结果没有起到什么作用。研究者们试图在非竞争的条件下把他们组织起来，也没有起作用。当这些男孩们在一起看电影时，他们之间依然充满敌意。最后研究者想出了一个办法，他们用一些分享共同目标的合作行为来解决这个问题。例如，实验者们故意使得野营的卡车出故障，两组中的男孩不得不共同把车推上那座陡峭的山坡。在面对相互依赖时，敌意消失了。事实上孩子们通过群体合作开始成为了好朋友。

罗伯斯洞穴实验没有证明，敌对群体间的简单接触就能减少偏见（Allport, 1954）。孩子们不会因为仅仅待在彼此的阵营里，对彼此的好感就会多一点。相反，研究表明，实验为**接触假设**（contact hypothesis）提供了证据——要克服偏见还必须

在罗伯斯洞穴实验中的小组竞争阶段，"老鹰队"和"响尾蛇队"开始是不团结的，到最后他们又齐心协力了。我们能从这个研究当中得出关于依赖和偏见的怎样的一般结论呢？

促进个体之间的互动（Pettigrew, 2008）。

研究者们已经在世界各地进行了实验，以探究人与人之间的何种接触才能减少偏见。一篇综述回顾了来自世界各地的有关接触假设的515项研究，有力地支持了与外群体成员的接触能减少偏见的结论（Pettigrew & Tropp, 2006）。我们来看看一个接触效应的具体实例。

> 虽然德国在1990年10月重新统一了，但是东西德两边的居民们仍然表现出重大差异：当社会科学家测量偏见和对于外国人的暴力水平时，数据始终显示东德的敌意要高得多。研究者们检验了以下假设。敌意持续的主要原因应归于东德历史上的隔绝（Wagner et al., 2003）：居住在东德的外国人很少，因此减少偏见的接触也很少。一项包含2 893个东德和西德参与者的研究验证了这一假设。每名参与者要对下面的陈述做反应，这能揭示他们的偏见水平："居住在德国的外国人是德国社会的问题。"每名参与者还要回答下面的问题，这显示了他们的个体接触水平："你的朋友中有外国人吗？"平均来看，那些报告有更多外国朋友的个体偏见水平更低。由于东德的居民拥有外国朋友的机会更少，因此他们的偏见保持在一个相对较高的水平。

这项研究表明友谊在减少偏见方面非常重要。事实上，即使是间接接触也能减少人们的偏见，只要让他们拥有内群体的朋友，而这些朋友又有外群体的朋友（Pettigrew et al.，2007；Wright et al.，1997）。为什么直接和间接友谊都如此有效？友谊能让人们学会从外群体成员的角度考虑问题，与他们保持同理心。友谊还可能减少与外群体接触时的焦虑，使得外群体不太具有威胁意义（Pettigrew, 2008）。

社会心理学还没有很好的方法来消除全部的偏见，然而他们确实在一些小的方面提供了消除偏见不良影响的方案，需要时间但有效。在此你也值得花一番工夫，思考一下那些你持有的偏见，然后看看应该怎样在你身边的小范围内做些调整。

我们已经考察了心理力量将人们隔离开来的情境。现在我们要考察一下相反的情境，人们在喜欢和爱的关系中走到一起。

STOP 停下来检查一下

❶ 内群体偏见如何影响资源的分配？

❷ 行为确认过程如何支持刻板印象？

❸ 研究者证明了不同群体间成员的接触有什么影响？

批判性思考：回忆一下考察人们对同性恋态度的研究。为什么研究者要使用从心理学导论教材中节选的短文？

社会关系

你如何选择与你共享人生的人？为什么你寻求有朋友相伴？为什么对于某些人你的情感会超出友谊进入浪漫的爱情？社会心理学家提出了各种各样的说法来回答这些关于人际吸引的问题（但别着急，尚无一种理论能够解释所有关于爱情的谜团）。

喜 欢

你是否静下来仔细琢磨过你是怎么结识你的每位朋友的？为什么要结识各位朋友？第一个答案是显而易见的：人们往往会喜欢他们能近距离接近的人——因为他们生活或工作离你很近，所以能见到他们，与他们相识。这方面可能无须做多少解释，但它可能没有什么意义，因为人存在这样一种一般性倾向：正如我们在第 12 章所解释的，只是由于仅仅曝光就会喜欢某人或某物，你对某种事情或者人了解越多，你就越喜欢它（Zajonc, 1968）。曝光效应总的来说是指，你会越来越喜欢邻近你的人。但是，正如我们将在后面的“生活中的心理学”专栏中看到的，互联网时代正在赋予接近概念以全新的含义。现在有很多人通过计算机网络维系关系。尽管从地理上讲一位朋友离你非常遥远，但电脑屏幕上显现的日常讯息能让他似乎在心理上与你非常贴近。现在让我们看看其他能引发吸引和喜欢的因素。

外表吸引力　无论是好是坏，外表吸引力在激发友谊方面常常起着一定的作用。西方文化中存在一种明显的刻板印象：外表有吸引力的人在其他方面也很优秀。有综述回顾了大量的研究，证明外表吸引力会影响所有各类判断（Langlois, et al., 2000）。例如，无论孩子还是成人，当他们的外表更有吸引力时，人们都会认为他们更有社会竞争力。另外，有吸引力的孩子在学校得到更高的竞争级别，而有吸引力的成人在他们的职业上得到更高的竞争级别。按照刻板印象的社会基础，你就不会奇怪为什么外表吸引力在喜欢方面起作用了。

> 在一个研究中，研究者将明尼苏达大学刚入学的新生随机安排成男女对子，以参加一个大型舞会的相亲约会。研究人员收集了大量有关每位学生智力、人格等方面的信息。在舞会那个晚上以及随后跟踪研究期间，要求那些大学生评价他们的约会对象，指出在多大程度上愿意再看到对方。结果非常明朗，而且男女生的结果非常相似。美貌比高智商、良好的社会技能、好的人品都来得重要。只有那些碰巧是英俊配漂亮的男女对子才愿意寻求进一步的关系（Walster et al., 1966）。

外表吸引力在其他文化中可能没有这么强的作用。例如，让加纳和美国的学生看同样一组照片，既有漂亮面孔也有普通面孔（Anderson et al., 2008）。他们要评价每张照片的几项人格特质（诸如可靠、持重、敏感和坚强）。如**图 16.6** 所示，加纳学生对漂亮和普通面孔的照片几乎都做出同样的归因。而美国学生对普通照片则做出不太积极的归因。这一发现回应了我们之前描述的其他结果：具有不同自我文化构念（美国人独立而加纳人相互依赖）的人会给出不同的人际判断。

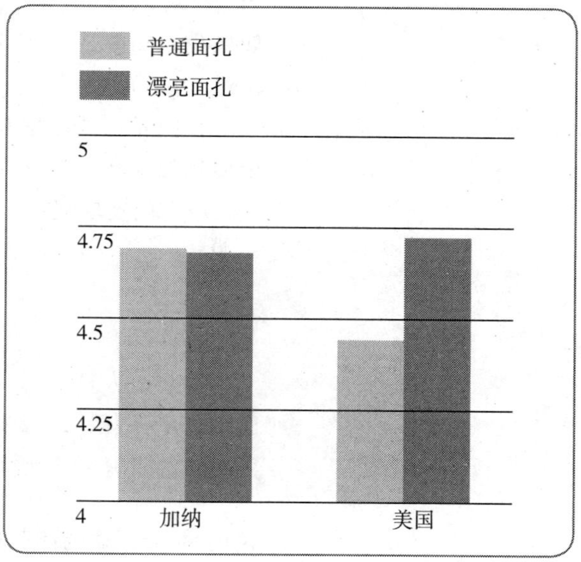

图 16.6　对漂亮和普通个体的跨文化特质判断

加纳和美国的参与者要根据漂亮和普通个体的照片做出特质判断。加纳学生对漂亮和普通面孔的照片几乎都做出同样的归因。而美国学生对普通照片则做出不太积极的归因。

资料来源：Anderson, S. L., Adams, G., & Plaut, V. C., *Journal of Personality and Social Psychology*, 95, 2008. Copyright © 2008 American Psychological Association. Reprinted with permission.

相似性　“物以类聚”，这句著名的格言说的正是相似性。这句话对不对呢？研究证据指出，在很多情形下这句话都是正确的。在诸如信念、态度和价值观方面的相似性能促进友谊。为什么会这样？与你类似的人能够给你一种个人获得证实的感觉。例如，因为有一个与你相似的人，你会觉得你所珍爱的态度真的是正确的（Byrne & Clore, 1970）。不仅如此，差异往往导致强烈的排斥（Chen & Kenrick, 2002）。当你发现某人的意见与你的不同，你可能会想起过去记忆中的人际冲突，这就会促使你走开。如果你远离不同于自己的人，那么你的朋友圈子就只剩下了那些相似的人。

相似性似乎还能让友谊历久弥坚。有项研究始于 1983 年，当时研究者评估了 45 对朋友之间的相似性（Ledbetter et al.，2007）。2002 年，90 名原来的参与者中有 50 人报告了经过 19 年之后他们的友谊状态。比如，参与者要指出他们彼此仍保持接触的程度。结果表明，在 1983 年更为相似的一对朋友，在 2002 年也更可能保持接触。还值得注意的重要一点是，正如相似性会导致吸引力一样，吸引力也会引起相似性的知觉：人们往往会认为，他们喜欢的人与自己更相似，而事实上并非如此。在一项研究中，学生们要在同一系列的人格特质上评估自己和异性朋友（Morry，2007）。结果发现，学生们对朋友的评估与自己更相似，而他们朋友的自我报告却表明实际上并非如此。

互惠　最后一点，你倾向于喜欢那些你认为喜欢你的人。你还记得我们讨论过的推销人员如何使用互惠的技巧吗？你收到什么，就应该回馈什么，这个原则同样也适用于友谊。对于那些给自己“喜欢”的人，人们通常也回报以“喜欢”（Backman & Secord, 1959; Kenny & La Voie, 1982）。不仅如此，因为你的信念会影响你的行为，所以你认为某人喜欢或者不喜欢你本身能促成这种关系成为现实（Curtis & Miller, 1986）。针对某个你认为喜欢你的人，你能预测你会如何行动吗？针对某个你认为不喜欢你的人呢？假若你针对某个你觉得不喜欢你的人采取敌对行为。你能明白你的信念是怎样变成一种自我实现的预言的吗？当我们审视社会现实的时候，认识的人当中谁可以归于“喜欢”关系范畴呢，这种判断倾向于深受互惠性左右。也就是说，如果我们知道 A 君喜欢 B 君，那么我们会推测 B 君对 A 君具有同样的感受（Kenny et al., 1996）。

我们看到的证据表明，你大多数朋友是那些你经常遇到的人，是那些与你共享很多相似性和互惠的人。不过，对于那种人们称之为“爱”的更为热烈的关系，研究人员有何发现呢？

爱

很多讨人喜欢的因素同样也令人开始踏上爱的旅程——多数情况下，你都是从喜欢一个人开始，以爱结束（可是也有人说他们爱某些从个人角度来说并不是特别喜欢的亲属）。关于爱情关系，社会心理学家了解什么特别的因素吗？

爱的体验　爱的体验指的是什么？你应该花点时间考虑你会怎样来定义这个重要的概念。你认为你对爱和朋友的定义一致吗？研究人员一直在努力以各种方式来回答这个问题，我们确实看到了某种形式的一致性（Reis & Aron, 2008）。人们将爱的类别概括为三个方面（Aron & Westbay, 1996）：

- 激情——性激情和欲望
- 亲密——真诚和理解
- 承诺——投入和奉献

你所有爱的关系是否都包括了所有这三个方面？你可能会想："不会包括全部。"事实上，我们要将"爱"（loving）某个人同与某个人"恋爱"（in love）区分开来，这点非常重要（Meyers & Berscheid, 1997）。多数人都报告说他们"爱"的人要比他们"恋爱"的人多。"我爱你，但是我不与你恋爱。"听到这样的话语，我们这些人谁不会心碎？与人"恋爱"，意味着某种更热烈、更特殊的东西——这是一种包含性激情的体验。

我们再做一点区分。很多恋爱关系开始时都有一个极其强烈、专注的阶段，人们称之为*激情之爱*。随着时间推移，关系双方倾向于转变成一种强度降低但亲密加深的状态，这被称为*伴侣之爱*（Berscheid & Walster, 1978）。当你发现自己处于恋爱关系当中时，预见这种转折能让你更好地处理好关系——这样一来你不会误将这种自然的变化看成是"情已了"的过程。事实上，报告更高水平的伴侣之爱的人们在他们的生活中也能体验到更大的满足（Kim & Hatfield, 2004）。尽管如此，激情之爱的消退可能没有那么快，不像那些老夫老妻根据他们的印象所指出的那样会急剧地消失。研究人员发现，相处 30 年后依然有相当水平的激情之爱（Aron & Aron, 1994）。当你进入爱的关系的时候，你可以满怀信心地期望激情也会经久不衰，即使关系越来越多地包含了其他需要，但激情仍会以某种形式存在。

要注意，爱的体验也受文化期望的影响。本章很多地方都提到了独立与相互依赖这一文化维度：具有独立自我的文化更看重个人而不是集体；相互依赖文化则更看重共同的文化目标而不是个人目标的价值。这一点如何应用于你的爱的世界？如果你选择生活伴侣时依据的是自己对爱的感受，那么你表现出对你个人目标的偏好；如果你选伴侣时还留心对方是否能融入你的家庭结构和兴趣之中，那么你正在更多地调整到集体目标。跨文化研究已经获得充分的概括性结论：独立文化的成员对爱要重视得多（Dion & Dion, 1996）。考虑这样一个问题："如果一位先生（女士）拥有所有你期望的这样或那样的品质，假如你不爱他（她），你会同这个人结婚吗？"在一个美国男女大学生样本中，只有 3.5% 的人回答说"会"；一组用做比较的印度大学生则有 49% 的人说"会"（Levine et al., 1995）。独立文化的成员对他们潜在的伴侣要求也比较多。这些文化下的人比较重视关系中的个人实现的观念，因此，他们对婚姻伴侣的期望也比较高（Hatfield & Sprecher, 1995）。

哪些因素能让关系持久？ 每一个阅读这本书的人——当然也包括每一个编写这本书的人——似乎都可能经历过未曾持续下来的关系。怎么回事呢？或者从比较积极的角度来问这个问题：针对有可能让爱的关系更持久的爱人和情境类型，研究人员能给出什么样的建议？

有一种理论对亲近关系中的人进行了分析，概括出他们感觉到他们的"自我"容纳了"他人"（Aron et al., 2004）。看看**图 16.7** 中给出的图示，每种图示都代表一种你可以用来概括亲近关系的方式。如果你正处于浪漫关系当中，你能指出哪种图示能最有效地表达你和你伴侣之间的相互依赖程度？研究表明，那些认为自我和他人重叠最多的人——即那些把其他人视为包括在自我之内的人——最有可能长期对他们的伴侣承担责

对你曾经感到激情澎湃的人有了一种伴侣感觉并不意味着"情已了"。相反，它们恰是浪漫关系自然发展的结果和更长久伴侣关系的要素。

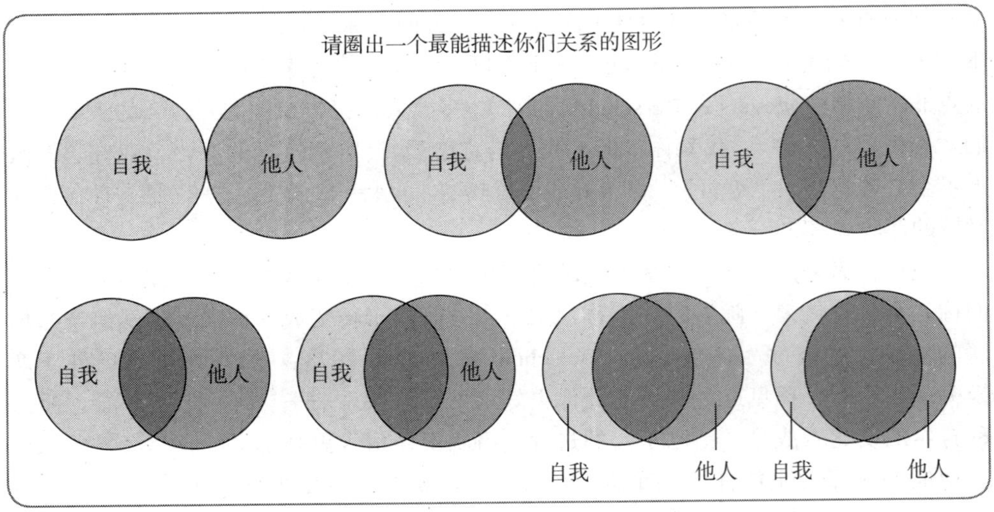

图 16.7

自我包含他人（IOS）量表

如果你处于浪漫关系当中，哪个图示最能表达你和伴侣之间的相互依赖性？利用自我包含他人（IOS）量表的研究发现，那些最明显地认为其他人包含在自我之中的人，也恰恰最有可能保持对关系的承诺。

资料来源：Aron, A., Aron, E. N., Smollan, D., IOS Scale, *Journal of Personality and Social Psychology*. Vol 63(4), Oct 1992, 596-612. Copyright © 1992 by the American Psychological Association. Reprinted with permission.

任（Aron et al., 1992; Aron & Fraley, 1999）。

研究人员一直对了解人们相对持久地保持爱的关系的能力上的个体差异感兴趣。近年来，注意力往往集中在成人依恋风格上（Fraley et al., 2005; Fraley & Shaver, 2000）。回顾第 10 章的内容，儿童社会性的发展是否顺利，儿童对父母的依恋关系的好坏非常重要。研究人员开始考虑早期依恋对以后的人生，包括孩子长大成人之后建立需要承担责任的关系，以及对他们自己的孩子等方面的影响到底有多大。

依恋类型有什么区别？**表 16.2** 提供了三种有关亲密关系的说法（Hazan & Shaver, 1987; Shaver & Hazan, 1994）。请花片刻时间注意看一下哪种说法最适合你。当要求人们指出最能描述他们状态的说法时，多数人（55%）选择了第一种说法；这是一种安全型依恋。相当一部分人选择了第二种说法（25%，回避型依恋）和第三种说法（20%，焦虑矛盾型依恋）。研究证明，依恋类型能准确地预测关系质量（Mikulincer et al., 2002; Tidwell et al., 1996）。同选择其他两种类型的人相比，安全型依恋的个体成人恋爱关系最为持久。依恋类型还能预测恋爱中的个体体验嫉妒的方式（Sharpsteen & Kirkpatrick, 1997）。例如，同安全型依恋的人相比，焦虑型依恋的人嫉妒体验更为频繁和强烈。

本节我们思考了影响人们彼此建立亲密关系的一些原因。接着我们考察了在这些关系背景里发生的行为类

表 16.2　亲密关系中的成人依恋

陈述 1： 我感到接近其他人是相对容易的事情，依靠他们我觉得很自在。我不经常担心被抛弃或者有人跟我太过接近。
陈述 2： 接近其他人我觉得有些不自在；我感到很难完全信赖他们，很难让我自己去依靠他们。任何人过于接近我都会让我变得紧张，爱侣经常让我更亲近一些，但这种亲近让我感到不舒服。
陈述 3： 我感到其他人有些疏远我，不如我期望的那样亲近。我经常担心我的伴侣并非真的爱我或者不愿意与我在一起。我想与我的伴侣关系密切，但有时这会把人吓跑。

型。我们还讨论了导致人们彼此伤害和帮助的各种力量。

STOP 停下来检查一下

❶ 相似性对喜欢有什么影响?

❷ 定义爱情的三个维度是什么?

❸ 哪种成人依恋类型通常与最高质量的亲密关系有关联?

批判性思考：请回忆外表吸引力对于随机分配的约会对象喜欢程度的影响。为什么在约会之夜和之后跟踪阶段两个情境分别考察外表吸引力的影响很重要?

攻击、利他行为和亲社会行为

如果你花几分钟浏览每天的新闻，你几乎肯定能看到人类极端行为的报道：你会看到人类彼此伤害的场景，也会看到人类彼此帮助的场景。本节我们要思考产生这两种行为的原因。**攻击**（aggression）是指给其他个体造成了心理或生理伤害的行为。心理学家试图理解攻击产生的原因，从而减少整个人类社会的攻击行为。接着我们要转向正面的极端行为：**亲社会行为**（prosocial behaviors）是人们旨在帮助他人的行为。另外，我们还要关注**利他行为**（altruism）——人们在没有考虑自身安全或利益的条件下进行的亲社会行为。我们会讨论一些影响这些助人行为的个人和情境原因。

攻击的个体差异

攻击研究的一个重大事实是，有些人总是更富于攻击性。为什么会这样？一类研究考察了基因对攻击行为评定上个体差异的贡献。研究者使用了前面章节中介绍的许多研究方法。例如，他们比较了同卵和异卵双胞胎在攻击性人格方面的相似性；在其他的研究中，通过对被收养的孩子的测量比较了天性和教养各自的作用。

这些研究通常都表明遗传因素在攻击行为上的强大作用（Dilalla, 2002）。例如，同卵双生子总是比异卵双生子在攻击性上表现出更高的相关（Haberstick et al., 2006）。然而，研究者提出基因在不同的攻击行为中所起的作用可能并不一样。

研究者们收集了 234 对 6 岁双胞胎的数据，以评估基因和环境对于个体身体和社会性攻击的影响（Brendgen et al., 2005）。身体攻击是指儿童拳打、脚踢、撕咬其他儿童的情形；社会性攻击是指儿童散布恶毒谣言或者试图孤立某个同学的情形。为了评估双胞胎们在两类攻击上的行为，研究者收集了双胞胎的老师和同伴对他们的评价。这些评价提供了一致的证据，证实同卵和异卵双生子在他们攻击行为的水平上存在差异。对于身体攻击，基因能解释 50% 到 60% 的变异；而对于社会性攻击，只能解释 20%。

为什么基因会对社会性攻击的影响更小呢？研究者怀疑儿童运用社会性攻击的

生活中的心理学

在哪些方面你像变色龙

你或许已经注意到这一点：你与他人互动时，很可能会发现自己在某方面模仿他们。比如，你可能无意识地与朋友的口音和言语模式保持一致。社会心理学家把这种模仿行为称为*变色龙效应*（chameleon effect）（Chartrand & Bargh，1999）。变色龙可以自动地改变它们的颜色以融入环境。社会心理学家认为，人类也能自动地调整他们的行为以与身边的人保持一致。

在最初证明变色龙效应的实验中（Chartrand & Bargh，1999），研究者让参与者两个人一组进行互动，来描述照片。不过，每组都有一个人实际上是研究者的助手。研究者要求助手在描述照片的同时做一种动作：要么用手摸自己的面孔；要么摇晃自己的一只脚。如果人们像变色龙一样行动，我们就可以预期参与者会模仿这些动作。这正是后来发生的。当助手做出这些动作时，参与者极有可能摩擦他们的面孔或晃动他们的脚。

研究者推测这种模仿所起的作用就像某种"社交粘合剂"。通过表现相同的运动姿势，人们让自己与身边的其他个体看上去更为相似。请回忆我们讨论社会关系时，谈到相似性会增加喜欢程度。因此，两位研究者提出假设：人们的姿势一旦为某个伙伴模仿，就会更加喜欢这位伙伴。为检验这一假设，研究者进行了第二项研究，要求助手微妙地模仿参与者的举动。与控制组的参与者（没有模仿他们的姿势）相比，被模仿的参与者一致报告更喜欢助手们。重要的一点是，37位参与者中只有1位意识到被人模仿。这一结果有力地证明，变色龙效应发生在清醒的意识之外。

即便如此，这些结果或许让你好奇：在某些社交场合中，通过有意识地模仿其他人的行为，是否能让你表现更好？为解答这个问题，研究者给一小部分要谈判的学生明确的指导语："为得到更好的谈判结果，成功的谈判专家建议你应该模仿谈判对手的动作特点。比如，当对方摸自己的面孔时，你也应该这样做。如果对方坐在椅子上后仰或前倾，你也应该这样做。然而，他们提醒你，你模仿时要非常微妙，不让对方注意你的行为，否则这种方法完全会适得其反"（Maddux et al.，2008，p.464）。听到这些指导语的学生较之没有鼓励模仿的同学，在谈判上一致地获得了更高的分数。

当然，也存在人们并不希望他人更喜欢自己的情况。假设某个人已经处在爱情关系之中。为了保持爱情关系稳定，该个体可能希望疏远自己与有吸引力的替代恋人之间的关系。这种目标可能会导致变色龙效应减少。为检验这种假设，研究者招募了一些处在恋爱关系的参与者以及没有谈恋爱的参与者（Karremans & Verwijmeren，2008）。交谈中，与参与者互动的助手全都会频繁地摸自己的面孔。这一假设得到了支持：恋爱的参与者一致地更少模仿有吸引力的助手。参与者并没有意识到他们的行为。研究者总结道："在与替代恋人（他们潜在地威胁着恋爱关系）互动期间，维持个体当前爱情关系的目标会无意识地指引个体的行为"（p.947）。

既然你了解了变色龙效应，你能否更清醒地认识模仿对你的社会关系的影响？

倾向可能遵从他们所接受的父母教养方式：那些运用羞愧感或者罪恶感去影响孩子们的家长们，可能为孩子们随后的班级表现提供了范例。总的来说，这项研究为这一结论提供了支持：某些个体的攻击性比其他人可能具有更大的遗传倾向。

研究者注意到大脑和激素的差异，这可能表明攻击行为有着先天的基础。正如我们在第12章中看到的，一些大脑组织，比如大脑皮层的某些区域在情感表达和调节上扮演着重要的角色。更为重要的是，就攻击行为而言，大脑路径功能如此有效，以至于个体能够控制消极情感的表达。比如说，如果杏仁核经历了不适当的刺激，人们就可能不能抑制消极的情感而导致攻击行为（Siever, 2008）。

让我们注意一下神经递质 5- 羟色胺。研究表明，人体的 5- 羟色胺水平如果出现问题的话，可能会削弱大脑调节消极情感和冲动行为的能力（Siever, 2008）。例如，一项研究发现，具有高攻击性行为经历的个体的 5- 羟色胺系统中对于一种化学物质（氟苯丙胺）的反应降低，而这种化学物质对于该系统通常具有很大的影响（Manuck et al., 2002）。第 14 章提到研究者们已着手探索 5- 羟色胺功能背后真实基因变异的结果。在这个研究中，研究者们同样证明：某种特定的基因变异也可能影响 5- 羟色胺的功能，从而使人们更易做出高危的攻击行为。

为什么一些平常的经历使得最温和的人也表现出攻击行为?

针对攻击行为的人格研究已经表明，对攻击行为进行人格区分的重要性，不同人格的人往往会做出不同种类的攻击行为。最重要的区分是把*冲动性攻击*与*工具性攻击*区分开（Little et al., 2003; Ramirez & Andreu, 2006）。**冲动性攻击**（impulsive aggression）是个体对情境的反应，是由情感驱动的：在最激烈的那一刻，人们以攻击性行为做出反应。如果你看见在一起交通事故中人们互相殴打，那就是这种形式的攻击行为。**工具性攻击**（instrumental aggression）是有目标指导（攻击是作为达到目标的工具）和认识基础的攻击：人们做出攻击行为，是为了有预谋地达到特定的目标。如果你看见某个人把一个老年妇女推倒在地，然后抢了她的钱包，这就是一种工具性攻击。研究已经证实，那些对别人具有较高工具性暴力倾向的个体，常常有一套独特的人格（Caprara et al, 1996）。例如，有冲动性攻击倾向的个体通常具有较高的*情绪反应性*，即对一系列情境有很强的情绪反应。相反，有工具性攻击倾向的个体，往往在*暴力的积极评价因素上得分较高*。这些个体认为形形色色的暴力是正当的，并且他们对攻击行为也不承担道德责任。从这个分析中你能够看到，不是所有形式的攻击行为都来自于同样的人格因素。

大多数人在冲动性攻击或工具性攻击中并不是处于极端：他们遇到轻微的犯规或者有意的冒犯时并不恼火。而在某些情境中，即使最温和的个体也会表现出攻击行为。我们现在来看几种可能经常引发攻击行为的情境。

情境对攻击的影响

现在花几分钟回想一下你最近一次所做出的攻击行为。它可能没有造成人身伤害，你可能只是口头辱骂了他，以使他心理痛苦。你怎么解释为什么那种特定的情境会引起攻击行为?

请假设有人打扰你，让你无法完成某个重要的任务。你是否达到爆发点？这种基本关系就体现了**挫折 – 攻击假设**（frustration-aggression hypothesis）（Dollard et al., 1939）。根据这个假设，*挫折*在人们获取目标受到妨碍的情境下出现，而挫折增加之后人们比平时更可能表现出攻击行为。挫折和攻击行为之间的这种关联已经获得了较多的实验支持（Berkowitz, 1993, 1998）。比如，孩子们想玩更好玩的玩具，当这种愿望遇到挫折时，他们就会对以前的玩具表现出攻击性，直到他们最后能有机会玩更好玩的玩具（Barker et al., 1941）。研究者们利用这种关联来解释个人和社会层面的攻击行为。

你知道这样的新闻故事吗？被解雇的员工杀死了解雇他的老板，而且他的同事也参与了。这些能被认为是由挫折（也就是说求生的目标遭到挫折）所导致的攻击行为吗？为了解答这个问题，一组研究者调查了旧金山的失业率和这个城市“危险人口”比率之间的关系，这样的分析可以推广到整个国家。什么样的失业率可能会导致最高暴力水平？研究者发现暴力随着失业率的增长而增长，但仅仅是在一定范围内。当失业率太高的时候，暴力又开始下降。为什么会这样呢？研究者指出，人们对于失业的过度恐惧限制了由挫折所导致的暴力倾向（Catalano et al., 1997, 2002）。

这项研究表明了个体和社会力量是如何相互作用产生攻击行为的。我们能够预测，随着失业率的上升，由个人挫折引发的攻击行为也会达到一定的水平，然而当人们认识到攻击行为的表现可能会使他们的工作不保时，暴力就受到了限制。在你日常生活经历中，你可能会辨认出自身的这种力量：在很多种情境中，你可能会感到非常的沮丧，你想表现出攻击行为。但是你也知道，攻击行为的表现将会对你的长期利益产生不良影响。

你不会感到奇怪：直接的挑衅也会导致攻击行为的出现。也就是说，当某个人表现得使你生气或难受，而且你认为他是有意为之时，你更可能以身体或口头的攻击还以颜色（Johnson & Rule，1986）。直接挑衅的结果同那些将会导致攻击行为的消极情境因素具有同样的效应。在这里行为的意图很重要，因为你很少愿意以一种消极的方式去回应一种无意的行为。有项研究关注四年级的儿童（Nelson et al., 2008）。研究者要求儿童阅读一些剧本，并判断主角的意图。比如，在一个剧本里，儿童必须想象小伙伴的篮球在脚下滚来滚去，致使他们在比赛时摔倒。儿童要说明，他们认为队友的行为是否有意为之。研究者还收集了教室里儿童实际身体攻击强度的信息。这两种数据揭示了有趣的关系。比如，诸如篮球的脚本中，认知到最强敌意的男孩也最具身体攻击性。这些资料提醒你，为什么人们建构社会现实的方式如此重要：当人们把模糊的情境解释为挑衅，就更可能以攻击回应。

我们一直在关注导致攻击的特殊情境内容。此外，更宽泛的社会规范同样会影响人们攻击的可能性（Bond，2004）。回忆一下第 6 章我们讨论过的研究，该研究表明儿童通过观察成人榜样非常容易习得攻击行为。例如当儿童看见大人击打或者踢打一个大的塑料娃娃后，做出同样行为的频率要明显高于在控制组中没有观看到该攻击行为的儿童（Bandura et al., 1963）。我们在第 6 章也提到过，美国的电视节目直接将大量攻击行为视频发送到这些儿童的家中，置身于这种暴力环境与成人后的攻击水平存在高相关（Comstock & Scharrer, 1999; Huesmann et al., 2003）。

研究者已经提出一般性攻击模型来解释接触暴力媒体（电视、电影等等）与攻击行为之间的关系。该模型表明，通过观看媒体中暴力节目的经验，人们掌握了一整套与攻击有关的知识结构：准此而论，“每个暴力节目片段实质上是一次实验，让人们意识到这个世界是一个危险的地方，攻击是一种处理冲突和愤怒的合理方式，而且攻击是有效的”（Bushman & Anderson, 2002, p.1680）。让我们来看一项有关暴力视频游戏短期影响的研究。

研究者让 224 名本科生玩暴力视频游戏（如，Mortal Kombat）或者非暴力视频游戏（如，3D Pinball）（Bushman & Anderson, 2002）。游戏进行 20 分钟之后，要求参与者完成一个在他们自己看来无关的任务。参与者阅读一个不完整的故事，然后说明他们认为接下来会发生什么事情。比如，在一个故事中，正

为什么家长会担心玩暴力视频游戏的孩子容易在现实世界中更具攻击性?

> 当托德看到黄灯快速刹车的时候，他被后面的司机追了尾。参与者将回答这个问题“然后发生了什么”。那些玩暴力游戏的参与者一致地给这个故事续上了更具攻击性的结果。比如，有些参与者认为托德会打碎玻璃或者刺伤那个司机，或者朝他开枪。

这项研究表明，玩暴力游戏的参与者较之非暴力游戏的参与者，更可能表现出攻击反应。其他研究对比了最近玩暴力和非暴力视频游戏大学生的生理反应（Carnagey et al.，2007）。玩过暴力游戏的大学生面对真实世界中的暴力视频（诸如刺人、射击和监狱斗殴）表现出较弱的反应（如心率较低）。这些资料表明学生们的游戏活动会使他们对暴力影像脱敏。故而，暴露在这些暴力游戏下，既会使这个世界看起来更加暴力，又会使人们对于此种暴力的反应变得麻木。

不幸的是，对于许多孩子而言，这个世界确实充满了真实的危险。孩子们很可能在他们自己的家中感受过攻击行为（Evans et al.，2008）。另外，许多美国的孩子在城市中心的社区中成长起来，在这些社区中，暴力经常发生，长期存在（Berkowitz, 2003; Salzinger et al., 2006）。研究者也只是刚开始研究暴露于暴力环境对于孩子心理健康和攻击行为倾向的影响而已（Bigenheimer et al., 2005）。

本节我们介绍了攻击行为产生的诸多原因。幸运的是，人们也会乐意帮助他人。我们现在就转向助人行为的根源。

亲社会行为的根源

2008 年 5 月，中国四川省汶川发生了里氏 8.0 级地震。媒体中满是地震引起破坏的画面。然而，媒体也报道了人们冒着生命危险救助其他人的事迹。来自中国和世界各地的救援者汇聚在四川省，希望寻找和援助幸存者。我们该如何解释人们的亲社会行为? **丹尼尔·巴特森**（Daniel Batson）指出，有四种力量促使人们为公共利益作贡献（Batson，1994）：

- 利他主义：一种有益于他人的行为。就像例子中挽救他人生命的志愿者一样。
- 利己中心：一种绝对以自我利益为中心的亲社会行为。某些人做出帮助他人的行为是为了得到同样的回报（如顺从）或报酬（如金钱或赞美）。
- 集体主义：一种有利于某一特定群体的亲社会行为。人们可能会做一些帮助性行为来改善家庭、兄弟会、妇女联合会、政党等的环境。
- 原则主义：一种支持道德原则的亲社会行为。有些人表现出亲社会行为是因为要遵循宗教或习俗的原则。

你可以看到这些动机在不同情境下的应用。

同样的亲社会行为却可能有多个目的。比如，美国许多大专院校现在都鼓励学生参加服务学习：“一项教育任务，学生通过体验为他人的利益而工作来完成课程的学习目标”（Jay，2008，p.255）。比如，在老年学导论课程的服务学习计划中，学

什么样的亲社会动机促使人们团结起来保护环境？

生们要协助某个县机构收集与老年人有关的法律问题（Anstee et al.，2008）。因为参加这个计划能增加学生的教育经历，我们或许能把它视为利己主义的表现（也就是说，学生的奖赏是更多的学习成就）。不过，他们的参加也给老年人和县机构带来了益处，所以我们或许也可以把这个例子视为集体主义的服务学习。实际上，支持服务学习的教育者通常希望它逐渐灌输的价值观，能引导学生毕生从事亲社会行为（Tomkovick et al.，2008）。

在亲社会行为的这些动机之间，利他行为的存在有时还有争议。要理解原因，你必须回想之前章节中对进化力量的讨论。根据进化的观点，人们的主要目标是繁殖后代，如此个体才能传递自己的基因。这种背景下，利他行为又有何意义？为什么你应该冒着生命的危险帮助他人？这个问题有两个回答，取决于“他人”究竟是家人还是陌生人。

对于家人来说，利他行为是有意义的，因为即使你冒着生存的危险，但你帮助了你基因库的生存（Burnstein, 2005）。研究者考察了基因重叠程度对人们利他行为的影响。

> 实验参与者有机会为自己和亲戚赚钱，这些亲戚与他们分别有 50% 的基因重叠（如同胞和父母）；25% 的重叠（如祖父母、姑母和侄甥），或 12.5% 的重叠（如堂表兄弟姐妹）（Madsen et al.，2007）。不过，要赚钱，参与者就必须保持痛苦的身体姿势：他们保持这种姿势的时间越长，他们为自己或亲戚赚的钱就越多。在数天里参与者都要回到实验室，如此研究者才能为每个关联的种类完成测试。研究者并不知道他们能保持多久这种痛苦的姿势，直到每个试验的结束。结果证明了明显的基因重叠的影响。整体来看，基因重叠越大，参与者忍受痛苦的时间就越长。研究者利用伦敦的大学生和两个南非祖鲁族种群都证明了几乎相同的模式。

因为参与者要给亲戚金钱就得忍受痛苦，所以他们的行为符合利他的标准。结果强烈表明人们更愿意为某些亲戚做出利他行为。不过，研究者承认其他种类的社会关系也会影响人们的行为。事实上，有研究表明人们最愿意帮助他们感觉亲密的个体，包括他们朋友圈的人（Korchmaros & Kenny，2006；Stewart-Williams，2007）。对于大多数人而言，他们对至亲也有最亲密的情感依恋。因而基于情感亲密的助人模式也间接地有利于人们基因库的延续。

但是非亲缘关系是怎样的呢？情感紧密性的观点指出了人们对于他们最亲密的朋友表现出利他性行为的原因。然而为什么那个驾驶员会冒着生命危险去保护别人的基因呢？为了解释对于熟悉者和陌生人的利他主义，理论家们已经探究了**互惠性利他主义**（reciprocal altruism）（Trivers, 1971）这个概念。互惠性利他主义是指人们之所以做出利他行为，在某种意义上是希望其他人也会对自己做出利他行为。人们抱有这样一种期望——当你要被溺死的时候我救你，在将来当我要被溺死的时候你也会救我。

然而也需要注意到，互惠性利他主义这一概念并不能解释具有社会性种族中的所有合作行为。例如，那个挡住陌生人的车的人肯定不会期望那个陌生人会做出类似的利他行为回报。为了解释这类行为，研究者提出间接互惠在起作用：人们表现出利他行为是因为他们相信，在将来，他们会成为利他行为的受惠者。更通俗地讲，就是“我替你挠背，而其他人替我挠背”（Nowak & Sigmund, 2005, p.1291）。间接互惠概念的重要成分之一就是人们会获得乐于助人和值得信任的声誉。在一项研究中，参与者完成这样一个游戏，他们有几次机会通过捐钱给其他游戏者做出利他行为（Wedekind & Braithwaite, 2002）。在游戏开始的时候，玩家们的“形象分数”作为他们声誉的具体指标张贴出来。在研究的第二阶段——另一个游戏中，那些利他性声誉得分最高的玩家也是得到利他行为最多的人。这类研究的结果证明，值得信任的利他声誉具有长期价值。

什么社会力量促使人们冒着生命危险救助他人，就如中国四川省汶川大地震中的救灾人员一样？

人们对非亲属表现出利他行为时，通常还存在社会原因。同理心—利他行为假设认为存在特殊的关系：当你对其他个体产生同理心（即情感认同的感受），这些感受会引发助人的利他动机（Batson，1991）。研究支持了这一假设。比如，有项研究要求参与者给整个群体或其部分成员分发彩票（Batson et al., 1999）。一种实验情境下，参与者读到了某个群体成员的自传信息，这则信息揭露了此人被相恋很久的女朋友抛弃了。当参与者体验到同理心时，他们给这位被抛弃的个体格外多分了彩票。在各种人群和其他物种身上，研究者都证明了同理心和利他行为存在非常普遍的联系（de Waal，2008）。

刚才我们已经回顾了人们发生亲社会行为和利他行为的若干原因。下面我们将描述一个经典的研究程序，以充分说明人们帮助他人的意愿（即他们坚持实现亲社会动机的能力），在多大程度上依赖于情境的特征。

情境对亲社会行为的影响

对这一问题的研究开始于一个惨剧。透过自家的窗户，纽约皇后大街上 38 个安分守法的公民在半个多小时里观看了一个歹徒三次用匕首去杀害一个妇女的情形。其中，旁观者的惊叫和他们卧室里耀眼的灯光两次阻止了歹徒行凶，并把他吓跑。然而歹徒每一次离开后又跑回来刺伤受害者。在攻击的过程中没有一个人打电话给警察，只有一个目击者在那位妇女死后给警察打了电话（Rosenthal, 1964）。关于吉诺维斯遭歹徒袭击的报道震惊了整个美国，人们不能够接受的是，这些有责任的公民竟会如此冷漠和铁石心肠。

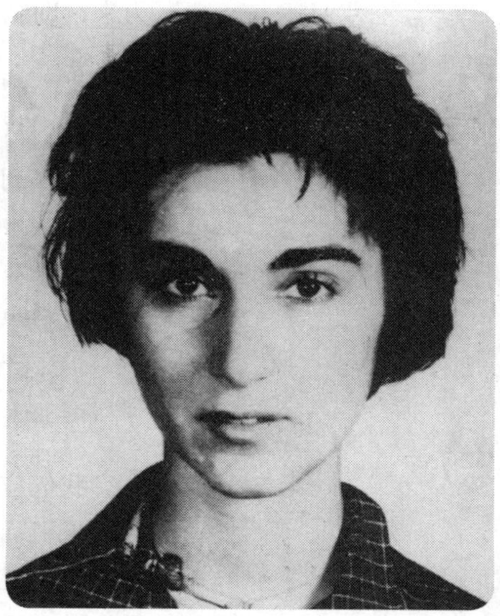

基蒂·吉诺维斯的被害震惊了整个国家，为什么如此多有责任心的人听到她的哭叫救求声而没有去帮助她？

但是给这些旁观者贴上冷漠和铁石心肠的标签公平吗？或者我们能够用情境的原因解释他们的行为吗？为了弄明白情境的力量，研究者做了一系列经典的研究（Latané & Darley, 1970）。他们的目标是要表明**旁观者介入**（bystander intervention）——人们想帮助处于麻烦的陌生人的意愿——对情境的精细特征非常敏感。他们在实验室里巧妙地创造出了与旁观者介入相似的情境。

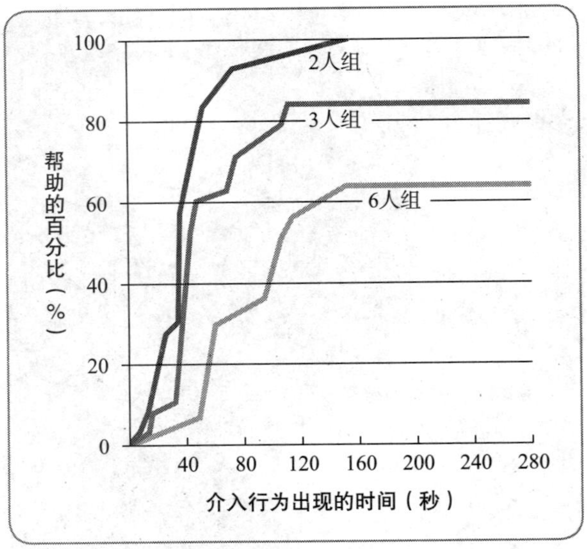

图 16.8 紧急事件中的旁观者介入

在场的旁观者越多，介入的人就越少，两人组的旁观者介入行动最快。

资料来源：Darley & Latané, *Journal of Personality and Social Psychology*, 8(4), 1968. Copyright © 1968 American Psychological Association. Reprinted with permission.

参与者是男大学生。每一个学生被单独安置在一个有对讲机的屋子里，并让他相信正和其他临近屋子里的同学交流。在讨论个人问题的过程中，他听到了其中的一个学生处于癫痫状态并要求帮助。在这个过程中参与者不能同其他同学说话，也无法知道其他人对突发情况采取了什么措施。研究的因变量是参与者把紧急事件报告给实验者的速度。

结果表明：参与者干预的可能性依赖于他们想到会有几个旁观者在场。他想到的在场人数越多，他行动的速度就会越慢，他们也确实是这么做的。在**图 16.8** 中，两人情境下的每一个人会在 160 秒内进行干预，但是如果参与者认为自己是一个更大群体的一员时，有 40% 的人从未操心去通知实验者说有一个同学病得很厉害（Darley & Latané, 1968）。

这一结果源于**责任分散**（diffusion of responsibility）。当有不止一个人能够在紧急事件中帮忙的时候，人们经常会假设其他人愿意或应该帮忙——于是他们自己就会退缩或不介入。

责任分散仅仅是旁观者不帮忙的一个原因。让我们来看一下在紧急情境下影响人们这一行为的更多因素。

旁观者必须注意到紧急事件 在上述研究中，研究者是故意这么操纵情境的，以至于参与者不得不注意将要发生的事情。然而在现实生活情境下，那些按照自己日程办事的人们——例如以自己的方式工作的人——也许没有注意到存在需要他们帮助的情境。在一个很有意思的实验中，研究者告诉普林斯顿神学院的学生，将要对他们的布道行为加以评价，布道中有一段内容是关于善良的撒马利亚人如何费时费力来帮助躺在路边的受伤者的故事。

神学院的学生在另一个他们不熟悉的教学楼里演讲。一些参与者被随机分配到**迟到组**，他们不得不快速地赶去演讲；另一些被分配到**按时组**；第三组则为**早到组**。当每一个学生从两栋楼中间的走廊走过的时候，会碰见一个不停咳嗽和呻吟的萎靡男子。在去给他人讲述慈善的撒马利亚人的路上，这些神学院的学生有了一个实践他们说教的机会。不是吗？然而在那些匆忙的已经晚了的人们中只有 10% 的人提供了帮助；而在按时赶到的人中，有 45% 的人提供了帮助；大多数介入的旁观者来自那些早到的学生——有 63% 的学生像慈善的撒马利亚人一样提供了帮助（Darley & Batson, 1973）。

我们应该怎样评价那些迟到的学生呢？或许这些学生是因为被自己所关心的东西所吸引，以至于没有注意到这件突发事件；或许他们注意到了，但是由于太匆忙，他们没有足够时间关注情境的严重性。在这两种情况下我们可以看到：帮助他人的行为取决于花费一定的时间对情境做出准确的评价。

旁观者一定要感觉到责任 我们已经看到，不介入的一个重要的因素是责任的分

生活中的批判性思维

如何才能让人们成为志愿者

设想你成为了一个组织的领导人。很有可能你要为组织的活动招募志愿者。为了达到目标，了解人们为何会担任志愿者以及什么因素维持着他们的工作兴趣是很有帮助的。

我们从为什么人们会担任志愿者开始讨论。研究者们已经明确了几个促使人们成为志愿者的动机（Omoto & Snyder, 2002）。例如，人们自愿表达关于利他主义的个人价值观，自愿扩大他们的人生经验和强化他们的社会关系。如果志愿者所处的地位不能满足以上提到的这些需要，他们可能不愿意参与。所以为了招募志愿者，你可能需要懂得你想要吸引之人的动机。

人们也可能是由于被要求做这些事而去充当志愿者。为了提高社区服务的水平，一些学校已经开设一些带有强制性的志愿者项目。不幸的是，这些带有强制性的项目将人们充当志愿者的原因从内控（例如，“因为这件事对我很重要，所以我愿意做志愿者”）转移到外控（例如，“因为我是被要求做这件事，所以我才去做志愿者”）。当这种强制性出现后，人们将不太可能去做志愿者了（Stukas et al., 1999）。人们对于自己迫于命令参加志愿者活动一定是很敏感的。

当人们开始做志愿者时，又是什么驱使人们在这个位置上坚持下去的呢？为了回答这个问题，研究者已经对志愿者进行了纵向的跟踪研究。例如，一项研究跟踪了在佛罗里达州的 238 个志愿者一年的课程（Davis et al., 2003）。志愿者参与了像免费医疗救助和反对家庭暴力这样的组织。影响志愿者参与满意程度的最重要的因素之一是他们充当志愿者时所遭遇的不幸经历的数量。尽管这个结果可能不会令你感到吃惊，但是它却对实践有着重要的指导作用。研究者指出应该把目光放在训练方法上，这能让志愿者提前对困难的情况有所准备，或者提供给他们一些策略来应对他们所经历的那些痛苦（p.259）。

另一项研究是关于美国东南部一家救济院里的 302 个志愿者的，重点关注人们将志愿者看做重要社会角色上的个体差异（Finkelstein et al., 2005）。回想本章刚开始的时候我们提到，人们的行为总是受到他们的社会角色的很大影响。这项研究提出了一个假设，那些认为志愿者工作恰好是他们的自我同一性最重要部分的人最有可能继续他们的志愿者工作。通过参与者对一些陈述的反应能显示社会角色的重要程度，例如，“自愿为救济所工作是我个人同一性的一个重要部分。”与研究者的预期一致，他们发现角色同一性的强度和志愿工作的持续时间有正相关。这些结果再次得出了具体的建议：“一旦一个人开始了志愿工作，使他保持下去的努力就可能集中在培植一种志愿者的角色同一性之上……让志愿者因为他们的贡献而得到承认的措施（例如，T 恤衫，工牌）有助于加强角色身份”（p.416）。

我们从一个希望鼓励他人参加志愿工作的人的角度进行了以上分析。然而，你也能运用这些分析去省察你自己的行为。你的志愿行为是出于什么动机？对付穷困，你有所准备吗？在多大程度你将“志愿者”看成一个值得尊敬的社会角色？你可以提出这些问题以增加你的志愿活动的个人和社会利益。

- 为什么适合用纵向设计去研究志愿者行为？
- 为什么 T 恤衫和工牌有助于加强角色身份？

散。如果你发现自己处于一种需要帮忙的情境下，你应该尽可能地让旁观者把责任集中到自己身上，从而克服这种阻力。你应当直接对某人指出，“你！我需要你的帮助”。让我们来看看两个涉及明显犯罪的研究。在第一个研究中，当一名妇女在快餐店里离开她的餐桌时，一些纽约人看到一个小偷拿走了这名妇女的手提箱。在第二个研究中，沙滩上的行人看到了一个小偷从沙滩毯下偷走了一台便携式收音机，收音机的主人仅仅把它放在那里几分钟。

在实验情境中，受害者（实际上是实验者的同谋）有时对旁观者说：“你有时间吗？”有时又说：“你能在我离开的时候照看一下我的手提箱或者收音机吗？”前一种情况没有引发参与者的责任感，因此当小偷拿走东西的时候，那些人只站在边上看着；然而那些答应替别人照看东西的人几乎都介入了，有些人甚至追到岸边抓住小偷（Moriarty, 1975）。

这些实验说明行为建立起了一种与他人之间的特殊的联系，从而可以改变情境。这是另一个反驳把人们没能制止小偷仅仅归因于冷漠的例证。一个小小的请求——“你愿意帮我看管吗？”——所具有的社会心理学力量几乎使得每一个旁观者都能够耐心地提供帮助。

在这一部分，我们已经讨论了亲社会行为——那种人们互相帮助的情境。我们已经明白，解释人们亲社会行为的动机很多。不过，正如我们在本章频繁看到的，社会情境对人们践行这些动机具有巨大的影响作用。

STOP 停下来检查一下

1. 为什么研究者认为基因会影响攻击？
2. 挫折与攻击有什么关系？
3. 互惠性利他主义有什么含义？
4. 为什么会发生责任分散现象？

批判性思考：请回忆评估暴力视频游戏之影响的实验。参与者认为他们提供故事结尾的任务与他们的视频游戏活动无关，为什么这一点很重要？

个人后记

我们已经来到了《心理学与生活》之旅的终点。回溯过往，我们希望你能清晰地认识到，自己这一路来学到了多少知识。不过，我们也只不过是浅尝辄止，激起了学生对心理学的兴趣，同时也提出了挑战。我们希望你继续追寻自己对心理学的兴趣，将来可以作为科学研究者或临床实践者，或者应用心理学的知识解决社会和个人问题，从而继续为这一充满活力的事业做出贡献。

剧作家汤姆·斯托帕德提醒我们：“每个出口都是通往其他地方的入口。”我们相信，你从《心理学与生活》及心理学导论课程中学到的知识，有利于你顺利地进入下一阶段的人生。在接下来的旅程中，希望你为人类竭力要探索的心理学注入新的活力，同时加强你与遇到的每个人的联结。

Richard Gerrig

Phil Zimbardo

要点重述

建构社会现实

- 每个人都在建构自己的社会现实。
- 社会知觉受信念和期望的影响。
- 归因理论描述人们对行为原因所作出的判断。
- 诸如基本归因错误、自我服务偏差、自我实现预言等一些偏差会潜在地影响归因、其他判断和行为。

情境的力量

- 个体如果接受安排扮演某个社会角色，即便是人为场景，也会促使其违背自己的信念、性格和价值观而行动。
- 社会规范塑造群体成员的态度和行为。
- 谢里夫和阿施所做的经典研究说明了导致从众的信息性力量和规范性力量。
- 少数派影响可能表现为信息性影响的后果。
- 米尔格拉姆对服从的研究有力地证明了情境因素的影响力，情境会使普通人认同并参与有组织的攻击行为。

态度、态度改变与行动

- 态度是对客体、事件或观念的积极或消极评价。
- 并非所有态度都能准确地预测行为；它们必须很容易获得或者非常稳定才能预测行为。
- 根据精细可能性模型，说服的中心路径有赖于对论据的仔细分析，而外周路径则有赖于说服情境的表面特征。
- 失调理论和自我知觉理论认为态度形成和改变源于行为活动。
- 要引发顺从，人们可以利用互惠、承诺等技巧。

偏　见

- 人们区分内群体和外群体时，即使是任意的微小线索也会引发偏见。
- 刻板印象影响人们对行为与信息的评价。
- 研究者创造条件让不同群体的成员合作以实现共同的目标，一定程度上可以减少偏见的影响。
- 跨文化研究表明，友谊在消除偏见方面有着重要的作用。

社会关系

- 人际吸引力部分取决于接近程度、外表吸引力、相似性和互惠。
- 可以根据激情、亲密和承诺来界定爱情关系。
- 成人依恋类型影响人际关系的质量。

攻击、利他行为和亲社会行为

- 攻击行为的个体差异反映在遗传、大脑功能和人格特质上。
- 挫折和挑衅都会引起攻击行为。
- 文化限定了攻击行为的不同规范。
- 研究者试图解释人们表现出亲社会行为的原因，尤其是对自己没有好处的利他行为。
- 进化论的解释主要强调亲属关系和互惠性。
- 旁观者介入研究表明，情境因素大体决定了紧急情况下人们的助人选择。

关键术语

攻击
利他行为
态度
归因理论
旁观者介入
认知失调
顺从
从众
接触假设
协变模型
责任分散
精细可能性模型
挫折—攻击假设
基本归因错误（FAE）
群体极化
群体思维
冲动性攻击
信息性影响
内群体
内群体偏见
工具性攻击
规范具体化
规范性影响
外群体
说服
偏见
亲社会行为

种族主义
互惠性利他主义
互惠规范
规则
自我实现预言
自我知觉理论
自我服务偏差
性别主义
社会分类
社会认知
社会规范
社会知觉
社会心理学
社会角色
刻板印象

练习题

第 1 章练习题

1. 心理学的定义关注的是 ________ 和 ________。
   a. 行为；结构
   b. 行为；心智过程
   c. 心智过程；机能
   d. 心智过程；结构
2. “分析水平”与心理学的哪个目标最为相关？
   a. 解释发生的事情
   b. 描述发生的事情
   c. 预测将要发生的事情
   d. 控制发生的事情
3. 如果你想 ______ 将要发生的事情，你必须首先能 ______ 将要发生的事情。
   a. 描述；解释　　b. 描述；控制
   c. 控制；预测　　d. 解释；预测
4. 俄罗斯有过一段极权主义的历史，这使得俄罗斯学生对朋友的 ________ 更为敏感。
   a. 背叛信任　　b. 恋爱竞争
   c. 无礼行为　　d. 嫉妒
5. ________ 建立了第一个用于实验心理学研究的实验室。
   a. 威廉·詹姆士（William James）
   b. 威廉·冯特（Wilhelm Wundt）
   c. 马克斯·惠特海默（Max Wertheimer）
   d. 约翰·杜威（John Dewey）
6. 如果一位研究者告诉你，她的主要目标是通过考察基本成分的组合来理解心智过程，那么这个研究的历史根源很可能是：
   a. 机能主义　　b. 人本主义观点
   c. 结构主义　　d. 进化论观点
7. 美国心理学协会的第一位女性主席是 ________。
   a. 玛格丽特·沃什布恩（Margaret Washburn）
   b. 安娜·弗洛伊德（Anna Freud）
   c. 珍·古道尔（Jane Goodall）
   d. 玛丽·卡尔金斯（Mary Calkins）
8. 来自波士顿和孟买的两位大学教授在合作一项研究，考察美国学生和印度学生是如何对同样的推理问题作出回应的。他们在研究中最有可能采取 ________ 观点。
   a. 人本主义　　b. 社会文化
   c. 生物学　　d. 心理动力学
9. ________ 观点认为人类的心理能力是为了达成适应性目标。
   a. 认知　　b. 人本主义
   c. 进化论　　d. 社会文化
10. 你患流感在家的时候花了很多时间看法制节目。如果看到 ________ 心理学家在审判中作证，你应该不会感到奇怪。
   a. 健康　　b. 社会
   c. 司法　　d. 发展
11. 认知心理学家很可能会问哪一类问题？
   a. 为什么儿童有时会有想象的朋友？
   b. 为什么有的学生每到重大考试就会生病？
   c. 如何设计更易于打字的键盘？
   d. 双语者如何在两种语言之间转换？
12. 哪类心理学家最不可能关注人类心理的遗传方面？
   a. 工业组织心理学家
   b. 发展心理学家
   c. 人格心理学家
   d. 生物心理学家
13. 具有心理学高等学位的人最有可能在什么地方工作？
   a. 学术机构　　b. 医院和诊所
   c. 商业界和政府部门　　d. 独立机构
14. 在暴力风险评估中，属于动态因素的是 ________。
   a. 性别　　b. 药物滥用
   c. 家庭教育的稳定性　　d. 初犯的年龄
15. 你应该在 PQ4Q 的 ________ 阶段将课本材料与已有的知识联系起来。
   a. 思考　　b. 重述
   c. 复习　　d. 问题

论述题

1. 以心理学的目标来看，为什么可以将心理学家归为“相当乐观的群体”？
2. 为什么采用七种心理学观点中的多个观点来思考同一个心理学问题通常是有利的？
3. 为什么心理学领域既包括研究又包括应用？

第 2 章练习题

1. ________ 是一个组织起来的概念集合，用来解释一种现象或一系列现象。
   a. 理论　　b. 假设
   c. 操作性定义　　d. 相关
2. 论文向期刊提交之后会被发送给多位专家进行详细地分析。这个过程是 ________。
   a. 事后解释　　b. 知情同意
   c. 同行评审　　d. 控制程序
3. 彼得森教授正在检验一个假设：当群体中的人较多时，人们的合作较少。他计划在实验中给各组设定不同的人数。人数是他的 ________。
   a. 安慰剂控制　　b. 自变量
   c. 双盲控制　　d. 因变量
4. 拉哈尔是一名研究助理。在实验的第一个阶段，拉哈尔向每个参与者分发一罐可乐或者一罐不含咖啡因的可乐。在实验的第二个阶段，拉哈尔用秒表记下参与者玩视频游戏的时间。这个研究似乎缺少了：
   a. 安慰剂控制　　b. 相关设计
   c. 操作性定义　　d. 双盲控制
5. 马特参与了一个历时两天的实验。第一天，他在跑步机上跑了两分钟后进行了一个记忆测试。第二天，他在跑了十分钟后进行了一个类似的测试。实验者想要比较马特两次的成绩。这似乎是：
   a. 被试内设计　　b. 双盲控制
   c. 被试间设计　　d. 相关设计
6. 雪莉逛了一家古玩店。老板对她解释说，物品越小，越贵。这是一个 ________ 的例子。
   a. 相关系数　　b. 负相关
   c. 正相关　　d. 安慰剂效应
7. 萨莉对电影不是很感兴趣。她的朋友罗布希望她对自己一直所钟爱的电影《死神来了》的态度能有所转变。罗布最好是让萨莉说出这部电影的 ________ 特征。
   a. 两个负面　　b. 五个正面
   c. 十个正面　　d. 五个负面
8. 保罗博士正在设计新的饥饿测量法。他说："我需要一个能够精确地预测人们下一顿能吃多少食物的测量工具。"保罗博士陈述的是这个测量工具的 ________。
   a. 操作性定义　　b. 标准化
   c. 效度　　d. 信度
9. 吉奥维娜担心实验结果可能会因为参与者期待给人留下讨人喜欢的印象而受到影响。听起来她似乎使用了 ________ 测量。
   a. 有效的　　b. 自我报告
   c. 可信的　　d. 操作性的
10. 本杰明认为男性比女性更可能上课迟到。为了最有效地检验这个假设，他应该使用 ________。
   a. 被试内设计　　b. 相关设计
   c. 自我报告法　　d. 自然观察
11. 安德鲁想检验假设：人们在天气好的时候会更加慷慨地施舍。为了检验它，安德鲁很可能使用 ________。
   a. 双盲控制　　b. 期望效应
   c. 实验室观察　　d. 档案数据
12. 在你参加一个实验之前，研究者应该向你提供有关实验程序、潜在风险以及预期收益的信息。这个过程称为 ________。
   a. 风险 / 收益评估　　b. 事后解释
   c. 知情同意　　d. 操作性定义
13. 对美国心理学协会会员进行关于使用动物被试的调查时发现，大部分心理学家认为 ________。
   a. 自然环境中的观察研究是正确的
   b. 动物被试绝对不可以作为人类被试的替代品
   c. 在动物实验中进行故意欺骗是不道德的
   d. 本科生心理学课程中不应该使用动物被试
14. 对他人提出的看似明显的解释一定要寻找 ________ 解释。
   a. 正面的　　b. 其他替代的
   c. 负面的　　d. 相反的
15. 你要求人们对场景中过度使用电话的风险作出反应。当人们读到"________ 人在遭受严重的声带损伤"时，你预期人们会给予高风险评估。
   a. 100 人中的 10　　b.10%
   c. 100 人中的 20　　d. 20%

论述题

1. 为什么研究程序必须公开接受公众检验非常重要？
2. 假设你想测量"快乐"，你如何检验测量工具的效度？
3. 根据道德原则，如何在心理学研究的背景下定义风险和收益？

第3章练习题

1. 皮特·格兰特和罗斯玛丽·格兰特在研究达尔文地雀的时候发现，气候的重大改变会影响生存下来的地雀种群。这是一个关于________的例子。
   a. 遗传
   b. 全或无定律
   c. 自然选择
   d. 先天和教养
2. 莎伦在一个项目中观察了幼儿的行为。她可以直接观察到的是________。
   a. 基因型　　b. 表型
   c. 染色体　　d. DNA
3. 假如你设计了一个研究用来评估“幽默感”是否存在基因成分。为了得出基因起作用的结论，你需要什么样的证据？
   a. 异卵双胞胎在幽默感上的相似度高于同卵双胞胎
   b. 异卵双胞胎的幽默感高于同卵双胞胎
   c. 同卵双胞胎的幽默感高于异卵双胞胎
   d. 同卵双胞胎在幽默感上的相似度高于异卵双胞胎
4. ________的其中一个职责是接收来自其他神经元的刺激。
   a. 轴突　　b. 终扣
   c. 突触　　d. 树突
5. 乔纳斯从银行取完钱后，必须要等2分钟，他的银行卡才能再次有效。这听起来很像神经传递中的________。
   a. 全或无定律　　b. 动作电位
   c. 不应期　　d. 离子通道
6. 威尔玛画了一张关于神经传递的示意图，她在一个神经元的终扣和另一个神经元的树突之间留了一道缝隙，这个缝隙叫做________。
   a. 离子通道　　b. 胶质细胞
   c. 郎飞氏节　　d. 突触
7. 比亚决定接受针灸疗法来治疗自己的背部疼痛。你对此解释说，研究者认为针灸导致了脑中________的释放。
   a. GABA　　b. 乙酰胆碱
   c. 内啡肽　　d. 多巴胺
8. 假设你要研究冲动行为的基因，那么你的研究应该关注不同基因的变化对大脑使用________的影响。
   a. 胶质细胞　　b. 多巴胺
   c. GABA　　d. 离子通道
9. 哪种技术可以制造可逆的损伤？
   a. fMRI　　b. rTMS
   c. PET 扫描　　d. EEG
10. ________神经系统加工传入的神经信息，然后发出指令到身体的各个部位。
   a. 中枢　　b. 自主
   c. 躯体　　d. 外周
11. 在________受损之后，H.M. 无法获得新信息。
   a. 网状结构　　b. 丘脑
   c. 海马　　d. 布洛卡区
12. 杰夫通过喷鼻剂吸入后叶催产素，你预期他会对穆拉表现出________的信任，这部分是因为杏仁核的活动________了。
   a. 更多；减少
   b. 更多；增加
   c. 更少；减少
   d. 更少；增加
13. 你在跟特亚斯聊天的时候发现她是右利手。你觉得她产生言语的能力最有可能受哪个半球控制？
   a. 左半球
   b. 右半球
   c. 两个半球共同作用
   d. 两个半球都不是
14. 大脑的哪个结构充当脑和内分泌系统的中转站？
   a. 海马　　b. 下丘脑
   c. 脑桥　　d. 杏仁核
15. 脑成像技术发现，与不拉小提琴的人相比，小提琴演奏者的脑中左手手指的皮层代表区增大了。这个结果是什么概念的一个例子？
   a. 神经发生　　b. 遗传性
   c. 脑功能偏侧化　　d. 大脑可塑性

论述题

1. 人类行为遗传学研究和进化心理学研究之间最重要的差异是什么？
2. 为什么神经元的活动取决于其所接收到的兴奋性刺激和抑制性刺激之间的平衡？
3. 为什么大脑的两个半球常常以不同的加工风格为特征？

第 4 章练习题

1. 假设你正在看地球仪。虽然 ________ 是一个球体，但你知道 ________ 应该是一个圆。
   a. 远距刺激；绝对
   b. 远距刺激；近距刺激
   c. 阈限；远距刺激
   d. 近距刺激；远距刺激
2. 你刚进入房间时，会觉得某个人身上的香水味扑鼻而来。过段时间，香味淡了下来。这是一个 ________ 的例子。
   a. 心理测量函数 b. 感觉适应
   c. 错觉 d. 换能
3. 你正在做一个实验，你想要知道人们对不同糖浓度的软饮料的差别阈限。你想要找到人们能在 ____% 的次数中觉察出刺激有差异的那个点。
   a. 50 b. 25
   c. 100 d. 75
4. 从一种物理能量形式到另一种形式的转换称为 ______。
   a. 感觉适应 b. 换能
   c. 感觉接受 d. 光感受
5. 如果你进入一个光线很暗的房间，你的 _____ 将比 _____ 对视觉的贡献更大。
   a. 杆体细胞；无长突细胞
   b. 水平细胞；杆体细胞
   c. 锥体细胞；杆体细胞
   d. 杆体细胞；锥体细胞
6. 拮抗加工理论中不包含下面哪一对颜色？
   a. 红与绿 b. 白与黑
   c. 黄与蓝 d. 蓝与绿
7. 空气中的声波在听觉信息到达 ________ 时变为海浪波。
   a. 听觉神经 b. 耳蜗
   c. 鼓膜 d. 中央凹
8. 下面哪一个不是基本味觉？
   a. 苦 b. 甜
   c. 刺激气味 d. 酸
9. ________ 理论的目的在于解释生理疼痛和心理体验之间的部分关系。
   a. 门控 b. 齐射
   c. 频率 d. 地点
10. 一般而言，在吃辛辣食物的时候，味蕾 ________ 的人体验的疼痛 ________。
    a. 越少；越多 b. 越少；无
    c. 越多；越多 d. 越多；越少
11. 雪莉走进聚会的房间，她环顾一圈后找到了自己的丈夫保罗。这是一个 ________ 的例子。
    a. 目标指向选择 b. 刺激驱动捕获
    c. 时间整合 d. 感觉适应
12. 汤姆斯的戒指上有道小缝。________ 可以解释为什么大多数人都认为他的戒指是完整的。
    a. 相似律 b. 共同命运律
    c. 连续律 d. 闭合律
13. 迈克尔在进行模拟驾驶的同时接受 fMRI 扫描。在试验 1 中，他只需要驾驶；试验 2 中，他还同时进行了言语加工任务。
    a. 你预期两次试验中顶叶的活动量是相似的
    b. 你预期试验 1 中顶叶的活动量较少
    c. 你预期试验 2 中顶叶的活动量较少
    d. 你无法预测顶叶的活动量
14. 克里斯说"I love you"时，一辆卡车的喇叭响起来。虽然喇叭声遮盖了"*love*"中的"*l*"，帕特依然觉得"*love*"这个词是完整的。这是一个 ________ 的例子。
    a. 自下而上的加工
    b. 知觉恒常性
    c. 自上而下的加工
    d. 连续律
15. 看了一场恐怖电影后，卡尔文觉得每一个影子都像是怪物。他似乎正在经历 ________。
    a. 一种知觉定势
    b. 形状恒常性
    c. Φ 现象
    d. 共同命运律

论述题

1. 信号检测论是如何解释人们会对相同感觉经历做出不同判断的？
2. 三原色理论和拮抗加工理论是如何结合起来解释主要的颜色视觉的？
3. 模糊刺激是如何在展示感觉和知觉过程所面临的困难的同时又帮助你理解这个世界的呢？

第 5 章练习题

1. 弗洛伊德认为有些记忆是非常具有威胁性的，这些记忆处于 ________ 中。
   a. 无意识　　b. 前意识
   c. 意识　　d. 显性梦境
2. 一组男女在观看一款新车的电视广告。如果你想要决定哪些广告信息进入意识，你可以使用 ________。
   a. 冥想　　b. 视觉搜索实验
   c. 清醒梦境　　d. 出声思维报告
3. 下面哪个是意识的选择性储存功能的例子？
   a. 罗博投篮的时候盯住篮框
   b. 劳拉决定买巧克力味冰淇淋而不是香草味的
   c. 梅尔在灯变绿的时候立刻踩下油门
   d. 塞尔维托决心记住新女朋友的地址
4. 由于需要更多的意识努力，搜索 ________ 物体要比搜索 ________ 物体难。
   a. 红色；大的红色
   b. 绿色；既有绿色又有黄色的
   c. 既有红色又有蓝色的；既有绿色又有黄色的
   d. 既有红色又有蓝色的；红色
5. 为了确定盖瑞克的睡眠类型，你最有可能问他下述哪个问题？
   a. 你每月做多少次噩梦？
   b. 你通常几点上床睡觉？
   c. 你的 NREM 睡眠多还是 REM 睡眠多？
   d. 你吸大麻或者抽烟吗？
6. NREM 睡眠和 REM 睡眠都对 ________ 很重要。
   a. 保存
   b. 恢复
   c. 潜性梦境和显性梦境
   d. 学习和记忆
7. 卡洛琳在夜里会停止几次呼吸然后醒来，看上去她正在遭受 ________。
   a. 失眠症　　b. 睡眠窒息
   c. 梦游症　　d. 突发性睡眠症
8. 激活－整合模型的观点是什么？
   a. 梦是由随机的脑活动产生的
   b. 显性梦境是从潜性梦境合成来的
   c. 梦的内容反映了人们每天关注的事情
   d. 男孩和女孩的梦境内容不同
9. 为了证明 ________ 的可能性，研究者让参与者在睡着的情况下执行独特的随意眼动模式。
   a. 清醒梦境　　b. 催眠
   c. 冥想　　d. 激活和整合
10. 你觉得下面哪个人会对催眠有最强的反应？
   a. 19 岁的宝拉　　b. 11 岁的拉夫
   c. 24 岁的珍妮　　d. 46 岁的乔治
11. 研究者发现练习 ________ 的人比没有练习的人的大脑皮层要厚一些。
   a. 催眠　　b. 清醒梦境
   c. 梦游症　　d. 冥想
12. 在没有生理需要的时候仍然渴望获得某种药物，这种现象被称为 ________。
   a. 成瘾　　b. 药物耐受性
   c. 心理依赖　　d. 生理依赖
13. 迷幻剂在脑中的作用是 ________ 脑中 ________ 神经元的活动。
   a. 抑制；GABA
   b. 延长；多巴胺
   c. 延长；5- 羟色胺
   d. 抑制；多巴胺
14. 过度使用 ________ 会导致偏执性妄想。
   a. 兴奋剂
   b. 镇静剂
   c. 鸦片
   d. 迷幻剂
15. 有一组研究者在开发新药物，以帮助人们控制体重，你猜测一下这种药物可能会以脑中的 ________ 系统作为靶子。
   a. 巴比妥酸盐
   b. 鸦片
   c. 苯二氮卓
   d. 大麻素

论述题

1. 迄今为止，弗洛伊德理论中的无意识概念有过哪些修正？
2. 在非西方文化中，梦的解释是如何进行的？
3. 药物使用常常会导致成瘾，这其中的生理机制是什么？

第6章练习题

1. 琼刚搬到这个城市时会因为交通噪音睡不着。现在，她几乎听不到交通的声音了。这是一个 ________ 的例子。
   a. 敏感化　　b. 习惯化
   c. 一致性　　d. 经典条件作用
2. 斯金纳观点的追随者不可能关注：
   a. 作为行为起因的内部状态
   b. 不同物种保存的学习形式
   c. 行为和奖赏之间的关系
   d. 引起行为的环境刺激
3. 在巴甫洛夫的实验中，________ 充当无条件刺激。
   a. 唾液　　b. 食物碎末
   c. 看见助手　　d. 声音
4. 邻居有一只小狗，每天冲6岁的巴维尔吠叫。一段时间后，巴维尔变得害怕所有狗。这是一个 ________ 例子。
   a. 刺激辨别　　b. 倒摄条件作用
   c. 自发恢复　　d. 刺激泛化
5. 彼得想做个经典条件作用实验，他把光作为CS，电击作为UCS，你告诉他 ________ 是必须的。
   a. 光在时间上紧随电击　　b. 光可靠地预测电击
   c. 光和电击一起出现　　d. 光出现在电击之后
6. 经典条件作用在药物耐受性上起作用时的条件刺激是 ________。
   a. 个体服药的环境
   b. 身体对药物的补偿反应
   c. 个体服药时的兴奋程度
   d. 个体对剂量过大的恐惧
7. 人们在进行化疗时的无条件反应是 ________。
   a. 预期的疲劳水平　　b. 个体接受治疗的环境
   c. 身体对药物的反应　　d. 药物注入体内
8. 在一个操作性条件作用实验中，每当人们表现出期望的行为，你就为他们提供昂贵的巧克力。你认为巧克力 ________。
   a. 对所有人都是强化物　　b. 对所有人都不是强化物
   c. 对所有人都是惩罚物　　d. 对有些人是强化物
9. 卡罗塔的父母不许她看电视已经3天了。如果她吃掉芽甘蓝，晚上就可以看电视了。卡罗塔的父母看上去很熟悉 ________。
   a. 操作性消退　　b. 条件强化理论
   c. 代币经济　　d. 反应剥夺理论
10. 研究发现，相比同龄儿童，15个月大时受过最多体罚的儿童会在36个月大的时候表现出 ________ 的行为问题，在一年级的时候表现出 ________ 的行为问题。
    a. 更少；更少　　b. 更多；更多
    c. 更少；更多　　d. 更多；更少
11. 你的新工作是打磨苹果，每完成20个可获得2美元，你在该情景中处于 ________ 程序。
    a. 可变－间隔　　b. 固定－间隔
    c. 可变－比率　　d. 固定－比率
12. 某天晚上，你吃了一个热狗后觉得很难受。现在你一想到吃热狗就发抖。一个朋友建议你尝试一下消退试验。这意味着你将：
    a. 把热狗和你喜欢的食物关联起来
    b. 吃更多的热狗
    c. 让自己吃其他东西也难受
    d. 把热狗作为奖励
13. 像克拉克星鸦这样的鸟类非常擅长寻找自己埋下的种子。这为物种特定的 ________ 提供了证据。
    a. 条件作用过程　　b. 经典条件作用的应用
    c. 空间记忆　　d. 塑造过程
14. 假设你给鸽子看一张汽车的照片。人类能够把照片归类为汽车，也能把图片归类为人工刺激。你认为你能训练鸽子学会将图片归类为 ________。
    a. 汽车和人工刺激
    b. 只是汽车
    c. 只是人工刺激
    d. 既非汽车也非人工刺激
15. 佐伊看到她的姐姐在冰上滑倒了，并摔伤了胳膊。在那之后，她走在冰上时变得非常小心。这是 ________ 的例子。
    a. 观察学习　　b. 经典条件作用
    c. 操作性消退　　d. 敏感化

论述题

1. 你会和将要做化疗的人分享经典条件作用中的哪些信息呢？
2. 为什么你会使用一种强化程序（如，固定－间隔程序与可变－间隔程序）而不是另一种？
3. 什么机制能解释观看暴力电视会导致攻击行为？

第 7 章练习题

1. 在学校的才艺秀上，诺亚要一边回答政治问题，一边用手指旋转篮球。问题和回答主要需要 ________ 记忆，而旋转篮球主要需要 ________ 记忆。
   a. 内隐；程序性
   b. 陈述性；程序性
   c. 程序性；陈述性
   d. 内隐；陈述性
2. 为了表明映像记忆的能力，斯佩林证明参与者使用 ________ 程序时表现更好。
   a. 全部报告　　b. 部分报告
   c. 程序性记忆　　d. 内隐记忆
3. 马克从电话簿上查到了一个电话号码，但在拨电话之前忘记了号码。这说明马克应该在 ________ 上花费更多的努力。
   a. 复述　　b. 组块
   c. 记忆广度　　d. 映像记忆
4. 下面哪一个不是工作记忆的成分？
   a. 映像记忆缓冲区　　b. 语音环路
   c. 中央执行系统　　d. 视觉空间画板
5. 由于提取线索的有效性，________ 通常比 ________ 更容易。
   a. 回忆；情景记忆　　b. 再认；回忆
   c. 语义记忆；再认　　d. 回忆；再认
6. 梅根见了一群人之后，只记住了最后一个人的名字。这是 ________ 效应的例子。
   a. 首因　　b. 背景区辨性
   c. 编码特异性　　d. 近因
7. 想想 *Mississippi* 这个词。下面哪个问题要求你对这个词进行最深水平的加工？
   a. 这个词中有多少个字母“s”？
   b. 这是一条河的名字吗？
   c. 这个词中有多少个音节？
   d. 这个词的首字母是什么？
8. 你刚刚记住了一列无意义的词。在接下来的 30 天，你每天都要回忆这些词（且不能再看词表）。你预期 ________ 遗忘得最多。
   a. 第 1 天到第 2 天
   b. 第 3 天到第 5 天
   c. 第 5 天到第 10 天
   d. 第 10 天到第 30 天
9. 帕维需要按照行星与太阳之间的距离来学习这些行星的排列次序。刚开始，他把水星想象成一个巨大的面包，把金星想象成一只鞋子。听上去帕维正在使用 ________。
   a. 地点法　　b. 桩 - 词法
   c. 元记忆　　d. 映像记忆
10. 每次考试开始时，萨拉都会读完所有的题并确定最有把握答对的题。做这些判断，她用的是 ________。
    a. 编码特异性　　b. 记忆术
    c. 精细复述　　d. 元记忆
11. 在宠物动物园，塔比萨看到一只小羊和一只小熊。当她回家后，她可能发现更容易记起 ________，因为它与图式 ________。
    a. 小熊；不一致　　b. 小羊；不一致
    c. 小熊；一致　　d. 小羊；不一致
12. 拉什利通过训练大鼠走迷宫，然后切除大鼠不同大小的 ________ 来研究记忆痕迹。
    a. 大脑皮层　　b. 小脑
    c. 纹状体　　d. 杏仁核
13. 克斯坦丁患了健忘症。你预期他获得 ________ 记忆的能力受损程度要高于 ________ 记忆。
    a. 陈述性；外显　　b. 外显；内隐
    c. 内隐；程序性　　d. 内隐；陈述性
14. 如果要你确定编码和提取情景记忆的脑结构，你会指出是 ________。
    a. 纹状体　　b. 小脑
    c. 前额叶　　d. 杏仁核
15. 阿尔茨海默证明了 ________。
    a. 脑内的斑块导致了阿尔茨海默病
    b. 淀粉样 β - 肽导致了阿尔茨海默病
    c. 脑内的斑块可以用于阻止阿尔茨海默病恶化
    d. 死于阿尔茨海默病的人脑内有斑块

论述题

1. 编码、储存和提取之间的关系是什么？
2. 工作记忆的基本功能是什么？
3. 脑成像技术通过什么方式有助于证实记忆研究者所提出的理论上的区分？

第 8 章练习题

1. 根据唐德斯的分析逻辑，
   a. 分类是最难的心理过程之一
   b. 写大写字母 C 的时间总是比写大写字母 V 长
   c. 额外的心理步骤通常会增加完成任务的时间
   d. 反应时对理解心理过程很有用
2. 杰瑞与朋友一起去快餐店，他们各自排一列看谁先到柜台。这是 ________ 加工的一个很好的例子。
   a. 序列 b. 自动
   c. 平行 d. 歧义
3. 劳伦能同时玩杂耍和说话。沃伦则不行。相比沃伦，玩杂耍对于劳伦来说似乎更像是一个 ________ 过程。
   a. 控制 b. 自动
   c. 平行 d. 序列
4. 有个朋友走过来对你说："记得我昨天说的话吗？请把那些都忘了吧。"如果你理解这话，那是因为你朋友根据 ________ 对共同的基础进行了合理估计。
   a. 行动同现 b. 知觉同现
   c. 团体成员身份 d. 语言身份
5. 研究已表明 ________ 能在没有任何外部训练的条件下理解操作符号的意义。
   a. 长尾黑颚猴 b. 猩猩
   c. 黑猩猩 d. 倭黑猩猩
6. 语言相对论的假设是说：
   a. 语言能以任何选择的方式对色谱进行划分。
   b. 个体使用的语言影响思考世界的方式。
   c. 人类已进化到使用比任何其他物种都复杂的语言。
   d. 一些语言并不要求人们使用听众设计。
7. 人们撒个小谎的动机很可能是 ________，而那些弥天大谎的动机可能是 ________。
   a. 自私；心理原因
   b. 个人好处；虚荣
   c. 心理原因；个人好处
   d. 个人好处；自私
8. 你正侧躺着，一位朋友走过来跟你打招呼。为了识别出你的朋友，你需要使用：
   a. 心理旋转 b. 心理扫描
   c. 空间心理模型 d. 问题空间
9. 假设你阅读的一段课文将你带入这样一种情境：你在房间中央，周围有其他物体。确认哪个方向的物体所用时间最短？
   a. 前面 b. 后面
   c. 左面 d. 右面
10. 问题空间的定义不包含 ________。
   a. 算法 b. 操作
   c. 目标状态 d. 初始状态
11. 要求你执行下面的规则："如果卡片的一面是元音字母，那么它的另一面就是偶数。"你应该翻下面哪张卡片来验证是否符合规则？
   a. F b. H
   c. 9 d. 16
12. 当你使用 ________ 时，你应该当心 ________。
   a. 归纳推理；算法
   b. 归纳推理；心理定势
   c. 演绎推理；前提
   d. 演绎推理；出声思维
13. 假设你需要评估好莱坞发行的喜剧片和恐怖片哪个更多。为了回答这个问题，你最可能使用 ________ 启发式？
   a. 锚定
   b. 调节
   c. 代表性
   d. 可得性
14. 因为保罗是一个知足者，所以你估计他会：
   a. 观看第一个能吸引他的电视频道。
   b. 即使最近得到高薪的工作也不是很开心。
   c. 在决定买车前尝试各式各样的车。
   d. 在新的街角市场尝试每一种咖啡的口味。
15. 假设你为即将开始的墨西哥大选同时咨询来自美国和墨西哥的专家。根据菲利浦·泰特洛克的研究，你倾向于认为：
   a. 他们两人的估计准确度相近
   b. 美国专家的估计更准确
   c. 墨西哥专家的估计更准确
   d. 只有一个人的估计是准确的

论述题

1. 为什么歧义是言语理解的重要问题？
2. 什么因素会影响你进行准确演绎推理的能力？
3. 什么情况下决策最可能引起人们后悔？

第 9 章练习题

1. 以下不属于弗朗西斯·高尔顿爵士智力测量观点的是________。
   a. 智力的差异可以量化
   b. 智力可以通过客观测验测得
   c. 智力分数成钟形曲线分布
   d. 智力分数随着年龄的改变而改变
2. 马丁完成了一份测量幸福感的测验。他得了 72 分。为了解释这一分数，马丁需要参考测试的________。
   a. 常模　　b. 分半信度
   c. 标准化　　d. 预测效度
3. 黛博拉 10 岁，但是她的心理年龄是 12 岁。使用最原始的方法计算 IQ，可以得出她的 IQ 为________。
   a. 90　　b. 120
   c. 150　　d. 100
4. 以下哪种因素导致的智力缺陷最容易治疗？
   a. 唐氏综合症
   b. 母亲产前酗酒
   c. 母亲产前吸食可卡因
   d. PKU（苯丙酮尿症）
5. 以下哪个特质不属于天才的“三环”概念？
   a. 创造力　　b. 数学天赋
   c. 任务执着　　d. 高能力
6. 波因德克斯特进行了网络 IQ 测验，他在同一网站做了 4 次测验，分数分别为 116、117、120 和 130。通过这些分数，你认为 IQ 测验是
   a. 可信且有效的
   b. 不可信也不有效
   c. 可信但无效
   d. 有效但不可信
7. ________智力是指个人所获得知识。
   a. 液体　　b. 分析
   c. 晶体　　d. 创造
8. 费利克斯正在申请厨师学校。他参加了一个入学测验，该测验提出了一系列关于食品准备的问题。听起来这像是一个________智力。
   a. 液体　　b. 分析
   c. 晶体　　d. 创造
9. 朱利安很少意识到周围的人是否不安。可以想象他是个________智力不怎么高的人。
   a. 自然主义　　b. 空间
   c. 情绪　　d. 身体运动
10. 以下哪个选项不是实践智力学校课程的观点？
    a. 知道什么时候　　b. 知道自己
    c. 知道过程　　d. 知道差异
11. 乔纳莉和瑞根是姐妹。假设她们是________，则 IQ 最接近。
    a. 异卵双胞胎　　b. 同卵双胞胎
    c. 在相同家庭长大　　d. 在 2 岁前被收养
12. 当人们相信________时，刻板印象威胁会影响他们的测验成绩。
    a. 测验情景与刻板印象有关
    b. 社会文化里常常存在刻板印象
    c. 测验情景对某些种族群体不公平
    d. 刻板印象随时间而改变
13. ________的测试可能包括诸如“说出你所能想到的所有圆形物体”这样的问题。
    a. 分析智力
    b. 晶体智力
    c. 聚合思维
    d. 发散思维
14. 如果你想要理解“特殊创造者”的起源，你不需要关注________。
    a. 准备　　b. 内在动机
    c. IQ　　d. 冒险
15. 卡如斯 12 岁时经过测试得知自己是个天才。但是一直到成年，他都没有表现出自己的天赋。这是一个很好的环境例子，在这种环境下，测验________。
    a. 产生了一个不准确的结果
    b. 给出了一个带个人暗示性的标签
    c. 塑造个体的教育经历
    d. 对卡如斯的群体有负面的影响

论述题

1. 霍华德·加德纳多元智力理论的目标是什么？
2. 开端计划和其他早期干预计划是如何显示环境对于 IQ 的影响的？
3. 为什么很难确定心理疾病和创造力之间的因果关系？

第 10 章练习题

1. 瑞秋刚满四岁，但是她的语言能力达到了 6 岁。就语言能力而言，她的 ________ 年龄比 ________ 年龄好。
   a. 生理；标准　　b. 发展；横断
   c. 发展；生理　　d. 生理；发展
2. 你的朋友帕特说，“我确定卡洛林一出生就认得出我的声音。”如果帕特是卡洛林的 ________，那帕特的陈述就很可能是正确的。
   a. 母亲　　b. 父亲
   c. 母亲或者父亲　　d. 妹妹
3. 杰克（男）和吉尔（女）是双胞胎，在大多数环境下，你会期待杰克的青春期生长突进与（比）吉尔的 ________。
   a. 相同　　b. 早
   c. 早一年　　d. 晚
4. 塔玛拉的思想有自我为中心和中心化的特点，依照皮亚杰的理论，塔玛拉应该处于 ________ 阶段。
   a. 感知运动　　b. 前运算
   c. 具体运算　　d. 形式
5. 你对 20 岁的凯斯和 45 岁的马修进行了测试。如果他们都是正常人，那么你期望凯斯有更高的 ________，马修则有更高的 ________。
   a. 晶体智力；液体智力　　b. 智慧；晶体智力
   c. 智慧；液体智力　　d. 液体智力；智慧
6. 你正在观察工作记忆实验的 fMRI 扫描图。与 38 岁的儿子马克相比，你期望在 68 岁的托尼身上看到 ________。
   a. 大脑两半球的活跃性更对称
   b. 与任务无关的脑区活跃性更低
   c. 左半球活跃性更高
   d. 两半球的激活部位更不对称
7. 你正在检查某个语言知觉实验的数据。被试 27 能听出声音差异——使用印度语而不是英语，你总结被试 27 最不可能是 ________。
   a. 印度语言环境下的婴儿
   b. 会印度语的成年人
   c. 英语语言环境下的婴儿
   d. 会英语的成年人
8. 如果思云认为“母亲”这个词适用于所有的妇女，则她是在 ________；如果她认为“母亲”只适用于自己的母亲，她是在 ________。
   a. 对比；过度扩充　　b. 缩小；假设
   c. 过度扩充；缩小　　d. 假设；对比
9. 埃里克森认为，6 岁儿童面对的主要危机是（______）
   a. 自主对自我怀疑　　b. 同一性对角色混乱
   c. 繁殖对停滞　　d. 主动对内疚
10. 作为母亲，贝丝在控制性维度方面得分很高，在反应性维度上得分很低，这些描述表明她的养育方式是 ________ 风格。
   a. 放任　　b. 权威
   c. 忽视　　d. 专制
11. 下述观点并未在日托质量的建议中提到的是 ________。
   a. 应该教孩子解决社会问题的技能
   b. 孩子的智力发展水平应该相似
   c. 看护人不应该过于严厉地管束孩子
   d. 在有明确课程的同时应该让孩子自由选择
12. ______ 差异受文化影响，________ 差异受生物学影响。
   a. 性别；性　　b. 繁殖；性别
   c. 性；同一性　　d. 性；性别
13. 要猜测 6 岁的克里斯是女孩还是男孩。下述哪个选项最有可能让你相信克里斯是个女孩？
   a. 克里斯喜欢追逐打闹
   b. 克里斯不喜欢社会交际
   c. 克里斯最喜欢一对一的人际关系
   d. 克里斯更喜欢团体中的社会交往
14. 在道德行为方面，格雷西最服从规则以避免来自权威的责备。她处于 ________ 道德发展阶段。
   a. 原则　　b. 文化
   c. 前习俗水平　　d. 习俗水平
15. 卡罗尔·吉利根批评柯尔伯格的理论，他认为女性更关注 ________ 的判断标准，男性更关注 ________ 的判断标准。
   a. 关爱他人；避免痛苦　　b. 关爱他人；公正
   c. 公正；关爱他人　　d. 避免自责；公正

论述题

1. 为什么研究者认为某些认知发展出现在特殊的知识领域？
2. 为什么剥夺和虐待会影响社会发展？
3. 为什么有时很难区分性差异和性别差异？

第 11 章练习题

1. 你在看朋友卡洛斯打网球，他打得不好。比赛结束时他说："我只是今天没有受到激励而已。"卡洛斯是如何应用动机概念的？
   a. 从公开的行为来推断内心状态
   b. 将生物学与行为联系起来
   c. 解释行为的可变性
   d. 解释逆境中的意志
2. ________ 是预设的趋势，对物种的生存至关重要。
   a. 诱因　　b. 驱力
   c. 元动机状态　　d. 本能
3. 根据马斯洛的观点，你应该在满足 ________ 的需要之前努力去满足 ________ 的需要。
   a. 生理；归属与爱　　b. 归属与爱；尊重
   c. 尊重；安全　　d. 尊重；自我实现
4. 乔纳每顿饭只吃一种风味的食物。因为 ________，这一般会 ________ 乔纳所吃的食物数量。
   a. 胃部收缩；增加
   b. 外侧下丘脑刺激；减少
   c. 特定感觉饱食感；增加
   d. 特定感觉饱食感；减少
5. 当限制性饮食者解除限制时，他们倾向于 ________。
   a. 暴饮暴食高卡路里的食物
   b. 进一步减少他们的进食
   c. 永远不再节食
   d. 行为更像非限制饮食者
6. 下列表述不正确的是 ________。
   a. 当人们的体重比他们期望的身体重量轻 85% 时，就被诊断为神经性厌食症。
   b. 男性和女性患神经性厌食症的比率是相同的
   c. 神经性贪食症的特征是暴饮暴食和吃泻药
   d. 神经性贪食症比神经性厌食症更常发生
7. 巴尼和威尔玛刚刚边吃爆米花边看完了一部电影。假设你问巴尼为什么他要吃掉这么多爆米花，他最不可能提到的是 ________。
   a. 他饥饿的程度　　b. 受威尔玛食用量的影响
   c. 距上一次进餐的时长　　d. 爆米花的味道
8. 因为 ________ 的活动，你预期许多物种的 ________ 并不是总能接纳交配行为。
   a. 雄性激素；雌性　　b. 雌性激素；雄性
   c. 雄性激素；雄性　　d. 雌性激素；雌性
9. 根据马斯特和约翰逊对人类性唤起的研究，________ 阶段先于 ________ 阶段。
   a. 消退期；平台期　　b. 平台期；兴奋期
   c. 平台期；高潮期　　d. 消退期；高潮期
10. 你有一个朋友在短暂性关系上花了许多精力。这听起来像一个 ________ 的 ________ 交配策略。
    a. 女性；长期　　b. 男性；短期
    c. 男性；长期　　d. 女性；短期
11. 根据研究，哪对双胞胎最可能有相同的性取向？
    a. 拉里和约翰，异卵双胞胎
    b. 黛博拉和佩蒂，同卵双胞胎
    c. 罗斯和利奥，异卵双胞胎
    d. 圣安妮和夏洛特，异卵双胞胎
12. 对于具有高成就需要的个体，下列哪个表述是不正确的？
    a. 他们总是完成自己的任务
    b. 他们喜欢有效的工作
    c. 他们喜欢达到自己的目标
    d. 他们会花时间做规划
13. 维克托每天都能在当地报纸的问答测验中得到很高的分数，维克托认为这是可能的，因为问答题都很简单。这是对其表现的一个 ________ 归因。
    a. 内部 – 稳定　　b. 外部 – 不稳定
    c. 外部 – 稳定　　d. 内部 – 不稳定
14. 在演讲时，你的教授谈了很多关于"效价"和"有效性"。这个演讲最可能是关注 ________。
    a. 归因　　b. 公平理论
    c. 成就需要　　d. 期望理论
15. 在去考试的路上，你无意中听到特鲁迪说，"我一定能在这次考试中得高分。"你猜测特鲁迪是被 ________ 目标激励的。
    a. 成绩 – 接近　　b. 掌握
    c. 成绩 – 回避　　d. 公平

论述题

1. 文化是如何影响饮食障碍的发展的？
2. 性脚本的起源是什么？
3. 乐观或悲观的归因方式对人们的生活有什么影响？

第 12 章练习题

1. 下列陈述涉及心境而非情绪的是 ________。
   a. 它们可能持续许多天
   b. 它们可以是积极的，也可以是消极的
   c. 它们可能由具体事件引发
   d. 它们比较激烈
2. 下列面部表情不属于七种基本表达情绪的是 ________。
   a. 关心　　b. 轻蔑
   c. 厌恶　　d. 快乐
3. ________ 为情绪的生理反应做准备。
   a. 下丘脑　　b. 杏仁核
   c. 自主神经系统　　d. 海马
4. 根据 ________ 情绪理论，感觉出现在身体反应之后。
   a. 坎农—巴德　　b. 认知评价
   c. 詹姆斯—兰格　　d. 接近 - 相关
5. 假如你的朋友玛莎刚得知自己的微积分考试比预期的得分高。实验者要求你预测玛莎的开心等级，并对玛莎提出了相同的要求。那么你预测的开心等级可能要 ________ 玛莎的预测等级。
   a. 等于
   b. 低于
   c. 高于
   d. 大大低于
6. 在战斗或逃跑反应中起重要作用的脑结构是 ________。
   a. 脑垂体　　b. 杏仁核
   c. 下丘脑　　d. 甲状腺
7. 如果你正在面对着 ________ 应激源，最有效的应对策略类型可能是 ________。
   a. 不可控；问题指向
   b.. 可控；情绪聚焦
   c. 可控；以延迟为基础
   d. 不可控；情绪聚焦
8. 小梅诊断出皮肤癌。人工智能在互联网上帮她寻找更多的治疗方案。这种社会支持是 ________ 支持。
   a. 有形的　　b. 信息的
   c. 情感的　　d. 免疫的
9. 经历龙卷风生还后的几个月，朱迪说："我对今后的每一天都心怀感恩。"看上去朱迪经历了 ________ 的创伤后成长。
   a. 心灵改变　　b. 与他人关系
   c. 生活评价　　d. 个人力量
10. 思考戒烟的人会经历哪些阶段，下列哪一对的顺序是错误的？
    a. 准备；打算　　b. 打算；行动
    c. 行动；维持　　d. 准备；维持
11. 玛西亚参加了一个实验。每当她血压升高时，就会在电脑屏幕上看到一张"哭脸"。玛西亚似乎在学习怎样使用 ________。
    a. 放松反应　　b. 生物反馈
    c. 预先应对　　d. 应激免疫
12. 研究者给照顾阿尔兹海默病患的家属和控制组都留下了一块标准的小伤口，这项研究的结果是 ________。
    a. 阿尔兹海默病患家属的伤口愈合时间更长
    b. 控制组个体的伤口愈合时间更长
    c. 两组人的伤口愈合时间没有差异
    d. 控制组个体的伤口变得更大
13. ______ 行为模式中对健康影响最大的方面是 ________。
    a. B 型；敌意
    b. A 型；乐观
    c. B 型；悲观
    d. A 型；敌意
14. 不属于工作倦怠定义的是 ________。
    a. 人格解体　　b. 不协调
    c. 情绪衰竭　　d. 个人成就感降低
15. 伊瓦西亚在使用应对策略来增加自己的体育活动。下列陈述更像应对计划的是 ________。
    a. "每天早餐前我都要做仰卧起坐"
    b. "我要学习怎么使用空中漫步机"
    c. "我要健身"
    d. "我要在边在跑步机上锻炼边阅读"

论述题

1. 什么证据能证明有些情绪反应是与生俱来的而有些则不是？
2. 为什么知觉控制影响人们应对压力的能力？
3. 什么因素会影响病人遵医嘱？

第 13 章练习题

1. 威廉·赛尔顿预测 ________ 的人是有头脑的、爱好艺术的以及内向的。
   a. 内胚层型　b. 外胚层型
   c. 中胚层型　d. 多形体型
2. 下列因素不属于五因素模型特征维度的是 ________。
   a. 创造性　b. 神经质
   c. 宜人性　d. 外倾性
3. 下列对害羞解释属于天性部分的是 ________。
   a. 人们在互联网上开展的许多活动是社会隔离的
   b. 一些文化更强调顺从权威
   c. 一些孩子从出生开始就对不熟悉的人更缄默
   d. 如果孩子不成功，父母就收回他们的爱
4. 根据弗洛伊德，4 到 5 岁的儿童处在发展的 ________ 阶段。
   a. 生殖期　b. 口唇期
   c. 生殖器期　d. 肛门期
5. 你参加了集体无意识原型的演讲，这个演讲看起来是 ________ 的观点。
   a. 卡尔·荣格
   b. 西格蒙德·弗洛伊德
   c. 凯伦·霍妮
   d. 阿尔弗雷德·阿德勒
6. 人本主义人格的一个最重要观点是：人们追求 ________。
   a. 优势　b. 性感区
   c. 自我生存　d. 自我实现
7. 人本主义理论是 ________，强调个体对现实的主观知觉。
   a. 整体性的　b. 确定性的
   c. 现象学性的　d. 先天倾向性的
8. 关于沃尔特·米希尔的人格理论，与目标和价值观变量有关的表述是 ________。
   a. 巴特想在 30 岁之前从大学毕业
   b. 里斯认为自己能说服哥哥把车借给她
   c. 皮珀在参加考试之前出了很多汗
   d. 维托能不用计算器做乘法运算
9. 乔森的朋友巴非正试图使乔森确信自己能找到新工作。如果巴非成功了，将会对乔森的 ________ 感产生影响。
   a. 自我效能　b. 自我调节
   c. 交互决定论　d. 力比多
10. 布赖恩在参加三项全能比赛之前，花了整晚的时间复习哲学笔记。这可能是 ________ 的一个例子。
    a. 自我效能　b. 精神决定论
    c. 自我妨碍　d. 神经质
11. 因为米里亚姆生活在 ________ 文化中，她最可能有 ________ 的自我结构。
    a. 集体主义；依赖
    b. 集体主义；互依
    c. 个人主义；互依
    d. 集体主义；独立
12. Facebook 主页的 ________ 与判断自恋倾向无关。
    a. 有趣引文的转发数
    b. 主页头像的吸引程度
    c. 主要照片的自我提升程度
    d. 社会互动总数
13. 查德和杰里米都是人格理论家。查德认为大部分人格在出生前就决定了。杰里米认为人格是由生活经历塑造的。他们在 ________ 维度上产生了不一致。
    a. 学习过程和行为的先天法则
    b. 有意识和无意识
    c. 内在倾向和外在情境
    d. 遗传和环境
14. 最直接地评估五因素模型维度的人格测验是 ________。
    a. 罗夏墨迹测验
    b. NEO-PI
    c. 主题统觉测验
    d. MMPI-2
15. 如果你想测量成就需要，那么你可能会首选 ________ 测验。
    a. 罗夏墨迹测验
    b. 主题统觉测验
    c. MMPI-2
    d. NEO-PI

论述题

1. 特质和情境如何以交互作用的方式影响行为预测？
2. 人本主义理论如何引发人们对生活故事和心理传记的关注？
3. 什么理论观点导致了投射人格测验的发展？

第 14 章练习题

1. 共病中的个体 ________。
   a. 无法用 DSM-IV-TR 确诊
   b. 有难以治愈的神经症性障碍
   c. 患有包括恐惧死亡在内的精神症性障碍
   d. 同时经历了一个以上的心理障碍
2. 科特教授相信无意识冲突常常会引起心理障碍。科特教授使用的是心理病理学中的 ________ 取向。
   a. 心理动力学　　b. 社会文化
   c. 认知　　d. 行为
3. 依据司法报告的分析，精神失常辩护的使用很 ________，成功率很 ________。
   a. 罕见；低　　b. 罕见；高
   c. 常见；低　　d. 常见；高
4. 暴食症哪一条诊断特征仍是潜在的，还在继续研究中。
   a. 规律地出现暴饮暴食，但无清除行为
   b. 在暴食期间失去控制
   c. 暴食会引起强烈的痛苦
   d. 体重或体形对自我评价的过度影响
5. 一年多的时间，简整天感觉到焦虑或担心。简好像患了 ________。
   a. 惊恐障碍　　b. 广泛性焦虑障碍
   c. 强迫症　　d. 广场恐惧症
6. 哪类归因风格会将个体置于抑郁的风险之中？
   a. 内部的 – 特定的 – 稳定的
   b. 外部的 – 特定的 – 稳定的
   c. 内部的 – 整体的 – 稳定的
   d. 外部的 – 整体的 – 不稳定的
7. 当发生了悲伤的事情时，克里斯花了很多时间思考这一问题，基于这一行为，你认为 ________。
   a. 克里斯很可能是男性
   b. 克里斯是男性或是女性的可能性一样
   c. 克里斯可能会发展出特殊恐怖症
   d. 克里斯很可能是女性
8. 你试图评价葆拉罹患重度抑郁症的可能性。你可能最关心她是否有 ________ 型的复合胺基因，是否经历了 ________ 生活压力事件。
   a. s/l；两件　　b. s/s；三件
   c. l/l；四件　　d. s/l；三件
9. 纳丁时而对踹克大吼大叫，时而央求她继续做朋友。踹克确信纳丁患了 ________ 人格障碍。
   a. 分裂型　　b. 自恋型
   c. 边缘型　　d. 强迫型
10. 诊断转化症时，你会发现 ________ 会在症状表现之前出现。
   a. 严重的生理疾病　　b. 心理冲突或压力
   c. 看过医生　　d. 感到疼痛和胃肠不适
11. 虽然伊夫没有任何器质性障碍，她常常忘记重要的个人经历。这可能是 ________ 的例子。
   a. 分离性遗忘症　　b. 疑病症
   c. 躯体化障碍　　d. 依恋型人格障碍
12. 以下哪个是精神分裂症的阴性范畴？
   a. 幻觉　　b. 不连贯的言语
   c. 妄想　　d. 社会退缩
13. 以下哪些行为通常不能为注意缺陷多动障碍的诊断提供支持？
   a. 曼弗雷德在班级活动时未加思考地说出答案
   b. 曼弗雷德弄丢了玩具和学校作业
   c. 曼弗雷德在教室内蠕动并且坐立不安
   d. 曼弗雷德在其他孩子戏弄他时哭了
14. 怀特教授认为一岁的布赖恩有患孤独症的风险。这个教授可能会观察布赖恩以验证他是否 ________。
   a. 对自己的名字没有回应
   b. 能在没有帮助的情况下行走
   c. 对强噪音有适度反应
   d. 能用眼睛表现出平稳的追随运动
15. 作为心理学导论课程的一部分，某位教授让他的学生访谈心理疾病的康复者，这一练习会 ________。
   a. 促使学生更多地被心理疾病的污名所影响
   b. 对学生受到心理疾病污名的影响没有作用
   c. 促使学生更少地被心理疾病的污名影响
   d. 降低学生寻求心理疾病治疗的可能性

论述题

1. 为什么总是难以客观地诊断心理疾病？
2. 有效的心理障碍分类系统有哪些好处？
3. 什么样的生活环境会导致个体自杀？

第15章练习题

1. 索亚开始治疗时，她的治疗师侧重于她没有解决的内部冲突。这说明索亚的治疗师采用了 ________ 的方法。
   a. 精神动力学 b. 认知
   c. 生物 d. 人本
2. 在介绍去机构化的课堂上你最不可能听到以下哪个主题？
   a. 无家可归 b. 元分析
   c. 再住院率 d. 暴力犯罪
3. 在精神动力学治疗中，________ 是指病人不能或者不愿意讨论特定的话题。
   a. 宣泄 b. 移情
   c. 反移情 d. 阻抗
4. 有关被压抑的记忆的研究表明 ________。
   a. 恢复的记忆是不正确的
   b. 人们的记忆不受治疗师的影响
   c. 有些关于虐待的记忆是治疗师植入的
   d. 大多数记忆都被压抑了
5. 如果罗兰德在进行 ________，他应该预期一个更强的有害刺激与吸引他的刺激相匹配。
   a. 系统脱敏
   b. 行为演练法
   c. 社会学习治疗
   d. 厌恶疗法
6. 每次詹妮丝提供的尿样不含毒品成分，她就能得到代金券用于购买喜欢的商品。这种治疗形式是 ________。
   a. 系统脱敏
   b. 权变管理
   c. 参与性模仿
   d. 泛化
7. 人们学习 ________ 的过程将负性的自我陈述变成正性的应对陈述。
   a. 社会学习
   b. 自我效能感
   c. 认知重构
   d. 宣泄
8. 你听到治疗师讲他多么努力地进行无条件关注。你觉得他是一名 ________ 治疗师。
   a. 格式塔 b. 来访者中心
   c. 行为 d. 心理动力学
9. 你在心理学导论课上看了一段电影视频，电影中的人在治疗过程中将一张空椅子视为滥用职权的老板。这个片段表明的是 ________ 疗法。
   a. 格式塔
   b. 来访者中心
   c. 厌恶
   d. 社会学习
10. ________ 治疗的焦点在于不良的互动模式。
    a. 格式塔 b. 来访者中心
    c. 配偶 d. 精神动力学
11. ________ 药物通过改变神经递质 5- 羟色胺和去甲肾上腺素的功能来影响大脑。
    a. 抗抑郁 b. 抗焦虑
    c. 抗精神类 d. 抗躁狂症
12. 临床研究证明，________ 对缓解抑郁的症状是有效的。
    a. 只有 ECT
    b. 只有 rTMS
    c. 不是 ETC 也不是 rTMS
    d. ECT 和 rTMS 都
13. ________ 治疗最不可能缓解抑郁症的主要症状。
    a. 安慰剂 b. 人际
    c. 认知行为 d. 药物
14. 通过预防来防止复发，这叫做 ________ 预防。
    a. 初级 b. 调节
    c. 三级 d. 二级
15. 你看到了两位社交恐惧症患者接受治疗的大脑活动 PET 扫描图。一位接受的是认知行为治疗，一位接受的是药物治疗。你预期 ________ 的大脑活动扫描图与那些没有接受治疗的人相比会出现差异。
    a. 只有接受认知行为治疗的患者
    b. 只有接受药物治疗的患者
    c. 两个都没有
    d. 两个都有

论述题

1. 为什么行为治疗关注适应性行为和适应不良行为？
2. 自助团体的哪些特征使之有益于心理健康？
3. 为什么要通过比较治疗与安慰剂来评估其有效性？

第 16 章练习题

1. 格蕾丝想帮她的朋友查理避免基本归因错误，她建议他多关注行为的 ________ 原因。
   a. 情境　　b. 特质
   c. 区别性　　d. 一贯性
2. 下面哪个说法和“自我服务偏差”是不一致的？
   a. 我失败是因为其他人很可能作弊了
   b. 我失败是因为房间里太热了
   c. 我成功是因为天赋
   d. 我成功是因为运气好
3. 自我实现预言可能在现实中作用一般，因为 ________。
   a. 大多数学生表现得比老师所预期的好
   b. 老师一般都会对学生的表现抱有精确的期望值
   c. 老师很少对学生抱有期望
   d. 学生不喜欢老师在班级里区别对待自己
4. 在斯坦福监狱实验里，狱警常常虐待囚犯。这个结果说明 ________。
   a. 人们在寻找一个可以满足其侵犯性冲动的情境
   b. 有些人是天生的狱警
   c. 只有具有侵犯性的人们才希望承担狱警的角色
   d. 社会角色对人们的行为有着重要影响
5. 阿施的从众实验表明了群体情境中 ________ 的影响。
   a. 规范具体化　　b. 社会规则
   c. 规范性影响　　d. 信息性影响
6. 在米尔格拉姆的服从实验里，很多人抗拒，表示不想给予更多的电击。在那之后，________。
   a. 主试告诉被试实验结束了
   b. 大多数参与者请求离开实验
   c. 大多数参与者继续施予电击
   d. 主试会要求他们减少电击
7. 当一个公司雇佣名人来宣传产品的时候，它很可能希望大部分消费者遵守的是 ________ 说服路径，进行的是 ________ 精细思考。
   a. 外周；低度　　c. 外周；高度
   b. 中心；高度　　d. 中心；低度
8. 山姆为自己和朋友兰蒂选了甜点，但是最后发现甜点坏掉了。如果山姆是 ________ 自我感，你认为他会为因为选择了 ________ 的甜点而体验到更多的认知失调？
   a. 独立型；兰蒂　　b. 相互依赖型；兰蒂
   c. 独立型；自己　　d. 相互依赖型；自己
9、欧利文试图改变朋友斯坦关于女人没有男人幽默的刻板印象。他们一起看了部有一系列女谐星出演的喜剧。你觉得斯坦的刻板印象会改变吗？
   a. 会，因为他能感受到欧利文的努力
   b. 不会，因为他贬低和刻板印象不一致的信息
   c. 不会，因为它会使斯坦确信自己的刻板印象是正确的
   d. 会，因为他会从电视节目中获得另一种刻板印象
10. 下面哪个说法表明玛丽在用相似性来获得贝利的好感？
   a. “我们都是天秤座的。”　b. “和你在一起，我很开心”
   c. “我帮你拿报纸好吗？”　d. “你的新发型太棒了。”
11. 下面哪个说法不正确？
   a. 伴侣之爱和生活满意度相关
   b. 大多数的亲密关系在初期都充满激情
   c. 伴侣之爱一般强度较弱但很亲密
   d. 在长期关系中一般不存在激情之爱
12. 你在看一个视频，视频上茱莉正在和一位很有魅力的男士互动。由于茱莉 ________ 模仿那位男士的姿势，你猜测她目前 ________ 恋爱关系中。
   a. 较多地；处在　　c. 几乎没有；不在
   b. 连续不断地；处在　　d. 间断性的；不在
13. 根据挫折－攻击假设，贝特在下述哪个情境中最有可能表现出攻击模式？
   a. 贝特有一个重要的求职面试，但是遇到了堵车
   b. 贝特的女朋友因为他的吝啬冲他大吼大叫了一个早上
   c. 贝特讨厌车上收音机里播放的音乐
   d. 贝特认为老板在监控自己访问的网站
14. 旁观者介入中，对旁观者来说最不重要的是 ________。
   a. 注意到事情的紧急性
   b. 把事情视为紧急事件
   c. 感觉到在情境中负有责任
   d. 把自己视为是乐于帮助的人
15. 如果你想增加人们在未来持续加入志愿者的可能性，下述哪一条是你不想尝试的？
   a. 发 T 恤来认同志愿者身份
   b. 让人们像完成强制任务一样当志愿者
   c. 帮助人们解决志愿工作中出现的困难
   d. 确定人们进行志愿活动的动机

论述题

1. 态度的什么特性可以提高态度与行为之间的关系？
2. 刻板印象对行为有什么影响？
3. 情境中哪些因素会影响人们的亲社会行为？

练习题答案

第1章
1. b
2. b
3. c
4. a
5. b
6. c
7. d
8. b
9. c
10. c
11. d
12. a
13. d
14. b
15. a

第2章
1. a
2. c
3. b
4. d
5. a
6. b
7. d
8. c
9. b
10. d
11. d
12. c
13. a
14. b
15. c

第3章
1. c
2. b
3. d
4. d
5. c
6. d
7. c
8. b
9. b
10. a
11. c
12. a
13. a
14. b
15. d

第4章
1. b
2. b
3. a
4. b
5. d
6. d
7. b
8. c
9. a
10. c
11. a
12. d
13. c
14. c
15. a

第5章
1. a
2. d
3. d
4. d
5. b
6. d
7. b
8. a
9. a
10. b
11. d
12. c
13. c
14. a
15. d

第6章
1. b
2. a
3. b
4. d
5. b
6. a
7. c
8. d
9. d
10. b
11. d
12. b
13. c
14. a
15. a

第7章
1. b
2. b
3. a
4. a
5. b
6. d
7. b
8. a
9. b
10. d
11. a
12. a
13. b
14. c
15. d

第8章
1. c
2. c
3. b
4. a
5. d
6. b
7. c
8. a
9. a
10. a
11. c
12. b
13. d
14. a
15. a

第9章
1. d
2. a
3. b
4. d
5. b
6. b
7. c
8. a
9. c
10. a
11. b
12. a
13. d
14. c
15. b

第10章
1. c
2. a
3. d
4. b
5. d
6. a
7. d
8. c
9. d
10. d
11. b
12. a
13. c
14. d
15. b

第11章
1. c
2. d
3. c
4. d
5. a
6. b
7. b
8. d
9. c
10. b
11. b
12. a
13. c
14. d
15. a

第12章
1. a
2. a
3. c
4. c
5. c
6. c
7. d
8. b
9. c
10. a
11. b
12. a
13. d
14. b
15. d

第 13 章

1. b
2. a
3. c
4. c
5. a
6. d
7. c
8. a
9. a
10. c
11. b
12. a
13. d
14. b
15. b

第 14 章

1. d
2. a
3. a
4. d
5. b
6. c
7. d
8. b
9. c
10. b
11. a
12. d
13. d
14. a
15. c

第 15 章

1. a
2. b
3. d
4. c
5. d
6. b
7. c
8. b
9. a
10. c
11. a
12. d
13. a
14. c
15. d

第 16 章

1. a
2. d
3. b
4. d
5. c
6. c
7. a
8. c
9. b
10. a
11. d
12. c
13. a
14. d
15. b

专业术语表

变态心理学

abnormal psychology The area of psychological investigation concerned with understanding the nature of individual pathologies of mind, mood, and behavior.

绝对阈限

absolute threshold The minimum amount of physical energy needed to produce a reliable sensory experience; operationally defined as the stimulus level at which a sensory signal is detected half the time.

调节

accommodation The process by which the ciliary muscles change the thickness of the lens of the eye to permit variable focusing on near and distant objects.

顺应

accommodation According to Piaget, the process of restructuring or modifying cognitive structures so that new information can fit into them more easily; this process works in tandem with assimilation.

习得

acquisition The stage in a classical conditioning experiment during which the conditioned response is first elicited by the conditioned stimulus.

动作电位

action potential The nerve impulse activated in a neuron that travels down the axon and causes neurotransmitters to be released into a synapse.

急性应激

acute stress A transient state of arousal with typically clear onset and offset patterns.

成瘾

addiction A condition in which the body requires a drug in order to function without physical and psychological reactions to its absence; often the outcome of tolerance and dependence.

攻击

aggression Behaviors that cause psychological or physical harm to another individual.

广场恐惧症

agoraphobia An extreme fear of being in public places or open spaces from which escape may be difficult or embarrassing.

获得性免疫缺陷综合征（艾滋病）

AIDS Acronym for acquired immune deficiency syndrome, a syndrome caused by a virus that damages the immune system and weakens the body's ability to fight infection.

算法

algorithm A step-by-step procedure that always provides the right answer for a particular type of problem.

全或无定律

all-or-none law The rule that the size of the action potential is unaffected by increases in the intensity of stimulation beyond the threshold level.

利他行为

altruism Prosocial behaviors a person carries out without considering his or her own safety or interests.

无长突细胞

amacrine cell One of the cells that integrate information across the retina; rather than sending signals toward the brain, amacrine cells link bipolar cells to other bipolar cells and ganglion cells to other ganglion cells.

模糊性

ambiguity Property of perceptual object that may have more than one interpretation.

遗忘症

amnesia A failure of memory caused by physical injury, disease, drug use, or psychological trauma.

杏仁核

amygdala The part of the limbic system that controls emotion, aggression, and the formation of emotional memory.

分析心理学

analytic psychology A branch of psychology that views the person as a constellation of compensatory internal forces in a dynamic balance.

锚定启发式

anchoring heuristic An insufficient adjustment up or down from an original starting value when judging the probable value of some event or outcome.

神经性厌食症

anorexia nervosa An eating disorder in which an individual weighs less than 85 percent of her or his expected weight but still expresses intense fear of becoming fat.

顺行性遗忘症

anterograde amnesia An inability to form explicit memories for events that occur after the time of physical damage to the brain.

预先应对

anticipatory coping Efforts made in advance of a potentially stressful event to overcome, reduce, or tolerate the imbalance between perceived demands and available resources.

反社会型人格障碍

antisocial personality disorder A disorder characterized by stable patterns of irresponsible or unlawful behavior that violates social norms.

焦虑

anxiety An intense emotional response caused by the preconscious recognition that a repressed conflict is about to emerge into consciousness.

焦虑障碍

anxiety disorder Mental disorder marked by psychological arousal, feeling of tension, and intense apprehension without apparent reason.

原型

archetype A universal, inherited, primitive, and symbolic representation of a particular experience or object.

同化

assimilation According to Piaget, the process whereby new cognitive elements are fitted in with old elements or modified to fit more easily; this process works in tandem with accommodation.

联络皮层

association cortex The parts of the cerebral cortex in which many high-level brain processes occur.

依恋

attachment Emotional relationship between a child and the regular caregiver.

注意

attention A state of focused awareness on a subset of the available perceptual information.

注意缺陷多动障碍

attention-deficit hyperactivity disorder (ADHD) A disorder of childhood characterized by inattention and hyperactivity-impulsivity.

态度

attitude The learned, relatively stable tendency to respond to people, concepts, and events in an evaluative way.

归因

attribution Judgment about the causes of outcomes.

归因理论

attribution theory A social-cognitive approach to describe the ways the social perceiver uses information to generate causal explanations.

听众设计

audience design The process of shaping a message depending on the audience for which it is intended.

听皮层

auditory cortex The area of the temporal lobes that receives and processes auditory information.

听神经

auditory nerve The nerve that carries impulses from the cochlea to the cochlear nucleus of the brain.

孤独症

autistic disorder A developmental disorder characterized by severe disruption of children's ability to form social bonds and use language.

自动过程

automatic process Process that does not require attention; it can often be performed along with other tasks without interference.

自主神经系统

autonomic nervous system (ANS) The subdivision of the peripheral nervous system that controls the body's involuntary motor responses by connecting the sensory receptors to the central nervous system (CNS) and the CNS to the smooth muscle, cardiac muscle, and glands.

可得性启发式

availability heuristic A judgment based on the information readily available in memory.

厌恶疗法

aversion therapy A type of behavioral therapy used to treat individuals attracted to harmful stimuli; an attractive stimulus is paired with a noxious stimulus in order to elicit a negative reaction to the target stimulus.

回避条件作用

avoidance conditioning A form of learning in which animals acquire responses that allow them to avoid aversive stimuli before they begin.

轴突

axon The extended fiber of a neuron through which nerve impulses travel from the soma to the terminal buttons.

基础水平

basic level The level of categorization that can be retrieved from memory most quickly and used most efficiently.

基底膜

basilar membrane A membrane in the cochlea that, when set into motion, stimulates hair cells that produce the neural effects of auditory stimulation.

行为

behavior The actions by which an organism adjusts to its environment.

行为分析

behavior analysis The area of psychology that focuses on the environmental determinants of learning and behavior.

行为矫正

behavior modification The systematic use of principles of learning to increase the frequency of desired behaviors and/or decrease the frequency of problem behaviors.

行为治疗

behavior therapy See behavior modification.

行为数据

behavioral data Observational reports about the behavior of organisms and the conditions under which the behavior occurs or changes.

行为测量

behavioral measure Overt actions or reaction that is observed and recorded, exclusive of self-reported behavior.

行为神经科学

behavioral neuroscience A multidisciplinary field that attempts to understand the brain processes that underlie behavior.

行为演练法

behavioral rehearsal Procedures used to establish and strengthen basic skills; as used in social-skills training programs, requires the client to rehearse a desirable behavior sequence mentally.

行为主义

behaviorism A scientific approach that limits the study of psychology to measurable or observable behavior.

行为主义观点

behaviorist perspective The psychological perspective primarily concerned with observable behavior that can be objectively recorded and with the relationships of observable behavior to environmental stimuli.

信念偏见效应

belief-bias effect A situation that occurs when a person's prior knowledge, attitudes, or values distort the reasoning process by influencing the person to accept invalid arguments.

被试间设计

between-subjects design A research design in which different groups of participants are randomly assigned to experimental conditions or to control conditions.

暴食症

binge eating disorder An eating disorder characterized by out-of-control binge eating without subsequent purges.

双眼深度线索

binocular depth cue Depth cue that uses information from both eyes.

生物反馈

biofeedback A self-regulatory technique by which an individual acquires voluntary control over nonconscious biological processes.

学习的生物制约性

biological constraint on learning Any limitation on an organism's capacity to learn that is caused by the inherited sensory, response, or cognitive capabilities of members of a given species.

生物学观点

biological perspective The approach to identifying causes of behavior that focuses on the functioning of the genes, the brain, the nervous system, and the endocrine system.

生物医学治疗

biomedical therapy Treatment for a psychological disorder that alters brain functioning with chemical or physical interventions such as drug therapy, surgery, or electroconvulsive therapy.

生物心理社会模型

biopsychosocial model A model of health and illness that suggests links among the nervous system, the immune system, behavioral styles, cognitive processing, and environmental domains of health.

双极细胞

bipolar cell Nerve cell in the visual system that combines impulses from many receptors and transmits the results to ganglion cells.

双相障碍

bipolar disorder A mood disorder characterized by alternating periods of depression and mania.

盲点

blind spot The region of the retina where the optic nerve leaves the back of the eye; no receptors cells are present in this region.

边缘型人格障碍

borderline personality disorder A disorder defined by instability and intensity in personal relationships as well as turbulent emotions and impulsive behaviors.

自下而上的加工

bottom-up processing Perceptual analyses based on the sensory data available in the environment; results of analysis are passed upward toward more abstract representations.

脑干

brain stem The brain structure that regulates the body's basic life processes.

明度

brightness The dimension of color space that captures the intensity of light.

布洛卡区

Broca's area The region of the brain that translates thoughts into speech or signs.

神经性贪食症

bulimia nervosa An eating disorder characterized by binge eating followed by measures to purge the body of excess calories.

旁观者介入

bystander intervention Willingness to assist a person in need of help.

坎农—巴德情绪理论

Cannon–Bard theory of emotion A theory stating that an emotional stimulus produces two co-occurring reactions—arousal and experience of emotion—that do not cause each other.

个案研究

case study Intensive observation of a particular individual or small group of individuals.

宣泄

catharsis The process of expressing strongly felt but usually repressed emotions.

中枢神经系统

central nervous system (CNS) The part of the nervous system consisting of the brain and spinal cord.

中心化
centration Preoperational children's tendency to focus their attention on only one aspect of a situation and disregard other relevant aspects.

小脑
cerebellum The region of the brain attached to the brain stem that controls motor coordination, posture, and balance as well as the ability to learn control of body movements.

大脑皮层
cerebral cortex The outer surface of the cerebrum.

大脑半球
cerebral hemispheres The two halves of the cerebrum, connected by the corpus callosum.

大脑
cerebrum The region of the brain that regulates higher cognitive and emotional functions.

儿童指向型言语
child-directed speech A form of speech addressed to children that includes slower speed, distinctive intonation, and structural simplifications.

慢性应激
chronic stress A continuous state of arousal in which an individual perceives demands as greater than the inner and outer resources available for dealing with them.

生理年龄
chronological age The number of months or years since an individual's birth.

组块
chunking The process of taking single items of information and recoding them on the basis of similarity or some other organizing principle.

生理节律
circadian rhythm A consistent pattern of cyclical body activities, usually lasting 24 to 25 hours and determined by an internal biological clock.

经典条件作用
classical conditioning A type of learning in which a behavior (conditioned response) comes to be elicited by a stimulus (conditioned stimulus) that has acquired its power through an association with a biologically significant stimulus (unconditioned stimulus).

来访者
client The term used by clinicians who think of psychological disorders as problems in living, and not as mental illnesses, to describe those being treated.

来访者中心疗法
client-centered therapy A humanistic approach to treatment that emphasizes the healthy psychological growth of the individual based on the assumption that all people share the basic tendency of human nature toward self-actualization.

临床心理学家
clinical psychologist An individual who has earned a doctorate in psychology and whose training is in the assessment and treatment of psychological problems.

临床社会工作者
clinical social worker A mental health professional whose specialized training prepares him or her to consider the social context of people's problems.

耳蜗
cochlea The primary organ of hearing; a fluid-filled coiled tube located in the inner ear.

认知
cognition Processes of knowing, including attending, remembering, and reasoning; also the content of the processes, such as concepts and memories.

情绪的认知评价理论
cognitive appraisal theory of emotion A theory stating that the experience of emotion is the joint effect of physiological arousal and cognitive appraisal, which serves to determine how an ambiguous inner state of arousal will be labeled.

认知行为疗法
cognitive behavioral therapy A therapeutic approach that combines the cognitive emphasis on thoughts and attitudes with the behavioral emphasis on changing performance.

认知发展
cognitive development The development of processes of knowing, including imagining, perceiving, reasoning, and problem solving.

认知失调
cognitive dissonance The theory that the tension-producing effects of incongruous cognitions motivate individuals to reduce such tension.

认知地图
cognitive map A mental representation of physical space.

认知神经科学
cognitive neuroscience A multidisciplinary field that attempts to understand the brain processes that underlie higher cognitive functions in humans.

认知观点
cognitive perspective The perspective on psychology that stresses human thought and the processes of knowing, such as attending, thinking, remembering, expecting, solving problems, fantasizing, and consciousness.

认知过程
cognitive process One of the higher mental processes, such as perception, memory, language, problem solving, and abstract thinking.

认知心理学
cognitive psychology The study of higher mental processes such as attention, language use, memory, perception, problem solving, and thinking.

认知科学

cognitive science The interdisciplinary field of study of the approach systems and processes that manipulate information.

认知治疗

cognitive therapy A type of psychotherapeutic treatment that attempts to change feelings and behaviors by changing the way a client thinks about or perceives significant life experiences.

集体无意识

collective unconscious The part of an individual's unconscious that is inherited, evolutionarily developed, and common to all members of the species.

共病

comorbidity The experience of more than one disorder at the same time.

比较认知

comparative cognition The study of the development of cognitive abilities across species and the continuity of abilities from nonhuman to human animals.

互补色

complementary colors Colors opposite each other on the color circle; when additively mixed, they create the sensation of white light.

顺从

compliance A change in behavior consistent with a communication source's direct requests.

计算机断层扫描术

computerized axial tomography (CT or CAT) A technique that uses narrow beams of X-rays passed through the brain at several angles to assemble complete brain images.

概念

concept Mental representation of a kind or category of items and ideas.

条件性强化物

conditioned reinforcer In classical conditioning, a formerly neutral stimulus that has become a reinforcer.

条件反应

conditioned response (CR) In classical conditioning, a response elicited by some previously neutral stimulus that occurs as a result of pairing the neutral stimulus with an unconditioned stimulus.

条件刺激

conditioned stimulus (CS) In classical conditioning, a previously neutral stimulus that comes to elicit a conditioned response.

锥体细胞

cone One of the photoreceptors concentrated in the center of the retina that are responsible for visual experience under normal viewing conditions for all experiences of color.

从众

conformity The tendency for people to adopt the behaviors, attitudes, and values of other members of a reference group.

混淆变量

confounding variable A stimulus other than the variable an experimenter explicitly introduces into a research setting that affects a participant's behavior.

意识

consciousness A state of awareness of internal events and the external environment.

守恒

conservation According to Piaget, the understanding that physical properties do not change when nothing is added or taken away, even though appearances may change.

一致性矛盾

consistency paradox The observation that personality ratings across time and among different observers are consistent while behavior ratings across situations are not consistent.

结构效度

construct validity The degree to which a test adequately measures an underlying construct.

接触性安慰

contact comfort Comfort derived from an infant's physical contact with the mother or caregiver.

接触假设

contact hypothesis The prediction that contact between groups will reduce prejudice only if the contact includes features such as cooperation toward shared goals.

内容效度

content validity The extent to which a test adequately measures the full range of the domain of interest.

背景区辨性

contextual distinctiveness The assumption that the serial position effect can be altered by the context and the distinctiveness of the experience being recalled.

权变管理

contingency management A general treatment strategy involving changing behavior by modifying its consequences.

控制组

control group A group in an experiment that is not exposed to a treatment or does not experience a manipulation of the independent variable.

控制程序

control procedure Consistent procedure for giving instructions, scoring responses, and holding all other variables constant except those being systematically varied.

控制过程

controlled process Process that requires attention; it is often difficult to carry out more than one controlled process at a time.

视轴辐合

convergence The degree to which the eyes turn inward to fixate on an object.

聚合思维
convergent thinking An aspect of creativity characterized by the ability to gather together different sources of information to solve a problem.

转换性障碍
conversion disorder A disorder in which psychological conflict or stress brings about loss of motor or sensory function.

应对
coping The process of dealing with internal or external demands that are perceived to be threatening or overwhelming.

胼胝体
corpus callosum The mass of nerve fibers connecting the two hemispheres of the cerebrum.

相关系数
correlation coefficient (r) A statistic that indicates the degree of relationship between two variables.

相关法
correlational method Research methodology that determines to what extent two variables, traits, or attributes are related.

咨询心理学家
counseling psychologist Psychologist who specializes in providing guidance in areas such as vocational selections, school problems, drug abuse, and marital conflict.

反条件作用
counterconditioning A technique used in therapy to substitute a new response for a maladaptive one by means of conditioning procedures.

反移情
countertransference Circumstances in which a psychoanalyst develops personal feelings about a client because of perceived similarity of the client to significant people in the therapist's life.

协变模型
covariation model A theory that suggests that people attribute a behavior to a causal factor if that factor was present whenever the behavior occurred but was absent whenever it didn't occur.

创造力
creativity The ability to generate ideas or products that are both novel and appropriate to the circumstances.

效标效度
criterion validity The degree to which test scores indicate a result on a specific measure that is consistent with some other criterion of the characteristic being assessed; also known as predictive validity.

横断设计
cross-sectional design A research method in which groups of participants of different chronological ages are observed and compared at a given time.

晶体智力
crystallized intelligence The facet of intelligence involving the knowledge a person has already acquired and the ability to access that knowledge; measures by vocabulary, arithmetic, and general information tests.

肤觉
cutaneous senses The skin senses that register sensations or pressure, warmth, and cold.

暗适应
dark adaptation The gradual improvement of the eyes' sensitivity after a shift in illumination from light to near darkness.

约会强暴
date rape Unwanted sexual violation by a social acquaintance in the context of a consensual dating situation.

事后解释
debriefing A procedure conducted at the end of an experiment in which the researcher provides the participant with as much information about the study as possible and makes sure that no participant leaves feeling confused, upset, or embarrassed.

决策
decision making The process of choosing between alternatives; selecting or rejecting available options.

陈述性记忆
declarative memory Memory for information such as facts and events.

演绎推理
deductive reasoning A form of thinking in which one draws a conclusion that is intended to follow logically from two or more statements or premises.

去机构化
deinstitutionalization The movement to treat people with psychological disorders in the community rather than in psychiatric hospitals.

妄想
delusion False or irrational belief maintained despite clear evidence to the contrary.

树突
dendrite One of the branched fibers of neurons that receive incoming signals.

因变量
dependent variable In an experimental setting, a variable that the researcher measures to assess the impact of a variation in an independent variable.

镇静剂
depressant Drug that depresses or slows down the activity of the central nervous system.

描述统计
descriptive statistics Statistical procedures that are used to summarize sets of scores with respect to central tendencies, variability, and correlations.

决定论
determinism The doctrine that all events—physical, behavioral, and mental—are determined by specific causal factors that are potentially knowable.

发展年龄
developmental age The chronological age at which most children show a particular level of physical or mental development.

发展心理学
developmental psychology The branch of psychology concerned with interaction between physical and psychological processes and with stages of growth from conception throughout the entire life span.

素质－压力假说
diathesis-stress hypothesis A hypothesis about the cause of certain disorders, such as schizophrenia, that suggests that genetic factors predispose an individual to a certain disorder but that environmental stress factors must impinge in order for the potential risk to manifest itself.

差别阈限
difference threshold The smallest physical difference between two stimuli that can still be recognized as a difference; operationally defined as the point at which the stimuli are recognized as different half of the time.

责任分散
diffusion of responsibility In emergency situations, the larger the number of bystanders, the less responsibility any one of the bystanders feels to help.

辨别性刺激
discriminative stimulus Stimulus that acts as a predictor of reinforcement, signaling when particular behaviors will result in positive reinforcement.

分离性遗忘症
dissociative amnesia The inability to remember important personal experiences, caused by psychological factors in the absence of any organic dysfunction.

分离性障碍
dissociative disorder A personality disorder marked by a disturbance in the integration of identity, memory, or consciousness.

分离性漫游
dissociative fugue A disorder characterized by a flight from home or work accompanied by a loss of ability to recall the personal past.

分离性身份识别障碍
dissociative identity disorder (DID) A dissociative mental disorder in which two or more distinct personalities exist within the same individual; formerly known as multiple personality disorder.

远距刺激
distal stimulus In the processes of perception, the physical object in the world, as contrasted with the proximal stimulus, the optical image on the retina.

发散思维
divergent thinking An aspect of creativity characterized by an ability to produce unusual but appropriate responses to problems.

脱氧核糖核酸
DNA (deoxyribonucleic acid) The physical basis for the transmission of genetic information.

双盲控制
double-blind control An experimental technique in which biased expectations of experimenters are eliminated by keeping both participants and experimental assistants unaware of which participants have received which treatment.

梦的解析
dream analysis The psychoanalytic interpretation of dreams used to gain insight into a person's unconscious motives or conflicts.

梦的工作
dream work In Freudian dream analysis, the process by which the internal censor transforms the latent content of a dream into manifest content.

驱力
drive Internal state that arises in response to a disequilibrium in an animal's physiological needs.

《精神疾病的诊断和统计手册》第四版修订版
DSM-IV-TR The current diagnostic and statistical manual of the American Psychological Association that classifies, defines, and describes mental disorders.

自我
ego The aspect of personality involved in self-preservation activities and in directing instinctual drives and urges into appropriate channels.

自我中心
egocentrism In cognitive development, the inability of a young child at the preoperational stage to take the perspective of another person.

自我防御机制
ego defense mechanism Mental strategy (conscious or unconscious) used by the ego to defend itself against conflicts experienced in the normal course of life.

精细可能性模型
elaboration likelihood model A theory of persuasion that defines how likely it is that people will focus their cognitive processes to elaborate upon a message and therefore follow the central and peripheral routes to persuasion.

精细复述
elaborative rehearsal A technique for improving memory by enriching the encoding of information.

电痉挛疗法
electroconvulsive therapy (ECT) The use of electroconvulsive shock as an effective treatment for severe depression.

脑电图
electroencephalogram (EEG) A recording of the electrical activity of the brain.

胚胎期
embryonic stage The second stage of prenatal development, lasting from the third through eighth week after conception.

情绪
emotion A complex pattern of changes, including physiological arousal, feelings, cognitive processes, and behavioral reactions, made in response to a situation perceived to be personally significant.

情绪智力
emotional intelligence Type of intelligence defined as the abilities to perceive, appraise, and express emotions accurately and appropriately, to use emotions to facilitate thinking, to understand and analyze emotions, to use emotional knowledge effectively, and to regulate one's emotions to promote both emotional and intellectual growth.

编码
encoding The process by which a mental representation is formed in memory.

编码特异性
encoding specificity The principle that subsequent retrieval of information is enhanced if cues received at the time of recall are consistent with those present at the time of encoding.

内分泌系统
endocrine system The network of glands that manufacture and secrete hormones into the bloodstream.

痕迹
engram The physical memory trace for information in the brain.

情景记忆
episodic memory Long-term memory for an autobiographical event and the context in which it occurred.

公平理论
equity theory A cognitive theory of work motivation that proposes that workers are motivated to maintain fair and equitable relationships with other relevant persons; also, a model that postulates that equitable relationships are those in which the participants' outcomes are proportional to their inputs.

逃脱条件作用
escape conditioning A form of learning in which animals acquire a response that will allow them to escape from an aversive stimulus.

雌性激素
estrogen The female sex hormone, produced by the ovaries, that is responsible for the release of eggs from the ovaries as well as for the development and maintenance of female eproductive structures and secondary sex characteristics.

病原学，也译作"病因学"
etiology The causes of, or factor related to, the development of a disorder.

进化论观点
evolutionary perspective The approach to psychology that stresses the importance of behavioral and mental adaptiveness, based on the assumption that mental capabilities evolved over millions of years to serve particular adaptive purposes.

进化心理学
evolutionary psychology The study of behavior and mind using the principles of evolutionary theory.

兴奋性输入
excitatory input Information entering a neuron that signals it to fire.

范例
exemplar Member of a category that people have encountered.

期望
expectancy The extent to which people believe that their behaviors in particular situations will bring about rewards.

期望效应
expectancy effect Result that occurs when a researcher or observer subtly communicates to participants the kind of behavior he or she expects to find, thereby creating that expected reaction.

期望理论
expectancy theory A cognitive theory of work motivation that proposes that workers are motivated when they expect their efforts and job performance to result in desired outcomes.

实验组
experimental group A group in an experiment that is exposed to a treatment or experiences a manipulation of the independent variable.

实验法
experimental method Research methodology that involves the manipulation of independent variables to determine their effects on the dependent variables.

记忆的外显作用
explicit use of memory Conscious effort to encode or recover information through memory processes.

暴露疗法
exposure therapy A behavioral technique in which clients are exposed to the objects or situations that cause them anxiety.

消退
extinction In conditioning, the weakening of a conditioned association in the absence of a reinforcer or unconditioned stimulus.

恐惧
fear A rational reaction to an objectively identified external danger that may induce a person to flee or attack in selfdefense.

胎儿期
fetal stage The third stage of prenatal development, lasting from the ninth week through birth of the child.

战斗或逃跑反应
fight-or-flight response A sequence of internal activities

triggered when an organism is faced with a threat; prepares the body for combat and struggle or for running away to safety; recent evidence suggests that the response is characteristic only of males.

五因素模型

five-factor model A comprehensive descriptive personality system that maps out the relationships among common traits, theoretical concepts, and personality scales; informally called the Big Five.

固着

fixation A state in which a person remains attached to objects or activities more appropriate for an earlier stage of psychosexual development.

固定间隔程序表

fixed-interval (FI) schedule A schedule of reinforcement in which a reinforcer is delivered for the first response made after a fixed period of time.

固定比率程序表

fixed-ratio (FR) schedule A schedule of reinforcement in which a reinforcer is delivered for the first response made after a fixed number of responses.

闪光灯记忆

flashbulb memory People's vivid and richly detailed memory in response to personal or public events that have great emotional significance.

液体智力

fluid intelligence The aspect of intelligence that involves the ability to see complex relationships and solve problems.

正式测量

formal assessment The systematic procedures and measurement instruments used by trained professionals to assess an individual's functioning, aptitudes, abilities, or mental states.

基础理论

foundational theory Framework for initial understanding formulated by children to explain their experiences of the world.

中央凹

fovea Area of the retina that contains densely packed cones and forms the point of sharpest vision.

框架

frame A particular description of a choice; the perspective from which a choice is described or framed affects how a decision is made and which option is ultimately exercised.

自由联想

free association The therapeutic method in which a patient gives a running account of thoughts, wishes, physical sensations, and mental images as they occur.

频次分布

frequency distribution A summary of how frequently each score appears in a set of observations.

频率说

frequency theory The theory that a tone produces a rate of vibration in the basilar membrane equal to its frequency, with the result that pitch can be coded by the place at which activation occurs.

额叶

frontal lobe Region of the brain located above the lateral fissure and in front of the central sulcus; involved in motor control and cognitive activities.

挫折－攻击假设

frustration-aggression hypothesis According to this hypothesis, frustration occurs in situations in which people are prevented or blocked from attaining their goals; a rise in frustration then leads to a greater probability of aggression.

功能固着

functional fixedness An inability to perceive a new use for an object previously associated with some other purpose; adversely affects problem solving and creativity.

功能性磁共振成像

functional MRI (fMRI) A brain-imaging technique that combines benefits of both MRI and PET scans by detecting magnetic changes in the flow of blood to cells in the brain.

机能主义

functionalism The perspective on mind and behavior that focuses on the examination of their functions in an organism's interactions with the environment.

基本归因错误

fundamental attribution error (FAE) The dual tendency of observers to underestimate the impact of situational factors and to overestimate the influence of dispositional factors on a person's behavior.

g 因素

g According to Spearman, the factor of general intelligence underlying all intelligent performance.

神经节细胞

ganglion cell Cell in the visual system that integrates impulses from many bipolar cells in a single firing rate.

门控理论

gate-control theory A theory about pain modulation that proposes that certain cells in the spinal cord act as gates to interrupt and block some pain signals while sending others to the brain.

性别

gender A psychological phenomenon that refers to learned sex-related behaviors and attitudes of males and females.

性别认同

gender identity One's sense of maleness or femaleness; usually includes awareness and acceptance of one's biological sex.

性别刻板印象

gender stereotype Belief about attributes and behaviors regarded as appropriate for males and females in a particular culture.

基因
gene The biological unit of heredity; discrete section of a chromosome responsible for transmission of traits.

一般适应症候群，也译作"一般适应综合征"
general adaptation syndrome (GAS) The pattern of nonspecific adaptational physiological mechanisms that occurs in response to continuing threat by almost any serious stressor.

广泛性焦虑症
generalized anxiety disorder An anxiety disorder in which an individual feels anxious and worried most of the time for at least six months when not threatened by any specific danger or object.

繁殖
generativity A commitment beyond one's self and one's partner to family, work, society, and future generations; typically, a crucial state in development in one's 30s and 40s.

遗传学
genetics The study of the inheritance of physical and psychological traits from ancestors.

基因组
genome The genetic information for an organism, stored in the DNA of its chromosomes.

基因型
genotype The genetic structure an organism inherits from its parents.

胚种期
germinal stage The first two weeks of prenatal development following conception.

格式塔心理学
Gestalt psychology A school of psychology that maintains that psychological phenomena can be understood only when viewed as organized, structured wholes, not when broken down into primitive perceptual elements.

格式塔治疗
Gestalt therapy Therapy that focuses on ways to unite mind and body to make a person whole.

胶质细胞
glia The cells that hold neurons together and facilitate neural transmission, remove damaged and dead neurons, and prevent poisonous substances in the blood from reaching the brain.

目标指向选择
goal-directed selection A determinant of why people select some parts of sensory input for further processing; it reflects the choices made as a function of one's own goals.

群体极化
group polarization The tendency for groups to make decisions that are more extreme than the decisions that would be made by the members acting alone.

群体思维
groupthink The tendency of a decision-making group to filter out undesirable input so that a consensus may be reached, especially if it is in line with the leader's viewpoint.

味觉
gustation The sense of taste.

习惯化
habituation A decrease in a behavioral response when a stimulus is presented repeatedly.

幻觉
hallucination False perception that occurs in the absence of objective stimulation.

迷幻剂
hallucinogen Drug that alters cognitions and perceptions and causes hallucinations.

健康
health A general condition of soundness and vigor of body and mind; not simply the absence of illness or injury.

健康促进
health promotion The development and implementation of general strategies and specific tactics to eliminate or reduce the risk that people will become ill.

健康心理学
health psychology The field of psychology devoted to understanding the ways people stay healthy, the reasons they become ill, and the ways they respond when they become ill.

遗传
heredity The biological transmission of traits from parents to offspring.

遗传力
heritability The relative influence of genetics—versus environment—in determining patterns of behavior.

遗传力估计
heritability estimate A statistical estimate of the degree of inheritance of a given trait or behavior, assessed by the degree of similarity between individuals who vary in their extent of genetic similarity.

启发式
heuristic Cognitive strategies, or "rules of thumb," often used as shortcuts in solving a complex inferential task.

需要层次
hierarchy of needs Maslow's view that basic human motives form a hierarchy and that the needs at each level of the hierarchy must be satisfied before the next level can be achieved; these needs progress from basic biological needs to the need for self-actualization.

海马
hippocampus The part of the limbic system that is involved in the acquisition of explicit memory.

人类免疫缺陷病毒
HIV Human immunodeficiency virus, a virus that attacks white blood cells (T lymphocytes) in human blood, thereby weakening the functioning of the immune system; HIV causes AIDS.

内稳态

homeostasis Constancy or equilibrium of the internal conditions of the body.

水平细胞

horizontal cell One of the cells that integrate information across the retina; rather than sending signals toward the brain, horizontal cells connect receptors to each other.

激素

hormone One of the chemical messengers, manufactured and secreted by the endocrine glands, that regulate metabolism and influence body growth, mood, and sexual characteristics.

hozho

hozho A Navajo concept referring to harmony, peace of mind, goodness, ideal family relationships, beauty in arts and crafts, and health of body and spirit.

色调

hue The dimension of color space that captures the qualitative experience of the color of light.

人类行为遗传学

human behavior genetics The area of study that evaluates the genetic component of individual differences in behaviors and traits.

人本主义观点

humanistic perspective A psychological model that emphasizes an individual's phenomenal world and inherent capacity for making rational choices and developing to maximum potential.

人类潜能运动

human-potential movement The therapy movement that encompasses all those practices and methods that release the potential of the average human being for greater levels of performance and greater richness of experience.

催眠

hypnosis An altered state of awareness characterized by deep relaxation, susceptibility to suggestions, and changes in perception,memory, motivation, and self-control.

可催眠性

hypnotizability The degree to which an individual is responsive to standardized hypnotic suggestion.

疑病症

hypochondriasis A disorder in which individuals are preoccupied with having or getting physical ailments despite reassurances that they are healthy.

下丘脑

hypothalamus The brain structure that regulates motivated behavior (such as eating and drinking) and homeostasis.

假设

hypothesis A tentative and testable explanation of the relationship between two (or more) events or variables; often stated as a prediction that a certain outcome will result from specific conditions.

映像记忆

iconic memory Memory system in the visual domain that allows large amounts of information to be stored for very brief durations.

本我

id The primitive, unconscious part of the personality that represents the internalization of society's values, standards, and morals.

辨认与识别

identification and recognition Two ways of attaching meaning to percepts.

错觉

illusion An experience of a stimulus pattern in a manner that is demonstrably incorrect but shared by others in the same perceptual environment.

记忆的内隐作用

implicit uses of memory Availability of information through memory processes without conscious effort to encode or recover information.

印刻

imprinting A primitive form of learning in which some infant animals physically follow and form an attachment to the first moving object they see and/or hear.

冲动性攻击

impulsive aggression Cognition-based and goal-directed aggression carried out with premeditated thought, to achieve specific aims.

诱因

incentive External stimulus or reward that motivates behavior although it does not relate directly to biological needs.

独立的自我建构

independent construal of self Conceptualization of the self as an individual whose behavior is organized primarily by reference to one's own thoughts, feelings, and actions, rather than by reference to the thoughts, feelings, and actions of others.

自变量

independent variable In an experimental setting, a variable that the researcher manipulates with the expectation of having an impact on values of the dependent variable.

归纳推理

inductive reasoning A form of reasoning in which a conclusion is made about the probability of some state of affairs, based on the available evidence and past experience.

婴儿指向型言语

infant-directed speech A form of speech addressed to infants that includes slower speed, distinctive intonation, and structural simplifications.

推论

inference Missing information filled in on the basis of a sample of evidence or on the basis of prior beliefs and theories.

推论统计
inferential statistics Statistical procedures that allow researchers to determine whether the results they obtain support their hypotheses or can be attributed just to chance variation.

信息性影响
informational influence Group effects that arise from individuals' desire to be correct and right and to understand how best to act in a given situation.

知情同意
informed consent The process through which individuals are informed about experimental procedures, risks, and benefits before they provide formal consent to become research participants.

内群体
in-group A group with which people identify as members.

内群体偏见
in-group bias People's tendency to favor members of their own group over members of other groups.

抑制性输入
inhibitory input Information entering a neuron that signals it not to fire.

精神病
insanity The legal (not clinical) designation for the state of an individual judged to be legally irresponsible or incompetent.

顿悟
insight Circumstances of problem solving in which solutions suddenly come to mind.

顿悟疗法
insight therapy A technique by which the therapist guides a patient toward discovering insights between present symptoms and past origins.

失眠症
insomnia The chronic inability to sleep normally; symptoms include difficulty in falling asleep, frequent waking, inability to return to sleep, and early-morning awakening.

本能
instinct Preprogrammed tendency that is essential to a species's survival.

本能漂移
instinctual drift The tendency for learned behavior to drift toward instinctual behavior over time.

工具性攻击
instrumental aggression Cognition-based and goal-directed aggression carried out with premeditated thought, to achieve specific aims.

智力缺陷
intellectual disability Condition in which individuals have IQ scores of 70 to 75 or below and also demonstrate limitations in the ability to bring adaptive skills to bear on life tasks.

智力
intelligence The global capacity to profit from experience and to go beyond given information about the environment.

智商
intelligence quotient (IQ) An index derived from standardized tests of intelligence; originally obtained by dividing an individual's mental age by chronological age and then multiplying by 100; now directly computed as an IQ test score.

互依的自我建构
interdependent construal of self Conceptualization of the self as part of an encompassing social relationship; recognizing that one's behavior is determined, contingent on, and, to a large extent organized by what the actor perceived to be the thoughts, feelings, and actions of others.

内部一致性
internal consistency A measure of reliability; the degree to which a test yields similar scores across its different parts, such as odd versus even items.

内化
internalization According to Vygotsky, the process through which children absorb knowledge from the social context.

中间神经元
interneuron Brain neuron that relays messages from sensory neurons to other interneurons or to motor neurons.

亲密感
intimacy The capacity to make a full commitment—sexual, emotional, and moral—to another person.

内省法
introspection Individuals' systematic examination of their own thoughts and feelings.

离子通道
ion channel A portion of neurons' cell membranes that selectively permits certain ions to flow in and out.

詹姆斯—兰格情绪理论
James–Lange theory of emotion A peripheral-feedback theory of emotion stating that an eliciting stimulus triggers a behavioral response that sends different sensory and motor feedback to the brain and creates the feeling of a specific emotion.

职业倦怠，也译作“工作倦怠”或“职业枯竭”
job burnout The syndrome of emotional exhaustion, depersonalization, and reduced personal accomplishment, often experienced by workers in high-stress jobs.

判断
judgment The process by which people form opinions, reach conclusions, and make critical evaluations of events and people based on available material; also, the product of the mental activity.

最小可觉差
just noticeable difference (JND) The smallest difference between two sensations that allows them to be discriminated.

动觉
kinesthetic sense The sense concerned with bodily position and movement of the body parts relative to one another.

语言运用能力
language-making capacity The innate guidelines or operating principles that children bring to the task of learning a language.

语言生成
language production What people say, sign, and write, as well as the processes they go through to produce these messages.

潜性梦境
latent content In Freudian dream analysis, the hidden meaning of a dream.

效果律
law of effect A basic law of learning that states that the power of a stimulus to evoke a response is strengthened when the response is followed by a reward and weakened when it is not followed by a reward.

习得性无助
learned helplessness A general pattern of nonresponding in the presence of noxious stimuli that often follows after an organism has previously experienced noncontingent, inescapable aversive stimuli.

学习
learning A process based on experience that results in a relatively permanent change in behavior or behavioral potential.

学习障碍
learning disorder A disorder defined by a large discrepancy between individuals' measured IQ and their actual performance.

学习－行为表现差异
learning-performance distinction The difference between what has been learned and what is expressed in overt behavior.

晶状体
lens The flexible tissue that focuses light on the retina. lesion Injury to or destruction of brain tissue.

加工水平理论
levels-of-processing theory A theory that suggests that the deeper the level at which information was processed, the more likely it is to be retained in memory.

力比多
libido The psychic energy that drives individuals toward sensual pleasures of all types, especially sexual ones.

生活变化单位
life-change unit (LCU) In stress research, the measure of the stress levels of different types of changes experienced during a given period.

亮度恒常性
lightness constancy The tendency to perceive the whiteness, grayness, or blackness of objects as constant across changing levels of illuminations.

边缘系统
limbic system The region of the brain that regulates emotional behavior, basic motivational urges, and memory, as well as major physiological functions.

语言相对论
linguistic relativity The hypothesis that the structure of the language an individual speaks has an impact on the way in which that individual thinks about the world.

控制点
locus of control People's general expectancy about the extent to which the rewards they obtain are contingent on their own actions or on environmental factors.

纵向设计
longitudinal design A research design in which the same participants are observed repeatedly, sometimes over many years.

长时记忆
long-term memory (LTM) Memory processes associated with the preservation of information for retrieval at any later time.

响度
loudness A perceptual dimension of sound influenced by the amplitude of a sound wave; sound waves in large amplitudes are generally experienced as loud and those with small amplitudes as soft.

清醒梦境
lucid dreaming The theory that conscious awareness of dreaming is a learnable skill that enables dreamers to control the direction and content of their dreams.

磁共振成像
magnetic resonance imaging (MRI) A technique for brain imaging that scans the brain using magnetic fields and radio waves.

重度抑郁症
major depressive disorder A mood disorder characterized by intense feelings of depression over an extended time, without the manic high phase of bipolar depression.

躁狂阶段
manic episode A component of bipolar disorder characterized by periods of extreme elation, unbounded euphoria without sufficient reason, and grandiose thoughts or feelings about personal abilities.

显性梦境
manifest content In Freudian dream analysis, the surface content of a dream, which is assumed to mask the dream's

actual meaning.

成熟

maturation The continuing influence of heredity throughout development, the age-related physical and behavioral changes characteristic of a species.

平均数

mean The arithmetic average of a group of scores; the most commonly used measure of central tendency.

集中趋势的度量

measure of central tendency A statistic, such as a mean, median, or mode, that provides one score as representative of a set of observations.

离散性的度量

measure of variability A statistic, such as a range or standard deviation, that indicates how tightly the scores in a set of observations cluster together.

中数

median The score in a distribution above and below which lie 50 percent of the other scores; a measure of central tendency.

冥想

meditation A form of consciousness alteration designed to enhance self-knowledge and well-being through reduced self-awareness.

延髓

medulla The region of the brain stem that regulates breathing, waking, and heartbeat.

记忆

memory The mental capacity to encode, store, and retrieve information.

月经初潮

menarche The onset of menstruation.

心理年龄

mental age In Binet's measure of intelligence, the age at which a child is performing intellectually, expressed in terms of the average age at which normal children achieve a particular score.

心理定势

mental set The tendency to respond to a new problem in the manner used to respond to a previous problem.

元分析

meta-analysis A statistical technique for evaluating hypotheses by providing a formal mechanism for detecting the general conclusions found in data from many different experiments.

元记忆

metamemory Implicit or explicit knowledge about memory abilities and effective memory strategies; cognition about memory.

记忆术

mnemonic Strategy or device that uses familiar information during the encoding of new information to enhance subsequent access to the information in memory.

众数

mode The score appearing most frequently in a set of observations; a measure of central tendency.

单眼深度线索

monocular depth cue Depth cue that uses information from only one eye.

心境障碍

mood disorder A mood disturbance such as severe depression or depression alternating with mania.

道德

morality A system of beliefs and values that ensures that individuals will keep their obligations to others in society and will behave in ways that do not interfere with the rights and interests of others.

运动视差

motion parallax A source of information about depth in which the relative distances of objects from a viewer determine the amount and direction of their relative motion in the retinal image.

动机

motivation The process of starting, directing, and maintaining physical and psychological activities; includes mechanisms involved in preferences for one activity over another and the vigor and persistence of responses.

运动皮层

motor cortex The region of the cerebral cortex that controls the action of the body's voluntary muscles.

运动神经元

motor neuron Neuron that carries messages away from the central nervous system toward the muscles and glands.

髓鞘

myelin sheath Insulating material that surrounds axons and increases the speed of neural transmission.

发作性睡眠症

narcolepsy A sleep disorder characterized by an irresistible compulsion to sleep during the daytime.

自然选择

natural selection Darwin's theory that favorable adaptations to features of the environment allow some members of a species to reproduce more successfully than others.

自然观察

naturalistic observation A research technique in which unobtrusive observations are made of behaviors that occur in natural environments.

成就需要

need for achievement (n Ach) An assumed basic human need to strive for achievement of goals that motivates a wide range of behavior and thinking.

阴性惩罚

negative punishment A behavior is followed by the removal of an appetitive stimulus, decreasing the probability of that behavior.

负强化

negative reinforcement A behavior is followed by the removal of an aversive stimulus, increasing the probability of that behavior.

神经发生

neurogenesis The creation of new neurons.

神经调质

neuromodulator Any substance that modifies or modulates the activities of the postsynaptic neuron.

神经元

neuron A cell in the nervous system specialized to receive, process, and/or transmit information to other cells.

神经科学

neuroscience The scientific study of the brain and of the links between brain activity and behavior.

神经症性障碍

neurotic disorder Mental disorder in which a person does not have signs of brain abnormalities and does not display grossly irrational thinking or violate basic norms but does experience subjective distress; a category dropped from DSM-III.

神经递质

neurotransmitter Chemical messenger released from a neuron that crosses the synapse from one neuron to another, stimulating the postsynaptic neuron.

梦魇

nightmare A frightening dream that usually wakes up the sleeper.

非意识

nonconscious Not typically available to consciousness or memory.

非快速眼动睡眠

non-REM (NREM) sleep The period during which a sleeper does not show rapid eye movement; characterized by less dream activity than during REM sleep.

常模

norm Standard based on measurement of a large group of people; used for comparing the scores of an individual with those of others within a well-defined group.

规范具体化，也译作“规范共识性”或“常模一致性”

norm crystallization The convergence of the expectations of a group of individuals into a common perspective as they talk and carry out activities together.

正态曲线

normal curve The symmetrical curve that represents the distribution of scores on many psychological attributes; allows researchers to make judgments of how unusual an observation or result is.

规范性影响

normative influence Group effects that arise from individuals' desire to be liked, accepted, and approved of by others.

常模研究

normative investigation Research effort designed to describe what is characteristic of a specific age or developmental stage.

客体恒常性

object permanence The recognition that objects exist independently of an individual's action or awareness; an important cognitive acquisition of infancy.

观察学习

observational learning The process of learning new responses by watching the behavior of another.

观察者偏见

observer bias The distortion of evidence because of the personal motives and expectations of the viewer.

强迫症

obsessive-compulsive disorder (OCD) A mental disorder characterized by obsessions—recurrent thoughts, images, or impulses that recur or persist despite efforts to suppress them—and compulsions—repetitive, purposeful acts performed according to certain rules or in a ritualized manner.

枕叶

occipital lobe Rearmost region of the brain; contains primary visual cortex.

嗅觉

olfaction The sense of smell.

嗅球

olfactory bulb The center where odor-sensitive receptors send their signals, located just below the frontal lobes of the cortex.

操作

operant Behavior emitted by an organism that can be characterized in terms of the observable effects it has on the environment.

操作性条件作用

operant conditioning Learning in which the probability of a response is changed by a change in its consequences.

操作性消退

operant extinction When a behavior no longer produces predictable consequences, it returns to the level of occurrence it had before operant conditioning.

操作性定义

operational definition A definition of a variable or condition in terms of the specific operation or procedure used to determine its presence.

拮抗加工理论

opponent-process theory The theory that all color experiences arise from three systems, each of which includes two "opponent" elements (red versus green, blue versus yellow, and black versus white).

视神经

optic nerve The axons of the ganglion cells that carry

information from the eye toward the brain.

组织心理学家

organizational psychologist Psychologist who studies various aspects of the human work environment, such as communication among employees, socialization or enculturation of workers, leadership, job satisfaction, stress and burnout, and overall quality of life.

外群体

out-group A group with which people do not identify.

过度规则化

overregularization A grammatical error, usually appearing during early language development, in which rules of the language are applied too widely, resulting in incorrect linguistic forms.

痛觉

pain The body's response to noxious stimuli that are intense enough to cause, or threaten to cause, tissue damage.

惊恐障碍

panic disorder An anxiety disorder in which sufferers experience unexpected, severe panic attacks that begin with a feeling of intense apprehension, fear, or terror.

平行测验

parallel forms Different versions of a test used to assess test reliability; the change of forms reduces effects of direct practice, memory, or the desire of an individual to appear consistent on the same items.

平行过程

parallel processes Two or more mental processes that are carried out simultaneously.

副交感神经

parasympathetic division The subdivision of the autonomic nervous system that monitors the routine operation of the body's internal functions and conserves and restores body energy.

亲本投资

parental investment The time and energy parents must spend raising their offspring.

教养方式

parenting style The manner in which parents rear their children; an authoritative parenting style, which balances demandingness and responsiveness, is seen as the most effective.

顶叶

parietal lobe Region of the brain behind the frontal lobe and above the lateral fissure; contains somatosensory cortex.

部分强化效应

partial reinforcement effect The behavioral principle that states that responses acquired under intermittent reinforcement are more difficult to extinguish than those acquired with continuous reinforcement.

参与性模仿

participant modeling A therapeutic technique in which a therapist demonstrates the desired behavior and a client is aided, through supportive encouragement, to imitate the modeled behavior.

宗教咨询师

pastoral counselor A member of a religious order who specializes in the treatment of psychological disorders, often combining spirituality with practical problem solving.

病人

patient The term used by those who take a biomedical approach to the treatment of psychological problems to describe the person being treated.

知觉控制

perceived control The belief that one has the ability to make a difference in the course of the consequences of some event or experience; often helpful in dealing with stressors.

知觉

perception The processes that organize information in the sensory image and interpret it as having been produced by properties of objects or events in the external, three-dimensional world.

知觉恒常性

perceptual constancy The ability to retain an unchanging percept of an object despite variations in the retinal image.

知觉组织

perceptual organization The processes that put sensory information together to give the perception of a coherent scene over the whole visual field.

外周神经系统

peripheral nervous system (PNS) The part of the nervous system composed of the spinal and cranial nerves that connect the body's sensory receptors to the CNS and the CNS to the muscles and glands.

人格

personality The psychological qualities of an individual that influence a variety of characteristic behavior patterns across difference situations and over time.

人格障碍

personality disorder A chronic, inflexible, maladaptive pattern of perceiving, thinking, and behaving that seriously impairs an individual's ability to function in social or other settings.

人格量表

personality inventory A self-report questionnaire used for personality assessment that includes a series of items about personal thoughts, feelings, and behaviors.

人格类型

personality type Distinct pattern of personality characteristics used to assign people to categories; qualitative differences, rather than differences in degree, used to discriminate among people.

说服

persuasion Deliberate efforts to change attitudes.

表型

phenotype The observable characteristics of an organism, resulting from the interaction between the organism's genotype and its environment.

信息素

pheromone Chemical signal released by an organism to communicate with other members of the species; pheromones often serve as long-distance sexual attractors.

Φ 现象

phi phenomenon The simplest form of apparent motion, the movement illusion in which one or more stationary lights going on and off in succession are perceived as a single moving light.

恐惧症

phobia A persistent and irrational fear of a specific object, activity, or situation that is excessive and unreasonable, given the reality of the threat.

音素

phoneme Minimal unit of speech in any given language that makes a meaningful difference in speech and production and reception; *r* and *r*.

光感受器

photoreceptor Receptor cell in the retina that is sensitive to light.

生理发展

physical development The bodily changes, maturation, and growth that occur in an organism starting with conception and continuing across the life span.

生理依赖

physiological dependence The process by which the body becomes adjusted to or dependent on a drug.

音高

pitch Sound quality of highness or lowness; primarily dependent on the frequency of the sound wave.

脑垂体

pituitary gland Located in the brain, the gland that secretes growth hormone and influences the secretion of hormones by other endocrine glands.

地点说

place theory The theory that different frequency tones produce maximum activation at different locations along the basilar membrane, with the result that pitch can be coded by the place at which activation occurs.

安慰剂控制

placebo control An experimental condition in which treatment is not administered; it is used in cases where a placebo effect might occur.

安慰剂效应

placebo effect A change in behavior in the absence of an experimental manipulation.

安慰剂疗法

placebo therapy A therapy interdependent of any specific clinical procedures that results in client improvement.

可塑性

plasticity Changes in the performance of the brain; may involve the creation of new synapses or changes in the function of existing synapses.

多基因性状

polygenic trait Characteristic that is influenced by more than one gene.

桥脑

pons The region of the brain stem that connects the spinal cord with the brain and links parts of the brain to one another.

总体

population The entire set of individuals to which generalizations will be made based on an experimental sample.

积极心理学

positive psychology A movement within psychology that applies research to provide people with the knowledge and skills that allow them to experience fulfilling lives.

阳性惩罚

positive punishment A behavior is followed by the presentation of an aversive stimulus, decreasing the probability of that behavior.

正强化

positive reinforcement A behavior is followed by the presentation of an appetitive stimulus, increasing the probability of that behavior.

正电子发射断层扫描术

positron emission tomography (PET) scan Brain image produced by a device that obtains detailed pictures of activity in the living brain by recording the radioactivity emitted by cells during different cognitive or behavioral activities.

可能自我

possible self One of the ideal selves that a person would like to become, the selves a person could become, and the selves a person is afraid of becoming; components of the cognitive sense of self.

创伤后应激障碍

posttraumatic stress disorder (PTSD) An anxiety disorder characterized by the persistent reexperience of traumatic events through distressing recollections, dreams, hallucinations, or dissociative flashbacks; develops in response to rapes, life-threatening events, severe injury, and natural disasters.

前意识记忆

preconscious memory Memory that is not currently conscious but that can easily be called into consciousness when necessary.

预测效度

predictive validity The degree to which test scores indicate a result on a specific measure that is consistent with some other criterion of the characteristic being assessed; also known as predictive validity.

前额叶切断术

prefrontal lobotomy An operation that severs the nerve fibers connecting the frontal lobes of the brain with the diencephalon, especially those fibers in the thalamic and hypothalamic areas; best known form of psychosurgery.

偏见

prejudice A learned attitude toward a target object, involving negative affect (dislike or fear), negative beliefs (stereotypes) that justify the attitude, and a behavioral intention to avoid, control, dominate, or eliminate the target object.

首因效应

primacy effect Improved memory for items at the start of a list.

初级强化物

primary reinforcer Biologically determined reinforcer, such as food and water.

启动

priming In the assessment of implicit memory, the advantage conferred by prior exposure to a word or situation.

前摄干扰

proactive interference Circumstances in which past memories make it more difficult to encode and retrieve new information.

问题解决

problem solving Thinking that is directed toward solving specific problems and that moves from an initial state to a goal state by means of a set of mental operations.

问题空间

problem space The elements that make up a problem: the initial state, the incomplete information or unsatisfactory conditions the person starts with; the goal state, the set of information or state the person wishes to achieve; and the set of operations, the steps the person takes to move from the initial state to the goal state.

程序性记忆

procedural memory Memory for how things get done; the way perceptual, cognitive, and motor skills are acquired, retained, and used.

投射测验

projective test A method of personality assessment in which an individual is presented with a standardized set of ambiguous, abstract stimuli and asked to interpret their meanings; the individual's responses are assumed to reveal inner feelings, motives, and conflicts.

亲社会行为

prosocial behavior Behavior that is carried out with the goal of helping other people.

原型

prototype The most representative example of a category.

近距刺激

proximal stimulus The optical image on the retina; contrasted with the distal stimulus, the physical object in the world.

精神病学家

psychiatrist An individual who has obtained an MD degree and also has completed postdoctoral specialty training in mental and emotional disorders; a psychiatrist may prescribe medications for the treatment of psychological disorders.

精神决定论

psychic determinism The assumption that mental and behavioral reactions are determined by previous experiences.

精神促动药物

psychoactive drug Chemical that affects mental processes and behavior by temporarily changing conscious awareness of reality.

精神分析

psychoanalysis The form of psychodynamic therapy developed by Freud; an intensive prolonged technique for exploring unconscious motivations and conflicts in neurotic, anxiety-ridden individuals.

精神分析师

psychoanalyst An individual who has earned either a PhD or an MD degree and has completed postgraduate training in the Freudian approach to understanding and treating mental disorders.

心理传记

psychobiography The use of psychological (especially personality) theory to describe and explain an individual's course through life.

心理动力学的人格理论

psychodynamic personality theory Theory of personality that shares the assumption that personality is shaped by and behavior is motivated by inner forces.

心理动力学观点

psychodynamic perspective A psychological model in which behavior is explained in terms of past experiences and motivational forces; actions are viewed as stemming from inherited instincts, biological drives, and attempts to resolve conflicts between personal needs and social requirements.

心理测量

psychological assessment The use of specified procedures to evaluate the abilities, behaviors, and personal qualities of people.

心理依赖

psychological dependence The psychological need or craving for a drug.

心理诊断

psychological diagnosis The label given to psychological abnormality by classifying and categorizing the observed behavior pattern into an approved diagnostic system.

心理学

psychology The scientific study of the behavior of individuals and their mental processes.

心理测量函数

psychometric function A graph that plots the percentage of detections of a stimulus (on the vertical axis) for each stimulus intensity on the horizontal positions of corresponding images in the two eyes.

心理测量学

psychometrics The field of psychology that specializes in mental testing.

心理神经免疫学

psychoneuroimmunology The research area that investigates interactions between psychological processes, such as responses to stress, and the functions of the immune system.

心理病理功能

psychopathological functioning Disruptions in emotional, behavioral, or thought processes that lead to personal distress or block one's ability to achieve important goals.

心理药理学

psychopharmacology The branch of psychology that investigates the effects of drugs on behavior.

心理物理学

psychophysics The study of the correspondence between physical simulation and psychological experience.

心理社会发展阶段

psychosocial stage Proposed by Erik Erikson, one of the successive developmental stages that focus on an individual's orientation toward the self and others; these stages incorporate both the sexual and social aspects of a person's developmental and the social conflicts that arise from the interaction between the individual and the social environment.

心身失调

psychosomatic disorder Physical disorder aggravated by or primarily attributable to prolonged emotional stress or other psychological causes.

精神外科手术

psychosurgery A surgical procedure performed on brain tissue to alleviate a psychological disorder.

心理治疗

psychotherapy Any of a group of therapies, used to treat psychological disorders, that focus on changing faulty behaviors, thoughts, perceptions, and emotions that may be associated with specific disorders.

精神症性障碍

psychotic disorder Severe mental disorder in which a person experiences impairments in reality testing manifested through thought, emotional, or perceptual difficulties; no longer used as diagnostic category after DSM–III.

青春期

puberty The process through which sexual maturity is attained.

惩罚物

punisher Any stimulus that, when made contingent on a response, decreases the probability of that response.

瞳孔

pupil The opening at the front of the eye through which light passes.

种族主义

racism Discrimination against people based on their skin color or ethnic heritage.

随机分配

random assignment A procedure by which participants have an equal likelihood of being assigned to any condition within an experiment.

随机取样

random sampling A procedure that ensures that every member of a population has an equal likelihood of participating in an experiment.

全距

range The difference between the highest and the lowest scores in a set of observations; the simplest measure of variability.

快速眼动睡眠

rapid eye movement (REM) A behavioral sign of the phase of sleep during which the sleeper is likely to be experiencing dreamlike mental activity.

理性—情绪疗法

rational-emotive therapy (RET) A comprehensive system of personality change based on changing irrational beliefs that cause undesirable, highly charged emotional reactions such as severe anxiety.

推理

reasoning The process of thinking in which conclusions are drawn from a set of facts; thinking directed toward a given goal or objective.

回忆

recall A method of retrieval in which an individual is required to reproduce the information previously presented.

近因效应

recency effect Improved memory for items at the end of a list.

感受野

receptive field The area of the visual field to which a neuron in the visual system responds.

互惠性利他主义

reciprocal altruism The idea that people perform altruistic behaviors because they expect that others will perform altruistic behaviors for them in turn.

交互决定

reciprocal determinism A concept of Albert Bandura's social-learning theory that refers to the notion that a complex reciprocal interaction exists among the individual, his or her behavior, and environmental stimuli and that each of these components affects the others.

互惠规范

reciprocity norm Expectation that favors will be returned—if someone does something for another person, that person should do something in return.

再认

recognition A method of retrieval in which an individual is required to identify stimuli as having been experienced before.

重构性记忆

reconstructive memory The process of putting information together based on general types of stored knowledge in the absence of a specific memory representation.

反射

reflex An unlearned response elicited by specific stimuli that have biological relevance for an organism.

不应期

refractory period The period of rest during which a new nerve impulse cannot be activated in a segment of an axon.

强化相倚

reinforcement contingency A consistent relationship between a response and the changes in the environment that it produces.

强化物

reinforcer Any stimulus that, when made contingent on a response, increases the probability of that response.

放松反应

relaxation response A condition in which muscle tension, cortical activity, heart rate, and blood pressure decrease and breathing slows.

信度

reliability The degree to which a test produces similar scores each time it is used; stability or consistency of the scores produced by an instrument.

重复经颅磁刺激

repetitive transcranial magnetic stimulation (rTMS) A technique for producing temporary inactivation of brain areas using repeated pulses of magnetic stimulation.

代表性样本

representative sample A subset of a population that closely matches the overall characteristics of the population with respect to the distribution of males and females, racial and ethnic groups, and so on.

代表性启发式

representativeness heuristic A cognitive strategy that assigns an object to a category on the basis of a few characteristics regarded as representative of that category.

压抑

repression The basic defense mechanism by which painful or guilt-producing thoughts, feelings, or memories are excluded from conscious awareness.

阻抗

resistance The inability or unwillingness of a patient in psychoanalysis to discuss certain ideas, desires, or experiences.

反应偏差

response bias The systematic tendency as a result of nonsensory factors for an observer to favor responding in a particular way.

静息电位

resting potential The polarization of cellular fluid within a neuron, which provides the capability to produce an action potential.

网状结构

reticular formation The region of the brain stem that alerts the cerebral cortex to incoming sensory signals and is responsible for maintaining consciousness and awakening from sleep.

视网膜

retina The layer at the back of the eye that contains photoreceptors and converts light energy to neutral responses.

视网膜像差

retinal disparity The displacement between the horizontal positions of corresponding images in the two eyes.

提取

retrieval The recovery of stored information from memory.

提取线索

retrieval cue Internally or externally generated stimulus available to help with the retrieval of a memory.

倒摄干扰

retroactive interference Circumstances in which the formation of new memories makes it more difficult to recover older memories.

逆行性遗忘症

retrograde amnesia An inability to retrieve memories from the time before physical damage to the brain.

杆体细胞

rod One of the photoreceptors concentrated in the periphery of the retina that is most active in dim illumination; rods do not produce sensation of color.

规则

rule Behavioral guideline for acting in a certain way in a certain situation.

样本

sample A subset of a population selected as participants in an experiment.

饱和度

saturation The dimension of color space that captures the purity and vividness of color sensations.

强化程序表

schedule of reinforcement In operant conditioning, a pattern of delivering and withholding reinforcement.

图式

schema General conceptual framework, or cluster of knowledge, regarding objects, people, and situations; knowledge package that encodes generalizations about the structure of the environment.

图式

scheme Piaget's term for a cognitive structure that develops as infants and young children learn to interpret the world and adapt to their environment.

精神分裂症

schizophrenic disorder Severe form of psychopathology characterized by the breakdown of integrated personality functioning, withdrawal from reality, emotional distortions, and disturbed thought processes.

科学方法

scientific method The set of procedures used for gathering and interpreting objective information in a way that minimizes error and yields dependable generalizations.

补偿的选择性优化

selective optimization with compensation A strategy for successful aging in which one makes the most gains while minimizing the impact of losses that accompany normal aging.

自我实现

self-actualization A concept in personality psychology referring to a person's constant striving to realize his or her potential and to develop inherent talents and capabilities.

自我概念

self-concept A person's mental model of his or her abilities and attributes.

自我效能

self-efficacy The set of beliefs that one can perform adequately in a particular situation.

自尊

self-esteem A generalized evaluative attitude toward the self that influences both moods and behavior and that exerts a powerful effect on a range of personal and social behaviors.

自我实现预言

self-fulfilling prophecy A prediction made about some future behavior or event that modifies interactions so as to produce what is expected.

自我妨碍

self-handicapping The process of developing, in anticipation of failure, behavioral reactions and explanations that minimize ability deficits as possible attributions for the failure.

自我知觉理论

self-perception theory The idea that people observe themselves to figure out the reasons they act as they do; people infer what their internal states are by perceiving how they are acting in a given situation.

自我报告法，也译作“自陈法”

self-report measure A self-behavior that is identified through a participant's own observations and reports.

自我服务偏差

self-serving bias An attributional bias in which people tend to take credit for their successes and deny responsibility for their failures.

语义记忆

semantic memory Generic, categorical memory, such as the meaning of words and concepts.

感觉

sensation The process by which stimulation of a sensory receptor gives rise to neutral impulses that result in an experience, or awareness, of conditions inside or outside the body.

敏感化

sensitization An increase in behavioral response when a stimulus is presented repeatedly.

感觉适应

sensory adaptation A phenomenon in which receptor cells lose their power to respond after a period of unchanged stimulation; allows a more rapid reaction to new sources of information.

感觉神经元

sensory neuron Neuron that carries messages from sense receptors toward the central nervous system.

感受器

sensory receptor Specialized cell that converts physical signals into cellular signals that are processed by the nervous system.

系列位置效应

serial position effect A characteristic of memory retrieval in which the recall of beginning and end items on a list is often better than recall of items appearing in the middle.

序列过程

serial processes Two or more mental processes that are carried out in order, one after the other.

定势

set A temporary readiness to perceive or react to a stimulus in a particular way.

性染色体

sex chromosome Chromosome that contains the genes that code for the development of male or female characteristics.

性差异

sex difference One of the biologically based characteristics that distinguish males from females.

性别主义

sexism Discrimination against people because of their sex.

性唤起

sexual arousal The motivational state of excitement and tension brought about by physiological and cognitive reactions to erotic stimuli.

性脚本

sexual script Socially learned program of sexual responsiveness.

形状恒常性

shape constancy The ability to perceive the true shape of an object despite variations in the size of the retinal image.

连续接近塑造法

shaping by successive approximations A behavioral method that reinforces responses that successively approximate and ultimately match the desired response.

短时记忆

short-term memory (STM) Memory processes associated with preservation of recent experiences and with retrieval of information from long-term memory; short-term memory is of limited capacity and stores information for only a short length of time without rehearsal.

害羞

shyness An individual's discomfort and/or inhibition in interpersonal situations that interferes with pursuing an interpersonal professional goal.

信号检测论

signal detection theory A systematic approach to the problem of response bias that allows an experimenter to identify and separate the roles of sensory stimuli and the individual's criterion level in producing the final response.

显著差异

significant difference A difference between experimental groups or conditions that would have occurred by chance less than an accepted criterion; in psychology, the criterion most often used is a probability of less than 5 times out of 100, or $p < .05$.

大小恒常性

size constancy The ability to perceive the true size of an object despite variations in the size of its retinal image.

睡眠窒息

sleep apnea A sleep disorder of the upper respiratory system that causes the person to stop breathing while asleep.

夜惊

sleep terrors Episodes in which sleepers wake up suddenly in an extreme state of arousal and panic.

社会分类

social categorization The process by which people organize the social environment by categorizing themselves and others into groups.

社会认知

social cognition The process by which people select, interpret, and remember social information.

社会性发展

social development The ways in which individuals' social interactions and expectations change across the life span.

社会智力

social intelligence A theory of personality that refers to the expertise people bring to their experience of life tasks.

社会规范

social norm The expectation a group has for its members regarding acceptable and appropriate attitudes and behaviors.

社会知觉

social perception The process by which a person comes to know or perceive the personal attributes.

社交恐惧症

social phobia A persistent, irrational fear that arises in anticipation of a public situation in which an individual can be observed by others.

社会心理学

social psychology The branch of psychology that studies the effect of social variables on individual behavior, attitudes, perceptions, and motives; also studies group and intergroup phenomena.

社会角色

social role A socially defined pattern of behavior that is expected of a person who is functioning in a given setting or group.

社会支持

social support Resources, including material aid, socioemotional support, and informational aid, provided by others to help a person cope with stress.

社会化

socialization The lifelong process whereby an individual's behavioral patterns, values, standards, skills, attitudes, and motives are shaped to conform to those regarded as desirable in a particular society.

社会学习理论

social-learning theory The learning theory that stresses the role of observation and the imitation of behaviors observed in others.

社会学习疗法

social-learning therapy A form of treatment in which clients observe models' desirable behaviors being reinforced.

社会生物学

sociobiology A field of research that focuses on evolutionary explanations for the social behavior and social systems of humans and other animal species.

社会文化观点

sociocultural perspective The psychological perspective that focuses on cross-cultural differences in the causes and consequences of behavior.

胞体

soma The cell body of a neuron, containing the nucleus and cytoplasm.

躯体神经系统

somatic nervous system The subdivision of the peripheral nervous system that connects the central nervous system to the skeletal muscles and skin.

躯体化障碍

somatization disorder A disorder characterized by unexplained physical complaints in several categories over many years.

躯体形式障碍

somatoform disorder A disorder in which people have physical illnesses or complaints that cannot be fully explained by actual medical conditions.

躯体感觉皮层

somatosensory cortex The region of the parietal lobes that processes sensory input from various body areas.

梦游症

somnambulism A disorder that causes sleepers to leave their beds and wander while still remaining asleep; also known as sleepwalking.

声音定位

sound localization The auditory processes that allow the spatial origins of environmental sounds.

特殊恐惧症

specific phobia Phobia that occurs in response to a specific type of object or situation.

分半信度

split-half reliability A measure of the correlation between test takers' performance on different halves (such as oddand even-numbered items) of a test.

自发恢复

spontaneous recovery The reappearance of an extinguished conditioned response after a rest period.

自然缓解效应

spontaneous-remission effect The improvement of some mental patients and clients in psychotherapy without any professional intervention; a baseline criterion against which the effectiveness of therapies must be assessed.

标准差

standard deviation (SD) The average difference of a set of scores from their mean; a measure of variability.

标准化

standardization A set of uniform procedures for treating each participant in a test, interview, or experiment, or for recording data.

刻板印象

stereotype Generalization about a group of people in which the same characteristics are assigned to all members of a group.

刻板印象威胁

stereotype threat The threat associated with being at risk for confirming a negative stereotype of one's group.

污名

stigma The negative reaction of people to an individual or group because of some assumed inferiority or source of difference that is degraded.

兴奋剂

stimulant Drug that causes arousal, increased activity, and euphoria.

刺激辨别

stimulus discrimination A conditioning process in which an organism learns to respond differently to stimuli that differ from the conditioned stimulus on some dimension.

刺激泛化

stimulus generalization The automatic extension of conditioned responding to similar stimuli that have never been paired with the unconditioned stimulus.

刺激驱动捕获

stimulus-driven capture A determinant of why people select some parts of sensory input for further processing; occurs when features of stimuli—objects in the environment—automatically capture attention, independent of the local goals of a perceiver.

存储

storage The retention of encoded material over time.

应激

stress The pattern of specific and nonspecific responses an organism makes to stimulus events that disturb its equilibrium and tax or exceed its ability to cope.

压力调节变量

stress moderator variable Variable that changes the impact of a stressor on a given type of stress reaction.

应激源

stressor An internal or external event or stimulus that induces stress.

结构主义

structuralism The study of the structure of mind and behavior; the view that all human mental experience can be understood as a combination of simple elements or events.

主观幸福感

subjective well-being Individuals' overall evaluation of life satisfaction and happiness.

超我

superego The aspect of personality that represents the internalization of society's values, standards, and morals.

交感神经

sympathetic division The subdivision of the autonomic nervous system that deals with emergency response and the mobilization of energy.

突触

synapse The gap between one neuron and another.

突触传递

synaptic transmission The relaying information from one neuron to another across the synaptic gap.

系统脱敏法

systematic desensitization A behavioral therapy technique in which a client is taught to prevent the arousal of anxiety by confronting the feared stimulus while relaxed.

味觉—厌恶学习

taste-aversion learning A biological constraint on learning in which an organism learns in one trial to avoid a food whose ingestion is followed by illness.

气质

temperament A child's biologically based level of emotional and behavioral response to environmental events.

颞叶

temporal lobe Region of the brain found below the lateral fissure; contains auditory cortex.

照料和结盟反应

tend-and-befriend response A response to stressors that is hypothesized to be typical for females; stressors prompt females to protect their offspring and join social groups to reduce vulnerability.

致畸物

teratogen Environmental factors such as diseases and drugs that cause structural abnormalities in a developing fetus.

终扣

terminal button A bulblike structure at the branched ending of an axon that contains vesicles filled with neurotransmitters.

重测信度

test–retest reliability A measure of the correlation between the scores of the same people on the same test given on two different occasions.

睾丸酮

testosterone The male sex hormone, secreted by the testes, that stimulates production of sperm and is also responsible for the development of male secondary sex characteristics.

丘脑

thalamus The brain structure that relays sensory impulses to the cerebral cortex.

主题统觉测验

Thematic Apperception Test (TAT) A projective test in which pictures of ambiguous scenes are presented to an individual, who is encouraged to generate stories about them.

理论

theory An organized set of concepts that explains a phenomenon or set of phenomena.

出声思维法

think-aloud protocol Report made by an experimental participant of the mental processes and strategies he or she uses while working on a task.

三项相倚

three-term contingency The means by which organisms learn that, in the presence of some stimuli but not others, their behavior is likely to have a particular effect on the environment.

音色

timbre The dimension of auditory sensation that reflects the complexity of a sound wave.

耐受性

tolerance A situation that occurs with continued use of a drug in which an individual requires greater dosages to achieve the same effect.

自上而下的加工

top-down processing Perceptual processes in which information from an individual's past experience, knowledge, expectations, motivations, and background influence the way a perceived object is interpreted and classified.

特质

trait Enduring personal quality or attribute that influences behavior across situations.

换能

transduction Transformation of one form of energy into another; for example, light is transformed into neutral impulses.

传输适宜性加工

transfer-appropriate processing The perspective that suggests that memory is best when the type of processing carried out at encoding matches the processes carried out at retrieval.

移情

transference The process by which a person in psychoanalysis attaches to a therapist feelings formerly held toward some significant person who figured into past emotional conflict.

三原色理论

trichromatic theory The theory that there are three types of color receptors that produce the primary color sensations of red, green, and blue.

情绪的双因素理论

two-factor theory of emotion The theory that emotional experiences arise from autonomic arousal and cognitive appraisal.

A 型行为模式

Type A behavior pattern A complex pattern of behaviors and emotions that includes excessive emphasis on competition, aggression, impatience, and hostility; hostility increases the risk of coronary heart disease.

B 型行为模式

Type B behavior pattern As compared to Type A behavior pattern, a less competitive, less aggressive, less hostile pattern of behavior and emotion.

无条件积极关注

unconditional positive regard Complete love and acceptance of an individual by another person, such as a parent for a child, with no conditions attached.

无条件反应

unconditioned response (UCR) In classical conditioning, the response elicited by an unconditioned stimulus without prior training or learning.

无条件刺激

unconditioned stimulus (UCS) In classical conditioning, the stimulus that elicits an unconditioned response.

无意识

unconscious The domain of the psyche that stores repressed urges and primitive impulses.

效度

validity The extent to which a test measures what it was intended to measure.

变量

variable In an experimental setting, a factor that varies in amount and kind.

可变间隔程序表

variable-interval (VI) schedule A schedule of reinforcement in which a reinforcer is delivered for the first response made after a variable period of time whose average is predetermined.

可变比率程序表

variable-ratio (VR) schedule A schedule of reinforcement in which a reinforcer is delivered for the first response made after a variable number of responses whose average is predetermined.

前庭觉

vestibular sense The sense that tells how one's own body is oriented in the world with respect to gravity.

视皮层

visual cortex The region of the occipital lobes in which visual information is processed.

齐射原理

volley principle An extension of frequency theory, which proposes that when peaks in a sound wave come too frequently for a single neuron to fire at each peak, several neurons fire as a group at the frequency of the stimulus tone.

韦伯定律

Weber's law An assertion that the size of a difference threshold is proportional to the intensity of the standard stimulus.

最佳健康

wellness Optimal health, incorporating the ability to function fully and actively over the physical, intellectual, emotional, spiritual, social, and environmental domains of health.

维尔尼克区

Wernicke's area A region of the brain that allows fluent speech production and comprehension.

智慧

wisdom Expertise in the fundamental pragmatics of life.

被试内设计

within-subjects design A research design that uses each participant as his or her own control; for example, the behavior of an experimental participant before receiving treatment might be compared to his or her behavior after receiving treatment.

工作记忆

working memory A memory resource that is used to accomplish tasks such as reasoning and language comprehension; consists of the phonological loop, visuospatial sketchpad, and central executive.

受精卵

zygote The single cell that results when a sperm fertilizes an egg.

参考文献

Abdallah, R. T., & Simon, J. A. (2007). Testosterone therapy in women: Its role in the management of hypoactive sexual desire disorder. *International Journal of Impotence Research, 19*, 458–463.

Abrams, R. (1992). *Electroconvulsive therapy*. New York: Oxford University Press.

Abramson, L. Y., Seligman, M. E. P., & Teasdale, J. D. (1978). Learned helplessness in humans: Critique and reformulation. *Journal of Abnormal Psychology, 87*, 32–48, 49–74.

Adams, J. L. (1986). *Conceptual blockbusting* (3rd ed.). New York: Norton.

Adams, J. S. (1965). Inequity in social exchange. In L. Berkowitz (Ed.), *Advances in experimental social psychology* (Vol. 2, pp. 267–299). New York: Academic Press.

Adams, R. E., & Laursen, B. (2007). The correlates of conflict: Disagreement is not necessarily detrimental. *Journal of Family Psychology, 21*, 445–458.

Ader, R., & Cohen, N. (1981). Conditioned immunopharmacological responses. In R. Ader (Ed.), *Psychoneuroimmunology* (pp. 281–319). New York: Academic Press.

Ader, R., & Cohen, N. (1993). Psychoneuroimmunology: Conditioning and stress. *Annual Review of Psychology,* 44, 53–85.

Adler, A. (1929). *The practice and theory of individual psychology.* New York: Harcourt, Brace & World.

Adolphs, R., & Damasio, A. R. (2001). The interaction of affect and cognition: A neurobiological perspective. In J. P. Forgas (Ed.), *Handbook of affect and social cognition* (pp. 27–49). Mahwah, NJ: Erlbaum.

Adolphs, R., & Tranel, D. (2004). Impaired judgments of sadness but not happiness following bilateral amygdala damage. *Journal of Cognitive Neuroscience, 16*, 453–462.

Ahmed, S. H., & Koob, G. F. (2004). Changes in response to a dopamine receptor antagonist in rats with escalating cocaine intake. *Psychopharmacology, 172*, 450–454.

Ainsworth, M. D. S., Blehar, M., Waters, E., & Wall, S. (1978). *Patterns of attachment.* Hillsdale, NJ: Erlbaum.

Ajzen, I., & Fishbein, M. (2005). The influence of attitudes on behavior. In D. Albarracin, B. T. Johnson, & M. P. Zanna (Eds.), *The handbook of attitudes* (pp. 173–221). Mahwah, NJ: Erlbaum.

Akiskal, H. S., & Akiskal, K. K. (2007). In search of Aristotle: Temperament, human nature, melancholia, crea-tivity and eminence. *Journal of Affective Disorders, 100*, 1–6.

Akmajian, A., Demers, R. A., Farmer, A. K., & Harnish, R. M. (1990). *Linguistics.* Cambridge, MA: The MIT Press.

Albarracín, D., Durantini, M. R., Earl, A., Gunnoe, J. B., & Leeper, J. (2008). Beyond the most willing audiences: A meta-intervention to increase exposure to HIV-prevention programs by vulnerable populations. *Health Psychology, 27*, 638–644.

Allan, C. A., Forbes, E. A., Strauss, B. J. G., & McLachlan, R. I. (2008). Testosterone therapy increases sexual desire in ageing men with low-normal testosterone levels and symptoms of androgen deficiency. *International Journal of Impotence Research, 20*, 396–401.

Allen, J. P., & Land, D. (1999). Attachment in adolescence. In J. Cassidy & P. R. Shaver (Eds.), *Handbook of attachment: Theory, research, and clinical applications.* New York: Guilford Press.

Allen, J. P., Porter, M. R., & McFarland, F. C. (2006). Leaders and followers in adolescent close relationships: Susceptibility to peer influence as a predictor of risky behavior, friendship instability, and depression. *Development and Psychopathology, 18*, 155–172.

Allport, G. W. (1937). *Personality: A psychological interpretation.* New York: Holt, Rinehart & Winston.

Allport, G. W. (1954). *The nature of prejudice.* Cambridge, MA: Addison-Wesley.

Allport, G. W. (1961). *Pattern and growth in personality.* New York: Holt, Rinehart & Winston.

Allport, G. W. (1966). Traits revisited. *American Psychologist, 21*, 1–10.

Allport, G. W., & Odbert, H. S. (1936). Trait-names, a psycholexical study. *Psychological Monographs, 47*(1, Whole No. 211).

Amabile, T. M. (1983). *The social psychology of creativity.* New York: Springer-Verlag.

Amaral, D. G., Schumann, C. M., & Nordahl, C. W. (2008). Neuroanatomy of autism. *Trends in Neurosciences, 31*, 137–145.

Amato, P. R., & Hohmann-Marriott, B. (2007). A comparison of high- and low-distress marriages that end in divorce. *Journal of Marriage and Family, 69*, 621–638.

American Association on Mental Retardation. (2002). *Mental retardation: Definition, classification, and systems of supports* (10th ed.). Washington, DC: American Association on Mental Retardation.

American Psychological Association. (2002). Ethical principles of psychologists and code of conduct. *American Psychologist, 57,* 1060–1073.

American Psychological Association. (2008). Summary report of journal operations, 2007. *American Psychologist, 63,* 490.

Amodio, D. M., & Devine, P. G. (2006). Stereotyping and evaluation in implicit race bias: Evidence for independent constructs and unique effects on behavior. *Journal of Personality and Social Psychology, 91,* 651–661.

Anderson, J. R. (1987). Skill acquisition: Compilation of weak-method problem-solutions. *Psychological Review, 94,* 192–210.

Anderson, J. R. (1996). ACT: A simple theory of complex cognition. *American Psychologist, 51,* 355–365.

Anderson, J. R., Bothell, D., Byrne, M. D., Douglass, S., Lebiere, C., & Qin, Y. (2004). An integrated theory of mind. *Psychological Review, 111,* 1036–1060.

Anderson, S. L., Adams, G., & Plaut, V. C. (2008). The cultural grounding of personal relationship: The importance of attractiveness in everyday life. *Journal of Personality and Social Psychology, 95,* 352–368.

Anliker, J. A., Bartoshuk, L., Ferris, A. M., & Hooks, L. D. (1991). Children's food preferences and genetic sensitivity to the bitter taste of 6-*n*-propylthiouracil (PROP). *American Journal of Clinical Nutrition, 54,* 316–320.

Anstee, J. L. K., Harris, S. G., Pruitt, K. D., & Sugar, J. A. (2008). Service-learning projects in an undergraduate gerontology course: A six-stage model and application. *Educational Gerontology, 34,* 595–609.

Anthony, D. B., Holmes, J. G., & Wood, J. V. (2007). Social acceptance and self-esteem: Tuning the sociometer to interpersonal value. *Journal of Personality and Social Psychology, 92,* 1024–1039.

Appleby, D. C. (2006). Defining, teaching, and assessing critical thinking in introductory psychology. In D. S. Dunn & S. L. Chew (Eds.), *Best practices for teaching introduction to psychology* (pp. 57–69). Mahwah, NJ: Erlbaum.

Appleby, L., Luchins, D. J., & Freels, S. (2006). Homeless admissions and immigration in a state mental hospital. *Psychiatric Services, 57,* 144.

Arcuri, L., Castelli, L., Galdi, S., Zogmaister, C., & Amadori, A. (2008). Predicting the vote: Implicit attitudes as predictors of the future behavior of decided and undecided voters. *Political Psychology, 29,* 369–387.

Arendt, J., & Skene, D. J. (2005). Melatonin as a chronobiotic. *Sleep Medicine Reviews, 9,* 25–39.

Arkin, R. M. (Ed.). (1990). Centennial celebration of the principles of psychology. *Personality and Social Psychology Bulletin, 16*(4).

Armour, B. S., Woollery, T., Malarcher, A., Pechacek, T. F., & Husten, C. (2005). Annual smoking attributable mortality, years of potential life lost, and productivity losses—United States, 1997–2001. *Morbidity and Mortality Weekly Report, 54,* 626–628.

Arnett, J. J. (1999). Adolescent storm and stress reconsidered. *American Psychologist, 54,* 317–326.

Aron, A., & Aron, E. N. (1994). Love. In A. L. Weber & J. H. Harvey (Eds.), *Perspectives on close relationships* (pp. 131–152). Boston: Allyn & Bacon.

Aron, A., Aron, E. N., & Smollan, D. (1992). Inclusion of other in the self scale and the structure of interpersonal closeness. *Journal of Personality and Social Psychology, 63,* 596–612.

Aron, A., Aron, E. N., Tudor, M., & Nelson, G. (1991). Close relationships as including other in the self. *Journal of Personality and Social Psychology, 60,* 241–253.

Aron, A., & Fraley, B. (1999). Relationship closeness as including other in the self: Cognitive underpinnings and measures. *Social Cognition, 17,* 140–160.

Aron, A., Mashek, D., McLaughlin-Volpe, T., Wright, S., Lewandowski, G., & Aron, E. N. (2004). Including close others in the cognitive structure of self. In M. W. Baldwin (Ed.), *Interpersonal cognition* (pp. 206–232). New York: Guilford Press.

Aron, A., & Westbay, L. (1996). Dimensions of the prototype of love. *Journal of Personality and Social Psychology, 70,* 535–551.

Aruguete, M. S., DeBord, K. A., & Yates, A., & Edman, J. (2005). Ethnic and gender differences in eating attitudes among black and white college students. *Eating Behaviors, 6,* 328–336.

Asch, S. E. (1940). Studies in the principles of judgments and attitudes: II. Determination of judgments by group and by ego standards. *Journal of Social Psychology, 12,* 433–465.

Asch, S. E. (1952). *Social psychology.* Englewood Cliffs, NJ: Prentice Hall.

Asch, S. E. (1955). Opinions and social pressure. *Scientific American, 193*(5), 31–35.

Asch, S. E. (1956). Studies of independence and conformity: A minority of one against a unanimous majority. *Psychological Monographs, 70*(9, Whole No. 416).

Ayduk, O., Rodriguez, M. L., Mischel, W., Shoda, Y., & Wright, J. (2007). Verbal intelligence and self-regulatory competencies: Joint predictors of boys' aggression. *Journal of Research in Personality, 41,* 374–388.

Ayllon, T., & Michael, J. (1959). The psychiatric nurse as a behavioral engineer. *Journal of the Experimental Analysis of Behavior, 2,* 323–334.

Baars, B. J. (1992). A dozen completing-plans techniques for inducing predictable slips in speech and action. In B. J. Baars (Ed.), *Experimental slips and human error: Exploring the architecture of volition* (pp. 129–150). New York: Plenum Press.

Baars, B. J., Motley, M. T., & MacKay, D. G. (1975). Output editing for lexical status in artificially elicited slips of the tongue. *Journal of Verbal Learning and Verbal Behavor, 14,* 382–391.

Baas, M., De Creu, C. K. W., & Nijstad, B. A. (2008). A meta-analysis of 25 years of mood-creativity research: Hedonic tone, activation, or regulatory focus? *Psychological Bulletin, 134,* 779–806.

Back, M. D., Schmukle, S. C., & Egloff, B. (2008). How extraverted is honey.bunny77@hotmail.de? *Journal of Research in Personality, 42,* 1116–1122.

Backman, C. W., & Secord, P. F. (1959). The effect of perceived liking on interpersonal attraction. *Human Relations, 12,* 379–384.

Baddeley, A. D. (2002). Is working memory still working? *European Psychologist, 7,* 85–97.

Baddeley, A. D. (2003). Working memory: Looking back and looking forward. *Nature Reviews Neuroscience, 4,* 829–839.

Bahrick, H. P., Bahrick, P. O., & Wittlinger, R. P. (1975). Fifty years of memory for names and faces: A cross-sectional approach. *Journal of Experimental Psychology: General, 104,* 54–75.

Bailey, B. A., & Sokol, R. J. (2008). Pregnancy and alcohol use: Evidence and recommendations for prenatal care. *Clinical Obstetrics and Gynecology, 51,* 436–444.

Baker, C. I., Liu, J., Wald, L L., Kwong, K. K., Benner, T., & Kanwisher, N. (2007). Visual word processing and experiential origins of functional selectivity in human extrastriate cortex. *PNAS, 104,* 9087–9092.

Balch, R. W., & Taylor, D. (2002). Making sense of the Heaven's Gate suicides. In D. G. Bromley & J. G. Melton (Eds.), *Cults, religion, and violence* (pp. 209–228). Cambridge, UK: Cambridge University Press.

Balsam, K. F., Beauchaine, T. P., Rothblum, E. D., & Solomon, S. E. (2008). Three-year follow-up of same-sex couples who had civil unions in Vermont, same-sex couples not in civil unions, and heterosexual married couples. *Developmental Psychology, 44,* 102–116.

Baltes, P. B. (1993). The aging mind: Potential and limits. *The Gerontologist, 33,* 580–594.

Baltes, P. B., & Kunzmann, U. (2003). Wisdom. *Psychologist, 16,* 131–133.

Baltes, P. B., Smith, J., & Staudinger, U. M. (1992). Wisdom and successful aging. In T. B. Sonderegger (Ed.), *The Nebraska Symposium on Motivation: Vol. 39. The psychology of aging* (pp. 123–167). Lincoln: University of Nebraska Press.

Baltes, P. B., & Staudinger, U. M. (1993). The search for a psychology of wisdom. *Current Directions in Psychological Science, 2,* 75–80.

Baltes, P. B., & Staudinger, U. M. (2000). Wisdom: A metaheuristic (pragmatic) to orchestrate mind and virtue toward excellence. *American Psychologist, 55,* 122–136.

Bandelow, B., Krause, J., Wedekind, D., Broocks, A., Hajak, G., & Rüther, E. (2005). Early traumatic life events, parental attitudes, family history, and birth risk factors in patients with borderline personality disorder and healthy controls. *Psychiatry Research, 134,* 169–179.

Bandura, A. (1970). Modeling therapy. In W. S. Sahakian (Ed.), *Psychopathology today: Experimentation, theory and research.* Itasca, IL: Peacock.

Bandura, A. (1977). *Social learning theory.* Englewood Cliffs, NJ: Prentice-Hall.

Bandura, A. (1986). *Social foundations of thought and action: A social cognitive theory.* Englewood Cliffs, NJ: Prentice-Hall.

Bandura, A. (1992). Exercise of personal agency through the self-efficacy mechanism. In R. Schwarzer (Ed.), *Self-efficacy: Thought control of action* (pp. 3–38). Washington, DC: Hemisphere.

Bandura, A. (1997). *Self-efficacy: The exercise of control.* New York: Freeman.

Bandura, A. (1999). Social cognitive theory of personality. In L. A. Pervin & O. P. John (Eds.), *Handbook of personality: Theory and research* (2nd ed., pp. 154–196). New York: Guilford Press.

Bandura, A. (2006). Toward of psychology of human agency. *Perspectives on Psychological Science, 1,* 164–180.

Bandura, A., Ross, D., & Ross, S. A. (1963). Imitation of film-mediated aggressive models. *Journal of Abnormal and Social Psychology, 66,* 3–11.

Banks, S., & Dinges, D. F. (2007). Behavioral and physiological consequences of sleep restriction. *Journal of Clinical Sleep Medicine, 3,* 519–528.

Banyai, E. I., & Hilgard, E. R. (1976). Comparison of active-alert hypnotic induction with traditional relaxation induction. *Journal of Abnormal Psychology, 85,* 218–224.

Barak, A., Boniel-Nissim, M., & Suler, J. (2008). Fostering empowerment in online support groups. *Computers in Human Behavior, 24,* 1867–1883.

Bárez, M., Blasco, T., Fernández-Castro, J., & Viladrich, C. (2007). A structural model of the relationships between perceived control and the adaptation to illness in women with breast cancer. *Journal of Psychosocial Oncology, 25,* 21–43.

Bar-Hillel, M., & Neter, E. (1993). How alike is it versus how likely is it: A disjunction fallacy in probability judgments. *Journal of Personality and Social Psychology, 65,* 1119–1131.

Barkataki, I., Kumari, V., Das, M., Taylor, P., & Sharma, T. (2006). Volumetric structural brain abnormalities in men with schizophrenia and antisocial personality disorder. *Behavioural Brain Research, 169,* 239–247.

Barker, L. M., Best, M. R., & Domjan, M. (Eds.). (1978). *Learning mechanisms in food selection.* Houston: Baylor University Press.

Barker, R., Dembo, T., & Lewin, D. (1941). Frustration and aggression: An experiment with young children. *University of Iowa Studies in Child Welfare, 18*(1).

Baron-Cohen, S. (2008). Theories of the autistic mind. *The Psychologist, 21,* 112–116.

Barrett, L. F., Tugade, M. M., & Engle, R. W. (2004). Individual differences in working memory capacity and dual-process theories of mind. *Psychological Bulletin, 130,* 553–573.

Barrett, M. S., Chua, W.-J., Crits-Christoph, P., Gibbons, M. B., & Thompson, D. (2008). Early withdrawal from mental health treatment: Implications for psychotherapy practice. *Psychotherapy Theory, Research, Practice, Training, 45,* 247–267.

Bartlett, C. W., Gharani, N., Millonig, J. H., & Brzustowicz, L. M. (2005). Three autism candidate genes: A synthesis of human genetic analysis with other disciplines. *International Journal of Developmental Neuroscience, 23,* 221–234.

Bartlett, F. C. (1932). *Remembering: A study in experimental and social psychology.* Cambridge, UK: Cambridge University Press.

Barton, N. (2000). The rapid origin of reproduction isolation. *Science, 290,* 462–463.

Bartoshuk, L. M. (1993). The biological basis of food perception and acceptance. *Food Quality and Preference, 4,* 21–32.

Bartoshuk, L. M., & Beauchamp, G. K. (1994). Chemical senses. *Annual Review of Psychology, 45,* 419–449.

Bartz, J. A., & Hollander, E. (2006). The neuroscience of affiliation: Forging links between basic and clinical research on neuropeptides and social behavior. *Hormones and Behavior, 50,* 518–528.

Basso, E. B. (1987). The implications of a progressive theory of dreaming. In B. Tedlock (Ed.), *Dreaming: Anthropological and psychological interpretations* (pp. 86–104). Cambridge, UK: Cambridge University Press.

Batson, C. D. (1991). *The altruism question: Toward a social-psychological answer.* Hillsdale, NJ: Erlbaum.

Batson, C. D. (1994). Why act for the public good? Four answers. *Personality and Social Psychology Bulletin, 20,* 603–610.

Batson, C. D., Ahmad, N., Yin, J., Bedell, S. J., Johnson, J. W., Templin, C. M., & Whiteside, A. (1999). Two threats to the common good: Self-interested egoism and empathy-induced altruism. *Personality and Social Psychology Bulletin, 25,* 3–16.

Baumeister, R. F. (2000). Gender differences in erotic plasticity: The female sex drive as socially flexible and responsive. *Psychological Bulletin, 126,* 347–374.

Baumeister, R. F., Campbell, J. D., Krueger, J. I., & Vohs, K. D. (2003). Does high self-esteem cause better performance, interpersonal success, happiness, or healthy lifestyles? *Psychological Science in the Public Interest, 4,* 1–44.

Baumeister, R. F., & Twenge, J. M. (2002). Cultural suppression of female sexuality. *Review of General Psychology, 6,* 166–203.

Baumgartner, T., Heinrichs, M., Vonlanthen, A., Fischbacher, U., & Fehr, E. (2008). Oxytocin shapes the neural circuitry of trust and trust adaptation in humans. *Neuron, 58,* 639–650.

Bauminger, N., Finzi-Dottan, R., Chason, S., & Har-Even, D. (2008). Intimacy in adolescent friendship: The roles of attachment, coherence, and self-disclosure. *Journal of Social and Personal Relationships, 25,* 409–428.

Bayley, N. (1956). Individual patterns of development. *Child Development, 27,* 45–74.

Beauchaine, T. P., Webster-Stratton, C., & Reid, M. J. (2005). Mediators, moderators, and predictors of 1-year outcomes among children treated for early-onset conduct problems: A latent growth curve analysis. *Journal of Counseling and Clinical Psychology, 73,* 371–388.

Beck, A. T. (1976). *Cognitive therapy and emotional disorders.* New York: International Universities Press.

Beck, A. T. (1983). Cognitive theory of depression: New perspectives. In P. J. Clayton & J. E. Barrett (Eds.), *Treatment of depression: Old controversies and new approaches* (pp. 265–290). New York: Raven Press.

Beck, A. T. (1985). Cognitive therapy. In H. I. Kaplan & J. Sandock (Eds.), *Comprehensive textbook of psychiatry* (4th ed.). Baltimore: Williams & Wilkins.

Beck, A. T. (1988). Cognitive approaches to panic disorders: Theory and therapy. In S. Rachman & J. D. Maser (Eds.), *Panic: Psychological perspectives.* New York: Guilford Press.

Beck, A. T., & Emery, G. (1985). *Anxiety disorders and phobias: A cognitive perspective.* New York: Basic Books.

Beck, A. T., & Rush, A. J. (1989). Cognitive therapy. In H. I. Kaplan & B. Sadock (Eds.), *Comprehensive textbook of psychiatry* (Vol. 5). Baltimore: Williams & Wilkins.

Beck, A. T., Rush, A. J., Shaw, B. F., & Emery, G. (1979). *Cognitive therapy of depression.* New York: Guilford Press.

Becker, M. W., Pashler, H., & Anstis, S. M. (2000). The role of iconic memory in change-detection tasks. *Perception, 29,* 273–286.

Becker, S. W., & Eagly, A. H. (2004). The heroism of women and men. *American Psychologist, 59*, 163–178.

Behrman, A. (2002). *Electroboy.* New York: Random House.

Bëïque, J.-C., Imad, M., Mladenovic, L., Gingrich, J. A., & Andrade, R. (2007). Mechanism of the 5-hydroxytryptamine 2A receptor-mediated facilitation of synaptic activity in prefrontal cortex. *PNAS, 104*, 9870–9875.

Bell, D. C. (2001). Evolution of parental caregiving. *Personality and Social Psychology Review, 5*, 216–229.

Belsky, J., Vandell, D. L., Burchinal, M., Clarke-Stewart, K. A., McCartney, K., Owen, M. T., & The NICHD Early Child Care Research Network. (2007). Are there long-term effects of early child care? *Child Development, 78*, 681–701.

Bem, D. (2000). The exotic-becomes-erotic theory of sexual orientation. In J. Bancroft (Ed.), *The role of theory in sex research* (pp. 67–81). Bloomington: Indiana University Press.

Bem, D. J. (1972). Self-perception theory. In L. Berkowitz (Ed.), *Advances in experimental social psychology* (Vol. 6, pp. 1–62). New York: Academic Press.

Bem, D. J. (1996). Exotic becomes erotic: A developmental theory of sexual orientation. *Psychological Review, 103*, 320–335.

Bem, S. L. (1981). *The Bem Sex Role Inventory: Professional manual.* Palo Alto, CA: Consulting Psychology Press.

Bem, S. L. (1974). The measurement of psychological androgyny. *Journal of Consulting and Clinical Psychology, 42*, 155–162.

Benedetti, F., Mayberg, H. S., Wager, T. D., Stohler, C. S., & Zubieta, J. K. (2005). Neurobiological mechanisms of the placebo effect. *Journal of Neuroscience, 25*, 10390–10402.

Benedict, R. (1938). Continuities and discontinuities in cultural conditioning. *Psychiatry, 1*, 161–167.

Benedict, R. (1959). *Patterns of culture.* Boston: Houghton Mifflin.

Benenson, J. F., Apostoleris, N. H., & Parnass, J. (1997). Age and sex differences in dyadic and group interaction. *Developmental Psychology, 33*, 538–543.

Benenson, J. F., & Heath, A. (2006). Boys withdraw from one-on-one interactions, whereas girls withdraw more in groups. *Developmental Psychology, 42*, 272–282.

Benhamou, S., & Poucet, B. (1996). A comparative analysis of spatial memory processes. *Behavioural Processes, 35*, 113–126.

Benight, C. C., Cieslak, R., Molton, I. R., & Johnson, L. E. (2008). Self-evaluative appraisals of coping capability and posttraumatic distress following motor vehicle accidents. *Journal of Consulting and Clinical Psychology, 76*, 677–685.

Benjamin, A. S. (2005). Response speeding mediates the contributions of cue familiarity and target retrievability to metamnemonic judgments. *Psychonomic Bulletin & Review, 12*, 874–879.

Benjet, C., & Kazdin, A. E. (2003). Spanking children: The controversies, findings, and new directions. *Clinical Psychology Review, 23*, 197–224.

Bennett, D. S., Bendersky, M., & Lewis, M. (2008). Children's cognitive ability from 4 to 9 years old as a function of prenatal cocaine exposure, environmental risk, and maternal verbal intelligence. *Developmental Psychology, 44*, 919–928.

Benson, H. (2000). *The relaxation response* (Updated ed.). New York: HarperCollins.

Bergman, E. T., & Roediger, H. L., III. (1999). Can Bartlett's repeated reproduction experiments be replicated? *Memory & Cognition, 27*, 937–947.

Bering, J. M., & Bjorklund, D. F. (2007). The serpent's gift: Evolutionary psychology and consciousness. In P. D. Zelazo, M. Moscovitch, & E. Thompson (Eds.), *The Cambridge handbook of consciousness* (pp. 597–629). New York: Cambridge University Press.

Berkowitz, L. (1993). *Aggression: Its causes, consequences, and control.* New York: McGraw-Hill.

Berkowitz, L. (1998). Affective aggression: The role of stress, pain, and negative affect. In R. G. Geen & E. Donnerstein (Eds.), *Human aggression: Theories, research, and implications for public policy* (pp. 49–72). San Diego, CA: Academic Press.

Berkowitz, S. J. (2003). Children exposed to community violence: The rationale for early intervention. *Clinical Child and Family Psychology Review, 6*, 293–302.

Berlin, B., & Kay, P. (1969). *Basic color terms: Their universality and evolution.* Berkeley: University of California Press.

Berlyne, D. E. (1960). *Conflict, arousal, and curiosity.* New York: McGraw-Hill.

Bernard, L. L. (1924). *Instinct.* New York: Holt, Rinehart & Winston.

Berscheid, E., & Walster, E. H. (1978). *Interpersonal attraction* (2nd ed.). Reading, MA: Addison-Wesley.

Bersoff, D. N. (Ed.) (2008). *Ethical conflicts in Psychology* (4th ed.). Washington, DC: American Psychological Association.

Bhuvaneswar, C. G., & Gutheil, T. G. (2008). E-mail and psychiatry: Some psychotherapeutic and psychoanalytic perspectives. *American Journal of Psychotherapy, 62*, 241–261.

Biederman, J., & Faraone, S. V. (2005). Attention-deficit hyperactivity disorder. *The Lancet, 366*, 237–248.

Biederman, J., Faraone, S. V., & Monteaux, M. C. (2002). Differential effect of environmental adversity by gender: Rutter's index of adversity in a group of boys and girls with and without ADHD. *American Journal of Psychiatry, 159*, 1556–1562.

Biederman, J., Kwon, A., Aleardi, M., Chouinard, V.-A., Marino, T., Cole, H., Mick, E., & Faraone, S. V. (2005). Absence of gender effects on attention deficit hyperactivity disorder: Findings in nonreferred subjects. *American Journal of Psychiatry, 162*, 1083–1089.

Biehl, M., Matsumoto, D., Ekman, P., Hearn, V., Heider, K., Kudoh, T., & Ton, V. (1997). Matsumoto and Ekman's Japanese and Caucasian facial expressions of emotion (JACFEE): Reliability data and cross-national differences. *Journal of Nonverbal Behavior, 21*, 3–21.

Biel, M. B., Preselow, E., Mulcare, L., Case, B. G., & Fieve, R. (2007). Continuation versus discontinuation of lithium in recurrent bipolar illnesss: A naturalistic study. *Bipolar Disorders, 9*, 435–442.

Bielak, A. A. M., Hughes, T. F., Small, B. J., & Dixon, R. A. (2007). It's never too late to engage in lifestyle activities: Significant concurrent but not change relationships between lifestyle activities and cognitive speed. *Journal of Gerontology: Psychological Sciences, 62B*, P331–P339.

Biglan, A. (1991). Distressed behavior and its context. *Behavior Analyst, 14*, 157–169.

Bilder, R. M., Volavka, J., Lachman, H. M., & Grace, A. A. (2004). The Catechol-O-Methyltransferase polymorphism: Relations to the tonic-phasic dopamine hypothesis and neuropsychiatric phenotypes. *Neuropsychopharmacology, 29*, 1943–1961.

Billings, A. G., & Moos, R. H. (1982). Family environments and adaptation: A clinically applicable typology. *American Journal of Family Therapy, 20*, 26–38.

Binet, A. (1911). *Les idées modernes sur les enfants.* Paris: Flammarion.

Bingenheimer, J. B., Brennan, R. T., & Earls, F. J. (2005). Firearm violence exposure and serious violent behavior. *Science, 308*, 1323–1326.

Black, D. N., Seritan, A. L., Taber, K. H., & Hurley, R. A. (2004). Conversion hysteria: Lessons from functional imaging. *Journal of Neuropsychiatry and Clinical Neurosciences, 16*, 245–251.

Blatter, K., & Cajochen, C. (2007). Circadian rhythms in cognitive performance: Methodologocial constrains, protocols, theoretical underpinnings. *Physiology & Behavior, 90*, 196–208.

Bleuler, M. (1978). The long-term course of schizophrenic psychoses. In L. C. Wynne, R. L. Cromwell, & S. Mattysse (Eds.), *The nature of schizophrenia: New approaches to research and treatment* (pp. 631–636). New York: Wiley.

Blond, A. (2008). Impacts of exposure to images of ideal bodies on male body dissatisfaction: A review. *Body Image, 5*, 244–250.

Bloom, K., Delmore-Ko, P., Masataka, N., & Carli, L. (1999). Possible self as parent in Canadian, Italian, and Japanese young adults. *Canadian Journal of Behavioural Science, 31*, 198–207.

Blos, P. (1965). *On adolescence: A psychoanalytic interpretation.* New York: The Free Press.

Blumberg, H. P., Leung, H. C., Skudlarski, P., Lacadie, C. M., Fredericks, C. A., Harris, B. C., Charney, D. S., Gore, J. C., Krystal, J. H., & Peterson, B. S. (2003). A functional magnetic resonance imaging study of bipolar disorder. *Archives of General Psychiatry, 60*, 601–609.

Blustein, D. L. (2008). The role of work in psychological health and well-being: A conceptual, historical, and public policy perspective. *American Psychologist, 63*, 228–240.

Boardman, J. D., Saint Onge, J. M., Haberstick, B. C., Timberlake, D. S., & Hewitt, J. K. (2008). Do schools moderate the genetic determinants of smoking? *Behavioral Genetics, 38*, 234–246.

Bock, K. (1990). Structure in language: Creating form in talk. *American Psychologist, 45*, 1221–1236.

Bock, K., Dell, G. S., Chang, F., & Onishi, K. H. (2007). Persistent structural priming from language comprehension to language production. *Cognition, 104*, 437–458.

Bogle, K. A. (2008). *Hooking up: Sex, dating, and relationships on campus.* New York: New York University Press.

Bohannon, J. N. III, Gratz, S., & Cross, V. S. (2007). The effects of affect and input source on flashbulb memories. *Applied Cognitive Psychology, 21*, 1023–1036.

Bohlin, G., Hagekull, B., & Rydell, A.-M. (2000). Attachment and social functioning: A longitudinal study from infancy to middle childhood. *Social Development, 9*, 24–39.

Boivin, D. B., Tremblay, G. M., & James, F. O. (2007). Working on atypical schedules. *Sleep Medicine, 8*, 578–589.

Bolden, L., & Wicks, M. N. (2005). Length of stay, admission types, psychiatric diagnoses, and the implications of stigma in African Americans in the nationwide inpatient sample. *Issues in Mental Health Nursing, 26*, 1043–1059.

Bolhuis, J. J., & Honey, R. C. (1998). Imprinting, learning and development: From behaviour to brain and back. *Trends in Neurosciences, 21*, 306–311.

Bolino, M. C., & Turnley, W. H. (2008). Old faces, new places: Equity theory in cross-cultural contexts. *Journal of Organizational Behavior, 29*, 29–50.

Bolton, D., & Perrin, S. (2008). Evaluation of exposure with response-prevention for obsessive compulsive disorder in childhood and adolescence. *Journal of Behavior Therapy and Experimental Psychiatry, 39*, 11–22.

Bolton, J. M., Belik, S.-L., Enns, M. W., Cox, B. J., & Sareen, J. (2008). Exploring the correlates of suicide attempts among individuals with major depressive disorder: Findings from the national epidemiologic survey on alcohol and related conditions. *The Journal of Clinical Psychiatry, 69*, 1139–1149.

Bond, C. F., Jr., Pitre, U., & van Leeuwen, M. D. (1991). Encoding operations and the next-in-line effect. *Personality and Social Psychology Bulletin, 17,* 435–441.

Bond, M. H. (2004). Culture and aggression—from context to coercion. *Personality and Social Psychology Review, 8,* 62–78.

Bonnano, G. A., & Mancini, A. D. (2008). The human capacity to thrive in the face of potential trauma. *Pediatrics, 121,* 369–375.

Bornstein, M. H., & Arterberry, M. E. (2003). Recognition, discrimination and categorization of smiling by 5-month-old infants. *Developmental Science, 6,* 585–599.

Bostrom, N. (2005). In defense of posthuman dignity. *Bioethics, 19,* 202–214.

Bouchard, T. J. Jr. (2004). Genetic influence on human psychological traits: A survey. *Current Directions in Psychological Science, 13,* 148–151.

Bouchard, T. J. Jr., & Loehlin, J. C. (2001). Genes, evolution, and personality. *Behavior Genetics, 31,* 243–273.

Boutin, P., & Frougel, P. (2005). GAD2: A polygenic contribution to genetic susceptibility for common obesity? *Pathologie Biologie, 53,* 305–307.

Bovbjerg, D. H. (2006). The continuing problem of post chemotherapy nausea and vomiting: Contributions of classical conditioning. *Autonomic Neuroscience: Basic and Clinical, 129,* 92–98.

Bovbjerg, D. H., Montgomery, G. H., & Raptis, G. (2005). Evidence for classically conditioned fatigue responses in patients receiving chemotherapy treatment for breast cancer. *Journal of Behavioral Medicine, 28,* 231–237.

Bowden, E. M., & Beeman, M. J. (2003). Normative data for 144 compound remote associates problem. *Behavior Research Methods, Instruments, and Computers, 35,* 634–639.

Bowers, J. S., & Marsolek, C. J. (Eds.). (2003). *Rethinking implicit memory.* London: Oxford University Press.

Bowlby, J. (1969), *Attachment and loss, Vol 1. Attachment.* New York: Basic Books.

Bowlby, J. (1973), *Attachment and loss, Vol 2. Separation, anxiety and anger.* London: Hogarth.

Boyd, R. C., Diamond, G. S., & Bourolly, J. N. (2006). Developing a family-based depression prevention program in urban community mental health clinics: A qualitative investigation. *Family Process, 45,* 187–203.

Boysen, G. A., & Vogel, D. L. (2007). Biased assimilation and attitude polarization in response to learning about biological explanations of homosexuality. *Sex Roles, 57,* 755–762.

Brainerd, C. J. (1996). Piaget: A centennial celebration. *Psychological Science, 7,* 191–195.

Branje, S. J. T., Frijns, T., Finkenaer, C., Engels, R., & Meeus, W. (2007). You are my best friend: Commitment and stability in adolescents' same-sex friendships. *Personal Relationships, 14,* 587–603.

Brans, R. G. H., van Haren, N. E. M., van Baal, C. M., Schnack, H. G., Kahn, R. S., & Hulshoff, H. E. (2008). Heritability of changes in brain volume over time in twin pairs discordant for schizophrenia. *Archives of General Psychiatry, 65,* 1259–1268.

Braun, K. A., Ellis, R., & Loftus, E. F. (2002). Make my memory: How advertising can change our memories of the past. *Psychology & Marketing, 19,* 1–23.

Breen, F. M., Plomin, R., & Wardle, J. (2006). Heritability of food preferences in young children. *Physiology & Behavior, 88,* 443–447.

Breggin, P. R. (1979). *Electroshock: Its brain disabling effects.* New York: Springer.

Breggin, P. R. (1991). *Toxic psychiatry.* New York: St. Martin's Press.

Breland, K., & Breland, M. (1951). A field of applied animal psychology. *American Psychologist, 6,* 202–204.

Breland, K., & Breland, M. (1961). A misbehavior of organisms. *American Psychologist, 16,* 681–684.

Brendgen, M., Dionne, G., Girard, A., Boivin, M., Vitaor, F., & Pérusse, D. (2005). Examining genetic and environmental effects on social aggression: A study of 6-year-old twins. *Child Development, 76,* 930–946.

Breslin, P. A. S., & Spector, A. C. (2008). Mammalian taste perception. *Current Biology, 18,* R148–R155.

Bretherton, I. (1996). Internal working models of attachment relationships as related to resilient coping. In G. G. Noam & K. W. Fischer (Eds.), *Development and vulnerability in close relationships* (pp. 3–27). Mahwah, NJ: Erlbaum.

Brewer, M. B. (2007). The importance of being *we:* Human nature and intergroup relations. *American Psychologist, 62,* 728–738.

Bridge, J. A., & Barbe, R. P. (2004). Reducing hospital readmission in depression and schizophrenia: Current evidence. *Current Opinion in Psychiatry, 17,* 505–511.

Bridge, J. A., Iyengar, S., Salary, C. B., Barbe, R. P., Birmaher, B., Pincus, H. A., Ren, L., & Brent, D. A. (2007). Clinical response and risk for reported suicidal ideation and suicide attempts in pediatric antidepressant treatment: A meta-analysis of randomized controlled trials. *JAMA, 297,* 1683–1696.

Briggs, C. J., Reis, S. M., & Sullivan, E. E. (2008). A national view of promising programs and practices for culturally, linguistically, and ethnically diverse gifted and talented students. *Gifted Child Quarterly, 52,* 131–145.

Briones, T. L., Klintsova, A. Y., & Greenough, W. T. (2004). Stability of synaptic plasticity in the adult rat visual cortex induced by complex environment exposure. *Brain Research, 1018*, 130–135.

Broadbent, D. E. (1958). *Perception and communication.* London: Pergamon Press.

Brody, A. L., Saxena, S., Stoessel, P., Gillies, L. A., Fairbanks, L. A., Alborzian, S., Phelps, M. E., Huang, S. C., Wu, H. M., Ho, M. L., Ho, M. K., Au, S. C., Maidment, K., & Baxter, L. R. Jr. (2002). Regional brain metabolic changes in patients with major depression treated with either paroxetine or interpersonal therapy. *Archives of General Psychiatry, 58*, 631–640.

Broman, S. H., Nichols, P. I., & Kennedy, W. A. (1975). *Preschool IQ: Prenatal and early developmental correlates.* Hillsdale, NJ: Erlbaum.

Bronfenbrenner, U. (Ed.) (2004). *Making human beings human: Bioecological perspectives on human development.* Thousand Oaks, CA: Sage Publications.

Brown, F. B., & Klute, C. (2003). Friendships, cliques, and crowds. In G. R. Adams & M. D. Berzonsky (Eds.), *Blackwell handbooks of developmental psychology* (pp. 330–348). Malden, MA: Blackwell Publishing.

Brown, N. R., & Siegler, R. S. (1992). The role of availability in the estimation of national populations. *Memory & Cognition, 20*, 406–412.

Brown, R. (1976). Reference: In memorial tribute to Eric Lenneberg. *Cognition, 4*, 125–153.

Brown, R. (1986). *Social psychology: The second edition.* New York: The Free Press.

Brown, R., & Kulik, J. (1977). Flashbulb memories. *Cognition, 5*, 73–99.

Brown, R. J. (2004). Psychological mechanisms in medically unexplained symptoms: An integrative conceptual model. *Psychological Bulletin, 130*, 793–812.

Bruni, O., Ferri, R., Novelli, L., Finotti, E., Miano, S., & Guilleminault, C. (2008). NREM sleep instability in children with sleep terrors: The role of slow wave activity interruptions. *Clinical Neurophysiology, 119*, 985–992.

Brunyé, T. T., Rapp, D. N., & Taylor, H. A. (2008). Representational flexibility and specificity following spatial descriptions of real-world environments. *Cognition, 108*, 418–443.

Buchler, N. E. G., & Reder, L. M. (2007). Modeling age-related memory deficits: A two-parameter solution. *Psychology and Aging, 22*, 104–121.

Buckner, J. C., Mezzacappa, E., & Beardslee, W. R. (2003). Characteristics of resilient youths living in poverty: The role of self-regulatory processes. *Development and Psychopathology, 15*, 139–162.

Buckworth, J., Lee, R. E., Regan, G., Schneider, L. K., & DiClemente, C. C. (2007). Decomposing intrinsic and extrinsic motivation for exercise: Application to stages of motivational readiness. *Psychology of Sport and Exercise, 8*, 441–461.

Buckworth, J., Lee, R. E., Regan, G., Schneider, L. K., & DiClemente, C. C. (2007). Decomposing intrinsic and extrinsic motivation for exercise: Application to stages of motivational readiness. *xi*, 441–461.

Buffardi, L. E., & Campbell, W. K. (2008). Narcissism and social networking web sites. *Personality and Social Psychology Bulletin, 34*, 1303–1314.

Burgard, M., & Mitchell, J. E. (2000). Group cognitive behavioral therapy for buying disorder. In A. L. Benson (Ed.), *I shop therefore I am: Compulsive buying and the search for self* (pp. 367–397). Northvale, NJ: Jason Aronson.

Burger, J. M. (2009). Replicating Milgram: Would people still obey today? *American Psychologist, 64*, 1–11.

Burger, J. M., & Caldwell, D. F. (2003). The effects of monetary incentives and labeling on the foot-in-the-door effect: Evidence for a self-perception process. *Basic and Applied Social Psychology, 25*, 235–241.

Burkley, E. (2008). The role of self-control in resistance to persuasion. *Personality and Social Psychology Bulletin, 34*, 419–431.

Burnett, R. C., Medin, D. L., Ross, N. O., & Blok, S. V. (2005). Ideal is typical. *Canadian Journal of Experimental Psychology, 59*, 3–10.

Burnstein, E. (2005). Altruism and genetic relatedness. In D. M. Buss (Ed.), *The handbook of evolutionary psychology* (pp. 528– 551). Hoboken, NJ: Wiley.

Bushman, B. J., & Anderson, C. J. (2002). Violent video games and hostile expectations: A test of the general aggression model. *Personality and Social Psychology Bulletin, 28*, 1679–1686.

Buss, D. M. (1995). Evolutionary psychology: A new paradigm for psychological science. *Psychological Inquiry, 6*, 1–30.

Buss, D. M. (2008). Evolutionary psychology: *The new science of mind* (3rd ed.), Boston, MA: Allyn & Bacon.

Buss, D. M. (2000). The evolution of happiness. *American Psychologist, 55*, 15–23.

Butcher, J. N., Graham, J. R., Ben-Porath, Y. S., Tellegen, A., Dahlstrom, W. G., & Kaemmer, B. (2001). *Minnesota Multiphasic Personality Inventory-2 (MMPI-2): Manual for administration and scoring* (2nd ed.). Minneapolis: University of Minnesota Press.

Butcher, J. N., Mineka, S., & Hooley, J. M. (2008). *Abnormal Psychology* (13th ed.). Boston, MA: Allyn & Bacon.

Butcher, J. N., & Rouse, S. V. (1996). Personality: Individual differences and clinical assessment. *Annual Review of Psychology, 47,* 87–111.

Bykov, K. M. (1957). *The cerebral cortex and the internal organs.* New York: Academic Press.

Byrne, D., & Clore, G. L. (1970). A reinforcement model of evaluative processes. *Personality: An International Journal, 1,* 103–128.

Cabeza, R. (2002). Hemispheric asymmetry reduction in older adults: The HAROLD model. *Psychology and Aging, 17,* 85–100.

Cabeza, R., Daselaar, S. M., Dolcos, F., Prince, S. E., Budde, M., & Nyberg, L. (2004). Task-independent and task-specific age effects on brain activity during working memory, visual attention and episodic retrieval. *Cerebral Cortex, 14,* 364–375.

Cahill, L., Uncapher, M., Kilpatrick, L., Alkire, M. T., & Turner, J. (2004). Sex-related hemispheric lateralization of amygdala function in emotionally influenced memory: An fMRI investigation. *Learning & Memory, 11,* 261–266.

Cahn, B. R., & Polich, J. (2006). Meditation states and traits: EEG, ERP, and neuroimaging studies. *Psychological Bulletin, 132,* 180–211.

Cameron, C. L., Cella, D. C., Herndon, E. E., II, Kornblith, A. B., Zucerkman, E., Henderson, E., Weiss, R. B., Cooper, M. R., Silver, R. T., Leone, L., Canellos, G. P., Peterson, B. A., & Holland, J. C. (2001). Persistent symptoms among survivors of Hodgkin's disease: An explanatory model based on classical conditioning. *Health Psychology, 20,* 71–75.

Camras, L. A., Oster, H., Bakeman, R., Meng, Z., Ujiie, T., & Campos, J. L. (2007). Do infants show distinct negative facial expressions for fear and anger? Emotional expression in 11-month-old European American, Chinese, and Japanese infants. *Infancy, 11,* 131–155.

Camras, L. A., Oster, H., Campos, J., Campos, R., Ujiie, T., Miyake, K., Wang, L., & Meng, Z. (1998). Production of emotional facial expressions in European American, Japanese, and Chinese infants. *Developmental Psychology, 34,* 616–628.

Canli, T., Desmond, J. E., Zhao, Z., & Gabrieli, J. D. E. (2002a). Sex differences in the neural basis of emotional memories. *Proceedings of the National Academy of Sciences, 99,* 10789–10794.

Canli, T., Desmond, J. E., Zhao, Z., Glover, G., & Gabrieli, J. D. E. (1998). Hemispheric asymmetry for emotional stimuli detected with fMRI. *NeuroReport, 9,* 3233–3239.

Canli, T., Sivers, H., Whitfield, S. L., Gotlib, I. H., & Gabrieli, J. D. E. (2002b). Amygdala response to happy faces as a function of extraversion. *Science, 296,* 2191.

Cannon, W. B. (1927). The James–Lange theory of emotion: A critical examination and an alternative theory. *American Journal of Psychology, 39,* 106–124.

Cannon, W. B. (1929). *Bodily changes in pain, hunger, fear, and rage* (2nd ed.). New York: Appleton-Century-Crofts.

Cannon, W. B. (1934). Hunger and thirst. In C. Murchison (Ed.), *A handbook of general experimental psychology.* Worcester, MA: Clark University Press.

Cannon, W. B., & Washburn, A. L. (1912). An explanation of hunger. *American Journal of Physiology, 29,* 441–454.

Cantor, N., & Kihlstrom, J. R. (1987). *Personality and social intelligence.* Englewood Cliffs, NJ: Prentice Hall.

Cappelletti, M., Fregni, F., Shapiro, K., Pascual-Leone, A., Caramazza, A. (2008). Processing nouns and verbs in the left frontal cortex: A transcranial magnetic stimulation study. *Journal of Cognitive Neuroscience, 20,* 707–720.

Caprara, G. V., Barbaranelli, C., & Zimbardo, P. G. (1996). Understanding the complexity of human aggression: Affective, cognitive, and social dimensions of individual differences in pro-pensity toward aggression. *European Journal of Personality, 10,* 133–155.

Carazo, P., Sanchez, E., Font, E., & Desbilis, E. (2004). Chemosensory cues allow male *Tenebrio molitor* beetles to assess the reproductive status of prospective mates. *Animal Behaviour*, *68*, 123–129.

Carducci, B. J., & Zimbardo, P. G. (1995, November/December). Are you shy? *Psychology Today, 28,* 34–40.

Carey, S. (1978). The child as word learner. In M. Hale, J. Bresnan, & G. A. Miller (Eds.), *Linguistic theory and psychological reality* (pp. 265–293). Cambridge, MA: MIT Press.

Carey, S. (1985). *Conceptual change in childhood.* Cambridge, MA: MIT Press.

Carlier, P., & Jamon, M. (2006). Observational learning in C57BL/6j mice. *Behavioural Brain Research, 174,* 125–131.

Carnagey, N. L., Anderson, C. A., & Bushman, B. J. (2007). The effect of video game violence on physiological desensitization to real-life violence. *Journal of Experimental Social Psychology*, *43*, 489–496.

Carroll, M. E., & Overmier, J. B. (Eds.). (2001). *Animal research and human health: Advancing human welfare through behavioral science.* Washington, DC: American Psychological Association.

Carstensen, L. L., & Freund, A. M. (1994). The resilience of the aging self. *Developmental Review, 14,* 81–92.

Carter, J. H. (1982). The effects of aging on selected visual functions: Color vision, glare sensitivity, field of vision, and accommodation. In R. Sekuler, D. Kline, & K. Dismukes (Eds.), *Aging and human visual function* (pp. 121–130). New York: Liss.

Carter, S. J., & Cassaday, H. J. (1998). State-dependent retrieval and chlorpheniramine. *Human Psychopharmacology, 13*, 513–523.

Casey, B. J., Getz, S., & Galvan, A. (2008). The adolescent brain. *Developmental Review, 28*, 62–77.

Caspi, A., Sugden, K., Moffitt, T. E., Taylor, A., Craig, I. W., Harrington, H., McClay, J., Mill, J., Martin, J., Braithwaite, A., & Poulton, R. (2003). Influence of life stress on depression: Moderation by a polymorphism in the 5-HTT gene. *Science, 301*, 386–389.

Cassel, J.-C., Riegert, C., Rutz, S., Koenig, J., Rothmaier, K., Cosquer, B., Lazarus, C., Birthelmer, A., Jeltsch, H., Jones, B. C., & Jackisch, R. (2005). Ethanol, 3,4-methylenedioxymethamphetamine (Ecstasy) and their combination: Long-term behavioral, neurochemical and neuropharmacological effects in the rat. *Neuropsychopharmacology, 30*, 1870–1882.

Cassin, S. E., von Ranson, K. M., Heng, K., Brar, J., & Wojtowica, A. E. (2008). Adapted motivational interviewing for women with binge eating disorder: A randomized controlled trial. *Psychology of Addictive Behaviors, 22*, 417–425.

Catalano, R., Novaco, R., & McConnell, W. (1997). A model of the net effect of job loss on violence. *Journal of Personality and Social Psychology, 72*, 1440–1447.

Catalano, R., Novaco, R. W., & McConnell, W. (2002). Layoffs and violence revisited. *Aggressive Behavior, 28*, 233–247.

Caterina, M. J., Leffler, A., Malmberg, A. B., Martin, W. J., Trafton, J., Petersen-Zeitz, K. R., Koltzenburg, M., Basbaum, A. I., & Julius, D. (2000). Impaired nociception and pain sensation in mice lacking the capsaicin receptor. *Science, 288*, 306–313.

Cattell, R. B. (1963). Theory of fluid and crystallized intelligence: A critical experiment. *Journal of Educational Psychology, 54*, 1–22.

Cattell, R. B. (1979). *Personality and learning theory.* New York: Springer.

Centers for Disease Control and Prevention. (2007, February 9). Prevalence of autism spectrum disorders—Autism and Developmental Disabilities Monitoring Network, 14 Sites, United States, 2002. *Morbidity and Mortality Weekly Report, 56*, 12–28. Retrieved from www.cdc.gov/mmwr/PDF/ss/ss5601.pdf.

Ceschi, G., van der Linden, M., Dunker, D., Perroud, A., & Brédart, S. (2003). Further exploration memory bias in compulsive washers. *Behaviour Research and Therapy, 41*, 737–748.

Chapman, P. D. (1988). *Schools as sorters: Lewis M. Terman, applied psychology, and the intelligence testing movement, 1890–1930.* New York: New York University Press.

Chartrand, T. L., & Bargh, J. A. (1999). The chameleon effect: The perception-behavior link and social interaction. *Journal of Personality and Social Psychology, 76*, 893–910.

Chase, W. G., & Ericsson, K. A. (1981). Skilled memory. In J. R. Anderson (Ed.), *Cognitive skills and their acquisition.* Hillsdale, NJ: Erlbaum.

Chaves, J. F. (1999). Applying hypnosis in pain management: Implications of alternative theoretical perspectives. In I. Kirsch, A. Capafons, E. Cardeña-Buelna, & S. Amigó (Eds.), *Clinical hypnosis and self-regulation: Cognitive-behavioral perspectives* (pp. 227–247). Washington, DC: American Psychological Association.

Chen, F. F., & Kenrick, D. T. (2002). Repulsion or attraction? Group membership and assumed attitude similarity. *Journal of Personality and Social Psychology, 83*, 111–125.

Chen, S., Boucher, H. C., & Tapias, M. P. (2006). The relational self revealed: Integrative conceptualization and implications for interpersonal life. *Psychological Bulletin, 132*, 151–179.

Chen, Z., & Cowan, N. (2005). Chunk limits and length limits in immediate recall: A reconciliation. *Journal of Experimental Psychology: Learning, Memory, and Cognition, 31*, 1235–1249.

Cheney, D. L., & Seyfarth, R. M. (1990). *How monkeys see the world.* Chicago: University of Chicago Press.

Cheney, D. L., & Seyfarth, R. M. (2007). *Baboon metaphysics.* Chicago: The University of Chicago Press.

Cheng, P. W., & Holyoak, K. J. (1985). Pragmatic reasoning schemas. *Cognitive Psychology, 17*, 391–416.

Child Welfare Information Gateway. (2007). *Foster Care Statistics.* Retrieved from www.childwelfare.gov/pubs/factsheets/foster.pdf.

Cho, S., Holyoak, K. J., & Cannon, T. D. (2007). Analogical reasoning in working memory: Resources shared among relational integration, interference resolution, and maintenance. *Memory & Cognition, 35*, 1445–1455.

Chomsky, N. (1965). *Aspects of a theory of syntax.* Cambridge, MA: MIT Press.

Chomsky, N. (1975). *Reflections on language.* New York: Pantheon Books.

Chorover, S. (1981, June). *Organizational recruitment in "open" and "closed" social systems: A neuropsychological perspective.* Conference paper presented at the Center for the Study of New Religious Movements, Berkeley, CA.

Christensen, A., Atkins, D. C., Yi, J., Baucom, D. H., & George, W. H. (2006). Couple and individual adjustment for 2 years following a randomized clinical trial comparing traditional versus integrative behavioral couple therapy. *Journal of Consulting and Clinical Psychology, 74,* 1180–1191.

Christensen, A. J., & Johnson, J. A. (2002). Patient adherence with medical treatment regimens: An interactive approach. *Current Directions in Psychological Science, 11,* 94–97.

Christensen, B. T., & Schunn, C. D. (2007). The relationship of analogical distance to analogical function and preinventive structure: The case of engineering design. *Memory & Cognition, 35,* 29–38.

Christie, B. R., & Cameron, H. A. (2006). Neurogenesis in the adult hippocampus. *Hippocampus, 16,* 199–207.

Cialdini, R. B. (2009). *Influence: Science and practice* (5th ed.). Boston, MA: Allyn & Bacon.

Cialdini, R. B., & Goldstein, N. J. (2004). Social influence: Compliance and conformity. *Annual Review of Psychology, 55,* 591–621.

Cialdini, R. B., Vincent, J. E., Lewis, S. K., Catalan, J., Wheeler, D., & Darby, B. L. (1975). Reciprocal concessions procedure for inducing compliance: The door-in-the-face technique. *Journal of Personality and Social Psychology, 31,* 206–215.

Clamp, M., Fry, B., Kamal, M., Xie, X., Cuff, J., Lin, M. F., Kellis, M., Lindblad-Toh, K., & Lander, E. S. (2007). Distinguishing protein-coding and noncoding genes in the human genome. *PNAS, 104,* 19428–19433.

Clark, E. V. (2003). *First language acquisition.* Cambridge, UK: Cambridge University Press.

Clark, H. H. (1996). *Using language.* Cambridge, UK: Cambridge University Press.

Clark, H. H., & Clark, E. V. (1977). *Psychology and language: An introduction to psycholinguistics.* New York: Harcourt Brace Jovanovich.

Clark, H. H., & Van Der Wege, M. M. (2002). Psycholinguistics. In H. Pashler & D. Medin (Eds.), *Stevens' handbook of experimental psychology: Vol. 3. Memory and cognitive processes* (pp. 209–259). New York: Wiley.

Clark, K., & Clark, M. (1947). Racial identification and preference in Negro children. In T. M. Newcomb & E. L. Hartley (Eds.), *Readings in social psychology* (pp. 169–178). New York: Holt.

Clark, M. D., & Carroll, M. H. (2008). Acquaintance rape scripts of women and men: Similarities and differences. *Sex Roles, 58,* 616–625.

Clarke-Stewart, A., & Alhusen, V. D. (2005). *What we know about childcare.* Cambridge, MA: Harvard University Press.

Clarke-Stewart, K. A. (1993). *Daycare.* Cambridge, MA: Harvard University Press.

Clopton, N. A., & Sorell, G. T. (1993). Gender differences in moral reasoning: Stable or situational? *Psychology of Women Quarterly, 17,* 85–101.

Clore, G. L., & Huntsinger, J. R. (2007). How emotions inform judgment and regulate thought. *Trends in Cognitive Sciences, 11,* 393–399.

Coan, J. A., Schaefer, H. S., & Davidson, R. J. (2006). Lending a hand: Social regulation of the neural response to threat. *Psychological Science, 17,* 1032–1039.

Coates, T. J., & Szekeres, G. (2004). A plan for the next generation of HIV prevention research: Seven key policy investigative challenges. *American Psychologist, 59,* 747–757.

Coe, C. L. (1999). Psychosocial factors and psychoneuroimmunology within a lifespan perspective. In D. P. Keating & C. Hertzman (Eds.), *Developmental health and the wealth of nations: Social, biological, and educational dynamics* (pp. 201–219). New York: Guilford Press.

Cohen, A., & Avrahami, A. (2005). Soccer fans' motivation as a predictor of participation in soccer-related activities: An empirical examination in Israel. *Social Behavior and Personality, 33,* 419–434.

Cohen, P., Chen, H., Gordon, K., Johnson, J., Brook, J., & Kasen, S. (2008). Socioeconomic background and the developmental course of schizotypal and borderline personality disorder symptoms. *Development and Psychopathology, 20,* 633–650.

Cohen, S., Tyrrell, D. A. J., & Smith, A. P. (1993). Negative life events, perceived stress, negative affect, and susceptibility to the common cold. *Journal of Personality and Social Psychology, 64,* 131–140.

Cole, D. A., Ciesla, J. A., Dallaire, D. H., Jacquez, F. M., Pineda, A. Q., LaGrange, B., Truss, A. E., Folmer, A. S., Tilghman-Osborne, C., & Felton, J. W. (2008). Emergence of attributional style and its relation to depressive symptoms. *Journal of Abnormal Psychology, 117,* 16–31.

Collins, M. A., & Amabile, T. M. (1999). Motivation and creativity. In R. J. Sternberg (Ed.), *Handbook of creativity* (pp. 297–312). Cambridge, UK: Cambridge University Press.

Collins, W. A., Maccoby, E. E., Steinberg, L., Hetherington, E. M., & Bornstein, M. H. (2000). Contemporary research on parenting: The case for nature and nurture. *American Psychologist, 55,* 218–232.

Comstock, G., & Scharrer, E. (1999). *Television: What's on, who's watching, and what it means.* San Diego, CA: Academic Press.

Congdon, E., & Canli, T. (2006). The endophenotype of impulsivity: Reaching consilience through behavioral, genetic, and neuroimaging approaches. *Behavioral and Cognitive Neuroscience, 4,* 1–20.

Conway, A. R., Kane, M. J., Bunting, M. F., Hambrick, D. Z., Wilhelm, O., & Engle, R. W. (2005). Working memory span tasks: A methodological review and user's guide. *Psychonomic Bulletin & Review, 12*, 769–786.

Cook, C. R., Gresham, F. M., Kern, L., Barreras, R. B., Thornton, S., & Crews, S. D. (2008). Social skills training for secondary students with emotional and/or behavioral disorders: A review and analysis of the meta-analytic literature. *Journal of Emotional and Behavioral Disorders, 16*, 131–144.

Coolidge, F. L., Thede, L. L., & Jang, K. L. (2001). Heritability of personality disorders in childhood: A preliminary investigation. *Journal of Personality Disorders, 15*, 33–40.

Cooper, J. (2007). *Cognitive dissonance: Fifty years of a classic theory*. Thousand Oaks, CA: Sage Publications.

Cooper, J. O., Heron, T. E., & Heward, W. L. (2007). *Applied behavior analysis*. Upper Saddle River, NJ: Prentice-Hall.

Coren, S., Ward, L. M., & Enns, J. T. (1999). *Sensation and perception* (5th ed.). Fort Worth, TX: Harcourt Brace.

Corr, P. J., & Gray, J. A. (1996). Attributional style as a personality factor in insurance sales performance in the UK. *Journal of Occupational and Organizational Psychology, 69*, 83–87.

Corso, J. F. (1977). Auditory perception and communication. In J. E. Birren & K. W. Schaie (Eds.), *Handbook of the psychology of aging* (pp. 535–553). New York: Van Nostrand Reinhold.

Coslett, H. B., & Lie, G. (2008). Simultanagnosia: When a rose is not red. *Journal of Cognitive Neuroscience, 20*, 36–48.

Costa, P. T. Jr., & McCrae, R. R. (1985). *The NEO Personality Inventory manual.* Odessa, FL: Psychological Assessment Resources.

Costa, P. T. Jr., & McCrae, R. R. (1992). Four ways five factors are basic. *Personality and Individual Differences, 13*, 653–665.

Cota, D., Marsicano, G., Lutz, B., Vicennati, V. Stalla, G. K., Pasquali, R., & Pagotto, U. (2003). Endogenous cannabinoid system as a modulator of food intake. *International Journal of Obesity, 27*, 289–301.

Cota, D., Tschöp, M. H., Horvath, T. L., & Levine, A. S. (2006). Cannabinoids, opioidis and eating behavior: The molecular face of hedonism? *Brain Research Reviews, 51*, 85–107.

Council, J. R., & Green, J. P. (2004). Examining the absorption-hypnotizability link: The roles of acquiescence and consistency motivation. *International Journal of Clinical and Experimental Hypnosis, 52*, 364–377.

Cousins, D. A., & Young, A. H. (2007). The armamentarium of treatments for bipolar disorder: A review of the literature. *International Journal of Neuropsychopharmacology, 10*, 411–431.

Couture, S., & Penn, D. (2003). Interpersonal contact and the stigma of mental illness: A review of the literature. *Journal of Mental Health, 12*, 291–306.

Cowan, C. P., & Cowan, P. (2000). *When partners become parents: The big life change for couples.* Mahwah, NJ: Erlbaum.

Cowan, N. (2001). The magical number 4 in short-term memory: A reconsideration of mental storage capacity. *Behavioral and Brain Sciences, 24*, 87–185.

Cowan, W. M. (1979, September). The development of the brain. *Scientific American, 241*, 106–117.

Cowles, J. T. (1937). Food tokens as incentives for learning by chimpanzees. *Comparative Psychology Monographs, 74*, 1–96.

Cox, J. J., Reimann, F. Nicholas, A. K., Thornton, G., Roberts, E., Springell, K., Karbani, G., Jafri, H., Mannan, J., Raashid, Y., Al-Gazali, L., Hamamy, H., Valente, E. M., Gorman, S., Williams, R., McHale, D. P., Wood, J. N., Gribble, F. M., & Woods, C. G. (2006). An SCN9A channelopathy causes congenital inability to experience pain. *Nature, 444*, 894–898.

Craik, F. I. M., & Lockhart, R. S. (1972). Levels of processing: A framework for memory research. *Journal of Verbal Learning and Verbal Behavior, 11*, 671–684.

Crano, W. D., & Prislin, R. (2006). Attitudes and persuasion. *Annual Review of Psychology, 57*, 345–374.

Crocco, M. S., & Costigan, A. T. (2007). The narrowing of curriculum and pedagogy in the age of accountability: Urban educators speak out. *Urban Education, 42*, 512–535.

Cryder, C. H., Kilmer, R. P., Tedeschi, R. G., & Calhoun, L. G. (2006). An exploratory study of posttraumatic growth in children following a natural disaster. *American Journal of Orthopsychiatry, 76*, 65–69.

Curci, A., & Luminet, O. (2006). Follow-up of a cross-national comparison on flashbulb and event memory for the September 11th attacks. *Memory, 14*, 329–344.

Curt, G. A., Breitbart, W., Cella, D., Groopman, J. E., Horning, S. J., Itri, L. M., Johnson, D. H., Miaskowski, C., Scherr, S. L., Portenoy, R. K., & Vogelzang, N. J. (2000). Impact of cancer-related fatigue on the lives of patients: New findings from the Fatigue Coalition. *Oncologist, 5*, 353–360.

Curtis, R. C., & Miller, K. (1986). Believing another likes or dislikes you: Behaviors making the beliefs come true. *Journal of Personality and Social Psychology, 51*, 284–290.

Cutting, J. C., & Proffitt, D. (1982). The minimum principle and the perception of absolute, common and relative motions. *Cognitive Psychology, 14*, 211–246.

Cvengros, J. A., Christensen, A. J., Hillis, S. L., & Rosenthal, G. E. (2007). Patient and physician attitudes in the health care context: Attitudinal symmetry predicts patient satisfaction and adherence. *Annals of Behavioral Medicine, 33,* 262–268.

Czeisler, C. A., Duffy, J. F., Shanahan, T. L., Brown, E. N., Mitchell, J. F., Rimmer, D. W., Ronda, J. M., Silva, E. J., Allan, J. S., Emens, J. S., Dijk, D. J., & Kronauer, R. E. (1999). Stability, precision, and near-24-hour period of the human circadian pacemaker. *Science, 284,* 2177–2181.

Dahlman, I., & Arner, P. (2007). Obesity and polymorphisms in genes regulating human adipose tissue. *International Journal of Obesity, 31,* 1629–1641.

Dahlstrom, W. G., Welsh, H. G., & Dahlstrom, L. E. (1975). *An MMPI handbook, Vol. 1: Clinical interpretation.* Minneapolis: University of Minnesota Press.

Darley, J. M., & Batson, C. D. (1973). From Jerusalem to Jericho: A study of situational and dispositional variables in helping behavior. *Journal of Personality and Social Psychology, 27,* 100–108.

Darling, N., & Steinberg, L. (1993). Parenting style as context: An integrative model. *Psychological Bulletin, 113,* 487–496.

Darwin, C. (1965). *The expression of emotions in man and animals.* Chicago: University of Chicago Press. (Original work published 1872)

Daselaar, S. M., Rice, H. J., Greenberg, D. L., Cabeza, R., LaBar, K. S., & Rubin, D. C. (2008). The spontaneous dynamics of autobiographical memory: Neural correlates of recall, emotional intensity, and reliving. *Cerebral Cortex, 18,* 217–229.

Daskalakis, Z. J., Levinson, A. J., & Fitzgerald, P. B. (2008). Repetitive transcranial magnetic stimulation for major depressive disorder: A review. *Canadian Journal of Psychiatry, 53,* 555–566.

D'Augelli, A. R., Grossman, A. H., Salter, N. P., Vasey, J. J., Starks, M. T., & Sinclair, K. O. (2005a). Predicting the suicide attempts of lesbian, gay, and bisexual youth. *Suicide and Life-Threatening Behavior, 35,* 646–660.

D'Augelli, A. R., Hershberger, S. L., & Pilkington, N. W. (2001). Suicidality patterns and sexual orientation-related factors among lesbian, gay, and bisexual youths. *Suicide and Life-Threatening Behavior, 31,* 250–264.

Davidson, R. J., Jackson D.C., & Kalin, N. H. (2000). Emotion, plasticity, context, and regulation: Perspectives for affective neuroscience. *Psychological Bulletin, 126,* 890–909

Davis, J. L., Byrd, P., Rhudy, J. L., & Wright, D. C. (2007). Characteristics of chronic nightmares in a trauma-exposed treatment-seeking sample. *Dreaming, 17,* 187–198.

Davis, M. H., Hall, J. A., & Meyer, M. (2003). The first year: Influences on the satisfaction, involvement, and persistence of new community volunteers. *Personality and Social Psychology Bulletin, 29,* 248–260.

Dawkins, K., Lieberman, J. A., Lebowitz, B. D., & Hsiao, J. K. (1999). Antipsychotics: Past and future. *Schizophrenia Bulletin, 25,* 395–405.

Dawson, L. L., & Hennebry, J. (2003). New religions and the Internet: Recruiting in a new public space. In L. L. Dawson (Ed.), *Cults and new religious movements* (pp. 271–291). Oxford, UK: Blackwell.

Dean, K. L., Viglione, D. J., Perry, W., & Meyer, G. J. (2007). A method to optimize the response range while maintaining Rorschach comprehensive system validity. *Journal of Personality Assessment, 89,* 149–161.

Deaux, K., Bikmen, N., Gilkes, A., Ventuneac, A., Joseph, Y., Payne, Y. A., & Steele, C. A. (2007). Becoming American: Stereotype threat effects in Afro-Caribbean immigrant groups. *Social Psychology Quarterly, 70,* 384–404.

De Bellis, M. D., Keshavan, M. S., Beers, S. R., Hall, J., Frustaci, K., Masalehdan, A., Noll, J., & Boring, A. M. (2001). Sex differences in brain maturation during childhood and adolescence. *Cerebral Cortex, 11,* 552–557.

DeCasper, A. J., & Prescott, P. A. (1984). Human newborns' perception of male voices: Preference, discrimination, and reinforcing value. *Developmental Psychology, 17,* 481–491.

De Cock, R., & Matthysen, E. (2005). Sexual communication by pheromones in a firefly, *Phosphaenus hemipterus* (Coleoptera: Lampyridae). *Animal Behaviour, 70,* 807–818.

De Corte, W., Lievens, F., & Sackett, P. R. (2007). Combining predictors to achieve optimal trade-offs between selection quality and adverse impact. *Journal of Applied Psychology, 92,* 1380–1393.

Dehaene, S., & Akhavein, R. (1995). Attention, automaticity, and levels of representation in number processing. *Journal of Experimental Psychology: Learning, Memory, and Cognition, 21,* 314–326.

Dejin-Karlsson, E., Hsonson, B. S., Oestergren, P.-O., Sjoeberg, N. O., & Karel, M. (1998). Does passive smoking in early pregnancy increase the risk of small-for-gestational age infants? *American Journal of Public Health, 88,* 1523–1527.

de Kruijk, J. R., Leffers, P., Menheere, P. P. C. A., Meerhoff, S., Rutten, J., & Twijnstra, A. (2003). Olfactory function after mild traumatic brain injury. *Brain Injury, 17,* 73–78.

DeLamater, J. D., & Sill, M. (2005). Sexual desire in later life. *The Journal of Sex Research, 42,* 138–149.

Delgado, M. R., Olsson, A., & Phelps, E. A. (2006). Extending animal models of fear conditioning to humans. *Biological Psychology, 73,* 39–48.

Dell, G. S. (2004). Speech errors in language production: Neuropsychological and connectionist perspectives. In

B. H. Ross (Ed.), *The psychology of learning and motivation* (Vol. 44, pp. 63–108). New York: Elsevier.

Dennerstein, L., Dudley, E., & Guthrie, J. (2003). Empty nest or revolving door? A prospective study of women's quality of life in midlife during the phase of children leaving and re-entering the home. *Psychological Medicine, 32*, 545–550.

Dennett, D. C. (1987). Consciousness. In R. L. Gregory (Ed.), *The Oxford companion to the mind* (pp. 160–164). New York: Oxford University Press.

De Oliveira Alvares, L., Genro, B. P., Diehl, F., & Quillfeldt, J. A. (2008). Differential role of the hippocampal endocannabinoid system in the memory consolidation and retrieval mechanisms. *Neurobiology of Learning and Memory, 90*, 1–9.

De Pascalis, V, Cacace, I., & Massicolle, F. (2008). Focused analgesia in waking and hypnosis: Effects on pain, memory, and somatosensory event-related potentials. *Pain, 134*, 197–208.

DePaulo, B. M., Ansfield, M. E., Kirkendol, S. E., & Boden, J. M. (2004). Serious lies. *Basic and Applied Social Psychology, 26*, 147–167.

DePaulo, B. M., Lindsay, J. J., Malone, B. E., Muhlenbruck, L., Charlton, K., & Cooper, H. (2003). Cues to deception. *Psychological Bulletin, 129*, 74–118.

de Rivera, J. (1997). The construction of false memory syndrome: The experience of retractors. *Psychological Inquiry, 8*, 271–292.

De Santis, M., Cavaliere, A. F., Straface, G., & Caruso, A. (2006). Rubella infection in pregnancy. *Reproductive Toxicology, 21*, 390–398.

Després, J.-P., Golay, A., & Sjöström, L. (2005). Effects of rimonabant on metabolic risk factors in overweight patients with dyslipidemia. *The New England Journal of Medicine, 353*, 2121–2134.

De Valois, R. L., & Jacobs, G. H. (1968). Primate color vision. *Science, 162*, 533–540.

Dew, M. A., Hoch, C. C., Buysse, D. J., Monk, T. H., Begley, A. E., Houck, P. R., Hall, M., Kupfer, D. J., & Reynolds, C. F. (2003). Healthy older adults' sleep predicts all-cause mortality at 4 to 19 years of follow-up. *Psychosomatic Medicine, 65*, 63–73.

de Waal, F. B. M. (2008). Putting the altruism back into altruism: The evolution of empathy. *Annual Review of Psychology, 59*, 279–300.

Dewsbury, D. A. (1981). Effects of novelty on copulatory behavior: The Coolidge effect and related phenomena. *Psychological Bulletin, 89*, 464–482.

Dhawan, N., Roseman, I. J., Naidu, R. K., Thapa, K., & Rettek, S. I. (1995). Self-concepts across two cultures: India and the United States. *Journal of Cross-Cultural Psychology, 26*, 606–621.

Dickerson, F. B., Tenhula, W. N., & Green-Paden, L. D. (2005). The token economy for schizophrenia: Review of the literature and recommendations for future research. *Schizophrenia Research, 75*, 405–416.

Dickens, W. T., & Flynn, J. R. (2006). Black Americans reduce the racial IQ gap: Evidence from standardization samples. *Psychological Science, 17*, 913–920.

Dickinson, C. A., & Intraub, H. (2008). Transsaccadic representation of layout: What is the time course of boundary extension? *Journal of Experimental Psychology: Human Perception and Performance, 34*, 543–555.

Dietrich, A. (2004). The cognitive neuroscience of creativity. *Psychonomic Bulletin & Review, 11*, 1011–1026.

Digman, J. M. (1990). Personality structure: Emergence of the five-factor model. *Annual Review of Psychology, 41*, 417–440.

DiLalla, L. F. (2002). Behavior genetics of aggression in children: Reviews and future directions. *Developmental Review, 22*, 593–622.

Di Marzo, V., & Cristino, L. (2008). Why endocannabinoids are not all alike. *Nature Neuroscience, 11*, 124–126.

DiMatteo, M. R. (2004). Social support and patient adherence to medical treatment: A meta-analysis. *Health Psychology, 23*, 207–218.

DiMatteo, M. R., Haskard, K. B., & Williams, S. L. (2007). Health beliefs, disease severity, and patient adherence: A meta-analysis. *Medical Care, 45*, 521–528.

Dion, K. K., & Dion, K. L. (1996). Cultural perspectives on romantic love. *Personal Relationships, 3*, 5–17.

Dirkzwager, A. J. E., Bramsen, I., & van der Ploeg, H. M. (2003). Social support, coping, life events, and posttraumatic stress symptoms among former peacekeepers: A prospective study. *Personality and Individual Differences, 34*, 1545–1559.

Distel, M. A., Trull, T. J., Derom, C. A., Thiery, E. W., Grimmer, M. A., Martin, N. G., Willemsen, G., & Boomsma, D. I. (2007). Heritability of borderline personality disorder features is similar across three countries. *Psychological Medicine, 38*, 1219–1229.

Dixon, R. A. (2003). Themes in the aging of intelligence: Robust decline with intriguing possibilities. In R. J. Sternberg, J. Lautrey, & T. I. Lubart (Eds.), *Models of intelligence: International perspectives* (pp. 151–167). Washington, DC: American Psychological Association.

Dixon, R. A., & de Frias, C. M. (2004). The Victoria longitudinal study: From characterizing cognitive aging to illustrating changes in memory compensation. *Aging Neuropsychology and Cognition, 11*, 346–376.

Do, A. M., Rupert, A. V., & Wolford, G. (2008). Evaluations of pleasurable experiences: The peak-end rule. *Psychonomic Bulletin & Review, 15*, 96–98.

Docherty, N. M., St-Hilaire, A., Aakre, J. M., & Seghers, J. P. (2008). Life events and high-trait reactivity together predict psychotic symptom increases in schizophrenia. *Schizophrenia Bulletin*. Dollard, J., Doob, L. W., Miller, N., Mower, O. H., & Sears, R. R. (1939). *Frustration and aggression*. New Haven: Yale University Press.

Domhoff, G. W. (1999). Drawing theoretical implications from descriptive empirical findings on dream content. *Dreaming, 9,* 201–210.

Domhoff, G. W. (2005). Refocusing the neurocognitive approach to dreams: A critique of the Hobson versus Solms debate. *Dreaming, 15,* 3–20.

Domjan, M. (2005). Pavlovian conditioning: A functional perspective. *Annual Review of Psychology, 56,* 179–206.

Donnellan, M. B., Trzesniewski, K. H., Conger, K. J., & Conger, R. D. (2007). A three-wave longitudinal study of self-evaluations during young adulthood. *Journal of Research in Personality, 41,* 453–472.

Donnellan, M. B., Trzesniewski, K. H., Robins, R. W., Moffitt, T. E., & Caspi, A. (2005). Low self-esteem is realted to aggression, antisocial behavior, and delinquency. *Psychological Science, 16,* 328–335.

Donovan, W., Leavitt, L., Taylor, N., & Broder, J. (2007). Maternal sensitivity, mother-infant 9-month interaction, infant attachment status: Predictors of mother-toddler interaction at 24 months. *Infant Behavior & Development, 30,* 336–352.

Douglas, K. S., & Skeem, J. L. (2005). Violence risk assessment: Getting specific about being dynamic. *Psychology, Public Policy, and Law, 11,* 347–383.

Downing, P. E., Chan, A. W.-Y., Peelen, M. V., Dodds, C. M., & Kanwisher, N. (2006). Domain specificity in the visual cortex. *Cerebral Cortex, 16,* 1453–1461.

Drake, C. L., & Roth, T. (2006). Predisposition in the evolution of insomnia: Evidence, potential mechanisms, and future directions. *Sleep Medicine Clinics, 1,* 333–349.

DSM-IV. (1994). *Diagnostic and statistical manual of mental disorders* (4th ed.). Washington, DC: American Psychiatric Association.

DSM-IV-TR. (2000). *Diagnostic and statistical manual of mental disorders* (4th ed., Text revision). Washington, DC: American Psychiatric Association.

DuBois, P. H. (1970). *A history of psychological testing.* Boston: Allyn & Bacon.

Dudycha, G. J. (1936). An objective study of punctuality in relation to personality and achievement. *Archives of Psychology, 204,* 1–53.

Duker, P. C., & Seys, D. M. (1996). Long-term use of electrical aversion treatment with self-injurious behavior. *Research in Developmental Disabilities, 17,* 293–301.

Duncker, D. (1945). On problem solving. *Psychological Monographs, 58* (No. 270).

Durkin, S. J., & Paxton, S. J. (2002). Predictors of vulnerability to reduced body image satisfaction and psychological well-being in response to exposure to idealized female media images in adolescent girls. *Journal of Psychosomatic Research, 53,* 995–1005.

Dusek, J. A., Hibberd, P. L., Buczynski, B., Chang, B.-H., Dusek, K. C., Johnston, J. M., Wohlhueter, A. L., Benson, H., & Zusman, R. M. (2008). Stress management versus lifestyle modification on systolic hypertension and medication elimination: A randomized trial. *The Journal of Alternative and Complementary Medicine, 14,* 129–138.

Dutton, D. G., & Aron, A. P. (1974). Some evidence for heightened sexual attraction under conditions of high anxiety. *Journal of Personality and Social Psychology, 30,* 510–517.

Dweck, C. S. (1975). The role of expectations and attributions in the alleviation of learned helplessness. *Journal of Personality and Social Psychology, 31,* 674–685.

Eastwick, P. W., Eagly, A. H., Glick, P., Johannesen-Schmidt, M. C., Fiske, S. T., Blum, A. M. B., Eckes, T., Freiburger, P., Huang, L.-L., Fernández, M. L., Manganelli, A. M., Pek, J. C. X., Rodríguez Castro, Y., Sakalli-Ugurlu, N., Six-Materna, I., & Volpato, C. (2006). Is traditional gender ideology associated with sex-typed mate preferences? A test in nine nations. *Sex Roles, 54,* 603–614.

Ebbinghaus, H. (1973). *Psychology: An elementary text-book.* New York: Arno Press. (Original work published 1908)

Edinger, J. D., Fins, A. I., Glenn, D. M., Sullivan, R. J., Jr., Bastian, L. A., Marsh, G. R., Dailey, D., Hope, T. V., Young, M., Shaw, E., & Vasilas, D. (2000). Insomnia and the eye of the beholder: Are there clinical markers of objective sleep disturbances among adults with and without insomnia complaints? *Journal of Consulting and Clinical Psychology, 68,* 593–596.

Edvardsen, J., Torgersen, S., Røysamb, E., Lygren, S., Skre, I., Onstad, S., & Øien, P. A. (2008). Heritability of bipolar spectrum disorders. Unity or heterogeneity. *Journal of Affective Disorders, 106,* 229–240.

Ekman, P. (1972). Universal and cultural differences in facial expressions of emotion. In J. Cole (Ed.), *Nebraska symposium on motivation.* Lincoln: University of Nebraska Press.

Ekman, P. (1984). Expression and the nature of emotion. In K. R. Scherer & P. Ekman (Eds.), *Approaches to emotion.* Hillsdale, NJ: Erlbaum.

Ekman, P. (1994). Strong evidence for universals in facial expressions: A reply to Russell's mistaken critique. *Psychological Bulletin, 115,* 268–287.

Ekman, P., & Friesen, W. V. (1971). Constants across cultures in the face and emotion. *Journal of Personality and Social Psychology, 17,* 124–129.

Ekman, P., & Friesen, W. V. (1986). A new pan-cultural facial expression of emotion. *Motivation and Emotion, 10,* 159–168.

Elbert, T., Pantev, C., Wienbruch, C., Rockstroh, B., & Taub, E. (1995). Increased cortical representation of the fingers of the left hand in string players. *Science, 270,* 305–307.

Elias, S. M., & MacDonald, S. (2007). Using past performance, proxy efficacy, and academic self-efficacy to predict college performance. *Journal of Applied Social Psychology, 37,* 2518–2531.

Ellis, A. (1962). *Reason and emotion in psychotherapy.* New York: Lyle Stuart.

Ellis, A. (1995). *Better, deeper, and more enduring brief therapy: The rational emotive behavior therapy approach.* New York: Brunner/Mazel.

Elms, A. C. (1988). Freud as Leonardo: Why the first psychobiography went wrong. *Journal of Personality, 56,* 19–40.

Elsabagh, S., Hartley, D. E., Ali, O., Williamson, E. M., & File, S. E. (2005). Differential cognitive effects of *Ginkgo biloba* after acute and chronic treatment in healthy young volunteers. *Psychopharmacology, 179,* 437–446.

Endler, N. S., Macrodimitris, S. D., & Kocovski, N. L. (2000). Controllability in cognitive and interpersonal tasks: Is control good for you? *Personality & Individual Differences, 29,* 951–962.

Epley, N., & Gilovich, T. (2006). The anchoring-and-adjustment heuristic. *Psychological Science, 17,* 311–318.

Epstein, L. H., Nandley, E. A., Dearing, K. K., Cho, D. D., Roemmich, J. N., Paluch, R. A., Raja, S., Pak, Y., & Spring, B. (2006). Purchases of food in youth: Influence of price and income. *Psychological Science, 17,* 82–89.

Ericsson, K. A., & Chase, W. G. (1982). Exceptional memory. *American Scientist, 70,* 607–615.

Ericsson, K. A., & Simon, H. A. (1993). *Protocol analysis: Verbal reports as data* (rev. ed.). Cambridge, MA: MIT Press.

Erikson, E. (1963). *Childhood and society.* New York: Norton.

Erlacher, D., & Schredl, M. (2008). Cardiovascular responses to dreamed physical exercise during REM lucid dreaming. *Dreaming, 18,* 112–121.

Ervik, S., Abdelnoor, M., Heier, M. S., Ramberg, M., & Strand, G. (2006). Health-related quality of life in narcolepsy. *Acta Neurologica Scandiavica, 114,* 198–204.

Eshbaugh, E. M., & Gute, G. (2008). Hookups and sexual regret among college women. *The Journal of Social Psychology, 148,* 77–89.

Espelage, D. L., Aragon, S. R., Birkett, M., & Koenig, B. W. (2008). Homophobic teasing, psychological outcomes, and sexual orientation among high school students: What influence do parents and schools have? *School Psychology Review, 37,* 202–216.

Espie, C. A. (2002). Insomnia: Conceptual issues in the development, persistence, and treatment of sleep disorder in adults. *Annual Review of Psychology, 53,* 215–243.

Estrada, C. A., Isen, A. M., & Young, M. J. (1994). Positive affect improves creative problem solving and influences reported source of practice satisfaction in physicians. *Motivation and Emotion, 18,* 285–299.

Evans, E., Hawton, K., Rodham, K., & Deeks, J. (2005). The prevalence of suicidal phenomena in adolescents: A systematic review of population-based studies. *Suicide and Life Threatening Behavior, 35,* 239–250.

Evans, J. St. B. T. (2008). Dual-processing accouts of reasoning, judgment, and social cognition. *Annual Review of Psychology, 59,* 255–278.

Evans, J. St. B. T., & Curtis-Holmes J. (2005). Rapid responding increases belief bias: Evidence for the dual-process theory of reasoning. *Thinking & Reasoning, 11,* 382–389.

Evans, S. E., Davies, C., & DiLillo, D. (2008). Exposure to domestic violence: A meta-analysis of child and adolescent outcomes. *Aggression and Violent Behavior, 13,* 131–140.

Exner, J. E. Jr. (1974). *The Rorschach: A comprehensive system.* New York: Wiley.

Exner, J. E. Jr. (2003). *The Rorschach: A comprehensive system* (4th ed.). New York: Wiley.

Exner, J. E. Jr., & Weiner, I. B. (1994). *The Rorschach: A comprehensive system: Vol. 3. Assessment of children and adolescents* (2nd ed.). New York: Wiley.

Eysenck, H. J. (1952). The effects of psychotherapy: An evaluation. *Journal of Consulting Psychology, 16,* 319–324.

Eysenck, H. J. (1973). *The inequality of man.* London: Temple Smith.

Eysenck, H. J. (1990). Biological dimensions of personality. In L. A. Pervin (Ed.), *Handbook of personality theory and research* (pp. 244–276). New York: Guilford Press.

Fabian, J. M. (2006). A literature review of the utility of selected violence and sexual violence risk assessment instruments. *The Journal of Psychiatry & Law, 34,* 307–350.

Fagan, J. F., & Holland, C. R. (2007). Racial equality in intelligence: Predictions from a theory of intelligence as processing. *Intelligence, 35,* 319–334.

Fahey, C. D., & Zee, P. C. (2006). Circadian rhythm sleep disorders and phototherapy. *Psychiatric Clinics of North America, 29,* 989–1007.

Fakhoury, W., & Priebe, S. (2002). The process of deinstitutionalization: An international overview. *Current Opinion in Psychiatry, 15,* 187–192.

Fantz, R. L. (1963). Pattern vision in newborn infants. *Science, 140,* 296–297.

Farina, A., Gliha, D., Boudreau, L. A., Allen, J. G., & Sherman, M. (1971). Mental illness and the impact of believing others know about it. *Journal of Abnormal Psychology, 77,* 1–5.

Farmer, T. A., Anderson, S. E., & Spivey, M. J. (2007). Gradiency and visual context in syntactic garden-paths. *Journal of Memory and Language, 57,* 570–595.

Farrell, M., & Gibson, S. (2007). Age interacts with stimulus frequency in the temporal summation of pain. *Pain Medicine, 8,* 514–520.

Fattore, L., Spano, M. S., Deiana, S., Melis, V., Cossu, G., Fadda, P. & Fratta, W. (2007). An endocannabinoid mechanism in relapse to drug seeking: A review of animal studies and clinical perspectives. *Brain Research Reviews, 53,* 1–16.

Fazio, R. H., & Roskos-Ewoldsen, D. R. (2005). Acting as we feel: When and how attitudes guide behavior. In T. C. Brock & M. C. Green (Eds.), *Persuasion: Psychological insights and perspectives* (2nd ed.) (pp. 41–62). Thousand Oaks, CA: Sage.

Feather, N. T. (1961). The relationship of persistence at a task to expectation of success and achievement related motives. *Journal of Abnormal and Social Psychology, 63,* 552–561.

Fechner, G. T. (1966). *Elements of psychophysics* (H. E. Adler, Trans.). New York: Holt, Rinehart & Winston. (Original work published 1860)

Federal Interagency Forum on Aging-Related Statistics. (2008). *Older Americans 2008: Key indicators of well-being.* Washington, DC: U. S. Government Printing Office. Retrieved from http://agingstats.gov/agingstatsdotnet/Main_Site/Data/Data_ 2008.asp.

Feldman, D. H. (2004). Piaget's stages: The unfinished symphony of cognitive development. *New Ideas in Psychology, 22,* 175–231.

Fernald, A., & Hurtado, N. (2006). Names in frames: Infants interpret words in sentence frames faster than words in isolation. *Developmental Science, 9,* F33–F40.

Fernald, A., & Morikawa, H. (1993). Common themes and cultural variations in Japanese and American mothers' speech to infants. *Child Development, 64,* 637–656.

Fernández-Dávila, P., Salazar, X., Cáceres, C. F., Maiorana, A., Kegeles, S., Coates, T. J., & Martinez, J. (2008). Compensated sex and sexual risk: Sexual, social and economic interactions between homosexually- and heterosexually-identified men of low income in two cities of Peru. *Sexualities, 11,* 352–374.

Ferrari, M. C. O., & Chivers, D. P. (2008). Cultural learning of predator recognition in mixed-species assemblages of frogs: The effect of tutor-to-observer ratio. *Animal Behaviour, 75,* 1921–1925.

Ferster, C. B., & Skinner, B. F. (1957). *Schedules of reinforcement.* New York: Appleton-Century-Crofts.

Festinger, L. (1957). *A theory of cognitive dissonance.* Stanford, CA: Stanford University Press.

Festinger, L., & Carlsmith, J. M. (1959). Cognitive consequences of forced compliance. *Journal of Abnormal and Social Psychology, 58,* 203–211.

Fields, R. D., & Stevens-Graham, B. (2002). New insights into neuro-glia communication. *Science, 298,* 556–562.

Fillmore M. T., Blackburn, J. S., & Harrison, E. L. R. (2008). Acute disinhibiting effects of alcohol as a factor in risky driving behavior. *Drug and Alcohol Dependence, 95,* 97–106.

Fink, P., Hansen, M. S., & Oxhøj, M. L. (2004). The prevalence of somatoform disorders among internal medical inpatients. *Journal of Psychosomatic Research, 56,* 413–418.

Finkelstein, M. A., Penner, L. A., & Brannick, M. T. (2005). Motive, role identity, and prosocial personality as predictors of volunteer activity. *Social Behavior and Personality, 33,* 403–418.

Fiore, M. C., Jaén, C. R., & Baker, T. B. (2008). *Treating tobacco use and dependence: 2008 update.* Rockville, MD: U.S. Department of Health and Human Services. Public Health Service.

Fischer, M., Barkley, R. A., Smallish, L., & Fletcher, K. (2005). Executive functioning in hyperactive children as young adults: Attention, inhibition, response perseveration, and the impact of comorbidity. *Developmental Neuropschology, 27,* 107–133.

Fisher, B. S., Cullen, F. T., & Turner, M. G. (2000). *The sexual victimization of college women.* Washington, DC: National Institute of Justice.

Fishman, H. C., & Fishman, T. (2003). Structural family therapy. In G. P. Sholevar & L. D. Schwoeri (Eds.), *Textbook of family and couples therapy: Clinical applications* (pp. 35–54). Washington, DC: American Psychiatric Publishing.

Fitch, W. T., & Hauser, M. D. (2004). Computational constraints on syntactic processing in a nonhuman primate. *Science, 303,* 377–380.

Flavell, J. H. (1985). *Cognitive development* (2nd ed.). Englewood Cliffs, NJ: Prentice Hall.

Flavell, J. H. (1996). Piaget's legacy. *Psychological Science, 7,* 200–203.

Fleming, I. (1959). From a view to a kill. In *For your eyes only* (pp. 1–30). New York: Charter Books.

Foa, E. B., & Riggs, D. S. (1995). Posttraumatic stress disorder following assault: Theoretical considerations and empirical findings. *Current Directions in Psychological Science, 4,* 61–65.

Folkard, S. (2008). Do permanent night workers show circadian adjustment? A review based on endogenous melatonin rhythm. *Chronobiology International, 25,* 215–224.

Folkman, S. (1984). Personal control and stress and coping processes: A theoretical analysis. *Journal of Personality and Social Psychology, 46,* 839–852.

Ford, C. S., & Beach, F. A. (1951). *Patterns of sexual behavior.* New York: Harper & Row.

Forgas, J. P. (2008). Affect and cognition. *Perspectives on Psychological Science, 3,* 94–101.

Forgas, J. P., & East, R. (2008). On being happy and gullible: Mood effects on skepticism and detection of deception. *Journal of Experimental Social Psychology, 44,* 1362–1367.

Forooqi, I. S., & O'Rahilly, S. (2007). Genetic factors in human obesity. *Obesity Reviews, 8,* 37–40.

Förster, J., Friedman, R. S., & Liberman, N. (2004). Temporal construal effects on abstract and concrete thinking: Consequences for insight and creative cognition. *Journal of Personality and Social Psychology, 87,* 177–189.

Försterling, F. (2001). *Attributions: An introduction to theories, research and applications.* New York: Psychology Press.

Foster, R. G., & Wulff, K. (2005). The rhythm of rest and excess. *Nature Reviews Neuroscience, 6,* 407–414.

Foucault, M. (1975). *The birth of the clinic.* New York: Vintage Books.

Foulkes, D. (1962). Dream reports from different states of sleep. *Journal of Abnormal and Social Psychology, 65,* 14–25.

Fowler, H. (1965). *Curiosity and exploratory behavior.* New York: Macmillan.

Frager, R., & Fadiman, J. (1998). *Personality and personal growth.* New York: Longman.

Fraley, R. C., Brumbaugh, C. C., & Marks, M. J. (2005). The evolution and function of adult attachment: A comparative and phylogenetic analysis. *Journal of Personality and Social Psychology, 89,* 731–746.

Fraley, R. C., & Shaver, P. R. (2000). Adult romantic attachment: Theoretical developments, emerging controversies, and unanswered questions. *Review of General Psychology, 4,* 132–154.

Frank, J. D., & Frank, J. B. (1991). *Persuasion and healing: A comparative study of psychotherapy* (3rd ed.). Baltimore: Johns Hopkins University Press.

Frank, M. E., & Nowlis, G. H. (1989). Learned aversions and taste qualities in hamsters. *Chemical Senses, 14,* 379–394.

Franklin, N., & Tversky, B. (1990). Searching imagined environments. *Journal of Experimental Psychology: General, 119,* 63–76.

Frans, Ö., Rimmö, P. A., Åberg, L., & Fredrikson, M. (2005). Trauma exposure and post-traumatic stress disorder in the general population. *Acta Psychiatrica Scandinavica, 111,* 291–299.

Fraser, L. M., O'Carroll, R. E., & Ebmeier, K. P. (2008). The effect of electroconvulsive therapy on autobiographical memory: A systematic review. *The Journal of ECT, 24,* 10–17.

Freedman, J. L., & Fraser, S. C. (1966). Compliance without pressure: The foot-in-the-door technique. *Journal of Personality and Social Psychology, 4,* 195–202.

Fresco, D. M., Williams, N. L., & Nugent, N. R. (2006). Flexibility and negative affect: Examining the associations of explanatory flexibility and coping flexibility to each other and to depression and anxiety. *Cognitive Therapy and Research, 30,* 201–210.

Freud, A. (1946). *The ego and the mechanisms of defense.* New York: International Universities Press.

Freud, A. (1958). Adolescence. *Psychoanalytic Study of the Child, 13,* 255–278.

Freud, S. (1923). *Introductory lectures on psychoanalysis* (J. Riviera, Trans.). London: Allen & Unwin.

Freud, S. (1957). Leonardo da Vinci and a memory of his childhood. In J. Strachey (Ed. and Trans.), *The standard edition of the complete psychological works of Sigmund Freud* (Vol. 11, pp. 59–137). London: Hogarth Press. (Original work published 1910)

Freud, S. (1965). *The interpretation of dreams.* New York: Avon. (Original work published 1900)

Freund, A. M., & Baltes, P. B. (1998). Selection, optimization, and compensation as strategies of life management: Correlations with subjective indicators of successful aging. *Psychology and Aging, 13,* 531–543.

Frewen, P. A., Dozois, D. J. A., & Lanius, R. A. (2008). *Clinical Psychology Review, 28,* 228–246.

Friedman, M., & Rosenman, R. F. (1974). *Type A behavior and your heart.* New York: Knopf.

Friend, R., Rafferty, Y., & Bramel, D. (1990). A puzzling misinterpretation of the Asch "conformity" study. *European Journal of Social Psychology, 20,* 29–44.

Fromkin, V. A. (Ed.). (1980). *Errors in linguistic performance: Slips of the tongue, pen, and hand.* New York: Academic Press.

Furmark, T., Tillfors, M., Marteinsdottir, I., Fischer, H., Pissiota, A., Långström, B., & Fredrikson, M. (2002). Common changes in cerebral blood flow in patients with social phobia treated with citalopram or cognitive-behavioral therapy. *Archives of General Psychiatry, 59,* 425–433.

Furnham, A., Crump, J., & Whelan, J. (1997). Validating the NEO Personality Inventory using assessor's ratings. *Personality & Individual Differences, 22,* 669–675.

Gale, C. R., Batty, G. D., & Deary, I. J. (2008). Locus of control at age 10 years and health outcomes and behaviors at age 30 years: The 1970 British Cohort Study. *Psychosomatic Medicine, 70,* 397–403.

Gallace, A., Tan, H. Z., Haggard, P., & Spence, C. (2008). Short term memory for tactile stimuli. *Brain Research, 1190,* 132–142.

Gallo, L. C., & Matthews, K. A. (2003). Understanding the association between socioeconomic status and physical health: Do negative emotions play a role? *Psychological Bulletin, 129,* 10–51.

Galton, F. (1907). *Inquiries into human faculty and its development.* London: Dent Publishers. (Original work published 1883)

Ganis, F., Thompson, W. L., & Kosslyn, S. M. (2004). Brain areas underlying visual imagery and visual perception: An fMRI study. *Cognitive Brain Research, 20,* 226–241.

Ganor-Stern, D., Tzelgov, J., & Ellenbogen, R. (2007). Automaticity and two-digit numbers. *Journal of Experimental Psychology: Human Perception and Performance, 33,* 483–496.

Gao, Q., & Horvath, T. L. (2007). Neurobiology of feeding and energy expenditure. *Annual Review of Neuroscience, 30,* 367–398.

Garb, H. N., Wood, J. M., Lilienfeld, S. O., & Nezworski, M. T. (2005). Roots of the Rorschach controversy. *Clinical Psychology Review, 25,* 97–118.

Garcia, J. (1990). Learning without memory. *Journal of Cognitive Neuroscience, 2,* 287–305.

Garcia, J., & Koelling, R. A. (1966). The relation of cue to consequence in avoidance learning. *Psychonomic Science, 4,* 123–124.

Gardner, H. (1993). *Creating minds.* New York: Basic Books.

Gardner, H. (1999). *The disciplined mind.* New York: Simon & Schuster.

Gardner, H. (2006). *Multiple intelligences: New Horizons.* New York: Basic books.

Gardner, M., & Steinberg, L. (2005). Peer influence on risk taking, risk preference, and risky decision making in adolescence and adulthood: An experimental study. *Developmental Psychology, 41,* 625–635.

Gardner, R. A., & Gardner, B. T. (1969). Teaching sign language to a chimpanzee. *Science, 165,* 664–672.

Gassió, R., Artuch, R., Vilaseca, M. A., Fusté, E., Boix, C., Sans, A., & Campistol, J. (2005). Cognitive functions in classic phenylketonuria and mild hyperphenylalaninaemia: Experience in a paediatric population. *Developmental Medicine & Child Neurology, 47,* 443–448.

Gatchel, R. J. (2004) Comorbidity of chronic pain and mental health disorders: The biopsychosocial perspective. *American Psychologist, 59,* 784–805.

Gatchel, R. J., Peng, Y. B., Peters, M. D., Fuchs, P. N., & Turk, D. C. (2007). The biopsychosocial approach to chronic pain: Scientific advances in future directions. *Psychological Bulletin, 133,* 581–624.

Gawronksi, B., & LeBel, E. P. (2008). Understanding patterns of attitude change: When implicit measures show change, but explicit measures do not. *Journal of Experimental Social Psychology, 44,* 1355–1361.

Gazzaniga, M. (1970). *The bisected brain.* New York: Appleton-Century-Crofts.

Gazzaniga, M. S. (1985). *The social brain.* New York: Basic Books.

Gelman, S. A. (2003). *Origins of essentialism in everyday thought.* London: Oxford University Press.

Gelman, S. A., & Raman, L. (2002). Folk biology as a window into cognitive development. *Human Development, 45,* 61–68.

Gelman, S. A., & Wellman, H. M. (1991). Insides and essences: Early understandings of the non-obvious. *Cognition, 38,* 213–244.

Gentner, D., & Goldin-Meadow, S. (Eds.). (2003). *Language in mind: Advances in the study of language and thought.* Cambridge, MA: MIT Press.

Geraerts, E., Schooler, J. W., Merckelbach, H., Jelicic, M., Hauer, B. J. A., & Ambadar, Z. (2007). The reality of recovered memories: Corroborating continuous and discontinuous memories of childhood sexual abuse. *Psychological Science, 18,* 564–568.

Gergen, K. J., Gulerce, A., Lock, A., & Misra, G. (1996). Psychological science in a cultural context. *American Psychologist, 51,* 496–503.

Gerrig, R. J., & O'Brien, E. J. (2005). The scope of memory-based processing. *Discourse Processes, 39,* 225–242.

Gershkoff-Stowe, L., & Hahn, E. R. (2007). Fast mapping skills in the developing lexicon. *Journal of Speech, Language, and Hearing Research, 50,* 682–697.

Gershoff, E. T., & Bitensky, S. H. (2007). The case against corporal punishment for children: Converging evidence from social science research and international human rights law and implications for U. S. public policy. *Psychology, Public Policy, and Law, 13,* 231–272.

Gibbons, A. (2002). Hot spots of brain evolution. *Science, 296,* 837.

Gibbons, A. (2007). Food for thought. *Science, 316,* 1558–1560.

Gibbons, M. B. C., Crits-Christoph, P., & Hearon, B. (2008). The empirical status of psychodynamic therapies. *Annual Review of Clinical Psychology, 4,* 93–108.

Gibbs, J. C., Basinger, K. S., Grime, R. L., & Snarey, J. R. (2007). Moral judgment development across culture: Revisiting Kohlberg's universality claims. *Developmental Review, 27,* 443–500.

Gibson, E. J., & Walk, R. D. (1960). The "visual cliff." *Scientific American, 202,* 64–71.

Gibson, J. J. (1979). *An ecological approach to visual perception.* Boston: Houghton Mifflin.

Gidron, Y., Davidson, K., & Bata, I. (1999). The short-term effects of a hostility-reduction intervention on male coronary heart disease patients. *Health Psychology, 18,* 416–420.

Gigerenzer, G. (2008). Why heuristics work. *Perspectives on Psychological Science, 3,* 20–29.

Gilbert, D. T., Morewedge, C. K., Risen, J. L., & Wilson, T. D. (2004). Looking forward to looking backward: The misprediction of regret. *Psychological Science, 15,* 346–350.

Gilligan, C. (1982). *In a different voice: Psychological theory and women's development.* Cambridge, MA: Harvard University Press.

Gilovich, T. (1991). *How we know what isn't so: The fallibility of human reason in everyday life.* New York: The Free Press.

Gitlin, M., Nuechterlein, K., Subotnik, K. L., Ventura, J., Mintz, J., Fogelson, D. L., Bartzokis, G., & Aravagiri, M. (2001). Clinical outcome following neuroleptic discontinuation in patients with remitted recent-onset schizophrenia. *American Journal of Psychiatry, 158,* 1835–1842.

Glasman, L. R., & Albarracín, D. (2006). Forming attitudes that predict behavior: A meta-analysis of the attitude-behavior relation. *Psychological Bulletin, 132,* 778–822.

Gleaves, D. H., May, M. C., & Cardeña, E. (2001). An examination of the diagnostic validity of dissociative identity disorder. *Clinical Psychology Review, 21,* 577–608.

Goddard, H. H. (1914). *The Kallikak family: A study of the heredity of feeble-mindedness.* New York: Macmillan.

Godden, D. R., & Baddeley, A. D. (1975). Context-dependent memory in two natural environments: On land and under water. *British Journal of Psychology, 66,* 325–331.

Godin, G., Sheeran, P., Conner, M., & Germain, M. (2008). Asking questions changes behavior: Mere measurement effects on frequency of blood donation. *Health Psychology, 27,* 179–184.

Goel, V. (2007). Anatomy of deductive reasoning. *Trends in Cognitive Science, 11,* 435–441.

Goldapple, K., Segal, Z., Garson, C., Lau, M., Bieling, P., Kennedy, S., & Mayberg, H. (2004). Modulation of cortical-limbic pathways in major depression. *Archives of General Psychiatry, 61,* 34–41.

Goldberg, A. E., & Perry-Jenkins, M. (2007). The division of labor and perceptions of parental roles: Lesbian couples across the transition to parenthood. *Journal of Social and Personal Relationships, 24,* 297–318.

Goldberg, A. E., & Sayer, A. (2006). Lesbian couples' relationship quality across the transition to parenthood. *Journal of Marriage and Family, 68,* 87–100.

Goldfried, M. R. (2003). Cognitive-behavior therapy: Reflections on the evolution of a therapeutic orientation. *Cognitive Therapy and Research, 27,* 53–69.

Goldfried, M. R., & Davila, J. (2005). The role of relationship and technique in therapeutic change. *Psychotherapy: Theory, Research, Practice, Training, 42,* 421–430.

Goldin-Meadow, S. (2003). *The resilience of language: What gesture creation in deaf children can tell us about how all children learn language.* New York: Psychology Press.

Goldin-Meadow, S., & Mylander, C. (1990). Beyond the input given: The child's role in the acquisition of language. *Language, 66,* 323–355.

Goldrick, M., & Larson, M. (2008). Phonotactic probability influences speech production. *Cognition, 107,* 1155–1164.

Goldstein, D., Hahn, C. S., Hasher, L., Wiprzycka, U. J., & Zelazo, P. D. (2007). Time of day, intellectual performance, and behavioral problems in morning versus evening type adolescents: Is there a synchrony effect? *Personality and Individual Differences, 42,* 431–440.

Goldstein, E. B. (1999). *Sensation & perception* (5th ed.). Pacific Grove, CA: Brooks/Cole.

Goldstein, J. M., Seidman, L. J., Horton, N. J., Makris, N., Kennedy, D. N., Caviness, V. S., Jr., Faraone, S. V., & Tsuang, M. T. (2001). Normal sexual dimorphism of the human brain assessed by in vivo magnetic resonance imaging. *Cerebral Cortex, 11,* 490–497.

Goldstein, R. B., Compton, W. M., Pulay, A. J., Ruan, W. J., Pickering, R. P., Stinson, F. S., & Grant, B. F. (2007). Antisocial behavioral syndromes and DSM-IV drug use disorders in the United States: Results from the National Epidemiologic Survey on Alcohol and Related Conditions. *Drug and Alcohol Dependence, 90,* 145–158.

Goldstrom, I. D., Campbell, J., Rogers, J. A., Lambert, D. B., Blacklow, B., Henderson, M. J., & Manderscheid, R. W. (2006). National estimates for mental health support groups, self-help organizations, and consumer-operated services. *Administration and Policy in Mental Health and Mental Health Services Research, 33,* 92–103.

Golombok, S., Rust, J., Zervoulis, K., Croudace, T., Golding, J., & Hines, M. (2008). Developmental trajectories of sex-typed behavior in boys and girls: A longitudinal general population study of children aged 2.5–8 years. *Child Development, 79,* 1583–1593.

Goodheart, C. D., Kadzin, A. E., & Sternberg, R. J. (2006). *Evidence-based psychotherapy: Where practice and research meet.* Washington, DC: American Psychological Association.

Goodyn, H., Callaerts-Vegh, Z., Stroobants, S., Dirikx, T., Vansteenwegen, D., Hermans, D., van der Putten, H., & D'Hooge, R. (2008). Deficits in acquisition and extinction of conditioned responses in mGluR7 knockout mice. *Neurobiology of Learning and Memory, 90,* 103–111.

Gotlib, I. H., & Hamilton, J. P. (2008). Neuroimaging and depression: Current status and unresolved issues. *Current Directions in Psychological Science, 17,* 159–163.

Gottesman, I. I. (1991). *Schizophrenia genesis: The origins of madness.* New York: Freeman.

Gottfredson, L. S. (1997). Mainstream science on intelligence: An editorial with 52 signatories, history, and bibliography. *Intelligence, 24,* 13–23.

Gottfredson, L. S. (2002). Where and why *g* matters: Not a mystery. *Human Performance, 15,* 25–46.

Gouin, J.-P., Kielcolt-Glaser, J. K., Malarkey, W. B., & Glaser, R. (2008). The influence of anger expression on wound healing. *Brain, Behavior, and Immunity, 22,* 699–708.

Gould, E., & Gross, C. G. (2002). Neurogenesis in adult mammals: Some progress and problems. *Journal of Neuroscience, 22,* 619–623.

Gould, S. J. (2002). *The structure of evolutionary theory.* Cambridge, MA: Belknap Press.

Grady, C. L., McIntosh, A. R., & Craik, F. I. M. (2005). Task-related activity in prefrontal cortex and its relation to recognition memory performance in young and old adults. *Neuropsychologia, 43,* 1466–1481.

Grady, C. L., Springer, M. V., Hongwanishkul, D., McIntosh, A. R., & Winocur, G. (2006). Age-related changes in brain activity across the adult lifespan. *Journal of Cognitive Neuroscience, 18,* 227–241.

Granic, I., & Patterson, G. R. (2006). Toward a comprehensive model of antisocial development: A dynamic systems approach. *Psychological Review, 113,* 101–131.

Grant, A. M. (2008). The significance of task significance: Job performance effects, relational mechanisms, and boundary conditions. *Journal of Applied Psychology, 93,* 108–124.

Grant, P. R., & Grant, B. R. (2006). Evolution of character displacement in Darwin's finches. *Science, 313,* 224–226.

Grant, P. R., & Grant, B. R. (2008). *How and why species multiply.* Princeton, NJ: Princeton University Press.

Gray, M. R., & Steinberg, L. (1999). Unpacking authoritative parenting: Reassessing a multidimensional construct. *Journal of Marriage and the Family, 61,* 574–587.

Greaves, N., Prince, E., Evans, D. W., & Charman, T. (2006). Repetitive and ritualistic behaviour in children with Prader-Willi syndrome and children with autism. *Journal of Intellectual Disability Research, 50,* 92–100.

Green, D. M., & Swets, J. A. (1966). *Signal detection theory and psychophysics.* New York: Wiley.

Greenberg, S. T., & Schoen, E. G. (2008). Males and eating disorders: Gender-based therapy for eating disorder recovery. *Professional Psychology: Research and Practice, 39,* 464–471.

Greene, J. D., Morelli, S. A., Lowenberg, K., Nystrom, L. E., & Cohen, J. D. (2008). Cognitive load selectively interferes with utilitarian moral judgment. *Cognition, 107,* 1144–1154.

Greene, J. D., Sommerville, R. B., Nystrom, L. E., Darley, J. M., & Cohen, J. D. (2001). An fMRI investigation of emotional engagement in moral judgment. *Science, 293,* 2105–2108.

Greenfield, P. M. (1997). You can't take it with you: Why ability assessments don't cross cultures. *American Psychologist, 52,* 1115–1124.

Greenwald, A. G., Banaji, M. R., Rudman, L A., Farnham, S. D., Nosek, B. A., & Mellott, D. S. (2002). A unified theory of implicit attitudes, stereotypes, self-esteem, and self-concept. *Psychological Review, 109,* 3–25.

Greenwald, A. G., Spangenber, E. R., Pratkanis, A. R., & Eskenazi, J. (1991). Double-blind tests of subliminal self-help audiotapes. *Psychological Science, 2,* 119–122.

Gregory, R. (1966). *Eye and brain.* New York: McGraw-Hill.

Grice, H. P. (1968). Utterer's meaning, sentence-meaning, and word-meaning. *Foundations of Language, 4,* 1–18.

Grice, H. P. (1975). Logic and conversation. In P. Cole & J. L. Morgan (Eds.), *Syntax and semantics: Vol. 3. Speech acts* (pp. 41–58). New York: Academic Press.

Grieger, T. A., Waldrep, D. A., Lovasz, M. M., & Ursano, R. J. (2005). Follow-up of Pentagon employees two years after the terrorist attack of September 11, 2001. *Psychiatric Services, 56,* 1374–1378.

Griffin, A. S. (2008). Socially acquired predator avoidance: Is it just classical conditioning? *Brain Research Bulletin, 76,* 264–271.

Grigorenko, E. L. (2000). Heritability and intelligence. In R. J. Sternberg (Ed.), *Handbook of intelligence* (pp. 53–91). Cambridge, UK: Cambridge University Press.

Grigorenko, E. L., Meier, E., Lipka, J., Mohatt, G., Yanez, E., & Sternberg, R. J. (2004). Academic and practical intelligence: A case study of the Yup'ik in Alaska. *Learning and Individual Differences, 14,* 183–207.

Grilo, C. M., Hrabosky, J. I., White, M., Allison, K. C., Stunkard, A. J., & Masheb, R. M. (2008). Overvaluation of shape and weight in binge eating disorder and overweight controls: Refinement of a diagnostic construct. *Journal of Abnormal Psychology, 117*, 414–419.

Grodner, D., Gibson, E., & Watson, D. (2005). The influence of contextual contrast on syntactic processing: Evidence for stong-interaction in sentence comprehension. *Cognition, 95*, 275–296.

Groh, D. R., Jason, L. A., & Keys, C. B. (2008). Social network variables in alcoholics anonymous: A literature review. *Clinical Psychology Review, 28*, 430–450.

Grohol, J. M. (1998). Future clinical directions: Professional development, pathology, and psychotherapy on-line. In J. Gackenbach (Ed.), *Psychology and the Internet: Intrapersonal, interpersonal, and transpersonal implications* (pp. 111–140). San Diego, CA: Academic Press.

Grüsser, S. M., Thalemann, C. N., Platz, W., Gölz, J., & Partecke, G. (2006). A new approach to preventing relapse in opiate addicts: A psychometric evaluation. *Biological Psychiatry, 71*, 231–235.

Guéraud, S., Tapiero, I., & O'Brien, E. J. (2008). Context and the activation of predictive inferences. *Psychonomic Bulletin & Review, 15*, 351–356.

Guilleminault, C., Poyares, D., Aftab, F., & Palombini, L. (2001). Sleep and wakefulness in somnambulism: A spectral analysis study. *Journal of Psychosomatic Research, 51*, 411–416.

Gur, R. C., Gunning-Dixon, F., Bilker, W. B., & Gur, R. E. (2002). Sex differences in temporo-limbic and frontal brain volumes of healthy adults. *Cerebral Cortex, 12*, 998–1003.

Gutierrez, P. M., Watkins, R., & Collura, D. (2004). Suicide risk screening in an urban high school. *Suicide and Life-Threatening Behavior, 34*, 421–428.

Haas, S. M., & Stafford, L. (2005). Maintenance behaviors in same-sex and marital relationships: A matched sample comparison. *Journal of Family Communication, 5*, 43–60.

Haberstick, B. C., Schmitz, S., Young, S. E., & Hewitt, J. K. (2006). Genes and developmental stability of aggressive behavior: Problems at home and school in a community sample of twins aged 7–12. *Behavior Genetics, 36*, 809–819.

Habib, R., Nyberg, L., & Tulving, E. (2003). Hemispheric asymmetries of memory: the HERA model revisited. *TRENDS in Cognitive Sciences, 7*, 241–245.

Haddock, G. (2002). It's easy to like or dislike Tony Blair: Accessibility experiences and the favourability of attitude judgments. *British Journal of Psychology, 93*, 257–267.

Haidt, J. (2007). The new synthesis in moral psychology. *Science, 316*, 998–1002.

Haier, R. J., Jung, R. E., Yeo, R. A., Head, K., & Alkire, M. T. (2004). Structural variation and general intelligence. *NeuroImage, 23*, 425–433.

Hajcak, G., & Olvet, D. M. (2008). The persistence of attention to emotion: Brain potentials during and after picture presentation. *Emotion, 8*, 250–255.

Hall, G. S. (1904). *Adolescence: Its psychology and its relations to physiology, anthropology, sociology, sex, crime, religion and education* (Vols. 1 and 2). New York: D. Appleton.

Hamilton, M., & Rajaram, S. (2001). The concreteness effect in implicit and explicit memory tests. *Journal of Memory and Language, 44*, 96–117.

Hamilton, N. A., Gallagher, M. W., Preacher, K. J., Stevens, N., Nelson, C. A., Karlson, C., & McCurdy, D. (2007). Insomnia and well-being. *Journal of Consulting and Clinical Psychology, 75*, 939–946.

Hamlin, J. K., Hallinan, E. V., & Woodward, A. L. (2008). Do as I do: 7-month-old infants selectively reproduce other's goals. *Developmental Science, 11*, 487–494.

Han, J.-S. (2004). Acupuncture and endorphins. *Neuroscience Letters, 361*, 258–261.

Harbluk, J. L., Noy, Y. I., Trbovich, P. L., & Eizenman, M. (2007). An on-road assessment of cognitive distraction: Impacts on drivers' visual behavior and braking performance. *Accident Analysis and Prevention, 39*, 372–379.

Harder, J. W. (1991). Equity theory versus expectancy theory: The case of major league baseball free agents. *Journal of Applied Psychology, 76*, 458–464.

Hardy, J., & Selkoe, D. J. (2002). The amyloid hypothesis of Alzheimer's disease: Progress and problems on the road to therapeutics. *Science, 297*, 353–356.

Hare, B. (2007). From nonhuman to human mind: What changed and why? *Current Directions in Psychological Science, 16*, 60–64.

Hargadon, R., Bowers, K. S., & Woody, E. Z. (1995). Does counterpain imagery mediate hypnotic analgesia? *Journal of Abnormal Psychology, 104*, 508–516.

Harlow, H. F. (1958). The nature of love. *American Psychologist, 13*, 673–685.

Harlow, H. F., & Zimmerman, R. R. (1958). The development of affectional responses in infant monkeys. *Proceedings of the American Philosophical Society, 102*, 501–509.

Harlow, H. F., & Zimmerman, R. R. (1959). Affectional responses in the infant monkey. *Science, 130*, 421–432.

Harlow, J. M. (1868). Recovery from the passage of an iron bar through the head. *Publications of the Massachusetts Medical Society, 2*, 327–347.

Harris, B. (1979). Whatever happened to Little Albert? *American Psychologist, 34*, 151–160.

Harrison, P. J., Lyon, L., Sartorius, L. J., Burnet, P. W. J., & Lane, T. A. (2008). The group II metabotropic glutamate receptor 3 (mGluR3, mGlu3, GRM3): Expression, function and involvement in schizophrenia. *Journal of Pharmacology, 22*, 308–322.

Hart, J. T. (1965). Memory and the feeling-of-knowing experience. *Journal of Educational Psychology, 56,* 208–216.

Hartshorne, H., & May, M. A. (1928). *Studies in the nature of character: Vol. 1. Studies in deceit.* New York: Macmillan.

Hartsuiker, R. J., Corley, M., & Martensen, H. (2005). The lexical bias effect is modulated by context, but the standard monitoring account doesn't fly: Related reply to Baars et al. (1975). *Journal of Memory and Language, 52,* 58–70.

Hasson, U., Furman, O., Clark, D., Dudai, Y., & Davachi, L. (2008). Enhanced intersubject correlations during movie viewing correlate with successful episodic encoding. *Neuron, 57,* 452–462.

Hastorf, A. H., & Cantril, H. (1954). They saw a game: A case study. *Journal of Abnormal and Social Psychology, 49,* 129–134.

Hatcher, C., & Himelstein, P. (Eds.). (1996). *The handbook of Gestalt therapy.* Northvale, NJ: Jason Aronson.

Hatfield, E., & Sprecher, S. (1995). Men's and women's preferences in marital partners in the United States, Russia, and Japan. *Journal of Cross-Cultural Psychology, 26,* 728–750.

Hathaway, S. R., & McKinley, J. C. (1940). A multiphasic personlaity schedule (Minnesota): I. Construction of the schedule. *Journal of Psychology, 10,* 249–254.

Hathaway, S. R., & McKinley, J. C. (1943). *Minnesota Multiphasic Inventory manual.* New York: Psychological Corporation.

Hazan, C., & Shaver, P. (1987). Romantic love conceptualized as an attachment process. *Journal of Personality and Social Psychology, 52,* 511–524.

Hazeltine, E., & Ivry, R. B. (2002). Can we teach the cerebellum new tricks? *Science, 296,* 1979–1980.

Hearst, E. (1988). Fundamentals of learning and conditioning. In R. C. Atkinson, R. J. Herrnstein, G. Lindzey, & R. D. Luce (Eds.), *Stevens' handbook of experimental psychology: Vol. 2. Learning and cognition* (2nd ed., pp. 3–109). New York: Wiley.

Heatherington, L., & Lavner, J. A. (2008). Coming to terms with coming out: Review and recommendations for family systems-focused research. *Journal of Family Psychology, 22,* 329–343.

Hebl, M. R., & Heatherton, T. F. (1998). The stigma of obesity in women: The difference is black and white. *Personality and Social Psychology Bulletin, 24,* 417–426.

Heider, F. (1958). *The psychology of interpersonal relationships.* New York: Wiley.

Hektner, J. M., & Csikszentmihalyi, M. (2002). The experience sampling method: Measuring the context and the content of lives. In R. B. Bechtel & A. Churchman (Eds.), *Handbook of environmental psychology* (pp. 233–243). New York: Wiley.

Hektner, J. M., Schmidt, J. A., Csikszentmihaly, M. (2007). *Experience sampling method: Measuring the quality of everyday life.* Thousand Oaks, CA: Sage.

Helgeson, V. S., Reynolds, K. A., & Tomich, P. L. (2006). A meta-analytic review of benefit finding and growth. *Journal of Consulting and Clinical Psychology, 74,* 797–816.

Heller, M. A., Bracket, D. D., Salik, S. S., Scroggs, E., & Green, S. (2003). Objects, raised lines, and the haptic horizontal-vertical illusion. *Quarterly Journal of Experimental Psychology, 56A,* 891–907.

Helms, J. E. (2006). Fairness is not validity or cultural bias in racial-group assessment: A quantitative perspective. *American Psychologist, 61,* 845–859.

Hendriksen, E. S., Pettifor, A., Lee, S.-J., Coates, T. J., & Rees, H. V. (2007). Predictors of condom use among young adults in South Africa: The reproductive health and HIV research unit national youth survey. *American Journal of Public Health, 97,* 1241–1248.

Henningsen, D. D., Henningsen, M. L. M., Eden, J., & Cruz, M. G. (2006). Examining the symptoms of groupthink and retrospective sensemaking. *Small Group Research, 37,* 36–64.

Henry, P. J., & Sears, D. O. (2002). The symbolic racism 2000 scale. *Political Psychology, 2,* 253–283.

Henry, W. P., Strupp, H. H., Schacht, T. E., & Gaston, L. (1994). Psychodynamic approaches. In A. E. Bergin & S. L. Garfield (Eds.), *Handbook of psychotherapy and behavior change* (4th ed., pp. 467–508). New York: Wiley.

Herek, G. M. (2002). Gender gaps in public opinion about lesbians and gay men. *Public Opinion Quarterly, 66,* 40–66.

Herek, G. M. (2006). Legal recognition of same-sex relationships in the United States: A social science perspective. *American Psychologist, 61,* 607–621.

Herholz, K., Weisenbach, S., & Kalbe, E. (2008). Deficits of the cholinergic system in early AD. *Neuropsychologia, 46,* 1642–1647.

Herman, C. P., Roth, D. A., & Polivy, J. (2003). Effects of the presence of others on food intake: A normative investigation. *Psychological Bulletin, 129,* 873–886.

Hernnstein, R. J., & Murray, C. (1994). *The bell curve.* New York: The Free Press.

Heron, M. P., Hoyert, D. L., Xu, J., Scott, C., & Tejada-Vera, B. (2008). *Deaths: Preliminary data for 2006.* Washington, DC: National Vital Statistics Reports.

Hersh, S. M. (1971). *My Lai 4: A report on the massacre and its aftermath.* New York: Random House.

Hertwig, R., Herzog, S. M., Schooler, L. J., & Reimer, T. (2008). Fluency heuristic: A model of how the mind exploits a by-product of information retrieval. *Journal of Experimental Psychology: Learning, Memory, and Cognition, 34,* 1191–1206.

Hess, T. M. (2005). Memory and aging in context. *Psychological Bulletin, 131*, 383–406.

Hess, T. M., & Hinson, J. T. (2006). Age-related variation in the influences of aging sterotypes on memory in adulthood. *Psychology and Aging, 21*, 621–625.

Hettema, J. M., Neale, M. C., & Kendler, K. S. (2001). A review and meta-analysis of the genetic epidemiology of anxiety disorders. *American Journal of Psychiatry, 158*, 1568–1578.

Hettema, J. M., Prescott, C. A., Myerse, J. M., Neale, M. C., & Kendler, K. S. (2005). The structure of genetic and environmental risk factors for anxiety disorders in men and women. *Archives of General Psychiatry, 62*, 182–189.

Hewstone, M., Rubin, M., & Willis, H. (2002). Intergroup bias. *Annual Review of Psychology, 53*, 575–604.

Hibbard, J. H., Peters, E., Dixon, A., & Tusler, M. (2007). Consumer competencies and the use of comparative quality information: It isn't just about literary. *Medical Care Research and Review, 64*, 379–394.

Hickok, G., Love-Geffen, T., & Klima, E. S. (2002). Role of the left hemisphere in sign language comprehension. *Brain & Language, 82*, 167–178.

Higgie, M., Chenoweth, S., & Blows, M. W. (2000). Natural selection and the reinforcement of mate recognition. *Science, 290*, 519–521.

Higgins, E. T., & Pittman, T. S. (2008). Motives of the *human* animal: Comprehending, managing, and sharing inner states. *Annual Review of Psychology, 59*, 361–385.

Hilgard, E. R. (1986). *Psychology in America: A historical survey.* San Diego, CA: Harcourt Brace Jovanovich.

Hills, A. L., Cox, B. J., McWilliams, L. A., & Sareen, J. (2005). Suicide attempts and externalizing psychopathology in a nationally representative sample. *Comprehensive Psychiatry, 46*, 334–339.

Hilsenroth, M. J., Charnas, J. W., Zodan, J., & Streiner, D. L. (2007). Criterion-based training for Rorschach scoring. *Training and Education in Professional Psychology, 1*, 125–134.

Hinshaw, S. P., & Stier, A. (2008). Stigma as related to mental disorders. *Annual Review of Clinical Psychology, 4*, 367–393.

Hobara, M. (2005). Beliefs about appropriate pain behavior: Cross-cultural and sex differences between Japanese and Euro-Americans. *European Journal of Pain, 9*, 389–393.

Hobson, J. A. (1988). *The dreaming brain.* New York: Basic Books.

Hobson, J. A., & McCarley, R. W. (1977). The brain as a dream state generator: An activation-synthesis hypothesis of the dream process. *American Journal of Psychiatry, 134*, 1335–1348.

Hodgkinson, G. P., & Healey, M. P. (2008). Cognition in organizations. *Annual Review of Psychology, 59*, 387–417.

Hoekstra, R. A., Bartels, M., & Boomsma, D. I. (2007). Longitudinal genetic study of verbal and nonverbal IQ from early childhood to young adulthood. *Learning and Individual Differences, 17*, 97–114.

Hoelzle, J. B., & Meyer, G. J. (2008). The factor structure of the MMPI-2 Restructured Clinical (RC) Scales. *Journal of Personality Assessment, 90*, 443–455.

Hoffman, E. J., & Mathew, S. J. (2008). Anxiety disorders: A comprehensive review of pharmacotherapies. *Mount Sanai Journal of Medicine, 75*, 248–262.

Hoffer, T. B., Hess, M., Welch, V. Jr., & Williams, K. (2007). *Doctorate Recipients from United States Universities: Summary Report 2006.* Chicago: National Opinion Research Center.

Hoffmann, A. A., & Willi, Y. (2008). Detecting genetic responses to environmental change. *Nature Reviews Genetics, 9*, 421–432.

Hoge, C. W., Castro, C. A., Messer, S. C., McGurk, D., Cotting, D. I., & Koffman, R. L. (2004). Combat duty in Iraq and Afghanistan, mental health problems, and barriers to care. *New England Journal of Medicine, 351*, 13–22.

Holahan, C. K., & Sesrs, R. R. (1995). The gifted group in later maturity. Stanford, CA: Stanford University Press.

Holen, M. C., & Oaster, T. R. (1976). Serial position and isolation effects in a classroom lecture simulation. *Journal of Educational Psychology, 68*, 723–725.

Hollon, S. D., Stewart, M. O., & Strunk, D. (2006). Enduring effects for cognitive behavior therapy in the treatment of depression and anxiety. *Annual Review of Psychology, 57*, 285–315.

Hollon, S. D., Thase, M. E., & Markowitz, J. C. (2002). Treatment and prevention of depression. *Psychological Science in the Public Interest, 3*, 39–77.

Holmbeck, G. N., & O'Donnell, D. (1991). Discrepancies between perceptions of decision making and behavioral autonomy. In R. L. Paikoff (Ed.), *Shared views in the family during adolescence* (pp. 51–69). San Francisco: Jossey-Bass.

Holmes, T. H., & Rahe, R. H. (1967). The social readjustment rating scale. *Journal of Psychosomatic Research, 11*(2), 213–218.

Homer, B. D., Solomon, T. M., Moeller, R. W., Mascia, A., DeRaleau, L., & Halktis, P. N. (2008). Methamphetamine abuse and impairment of social functioning: A review of the underlying neurphysiological causes and behavioral implications. *Psychological Bulletin, 134*, 301–310.

Hooley, J. M. (2007). Expressed emotion and relapse of psychopathology. *Annual Review of Clinical Psychology, 3*, 329–352.

Hope, L., Ost, J., Gabbert, F., Healey, S., & Lenton, E. (2008). "With a little help from my friends . . . ": The role of co-witness relationship in susceptibility to misinformation. *Acta Psychologia, 127*, 476–484.

Hopson, J. L. (1979). *Scent signals: The silent language of sex.* New York: Morrow.

Horgen, K. B., & Brownell, K. D. (2002). Comparison of price change and health message interventions in promoting healthy food choices. *Health Psychology, 21,* 505–512.

Horney, K. (1937). *The neurotic personality of our time.* New York: Norton.

Horney, K. (1939). *New ways in psychoanalysis.* New York: Norton.

Horney, K. (1945). *Our inner conflicts: A constructive theory of neurosis.* New York: Norton.

Horney, K. (1950). *Neurosis and human growth.* New York: Norton.

Horton, J. E., Crawford, H. J., Harrington, G., & Downs, J. H. III. (2004). Increased anterior corpus callosum size associated positively with hypnotizability and the ability to control pain. *Brain, 127,* 1741–1747.

Horton, W. S. (2007). The influence of partner-specific memory associations on language production: Evidence from picture naming. *Language and Cognitive Processes, 22,* 1114–1139.

Horton, W. S., & Gerrig, R. J. (2005). The impact of memory demands on audience design during language production. *Cognition, 96,* 127–142.

Horwitz, B., Amuntsb, K., Bhattacharyya, R., Patkin, D., Jeffries, K., Zilles, K., & Braun, A. R. (2003). Activation of Broca's area during the production of spoken and signed language: A combined cytoarchitectonic mapping and PET analysis. *Neuropsychologia, 41,* 1868–1876.

Hoshino-Browne, E., Zanna, A. S., Spencer, S. J., Zanna, M. P., Kitayama, S., & Lackenbauer, S. (2005). On the cultural guises of cognitive dissonance: The case of Easterners and Westerners. *Journal of Personality and Social Psychology, 89,* 294–310.

Hosking, R. D., & Zajicek, J. P. (2008). Therapeutic potential of cannabis in pain medicine. *British Journal of Anaesthesia, 101,* 59–68.

Houghton, J. (1980). One personal experience: Before and after mental illness. In J. G. Rabkin, L. Gelb, & J. B. Lazar (Eds.), *Attitudes toward the mentally ill: Research perspectives* (pp. 7–14). Rockville, MD: National Institutes of Mental Health.

Houlihan, D., Schwartz, C., Miltenberger, R., & Heuton, D. (1993). The rapid treatment of a young man's balloon (noise) phobia using in vivo flooding. *Journal of Behavior Therapy and Experimental Psychiatry, 24,* 233–240.

Howe, C. Q., & Purves, D. (2005). The Müller-Lyer illusion explained by the statistics of image-source relationships. *PNAS, 102,* 1234–1239.

Howell, R. T., & Howell, C. J. (2008). The relation of economic status to subjective well-being in developing countries: A meta-analysis. *Psychological Bulletin, 134,* 536–560.

Hublin, C., Partinen, M., Koskenvuo, M., & Kaprio, J. (2007). Sleep and mortality: A population-based 22-year follow-up study. *Sleep, 30,* 1245–1253.

Hudson, J. I., Hiripi, E., Pope, H. G. Jr., & Kessler, R. C. (2007). The prevalence and correlates of eating disorders in the national comorbidity survey replication. *Biological Psychiatry, 61,* 348–358.

Hudson, J. L., Flannery-Schroeder, E., & Kendall, P. (2004). Primary prevention of anxiety disorders. In D. J. A. Dozois, & K. S. Dobson (Eds.), *The prevention of anxiety and depression: Theory, research, and practice* (pp. 101–130). Washington, DC: American Psychological Association.

Huesmann, L. R., Moise-Titus, J., Podolski, C. L., & Eron, L. D. (2003). Longitudinal relations between children's exposure to TV violence and their aggressive and violent behavior in young adulthood: 1977–1992. *Developmental Psychology, 39,* 201–221.

Hughes, S. C., & Boakes, R. A. (2008). Flavor preferences produced by backward pairing with wheel running. *Journal of Experimental Psychology: Animal Behavior Processes, 34,* 283–293.

Huizink, A. C., & Mulder, E. J. H. (2006). Maternal smoking, drinking or cannabis use during pregnancy and neurobehavioral and cognitive functioning in human offspring. *Neuroscience and Biobehavioral Reviews, 30,* 24–41.

Hull, C. L. (1943). *Principles of behavior: An introduction to behavior theory.* New York: Appleton-Century-Crofts.

Hull, C. L. (1952). *A behavior system: An introduction to behavior theory concerning the individual organism.* New Haven, CT: Yale University Press.

Hume, D. (1951). In L. A. Selby-Bigge (Ed.), *An enquiry concerning human understanding.* London: Oxford University Press. (Original work published 1748)

Hunt, E., & Carlson, J. (2007). Considerations relating to the study of group differences in intelligence. *Perspectives on Psychological Science, 2,* 194–213.

Hurvich, L., & Jameson, D. (1974). Opponent processes as a model of neural organization. *American Psychologist, 29,* 88–102.

Huston, A. C. (2005). The effects of welfare reform and poverty policies on children and families. In D. B. Pillemer & S. H. White (Eds.), *Developmental psychology and social change: Research, history, and policy* (pp. 83–103). New York: Cambridge University Press.

Hyde, J. S., & Durik, A. M. (2000). Gender differences in erotic plasticity—evolutionary or sociocultural forces? Comment on Baumeister (2000). *Psychological Bulletin, 126,* 375–379.

Hyde, J. S., Mezulis, A. H., & Abramson, L. Y. (2008). The ABCs of depression: Integrating affective, biological, and cognitive models to explain the emergence of the gender difference in depression. *Psychological Review, 115,* 291–313.

Hyland, M. E., Whalley, B., & Geraghty, A. W. A. (2007). Dispositional predictors of placebo responding: A motivational interpretation of flower essence and gratitude therapy. *Journal of Psychosomatic Research, 62,* 331–340.

Ingram, A., Saling, M. M., & Schweitzer, I. (2008). Cognitive side effects of brief pulse electroconvulsive therapy: A review. *The Journal of ECT, 24,* 3–9.

Insko, C. A., Thibaut, J. W., Moehle, D., Wilson, M., Diamond, W. D., Gilmore, R., Solomon, M. R., & Lipsitz, A. (1980). Social evolution and the emergence of leadership. *Journal of Personality and Social Psychology, 39,* 431–448.

Irvine, J. T. (1990). Registering affect: Heteroglossia in the linguistic expression of emotion. In C. A. Lutz & L. Abu-Lughod (Eds.), *Language and the politics of emotions* (pp. 126–161). Cambridge, UK: Cambridge University Press.

Iyengar, S. S., Wells, R. E. & Schwartz, B. (2006). Doing better but feeling worse: Looking for the "best" job undermines satisfaction. *Psychological Science, 17,* 143–150.

Izard, C. E. (1993). Four systems for emotion activation: Cognitive and noncognitive processes. *Psychological Review, 100,* 68–90.

Izard, C. E. (1994). Innate and universal facial expressions: Evidence from developmental and cross-cultural research. *Psychological Bulletin, 115,* 288–299.

Jackson, V. A., Mack, J., Matsuyama, R., Lakoma, M. D., Sullivan A. M., Arnold, R. M., Weeks, J. C., & Block, S. D. (2008). A qualitative study of oncologists' approaches to end-of-life care. *Journal of Palliative Medicine, 11,* 893–906.

Jacob, B. R., & Levitt, S. D. (2003). Rotten apples: An investigation of the prevalence and predictors of teacher cheating. *The Quarterly Journal of Economics, 118,* 843–877.

Jacobs, R. C., & Campbell, D. T. (1961). The perpetuation of an arbitrary tradition through several generations of a laboratory microculture. *Journal of Abnormal and Social Psychology, 62,* 649–658.

Jaffee, S., & Hyde, J. S. (2000). Gender differences in moral orientation: A meta-analysis. *Psychological Bulletin, 126,* 703–726.

Jager, G., de Win, M. M. L., van der Tweel, I., Schilt, T., Kahn, R. S., van den Brink, W., van Ree, J. M., & Ramsey, N. F. (2008). Assessment of cognitive brain function in ecstasy users and contributions of other drugs of abuse: Results from an fMRI study. *Neuropsychopharmacology, 33,* 247–258.

Jahnke, J. C. (1965). Primacy and recency effects in serial-position curves of immediate recall. *Journal of Experimental Psychology, 70,* 130–132.

Jain, S., Mills, P. J., von Känel, R., Hong, S., & Dimsdale, J. E. (2007). Effects of perceived stress and uplifts on inflammation and coagulability. *Psychophysiology, 44,* 154–160.

James, W. (1882). Subjective effects of nitrous oxide. *Mind, 7,* 186–208.

James, W. (1892). *Psychology.* New York: Holt.

James, W. (1950). *The principles of psychology* (2 vols.). New York: Holt, Rinehart & Wilson. (Original work published 1890)

Janis, I. (1982). *Groupthink* (2nd ed.). Boston: Houghton Mifflin.

Janis, I. L., & Frick, F. (1943). The relationship between attitudes toward conclusions and errors in judging logical validity of syllogisms. *Journal of Experimental Psychology, 33,* 73–77.

Janofsky, J. S., Dunn, M. H., Roskes, E. J., Briskin, J. K., & Rudolph, M. S. L. (1996). Insanity defense pleas in Baltimore city: An analysis of outcome. *American Journal of Psychiatry, 153,* 1464–1468.

Janowitz, H. D., & Grossman, M. I. (1950). Hunger and appetite: Some definitions and concepts. *Journal of the Mount Sinai Hospital, 16,* 231–240.

January, D., & Kako, E. (2007). Re-evaluating evidence for linguistic relativity: Reply to Boroditsky (2001). *Cognition, 104,* 417–426.

Jay, G. (2008). Service learning, multiculturalism, and the pedagogies of difference. *Pedagogy, 8,* 255–281.

Jedrej, M. C. (1995). *Ingessana: The religious institutions of a people of the Sudan–Ethiopia borderland.* Leiden: Brill.

Jensen, A. R. (1962). Spelling errors and the serial position effect. *Journal of Educational Psychology, 53,* 105–109.

Jensen, L A. (2008). Through two lenses: A cultural-developmental approach to moral psychology. *Developmental Review, 28,* 289–315.

Jo, H., Chen, Y. J., Chua, S. C., Jr., Talmage, D. A., & Role, L. W. (2005). Integration of endocannabinoid and leptin signaling in an appetite-related neural circuit. *Neuron, 48,* 1055–1066.

Joh, A. S., & Adolph, K. E (2006). Learning from falling. *Child Development, 77,* 89–102.

Johnson, T. E., & Rule, B. G. (1986). Mitigating circumstances, information, censure, and aggression. *Journal of Personality and Social Psychology, 50,* 537–542.

Johnson-Laird, P. N., & Wason, P. C. (1977). A theoretical analysis of insight into a reasoning task. In P. N. Johnson-Laird & P. C. Wason (Eds.), *Thinking* (pp. 143–157). Cambridge, UK: Cambridge University Press.

Jones, E. (1953). *The life and works of Sigmund Freud.* New York: Basic Books.

Jones, M. C. (1924). A laboratory study of fear: The case of Peter. *Pedagogical Seminary and Journal of Genetic Psychology, 31,* 308–315.

Jose, P. E., & Brown, I. (2008). When does the gender difference in rumination begin? Gender and age differences in the use of rumination by adolescents. *Journal of Youth and Adolescence, 37,* 180–192.

Joyce, A. S., Ogrodniczuk, J. S., Piper, W. E., & McCallum, M. (2003). The alliance as mediator of expectancy effects in short-term individual therapy. *Journal of Consulting and Clinical Psychology, 71,* 672–679.

Joyce, L. (1990). Losing the connection. *Stanford Medicine,* pp. 19–21.

Jung, C. G. (1959). The concept of the collective unconscious. In *The archetypes and the collective unconscious, collected works* (Vol. 9, Part 1, pp. 54–74.). Princeton, NJ: Princeton University Press. (Original work published 1936)

Jung, C. G. (1973). *Memories, dreams, reflections* (rev. ed., A. Jaffe, Ed.). New York: Pantheon Books.

Jusczyk, P. W. (2003). Chunking language input to find patterns. In D. H. Rakison & L. M. Oakes (Eds.), *Early category and concept development.* London: Oxford University Press.

Jusczyk, P. W., & Aslin, R. N. (1995). Infants' detection of the sound patterns of words in fluent speech. *Cognitive Psychology, 29,* 1–23.

Jussim, L., & Harber, K. D. (2005). Teacher expectations and self-fulfilling prophecies: Knowns and unknowns, resolved and unresolved controversies. *Personality and Social Psychology Review, 9,* 131–155.

Just, M. A., Keller, T. A., & Cynkar, J. (2008). A decrease in brain activation associated with driving when listening to someone speak. *Brain Research, 1205,* 70–80.

Kabat-Zinn, J. (1990). *Full catastrophe living: Using the wisdom of your body and mind to face stress, pain, and illness.* New York: Dell.

Kagan, J. (1994). *Galen's prophesy: Temperament in human nature.* New York: Basic Books.

Kagan, J., & Snidman, N. (1991). Infant predictors of inhibited and uninhibited profiles. *Psychological Science, 2,* 40–44.

Kagan, J., & Snidman, N. (2004). *The long shadow of temperament.* Cambridge, MA: Belknap Press.

Kahneman, D. (1992). Reference points, anchors, norms, and mixed feelings. *Organizational Behavior and Human Decision Processes, 51,* 296–312.

Kahneman, D., & Frederick, S. (2002). Representativeness revisited: Attribute substitution in intuitive judgment. In T. Gilovich, D. Griffin, & D. Kahneman (Eds.), *Heuristics and biases: The psychology of intuitive judgment* (pp. 49–81). Cambridge, UK: Cambridge University Press.

Kahneman, D., Frerickson, B. L., Schreiber, C. A., & Redelmeier, D. A. (1993). When more pain is preferred to less: Adding a better end. *Psychological Science, 4,* 401–405.

Kahneman, D., & Tversky, A. (1973). On the psychology of prediction. *Psychological Review, 80,* 237–251.

Kallmann, F. J. (1946). The genetic theory of schizophrenia: An analysis of 691 schizophrenic index families. *American Journal of Psychiatry, 103,* 309–322.

Kalueff, A. V., & Nutt, D. J. (2007). Role of GABA in anxiety and depression. *Depression and Anxiety, 24,* 495–517.

Kamil, A. C., & Balda, R. P. (1990). Spatial memory in seed-caching corvids. In G. H. Bower (Ed.), *The psychology of learning and motivation* (Vol. 26, pp. 1–25). San Diego: Academic Press.

Kamil, A. C., Balda, R. P., Olson, D. P., & Good, S. (1993). Returns to emptied cache sites by Clark's nutcrackers, *Nucifraga columbiana:* A puzzle revisited. *Animal Behaviour, 45,* 241–252.

Kamin, L. J. (1969). Predictability, surprise, attention, and conditioning. In B. A. Campbell & R. M. Church (Eds.), *Punishment and aversive behavior* (pp. 279–296). New York: Appleton-Century-Crofts.

Kammrath, L. K., Mendoza-Denton, R., & Mischel, W. (2005). Incorporating *if . . . then* . . . personality signatures in person perception: Beyond the person–situation dichotomy. *Journal of Personality and Social Psychology, 88,* 605–618.

Kane, M. J., Brown, L. H., McVay, J. C., Silvia, P. J., Myin-Germeys, I., & Kwapil, T. R. (2007). For whom the mind wanders, and when: An experience-sampling study of working memory and executive control in daily life. *Psychological Science, 18,* 614–621.

Kangas, M., Henry, J. L., & Bryant, R. A. (2005). Predictors of posttraumatic stress disorder following cancer. *Health Psychology, 24,* 579–585.

Kaplan, C. A., & Simon, H. A. (1990). In search of insight. *Cognitive Psychology, 22,* 374–419.

Káradóttir, R., Hamilton, N. B., Bakiri, Y., & Attwell, D. (2008). Spiking and nonspiking classes of oligodendrocyte precursor glia in CNS white matter. *Nature Neuroscience, 11,* 450–456.

Karavasilis, L., Doyle, A. B., & Markiewicz, D. (2003). Associations between parenting style and attachment to mother in middle childhood and adolescence. *International Journal of Behavioral Development, 27,* 153–164.

Karremans, J. C., & Verwijmeren, T. (2008). Mimicking attractive opposite-sex others: The role of romantic relationship status. *Personality and Social Psychology Bulletin, 34,* 939–950.

Kassebaum, N. L. (1994). Head Start: Only the best for America's children. *American Psychologist, 49,* 1123–1126.

Kazdin, A. E. (1982). The token economy: A decade later. *Journal of Applied Behavior Analysis, 15,* 431–445.

Kazdin, A. E. (1994). *Behavior modification in applied settings* (5th ed.). Pacific Grove, CA: Brooks/Cole.

Kazdin, A. E. (2008). Evidence-based treatment and practice: New opportunities to bridge clinical research and practice, enhance the knowledge base, and improve patient care. *American Psychologist, 63,* 146–159.

Kazdin, A. E., & Benjet, C. (2003). Spanking children: Evidence and issues. *Current Directions in Psychological Science, 12,* 99–103.

Keiger, D. (1993, November). Touched with fire. *Johns Hopkins Magazine,* pp. 38, 40–44.

Keller, M. C., & Miller, G. (2006). Resolving the paradox of common, harmful, an heritable mental disorders: Which evolutionary genetic models work best? *Behavioral and Brain Sciences, 29,* 385–452.

Kelley, H. H. (1967). Attribution theory in social psychology. In D. Levine (Ed.), *Nebraska symposium on motivation* (Vol. 15). Lincoln: University of Nebraska Press.

Kellough, J. L., Beevers, C. G., Ellis, A. J., & Wells, T. T. (2008). Time course of selective attention in clinically depressed young adults: An eye tracking study. *Behaviour Research and Therapy, 46,* 1238–1243.

Kempermann, G. (2008). The neurogenic reserve hypothesis: What is adult hippocampus neurogenesis good for? *Trends in Neurosciences, 31,* 163–169.

Kendler, H. H. (1987). *Historical foundations of modern psychology.* Chicago: Dorsey Press.

Kendler, K. S., Gatz, M., Gardner, C. O., & Pedersen, N. L. (2006). A Swedish national twin study of lifetime major depression. *American Journal of Psychiatry, 163,* 109–114.

Kendler, K. S., Kuhn, J. W., & Prescott, C. A. (2004). Childhood sexual abuse, stressful life events and risk for major depression in women. *Psychological Medicine, 34,* 1475–1482.

Kendler, K. S., Thornton, L. M., Gilman, S. E., & Kessler, R. C. (2000a). Sexual orientation in a U.S. national sample of twin and nontwin sibling pairs. *American Journal of Psychiatry, 157,* 1843–1846.

Kennedy, R. E., & Craighead, W. E. (1988). Differential effects of depression and anxiety on recall of feedback in a learning task. *Behavior Therapy, 19,* 437–454.

Kenny, D. A., Bond, C. F., Jr., Mohr, C. D., & Horn, E. M. (1996). Do we know how much people like one another? *Journal of Personality and Social Psychology, 71,* 928–936.

Kenny, D. A., & La Voie, L. (1982). Reciprocity of interpersonal attraction: A confirmed hypothesis. *Social Psychology Quarterly, 45,* 54–58.

Keren, G. (2007). Framing, intentions, and trust-choice incompatibility. *Organizational Behavior and Human Decision Processes, 103,* 238–255.

Kermer, D. A., Driver-Linn, E., Wilson, T. D., & Gilbert, D. T. (2006). Loss aversion is an affective forecasting error. *Psychological Science, 17,* 649–653.

Kerr, N. L., & Tindale, R. S. (2004). Group performance and decision making. *Annual Review of Psychology, 55,* 625–655.

Kershaw, T. C., & Ohlsson, S. (2004). Multiple causes of difficulty in insight: The case of the nine-dot problem. *Journal of Experimental Psychology: Learning, Memory, and Cognition, 30,* 3–13.

Kesebir, P., & Diener, E. (2008). In pursuit of happiness: Empirical answers to philosophical questions. *Perspectives on Psychological Science, 3,* 117–125.

Keshavan, M. S., Tandon, R., Boutros, N. N., & Nasrallah, H. A. (2008). Schizophrenia, "Just the Facts": What we know in 2008. Part 3: Neurobiology. *Schizophrenia Research, 106,* 89–107.

Kessel, N. (1989). Genius and mental disorder: A history of ideas concerning their conjunction. In P. Murray (Ed.), *Genius: The history of an idea* (pp. 196–212). London: Basil Blackwell.

Kessler, R. C., Adler, L., Barkley, R., Biederman, J., Conners, C. K., Demler, O., Faraone, S. V., Greenhill, L. L., Howes, M. J., Secnik, K., Spencer, T., Ustun, T. B., Walters, E. E., & Zaslavsky, A. M. (2006a). The prevalence and correlates of adult ADHD in the United States: Results form the National Comorbidity Survey Replication. *American Journal of Psychiatry, 163,* 716–723.

Kessler, R. C., Berglund, P., Demler, O., Jin, R., Merikangas, K. R., & Walters, E. E. (2005a). Lifetime prevalence and age-of-onset distributions of *DSM-IV* disorders in the National Comorbidity Survey Replication. *Archives of General Psychiatry, 62,* 593–602.

Kessler, R. C., Chiu, W. T., Demler, O., & Walters, E. E. (2005b). Prevalence, severity, and comorbidity of 12-month *DSM-IV* disorders in the National Comorbidity Survey Replication. *Archives of General Psychiatry, 62,* 617–627.

Kessler, R. C., Chiu, W. T., Jin. R., Ruscio, A. M., Shear, K., & Walters, E. E. (2006b). The epidemiology of panic attacks, panic disorder, and agoraphobia in the National Comorbidity Survey Replication. *Archives of General Psychiatry, 63,* 415–424.

Kessler, R. C., McGonagle, K. A., Zhao, S., Nelson, C. B., Hughes, M., Eshleman, S., Wittchen, H. U., & Kendler, K. S. (1994). Lifetime and 12-month prevalence of *DSM-III-R* psychiatric disorders in the United States. *Archives of General Psychiatry, 51,* 8–19.

Kiecolt-Glaser, J. K., Marucha, P. T., Malarkey, P. T., Mercado, A. M., & Glaser, R. (1995). Slowing of wound healing by psychological stress. *Lancet, 346,* 1194–1196.

Kiecolt-Glaser, J. K., McGuire, L., Robles, T. F., & Glaser, R. (2002). Psychoneuroimmunology: Psychological influences on immune function and health. *Journal of Consulting and Clinical Psychology, 70,* 537–547.

Kihlstrom, J. F. (2005). Dissociative disorders. *Annual Review of Clinical Psychology, 1,* 227–253.

Kihlstrom, J. F. (2007). Consciousness in hypnosis. In P. D. Zelazo, M. Moscovitch, & E. Thompson (Eds.), *The Cambridge handbook of consciousness* (pp. 445–479). New York: Cambridge University Press.

Kihlstrom, J. F., & Cantor, N. (2000). Social intelligence. In R. J. Sternberg (Ed.), *Handbook of intelligence* (pp. 359–369). New York: Cambridge University Press.

Kilpatrick, D. G., Ruggiero, K. J., Acierno, R., Saunders, B. E., Resnick, H. S., & Best, C. L. (2003). Violence and risk of PTSD, major depression, substance abuse/dependence, and comorbidity: Results from a national survey of adolescents. *Journal of Consulting and Clinical Psychology, 71,* 692–700.

Kilpatrick, L A., Zald, D. H., Pardo, J. V., & Cahill, L. F. (2006). Sex-related differences in amygdala functional connectivity during resting conditions. *NeuroImage, 30,* 452–461.

Kim, C.-H., Chang, J. W., Koo, M.-S., Kim, J. W., Suh, H. S., Park, I. H., & Lee, H. S. (2003). *Acta Psychatrica Scandinavica, 107,* 283–290.

Kim, H. S., Sherman, D. K., & Taylor, S. E. (2008). Culture and social support. *American Psychologist, 63,* 518–526.

Kim, J., & Hatfield, E. (2004). Love types and subjective well-being: A cross-cultural study. *Social Behavior and Personality, 32,* 173–182.

Kim, J. J., & Jung, M. W. (2006). Neural circuits and mechanisms involved in Pavlovian fear conditioning: A critical review. *Neuroscience and Biobehavioral Reviews, 30,* 188–202.

Kimura, D. (1999). *Sex and cognition.* Cambridge, MA: MIT Press.

King, S. A., & Moreggi, D. (1998). Internet therapy and self-help groups—The pros and cons. In J. Gackenbach (Ed.), *Psychology and the Internet: Intrapersonal, interpersonal, and transpersonal implications* (pp. 77–109). San Diego, CA: Academic Press.

Kinsey, A. C., Martin, C. E., & Pomeroy, W. B. (1948). *Sexual behavior in the human male.* Philadelphia: Saunders.

Kinsey, A. C., Pomeroy, W. B., Martin, C. E., & Gebhard, R. H. (1953). *Sexual behavior in the human female.* Philadelphia: Saunders.

Kintsch, W. (1974). *The representation of meaning in memory.* Hillsdale, NJ: Erlbaum.

Kinzler, K. D., & Shutts, K. (2008). Memory for "mean" over "nice": The influence of threat on children's face memory. *Cognition, 107,* 775–783.

Kirkham, T. C. (2005). Endocannabinoids in the regulation of appetite and body weight. *Behavioural Pharmacology, 16,* 297–313.

Kirschner, S. M., & Galperin, G. J. (2001). Psychiatric defenses in New York County: Pleas and results. *Journal of the American Academy of Psychiatry and the Law, 29,* 194–201.

Kisilevsky, B. S., & Low, J. A. (1998). Human fetal behavior: 100 years of study. *Developmental Review, 18,* 1–29.

Kisilevsky, B. S., Hains, S. M. J., Lee, K., Xie, X., Huang, H., Ye, H. H., Zhang, K., & Wang, Z. (2003). Effects of experience on fetal voice recognition. *Psychological Science, 14,* 220–224.

Kissane, D. W., Grabsch, B., Clarke, D. M., Christie, G., Clifton, D., Gold, S., Hill, C., Morgan, A., McDermott, F., & Smith, G. C. (2004). Supportive-expressive group therapy: The transformation of existential ambivalence into creative living while enhancing adherence to anticancer therapies. *Psycho-Oncology, 13,* 755–768.

Kitayama, S., Markus, H. R., & Lieberman, C. (1995). The collective construction of self-esteem: Implications for culture, self, and emotion. In J. A. Russell, J. Fernandez-Dols, T. Manstead, & J. Wellenkamp (Eds.), *Everyday conceptions of emotion* (pp. 523–550). Dordrecht: Kluwer.

Klein, D. N. (2008). Classification of depressive disorders in *DSM-V:* Proposal for a two-dimension system. *Journal of Abnormal Psychology, 117,* 552–560.

Klein, K. E., & Wegmann, H. M. (1974). The resynchronization of human circadian rhythms after transmeridian flights as a result of flight direction and mode of activity. In L. E. Scheving, F. Halberg, & J. E. Pauly (Eds.), *Chronobiology* (pp. 564–570). Tokyo: Igaku.

Klein, M. (1975). *The writings of Melanie Klein* (Vols. 1–4). London: Hogarth Press and the Institute of Psychoanalysis.

Klein, O., & Snyder, M. (2003). Stereotypes and behavioral confirmation: From interpersonal to intergroup perspectives. In M. P. Zanna (Ed.), *Advances in experimental social psychology* (Vol. 35, pp. 153–234). New York: Academic Press.

Klump, K. L., Burt, A., McGue, M., & Iacono, W. G. (2007). Changes in genetic and environmental influences on disordered eating across adolescence. *Archives of General Psychiatry, 64,* 1409–1415.

Knickmeyer, R., Baron-Cohen, S., Raggatt, P., & Taylor, K. (2005). Foetal testosterone, social relationships, and restricted interests in children. *Journal of Child Psychology and Psychiatry, 46,* 198–210.

Knobloch, L. K., Miller, L. E., Bond, B. J., & Mannone, S. E. (2007). Relational uncertainty and message processing in marriage. *Communication Monographs, 74,* 154–180.

Kobiella, A., Grossmann, T., Reid, V. M., & Striano, T. (2008). The discrimination of angry and fearful facial expressions in 7-month-old infants: An event-related potential study. *Cognition and Emotion, 22*, 133–146.

Koffka, K. (1935). *Principles of Gestalt psychology.* New York: Harcourt Brace.

Kohen, D. E., Leventhal, T., Dahinten, V. S., & McIntosh, C. N. (2008). Neighborhood disadvantage: Pathways of effects for young children. *Child Development, 79*, 156–169.

Kohlberg, L. (1964). Development of moral character and moral ideology. In M. L. Hoffman & L. W. Hoffman (Eds.), *Review of child development research* (Vol. 1). New York: Russell Sage Foundation.

Kohlberg, L. (1981). *The philosophy of moral development.* New York: Harper & Row.

Köhler, W. (1947). *Gestalt psychology.* New York: Liveright.

Kolb, B. (1989). Development, plasticity, and behavior. *American Psychologist, 44*, 1203–1212.

Konen, C. S., & Kastner, S. (2008). Two hierarchically organized neural systems for object information in human visual cortex. *Nature Neuroscience, 11*, 224–231.

Kong, L. L., Allen, J. J. B., & Glisky, E. L. (2008). Interidentity memory transfer in dissociative identity disorder. *Journal of Abnormal Psychology, 117*, 686–692.

Korchmaros, J. D., & Kenny, D. A. (2006). An evolutionary and close-relationship model of helping. *Journal of Social and Personal Relationships, 23*, 21–43.

Koriat, A., & Fischoff, B. (1974). What day is today? An inquiry into the process of time orientation. *Memory & Cognition, 2*, 201–205.

Koriat, A., & Levy-Sadot, R. (2001). The combined contributions of cue-familiarity and accessibility heuristics to feelings of knowing. *Journal of Experimental Psychology: Learning, Memory, and Cognition, 27*, 34–53.

Kortegaard, L. S., Hoerder, K., Joergensen, J., Gillberg, C., & Kyvik, K. O. (2001). A preliminary population-based twin study of self-reported eating disorder. *Psychological Medicine, 31*, 361–365.

Kotovsky, K., Hayes, J. R., & Simon, H. A. (1985). Why are some problems hard? Evidence from Tower of Hanoi. *Cognitive Psychology, 17*, 248–294.

Kounios, J., Fleck, J. I., Green, D. L., Payne, L., Stevenson, J. L., Bowdend, E. M., Jung-Beeman, M. (2008). The origins of insight in resting-state brain activity. *Neuropsychologia, 46*, 281–291.

Kousta, S.-T., Vinson, D. P., & Vigliocco, G. (2008). Investigating linguistic relativity through bilingualism: The case of grammatical gender. *Journal of Experimental Psychology: Learning, Memory, and Cognition, 34*, 843–858.

Kraepelin, E. (1921). *Manic-depressive disorder and paranoia.* London: Churchill Livingstone.

Krahé, B., Bieneck, S., Scheinberger-Olwig, R. (2007). Adolescents' sexual scripts: Schematic representations of consensual and nonconsensual heterosexual interactions. *Journal of Sex Research, 44*, 316–327.

Krämer, N. C., & Winter, S. (2008). Impression management 2.0: The relationship of self-esteem, extraversion, self-efficacy, and self-presentation within social networking sites. *Journal of Media Psychology, 20*, 106–116.

Krebs, D. L. (2008). Morality: An evolutionary account. *Perspectives on Psychological Science, 3*, 149–172.

Kristensen, P., & Bjerkedal, T. (2007). Explaining the relation between birth order and intelligence. *Science, 316*, 1717.

Krohne, H. W., & Slangen, K. E. (2005). Influence of social support on adaptation to surgery. *Health Psychology, 24*, 101–105.

Krueger, J., & Stanke, D. (2001). The role of self-referrent and other-referrent knowledge in perceptions of group characteristics. *Personality & Social Psychology Bulletin, 27*, 878–888.

Kruger, J., Wirtz, D., & Miller, D. T. (2005). Counterfactual thinking and the first instinct fallacy. *Journal of Personality and Social Psychology, 88*, 725–735.

Krusemark, E. A., Campbell, W. K., & Clementz, B. A. (2008). Attributions, deception, and event related potentials: An investigation of self-serving bias. *Psychophysiology, 45*, 511–515.

Kuest, J., & Karbe, H. (2002). Cortical activation studies in aphasia. *Current Neurology and Neuroscience Reports, 2*, 511–515.

Kuhn, M. H., & McPartland, T. S. (1954). An empirical investigation of self-attitudes. *American Sociological Review, 19*, 68–76.

Kujawski, J. H., & Bower, T. G. R. (1993). Same-sex preferential looking during infancy as a function of abstract representation. *British Journal of Developmental Psychology, 11*, 201–209.

Kuno, E., Rothbard, A. B., Averyt, J., & Culhane, D. (2000). Homelessness among persons with serious mental illness in an enhanced community-based mental health system. *Psychiatric Services, 51*, 1012–1016.

Kuperberg, G. R., Broome, M. R., McGuire, P. K., David, A. S., Eddy, M., Ozawa, F., Goff, D., West, W. C., Williams, S. C. R., van der Kouwe, A. J. W., Salat, D. H., Dale, A. M., & Fischl, B. (2003). Regionally localized thinning of the cerebral cortex in schizophrenia. *Archives of General Psychiatry, 60*, 878–888.

Kuppens, P., Realo, A., & Diener, E. (2008). The role of positive and negative emotions in life satisfaction judgment across nations. *Journal of Personality and Social Psychology, 95*, 66–75.

Kurtz, M. M., & Mueser, K. T. (2008). A meta-analysis of controlled research on social skills training for schizophrenia. *Journal of Consulting and Clinical Psychology, 76*, 491–504.

LaBar, K. S. (2007). Beyond fear: Emotional memory mechanisms in the human brain. *Current Directions in Psychological Science*, 16, 173–177.

LaBerge, S. (2007). Lucid dreaming. In D. Barret & P. McNamara (Eds.), *The new science of dreaming: Vol 2. Content, recall, and personality correlates* (pp. 307–328). Westport, CT: Praeger.

LaBerge, S., & Levitan, L. (1995). Validity established of DreamLight cues for eliciting lucid dreaming. *Dreaming: Journal of the Association for the Study of Dreams, 5*, 159–168.

LaBerge, S., Nagle, L., Dement, W., & Zarcone, V. (1981). Lucid dreaming verified by volitional communication during REM sleep. *Perceptual & Motor Skills, 52*, 727–732.

LaBerge, S., & Rheingold, H. (1990). *Exploring the world of lucid dreaming.* New York: Ballantine Books.

Lachman, M. E. (2004). Development in midlife. *Annual Review of Psychology, 55*, 305–331.

Lachman, R., Lachman, J. L., & Butterfield, E. C. (1979). *Cognitive psychology and information processing.* Hillsdale, NJ: Erlbaum.

Lachter, J., Forster, K. I., & Ruthruff, E. (2004). Forty-five years after Broadbent (1958): Still no indentification without attention. *Psychological Review, 111*, 880–913.

Lamb, R. J., Morral, A. R., Kirby, K. C., Javors, M. A., Galbicka, G., & Iguchi, M. (2007). Contingencies for change in complacent smokers. *Experimental and Clinical Psychopharmacology, 15*, 245–255.

Lambert, T. A., Kahn, A. S., & Apple, K. J. (2003). Pluralistic ignorance and hooking up. *The Journal of Sex Research, 40*, 129–133.

Lampinen, J. M., Copeland, S. M., & Neuschatz, J. S. (2001). Recollections of things schematic: Room schemas revisited. *Journal of Experimental Psychology: Learning, Memory, and Cognition, 27*, 1211–1222.

Lander, E. S., & Weinberg, R. A. (2000). Genomics: Journey to the center of biology. *Science, 287*, 1777–1782.

Langlois, J. H., Kalakanis, L., Rubenstein, A. J., Larson, A., Hallam, M., & Smoot, M. (2000). Maxims or myths of beauty? A meta-analytic and theoretical review. *Psychological Bulletin, 126*, 390–423.

Langton, S. R. H., Law, A. S., Burton, A. M., & Schweinberger, S. R. (2008). Attention capture by faces. *Cognition, 107*, 330–342.

Lanius, R. A., Williamson, P. C., Hopper, J., Densmore, M., Boksman, K., Gupta, M. A., Neufeld, R. W. J., Gati, J. S., & Menon, R. S. (2003). Recall of emotional states in posttraumatic stress disorder: An fMRI investigation. *Biological Psychiatry, 53*, 204–210.

Lashley, K. S. (1929). *Brain mechanisms and intelligence.* Chicago: University of Chicago Press.

Lashley, K. S. (1950). In search of the engram. In *Physiological mechanisms in animal behavior: Symposium of the Society for Experimental Biology* (pp. 454–482). New York: Academic Press.

Latané, B., & Darley, J. M. (1970). *The unresponsive bystander: Why doesn't he help?* New York: Appleton-Century-Crofts.

Lau, I. Y., Chiu, C., & Hong, Y. (2001). I know what you know: Assumptions about others' knowledge and their effects on message construction. *Social Cognition, 19*, 587–600.

Lau, J. Y. F., & Eley, T. C. (2008). Attributional style as a risk marker of genetic effects for adolescent depressive symptoms. *Journal of Abnormal Psychology, 117*, 849–859.

Lauronen, E., Veijola, J., Isohanni, I., Jones, P. B., Nieminen, P., & Isohanni, M. (2004). Links between creativity and mental disorder. *Psychiatry, 6*, 81–98.

Lawrence, E., Nylen, K., & Cobb, R. J. (2007). Prenatal expectations and marital satisfaction over the transition to parenthood. *Journal of Family Psychology, 21*, 155–164.

Lay, C. H. (1986). At last my research article on procrastination. *Journal of Research in Personality, 20*, 474–495.

Lazar, S. W., Kerr, C. E., Wasserman, R. H., Gray, J. R., Greve, D. N., Treadway, M. T., McGarvey, M., Quinn, B. T., Dusek, J. A., Benson, H., Rauch, S. L., Moore, C. I., & Fischl, B. (2005). Meditation experience is associated with increased cortical thickness. *NeuroReport, 16*, 1893–1897.

Lazareva, O. F., Freiburger, K. L., & Wasserman, E. A. (2004). Pigeons concurrently categorize photographs at both basic and superordinate levels. *Psychonomic Bulletin & Review, 11*, 1111–1117.

Lazarus, R. S. (1981, July). Little hassles can be hazardous to your health. *Psychology Today*, pp. 58–62.

Lazarus, R. S. (1984a). On the primacy of cognition. *American Psychologist, 39*, 124–129.

Lazarus, R. S. (1984b). Puzzles in the study of daily hassles. *Journal of Behavioral Medicine, 7*, 375–389.

Lazarus, R. S. (1991). Cognition and motivation in emotion. *American Psychologist, 46*, 352–367.

Lazarus, R. S. (1993). From psychological stress to the emotions: A history of changing outlooks. *Annual Review of Psychology, 44*, 1–21.

Lazarus, R. S. (1995). Vexing research problems inherent in cognitive-mediational theories of emotion—and some solutions. *Psychological Inquiry, 6*, 183–196.

Lazarus, R. S., & Folkman, S. (1984). *Stress, appraisal, and coping*. New York: Springer.

Lazarus, R. S., & Lazarus, B. N. (1994). *Passion and reason: Making sense of our emotions*. New York: Oxford University Press.

Lecci, L., & Myers, B. (2008). Individual differences in attitudes relevant to juror decision making: Development and validation of the Pretrial Juror Attitude Questionnaire (PJAQ). *Journal of Applied Social Psychology, 38*, 2010–2038.

Ledbetter, A. M., Griffin, E., & Sparks, G. S. (2007). Forecasting "friends forever": A longitudinal investigation of sustained closeness between best friends. *Personal Relationships, 14*, 343–350.

Lee, H. S., & Holyoak, K. J. (2008). The role of causal models in analogical inference. *Journal of Experimental Psychology: Learning, Memory, and Cognition, 34*, 1111–1122.

Lee, M., Zimbardo, P., & Bertholf, M. (1977, November). Shy murderers. *Psychology Today*, pp. 68–70, 76, 148.

Leen-Feldner, E. W., Feldner, M. T., Reardon, L. E., Babson, K. A., & Dixon, L. (2008). Anxiety sensitivity and posttraumatic stress among traumatic event-exposed youth. *Behaviour Research and Therapy, 46*, 548–556.

Legrand, D. (2007). Pre-reflective self-as-subject from experiential and empirical perspectives. *Consciousness and Cognition, 16*, 583–599.

Leiter, M. P., & Maslach, C. (2005). *Banishing burnout: Six strategies for improving your relationship with work*. San Francisco: Jossey-Bass.

Lennon, R. T. (1985). Group tests of intelligence. In B. B. Wolman (Ed.), *Handbook of intelligence* (pp. 825–847). New York: Wiley.

Lenroot, R. K., Gogtay, N., Greenstein, D. K., Wells, E. M., Gregory L. Wallace, G. L., Clasen, L. V., Blumenthal, J. D., Lerch, J., Zijdenbos, A. P., Evans, A. C., Thompson, P. M., & Giedda, J. N. (2007). Sexual dimorphism of brain developmental trajectories during childhood and adolescence. *NeuroImage, 36*, 1065–1073.

Lenzenweger, M. F., Lane, M. C., Loranger, A. W., & Kessler, R. C. (2007). DSM-IV personality disorders in the National Comorbidity Survey Replication. *Biological Psychiatry, 62*, 553–564.

Lesku, J. A., Bark, R. J., Martinez-Gonzalez, D., Rattenborg, N. C., Amlaner, C. J., & Lima, S. L. (2008). Predator-induced plasticity in sleep architecture in wild-caught Norway rats (*Rattus norvegicus*). *Behavioural Brain Research, 189*, 298–305.

Leucht, S., Barnes, T. R. E., Kissling, W., Engel, R. R., Correll, C., & Kane, J. M. (2003). Relapse prevention in schizophrenia with new-generation antipsychotics: A systematic review and exploratory meta-analysis of randomized, controlled trials. *American Journal of Psychiatry, 160*, 1209–1222.

Leung, A. K.-Y., Maddux, W. W., Galinsky, A. D., & Chiu, C.-Y. (2008). Multicultural experience enhances creativity: The when and how. *American Psychologist, 63*, 169–181.

Levenson, R. W., Carstensen, L. L., & Gottman, J. M. (1993). Long-term marriage: Age, gender, and satisfaction. *Psychology and Aging, 8*, 301–313.

Levenson, R. W., Ekman, P., Heider, K., & Friesen, W. V. (1992). Emotion and autonomic nervous system activity in the Minangkabau of West Sumatra. *Journal of Personality and Social Psychology, 62*, 972–988.

Leventhal, A. M., Martin, R. L., Seals, R. W., Tapia, E., & Rehm, L. P. (2007). Investigating the dynamics of affect: Psychological mechanisms of affective habituation to pleasurable stimuli. *Motivation and Emotion, 31*, 145–157.

Leventhal, H. (1980). Toward a comprehensive theory of emotion. In L. Berkowitz (Ed.), *Advances in experimental social psychology* (Vol. 13, pp. 139–207). New York: Academic Press.

Levine, R., Sato, S., Hashimoto, T., & Verma, J. (1995). Love and marriage in eleven cultures. *Journal of Cross-Cultural Psychology, 26*, 544–571.

Lewin, K. (1936). *Principles of topological psychology*. New York: McGraw-Hill.

Lewinsohn, P. M. (1975). The behavioral study and treatment of depression. In M. Hersen, R. M. Eisler, & P. M. Miller (Eds.), *Progress in behavior modification* (pp. 19–64). New York: Academic Press.

Lewinsohn, P. M., Hoberman, H. M., Teri, L., & Hautzinger, M. (1985). An integrative theory of depression. In S. Reiss & R. Bootzin (Eds.), *Theoretical issues in behavior therapy* (pp. 331–359). San Diego, CA: Academic Press.

Lewis, R. J., Derlega, V. J., Clarke, E. G., & Kuang, J. C. (2006). Stigma consciousness, social constraints, and lesbian well-being. *Journal of Counseling Psychology, 53*, 48–56.

Li, J.-Y., Christophersen, M. S., Hall, V., Soulet, D., & Brundin, P. (2008). Critical issues of clinical human embryonic stem cell therapy for brain repair. *Trends in Neurosciences, 31*, 146–153.

Li, M., Chen, L., Lee, D. H. S., Yu, L.-C., & Zhang, Y. (2007). The role of intracellular amyloid β in Alzheimer's disease. *Progress in Neurobiology, 83*, 131– 139.

Liang, C. T. H., & Alimo, C. (2005). The impact of white heterosexual students' interactions on attitudes toward lesbian, gay and bisexual people: A longitudinal study. *Journal of College Student Development, 46,* 237–250.

Liao, S. M. (2005). The ethics of using genetic engineering for sex selection. *Journal of Medical Ethics, 31,* 116–118.

Licata, S. C., & Rowlett, J. K. (2008). Abuse and dependence liability of benzodiazepine-type drugs: $GABA_A$ receptor modulation and beyond. *Pharmacology, Biochemistry and Behavior, 90,* 74–89.

Lieb, K., Zanarini, M. C., Schmahl, C., Linehan, M. M., & Bohus, M. (2004). Borderline personality disorder. *The Lancet, 364,* 453–461.

Lieberman, J. A., Stroup, T. S., McEvoy, J. P., Swartz, M. S., Rosenheck, R. A., Perkins, D. O., Keefe, R. S. E., Davis, S. M., Davis, C. E., Lebowitz, B. D., Severe, J., & Hsiao, J. K. (2005). Effectiveness of antipsychotic drugs in patients with chronic schizophrenia. *New England Journal of Medicine, 353,* 1209–1223.

Lilienfeld, S. O., & Lynn, S. J. (2003). Dissociative identity disorder: Multiple personalities, multiple controversies. In S. O. Lilienfeld, S. J. Lynn, & J. M. Lohr (Eds.), *Science and pseudoscience in clinical psychology* (pp. 109–142). New York: Guilford Press.

Lilienfeld, S. O., Wood, J. M., & Garb, H. N. (2001). The scientific status of projective techniques. *Psychological Science in the Public Interest, 1,* 27–66.

Lim, M. M., & Young, L. J. (2006). Neuropeptidergic regulation of affiliative behavior and social bonding in animals. *Hormones and Behavior, 50,* 506–517.

Lin, H., Tian, W., Chen, C., Liu, T., Tsai, S., & Lee, H. (2006). The association between readmission rates and length of stay for schizophrenia: A 3-year population based study. *Schizophrenia Research, 83,* 211–214.

Lindau, S. T., Schumm, L. P., Laumann, E. O., Levinson, W., O'Muircheartaigh, C. A., & Waite, L. J. (2007). A study of sexuality and health among older adults in the United States. *The New England Journal of Medicine, 357,* 762–775.

Lindauer, R. J. L., Booij, J., Habraken, B. A., van Meijel, E. P. M., Uylings, H. B. M., Olff, M., Carlier, I. V. E., den Heeten, G. J., van Eck-Smit, B. L. F., & Gersons, B. P. R. (2008). Effects of psychotherapy on regional cerebral blood flow during trauma imagery in patients with post-traumatic stress disorder: A randomized clinical trial. *Psychological Medicine, 38,* 543–554.

Link, B. G., Struening, E. L., Rahav, M., Phelan, J. C., & Nuttbrock, L. (1997). On stigma and its consequences: Evidence from a longitudinal study of men with dual diagnoses of mental illness and substance abuse. *Journal of Health and Social Behavior, 38,* 177–190.

Lipkus, I. M., Barefoot, J. C., Williams, R. B., & Siegler, I. C. (1994). Personality measures as predictors of smoking initiation and cessation in the UNC Alumni Heart Study. *Health Psychology, 13,* 149–155.

Lisanby, S. H. (2007). Electroconvulsive therapy for depression. *New England Journal of Medicine, 357,* 1939–1945.

Little, T. D., Jones, S. M., Henrich, C. C., & Hawley, P. H. (2003). Disentangling the "whys" from the "whats" of aggressive behavior. *International Journal of Behavioral Development, 27,* 122–123.

Littlewood, R. A., Venable, P. A., Carey, M. P., & Blair D. C. (2008). The association of benefit finding to psychosocial and health behavior adaptation among HIV+ men and women. *Journal of Behavioral Medicine, 31,* 145–155.

Liu, J. H., & Latané, B. (1998). Extremitization of attitudes: Does thought- and discussion-induced polarization cumulate? *Basic and Applied Social Psychology, 20,* 103–110.

Liu, W., Vichienchom, K., Clements, M., DeMarco, S. C., Hughes, C., McGucken, E., Humayun, M. S., de Juan, E., Weiland, J. D., & Greenberg, R. (2000). A neuro-stimulus chip with telemetry unit for retinal prosthetic device. *IEEE Journal of Solid-State Circuits, 35,* 1487–1497.

Liu, Z.-Q., Paterson, A. D., Szatmari, P., & The Autism Genome Project Consortium. (2008). Genome-wide linkage analyses of quantitative and categorical autism subphenotypes. *Biological Psychiatry, 64,* 561–570.

Livesley, W. J., & Lang, K. L. (2005). Differentiating normal, abnormal, and disordered personality. *European Journal of Personality, 19,* 257–268.

Lloyd-Jones, T. J., & Luckhurst, L. (2002). Effects of plane rotation, task, and complexity on recognition of familiar and chimeric objects. *Memory & Cognition, 30,* 499–510.

Lobo, I. A., & Harris, R. A. (2008). GABAA receptors and alcohol. *Pharmacology, Biochemistry and Behavior, 90,* 90–94.

LoBue, V., & DeLoache, J. (2008). Detecting the snake in the grass: Attention to fear-relevant stimuli by adults and young children. *Psychological Science, 19,* 284–289.

Locher, P., Frens, J., & Overbeeke, K. (2008). The influence of induced positive affect and design experience on aesthetic responses to new product designs. *Psychology of Aesthetics, Creativity, and the Arts, 2,* 1–7.

Locke, J. (1975). *An essay concerning human understanding.* Oxford, UK: P. H. Nidditch. (Original work published 1690)

Lockhart, R. S., & Craik, F. I. M. (1990). Levels of processing: A retrospective commentary on a framework for memory research. *Canadian Journal of Psychology, 44,* 87–122.

Loehlin, J. C. (2000). Group differences in intelligence. In R. J. Sternberg (Ed.), *Handbook of intelligence* (pp. 176–193). Cambridge, UK: Cambridge University Press.

Loftus, E. F. (1979). *Eyewitness testimony.* Cambridge, MA: Harvard University Press.

Loftus, E. F. (2005). Planting misinformation in the human mind: A 30-year investigation of the malleability of memory. *Learning & Memory, 12*, 361–366.

Loftus, E. F., & Davis, D. (2006). Recovered memories. *Annual Review of Clinical Psychology, 2*, 469–498.

Loftus, E. F., Miller, D. G., & Burns, H. J. (1978). Semantic integration of verbal information into a visual memory. *Journal of Experimental Psychology: Human Learning and Memory, 4*, 19–31.

Loftus, E. F., & Palmer, J. C. (1974). Reconstruction of automobile destruction: An example of the interaction between language and memory. *Journal of Verbal Learning and Verbal Behavior, 13*, 585–589.

Logan, G. D. (2002). Parallel and serial processes. In H. Pashler & J. Wixted (Eds.), *Stevens' handbook of experimental psychology: Vol 4. Methodology in experimental psychology* (pp. 271–300). New York: Wiley.

Logue, A. W. (1991). *The psychology of eating & drinking: An introduction* (2nd ed.). New York: Freeman.

London, B., Nabet, B., Fisher, A. R., White, B., Sammel, M. D., & Doty, R. L. (2008). Predictors of prognosis in patients with olfactory disturbance. *Annals of Neurology, 63*, 159–166.

Loomis, A. L., Harvey, E. N., & Hobart, G. A. (1937). Cerebral states during sleep as studied by human brain potentials. *Journal of Experimental Psychology, 21*, 127–144.

Lord, C. G., Paulson, R. M., Sia, T. L., Thomas, J. C., & Lepper, M. R. (2004). Houses built on sand: Effects of exemplar stability on susceptibility to attitude change. *Journal of Personality and Social Psychology, 87*, 733–749.

Lourenço, O., & Machado, A. (1996). In defense of Piaget's theory: A reply to 10 common criticisms. *Psychological Review, 103*, 143–164.

Lovibond, S. H., Adams, M., & Adams, W. G. (1979). The effects of three experimental prison environments on the behavior of nonconflict volunteer subjects. *Australian Psychologist, 14*, 273–285.

Luborsky, L., & Barrett, M. S. (2006). The history and empirical status of key psychoanalytic concepts. *Annual Review of Clinical Psychology, 2*, 1–19.

Lucas, R. E. (2007). Adaptation and the set-point model of subjective well-being: Does happiness change after major life events? *Current Directions in Psychological Science, 16*, 75–79.

Luchins, A. S. (1942). Mechanization in problem solving. *Psychological Monographs, 54* (No. 248).

Lumpkin, E. A., & Caterina, M. J. (2007). Mechanisms of sensory transduction in the skin. *Nature, 445*, 858–865.

Luo, M., Fee, M. S., & Katz, L. C. (2003). Encoding pheromonal signals in the accessory olfactory bulb of behaving mice. *Science, 299*, 1196–1201.

Luong, A., & Rogelberg, S. G. (2005). Meetings and more meetings: The relationship between meeting load and daily well-being of employees. *Group Dynamics: Theory, Research, and Practice, 9*, 58–67.

Lynch, D. J., McGrady, A., Alvarez, E., & Forman, J. (2005). Recent life changes and medical utilization in an academic family practice. *The Journal of Nervous and Mental Disease, 193*, 633–635.

Lynch, J. W., Kaplan, G. A., & Shema, S. J. (1997). Cumulative impact of sustained economic hardship on physical, cognitive, psychological, and social functioning. *New England Journal of Medicine, 337*, 1889–1895.

Lynch, W. C., Heil, D. P., Wagner, E., & Havens, M. D. (2008). Body dissatisfaction mediates the association between body mass index and risky weight control behaviors among White and Native American adolescent girls. *Appetite, 51*, 210–213.

Lynn, S. J., & Kirsch, I. (2006). *Essentials of clinical hypnosis: An evidence-based approach*. Washington, DC: American Psychological Association.

Lynn, S. J., Lock, T., Loftus, E. F., Krackow, E., & Lilienfeld, S. O. (2003). The remembrance of things past: Problematic memory recovery techniques in psychotherapy. In S. O. Lilienfeld, S. J. Lynn, & J. M. Lohr (Eds.), *Science and pseudoscience in clinical psychology* (pp. 205–239). New York: Guilford Press.

Lyubomirsky, S., King, L., & Diener, E. (2005). The benefits of frequent positive affect: Does happiness lead to success? *Psychological Bulletin, 131*, 803–855.

Ma, V., & Schoeneman, T. J. (1997). Individualism versus collectivism: A comparison of Kenyan and American self-concepts. *Basic and Applied Social Psychology, 19*, 261–273.

Macchi Cassia, V., Turati, C., & Simion, F. (2004). Can a nonspecific bias toward top-heavy patterns explain newborns' face preference? *Psychological Science, 15*, 379–383.

Maccoby, E. E. (2002). Gender and group processes: A developmental perspective. *Current Directions in Psychological Science, 11*, 54–58.

Maccoby, E. E., & Martin, J. A. (1983). Socialization in the context of the family: Parent–child interaction. In E. M. Hetherington (Ed.), *Handbook of child psychology: Vol. 4. Socialization, personality, and social development* (pp. 1–101). New York: Wiley.

Macknik, S. L., King. M., Randi, J., Robbins, A., Teller, Thompson, J., & Martinez-Conde, S. (2008). Attention and awareness in stage magic: Turning tricks into research. *Nature Research Neuroscience*,

Maddux, W. W., Mullen, E., & Galinsky, A. D. (2008). Chameleons bake bigger pies and take bigger pieces: Strategic behavioral mimicry facilitates negotiation outcomes. *Journal of Experimental Social Psychology, 44,* 461–468.

Madon, S., Fuyll, M., Spoth, R., & Willard, J. (2004). Self-fulfilling prophecies: The synergistic accumulative effect of parents' beliefs on children's drinking behaviors. *Psychological Science, 15,* 837–845.

Madon, S., Guyll, M., Buller, A. A., Scherr, K. C., Willard, J., & Spoth, R. (2008). The mediation of mothers' self-fulfilling effects on their children's alcohol use: Self-verification, informational conformity, and modeling processes. *Journal of Personality and Social Psychology, 95,* 369–384.

Madsen, E. A., Tunney, R. J., Gieldman, G., Plotkin, H. C., Dunbar, R. I. M., Richardson, J.-M., & McFarland, D. (2007). Kinship and altruism: A cross-cultural experimental study. *British Journal of Psychology, 98,* 339–359.

Maguen, S., Floyd, F. J., Bakeman, R., & Armistead, L. (2002). Developmental milestones and disclosure of sexual orientation among gay, lesbian, and bisexual youths. *Applied Developmental Psychology, 23,* 219–233.

Mahowald, M. W., & Schenck, C. H. (2005). Insights from studying human sleep disorders. *Nature, 437,* 1279–1285.

Maier, N. R. F. (1931). Reasoning in humans: II. The solution of a problem and its appearance in consciousness. *Journal of Comparative Psychology, 12,* 181–194.

Maier, S. F., & Seligman, M. E. P. (1976). Learned helplessness: Theory and evidence. *Journal of Experimental Psychology, 105,* 3–46.

Male, L. H., & Smulders, T. V. (2007). Memory for food caches: Not just retrieval. *Behavioral Ecology, 18,* 456–459.

Malinowski, B. (1927). *Sex and repression in savage society.* London: Routledge & Kegan Paul.

Manber, R., Kraemer, H. C., Arnow, B. A., Trivedi, M. H., Rush, A. J., Thase, M. E., Rothbaum, B. O., Klein, D. N., Kocsis, J. H., Gelenberg, A. J., & Keller, M. E. (2008). Faster remission of chronic depression with combined psychotherapy and medication than with each therapy alone. *Journal of Consulting and Clinical Psychology, 76,* 459–467.

Mandel, D. R., Jusczyk, P. W., & Pisoni, D. B. (1995). Infants' recognition of the sound patterns of their own names. *Psychological Science, 5,* 314–317.

Manoussaki, D., Dimitriadis, E. K., & Chadwick, R. S. (2006). Cochlea's graded curvature effect on low frequency waves. *Physical Review Letters, 96,* 088701.

Manuck, S. B., Flory, J. D., Muldoon, M. F., & Ferrell, R. E. (2002). Central nervous system serotonergic responsivity and aggressive disposition in men. *Physiology & Behavior, 77,* 705–709.

Marcus, A. D. (1990, December 3). Mists of memory cloud some legal proceedings. *Wall Street Journal,* p. B1.

Marecek, J., Kimmel, E. B., Crawford, M., & Hare-Mustin, R. T. (2003). Psychology of women and gender. In D. K. Freedheim (Ed.), *Handbook of Psychology: Vol. 4. History of Psychology* (pp. 249–268). Hoboken, NJ: Wiley.

Mares, M. L., & Woodard, E. (2005). Positive effects of television on children's social interactions: A meta-analysis. *Media Psychology, 7,* 301–322.

Marian, V., & Kaushanskaya, M. (2007). Language contexts guides memory content. *Psychonomic Bulletin & Review, 14,* 925–933.

Markman, K. D., Lindberg, M. J., Kray, L. J., & Galinsky, A. D. (2007). Implications of counterfactual structure for creative generation and analytic problem solving. *Personality and Social Psychology Bulletin, 33,* 312–324.

Markou, A. (2007). Metabotropic glutamate receptor antagonists: Novel therapeutics for nicotine dependence and depression? *Biological Psychiatry, 61,* 17–22.

Markowitsch, H. J. (2000). Neuroanatomy of memory. In E. Tulving & F. I. M. Craik (Eds.), *The Oxford handbook of memory* (pp. 465–484). Oxford, UK: Oxford University Press.

Markus, H., & Nurius, P. (1986). Possible selves. *American Psychologist, 41,* 954–969.

Markus, H. R., & Kitayama, S. (1991). Culture and the self: Implications for cognition, emotion, and motivation. *Psychological Review, 98,* 224–253.

Markus, H. R., Mullally, P. R., & Kitayama, S. (1997). Selfways: Diversity in modes of cultural participation. In U. Neisser & D. A. Jopling (Eds.), *The conceptual self in context* (pp. 13–61). Cambridge, UK: Cambridge University Press.

Markus, H. R., Uchida, Y., Omoregie, H., Townsend, S. S. M. & Kitayama, S. (2006). Going for the gold: Models of agency in Japanese and American contexts. *Psychological Science, 17,* 103–112.

Marshall, G. D., & Zimbardo, P. G. (1979). Affective consequences of inadequately explained physiological arousal. *Journal of Personality and Social Psychology, 37,* 970–988.

Martin, C. L., & Ruble, D. (2004). Children's search for gender cues: Cognitive perspectives on gender development. *Current Directions in Psychological Science, 13,* 67–70.

Martin, C. L., Ruble, D. N., & Szkrybalo, J. (2002). Cognitive theories of early gender development. *Psychological Bulletin, 128,* 903–933.

Martin, G., & Pear, J. (1999). *Behavior modification: What it is and how to do it* (6th ed.). Upper Saddle River, NJ: Prentice Hall.

Martin, P. Y., & Marrington, S. (2005). Morningness-eveningness orientation, optimal time-of-day and attitude change: Evidence for the systematic processing of a persuasive communication. *Personality and Individual Differences, 39,* 367–377.

Martin-Fardon, R., Lorentz, C. U., Stuempfig, N. D., & Weiss, F. (2005). Priming with BTCP, a dopamine reuptake blocker, reinstates cocaine-seeking and enhances cocaine cue-induced reinstatement. *Pharmacology, Biochemistry, and Behavior, 92,* 46–54.

Martínez-Taboas, A., Canino, G., Wang, M. Q., Garcías, P., & Bravo, M. (2006). Prevalence of victimization correlates of pathological dissociation in a community sample of youths. *Journal of Traumatic Stress, 19,* 439–448.

Maslach, C. (1979). Negative emotional biasing of unexplained arousal. *Journal of Personality and Social Psychology, 37,* 953–969.

Maslach, C., & Leiter, M. (2008). Early predictors of job burnout and engagement. *Journal of Applied Psychology, 93,* 498–512.

Maslow, A. H. (1968). *Toward a psychology of being* (2nd ed.). Princeton, NJ: Van Nostrand.

Maslow, A. H. (1970). *Motivation and personality* (rev. ed.). New York: Harper & Row.

Mason, L. E. (1997, August 4). Divided she stands. *New York,* pp. 42–49.

Mason, R. A., & Just, M. A. (2007). Lexical ambiguity in sentence comprehension. *Brain Research, 1146,* 115–127.

Mason, T. B. A. II, & Pack, A. I. (2007). Pediatric parasomnias. *Sleep, 30,* 141–151.

Masters, W. H., & Johnson, V. E. (1966). *Human sexual response.* Boston: Little, Brown.

Masters, W. H., & Johnson, V. E. (1970). *Human sexual inadequacy.* Boston: Little, Brown.

Masters, W. H., & Johnson, V. E. (1979). *Homosexuality in perspective.* Boston: Little, Brown.

Maxwell, J. C. (2005). Party drugs: Properties, prevalence, patterns, and problems. *Substance Abuse & Misue, 40,* 1203–1240.

Maxwell, J. S., & Davidson, R. J. (2007). Emotion as motion: Asymmetries in approach and avoidant actions. *Psychological Science, 18,* 1113–1119.

May, R. (1975). *The courage to create.* New York: Norton.

Mayer, J. D., Roberts, R. D., & Barsade, S. G. (2008a). Human abilities: Emotional intelligence. *Annual Review of Psychology, 59,* 507–536.

Mayer, J. D., Salovey, P., & Caruso, D. R. (2008b). Emotional intelligence: New ability or eclectic traits. *American Psychologist, 63,* 503–517.

Mays, V. M., Chochran, S. D., & Barnes, N. W. (2007). Race, race-based discrimination, and health outcomes among African Americans. *Annual Review of Psychology, 58,* 201–225.

McAdams, D. P. (1988). Biography, narrative, and lives: An introduction. *Journal of Personality, 56,* 1–18.

McAdams, D. P. (2001). The psychology of life stories. *Review of General Psychology, 5,* 100–122.

McAdams, D. P., Bauer, J. J., Sakaeda, A. R., Anyidoho, N. A., Machado, M. A., Magrino-Failla, K., White, K. W., & Pals, J. L. (2006). Continuity and change in the life story: A longitudinal study of autobiographical memories in emerging adulthood. *Journal of Personality, 74,* 1371–1400.

McAdams, D. P., & de St. Aubin, E. (Eds.). (1998). *Generativity and adult development: How and why we care for the next generation.* Washington, DC: American Psychological Association.

McAllister, H. A. (1996). Self-serving bias in the classroom: Who shows it? Who knows it? *Journal of Educational Psychology, 88,* 123–131.

McClelland, D. C. (1961). *The achieving society.* Princeton, NJ: Van Nostrand.

McClelland, D. C., Atkinson, J. W., Clark, R. A., & Lowell, E. L. (1953). *The achievement motive.* New York: Appleton-Century-Crofts.

McClelland, D. C., Atkinson, J. W., Clark, R. A., & Lowell, E. L. (1976). *The achievement motive* (2nd ed.). New York: Irvington.

McClelland, D. C., & Franz, C. E. (1992). Motivational and other sources of work accomplishments in mid-life: A longitudinal study. *Journal of Personality, 60,* 679–707.

McClelland, J. L., & Elman, J. L. (1986). The TRACE model of speech perception. *Cognitive Psychology, 18,* 1–86.

McCrae, R. R., & Costa, P. T. Jr. (1997). Personality trait structure as a human universal. *American Psychologist, 52,* 509–516.

McCrae, R. R., Costa, P. T. Jr., & Martin, T. A. (2005). The NEO-PI-3: A more readable revised NEO Personality Inventory. *Journal of Personality Assessment, 84,* 261–270.

McCrae, R. R., Costa, P. T. Jr., Martin, T. A., Oryol, V. E., Rukavishnikov, A. A., Senin, I. G., Hrˇebícˇková, M., & Urbánek, T. (2004). Consensual validation of personality traits across cultures. *Journal of Research in Personality, 38,* 179–201.

McCrae, R. R., Costa, P. T. Jr., Ostendorf, F., Angleitner, A., Hrˇebícˇková, M., Avia, M. D., Sanz, J., Sanchez-Bernardos, M. L., Kusdil, M. E., Woodfield, R., Saunders, P. R., & Smith, P. B. (2000). Nature over nurture: Temperament, personality, and life span development. *Journal of Personality and Social Psychology, 78,* 173–186.

McCrae, S. M., Hirt, E. R., & Milner, B. J. (2008). She works hard for the money: Valuing effort underlies gender differences in behavioral self-handicapping. *Journal of Experimental Social Psychology, 44,* 292–311.

McCrae, S. M., & Hirt, E. R. (2001). The role of ability judgments in self-handicapping. *Personality & Social Psychology Bulletin, 27,* 1378–1389.

McGovern, K., & Baars, B. J. (2007). Cognitive theories of consciousness. In P. D. Zelazo, M. Moscovitch, & E. Thompson (Eds.), *The Cambridge handbook of consciousness* (pp. 177–205). New York: Cambridge University Press.

McGregor, H. A., & Elliott, A. J. (2002). Achievement goals as predictors of achievement-relevant processes prior to task engagement. *Journal of Educational Psychology, 94,* 381–395.

McGue, M., Elkins, I., Walden, B., & Iacono, W. G. (2005). Perceptions of the parent-adolescent relationship: A longitudinal investigation. *Developmental Psychology, 41,* 971–984.

McCabe, C., & Rolls, E. T. (2007). Umami: A delicious flavor formed by convergence of taste and olfactory pathways in the human brain. *European Journal of Neuroscience, 25,* 1855–1864.

McHale, S. M., Crouter, A. C., & Whiteman, S. D. (2003). The family contexts of gender development in childhood and adolescence. *Social Development, 12,* 125–148.

McKone, E., Kanwisher, N., & Duchaine, B. C. (2007). Can generic expertise explain special processing for faces? *Trends in Cognitive Science, 11,* 8–15.

McNeil, B. J., Pauker, S. G., Sox, H. C., Jr., & Tversky, A. (1982). On the elicitation of preferences for alternative therapies. *New England Journal of Medicine, 306,* 1259–1262.

Mead, M. (1928). *Coming of age in Samoa.* New York: Morrow.

Mead, M. (1939). *From the South Seas: Studies of adolescence and sex in primitive societies.* New York: Morrow.

Meador, B. D., & Rogers, C. R. (1979). Person-centered therapy. In R. J. Corsini (Ed.), *Current psychotherapies* (2nd ed., pp. 131–184). Itasca, IL: Peacock.

Meece, J. L., Anderman, E. M., & Anderman, L. H. (2006). Classroom goal structure, student motivation, and academic achievement. *Annual Review of Psychology, 57,* 487–503.

Meichenbaum, D. (1977). *Cognitive-behavior modification: An integrative approach.* New York: Plenum.

Meichenbaum, D. (1985). *Stress inoculation training.* New York: Pergamon Press.

Meichenbaum, D. (1993). Changing conceptions of cognitive behavior modification: Retrospect and prospect. *Journal of Consulting and Clinical Psychology, 61,* 202–204.

Melzack, R. (1973). *The puzzle of pain.* New York: Basic Books.

Melzack, R. (1980). Psychological aspects of pain. In J. J. Bonica (Ed.), *Pain.* New York: Raven Press.

Melzack, R. (2005). Evolution of the neuromatrix theory of pain. *Pain Practice, 5,* 85–94.

Merton, R. K. (1957). *Social theory and social structures.* New York: The Free Press.

Mesquita, B., & Leu, J. (2007). The cultural psychology of emotion. In S. Kitayama & D. Cohen (Eds.), *Handbook of cultural psychology* (pp. 734–759). New York: Guilford Press.

Metcalfe, J. (2000). Metamemory: Theory and data. In E. Tulving & F. I. M. Craik (Eds.), *The Oxford handbook of memory* (pp. 197–211). Oxford, UK: Oxford University Press.

Meyer, R. G. (2003). *Case studies in abnormal behavior* (6th ed.). Boston: Allyn & Bacon.

Meyers, S. A., & Berscheid, E. (1997). The language of love: The difference a preposition makes. *Personality and Social Psychology Bulletin, 23,* 347–362.

Michael, R. T., Gagnon, J. H., Laumann, E. O., & Kolata, G. (1994). *Sex in America: A definitive survey.* Boston: Little, Brown.

Miklowitz, D. J., & Tompson, M. C. (2003). Family variables and interventions in schizophrenia. In G. P. Sholevar & L. D. Schwoeri (Eds.), *Textbook of family and couples therapy: Clinical applications* (pp. 585–617). Washington, DC: American Psychiatric Publishing.

Mikulincer, M., Florian, V., Cowan, P. A., & Cowan, C. P. (2002). Attachment security in couple relationships: A systematic model and its implications for family dynamics. *Family Process, 41,* 405–434.

Milar, K. S. (2000). The first generation of women psychologists and the psychology of women. *American Psychologist, 55,* 616–619.

Milgram, S. (1965). Some conditions of obedience and disobedience to authority. *Human Relations, 18,* 56–76.

Milgram, S. (1974). Obedience to authority. New York: Harper & Row.

Miller, G. A. (1969). Psychology as a means of promoting human welfare. *American Psychologist,* 24, 1063–1075.

Miller, G. A. (1956). The magic number seven plus or minus two: Some limits in our capacity for processing information. *Psychological Review, 63,* 81–97.

Miller, J. G. (1984). Culture and the development of everyday social explanation. *Journal of Personality and Social Psychology, 46,* 961–978.

Miller, J. G., Bersoff, D. M., & Harwood, R. L. (1990). Perceptions of social responsibilities in India and in the United States: Moral imperatives or personal decisions? *Journal of Personality and Social Psychology, 58,* 33–47.

Miller, K. A., Fisher, P. A., Fetrow, B., & Jordan, K. (2006). Trouble on the journey home: Reunification failures in foster care. *Children and Youth Services Review, 28*, 260–274.

Miller, M. A., & Rahe, R. H. (1997). Life changes scaling for the 1990s. *Journal of Psychosomatic Research, 43*, 279–292.

Miller, N. E. (1978). Biofeedback and visceral learning. *Annual Review of Psychology, 29*, 373–404.

Mindell, J. A. (1997). Children and sleep. In M. R. Pressman & W. C. Orr (Eds.), *Understanding sleep: The evaluation and treatment of sleep disorders* (pp. 427–439). Washington, DC: American Psychological Association.

Miranda, J., Bernal, G., Lau, A., Kohn, L., Hwang, W.-C., & LaFromboise, T. (2005). State of the science on psychosocial interventions for ethnic minorities. *Annual Review of Clinical Psychology, 1*, 113–142.

Mischel, W. (1968). *Personality and assessment.* New York: Wiley.

Mischel, W. (1973). Toward a cognitive social learning reconceptualization of personality. *Psychological Review, 80*, 252–283.

Mischel, W. (2004). Toward an integrative science of the person. *Annual Review of Psychology, 55*, 1–22.

Mischel, W., & Shoda, Y. (1995). A cognitive-affective system theory of personality: Reconceptualizing situations, dispositions, dynamics, and invariance in personality structure. *Psychological Review, 102*, 246–268.

Mischel, W., & Shoda, Y. (1999). Integrating dispositions and processing dynamics within a unified theory of personality: The cognitive-affective personality system. In L. A. Pervin & O. P. John (Eds.), *Handbook of personality: Theory and research* (2nd ed., pp. 197–218). New York: Guilford Press.

Mishra, J., & Backlin, W. (2007). The effects of altering environmental and instrumental context on the performance of memorized music. *Psychology of Music, 35*, 1–20.

Mitchell, K. J., & Johnson, M. K. (2000). Source monitoring: Attributing mental experiences. In E. Tulving & F. I. M. Craik (Eds.), *The Oxford handbook of memory* (pp. 179–195). London: Oxford University Press.

Miyashita, T., Kubik, S., Lewandowski, G., & Guzowski, J. F. (2008). Networks of neurons, networks of genes: An integrated view of memory consolidation. *Neurobiology of Learning and Memory, 89*, 269–284.

Modirrousta, M., & Fellows, L. K. (2008). Medial prefrontal cortex plays a critical and selective role in "feeling of knowing" meta-memory judgments. *Neuropsychologia, 46*, 2958–2965.

Mohamed, F. B., Faro, S. H., Gordon, N. J., Platek, S. M., Ahmad, H., & Williams, J. M. (2006). Brain mapping of deception and truth telling about an ecologically valid situation: Functional MR imaging and polygraph investigation—initial experience. *Radiology, 238*, 679–688.

Möller, J.-J., Baldwin, D. S., Goodwin, G., Kasper, S., Okasha, A., Stein, D. J., Tandon, R., Versiani, M., & the WPA section on Pharmacopsychiatry. (2008). Do SSRIs or antidepressants in general increase suicidality? WPA Section on Pharmacopsychiatry: Consensus statement. *European Archives of Psychiatry and Clinical Neuroscience, 258* (Suppl. 3), 3–23.

Moncrieff, R. W. (1951). *The chemical senses.* London: Leonard Hill.

Morgan, A. H., Hilgard, E. R., & Davert, E. C. (1970). The heritability of hypnotic susceptibility of twins: A preliminary report. *Behavior Genetics, 1*, 213–224.

Morgenstern, J., Labouvie, E., McCrady, B. S., Kahler, C. W., & Frey, R. M. (1997). Affiliation with Alcoholics Anonymous after treatment: A study of its therapeutic effects and mechanisms of action. *Journal of Consulting and Clinical Psychology, 65*, 768–777.

Moriarty, T. (1975). Crime, commitment and the responsive bystander: Two field experiments. *Journal of Personality and Social Psychology, 31*, 370–376.

Morin, S. F., & Rothblum, E. D. (1991). Removing the stigma: Fifteen years of progress. *American Psychologist, 46*, 947–949.

Morling, B., & Lamoreaux, M. (2008). Measuring culture outside the head: A meta-analysis of individualism-collectivism in cultural products. *Personality and Social Psychology Review, 12*, 199–221.

Morris, J. A., Jordan, C. L., & Breedlove, S. M. (2004). Sexual differentiation of the vertebrate nervous system. *Nature Neuroscience, 7*, 1034–1039.

Morris, J. S., Frith, C. D., Perrett, D. I., Rowland, D., Young, A. W., Calder, A. J., & Dolan, R. J. (1996). A differential neural response in the human amygdala to fearful and happy facial expressions. *Nature, 383*, 812–815.

Morry, M. M. (2007). The attraction-similarity hypothesis among cross-sex friends: Relationship satisfaction, perceived similarities, and self-serving perceptions. *Journal of Social and Personal Relationships, 24*, 117–138.

Moscovici, S. (1976). *Social influence and social change.* New York: Academic Press.

Moscovici, S. (1980). Toward a theory of conversion behavior. In L. Berkowitz (Ed.), *Advances in experimental social psychology* (Vol. 13, pp. 209–239). New York: Academic Press.

Moscovici, S. (1985). Social influence and conformity. In G. Lindzey & E. Aronson (Eds.), *The handbook of social psychology* (3rd ed., pp. 347–412). New York: Random House.

Moscovici, S., & Faucheux, C. (1972). Social influence, conformity bias, and the study of active minorities. In L. Berkowitz (Ed.), *Advances in experimental social psychology* (Vol. 6). New York: Academic Press.

Moskowitz, G. B. (2004). *Social cognition: Understanding self and others*. New York: Guilford Press.

Motherwell, L., & Shay, J. J. (2005). (Eds.). *Complex dilemmas in group therapy*. New York: Brunner-Routledge.

Mueller, A., Mueller, U., Silbermann, A., Reinecker, H., Bleich, S., Mitchell, J. E., & de Zwaan, M. (2008). A randomized, controlled trial of group cognitive-behavioral therapy for compulsive buying disorder: Posttreatment and 6-month follow-up results. *Journal of Clinical Psychiatry, 69*, 1131–1138.

Mulvaney, M. K., & Mebert, C. J. (2007). Parental corporal punishment predicts behavior problems in early childhood. *Journal of Family Psychology, 21*, 389–397.

Munafò, M. R., & Johnstone, E. C. (2008). Genes and cigarette smoking. *Addiction, 103*, 893–904.

Munsterberg, H. (1908). *On the witness stand*. New York: McClure.

Murphy, G. L. (2002). *The big book of concepts*. Cambridge, MA: MIT Press.

Murphy, K. J., Troyer, A. K., Levine, B., & Moscovitch, M. (2008). Episodic, but not semantic, autobiographical memory is reduced in amnestic mild cognitive impairment. *Neuropsychologia, 46*, 3116–3123.

Mussweiler, T., & Bodenhausen, G. V. (2002). I know you are, but what am I? Self-evaluative consequences of judging in-group and out-group members. *Journal of Personality and Social Psychology, 82*, 19–32.

Narayan, V. M., Narr, K. L., Phillips, O. R., Thompson, P. M. Toga, A. W., Szeszko, P. R. (2008). Greater regional cortical gray matter thickness in obsessive-compulsive disorder. *NeuroReport, 19*, 1551–1555.

Nash, J. R., Sargent, P. A., Rabiner, E. A., Hood, S. D., Argyropoulos, S. V., Potokar, J. P., Grasby, P. M., & Nutt, D. J. (2008). Serotonin 5-HT_{1A} receptor binding in people with panic disorder: positron emission tomography study. *The British Journal of Psychiatry, 193*, 229–234.

Nasrallah, H. A. (2005). Factors having impact on the tolerability of antipsychotic agents. *Journal of Clinical Psychiatry, 66*, 131–133.

National Institute on Aging. (2006). *Alzheimer's Disease Fact Sheet*. Retrieved from www.nia.nih.gov/Alzheimers/Publications/adfact.htm.

Neath, I., Brown, G. D. A., McCormack, T., Chater, N., & Freeman, R. (2006). Distinctiveness models of memory and absolute identification: Evidence for local, not global, effects. *Quarterly Journal of Experimental Psychology, 59*, 121–135.

Neath, I., & Crowder, R. G. (1990). Schedules of presentation and temporal distinctiveness in human memory. *Journal of Experimental Psychology: Learning, Memory, and Cognition, 16*, 316–327.

Neath, I., & Surprenant, A. M. (2003). *Human memory: An introduction to research, data, and theory* (2nd ed.). Belmont, CA: Wadsworth.

Neiss, M. B., Sedikides, C., & Stevenson, J. (2006). Genetic influences on level and stability of self-esteem. *Self and Identity, 5*, 247–266.

Neisser, U. (1967). *Cognitive psychology*. New York: Appleton-Century-Crofts.

Nelson, D. A., Mitchell, C., & Yang, C. (2008). Intent attributions and aggression: A study of children and their parents. *Journal of Abnormal Child Psychology, 36*, 793–806.

Nelson, R. E., & Craighead, W. E. (1977). Selective recall of positive and negative feedback, self-control behaviors and depression. *Journal of Abnormal Psychology, 86*, 379–388.

Nelson, T. D. (2006). *The psychology of prejudice* (2nd ed.). Boston: Allyn & Bacon.

Nes, R. B., Røysamb, E., Tambs, K., Harris, J. R., & Reichborn-Kjennerud, T. (2006). Subjective well-being: Genetic and environmental contributions to stability and change. *Psychological Medicine*, 36, 1033–1042.

Nettle, D. (2006). The evolution of personality variation in humans and other animals. *American Psycholgist, 61*, 622–631.

Nettelbeck, T., & Wilson, C. (2005). Intelligence and IQ: What teachers should know. *Educational Psychology, 25*, 609–630.

Nevéus, T., Cnattingius, S., Olsson, U., & Hetta, J. (2001). Sleep habits and sleep problems among a community sample of schoolchildren. *Acta Paediatr, 90*, 1450–1455.

Newcomb, T. M. (1929). *The consistency of certain extrovert-introvert behavior traits in 50 problem boys* (Contributions to Education, No. 382). New York: Columbia University Press.

Newell, A., & Simon, H. A. (1972). *Human problem solving*. Englewood Cliffs, NJ: Prentice Hall.

Newman, T. K., Syagailo, Y. V., Barr, C. S., Wendland, J. R., Champoux, M., Grassele, M., Suomi, S. J., Higley, J. D., & Lesch, K.-P. (2005). Monoamine oxidase: A gene promoter variation and rearing experiences influence aggressive behavior in rhesus monkeys. *Biological Psychiatry, 57*, 167–172.

Niaura, R., Todaro, J. F., Stoud, L., Sprio, A., III, Ward, K. D., & Weiss, S. (2002). Hostility, the metabolic syndrome, and incident coronary heart disease. *Health Psychology, 21*, 588–593.

Niccols, A. (2007). Fetal alcohol syndrome and the developing socio-emotional brain. *Brain and Cognition, 65*, 135–142.

NICHD Early Child Care Research Network. (1997). The effects of infant child care on infant-mother attachment security: Results of the NICHD Study of Early Child Care. *Child Development, 68*, 860–879.

NICHD Early Child Care Research Network. (2006). Infant-mother attachment classification: Risk and protection in relation to changing maternal caregiving quality. *Developmental Psychology, 42*, 38–58.

Nicoll, C., Russell, S., & Katz, L. (1988, May 26). Research on animals must continue. *San Francisco Chronicle*, p. A25.

Nielsen, B. D., Pickett, C. L., & Simonton, D. K. (2008). Conceptual versus experimental creativity: Which works best on convergent and divergent thinking tasks? *Psychology of Aesthetics, Creativity, and the Arts, 2*, 131–138.

Nielsen, T. A., & Stenstrom, P. (2005). What are the memory sources of dreaming? *Nature, 437*, 1286–1289.

Nigg, C. R., Borrelli, B., Maddock, J., & Dishman, R. K. (2008). A theory of physical activity maintenance. *Applied Psychology: An International Review, 57*, 544–560.

Nock, M. K., Borges, G., Bromet, E. J., Cha, C. B., Kessler, R. C., & Lee, S. (2008). Suicide and suicidal behavior. *Epidemiologic Reviews, 30*, 133–154.

Nolan, J. M., Schultz, P. W., Cialdini, R. B., Goldstein, N. J., & Griskevicius, V. (2007). Normative social influence is underdetected. *Personality and Social Psychology Bulletin, 34*, 913–923.

Nolen-Hoeksema, S. (2002). Gender differences in depression. In I. H. Gotlib & C. L. Hammen (Eds.), *Handbook of depression* (pp. 492–509). New York: Guilford Press.

Nolen-Hoeksema, S., Larson, J., & Grayson, C. (1999). Explaining the gender difference in depressive symptoms. *Journal of Personality and Social Psychology, 77*, 1061–1072.

Nooteboom, S., & Quené, H. (2008). Self-monitoring and feedback: A new attempt to find the main cause of lexical bias in phonological speech errors. *Journal of Memory and Language, 58*, 837–861.

Norcross, J. C., Karpiak, C. P., & Lister, K. M. (2005). What's an integrationist? A study of self-identified and (occasionally) eclectic psychologists. *Journal of Clinical Psychology, 61*, 1587–1594.

Nordberg, A. (2008). Amyloid imaging in Alzheimer's disease. *Neuropsychologia, 46*, 1636–1641.

Norman, G. J., Velicer, W. F., Fava, J. L., & Prochaska, J. O. (1998). Dynamic topology clustering within the stages of change for smoking cessation. *Addictive Behaviors, 23*, 139–153.

Norman, G. J., Velicer, W. F., Fava, J. L., & Prochaska, J. O. (2000). Cluster subtypes within stage of change in a representative sample of smokers. *Addictive Behaviors, 25*, 183–204.

Norman, W. T. (1963). Toward an adequate taxonomy of personality attributes: Replicated factor structure in peer nomination personality ratings. *Journal of Abnormal and Social Psychology, 66*, 574–583.

Norman, W. T. (1967). *2,800 personality trait descriptors: Normative operating characteristics for a university population* (Research Rep. No. 083101-T). Ann Arbor: University of Michigan Press.

Nosofsky, R. M., & Stanton, R. D. (2005). Speeded classification in a probabilistic category structure: Contrasting exemplar-retrieval, decision-boundary, and prototype models. *Journal of Experimental Psychology: Human Perception and Performance, 31*, 608–629.

Novick, L. R., & Bassok, M. (2005). Problem solving. In K. J. Holyoak & R. G. Morrison (Eds.), *Cambridge handbook of thinking and reasoning* (pp. 321–349). New York: Cambridge University Press.

Nowak, M. A., & Sigmund, K. (2005). Evolution of indirect reciprocity. *Nature, 437*, 1291–1298.

Nrugham, L., Larsson, B., & Sund, A. M. (2008). Predictors of suicidal acts across adolescence: Influences of family, peer and individual factors. *Journal of Affective Disorders, 109*, 35–45.

Nyberg, L., & Cabeza, R. (2000). Brain imaging of memory. In E. Tulving & F. I. M. Craik (Eds.), *The Oxford handbook of memory* (pp. 501–519). Oxford, UK: Oxford University Press.

O'Brien, C. P. (2005). Benzodiazepine use, abuse, and dependence. *Journal of Clinical Psychiatry, 66* (Suppl. 2), 28–33.

O'Connor, M. G., & Lafleche, G. (2005). Amnesic syndromes. In P. J. Snyder, P. D. Nussbaun, & D. L. Robins (Eds.), *Clinical neuropsychology: A pocket handbook for assessment* (2nd ed.) (pp. 463–488). Washington, DC: American Psychology Association.

Ogden, C. L., Carroll, M. D., Curtin, L. R., McDowell, M. A., Tabak, C. J., & Flegal, K. M. (2006). Prevalence of overweight and obesity in the United States, 1999–2004. *Journal of The American Medical Association, 295*, 1549–1555.

Öhman, A., & Mineka, S. (2001). Fears, phobias, and preparedness: Toward an evolved module of fear and fear learning. *Psychological Review, 108*, 483–522.

Okamoto-Barth, S., Call, J., & Tomasello, M. (2007). Great apes' understanding of other individuals' line of sight. *Psychological Science, 18*, 462–468.

Olsson, I. A. S., Hansen, A. K., & Sandøe, P. (2007). Ethics and refinement in animal research. *Science, 317*, 1680.

Olszewski-Kubilius, P., & Lee, S. Y. (2004). The role of participation in in-school and outside-of-school activities in the talent development of gifted students. *Journal of Secondary Gifted Education, 15*, 107–123.

Olton, D. S. (1992). Tolman's cognitive analyses: Predecessors of current approaches in psychology. *Journal of Experimental Psychology: General, 121*, 427–428.

Oman, D., Hedberg, J., & Thoresen, C. E. (2006). Passage meditation reduces perceived stress in health professionals: A randomized, controlled trial. *Journal of Consulting and Clinical Psychology, 74*, 714–719.

Omoto, A. M., & Snyder, M. (2002). Considerations of community: The context and process of volunteerism. *American Behavioral Scientist, 45*, 846–867.

Oppenheimer, D. M., & Frank, M. C. (2008). A rose in any other font would not smell as sweet: Effects of perceptual fluency on categorization. *Cognition, 106*, 1178–1194.

Opton, E. M. Jr. (1970). Lessons of My Lai. In N. Sanford & C. Comstock (Eds.), *Sanctions for evil.* San Francisco: Jossey-Bass.

Opton, E. M. Jr. (1973). "It never happened and besides they deserved it." In W. E. Henry & N. Stanford (Eds.), *Sanctions for evil* (pp. 49–70). San Francisco: Jossey-Bass.

Orban, G. A., van Essen, D., & Vandeuffel, W. (2004). Comparative mapping of higher areas in monkeys and humans. *Trends in Cognitive Science, 8*, 315–324.

Orbuch, T. L., Veroff, J., Hassan, H., & Horrocks, J. (2002). Who will divorce: A 14-year longitudinal study of black couples and white couples. *Journal of Social and Personal Relationships, 19*, 179–202.

Orth, U., Robins, R. W., & Roberts, B. W. (2008). Low self-esteem prospectively predicts depression in adolescence and young adulthood. *Journal of Personality and Social Psychology, 95*, 695–708.

Ou, S.-R., & Reynolds, A. J. (2006). Early childhood intervention and educational attainment: Age 22 findings from the Chicago Longitudinal Study. *Journal of Education for Students Placed at Risk, 11*, 175–198.

Owen, M. J., & O'Donovan, M. C. (2003). Schizophrenia and genetics. In R. Plomin, J. C. DeFries, I. W. Craig, & P. McGuffin (Eds.), *Behavioral genetics in the postgenomic era* (pp. 463–480). Washington, DC: American Psychological Association.

Owens, K. M. B., Asmundson, G. J. G., Hadjistavropoulos, T., & Owens, T. J. (2004). Attentional bias toward illness threat in individuals with elevated health anxiety. *Cognitive Therapy and Research, 28*, 57–66.

Ozer, D. J., & Reise, S. P. (1994). Personality assessment. *Annual Review of Psychology, 45*, 357–388.

Pachankis, J. E. (2007). The psychological implications of concealing a stigma: A cognitive-affective-behavioral model. *Psychological Bulletin, 133*, 328–345.

Packer, I. K. (2008). Specialized practice in forensic psychology: Opportunities and obstacles. *Professional Psychology: Research and Practice, 39*, 245–249.

Pagel, J. F. (2008). The burden of obstructive sleep apnea and associated excessive sleepiness. *Journal of Family Practice, 57*, S3–S8.

Pagnoni, G., & Cekic, M. (2007). Age effects on gray matter volume and attentional performance in Zen meditation. *Neurobiology of Aging, 28*, 1623–1627.

Paivio, A. (2006). *Mind and its evolution: A dual coding theoretical interpretation.* Mahwah, NJ: Lawrence Erlbaum Associates, Inc.

Paller, K. A., & Voss, J. L. (2004). Memory reactivation and consolidation during sleep. *Learning & Memory, 11*, 664–670.

Pandi-Perumal, S. R., Srinivasan, V., & Spence, D. W., & Cardinali, D. P. (2007). Rold of the melatonin system in the control of sleep: Therapeutic implications. *CNS Drugs, 21*, 995–1018.

Papafragou, A., Li, P., Choi, Y., & Han, C.-H. (2007). Evidentiality in language and cognition. *Cognition, 103*, 253–299.

Paris, J. (2003). *Personality disorders over time: Precursors, course, and outcome.* Washington, DC: American Psychiatric Publishing.

Parker, A., Ngu, H., & Cassaday, H. J. (2001). Odour and Proustian memory: Reduction of context-dependent forgetting and multiple forms of memory. *Applied Cognitive Psychology, 15*, 159–171.

Parker, A. M., Bruine de Bruin, W., & Fischhoff, B. (2007). Maximizers versus satisficers: Decision-making styles, competence, and outcomes. *Judgment and Decision Making, 2*, 342–350.

Parr, W. V., & Siegert, R. (1993). Adults' conceptions of everyday memory failures in others: Factors that mediate the effects of target age. *Psychology and Aging, 8*, 599–605.

Parsons, L. M., & Osherson, D. (2001). New evidence for distinct right and left brain systems for deductive versus probabilistic reasoning. *Cerebral Cortex, 11*, 954–965.

Patterson, C. J. (2002). Lesbian and gay parenthood. In M. H. Bornstein (Ed.), *Handbook of parenting: Vol. 3. Being and becoming a parent* (2nd ed., pp. 317–338). Mahwah, NJ: Erlbaum.

Pauli, P., Dengler, W., Wiedemann, G., Montoya, P., Flor, H., Birbaumer, N., & Buchkremer, G. (1997). Behavioral and neuropsychological evidence for altered processing of anxiety-related words in panic disorder. *Journal of Abnormal Psychology, 106*, 213–220.

Paus, T. (2005). Mapping brain maturation and cognitive development during adolescence. *Trends in Cognitive Sciences, 9*, 60–68.

Pavlov, I. P. (1927). *Conditioned reflexes* (G. V. Anrep, Trans.). London: Oxford University Press.

Pavlov, I. P. (1928). *Lectures on conditioned reflexes: Twenty-five years of objective study of higher nervous activity (behavior of animals)* (Vol. 1, W. H. Gantt, Trans.). New York: International Publishers.

Penick, S., Smith, G., Wienske, K., & Hinkle, L. (1963). An experimental evaluation of the relationship between hunger and gastric motility. *American Journal of Physiology, 205*, 421–426.

Penke, L., Denissen, J. J. A., & Miller, G. F. (2007). The evolutionary genetics of personality. *European Journal of Personality, 21*, 549–587.

Penn, D. L., Guynan, K., Daily, T., Spaulding, W. D., Garbin, C. P., & Sullivan, M. (1994). Dispelling the stigma of schizophrenia: What sort of information is best? *Schizophrenia Bulletin, 20,* 567–578.

Penn, D. L., Kommana, S., Mansfield, M., & Link, B. G. (1999). Dispelling the stigma of schizophrenia: II. The impact of information on dangerousness. *Schizophrenia Bulletin, 25,* 437–446.

Pennebaker, J. W. (1990). *Opening up: The healing power of confiding in others.* New York: Morrow.

Pennebaker, J. W. (1997). Writing about emotional experiences as a therapeutic process. *Psychological Science, 8,* 162–166.

Perahia, D. G. S., Pritchett, Y. L., Kajdasz, D. K., Bauer, M., Jain, R., Russell, J. M., Walker, D. J., Spencer, K. A., Froud, D. M., Raskin, J., & Thase, M. E. (2008). A randomized, double-blind comparison of duloxetine and venlafaxine in the treatment of patients with major depressive disorder. *Journal of Psychiatric Research, 42,* 22–34.

Perkins, D. N. (1988). Creativity and the quest for mechanism. In R. J. Sternberg & E. E. Smith (Eds.), *The psychology of human thought* (pp. 309–336). Cambridge, UK: Cambridge University Press.

Perls, F. S. (1969). *Gestalt therapy verbatim.* Lafayette, CA: Real People Press.

Peters, E., Västfjäll, D., Slovic, P., Mertz, C. K., Mazzocco, K., & Dickert, S. (2006). Numeracy and decision making. *Psychological Science, 17,* 407–413.

Peterson, C., & Seligman, M. E. P. (1984). Causal explanations as a risk factor for depression: Theory and evidence. *Psychological Review, 91,* 347–374.

Peterson, C., & Vaidya, R. S. (2001). Explanatory style, expectations, and depressive symptoms. *Personality and Individual Differences, 31,* 1217–1223.

Peterson, H. M., & Kemp, R. I. (2006). Co-witness talk: A survey of eyewitness discussion. *Psychology Crime & Law, 12,* 181–191.

Peterson, L. R., & Peterson, M. J. (1959). Short-term retention of individual verbal items. *Journal of Experimental Psychology, 58,* 193–198.

Peterson, R. S., & Nemeth, C. J. (1996). Focus versus flexibility: Majority and minority influence can both improve performance. *Personality and Social Psychology Bulletin, 22,* 14–23.

Petrie, K. J., Booth, R. J., & Pennebaker, J. W. (1998). The immunological effects of thought suppression. *Journal of Personality and Social Psychology, 75,* 1264–1272.

Petrie, K. J., Fontanilla, I., Thomas, M. G., Booth, R. J., & Pennebaker, J. W. (2004). Effect of written emotional expression on immune function in patients with human immunodeficiency virus infection: A randomized trial. *Psychosomatic Medicine, 66,* 272–275.

Petry, N. M., Alessi, S. M., Marx, J., Austin, M., & Tardif, M. (2005). Vouchers versus prizes: Contingency management treatment of substance abusers in community settings. *Journal of Consulting and Clinical Psychology, 73,* 1005–1014.

Pettigrew, T. F. (2008). Future directions for intergroup contact theory and research. *International Journal of Intercultural Relations, 32,* 187–199.

Pettigrew, T. F., Christ, O., Wagner, U., & Stellmacher, J. (2007). Direct and indirect intergroup contact effects on prejudice: A normative interpretation International. *Journal of Intercultural Relations, 31,* 41–425.

Pettigrew, T. F., & Tropp, L. R. (2006). A meta-analytic test of intergroup contact theory. *Journal of Personality and Social Psychology, 90,* 751–783.

Petty, R. E., & Briñol, P. (2008). Persuasion: From single to multiple to metacognitive processes. *Perspectives on Psychological Sciences, 3,* 137–147.

Petty, R. E., Cacioppo, J. T., Strathman, A. J., & Priester, J. R. (2005). To think or not to think: Exploring two routes to persuasion. In T. C. Brock & M. C. Green (Eds.), *Persuasion: Psychological insights and perspectives* (2nd ed., pp. 81–116). Thousand Oaks, CA: Sage.

Pfeifer, M., Goldsmith, H. H., Davidson, R. J., & Rickman, M. (2002). Continuity and change in inhibited and uninhibited children. *Child Development, 73,* 1474–1485.

Piaget, J. (1929). *The child's conception of the world.* New York: Harcourt, Brace.

Piaget, J. (1954). *The construction of reality in the child.* New York: Basic Books.

Piaget, J. (1965). *The moral judgment of the child* (M. Gabain, Trans.). New York: Macmillan.

Piaget, J. (1977). *The development of thought: Equilibrium of cognitive structures.* New York: Viking Press.

Piccione, C., Hilgard, E. R., & Zimbardo, P. G. (1989). On the degree of stability of measured hypnotizability over a 25-year period. *Journal of Personality and Social Psychology, 56,* 289–295.

Pilkonis, P. A., & Zimbardo, P. G. (1979). The personal and social dynamics of shyness. In C. E. Izard (Ed.), *Emotions in personality and psychopathology* (pp. 131–160). New York: Plenum Press.

Pines, A., & Zimbardo, P. G. (1978). The personal and cultural dynamics of shyness: A comparison between Israelis, American Jews and Americans. *Journal of Psychology and Judaism, 3,* 81–101.

Piotrowski, C., Keller, J. W., & Ogawa, T. (1993). Projective techniques: An international perspective. *Psychological Reports, 72,* 179–182.

Pischke, C. R., Scherwitz, L., Weidner, G., & Ornish, D. (2008). Long-term effects of lifestyle changes on well-being and cardiac variables among coronary heart disease patients. *Health Psychology, 27,* 584–592.

Pitts, D. G. (1982). The effects of aging on selected visual functions: Dark adaptation, visual acuity, stereopsis, and brightness contrast. In R. Sekuler, D. Kline, & K. Dismukes (Eds.), *Aging and human visual function* (pp. 131–159). New York: Liss.

Plazzi, G., Vertugno, R., Provini, F., & Montagna, P. (2005). Sleepwalking and other ambulatory behaviours during sleep. *Neurological Sciences, 26*, s193–s198.

Plomin, R., DeFries, J. C., Craig, I. W., & McGuffin, P. (2003). Behavioral genetics. In R. Plomin, J. C. DeFries, I. W. Craig, & P. McGuffin (Eds.), *Behavioral genetics in the postgenomic era* (pp. 3–15). Washington, DC: American Psychological Association.

Plomin, R., & Petrill, S. A. (1997). Genetics and intelligence: What's new? *Intelligence, 24,* 53–77.

Plomin, R., & Spinath, F. M. (2004). Intelligence: Genetics, genes, and genomics. *Journal of Personality and Social Psychology, 86*, 112–129.

Plous, S. (1996a). Attitudes toward the use of animals in psychological research and education: Results from a national survey of psychology majors. *Psychological Science, 7,* 352–358.

Plous, S. (1996b). Attitudes toward the use of animals in psychological research and education: Results from a national survey of psychologists. *American Psychologist, 51,* 1167–1180.

Polivy, J., & Herman, C. P. (1999). Distress and eating: Why do dieters overeat? *International Journal of Eating Disorders, 26,* 153–164.

Porter, L. W., & Lawler, E. E. (1968). *Managerial attitudes and performance.* Homewood, IL: Irwin.

Posada, R., & Wainryb, C. (2008). Moral development in a violent society: Columbian children's judgments in the context of survival and revenge. *Child Devleopment, 79,* 882–898.

Poucet, B. (1993). Spatial cognitive maps in animals: New hypotheses on their structure and neural mechanisms. *Psychological Review, 100,* 163–182.

Powers, M. B., & Emmelkamp, P. M. G. (2008). Virtual reality exposure therapy for anxiety disorders: A meta-analysis. *Journal of Anxiety Disorders, 22*, 561–569.

Powley, T. (1977). The ventromedial hypothalamic syndrome, satiety, and a cephalic phase hypothesis. *Psychological Review, 84,* 89–126.

Preckel, F., Holling, H., & Wiese, M. (2006). Relationship of intelligence and creativity in gifted and non-gifted students: An investigation of threshold theory. *Personality and Individual Differences, 40*, 159–170.

Premack, D. (1965). Reinforcement theory. In D. Levine (Ed.), *Nebraska symposium on motivation* (pp. 128–180). Lincoln: University of Nebraska Press.

Premack, D. (1971). Language in chimpanzee? *Science, 172,* 808–822.

Pressman, L. J., Loo, S. K., Carpenter, E. M., Asarnow, J. R., Lynn, D., McCracken, J. T., McGough, J. J., Lubke, G. H., Yang, M. H., & Smalley, S. L. (2006). Relationship of family environment and parental psychiatric diagnosis to impairment in ADHD. *Journal of the American Academy of Child and Adolescent Psychiatry, 45*, 346–354.

Prosser, D., Johnson, S., Kuipers, E., Szmukler, G., Bebbington, P., & Thornicroft, G. (1997). Perceived sources of work stress and satisfaction among hospital and community mental health staff, and their relation to mental health, burnout, and job satisfaction. *Journal of Psychosomatic Research, 43,* 51–59.

Quine, W. V. O. (1960). *Word and object.* Cambridge, MA: The MIT Press.

Quittner, A. L., Modi, A., Lemanek, K. L., Ievers-Landis, C. E., & Rapoff, M. A. (2008). Evidence-based assessment of adherence to medical treatments in pediatric psychology. *Journal of Pediatric Psychology, 33*, 916–936.

Rachlin, H. (1990). Why do people gamble and keep gambling despite heavy losses? *Psychological Science, 1,* 294–297.

Radvansky, G. A. (2006). *Human memory*. Boston: Allyn & Bacon.

Rahman, Q., & Wilson, G. D. (2003). Born gay? The psychobiology of human sexual orientation. *Personality and Individual Differences, 34,* 1337–1382.

Rahman, R. A., & Melinger, A. (2007). When bees hamper the production of honey: Lexical interference from associates in speech production. *Journal of Experimental Psychology: Learning, Memory, and Cognition, 33*, 604–614.

Rajaram, S., & Roediger, H. L. III (1993). Direct comparison of four implicit memory tests. *Journal of Experimental Psychology: Learning, Memory, and Cognition, 19,* 765–776.

Ramey, C. H., & Weisberg, R. W. (2004). The "poetical activity" of Emily Dickinson: A further test of the hypothesis that affective disorders foster creativity. *Creativity Research Journal, 16*, 173–185.

Ramírez, J. M., & Andreu, J. M. (2006). Aggression, and some related psychological constructs (anger, hostility, and impulsivity): Some comments from a research project. *Neuroscience and Biobehavioral Reviews, 30*, 276–291.

Rapoport, J. L. (1989, March). The biology of obsessions and compulsions. *Scientific American,* pp. 83–89.

Rasch, B., & Born, J. (2008). Reactivation and consolidation of memory during sleep. *Current Directions in Psychological Science, 17*, 188–192.

Rasmussen, T., & Milner, B. (1977). The role of early left-brain injury in determining lateralization of cerebral speech functions. *Annals of the New York Academy of Sciences, 299,* 355–369.

Ratcliff, R., & McKoon, G. (1978). Priming in item recognition: Evidence for the propositional structure of sentences. *Journal of Verbal Learning and Verbal Behavior, 17,* 403–418.

Rau, H., Bührer, M., & Wietkunat, R. (2003). Biofeedback of R-wave-to-pulse interval normalizes blood pressure. *Applied Psychophysiology and Biofeedback, 28,* 37–46.

Rawson, R. A., Maxwell, J., & Rutkowski, B. (2007). OxyContin abuse: Who are the users? *The American Journal of Psychiatry, 164,* 1634–1636.

Ray, W. J., Keil, A., Mikuteit, A., Bongartz, W., & Elbert, T. (2002). High resolution EEG indicators of pain responses in relation to hypnotic susceptibility and suggestion. *Biological Psychology, 60,* 17–36.

Raynor, H. A., & Epstein, L. H. (2001). Dietary variety, energy regulation, and obesity. *Psychological Bulletin, 127,* 325–341.

Raz, A. (2005). Attention and hypnosis: Neural substrates and genetic associations of two converging processes. *International Journal of Clinical and Experimental Hypnosis, 53,* 237–258.

Reb, J. (2008). Regret aversion and decision process quality: Effects of regret salience on decision process carefulness. *Organizational Behavior and Human Decision Processes, 105,* 169–182.

Recanzone, G. H., & Sutter, M. L. (2008). The biological basis of audition. *Annual Review of Psychology, 59,* 119–142.

Regalado, M., Sareen, H., Inkelas, M., Wissow, L. S., & Halfon, N. (2004). Parents' discipline of young children: Results from the national survey of early childhood health. *Pediatrics, 113,* 1952–1958.

Regan, R. T. (1971). Effects of a favor and liking on compliance. *Journal of Experimental Social Psychology, 7,* 627–639.

Reilly, T., Atkinson, G., Edwards, B., Waterhouse, J., Farrelly, K., & Fairhurst, E. (2007). Diurnal variation in temperature, mental and physical performance, and tasks specifically related to football (soccer). *Chronobiology International, 24,* 507–519.

Reis, H. T., & Aron, A. (2008). Love: What is it, why does it matter, and how does it operate? *Perspectives on Psychological Science, 3,* 80–86.

Renzulli, J. S. (2005). The three-ring conception of giftedness: A developmental model for promoting creative productivity. In R. J. Sternberg & J. E. Davidson (Eds.), *Conceptions of giftedness* (2nd ed.) (pp. 246–279). New York: Cambridge University Press.

Rescorla, R. A. (1966). Predictability and number of pairings in Pavlovian fear conditioning. *Psychonomic Science, 4,* 383–384.

Rescorla, R. A. (1988). Pavlovian conditioning: It's not what you think it is. *American Psychologist, 43,* 151–160.

Reti, I. M., Samuels, J. F., Eaton, W. W., Bienvenu, O. J. III, Costa, P. T. Jr., & Nestadt, G. (2002). Adult antisocial personality traits are associated with experiences of low paternal care and maternal overprotection. *Acta Psychiatrica Scandinavica, 106,* 126–133.

Reyna, C., & Weiner, B. (2001). Justice and utility in the classroom: An attributional analysis of the goals of teachers' punishment and intervention strategies. *Journal of Educational Psychology, 93,* 309–319.

Reynolds, J. S., & Perrin, N. A. (2004). Mismatches in social support and psychosocial adjustment. *Health Psychology, 23,* 425–430.

Ribeiro, S. C., Kennedy, S. E., Smith, Y. R., Stohler, C. S., & Zubieta, J. K. (2005). Interface of physical and emotional stress regulation through the endogenous opioid system and μ-opioid receptors. *Progress in Neuro-Psychopharmacology & Biological Psychiatry, 29,* 1264–1280.

Richards, M. H., Crowe, P. A., Larson, R., & Swarr, A. (1998). Developmental patterns and gender differences in the experience of peer companionship during adolescence. *Child Development, 69,* 154–163.

Rinck, M. (2008). Spatial situation models and narrative comprehension. In M. A. Gluck, J. R. Anderson, & S. M. Kosslyn (Eds.), *Memory and mind: A festschrift for Gordon H. Bower* (pp. 359–370). Mahwah, NJ: Erlbaum.

Ritchie, P. L.-J. (2007). Annual report of the International Union of Psychological Science (IUPsyS) to the International Council for Science. *International Journal of Psychology, 42,* 353–360.

Rivas-Vazquez, R. A. (2003). Benzodiazepines in contemporary clinical practice. *Professional Psychology: Research and Practice, 34,* 424–428.

Roberson, D., Davidoff, J., Davies, I. R. L., & Shapiro, L. R. (2005). Color categories: Evidence for the cultural relativity hypothesis. *Cognitive Psychology, 50,* 378–411.

Roberts, A., Cash, T. F., Feingold, A., & Johnson, B. T. (2006). Are Black–White differences in females' body dissatisfaction decreasing? A meta-analytic review. *Journal of Consulting and Clinical Psychology, 74,* 1121–1131.

Roberts, A. H., Kewman, D. G., Mercier, L., & Hovell, M. (1993). The power of nonspecific effects in healing: Implications for psychosocial and biological treatments. *Clinical Psychology Review, 13,* 375–391.

Rode, J. C., Mooney, C. H., Arthaud-Day, M. L., Near, J. P., Baldwin, T. T., Rubin, R. S., & Bommer, W. H. (2007). Emotional intelligence and individual performance: Evidence of direct and moderated effects. *Journal of Organizational Behavior, 28,* 399–421.

Roediger, H. L. III, Gallo, D. A., & Geraci, L. (2002). Processing approaches to cognition: The impetus from the levels-of-processing framework. *Memory, 10,* 319–332.

Roenneberg, T., Kuehnle, T., Juda, M., Kantermann, T., Allebrandt, K., Gordijn, M., & Merrow, M. (2007). Epidemiology of the human circadian clock. *Sleep Medicine Reviews, 11*, 429–438.

Roese, N. J., & Summerville, A. (2005). What we regret most . . . and why. *Personality and Social Psychology Bulletin, 31*, 1273–1285.

Rogers, C. R. (1947). Some observations on the organization of personality. *American Psychologist, 2*, 358–368.

Rogers, C. R. (1951). *Client-centered therapy: Its current practice, implications and theory.* Boston: Houghton Mifflin.

Rogers, C. R. (1959). A theory of therapy, personality, and interpersonal relationships, as developed in the client-centered framework. In S. Koch (Ed.), *Psychology: A study of a science* (Vol. 3). New York: McGraw-Hill.

Rogers, C. R. (1977). *On personal power: Inner strength and its revolutionary impact.* New York: Delacorte.

Rogers, M., & Smith, K. (1993). Public perceptions of subliminal advertising: Why practitioners shouldn't ignore this issue. *Journal of Advertising Research, 33*(2), 10–18.

Rogers, S. (1993). How a publicity blitz created the myth of subliminal advertising. *Public Relations Quarterly, 37*, 12–17.

Rogoff, B. (1990). *Apprenticeship in thinking: Cognitive development in social context.* New York: Oxford University Press.

Rogoff, B. (2003). *The cultural nature of human development.* London: Oxford University Press.

Rogoff, B., & Chavajay, P. (1995). What's become of research on the cultural basis of cognitive development? *American Psychologist, 50*, 859–877.

Rohrer, J. H., Baron, S. H., Hoffman, E. L., & Swinder, D. V. (1954). The stability of autokinetic judgment. *Journal of Abnormal and Social Psychology, 49*, 595–597.

Roid, G. (2003). *Stanford-Binet intelligence scale* (5th ed.). Itasca, IL: Riverside Publishing.

Roisman, G. I., Clausell, E., Holland, A., Fortuna, K., & Elieff, C. (2008). Adult romantic relationships as contexts of human development: A multimethod comparison among same-sex couples with opposite-sex dating, engaged, and married dyads. *Developmental Psychology, 44*, 91–101.

Rolls, E. T. (2000). Memory systems in the brain. *Annual Review of Psychology, 51*, 599–630.

Rolls, E. T. (2005). Taste, olfactory, and food texture processing in the brain, and the control of food intake. *Physiology & Behavior, 85*, 45–56.

Romer, M., Lehrner, J., Wymelbeke, V. V., Jiang, T., Deecke, L. & Brondel, L. (2006). Does modification of olfacto-gustatory stimulation diminish sensory-specific satiety in humans? *Physiology & Behavior, 87*, 469–477.

Root, R. W. II, & Resnick, R. J. (2003). An update on the diagnosis and treatment of attention-deficit/hyperactivity disorder in children. *Professional Psychology: Research and Practice, 34*, 34–41.

Rorschach, H. (1942). *Psychodiagnostics: A diagnostic test based on perception.* New York: Grune & Stratton.

Rosch, E., & Mervis, C. B. (1975). Family resemblances: Studies in the internal structure of categories. *Cognitive Psychology, 7*, 573–605.

Rosch, E. H. (1973). Natural categories. *Cognitive Psychology, 4*, 328–350.

Rosch, E. H. (1978). Principles of categorization. In E. Rosch & B. B. Lloyd (Eds.), *Cognition and categorization* (pp. 27–48). Hillsdale, NJ: Erlbaum.

Rosch, E. H., Mervis, C. B., Gray, W. D., Johnson, D. M., & Boyes-Braem, P. (1976). Basic objects in natural categories. *Cognitive Psychology, 8*, 382–439.

Rose, A. J., & Rudolph, K. D. (2006). A review of sex-differences in peer relationship processes: Potential trade-offs for the emotional and behavioral development of girls and boys. *Psychological Bulletin, 132*, 98–131.

Rose, M. E., & Grant, J. E. (2008). Pharmacotherapy for methamphetamine dependence: A review of the pathophysiology of methamphetamine addiction and the theoretical basis and efficacy of pharmacotherapeutic interventions. *Annals of Clinical Psychiatry, 20*, 145–155.

Rosenfield, S. (1997). Labeling mental illness: The effects of received services and perceived stigma on life satisfaction. *American Sociological Review, 62*, 660–672.

Rosenhan, D. L. (1973). On being sane in insane places. *Science, 179*, 250–258.

Rosenhan, D. L. (1975). The contextual nature of psychiatric diagnoses. *Journal of Abnormal Psychology, 84*, 462–474.

Rosenthal, A. M. (1964). *Thirty-eight witnesses.* New York: McGraw-Hill.

Rosenthal, R., & Fode, K. L. (1963). The effect of experimenter bias on the performance of the albino rat. *Behavioral Science, 8*, 183–189.

Rosenthal, R., & Jacobson, L. F. (1968). *Pygmalion in the classroom: Teacher expectations and intellectual development.* New York: Holt.

Rosenzweig, M. R. (1996). Aspects of the search for neural mechanisms of memory. *Annual Review of Psychology, 47*, 1–32.

Rosenzweig, M. R. (1999). Effects of differential experience on brain and cognition throughout the life span. In S. H. Broman & J. M. Fletcher (Eds.), *The changing nervous system: Neurobehavioral consequences of early brain disorders* (pp. 25–50). New York: Oxford University Press.

Ross, L. (1977). The intuitive psychologist and his shortcomings. In L. Berkowitz (Ed.), *Advances in experimental social psychology* (Vol. 10, pp. 173–220). New York: Academic Press.

Ross, L. (1988). Situational perspectives on the obedience experiments. [Review of the obedience experiments: A case study of controversy in social science]. *Contemporary Psychology, 33,* 101–104.

Ross, L., Amabile, T., & Steinmetz, J. (1977). Social roles, social control and biases in the social perception process. *Journal of Personality and Social Psychology, 37,* 485–494.

Ross, L., & Nisbett, R. E. (1991). *The person and the situation: Perspectives of social psychology.* New York: McGraw-Hill.

Rothbart, M. K. (2007). Temperament, development, and personality. *Current Directions in Psychological Science, 16,* 207–212.

Rothbaum, B. O., Anderson, P., Zimand, E., Hodges, L., Lang, D., & Wilson, J. (2006). Virtual reality exposure therapy and standard (in vivo) exposure therapy in the treatment of fear of flying. *Behavior Therapy, 37,* 80–90.

Rothman, D. J. (1971). *The discovery of the asylum: Social order and disorder in the new republic.* Boston: Little, Brown.

Rotter, J. B. (1954). *Social learning and clinical psychology.* Englewood Cliffs, NJ: Prentice-Hall.

Rotter, J. B. (1966). Generalized expectancies for internal versus external locus of control of reinforcement. *Psychological Monographs, 80* (Whole No. 609).

Rouse, S. V., Greene, R. L., Butcher, J. N., Nichols, D. S., & Williams, C. L. (2008). What do the MMPI-2 Restructured Clinical Scales reliably measure? Answers from multiple research settings. *Journal of Personality Assessment,* 90, 435–442.

Roussi, P. (2002). Discriminative facility in perceptions of control and its relation to psychological distress. *Anxiety, Stress, & Coping: An International Journal, 15,* 179–191.

Roussi, P., Krikeli, V., Hatzidimitriou, C., & Koutri, I. (2007). Patterns of coping, flexibility in coping and psychological distress in women diagnosed with breast cancer. *Cognitive Therapy and Research, 31,* 97–109.

Rozin, P., & Fallon, A. E. (1987). A perspective on disgust. *Psychological Review, 94,* 23–41.

Rozin, P., Millman, L., & Nemeroff, C. (1986). Operation of the laws of sympathetic magic in disgust and other domains. *Journal of Personality and Social Psychology, 50,* 703–712.

Rubin, D. C., & Kontis, T. C. (1983). A schema for common cents. *Memory & Cognition, 11,* 335–341.

Ruch, R. (1937). *Psychology and life.* Glenview, IL: Scott, Foresman.

Rudd, M. D., Berman, A. L., Joiner, T. E. Jr., Nock, M. K., Silverman, M. M., Mandrusiak, M., Van Orden, K., & Witte, T. (2006). Warning signs for suicide: Theory, research, and clinical applications. *Suicide and Life-Threatening Behavior, 36,* 255–262.

Ruitenbeek, H. M. (1973). *The first Freudians.* New York: Jason Aronson.

Rule, N. O., & Ambady, N. (2008). The face of success: Inferences from chief executive officers' appearance predict company profits. *Psychological Science, 19,* 109–111.

Runco, M. A. (1991). *Divergent thinking.* Norwood, NJ: Ablex.

Runco, M. A. (2007). *Creativity: Theories and themes: Research, development, and practice.* San Diego, CA: Elsevier Academic Press.

Runco, M. A. (2008). Commentary: Divergent thinking is not synonymous with creativity. *Psychology of Aesthetics, Creativity, and the Arts, 2,* 93–96.

Ruscio, A. M. Brown, T. A., Chiu, W. T., Sareen, J., Stein, M. B., & Kessler, R. C. (2008). Social fears and social phobia in the USA: Results from the National Comorbidity Survey Replication. *Psychological Medicine, 38,* 15–28.

Russo, F. A., & Thompson, W. F. (2005). An interval size illusion: The influence of timbre on the perceived size of melodic intervals. *Perception & Psychophysics, 67,* 559–568.

Russo, N. F., & Denmark, F. L. (1987). Contributions of women to psychology. *Annual Review of Psychology, 38,* 279–298.

Rutter, P. A., & Behrendt, A. E. (2004). Adolescent suicide risk: Four psychosocial factors. *Adolescence, 39,* 295–302.

Ryder, R. D. (2006). Speciesism in the laboratory. In P. Singer (Ed.), *In defense of animals: The second wave.* Oxford, UK: Blackwell.

Ryff, C. D. (1989). In the eye of the beholder: Views of psychological well-being among middle-aged and older adults. *Psychology and Aging, 4,* 195–210.

Sachdev, P., Mondraty, N., Wen, W., & Gulliford, K. (2008). Brains of anorexia nervosa patients process self-images differently from non-self-images: An fMRI study. *Neuropsychologia, 46,* 2161–2168.

Saffran, J., Hauser, M., Seibel, R., Kapfhamer, J., Tsao, F., & Cushman, F. (2008). Grammatical pattern learning by human infants and cotton-top tamarin monkeys. *Cognition, 107,* 479–500.

Sak, U. (2004). A synthesis of research on psychological types of gifted adolescents. *Journal of Secondary Gifted Education, 15,* 70–79.

Salihu, H. M., & Wilson, R. E. (2007). Epidemiology of prenatal smoking and perinatal outcomes. *Early Human Development, 83,* 713–720.

Salloway, S., Mintzer, J., Weiner, M. R., & Cummings, J. L. (2008). Disease-modifying therapies in Alzheimer's disease. *Alzheimer's & Dementia, 4,* 65–79.

Salthouse, T. A. (2006). Mental exercise and mental aging: Evaluating the validity of the "use it or lose it" hypothesis. *Perspectives on Psychological Science, 1*, 68–87.

Salvy, S.-J., Jarrin, D., Paluch, R., Irfan, N., & Pliner, P. (2007). Effects of social influence on eating in couples, friends and strangers. *Appetite, 49*, 92–99.

Salvy, S.-J., Kieffer, E., & Epstein, L. H. (2008). Effects of social context on overweight and normal-weight children's food selection. *Eating Behaviors, 9*, 190–196.

Salzinger, S., Ng-Mak, D. S., Feldman, R. S., Kam, C. M., & Rosario, M. (2006). Exposure to community violence: Processes that increase the risk for inner-city middle school children. *Journal of Early Adolescence, 26*, 232–266.

Samuel, A. G. (1981). Phonemic restoration: Insights from a new methodology. *Journal of Experimental Psychology: General, 110*, 474–494.

Samuel, A. G. (1991). A further examination of attentional effects in the phonemic restoration illusion. *Quarterly Journal of Experimental Psychology: Human Experimental Psychology, 43A*, 679–699.

Samuel, A. G. (1997). Lexical activation produces potent phonemic percepts. *Cognitive Psychology, 32*, 97–127.

Sanderson, C. A., Rahm, K. B., & Beigbeder, S. A. (2005). The link between pursuit of intimacy goals and satisfaction in close same-sex friendships: An examination of the underlying processes. *Journal of Social and Personal Relationships, 22*, 75–98.

Sandstrom, M. J., & Cramer, P. (2003). Girls' use of defense mechanisms following peer rejection. *Journal of Personality, 71*, 605–627.

Santhi, N., Aeschbach, D., Horowitz, T. S., & Czeisler, C. A. (2008). The impact of sleep timing and bright light exposure on attentional impairment during night work. *Journal of Biological Rhythms, 23*, 341–352.

Santosa, C. M., Strong, C. M., Nowakowska, C., Wang, P. W., Rennicke, C. M., & Ketter, T. A. (2007). Enhanced creativity in bipolar disorder patients: A controlled study. *Journal of Affective Disorders, 100*, 31–39.

Sapir, E. (1964). *Culture, language, and personality.* Berkeley: University of California Press. (Original work published 1941)

Sapolsky, R. M. (1994). *Why zebras don't get ulcers: A guide to stress, stress-related disease, and coping.* New York: Freeman.

Satir, V. (1967). *Conjoint family therapy* (rev. ed.). Palo Alto, CA: Science and Behavior Books.

Savage-Rumbaugh, S., Shanker, S. G., & Taylor, T. J. (1998). *Apes, language, and the human mind.* New York: Oxford University Press.

Savic, I., & Lindström, P. (2008). PET and MRI show differences in cerebral asymmetry and functional connectivity between homo- and heterosexual subjects. *PNAS, 105*, 9403–9408.

Scaramella, L. V., Neppl, T. K., Ontai, L. L., & Conger, R. D. (2008). Consequences of socioeconomic disadvantage across three generations: Parenting behavior and child externalizing problems. *Journal of Family Psychology, 22*, 725–733.

Scarborough, E., & Forumoto, L. (1987). *Untold lives: The first generation of women psychologists.* New York: Columbia University Press.

Schachter, S. (1971a). *Emotion, obesity and crime.* New York: Academic Press.

Schaie, K. W. (2005). *Developmental influences on adult intelligence: The Seattle longitudinal study.* New York: Oxford University Press.

Schick, B., Marschark, M., & Spencer, P. E. (Eds.) (2006). *Advances in the sign language development of deaf children.* New York: Oxford University Press.

Schiff, M., & Bargal, D. (2000). Helping characteristics of self-help and support groups: Their contribution to participants' subjective well-being. *Small Group Research, 31*, 275–304.

Schalock, R. L., Luckasson, R. A., & Shogren, K. A. (2007). The renaming of *Mental Retardation*: Understanding the change to the term *Intellectual Disability. Intellectual and Developmental Disabilities, 45*, 116–124.

Schlenger, W. E., Caddell, J. M., Ebert, L., Jordan, B. K., Rourke, K. M., Wilson, D., Thalji, L., Dennis, J. M., Fairbank, J. A., & Kulka, R. A. (2002). Psychological reactions to terrorist attacks: Findings from the National Study of Americans' reactions to September 11. *JAMA, 288*, 581–588.

Schlitz, M. (1997). *Dreaming for the community: Subjective experience and collective action among the Anchuar Indians of Ecuador.* Research proposal. Marin, CA: Institute of Noetic Sciences.

Schmader, T., Johns, M., & Forbes, C. (2008). An integrated process model of stereotype threat effects on performance. *Psychological Review, 115*, 336–356.

Schmitt, D. P. (2003). Universal sex differences in desire for sexual variety: Tests from 52 nations, 6 continents, and 13 islands. *Journal of Personality and Social Psychology, 85*, 85–104.

Schneider, K., & May, R. (1995). *The psychology of existence: An integrative, clinical perspective.* New York: McGraw-Hill.

Scholz, U., Schüz, B., Ziegelmann, J., Lippke, S., & Schwarzer, R. (2008). Beyond behavioural intentions: Planning mediates between intentions and physical activity. *British Journal of Health Psychology, 13*, 479–494.

Schousboe, K., Visscher, P. M., Erbas, B., Kyvik, K. O., Hopper, J. L., Henriksen, J. E., Heitmann, B. L., & Sørensen,

T. I. A. (2004). Twin study of genetic and environmental influences on adult body size, shape, and composition. *International Journal of Obesity, 28*, 39–48.

Schredl, M., & Erlacher, D. (2008). Relation between waking sport activities, reading, and dream content in sports students and psychology students. *The Journal of Psychology, 142*, 267–275.

Schutter, D. J. L. G. (2008). Antidepressant efficacy of high-frequency transcranial magnetic stimulation over the left dorsolateral prefrontal cortex in double-blind sham-controlled designs: A meta-analysis. *Psychological Medicine*

Schwab, C., Bugnyar, T., Schloegl, C., & Kotrschal, K. (2008). Enhanced social learning between siblings in common ravens, *Corvus corax. Animal Behaviour, 75*, 501–508.

Schützwohl, A. (2006). Sex differences in jealousy: Information search and cognitive preoccupation. *Personality and Individual Differences, 40*, 285–292.

Schwartz, B., Ward, A., Monterosso, J., Lyubomirsky, S., White, K., & Lehman, D. R. (2002). Maximizing versus satisficing: Happiness is a matter of choice. *Journal of Personality and Social Psychology, 83*, 1178–1197.

Schwarz, N., Bless, H., Wänke, M., & Winkielman, P. (2003). Accessibility revisited. In G. V. Bodenhausen & A. J. Lambert (Eds.), *Foundations of social cognition: A festschrift in honor of Robert S. Wyer* (pp. 51–77). Mahwah, NJ: Erlbaum.

Schweinhart, L. J. (2004). *The High/Scope Perry preschool study through age 40: Summary, conclusions, and frequently asked questions.* Retrieved from www.highscope.org/Research/PerryProject/PerryAge40SumWeb.pdf.

Sciutto, M. J., & Eisenberg, M. (2007). Evaluating the evidence for and against the overdiagnosis of ADHD. *Journal of Attention Disorders, 11*, 106–113.

Scott, D., Scott, L. M., & Goldwater, B. (1997). A performance improvement program for an international-level track and field athlete. *Journal of Applied Behavior Analysis, 30*, 573–575.

Scull, A. (1993). *A most solitary of afflictions: Madness and society in Britain 1700–1900.* London: Yale University Press.

Seamon, J. G., Philbin, M. M., & Harrison, L G. (2006). Do you remember proposing marriage to the Pepsi machine? False recollections from a campus walk. *Psychonomic Bulletin & Review, 13*, 752–756.

Seal, D. S., Smith, M., Coley, B., Perry, J., & Gamez, M. (2008). Urban heterosexual couples' sexual scripts for three shared sexual experiences. *Sex Roles, 58*, 626–638.

Sear, R., & Mace, R. (2008). Who keeps children alive? A review of the effects of kin on child survival. *Evolution and Human Behavior, 29*, 1–18.

Searle, J. R. (1979). Literal meaning. In J. R. Searle (Ed.), *Expression and meaning* (pp. 117–136). Cambridge, UK: Cambridge University Press.

Sears, S. R., Stanton, A. L., & Danoff-Burg, S. (2003). The yellow brick road and the Emerald City: Benefit finding, positive reappraisal coping, and posttraumatic growth in women with early-stage breast cancer. *Health Psychology, 22*, 487–497.

Sedikides, C., Gaertner, L., & Toguchi, Y. (2003). Pancultural self-enhancement. *Journal of Personality and Social Psychology, 84*, 60–79.

Sedikides, C., & Gregg, A. P. (2008). Self-enhancement: Food for thought. *Perspectives on Psychological Science, 3*, 102–116.

Segerstrom, S. C. (2005). Optimism and immunity: Do positive thoughts always lead to positive effects? *Brain, Behavior, and Immunity, 19*, 195–200.

Segerstrom, S. C. (2006). How does optimism suppress immunity? Evaluation of three affective pathways. *Health Psychology, 25*, 653–657.

Segerstrom, S. C. (2007). Stress, energy, and immunity. *Current Directions in Psychological Science, 16*, 326–330.

Seidenberg, M. S., & Petitto, L. A. (1979). Signing behavior in apes: A critical review. *Cognition, 7*, 177–215.

Seidler, R. D., Purushotham, A., Kim, S. G., Ugurbil, K., Willingham, D., & Ashe, J. (2002). Cerebellum activation associated with performance change but no motor learning. *Science, 296*, 2043–2046.

Selfridge, O. G. (1955). Pattern recognition and modern computers. *Proceedings of the Western Joint Computer Conference.* New York: Institute of Electrical and Electronics Engineers.

Seligman, M. E. P. (1975). *Helplessness: On depression, development, and death.* San Francisco: Freeman.

Seligman, M. E. P. (1991). *Learned optimism.* New York: Norton.

Seligman, M. E. P., & Maier, S. F. (1967). Failure to escape traumatic shock. *Journal of Experimental Psychology, 74*, 1–9.

Seligman, M. E. P., Steen, T. A., Park, N., & Peterson, C. (2005). Positive psychology progress: Empirical validation of interventions. *American Psychologist, 60*, 410–421.

Selye, H. (1976a). *Stress in health and disease.* Reading, MA: Butterworth.

Selye, H. (1976b). *The stress of life* (2nd ed.). New York: McGraw-Hill.

Serpell, R. (2000). Intelligence and culture. In R. J. Sternberg (Ed.), *Handbook of intelligence* (pp. 549–577). Cambridge, UK: Cambridge University Press.

Serpell, R., & Boykin, A. W. (1994). Cultural dimensions of cognition: A multiplex, dynamic system of constraints and possibilities. In R. J. Sternberg (Ed.), *Handbook of perception and cognition: Vol. 2. Thinking and problem solving* (pp. 369–408). Orlando, FL: Academic Press.

Sevdalis, N., & Harvey, N. (2007). Biased forecasting of postdecisional affect. *Psychological Science, 18,* 678–681.

Shafir, E. (1993). Choosing versus rejecting: Why some options are both better and worse than others. *Memory & Cognition, 21,* 546–556.

Sharpsteen, D. J., & Kirkpatrick, L. A. (1997). Romantic jealousy and adult romantic attachment. *Journal of Personality and Social Psychology, 72,* 627–640.

Shaver, P. R., & Hazan, C. (1994). Attachment. In A. L. Weber & J. H. Harvey (Eds.), *Perspectives on close relationships* (pp. 110– 130). Boston: Allyn & Bacon.

Shaw, M., & Black, D. W. (2008). Internet addiction: Definition, assessment, epidemiology and clinical management. *CNS Drugs, 22,* 353–365.

Sheehan, E. P. (1993). The effects of turnover on the productivity of those who stay. *Journal of Social Psychology, 133,* 699–706.

Sheehy, R., & Horan, J. J. (2004). Effects of stress inoculation training for 1st-year law students. *International Journal of Stress Management, 11,* 41–55.

Sheets, V. L., & Lugar, R. (2005). Sources of conflict between friends in Russia and the United States. *Cross-Cultural Research, 39,* 380–398.

Sheldon, W. (1942). *The varieties of temperament: A psychology of constitutional differences.* New York: Harper.

Shepard, R. N. (1978). Externalization of mental images and the act of creation. In B. S. Randhawa & W. E. Coffman (Eds.), *Visual learning, thinking, and communicating.* New York: Academic Press.

Shepard, R. N. (1984). Ecological constraints on internal representation: Resonant kinematics of perceiving, imagining, thinking and dreaming. *Psychological Review, 91,* 417–447.

Sheppard, L. D., & Vernon, P. A. (2008). Intelligence and speed of information-processing: A review of 50 years of research. *Personality and Individual Differences, 44,* 535–551.

Sher, K. J., Bartholow, B. D., & Wood, M. D. (2000). Personality and substance use disorders: A prospective study. *Journal of Consulting and Clinical Psychology, 68,* 818–829.

Sherif, C. W. (1981, August). *Social and psychological bases of social psychology.* The G. Stanley Hall Lecture on social psychology, presented at the annual convention of the American Psychological Association, Los Angeles, 1961.

Sherif, M. (1935). A study of some social factors in perception. *Archives of Psychology, 27*(187).

Sherif, M., Harvey, O. J., White, B. J., Hood, W. R., & Sherif, C. W. (1988). *The Robbers Cave experiment: Intergroup conflict and cooperation.* Middletown, CT: Wesleyan University Press. (Original work published 1961)

Sherwood, C. C., Subiaul, F., & Zawidzki, T. W. (2008). A natural history of the human mind: Tracing evolutionary changes in brain and cognition. *Journal of Anatomy, 212,* 426–454.

Shevlin, M., Houston, J. E., Dorahy, M. J., & Adamson, G. (2008). Cumulative traumas and psychosis: An analysis of the National Comorbidity Study and the British Psychiatric Morbidity Survey. *Schizophrenia Bulletin, 34,*193–199.

Shi, J., Gershon, E. S., & Liu, C. (2008). Genetic associations with schizophrenia: Meta-analyses of 12 candidate genes. *Schizophrenia Research, 104,* 96–107.

Shields, D. C., Asaad, W., Eskandar, E. N., Jain, F. A., Cosgrove, G. R., Flahtery, A. W., Cassem, E. H., Prince, B. H., Rauch, S. L., & Dougherty, D. D. (2008). Prospective assessment of stereotactic ablative surgery for intractable major depression. *Biological Psychiatry, 64,* 449–454.

Shiffrar, M. (1994). When what meets where. *Current Directions in Psychological Science, 3,* 96–100.

Shiffrin, R. M. (2003). Modeling memory and perception. *Cognitive Science, 27,* 341–378.

Shiffrin, R. M., & Schneider, W. (1977). Controlled and automatic human information processing: II. Perceptual learning, automatic attending, and a general theory. *Psychological Review, 84,* 127–190.

Shih, J. H., Eberhart, N. K., Hammen, C. L., & Brennan, P. A (2006). Differential exposure and reactivity to interpersonal stress predict sex differences in adolescent depression. *Journal of Clinical Child and Adolescent Psychology, 35,* 103–115.

Shmueli-Goetz, Y., Target, M., Fonagy, P., & Datta, A. (2008). The child attachment interview: A psychometric study of reliability and discriminant validity. *Developmental Psychology, 44,* 939–956.

Shneidman, E. S. (1987, March). At the point of no return. *Psychology Today,* pp. 54–59.

Shoda, Y., Mischel, W., & Wright, J. C. (1993a). The role of situational demands and cognitive competencies in behavior organization and personality coherence. *Journal of Personality and Social Psychology, 65,* 1023–1035.

Shorter, L., Brown, S. L., Quinton, S. J., & Hinton, L. (2008). Relationships between body-shape discrepancies with favored celebrities and disordered eating in young women. *Journal of Applied Social Psychology, 38,* 1364–1377.

Shuwairi, S. M., Albert, M. K., & Johnson, S. P. (2007). Discrimination of possible and impossible objects in infancy. *Psychological Science, 18,* 303–307.

Sia, T. L., Lord, C. G., Blessum, K. A., Ratcliff, C. D., & Lepper, M. R. (1997). Is a rose always a rose? The role of social category exemplar change in attitude stability and attitude-behavior consistency. *Journal of Personality and Social Psychology, 72,* 501–514.

Siegel, J. M. (2005). Clues to the functions of mammalian sleep. *Nature, 437,* 1264–1271.

Siegel, P. H., Schraeder, M., & Morrison, R. (2008). A taxonomy of equity factors. *Journal of Applied Social Psychology, 38,* 61–75.

Siegel, S. (1984). Pavlovian conditioning and heroin overdose: Reports by overdose victims. *Bulletin of the Psychonomic Society, 22,* 428–430.

Siegel, S. (2005). Drug tolerance, drug addiction, and drug anticipation. *Current Directions in Psychological Science, 14,* 296–300.

Siegel, S., Hinson, R. E., Krank, M. D., & McCully, J. (1982). Heroin "overdose" death: The contribution of drug-associated environmental cues. *Science, 216,* 436–437.

Siever, L. J. (2008). Neurobiology of aggression and violence. *American Journal of Psychiatry, 165,* 429–442.

Sigmon, S. T., Pells, J. J., Edenfield, T. M., Hermann, B. A., Scharter, J. G., LaMattina, S. M., & Boulard, N. E. (2007). Are we there yet? A review of gender comparisons in three behavioral journals through the 20th century. *Behavior Therapy, 38,* 333–339.

Sillitoe, R. V., & Vogel, M. W. (2008). Desire, disease, and the origins of the dopaminergic system. *Schizophrenia Bulletin, 34,* 212–219.

Silventoinen, K., Pietiläinen, K. H., Tynelius, P., Sørensen, T. I. A., Kaprio, J., & Rasmussen, F. (2007). Genetic and environmental factors in relative weight from birth to age 18: The Swedish young male twins study. *International Journal of Obesity, 31,* 615–621.

Silventoinen, K., Posthuma, D., van Beijsterveldt, T., Bartels, M., Boomsma, D. I. (2006). Genetic contributions to the association between height and intelligence: Evidence from Dutch twin data from childhood to middle age. *Genes, Brain and Behavior, 5,* 585–595.

Silverman, A. B., Reinherz, H. Z., & Giaconia, R. M. (1996). The long-term sequelae of child and adolescent abuse: A longitudinal community study. *Child Abuse & Neglect, 20,* 709–723.

Simmons, J. A., Ferragamo, M. J., & Moss, C. F. (1998). Echo-delay resolution in sonar images of the big brown bat, *Eptesicus fuscus. Proceedings of the National Academy of Sciences of the United States, 95,* 12647–12652.

Simon, H. A. (1973). The structure of ill-structured problems. *Artificial Intelligence, 4,* 181–202.

Simon, H. A. (1979). *Models of thought* (Vol. 1). New Haven: Yale University Press.

Simon, H. A. (1989). *Models of thought* (Vol. 2). New Haven: Yale University Press.

Simons, D. J., & Levin, D. T. (1998). Failure to detect changes to people during a real-world interaction. *Psychonomic Bulletin & Review, 5,* 644–649.

Sinclair, R. C., Hoffman, C., Mark, M. M., Martin, L. L., & Pickering, T. L. (1994). Construct accessibility and the misattribution of arousal: Schachter and Singer revisited. *Psychological Science, 5,* 15–19.

Singer, L. T., Arendt, R., Minnes, S., Farkas, K., Salvator, A., Kirchner, H. L., & Kliegman, R. (2002). Cognitive and motor outcomes of cocaine-exposed infants. *Journal of the American Medical Association, 287,* 1952–1960.

Singer, T., Verhaegen, P., Ghisletta, P., Lindenberger, U., & Baltes, P. B. (2003). The fate of cognition in very old age: Six-year longitudinal findings in the Berlin Aging Study (BASE). *Psychology & Aging, 18,* 318–331.

Sireteanu, R. (1999). Switching on the infant brain. *Science, 286,* 59–61.

Skinner, B. F. (1938). *The behavior of organisms.* New York: Appleton-Century-Crofts.

Skinner, B. F. (1953). *Science and human behavior.* New York: Macmillan.

Skinner, B. F. (1957). *Verbal behavior.* New York: Appleton-Century-Crofts.

Skinner, B. F. (1966). What is the experimental analysis of behavior? *Journal of the Experimental Analysis of Behavior, 9,* 213–218.

Skinner, B. F. (1990). Can psychology be a science of mind? *American Psychologist, 45,* 1206–1210.

Skodol, A. E., Pagano, M. E., Bender, D. S., Shea, M. T., Gunderson, J. G., Yen, S., Stout, R. L., Morey, L. C., Sanislow, C. A., Grilo, C. M., Zanarini, M. C., & McGlashan, T. H. (2005). Stability of functional impairment in patients with schizotypal, borderline, avoidant, or obsessive-compulsive personality disorder over two years. *Psychological Medicine, 35,* 443–451.

Slivia, P. J. (2008a). Discernment and creativity: How well can people identify their most creative ideas? *Psychology of Aesthetics, Creativity, and the Arts, 2,* 139–146.

Slivia, P. J. (2008b). Another look at creativity and intelligence: Exploring higher-order mental models and probable confounds. *Personality and Individual Differences, 44,* 1012–1021.

Sloane, R. B., Staples, F. R., Cristol, A. H., Yorkston, N. J., & Whipple, K. (1975). *Psychotherapy versus behavior therapy.* Cambridge, MA: Harvard University Press.

Slobin, D. I. (1985). Crosslinguistic evidence for the language-making capacity. In D. Slobin (Ed.), *The crosslinguistic study of language acquisition: Vol. 2. Theoretical issues* (pp. 1157–1256). Hillsdale, NJ: Erlbaum.

Sloman, S. A., Hayman, C. A. G., Ohta, N., Law, J., & Tulving, E. (1988). Forgetting in primed fragment completion. *Journal of Experimental Psychology: Learning, Memory, and Cognition, 14,* 223–239.

Slovic, P., Monahan, J., & MacGregor, D. G. (2000). Violence risk assessment and risk communication: The effects of using actual cases, providing instruction, and employing probability versus frequency formats. *Law and Human Behavior, 24,* 271–296.

Smetana, J. G., Campione-Barr, N., & Metzger, A. (2006). Adolescent development in interpersonal and societal contexts. *Annual Review of Psychology, 57,* 255–284.

Smith, C. T., Nixon, M. R., & Nader, R. S. (2004). Posttraining increases in REM sleep intensity implicate REM sleep in memory processing and provide a biological marker of learning potential. *Learning & Memory, 11,* 714–719.

Smith, J., & Baltes, P. B. (1990). Wisdom-related knowledge: Age/cohort differences in response to life-planning problems. *Developmental Psychology, 26,* 494–505.

Smith, M., Hopkins, D., Peveler, R. C., Holt, R. I. G., Woodward, M., & Ismail K. (2008). First- v. second-generation antipsychotics and risk for diabetes in schizophrenia: Systematic review and meta-analysis. *The British Journal of Psychiatry, 192,* 406–411.

Smith, S. L., & Donnerstein, E. (1998). Harmful effects of exposure to media violence: Learning of aggression, emotional desensitization, and fear. In R. G. Geen & E. Donnerstein (Eds.), *Human aggression: Theories, research, and implications for public policy* (pp. 167–202). San Diego, CA: Academic Press.

Smith, T. W., & Ruiz, J. M. (2002). Psychosocial influences on the development and course of coronary heart disease: Current status and implications for research and practice. *Journal of Consulting and Clinical Psychology, 70,* 548–568.

Smoller, J. W., Biederman, J., Arbeitman, L., Doyle, A. E., Fagerness, J., Perlis, R. H., Sklar, P., & Faraone, S. V. (2006). Association between the 5HT1B receptor gene (*HTR1B*) and the inattentive subtype of ADHD. *Biological Psychiatry, 59,* 460–467.

Sniehotta, F. F., Scholz, U., & Schwarzer, R. (2006). Action plans and coping plans for physical exercise: A longitudinal study in cardiac rehabilitation. *British Journal of Health Psychology, 11,* 23–37.

Snowden, L. R., & Yamada, A.-M. (2005). Cultural differences in access to care. *Annual Review of Clinical Psychology, 1,* 143–166.

Snyder, D. K., Castellani, A. M., & Whisman, M. A. (2006). Current status and future directions in couple therapy. *Annual Review of Psychology, 57,* 317–344.

Soderstrom, M. (2007). Beyond babytalk: Re-evaluating the nature and content of speech input to preverbal infants. *Developmental Review, 27,* 501–532.

Solomon, A. (2001). *The noonday demon.* New York: Scribner.

Son Hing, L. S., Chung-Yan, G., A., Hamilton, L. K., & Zanna, M. P. (2008). A two-dimensional model that employs explicit and implicit attitudes to characterize prejudice. *Journal of Personality and Social Psychology, 94,* 971–987.

Sonnad, S. S., Moyer, C. A., Patel, S., Helman, J. I., Garetz, S. L., & Chervin, R. D. (2003). A model to facilitate outcome assessment of obstructive sleep apnea. *International Journal of Technology Assessment in Health Care, 19,* 253–260.

Sonnadara, R. R., & Trainor, L. J. (2005). Perceived intensity effects in the octave illusion. *Perception & Psychophysics, 67,* 648–658.

Soska, K. C., & Johnson, S. P. (2008). Development of three-dimensional object completion in infancy. *Child Development, 79,* 1230–1236.

Southwick, S. M., Vythilingam, M., & Charney, D. S. (2005). The psychobiology of depression and resilence to stress: Implications for prevention and treatment. *Annual Review of Clinical Psychology, 1,* 255–291.

Spangler, W. D. (1992). Validity of questionnaire and TAT measures of need for achievement: Two meta-analyses. *Psychological Bulletin, 112,* 140–154.

Spearman, C. (1927). *The abilities of man.* New York: Macmillan.

Spence, M. J., & DeCasper, A. J. (1987). Prenatal experience with low-frequency maternal-voice sounds influences neonatal perception of maternal voice samples. *Infant Behavior and Development, 10,* 133–142.

Spence, M. J., & Freeman, M. S. (1996). Newborn infants prefer the maternal low-pass filtered voice, but not the maternal whispered voice. *Infant Behavior and Development, 19,* 199–212.

Sperling, G. (1963). A model for visual memory tasks. *Human Factors, 5,* 19–31.

Sperling, G. (1960). The information available in brief visual presentations. *Psychological Monographs, 74,* 1–29.

Sperry, R. W. (1968). Mental unity following surgical disconnection of the cerebral hemispheres. *The Harvey Lectures,* Series 62. New York: Academic Press.

Spiers, H. J., & Maguire, E. A. (2007). Decoding human brain activity during real-world experiences. *Trends in Cognitive Sciences, 11,* 356–365.

Spitz, R. A., & Wolf, K. (1946). Anaclitic depression. *Psychoanalytic Study of Children, 2,* 313–342.

Springer, M. V., McIntosh, A., Wincour, G., & Grady, C. L. (2005). The relation between brain activity during memory tasks and years of education in young and older adults. *Neuropsychology, 19,* 181–192.

Stafford, B. L., Balda, R. P., & Kamil, A. C. (2006). Does seed-caching experience affect spatial memory performance by pinyon jays? *Ethology, 112,* 1202–1208.

Stagnitti, M. N. (2007). *Trends in the Use and Expenditures for the Therapeutic Class Prescribed Psychotherapeutic Agents and All Subclasses, 1997 and* 2004. Rockville, MD: Agency for Healthcare Research and Quality. Retrieved from www.meps.ahrq.gov/mepsweb/data_files/publications/st163/stat163.pdf.

Stahl, S. M., Grady, M. M., Moret, C., & Briley, M. (2005). SNRIs: Their pharmacology, clinical efficacy, and tolerability in comparison with other classes of antidepressants. *CNS Spectrums, 109,* 732–747.

Stahr, B., Cushing, D., Lane, K., & Fox, J. (2006). Efficacy of a function-based intervention in decreasing off-task behavior exhibited by a student with ADHD. *Journal of Positive Behavior Interventions, 8,* 201–211.

Stanley, D., Phelps, E., & Banaji, M. (2008). The neural basis of implicit attitudes. *Current Directions in Psychological Science, 17,* 164–170.

Stanton, A. L., Revenson, T. A., & Tennen, H. (2007). Health psychology: Psychological adjustment to chronic disease. *Annual Review of Psychology, 58,* 565–592.

Starace, F., Massa, A., Amico, K. R., & Fisher, J. D. (2006). Adherence to antiretroviral therapy: An empirical test of the information-motivation-behavioral skills model. *Health Psychology, 25,* 153–162.

Steele, C. M. (1997). A threat in the air: How stereotypes shape intellectual identity and performance. *American Psychologist, 6,* 613–629.

Steele, C. M., & Aronson, J. (1995). Stereotype threat and the intellectual test performance of African Americans. *Journal of Personality and Social Psychology, 69,* 797–811.

Steele, C. M., & Aronson, J. (1998). Stereotype threat and the test performance of academically successful African Americans. In C. Jencks & M. Phillips (Eds.), *The black–white test score gap* (pp. 401–427). Washington, DC: Brookings Institution Press.

Steger, M. F., Hicks, B. M., Kashdan, T. B., Krueger, R. F., & Bouchard, T. J. Jr. (2007). Genetic and environmental influences on positive traits of the values in action classification, and biometric covariance with normal personality. *Journal of Research in Personality, 41,* 524–539.

Stein, M. B., Jang, K. L., Taylor, S., Vernon, P. A., & Livesley, W. J. (2002). Genetic and environmental influences on trauma exposure and posttraumatic stress disorder symptoms: A twin study. *American Journal of Psychiatry, 159,* 1675–1681.

Steinberg, L. (2008). A social neuroscience perspective on adolescent risk-taking. *Developmental Review, 28,* 78–106.

Stern, W. (1914). The psychological methods of testing intelligence. *Educational Psychology Monographs* (No. 13).

Sternberg, R. J. (1986). *Intelligence applied.* San Diego: Harcourt Brace Jovanovich.

Sternberg, R. J. (1994). Intelligence. In R. J. Sternberg (Ed.), *Handbook of perception and cognition: Vol. 2. Thinking and problem solving* (pp. 263–288). Orlando, FL: Academic Press.

Sternberg, R. J. (1999). The theory of successful intelligence. *Review of General Psychology, 3,* 292–316.

Sternberg, R. J. (2006). The Rainbow Project: Enhancing the SAT through assessments of analytical, practical, and creative skills. *Intelligence, 34,* 321–350.

Sternberg, R. J. (2007). Who are the bright children? The cultural context of being and acting intelligent. *Educational Researcher, 36,* 148–155.

Sternberg, R. J., & Grigorenko, E. L. (2003). Teaching for successful intelligence: Principles, procedures, and practices. *Journal for the Education of the Gifted, 27,* 207–228.

Sternberg, R. J., & Grigorenko, E. L. (2007). The difficulty of escaping preconceptions in writing an article about the difficulty of escaping preconceptions: Commentary on Hunt and Carlson (2007). *Perspectives on Psychological Science, 2,* 221–226.

Sternberg, R. J., Grigorenko, E. L., & Kidd, K. K. (2005). Intelligence, race, and genetics. *American Psychologist, 60,* 46–59.

Sternberg, R. J., & Lubart, T. I. (1996). Investing in creativity. *American Psychologist, 51,* 677–688.

Sternberg, R. J., & Lubart, T. I. (1999). The concept of creativity: Prospects and paradigms. In R. J. Sternberg (Ed.), *Handbook of creativity* (pp. 3–15). Cambridge, UK: Cambridge University Press.

Stevens, J. A., Fonlupt, P., Shiffrar, M., & Decety, J. (2000). New aspects of motion perception: Selective neural encoding of apparent human movements. *Neuroreport, 11,* 109–115.

Stevenson, H. W., Chen, C., & Lee, S. Y. (1993). Mathematics achievement of Chinese, Japanese, and American children: Ten years later. *Science, 259,* 53–58.

Stewart, S. A. (2005). The effects of benzodiazepines on cognition. *Journal of Clinical Psychiatry, 66* (Suppl. 2), 9–13.

Stewart-Williams, S. (2007). Altruism among kin vs. nonkin: Effects of cost of help and reciprocal exchange. *Evolution and Human Behavior, 28,* 193–198.

Stockhorst, U., Steingrueber, H.-J., Enck, P., & Klosterhalfen, S. (2006). Pavlovian conditioning of nausea and vomiting. *Autonomic Neuroscience: Basic and Clinical, 129,* 50–57.

Stone, J., & McWhinnie, C. (2008). Evidence that blatant versus subtle stereotype threat cues impact performance through dual processes. *Journal of Experimental Social Psychology, 44,* 445–452.

Stone, J., Zeman, A., Simonotto, E., Meyer, M., Azuma, R., Flett, S., & Sharpe, M. (2007). fMRI in patients with motor conversion symptoms and controls with simulated weakness. *Psychosomatic Medicine, 69,* 961–969.

Storbeck, J., & Clore, G. L. (2007). On the interdependence of cognition and emotion. *Cognition and Emotion, 21,* 1212–1237.

Story, L. B., & Bradbury, T. N. (2004). Understanding marriage and stress: Essential questions and challenges. *Clinical Psychology Review, 23,* 1139–1162.

Strauch, I. (2005). REM dreaming in transition from late childhood to adolescence: A longitudinal study. *Dreaming, 15,* 155–169.

Strauch, I., & Lederbogen, S. (1999). The home dreams and waking fantasies of boys and girls between ages 9 and 15: A longitudinal study. *Dreaming, 9,* 153–161.

Strayer, D. L., & Drews, F. A. (2007). Cell-phone-induced driver distraction. *Current Directions in Psychological Science, 16,* 128–131.

Strayer, D. L., Drews, R. A., & Johnston, W. A. (2003). Cell phone-induced failures of visual attention during simulated driving. *Journal of Experimental Psychology: Applied, 9,* 23–32.

Streiner, D. L. (2007). Criterion-based training for Rorschach scoring. *Training and Education in Professional Psychology, 1,* 125–134.

Striegel-More, R. H., & Bulik, C. M. (2007). Risk factors for eating disorders. *American Psychologist, 62,* 181–198.

Striegel-Moore, R. H., Dohm, F. A., Kraemer, H. C., Taylor, C. B., Daniels, S., Crawford, P. B., & Schreiber, G. B. (2003). Eating disorders in white and black women. *American Journal of Psychiatry, 160,* 1326–1331.

Striegel-Moore, R. H., & Franko, D. L. (2008). Should binge eating disorder be included in *DSM-V?* A critical review of the state of the evidence. *Annual Review of Clinical Psychology, 4,* 305–324.

Stukas, A. A., Snyder, M., & Clark, E. G. (1999). The effects of "mandatory volunteerism" on intentions to volunteer. *Psychological Science, 10,* 59–64.

Substance Abuse and Mental Health Services Administration. (2006). *Mental Health, United States 2004.* Retrieved from http://download.ncadi.samhsa.gov/ken/pdf/SMA06-4195/CMHS_MHUS_2004.pdf.

Substance Abuse and Mental Health Services Administration. (2008a). *Participation in self-help groups for alcohol and illicit drug use: 2006 and 2007.* Retrieved from http://oas.samhsa.gov/2k8/selfHelp/selfHelp.pdf.

Substance Abuse and Mental Health Service Administration (SAMHSA). (2008b). *Results from the 2007 national survey on drug use and health: National findings.* Available: www.oas.samhsa.gov/nsduh/2k7nsduh/2k7Results.pdf.

Sue, S. (2006). Cultural competency: From philosophy to research and practice. *Journal of Community Psychology, 34,* 237–245.

Sullivan, H. S. (1953). *The interpersonal theory of psychiatry.* New York: Norton.

Sulloway, F. J. (1996). *Born to rebel: Birth order, family dynamics, and creative lives.* New York: Pantheon.

Summerville, A., & Roese, N. J. (2007). Dare to compare: Fact-based versus simulation-based comparison in daily life. *Journal of Experimental Social Psychology, 44,* 664–671.

Suzuki, M., Hagino, H., Nohara, S., Zhou, S., Kawasaki, Y., Takahashi, T., Matsui, M., Seto, H., Ono, T., & Kurachi, M. (2005). Male-specific volume expansion of the human hippocampus during adolescence. *Cerebral Cortex, 15,* 187–193.

Swann, W. B., Chang-Schneider, C., & McClarty, K. L. (2007). Do people's self-views matter? Self-concept and self-esteem in everyday life. *American Psychologist, 62,* 84–94.

Swazey, J. P. (1974). *Chlorpromazine in psychiatry: A study of therapeutic innovation.* Cambridge, MA: MIT Press.

Szasz, T. S. (1974). *The myth of mental illness* (rev. ed.). New York: Harper & Row.

Szasz, T. S. (2004). *Faith in freedom: Libertarian principles and psychiatric practices.* Somerset, NJ: Transaction Publishers.

Tacon, A. M., McComb, J., Caldera, Y., & Randolph, P. Mindfulness meditation, anxiety reduction, and heart disease: A pilot study. *Family and Community Health, 26,* 25–33.

Tajfel, H., Billig, M., Bundy, R., & Flament, C. (1971). Social categorization and intergroup behavior. *European Journal of Social Psychology, 1,* 149–178.

Talarico, J. M., & Rubin, D. C. (2003). Confidence, not consistency, characterizes flashbulb memories. *Psychological Science, 14,* 455–461.

Talarico, J. M., & Rubin, D. C. (2007). Flashbulb memories are special after all; in phenomenology, not accuracy. *Applied Cognitive Psychology, 21,* 527–578.

Tandon, R., Keshavan, M. S., & Nasrallah, H. A. (2008). Schizophrenia, "Just the Facts": What we know in 2008. 2. Epidemiology and etiology. *Schizophrenia Research, 102,* 1–18.

Tanofsky-Kraff, M., Wilfley, D. E., & Spurrell, E. (2000). Impact of interpersonal and ego-related stress on restrained eaters. *Inter national Journal of Eating Disorders, 27,* 411–418.

Tarbox, S. I., & Pogue-Geile, M. F. (2008). Development of social functioning in preschizophrenic children and adolescents: A systematic review. *Psychological Bulletin, 34,* 561–583.

Taylor, C. B., & Luce, K. H. (2003). Computer- and Internet-based psychotherapy interventions. *Current Directions in Psychological Science, 12,* 18–22.

Taylor, S. E. (2006). Tend and befriend: Biobehavioral bases of affiliation under stress. *Current Directions in Psychological Science, 15,* 273–277.

Taylor, S. E., Klein, L. C., Lewis, B. P., Gruenewald, T. L., Gurung, R. A. R., & Updegraff, J. A. (2000). Biobehavioral responses to stress in females: Tend-and-befriend, not fight-or-flight. *Psychological Review, 107,* 411–429.

Tedeschi, R. G., & Calhoun, L. G. (2004). Posttraumatic growth: Conceptual foundations and empirical evidence. *Psychological Inquiry, 15,* 1–18.

Tedlock, B. (1992). The role of dreams and visionary narratives in Mayan cultural survival. *Ethos, 20,* 453–476.

Tellegen, A. & Ben-Porath, Y. S. (2008). *MMPI-2-RF Technical Manual.* Minneapolis: University of Minnesota Press.

Templin, M. (1957). Certain language skills in children: Their development and interrelationships. *Institute of Child Welfare Monograph,* Series No. 26. Minneapolis: University of Minnesota Press.

Tennen, H., Affleck, G., Armeli, S., & Carney, M. A. (2000). A daily process approach to coping: Linking theory, research, and practice. *American Psychologist, 55,* 626–636.

Teplin, L. A., McClelland, G. M., Abram, K. M., & Weiner, D. A. (2005). Crime victimization in adults with severe mental illness. *Archives of General Psychiatry, 62,* 911–921.

Terman, L. M. (1916). *The measurement of intelligence.* Boston: Houghton Mifflin.

Terman, L. M., & Merrill, M. A. (1937). *Measuring intelligence.* Boston: Houghton Mifflin.

Terman, L. M., & Merrill, M. A. (1960). *The Stanford-Binet intelligence scale.* Boston: Houghton Mifflin.

Terman, L. M., & Merrill, M. A. (1972). *Stanford-Binet intelligence scale—manual for the third revision, Form L-M.* Boston: Houghton Mifflin.

Terrace, H. S., & Metcalfe, J. (2005). *The missing link in cognition: Origins of self-reflective consciousness.* Oxford, UK: Oxford University Press.

Tetlock, P. E. (2005). *Expert political judgment: How good is it? How can we know?* Princeton, NJ: Princeton University Press.

Thase, M. E., & Denko, T. (2008). Pharmacotherapy of mood disorders. *Annual Review of Clinical Psychology, 4,* 53–91.

Thiessen, E. D., Hill, E. A., & Saffran, J. R. (2005). Infant-directed speech facilitates word segmentation. *Infancy, 7,* 53–71.

Thomas, A., & Chess, S. (1977). *Temperament and development.* New York: Brunner/Mazel.

Thomas, E., & Wingert, P. (2000, June 19). Bitter lessons. *Newsweek,* pp. 50, 51–52.

Thomas, E. L., & Robinson, H. A. (1972). *Improving reading in every class: A sourcebook for teachers.* Boston: Allyn & Bacon.

Thompson, P. M., Vidal, C., Giedd, J. N., Gochman, P., Blumenthal, J., Nicolson, R., Toga, A. W., & Rapoport, J. L. (2001). Mapping adolescent brain change reveals dynamic wave of accelerated gray matter loss in very early-onset schizophrenia. *PNAS, 98,* 11650–11655.

Thompson, W. L., Kosslyn, S. M., Hoffman, M. S., & van der Koolj, K. (2008). Inspecting visual mental images: Can people “see” implicit properties as easily in imagery and perception. *Memory & Cognition, 36,* 1024–1032.

Thorndike, E. L. (1898). Animal intelligence. *Psychological Review Monograph Supplement, 2*(4, Whole No. 8).

Thorndike, R. L., Hagen, E. P., & Sattler, J. M. (1986). *Stanford-Binet intelligence scale* (4th ed.). Chicago: Riverside.

Thorpe, S. K. S., Holder, R. L., & Crompton, R. H. (2007). Origin of human bipedalism as an adaptation for locomotion on flexible branches. *Science, 316,* 1328–1331.

Tice, D. M., & Baumeister, R. F. (1997). Longitudinal study of procrastination, performance, stress, and health: The costs and benefits of dawdling. *Psychological Science, 8,* 454–458.

Tidwell, M. C. O., Reis, H. T., & Shaver, P. R. (1996). Attachment, attractiveness, and social interaction: A diary study. *Journal of Personality and Social Psychology, 71,* 729–745.

Tiger, J. H., & Hanley, G. P. (2006). Using reinforcer pairing and fading to increase the milk consumption of a preschool child. *Journal of Applied Behavior Analysis, 39,* 399–403.

Tijus, C. A., & Reeves, A. (2004). Rapid iconic erasure without masking. *Spatial Vision, 17,* 483–495.

Timberlake, W., & Allison, J. (1974). Response deprivation: An empirical approach to instrumental performance. *Psychological Review, 81,* 146–164.

Todd, P. M., & Gigerenzer, G. (2007). Environments that make us smart: Ecological rationality. *Current Directions in Psychological Science, 16,* 167–171.

Todrank, J., & Bartoshuk, L. M. (1991). A taste illusion: Taste sensation localized by touch. *Physiology & Behavior, 50,* 1027–1031.

Tolman, E. C. (1948). Cognitive maps in rats and men. *Psychological Review, 55,* 189–208.

Tolman, E. C., & Honzik, C. H. (1930). “Insight” in rats. *University of California Publications in Psychology, 4,* 215–232.

Tomasello, M. (2008). *Origins of human communication.* Cambridge, MA: MIT Press.

Tombu, M., & Jolicœur, P. (2005). Testing the predictions of the central capacity sharing model. *Journal of Experimental Psychology: Human Perception and Performance, 31,* 790–802.

Tomkins, S. (1962). *Affect, imagery, consciousness* (Vol. 1). New York: Springer.

Tomkins, S. (1981). The quest for primary motives; Biography and autobiography of an idea. *Journal of Personality and Social Psychology, 41,* 306–329.

Tomkovick, C., Lester, S. W., Flunker, L., & Wells, T. A. (2008). Linking collegiate service-learning to future volunteerism: Implications for nonprofit organizations. *Nonprofit Management and Leadership, 19,* 3–26.

Tomoyasu, N., Bovbjerg, D. H., & Jacobsen, P. B. (1996). Conditioned reactions to cancer chemotherapy: Percent reinforcement predicts anticipatory nausea. *Physiology & Behavior, 59,* 273–276.

Tong, S. T., Van Der Heide, B., Langwell, L., & Walther, J. B. (2008). Too much of a good thing? The relationship between number of friends and interpersonal impressions on Facebook. *Journal of Computer-Mediated Communication, 13,* 531–549.

Torgersen, S., Lygren, S., Øien, P. A., Skre, I., Onstad, S., Edvardsen, J., Tambs, K., & Kringlen, E. (2000). A twin study of personality disorders. *Comprehensive Psychiatry, 41,* 416–425.

Torrance, E. P. (1974). *The Torrance tests of creative thinking: Technical-norms manual.* Bensenville, IL: Scholastic Testing Services.

Tranter, L. J., & Koustaal, W. (2008). Age and flexible thinking: An experimental demonstration of the beneficial effects of increased cognitively stimulating activity on fluid intelligence in healthy older adults. *Aging, Neuropsychology, and Cognition, 15,* 184–207.

Trautner, H. M., Ruble, D. N., Cyphers, L., Kirsten, B., Behrendt, R., & Hartmann, P. (2005). Rigiditiy and flexibility of gender stereotypes in childhood: Developmental or differential? *Infant and Child Development, 14,* 365–381.

Trawalter, S., Todd, A. R., Baird, A. A., & Richeson, J. A (2008). Attending to threat: Race-based patterns of selective attention. *Journal of Experimental Social Psychology, 44,* 1322–1327.

Trescot, A. M., Datta, S., Lee, M., & Hansen, H. (2008). Opiod pharmacology. *Pain Physician, 11,* S133–S153.

Triandis, H. C. (1990). Cross-cultural studies of individualism and collectivism. In J. Berman (Ed.), *Nebraska Symposium on Motivation, 1989* (pp. 41–133). Lincoln: University of Nebraska Press.

Triandis, H. C. (1994). *Culture and social behavior.* New York: McGraw-Hill.

Triandis, H. C. (1995). *Individualism and collectivism.* Boulder, CO: Westview.

Trivers, R. L. (1971). The evolution of reciprocal altruism. *Quarterly Review of Biology, 46,* 35–57.

Trzesniewski, K. H., Donnellan, M. B., Moffitt, T. E., Robins, R. W., Poulton, R., & Caspi, A. (2006). Low self-esteem during adolescence predicts poor health, criminal behavior, and limited economic prospects during adulthood. *Developmental Psychology, 42,* 381–390.

Tulving, E. (1972). Episodic and semantic memory. In E. Tulving & W. Donaldson (Eds.), *Organization of memory.* New York: Academic Press.

Tulving, E., & Thomson, D. M. (1973). Encoding specificity and retrieval processes in episodic memory. *Psychological Review, 80,* 352–373.

Tupes, E. G., & Christal, R. C. (1961). *Recurrent personality factors based on trait ratings* (Tech. Rep. No. ASD-TR–61–97). Lackland Air Force Base, TX: U.S. Air Force.

Turner, C. F., Villarroel, M. A., Chromy, J. R., Eggleston, E., & Rogers, S. M. (2005). Same-gender sex among U.S. adults: Trends across the twentieth century and during the 1990s. *Public Opinion Quarterly, 69,* 439–462.

Turner, M. E., & Pratkanis, A. R. (1998). A social identity maintenance model of groupthink. *Organizational Behavior and Human Decision Processes, 73,* 210–235.

Turner, M. L., & Engle, R. W. (1989). Is working memory capacity task dependent? *Journal of Memory and Language, 28,* 127–154.

Tversky, A., & Kahneman, D. (1973). Availability: A heuristic for judging frequency and probability. *Cognitive Psychology, 5,* 207–232.

Tversky, A., & Shafir, E. (1992). Choice under conflict: The dynamics of deferred decision. *Psychological Science, 3,* 358–361.

Twenge, J. M., Campbell, W. K., & Foster, C. A. (2003). Parenthood and marital satisfaction: A meta-analytic review. *Journal of Marriage and Family, 65,* 574–583.

Tyler, L. E. (1965). *The psychology of human differences* (3rd ed.). New York: Appleton-Century-Crofts.

Ullman, S. E., Filipas, H. H., Townsend, S. M., & Starzynski, L. L. (2007). Psychosocial correlates of PTSD symptom severity in sexual assault survivors. *Journal of Traumatic Stress, 20,* 821–831.

Underwood, B. J. (1948). Retroactive and proactive inhibition after five and forty-eight hours. *Journal of Experimental Psychology, 38,* 28–38.

Underwood, B. J. (1949). Proactive inhibition as a function of time and degree of prior learning. *Journal of Experimental Psychology, 39,* 24–34.

U.S. Census Bureau (2008a). *2007 American community survey.* Retrieved from www.census.gov/acs/www/index.html.

U.S. Census Bureau (2008b). *Families and living arrangements: 2007.* Retrieved from www.census.gov/population/www/socdemo/ hh-fam.html.

U. S. Department of Agriculture. (2005). *Dietary guidelines for Americans.* Retrieved from www.health.gov/dietaryguidelines/dga2005/document.

U.S. Department of Health and Human Services. (2008a). *Child maltreatment 2006.* Washington, DC: U.S. Government Printing Office. Retrieved from www.acf.hhs.gov/programs/cb/pubs/cm06/cm06.pdf.

U.S. Department of Health and Human Services. (2008b). *2008 Physical Activity Guidelines for Americans.* Retrieved from www.health.gov/PAGuidelines/pdf/paguide.pdf.

Urban, J., Carlson, E., Egeland, B., & Stroufe, L. A. (1991). Patterns of individual adaptation across childhood. *Development and Psychopathology, 3,* 445–460.

Urbszat, D., Herman, C. P., & Polivy, J. (2002). Eat, drink, and be merry, for tomorrow we diet: Effects of anticipated deprivation on food intake in restrained and unrestrained eaters. *Journal of Abnormal Psychology, 111,* 396–401.

Vaillant, G. E. (1977). *Adaptation to life.* Boston: Little, Brown.

Vallabha, G. K., McClelland, J. L., Pons, F., Werker, J. F., & Amano, S. (2007). Unsupervised learning of vowel categories from infant-directed speech. *PNAS, 104,* 13273–13278.

van der Sluis, S., Willemsen, G., de Geus, E. J. C., Boomsma, D. I., & Posthuma, D. (2008). Gene-environment interaction in adults' IQ scores: Measures of past and present environment. *Behavior Genetics, 38,* 348–360.

van Dijk, E., & Zeelenberg, M. (2005). On the psychology of "if only": Regret and the comparison between factual and counterfactual outcomes. *Organizational Behavior and Human Decision Processes, 97,* 152–160.

Van Gelder, R. N. (2003). Making (a) sense of non-visual ocular photoreception. *Trends in Neurosciences, 26,* 458–461.

Van IJzendoorn, M. H., & Kroonenberg, P. M. (1988). Cross-cultural patterns of attachment: A meta-analysis of the Strange Situation. *Child Development, 59,* 147–156.

Vansteensel, M. J., Michel, S., & Meijer, J. H. (2008). Organization of cell and tissue circadian pacemakers: A comparison among species. *Brain Research Reviews, 58,* 18–47.

Van Zeijl, J., Mesman, J., Van IJzendoorn, M. H., Bakermans-Kranenburg, M. J., Juffer, F., Stolk, M. N., Koot, H. M., & Alink, L. R. A. (2006). Attachment-based intervention for enhancing sensitive discipline in mothers of 1- to 3-year-old children at risk for externalizing behavior problems: A randomized controlled trial. *Journal of Consulting and Clinical Psychology, 74,* 994–1005.

Vartanian, L. R., Herman, C. P., & Wansink, B. (2008). Are we aware of the external factors that influence our food intake? *Health Psychology, 27,* 533–538.

Velicer, W. F., Redding, C. A., Sun, X., & Prochaska, J. O. (2007). Demographic variables, smoking variables, and outcome across five studies. *Health Psychology, 26,* 278–287.

Vemuri, V. K., Janero, R., & Makriyannis, A. (2008). Pharmacotherapeutic targeting of the endocannabinoid system: Drugs for obesity and the metabolic syndrome. *Physiology & Behavior, 93,* 671–686.

Verfaelli, M., Martin, E., Page, K., Parks, E., & Keane, M. M. (2006). Implicit memory for novel conceptual associations in amnesia. *Cognitive, Affective, and Behavioral Neuroscience, 6,* 91–101.

Vezina, P., McGehee, D. S., & Green, W. N. (2007). Exposure to nicotine and sensitization of nicotine-induced behaviors. *Progress in Neuro-Psychopharmacology & Biological Psychiatry, 31,* 1625–1638.

Viding, E., Blair, J. R., Moffitt, T. E., & Plomin, R. (2005). Evidence for substantial genetic risk for psychopathy in 7-year-olds. *Journal of Child Psychology and Psychiatry, 46,* 592–597.

Vignoles, V. L., Regalia, C., Manzi, C., Golledge, J., & Scabini, E. (2006). Beyond self-esteem: Influence of multiple motives on identity construction. *Journal of Personality and Social Psychology, 90,* 308–333.

Vohs, K. D., & Schooler, J. W. (2008). The value of believing in free will: Encouraging a belief in determinism increases cheating. *Psychological Science, 19,* 49–54.

Vonnegut, M. (1975). *The Eden express.* New York: Bantam.

Vonofakou, C., Hewstone, M., & Voci, A. (2007). Contact with out-group friends as a predictor of meta-attitudinal strength and accessibility of attitudes toward gay men. *Journal of Personality and Social Psychology, 92,* 804–820.

Voorspoels, W., Vanpaemel, W., & Storms, G. (2008). Exemplars and prototypes in natural language concepts: A typicality-based evaluation. *Psychonomic Bulletin & Review, 15,* 630–637.

Voss, J. L., & Paller, K. A. (2008). Brain substrates of implicit and explicit memory: The importance of concurrently acquired neural signals of both memory types. *Neuropsychologia, 46,* 3021–3029.

Voss Horrell, S. C. (2008). Effectiveness of cognitive-behavioral therapy with adult ethnic minority clients: A review.

Professional Psychology: Research and Practice, 39, 160–168.

Vroom, V. H. (1964). *Work and motivation.* New York: Wiley.

Vu, H., Kellas, G., Metcalf, K., & Herman, R. (2000). The influence of global discourse on lexical ambiguity resolution. *Memory & Cognition, 28,* 236–252.

Wade, T. D., Tiggemann, M., Bulik, C. M., Fairburn, C. G., Wray, N. R., & Martin, N. G. (2008). Shared temperament risk factors for anorexia nervosa: A twin study. *Psychosomatic Medicine,* 70, 239–244.

Wagner, U., van Dick, R., Pettigrew, T. F., & Christ, O. (2003). Ethnic prejudice in East and West Germany: The explanatory power of intergroup contact. *Group Processes & Intergroup Relations, 6,* 23–37.

Walach, H., Nord, E., Zier, C., Dietz-Waschkowski, B., Kersig, S., & Schüpbach, H. (2007). Mindfulness-based stress reduction as a method for personnel development: A pilot evaluation. *International Journal of Stress Management, 14,* 188–198.

Walker, M. P., & Stickgold, R. (2006). Sleep, memory, and plasticity. *Annual Review of Psychology, 57,* 139–166.

Wallach, M. A., & Kogan, N. (1965). *Modes of thinking in young children.* New York: Holt, Rinehart & Winston.

Wallis, D. J., & Hetherington, M. M. (2004). Stress and eating: The effects of ego-threat and cognitive demand on food intake in restrained and emotional eaters. *Appetite, 43,* 39–46.

Walster, E., Aronson, V., Abrahams, D., & Rottman, L. (1966). Importance of physical attractiveness in dating behavior. *Journal of Personality and Social Psychology, 5,* 508–516.

Walton, G. M., & Cohen, G. L. (2007). A question of belonging: Race, social fit, and achievement. *Journal of Personality and Social Psychology,* 92, 82–96.

Wang, P. S., Berglund, P., Olfson, M., Pincus, H. A., Wells, K. B., & Kessler, R. C. (2005). Failure and delay in initial treatment contact after first onset of mental disorders in the national comorbidity survey replication. *Archives of General Psychiatry,* 62, 603–613.

Wang, S., Baillargeon, R., & Brueckner, L. (2004). Young infants' reasoning about hidden objects: Evidence from violation-of-expectation tasks with test trials only. *Cognition, 93,* 167–198.

Wann, D. L., Royalty, J. L., & Rochelle, A. R. (2002). Using motivation and team identification to predict sport fans' emotional responses to team performance. *Journal of Sport Behavior, 25,* 207–216.

Ward, C. D., & Cooper, R. P. (1999). A lack of evidence in 4-month-old human infants for paternal voice preference. *Developmental Psychobiology, 35,* 49–59.

Warker, J. A., & Dell, G. S. (2006). Speech errors reflect newly learned phonotactic constraints. *Journal of Experimental Psychology: Learning, Memory, & Cognition, 32,* 387–398.

Warren, C. S. (2008). The influence of awareness and internalization of Western appearance ideals on body dissatisfaction in Euro-American and Hispanic males. *Psychology of Men & Masculinity,* 9, 257–266.

Warren, R. M. (1970). Perceptual restoration of missing speech sounds. *Science, 167,* 392–393.

Wasserman, E. A., & Zentall, T. R. (Eds.). (2006). *Comparative cognition: Experimental explorations of animal intelligence.* New York: Oxford University Press.

Waterhouse, J., Reilly, T., Atkinson, G., & Edwards, B. (2007). Jet lag: Trends and coping strategies. *Lancet, 369,* 1117–1129.

Watson, J. B. (1924). *Behaviorism.* New York: Norton.

Watson, J. B. (1913). Psychology as the behaviorist views it. *Psychological Review, 20,* 158–177.

Watson, J. B. (1919). *Psychology from the standpoint of a behaviorist.* Philadelphia: Lippincott.

Watson, J. B., & Rayner, R. (1920). Conditioned emotional reactions. *Journal of Experimental Psychology, 3,* 1–14.

Wax, M. L. (2004). Dream sharing as social practice. *Dreaming,* 14, 83–93.

Wearden, A. J., Tarrier, N., Barrowclough, C., Zastowny. T. R., & Rahill, A. A. (2000). A review of expressed emotion research in health care. *Clinical Psychology Review, 20,* 633–666.

Wechsler, D. (1997). *Manual for the Wechsler Adult Intelligence Scale-III.* San Antonio, TX: Psychological Corporation.

Wechsler, D. (2002). *WPPSI-III manual.* San Antonio, TX: Psychological Corporation.

Wechsler, D. (2003). *WISC-IV manual.* San Antonio, TX: Psychological Corporation.

Wedekind, C., & Braithwaite, V. A. (2002). The long-term benefits of human generosity in indirect reciprocity. *Current Biology,* 12, 1012–1015.

Weeks, J. W., Heimberg, R. G., Rodebaugh, T. L., & Norton, P. J. (2008). Exploring the relationship between fear of positive evaluation and social anxiety. *Journal of Anxiety Disorders,* 22, 386–400.

Weidner, R., & Find, G. R. (2007). The neural mechanisms underlying the Müller-Lyer illusion and its interaction with visuospatial judgments. *Cerebral Cortex, 17,* 878–884.

Weinberger, L. E., Sreenivasan, S., Garrick, T., & Osran, H. (2005). The impact of surgical castration on sexual recidivism risk among sexually violent predatory offenders. *The Journal of the American Academy of Psychiatry and the Law, 33*, 16–36.

Weiner, B. (2006). *Social motivation, justice, and the moral emotions: An attributional approach.* Mahwah, NJ: Erlbaum.

Weinfield, N. S., Ogawa, J. R., & Sroufe, L. A. (1997). Early attachment as a pathway to adolescent peer competence. *Journal of Research on Adolescence, 7*, 241–265.

Weisberg, R. W. (1986). *Creativity: Genius and other myths.* New York: Freeman.

Weiss, A., Bates, T. C., & Luciano, M. (2008). Happiness is a personal(ity) thing: The genetics of personality and well-being in a representative sample. *Psychological Science, 19*, 205–210.

Weissenborn, R., & Duka, T. (2000). State-dependent effects of alcohol on explicit memory: The role of semantic associations. *Psychopharmacology, 149*, 98–106.

Wellman, H. M., & Inagaki, K. (1997). *The emergence of core domains of thought.* San Francisco: Jossey-Bass.

Wells, G. L., & Loftus, E. F. (2003). Eyewitness memory for people and events. In A. M. Goldstein (Ed.), *Handbook of psychology: Forensic psychology* (Vol. 11, pp. 149–160). New York: Wiley.

Werker, J. F. (1991). The ontogeny of speech perception. In I. G. Mattingly & M. Studdert-Kennedy (Eds.), *Modularity and the motor theory of speech perception* (pp. 91–109). Hillsdale, NJ: Erlbaum.

Werker, J. F., & Lalond, F. M. (1988). Cross-language speech perception: Initial capabilities and developmental change. *Developmental Psychology, 24*, 672–683.

Werker, J. F., & Tees, R. C. (1999). Influences on infant speech processing: Toward a new synthesis. *Annual Review of Psychology, 50*, 509–535.

Wertheimer, M. (1923). Untersuchungen zur lehre von der gestalt, II. *Psychologische Forschung, 4*, 301–350.

Wever, E. G. (1949). *Theory of hearing.* New York: Wiley.

Whaley, A. L., & Davis, K. E. (2007). Cultural competence and evidence-based practice in mental health services. *American Psychologist, 62*, 563–574.

White, L., & Edwards, J. N. (1990). Emptying the nest and parental well-being: An analysis of national panel data. *American Sociological Review, 55*, 235–242.

Whorf, B. L. (1956). In J. B. Carroll (Ed.), *Language, and reality: Selected writings of Benjamin Lee Whorf.* Cambridge, MA: MIT Press.

Widom, C. S., Dutton, M. A., Czaja, S. J., & DuMont, K. A. (2005). Development and validation of a new instrument to assess lifetime trauma and victimization history. *Journal of Traumatic Stress, 18*, 519–531.

Wiggins, J. S. (1973). *Personality and prediction: Principles of personality assessment.* Reading, MA: Addison-Wesley.

Wiggins, J. S., & Pincus, A. L. (1992). Personality: Structure and assessment. *Annual Review of Psychology, 43*, 473–504.

Williamson, P., McLeskey, J., Hoppey, D., & Rentz, T. (2006). Educating students with mental retardation in general education classrooms. *Exceptional Children, 72*, 347–361.

Wilson, R. I., & Nicoll, R. A. (2002). Endocannabinoid signaling in the brain. *Science, 296*, 678–682.

Wilson, T. D., Houston, C. E., Etling, K. M., & Brekke, N. (1996). A new look at anchoring effects: Basic anchoring and its antecedents. *Journal of Experimental Psychology: General, 125*, 387–402.

Winarick, K. (1997). Visions of the future: The analyst's expectations and their impact on the analytic process. *American Journal of Psychoanalysis, 57*, 95–109.

Windy, D., & Ellis, A. (1997). *The practice of rational emotive behavior therapy.* New York: Springer.

Winner, E. (2000). The origins and ends of giftedness. *American Psychologist, 55*, 159–169.

Wismer Fries, A. B., Ziegler, T. E., Kurian, J. R., Jacoris, S., & Pollak, S. D. (2005). Early experience in humans is associated with changes in neuropeptides critical for regulating social behavior. *Proceedings of the National Academy of Sciences, 102*, 17237–17240.

Witherington, D. C., Campos, J. J., Anderson, D. I., Lejeune, L., & Seah, E. (2005). Avoidance of heights on the visual cliff in newly walking infants. *Infancy, 7*, 285–298.

Witt, J. K., & Proffitt, D. R. (2005). See the ball, hit the ball: Apparent ball size is correlated with batting average. *Psychological Science, 16*, 937–938.

Witte, K., & Noltemeier, B. (2002). The role of information in mate-choice copying in female sailfin mollies (*Poecilia latipinna*). *Behavioral Ecology and Sociobiology, 52*, 194–202.

Wittmann, M., Dinich, J., Merrow, M., & Roenneberg, T. (2006). Social jetlag: Misalignment of biological and social time. *Chronobiology International, 23*, 497–509.

Wolcott, S., & Strapp, C. M. (2002). Dream recall frequency and dream detail as mediated by personality, behavior, and attitude. *Dreaming, 12*, 27–44.

Wolfe, J. M. (2003). Moving towards solutions to some enduring controversies in visual search. *Trends in Cognitive Science, 7*, 70–76.

Wolfe, J. M., Friedman-Hill, S. R., & Bilsky, A. B. (1994). Parallel processing of part-whole information in visual search tasks. *Perception & Psychophysics, 55*, 537–550.

Wolpe, J. (1958). *Psychotherapy by reciprocal inhibition.* Stanford, CA: Stanford University Press.

Wolpe, J. (1973). *The practice of behavior therapy* (2nd ed.). New York: Pergamon Press.

Wolpe, J. (1986). Misconceptions about behaviour therapy: Their sources and consequences. *Behaviour Change, 3,* 9–15.

Wong, S. C. P., & Gordon, A. (2006). The validity and reliability of the violence risk scale: A treatment-friendly violence risk assessment tool. *Psychology, Public Policy, and Law, 12,* 279–309.

Wood, E., Desmarais, S., & Gugula, S. (2002). The impact of parenting experience of gender stereotyped toy play of children. *Sex Roles, 47,* 39–49.

Wood, J. J., McLeod, B. D., Sigman, M., Hwang, W. C., & Chu, B. C. (2003). Parenting and childhood anxiety: Theory, empirical findings, and future directions. *Journal of Child Psychology and Psychiatry, 44,* 134–151.

Wood, J. J., Piacentini, J. C., Southam-Gerow, M., Chu, B. C., & Sigman, M. (2006). Family cognitive behavioral therapy for child anxiety disorders. *Journal of the American Academy of Child and Adolescent Psychiatry, 45,* 314–321.

Wood, J. M., Bootzin, R. R., Rosenhan, D., Nolen-Hoeksema, S., & Jourden, F. (1992). Effects of the 1989 San Francisco earthquake on frequency and content of nightmares. *Journal of Abnormal Psychology, 101,* 219–224.

Wood, N., & Cowan, N. (1995a). The cocktail party phenomenon revisited: How frequent are attention shifts to one's name in an irrelevant auditory channel? *Journal of Experimental Psychology: Learning, Memory, and Cognition, 21,* 255–260.

Wood, N., & Cowan, N. (1995b). The cocktail party phenomenon revisited: Attention and memory in the classic selective listening procedure of Cherry (1953). *Journal of Experimental Psychology: General, 124,* 243–262.

Wood, S. J., Pantelis, C., Velakoulis, D., Yücel, M., Fornito, A., & McGorry, P. D. (2008). Progressive changes in the development toward schizophrenia: Studies in subjects at increased symptomatic risk. *Schizophrenia Bulletin, 34,* 322–329.

Wood, W. (2000). Attitude change: Persuasion and social influence. *Annual Review of Psychology, 51,* 539–570.

Wood, W., Lundgren, S., Ouellette, J. A., Busceme, S., & Blackstone, T. (1994). Minority influence: A meta-analytic review of social influence processes. *Psychological Bulletin, 115,* 323–345.

Woolley, H. T. (1910). Psychological literature: A review of the recent literature on the psychology of sex. *Psychological Bulletin, 7,* 335–342.

Workman, B. (1990, December 1). Father guilty of killing daughter's friend, in '69. *San Francisco Examiner-Chronicle,* pp. 1, 4.

World Health Orgnization. (2008). *The global burden of disease: 2004 update.* Retrieved from www.who.int/healthinfo/global_burden_disease/GBD_report_2004update_full.pdf.

Worthington, R. L., Soth-McNett, A. M., & Moreno, M. V. (2007). Multicultural counseling competencies research: A 20-year content analysis. *Journal of Counseling Psychology, 54,* 351–361.

Wright, S. C., Aron, A., McLaughlin-Volpe, T., & Ropp, S. A. (1997). The extended contact effect. *Journal of Personality and Social Psychology, 73,* 73–90.

Yamagata, S., Suzuki, A., Ando, J., Ono, Y., Kijima, N., Yoshimura, K., Osendorf, F., Angleitner, A., Riemann, R., Spinath, F. M., Livesley, W. J., & Jang, K. L. (2006). Is the genetic structure of human personality universal? A cross-cultural twin study from North America, Europe, and Asia. *Journal of Personality and Social Psychology, 90,* 987–998.

Yang, Y., Raine, A., Lencz, T., Bihrle, S., Lacasse, L., & Coletti, P. (2005). Prefrontal white matter in pathological liars. *British Journal of Psychiatry, 187,* 320–325.

Yantis, S. (1993). Stimulus-driven attentional capture. *Current Directions in Psychological Science, 2,* 156–161.

Yegneswaran, B., & Shapiro, C. (2007). Do sleep deprivation and alcohol have the same effects of psychomotor performance? *Journal of Psychosomatic Medicine, 63,* 569–572.

Zadra, A., & Donderi, D. C. (2000). Nightmares and bad dreams: Their prevalence and relationship to well-being. *Journal of Abnormal Psychology, 109,* 273–281.

Zahn-Waxler, C., Shirtcliff, E. A., & Marceau, K. (2008). Disorders of childhood and adolescence: Gender and psychopathology. *Annual Review of Clinical Psychology, 4,* 275–303.

Zajonc, R. B. (1968). Attitudinal effects of mere exposure. *Journal of Personality and Social Psychology. Monograph Supplement, 9* (2, Part 2), 1–27.

Zajonc, R. B. (2000). Feeling and thinking: Closing the debate over the independence of affect. In J. P. Forgas (Ed.), *Feeling and thinking: The role of affect in social cognition* (pp. 31–58). New York: Cambridge University Press.

Zajonc, R. B. (2001). Mere exposure: A gateway to the subliminal. *Current Directions in Psychological Science, 10,* 224–228.

Zeanah, C. H., Smyke, A. T., Koga, S. F., & Carlson, E. (2005). Attachment in institutionalized and community children in Romania. *Child Development, 76,* 1015–1028.

Zeineh, M. M., Engel, S. A., Thompson, P. M., & Bookheimer, S. Y. (2003). Dynamics of the hippocampus during encoding and retrieval of face-name pairs. *Science, 299,* 577–580.

Zelazo, P. D., Helwig, C. C., & Lau, A. (1996). Intention, act, and outcome in behavioral prediction and moral judgment. *Child Development, 67,* 2478–2492.

Zelinski, E. M., Gilewski, M. J., & Schaie, K. W. (1993). Individual differences in cross-sectional and 3-year longitudinal memory performance across the adult life span. *Psychology and Aging, 8,* 176–186.

Zenderland, L. (1998). *Measuring minds: Henry Herbert Goddard and the origins of American intelligence testing.* Cambridge, UK: Cambridge University Press.

Zimbardo, P. G. (1991). *Shyness: What it is, what to do about it* (rev. ed.). Reading, MA: Addison-Wesley. (Original work published 1977)

Zimbardo, P. G. (2007). *The Lucifer effect: Understanding how good people turn evil.* New York: Random House.

Zimbardo, P. G., & Montgomery, K. D. (1957). The relative strengths of consummatory responses in hunger, thirst, and exploratory drive. *Journal of Comparative and Physiological Psychology, 50,* 504–508.

Zimbardo, P. G., & Radl, S. L. (1999). *The shy child* (2nd ed.). Los Altos, CA: Malor Press.

Zimmerman, B. J., Bandura, A., & Martinez-Pons, M. (1992). Self-motivation for academic attainment: The role of self-efficacy beliefs and personal goal setting. *American Educational Research Journal, 29,* 663–676.

Zuckerman, M. (2007). *Sensation seeking and risky behavior.* Washington, DC: American Psychological Association.

Zwaigenbaum, L., Bryson, S., Rogers, T., Roberts, W., Brian, J., & Szatmari, P. (2005). Behavioral manifestations of autism in the first year of life. *International Journal of Developmental Neuroscience, 23,* 143–152.